NUCLEAR PHYSICS OF STARS
(2ND)

恒星中的核物理

（第2版）

[美] 克里斯蒂安·伊利亚迪斯（Christian Iliadis） 著

何建军 译

清华大学出版社
北京

内 容 简 介

本书针对恒星中核物理研究涉及的各个方面进行了全方位阐述。全书共分5章,第1章介绍核物理和核天体物理的基本概念和知识;第2章讲述核反应相关的知识;第3章讲述热核反应及其反应率;第4章阐述核物理实验的相关知识;第5章论述核燃烧阶段和各种核过程。本书附有相关附录、参考文献和彩图。

本书可以作为大学高年级本科生和研究生核天体物理学的教材或教学参考书,也可以供其他相关专业的研究人员和教学人员参考使用。

北京市版权局著作权合同登记号 图字:01-2022-0420

翻译自[克里斯蒂安·伊利亚迪斯(Christian Iliadis)],[恒星中的核物理(Nuclear Physics of Stars)],[第2版]。

图书在版编目(CIP)数据

恒星中的核物理:第2版/(美)克里斯蒂安·伊利亚迪斯(Christian Iliadis)著;何建军译.—北京:清华大学出版社,2023.5
书名原文:Nuclear Physics of Stars(2nd)
ISBN 978-7-302-62368-7

Ⅰ. ①恒⋯ Ⅱ. ①克⋯ ②何⋯ Ⅲ. ①核物理学 Ⅳ. ①O571

中国国家版本馆 CIP 数据核字(2023)第 012945 号

责任编辑:鲁永芳
封面设计:常雪影
责任校对:欧 洋
责任印制:朱雨萌

出版发行:清华大学出版社
网   址:http://www.tup.com.cn,http://www.wqbook.com
地   址:北京清华大学学研大厦 A 座   邮   编:100084
社 总 机:010-83470000   邮   购:010-62786544
投稿与读者服务:010-62776969,c-service@tup.tsinghua.edu.cn
质量反馈:010-62772015,zhiliang@tup.tsinghua.edu.cn
印 装 者:三河市君旺印务有限公司
经   销:全国新华书店
开   本:185mm×260mm   印 张:30.5   字   数:741 千字
版   次:2023 年 6 月第 1 版   印   次:2023 年 6 月第 1 次印刷
定   价:168.00 元

产品编号:092941-01

第1版序言

核过程产生的能量使恒星发光。恒星中发生的这些核过程"负责"元素的合成。当恒星以各种方式喷射出自身部分物质时,它们以核灰烬的形式丰富了星际介质,从而为新恒星、行星以及生命的诞生提供了构成要素(或者形象地也可称为"积木")。这种元素建造的理论称为核合成,在描述恒星中的核过程方面取得了显著的成功,尽管这些恒星在时空上离我们很远。同样令人印象深刻的是,该理论是基于原子核的量子力学特性来预测这些过程的。核合成、恒星中的核能量产生,以及核物理和天体物理交叉的其他课题,构成了核天体物理这门学科。像物理学中的大多数领域一样,它包括理论和实验方面的研究活动。本书的目的就是解释这些概念,特别是将重点放在核过程以及它们在恒星中的相互作用。

本书的手稿工作始于2003年6月,我受邀在西班牙巴塞罗那的加泰罗尼亚政治大学讲授为期两周的主题为"恒星中的核物理"的研究生课程。在准备课程期间,我意识到如果拥有一本最新的教科书是非常有用的。我收到了许多同事和学生的鼓励,这对于我决定开始撰写手稿是非常有帮助的。

在北卡罗来纳大学教堂山分校任教十年后,我从学生那里学到了不要把"公认的"事实视为理所当然。当我尝试着说"显而易见的"时,他们希望看到公式的推导。当我只是想"挥挥手"时,他们则坚持需要一些更基本的解释。本书的风格当然会受到我教学经验的影响。的确,大多数方程都是在本书中推导出来的,并且对插图给予了高度重视。我的主要目的是以最简单、最直观的方式来解释复杂的概念。在某些情况下,文献中会出现更为优雅的概念表述,只有在我发现书稿中不可能提出更简单的解释时,才会考虑这些文献中的表述方式。

同事们经常想知道我在准备特定章节时使用的是"哪篇评论论文"。我的策略是仅在我撰写了本节的完整初稿之后才查阅评论文章。这样一来,我常常不得不从一开始就自己理解这个主题,然后再想出一个连贯的表述方式。

本书适用于高年级本科生、研究生,以及核物理和天体物理领域的研究人员。第1章介绍核物理和核天体物理的基本概念;第2章从基本的量子力学观点出发介绍核反应理论;第3章讨论天体等离子体中的核过程;第4章包含完成核天体物理测量所需的极其重要的实验信息;第5章讨论天体核合成理论。附录包括几个部分:薛定谔方程的基本解、角动量选择定则、运动学以及角关联理论。书的最后还列出了物理常数、数学符号以及物理量供读者参考。作为一个前提条件,学生应该上过现代物理学课程,并且具备波函数的基本概念。如果大学里上过量子力学或者原子核物理学课程,那也是非常有用的,但并不是必需的。

本书相当深入,由于时间和空间的限制,我不可避免地要忽略一些重要的话题。使用本书的老师不妨补充如下有关信息和材料:原初核合成方面(Rich J, Fundamentals of

Cosmology. Berlin：Springer，2001），宇宙线散裂反应（Vangioni-Flam E，Cassé M，Audouze J，Phys. Rep. ，2000，333：365），核年代学（Cowan J J，Thielemann F -K，Truran J W，Ann. Rev. Astron. Astrophys. ，1991，29：447），中微子天体物理（Bahcall J N，Neutrino Astrophysics. Cambridge：Cambridge University Press，1989），中微子过程（Woosley S E *et al.*，Astrophys. J. ，1990，356：272），太阳前颗粒（Lugaro M，Stardust from Meteorites，Singapore. World Scientific，2005），以及天体物理重要核反应的间接测量。对于最后这个主题，完全不可能推荐一本甚至几本参考文献，因为它本身就代表了一个广阔的研究领域。

如果没有两位同事的影响，我当然不会写这本书。我要感谢 Jordi José，是他 2003 年邀请我去巴塞罗那，并安排了我的讲座，我在那里度过了一段美好时光。我也要表达对 Art Champagne 的感激之情，在我准备手稿的各个阶段，他给予了我专业上的支持。许多人通读了手稿并且提出了许多宝贵的建议和意见。这本书因他们的投入而受益匪浅。我要向 Carmen Angulo，Dick Azuma，Bruce Carney，Gerald Cecil，Art Champagne，Alan Chen，Alessandro Chieffi，Alain Coc，Pierre Descouvemont，Ryan Fitzgerald，Uwe Greife，Raph Hix，Jordi José，Franz Käppeler，Karl-Ludwig Kratz，Alison Laird，John Lattanzio，Marco Limongi，Richard Longland，Alex Murphy，Joe Newton，Anuj Parikh，Helmut Paul，Tommy Rauscher，Paddy Regan，Hendrik Schatz，Sumner Starrfield 和 Claudio Ugalde 表示衷心感谢。我还要感谢 Daniel Aarhus 的手稿录入工作，感谢 John Kelley 帮助准备了一些插图，感谢北卡罗来纳大学教堂山分校的大学研究理事出版基金的资助，并且感谢我从三角大学核物理实验室得到的支持。这本书要献给我的女儿 Alina，我的儿子 Kimon 以及我的妻子 Andrea，他们一定感受到了我过去四年中为了这个项目所投入的大量私人时间。

克里斯蒂安·伊利亚迪斯

卡勃罗（美国），2006 年 9 月

第2版序言

在《恒星中的核物理》一书第1版出版七年之后,出版商建议我做第2版的工作,这真的令我很惊讶。但是,我很容易就被说服了,因为我得到了许多来自大学和实验室的学生和同事们对第1版的热情回应。这也为把第1版中缺失的几个题目囊括进来提供了一个机会。新增加的内容包括:①核心塌缩型超新星中的爆发性核合成;②热核超新星中的爆发性核合成;③中微子诱发的核合成;④大爆炸核合成;⑤银河宇宙线核合成。另外,好几个部分都有所修改,包括恒星增强因子的讨论以及如何从测量的产额提取反应截面;利用最新可用信息对几乎所有表格中的数据进行了更新;许多图形做了改进,同时舍弃或增加了一些;参考文献做了相应地更新,并且增加了一些章节末的习题;为了更连贯地讨论,对一些材料进行了重新整理。

我衷心感谢以下同仁所提供的宝贵建议和意见:Art Champagne,Alessandro Chieffi,Alain Coc,Jack Dermigny,Lori Downen,Mounib El Eid,Peter Hoeflich,Sean Hunt,Jordi José,Keegan Kelly,Karl-Ludwig Kratz,Marco Limongi,Richard Longland,Maria Lugaro,Brad Meyer,Peter Mohr,Anuj Parikh,Nikos Prantzos,Ivo Seitenzahl,Frank Timmes 以及 John Wilkerson。这本书谨献给我的父母,感谢他们为我所做的一切。

克里斯蒂安·伊利亚迪斯

卡勃罗(美国),2014 年 8 月

序一

核天体物理是核物理和天体物理的交叉学科,包括核理论、核实验和恒星元素合成计算。《恒星中的核物理(第2版)》一书针对核天体物理基本概念进行了全方位展开,通过介绍核物理和核天体物理的基本概念,发展到核天体物理实验的内容,然后介绍恒星核燃烧中的各种核过程,是核天体物理方面的优秀教科书。该中文版的出版,将会为核天体物理方面的教学和科研提供很好的教材。

北京师范大学何建军老师翻译的这本书,让我眼前一亮。这对发展我国核天体物理,培养青年学生,为老师们提供参考,是个非常好的事情。因为核天体物理作为交叉学科,核物理和天体物理的教科书都单独有,但合起来很必要;另外比较新的教课书也比较少,这本书使学生们可以方便地找到需要学习核天体物理的部分。

目前,这方面的教科书或科普书籍也很少,正如原著作者在序中所提到的,需要最新进展的更新,如超新星爆发和中微子核反应等,使学生们在学习后能很快投入一线科研;另外学生在课堂教学中,迫切需要简单实用的公式推导以及更基本的物理概念解释,而不是像作科技报告那样一带而过,以便培养学生的兴趣和自信心。

目前找到一本合适的中文核天体物理教科书比较难,大多是科普介绍,学生不过瘾,也无法系统培养;要么是理论公式架构,脱离深入浅出的讲解和实验,学生也会感到比较枯燥。本书很恰当地把这两个方面结合在一起,反映了原著作者多年的教学经验积累。该书深浅适度,推导清楚,核物理与天体物理的基本知识介绍得比较全面。学生不需要太多高等数学和量子力学知识就可基本掌握,非常适用于一般理工科本科教学;这样受众面比较大,同时也是核天体物理的高级科普,为合理设计大学本科和研究生课程,加快核天体物理和其他理工科感兴趣的学生培养打下了很好的基础。

我感到这是核天体物理方面用起来最顺手的教科书之一。原著作者具有丰富的经验,无论在科研还是教学方面;译者也是核天体物理一线的优秀科技工作者,保证了翻译的高质量和准确性。

其实,我所在的核天体物理研究团队的老师们,以前也觉得这本书很好,也组织让研究生们练手翻译各章,但苦于学生专业和英文水平局限,质量参差不齐,老师忙于研究,未能全面翻译和仔细修改,终未成册。如今何建军老师锲而不舍,形成高质量的全书翻译,实在是令人钦佩,他所做的工作非常重要。

目前我国核天体物理发展迅速,建立了核天体物理相关的反应、质量及衰变的间接和直接测量方法,并有一支优秀的理论队伍。特别是,近年建成了国际先进的锦屏深地核天体物理实验平台JUNA,可以说本书的翻译出版恰逢其时,对培养优秀青年核天体物理科技人才大有裨益。

总之,《恒星中的核物理(第 2 版)》一书的中文版是非常好的学习核天体物理的教材,我认为会得到希望学习和了解核天体物理知识的学生、老师和公众的热烈欢迎。

中国原子能科学研究院 柳卫平研究员

2022 年 12 月

序二

　　核天体物理是一个快速发展的交叉学科研究领域,涉及核物理、天体物理和天文观测等学科的密切合作。这些学科之所以被交叉在一起,是因为人们希望从核物理尺度了解宇宙,从微观角度解释天体物理中所发生的现象。来自地面和空间望远镜的大量观测数据给人们提供了丰富的信息,但需要通过复杂的流体动力学和核过程建模来理解这些信息。人们想要弄懂元素在不同天体现象中产生和演变时所伴随的微观核物理过程,例如从恒星平稳燃烧、中子星并合、超新星爆发和 X 射线暴等过程产生的光变曲线里提取关于元素合成的重要信息。恒星中的核物理是核天体物理研究的重要组成部分。

　　当不同领域的人试图学习和研究同一个问题时,首先需要的是适当的教科书。在我国,原子核物理历来被认为是一个重要的传统学科,天文学和天体物理也有着悠久的发展历史,在这两个领域里各自活跃着一批优秀的科学家。而作为交叉学科的核天体物理在我国起步较晚,还没有形成一个成熟的教育和研究体系,我们缺乏全面、系统地阐述核天体物理研究的中文著作。虽然始于卢瑟福时代的实验原子核物理学被认为是近代实验物理的开端,但只有利用今天的核反应技术我们才能够探测原子核在极端条件下的行为,使我们有机会了解宇宙现象背后的核过程。这些核过程既复杂又广泛,例如恒星内部发生的低能带电粒子反应,恒星爆炸中极短寿命原子核的热核反应,中微子与核在早期超新星中的相互作用,以及中子星极端密度引起的核聚变过程等。

　　何建军教授的这本译著在一定程度上填补了我国在核天体物理教材方面的空白。本书围绕原子核反应这个主题,第 1 章简要介绍了核物理和天体物理的基本知识,而第 2～4 章较详细地介绍了实验原子核物理的主要概念、方法以及具体的实验技术,第 5 章全面阐述了各类原子核反应在不同天体场所和天体演化过程中的体现。由于恒星条件的极端性,对恒星中核过程的真正理解对于一线的科学家们也是一个挑战。因此,本书的出版对我国核物理和天体物理领域的研究人员无疑是个好消息。

　　核天体物理学研究的科学问题具有非常重要的意义,使我们认识宇宙中物质的起源和归宿。例如,宇宙中比铁重的元素是如何产生的这个问题,被列为尚未解决的世纪科学问题之一。中国的核天体物理还处于一个发展时期,需要大量相关学科人员的积极参与。在此译著问世之际,我向何建军教授表示祝贺,并向有志于投身核天体物理研究的高年级本科生和研究生大力推荐本书。

上海交通大学 孙扬教授

2022 年 11 月

序三

    核天体物理作为核物理与天体物理的学科交叉，近期有十分重要的进展。而在国内，全面系统地阐述核天体物理的中文著作非常匮乏，《恒星中的核物理（第 2 版）》这本译著针对恒星中核物理研究涉及的各个方面进行了全方位阐述。本书保持了原著的内容和形式，原汁原味地重现了原文的意境。译者何建军教授深耕核天体物理多年，长期从事基于加速器的核天体物理实验，在该学科方面取得了丰硕而且重要的成果，因此对原著也有更加深入的理解。相信本书的出版能激发更多从事核物理和天体物理的研究兴趣。本书适合大学高年级学生、研究生以及研究人员做教材或教学参考书使用。

中国科学院院士　复旦大学马余刚教授

2022 年 12 月

译者序

在国内，比较全面、系统地阐述核天体物理研究的中文著作非常匮乏。美国北卡罗来纳大学教堂山分校克里斯蒂安·伊利亚迪斯教授编写的 *Nuclear Physics of Stars* 是核天体物理方面的经典英文书籍。几年前，当我在给中国科学院大学天文与空间科学学院的研究生讲授"核天体物理学"的时候，就萌生了要翻译这本书的想法，但是这本书太厚重了，因此一直不敢下决心。当我2019年入职北京师范大学给核科学与技术学院的研究生再次讲授"核天体物理学"的时候，深感翻译这本书作为教材或者教学参考书已经是势在必行了，这可能也是作为一名大学教师的职责和使命。因为，没有一本系统的书籍，学生很难从讲课时相对碎片化的PPT课件中全面地了解和掌握这门知识，还得要另外查阅核物理学、天体物理学、天文学等专业的相关书籍或文献，或者"啃"这本厚重的英文书籍，而这对于毅力不是很强的学生来讲是很困难的事情。

本书针对恒星中核物理研究涉及的各个方面进行了全方位阐述。全书共分为5章：第1章介绍核物理和核天体物理的基本概念和知识；第2章讲述核反应相关的知识；第3章讲述热核反应及其反应率；第4章阐述核物理实验的相关知识；第5章论述核燃烧阶段和各种核过程。文末附有相关附录、参考文献，以及天文学彩图（请扫二维码观看）。

在对有些专有名词或者句子的翻译方面，我要感谢柳卫平、孙扬、郭冰、李志宏、林承键、苏俊、张立勇等老师，他们给予了我很多宝贵的建议。感谢我的博士研究生陈银吉在翻译附录方面给予的帮助。最后，感谢国家自然科学基金的资助，以及北京师范大学人才启动经费的支持。本书基本采用的是直译法，在译文中既保持原文的内容，又保持原文的形式，尽量做到原汁原味地重现原文的意境。在译文中保留了一些原文中的英文关键词，以使读者能够更好地领会原著中专有名词的意义。由于译者学识有限，翻译不妥之处在所难免，亦难免出现拼写错误，敬请读者批评指正。

本书谨献给我的妻子，她一定感受到了我过去几年中为了翻译这本书所投入的大量私人时间，感谢她为我所做的一切。

何建军

北京，2022年6月

目 录

第1章

核物理和天体物理概述

1.1 历史

1920 年,阿斯顿(Aston)发现氦原子的质量比 4 倍的氢原子质量稍微小一些。之后不久,爱丁顿(Eddington)在 1920 年英国科学进步协会的主席讲话中建议阿斯顿的发现可以解释太阳中能量的产生,即通过氢到氦的转化。但是,爱丁顿无法解释为什么通过观测得到的恒星温度远低于人们认为的引发聚变反应所必需的温度。1928 年,伽莫夫(Gamow)以及 Condon 和 Gourney 各自独立地计算了粒子贯穿势垒的量子力学概率,并因此解释了 α 粒子衰变(Gamow,1928;Condon & Gourney,1929)。Atkinson 和 Houtermans 利用伽莫夫的结果,提出量子力学隧道效应可以解释恒星中的能量产生,即通过核聚变反应(Atkinson & Houtermans,1929)。

1932 年,考克罗夫特(Cockcroft)和瓦尔顿(Walton)启动了第一个人工核反应(Cockcroft & Walton,1932),即利用加速至几百千电子伏能量的质子轰击并分解锂原子核。偶然地,锂被分解成两个 α 粒子,这就是后来被称为 pp 链的反应之一。1934 年,Lauritsen 和 Crane 利用质子轰击碳产生了一个 10 min 的放射性(Crane & Lauritsen,1934),这是对后来被称为 CNO 循环反应之一的首次测量。

1936 年,Atkinson 提出两个氢核熔合成氦核作为天体能量产生的来源(Atkinson,1936)。1938 年,Bethe 和 Critchfield 提供了对这个反应的详细处理,表明 p+p 反应产生的能量与太阳的能量两者在数量级上是一致的(Bethe & Critchfield,1938)。von Weizsäcker 和 Bethe 分别独立地发现了恒星通过 CNO 循环产生能量(von Weizsäcker,1938;Bethe,1939)。特别地,Bethe 的工作首次研究了 CNO 循环中产能率和温度的依赖关系。

在接下来的岁月里,人们建立了核天体物理中的一些开拓性思想。霍伊尔(Hoyle)在两篇文章里利用当时可用的核数据在天体演化框架下首次提出了核合成理论(Hoyle *et al.*,1946;Hoyle,1954)。核物理实验确凿地表明自然界中没有质量数为 5 和 8 的稳定原子核。为此,如何绕开这些质量间隙从较轻的原子核合成较重的原子核还是一个谜。1952 年,Salpeter 建议一个较小平衡浓度的非稳定 ^8Be 核,其如果俘获另外一个 α 粒子就能够形成稳定的 ^{12}C,这个 3α 反应可能是红巨星的主要能量来源(Salpeter,1952)。Hoyle 指出如果在 ^{12}C 核中没有一个位于 7.7 MeV 的激发能级,则这一俘获概率就太小了。这一预言的能级被后来实验所证实(Dunbar *et al.*,1953),它的能级特性也被实验所测定(Cook *et al.*, 1957),从而建立了 3α 反应作为克服质量数 5 和 8 间隙的机制。

1956 年,Suess 和 Urey 在一篇非常有影响力的评论文章中,证明了在观测到的太阳系元素丰度分布中存在许多双峰结构(Suess & Urey,1956)。人们立刻清楚地发现,这些丰度峰值与詹森(J. H. D. Jensen)和迈耶(M. G. Mayer)夫人在 1949 年各自独立提出的原子核壳模型中的中子幻数有关。通过中子俘获反应产生铁以上重核素的核合成过程后来被称为 s-过程和 r-过程。

尤为重要的是,1953 年 Merrill 在演化的红巨星中发现了元素锝(Tc)的光谱线(Merrill,1952)。所有锝的同位素都是不稳定的,其最长寿命同位素的半衰期约为 4.2×10^6 a。在宇宙学时间尺度(约 10^{10} a)上,这样的半衰期是非常短的,因此,这一发现毫无疑问地表明,锝元素一定是"最近"在恒星内部产生的,而核合成的产物可以在质量损失和混合的帮助下到达恒星的表面。

1957 年,Burbidge 等在一篇评论文章中介绍了当时有关元素合成的可用知识(Burbidge *et al.*,1957,后来被称为 B^2FH),Cameron 则独立发表了一篇评论文章(Cameron,1957)。这些论文为核天体物理学的现代理论奠定了基础。此后,该领域发展成为令人兴奋的学科,取得了令人瞩目的成就,并将天文观测、核物理实验、核理论、天体演化以及流体力学等课题紧密地联系在一起。

1.2　命名法

原子核由质子和中子构成。符号 Z 表示质子的数目,称为原子序数。中子的数目用符号 N 表示。质量数 A 定义为 $A = Z + N$,它是一个整数,有时也被称为核子数。具有相同质子数和中子数的原子核都有相同的核特性。它们可以用符号 $^A_Z X_N$ 表示,其中 X 表示元素符号。任何单个的具有相同质子数 Z 和中子数 N 的一类原子核,称为一种核素(nuclides)。具有相同质子数,但是中子数不同(也即质量数不同)的核素称为同位素(isotopes)。质量数相同,但质子数和中子数不同的核素称为同量异位素(isobars)。中子数相同,但质子数不同(也即质量数不同)的核素称为同中异位素(isotones)。同位素、同量异位素和同中异位素因为具有不同的质子和中子,因此它们的核物理特性也是不同的。

核素可以用一个二维图表示,称为核素图(chart of the nuclides)。图中水平轴和纵轴分别表示中子数和质子数。图中的每个方框都表示一个不同的核素,具有唯一的核物理特性。图 1.1 显示了部分较轻核素种类($Z \leqslant 15, N \leqslant 20$)的核素图。阴影方框表示的是稳定核素,未填充的方框对应于半衰期大于 1 ms 的不稳定核素。在自然界中,存在着比稳定核素更多的不稳定核素。令人惊讶的是,不存在质量数为 $A = 5$ 和 8 的稳定核素。读者将会在第 5 章看到,这种情况在恒星核合成中具有非常深刻的影响。

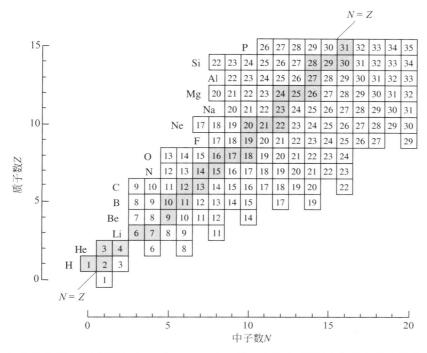

图1.1 部分核素图,显示了最轻的 $Z \leqslant 15$ 且 $N \leqslant 20$ 的一些核素,阴影方块代表稳定核素,而空心方块对应于半衰期超过 1 ms 的不稳定核素。唯一例外的是核素 ^{8}Be 和 ^{9}B,它们具有相当短的半衰期。在质量数 $A = 5$ 或 8 处没有稳定核素

 示例 1.1

具有 7 个中子($N = 7$)的碳核($Z = 6$)的质量数为 $A = Z + N = 13$,可以用符号 $^{13}_{6}C_7$ 来表示。因为元素符号和质子数(即原子序数)携带着相同的信息,所以在符号表示中 $Z = 6$ 和 $N = 7$ 经常被舍去。具有质量数 $A = 13$ 的碳核素可以确切地用符号 ^{13}C 来表示。

$^{12}_{6}C_6$,$^{13}_{6}C_7$ 和 $^{14}_{6}C_8$ 都是碳的同位素;$^{20}_{10}Ne_{10}$,$^{20}_{11}Na_9$ 和 $^{20}_{12}Mg_8$ 是质量数为 $A = 20$ 的同量异位素;$^{28}_{14}Si_{14}$,$^{29}_{15}P_{14}$ 和 $^{30}_{16}S_{14}$ 是中子数为 $N = 14$ 的同中异位素。

1.3 太阳系丰度

人们普遍认为,太阳系是由气态星云的塌陷形成的,该星云具有几乎均匀的化学和同位素丰度分布。太阳系中的丰度也与许多恒星、太阳附近的星际介质,以及其他星系的一部分恒星中观测到的丰度相似。因此,人们长期以来一直希望对太阳系丰度进行仔细的研究,这将提供"宇宙的"(cosmic)或"普适的"(universal)丰度分布,即代表宇宙中所有发光物质的一个平均丰度分布。然而,更仔细地比较太阳系和宇宙其他部分的丰度,就会发现明显的成分差异。此外,原始陨石中太阳前颗粒(presolar grains)的发现,使得人们能够第一次对星

际物质进行精确地化学和同位素分析。对这些太阳前颗粒中同位素丰度的测量表明,与太阳系的值相比,存在非常大的偏差。按照文献中的常规做法,在指太阳系形成时太阳系中的丰度分布时,我们将避免使用术语"普适的(universal)丰度",而是使用"太阳系丰度"(solar system abundances)这一表述。后者提供了一个重要的、常常要用到的参考标准。

对于太阳系元素丰度,有两个主要且独立的,有时是互补的数据来源:①观测太阳光球;②分析一类特定的陨石,称为CI碳质球粒陨石。太阳包含了太阳系中的大部分质量,因此,它代表了整个太阳系的成分构成。另外,行星包含了相当少的质量,但自形成以来,它们在过去的 4.5 Ga(1 Ga=10^9 a)时间里经历了广泛的化学分馏(Cowley,1995)。在 2 万多个回收的陨石中,只有 5 种已知的 CI 碳质球粒陨石。尽管这些陨石所包含的物质的量微不足道,但它们被认为是太阳系中最原始的物体之一。它们显示出最少的化学分馏和凝结后重熔的证据,这样就保留了太阳星云原始物质中存在的大多数元素(除少数极易挥发的物质以外)。关于如何获得这些丰度的细节将不在这里赘述(例如,Arnett,1996;Grevesse & Sauval,1998;Palme & Jones,2003;Lodders et al.,2009)。在此处有必要作一个评论:总体上,从太阳光球和原始陨石所得到的丰度具有显著的一致性(对于大多数元素,一致性都好于±10%)。然后,主要利用地球上的同位素比率,就可以从元素丰度中获得太阳系中同位素的丰度(Rosman & Taylor,1998)。

图 1.2(a)显示了太阳系中核素的丰度与质量数 A 之间的关系。该丰度是归一化到硅原子数目上的。对于特定的质量数 A,如果存在两个或更多稳定的同量异位素,则显示的是它们丰度的总和。图 1.2(b)分别展示了偶 A 和奇 A 核的丰度。几乎所有的质量都包含在 ^{1}H(71.1%)和 ^{4}He(27.4%)这两种原子核里。在 A=5~8 质量区,存在一个最小丰度区,对应于锂(Li)、铍(Be)和硼(B)元素。其余剩下质量的一半以上(约 1.5%)以 ^{12}C 和 ^{16}O 的形式存在。随着质量数的增加,丰度缓慢下降。另外一个最小发生在 A=41~49 质量区,即在元素钪(Sc)的附近。丰度曲线在 A=50~65 质量区展示了一个极大值,即铁(Fe)元素附近。在铁峰以上,随着质量数的增加,总的来说丰度是减小的,尽管在 A=110~150 和 A=180~210 质量区可以看到比较显著的极大值。仔细查看图 1.2(b)会发现,偶 A 核通常比奇 A 核更丰。此外,奇 A 核的丰度曲线比偶 A 核的要平滑得多。

图 1.2 中突出的总体特征是丰度具有极大值和极小值。具体来说,丰度不是随机分散的,而是表现出一定的规律性和系统性。因此,一个合理的假设是任何核素组或子组内的丰度都可以归因于某种主要的核合成机制。自 Suess 和 Urey(1956)的工作开始,这样的太阳系丰度表对于研究元素的起源和核天体物理学的发展产生了巨大的影响。各种核过程在丰度分布中所留下的独特特征,不仅使得人们鉴别和研究这些过程成为可能,而且还可以与这些核合成起源的天体运行环境建立联系。除少数例外,所有的核素都是在恒星中合成的。因此,观测到的太阳系丰度为恒星的历史和演化,再延伸一点讲,为整个银河系的化学演化提供了有力的线索。

令人着迷的是,图 1.2 中的结构反映了在自然界发生的各种过程中的核物理特性。以下是一些非常笼统的评论。所有的氢(^{1}H 和 ^{2}H)和大部分的氦(^{3}He 和 ^{4}He)都起源于大爆炸。其中最丰的 ^{1}H 和 ^{4}He 是合成更重和更复杂原子核的基本构建基块(building blocks)。在 Li-Be-B 区域出现了丰度极小值。由于这些核素与质子的熔合反应截面非常大,在质子的轰击下会迅速地被破坏掉,因此,它们的太阳系丰度必须由在恒星内部以外场所发生的过

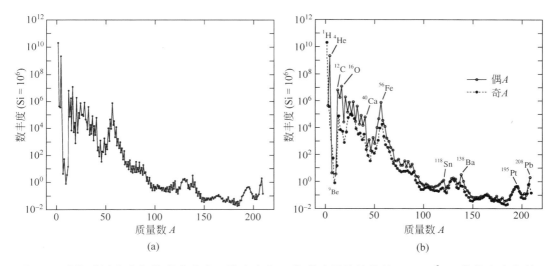

图 1.2　太阳系诞生之初核素的丰度。数丰度归一化到硅原子的数目（$Si = 10^6$）。数据来自文献 Lodders（2003）。（a）给定 A 处所有核素丰度之和随质量数 A 的关系。在 $A = 50 \sim 65$ 质量区中的峰值被称为铁峰。（b）偶 A 核素或奇 A 核素单独的丰度贡献随质量数的关系。通常偶 A 核素比奇 A 核素的丰度更丰

程来解释。这些核素被认为是由银河系宇宙线引起的散裂反应而产生的。然而，大爆炸和某些恒星最有可能促成了 $^7\mathrm{Li}$ 的产生。所有 $A \geqslant 12$ 的较重核素都是在恒星中产生的。从 $^{12}\mathrm{C}$ 到 $^{40}\mathrm{Ca}$ 之间的核素是在各种天体燃烧过程中通过带电粒子核反应合成的。带电粒子之间的核反应受到库仑排斥作用，因此反应核的电荷越大，则核反应的可能性就越小。这种情况反映在丰度曲线从 $^{12}\mathrm{C}$ 到 $^{40}\mathrm{Ca}$ 的总体下降趋势中。铁峰丰度极大值的出现是由于这些核素在能量上代表了最稳定的核素种类（1.5.1 节）。由于库仑排斥力非常大，则通过带电粒子反应合成铁峰以上核素的可能性很小，而是由俘获中子产生的。从图 1.2 可以看出，$A > 80$ 质量区核素的丰度平均比氢的要小 10^{10}。在该质量区中所观测到的窄峰和宽峰为两个独特的中子俘获过程的存在提供了确切的证据。以上所有评论都很笼统，没有解释太阳系丰度曲线的任何细节。在第 5 章中将对各种核合成过程进行广泛的讨论。在本书的最后提供了有关太阳系核素起源的信息。

1.4　天体物理方面

1.4.1　概述

　　研究恒星对于天文学和天体物理学至关重要，因为恒星是长寿命的物体，是我们从正常星系中观测到的大部分可见光的源头。以消耗质量为代价，轻核素熔合成更较重的核素时会释放动能，这是从恒星表面辐射出去能量的内部来源。这些完全相同的反应会改变恒星物质的成分。正如已经指出的那样，所有质量 $A \geqslant 12$ 的核素都是在恒星中产生的。当恒星在一定演化阶段将其部分质量抛射到空间时，星际介质的化学组成（chemical composition）将被这些热核碎片所改变。而星际介质则在提供新一代恒星形成的物质方面起着关键作

用。发生在恒星和星际介质之间的这种物质循环涉及无数的恒星。通过比较银河系的年龄(约 14 Ga)和太阳的年龄(约 4.5 Ga),我们可以得出结论:导致太阳系丰度分布的循环过程已经运行了将近 100 亿年。

恒星中的核合成已有明确的直接证据。首先,我们在 1.1 节中已经提到了恒星光谱中放射性元素锝的观测(Merrill,1952)。其次,通过卫星上的光谱仪,人们在星际介质中发现了来自放射性核素 ^{26}Al 的 γ 射线(Mahoney et al.,1982;Diehl et al.,1993)。这种 ^{26}Al 核素的半衰期(7.17×10^5 a)甚至比放射性元素锝的半衰期还要短,这就再次证明了现在银河系中的核合成仍然是活跃的。再次,中微子被预言是恒星中核过程的副产物(第 5 章)。由于它们与物质的相互作用非常弱,所以它们基本上不受恒星内部的阻碍就可以逃逸出来。在地球上探测到了来自太阳的中微子(Bahcall,1989;Hirata et al.,1990;Bellini et al.,2014),以及来自 Ⅱ 型超新星 1987A(Hirata et al.,1987;Bionta et al.,1987)的中微子,这提供了对天体核合成的另一个直接检验。最后,超新星模型预言了放射性核素 ^{56}Ni(半衰期为 6 d)的喷射,然后衰变到放射性子核 ^{56}Co(半衰期为 77 d)。为了确定这些天体爆炸所放出光线的下降趋势,人们预言该核素随后将衰变到稳定的 ^{56}Fe。这些预言与观测到的超新星光变曲线非常吻合。此外,放射性衰变中产生的高能 γ 射线最初通过康普顿散射和光电吸收而热化,并沉积其能量。然而,由于膨胀,柱密度随时间不断降低,则最终抛射物变得透明。人们已经直接探测到了来自超新星 1987A 中的放射性核 ^{56}Co 和 ^{44}Ti 的衰变光子(Matz et al.,1988;Tueller et al.,1990;Grebenev et al.,2012)。

在这方面,天文学家对两个不同天体星族的发现也至关重要。它们被称为星族 Ⅰ(population Ⅰ)和星族 Ⅱ(population Ⅱ)恒星。它们的年龄和金属含量截然不同,在这里,天文学家把除氢和氦之外的其他任何元素称为金属。星族 Ⅰ 恒星(包括太阳)都是富金属的。它们是在过去几十亿年内形成的年轻恒星,存在于银盘之中。极端星族 Ⅰ 代表最年轻、最富金属的恒星,存在于银河系的悬臂之上。另外,星族 Ⅱ 恒星是贫金属的。它们的年龄相对较古老,存在于银晕(halo of the Galaxy)和核球(bulge)中。极端星族 Ⅱ 代表最古老、最贫金属的恒星,存在于银晕和球状星团(globular cluster)之中。相较于星族 Ⅰ 恒星,它们相对于氢的金属丰度要小得多,只有百分之一或者更小。

如果假设银河系的初始成分是均匀的,并且如果不存在可以浓缩银河系盘中金属的机制,那么银河系必须合成自身绝大多数的金属。这一论点为核合成理论,即核合成是恒星演化过程中自然发生的过程,提供了有力的支持。银河系中的金属含量随着时间的流逝而增加,这是因为形成恒星的物质在越来越多的恒星世代中被不断地循环。因此,两个恒星星族之间金属度的差异表明,在银河系历史上,星族 Ⅰ 的恒星是当星际介质变成富金属后才形成的。

无论在解释整个太阳系的丰度分布,还是在解释观测到的单个恒星的化学组成方面,核反应都是必不可少的。上述天文观测(甚至对于痕量元素)对于约束恒星的理论模型,以及更好地理解天体流体力学、对流、混合、质量损失及自转中的复杂相互作用,都是至关重要的。天体核合成在解释星际介质的化学组成方面也扮演着决定性的角色,因此它与 γ 射线天文学、原始陨石及宇宙线本质的研究交织在一起。

1.4.2　赫罗图

从一颗星到另一颗星,它们在单位时间内发射的辐射总量或光度都有很大的变化。恒星表面的有效温度也是如此。但是,如果我们在图中为许多单个恒星绘制这两个量,则结果并不是随机散布的点,而是大多数恒星分成几个截然不同的组。恒星光度和有效表面温度之间的这种关联代表了恒星特性中最重要的关系,被称为赫罗图(Hertzsprung-Russell diagram)或者色度图(color-magnitude diagram)。后一名称意味着表面温度可以用恒星的颜色来表示,而光度则与绝对星等(absolute magnitude)有关。对于这些关系的解释,可以在任何天文学入门级教科书中找到。赫罗图对于恒星演化理论以及整个银河系的历史都具有深远的影响。

首先考虑图 1.3(a),它显示了太阳邻区约 5000 颗恒星样本的赫罗图。其中,图中的每个点对应一颗星。图中表面温度从右到左是增加的。绝大多数的恒星占据着主序(main sequence,MS),从左上角(热且亮的星)到右下角(冷且暗的星)呈对角伸展。例如,太阳属于主序星。在主序星带的右下部分(冷且暗的星),可以发现红矮星(red dwarf,RD)。亚巨星支(subgiant branch,SGB)与主序相连,并向着更冷和更亮的恒星延伸,该稠密区域的恒星首先变成红团簇星(red clump,RC),然后变成红巨星支(red giant branch,RGB)。在对应于较小光度和较高温度(左下)的区域中,人们发现了一组暗淡且炽热的恒星,称为白矮星(white dwarf,WD),一个著名的例子是天狼星的伴星(SiriusB)。一些恒星位于主序之下,但比白矮星要亮得多,称为亚矮星(subdwarf,SD)。许多其他类型的恒星未在图中出现。超巨星(super giant,SG)是银河系中最明亮的恒星,占据着赫罗图的上端,但它们在太阳系附近却很少见。冷而暗淡的褐矮星(brown dwarfs,BD)会在右下角出现(稍微偏离比例),但由于它们太暗淡而无法在图中呈现。

图 1.3(b)显示了球状星团 M 3 的赫罗图。银河系中大约有 200 个球状星团。它们位于银河系中心周围的球形空间,称为银晕。每个星团由 $10^4 \sim 10^6$ 个由引力约束的恒星组成,并且向星团中心高度集中。附录中的图 1 显示了球状星团 M 10 的彩色图像。光谱观测发现,与太阳相比,球状星团是贫金属的。这意味着它们非常古老,是在银河系演化的早期阶段形成的。公认的是,一个典型球状星团中的所有恒星都是由组成非常相似的物质在大约同一时间形成的。观测到的球状星团中的恒星位于赫罗图中截然不同的区域,而这必须由仅有的恒星主要特性(即它们的初始质量)之间的差异来解释。如下所述,恒星质量是影响恒星演化的最重要特性:恒星质量越大,则演化就越快。

图 1.3(b)显示了一些已在图 1.3(a)提及到的相同恒星类别。最密集的区域被主序恒星所占据。从主序延伸到更冷、更亮恒星的独特扭结称为转向点(turn-off point,TO)。亚巨星支 SGB 位于向右延伸的水平部分,该部分向上变成红巨星支 RGB。在红巨星支的左侧可以分辨出另外三组恒星:渐近巨星支(asymptotic giant branch,AGB)、红水平分支(red horizontal branch,RHB)和蓝水平分支(blue horizontal branch,BHB)。如下所述,图 1.3(a)和(b)中的不同组恒星对应于天体演化的不同阶段。特别是球状星团在天体物理学中扮演着重要的角色,因为它们在赫罗图中的独特特征代表了其对天体模型的强大约束力。

1.4.3 单星的天体演化

在恒星结构和演化理论中,最重要的目标之一就是要理解为什么某些恒星仅出现在赫罗图的特定区域,以及它们如何从一个区域演化到另一个区域。在本节中,我们的目标是总

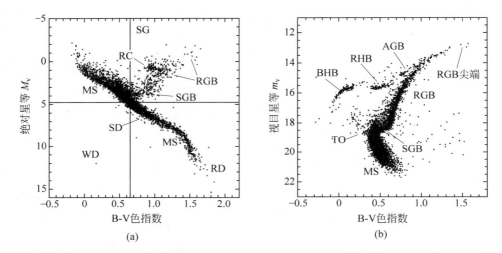

图 1.3　观测的赫罗图,显示了目视星等与 B-V 色指数的关系。每个点对应于一颗恒星

(a) 太阳系附近已知精确距离的大约有 5000 颗恒星样本。数据由 Hipparcos 天体测量卫星获取。绝大多数恒星占据着主序带,从热(蓝色)的且发光的左上角呈对角延伸到冷(红色)的且微弱的右下角。十字线表示太阳的位置。某些类别的恒星没有出现在图中,例如在太阳邻域很少见的超巨星,以及太微弱而无法被 Hipparcos 探测到的褐矮星。(b) 球状团 M3 的数据。垂直轴上显示的是视目星等而不是绝对星等,因为这些恒星与地球的距离相同。这里省略了位于红色(RHB)和蓝色(BHB)水平分支之间的天琴座 RR 变星。数据来自 Corwin 和 Carney (2001)

结与恒星中核物理相关的最重要问题,但是不会给出详细的理由。关于恒星演化的介绍可以在 Binney 和 Merrifield(1998)的书中或 Iben(1985)的文章中找到,以及在 Kippenhahn 和 Weigert(1990)的书中可以找到更全面的描述。在本节中,我们将使用诸如氢燃烧、氦燃烧、pp 链、CNO 循环的表述,以获得有关恒星中核过程的一般概念。这些将在第 5 章中进行深入介绍。

在最简单的情况下,关于流体静力学平衡的恒星理论模型可以通过求解一组四个偏微分方程(半径、光度、压力和温度)来构建。这四个方程描述了以到中心的距离为函数的恒星结构,同时也是时间的函数。这种解决方案或天体模型的一个时间序列就代表了赫罗图中的一条演化轨迹(evolutionary track)。恒星结构和演化的计算严重依赖于大规模的数值计算机代码。恒星特性的时间变化与能量收支密切相关。恒星通过核反应和引力收缩而产生能量,并通过光子和中微子的发射而不断地从表面损失能量。在下面的讨论中将变得很清楚,恒星将大部分核燃烧时间都消耗在氢聚变成氦的主序阶段。仔细观察发现,在主序星的质量和光度之间存在着直接的关联。恒星的总质量越大,则其核心温度和压强越大,核能产生得就越快,它的能量输出或光度就越大。例如,一颗 10 倍太阳质量的主序星,它的光度大约是太阳的 3000 倍。此外,主序星的寿命也强烈地依赖于恒星的质量,这是因为恒星燃烧核燃料的速率是由其光度来决定的。例如,$1\,M_\odot$、$5\,M_\odot$ 和 $15\,M_\odot$ 的具有太阳金属丰度的恒星,则其在主序上花费的时间分别是大约 10 Ga、100 Ma 和 12 Ma。下面将看到,一颗恒星一旦离开主序后,则其演化速度将大大加快。

现代理论在描述恒星特性方面已经取得了巨大的成功。然而,还有许多悬而未决的问题。恒星演化是一个非常活跃的研究领域,值得牢记的是,模型计算中仍然存在不确定性。这反映了我们对恒星某些过程认识的不全面,包括通过对流、质量损失、原子扩散、湍流混

合、自转,以及磁场对能量传输影响等的处理方面。对于双星(1.4.4节),还会遇到许多其他问题,这是因为:首先,必须放宽模型假设中球对称性的限制;其次,两颗恒星之间的相互作用变得很重要。在这里,除了提及一下大部分影响随着恒星演化而变得越来越重要外,我们将不详细讨论这些影响。核物理的影响与这些问题息息相关。当我们在后面的章节中讨论核物理不确定度对核能产生和核合成的影响时,请务必记住,这里仅指复杂拼图中的一块。核天体物理学的主要目标之一是更好地理解恒星的内部运作。为此,可靠的核物理知识必不可少。

图 1.4 显示了具有各种初始质量单个恒星的主要演化阶段,它将有助于后续的讨论。图的左侧显示了恒星的质量,时间从左到右是增加的。

质量	阶段										
0.013	褐矮星 (brown dwarf)	D-C									
0.08	红矮星 (red dwarf)	H-C [MS]									He WD
0.4 / 1.5	低质量星 (low mass star)	H-C [MS] / PP CNO	H-S [RGB]	1.DU	HeF	He-C H-S [HB,RC]	He-S H-S [AGB]		3.DU	PNN	CO WD
2	中等质量星 (intermediate mass star)	H-C [MS]	H-S [RGB]	1.DU		He-C H-S	He-S H-S [AGB]		3.DU	PNN	CO WD
4		H-C [MS]	H-S [RGB]	1.DU		He-C H-S	2.DU He-S H-S [AGB]		3.DU	PNN	CO WD
9		H-C [MS]	H-S [RGB]	1.DU		He-C H-S	He-S C-C He-S [SAGB]	2.DU He-S H-S	3.DU	PNN	ONe WD
11 / 100	大质量星 (massive star)	H-C [MS]	He-C H-S	C-C He-S	Ne-C C-S ...	O-C Ne-S ...	Si-C O-S ...	CC SN II/Ib/Ic			BH 或 NS

图 1.4 不同质量范围单个恒星的主要演化阶段。初始恒星质量在左侧给出。时间从左到右增加。每个燃烧阶段的核燃料以黑体显示。例如,"H-C"是指核心氢燃烧,"He-S"表示壳中氦燃烧,等等。对于低质量恒星,对方括号中标签的描述见正文(另请参见图 1.5 的图题);"DU"代表不同的挖掘事件。对于大质量恒星,三个点表示有额外叠加的燃烧壳(图 1.7);标签"CC"代表核心坍缩,"SN"代表超新星,"NS"代表中子星,"BH"代表黑洞。这里的质量范围仅为近似估计,取决于恒星的金属度。对于在 $M \geqslant 100\ M_\odot$ 质量范围内的恒星演化,请参见文献(Woosley *et al.*,2002)及其中引用的参考资料

1. 前主序星(pre-main-sequence star)

当一个主要由氢和氦组成的星际气体云收缩时,重力势能将转化为热能和辐射。最初,气体处于重力自由落体状态,由于气体是相对透明的,则大部分释放的能量没有被保留下来而是散发出去。随着密度的增加,不透明度也会增加,这样某些发射的辐射就会被保留在云中。导致的结果是,温度和压力开始上升,云中央稠密部分的收缩变慢。温度升高首先导致氢分子解离成原子,然后使氢原子和氦原子电离。当达到约 10^5 K 的温度时,气体基本上都被电离了。电子可以有效地捕获辐射,结果导致压力和温度升高,云中央部分的塌陷停止

了。前主序星最终达到了流体静力学平衡状态,同时从云的外层部分继续吸积物质。

能量的来源是重力收缩,但是当中心温度达到几百万开时,第一个核反应开始发生。原初氘与氢熔合,该过程称为氘燃烧(deuterium burning,5.1.1节),原初锂可以通过与质子的相互作用而被破坏掉($^7Li+p\longrightarrow\alpha+\alpha$;符号将在第 1.5.2 节中解释)。在此阶段,能量通过对流进行传输,大多数恒星物质(包括表面物质)预计经由恒星中心进行加工处理。尽管释放的核能很少,但核反应会改变轻元素的丰度,从而提供关于中心温度的有价值信息。

当温度达到数百万开时,从氢到氦的聚变开始发生,所产生的能量占总能量输出的比重不断增加。最终将达到一个点,在这一点上核心氢聚变将成为唯一的能量来源。现在这颗恒星处于流体静力学和热平衡状态,并到达了赫罗图中一个被称为零龄主序(zero age main sequence,ZAMS)的位置。具有不同初始质量的恒星到达主序的时间不同。例如,一颗 $1\,M_\odot$ 恒星的前主序演化大约持续 7500 万年。在 ZAMS 上,具有不同质量的恒星分布在不同的位置上,这样 ZAMS 在赫罗图中就以一条线来表示。大质量恒星具有较高的温度,核反应启动得较早,因此位于较热、较亮的部分(左上方),而小质量的恒星则位于较冷、较暗的部分(右下方)。

对于新生恒星,因为它们通常被旋转的气体和尘埃盘包围着,所以通常很难被观测到。例如,太阳系大概就是由这样的盘形成的。前主序天体对象的例子是金牛座 T 型星(T Tauri stars)。它们的锂丰度相对较高,表明其中心尚未达到足够高的温度,以至于锂还未通过涉及质子的核反应而被破坏掉。

恒星的后续命运在很大程度上取决于其初始质量,我们将依次考虑不同的质量范围,虽然这些质量范围的划分并不十分严格,而且还有点取决于其化学组成。

2. 初始质量为 $0.013\,M_\odot\leqslant M\leqslant0.08\,M_\odot$ 的恒星

根据理论预测,该质量范围内的天体对象永远无法达到维持其核心氢聚变所需的中心温度,因此无法产生足够的核能来抵抗压强。搜寻这些非常微弱、暗淡、较冷的恒星,可以为恒星演化理论提供重要的约束。此类对象仅在 20 世纪 90 年代中期才被发现,被称为褐矮星。根据理论预测,它们在银河系中非常丰富,因此是难以捉摸的(重子)暗物质的候选者。褐矮星是完全对流的,其早期的能量来源是由重力收缩提供的。

尽管褐矮星不是真正的恒星,但它们确实有足够的质量经受氘燃烧,这使得它们与木星等大型行星区分开来,并提供了它们额外较低水平的能源。由于褐矮星的温度仍然太低而无法破坏锂元素,所以它们也具有相对较高的锂丰度。褐矮星的外层物质可以用理想气体定律来描述。然而,其核心最终将变成电子简并的。导致的结果是,引力收缩停止了,褐矮星通过将其热能辐射到太空中,并以近似恒定的半径缓慢冷却。在赫罗图中,褐矮星的演化几乎垂直向下并笔直地越过主序(图1.3)。

在许多现代物理学教科书中都对简并物质的特性进行了详细的描述,在此不再赘述。但是,我们将总结一些特性,这对于讨论其他恒星也很重要。泡利不相容原理(Pauli exclusion principle)指出,最多有两个自旋为 1/2 的粒子(例如电子)可以同时占据一个给定的量子态,其结果是物质在相对较高的密度下会变成简并的。因为电子无法移动到已经被占据的较低能级,所以简并气体会强烈地抵抗进一步的引力压缩。不像理想的经典气体(其压强与温度成正比),完全简并的气体所施加的压强与温度无关。换句话说,增加部分简并气体的温度对总压强的影响很小。稍后将看到,当温度达到足够高时,简并度被抬高,意味着这种气体特性会恢复为经典的理想气体特性。此外,由简并气体提供的压力存在一个上限。如果引力超过此压力,尽管存在简并粒子,恒星也会坍塌。可以维持简并压与引力之间平衡的恒星质量的最大值称为钱德拉塞卡极限(Chandrasekhar limit),其精确值取决于化学组成。对于电子简并气体和每个电子有两个核子为特征的物质(例如 ^{4}He、^{12}C 或 ^{16}O)来说,其极限值约为 $1.44~M_\odot$。在演化即将结束时进入电子简并态的恒星称为白矮星。在自然界中,尚未观测到质量超过钱德拉塞卡极限的白矮星。

3. 初始质量为 0.08 $M_\odot \leqslant M \leqslant$ 0.4 $M_\odot$ 的恒星

在该质量范围内的恒星有时称为红矮星(或 M 矮星)。它们是太阳附近最常见的恒星类型。例如,离太阳最近的比邻星(Proxima Centauri)就是一颗红矮星。这些恒星具有足够大的质量,可以通过 pp 链将核心中的氢聚变成氦,即氢燃烧。从零龄主序开始,红矮星向着更高的光度和逐渐升高的表面温度(即向上和向左)方向演化。所有核心以燃烧氢来维持流体静力学平衡的恒星称为主序星。理论模型表明,例如,一颗具有太阳金属度、0.1 $M_\odot$ 的恒星,其保留在主序上的时间大约是 6000 Ga。在这段时间内,红矮星是完全对流的,这意味着它们全部的氢都可以用作核燃料。由于宇宙的年龄约为 14 Ga,所以我们观测到的所有红矮星都一定是主序星。最终,它们将耗尽核燃料,即所有的氢都将转化为氦。红矮星的质量不足以产生熔合氦核所需的高温,因此,它们将收缩直至开始电子简并。从那时起,它们的体积将保持恒定,因为简并压阻止了进一步的压缩。它们会变成一颗氦白矮星,通过散发热能而缓慢冷却。

4. 初始质量为 0.4 $M_\odot \leqslant M \leqslant$ 2 $M_\odot$ 的恒星

与之前的情况相比,在此质量范围内的恒星演化要复杂得多。当核心中的氢开始聚变成氦时,这些恒星开始了从零龄主序的生命历程。在质量小于 1.5 $M_\odot$ 的恒星中,氢聚变通过 pp 链进行,而质量更大的恒星则通过其核心的 CNO 循环来燃烧氢。后文将看到,这些不同的过程具有完全不同的温度依赖(5.1 节),因此会影响恒星的结构。在质量大于 1.5 $M_\odot$ 的恒星中,由于 CNO 循环对温度的强烈依赖,其产生的能量将聚集在中心,导致的结果是核心将通过对流来传输能量。而在小于 1.5 $M_\odot$ 的恒星中,其核心 pp 链产生的能量通过辐射来进行传输。

作为示例,下面我们将讨论一颗特殊恒星,即太阳的演化(请扫二维码看彩图 2)。太阳演化轨迹的示意图如图 1.5(a)所示。下面给出的论据遵循 Sackmann 等(1993)所得的数值计算结果。太阳在大约 4.5 Ga 前通过零龄主序的 pp 链开始了核心氢燃烧。目前,其中心温度和密度分别为 $T \approx 15$ MK 和 $\rho \approx 150$ g·cm^{-3}。迄今为止,核心中约有一半的原始氢都消耗掉了。在太阳的表面有一个非常小的对流区,仅占其总质量的大约 2%。从现在开始大约 4.8 Ga 后,其核心中的氢将被耗尽。然后,太阳将位于主序上最蓝和最热的点,即转向点。请注意:在图 1.5(a)中,描述主序上核燃烧的轨迹为弧形。这部分解释了为什么在赫罗图中观测到的主序星是以一条带而不是以一条窄线来表示。

在星核附近的壳中,氢聚变通过 CNO 循环继续进行,其中核心仍有氢的残留。此时,太阳慢慢离开了主序。太阳的中心开始收缩并产生能量,这些能量不再由核过程来提供,并且收缩会引起进一步的加热。造成的结果是,氢燃烧壳中的温度以及相关的核能产生速率也增加了。最初,太阳尚未形成完全对流的包层(envelope),因此被称为亚巨星支。最终,包层会变成完全对流的。氢燃烧壳产生的额外能量会导致表面急剧膨胀并吞没水星

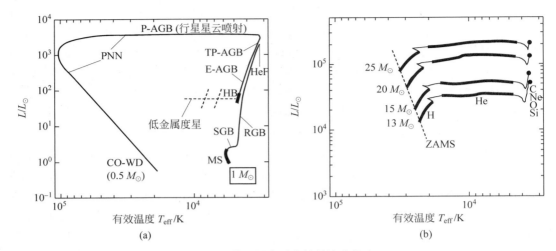

图 1.5 赫罗图中示意性的演化轨迹

(a) 太阳；(b) 具有初始太阳成分的大质量恒星。纵轴上的光度以当前太阳光度为单位给出。加粗的部分定义了主要核心核燃烧阶段所发生的位置。这里省略了主要核燃烧阶段之间在过渡期轨迹的详细信息。标签的含义是：MS，主序；ZAMS，零龄主序；SGB，亚巨星分支；RGB，红巨星分支；HeF，核心氦闪；HB，水平分支；E-AGB，早期渐近巨星分支；TP-AGB，热脉冲渐近巨星分支；P-AGB，后渐近巨星分支；PNN，行星状星云核；CO-WD，碳氧白矮星。始质量在 $0.4\,M_\odot \leqslant M \leqslant 2\,M_\odot$ 范围内的贫金属星出现在核心氢燃烧期间，即图(a)中以水平虚线标记的区域，它取决于红巨星分支阶段的质量损失。两条对角虚线表示不稳定带。在图(b)中核心燃烧阶段由核燃料标记：氢（H）、氦（He）及碳（C），等等。碳燃烧的开端由实心圆圈标记。注意图(a)和(b)中光度的标度差异非常大

（Mercury），这样太阳就变成了一颗红巨星。当太阳沿着红巨星支上升时，其光度会持续增加。在离开主序约 0.6 Ga 后，太阳在红巨星支的尖端达到最大光度。在红巨星支阶段，太阳开始遭受严重质量损失。与氢点火时相比，红巨星阶段的核心收缩使得中心温度和密度分别增加了 10 倍和 10^4 倍。星核达到如此高的密度，以至于物质变成电子简并的。在红巨星支阶段，对流包层明显加深，直到占太阳质量的 75% 为止。这种深部对流包层将把核心外围氢燃烧的产物挖掘上来，该过程称为第一次挖掘（the first dredge-up）。

当温度 T 达到大约 0.1 GK 时，星核中的氦开始熔合为碳和氧，即氦燃烧（helium burning）。在正常的气体中，多余的能量释放会引起膨胀，其结果是温度将下降，核能产生率也将下降。这是恒星适应其内部能量增加，以使其稳定的通常方式。但是，在简并气体中，温度升高不会影响压强。因为没有发生膨胀，其结果是温度的升高导致更高的产能率。如 5.2 节所示，氦燃烧对温度非常敏感。此事件序列重复不断发生，导致了热核暴涨（thermonuclear runaway）。这只有在释放大量能量并抬高简并度之后才会终止。因此，星核中氦的点火燃烧会导致剧烈的核心氦闪（core helium flash，HeF）。

请注意，氦闪并不代表恒星爆炸。热核暴涨过程中的能量将使电子简并化，并随后使核心膨胀。恒星的表面光度不会增加，相反是减小的。表面光度下降了两个数量级，这是因为核心的膨胀导致周围的氢燃烧壳冷却，因此能量产生得少了，而所有的表面光度都是由该氢壳提供的。最终，太阳变成了一个水平分支星，安静地在核心中进行氦燃烧。紧靠核心上方氢壳的温度很高，足以使氢通过 CNO 循环继续燃烧。与氢聚变相比，氦熔合中的核能释放要小得多。因此，核心氦燃烧阶段的持续时间比核心氢燃烧阶段的持续时间要短得多。太

阳在水平分支上停留的时间约为 0.1 Ga,该质量范围内的所有恒星都具有这一典型的演化时标。

当星核中的氦耗尽时,核心再次收缩,加热并点燃周围壳中的氦。现在,太阳在两个壳中燃烧核燃料,即在围绕碳氧核心的壳中燃烧氦,在围绕氦燃烧区的壳中燃烧氢。两个壳被主要由氦组成的壳间(intershell)区域隔开。该阶段被称为早期渐近巨星支(early asymptotic giant branch,E-AGB)阶段,因为巨星支的第二次上升几乎渐近地与第一个巨星支重合(至少对于具有某些质量的恒星而言)。当太阳升至渐近巨星支时,氦燃烧壳将会变得热不稳定(Schwarzschild & Härm,1965,5.6.1 节)。此时,产能率是不稳定的,氢和氦燃烧壳交替地成为总光度的主要贡献者。细节相当复杂,但我们可以从图 1.6 中获得一个大概的图像,该图显示了在氢包层和碳氧核心界面处不同恒星区域随时间的演化。其中,氢和氦燃烧壳分别以粗实线和细实线来描绘。在大约 90% 的时间里,氢燃烧壳提供了太阳的核能,而氦壳的活跃只是轻微的。氢燃烧不断增加氦区的质量,因此,该区附近的温度和密度不断上升,直到氦燃烧产生能量的速率大于通过辐射扩散带出的速率为止。其结果就是发生了热核暴涨。能量的突然释放驱动了富氦间壳内部的对流,同时熄灭了氢壳燃烧。现在,氦燃烧壳成为唯一的核能来源。最终,膨胀和相关的冷却使氦壳闪〔或热脉冲(thermal pulse,TP),即图 1.6 中标有“ TP”的黑色实心区域〕得以熄灭,太阳将再次收缩。氢燃烧壳重新点燃,并最终接替氦燃烧壳成为主要的核能来源,直到大约 10^5 a 后出现下一个热脉冲

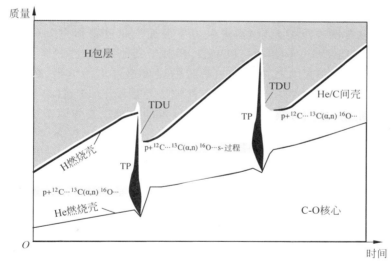

图 1.6 低质量或中等质量($M \lesssim 9\ M_{\odot}$)热脉冲 AGB 星的示意图(质量随时间的关系)。该图未按比例绘制。显示的是:对流的 H 包络(深灰色);辐射的 ^{4}He-^{12}C 间壳(白色);简并的 C-O 核心(浅灰色)。粗黑线表示 H 燃烧壳,它活跃于热脉冲之间,细黑线表示活跃较弱的 He 燃烧壳。对于间隔均匀的一小段时间,几乎不活跃的 He 壳在热脉冲(TP)中点燃,引起一个对流区(黑色)延伸到整个间壳,在这个过程中熄灭了 H 燃烧壳。当热脉冲结束时,对流壳消失,静止的 He 燃烧重新开始。重要的混合情节发生在每个热脉冲结束时:①对流包层到达间壳以便运输所合成的物质到恒星表面(第三次挖掘;TDU);②质子从包层底部扩散到间壳,在此它们被 ^{12}C 俘获产生了(在 β 衰变后)^{13}C。然后中子通过反应 ^{13}C(α,n)^{16}O 被释放出来,原位生成了主 s-过程成分。在随后的热脉冲期间,温度足够高,从而可以启动 ^{22}Ne(α,n)^{25}Mg 中子源(5.6.1 节)

为止。该循环可以重复很多次。这一演化阶段称为热脉冲渐近巨星支(thermally pulsing AGB,TP-AGB)。太阳花在 AGB 上的总时间仅为大约 20 Ma,因此与其主序寿命相比非常短。热脉冲使太阳的半径周期性变化达到 4 倍,峰值半径接近于我们的地球。

由于受到强烈星风(stellar wind)的影响,太阳在 AGB 阶段发生了明显的质量损失。随着太阳成为后渐近巨支(post-asymptotic giant branch,P-AGB),此时的热脉冲逐渐停止,只剩下其初始质量的一小部分,而其余部分又返回到星际介质中。随着包层中更多的氢被抛射到太空中,更热的壳层裸露出来,太阳开始在赫罗图中朝着更高表面温度的方向移动(即水平向左)。当太阳的表面变得足够热时,强烈的紫外线辐射将使正在膨胀的喷出物电离,该喷出物开始像行星状星云(planetary nebula,PN)一样发出明亮的荧光。二维码中彩图 3 和彩图 4 分别显示了两个行星状星云的例子:即哑铃星云(Dumbbell Nebula)和猫眼星云(Cat's Eye Nebula)。剩余的星核称为行星状星云核(planetary nebula nucleus,PNN)。最终,氢包层消失,氢燃烧壳熄灭。光度迅速下降,导致演化轨迹向下并微微向右转,然后太阳以白矮星的形式结束其存在,其质量约为 $0.5\,M_\odot$,主要由碳和氧组成。它由电子简并压支撑,并通过散发热能而缓慢冷却。

在上面的讨论中,由于对预测对流和质量损失知识的不足,所以,造成人们对红巨星支以上的演化认识具有相当大的不确定性。尽管恒星观测已经证明了这些对流和质量损失的影响,但是目前缺乏更深入的了解。普遍认为,TP-AGB 阶段中的每个热脉冲都会为氢壳层中氢闪燃结束后的下一次挖掘提供有利条件。对流包层深入到壳间区域,将氦燃烧的产物(主要是碳,但也有比铁重的元素)运送到恒星表面。此过程称为第三次挖掘(the third dredge-up,TDU,在图 1.6 中标记为"TDU"),相对于其他元素(例如氧)来说,该过程增加了包层中碳的含量。在恒星大气中碳与氧数量的比值超过 1 的恒星,被称为碳星(carbon stars)。已经观测到许多这样的碳星,大多数都被认为是处于 TP-AGB 阶段的恒星。稍后将看到,AGB 星也是许多质量数超过 $A=60$ 重核素的来源。天体模型预测,这些(s-过程)核也是被挖掘到表面,并在恒星大气中被观测到的。有关恒星中核合成以及反应产物可以混合到表面的第一个直接证据就是,人们在某些(S 型)碳星中观测到了放射性锝(1.1 节)。有关 AGB 星的更多信息,参考文献 Habing 和 Olofsson(2004)。

现在,我们可以理解图 1.3 所示赫罗图中的其他一些细节。处于水平分支上的恒星,其光度和表面温度的精确位置取决于包层的化学组成、氦闪时氦核心的大小以及包层的质量,而该质量会受到之前红巨星支阶段中质量损失的影响。在球状星团中,所有恒星都以相同低金属度的化学组成开始演化,它们在水平分支上的位置主要受质量损失的影响。氢包层损失的质量越多,则暴露出来的外层就越热。氢包层质量最小的恒星居于蓝端(BHB),而包层中剩余氢更多的恒星则居于红端(RHB)。水平分支与不稳定带(instability strip)相交,而这条带子与核燃烧无关。位于这个狭窄且几乎垂直带子内的恒星[在图 1.5(a)中以两条垂直虚线表示],其径向脉动不稳定,称为天琴座 RR 型变星(RR Lyrae variables)。它们的光度及其周期(几个小时到约 1 d)与金属度相关联。因此,它们对于确定球状星团的距离以及建立宇宙距离尺度(cosmic distance scale)是非常重要的(Binney & Merrifield,1998)。增加金属度具有使恒星变暗和变冷的总体效果。因此,富金属星团中的恒星或太阳附近的恒星(图 1.3)在水平分支的红端(右侧)积累,几乎与它们的包层质量完全无关。该区域被称为红团簇星。

关于金属度的论点也适用于亚矮星。它们是金属度很低的主序星,在相似的演化阶段里比具有太阳金属度的恒星更热,因此它们位于主序的左侧,即富金属恒星所占据的位置。

现在也应该清楚为什么图 1.3(b)中主序的上面部分丢失了。球状星团是老的、贫金属的、不会形成新的恒星。最初位于主序上面部分的大质量恒星在很久以前就演化为红巨星。今天,只有演化缓慢的低质量恒星留在主序上。随着时间的推移,质量较低的恒星最终将变为红巨星,主序将变得更短。有趣的是,我们可以从转向点的位置来确定星团的年龄,而这个转向点就位于主序上残留部分的顶端。如果通过其他独立的方法知道了星团的距离,则恒星在转折点的光度就能够与其质量关联起来。若恒星演化模型可以预测给定质量恒星的主序寿命,那么恒星的寿命就必须近似等于星团的年龄。这些研究得出的极贫金属(可能是最古老的)球状星团的年龄约为 $12 \sim 13$ Ga,表明这些天体是在银河系历史的早期形成的。这一估计值也代表了宇宙年龄的一个重要下限(Krauss & Chaboyer,2003)。

5. 初始质量为 $2\ M_\odot \lesssim M \lesssim 11\ M_\odot$ 的恒星

我们可以将此质量范围划分为几个子范围。初始质量为 $2\ M_\odot \lesssim M \lesssim 4\ M_\odot$ 的恒星比质量较小的恒星演化得更快,它们的轨迹定量上与图 1.5(a)所示的结果有所不同。但除此之外,它们的演化过程与类太阳恒星的相同。然而,由于 $M \gtrsim 2\ M_\odot$ 的恒星在红巨星支阶段的氦核心不会变成电子简并的,于是,这就引起了与上述质量范围恒星演化的主要差别。因此,星核不会发生氦闪,而是中心的氦处于静态燃烧。随后,这些恒星在赫罗图中向左偏移(即向更高温度方向),其中一些倾向于进入不稳定带。这些变星的观测对应物称为经典造父变星(classical Cepheids)。它们对于建立宇宙距离尺度非常重要,这是因为人们观测到它们的脉动周期与光度是相关联的。

初始质量为 $M \gtrsim 4\ M_\odot$ 的恒星会经历一个额外的混合过程。星核中的氦耗尽后,对氦壳燃烧(helium shell burning)的结构性重新调整将导致剧烈的膨胀,使得恒星开始升到早期渐近巨星支阶段时氢壳层燃烧被熄灭了。此时,对流包层的底部穿透了休眠的氢壳,氢燃烧产物混合到了表面。此过程称为第二次挖掘(the second dredge-up)。之后,氢壳重新被点燃,恒星继续向渐近巨星支演化。随后,在 TP-AGB 阶段的脉冲间歇期,对流包层的底部到达氢燃烧壳的顶部,其温度超过 50 MK。接下来发生的核合成称为热底燃烧(hot bottom burning)。由于外包层是完全对流的,所以它在该燃烧区内完全循环,氢燃烧产物将在恒星表面富集。

目前,对于初始质量为 $9\ M_\odot \lesssim M \lesssim 11\ M_\odot$ 的恒星,其演化更加复杂,而且尚无定论。与低质量恒星演化相比,模型预测了许多重要的差别。我们将以初始太阳组成成分为例,讨论 $10\ M_\odot$ 恒星的演化(Ritossa *et al*.,1996)。该恒星从大约一千万年前开始通过 CNO 循环来燃烧核心中的氢。随着中心氢的耗尽,恒星向着红巨星支演化,并最终在此演化阶段发生了第一次挖掘事件。星核中的氦在非简并条件下开始燃烧,持续大约 27 万年。氦耗尽后,核心收缩并变热,恒星的外层膨胀。此后,氦燃烧壳层熄灭,而氦在部分电子简并的碳氧核心周围的壳层中继续燃烧。最终,星核变得足够热,可以发生碳熔合(即碳燃烧)。当碳点燃时,恒星进入超渐近巨星支(super asymptotic giant branch,SAGB)。碳燃烧始于热核暴涨(碳闪,carbon flash),碳熔合产生的能量大大增加。能量释放导致上覆层膨胀,从而降低了氦壳燃烧的产能率。弛豫一段时间后,氦燃烧壳返回到其先前的能量输出状态。在碳燃烧寿命中,这些碳闪发生数次,持续了约 2 万年。当中心的碳耗尽时,电子简并的核心将主要由氧和氖组成。碳燃烧熄灭后,将发生第二次挖掘事件。随后,位于氦燃烧壳层顶部处于休眠的氢壳将被重新激活,这两个燃烧壳之间复杂的相互作用导致了由氦壳闪驱动的热脉冲。在此期间,发生了第三次挖掘事件。最终,强烈的星风将富氢的表面物质吹散,该恒星变成行星状星云的中心天体,并以质量约为 $1.2\ M_\odot$ 的氧氖白矮星结束其命运。

6. 初始质量为 $M \gtrsim 11\ M_\odot$ 的恒星

与我们之前的讨论相比,该质量范围内恒星的演化在许多方面都有根本不同之处。图1.5(b)示意性地显示了 $13\ M_\odot$、$15\ M_\odot$、$20\ M_\odot$ 和 $25\ M_\odot$ 恒星的演化轨迹。下面将以一个具有初始太阳组成成分的 $25\ M_\odot$ 恒星为例进行讨论(Chieffi *et al.*,1998;Limongi *et al.*,2000;Woosley *et al.*,2002)。这样一颗大质量恒星的总寿命相对较短,仅为约 7 Ma。恒星将90%的时间用于其主序,即通过核心中的CNO循环将氢燃烧为氦。当中心的氢耗尽时,氢在壳层中继续燃烧。星核收缩并被加热,直到氦被点燃。这种新的核能来源加热了上面的氢壳,同时恒星的外层剧烈膨胀,恒星变成了一颗超巨星。这些恒星出现在赫罗图中具有最大观测光度的位置。例如,猎户星座中的参宿七(蓝超巨星 Rigel)和参宿四(红超巨星 Betelgeuse)。

这些恒星的核心氦燃烧持续大约80万年,在此演化阶段,通过中子捕获合成了一些质量 $A > 60$ 的重核素(s-过程,5.6.1节)。当中心的氦耗尽时,氦将在位于氢燃烧壳层下方的壳层中继续燃烧。最终,星核开始了碳燃烧。这些燃烧阶段已经在上面讨论过了。

初始质量超过约 $11\ M_\odot$ 的恒星能够点燃其核心中相继的燃烧阶段,即使用前一个核心燃烧阶段的灰烬作为燃料来实现。在碳燃烧之后有三个不同的燃烧阶段,分别称为氖燃烧、氧燃烧和硅燃烧,这将在5.3节中详细讨论。在恒星内部产生的核能被转换及从表面辐射出去的方式上,初始燃烧阶段和后期燃烧(advanced burning)阶段之间存在着根本性的区别。对于氢和氦燃烧,核能几乎全部转化为光。在后期燃烧阶段,能量几乎全部以中微子-反中微子对的形式辐射,而从恒星表面辐射的光仅占总能量释放的很小一部分。由于中微子的损失在后期燃烧阶段显著增加,并且由于核燃烧寿命与总光度成反比,所以恒星的演化会急剧加速。例如,硅燃烧仅持续大约一天。由于后期燃烧阶段非常快,所以包层没有足够的时间对恒星内部的结构变化作出反应。这样,继碳燃烧后,恒星将不再在赫罗图中移动,而是保持在图1.5(b)中实心圆指示的位置。此外,由于恒星的大部分生命都在燃烧核心中的氢或氦,所以人们通常只能观测到处于这些演化阶段的恒星。

图1.7(左侧)显示了核心硅耗尽后大质量恒星的近似结构。现在,这颗恒星由几个不同成分的层组成,这些层由薄薄的核燃烧壳隔开。核合成的细节很复杂,将在第5章中进行讨论。在此有必要提一下,即在星核中发现了最重且最稳定的核(也就是铁峰核,1.3节)。同样,处于红巨星演化阶段的恒星其光度非常大,以至于恒星经历了明显的质量损失。这种效应对于 $M \gtrsim 30 \sim 35\ M_\odot$ 的恒星更为明显,因为这些恒星最终将失去大部分氢包层。此类恒星的对应观测物是炽热的大质量沃尔夫-拉叶星(Wolf-Rayet stars),据观测,星风速度约为 $2000\ \text{km} \cdot \text{s}^{-1}$ 时,它们的质量损失大约为 $10^{-5}\ M_\odot$ 每年。附录中的图5显示了Wolf-Rayet星的彩色图像。

此时,恒星电子简并的核心没有其他可供支配的核能来源,随着上层燃烧壳贡献更多的核燃烧灰烬,其质量不断增长。当星核质量达到钱德拉塞卡极限(约 $1.4\ M_\odot$)时,电子简并压无法抵抗引力,星核将以大约四分之一的光速自由塌缩。当密度达到核密度($\rho \approx 10^{14}\ \text{g} \cdot \text{cm}^{-3}$)

的数量级时,原子核和自由核子开始感受到短程核力,该短程核力在很短的距离处就会发生排斥。塌缩的内核达到很高的向内速度并超过了核密度。核势起着一个硬弹簧的作用,在压缩阶段存储能量直到反弹。当星核反弹部分遇到回落的物质时,就会引起一个向外移动的瞬时激波(shock wave)。热而致密的星核变成一颗质量约为 $1.5\ M_\odot$ 的原中子星(protoneutron star)。当激波通过外部核心区域向外移动时,它会通过使铁峰核发生光解而损失能量。此外,通过中微子发射也可将能量从激波中移除。在星核塌缩后大约 1 s,或者星核反弹后大约 10 ms,激波到达铁核心的外边缘。此时,激波失去所有动能并停止下来。核天体物理中最难以捉摸的问题就是,在核心塌缩型超新星爆中,激波究竟是如何恢复的?以及它最终如何通过铁核心以外的各个燃烧层进行传播并摧毁恒星的?我们将在 5.4 节中讨论这个问题。

一旦激波恢复后,它将在恒星中移动并将物质在几秒钟内加热至高温。随后,炽热的致密物质近似绝热膨胀。其结果是,这颗恒星将经历几次爆发性核燃烧(explosive nuclear burning)。第一层中的硅(^{28}Si)和氧(^{16}O)遇到激波后在高温(3～5 GK)下迅速转变为铁峰核和中等质量的核。如稍后所示,核素 ^{56}Ni 是源自这些层最富集的产物之一。其他一些重要核素是由激波在其他层中合成的,其中包括在星际介质中观测到的 ^{26}Al(1.7.5 节和二维码中彩图 12)。爆发性核燃烧的特征尤其取决于激波的位置和膨胀时标。在爆炸期间,核心塌缩之前和之后所合成的核素都会被抛射出去,然后混合到星际介质中。爆炸过程中发生的几个核过程如图 1.7(右侧)所示,第 5 章将对此进行更详细的讨论。

天体模型的模拟结果支持Ⅱ型和Ⅰb/Ⅰc型超新星是大质量恒星核心坍缩的对应观测物这一想法。不同超新星类型可以根据其光谱进行观测分类。Ⅱ型超新星的光谱中包含氢线,而Ⅰ型则不含氢线。Ⅰ型超新星的光谱中有硅吸收线的被称为Ⅰa型超新星;否则,它们被归类为Ⅰb或Ⅰc型超新星(后者的区别基于光谱中的氢线特征)。Ⅱ型超新星倾向于发生在旋涡星系(spiral galaxies)臂上,而不是发生在早型星系[early-type galaxies,即椭圆星系(elliptical galaxies)]中,因为这些早型星系缺乏气体且显示出极低水平(如果有的话)的恒星形成。Ⅰb或Ⅰc型超新星似乎也出现在旋臂上。另外,Ⅰa型超新星没有显示出这样的偏好。由于旋臂中包含许多大质量的年轻恒星,而椭圆星系仅包含年老的恒星星族(年龄约为 10^{10} a),因此观测表明,大质量恒星是Ⅱ型和Ⅰb/Ⅰc型超新星的前身星(progenitor),而不是Ⅰa型超新星的。初始质量为 $M \lesssim 20\sim30\ M_\odot$ 的恒星以Ⅱ型超新星的方式爆炸,并形成中子星作为残骸(remnant)。质量超过此范围的恒星(沃尔夫-拉叶星)或双星中质量较小的恒星,它们失去了氢包层,被认为是Ⅰb和Ⅰc型超新星的前身星。目前尚不清楚后者的爆炸是否留下了中子星或黑洞作为残骸,这主要是由于我们对后主序的质量损失以及物质回落至中心物体的细节认识不足所致。正如在第 5 章中将会清楚看到的那样,鉴于以下三个原因,研究核心塌缩型超新星具有非常重要的意义:①据预测,它们是银河系中元素合成最多产的来源之一;②它们是中子星诞生的场所;③它们可能是产生加速银河系宇宙线激波的一个来源(5.7.2 节)。

我们仍然缺乏核心塌缩型超新星的自洽模型。因此,当前许多天体模型都是通过在铁核心附近的某个地方沉积一定的能量来人为地诱发激波。观测可以约束模型。特别是,1987 年对麦哲伦星云中爆炸的超新星 1987A 的天文观测在这方面是非常重要的(二维码中彩图 6)。由于它距离我们很近,所以与任何其他超新星相比,我们可以对该事件进行更详

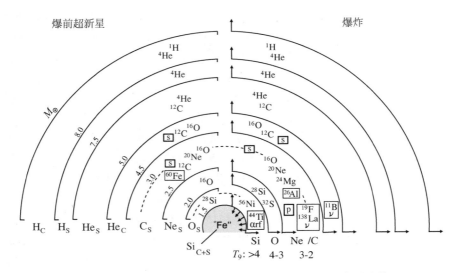

图 1.7　具有太阳金属度的一个 $25\,M_\odot$ 恒星的结构和演化图,由一维球对称模型(Limongi *et al.*,2000)对核心塌缩前后不久所做的预测(不按比例)。在每一层仅显示了主要成分。其中次要成分中的重要 γ 射线发射体置于细线矩形中。各种过程置于粗线矩形中:弱 s-过程成分(s);p-过程(p);富 α 粒子冻结(αrf);ν-过程(ν)。左图为爆前超新星结构的快照。核燃烧发生在很薄的区(燃烧壳),即不同组成层的界面处,其中每个燃烧壳向外迁移到由黑线表示的位置。在底部表示了不同燃烧阶段所产生的组成成分(下标 C 和 S 分别代表核心燃烧和壳燃烧)。对角排列的数字表示每个燃烧壳的内部质量(以太阳质量计)。右图为由冲击波穿过重叠层所引起的爆发性核合成,引起了硅(Si_x)、氧(O_x)以及氖碳(Ne_x/C_x)的爆发性燃烧。严格来讲,这种分类取决于温度范围,而不是可用的燃料。尽管如此,这些名称近似表示了爆前超新星的哪些组成层通常会受到影响。外部虚线之外,组成几乎不因冲击波而改变。内部虚线表示恒星被喷射出部分的近似边界(质量切割,mass cut)。该模型有时称为大质量恒星的洋葱壳结构

细的研究。人们通过对超新星 1987A 和其他 Ⅱ 型超新星光变曲线(light curve)的观测,估计出爆炸的能量为 $(1\sim2)\times10^{44}$ J,因此,这就强烈地限制了模型中人为能量沉积的大小。人为能量沉积的位置也受到观测的限制:既不能位于铁核心的内部,否则就会产生过量的丰中子铁族核素,也不能位于氧燃烧壳之上,否则会导致在物质回落后中子星的质量太大。在大多数模拟中,质量切割(mass cut),也即喷射物质(ejected matter)与塌缩物质(fall-back matter)之间的边界,都位于硅层中(图 1.7 右侧的内部虚线)。

　　当前核心坍缩型超新星的天体模型,其计算结果在许多方面都与观测一致。例如,中微子暴发早已被理论所预测,并在超新星 1987A 中被探测到(1.4.1 节)。此外,当前模型再现了核心塌缩型超新星爆发中抛射出的放射性 ^{56}Ni 的数量,该放射性核先衰变到 ^{56}Co,然后继续衰变到稳定的 ^{56}Fe,并造成了爆发事件中光变曲线的拖尾。二维码中彩图 7 显示了著名的 Ⅱ 型超新星遗迹,即蟹状星云(Crab Nebula)。

　　在每个世纪,我们银河系中超新星的发生率约为三个事件,所估计的系统不确定度为两倍左右(Li *et al.*,2011b)。对于一个体积有限的样本,在大约 70 Mpc 半径内的局部宇宙中,观测到的 Ⅱ 型、Ⅰ a 型和 Ⅰ b/ Ⅰ c 型超新星的比例分别为 57%、24% 和 19%(Li *et al.*,

2011a)。Ⅰa型超新星将在下面讨论。

1.4.4 双星

大概有多达一半的恒星是双星系统的成员。如果这些恒星是密近双星系统的成员,那么它们将显著影响彼此的演化。在密近双星系统中,双星间隔的范围可以是从恒星半径的数倍到两颗星共享一个共同包层的接触双星(contact binaries)的情况。下面考虑图1.8所示的双星系统。每颗恒星周围都环绕着标记了引力域的一个假想表面。该表面称为洛希瓣(Roche lobe),其与赤道平面的交叉点以数字8的虚线来表示。两个洛希瓣接触的位置,即引力和旋转效应相互抵消的地方,称为内拉格朗日点(inner Lagrangian point)。当其中一颗恒星脱离主序演化为红巨星时,可能会充满它的整个洛希瓣。然后,物质将自由地从那颗恒星经过内拉格朗日点流到其伴星上。许多不同种类的恒星都可能是密近双星系统的成员,这样当质量从一颗星转移到另一颗星时会引起非常有趣的现象(Iben,1991)。在下面的内容中,我们将焦点放在包含一个致密对象——要么是白矮星要么是中子星——的双星系统上。

1. Ⅰa型超新星

Ⅰa型超新星是宇宙中由核能释放驱动的最明亮的天体现象,有时亮度会超过其宿主星系。观测的射流平均速度约为10000 km·s^{-1},相当于约10^{44} J的动能。二维码中彩图9显示了Ⅰa型超新星1994D的图像。回想一下,Ⅰa型超新星既可以发生在早型星系(椭圆星系)也可以发生在旋涡星系中。前者的恒星形成水平很低(如果有的话),迄今为止在椭圆星系中观测到的所有超新星都是Ⅰa型的;在旋涡星系中,Ⅰa型超新星的事件率与恒星形成的速率呈正相关。因此,Ⅰa型超新星很可能与年龄较大的恒星星族和中等质量的恒星相关联。它们的光变曲线是由放射性核^{56}Ni衰变为^{56}Co,然后由^{56}Co衰变成稳定的^{56}Fe来驱动的。Ⅰa型超新星中合成的^{56}Ni的量推断为约$0.6\ M_\odot$每个事件,显著高于在Ⅱ型超新星中观测到的量(5.4.4节)。

我们已经提到过,Ⅰa型超新星是根据它们在光极大时的光谱来进行分类的:它们没有氢线和氦线,但由于存在Si而具有吸收特征。在峰相(peak phase)期间,在光谱中还观测到其他中等质量元素(O、Mg、S、Ca),以及Fe和Co的贡献。随着时间的推移,铁峰元素的相对贡献增加。在经过峰值光度大约两周后,尽管Si线和Ca线仍然存在,但光谱主要以Fe线为主。观测结果表明,热核爆炸引起了外层中等质量元素的合成(在峰相的早期可见),以及更深层处铁峰元素的合成(几周后可见)。

Ⅰa型超新星本身就是一个引人入胜的天体对象,但更深入地理解其爆炸对银河系的化学演化和宇宙学至关重要。大约70%观测到的Ⅰa型超新星(Li et al.,2011a)显示出峰值亮度的展宽都非常小。例如,超新星1994D属于此类正常的(normal)Ⅰa型超新星。当对所有Ⅰa型超新星的光变曲线(包括正常事件和特殊事件)进行比较时,发现峰值光度与光变曲线的峰后下降速率相关联(Phillips,1993)。该关联可用于补偿峰值光度的展宽,因此,可以在一个非常窄的范围内确定其本征亮度。通过测量它们的视亮度(apparent luminosity),从而使估算它们的距离成为可能。由于Ⅰa型超新星如此明亮,以至于人们可以跨越数十亿光年观测到它们。有鉴于此,Ⅰa型超新星被用作宇宙距离指示器(cosmological distance indicators)。通过记录它们的视亮度及其红移,对非常遥远的Ⅰa型超新星的观测将为宇宙的膨胀历史提供一种度量。令人惊讶的发现是,在令人难以捉摸的暗能量的驱动下,宇宙正在加速膨胀(Riess *et al.*,1998;Perlmutter *et al.*,1999),这是对宇宙学极为重要的观测结果。

内拉格朗日点

洛希瓣

图 1.8 双星系统。每颗星都由一个假想的表面包围,称为洛希瓣,标志着它的引力域。具有洛希瓣的两个赤道面之间的交叉显示为一条虚线。两个洛希瓣接触的位置称为内拉格朗日点

在大多数 Ⅰa 型超新星中观测到的峰值光度变化可以解释为由一个参数引起的结果,即在热核爆炸期间所合成的 ^{56}Ni 数量的不同(Arnett,1982)。产生的 ^{56}Ni 越多,峰值亮度越大。同时,由于较高的铁峰元素浓度会造成不透明度的增大,所以膨胀速度更大,光变曲线也变得更宽。

随着人们发现的 Ⅰa 型超新星数量的增加,现在很明显它们代表了某种多样性的一类,并且它们的性质无法用单个参数来完全解释。例如,即使对于相似亮度的事件,光球的膨胀速度也会有展宽。此外,某些具有异常高或极其低光度的特殊 Ⅰa 型超新星并不遵守菲利普斯关系式(Phillips relation)。观测结果表明,不同 Ⅰa 型超新星可能是由不同的前身星引起的。此外,菲利普斯关系式基于的是一些低红移的超新星样本。令人关注的是,局域的高红移型超新星的特性可能存在系统性差异,而这种差异可能会导致错误的宇宙学距离。Ⅰa型超新星在宇宙学方面具有深远的影响,极大地推动了人们对其前身星的识别和理解。

虽然人们已经提出了很多不同的天体模型可用以解释 Ⅰa 型超新星,但我们仍然缺乏令人满意的答案。所有切实可行的前身星的一个共同特征是碳氧白矮星的热核爆炸,其只有当压强和温度变得高到足以进行碳熔合时才会启动(Hoyle & Fowler,1960)。其结果是,大量初始的碳和氧被燃烧成 ^{56}Ni,预计释放的核能约为 10^{44} J。该能量的约三分之二用于膨胀碎片的动能,这与观测结果一致。剩余部分能量负责在几秒钟的时标内快速地摧毁白矮星(热核超新星,thermonuclear supernovae)。二维码中彩图 10 所显示的第谷超新星遗迹(SN 1572)就是一个例子,其中没有发现致密残骸,这支持该超新星是 Ⅰa 型的观点。人们对风车星系(Pinwheel galaxy M 101)中发现的正常 Ⅰa 型超新星 SN 2011fe 进行了天文观测(Bloom *et al.*,2012),也支持它是一个主白矮星的猜想。

所有这些模型都包括一个伴(子)星,该伴星为(主)白矮星提供质量。当达到钱德拉塞卡极限(约 $1.4 M_\odot$)时,碳在简并条件下被点燃。随后发生热核暴涨,这是因为核燃烧产生的温度升高并未引起压强升高,温度持续升高直至简并度被抬高。此刻,产能率如此之大以至于发生爆炸。天体模型模拟还表明,白矮星必定主要是由 ^{12}C 和 ^{16}O,而不是由 ^{16}O 和 ^{20}Ne 组成的(图 1.4)。在后一种情况下,在质量达到钱德拉塞卡极限的吸积过程中,其温度永远不会升高到足以点燃氧或氖的温度,结果很可能是核心坍塌而不是热核超新星。

伴星的性质是一个有争议的问题。在所提出的单简并场景(single-degenerate secnario)中,伴星是一颗主序星、红巨星或者氦星,而双简并场景涉及两颗白矮星的并合,是因发射引力波造成角动量损失而引起的。两种情况都难以再现 Ⅰa 型超新星的关键观测特

征。一方面,在单简并模型中,伴星将在爆炸中幸存下来。另外,在双简并模型中却没有遗留下任何残骸。区分这些模型的一种方法是在Ⅰa型超新星遗迹的中心附近搜寻幸存的伴星。然而,关于第谷G(一颗类太阳恒星)可能是SN 1572伴星的建议,目前仍有争议(Ruiz-Lapuente *et al*.,2004)。

另一个重要且尚未解决的问题与主白矮星内部的热核燃烧波前的传播有关。可以区分为两种燃烧模式。一种可能性是爆轰(detonation),其中核火焰(nuclear flame)以超声速波前(supersonic front)传播。在这种情况下,火焰压缩物质并将温度升高至着火点。位于火焰后方已被点燃的物质,其所释放的能量有助于其传播。另一种可能性是爆燃(deflagration),其中核燃烧以亚声速进行。在这里,核燃烧释放的热量由电子传导并点燃下一层,导致了白矮星的膨胀。在Ⅰa型超新星光谱中观测到的中等质量元素排除了纯的爆轰机制,因为它会阻止燃烧波前之前一层的膨胀,而最有可能仅引起铁峰元素的合成。这两种燃烧模式不是唯一的,并且可能会发生从一种模式到另一种模式的过渡。例如,燃烧波前可能会通过爆燃传播,导致白矮星预膨胀,然后可能会以某种还不了解的机制转变为爆轰(延缓爆轰,delayed detonation)。其结果取决于密度、温度、化学组成,以及点火时的速度轮廓。与该问题相关的疑问是:点火点是在靠近还是偏离中心的哪个确切位置上发生?以及在多少个位置上发生?

我们将在5.5.1节中详细讨论Ⅰa型超新星中的核合成。在前人的评述文章(Wang & Han,2012;Höflich *et al*.,2013)中可以找到有关Ⅰa型超新星前身星的更多信息,包括可以解释一些特殊事件的亚钱德拉塞卡模型(sub-Chandrasekhar models)和白矮星碰撞的一些讨论。

2. 经典新星

经典新星是发生在密近双星系统中的天体爆炸。在这种情况下,富氢物质通过洛希瓣溢流(Roche lobe overflow)从低质量主序星转移到致密的白矮星表面。转移的物质不直接落在表面上,而是积聚在环绕白矮星的吸积盘中。其典型的吸积率为$10^{-10} \sim 10^{-9} M_{\odot}$每年。该物质的一部分向内盘旋积聚在白矮星的表面上,并在强烈的表面重力的作用下被加热和压缩。在某一时刻,底层变成电子简并的。在吸积阶段,氢通过pp链开始聚变成氦,期间温度逐渐升高。电子简并阻止了包层的膨胀,并最终在吸积层底部附近发生了热核暴涨。在这一阶段,核燃烧主要是通过(热)CNO循环的爆发性氢燃烧。其中压缩加热和核燃烧释放的能量都会加热所积聚的物质,直至发生爆炸。

银河系中经典新星的发生率约为35个每年,因此它们比超新星发生得更频繁(1.4.3节)。与摧毁白矮星的Ⅰa型超新星相反,预计所有经典新星都会在$10^4 \sim 10^5$年的周期内重现。在爆发期间,其光度增加可以达到1万倍。经典新星通常会抛射$10^{-5} \sim 10^{-4} M_{\odot}$的物质,平均抛射速度约为$10^3$ km·s^{-1}。此外,还有其他类型的新星,例如矮新星或类新星的变星,但是它们都与热核燃烧无关。

经典新星的光谱(红外光谱和紫外光谱)揭示了正在膨胀的新星壳中存在着许多元素,它们的丰度与太阳系的值相比明显超丰。例如,在所有经典新星中观测到的碳、氧超丰表明,在爆发过程中的某些时候,吸积物质在一定程度上已经与白矮星中的物质混合了。这种物质挖掘增加了CNO催化剂原子核的数量,因此会引起更剧烈的爆炸(5.5.2节)。在一些经典新星中观测到的氖超丰表明,这些爆炸并不涉及碳氧白矮星,而是更大质量的由氧和氖组成的白矮星。后者是由初始质量为 $9\,M_{\odot} \lesssim M \lesssim 11\,M_{\odot}$ 的中等质量恒星演化而来的（图 1.4）。抛射物中存在着来自于白矮星核心的大量物质，这可能意味着随后发生的爆炸会导致经典新星系统中的白矮星失去质量。因此，这些天体对象不太可能成为 Ⅰa 型超新星的前身星。观测到的其他元素超丰（例如氮、硅或硫超丰）是爆发性氢燃烧期间核过程的结果。二维码中彩图 11 显示了天鹅座新星（Nova Cygni 1992）的彩色图像。

天体模型计算表明，经典新星中爆发性核燃烧的峰值阶段通常持续数百秒。爆发的特征取决于白矮星的质量、光度、质量吸积率，以及吸积物质和白矮星物质的化学组成成分。例如，已经证明，在热核暴涨开始之前，质量吸积率越低，则所吸积的质量越大；继而更大质量的吸积层会在底层产生更高的压强，从而导致更猛烈的爆炸。另外，如果假定吸积率太高，则不会引发热核暴涨。模拟还表明，在较重的氧氖白矮星表面上发生的经典新星爆炸比在碳氧白矮星上爆炸的峰值温度更高。有关经典新星的更多信息，请参考相关文献（José, *et al.*, 2006；Starrfield *et al.*, 2006）。

3. Ⅰ 型 X 射线暴（type Ⅰ X-ray bursts）

许多密近双星系统都涉及将中子星作为致密天体。中子星的质量约为 $1.4\,M_{\odot}$、半径为 $10 \sim 15$ km、密度在 10^{14} g·cm^{-3} 量级。这些双星系统属于被称为 X 射线双星（X-ray binaries）的一类天体。从伴星吸积到中子星表面的物质造成了巨大的引力势能释放。结果，中子星表面附近的温度很高（约 10^7 K），持续的热辐射以 X 射线能量的形式释放。

在高质量的 X 射线双星中，伴星是一颗大质量的（$\gtrsim 5\,M_{\odot}$）属于星族 Ⅰ 的恒星，同时中子星具有很强的磁场。物质以相对较高的速率被吸积，并沿着磁力线经过漏斗形口子到达磁极。这会产生 X 射线发射的热斑（hot spot），如果中子星的旋转轴相对于磁轴倾斜，则会导致 X 射线脉冲星（X-ray pulsar）。典型的旋转周期从 0.1 s 到不足 1 h。已经观测到某些 X 射线脉冲星的旋转周期缩短，这表明中子星是由于吸积物质而转动起来的。

在低质量的 X 射线双星中，伴星是一颗低质量的（$\lesssim 1.5\,M_{\odot}$）属于星族 Ⅱ 的恒星，物质通过洛希瓣溢流被转移到一个弱磁化的中子星上。除了持续的 X 射线发射，许多系统还会产生 X 射线强度的暴发（Lewin *et al.*, 1993）。对于被称为 Ⅱ 型 X 射线暴的稀有事件，这些暴发会快速连续地发生，间隔为几分钟。每个暴发的轮廓都会突然上升和下降，这很可能与吸积盘不稳定性所引起的质量传输速率的突然增加有关。

绝大多数暴发属于 Ⅰ 型 X 射线暴。在这种情形下，典型的 X 射线光度增加一个数量级。它们被认为是具有热核起源的，不像上面讨论的 X 射线双星种类。当来自低质量伴星的富氢和富氦的物质首先被吸积到圆盘中，然后掉落到中子星的表面上时，其温度和密度足够高，可以通过（热）CNO 将氢不断地熔合成氦。但是，那些被吸积的或合成的氦现在还不会熔合，而是会更深地沉入中子星大气中。最终，氦在电子简并条件下通过 3α 反应被点燃，并发生不可控的热核暴涨。氦闪触发了由氢和氦的混合物所组成的外部区域的爆发性燃烧。这只是一种可能的场景。在其他模型中，点燃发生在纯氦或混合了氢-氦的吸积物质之中。核合成的细节取决于各个燃烧层中所达到的温度和密度。计算表明，在最内和最热的层中，合成了直至（甚至可能超过）铁峰的元素。暴发终止后，将吸积形成新的物质壳，循环往复。

上面的模型解释了Ⅰ型X射线暴的基本特征。一次暴发通常持续小于1 min,并在数小时至数天后重复。其光变曲线显示,光度在1~10 s内骤然上升,这是由于核能的突然释放,而在5~100 s缓慢下降,这反映了中子星表面的冷却。一些暴发显示X射线通量具有毫秒级的振荡。这些现象被认为是由于核燃烧层中的表面波,或者可能是由于快速旋转的中子星表面上热斑扩散所引起核燃烧中的各向异性而造成的。

Ⅰ型X射线暴的天体模型对许多参数和假设都很灵敏,例如质量吸积率(accretion rate)、自转、引燃点的数量、燃烧锋穿过中子星表面的传播,以及吸积物质的组成。

大量被吸积和处理的物质不太可能逃脱中子星的巨大引力,因此,Ⅰ型X射线暴可能不是银河系化学演化的重要贡献者。但是,它们对于探测中子星的性质,例如质量、半径以及组成成分等都很重要。有关更多信息,请参考文献(Parikh *et al.*,2013a)及其引用的参考文献。

1.5 质量、结合能、核反应及相关主题

1.5.1 原子核质量和结合能

原子核的质量是原子核的基本特性。早期质量测量表明,原子核的总质量 m_{nuc} 少于其构成核子的质量之和。我们可以写成下式:

$$m_{nuc} = Zm_p + Nm_n - \Delta m \tag{1.1}$$

按照爱因斯坦的质能关系式,质量亏损(mass defect)Δm 等价于 $\Delta E = \Delta m \cdot c^2$。物理量 ΔE 被称为原子核的结合能(nuclear binding energy)。定义为自由核子组成原子核所释放的能量,或等效地定义为将一个给定原子核拆分成其组成核子所需要的能量。我们可以用下式表示结合能:

$$B(Z, N) = (Zm_p + Nm_n - m_{nuc})c^2 \tag{1.2}$$

图1.9(a)显示了在各个质量数 A 处结合得最紧密的核素的实验比结合能 $B(Z, N)/A$。图(b)显示了一个放大区域,其中的圆形符号与图(a)中的含义相同。这些在实验室中稳定的核素,大多数具有7~9 MeV 的比结合能。质量数在 $A=50\sim65$ 范围内的核素,具有最大的比结合能。这就是我们已经在1.3节中遇到过的铁峰核素。似乎自然界倾向于合成结合得最紧密且最稳定的核素,这将在后面章节中给予详细的解释。其中,结合得最紧密的核素是 ^{62}Ni、^{58}Fe 和 ^{56}Fe,其比结合能 $B(Z, N)/A$ 分别为 (8794.546 ± 0.008)keV、(8792.239 ± 0.008)keV 和 (8790.342 ± 0.008)keV(Wang *et al.*,2012)。比这些核更轻或更重的核素,束缚得就没有那么紧密。图中底部的方形符号表示质量数 $A=40$ 以上具有 $N=Z$ 的核素,它们都具有放射性。结合得最紧密的 $N=Z$ 核素为 ^{56}Ni,其比结合能 $B(Z, N)/A = (8642.767\pm0.010)$keV。遵循的规律是,只要最终产物的比结合能超过其初始成分的比结合能,则核过程就会释放能量。因此,核能可以通过比铁轻的原子核的聚变,或通过比铁重的原子核的裂变而被释放出来。例如,如果一颗恒星最初由纯的氢(^{1}H)构成,通过将氢聚变成氦(^{4}He),可以释放出约7 MeV 每个核子的能量,或者通过将氢熔合到 ^{56}Fe 中,几乎可以释放出9 MeV 每个核子的能量。

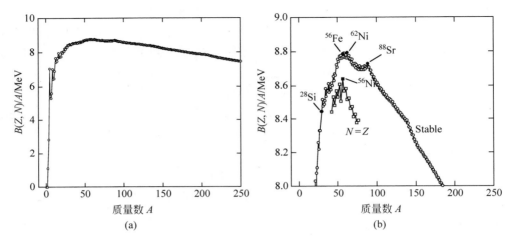

图 1.9 实验单核子结合能 $B(Z,N)/A$ 与质量数 A 的关系

(a) 在给定质量数 A 处,束缚最紧密核素的 $B(Z,N)/A$ 值。也就是说,它们对应于给定质量数下结合最紧密的核素;单核子结合能最大的核素是^{62}Ni($B/A=8.795$ MeV);(b) 放大部分,方形符号显示了 $A=40$ 以上 $N=Z$ 核素的 $B(Z,N)/A$ 值,它们都是放射性的;具有最大单核子结合能的 $N=Z$ 的核素物是^{56}Ni($B/A=8.643$ MeV)。数据来自文献 Wang 等(2012)

 示例 1.2

给定氘核(^{2}H 或 d)和氦核(^{4}He 或 α)的比结合能分别是 $B(d)/A=1.112$ MeV,$B(\alpha)/A=7.074$ MeV。计算当两个氘核结合成一个氦核时所释放的能量。

首先,我们计算^{2}H 和^{4}He 的结合能:

$$B(d) = \frac{B(d)}{A}A = (1.112 \text{ MeV}) \times 2 = 2.224 \text{ MeV}$$

$$B(\alpha) = \frac{B(\alpha)}{A}A = (7.074 \text{ MeV}) \times 4 = 28.296 \text{ MeV}$$

通过结合两个氘核变成一个^{4}He 核,其总能量释放为

$$28.296 \text{ MeV} - 2.224 \text{ MeV} - 2.224 \text{ MeV} = 23.85 \text{ MeV}$$

对应的值是每核子 5.96 MeV。

1.5.2 核反应能量学

一个核相互作用可以用以下符号形式来书写:

$$0+1 \longrightarrow 2+3 \quad \text{或者} \quad 0(1,2)3 \tag{1.3}$$

其中,0 和 1 代表相互作用前的两个碰撞核;2 和 3 代表相互作用后的产物。对于大多数天体物理感兴趣的核相互作用,都是涉及相互作用前后仅有两个种类(species)的情况。如果种类 0 和 1 与种类 2 和 3 是相同的,则这个相互作用称为弹性(elastic)或者非弹性(inelastic)散射。否则,上面的符号指的就是一个核反应(nuclear reaction)。光子也可能参与相互作用。如果种类 2 是一个光子,则相互作用称为辐射俘获反应(radiative capture reaction)。

如果种类 1 是一个光子,则表示我们正在考虑一个光解反应(photodisintegration reaction),也称为光致解离反应(photodissociation reaction)。所有这些相互作用将在后面的章节讨论。

图 1.10 示意性地显示了核反应的能量学,可以用来说明在以下各章节中经常使用的许多关系。其中,垂直方向代表能量。考虑图 1.10(a),它显示了一个反应 $0+1 \longrightarrow 2+3$,其中所有参与相互作用的都是具有静止质量的粒子。水平实线表示种类 0 和 1(反应前)以及种类 2 和 3(反应后)的静止质量。核反应中的总相对论能量必须守恒。这样,就可以写成

$$m_0 c^2 + m_1 c^2 + E_0 + E_1 = m_2 c^2 + m_3 c^2 + E_2 + E_3 \quad \text{或者}$$

$$Q_{01 \to 23} \equiv m_0 c^2 + m_1 c^2 - m_2 c^2 - m_3 c^2 = E_2 + E_3 - E_0 - E_1 \quad (1.4)$$

其中,E_i 是动能;m_i 是静止质量。反应前后的质量差或反应前后的动能差等于所释放的能量,称为反应 Q 值。如果 Q 值为正,则反应释放能量,称为是放热的(exothermic)。否则,该反应会消耗能量,称为是吸热的(endothermic)。除了少数例外,恒星中最重要的核反应都是放热的($Q>0$)。式(1.4)适用于任何参考系。质心与实验室参考系之间的差别在附录 C 中进行了讨论。图 1.10(a)中的量 E_{01} 和 E_{23} 分别代表反应前后质心系下的总动能。显然,质心系动能和 Q 值之间的关系是

$$E_{23} = E_{01} + Q_{01 \to 23} \quad (1.5)$$

图 1.10(b)显示了一个辐射俘获反应 $0+1 \longrightarrow \gamma+3$。在这种情况下,我们相应地发现,

$$m_0 c^2 + m_1 c^2 + E_0 + E_1 = m_3 c^2 + E_3 + E_\gamma \quad \text{或者}$$

$$Q_{01 \to \gamma 3} \equiv m_0 c^2 + m_1 c^2 - m_3 c^2 = E_3 + E_\gamma - E_0 - E_1 \quad (1.6)$$

现在,质心系动能和 Q 值通过下式联系起来:

$$E_{\gamma 3} = E_{01} + Q_{01 \to \gamma 3} \quad (1.7)$$

其中,$E_{\gamma 3}$ 表示出射光子的能量(E_γ)与反冲核 3 的质心系动能之和。后者的贡献通常很小,以至于人们经常设 $E_{\gamma 3} \approx E_\gamma$(附录 C)。

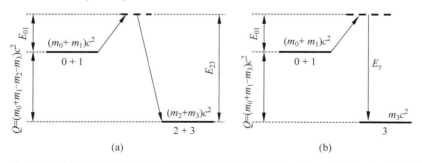

图 1.10 说明核反应能量学的能级图。垂直方向代表能量标度。图(a)对应的是所有参与反应的都是具有静止质量的粒子的情况。在图(b)中,其中一类是光子

辐射捕获反应的反应 Q 值等于原子核 0 和 1 结合成复合核 3 时所释放的能量。如果将等量的能量施加到原子核 3 上,则从能量的角度上来讲,把原子核 3 分离成碎片 0 和 1 是可能的。因此,原子核 3 的粒子分离能等于反应 $0+1 \longrightarrow \gamma+3$ 的 Q 值,也就是 $S_{3 \to 01} = Q_{01 \to \gamma 3}$。分离能将在以下各章节中频繁使用。它们的值取决于种类 0、1 和 3 的核特性。例如,假设我们从图 1.1 中的稳定核开始,一次去除一个中子。其结果是,我们在核素图中向左移,向着越来越丰质子的方向移动。我们离稳定核越远,质子-中子失衡就越大,从给定核

中去除一个质子所需的能量就越少。换句话说,质子分离能 S_p 减小了。除去一定数量的中子后,最终到达一个 S_p 变为负值的核素。这种核素称为质子不稳定的(proton unstable),因为它们会通过发射质子进行衰变。核素图中 $S_p = 0$ 的线(在丰质子一侧)称为质子滴线(proton dripline)。类似地,如果我们从给定的稳定核中去除质子而不是中子,那么我们将在核素图中向下移动。每次去除一个质子,中子-质子失衡增加,而中子分离能 S_n 减小。现在,$S_n = 0$ 的线(在丰中子一侧)定义为中子滴线(neutron dripline)。粒子滴线在某些恒星爆炸中扮演着重要的角色(第5章)。

1.5.3 原子质量和质量过剩

由于原子中电子的存在,使得对原子核质量的直接测量变得很复杂。另外,可以非常高精度地测量原子质量。因此,实验质量评估列出的是原子质量而非核质量,两者间的关系是

$$m_{atom}(A, Z) = m_{nuc}(A, Z) + Zm_e - B_e(Z) \tag{1.8}$$

其中,m_e 和 B_e 分别表示原子中的电子质量和电子结合能。在核反应中,总电荷守恒。由于在反应方程式的两边都增加了相同数量的电子静止质量,所以,可以用原子质量来代替核质量。因原子中电子结合能的差异,上述近似会引入误差。电子结合能可以作如下近似(Lunney et al. 2003):

$$B_e(Z) = 14.4381 Z^{2.39} + 1.55468 \times 10^{-6} Z^{5.35} (eV) \tag{1.9}$$

这一贡献小于核质量差异,通常可忽略。在下文中,除非另有说明,否则我们将使用原子质量而不是核质量。

通常引入一个称为原子质量过剩(atomic mass excess,以能量为单位)的量,其定义为

$$M.E. \equiv (m_{atom} - Am_u)c^2 \tag{1.10}$$

其中,整数 A 是质量数;m_u 表示标准的原子质量单位 u,定义为中性 ^{12}C 原子质量的十二分之一。从数值上看,$m_u c^2 = 931.494$ MeV(附录 E)。反应 $0 + 1 \longrightarrow 2 + 3$ 的 Q 值可以用质量过剩表示为

$$
\begin{aligned}
Q &= m_0 c^2 + m_1 c^2 - m_2 c^2 - m_3 c^2 \\
&= (m_0 c^2 + m_1 c^2 - m_2 c^2 - m_3 c^2) + (A_2 m_u c^2 + A_3 m_u c^2 - A_0 m_u c^2 - A_1 m_u c^2) \\
&= (M.E.)_0 + (M.E.)_1 - (M.E.)_2 - (M.E.)_3 \tag{1.11}
\end{aligned}
$$

在计算反应 Q 值时,使用原子质量或原子质量过剩会得出完全相同的结果。如果正电子参与反应,则使用原子质量(或原子质量过剩)得到的 Q 值会包括正电子与来自环境的另一个电子的湮灭能量 $2m_e c^2 = 1022$ keV,如下所述。在数值表达式中,我们经常使用这样一个量:

$$M_i = \frac{m_i}{m_u} \tag{1.12}$$

其中,M_i 叫作种类 i 的相对原子质量,以原子质量 u 为单位。对于给定的核素,其相对原子质量在数值上接近其(整数)质量数 A,但是为了精确计算,应使用 M_i 的质量。Wang 等(2012)对原子质量进行了评估。关于原子质量的测量技术以及理论模型的综述,请参考文献(Lunney et al.,2003)。

表 1.1 列出了一些较轻核素的原子质量过剩、结合能以及相对原子质量的实验值。注意，根据定义，$(\text{M. E.})_{^{12}\text{C}} \equiv 0$。以下示例说明了它们在计算 Q 值中的用法。

表 1.1　$A \leqslant 20$ 质量区中较轻核素的原子质量过剩、单原子结合能和相对原子质量的实验值

A	核素	M. E. /keV	(B/A)/keV	M/u
1	n	8071.3171	0.0	1.0086649158
	H	7288.97059	0.0	1.00782503223
2	H	13135.72174	1112.283	2.01410177812
3	H	14949.8061	2827.266	3.0160492779
	He	14931.2155	2572.681	3.0160293201
4	He	2424.91561	7073.915	4.00260325413
6	Li	14086.8789	5332.331	6.0151228874
7	Li	14907.105	5606.439	7.016003437
	Be	15769.00	5371.548	7.01692872
8	Li	20945.80	5159.712	8.02248625
	Be	4941.67	7062.435	8.00530510
	B	22921.6	4717.15	8.0246073
9	Li	24954.90	5037.768	9.02679019
	Be	11348.45	6462.668	9.01218307
10	Be	12607.49	6497.630	10.01353470
	B	12050.7	6475.07	10.0129369
11	Be	20177.17	5952.540	11.02166108
	B	8667.9	6927.72	11.0093054
	C	10650.3	6676.37	11.0114336
12	B	13369.4	6631.22	12.0143527
	C	0.0	7680.144	12.0000000
13	B	16562.1	6496.41	13.0177802
	C	3125.00875	7469.849	13.00335483507
	N	5345.48	7238.863	13.00573861
14	C	3019.893	7520.319	14.003241988
	N	2863.41669	7475.614	14.00307400443
	O	8007.46	7052.301	14.00859636
15	C	9873.1	7100.17	15.0105993
	N	101.4387	7699.460	15.0001088989
	O	2855.6	7463.69	15.0030656
16	N	5683.9	7373.80	16.0061019
	O	−4737.00137	7976.206	15.99491461957
17	N	7870.0	7286.2	17.008449
	O	−808.7636	7750.728	16.9991317565
	F	1951.70	7542.328	17.00209524
18	N	13113.0	7038.6	18.014078
	O	−782.8156	7767.097	17.9991596129
	F	873.1	7631.638	18.0009373

续表

A	核素	M.E./keV	(B/A)/keV	M/u
	O	3332.9	7566.49	19.0035780
19	F	−1487.4443	7779.018	18.9984031627
	Ne	1752.05	7567.342	19.00188091
	F	−17.463	7720.134	19.99998125
20	Ne	−7041.9306	8032.240	19.9924401762
	Na	6850.6	7298.50	20.0073544

注：表中未列出误差，数据源自文献(Wang *et al.*,2012)。

 示例1.3

利用表1.1中的信息，计算反应① $^{17}O+p \longrightarrow \alpha+^{14}N$，② $p+p \longrightarrow e^+ + \nu + d$ 的反应 Q 值。其中，符号 e^+ 和 ν 分别代表正电子和中微子。

① 对于 $^{17}O(p,\alpha)^{14}N$ 反应，利用式(1.11)可得

$$Q = (M.E.)_{^{17}O} + (M.E.)_{^1H} - (M.E.)_{^{14}N} - (M.E.)_{^4He}$$
$$= [(-808.76)+(7288.97)-(2863.42)-(2424.92)]keV = 1191.87 \text{ keV}$$

如果使用原子质量，将获得完全相同的结果。

② 对于 $p(p,e^+\nu)d$ 反应，可以得到

$$Q = (m_{^1H} + m_{^1H} - m_{^2H})c^2 = (M.E.)_{^1H} + (M.E.)_{^1H} - (M.E.)_{^2H}$$
$$= 2 \times (7288.97 \text{ keV}) - (13135.72 \text{ keV}) = 1442.22 \text{ keV}$$

这一数值包括正电子与来自环境中另一个电子的湮灭能量 $2m_e c^2 = 1022$ keV，这可以从下面的公式中看出：

$$Q = [m_{^1H} + m_{^1H} - m_{^2H}]c^2 = [(m_p + m_e) + (m_p + m_e) - (m_d + m_e)]c^2$$
$$= [m_p + m_p - m_d + m_e]c^2 = [(m_p + m_p - m_d - m_e) + 2m_e]c^2$$

上述表达式中的符号 ^1H，^2H 和 p，d 分别代表其原子质量和核质量。

1.5.4　数丰度、质量分数及摩尔分数

在恒星等离子体中，核 i 的数密度 N_i 等于单位体积内种类 i 的总数。阿伏伽德罗常量 N_A 定义为组成 M_i 克物质中第 i 类原子的数目，即 $N_A = M_i/m_i = 6.022 \times 10^{23}$ mol^{-1}。那么，如果仅有一个种类 i，则质量密度由 $\rho = N_i m_i = N_i M_i/N_A$ 给出，对于混合物，则由 $\rho = (1/N_A) \sum_i N_i M_i$ 给出。我们可以写成如下形式：

$$\frac{\sum_i N_i M_i}{\rho N_A} = \frac{N_1 M_1}{\rho N_A} + \frac{N_2 M_2}{\rho N_A} + \frac{N_3 M_3}{\rho N_A} + \cdots$$
$$= X_1 + X_2 + X_3 + \cdots = \sum_i X_i = 1 \tag{1.13}$$

其中,物理量 X_i 为

$$X_i \equiv \frac{N_i M_i}{\rho N_A} \tag{1.14}$$

它表示束缚在种类 i 中的质量比例,因此,称为质量分数(mass fraction)。一个相关的量是摩尔分数(mole fraction),由下式定义:

$$Y_i \equiv \frac{X_i}{M_i} = \frac{N_i}{\rho N_A} \tag{1.15}$$

在恒星等离子体中,如果发生核嬗变(nuclear transmutation),则数密度 N_i 将会发生变化。但由于恒星气体压缩或膨胀所引起的质量密度变化,也会造成数密度发生变化。因此在恒星等离子体的质量密度变化的情况下,利用量 Y_i 代替 N_i 来表示丰度是有好处的。在没有核反应或混合的简单物质膨胀中,前者保持不变,而后者与质量密度成正比。

严格来说,即使不发生恒星气体的压缩或膨胀,质量密度 ρ 也不是一个守恒量。原因是核嬗变将一部分核质量转化为能量或轻子(例如电子或正电子),反之亦然。为避免此困难,有时从核子数(即质量数 A_i)而不是相对原子质量的角度,将密度定义为 $\rho_A = (1/N_A) \sum_i N_i A_i$,因为核子数在核嬗变中始终是守恒的。式(1.14)中的质量分数原则上应该用核子分数 $X_i = N_i A_i/(\rho_A N_A)$ 来代替。但是,质量密度和核子密度之间或质量分数和核子分数之间的差异很小,因此,这种区别在数值上通常并不重要。为避免混淆,我们将在本书中使用质量密度和质量分数这两个概念。有关丰度的更多信息,请参考书籍 Arnett(1996)。

 示例 1.4

太阳诞生时 ^{1}H 和 ^{4}He 的质量分数分别为 0.71 和 0.27。计算其相应的数密度比值。根据式(1.14)和表 1.1,我们有

$$\frac{N(^1H)}{N(^4He)} = \frac{\dfrac{\rho N_A X(^1H)}{M(^1H)}}{\dfrac{\rho N_A X(^4He)}{M(^4He)}} = \frac{M(^4He)}{M(^1H)} \frac{X(^1H)}{X(^4He)} = \frac{4.0026 \text{ u}}{1.0078 \text{ u}} \frac{0.71}{0.27} = 10.4$$

1.5.5　衰变常数、平均寿命及半衰期

不稳定核素的数密度 N(或核的绝对数 $\mathcal{N}$)随时间的演化由以下微分方程给出:

$$\left(\frac{dN}{dt}\right) = -\lambda N \tag{1.16}$$

其中,λ 表示每个原子核单位时间衰变的概率。由于它对于给定核素在特定条件下(恒定温度和密度)是恒定的,因此称为衰变常数(decay constant)。对上述表达式进行积分,马上可以得到关于时间 t 后剩余未衰变核的数密度的放射性衰变定律:

$$N = N_0 e^{-\lambda t} \tag{1.17}$$

其中,N_0 是 $t = 0$ 时刻的初始数密度。数密度 N 下降到初始丰度的一半,即 $N_0/2 =$

$N_0 e^{-\lambda T_{1/2}}$,所需的时间称为半衰期(half life)$T_{1/2}$,$T_{1/2}$与衰变常数的关系是

$$T_{1/2} = \frac{\ln 2}{\lambda} = \frac{0.69315}{\lambda} \tag{1.18}$$

N下降到初始丰度的$1/e = 0.36788$,即$N_0/e = N_0 e^{-\lambda \tau}$,所需的时间称为平均寿命(mean lifetime)τ,它与半衰期之间的关系是

$$\tau = \frac{1}{\lambda} = 1.4427\ T_{1/2} \tag{1.19}$$

如果给定核素能够经历不同的竞争性衰变(例如,γ和β衰变,或不同的γ射线跃迁),则总的衰变概率由各个过程的衰变概率之和得出。由此,

$$\lambda = \sum_i \lambda_i \quad \text{或者} \quad \frac{1}{\tau} = \sum_i \frac{1}{\tau_i} \tag{1.20}$$

其中,λ_i和τ_i分别称为分衰变常数和分寿命。原子核的绝对数目$\mathcal{N}$与衰变常数的乘积确定了单位时间内的衰变数,称为活度(activity)$A \equiv \lambda \mathcal{N} = -\mathrm{d}\mathcal{N}/\mathrm{d}t$。活度的常见单位是居里(1 Ci$=3.7 \times 10^{10}$个衰变每秒)和贝克勒尔(1 Bq=1个衰变每秒)。必须强调的是式(1.16)~式(1.20)适用于任意的原子核衰变,例如β衰变、α粒子衰变、激发能级的γ射线衰变,以及恒星等离子体中通过核反应所引起的对原子核的破坏,这将在后面展示。

1.6 原子核壳模型

原子核壳模型的详细处理超出了本书的范围。在许多入门级的核物理教科书中都进行了有关壳模型的基本讨论(例如,Krane,1988)。有关更详细的说明,请参考两本书:(De Shalit & Talmi,1963)或(Brussaard & Glaudemans,1977)。在下文中,我们将总结该模型的一些重要假设和预言。我们的目的是如何根据核子的基本组态来更好地理解和解释原子核的性质,例如结合能、自旋和宇称。以下考量也很重要,因为本书中提到的许多核结构特性,例如,约化γ射线跃迁强度、弱相互作用矩阵元以及谱因子,通常都是由壳模型来计算的。

原子壳模型在描述原子的特性方面非常成功。在原子的情况下,重的原子核代表了库仑场的中心,其中光电子以一阶近似独立地运动。球形库仑势由$V_C = Ze^2/r$给出,这里Z为原子序数,e为电子电荷,r为原子核与电子之间的距离。对该系统求解薛定谔方程,可得到以各种量子数为特征的电子轨道或者壳。通常,其中几个(亚)壳在能量上差不多都是简并的,它们在一起形成主壳。构建原子电子组态的规则直接遵循泡利不相容原理,该原理规定:同时占据给定一个量子态的自旋为1/2粒子的数目不超过两个。然后,以能量递增的顺序将电子依次填充到各壳中。这样,我们就获得了一个满壳的惰性核心以及一些主要决定原子特性的价电子。对于主壳所有状态都被占据的原子,它们对去除或增加一个电子表现出很高的稳定性。这些就是惰性气体。

将类似的模型应用于原子核会遇到许多复杂情况。首先,核相互作用与库仑相互作用有很大的不同,而且核子-核子相互作用的本质尚不清楚。其次,与原子的情形(电子)相反,原子核中存在两种基本粒子(质子和中子)。最后,核子之间的力没有重心。尽管存在这些复杂性,原子核壳模型在描述核的许多特性方面还是非常成功的。它的基本假设是,每个核

子与原子核中所有其他质子和中子的相互作用可以通过一些平均势 $V(r)$ 很好地近似。单个核子在该平均势中独立地运动,可以用一个具有分立能量和恒定角动量的单粒子态来描述。

核子的独立运动可以通过以下方式定性地理解。根据泡利不相容原理,在一个给定的量子态中最多可以存在两个质子或中子。单粒子能级被核子所填充,具体填充到哪个能级,取决于有多少个核子。现在考虑占据某些中间单粒子能级,并在原子核中运动的单个核子的情况。核力的力程很短,因此,我们预计核势将剧烈波动。核子可能与其他质子或中子发生碰撞,但是它无法轻易获得或失去能量,这是由于相邻能级已被占据而无法接受一个额外的核子。它可能会获得大量能量,因此会移动到较高的未被占据的单粒子能级。但是这些伴随大量能量转移的碰撞不太可能发生。因此,核子的运动通常会相当平滑。

1.6.1　闭壳和幻数

我们将从一个假设开始,即单个核子与原子核中所有其他核子之间的相互作用可以用一个合适的单粒子势来近似。在最简单的情况下,它由一个中心势[例如,谐振子势或伍兹-萨克森(Woods-Saxon)势]和一个自旋-轨道耦合项构成。这种势的薛定谔方程解是单粒子束缚态,其特征是径向量子数 n、轨道角动量量子数 ℓ 以及总角动量量子数 j(根据 $j=\ell+s$ 耦合得到,其中 s 代表质子或中子的本征自旋值 1/2;见附录 B)。特别是,单粒子态的能量显性地依赖于 n,ℓ 和 j 的值。单粒子态在能量上成簇地聚集,从而显示出壳结构。每个给定 j 的态最多能容纳 $(2j+1)$ 个同类核子,对应于磁分态($m_j=-j,-j+1,\cdots,j-1,j$)的数目,因此,它表示一个亚壳(subshell)。几个不同的能量接近的亚壳组合在一起形成一个主壳(major shell)。此外,每个单粒子态都具有确定的宇称(附录 A),由 $\pi=(-1)^\ell$ 给出。根据泡利不相容原理依次填满每个壳。

质子或中子的单粒子能级如图 1.11 所示,其中水平方向代表能量尺度。左侧的(a)部分显示了以谐振子量子数 $N=2(n-1)+\ell$ 为函数的谐振子势的单粒子能量,对应于被激发的振子量子的总数。(b)部分显示了 Woods-Saxon 势的单粒子能量。这种势更为真实,但在数学上不易处理。它由 $V(r)=V_0[1+e^{(r-R_0)/a}]^{-1}$ 定义,其中 V_0,R_0 和 a 分别代表势深度、势半径和弥散度。在(a)部分中,给定 N 的每个单粒子态通常由具有不同 ℓ 值的态构成。它们具有相同的能量,因此称为简并的。对于较真实的 Woods-Saxon 势,这些简并不会发生,也就是说,ℓ 值不同的态具有不同的能量。通常将谱学符号 s、p、d、f、g⋯分别用于轨道角动量 $\ell=0$、1、2、3、4⋯的态。如果将额外的自旋轨道项添加到势中,则每个给定 ℓ 值的态($\ell=0$ 除外)的总角动量可以是 $j=\ell+1/2$ 或 $j=\ell-1/2$(附录 B)。由于 ℓ 是整数,所以 j 一定是奇数个半整数值。(c)部分显示了自旋轨道项如何将 $\ell>0$ 的每个态劈裂成两个能级。可以占据给定 j 态的全同粒子(质子或中子)的数量总计为 $(2j+1)$,并在(d)部分中给出。(e)部分显示的是单粒子态的谱学符号 nl_j 表示。主量子数 n 对应于给定 ℓ 和 j 的各种态出现在能量中的次序,能量随量子数 n 的增大而提高。因此,$1s_{1/2}$ 是第一个 $\ell=0$,$j=1/2$ 的态;$2s_{1/2}$ 是第二个,依此类推。(f)部分显示了单粒子能级的宇称。(g)部分显示了能填满直至一个给定能级的所有态的全同核子数的小计。

注意,自旋轨道耦合项是如此之强,以至于它极大地改变了单粒子态的能量。例如,下面考虑 $N=3$ 和 4 的谐振子壳。(b)部分中 $N=4$ 的 g 态($\ell=4$)劈裂为两个能级 $1g_{7/2}$ 和

$1g_{9/2}$。由于自旋轨道耦合很强,所以 $1g_{9/2}$ 态被压低,其能量显得与源自 $N=3$ 谐振子壳的 $2p_{1/2}$、$1f_{5/2}$ 和 $2p_{3/2}$ 态的能量接近。现在,在核子数(或占据数)小计为 50 处出现了一个能隙,因此,这组能级态构成了一个主壳。类似的论点也适用于其他组能级的情况。从图 1.11 可以看出,单粒子能谱中的能隙(或主要的闭壳)在占据数为 2、8、20、28、50、82 和 126 时出现。这些数称为幻数(magic number)。

主壳被质子或中子填满的原子核表现出在能量上有利(energetically favorable)的组

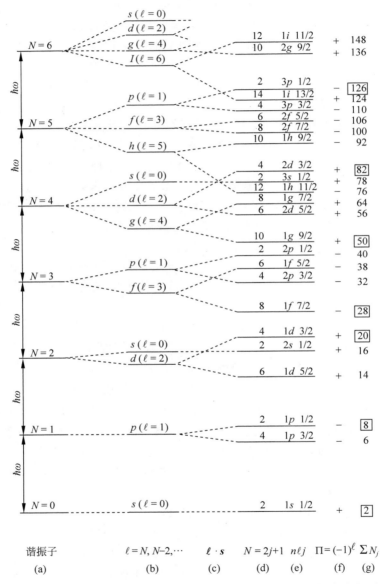

图 1.11 全同核子(质子或中子)单粒子态的近似排序。幻数(在右侧的方框中给出)出现在能隙处并对应于累计到该态的核子数之和。能级模式仅代表定性的特征,这具体对 $N \geqslant 4$ 的态成立,其中质子和中子的能级顺序不同(受库仑相互作用影响)〔经(Brussaard & Glaudemans,1977)许可转载,版权归 P. J. Brussaard 所有〕

态,与只有壳被部分填充的相邻核相比,它们具有额外的稳定性。幻数在许多观测的核特性中显现出来,诸如质量、粒子分离能、核电荷半径、电四极矩。例如,图 1.12 显示了实验测量的基态原子质量过剩与平均值之间的差异,其中平均值是使用光滑的半经验质量公式计算出来的。在中子幻数的位置,原子质量过剩较小,根据式(1.2)和式(1.10),这导致了较小的原子质量和较大的结合能。后文将结合中子俘获截面给出另一个例子(图 5.67)。这些观测为原子核的壳结构提供了明确的证据。正如在 5.6 节中显而易见的那样,重元素的合成受到 $N = 50$、82 和 126 中子幻数的强烈影响。必须再次强调,只有将强自旋轨道耦合项引入独立粒子势阱中,才能够重现自然界中观测到的幻数。

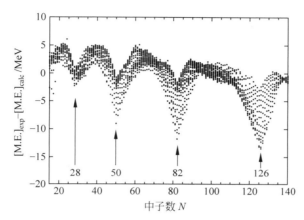

图 1.12 实验和理论的基态原子质量过剩之间的差异随中子数的关系。实验数据取自文献(Audi *et al*.,2003),理论是由有限程液滴(FRDM)质量公式中的球形宏观部分预测的质量过剩(Möller *et al*.,1995)

1.6.2　核结构和核子组态

壳模型不仅可以预测闭壳核的性质,还可以预测部分闭壳核的性质。原子核的性质直接取决于核子的组态:①原子核的结合能或质量是由单粒子能量(由核子在平均场中的独立运动引起的),以及价核子(即位于一个闭合主壳之外的那些核子)之间的相互作用决定的;②原子核的总角动量(或核自旋)是根据矢量相加的量子力学规则,通过耦合独立的单粒子态的角动量而得到的(附录 B);③原子核的总宇称是由所有核子宇称的乘积决定的。

首先考虑一个亚壳被完全填充的核。在每个亚壳 j 中,所有磁分态(magnetic substates)m_j 都已占据,这样,亚壳中所有核子的 j_z 之和必须为零。换句话说,完全填充的亚壳中的核子必须耦合成一个零角动量。此外,由于 $(2j+1)$ 是一个偶数,所以所有核子的总宇称为 $\pi = +1$。实际上,观测的具有闭合亚壳(或闭合主壳)的原子核的自旋和宇称为 $J^\pi = 0^+$(例如,$^4_2\text{He}_2$、$^{12}_6\text{C}_6$、$^{14}_6\text{C}_8$、$^{14}_8\text{O}_6$、$^{16}_8\text{O}_8$、$^{28}_{14}\text{Si}_{14}$、$^{32}_{16}\text{S}_{16}$ 或 $^{40}_{20}\text{Ca}_{20}$)。闭壳核只能通过将至少一个核子提升至更高的、未被占据的亚壳来进行激发。这与实验观测一致,即这些原子核的第一激发态通常是在相对较高的激发能下被发现的。那些壳被部分填充的原子核,可能具有仅由角动量重新耦合所引起的激发态。这解释了为什么在这种情况下观测的激发能明显偏小。

通过考虑图 1.11,我们可以轻松地解释当单个核子位于闭合亚壳外部时原子核基态的量子数。在这种情况下,基态自旋和宇称由价核子的最低单粒子态给出。例如,我们发现,对于$^{13}_{6}$C$_7$,$J^\pi=1/2^-$;对于$^{17}_{8}$O$_9$,$J^\pi=5/2^+$;对于$^{29}_{14}$Si$_{15}$,$J^\pi=1/2^+$;对于$^{33}_{16}$S$_{17}$,$J^\pi=3/2^+$。在这方面,闭合亚壳外部单个价核子的行为与未满亚壳中单个空穴的行为相同。例如,$^{27}_{14}$Si$_{13}$基态的自旋和宇称是$J^\pi=5/2^+$,因为它在$1d_{5/2}$壳中有一个单中子空穴。

当亚壳仅部分填充时,情况会变得更加复杂。我们通过实验观测到,所有偶偶核的基态都具有自旋和宇称$J^\pi=0^+$。例如,这适用于$^{26}_{12}$Mg$_{14}$,尽管质子和中子都没有完全填满亚壳的情况。这意味着一个质子对或中子对耦合成$J^\pi_{pair}=0^+$的总自旋和宇称在能量上是有利的(energetically favorable)。这种配对效应(pairing effect)也会影响相邻原子核的质子和中子分离能,如5.6节所述。那么,壳模型就可以用来预测奇A核的基态自旋和宇称。例如,考虑$^{23}_{10}$Ne$_{13}$。所有质子成对地耦合成量子数0^+,其中的12个中子也是如此。最后一个奇中子的最低可用能级是$1d_{5/2}$态(图1.11),因此^{23}Ne基态的自旋和宇称是$J^\pi=5/2^+$。这些简单考虑可以重现许多观测的基态自旋,但在某些情况下也会失败。根据上述论证,人们可能期望$^{23}_{11}$Na$_{12}$基态的自旋和宇称为$J^\pi=5/2^+$,但是相反,我们观测到它是$J^\pi=3/2^+$。这些差异是由未满壳中多核子间的复杂相互影响造成的,以至于偶数个质子或中子并不总是耦合成一个总角动量为$J=0$的基态。这对于原子核的激发能级尤其如此。

在除了最简单情形的所有情况下,必须明确地考虑核子的组态。由于给定核能级可以通过混合组态来描述,即通过耦合成相同J^π值的不同核子组态来描述,所以会造成进一步的复杂化。在这种情况下,必须使用数字计算机代码来进行大规模的壳模型计算。壳模型在解释原子核结构方面非常成功。在核天体物理学中,它经常被用于计算尚未在实验室中测量到的核物理量。例如,约化γ射线跃迁强度(1.7.2节)或者弱相互作用跃迁强度(1.8.3节)取决于原子核的矩阵元,通过它们将初态[衰变态(decaying state)]与末态连接起来。一旦假设了(电磁或弱相互作用的)跃迁算符(transition operator)的一个恰当形式,就可以直接使用壳模型对矩阵元进行数值计算。核天体物理中另一个重要的物理量是谱因子。在2.5.7节中将解释如何将此特性用于估算核反应$A+a\longrightarrow B$的未知截面。谱因子是根据B的末态波函数与$A+a$的初态波函数之间的重叠积分来定义的。它不依赖于跃迁算符,仅依赖于波函数的重叠,因此,对许多原子核都可以相当可靠地计算其谱因子。

1.7 核激发态和电磁跃迁

1.7.1 能量、角动量及宇称

每个原子核都表现出激发态。它们可以通过许多不同的方式来布居,例如核反应、β衰变、热激发(见下文)、非弹性电子或粒子散射,以及库仑激发。每条核能级是以其激发能E_x为特征的,E_x定义为所讨论能级与原子核基态之间的结合能差。根据定义,对于基态我们有$E_x=0$。在实验室中,每个激发能级E_i可以通过三种不同的过程跃迁到能量为E_f的低位态,这些过程都是由电磁相互作用引起的:①γ射线发射,②内转换(internal conversion),③内电子对形成(internal pair formation)。内转换是指激发核通过单步过程直接将其能量转移到轨道电子上进行退激的一个过程。内电子对形成表示原子核通过产生正负电子对进行退激,退激能量必须超过电子静止能量的两倍($2m_ec^2$)才能够发生。虽然原则上三种过程可以相互竞争,但到目前为止,γ射线发射是核天体物理中最重要的过程,下面将予以讨论。

在两个核能级之间的γ射线跃迁中,发射光子的能量由下式给出:

$$E_\gamma = E_i - E_f - \Delta E_{rec} \tag{1.21}$$

其中,核反冲位移(recoil shift)ΔE_{rec}的来源在附录C.1中有具体的描述。在这里,我们主要关心的是100 keV~15 MeV范围内的γ射线能量。对于这种能量,反冲位移非常小,通常可以忽略不计。因此,在大多数情况下,我们可以使用近似式$E_\gamma \approx E_i - E_f$。这里假设激发核在静止中衰变。如果衰变能级是通过核反应布居的,则还必须考虑另一种修正,即多普勒位移(Doppler shift)(附录C.1)。无论如何,发射的γ射线将表现出分立的能量。如果E_f对应于基态,则不可能再发射γ射线。否则,在到达基态之前,很可能出现发射一个或多个光子使原子核退激的情况。

根据每个光子所携带的角动量$L\hbar$及其宇称,可以对发射的(或吸收的)电磁辐射进行分类(附录B)。光子带走的角动量决定了辐射的多极性。角动量值为L的,对应于2^L极辐射,其特征在于发射强度的角分布。例如,$L=1$和$L=2$分别对应于偶极(2^1)和四极(2^2)辐射。对于给定的L值,两种相同的辐射模式可以对应于不同的波,即电2^L极辐射和磁2^L极辐射,它们的宇称不同。例如,E2和M1分别对应于电四极辐射和磁偶极辐射。在两条核能级之间的γ射线跃迁中,系统("核+电磁场")的总角动量和宇称是守恒的。守恒定律会导致某些选择定则,只有符合这些选择定则,发射(或吸收)具有给定特征的辐射才能够发生。量子力学定则在附录B中进行了说明。

1.7.2 跃迁概率

关于原子核与电磁辐射相互作用的量子理论的详细讨论超出了本书的范围。这里我们将总结在推导跃迁概率(transition probability)过程中所涉及的一些最重要步骤。有关更多信息,请参考书籍(Blatt & Weisskopf,1952)。

对于两条给定核能级之间发射给定特征(例如,E1或M2)的电磁辐射的衰变常数(即单位时间内的概率),可以利用微扰理论(perturbation theory)来计算。其结果是(Weisskopf,1952)

$$\lambda(\bar\omega L) = \frac{8\pi(L+1)}{\hbar L[(2L+1)!!]^2}\left(\frac{E_\gamma}{\hbar c}\right)^{2L+1} B(\bar\omega L) \tag{1.22}$$

其中,E_γ和L分别表示辐射的能量和多极性;$\bar\omega$代表电辐射(E)或磁辐射(M);双阶乘定义为$(2L+1)!! \equiv 1 \cdot 3 \cdot 5 \cdot \cdots \cdot (2L+1)$;$B(\bar\omega L)$称为约化跃迁概率(reduced transition probability)。它包含初末态的波函数以及多极算符(multipole operator)。该算符负责将初态变成末态,同时产生具有恰当能量、极性和特征(character)的一个光子。约化跃迁概率可以使用核结构模型(例如壳模型)来进行计算(1.6节)。在最简单的情况下,可以假设原子核由一个惰性核心外加一个单核子构成,γ射线跃迁是由该核子从一个壳模型态变成另一个态而引起的,并且假设初末态径向波函数在核内都是恒定的,而在核外则消失了。基于这些假设,我们可以得到γ射线跃迁概率的韦斯科夫估计(Weisskopf estimates),下面给出了对一些较低多极性的估计,以后将会看到这些都是很重要的。

$$\lambda_W(E1)\hbar = 6.8 \times 10^{-2} A^{2/3} E_\gamma^3, \quad \lambda_W(M1)\hbar = 2.1 \times 10^{-2} E_\gamma^3 \tag{1.23}$$

$$\lambda_W(E2)\hbar=4.9\times10^{-8}A^{4/3}E_\gamma^5, \quad \lambda_W(M2)\hbar=1.5\times10^{-8}A^{2/3}E_\gamma^5 \qquad (1.24)$$

$$\lambda_W(E3)\hbar=2.3\times10^{-14}A^2E_\gamma^7, \quad \lambda_W(M3)\hbar=6.8\times10^{-15}A^{4/3}E_\gamma^7 \qquad (1.25)$$

在这些数值表达式中,A 表示衰变核的质量数;光子能量 E_γ 以 MeV 为单位;Weisskopf 估计值以 eV 为单位。稍后将显示乘积 $\lambda\hbar$ 等于 γ 射线的分宽度。

图 1.13 显示了 γ 射线衰变概率的 Weisskopf 估计与 γ 射线能量的关系,分别针对不同多极性和特征辐射的情况。显然,λ_W 随 γ 射线能量的增加而急剧地增加。当描述 γ 射线分宽度的能量依赖性时,我们将在后面章节中使用由 Weisskopf 估计所预测的一个关系式,$\Gamma=\lambda\hbar\sim E_\gamma^{2L+1}$。同样,衰变概率在很大程度上也取决于辐射的多极性 L 和特征 $\bar\omega$。此外,根据选择定则(附录 B),在两条给定核能级之间的跃迁中,不能同时发射具有相同多极性的电辐射和磁辐射。对于连接两条具有相反宇称能级之间的跃迁,我们从图 1.13 中发现如下不平等式:

$$\lambda_W(E1)\gg\lambda_W(M2)\gg\lambda_W(E3)\gg\cdots \qquad (1.26)$$

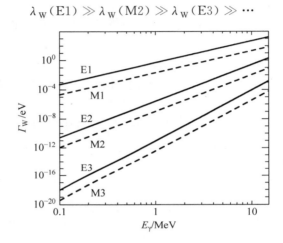

图 1.13 能级差为 E_γ 的两条核能级之间跃迁所放出的纯电(E)和纯磁(M)多极辐射 γ 射线的衰变概率的 Weisskopf 估计。γ 射线分宽度 Γ_W 等于 $\lambda_W\hbar$ 的积。这些曲线是对 $A=20$ 的核进行计算得到的,其中核半径 $R=1.20A^{1/3}\,\mathrm{fm}=3.3\,\mathrm{fm}$

在这种情况下,选择定则所容许的、最低的那个多极子通常占主导地位。特别是,如果 E1 辐射是容许的,则它将在绝大多数天体物理应用中支配着跃迁强度。对于连接具有相同宇称的两条能级之间的跃迁,可以得到如下不等式:

$$\lambda_W(M1)\gg\lambda_W(E2)\gg\lambda_W(M3)\gg\cdots \qquad (1.27)$$

然而,实验测得的 γ 射线跃迁强度不支持以下结论:即如果选择定则容许两种辐射同时发生,则 M1 跃迁总是比 E2 快。实验衰变强度可能与 Weisskopf 估计值有很大偏差,这是因为后者是使用相当粗略的假设获得的。事实证明,对于许多跃迁,观测的衰变常数比理论预测的 λ_W 要小几个数量级,这表明初态和末态核能级波函数的重叠性很差。另外,对于 E2 跃迁,人们发现观测的衰变概率通常会超出 Weisskopf 估计值好几倍。这表明一定有不止一个核子参与了跃迁,并且衰变能级的激发能会存储于几个核子的集体同相运动(collective in-phase motion)中。

Weisskopf 估计非常有用,因为它们提供了与观测跃迁强度相对比的一个标准。人们

通常所引用的实验观测跃迁强度以 Weisskopf 为单位(Weisskopf unit，W.u.)，定义为

$$M_W^2(\bar{\omega}L) \equiv \frac{\lambda(\bar{\omega}L)}{\lambda_W(\bar{\omega}L)} = \frac{\Gamma(\bar{\omega}L)}{\Gamma_W(\bar{\omega}L)} \quad \text{或者} \quad \lambda(\bar{\omega}L) = M_W^2(\bar{\omega}L) \text{W.u.} \quad (1.28)$$

该定义消除了衰变概率对能量的强烈依赖关系。人们以这种方式分析了数千个观测的 γ 射线跃迁，并根据辐射的多极性和特征分别给出了它们在 Weisskopf 单位下的跃迁强度(参考文献 Endt(1993)及其引用的文献)。人们发现，跃迁强度的分布从一些较小的 $M_W^2(\bar{\omega}L)$ 值扩展到最大观测的跃迁概率，其中这些较小值会受到探测设备灵敏度的强烈影响。那些较大值定义为每种 $\bar{\omega}L$ 组合的一个上限(recommended upper limit，RUL)。对于 $A = 5 \sim 44$ 质量区，文献 Endt(1993)报道了以下 RUL 的数值：

$$\text{RUL(E1)} = 0.5 \text{W.u.} , \quad \text{RUL(M1)} = 10 \text{W.u.}$$
$$\text{RUL(E2)} = 100 \text{W.u.} , \quad \text{RUL(M2)} = 5 \text{W.u.}$$
$$\text{RUL(E3)} = 50 \text{W.u.} , \quad \text{RUL(M3)} = 10 \text{W.u.}$$

这些上限值对于估算一个未观测的跃迁 γ 射线的最大跃迁概率是非常重要的(习题1.5)。根据观测的跃迁强度分布的质心，试图估计平均衰变强度是很诱人的事情(参考文献 Endt(1993)中的图 2)。但是，人们必须非常谨慎，因为这些"平均值"(以及"下限")取决于 γ 射线的探测极限，因此它们可能会随着探测设备灵敏度的提高而有所降低。

1.7.3　分支比和混合比

至此，我们讨论了特定多极性 L 和特征 $\bar{\omega}$ 的 γ 射线跃迁。然而，实际上，一个给定初态可能会衰变到许多不同的末态。此外，根据选择定则，连接两个给定状态的每个跃迁可能会通过混合的辐射来进行。这些复杂性可以通过引入两个新的量来描述，即分支比(branching ratio)和混合比(mixing ratio)。在下文中，我们将以能量为单位的 γ 射线衰变概率(即 $\Gamma = \lambda \hbar$)来表示这两个量，Γ 也称为 γ 射线分宽度。考虑图 1.14，它显示了初始激发能级 i 的 γ 射线衰变。初态的总 γ 射线宽度可以用 γ 射线分宽度来表示，后者对应于向某个特定末态 j 的跃迁：

$$\Gamma_{\text{tot}} = \sum_j \Gamma_j \quad (1.29)$$

假设初态仅仅通过发射 γ 射线衰变，则 γ 射线分支比定义为

$$B_j \equiv \frac{\Gamma_j}{\Gamma_{\text{tot}}} \times 100\% \quad (1.30)$$

分支比通常以百分数的形式给出。每条 γ 射线分支可能是由不同多极性 L 和特征 $\bar{\omega}$ 的辐射引起的。尽管选择定则可能容许三个或更多可能性(例如，$2^+ \rightarrow 1^+$ 的跃迁可以通过 M1、E2 或 M3 辐射来进行)，但在大多数实际情况下，仅需要考虑两个最低的 $\bar{\omega}L$ 值。如果我们假设只有 $\bar{\omega}'L$ 和 $\bar{\omega}L + 1$ 的辐射对跃迁有贡献(在上例中为 M1 和 E2)，则 γ 射线分宽度由下式给出：

$$\Gamma_j(\bar{\omega}L + 1; \bar{\omega}'L) = \Gamma_j(\bar{\omega}L + 1) + \Gamma_j(\bar{\omega}'L) \quad (1.31)$$

γ 射线的多极性混合比(multipolarity mixing ratio)定义为

$$\delta_j^2 \equiv \frac{\Gamma_j(\bar{\omega}L + 1)}{\Gamma_j(\bar{\omega}'L)} \quad (1.32)$$

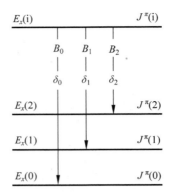

图 1.14 从初态(i)到基态(0)和两个激发态(1,2)的 γ 射线衰变的能级纲图。分支比 B_j 代表特定衰变分支的相对强度(总强度的百分数),δ_j 代表多极混合比

结合式(1.29)～式(1.32),我们可以用总宽度来表示各个宽度,即

$$\Gamma_j(\bar{\omega}'L) = \frac{1}{1+\delta_j^2} \frac{B_j}{100} \Gamma_{\text{tot}} \tag{1.33}$$

$$\Gamma_j(\bar{\omega}L+1) = \frac{\delta_j^2}{1+\delta_j^2} \frac{B_j}{100} \Gamma_{\text{tot}} \tag{1.34}$$

从原子核高激发态衰变到较低激发态具有许多不同的衰变概率,该衰变将优先通过与最大衰变强度相应的 γ 跃迁进行,即通过发射具有最小多极性的辐射进行衰变。如果一条给定能级位于至少 20 个低位态之上,那么从该能级观测的 γ 射线跃迁在所有情况下几乎都是具有偶极(E1 或 M1,取决于初末态能级的宇称)或 E2 特征的。这一经验发现称为偶极或 E2 定则(dipole or E2 rule)(Endt,1990),它可用于估计核能级的未知自旋和宇称。

1.7.4　天体等离子体中的 γ 射线跃迁

在炽热的等离子体中,给定原子核中的激发态会被热布居,例如,通过吸收光子(光激发)、周围离子的库仑激发、非弹性粒子散射以及其他方式。在炽热的天体等离子体中,进行激发和退激发(例如,通过光子的吸收和发射)的时标通常比恒星流体力学的时标短得多,其中同核异能态是重要的例外(见下文),这即使在爆炸条件下也是如此(Fowler *et al.*,1975)。这些激发能级将参与核反应和 β 衰变,这将在后面解释,因此通常必须考虑它们的这些热布居。

对于在热力学平衡下非简并等离子体中给定的核素,处于激发态 μ 的原子核数密度(以 N_μ 表示)与原子核的总数密度(以 N 表示)的比值由玻尔兹曼分布(Ward & Fowler,1980)给出,即

$$P_\mu = \frac{N_\mu}{N} = \frac{g_\mu e^{-E_\mu/(kT)}}{\sum_\mu g_\mu e^{-E_\mu/(kT)}} = \frac{g_\mu e^{-E_\mu/(kT)}}{G} \tag{1.35}$$

其中,$g_\mu \equiv (2J_\mu+1)$、J_μ 和 E_μ 分别是激发态 μ 的统计权重、自旋和激发能;k 代表玻尔兹曼常数,T 代表等离子体温度。分母中对 μ 的求和(包含基态),称为配分函数(partition function) G。式(1.35)直接遵从热力学统计,涵盖了能级激发和退激发所有不同的过程,不仅仅是光子的发射和吸收过程。原子核激发能级的热布居随温度升高会变得越来越重要,并且激发能越低越重要。在习题 1.6 中对式(1.35)中的这些特性进行了探讨。

1.7.5 同核异能态和^{26}Al 示例

在大多数情况下,由 γ 射线发射而衰变的核能级具有很高的跃迁概率,对应的半衰期通常小于 10^{-9} s。但是,在某些情况下,有的半衰期会比这个值长好多个数量级,总计几秒钟、几分钟甚至几天。这种长寿命的激发能级称为同核异能态(isomeric states),或同核异能素(isomer),或亚稳态(metastable state),相应的 γ 射线衰变称为同核异能跃迁(isomeric transitions)。我们用上标 m 来表示这些能级,例如 $^A X^m$。

导致同核异能态具有较长半衰期的两方面因素是:①同核异能态的自旋和末态能级的自旋相差很大;②两条能级之间相对较小的能级差。一方面意味着大的 γ 射线多极性(例如,M4 或 E5)。另一方面意味着小的 γ 射线能量。根据式(1.22),这两种效应都有大幅降低衰变概率的趋势。

我们通过讨论重要的^{26}Al 示例来说明由同核异能态的存在而引起的一些复杂性。图 1.15 展示了能级纲图。首先仅关注左侧,它显示了^{26}Al 的基态($E_x = 0, J^\pi = 5^+$)和三个激发态($E_x = 228$ keV,$J^\pi = 0^+$;$E_x = 417$ keV,$J^\pi = 3^+$;$E_x = 1058$ keV,$J^\pi = 1^+$)。根据选择定则,从第一激发态 $E_x = 228$ keV 直接 γ 射线退激到基态需要发射 M5 辐射。如此高多极性 γ 射线的衰变概率非常小,因此该第一激发态是一个同核异能素(^{26}Al^m)。它通过 β 跃迁(比 M5 特征 γ 射线跃迁发生的可能性大得多)衰变到^{26}Mg 的基态,半衰期为 $T_{1/2}(^{26}$Al$^m) = 6.34$ s。^{26}Al 的基态也是 β 不稳定的,其半衰期为 $T_{1/2}(^{26}$Al$^g) = 7.17 \times 10^5$ a,主要衰变到^{26}Mg 的第一激发态 $E_x = 1809$ keV。接下来,该能级迅速地通过发射 E2 特征 γ 射线退激到^{26}Mg 的基态。

有趣的是,源自于星际介质的能量为 1809 keV 的光子首先被 HEAO-3 航天器探测到(Mahoney et al.,1982),随后也被其他仪器探测到了。^{26}Mg 中的 $E_x = 1809$ keV,能级衰变得如此之快(不到 1 s 的时间),以至于如果它通过恒星内部的核反应所布居,则发射的 1809 keV 光子将立即被周围物质吸收,且永远无法从天体产生场所中逃脱。然而,相反地,假设^{26}Al^g 是通过恒星内部的核反应合成的。其较长的基态半衰期将为它被恒星抛射到星际介质中提供充足的机会,然后在星际介质中发生衰变,从而发射出的光子就可以到达地球。在^{26}Al 中,只有基态的衰变(而不是同核异能素的衰变)才能引起 1809 keV γ 射线的发射。

基于康普顿伽马射线天文台(CGRO)搭载的康普顿成像望远镜(COMPTEL)获得了 1809 keV γ 射线的全天区图(all-sky map),见二维码彩图 12。正如前文所述(1.4.1 节),在星际介质中发现^{26}Al^g 是极其重要的。因为^{26}Al^g 的半衰期(7.17×10^5 a)比银河系化学演化的时间尺度(约 10^{10} a)要短多,因此这就表明核合成当前正处于活跃状态。根据观测的 γ 射线强度,估计银河系中^{26}Al^g 的产生率约为 $2\ M_\odot$ 每百万年。目前,银河系^{26}Al^g 的起源仍然存在争议。但是,观测证据倾向于它来源于大质量恒星。例如,1809 keV γ 谱线的全天区图显示了^{26}Al^g 是被限制在银盘上的,测得的强度是成块且不对称的。此外,对

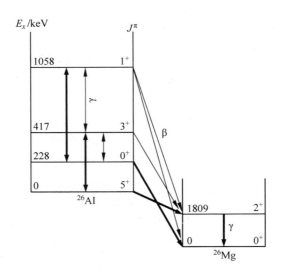

图 1.15 ^{26}Al 和 ^{26}Mg 的能级纲图。其中显示了每个核素最低位的激发能级。垂直箭头代表 γ 射线衰变，而对角线箭头表示 β 衰变跃迁。只有粗箭头表示的跃迁被实验观测到过。细箭头表示的跃迁在 ^{26}Al 基态和位于 $E_x = 228$ keV 的同质异能态的平衡中起着重要作用。该同质异能态的直接 γ 射线退激受到选择定则的强烈抑制。可以从观测到的 1809 keV γ 射线的强度来推断星际介质中 ^{26}Al^g 的存在，该 γ 射线源自 ^{26}Mg 第一激发态的退激。为清楚起见，图中省略了从 ^{26}Al 基态到 ^{26}Mg 的 $E_x = 2938$ keV($J^\pi = 2^+$)激发态的一个较小衰变分支

1809 keV 谱线多普勒位移的测量表明，^{26}Al^g 与银河系一起旋转，因此支持该核素的银河系起源学说(Diehl *et al.*，2006)。对大质量恒星的天体模型计算表明，^{26}Al^g 主要是在 Ⅱ 型超新星的爆发性氖碳燃烧过程中产生的(5.4.3 节和图 1.7 的右侧)。其他一小部分可能是在沃尔夫-拉叶星的核心氢燃烧期间以及随后的 Ⅰ b/ Ⅰ c 型超新星爆中产生的。有关更多信息，请参考文献(Limongi & Chieffi，2006)。

在上文中我们注意到，在炽热的天体等离子体中，由于激发和退激的时间尺度非常短，所以大多数核能级能很快达到热平衡。但是，同核异能态不一定是这种情况。例如，^{26}Al 同核异能素 $E_x = 228$ keV 退激的 γ 射线跃迁概率及其热布居（从基态通过吸收辐射）都依赖于相同的约化跃迁强度。由于不太可能发射或吸收 M5 辐射，所以 ^{26}Al 的基态和同核异能态不能直接达到热平衡[即式(1.35)在这种情况下通常无效]。然而，热平衡可以通过涉及更高 ^{26}Al 激发能级的跃迁间接实现。

再次考虑图 1.15。在这种情况下，基态和同核异能素可以通过 $E_x = 417$ keV 态(0 ↔ 417 ↔ 228)或通过 $E_x = 1058$ keV 态(0 ↔ 417 ↔ 1058 ↔ 228)进行交流。当温度升高时，^{26}Al 的高激发态也起作用，但为清楚起见在图中已省略。可以通过数值求解一组描述所有可能 γ 射线和 β 衰变跃迁线性的微分方程来计算 ^{26}Al 的热平衡。对于其中一些已知实验跃迁强度的以粗箭头表示，而细箭头则表示使用的是壳模型(1.6 节)计算的强度。该计算过程在文献(Coc *et al.*，1999；Runkle *et al.*，2001)中进行了详细描述，在此不再赘述。计算得到的 ^{26}Al 有效寿命随温度的变化关系如图 1.16 所示。实线表示通过显性地考虑基

态和同核异能态之间的平衡而得到的数值计算结果,该平衡是由涉及高激发态所引起的热激发造成的。虚线表示通过假定基态和同核异能态处于热平衡而得到的解析计算结果(示例1.5)。温度低于 0.1 GK 时,其有效寿命由 $^{26}\text{Al}^g$ 在实验室的寿命给出($\tau = 1.4427T_{1/2} = 3.3 \times 10^{13}$ s)。温度高于 0.4 GK 时,基态和同核异能态处于热平衡状态。在 $0.1 \sim 0.4$ GK 的中间温度下,由高激发能级引起的 ^{26}Al 平衡所导致的有效寿命(实线)同由热平衡值得到的结果(虚线)有显著的差别。

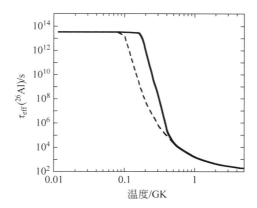

图 1.16 以温度为函数的 ^{26}Al 的有效寿命。实线取自文献(Coc *et al*.,1999)和(Runkle *et al*.,2001)。它是通过确切地考虑基态和同质异能态的平衡(涉及更高激发态的热激发)进行数值计算得到的,在每个温度下,从给定纯 $^{26}\text{Al}^g$ 的量开始计算。$\tau_{\text{eff}}(^{26}\text{Al})$ 的值则由 ^{26}Al 的总丰度(基态加同质异能态)下降到 1/e 时所需的时间来定义。虚线是通过假设基态和同质异能态处于热平衡而解析计算得到的(示例 1.5)

我们在此节集中讨论了 ^{26}Al 的示例。核天体物理中其他重要同核异能素的例子还有 $^{176}\text{Lu}^m$(Zhao & Käppeler,1991)和 $^{180}\text{Ta}^m$(Wisshak *et al*.,2001)。对于以上讨论的同核异能素类型,也称为自旋同核异能素(spin-isomer),它与形状同核异能素(shape-isomer)和 K 同核异能素(K-isomer)等其他类型之间的区别,请参考文献(Walker & Dracoulis,1999)。

1.8　弱相互作用

强核力和电磁力控制着核反应,这些反应对于恒星中能量产生和核合成至关重要。但是,由于多种原因,弱相互作用在恒星中也扮演着重要的角色。首先,当一个放射性核素在核燃烧过程中产生时,它既可以通过弱相互作用进行衰变,也可以通过核反应被破坏掉。这两个过程是相互竞争的,这在第 5 章中显而易见。其次,弱相互作用决定了核合成过程中的中子过剩参数(neutron excess parameter),定义为

$$\eta \equiv \sum_i (N_i - Z_i)Y_i = \sum_i \frac{(N_i - Z_i)}{M_i}X_i, \quad -1 \leqslant \eta \leqslant 1 \qquad (1.36)$$

其中,N_i、Z_i、M_i、Y_i 和 X_i 分别代表中子数、质子数、相对原子质量(以原子质量为单位)、摩尔分数和质量分数,求和遍及等离子体中的所有核素 i。注意,如果仅存在 $N = Z$ 的原子

核(^{4}He、^{12}C、^{16}O 等),则 $\eta = 0$。η 在物理上表示等离子体中每个核子的过剩中子数,并且只有通过弱相互作用才能改变。根据式(1.13)和式(1.15),一个密切相关的量是电子摩尔分数 Y_e,它等于电子与重子的比值,或是质子与重子的比值:

$$Y_e = \frac{N_e}{\sum_i N_i M_i} \tag{1.37}$$

其中,求和也是遍及所有存在的核素;N_e 代表电子数密度。这样,电子摩尔分数与中子过剩参数就通过下式联系起来:

$$\eta = 1 - 2Y_e \tag{1.38}$$

在天体模型计算中必须仔细监测中子过剩,因为它对于大质量恒星燃烧后期和爆发性燃烧期间的核合成至关重要(5.3节)。此外,我们已经提到,电子俘获对于 II 型超新星爆之前大质量恒星核心塌缩的动力学行为非常重要,因为它减少了用于承受压力的电子数目(1.4.3节)。最后,在弱相互作用中发射的中微子会影响恒星的能量收支,进而影响恒星的演化和爆炸模型。

在本节中,我们将聚焦原子核的 β 衰变过程,该过程涉及质子、中子、电子、正电子、中微子及反中微子,并总结上下文中一些很重要的概念。恒星中的弱相互作用过程将在第 5 章中讲述。相关术语注释:中微子有三种类型或者味(flavors):电子中微子、μ 中微子和 τ 中微子。在弱相互作用过程中,这种区分是很重要的,我们将为不同的味使用适当的下标(ν_e、ν_μ、ν_τ)。如果不使用下标,符号 ν 则确切地表示电子中微子。

1.8.1 弱相互作用过程

首先考虑自由中子。在弱相互作用的影响下,它通过以下方式衰变成质子:

$$n \longrightarrow p + e^- + \bar{\nu} \tag{1.39}$$

其中,e^- 和 $\bar{\nu}$ 分别表示电子和反中微子。自由中子的半衰期为 $T_{1/2} = 10.2$ min。与典型的核反应时间尺度或电磁衰变概率相比,这种衰变要慢好几个数量级,表明引起 β 衰变的相互作用是非常弱的。以下列出了原子核 β 衰变中最常见的一些弱相互作用过程:

$$^A_Z X_N \longrightarrow ^A_{Z+1} X'_{N-1} + e^- + \bar{\nu}, \quad \beta^- \text{ 衰变(发射电子)} \tag{1.40}$$

$$^A_Z X_N \longrightarrow ^A_{Z-1} X'_{N+1} + e^+ + \nu, \quad \beta^+ \text{ 衰变(发射正电子)} \tag{1.41}$$

$$^A_Z X_N + e^- \longrightarrow ^A_{Z-1} X'_{N+1} + \nu, \quad \text{EC 衰变(电子俘获)} \tag{1.42}$$

$$^A_Z X_N + \nu \longrightarrow ^A_{Z+1} X'_{N-1} + e^-, \quad \text{中微子俘获} \tag{1.43}$$

$$^A_Z X_N + \bar{\nu} \longrightarrow ^A_{Z-1} X'_{N+1} + e^+, \quad \text{中微子俘获} \tag{1.44}$$

其中,e^+、ν 和 $\bar{\nu}$ 分别表示正电子、中微子和反中微子。在上述每个相互作用中,核衰变都会改变其化学属性,但保持质量数 A 不变。轻粒子 e^-、e^+、ν 和 $\bar{\nu}$ 是轻子,也就是它们不通过强核力进行相互作用。

前三个衰变代表实验室中放射性原子核最常见的弱相互作用过程。考虑一个 $^{64}_{29}$Cu$_{35}$ 核 β 衰变的例子。它可以通过三种方式进行衰变:$^{64}_{29}$Cu$_{35} \longrightarrow ^{64}_{30}Zn_{34} + e^- + \bar{\nu}$($\beta^-$ 衰变),$^{64}_{29}$Cu$_{35} \longrightarrow ^{64}_{28}Ni_{36} + e^+ + \nu$($\beta^+$ 衰变)或 $^{64}_{29}$Cu$_{35} + e^- \longrightarrow ^{64}_{28}Ni_{36} + \nu$(电子俘获)。当电子被原子 K 壳俘获时,该过程称为 K 俘获。例如,中微子俘获已在反应 $^{37}_{17}$Cl$_{20} + \nu \longrightarrow ^{37}_{18}Ar_{19} + e^-$ 中

被观测到,该反应被用于太阳中微子的探测(Davis *et al.*,1968)。核电厂产生的反中微子也已经通过 $p+\bar{\nu} \longrightarrow e^+ +n$ 过程被观测到(Reines & Cowan,1959)。

正电子发射和电子俘获布居相同的子核。在后面的章节中,有时会一起考虑这两种衰变,而有时,区分这些过程则很重要。我们将使用以下缩写符号:与特定过程无关的 ^{64}Cu 到 ^{64}Ni 的 β 衰变,将由 ^{64}Cu$(\beta^+\nu)^{64}$Ni 表示;当我们要具体提及正电子发射或电子俘获时,将分别写为 ^{64}Cu$(e^+\nu)^{64}$Ni 或 ^{64}Cu$(e^-,\nu)^{64}$Ni;尽管在衰变过程中发射的不是中微子而是反中微子,但是 ^{64}Cu 到 ^{64}Zn 的 β^- 衰变仍由 ^{64}Cu$(\beta^-\nu)^{64}$Zn 来表示。

1.8.2　能量学

在原子核的 β 衰变中,总的能量释放可以表示为相互作用前后的原子质量差。我们发现(习题1.7):

$$Q_{\beta^-} = [m(^A_Z X_N) - m(^A_{Z+1} X'_{N-1})]c^2, \qquad \beta^- \text{衰变} \qquad (1.45)$$

$$Q_{e^+} = [m(^A_Z X_N) - m(^A_{Z-1} X'_{N+1}) - 2m_e]c^2, \quad \text{发射正电子} \qquad (1.46)$$

$$Q_{EC} = [m(^A_Z X_N) - m(^A_{Z-1} X'_{N+1})]c^2 - E_b, \qquad \text{电子俘获} \qquad (1.47)$$

其中,m_e 和 E_b 分别代表电子质量和被俘获电子的原子结合能。释放的能量几乎全部转移到发射的轻子上。例如,在 β^- 衰变中,我们有 $Q_{\beta^-} = K_e + E_\nu$,其中 K_e 和 E_ν 分别代表电子动能和总中微子能量。由于相互作用后有三个粒子,所以对于每个轻子而言,电子和中微子的能量分布必须是连续的,范围介于 $0\sim Q_{\beta^-}$。在电子俘获中,仅发射一个轻子,因此中微子是单能的,即 $Q_{EC} = E_\nu$。此外,这种衰变模式伴随有 X 射线发射,这是因为俘获电子所引起的原子壳层中的空穴很快会被其他原子电子所填充。因为两种衰变模式都布居到相同的子核,所以电子俘获通常与正电子发射是相互竞争的。但是,如果原子质量差 $[m(^A_Z X_N) - m(^A_{Z-1} X'_{N+1})]c^2 < 2m_e c^2 (= 1022 \text{ keV})$,则在能量上仅容许电子俘获的发生。

必须强调的是,对于天体等离子体中的正电子发射,仅从母核和子核的质量差计算出的能量释放 $Q'_{e^+} = [m(^A_Z X_N) - m(^A_{Z-1} X'_{N+1})]c^2$ 包含了正电子与来自环境中另一个电子的湮灭能量 $2m_e c^2 = 1022 \text{ keV}$,这可以通过与式(1.46)进行对比看出。因此,在计算天体等离子体中正电子发射的能量释放时,人们主要感兴趣的是 Q'_{e^+} 而不是 Q_{e^+}。同样地,必须对 Q'_{e^+} 进行中微子损耗的适当修正(见下文)。

到目前为止,我们仅考虑了涉及原子核基态 β 衰变的跃迁。如果 β 衰变跃迁到了子核的激发态,则我们必须在式(1.45)~式(1.47)中使用 $Q_i^{gs} - E_x$ 来代替 Q_i。其中 Q_i^{gs} 和 E_x 分别代表基态能量释放和激发态能量。有时,β 衰变会布居到子核的某些激发能级,这些能级由于可以发射轻粒子(质子、中子或 α 粒子)而变得不稳定。这些跃迁导致了 β 延迟粒子衰变(β-delayed particle decay)。它们与到子核束缚态的跃迁相竞争。因此,在某些情况下,对核合成进行建模时,必须仔细地区分这两个过程。例如,考虑 ^{29}S 的 β 衰变,该衰变以大约相等的概率跃迁到 ^{29}P 的束缚态和具有质子发射的非束缚态上。在第一种情况下,^{29}S 通过 ^{29}S $\longrightarrow e^+ + \nu + ^{29}$P 衰变到最终核 ^{29}P,而在第二种情况下,^{29}S 通过 ^{29}S $\longrightarrow e^+ + \nu + ^{29}$P* 及 ^{29}P$^* \longrightarrow ^{28}Si+p$ 衰变到最终核 ^{28}Si。这些过程可以用符号 ^{29}S$(e^+\nu)^{29}$P 和 ^{29}S$(e^+\nu p)^{28}$Si 来区分。

在原子核 β 衰变中释放的中微子与物质的相互作用如此微弱,以至于它们会从恒星中丢失,除非恒星的密度非常大($\rho \geqslant 10^{11}$ g·cm^{-3})。因此,在考虑恒星的能量收支时,通常必须从释放的总核能中减去平均中微子能量。在 β^- 衰变或正电子发射中,平均中微子能量损失的近似表达式由下式给出(Fowler *et al.*,1967):

$$\bar{E}_\nu^\beta \approx \frac{m_e c^2}{2} w \left(1 - \frac{1}{w^2}\right) \left(1 - \frac{1}{4w} - \frac{1}{9w^2}\right) \tag{1.48}$$

其中,$w = (Q_\beta + m_e c^2)/m_e c^2$。$\beta$ 衰变释放的能量为 Q_β,由式(1.45)和式(1.46)给出,如果跃迁到子核的激发态,则可能需要进行激发能修正。如上所述,在电子俘获中发射的中微子是单能的。

中微子发射对于将能量从恒星内部传输到表面也很重要,这样能量就可以从表面被辐射出去。在恒星的早期演化阶段,内部能量主要通过辐射扩散或对流等机制传输。其结果是,能量流出率与恒星的温度梯度有关。然而,在高温下($T > 10^9$ K),大量光子的能量都超过了对产生的阈值 $\gamma \longrightarrow e^+ + e^-$(4.2.2节)。反之,正电子和电子可以通过 $e^+ + e^- \longrightarrow 2\gamma$ 或 $e^+ + e^- \longrightarrow \nu + \bar{\nu}$ 进行湮灭。这些中微子直接从它们的源点出现并从恒星中逃逸出去。在大质量恒星的晚期演化阶段,这种中微子-反中微子对的产生代表了主要的能量损失机制。在这种情况下,能量流出率直接取决于中微子的产生率。中微子的能量损失随温度急剧上升,并对大质量恒星的天体演化产生深远影响(1.4.3节和第5章)。

1.8.3 β 衰变概率

对原子核中弱相互作用理论的详细讨论超出了本书的范围。例如,一个现代的解释可以在 Holstein(1989)的书中找到。在这里,我们将聚焦于基本的费米 β 衰变理论,该理论可以令人满意地解释原子核的寿命以及电子(或正电子)能量分布的形状。费米的 β 衰变理论在大多数入门级的核物理教科书中都有讨论(例如,Krane,1988)。我们最初假设 β 衰变发生在实验室条件下,之后讲述天体等离子体中的 β 衰变。原子核 β 衰变的速率可以根据时间依赖的一阶微扰理论的黄金法则来计算(Messiah,1999)。为了说明最重要的结果,我们首先讨论 β^- 衰变,不过导出的表达式对于正电子发射同样有效。随后将讨论电子俘获的情况。

1. 电子或正电子发射

对于线性动量介于 $p \sim (p + dp)$ 的电子,其在单位时间内的出射概率 $N(p)dp$ 可以写成下式:

$$d\lambda = N(p)dp = \frac{2\pi}{\hbar} \left| \int \Psi_f^* H \Psi_i dV \right|^2 \frac{dn}{dE_0} = \frac{2\pi}{\hbar} |H_{fi}|^2 \frac{dn}{dE_0} \tag{1.49}$$

其中,Ψ_i 和 Ψ_f 分别是衰变前后的总波函数;H 是与弱相互作用相关的哈密顿量;dV 是体积元;因子 dn/dE_0 代表单位能量内的末态数目。如果可到达的末态数目很大,则一个给定跃迁就更可能进行。实验证据表明,许多测得的电子(或正电子)能量分布的形状是由因子 dn/dE_0 主导的。积分 H_{fi}(或矩阵元)对能量的依赖很弱,它决定了衰变概率的整体大小。它可以用独立的原子核末态波函数(ψ_f)和衰变后轻子(ϕ_e,ϕ_ν)波函数来表示:

$$H_{fi} = g \int [\Psi_f^* \phi_e^* \phi_\nu^*] \Omega \Psi_i dV \tag{1.50}$$

其中,常数 g 决定了相互作用的强度。对于电子(或正电子)衰变,跃迁之前的总波函数等于母核的波函数,$\Psi_i = \psi_i$。算符 Ω 描述了从原子核能级 ψ_i 到能级 ψ_f 的跃迁。发射的中微子(或反中微子)可以被视为自由粒子,因为它仅微弱地发生相互作用。发射的电子(或正电子)也可视为自由粒子,因为它具有相对较高的速度,并且受核库仑场的影响不大。这样,我们可以利用在核体积 V 内归一化的平面波来对轻子波函数进行近似,并根据下式来展开指数项:

$$\phi_e(r) = \frac{1}{\sqrt{V}} e^{-i p \cdot r/\hbar} \approx \frac{1}{\sqrt{V}} \left(1 + \frac{i p \cdot r}{\hbar} + \cdots \right) \tag{1.51}$$

$$\phi_\nu(r) = \frac{1}{\sqrt{V}} e^{-i q \cdot r/\hbar} \approx \frac{1}{\sqrt{V}} \left(1 + \frac{i q \cdot r}{\hbar} + \cdots \right) \tag{1.52}$$

其中,p 和 q 分别是电子(或正电子)和中微子(或反中微子)的线性动量。例如,以 β^- 衰变中典型的 1 MeV 动能的电子发射为例。在这种情况下,相对论电子动量为 $p = 1.4$ MeV$/c$。对于 $r \approx 5$ fm 的核半径,我们发现 $pr/\hbar = 0.035$。由此,式(1.51)展开式中的第二项通常很小,因此,电子波函数在核体积内大致恒定。类似的讨论适用于中微子波函数。在最简单的情况下,可以仅保留式(1.51)和式(1.52)中的首个主导项。它遵循

$$|H_{fi}|^2 = \frac{1}{V^2} \left| g \int \psi_f^* \Omega \psi_i dV \right|^2 = \frac{1}{V^2} g^2 M^2 \tag{1.53}$$

原子核矩阵元 M 描述了初末态能级之间的跃迁概率。对 β 衰变进行适当的相对论性处理,会引入两个强度不同的矩阵元,它们都可能会影响整体的跃迁概率。这样,我们必须通过下式来替换式(1.53):

$$|H_{fi}|^2 = \frac{1}{V^2} (G_V^2 M_F^2 + G_A^2 M_{GT}^2) \tag{1.54}$$

其中,G_V 和 G_A 分别是矢量和轴向矢量耦合常数;M_F 和 M_{GT} 分别称为费米(Fermi)和伽莫夫-泰勒(Gamow-Teller)矩阵元。可以证明,在矢量与轴向矢量相互作用之间没有干扰项的发生。这两个矩阵元依赖于初末态的结构,并且可以用壳模型计算出来(1.6节)。

以上对核子的非相对论处理以及假设原子核体积内轻子波函数恒定,导致了不依赖于轻子能量,并定义为容许 β 衰变跃迁(allowed β-decay transitions)的原子核矩阵元。但是,在某些衰变中,事实证明角动量和宇称选择定则会阻碍这些容许跃迁。在这种情况下,必须考虑式(1.51)和式(1.52)中平面波近似的下一项,并且原子核的矩阵元不再与能量无关。这些跃迁在术语上称为"禁戒的"(forbidden),因为它们发生的可能性远低于容许跃迁。跃迁被禁戒的程度取决于需要考虑多少个平面波近似项才能获得非零的矩阵元。第二项造成一级禁戒(first-forbidden)跃迁,第三项造成二级禁戒(second-forbidden)跃迁,依此类推。下面我们仅考虑容许 β 衰变跃迁的情况。

式(1.49)中的末态密度 dn/dE 确定了容许跃迁的电子(或正电子)能量分布的形状。它由下式给出(习题1.10):

$$\frac{dn}{dE_0} = \frac{dn_e dn_\nu}{dE_0} = \frac{(4\pi)^2 V^2}{\hbar^6} p^2 dp q^2 dq \frac{1}{dE_0} \tag{1.55}$$

末态(或总衰变)能量为 $E_0 = Q = K_e + E_\nu$,其中 Q 是所考虑跃迁的能量释放[式(1.45)和式(1.46);如果衰变到激发态,则 Q 必须考虑激发能]。由于中微子的质量很小,我们可以使用 $m_\nu c^2 \approx 0$,这样 $q = E_\nu/c = (E_0 - K_e)/c$,因此有 $dq/dE_0 = 1/c$。考虑到子核与发射的电子或正电子之间的库仑相互作用,必须对式(1.55)进行修正。β^- 衰变中的电子会受到库

仑力的吸引,而 β^+ 衰变中的正电子会遭到排斥。由此,式(1.51)中电子或正电子的平面波必须由扭曲波来替代。该修正因子 $F(Z',p)$ 称为费米函数(Fermi function),或叫库仑修正因子,它取决于电子或正电子的动量以及子核的电荷数。函数 $F(Z',p)$ 可以通过数值计算得到,其数值列表于文献中(Gove & Martin,1971)。

根据式(1.49)、式(1.54)和式(1.55),可以得到

$$d\lambda = N(p)dp = \frac{1}{2\pi^3 \hbar^7 c^3}(G_V^2 M_F^2 + G_A^2 M_{GT}^2)F(Z',p)p^2(E_0-K_e)^2 dp \quad (1.56)$$

该分布在 $p=0$ 以及在最大的电子或正电子动能等于总衰变能的端点处 $K_e^{max}=E_0=Q$ 消失为零。因此,对给定衰变中的动量或能量分布进行测量就可以得到 β 衰变释放的总能量。电子或正电子的总相对论能量、动能和线性动量由下式联系在一起:

$$E_e = K_e + m_e c^2 = \sqrt{(m_e c^2)^2 + (pc)^2} \quad (1.57)$$

总的衰变常数则由下面的积分给出:

$$\lambda = \frac{\ln 2}{T_{1/2}} = \frac{(G_V^2 M_F^2 + G_A^2 M_{GT}^2)}{2\pi^3 \hbar^7 c^3}\int_0^{p_{max}} F(Z',p)p^2(E_0-K_e)^2 dp$$

$$= \frac{m_e^5 c^4}{2\pi^3 \hbar^7}(G_V^2 M_F^2 + G_A^2 M_{GT}^2)f(Z',E_e^{max}) \quad (1.58)$$

其中,f 是一个无量纲的量,定义如下:

$$f(Z',E_e^{max}) = \frac{1}{m_e^5 c^7}\int_0^{p_{max}} F(Z',p)p^2(E_e^{max}-E_e)^2 dp \quad (1.59)$$

它称为费米积分(Fermi integral),仅取决于子核的电荷数 Z' 以及电子的最大总能量 E_e^{max}。函数 $f(Z',E_e^{max})$ 的数值也已被制成表格。在式(1.58)的推导中,我们使用了根据式(1.57)获得的两个关系式:$p_{max} \cdot c = \sqrt{(E_e^{max})^2 - (m_e c^2)^2}$ 以及 $E_0 - K_e = K_e^{max} - K_e = E_e^{max} - E_e$。

我们可以重写式(1.58)为如下形式:

$$f(Z',E_e^{max})T_{1/2} = \frac{2\pi^3 \hbar^7}{m_e^5 c^4}\frac{\ln 2}{(G_V^2 M_F^2 + G_A^2 M_{GT}^2)} \quad (1.60)$$

其中,$f(Z',E_e^{max})T_{1/2}$ 称为 ft 值(ft-value),可以通过实验上测量半衰期和发射电子或正电子的最大能量得到。ft 值是特定 β 衰变跃迁强度的一个标准量度,由此可以得出有关原子核矩阵元和耦合常数的信息。

2. 电子俘获

容许电子俘获的衰变常数可以用类似的方式获得。回想一下,在这种情况下发射的中微子能谱是不连续的,而是单能的,$Q_{EC}=E_0=E_\nu$。我们用下式来替换式(1.49):

$$\lambda = \frac{2\pi}{\hbar}\left|\int \Psi_f^* H \Psi_i dV\right|^2 \frac{dn}{dE_0} = \frac{2\pi}{\hbar}|H_{fi}|^2 \frac{dn_\nu}{dE_0} \quad (1.61)$$

在这种情况下,末态密度由下式给出(习题1.10):

$$\frac{dn_\nu}{dE_0} = \frac{Vq^2}{2\pi^2 \hbar^3}\frac{dq}{dE_0} = \frac{VE_\nu^2}{2\pi^2 \hbar^3 c^3} \quad (1.62)$$

在这里,我们使用了 $E_\nu = qc$。现在,衰变前后的总波函数分别由 $\Psi_i = \psi_i \phi_e$ 和 $\Psi_f = \psi_f \phi_\nu$ 给出(下标的含义与之前相同)。通常会俘获来自原子 K 壳的电子,这是因为它们具有最大的

概率出现在原子核的附近。但是,现在电子处于束缚态,不能用自由粒子的平面波来描述。人们可以通过利用原子核处于 K 轨道的电子波函数 ϕ_K 来近似 ϕ_e:

$$\phi_e(\boldsymbol{r}) = \phi_K(\boldsymbol{r}) = \frac{1}{\sqrt{\pi}}\left(\frac{Z}{a_0}\right)^{3/2} e^{-Zr/a_0}$$

$$\approx \phi_K(0) = \frac{1}{\sqrt{\pi}}\left(\frac{Z}{a_0}\right)^{3/2} = \frac{1}{\sqrt{\pi}}\left(\frac{Zm_e e^2}{\hbar^2}\right)^{3/2} \tag{1.63}$$

其中,Z 为母核的原子序数;常数 a_0 代表玻尔半径,$a_0 = \hbar^2/(m_e e^2) = 0.0529$ nm。对于中微子波函数 ϕ_ν,我们还是仅使用平面波近似中的第一项(即常数项)。

根据式(1.52),式(1.61)~式(1.63),可以得到容许电子俘获的衰变常数为

$$\lambda_K = 2\frac{Z^3 m_e^3 e^6}{\pi^2 \hbar^{10} c^3}(G_V^2 M_F^2 + G_A^2 M_{GT}^2)E_\nu^2 \tag{1.64}$$

与之前一样,这里的矩阵元也是根据初末态的波函数来定义的。它们与在式(1.54)中出现的正电子发射矩阵元是相同,因为它们连接的是完全相同的核态。式(1.64)中附加的因子 2 之所以会出现,是因为 K 壳层中两个电子中的任何一个都可以被俘获。较弱的 L 俘获的跃迁概率可以通过类似的方式来计算。电子俘获概率随母核电荷 Z 的增加而大大增加,这就是为什么在重核中电子俘获远胜于正电子发射的原因。对上述表达式必须进行相对论效应以及外层电子对原子核库仑场屏蔽效应的修正。人们已通过数值计算得到了此类修正,并列于表中(例如,Gove & Martin,1971)。

3. Fermi 跃迁和 Gamow-Teller 跃迁

我们已经对容许和禁戒两个类别的 β 衰变跃迁进行了评论。在第一种情况下,轻子不会带走任何轨道角动量。在后一种情况下,辐射被抑制是因为角动量守恒需要轻子带走轨道角动量,或者是因为初末态的宇称不匹配。容许跃迁可进一步细分为费米跃迁(Fermi transition,简称 F 跃迁)和伽莫夫-泰勒跃迁(Gamow-Teller transition,简称 G-T 跃迁)。只有当由跃迁连接的初末态原子核自旋(J_i, J_f)和宇称(π_i, π_f)满足某些选择定则时,这些容许跃迁才会发生(即只有当对应的矩阵元 M_F 或 M_{GT} 非零时):

$$\Delta J \equiv |J_i - J_f| = 0, \qquad \pi_i = \pi_f \quad \text{对于 F 跃迁}$$

$$\Delta J \equiv |J_i - J_f| = 0 \text{ 或 } 1, \quad \pi_i = \pi_f \quad \text{对于 G-T 跃迁} \tag{1.65}$$

$$(\text{但不是 } J_i = 0 \to J_f = 0) \tag{1.66}$$

由于 $0 \to 0$($\Delta J = 0$)和 $\pi_i = \pi_f$ 的衰变代表纯 F 跃迁($M_{GT} = 0$),而 $\Delta J = 1$ 和 $\pi_i = \pi_f$ 的衰变是纯 G-T 跃迁($M_F = 0$),所以,我们可以对这些情况分别进行研究。纯 F 跃迁的例子是 $^{14}\text{O} \longrightarrow {}^{14}\text{N} + e^+ + \nu$($J_i = 0^+ \to J_f = 0^+$),纯 G-T 跃迁的例子是 $^6\text{He} \longrightarrow {}^6\text{Li} + e^- + \bar{\nu}$($J_i = 0^+ \to J_f = 1^+$)。另外,式(1.39)中自由中子的衰变则表示混合跃迁。从这些衰变的研究中,人们可以导出耦合常数 G_V 和 G_A 的值(例如,Wilkinson,1994)。

在实验室中,母核通常处于基态,β 衰变跃迁进入子核中所有能量可及的态。总的衰变常数由所有这些 β 衰变分支的跃迁概率之和给出。这种实验室的 β 衰变常数或半衰期与温度和密度无关。$T_{1/2}$ 的实验值已在文献(Audi *et al.*,2012)中列出,除非另有说明,否则本书将用这篇参考文献作为原子核半衰期的数据来源。

1.8.4　恒星等离子体中的β衰变

现在考虑在恒星等离子体高温 T 和高密 ρ 环境下发生 β 衰变的弱相互作用过程。在炽热的等离子体中,母核中的激发态被热布居,并且这些激发能级也可能经历 β 衰变跃迁到子核的基态或激发态。恒星等离子体中的总 β 衰变率 λ_β^*,将由各个跃迁率 λ_{ij} 的加权求和得出,即

$$\lambda_\beta^* = \sum_i P_i \sum_j \lambda_{ij} \tag{1.67}$$

其中,i 和 j 是分别对母核的态和子核的态进行求和。处于热力学平衡的非简并等离子体中的原子核激发态的布居概率 P_i,由式(1.35)给出。由于物理量 P_i 是温度依赖的,所以可以马上知道 λ_β^* 也是温度依赖的。如果激发态 β 衰变的衰变常数大于基态的,则总的衰变常数 λ_β^* 可能会强烈地依赖于温度。尽管在实验室中母核的基态是稳定的,它仍然可能在炽热的恒星等离子体中发生 β 衰变。类似的考虑也适用于子核的 β 衰变。在实验室中,它无法衰变回母核,因为这种跃迁在能量上是禁戒的。然而,在炽热的等离子体中,β 衰变跃迁可以从子核热布居的激发态上发生,从而进入母核的基态或激发态。这种情况如图 1.17 所示。在实践中,人们发现在炽热的恒星等离子体中,β^- 衰变或正电子发射的跃迁概率大部分是由给定母核的几个最低能级引起的。当电子气体达到简并,且密度 ρ 值足够大时,β^- 衰变率也会变成是密度依赖的。衰变率随着密度的增加而降低,这是因为可用于发射电子去占据的末态数目减少了(Langanke & Martinez-Pinedo,2000)。

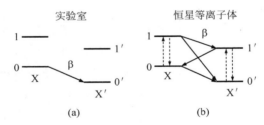

图 1.17　(a) 在实验室中的 β 衰变,(b) 在热的恒星等离子体中的 β 衰变。垂直方向对应于能量标度。为清楚起见,在母核 X 和子核 X′中仅显示了两个能级。基态和第一激发态分别以 0 和 1 标记。在实验室中,β 衰变从核 X 的基态达到核 X′的某些能级,而在恒星等离子体中由于激发能级的热激发(垂直虚线),将有更多的 β 衰变跃迁在能量上是可实现的

　示例 1.5

在实验室中,人们已观测到 ^{26}Al 原子核从基态($J^\pi = 5^+$)和第一激发态 $E_x = 228$ keV(同核异能素 isomer,$J^\pi = 0^+$)的 β^+ 衰变(图 1.15)。基态通过正电子发射衰变到子核 ^{26}Mg(我们忽略了一个较小的电子俘获分支)的激发态,半衰期为 $T_{1/2}^{gs} = 7.17 \times 10^5$ a,而第一个激发态则衰变到子核 ^{26}Mg 的基态,半衰期为 $T_{1/2}^m = 6.345$ s。在 $T = 0.4$ GK 以上的温度,^{26}Al 的基态和激发态处于热平衡(图 1.16)。当恒星温度达到 $T = 2$ GK 时,计算 ^{26}Al 的恒星半衰期。

根据式(1.67)，在恒星等离子体中^{26}Al的衰变常数由下式给出：

$$\lambda_\beta^* = P_{gs}\lambda_{gs} + P_m\lambda_m = P_{gs}\frac{\ln2}{T_{1/2}^{gs}} + P_m\frac{\ln2}{T_{1/2}^m}$$

其中，下标gs和m分别代表基态和第一激发态。热布居的概率P_i，即^{26}Al核居于基态和第一激发态的比例，可以由式(1.35)计算。3.1.1节给出了kT的数值表达式。这样，

$$\lambda_\beta^* = \frac{\ln2}{g_{gs}e^{-E_{gs}/(kT)} + g_m e^{-E_m/(kT)}}\left[\frac{g_{gs}e^{-E_{gs}/(kT)}}{T_{1/2}^{gs}} + \frac{g_m e^{-E_m/(kT)}}{T_{1/2}^m}\right]$$

$$= \frac{\ln2}{(2\cdot5+1)+(2\cdot0+1)e^{-0.228/(kT)}}\left[\frac{(2\cdot5+1)}{T_{1/2}^{gs}} + \frac{(2\cdot0+1)e^{-0.228/(kT)}}{T_{1/2}^m}\right]$$

$$= \frac{\ln2}{11+e^{-0.228/0.0862T_9}}\left(\frac{11}{T_{1/2}^{gs}} + \frac{e^{-0.228/0.0862T_9}}{T_{1/2}^m}\right)$$

$$\approx \frac{\ln2}{11}\frac{e^{-0.228/0.0862T_9}}{6.345\ s} = 9.93\times10^{-3}e^{-2.646/T_9}\ s^{-1}$$

由此，在$T=2$ GK时(即$T_9=2$)，我们有

$$\lambda_\beta^* = 9.93\times10^{-3}e^{-2.646/2.0}\ s^{-1} = 0.0026\ s^{-1}$$

因此，^{26}Al的恒星半衰期为$T_{1/2}^* = \ln2/\lambda_\beta^* = 270$ s。该结果仅对$\rho\leqslant10^6$ g·cm^{-3}的低密度条件有效，因为在更高的密度下，必须考虑电子俘获的贡献(见下文)。利用上述方法计算^{26}Al恒星半衰期的结果如图1.16中短划线所示。这些数值仅适用于$T=0.4\sim5$ GK的温度范围。在较低的温度下，基态和同核异能态尚未达到热平衡(1.7.5节)，而在较高的温度下，还必须考虑^{26}Al中其他激发态的热布居效应。

现在，我们讨论电子俘获这一有趣的情况。后文将显示(3.1.1节)，在主序星和红巨星的内部，其典型温度下的平均热能大约分别为1 keV和几十个 keV。但是，对于大多数原子而言，其电离能都小于这些值。因此，在这些环境中，大多数原子核几乎没有束缚电子。束缚电子俘获的衰变常数由式(1.64)给出，因此可能很小，甚至为零。然而，在炽热的恒星内部，自由电子的密度相当可观。因此，β衰变可以通过俘获连续的(continuum)(自由)电子来进行。连续电子俘获的概率与原子核位置处的自由电子密度成正比，与等离子体温度依赖的平均电子速度成反比。因此，连续电子俘获的速率取决于局部的电子温度和密度。在较低的恒星温度下，给定的母核可能不会被完全电离。在这种情况下，束缚电子和连续电子的俘获都会对总衰变常数有贡献。

在低密度下，自由电子的动能通常很小。然而，在非常高的密度下，尽管在实验室条件下一些原子核是稳定的，但是简并电子的(费米)能量也可能变得足够大，导致这些原子核会连续俘获高能电子。根据式(1.67)，还必须考虑涉及热激发核能级的电子俘获跃迁。

此外，在高温下($T>1$ GK)，大量光子的能量都超过了对产生的能量阈值(4.2.2节)。尽管在恒星等离子体中正电子与电子会迅速湮灭，但在高温下，对产生的速率最终会变得如此之大，以至于正电子密度占据电子密度的很大一部分。因此，除了连续电子俘获，还必须考虑原子核对连续正电子的俘获。

对于给定核素,如果其束缚态电子俘获的实验室衰变常数是已知的,则可以得到其连续电子俘获的衰变常数。恒星和实验室环境下的衰变常数之比近似等于两种环境下原子核位置处的电子密度之比,也即在可以俘获电子的原子核位置处发现电子的概率之比。对电子俘获概率之比的数量级估计可以由下式给出:

$$\frac{\lambda_{\text{star}}}{\lambda_{\text{lab}}} \approx \frac{n_{\text{e}^-} \langle F(Z,p) \rangle}{2N_A |\phi_{\text{e}}(0)|^2} \tag{1.68}$$

其中,$n_{\text{e}^-}/N_A = \rho(1-\eta)/2 = \rho Y_{\text{e}}$ 是电子密度(Fowler *et al.*,1967),这里 η 是由式(1.36)给出的中子过剩参数。Y_{e} 是式(1.37)给出的电子摩尔分数;$|\phi_{\text{e}}(0)|^2$ 由式(1.63)给出。原子核库仑场所俘获的电子波函数的扭曲由费米函数 $F(Z,p)$ 来负责解释。由于等离子体中的电子速度具有一定的分布,所以费米函数必须在电子速度范围内取平均值。从式(1.68)可以看出,$\lambda_{\text{star}}/\lambda_{\text{lab}}$ 的比值取决于密度和组成成分(通过 n_{e^-}),以及温度(通过 $\langle F(Z,p) \rangle$)。以上表达式不依赖于原子核的矩阵元。更多相关信息,包括对诱发连续电子捕获(即核素在实验室中是稳定的情形)的讨论,请参考文献 Bahcall(1964)。

对于给定核素,许多不同跃迁都对其恒星衰变率有贡献。在实验室中,衰变从母核 X 的基态跃迁到子核 X' 的所有能量可及的态。在恒星等离子体中,标签"parent"(母核)和"daughter"(子核)可以同时应用于两个核。例如,在实验室中,^{56}Mn 通过 ^{56}Mn$(\beta^- \nu)^{56}$Fe 衰变成稳定的核素 ^{56}Fe。然而,在高温、高密度环境下,^{56}Fe 会通过连续电子俘获 ^{56}Fe$(\text{e}^-,\nu)^{56}$Mn 进行衰变,也可以由热布居 ^{56}Fe 的激发态通过正电子发射 ^{56}Fe$(\text{e}^+\nu)^{56}$Mn 而衰变。

对恒星 β 衰变率的估算实质上简化为:①使用一些核结构模型(例如壳模型,1.6 节)对原子核的矩阵元进行计算;②对从母核到子核所有能量可及跃迁进行恰当的费米函数和积分的计算。可以通过对半衰期和 G-T 强度分布的实验测量,来对理论计算进行约束和检验。恒星弱相互作用速率,以及一定温度和密度范围内相关中微子能损已列于文献中:对于质子,中子以及 $A = 21 \sim 60$ 核素的情况,参考文献(Fuller *et al.*,1982);对于 $A = 17 \sim 39$,参考文献(Oda *et al.*,1994);对于 $A = 45 \sim 65$,参考文献(Langanke & Martinez-Pinedo,2001)。图 1.18 举例说明了 ^{37}Ar 的恒星衰变常数与温度的关系,实线代表电子俘获的情形,短划线代表正电子发射的情形。用于表示电子俘获的三条线对应于不同电子密度 $\rho Y_{\text{e}} = \rho(1-\eta)/2$ 的值。显而易见,电子俘获速率的密度依赖是很强的。在实验室中,^{37}Ar 通过束缚态电子的俘获衰变成 ^{37}Cl,其半衰期为 $T_{1/2} = 35.0$ d(水平实线)。

最后,我们将简要讨论一下中微子能量损失机制,该机制在非常高的温度和密度下变得非常重要。它称为 Urca 过程(Gamow & Schoenberg,1940),它由电子俘获交替地与涉及同一对母核和子核的 β^- 衰变构成:

$$_Z^A X_N (\text{e}^-,\nu)_{Z-1}^A X'_{N+1} (\beta^- \nu)_Z^A X_N \cdots \tag{1.69}$$

相继两次衰变的最终结果为 $_Z^A X_N + \text{e}^- \longrightarrow {}_Z^A X_N + \text{e}^- + \nu + \bar{\nu}$。在没有改变组成的情况下,产生了一个中微子-反中微子对,但是能量却以中微子的形式从恒星中损失掉了。很明显,从能量的角度来看,电子俘获和 β^- 衰变都不能自发地发生。当密度高时,第一步可以由高能电子的连续电子俘获引起,而当温度升高时,第二步可以从热布居的激发态开始。最后,每完成一对相互作用,热能就会损失一次。该机制代表了一种有效的冷却过程,该过程不仅取决于温度和密度,还取决于恒星等离子体的组成。Urca 过程对于理解Ⅰa类超新星

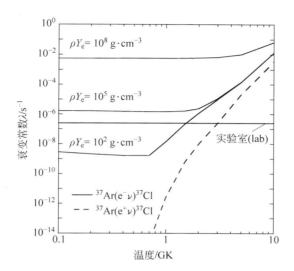

图 1.18 ^{37}Ar 的电子俘获(细实线)和正电子发射(虚线)的恒星衰变常数随温度的关系。电子俘获的三条线对应于不同的 $\rho Y_e = \rho(1-\eta)/2$ 的值,而正电子发射的衰变率与密度无关。在实验室中,^{37}Ar 通过束缚电子俘获衰变成 ^{37}Cl 的衰减常数为 $\lambda_{lab} = 2.3 \times 10^{-7}\,\mathrm{s}^{-1}$ ($T_{1/2} = \ln2/\lambda_{lab} = 35.0\,\mathrm{d}$),以标记为 "实验室(lab)" 的水平实线表示。数据取自文献(Oda *et al.*,1994)

模型中的爆发机制是至关重要的(1.4.4节)。

习题

1.1 确定核素 ^{18}F、^{56}F、^{82}Rb、^{120}In、^{150}Gd 以及 ^{235}U 的质子数 Z 和中子数 N。

1.2 计算下列反应释放的能量:①^{3}He(d,p)^{4}He;②^{17}O(p,γ)^{18}F;③^{12}C(α,γ)^{16}O;以及④^{13}C(α,n)^{16}O。假设这些核反应只涉及基态。可以利用表1.1提供的数据。

1.3 考虑放射性衰变链 1→2→3,其中 1、2 和 3 分别代表母核、子核和最终核素。假设初始时仅有母核存在,即 $N_1(t=0) = N_0$,$N_2(t=0) = 0$,$N_3(t=0) = 0$,并且种类(species)3 是稳定的。①建立描述种类 2 丰度变化的微分方程,并找到子核丰度的时间演化关系 $N_2(t)$。②找出最终核素丰度的时间演化关系 $N_3(t)$。③检查较小 t 值下的丰度值 N_1、N_2 和 N_3。仅保留指数函数展开式中的线性项,并对结果进行解释。

1.4 借助图1.11,预测核素 ^{19}O、^{31}P 和 ^{37}Cl 的基态和第一激发态的自旋和宇称。将你的答案与观测值进行比较。这些观测值可以在文献 Endt(1990) 和 Tilley(1995) 中找到。

1.5 假设在质量 $A=20$ 的原子核中,一个自旋和宇称为 2^+ 的激发态以发射分支比为 100% 的 γ 射线衰变到自旋和宇称为 0^+ 的较低激发态。假设 γ 射线能量 $E_\gamma = E_i - E_f = 6\,\mathrm{MeV}$。估算预期的最大 γ 射线跃迁概率 $\Gamma = \lambda\hbar$ 是多少。

1.6 考虑处于热平衡下等离子体中的原子核,分别计算其基态($E_0=0$)和前三个激发态($E_1=0.1\,\mathrm{MeV}$,$E_2=0.5\,\mathrm{MeV}$,$E_3=1.0\,\mathrm{MeV}$)的布居概率。对两个温度点 $T=1.0\times10^9\,\mathrm{K}$ 和 $3.0\times10^9\,\mathrm{K}$ 进行计算,为简单起见,假设所有态都具有相同的自旋值。

1.7 从衰变前后核质量的差异推导式(1.45)～式(1.47)。

1.8 计算以下 β 衰变释放的能量：①^{7}Be($e^-\nu$)^{7}Li；②^{14}C($\beta^-\nu$)^{14}N；③^{18}F($e^+\nu$)^{18}O。假设衰变只涉及原子核的基态。可以使用表 1.1 提供的数据。

1.9 计算^{13}N($e^+\nu$)^{13}C 和^{15}O($e^+\nu$)^{15}N 衰变的平均中微子能量损失。假设正电子发射仅涉及母核和子核的基态。可以使用表 1.1 提供的数据。

1.10 推导末态的密度公式[式(1.55)]。记住,末态既包含电子又包含中微子。必须计入由三个空间和三个线性动量坐标定义的六维相空间中所有的态。相空间的单位体积为 h^3。

核 反 应

2.1 截 面

截面 σ 是发生相互作用概率的一个定量度量。在下文中,我们定义了图 2.1 中显示的几个量。假设在每单位时间 t 内,有 $\mathcal{N}_b$ 个束流粒子入射到靶上,所覆盖的面积为 A。该束流区域内不重叠的靶核数为 $\mathcal{N}_t$。我们假设单位时间发生相互作用的总数 $\mathcal{N}_R/t$ 等于单位时间发射(非全同)相互作用产物的总数 $\mathcal{N}_e/t$。如果相互作用产物是散射的入射粒子,那么我们指的是弹性散射。如果相互作用产物具有与入射粒子不同的身份,那么我们指的是反应。相对于束流方向以角度 θ 入射到立体角 $d\Omega$ 中的相互作用产物的数目为 $\mathcal{N}_e^{d\Omega}$。垂直于 θ 方向上的辐射探测器所覆盖的面积为 $dF = r^2 d\Omega$。则截面定义为

$$\sigma \equiv \frac{单位时间内发生相互作用的数目}{单位时间单位面积上入射粒子的数目 \times 束流所覆盖面积内靶核的数目}$$

$$= \frac{(\mathcal{N}_R/t)}{[\mathcal{N}_b/(tA)]\,\mathcal{N}_t} \tag{2.1}$$

我们使用该一般定义来描述天体物理等离子体,以及实验室核反应测量中的反应概率。在后一种情况下,经常遇到两种情况:①如果束流面积 A 大于靶面积 A_t,则有

$$\frac{\mathcal{N}_R}{t} = \frac{\mathcal{N}_b}{tA}\,\mathcal{N}_t\sigma \tag{2.2}$$

单位时间内的反应数可以用入射粒子通量(particle flux)$\mathcal{N}_b/(tA)$、靶核数 $\mathcal{N}_t$ 和截面 σ 来表示;②如果靶面积 A_t 大于束流面积 A,则有

$$\frac{\mathcal{N}_R}{t} = \frac{\mathcal{N}_b}{t}\,\frac{\mathcal{N}_t}{A}\sigma \tag{2.3}$$

即单位时间内的反应数可以用入射粒子流 $\mathcal{N}_b/t$、束流所覆盖的单位面积内靶核数 $\mathcal{N}_t/A$ 以及截面 σ 来表示。对于一个均匀的靶,$\mathcal{N}_t/A$ 等于靶核总数除以靶的总面积 A_t。在实践中,后者更容易确定。我们也可以用出射反应产物的数目来表示总截面 σ 和微分截面 $\dfrac{d\sigma}{d\Omega}$:

$$\frac{\mathcal{N}_e}{t} = \sigma\,\frac{(\mathcal{N}_b/t)}{A}\,\mathcal{N}_t \tag{2.4}$$

$$\frac{\mathcal{N}_e^{d\Omega}}{t} = \left(\frac{d\sigma}{d\Omega}\right)\frac{(\mathcal{N}_b/t)}{A}\,\mathcal{N}_t\,d\Omega \tag{2.5}$$

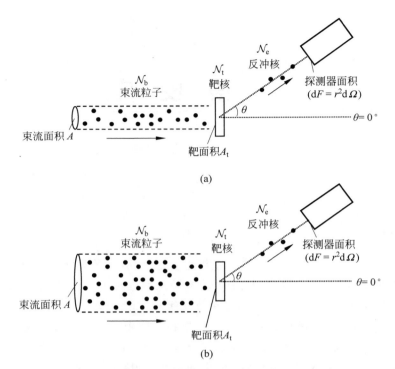

图 2.1 典型的核物理计数实验。其中 $\mathcal{N}_b$ 为单位时间束流粒子数,$\mathcal{N}_t$ 为在束流面积 A 范围内非重叠靶中的靶核数,$\mathcal{N}_e$ 为相互作用后反冲产物数,dF 为探测器面积。探测器置于相对入射束流 θ 方向上。两种情况如下:(a) 靶面积大于束流面积;(b) 束流面积大于靶面积

如果我们定义 $\mathcal{N}_{et} \equiv \mathcal{N}_e / \mathcal{N}_t$,即每个靶核所对应出射反应产物的数目,那么我们可得

$$\sigma = \frac{(\mathcal{N}_{et}/t)}{(\mathcal{N}_b/t)(1/A)}, \quad \left(\frac{d\sigma}{d\Omega}\right) = \frac{(\mathcal{N}_{et}^{d\Omega}/t)}{(\mathcal{N}_b/t)(1/A)} \frac{1}{d\Omega} \tag{2.6}$$

通过将单位时间单位面积的粒子数定义为通量或流密度(current density)j,我们可以将束流和出射反应产物的流密度写成如下形式:

$$j_b = \frac{(\mathcal{N}_b/t)}{A} \tag{2.7}$$

$$j_{et} = \frac{(\mathcal{N}_{et}^{d\Omega}/t)}{dF} \tag{2.8}$$

对于总截面和微分截面,我们得到如下公式:

$$\sigma = \frac{(\mathcal{N}_{et}/t)}{j_b} \tag{2.9}$$

$$\left(\frac{d\sigma}{d\Omega}\right) = \frac{j_{et} dF}{j_b d\Omega} = \frac{j_{et} r^2 d\Omega}{j_b d\Omega} = \frac{j_{et} r^2}{j_b} \tag{2.10}$$

这两个量通过下式联系起来:

$$\sigma = \int \left(\frac{d\sigma}{d\Omega}\right) d\Omega \tag{2.11}$$

核反应截面和散射截面的常用单位如下:

$$1 \text{ b} \equiv 10^{-24} \text{ cm}^2 = 10^{-28} \text{ m}^2$$

$$1 \text{ fm}^2 = (10^{-15} \text{ m})^2 = 10^{-30} \text{ m}^2 = 10^{-2} \text{ b}$$

在本章中,除非另有说明,否则所有运动量都是质心系下的(附录C)。

2.2 互易定理

考虑反应 $A + a \longrightarrow B + b$,其中 A 和 a 分别代表靶核和弹核,而 B 和 b 代表反应产物。在根本上,该反应的截面与其逆反应 $B + b \longrightarrow A + a$ 的截面是相关的,因为这些过程在时间反转下是不变的,也就是说,在描述这些过程的方程式中时间的方向是隐性的。在给定的总能量下,相应的截面 $\sigma_{Aa \to Bb}$ 和 $\sigma_{Bb \to Aa}$ 虽然不相等,但是它们却简单地与出射道中可用的相空间相关,或者等效地与每种情形下单位能量间隔内的末态数目相关。对介于 p 和 $p +$ dp 之间的动量,其可用的态数目与 p^2 成正比(Messiah,1999)。因此有

$$\sigma_{Aa \to Bb} \sim p_{Bb}^2 \qquad \text{以及} \qquad \sigma_{Bb \to Aa} \sim p_{Aa}^2 \qquad (2.12)$$

线性动量和德布罗意波长由式子 $\lambda = h/p$ 关联起来。自由粒子的波数 k 由德布罗意波长定义为 $\lambda \equiv 2\pi/k$。这样,我们就有 $p = mv = \hbar k$。因此,有如下关系式(Blatt & Weisskopf,1952):

$$\frac{k_{Aa}^2 \sigma_{Aa \to Bb}}{1 + \delta_{Aa}} = \frac{k_{Bb}^2 \sigma_{Bb \to Aa}}{1 + \delta_{Bb}} \qquad (2.13)$$

该表达式称为互易定理(reciprocity theorem),适用于微分截面和总截面。入射道中全同粒子的截面是非全同粒子的两倍,这是出现因子 $(1 + \delta_{ij})$ 的原因,其他因子是相等的。

当具有自旋的粒子参与反应时,则必须通过将末态密度乘以其统计权重来修改上述方程。由于自旋为 j_i 的粒子有 $(2j_i + 1)$ 个可取向的态,我们可以写出非极化粒子的公式:

$$\frac{k_{Aa}^2 (2j_A + 1)(2j_a + 1)\sigma_{Aa \to Bb}}{1 + \delta_{Aa}} = \frac{k_{Bb}^2 (2j_B + 1)(2j_b + 1)\sigma_{Bb \to Aa}}{1 + \delta_{Bb}} \qquad (2.14)$$

$$\frac{\sigma_{Bb \to Aa}}{\sigma_{Aa \to Bb}} = \frac{(2j_A + 1)(2j_a + 1)}{(2j_B + 1)(2j_b + 1)} \frac{k_{Aa}^2 (1 + \delta_{Bb})}{k_{Bb}^2 (1 + \delta_{Aa})} \qquad (2.15)$$

由此得出结论,如果截面 $\sigma_{Aa \to Bb}$ 在实验或理论上是已知的,则可以不依赖于有关反应机制的任何假设而非常容易地计算出截面 $\sigma_{Bb \to Aa}$。式(2.15)也适用于具有静止质量的粒子以及光子的情况。在前一种情况下,波数由 $k = \sqrt{2mE}/\hbar$ 给出,线性动量可表示为 $p^2 = \hbar^2 k^2 = 2mE$,其中 E 代表(非相对论)质心系能量,m 为约化质量(附录C)。在后一种情况下,波数定义为 $k = E/(\hbar c)$,线性动量可表示为 $p^2 = \hbar^2 k^2 = E^2/c^2$,其中 E 代表光子能量;此外,对于光子而言,$(2j_\gamma + 1) = 2$。另参见式(3.27)和式(3.28)。必须强调的是,符号 A, a, b 和 B 不仅指特定的原子核,更精确地讲是指特定的态。换句话说,互易定理连接着正向和逆向反应中相同的核能级。

互易定理已在许多实验中得到了检验。图 2.2 显示了一个示例,对连接 ^{24}Mg 和 ^{27}Al 基态的一个反应对 ^{24}Mg(α,p)^{27}Al(空心圆)和 ^{27}Al(p,α)^{24}Mg(十字)的微分截面进行了比较。两个反应都在相同的质心系总能量和角度下进行了实验测量。它们的微分截面显示出复杂的结构,这大概是由重叠的宽共振所引起的。尽管结构复杂,但可以看出,正向和逆向

微分截面之间的一致性非常好。这些结果支持以下结论：即核反应在时间反转下是不变的。另外，请参考文献(Blanke *et al.*,1983)。

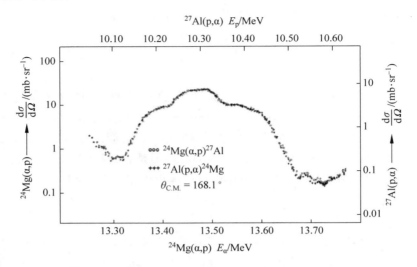

图 2.2 互易性定理对^{24}Mg(α,p)^{27}Al(空心圆)和^{27}Al(p,α)^{24}Mg(十字)反应对的实验验证。其中连接的都是^{24}Mg 和^{27}Al 的基态。两个反应的微分截面在质心系下具有相同的总能量和探测角度。这里对截面进行了调整以弥补自旋的差异[经授权转载自文献 W. von Witsch, A. Richter & P. von Brentano, Phys. Rev. 169(1968)923。版权归美国物理学会所有(1968)]

2.3 弹性散射和分波法

2.3.1 概述

原子核内核子之间的相互作用，以及参与核反应的核子之间的相互作用必须使用量子力学来描述。基本的强相互作用非常复杂，并且无法精确得知。从实验中我们知道它是短程的。此外，它显示出，一部分在与原子核大小相当的距离内是吸引力，而另一部分在非常短的距离内却是排斥力。由于这种核子-核子相互作用的复杂性，所以有必要采取一些近似。人们经常诉诸于使用有效势(effective potential)，而不是精确地计算所有核子之间的所有相互作用。这些有效势描述了一个核子或一组核子(例如 α 粒子)在所有其他核子的有效(平均)场中的行为。由于这种方法的近似特质，导致有效势通常会针对特定的反应和能量进行量身定制，从而缺乏通用性。最广泛使用的近似势被称为中心势(central potential)。它们取决于半径矢量的大小，而不取决于其方向，即 $V(r)=V(r)$。由于核势是短程的，所以这里我们仅考虑在距离很远处($r\to\infty$)比 $1/r$ 更快地接近 $V(r)\to0$ 的那些势。

在本节中，我们将首先关注弹性散射问题，然后将公式扩展到包括核反应的情况。对于核散射的一般处理，涉及时间相关的薛定谔方程的解，即波包散射。然而，最重要的物理量可以通过考虑比较简单的定态问题(stationary problem)，即求解时间无关薛定谔方程来得到。这里没有关于核势的进一步假设。下面我们推导将观测的散射截面与远离散射中心的波函数关联起来的通用公式。截面将以相移(phase shift)来表示。为了确定相移量，必须了解核内波函数的知识。那些必须考虑的事项将在后续章节中讨论。

散射过程的示意图如图 2.3 所示。考虑沿 z 方向入射到靶上的单能粒子束,其线性动量 z 分量的数值和不确定性分别由 $p_z = \text{const}$ 和 $\Delta p_z = 0$ 给出。根据海森伯不确定性原理(Heisenberg uncertainty principle,$\Delta p_z \Delta z \approx \hbar$),可以立即得出 $\Delta z \rightarrow \infty$。因此,入射波在 z 方向上具有很大的范围,也就是说,该过程几乎是定态的。此外,我们假设该线性动量的 x 和 y 分量为 $p_x = p_y = 0$。根据关系式 $\lambda_i = h / p_i$,这意味着 $\lambda_x = \lambda_y \rightarrow \infty$。换句话说,入射粒子可以由在 x 方向和 y 方向上具有非常大波长的一个波(即入射平面波)来表示。

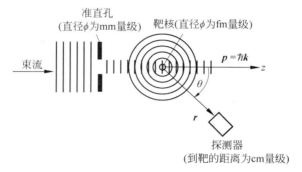

图 2.3 散射过程的示意图。一个平面波沿 z 方向入射到一个散射中心(靶),引起了一个出射球面波。在典型的核物理实验中,要注意在准直孔(mm 量级)、靶核(fm 量级)和探测器距离(cm 量级)的尺寸之间存在的巨大差异

定态散射问题可以由与时间无关的薛定谔方程来描述:

$$\left[-\frac{\hbar^2}{2m} \nabla^2 + V(\boldsymbol{r}) \right] \psi(\boldsymbol{r}) = E \psi(\boldsymbol{r}) \tag{2.16}$$

在靶核位置处,如果不假设一个确切的核势,则无法进一步指定总的波函数。但是,在远离散射中心的位置,即在探测器的位置处,我们可以将总波函数表示为两个定态波之和:一个入射平面波和一个出射球面波。因此,对于很远距离处的总波函数,我们可以从下面的假定开始:

$$\psi_T(\boldsymbol{r}) = N \left[\mathrm{e}^{i\boldsymbol{k} \cdot \boldsymbol{r}} + f(\theta) \frac{\mathrm{e}^{ikr}}{r} \right], \quad r \rightarrow \infty \tag{2.17}$$

其中,指数项 $\mathrm{e}^{i\boldsymbol{k} \cdot \boldsymbol{r}}$ 表示沿 z 方向传播的平面波(自由粒子);第二项包含球面波(e^{ikr})、散射振幅 $f(\theta)$ 以及因子 $1/r$(因为散射强度必须服从平方反比律);N 是总的归一化因子。

2.3.2 微分截面与散射振幅之间的关系

粒子密度(以体积的倒数为单位)由 $P = \psi^* \psi$ 给出,速度为 v 的束流粒子或散射粒子的流密度(或通量,以单位时间内面积的倒数为单位)可以写成 $j = vP$。对于入射平面波,我们可以写成

$$j_{\mathrm{b}} = v_{\mathrm{b}} (N \mathrm{e}^{-ikz})(N \mathrm{e}^{ikz}) = v_{\mathrm{b}} N^2 \tag{2.18}$$

而我们得到散射球面波为

$$j_{\mathrm{s}} = v_{\mathrm{s}} \left[N f^*(\theta) \mathrm{e}^{-ikr} \frac{1}{r} \right] \left[N f(\theta) \mathrm{e}^{ikr} \frac{1}{r} \right] = v_{\mathrm{s}} N^2 \mid f(\theta) \mid^2 \frac{1}{r^2} \tag{2.19}$$

将 j_b 和 j_s 换入式(2.10)中,可以得到

$$\left(\frac{\mathrm{d}\sigma}{\mathrm{d}\Omega}\right) = \frac{j_s r^2}{j_b} = |f(\theta)|^2 \qquad (2.20)$$

由于对于弹性散射,我们可以假设 $v_b = v_s$。此处的一个重要结果是:微分截面等于散射振幅的平方。

2.3.3 自由粒子

首先考虑无作用力的粒子是有启发意义的。平面波 $\mathrm{e}^{\mathrm{i}\boldsymbol{k}\cdot\boldsymbol{r}}$ 表示动量为 $\boldsymbol{p} = \hbar\boldsymbol{k}$,能量为 $E = \hbar^2 k^2/(2m)$ 的一个自由粒子。势为 $V(r) = 0$,因此,我们有 $f(\theta) = 0$。如果我们选择 z 轴沿 $\boldsymbol{k}$ 的方向(图 2.4),则平面波可以写成

$$\mathrm{e}^{\mathrm{i}\boldsymbol{k}\cdot\boldsymbol{r}} = \mathrm{e}^{\mathrm{i}kr\cos\theta} = \mathrm{e}^{\mathrm{i}kr(z/r)} = \mathrm{e}^{\mathrm{i}kz} \qquad (2.21)$$

与角度 ϕ 无关。由于 $\boldsymbol{L} = \boldsymbol{r}\times\boldsymbol{p}$,所以我们仅需考虑磁量子数 $m = 0$ 的值即可。在这种情况下,球谐函数由下式给出[式(A.9)]:

$$Y_{\ell 0} = \sqrt{\frac{2\ell+1}{4\pi}}P_\ell(\cos\theta) \qquad (2.22)$$

其中,$P_\ell(\cos\theta)$ 是勒让德(Legendre)多项式。通过替换 $E = p^2/(2m) = \hbar^2 k^2/(2m)$ 和 $\rho \equiv kr$,自由粒子的径向方程可写为[式(A.23)]

$$\frac{\mathrm{d}^2 u_\ell}{\mathrm{d}\rho^2} + \left[1 - \frac{\ell(\ell+1)}{\rho^2}\right]u_\ell = 0 \qquad (2.23)$$

解 $\mathrm{j}_\ell(kr)$ 被称为球贝塞尔函数(附录 A.2),我们可以写出如下渐近值:

$$u_\ell^{\mathrm{f.p.}} = (kr)\mathrm{j}_\ell(kr) = \sin(kr - \ell\pi/2), \quad r \to \infty \qquad (2.24)$$

自由粒子的本征函数,$\mathrm{j}_\ell(kr)P_\ell(\cos\theta)$,形成一个完整的正交基。因此,我们可以按照下式展开平面波:

$$\mathrm{e}^{\mathrm{i}kz} = \sum_{\ell=0}^{\infty} c_\ell \mathrm{j}_\ell(kr)P_\ell(\cos\theta) \qquad (2.25)$$

此处不再重复进行展开系数的推导(例如,Messiah,1999),可得 $c_\ell = (2\ell+1)\mathrm{i}^\ell$。这样就有

$$\mathrm{e}^{\mathrm{i}kz} = \sum_{\ell=0}^{\infty}(2\ell+1)\mathrm{i}^\ell \mathrm{j}_\ell(kr)P_\ell(\cos\theta) \qquad (2.26)$$

可以看出,线性动量为 kr 的平面波可以展开为一套分波(partial waves),每个分波的轨道角动量为 $\hbar\sqrt{\ell(\ell+1)}$,振幅为 $(2\ell+1)$,相因子为 i^ℓ。对于适合任意实验探测器几何形状的很远距离处,我们可以得到自由粒子的波函数为

$$\psi_{\mathrm{T}}^{\mathrm{f.p.}} = \mathrm{e}^{\mathrm{i}kz} = \sum_{\ell=0}^{\infty}(2\ell+1)\mathrm{i}^\ell \frac{\sin(kr-\ell\pi/2)}{kr}P_\ell(\cos\theta), \quad r\to\infty \qquad (2.27)$$

利用关系式 $\sin x = (\mathrm{i}/2)(\mathrm{e}^{-\mathrm{i}x} - \mathrm{e}^{\mathrm{i}x})$,我们可以把上式改写成

$$\psi_{\mathrm{T}}^{\mathrm{f.p.}} = \frac{1}{2kr}\sum_{\ell=0}^{\infty}(2\ell+1)\mathrm{i}^{\ell+1}\left[\mathrm{e}^{-\mathrm{i}(kr-\ell\pi/2)} - \mathrm{e}^{\mathrm{i}(kr-\ell\pi/2)}\right]P_\ell(\cos\theta), \quad r\to\infty \quad (2.28)$$

对于特殊的 s 波($\ell = 0$),我们有 $u_0^{\mathrm{f.p.}} = \sin(kr)$,而不是式(2.24)[另参见式(A.26)]。因此,式(2.27)和式(2.28)不仅对距离 $r\to\infty$ 有效,而且在这种情况下也适用于所有距离 r。

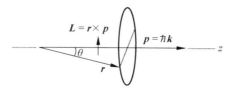

图 2.4 自由粒子的线动量和角动量。矢量 p 指向沿 z 轴,而 L 在 z 轴上的投影为零($m=0$)

2.3.4 打开势

对于 $V(r)\neq0$ 和 $f(\theta)\neq0$ 的中心势(2.3.1 节),只有径向方程的解会改变。代替 $u_\ell^{\text{f.p.}}$,我们必须写 u_ℓ。对于 $V(r)\neq0$ 的情况,$u_\ell^{\text{f.p.}}$ 和 u_ℓ 这两个函数仅在 r 较小时有本质上的区别。对于较远距离 r,我们有 $V(r)=0$,并且这两个函数都必须满足相同的径向方程。我们可以写成下式:

$$u_\ell = \sin(kr - \ell\pi/2 + \delta_\ell), \quad r \to \infty \tag{2.29}$$

该解与自由粒子的径向波函数[式(2.24)]最多相差一个相移 δ_ℓ,这是由在 $V(r)\neq0$ 的区域内不同的 r 依赖性引起的。对于 s 波($\ell=0$),式(2.29)也适用于势阱外的所有距离。

类似于自由粒子的情况[式(2.25)],我们可以将总波函数展开为以下分波的形式:

$$e^{ikz} + f(\theta)\frac{e^{ikr}}{r} = \sum_{\ell=0}^{\infty} b_\ell \frac{u_\ell(kr)}{kr} P_\ell(\cos\theta) \tag{2.30}$$

其中,展开系数由 $b_\ell = (2\ell+1)i^\ell e^{i\delta_\ell}$ 给出(习题 2.1)。这样

$$\psi_{\text{T}} = e^{ikz} + f(\theta)\frac{e^{ikr}}{r}$$

$$= \sum_{\ell=0}^{\infty} (2\ell+1)i^\ell e^{i\delta_\ell} \frac{\sin(kr - \ell\pi/2 + \delta_\ell)}{kr} P_\ell(\cos\theta), \quad r \to \infty \tag{2.31}$$

利用关系式 $\sin x = (i/2)(e^{-ix} - e^{ix})$,我们可以把上式写成

$$\psi_{\text{T}} = \frac{1}{2kr}\sum_{\ell=0}^{\infty} (2\ell+1)i^{\ell+1}\left[e^{-i(kr-\ell\pi/2)} - e^{2i\delta_\ell}e^{i(kr-\ell\pi/2)}\right]P_\ell(\cos\theta), \quad r \to \infty \tag{2.32}$$

与自由粒子的总波函数[式(2.28)]相比,在很远距离处,势阱将每个出射球面波改变了 $e^{2i\delta_\ell}$ 个因子,从而使每个出射球面波相移了 δ_ℓ 个单位。

2.3.5 散射振幅和弹性散射截面

首先,我们通过下式来求解散射振幅 $f(\theta)$:

$$f(\theta)\frac{e^{ikr}}{r} = \psi_{\text{T}} - \psi_{\text{T}}^{\text{f.p.}} = \frac{1}{2kr}\sum_{\ell=0}^{\infty} (2\ell+1)i^{\ell+1}\left[e^{i(kr-\ell\pi/2)}(1 - e^{2i\delta_\ell})\right]P_\ell(\cos\theta) \tag{2.33}$$

使用 $e^{i\pi\ell/2} = \cos(\pi\ell/2) + i\sin(\pi\ell/2) = i^\ell$,以及恒等式 $e^{i\delta}\sin\delta \equiv (i/2)(1 - e^{2i\delta})$,可以得到

$$f(\theta) = \frac{i}{2k}\sum_{\ell=0}^{\infty} (2\ell+1)(1 - e^{2i\delta_\ell})P_\ell(\cos\theta) = \frac{1}{k}\sum_{\ell=0}^{\infty} (2\ell+1)e^{i\delta_\ell}\sin\delta_\ell P_\ell(\cos\theta) \tag{2.34}$$

再次表明,散射势的作用就是使每个出射分波产生相移。

弹性散射微分截面可以写成下式:

$$\left(\frac{\mathrm{d}\sigma}{\mathrm{d}\Omega}\right)_{\mathrm{el}} = f^*(\theta)f(\theta) = \frac{1}{4k^2}\left|\sum_{\ell=0}^{\infty}(2\ell+1)(1-\mathrm{e}^{2\mathrm{i}\delta_\ell})P_\ell(\cos\theta)\right|^2$$

$$= \frac{1}{k^2}\left|\sum_{\ell=0}^{\infty}(2\ell+1)\sin\delta_\ell P_\ell(\cos\theta)\right|^2 \tag{2.35}$$

涉及不同 $P_\ell(\cos\theta)$ 函数的干涉项通常会引起非各向同性的角度分布。利用勒让德多项式的正交关系:

$$\int_{\mathrm{d}\Omega} P_\ell(\cos\theta)P_{\ell'}(\cos\theta)\mathrm{d}\Omega = \frac{4\pi}{2\ell+1}\delta_{\ell\ell'} \tag{2.36}$$

其中,$\delta_{\ell\ell'}$ 表示克罗内克符号。这样我们就获得了总的弹性散射截面:

$$\sigma_{\mathrm{el}} = \int\left(\frac{\mathrm{d}\sigma}{\mathrm{d}\Omega}\right)_{\mathrm{el}}\mathrm{d}\Omega = \sum_{\ell=0}^{\infty}\sigma_{\mathrm{el},\ell} \tag{2.37}$$

$$\sigma_{\mathrm{el},\ell} = \frac{\pi}{k^2}(2\ell+1)|1-\mathrm{e}^{2\mathrm{i}\delta_\ell}|^2 = \frac{4\pi}{k^2}(2\ell+1)\sin^2\delta_\ell \tag{2.38}$$

对于 s 波的特殊情况($\ell=0$),我们有

$$\left(\frac{\mathrm{d}\sigma}{\mathrm{d}\Omega}\right)_{\mathrm{el},0} = \frac{1}{k^2}\sin^2\delta_0 \tag{2.39}$$

$$\sigma_{\mathrm{el},0} = \frac{4\pi}{k^2}\sin^2\delta_0 \tag{2.40}$$

并且角度分布变为各向同性的(即独立于 θ),遵循截面完全由相移 δ_ℓ 来决定的规律。同样也很明显的是,对于所有 ℓ 值,当 $V(r)\rightarrow 0$ 时,$\delta_\ell\rightarrow 0$。

到目前为止,我们已经假设至少有一个不带电的粒子参与了相互作用。如果两个原子核都带电,则我们必须将短程核势的相移 δ_ℓ 替换为 $\delta_\ell+\sigma_\ell$,其中 δ_ℓ 是由长程库仑势引起的相移。库仑相移可以解析地计算出来[式(D.13)]。我们写成如下形式:

$$1-\mathrm{e}^{2\mathrm{i}(\delta_\ell+\sigma_\ell)} = (1-\mathrm{e}^{2\mathrm{i}\sigma_\ell})+\mathrm{e}^{2\mathrm{i}\sigma_\ell}(1-\mathrm{e}^{2\mathrm{i}\delta_\ell}) \tag{2.41}$$

散射振幅可以由下式来表示:

$$f(\theta) = \frac{\mathrm{i}}{2k}\sum_{\ell=0}^{\infty}(2\ell+1)[1-\mathrm{e}^{2\mathrm{i}(\delta_\ell+\sigma_\ell)}]P_\ell(\cos\theta)$$

$$= \frac{\mathrm{i}}{2k}\sum_{\ell=0}^{\infty}(2\ell+1)(1-\mathrm{e}^{2\mathrm{i}\sigma_\ell})P_\ell(\cos\theta) + \frac{\mathrm{i}}{2k}\sum_{\ell=0}^{\infty}(2\ell+1)\mathrm{e}^{2\mathrm{i}\sigma_\ell}(1-\mathrm{e}^{2\mathrm{i}\delta_\ell})P_\ell(\cos\theta) \tag{2.42}$$

其中,第一项描述来自纯库仑场的散射(卢瑟福散射);第二项包含相移 δ_ℓ 和 σ_ℓ。截面将展示出源自核势和库仑势两者散射间的干涉项。

2.3.6 反应截面

现在我们可以考虑发生核反应的可能性,即不同于弹性散射的任何过程(例如,粒子俘获或非弹性散射)。出射粒子的一组特定条件(动量及量子数等)被称为一个道(channel)。此概念的更精确定义将在后面章节中给出。弹性散射、非弹性散射到一个激发末态 x,非弹性散射到另一个激发末态 y,等等,都对应于不同的道。

首先假设弹性散射是唯一可能的过程。在这种情况下,对于围绕靶核的一个假想球体,进入的粒子与出射的粒子一样多[图 2.5(a)]。其结果是,对应于弹性散射总波函数 ψ_T 的

流密度 j_T 的积分为零,即

$$\int_{d\Omega} j_T d\Omega = 0 \tag{2.43}$$

现在,假设也发生了非弹性过程。在那种情况下,一部分入射粒子或者改变动能,例如在非弹性散射(n,n')中;或者改变身份,例如在粒子俘获(n,γ)反应中。许多入射粒子将消失,因此,将有净粒子流进入球体中[图2.5(b)]。从弹性道消失的比率对应于反应截面。形式上,我们可以写成下式:

$$\sigma_{re} = \frac{r^2}{j_b}\int_{d\Omega} j_T d\Omega \tag{2.44}$$

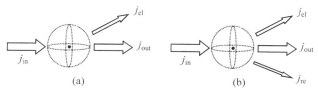

图2.5 流密度的示意图:(a)如果散射是唯一可能的过程,(b)如果弹性和非弹性散射过程发生。在图(a)中,相同数目的粒子进出一个假想的环绕靶核的球体,总流密度上的积分为零。在图(b)中,许多入射粒子因反应而消失,因此会有一个净粒子流进入球体

回想一下,对应于流密度 j_T 的波函数仅代表弹性散射的波函数。在下文中,我们将导出一个与相移相关的反应截面表达式。我们从流密度的量子力学表达式开始(Messiah,1999):

$$j = \frac{\hbar}{2mi}\left(\psi^* \frac{\partial \psi}{\partial r} - \frac{\partial \psi^*}{\partial r}\psi\right) \tag{2.45}$$

根据该表达式,对于入射平面波 e^{ikz},我们有

$$j_b = \frac{\hbar}{2mi}\left[e^{-ikz}(e^{ikz}ik) - e^{-ikz}(-ik)e^{ikz}\right] = \frac{\hbar k}{m} \tag{2.46}$$

将总的弹性散射波函数 ψ_T[式(2.32)]代入式(2.45),经过一些代数运算后可得

$$j_T = \frac{\hbar}{4mkr^2}\left\{\left|\sum_{\ell=0}^{\infty}(2\ell+1)i^{\ell+1}e^{i\ell\pi/2}P_\ell(\cos\theta)\right|^2 - \left|\sum_{\ell=0}^{\infty}(2\ell+1)i^{\ell+1}e^{2i\delta_\ell}e^{-i\ell\pi/2}P_\ell(\cos\theta)\right|^2\right\} \tag{2.47}$$

借助于勒让德多项式的正交关系[式(2.36)],可以得到

$$\sigma_{re} = \sum_{\ell=0}^{\infty}\sigma_{re.\ell} \tag{2.48}$$

$$\sigma_{re.\ell} = \frac{\pi}{k^2}(2\ell+1)(1-|e^{2i\delta_\ell}|^2) \tag{2.49}$$

我们要求 $|e^{2i\delta_\ell}|^2 \leqslant 1$,否则 σ_{re} 将变为负数。通常,相移 δ_ℓ 是一个复数,即 $\delta_\ell = \delta_{\ell_1} + \delta_{\ell_2}$。对于 δ_ℓ 为实数的特殊情况,人们发现 $|e^{2i\delta_\ell}|^2 = 1$。换句话说,不会发生反应,并且弹性散射是唯一可能的过程。$\delta_{re.\ell}$ 和 $\sigma_{el.\ell}$ 的允许值范围由图2.6中的阴影区域来表示。回想一下,弹性散射截面的表达式[式(2.38)]仅适用于不带电的粒子。最大的弹性散射截面出现在 $e^{2i\delta_\ell} = -1$ 处,从而有

$$\sigma_{el,\ell}^{max} = \frac{4\pi}{k^2}(2\ell+1), \quad \text{以及} \quad \sigma_{re,\ell} = 0 \tag{2.50}$$

当 $e^{2i\delta_\ell} = 0$ 时,可以得到最大的反应截面,即

$$\sigma_{re,\ell}^{max} = \sigma_{el,\ell} = \frac{\pi}{k^2}(2\ell+1) \tag{2.51}$$

它遵循的是:弹性散射可以在没有任何反应发生的情况下发生,但如果没有弹性散射存在的话,则反应也不会发生。当反应截面处于最大时,其值等于弹性散射截面。

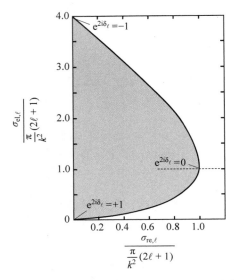

图 2.6 给定反应截面的弹性散射截面的上限和下限。阴影区域内的值是允许的,而阴影外的那些值是不可能的。量 $e^{2i\delta_i}$ 对于实线上所有的点都是实数

传统上,散射理论已被用于研究核势的本质。通常,微分截面 $d\sigma/d\Omega$ 由实验给出,这样人们就希望找到相应的势 $V(r)$。利用截面公式拟合实验角分布数据,如果通过分波展开中的少许项就可以实现满意拟合的话,则就能够得到实验的相移 δ_ℓ。对几个入射能量值重复此过程。然后,通过对每个 ℓ 值下的薛定谔方程进行数值求解,试图找到可以重现实验观测相移 δ_ℓ 的一个势 $V(r)$。

2.4 简单势的散射

截面由相移来决定。后者可以由一个确切核势所产生的原子核区域中的波函数来获得。在本节中,我们考虑中性粒子和无自旋粒子 s 波($\ell=0$)散射的情况。这里将明确地讨论两种简单的势:①一个吸引的方阱势(square-well potential),以及②一个吸引的方阱势加方势垒(square-barrier potential)。尽管非常简单,但是这些模型定性地包含了稍后在更复杂情况下进行讨论时会遇到的大多数物理问题。我们将通过求解径向薛定谔方程来具体地计算相移 δ_0,以及势阱区内波函数的强度。我们将会看到势阱特性如何决定相移和波函数的强度。

2.4.1 方阱势

核势如图 2.7 所示。对于 $\ell=0$, 径向方程变为(附录 A.1)

$$\frac{\mathrm{d}^2 u}{\mathrm{d} r^2} + \frac{2m}{\hbar^2}[E - V(r)]u = 0 \tag{2.52}$$

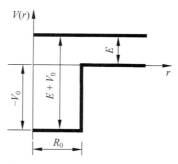

图 2.7 半径为 R_0, 势深度为 V_0 的三维方阱势。上面的水平横线表示总的粒子能量 E。对于计算传输系数, 有必要考虑从 $-\infty$ 延伸到 $+\infty$ 的一维势

对于一个常数势 $V(r)=\mathrm{const}$(常数), 我们利用关系式 $\hat{k}^2=(2m/\hbar^2)(E-V)$, 可以得到径向方程如下:

$$\frac{\mathrm{d}^2 u}{\mathrm{d} r^2} + \hat{k}^2 u = 0 \tag{2.53}$$

复指数形式的一般解由下式给出:

$$u = \alpha \mathrm{e}^{\mathrm{i}\hat{k}r} + \beta \mathrm{e}^{-\mathrm{i}\hat{k}r} \tag{2.54}$$

我们分别考虑两个区域 $r<R_0$ 和 $r>R_0$。对于 $r<R_0$, 我们有 $E-V>0$, 因此,

$$u_{\mathrm{in}} = A' \mathrm{e}^{\mathrm{i}Kr} + B' \mathrm{e}^{-\mathrm{i}Kr}, \quad K^2 = \frac{2m}{\hbar^2}(E + V_0)$$

$$= A'[\cos(Kr) + \mathrm{i}\sin(Kr)] + B'[\cos(Kr) - \mathrm{i}\sin(Kr)] \tag{2.55}$$

在边界处, 我们要求 $u_{\mathrm{in}}(0)=0$, 否则径向波函数 $u(r)/r$ 会在 $r=0$ 处发散。马上就有, $u_{\mathrm{in}}(0)=A'+B'=0$ 且式(2.55)中的余弦项消失。因此,

$$u_{\mathrm{in}} = A'\mathrm{i}\sin(Kr) - A'[-\mathrm{i}\sin(Kr)] = 2\mathrm{i}A'\sin(Kr) = A\sin(Kr) \tag{2.56}$$

在这里, 我们使用定义 $A \equiv 2\mathrm{i}A'$。在 $r>R_0$ 的区域中, 也有 $E-V>0$, 其一般解由下式给出:

$$u_{\mathrm{out}} = C'\mathrm{e}^{\mathrm{i}kr} + D'\mathrm{e}^{-\mathrm{i}kr}, \quad k^2 = \frac{2m}{\hbar^2}E$$

$$= C'[\cos(kr) + \mathrm{i}\sin(kr)] + D'[\cos(kr) - \mathrm{i}\sin(kr)]$$

$$= \mathrm{i}[C' - D']\sin(kr) + [C' + D']\cos(kr) = C''\sin(kr) + D''\cos(kr) \tag{2.57}$$

重写此表达式会很方便。$\sin x$ 与 $\cos x$ 之和仍然是一个沿 x 轴移动的正弦函数。利用 $C'' = C\cos\delta_0$ 和 $D'' = C\sin\delta_0$, 我们可以写成以下形式:

$$u_{\mathrm{out}} = C[\sin(kr)\cos\delta_0 + \cos(kr)\sin\delta_0] \tag{2.58}$$

利用 $\sin(x \pm y) = \sin x \cos y \pm \cos x \sin y$, 可得

$$u_{\text{out}} = C\sin(kr + \delta_0) \tag{2.59}$$

u_{in}［式（2.56）］和 u_{out}［式（2.59）］这两个解将在下面用到。

1. 透射概率

我们感兴趣的是对从外部到内部区域的透射概率（transmission probability）。从复指数形式的波函数解出发是很方便的［式（2.55）和式（2.57）］。应该指出的是，对于实数势，透射概率只是针对一维情况定义的（例如，Messiah，1999）。我们不去考虑图 2.7 中的三维势，而是假设粒子从右手侧入射，一维势在 $x = R_0$ 距离处阶跃式下降到 V_0 并延伸到 $-\infty$。我们得到一维径向波函数如下：

$$u_{\text{in}} = A'\mathrm{e}^{\mathrm{i}Kx} + B'\mathrm{e}^{-\mathrm{i}Kx} \tag{2.60}$$

$$u_{\text{out}} = C'\mathrm{e}^{\mathrm{i}kx} + D'\mathrm{e}^{-\mathrm{i}kx} \tag{2.61}$$

尽管我们在这里不必考虑时间相关的薛定谔方程，但是研究其全时相关解（full time-dependent solution）是很有启发性的，即通过将复指数乘以因子 $\mathrm{e}^{-\mathrm{i}\omega t}$ 来获得，其中 $\omega = E/\hbar$。例如，可以很容易地看出 u_{in} 的第二项对应于传播到负 x 方向的平面波。u_{out} 的第一和第二项分别对应于从 R_0 边界处反射的平面波和朝向 R_0 移动的平面波。我们感兴趣的是散射过程。例如，入射炮弹的粒子密度由 $|D'\mathrm{e}^{-\mathrm{i}kx}|^2 = |D'|^2$ 给出。入射粒子的流密度（或通量）由外部区域的粒子密度与速度的乘积给出，即 $j_{\text{inc}} = v_{\text{out}}|D'|^2$（2.3.2 节）。类似地，可以得到透射和反射的粒子通量分别为 $j_{\text{trans}} = v_{\text{in}}|B'|^2$ 和 $j_{\text{refl}} = v_{\text{out}}|C'|^2$。单个粒子从外部透射到内部区域的概率遵循下式：

$$\hat{T} = \frac{j_{\text{trans}}}{j_{\text{inc}}} = \frac{v_{\text{in}}|B'|^2}{v_{\text{out}}|D'|^2} = \frac{K}{k}\frac{|B'|^2}{|D'|^2} \tag{2.62}$$

其中，物理量 $\hat{T}$ 称为透射系数（transmission coefficient）。

连续性条件要求波函数及其导数在边界 $x = R_0$ 处连续，即

$$(u_{\text{in}})_{R_0} = (u_{\text{out}})_{R_0} \tag{2.63}$$

$$\left(\frac{\mathrm{d}u_{\text{in}}}{\mathrm{d}x}\right)_{R_0} = \left(\frac{\mathrm{d}u_{\text{out}}}{\mathrm{d}x}\right)_{R_0} \tag{2.64}$$

这样，我们得到

$$A'\mathrm{e}^{\mathrm{i}KR_0} + B'\mathrm{e}^{-\mathrm{i}KR_0} = C'\mathrm{e}^{\mathrm{i}kR_0} + D'\mathrm{e}^{-\mathrm{i}kR_0} \tag{2.65}$$

$$\frac{K}{k}(A'\mathrm{e}^{\mathrm{i}KR_0} - B'\mathrm{e}^{-\mathrm{i}KR_0}) = (C'\mathrm{e}^{\mathrm{i}kR_0} - D'\mathrm{e}^{-\mathrm{i}kR_0}) \tag{2.66}$$

设 $A' = 0$，因为没有从左手侧接近边界 R_0 的平面波，消去 C' 可得

$$\frac{K}{k}(-B'\mathrm{e}^{-\mathrm{i}KR_0}) = B'\mathrm{e}^{-\mathrm{i}KR_0} - 2D'\mathrm{e}^{-\mathrm{i}kR_0}, \quad \text{或} \quad \frac{B'}{D'} = 2\frac{\mathrm{e}^{-\mathrm{i}kR_0}}{\mathrm{e}^{-\mathrm{i}KR_0}}\frac{k}{K+k} \tag{2.67}$$

对于透射系数，利用式（2.62）和式（2.67），我们发现

$$\hat{T} = \frac{K}{k}\frac{|B'|^2}{|D'|^2} = 4\frac{kK}{(K+k)^2} = 4\frac{\frac{2m}{\hbar^2}\sqrt{(E+V_0)E}}{\left[\sqrt{\frac{2m}{\hbar^2}(E+V_0)} + \sqrt{\frac{2m}{\hbar^2}E}\right]^2} \tag{2.68}$$

我们将在稍后结合原子核的连续态理论使用这一结果（2.6 节）。

2. 相移和共振现象

物理量 $\hat{T}$ 描述了图 2.7 中从右手到左手侧的透射概率。到目前为止,我们仅考虑了两个波的振幅比:一个从右侧接近边界 R_0,另一个从 R_0 逐渐远离至左侧。我们现在考虑三维情况下的全径向波函数解。我们从式(2.56)和式(2.59)开始:

$$u_{in} = A\sin(Kr) \tag{2.69}$$

$$u_{out} = C\sin(kr + \delta_0) \tag{2.70}$$

根据连续性条件[式(2.63)和式(2.64)],可以得到

$$A\sin(KR_0) = C\sin(kR_0 + \delta_0) \tag{2.71}$$

$$AK\cos(KR_0) = Ck\cos(kR_0 + \delta_0) \tag{2.72}$$

首先,我们将两个方程相除以求出相移 δ_0,其结果是

$$\frac{1}{K}\tan(KR_0) = \frac{1}{k}\tan(kR_0 + \delta_0) \tag{2.73}$$

$$\delta_0 = -kR_0 + \arctan\left[\frac{k}{K}\tan(KR_0)\right] \tag{2.74}$$

该表达式可以用总能量表示为

$$\delta_0 = -\frac{\sqrt{2mE}}{\hbar}R_0 + \arctan\left[\sqrt{\frac{E}{E+V_0}}\tan\left(\frac{\sqrt{2m(E+V_0)}}{\hbar}R_0\right)\right] \tag{2.75}$$

可以看出,相移是由势的性质(R_0 和 V_0)和粒子的性质(E 和 m)来决定的。正如上面已指出的那样,对于 $V_0 \to 0$,我们有 $\delta_0 \to 0$。可以简单地根据相移计算出截面[参见式(2.40)]。其次,我们可以求解 $|A|^2/|C|^2$,即内部($r < R_0$)与外部($r > R_0$)区域波函数强度之比。对等式(2.71)和式(2.72)先平方再相加,可以得到

$$\frac{|A|^2}{|C|^2} = \frac{k^2}{k^2 + [K^2 - k^2]\cos^2(KR_0)} = \frac{E}{E + V_0\cos^2\left[\frac{\sqrt{2m(E+V_0)}}{\hbar}R_0\right]} \tag{2.76}$$

其中,使用了恒等式 $\sin^2(kR_0 + \delta_0) + \cos^2(kR_0 + \delta_0) = 1$ 和 $\sin^2(KR_0) + \cos^2(KR_0) = 1$。

对于方阱势散射中子的情况,其 $|A|^2/|C|^2$ 和 δ_0 随 E 变化的关系如图 2.8 所示。假定势深度为 $V_0 = 100$ MeV,势半径为 $R_0 = 3$ fm。比值 $|A|^2/|C|^2$ 量度了波函数在内部区域($r < R_0$)的相对强度。很明显,$|A|^2/|C|^2$ 在极值之间振荡。这种引人注目的行为称为共振现象(resonance phenomenon)。在某些分立能量 E_i(共振能量)处,在边界 $r < R_0$ 内找到粒子的概率最大。还可以看出,每个共振都会使相位 δ_0 稍微偏移一些。共振发生在式(2.76)中 $\cos^2(KR_0) = 0$ 的能量处。也就是说,$KR_0 = (n + 1/2)\pi$。因此,

$$K = \frac{\left(n + \frac{1}{2}\right)\pi}{R_0} = \frac{2\pi}{\lambda_{in}} \tag{2.77}$$

$$\lambda_{in} = \frac{2R_0}{n + \frac{1}{2}} = \frac{R_0}{\frac{n}{2} + \frac{1}{4}} \tag{2.78}$$

其中,λ_{in} 为内部区域的波长。由于 $\frac{n}{2} + \frac{1}{4} = \frac{1}{4}, \frac{3}{4}, \frac{5}{4}, \cdots$,所以,当内部区域恰好是 $\frac{n}{2} + \frac{1}{4}$

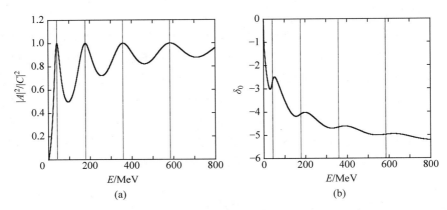

图 2.8 (a) 内部区($r<R_0$)和外部区($r>R_0$)波函数强度的比$|A|^2/|C|^2$,(b) 方阱势(图 2.7)散射中子($2m/\hbar^2=0.0484$ MeV^{-1} · fm^{-1})的相移随总能量 E 的关系。对于势深度和半径,其值分别为 $V_0=100$ MeV 和 $R_0=3$ fm。这些曲线显示了共振现象

个波长时,就会发生共振。在这些波长下,内部波函数的导数[正弦函数,式(2.69)]在半径 R_0 处为零。如图 2.9 所示,n 也对应于 $r<R_0$ 区域中波函数节点的数目。根据式(2.77),我们得到共振能量为

$$E_n=\frac{\hbar^2}{2m}\frac{\pi^2}{R_0^2}\left(n+\frac{1}{2}\right)^2-V_0 \tag{2.79}$$

在上述中子的方阱势散射例子中,$V_0=100$ MeV,半径 $R_0=3$ fm,则$(\hbar\pi)^2/(2mR_0^2)=22.648$ MeV。我们得到

$$E_2=41.5 \text{ MeV}, \quad E_3=177.4 \text{ MeV}, \quad E_4=358.6 \text{ MeV}, \cdots \tag{2.80}$$

对于 $n=0$ 或 1,不存在物理解。也就是说,对于所选择的势深度,不可能在 $r<R_0$ 的区域通过容纳 1/4 或者 3/4 个波长来匹配内部和外部的波函数。换句话说,在内部区域中不存在无节点或仅有一个节点的解。

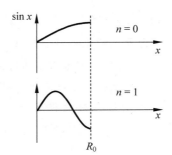

图 2.9 方阱势内径向波函数的两个最简单的解。两个解都会造成共振,因为在势半径 R_0 处波函数的导数为零。这些解由内部区域($r<R_0$)中波函数的节点数 n 来刻画。此处显示它们是为了说明目的。这些函数并不代表图 2.8 中所采用条件下的物理解

从上述公式中获得的结果定性地展示在图 2.10 中,它显示了一个吸引方阱势在不同势深度下的径向波函数。轰击能量低(即与 R_0 相比,波长较长)且保持恒定。在图 2.10(a)中,势深度为零(自由粒子),其波函数由正弦函数给出。在图 2.10(b)中,势深度增加,因此,根据下式内部的波长会减小:

$$\frac{\lambda_{in}}{2\pi} = \frac{1}{K} = \frac{1}{\sqrt{(2m/\hbar^2)(E+V_0)}}, \quad \lambda_{in} = \frac{h}{\sqrt{2m(E+V_0)}} \tag{2.81}$$

内部波函数和外部波函数的值和导数只能通过向内移动外部解来予以匹配。这是相移的物理意义。如果势深度进一步增加,则内部波长变得更小,外部波必须向内移动直至 1/4 个波长恰好可以容纳在内部区域。发生这种情形时,R_0 处波函数的导数变为零,对应于势阱区域内的最大振幅。如图 2.10(c)所示,系统处于共振态。势阱深度的进一步增加将导致如下情形:内部振幅逐渐降低[图 2.10(d)];由于较差的波函数匹配条件会造成一个内部振幅极小[图 2.10(e)];在内部区域出现第一个节点[图 2.10(f)]。

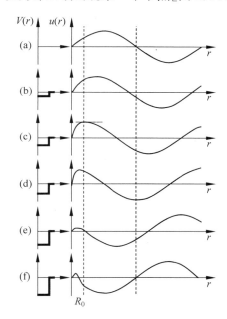

图 2.10　方阱势(a)~(f),以及相应不同势深度下径向波函数的解。对于给定势深度,内部和外部波函数的值及其导数必须通过移动外部解来进行匹配。相移是对这一位移的一种量度。在图(c)中,波函数在 R_0 处的导数为零,系统处于共振态

$|A|^2/|C|^2$ 与势深度 V_0 的关系如图 2.11 所示。这里,假定总能量为 $E=1$ MeV,势半径为 $R_0=3$ fm。解等式(2.79),得到势深度为

$$V_{0,n} = \frac{\hbar^2}{2m}\frac{\pi^2}{R_0^2}\left(n+\frac{1}{2}\right)^2 - E \tag{2.82}$$

因此,我们预期共振发生在 $V_{0,0}=4.7$ MeV、$V_{0,1}=49.9$ MeV、$V_{0,2}=140.5$ MeV、$V_{0,3}=276.4$ MeV、$V_{0,4}=457.6$ MeV,依此类推(分别对应于内部区第 $n=0$、1、2、3、4 个节点的情形),这与图 2.11 所示的结果一致。

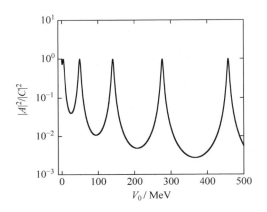

图 2.11　中子在方阱势散射时,其 $|A|^2/|C|^2$ 随势深度 V_0 的关系。对于总能量和势半径,这里假设 $E=1$ MeV 和 $R_0=3$ fm。显示的峰值对应于内部径向波函数在节点 $n=0$、1、2、3和 4 处的共振

2.4.2　方势垒

在下文中,我们还是考虑简单 s 波($\ell=0$)散射的情况。除了具有吸引性的方阱外,核势还显示出具有排斥性的方势垒。如果存在势垒的话,那么这就是一个核反应的简单模型。例如,库仑势在涉及带电粒子的反应中提供了一个势垒。通过显性求解薛定谔方程,我们可以找到透射势垒的概率以及内部区域波的强度。核势如图 2.12 所示。我们将分别考虑 I、II、III 这三个区域。在每个区域势都是恒定的常数,并假设 $\ell=0$,利用关系式 $\hat{k}^2=(2m/\hbar^2)(E-V)$,我们再次得到如下径向方程(附录 A.1):

$$\frac{d^2u}{dr^2}+\hat{k}^2u=0 \tag{2.83}$$

对于区域 I,我们有 $E-V>0$,因此,

$$u_{\text{I}}=Ae^{iKr}+Be^{-iKr}=A'\sin(Kr),\quad K^2=\frac{2m}{\hbar^2}(E+V_0) \tag{2.84}$$

此解与研究方阱势时得到的解相同[式(2.56)]。在区域 II 中,我们有 $E-V<0$,且 k_{II} 变为虚数。其解可以用实指数表示为

$$u_{\text{II}}=Ce^{ik_{\text{II}}r}+De^{-ik_{\text{II}}r},\quad k_{\text{II}}^2=\frac{2m}{\hbar^2}(E-V_1)=i^2\frac{2m}{\hbar^2}(V_1-E)\equiv i^2\kappa^2=Ce^{-\kappa r}+De^{\kappa r} \tag{2.85}$$

在区域 III 中,我们也有 $E-V>0$,其一般解由下式给出:

$$u_{\text{III}}=Fe^{ikr}+Ge^{-ikr}=F'\sin(kr+\delta_0),\quad k^2=\frac{2m}{\hbar^2}E \tag{2.86}$$

此解与研究方阱势时得到的解也相同[式(2.59)]。

1.　势垒透射

首先,我们感兴趣的是势垒透射的概率。从以复指数表示的波函数解出发进行研究,是很方便的[式(2.84)~式(2.86)]。我们必须再次对一维情况进行计算。我们将假定粒子是

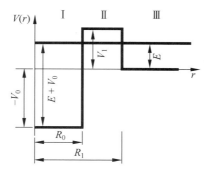

图 2.12 三维方阱势。其中，势半径为 R_0，势深度为 V_0，排斥方势垒的厚度为 $R_1 - R_0$、高度为 V_1。总粒子能量（水平线）小于位垒高度，$E < V_1$。对于计算的透射系数，有必要考虑一个从 $-\infty$ 延伸到 $+\infty$ 的一维势

从右手边入射的，而不是考虑图 2.12 所示的三维势；它们在距离 $x = R_1$ 处遇到一维台阶高度为 V_1 的势垒；在距离 $x = R_0$ 处，势能阶跃下降至 $-V_0$ 并一直延续至 $-\infty$。我们可得一维径向波函数为

$$u_{\mathrm{I}} = A\mathrm{e}^{\mathrm{i}Kx} + B\mathrm{e}^{-\mathrm{i}Kx} \tag{2.87}$$

$$u_{\mathrm{II}} = C\mathrm{e}^{-\kappa x} + D\mathrm{e}^{\kappa x} \tag{2.88}$$

$$u_{\mathrm{III}} = F\mathrm{e}^{\mathrm{i}kx} + G\mathrm{e}^{-\mathrm{i}kx} \tag{2.89}$$

u_{I} 的第二项对应于传播到负 x 方向的平面波，而 u_{III} 的第一和第二项分别对应于从势垒反射回来和朝向势垒移动的平面波。透射系数则由下式给出：$\hat{T} = j_{\mathrm{trans}}/j_{\mathrm{inc}} = (K|B|^2)/(k|G|^2)$ [式 (2.62)]。

连续性条件 [式 (2.63) 和式 (2.64)] 要求波函数及其导数在边界 $x = R_0$ 和 $x = R_1$ 处是连续的，即

$$(u_{\mathrm{I}})_{R_0} = (u_{\mathrm{II}})_{R_0} \qquad (u_{\mathrm{II}})_{R_1} = (u_{\mathrm{III}})_{R_1} \tag{2.90}$$

$$\left(\frac{\mathrm{d}u_{\mathrm{I}}}{\mathrm{d}x}\right)_{R_0} = \left(\frac{\mathrm{d}u_{\mathrm{II}}}{\mathrm{d}x}\right)_{R_0} \qquad \left(\frac{\mathrm{d}u_{\mathrm{II}}}{\mathrm{d}x}\right)_{R_1} = \left(\frac{\mathrm{d}u_{\mathrm{III}}}{\mathrm{d}x}\right)_{R_1} \tag{2.91}$$

具体地，我们得到

$$A\mathrm{e}^{\mathrm{i}KR_0} + B\mathrm{e}^{-\mathrm{i}KR_0} = C\mathrm{e}^{-\kappa R_0} + D\mathrm{e}^{\kappa R_0} \tag{2.92}$$

$$\mathrm{i}\frac{K}{\kappa}(A\mathrm{e}^{\mathrm{i}KR_0} - B\mathrm{e}^{-\mathrm{i}KR_0}) = -C\mathrm{e}^{-\kappa R_0} + D\mathrm{e}^{\kappa R_0} \tag{2.93}$$

$$C\mathrm{e}^{-\kappa R_1} + D\mathrm{e}^{\kappa R_1} = F\mathrm{e}^{\mathrm{i}kR_1} + G\mathrm{e}^{-\mathrm{i}kR_1} \tag{2.94}$$

$$-C\mathrm{e}^{-\kappa R_1} + D\mathrm{e}^{\kappa R_1} = \mathrm{i}\frac{k}{\kappa}(F\mathrm{e}^{\mathrm{i}kR_1} - G\mathrm{e}^{-\mathrm{i}kR_1}) \tag{2.95}$$

对上述方程组进行加法和减法，得到

$$A\left(1 + \mathrm{i}\frac{K}{\kappa}\right)\mathrm{e}^{\mathrm{i}KR_0} + B\left(1 - \mathrm{i}\frac{K}{\kappa}\right)\mathrm{e}^{-\mathrm{i}KR_0} = 2D\mathrm{e}^{\kappa R_0} \tag{2.96}$$

$$A\left(1 - \mathrm{i}\frac{K}{\kappa}\right)\mathrm{e}^{\mathrm{i}KR_0} + B\left(1 + \mathrm{i}\frac{K}{\kappa}\right)\mathrm{e}^{-\mathrm{i}KR_0} = 2C\mathrm{e}^{-\kappa R_0} \tag{2.97}$$

$$2D\mathrm{e}^{\kappa R_1} = F\left(1 + \mathrm{i}\,\frac{k}{\kappa}\right)\mathrm{e}^{\mathrm{i}kR_1} + G\left(1 - \mathrm{i}\,\frac{k}{\kappa}\right)\mathrm{e}^{-\mathrm{i}kR_1} \tag{2.98}$$

$$2C\mathrm{e}^{-\kappa R_1} = F\left(1 - \mathrm{i}\,\frac{k}{\kappa}\right)\mathrm{e}^{\mathrm{i}kR_1} + G\left(1 + \mathrm{i}\,\frac{k}{\kappa}\right)\mathrm{e}^{-\mathrm{i}kR_1} \tag{2.99}$$

消掉系数 C 和 D,使用定义 $\alpha \equiv 1 + \mathrm{i}K/\kappa$ 和 $\beta \equiv 1 + \mathrm{i}k/\kappa$,则有

$$A\alpha\mathrm{e}^{\mathrm{i}KR_0} + B\alpha^*\mathrm{e}^{-\mathrm{i}KR_0} = \mathrm{e}^{-\kappa(R_1 - R_0)}(F\beta\mathrm{e}^{\mathrm{i}kR_1} + G\beta^*\mathrm{e}^{-\mathrm{i}kR_1}) \tag{2.100}$$

$$A\alpha^*\mathrm{e}^{\mathrm{i}KR_0} + B\alpha\mathrm{e}^{-\mathrm{i}KR_0} = \mathrm{e}^{\kappa(R_1 - R_0)}(F\beta^*\mathrm{e}^{\mathrm{i}kR_1} + G\beta\mathrm{e}^{-\mathrm{i}kR_1}) \tag{2.101}$$

令人感兴趣的是从势垒右手侧入射平面波的透射系数 $\hat{T}$。因为没有从势垒左手侧接近的波,所以我们将 A 设置为 0。我们还可以消掉 F,得到

$$B[\alpha^*\beta^*\mathrm{e}^{\kappa\Delta} - \alpha\beta\mathrm{e}^{-\kappa\Delta}] = G[(\beta^*)^2 - \beta^2]\mathrm{e}^{-\mathrm{i}(kR_1 - KR_0)} = -2\mathrm{i}\,\frac{k}{\kappa}G\mathrm{e}^{-\mathrm{i}(kR_1 - KR_0)} \tag{2.102}$$

这里我们使用了 $\Delta \equiv R_1 - R_0$。则透射系数由下式给出:

$$\hat{T} = \frac{K}{k}\frac{|B|^2}{|G|^2} = \frac{4Kk/\kappa^2}{|\alpha^*\beta^*\mathrm{e}^{\kappa\Delta} - \alpha\beta\mathrm{e}^{-\kappa\Delta}|^2} \tag{2.103}$$

利用关系式 $\sinh^2 z = (1/4)(\mathrm{e}^{2z} + \mathrm{e}^{-2z}) - 1/2$,经过一些代数运算可得

$$\hat{T} = \frac{Kk}{[K + k]^2 + [\kappa^2 + K^2 + k^2 + K^2k^2/\kappa^2]\sinh^2(\kappa\Delta)} \tag{2.104}$$

如果以能量来表示,我们可以显性地得到

$$\frac{1}{\hat{T}} = \frac{1}{\sqrt{E(E + V_0)}}\left\{[2E + V_0 + 2\sqrt{E(E + V_0)}] + \left[E + V_0 + V_1 + \frac{E(E + V_0)}{V_1 - E}\right]\cdot\right.$$
$$\left.\sinh^2\left[\sqrt{(2m/\hbar^2)(V_1 - E)}\Delta\right]\right\} \tag{2.105}$$

这一结果是惊人的,因为这表明对于一个从右手侧接近势垒的粒子,即使其总能量小于势垒高度,它也能够到达左手侧。这称为隧道效应(tunnel effect),并且在恒星带电粒子反应中具有非常重要的意义,这将在第 3 章中予以展示。

图 2.13 显示了中子散射的 $\hat{T}$ 与 E 的关系图。图 2.13(a)中使用的值为 $V_0 = 100$ MeV、$V_1 = 10$ MeV、$R_0 = 3$ fm、$R_1 = 8$ fm;图 2.13(b)中为 $V_0 = 50$ MeV、$V_1 = 10$ MeV、$R_0 = 3$ fm、$R_1 = 8$ fm。可以看出,透射系数随着能量 E 的降低而迅速减小。从 $\hat{T}$ 的绝对大小也可以明显地看出,远离势垒到左手侧的波强度要远小于从右手侧接近势垒的波强度。

通常,轰击能量较低或势垒较厚的情形更有趣:

$$\kappa\Delta = \frac{\sqrt{2m(V_1 - E)}}{\hbar}(R_1 - R_0) \gg 1 \tag{2.106}$$

在这种情形下,我们可以通过下式来近似式(2.103)中的分母:

$$|\alpha^*\beta^*\mathrm{e}^{\kappa\Delta} - \alpha\beta\mathrm{e}^{-\kappa\Delta}|^2 \approx |\alpha^*\beta^*\mathrm{e}^{\kappa\Delta}|^2 \tag{2.107}$$

经过一些代数操作,我们得到

$$\hat{T} \approx 4\frac{\sqrt{E(E + V_0)(V_1 - E)}}{V_1(V_0 + V_1)}\mathrm{e}^{-2\kappa(R_1 - R_0)} \tag{2.108}$$

透射系数的能量依赖完全由指数因子来决定。对于物理上合理的 E、V_0 和 V_1 值,指数项前面的系数近似为 1。因此,我们有

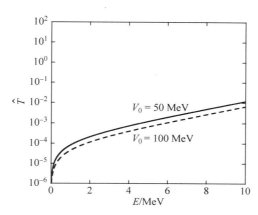

图 2.13 由图 2.12 所示方势垒所散射中子的透射系数 T 与能量 E 的关系。势的性质分别是：
(a) $V_0 = 100\ \text{MeV}$，$V_1 = 10\ \text{MeV}$，$R_0 = 3\ \text{fm}$，$R_1 = 8\ \text{fm}$；(b) $V_0 = 50\ \text{MeV}$，$V_1 = 10\ \text{MeV}$，$R_0 = 3\ \text{fm}$，$R_1 = 8\ \text{fm}$。
很明显传输系数在小能量时下降剧烈

$$\hat{T} \approx \mathrm{e}^{-(2/\hbar)\sqrt{2m(V_1 - E)}(R_1 - R_0)} \tag{2.109}$$

这一重要结果严格适用于中性粒子的 s 波（$\ell = 0$）散射，以后将与库仑势垒透射（2.4.3 节）结合起来使用。

2. 共振

2.4.2 节推导了一维方势垒的透射概率。现在考虑三维情况下全径向波函数解。仔细看看，情况会非常有趣。对于 Ⅰ 区，由于具有良好的波函数匹配条件，我们再次预期会出现一个共振现象。对于 Ⅲ 区，我们也预期有一个相移能够在 $r = R_1$ 处平滑地匹配方程的解。对于 Ⅱ 区，势垒带来了额外的复杂性。在这里，波函数 $u_{\text{Ⅱ}}$ 由实指数给出（取决于系数 C 和 D 的相对振幅），它可以表示一个逐渐减小的、逐渐增大的，或者是关于半径 r 更为复杂的函数。

正如在研究方阱势中所做的那样，我们将计算相移 δ_0 和 $|A'|^2$ 的能量依赖，以及波在内部区域 $r < R_0$ 的强度。我们从如下波函数的解开始[式（2.84）～式（2.86）]：

$$u_{\text{Ⅰ}} = A'\sin(Kr) \tag{2.110}$$

$$u_{\text{Ⅱ}} = C\mathrm{e}^{-\kappa r} + D\mathrm{e}^{\kappa r} \tag{2.111}$$

$$u_{\text{Ⅲ}} = F'\sin(kr + \delta_0) \tag{2.112}$$

并再次将连续性条件[式（2.63）和式（2.64）]应用于边界 $r = R_0$ 和 $r = R_1$ 处。从而有

$$A'\sin(KR_0) = C\mathrm{e}^{-\kappa R_0} + D\mathrm{e}^{\kappa R_0} \tag{2.113}$$

$$A'\frac{K}{\kappa}\cos(KR_0) = -C\mathrm{e}^{-\kappa R_0} + D\mathrm{e}^{\kappa R_0} \tag{2.114}$$

$$C\mathrm{e}^{-\kappa R_1} + D\mathrm{e}^{\kappa R_1} = F'\sin(kR_1 + \delta_0) \tag{2.115}$$

$$-C\mathrm{e}^{-\kappa R_1} + D\mathrm{e}^{\kappa R_1} = F'\frac{k}{\kappa}\cos(kR_1 + \delta_0) \tag{2.116}$$

通过消去 A'、F'、C 和 D 来求解 δ_0，可得

$$\delta_0 = -kR_1 + \arctan\left[\frac{\dfrac{k}{\kappa}\sin(KR_0)(e^{-\kappa\Delta}+e^{\kappa\Delta})+\dfrac{K}{\kappa}\cos(KR_0)(e^{\kappa\Delta}-e^{-\kappa\Delta})}{\sin(KR_0)(e^{\kappa\Delta}-e^{-\kappa\Delta})+\dfrac{K}{\kappa}\cos(KR_0)(e^{-\kappa\Delta}+e^{\kappa\Delta})}\right]$$

$$(2.117)$$

对于 $k \to 0$(或 $E \to 0$),我们得到 $\delta_0 \to 0$。

通过消去常数 C、D 和相移 δ_0,可以得到内部区域波的强度 $|A'|^2$。此外,我们使用表达式 $e^{2x}+e^{-2x}=4\sinh^2 x+2$ 和 $e^x-e^{-x}=2\sinh x$。在这里,我们不会给出冗长的代数。其结果是

$$\frac{|F'|^2}{|A'|^2} = \sin^2(KR_0) + \left(\frac{K}{k}\right)^2\cos^2(KR_0) + \sin^2(KR_0)\sinh^2(\kappa\Delta)\left[1+\left(\frac{\kappa}{k}\right)^2\right]+$$

$$\cos^2(KR_0)\sinh^2(\kappa\Delta)\left[\left(\frac{K}{\kappa}\right)^2+\left(\frac{K}{k}\right)^2\right]+$$

$$\sin(KR_0)\cos(KR_0)\sinh(2\kappa\Delta)\left[\left(\frac{K}{\kappa}\right)+\left(\frac{K}{k}\right)\left(\frac{\kappa}{k}\right)^2\right] \qquad (2.118)$$

对于中子在方势垒中的散射,$|A'|^2/|F'|^2$、$|A'|^2/(|F'|^2\hat{T})$ 和 δ_0 的能量依赖性如图 2.14 所示,其中透射系数 $\hat{T}$ 是根据式(2.109)近似得到的。其中,我们假设 $V_0=100$ MeV、$V_1=10$ MeV、$R_0=3$ fm、$R_1=8$ fm(以虚线表示),以及 $V_0=50$ MeV、$V_1=10$ MeV、$R_0=3$ fm、$R_1=8$ fm(以实线表示)。该图既反映了势垒透射的影响,也反映了共振现象的影响。对于势深度 $V_0=100$ MeV,在所示的能量范围内没有发生共振,该图看起来几乎与图 2.13 中的对应部分相同。因此,物理量 $|A'|^2/(|F'|^2\hat{T})$ 随能量几乎是恒定的。此外,相移随能量平滑变化。另外,对于势深度 $V_0=50$ MeV,由于具有良好的匹配条件,其内部波函数解的振幅较大。所造成的共振如图 2.14(a)所示。共振形状受到势垒透射系数的影响而变得扭曲。在图 2.14(b)中,势垒透射效应被消除,因此共振形状变成对称的。同样明显的是,共振使相位偏移了一个比较大的量。这种从波函数强度或截面中去除透射系数的方法,在核天体物理中具有非常重要的意义,这将在第 3 章中看到。

图 2.15 显示了在 $r<R_0$ 区域中 $|A'|^2/|F'|^2$ 与势深度 V_0 的变化关系。该图是针对势参数 $V_1=10$ MeV、$R_0=3$ fm、$R_1=8$ fm、$E=5$ MeV 得到的。这里出现了几个明显的共振,并且随着 V_0 的增加而变得更宽。通过改变 V_0,我们改变了内部区域的波长[式(2.81)]。就像简单的方阱势情况一样(2.4.1 节),共振是由匹配边界条件的有利波函数所造成的。第一个共振对应于在 $r<R_0$ 区域内无节点的波函数,第二个共振对应于有一个节点,第三个共振对应于有两个节点,依此类推。与图 2.11 的比较表明,由于受排斥性方势垒的影响,这些共振都比较窄。

作为最后一个示例,图 2.16 示意性地显示了三种情况下的径向波函数。在图 2.16(a)中,势深度为零。在内部区域,波函数振幅很小,主要反映势垒透射。在图 2.16(b)中,因为有利的匹配条件,其内部振幅最大。系统处于共振态,且在内部无波函数节点。图 2.16(c)显示了第二个共振的波函数,在内部显示有一个节点。

2.4.3 库仑势垒透射

我们可以很容易地对方势垒的低能 s 波透射系数[式(2.109)]进行推广,因为任意形状

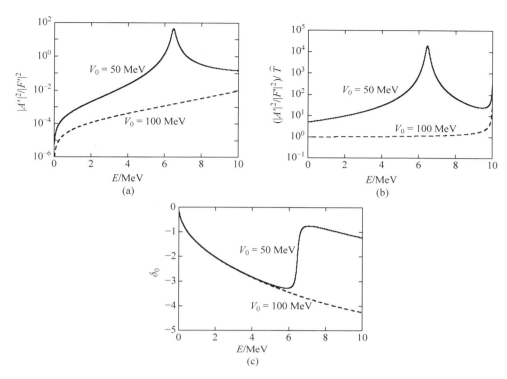

图 2.14 在由图 2.12 所示方势垒散射中子时,如下几个量的能量依赖关系:(a) $|A'|^2/|F'|^2$;
(b) $(|A'|^2/|F'|^2)\hat{T}$;(c) δ_0(图 2.12)。势参数为 $V_1 = 10$ MeV,$R_0 = 3$ fm 和 $R_1 = 8$ fm。
虚线和实线分别是在 $V_0 = 100$ MeV 和 $V_0 = 50$ MeV 的势深度下获得的。这些曲线代表了
位垒传输和共振现象两方面的影响。在图(b)中,位垒穿透的影响被去除掉,共振的形状变
得对称化(实线)

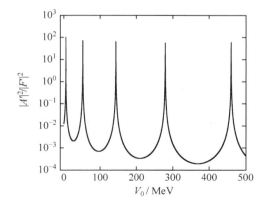

图 2.15 方势垒散射中子内部区 $|A'|^2/|F'|^2$ 随势深度 V_0 的关系图。曲线计算所用参数为
$V_1 = 10$ MeV、$R_0 = 3$ fm、$R_1 = 8$ fm 和 $E = 5$ MeV。峰值对应于在边界处匹配条件的有
利波函数所引起的共振

的势垒都可以被分割成宽度为 dr 的薄片。则总的 s 波透射系数可以由每一片透射系数的
乘积来给出:

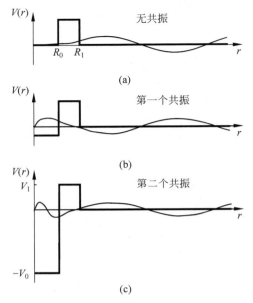

图 2.16 由不同势深度 V_0 的方势垒散射中子径向波函数(细实线)的示意图。波函数适用于:
(a) 无共振;(b) 内部区($r < R_0$)无波函数节点的第一个共振;(c) 内部区有一个波函数节点的第二个共振

$$\hat{T} = \hat{T}_1 \cdot \hat{T}_2 \cdots \hat{T}_n \approx \exp\left[-\frac{2}{\hbar}\sum_i \sqrt{2m(V_i - E)}\,(R_{i+1} - R_i)\right]$$

$$\xrightarrow[n\ \text{large}]{}\ \exp\left[-\frac{2}{\hbar}\int_{R_0}^{R_c}\sqrt{2m[V(r) - E]}\,\mathrm{d}r\right] \tag{2.119}$$

对于比较重要的库仑势的情况,如图 2.17 所示,我们有

$$\hat{T} \approx \exp\left(-\frac{2}{\hbar}\sqrt{2m}\int_{R_0}^{R_c}\sqrt{\frac{Z_0 Z_1 e^2}{r} - E}\,\mathrm{d}r\right) \tag{2.120}$$

其中,Z_0 和 Z_1 分别是炮弹和靶的电荷数。R_0 是方阱势的半径,由它定义库仑势垒的高度,$V_C = Z_0 Z_1 e^2 / R_0$。从数值上来讲,$V_C = 1.44\, Z_0 Z_1 / R_0$(MeV),其中 R_0 以飞米(fm)为单位;我们可以使用在 2.5.5 节中给出的表达式来对这个半径进行近似。R_c 是入射粒子被经典地反射回来的距离,称为经典转折点(classical turning point),由 $E = Z_0 Z_1 e^2 / R_c$ 或 $E/V_C = R_0/R_c$ 定义。式(2.120)中的积分可以解析地解出来。使用经典转折点的定义重写上面的式(2.120),得到

$$\hat{T} \approx \exp\left(-\frac{2}{\hbar}\sqrt{2mZ_0 Z_1 e^2}\int_{R_0}^{R_c}\sqrt{\frac{1}{r} - \frac{1}{R_c}}\,\mathrm{d}r\right) \tag{2.121}$$

将 $z \equiv r/R_c$ 代入,得到

$$\hat{T} \approx \exp\left(-\frac{2}{\hbar}\sqrt{2mZ_0 Z_1 e^2}\int_{R_0/R_c}^{1}\sqrt{\frac{1}{zR_c} - \frac{1}{R_c}}\,R_c \mathrm{d}z\right)$$

$$= \exp\left(-\frac{2}{\hbar}\sqrt{\frac{2m}{E}}Z_0 Z_1 e^2\int_{R_0/R_c}^{1}\sqrt{\frac{1}{z} - 1}\,\mathrm{d}z\right) \tag{2.122}$$

其结果是

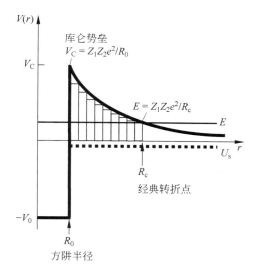

图 2.17 吸引性核方阱势($r<R_0$)加上排斥性库仑势($r>R_0$),显示为粗实线。通过将库仑位垒高度 $V_C=Z_1Ze^2/R_0$ 分成无限薄的方势垒,可以解析地计算出穿透系数。粒子总能量 E(细实线)等于库仑势 $E=Z_1Z_2e^2/R_c$ 处的半径 R_c 称为经典转折点。粗虚线表示一个较小的负的(吸引的)势,它是由电子-离子等离子体的极化(电子屏蔽)造成的,它会引起库仑势和反应能量学的改变(3.2.6 节)

$$\hat{T} \approx \exp\left\{-\frac{2}{\hbar}\sqrt{\frac{2m}{E}}Z_0Z_1e^2\left[\arccos\sqrt{\frac{E}{V_C}}-\sqrt{\frac{E}{V_C}\left(1-\frac{E}{V_C}\right)}\right]\right\} \tag{2.123}$$

对于远低于库仑势垒高度的能量($E/V_C \ll 1$),我们利用展开式 $\arccos\sqrt{x}-\sqrt{x(1-x)} \approx \frac{\pi}{2}-2\sqrt{x}+x^{3/2}/3$,可以得到

$$\hat{T} \approx \exp\left\{-\frac{2}{\hbar}\sqrt{\frac{2m}{E}}Z_0Z_1e^2\left[\frac{\pi}{2}-2\sqrt{\frac{E}{V_C}}+\frac{1}{3}\left(\frac{E}{V_C}\right)^{3/2}\right]\right\}$$

$$= \exp\left\{-\frac{2\pi}{\hbar}\sqrt{\frac{m}{2E}}Z_0Z_1e^2\left[1+\frac{2}{3\pi}\left(\frac{E}{V_C}\right)^{3/2}\right]+\frac{4}{\hbar}\sqrt{2mZ_0Z_1e^2R_0}\right\} \tag{2.124}$$

上式指数中的第一项比第三项大 $\frac{\pi}{4}\sqrt{V_C/E}$ 倍,因此它决定了透射系数。第三项在 $R_0 \to 0$ 的极限情况下为零,它表示由炮弹必须要穿透的一个有限半径所引起的修正。R_0 越大,则透射距离越小(图 2.17),且透射系数变得越大。当入射能量占库仑势垒高度很大一部分比例时,第二项代表了对第一项的一个修正因子。对于比库仑势垒高度低的能量,其 s 波库仑势垒透射系数的前导项为

$$\hat{T} \approx \exp\left(-\frac{2\pi}{\hbar}\sqrt{\frac{m}{2E}}Z_0Z_1e^2\right) \equiv e^{-2\pi\eta} \tag{2.125}$$

它称为伽莫夫因子(Gamow factor),将在讨论带电粒子的热核反应率(3.2.1 节)时扮演重要角色。物理量 η 是索末菲参数(Sommerfeld parameter),其数值将在 3.2.1 节中给出。

2.5 共振理论

2.5.1 概述

到目前为止,我们已经讨论了波函数强度、相移以及简单核势的透射概率。在下文中,将考虑由此产生的截面。首先,我们还是限制在中性粒子 s 波散射的情况,也即忽略库仑和离心势垒的复杂情形。总的弹性散射和反应截面则可以由式(2.40)和式(2.49)给出,也即

$$\sigma_{\mathrm{el},0} = \frac{\pi}{k^2} \mid 1 - \mathrm{e}^{2\mathrm{i}\delta_0} \mid^2 = \frac{4\pi}{k^2}\sin^2\delta_0 \tag{2.126}$$

$$\sigma_{\mathrm{re},0} = \frac{\pi}{k^2}(1 - \mid \mathrm{e}^{2\mathrm{i}\delta_0} \mid^2) \tag{2.127}$$

这些截面完全由相移 δ_0 来确定。

绘制 2.4.1 节和 2.4.2 节中所考虑的势模型的总弹性散射截面是很有意思的。如图 2.18 所示:图(a)代表一个 $R_0 = 3$ fm、$V_0 = 100$ MeV 的方势阱;图(b)代表一个 $r_0 = 3$ fm、$r_1 = 8$ fm、$V_0 = 100$ MeV、$V_1 = 10$ MeV 的方势垒;图(c)代表一个 $r_0 = 3$ fm、$r_1 = 8$ fm、$V_0 = 50$ MeV、$V_1 = 10$ MeV 的方势垒。在图 2.8 和图 2.14 中显而易见,我们预期在图 2.18(a) 和图 2.18(c)中都会出现共振。然而,仅在图 2.18(c)中观测到了共振。甚至在这种情况下,所得总弹性散射截面的形状看起来也很复杂。

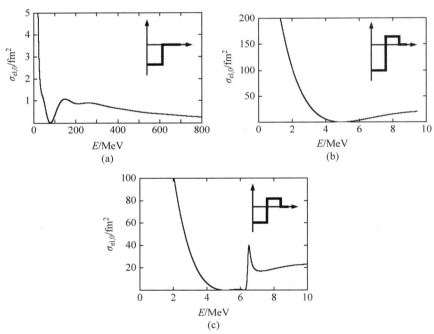

图 2.18 对于 2.4.1 节和 2.4.2 节中讨论的简单势,其 s 波中子弹性散射截面与能量的关系:(a) 方阱势($R_0 = 3$ fm,$V_0 = 100$ MeV);(b) 方势垒($R_0 = 3$ fm,$R_1 = 8$ fm,$V_0 = 100$ MeV、$V_1 = 10$ MeV);(c) 方势垒($R_0 = 3$ fm,$R_1 = 8$ fm,$V_0 = 50$ MeV,$V_1 = 10$ MeV)。仅在图(c)中观测到共振

到目前为止,我们考虑的是单粒子势。通过模型计算,这些单粒子共振(single-particle resonances)之间的能量间距可以达到好几兆电子伏。然而,自 20 世纪 30 年代以来开展的实验经常显示出间距非常近的一些窄共振(有时其间距仅为几千电子伏或者更小)。例如,图 2.19 显示了实验上 ^{16}O 的中子弹性散射截面。与我们目前为止所得到的理论结果相反,实验上观测到了由多个不同宽度共振构成的非常复杂结构。图 2.19 中的实线代表利用单粒子势计算的结果。它仅重现了图中所显示的其中一个共振。虽然一些观测的共振可以由单粒子势来描述,但是在绝大多数情况下,利用单粒子图像在解释观测到的截面快速变化方面是不恰当的。

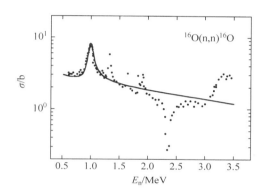

图 2.19 实验的 ^{16}O(n,n)^{16}O 弹性散射总截面(数据点),以及利用 Woods-Saxon 单粒子势计算的弹性散射截面(实践)。该势仅再现了观测到的一个共振但无法解释观测到的结构。数据来自文献(Westin & Adams,1972)

在此,我们怀疑原子核内多核子相互作用是非常复杂的,不能用单粒子势所产生的单个径向波函数来表示。在下文中,我们将不对核势作确切假设,而是笼统地发展一个不同的模型来描述原子核的共振。因为至此,核子间的核力以及它们在核内的运动尚未精确已知,所以关于多粒子核势的具体假设甚至可能都是不受欢迎的。

2.5.2 对数导数、相移及截面

由于我们不会参考特定的核势,所以该模型无法预测截面的绝对振幅。大多数共振理论用核外部的已知量(穿透因子和位移因子,penetration and shift factors)以及核内部的未知量(约化宽度,reduced widths)来重新表述截面。我们的目标是预测一个共振附近的相对截面。我们对核势的唯一假设是在 $r=R$ 处存在一个具有相对明确定义的球形核表面,并且炮弹和靶核在此半径之外没有核相互作用。

在该边界处,内部和外部波函数及其导数必须相匹配:

$$u_\ell^{\text{in}}(R) = u_\ell^{\text{out}}(R), \quad \left(\frac{\mathrm{d}u_\ell^{\text{in}}(r)}{\mathrm{d}r}\right)_{r=R} = \left(\frac{\mathrm{d}u_\ell^{\text{out}}(r)}{\mathrm{d}r}\right)_{r=R} \tag{2.128}$$

通过这两个表达式相除,并引入一个无量纲的量,它被称为边界处对数导数(logarithmic derivative at the boundary)f_ℓ:

$$f_\ell \equiv R\left(\frac{1}{u_\ell(r)}\frac{\mathrm{d}u_\ell(r)}{\mathrm{d}r}\right)_{r=R} = R\left(\frac{\mathrm{d}\ln u_\ell(r)}{\mathrm{d}r}\right)_{r=R} \tag{2.129}$$

我们可以改写式(2.128)的条件如下:

$$f_\ell(u_\ell^{\text{in}}) = f_\ell(u_\ell^{\text{out}}) \tag{2.130}$$

换句话说,利用 u_ℓ^{in} 和 u_ℓ^{out} 来计算 f_ℓ 必定会得到相同的值。量 f 与波函数在半径 $r = R$ 处的斜率相关联。

我们从总波函数在外部区 $r > R$ 的表达式开始[式(2.32)]。对于 s 波($\ell = 0$),它简化为

$$\psi_{\text{T,out}} = A e^{ikr} + B e^{-ikr}, \quad k^2 = \frac{2mE}{\hbar^2}$$

$$= -\frac{i}{2kr} e^{2i\delta_0} e^{ikr} + \frac{i}{2kr} e^{-ikr} = \frac{i}{2kr}(e^{-ikr} - e^{2i\delta_0} e^{ikr})$$

$$= \frac{1}{2kr} e^{i\delta_0}[e^{-i(kr+\delta_0)} - e^{i(kr+\delta_0)}] = \frac{1}{kr} e^{i\delta_0} \sin(kr + \delta_0) \tag{2.131}$$

其中,第一个表达式($A e^{ikr} + B e^{-ikr}$)通常在无核力区域中有效[式(2.57)和式(2.86),另见附录 A.1]。回想一下上面公式的含义:出射球面波 e^{ikr} 乘以一个因子 $e^{2i\delta_0}$,将有效地把波移动一个量 δ_0。

正如已在 2.3.3 节和 2.3.4 节中隐含的那样,对于 s 波的特殊情形,式(2.32)[以及这里的式(2.131)]不仅对较远距离,而且对所有 $r > R$ 的距离都适用。此外,$\ell = 0$ 的球谐函数是恒定的常数[式(A.9)],因此,总的波函数可以由以下径向波函数给出:

$$\psi_{\text{T,out}} = \frac{i}{2kr}(e^{-ikr} - e^{2i\delta_0} e^{ikr}) = \frac{u_{\text{out}}(r)}{r} \tag{2.132}$$

其截面由相移 δ_0 确定。我们首先在 δ_0 和 f_0 之间找到一个关系,然后将截面以 f_0 来表示。根据式(2.129)和式(2.132),可以得到

$$\frac{f_0}{R} = \left(\frac{1}{u_{\text{out}}(r)} \frac{d u_{\text{out}}(r)}{dr}\right)_{r=R} = \frac{-ik e^{-ikR} - ik e^{2i\delta_0} e^{ikR}}{e^{-ikR} - e^{2i\delta_0} e^{ikR}} \tag{2.133}$$

求解 $e^{2i\delta_0}$,得到

$$e^{2i\delta_0} = \frac{f_0 + ikR}{f_0 - ikR} e^{-2ikR} \tag{2.134}$$

对于弹性散射截面[式(2.126)],我们有

$$\sigma_{\text{el},0} = \frac{\pi}{k^2} \left| 1 - \frac{f_0 + ikR}{f_0 - ikR} e^{-2ikR} \right|^2 = \frac{\pi}{k^2} \left| e^{2ikR} - \frac{f_0 + ikR}{f_0 - ikR} \right|^2$$

$$= \frac{\pi}{k^2} \left| -\frac{2ikR}{f_0 - ikR} + e^{2ikR} - 1 \right|^2 = \frac{\pi}{k^2} |A_{\text{res}} + A_{\text{pot}}|^2 \tag{2.135}$$

其中,

$$A_{\text{res}} = -\frac{2ikR}{f_0 - ikR}, \quad A_{\text{pot}} = e^{2ikR} - 1 \tag{2.136}$$

可以看出,如果 $f_0 = 0$,则 A_{res} 具有极大值,这与我们把 $r = R$ 边界处径向波函数的斜率为零作为对共振的识别是一致的。

类似地,利用关系式 $f_0 = \text{Re} f_0 + i\text{Im} f_0 = g + ih$,可以得到如下反应截面[式(2.127)]:

$$\sigma_{\mathrm{re},0} = \frac{\pi}{k^2}\left(1 - \left|\frac{f_0 + \mathrm{i}kR}{f_0 - \mathrm{i}kR}\mathrm{e}^{-2\mathrm{i}kR}\right|^2\right)$$

$$= \frac{\pi}{k^2}\left[1 - \left(\frac{g + \mathrm{i}h + \mathrm{i}kR}{g + \mathrm{i}h - \mathrm{i}kR}\right)\left(\frac{g - \mathrm{i}h - \mathrm{i}kR}{g - \mathrm{i}h + \mathrm{i}kR}\right)\right]$$

$$= \frac{\pi}{k^2}\frac{-4hkR}{g^2 + h^2 - 2hkR + k^2R^2} = \frac{\pi}{k^2}\frac{-4kR\,\mathrm{Im}f_0}{(\mathrm{Re}f_0)^2 + (\mathrm{Im}f_0 - kR)^2} \qquad (2.137)$$

仅 A_{res} 通过 f_0 依赖于内部区域 $r<R$。因此,只有这项会引起共振,量 A_{res} 被称为共振散射振幅(resonance scattering amplitude)。对于 A_{pot} 项的解释如下:假设 $f_0 \to \infty$。在此情况下,$A_{\mathrm{res}}=0$。根据 f_0 的定义[式(2.129)],这意味着 $u(R)=0$,因此,也即在 $r<R$ 区域具有无限高的势(也即该半径为 R 的球面是不可穿透的)。这样,量 A_{pot} 被称为硬球势散射振幅(hardsphere potential scattering amplitude)。另请注意,$\mathrm{Im}f_0 \leqslant 0$,否则 $\sigma_{\mathrm{re},0}$ 变为负数。对于 f_0 为实数($\mathrm{Im}f_0=0$)的特殊情形,反应截面消失,即 $\sigma_{\mathrm{re},0}=0$。因此,f_0 必须为复数才能发生反应。

考虑弹性散射的相移 δ_0 也很有趣。从式(2.134)中可以发现:

$$2\mathrm{i}\delta_0 = \ln(f_0 + \mathrm{i}kR) - \ln(f_0 - \mathrm{i}kR) - 2\mathrm{i}kR \qquad (2.138)$$

假设 $\mathrm{Im}f_0=0$(或 $\sigma_{\mathrm{re},0}=0$),我们使用恒等式 $\ln(a+\mathrm{i}b)=(1/2)\ln(a^2+b^2)+\mathrm{i}\arctan(b/a)$,则得

$$\delta_0 = \frac{1}{2\mathrm{i}}\left[\frac{1}{2}\ln(f_0^2 + k^2R^2) + \mathrm{i}\arctan\left(\frac{kR}{f_0}\right)\right] - \frac{1}{2\mathrm{i}}\left[\frac{1}{2}\ln(f_0^2 + k^2R^2) + \mathrm{i}\arctan\left(\frac{-kR}{f_0}\right)\right] - kR$$

$$= \arctan\left(\frac{kR}{f_0}\right) - kR = \beta_0 + \varphi_0 \qquad (2.139)$$

其中,

$$\beta_0 = \arctan\left(\frac{kR}{f_0}\right), \quad \varphi_0 = -kR \qquad (2.140)$$

相移 δ_0 表示为两项之和。第一项 β_0 取决于散射势(通过 f_0),并且会引起共振。第二项 φ_0 与散射势无关,对应于硬球散射相移,因为对于 $f_0 \to \infty$(或 $u(R)=0$),$\delta_0=\varphi_0$。

2.5.3 Breit-Wigner 公式

为了计算 $\sigma_{\mathrm{el},0}$ 和 $\sigma_{\mathrm{re},0}$,就必须知道边界处的对数导数 f_0。对于 f_0 的推导,我们需要对核内部($r<R$)的波函数作一些假设。请记住,在内部具有恒定波数 K 的一般解为[式(2.55)和式(2.84)]

$$u_{\mathrm{in}} = A\mathrm{e}^{\mathrm{i}Kr} + B\mathrm{e}^{-\mathrm{i}Kr} \qquad (2.141)$$

它仅适用于常数势 $V(r)=\mathrm{const}$(常数)的简单假设(2.4 节)。事实上核势相当复杂,因为对于 $r<R$,入射粒子的波函数依赖于涉及的所有其他核子的变量。不过,我们将利用上述表达式对仅在最接近核边界的内部波函数进行近似。

复振幅 A 和复振幅 B 取决于原子核系统的特性。我们必须允许入射($\mathrm{e}^{-\mathrm{i}Kr}$)和出射($\mathrm{e}^{\mathrm{i}Kr}$)球面波之间存在一个相位差 ζ。此外,我们必须考虑到由于反应过程粒子会被吸收到核内部的可能性,也就是说,出射波 $\mathrm{e}^{\mathrm{i}Kr}$ 的振幅通常要小于入射波 $\mathrm{e}^{-\mathrm{i}Kr}$ 的振幅。我们从以下假定开始:

$$A = B e^{2i\zeta} e^{-2q} \tag{2.142}$$

其中，ζ 和 q 均为实数。我们还要求 $q \geqslant 0$，这是因为返回的粒子数不能超过最初进入原子核的粒子数。根据式(2.141)和式(2.142)，可以得到

$$u_{in} = B e^{2i\zeta} e^{-2q} e^{iKr} + B e^{-iKr} = \frac{B}{2} [e^{-i(Kr+\zeta+iq)} + e^{i(Kr+\zeta+iq)}] 2 e^{(i\zeta-q)}$$

$$= 2 B e^{(i\zeta-q)} \cos(Kr + \zeta + iq) \tag{2.143}$$

径向波函数的对数导数必须在 $r = R$ 处连续。将式(2.143)代入式(2.129)，得到

$$f_0 = R \left(\frac{1}{u_{in}(r)} \frac{d u_{in}(r)}{dr} \right)_{r=R} = R \frac{-2 B e^{(i\zeta-q)} K \sin(KR + \zeta + iq)}{2 B e^{(i\zeta-q)} \cos(KR + \zeta + iq)}$$

$$= -KR \tan(KR + \zeta + iq) \tag{2.144}$$

很显然，f_0 取决于能量有关的量 K，ζ 和 q。如果知道这些量，就可以直接根据核内的特性计算出共振能量和截面。不幸的是，情况并不是这样的。因此，我们的策略是用可测量的量来表示单个共振附近的截面 σ_{el} 和 σ_{re}。

我们假设切线函数的参数 $KR + \zeta + iq$ 是一个随能量 E 平滑变化的函数。此外，如果 $q = 0$，则 f_0 变为实数，反应截面消失。回想一下，共振对应于核内一个较大的波函数振幅，意味着径向波函数在 $r = R$ 处的斜率为零(图2.10)。人们可以通过下面的条件来定义一个形式共振能量(formal resonance energies)E_λ：

$$f_0(E_\lambda, q) = -KR \tan(KR + \zeta + iq) = 0 \tag{2.145}$$

这里有一整套这样的能量。下面让我们考虑其中任意一个，并研究 f_0 在 E_λ 附近的行为。

在下文中，假定核内的吸收弱于弹性散射过程，即 $|q| \ll 1$。在 E_λ 和 $q = 0$ 附近，对 $f_0(E, q)$ 进行泰勒级数展开，可得

$$f_0 \approx f_0(E_\lambda, q) + (E - E_\lambda) \left(\frac{\partial f_0}{\partial E} \right)_{E_\lambda, q=0} + q \left(\frac{\partial f_0}{\partial q} \right)_{E_\lambda, q=0} \tag{2.146}$$

对于最后一项，利用式(2.144)可得

$$q \left(\frac{\partial f_0}{\partial q} \right)_{E_\lambda, q=0} = -qKR \left[\frac{\partial}{\partial q} \tan(KR + \zeta + iq) \right]_{E_\lambda, q=0} = -iqKR \tag{2.147}$$

因为在共振能量 E_λ 处，$\tan x = 0$[式(2.145)]，所以 $d(\tan x)/dx = \cos^{-2} x = 1$。这样，

$$f_0 \approx (E - E_\lambda) \left(\frac{\partial f_0}{\partial E} \right)_{E_\lambda, q=0} - iqKR = \mathrm{Re} f_0 + i\mathrm{Im} f_0 \tag{2.148}$$

回想一下，$(\partial f_0 / \partial E)_{E_\lambda, q=0} = 0$ 为一个实数，因为 $q = 0$ 意味着反应截面为零。把式(2.148)代入式(2.136)和式(2.137)，可以给出共振散射振幅和反应截面如下：

$$A_{res} = \frac{-\dfrac{2ikR}{(\partial f_0/\partial E)_{E_\lambda, q=0}}}{(E - E_\lambda) - \dfrac{i(kR + qKR)}{(\partial f_0/\partial E)_{E_\lambda, q=0}}} \tag{2.149}$$

$$\sigma_{re,0} = \frac{\pi}{k^2} \frac{\dfrac{(2kR)(2qKR)}{(\partial f_0/\partial E)^2_{E_\lambda, q=0}}}{(E - E_\lambda)^2 + \dfrac{(qKR + kR)^2}{(\partial f_0/\partial E)^2_{E_\lambda, q=0}}} \tag{2.150}$$

我们引入下列定义(下标 e 和 r 分别代表弹性和反应):

$$\Gamma_{\lambda e} \equiv -\frac{2kR}{(\partial f_0/\partial E)_{E_\lambda, q=0}} \quad (\text{粒子宽度}) \tag{2.151}$$

$$\Gamma_{\lambda r} \equiv -\frac{2qKR}{(\partial f_0/\partial E)_{E_\lambda, q=0}} \quad (\text{反应宽度}) \tag{2.152}$$

$$\Gamma_\lambda \equiv \Gamma_{\lambda e} + \Gamma_{\lambda r} \quad (\text{总宽度}) \tag{2.153}$$

只有量 $\Gamma_{\lambda r}$ 取决于描述核内吸收过程中的参数 q。新定义的量 $\Gamma_{\lambda e}$、$\Gamma_{\lambda r}$ 和 Γ_λ 具有能量单位,因为 f_0、kR 和 KR 是无量纲的。所有宽度都是指感兴趣共振 λ 的。同样,f_0 取决于引发该反应的反应道。根据新定义的量改写式(2.149)和式(2.150),经过一些代数运算后,可以得到如下弹性散射和反应截面公式[式(2.135)和式(2.137)]:

$$\sigma_{el,0} = \frac{\pi}{k^2} \left| \frac{i\Gamma_{\lambda e}}{(E-E_\lambda) + i\Gamma_\lambda/2} + e^{2ikR} - 1 \right|^2$$

$$= \frac{\pi}{k^2} \left[2 - 2\cos(2kR) + \frac{\Gamma_{\lambda e}^2 - \Gamma_{\lambda e}\Gamma_\lambda + \Gamma_{\lambda e}\Gamma_\lambda\cos(2kR) + 2\Gamma_{\lambda e}(E-E_\lambda)\sin(2kR)}{(E-E_\lambda)^2 + \Gamma_\lambda^2/4} \right]$$

$$\tag{2.154}$$

$$\sigma_{re,0} = \frac{\pi}{k^2} \frac{\Gamma_{\lambda e}\Gamma_{\lambda r}}{(E-E_\lambda)^2 + \Gamma_\lambda^2/4} \tag{2.155}$$

最后这两个表达式称为 s 波中子的布赖特-维格纳公式(Breit-Wigner formula,本书统称为 Breit-Wigner 公式)。

入射中子的 $\sigma_{el,0}$ 和 $\sigma_{re,0}$ 截面与共振附近能量 E 之间的关系如图 2.20 所示。这里我们使用了 $R=3$ fm 和 $E_\lambda=1$ MeV 的值,并假设能量无关的分宽度为 $\Gamma_\lambda = 10.1$ keV 和 $\Gamma_{\lambda e}=10$ keV。可以注意到以下几个有趣的方面。首先,$\sigma_{el,0}$ 曲线的半高全宽(FWHM = 10.1 keV)精确地对应于 Γ_λ 的值。因此,我们定义该参数为总共振宽度(total resonance width)。$\Gamma_{\lambda e}$ 和 $\Gamma_{\lambda r}$ 则分别对应于散射道和反应道的分宽度(partial width)。其次,远离共振($|E-E_\lambda| \gg \Gamma_\lambda$)时,仅硬球势散射振幅 A_{pot} 对截面有贡献。根据式(2.154),我们可得 $\sigma_{el,0} \approx (2\pi/k^2)[1-\cos(2kR)] \approx 100$ fm^2,如图 2.20 短划线所示。再次,$\sigma_{el,0}$ 表达式中的分子[式(2.154)]包含一个干涉项 $2\Gamma_{\lambda e}(E-E_\lambda)\sin(2kR)$,它会在共振的前后改变符号。图 2.20(a)所示的结构是由 A_{res} 和 A_{pot} 之间的干涉相消(当 $E<E_\lambda$ 时)和干涉相长(当 $E>E_\lambda$ 时)所引起的。该干涉还会导致共振处弹性散射截面的 FWHM 与 Γ_λ 的值不同。最后,请记住,共振对应于核边界处 f_0 的对数导数为零。其含义是在散射过程中,粒子仅在共振附近才有很大概率进入原子核。远离共振时,粒子在边界处几乎被完全反射回来,内部的波函数很弱。因此,共振散射归因于原子核内部,而势散射则归因于其表面。

对于确定的核势,目前的结果有助于我们理解在散射截面中所观测到的复杂结构,如图 2.18 所示。在某种程度上,这些结构是由原子核重新发射入射粒子与核表面附近的散射之间的干涉效应造成的。这里会引入额外的复杂性,这是由于单粒子势模型预测的几个共振之间可能会相互干涉。

现在我们考虑共振附近的弹性散射相移,$\delta_0 = \beta_0 + \varphi_0 \approx \beta_0$。对于 $\text{Im} f_0 = 0$($q=0$),根据式(2.139)、式(2.148)和式(2.151),可得

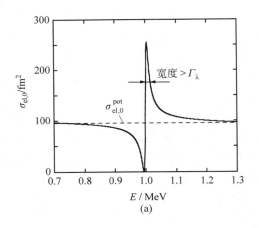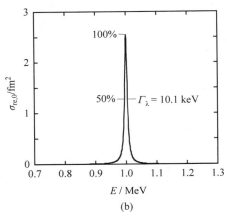

图 2.20　在入射中子能量 E 接近位于 $E_\lambda = 1$ MeV 共振时,下列量随能量 E 变化的关系图:(a) $\sigma_{el,0}$;
(b) $\sigma_{re,0}$。选择的半径为 $R = 3$ fm。假设宽度是能量无关的,其值为 $\Gamma_\lambda = 10.1$ keV 和 $\Gamma_{\lambda e} = 10$ keV。详见文中讨论

$$\beta_0 \approx \arctan\left[\frac{kR}{(E-E_\lambda)(\partial f_0/\partial E)_{E_\lambda, q=0}}\right] = \arctan\left[\frac{\Gamma_{\lambda e}}{2(E_\lambda - E)}\right] \qquad (2.156)$$

在共振能量 $E = E_\lambda$ 处,反正切函数的自变量变为无穷大,因此 $\beta_0 = \pi/2$。此外,由于
$\mathrm{d}(\arctan x)/\mathrm{d}x = (1+x^2)-1$,所以,共振弹性散射相移在 $E = E_\lambda$ 处的能量导数为

$$\left(\frac{\mathrm{d}\beta_0}{\mathrm{d}E}\right)_{E_\lambda} = \frac{1}{2}\left[\frac{(\mathrm{d}\Gamma_{\lambda e}/\mathrm{d}E)(E_\lambda - E) + \Gamma_{\lambda e}}{(E_\lambda - E)^2 + (\Gamma_{\lambda e}/2)^2}\right]_{E_\lambda} = \frac{2}{(\Gamma_{\lambda e})_{E_\lambda}} \qquad (2.157)$$

因此,在 $E = E_\lambda$ 处共振相移等于 $\pi/2$,而其能量导数确定了粒子宽度。对于 $\Gamma_{\lambda e}$ 几乎不随
能量变化(例如,对于窄共振)的特殊情况,根据式(2.156)可以得到:在 $E = E_\lambda - \Gamma_{\lambda e}/2$ 处,
$\beta_0 = \pi/4$,而在 $E = E_\lambda + \Gamma_{\lambda e}/2$ 处,$\beta_0 = 3\pi/4$。因此,粒子宽度 $\Gamma_{\lambda e}$ 等于 β_0 从 $\pi/4$ 增加到 $3\pi/4$
时所覆盖的能量间隔。以上涉及共振相移的技术通常用于计算粒子的分宽度。

现在,让我们更详细地考虑粒子宽度 $\Gamma_{\lambda e}$。我们定义如下[式(2.151)]:

$$\Gamma_{\lambda e} \equiv -\frac{2kR}{(\partial f_0/\partial E)_{E_\lambda, q=0}} \equiv 2P_0\gamma_{\lambda e}^2, \quad \gamma_{\lambda e}^2 \equiv -\left(\frac{\partial f_0}{\partial E}\right)_{E_\lambda, q=0}^{-1} \qquad (2.158)$$

其中,粒子宽度被分解成两个因子。第一个因子 $P_0 = kR$,取决于道能量(通过 kR)以及核
的外部条件。第二个因子 $\gamma_{\lambda e}^2$,称为约化宽度,它包含核内所有未知的特性。物理量 $\gamma_{\lambda e}^2$ 是
所考虑共振和道的独特特征,它不依赖于道能量 E。在计算宽共振的截面时,必须考虑分宽
度 $\Gamma_{\lambda e}$ 和 $\Gamma_{\lambda r}$ 的能量依赖,这将在后面的章节中予以解释。

2.5.4　扩展到带电粒子和任意轨道角动量值

我们已经得到了在形式共振能量 E_λ 附近的单能级 Breit-Wigner 公式[式(2.154)和
式(2.155)]。其中,作了三个假设:①中子是入射粒子;②轨道角动量为 $\ell = 0$;③无自旋粒
子之间的相互作用。这里所导出的截面表达式的基本结构也适用于更一般的情况。虽然一
般表达在外观上比 s 波中子的结果更复杂,但是并不涉及新的物理思想。核内的特性仅仅
通过波函数 $u_\ell(r)$ 在核边界 $r = R$ 处的对数导数 f_ℓ 进入截面中。

在下文中,上述公式将被推广到任意 ℓ 值和带电粒子相互作用的情况。在此我们不会进行详细的推导(例如,Blatt & Weisskopf,1952),只是简述一些推导结果。我们特别感兴趣的是修改后的反应截面 $\sigma_{re,\ell}$。与 $\ell=0$ 中子的情况不同[式(2.131)],核表面外薛定谔方程的径向波函数解将不再由入射和出射球面波(e^{-ikr} 和 e^{ikr})给出,而是以 F_ℓ 和 G_ℓ 函数的形式来表示。对于中子,它们代表球形贝塞尔(Bessel)和诺伊曼(Neumann)函数,分别为 $F_\ell=(kr)j_\ell(kr)$ 和 $G_\ell=(kr)n_\ell(kr)$;对于带电粒子,它们分别对应于规则的和不规则的库仑波函数(附录 A.3)。核边界外的径向波函数以 F_ℓ 和 G_ℓ 函数给出:

$$u_\ell(r)=Au_\ell^+(r)+Bu_\ell^-(r), \quad r>R$$
$$=Ae^{-i\sigma_\ell}[G_\ell(r)+iF_\ell(r)]+Be^{i\sigma_\ell}[G_\ell(r)-iF_\ell(r)] \tag{2.159}$$

其中,在很远距离处,u_ℓ^- 在 u_ℓ^+ 分别对应于入射和出射的球面波;σ_ℓ 表示库仑相移,它决定着纯的卢瑟福(静电)散射。对于 $\ell=0$ 的中子,上述表达式简化为我们先前的结果[式(2.131)和习题 2.4]。

这里引入两个实数量,即位移因子(shift factor)S_ℓ 和穿透因子(penetration factor)P_ℓ 是很有优势的。这两个量完全由核外的条件来决定。利用式(2.159)和式(A.18),我们有

$$R\left(\frac{1}{u_\ell^+(r)}\frac{du_\ell^+(r)}{dr}\right)_{r=R}=R\left[\frac{G_\ell(dG_\ell/dr)+F_\ell(dF_\ell/dr)+iG_\ell(dF_\ell/dr)-iF_\ell(dG_\ell/dr)}{F_\ell^2+G_\ell^2}\right]_{r=R}$$
$$\equiv S_\ell+iP_\ell \tag{2.160}$$

其中,

$$S_\ell=R\left[\frac{F_\ell(dF_\ell/dr)+G_\ell(dG_\ell/dr)}{F_\ell^2+G_\ell^2}\right]_{r=R}, \quad P_\ell=R\left(\frac{k}{F_\ell^2+G_\ell^2}\right)_{r=R} \tag{2.161}$$

新引入的量依赖于波数 k、道半径 R、轨道角动量 ℓ,以及电荷参数 η[式(A.32)]。对于 $\ell=0$ 的中子,$F_\ell=(kr)j_0(kr)=\sin(kr)$,$G_\ell=(kr)n_0(kr)=\cos(kr)$(附录 A.2),并且我们从式(2.160)中可以得到:$P_0=kR$,$S_0=0$。换句话说,如果没有势垒,位移因子将会消失。利用量 P_ℓ 和 S_ℓ,反应截面可以用类似于 2.5.3 节的方法导出。这里不再重复计算,请参考文献 Blatt 和 Weisskopf(1952)。其结果就是 Breit-Wigner 公式:

$$\sigma_{re,\ell}=(2\ell+1)\frac{\pi}{k^2}\frac{\Gamma_{\lambda e}\Gamma_{\lambda r}}{(E-E_r)^2+\Gamma_\lambda^2/4} \tag{2.162}$$

其中,

$$\Gamma_{\lambda e}\equiv-\frac{2P_\ell(E)}{(\partial f_\ell/\partial E)_{E_{\lambda,q=0}}}=2P_\ell(E)\gamma_{\lambda e}^2 \quad \text{(粒子宽度)} \tag{2.163}$$

$$\Gamma_{\lambda r}\equiv-\frac{2qKR}{(\partial f_\ell/\partial E)_{E_{\lambda,q=0}}} \quad \text{(反应宽度)} \tag{2.164}$$

$$\Gamma_\lambda\equiv\Gamma_{\lambda e}+\Gamma_{\lambda r} \quad \text{(总宽度)} \tag{2.165}$$

$$E_r\equiv E_\lambda+\frac{S_\ell(E)}{(\partial f_\ell/\partial E)_{E_{\lambda,q=0}}}=E_\lambda-S_\ell(E)\gamma_{\lambda e}^2 \quad \text{(观测的共振能量)} \tag{2.166}$$

对于 s 波中子,式(2.162)和之前所得结果[式(2.155)]之间的相似性是很明显的。现在,P_ℓ 和 S_ℓ 的含义变得很清楚了。穿透因子出现在粒子宽度的表达式中,是因为入射粒子必须穿透到核表面才能发生反应。位移因子出现在能级位移(level shift)表达式中,并引起观

测的共振能量 E_r 与形式共振能量(或能级能量)E_λ 的不同。共振能量移动(energy shift)和粒子宽度均通过约化宽度 $\gamma_{\lambda c}^2$ 依赖于核内特性。

穿透因子 P_ℓ 与透射系数 $\hat{T}$ 密切相关。这两个量都描述相同的物理概念,但定义略有不同。前者独立于核内部,而后者是按照内部和外部区域的流密度之比来定义的[式(2.62)和式(2.103)]。但是,两者的能量依赖性应该是非常相似的。对于中子,穿透因子可以解析地计算出来。此处不再重复这些表达式,请参考文献(Blatt & Weisskopf,1952)。这里只提一下中子能量很小的情况就够了,这种情况下的中子分宽度表现为 $\Gamma_\ell(E) \sim P_\ell(E) \sim (kR)^{2\ell+1} \sim E^{\ell+1/2}$。另外,人们更多地参与到了对带电粒子穿透因子的计算中。目前,存在着各种用于估计 $P_\ell(E)$ 的解析近似公式[例如,Clayton,1983]。但是,读者们应该知道,其中一些近似并不总是准确的,事实上,直接从库仑波函数的数值可以比较可靠地计算出穿透因子(附录 A.3)。与库仑势垒高度(V_C)相比,较低能量下($E \ll V_C$)s 波穿透因子的能量依赖由式(2.124)和式(2.125)给出。对于较高轨道角动量,带电粒子的穿透因子在低能量下表现为 $P_\ell(E) \sim \exp[-a/\sqrt{E} - b\ell(\ell+1)]$(习题 2.2),其中第一个指数项代表伽莫夫因子。

为了说明一些要点,图 2.21 中显示了 $^{12}\text{C}+\text{p}$ 和 $^{12}\text{C}+\text{n}$ 道的 P_ℓ 和 S_ℓ 因子的数值。这些曲线是利用半径 $R = 1.25(12^{1/3}+1) = 4.1$ fm 计算得到的。对于质子和中子的 P_ℓ 值,其不同的能量依赖是很惊人的。两者的穿透因子都是随着能量的减小而下降,但前者下降得明显更快一些,因为除了离心势垒(对于 $\ell > 0$),还必须穿透库仑势垒。对于所有 ℓ 值的质子,其 P_ℓ 值的能量依赖都是相似的;而对于中子,其能量依赖对于不同 ℓ 值是变化的。在较高能量下($E \approx 3$ MeV),对于质子和中子,我们得到 $P_\ell \approx 1$。对于 $^{12}\text{C}+\text{n}$ 道,其 s 波($\ell = 0$)的穿透因子曲线可以简单地由 $P_0 = kR$ 给出(参见前面的讨论)。位移因子随能量的变化是远小于穿透因子的。对于中子和质子而言,其 S_ℓ 值在低于几百个 keV 能量时几乎都是恒定的常数。另外,如上所述,我们发现,中子的 $S_0 = 0$。

在双对数图 2.21 中,低中子能量下 $P_\ell(E)$ 的直线图是 $P_\ell(E) \sim E^{\ell+1/2}$ 的能量依赖所造成的结果。由于 $\log P_\ell(E) \sim \log E^{\ell+1/2} = (\ell+1/2)\log E$,所以,曲线的斜率等于 $\ell+1/2$。类似的程序可以应用到带电粒子的情形。对于 $^{12}\text{C}+\text{p}$ 道,其穿透因子随能量的依赖关系如图 2.22 所示。由于我们有 $\log P_\ell(E) \sim -a/\sqrt{E} - b\ell(\ell+1)$,所以当绘制 $\log P_\ell(E)$ 相对于 $-1/\sqrt{E}$ 的图时,在低能量时将会得到直线。在低能量下,这些直线具有相似的斜率,这是由库仑势垒的隧穿概率决定的,而截距取决于 ℓ 的值。如图 2.22 所示的直线代表了一种很有用的工具,基于它可以对计算机程序数值计算的 $P_\ell(E)$ 值进行检查或作内插。

到目前为止,我们还没有指定反应道。假设对感兴趣的共振 λ,只有两个道是开放的,即 α 道和 β 道。根据式(2.162),在共振附近,α 道和 β 道的反应截面由下式给出:

$$\sigma_{\alpha,\text{re},\ell} = (2\ell+1)\frac{\pi}{k_\alpha^2}\frac{\Gamma_{\lambda\alpha}\Gamma_{\lambda r\alpha}}{(E_\alpha - E_{r\alpha})^2 + \dfrac{(\Gamma_{\lambda\alpha}+\Gamma_{\lambda r\alpha})^2}{4}} = \sigma_{(\alpha,\beta)} \tag{2.167}$$

$$\sigma_{\beta,\text{re},\ell} = (2\ell+1)\frac{\pi}{k_\beta^2}\frac{\Gamma_{\lambda\beta}\Gamma_{\lambda r\beta}}{[(E_\alpha + Q) - (E_{r\alpha} + Q)]^2 + (\Gamma_{\lambda\beta}+\Gamma_{\lambda r\beta})^2/4} = \sigma_{(\beta,\alpha)} \tag{2.168}$$

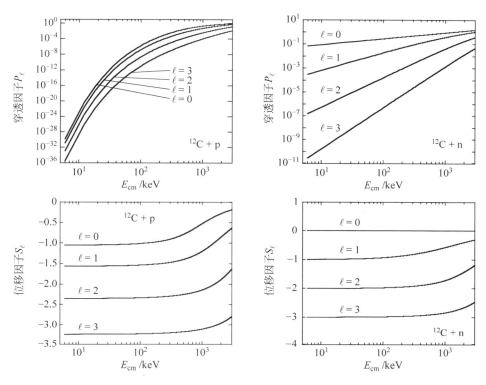

图2.21 $^{12}C+p$（左）和$^{12}C+n$（右）的穿透因子（顶部）和位移因子（底部）。在每个面板中，曲线显示了轨道角动量$\ell=0、1、2$和3的结果。所有曲线都是在半径$R=1.25(12^{1/3}+1)=4.1$ fm下计算得到的。与中子相比，质子的穿透因子明显具有更强的能量依赖性

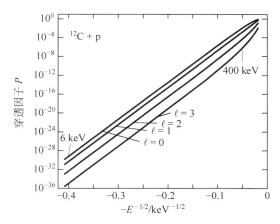

图2.22 $^{12}C+p$反应中穿透因子与$-E^{-1/2}$的关系。在与库仑势垒高度$(E\ll V_C)$相比很低的能量下，计算得到的每条直线对应于不同的ℓ值

它们遵循互易定理，即$k_\alpha^2\sigma(\alpha,\beta)=k_\beta^2\sigma(\beta,\alpha)$［式（2.13）］，$(\alpha,\beta)$反应的宽度等于$(\beta,\alpha)$反应的入射道宽度，反之亦然。

2.5.5 *R*-矩阵理论

让我们总结一下在推导反应截面公式时所作的一些假设[式(2.162)]: ①参与相互作用原子核的自旋为零; ②原子核具有锐利的半径; ③特定共振对应于在核边界处为零的对数导数。在共振反应的形式理论(*R*-矩阵理论)中,所有这些假设都被放宽了。我们在这里不详细推导公式(例如,Breit,1959; Lane & Thomas,1958),但会呈现一些主要结果。我们特别感兴趣的是把通用理论应用到单个孤立共振的情形中。可以看出,目前所发展公式的主要物理思想不会改变形式理论。

再次考虑式(2.148),但为了描述最简单的可能情况,我们假设弹性散射是唯一允许的过程($q=0$)。在这种情况下,

$$f_0 = (E - E_\lambda)\left(\frac{\partial f_0}{\partial E}\right)_{E_\lambda, q=0} \tag{2.169}$$

通过使用对数导数 f_0 的定义[式(2.129)]以及约化宽度 $\gamma_{\lambda e}^2$ 的定义[式(2.158)],我们发现在一个特定能级 E_λ 附近,

$$\frac{1}{f_0} = \frac{1}{R}\left(\frac{u_{\rm in}(r)}{{\rm d}u_{\rm in}(r)/{\rm d}r}\right)_{r=R} = \frac{(\partial f_0/\partial E)_{E_\lambda, q=0}^{-1}}{E - E_\lambda} = \frac{\gamma_{\lambda e}^2}{E_\lambda - E} \equiv \Re \tag{2.170}$$

量 $\Re$ 被称为 *R* 函数。当能量 E 不接近 E_λ 时,*R* 函数是通过对所有共振 λ 求和得到的。一般而言,弹性散射不会是唯一可能的过程,而其他反应道也会出现。考虑到这些因素,*R* 函数变成如下 *R*-矩阵(*R*-matrix):

$$\Re_{c'c} = \sum_\lambda \frac{\gamma_{\lambda c'}\gamma_{\lambda c}}{E_\lambda - E} \tag{2.171}$$

在物理上,*R*-矩阵将内部波函数的值与每个道入口处的导数联系起来。上式利用与能量无关的参数 $\gamma_{\lambda c}$ 和 E_λ 的形式显性地给出了 *R*-矩阵的能量依赖性。*R*-矩阵的极点,即能量 E_λ 是实数,因此,每个矩阵元 $\Re_{c'c}$ 都代表一个实数。此外,能量 E_λ 独立于道 c 和 c'。换句话说,每个矩阵元 $\Re_{c'c}$ 的极都出现在相同的能量 E_λ 处。

当我们定义反应道(reaction channel)c 时,需要更加精确一些。量 c 表示一组量子数 $\{\alpha(I_1 I_2)s\ell, JM\}$,其中,

$\alpha(I_1 I_2)$,   位于特定激发态上的一个特定核对 1 和 2,其自旋分别为 I_1 和 I_2(因此,核 1 或核 2 的激发态会对应一个不同的 α)

$s = I_1 + I_2$,   道自旋,其中 $|I_1 - I_2| \leqslant s \leqslant I_1 + I_2$

ℓ,   轨道角动量

J, M,   总自旋及其分量,其中 $J = s + \ell$

对于由炮弹和靶核组成的入射道,我们设 $I_1 = j_{\rm p}$ 和 $I_2 = j_{\rm t}$。总角动量守恒限制了能够在反应中所布居共振的可能 J 值(附录 B):

$$J = \ell + j_{\rm p} + j_{\rm t} \tag{2.172}$$

每个自旋在空间中都有 $(2I+1)$ 个方向,这些方向由磁量子数 $m_I = 0, 1, \cdots, \pm I$ 来决定。这样就有 $(2\ell+1)(2j_{\rm p}+1)(2j_{\rm t}+1)$ 套不同的自旋方向,对应于系统的不同量子态。对于非极化束和靶,每个这样的态都具有相同的概率,即 $[(2\ell+1)(2j_{\rm p}+1)(2j_{\rm t}+1)]^{-1}$。因此,截面必须乘以一个找到非极化炮弹和靶核具有总自旋为 J 的相对概率,由下式给出:

$$g(J) = \frac{2J+1}{(2j_p+1)(2j_t+1)(2\ell+1)} \tag{2.173}$$

根据 R-矩阵可以导出具有任意数量共振和反应道的截面和相移公式(Lane & Thomas, 1958)。在下文中,我们只关注一个特别简单却很有用的情况,即一个自旋为 J 的孤立共振附近反应截面的情况。对于带电粒子或中性粒子参与的、炮弹和靶核自旋为 j_p 和 j_t 的核反应 (α, α'), R-矩阵理论的单能级、多道近似(或普适的单能级 Breit-Wigner 公式)的截面公式由下式给出:

$$\sigma_{re}(\alpha, \alpha') = \frac{\pi}{k^2} \frac{2J+1}{(2j_p+1)(2j_t+1)} \frac{\left(\sum_{\ell s} \Gamma_{\lambda c}\right)\left(\sum_{\ell' s'} \Gamma_{\lambda c'}\right)}{(E - E_\lambda - \Delta_\lambda)^2 + \Gamma_\lambda^2/4} \tag{2.174}$$

其中,

$$\Gamma_{\lambda c}(E) = 2P_c \gamma_{\lambda c}^2 \quad (粒子宽度) \tag{2.175}$$

$$\Gamma_\lambda(E) = \sum_{c''} \Gamma_{\lambda c''}(E) \quad (总宽度) \tag{2.176}$$

$$\Delta_\lambda(E) = \sum_{c''} \Delta_{\lambda c''}(E) \quad (总能级位移) \tag{2.177}$$

$$\Delta_{\lambda c}(E) = -[S_c(E) - B_c]\gamma_{\lambda c}^2 \quad (分能级位移) \tag{2.178}$$

$$\beta(E) = \arctan \frac{\Gamma_\lambda(E)}{2[E_\lambda - E + \Delta_\lambda(E)]} \quad (共振弹性散射相移) \tag{2.179}$$

稍后会描述参数 B_c。穿透因子和位移因子是指核半径处的。原则上,人们可以选择任意一个超出核力范围的半径,以便外部波函数能够反映仅包含库仑相互作用的波动方程的解。但是,我们也希望选择尽可能小的 R,以便共振理论的特征量能够包含有关核相互作用的主要信息。通常,相互作用半径 R 是核对(nuclear pair)的最小分离距离,在此处核势可以忽略不计。在 R-矩阵理论中,通常选择该半径为 $R = r_0(A_t^{1/3} + A_p^{1/3})$,其中半径参数的范围是 $r_0 = 1.0 \sim 1.5$ fm。

在实际应用方面,上述反应截面的表达式[式(2.174)]包含了某种复杂性。这是因为通常来说,还必须要考虑穿透因子和位移因子的能量依赖性。穿透因子 P_c 是与能量强相关的,但是位移因子 S_c 的能量依赖却很弱(图 2.21)。通常的近似过程,被称为托马斯近似(Thomas approximation, Thomas, 1951),就是对能级位移(level shift)进行关于能量的线性展开。我们把截面 $\sigma_{re}(\alpha, \alpha')$ 极大值处的能量称为观测的共振能量(observed resonance energy) E_r。根据下面的要求来定义:

$$E_r - E_\lambda - \Delta_\lambda(E_r) = 0 \tag{2.180}$$

式(2.178)中的边界条件参数 B_c,定义为径向波函数在道 c 的半径 R 处对数导数,它是一个任意的实数值。该参数决定了本征值 E_λ(在前面的章节中,我们隐性地使用了零导数条件 $B_c = 0$)。通常选择 $B_c = S_c(E_r)$,以使能级位移 Δ 在观测的共振能量 E_r 处变为零:

$$\Delta_{\lambda c}(E_r) = -[S_c(E_r) - S_c(E_r)]\gamma_{\lambda c}^2 = 0, \quad E_r = E_\lambda \tag{2.181}$$

利用如下展开式:

$$\Delta_\lambda(E) \approx \Delta_\lambda(E_r) + (E - E_r)\left(\frac{d\Delta_\lambda}{dE}\right)_{E_r} \tag{2.182}$$

并使用式(2.180),我们得到

$$E_\lambda + \Delta_\lambda - E \approx E_r - E + (E - E_r)\left(\frac{d\Delta_\lambda}{dE}\right)_{E_r} = (E_r - E)\left[1 - \left(\frac{d\Delta_\lambda}{dE}\right)_{E_r}\right] \quad (2.183)$$

代入式(2.174),得到

$$\sigma_{re}(\alpha, \alpha') = \frac{\pi}{k^2} \frac{2J+1}{(2j_p+1)(2j_t+1)} \frac{\left(\sum_{\ell s} \Gamma_{\lambda c}\right)\left(\sum_{\ell's'} \Gamma_{\lambda c'}\right)}{(E_r - E)^2[1 - (d\Delta_\lambda/dE)_{E_r}]^2 + \Gamma_\lambda^2/4} \quad (2.184)$$

分子和分母除以$[1-(d\Delta_\lambda/dE)_{E_r}]^2$,得到

$$\sigma_{re}(\alpha, \alpha') = \frac{\pi}{k^2} \frac{2J+1}{(2j_p+1)(2j_t+1)} \frac{\left(\sum_{\ell s} \Gamma_{\lambda c}^\circ\right)\left(\sum_{\ell's'} \Gamma_{\lambda c'}^\circ\right)}{(E_r - E)^2 + (\Gamma_\lambda^\circ)^2/4} \quad (2.185)$$

其中,"观测"(observed)宽度$\Gamma_{\lambda i}^\circ$由先前定义的"形式"(formal)宽度$\Gamma_{\lambda i}$给出[式(2.175)]:

$$\Gamma_{\lambda c}^\circ \equiv \frac{\Gamma_{\lambda c}}{1 - (d\Delta_\lambda/dE)_{E_r}} = \frac{\Gamma_{\lambda c}}{1 + \left(\sum_{c''} \gamma_{\lambda c''}^2 \frac{dS_{c''}}{dE}\right)_{E_r}} \quad (2.186)$$

与式(2.174)相比,使用式(2.185)的主要优点是其分母中不存在复杂的位移因子的能量依赖。因为式(2.185)具有更简单的(洛伦兹式)结构,所以它在大多数应用中被广泛地使用。但是,我们不得不引入一个新的量。读者在应用式(2.185)进行实验数据分析时必须要小心。必须要理解的是,这样获得的分宽度代表"观测"宽度。从式(2.186)可以看出,对于具有较大约化宽度的能级而言,其"观测"宽度和"形式"宽度之间的差异可能是非常大的。我们也可以引入一个量,即"观测"约化宽度$\gamma_{\lambda c}^\circ$,其形式为

$$\Gamma_{\lambda c}^\circ = \frac{2P_c(E)\gamma_{\lambda c}^2}{1 + \left(\sum_{c''} \gamma_{\lambda c''}^2 \frac{dS_{c''}}{dE}\right)_{E_r}} = 2P_c(E)(\gamma_{\lambda c}^\circ)^2 \quad (2.187)$$

作为一般指导,当假设截面采用洛伦兹结构时(例如,在反应率计算、平均寿命测量或厚靶产额中),必须将分宽度解释为"观测的"量。

最后,我们用"观测"总宽度来表示共振相移及其能量导数。根据式(2.179)和式(2.183),我们可以马上得到

$$\beta = \arctan \frac{\Gamma_\lambda/[1 - (d\Delta_\lambda/dE)_{E_r}]}{2(E_r - E)} = \arctan \frac{\Gamma_\lambda^\circ}{2(E_r - E)} \quad (2.188)$$

类似于式(2.157),则有

$$\left(\frac{d\beta}{dE}\right)_{E_r} = \frac{2}{(\Gamma_\lambda^\circ)_{E_r}} \quad (2.189)$$

该表达式经常被用于计算"观测的"粒子分宽度(2.5.7节)。

2.5.6 单能级 Breit-Wigner 公式的实验测试

中子入射到由天然同位素丰度混合组成的镉靶上的总截面如图 2.23 所示。数据是由一个叠加在 $1/v$ 背景上的单能级 Breit-Wigner 公式拟合得到的(2.6节)。理论预测与数据一致。如果共振的宽度小于其能量间距,则 Breit-Wigner 公式能够可靠地描述共振的形状。

迄今为止发展的共振反应理论不仅适用于非束缚态,而且也适用于束缚态。在后一种

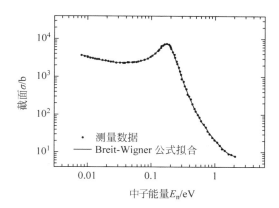

图 2.23 中子入射到由天然同位素混合的钙靶上的总截面。数据由叠加在 $1/v$ 背景之上的单能级 Breit-Wigner 公式拟合。推导出的共振参数为：$E_\lambda = 0.176$ eV、$\Gamma = 0.115$ eV 和 $\sigma_{max} = 7.2 \times 10^{-21}$ cm。Breit-Wigner 公式准确地再现了共振形状（如果它们的宽度比其能量间隔小）。数据来自 Goldsmith *et al.*，1947)

情况下，Breit-Wigner 公式使得计算阈下共振（subthreshold resonance）翼的截面成为可能（示例 2.1）。Breit-Wigner 公式在核天体物理学中具有重要的应用，尤其是在感兴趣截面无法直接测量，而必须从理论上进行估计的情况下。例如，考虑以下在实践中经常遇到的情况。人们已经在较高轰击能量范围内获得了数据。但是，天体熔合反应感兴趣的能量范围超出了已测数据的范围。通过用 Breit-Wigner 公式拟合现有数据，人们可以得到共振能量和宽度作为唯象学参数，然后用这些参数就可以将截面外推到感兴趣的能区。

通常，天体物理上重要共振的宽度都相当小（小于几电子伏），并且实验上直接在共振附近特定能量处测量截面不再可行。在这种情况下，直接测量的是共振截面曲线下的积分。Breit-Wigner 公式提供了一个精确的、对共振截面进行积分的方程式，从而得到了简便的窄共振反应率（3.2.4 节）和厚靶产额（4.8.1 节）的解析表达式。

对于几个具有不同自旋和宇称的重叠共振的总反应截面，可以通过单能级 Breit-Wigner 公式的非相干求和来描述。但是，如果两个共振具有相同的 J^π 值，则它们可能会干涉而导致表达式变得更加复杂。还有，即使两个宽共振的 J^π 值不同，它们的微分截面也可能会发生干涉。

必须再次强调，此处描述的共振理论无法预言共振能量和宽度。这些量被当作唯象参数来处理。获得绝对截面仅有两种途径：或者通过拟合共振数据，或者如果从其他来源处可以独立地知道共振能量和分宽度（或约化宽度）（2.5.7 节）。在下面的数值示例中，单能级 Breit-Wigner 公式将应用于阈下共振。

 示例 2.1

^{20}Ne(p,γ)^{21}Na 反应的 Q 值为 2431.3 keV。^{21}Na 的 $E_x = 2425$ keV($J^\pi = 1/2^+$) 能级刚好位于质子阈以下，对应于质心能量为 $E_r = -6.4$ keV 的一个阈下 s 波($\ell = 0$)共振[图 2.24(a)]。该能级的（形式）约化质子宽度可以从质子转移(d,n)反应测量中获得

(Terakawa *et al.*，1993)。其值为 $\gamma_{p,\ell=0}^2 = 1.41 \times 10^6$ eV。该 $E_x = 2425$ keV 能级以 1(100%)的概率(分支比)通过发射 M1/E2 辐射衰变到基态(附录 B)。在共振 E_r 处，γ 线的(形式)分宽度可以根据该激发态所测的平均寿命得到(Anttila *et al.*，1977)，其值为 $\Gamma_\gamma(E_r) = 0.30$ eV。计算在轰击能量 2 MeV 以下该能级对天体物理 S 因子的贡献(S 因子的定义见 3.2.1 节)。

在这种情况下，只有两个道是打开的。该能级可以通过发射质子或者 γ 射线的方式衰变。我们可以将 Breit-Wigner 公式[式(2.174)]写为

$$\sigma_{^{20}\text{Ne}+p}(p,\gamma) = \frac{\pi}{k^2} \frac{2J+1}{(2j_p+1)(2j_t+1)} \frac{\Gamma_{p,\ell=0}\Gamma_{\gamma,\text{M1/E2}}}{(E-E_\lambda-\Delta_\lambda)^2+(\Gamma_{p,\ell=0}+\Gamma_{\gamma,\text{M1/E2}})^2/4}$$

在观测的共振能量 $E_r = E_\lambda + \Delta_\lambda(E_r) \approx E_\lambda$ 处，截面具有极大值[式(2.180)和式(2.181)]，因为我们选择的边界条件为 $\Delta_\lambda(E_r) = 0$。因此，我们设 $E_\lambda = -6.4$ keV。根据表达式 $\Gamma_{p,\ell=0}(E) = 2P_{\ell=0}(E)\gamma_{p,\ell=0}^2$，我们可以得到质子宽度的能量依赖性[式(2.175)]。γ 射线分宽度的能量依赖性由 $\Gamma_{\gamma,L} \sim E_\gamma^{2L+1}$ 给出[式(1.22)]，其中 E_γ 为 γ 射线能量，L 为 γ 射线多极性。该能级的 M1/E2 多极性混合比[式(1.32)]是未知的。这里假设到基态($E_f = 0$)的跃迁是纯 M1 发射就足够了。这样，

$$\frac{\Gamma_{\gamma,\text{M1}}(E)}{\Gamma_{\gamma,\text{M1}}(E_r)} = \left[\frac{E_\gamma(E)}{E_\gamma(E_r)}\right]^{2L+1} = \left[\frac{E+Q-E_f}{E_r+Q-E_f}\right]^{2L+1} = \left[\frac{E+Q}{E_r+Q}\right]^3$$

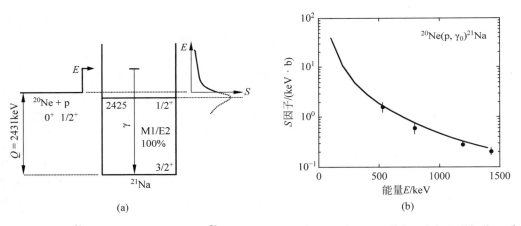

图 2.24 (a) ^{21}Na 的能级纲图显示了在 ^{20}Ne+p 中的一个阈下 s 波($\ell=0$)共振，对应于刚好位于质子阈以下 $E_x = 2425$ keV($J^\pi = 1/2^+$)的能级。(b) ^{20}Ne(p,γ)^{21}Na 反应的天体物理 S 因子与质子质心能量的关系，其中 γ 射线是跃迁 ^{21}Na 基态的。数据点显示测量的 S 因子(来自 Rolfs & Rodney，1975)，而实线表示文中解释的计算结果。实线不是对数据的拟合。数据和计算之间的一致性是非常引人注目的，这是因为 Breit-Wigner 公式不得不外推超过 10^6 个共振宽度

可以忽略 γ 射线道对能级位移的影响。根据式(2.177)和式(2.178)，得到

$$\Delta_\lambda(E) \approx \Delta_{p,\ell=0}(E) = -[S_{\ell=0}(E)-S_{\ell=0}(E_r)]\gamma_{p,\ell=0}^2$$

根据天体物理 S 因子的定义[式(3.71)]，我们有

$$S_{^{20}\text{Ne}+p}(p,\gamma) = Ee^{2\pi\eta}\sigma_{^{20}\text{Ne}+p}(p,\gamma)$$

$$= \frac{Ee^{2\pi\eta}\dfrac{\pi}{k^2}\dfrac{2J+1}{(2j_p+1)(2j_t+1)}2P_{\ell=0}(E)\gamma_{p,\ell=0}^2\Gamma_{\gamma,M1}(E_r)\left(\dfrac{E+Q}{E_r+Q}\right)^3}{\left\{E-E_r+[S_{\ell=0}(E)-S_{\ell=0}(E_r)]\gamma_{p,\ell=0}^2\right\}^2+[\Gamma(E)]^2/4}$$

其中,$\Gamma(E)=\Gamma_{p,\ell=0}(E)+\Gamma_{\gamma,M1}(E)$。从数值上,我们可得(其中 E 以兆电子伏为单位,M_i 以 u 为单位)

$$2\pi\eta=0.989510Z_pZ_t\sqrt{\frac{1}{E}\frac{M_tM_p}{M_t+M_p}}$$

$$E\frac{\pi}{k^2}=6.56618216\times10^{-1}\frac{M_t+M_p}{M_tM_p}(\text{MeV}\cdot\text{b})$$

$$\frac{2J+1}{(2j_p+1)(2j_t+1)}=\frac{2\cdot\dfrac{1}{2}+1}{\left(2\cdot\dfrac{1}{2}+1\right)(2\cdot0+1)}=1$$

$$S_{\ell=0}(E_r)=-1.537$$

可以根据库仑波函数直接计算穿透因子和位移因子[式(2.161)]。计算得出的 $^{20}\text{Ne}(\text{p},\gamma)^{21}\text{Na}$ 反应中基态跃迁的 S 因子在图 2.24(b)中以实线显示。数据点显示了实验测量的 S 因子。这些结果代表了核物理中极少数——观测的阈下共振尾巴不受非束缚态或直接辐射俘获干涉影响——的范例之一。

必须强调的是,实线不代表对数据的拟合。它是根据从独立实验中(也即并不是从俘获实验测量中)所获得的一些参数(共振能量、质子和 γ 射线分宽度),利用 Breit-Wigner 公式计算得到的。还应注意,共振能量处的总宽度为 $\Gamma(E_r)=\Gamma_\gamma(E_r)=0.3$ eV。换句话说,这些 S 因子是在 1500 keV/0.3 eV$=5\times10^6$ 个共振宽度上的外推。实验与计算之间的一致性非常引人注目,这为将 Breit-Wigner 公式应用于孤立共振提供了强有力的支持。

2.5.7　分宽度和约化宽度

我们已经看到了共振截面是如何用共振能量和约化宽度来表示的。但是,对于一些反应,没有可用的截面数据。在这种情况下,如何从理论上估计截面变得很重要。如果从独立来源知道了共振能量和约化宽度的话,则该 Breit-Wigner 公式可用于实现此目的(示例 2.1)。

2.4 节讨论了由简单确定的势所产生的共振。这样的单粒子共振(single-particle resonance)在较高轰击能量下通常很宽,并且其能量间距很大。与此相反,许多观测到的共振非常窄,并且间距很小(图 2.19)。这些共振无法用单粒子势来解释,因此,有必要发展一种不涉及特定核势的共振理论(2.5.1 节)。其中,约化宽度依赖于至今未知的核内特性,并被作为唯象学参数来处理。

根据文献 Bohr(1936),观测的共振对应于原子核中的虚态(virtual state)。这些虚态不是单粒子能级,而是许多核子相互作用的结果。该多核子图像也被称为复合核描述(compound nucleus description)。所测共振间的紧密间距则可以用这样的事实——即大量核子可以由许多不同方式激发——来解释。那么,观测到的共振就是由弹靶系统总波函数随能量的快速变化所造成的。接下来,我们将定量地发展这一图像。我们的目标是在约化宽度和核性质之间建立联系,这些核性质可以利用核结构模型来估算。

考虑弹靶系统的总波函数 Ψ,有 $H\Psi = E\Psi$。总的哈密顿量 H 虽然未知,但可以写成如下形式:

$$H = H_\xi^t + E_K^p(r) + \sum_{i=1}^A V_i(\xi_i, x)$$

$$= [H_\xi^t + E_K^p(r) + \bar{V}(r)] + \left[-\bar{V}(r) + \sum_{i=1}^A V_i(\xi_i, x)\right] = H_0 + H' \quad (2.190)$$

其中,H_ξ^t 是由 A 个核子所组成靶核的哈密顿量;$E_K^p(r)$ 是炮弹的动能;$V_i(\xi_i, x)$ 是每个靶核子与炮弹之间的相互作用;$\bar{V}(r)$ 是炮弹在靶核势场中的平均势;H_0 是单粒子哈密顿量;而 H' 描述的是剩余相互作用(residual interaction,即与平均势的偏差)。如果没有剩余相互作用,势 $\bar{V}(r)$ 将会引起单粒子共振,对应于弹靶系统的单粒子能级。然而,H' 会导致单粒子能级劈裂为许多分立能级。每一个态都对应一个复杂的组态混合,并由一个复杂的波函数之和来描述。因此,径向波函数在核边界处的对数导数,也即约化宽度 $\gamma_{\lambda c}^2$,一般对于每个虚态都是不同的。这些能级可以由多核子组态来描述,被称为复合核能级(compound-nucleus level)。

图 2.25 示意性地显示了这种情况。单粒子哈密顿量 H_0 产生了单粒子能级 p_1、p_2、p_3 以及 p_4。能级 p_1 和 p_2 是束缚态。实际的哈密顿量 H 导致了每个单粒子能级劈裂成很多的实态(actual state)。它们在截面上表现为观测到的共振(细实线)。但是,其单粒子特征并没有完全丢失。如果测量截面曲线是在观测到的精细结构上平均的话,就可以近似地恢复单粒子共振(粗实线)。我们也可以说,在这一图像中,每个实际能级的约化宽度 $\gamma_{\lambda c}^2$ 都属于一个确定的单粒子能级 p_i。那么整套约化宽度就可以被分成几组,每组对应于一个确定的 p_i 值。

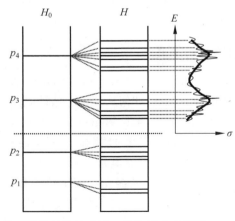

图 2.25 能级纲图及截面随能量的关系图。单粒子哈密顿量 H_0 产生了单粒子能级 p_1、p_2、p_3 和 p_4。哈密顿量 H 产生造成了每个单粒子能级劈裂成许多态。后者显示为截面对能量曲线中的精细结构

在下文中,我们考虑在复合核形成或衰变中仅有一个核子开放道的简单情况(仅弹性)。在此,用不同的方式来表示粒子宽度是很有用的。我们已经看到,Γ_λ 对应于一个共振 λ 的

总宽度,或复合核中一个虚能级(virtual level)的总宽度。继而,一个有限的能级宽度意味着该能级具有一个有限的平均寿命 τ,因为 $\Gamma_\lambda \tau_\lambda \approx \hbar$。因此,利用单位时间内能级衰变(或形成)的概率,我们有 $1/\tau_\lambda \approx \Gamma_\lambda / \hbar$。分宽度 $\Gamma_{\lambda c}$ 则对应于通过特定道 c 能级 λ 衰变(或形成)的概率。图 2.26 示意性地显示了复合核态衰变为两个道的情况。

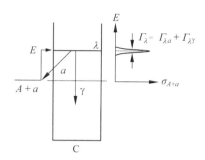

图 2.26 具有单个非束缚的(或虚的)态 λ 的复合核 C 的能级纲图。该态可以发射:
(a) 粒子或(b)光子(γ)。在截面与能量关系的曲线中,共振的半高全宽
(FWHM)对应于总宽度 Γ_λ,即等于所有分宽度的总和。后一个量是对能级 λ
通过特定道 c 衰变(或形成)概率的量度

现在,分宽度 $\Gamma_{\lambda c}$ 将由通过唯一开放道 c 的粒子通量来确定。对于粒子发射,单位时间内的概率,$\Gamma_{\lambda c}/\hbar$,由每秒离开该道的粒子数给出。其数值可以通过对通量流进行积分来计算[式(2.45)],该积分是通过半径为 R 的球体在整个立体角上进行的:

$$\frac{\Gamma_{\lambda c}}{\hbar} = \int_{d\Omega} R^2 j \, d\Omega = \int_{d\Omega} R^2 \frac{\hbar}{2mi}\left(\psi^* \frac{\partial \psi}{\partial r} - \frac{\partial \psi^*}{\partial r}\psi\right)_{r=R} d\Omega \tag{2.191}$$

利用 $\psi = Y(\theta,\phi) R_c(r) = Y(\theta,\phi) u_c(r)/r$(附录 A),我们得到

$$\frac{\Gamma_{\lambda c}}{\hbar} = \frac{\hbar}{2mi}\int_{d\Omega} R^2 \left[\frac{u_c^*}{r}\frac{d}{dr}\left(\frac{u_c}{r}\right) - \frac{u_c}{r}\frac{d}{dr}\left(\frac{u_c^*}{r}\right)\right]_{r=R} |Y|^2 d\Omega$$

$$= \frac{\hbar}{2mi}\int_{d\Omega} R^2 \frac{1}{R^2}\left(u_c^* \frac{du_c}{dr} - u_c \frac{du_c^*}{dr}\right)_{r=R} |Y|^2 d\Omega \tag{2.192}$$

复合核态的径向波函数 u_c 可以展开为单粒子径向本征函数 u_{pc} 的形式,这些本征函数形成了正交函数的一个完整基。本征函数 u_{pc} 描述单个核子在单粒子势中的运动。我们可以写成

$$u_c(R) = \sum_p A_{\lambda pc} u_{pc}(R) \tag{2.193}$$

上面对复合核能级的讨论暗含着,在给定能量下,一个特定单粒子态 p 主要对能级 λ 的宽度有贡献。这意味着对于给定能级 λ,求和式(2.193)中的其中一项要比其他项大得多。因而,

$$u_c(R) \approx A_{\lambda pc} u_{pc}(R) \tag{2.194}$$

通过利用归一化的球谐函数 Y 以及对数导数的定义 $f_{pc}(E) = R(u_{pc}^{-1} du_{pc}/dr)_{r=R}$[式(2.129)],根据式(2.192)和式(2.194),我们可得

$$\Gamma_{\lambda c} = \frac{\hbar^2}{2mi}A_{\lambda pc}^2 \left(u_{pc}^* \frac{du_{pc}}{dr} - u_{pc} \frac{du_{pc}^*}{dr}\right)_{r=R}$$

$$= \frac{\hbar^2}{2miR} A_{\lambda pc}^2 (u_{pc}^* u_{pc} f_{pc} - u_{pc} u_{pc}^* f_{pc}^*)_{r=R}$$

$$= \frac{\hbar^2 |u_{pc}(R)|^2}{2miR} A_{\lambda pc}^2 (f_{pc} - f_{pc}^*) \tag{2.195}$$

由于我们描述的是一个衰变的复合核态,所以 $r > R$ 的径向波函数由 $u_{pc}(r) = A u_{pc}^+(r)$ 给出,也即对于纯的出射波,我们有 $B = 0$[式(2.159)]。此条件等价于 $f_{pc}(E) = S_c + iP_c$[式(2.160)]。因此,

$$\Gamma_{\lambda c} = \frac{\hbar^2 |u_{pc}(R)|^2}{2miR} A_{\lambda pc}^2 [(S_c + iP_c) - (S_c - iP_c)] = 2\frac{\hbar^2}{mR^2} P_c A_{\lambda pc}^2 \frac{R}{2} |u_{pc}(R)|^2 \tag{2.196}$$

也可以表示为

$$\Gamma_{\lambda c} = 2\frac{\hbar^2}{mR^2} P_c C^2 S \theta_{pc}^2 \tag{2.197}$$

其中,

$$C^2 S = A_{\lambda pc}^2 \qquad （谱因子） \tag{2.198}$$

$$\theta_{pc}^2 = \frac{R}{2} |u_{pc}(R)|^2 \qquad （无维单粒子约化宽度） \tag{2.199}$$

与式(2.175)相比,表明该约化宽度 $\gamma_{\lambda c}^2$ 是以一个常数 $\hbar^2/(mR^2)$,以及物理量 θ_{pc}^2 和 $C^2 S$ 的形式作了重新表述。

严格来说,物理量 S 和 C^2 分别表示谱因子(1.6.2 节)和同位旋 Clebsch-Gordan 系数的平方。前者经常使用原子核壳模型进行计算(1.6 节),而后者取决于核反应(例如,Brussaard & Glaudemans,1977)。在目前分宽度的情况下,人们仅对乘积 $C^2 S$ 感兴趣。谱因子取决于能级 λ 的多核子结构,它是一个实际复合核态 λ 能够用单粒子态 p 来描述的相对概率的量度。式(2.197)的结构强调:从复合核能级上发射核子的分宽度可以认为是三个因子的乘积:①核子在相应末态组态中排列它们自己的概率,$C^2 S$;②单核子出现在边界处的概率,$|u_{pc}(R)|^2$;③单核子穿透库仑和角动量势垒的概率,P_c。通过引入如下单粒子分宽度:

$$\Gamma_{\lambda pc} = 2\frac{\hbar^2}{mR^2} P_c \theta_{pc}^2 \tag{2.200}$$

我们也可以把式(2.197)表示为

$$\Gamma_{\lambda c} = C^2 S \Gamma_{\lambda pc} \tag{2.201}$$

换句话说,谱因子可以写作两个量 $\Gamma_{\lambda c}$ 和 $\Gamma_{\lambda pc}$ 比值的形式。由于这两个分宽度都具有很强的能量依赖性(通过穿透因子 P_c),所以,必须在相同的入射能量 E 下对它们进行计算。

很显然,一旦通过独立的手段得到了谱因子 $C^2 S$,则有两种不同的方法来估计各个核子道的分宽度。如果用式(2.197),则必须计算穿透因子 P_c 和无维单粒子约化宽度 θ_{pc}^2。另外,如果用式(2.201),则必须计算单粒子分宽度 $\Gamma_{\lambda pc}$。例如,这可以通过以下方法来实现:即通过恰当的单粒子势对核弹性散射的薛定谔方程进行数值求解的方法(Schiffer,1963;Iliadis,1997)。那么,单粒子分宽度就可以直接从共振能量处共振相移的斜率得到[式(2.189)]。如果已有可用的 θ_{pc}^2 值,则前一种方法在计算上更为简便。

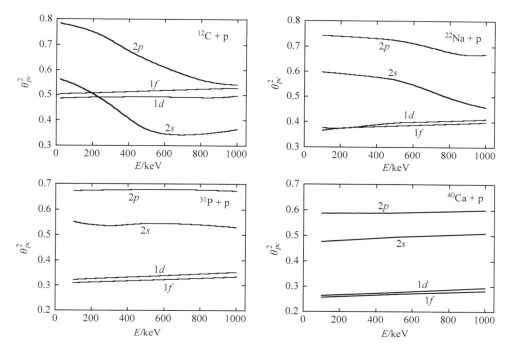

图 2.27 对 $^{12}C+p$、$^{22}Na+p$、$^{31}P+p$ 和 $^{40}Ca+p$，观测的无量纲单粒子约化宽度 θ_{pc}^2 与质心系质子能量的关系。在每个面板中，每条曲线对应于不同的转道角动量（$\ell=0$、1、2 和 3），计算时所用半径为 $R=1.25(A_p^{1/3}+A_t^{1/3})$ fm

文献 Iliadis（1997）和 Barker（1998）报道了对于质子的无维单粒子约化宽度 θ_{pc}^2 的数值（前者数值见图 2.27）。这些结果是通过计算 Woods-Saxon 单粒子势的 u_{pc} 获得的（1.6.1 节）。θ_{pc}^2 的值取决于相互作用半径 R、轨道角动量 ℓ，以及核内径向波函数的节点数。图 2.27 中显示的数值是利用半径 $R=1.25(A_p^{1/3}+A_t^{1/3})$ fm 计算得到的。为了估计 $\Gamma_{\lambda c}$，必须在相同的半径 R 下对 θ_{pc}^2 和 P_c 进行计算。文献 Iliadis（1997）中的 θ_{pc}^2 值代表了"观测"量，而文献 Barker（1998）的结果代表了"形式"量。无维单粒子约化宽度 θ_{pc}^2 在文献中经常被设为 1。在这种情况下，对分宽度的估计就会引入显著的误差。

通常，无法直接观测到共振。这发生在例如如果截面太小或靶子是放射性的情况下。在该情况下，上面讨论的公式可以用来估计绝对反应截面。一旦使用原子核壳模型计算出了谱因子（1.6 节）或使用转移反应测量到了谱因子，粒子分宽度就可以用一种直接的方式来估算。然后，反应截面就可以通过应用 Breit-Wigner 公式来得到。

对于质子分宽度的计算，调查式（2.197）的可靠性是很有趣的。图 2.28 显示了对 ^{25}Al、^{27}Al 和 ^{31}P 中复合核能级质子分宽度的实测值与估计值的比较。图 2.28(a) 显示了分宽度的比值 $\Gamma_{exp}/\Gamma_{\lambda c}$ 随谱因子 C^2S 的变化，而图 2.28(b) 是该比值随观测共振能量 E_r 的变化。$\Gamma_{\lambda c}$ 的值由式（2.197）估计得到，其中利用了在（$^3He,d$）转移反应中测得的质子谱因子以及数值计算得到的 θ_{pc}^2 和 P_c 的值。实验质子宽度 Γ_{exp} 是在共振弹性质子散射或质子俘获反应中直接测得的。所显示比值上的误差棒仅仅考虑了实验质子宽度的不确定度。

可以看出,实验和估计的质子分宽度平均在约 50% 不确定度之内是一致的。我们预期 $\Gamma_{\lambda c}$ 的参数化[式(2.197)和式(2.201)]会比这更准确,因为我们完全忽略了所测转移谱因子的误差。这需要进一步的系统性研究。

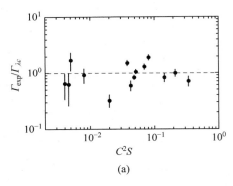 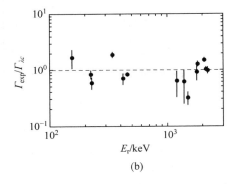

(a)   (b)

图 2.28 对于 ^{25}Al、^{27}Al 和 ^{31}P 中的能级,测量的和估计的质子分宽度的比值 $\Gamma_{\mathrm{exp}}/\Gamma_{\lambda c}$:(a)与谱因子 C^2S 的关系,以及(b)与观测到的共振能量 E_r 的关系。实验质子宽度 Γ_{exp} 是在共振弹性质子散射或质子俘获反应中直接测量得到的。计算值是使用 $(^3\mathrm{He,d})$ 转移反应研究中测得的谱因子根据式(2.197)得到的

 示例 2.2

^{17}F(p,γ)^{18}Ne 反应中的一个重要共振发生在质心系能量 $E_r = 600$ keV($J^\pi = 3^+$)。从独立实验测量(也即镜像靶核 ^{17}O 上的中子削去反应)中已知该共振的谱因子。它们的值是 $(C^2S)_{\ell=0} = 1.01$ 和 $(C^2S)_{\ell=2} \approx 0$。估计该共振的"观测"质子分宽度。

根据式(2.197),我们可以写出

$$\Gamma^\circ_{\mathrm{p},\ell=0} = 2\frac{\hbar^2}{mR^2}P_{\ell=0}(C^2S)_{\ell=0}(\theta^\circ_{\mathrm{p},\ell=0})^2$$

$$= 2(2.22\times10^6\ \mathrm{eV})(8.10\times10^{-3})(1.01)(0.45) = 16.3\ \mathrm{keV}$$

$$\Gamma^\circ_{\mathrm{p},\ell=2} = 2\frac{\hbar^2}{mR^2}P_{\ell=2}(C^2S)_{\ell=2}(\theta^\circ_{\mathrm{p},\ell=2})^2$$

$$= 2(2.22\times10^6\ \mathrm{eV})(7.90\times10^{-5})(\approx 0)(0.45) \approx 0$$

$(\theta^\circ_{\mathrm{p},\ell=0})^2$ 和 $(\theta^\circ_{\mathrm{p},\ell=2})^2$ 的值是通过内插图 2.27 所示 ^{12}C+p 和 ^{22}Na+p 的结果得到的。估计的"观测"质子分宽度为

$$\Gamma^\circ_{\mathrm{p}} = \Gamma^\circ_{\mathrm{p},\ell=0} + \Gamma^\circ_{\mathrm{p},\ell=2} = 16.3\ \mathrm{keV}$$

该计算结果与在 ^{17}F(p,p)^{17}F 弹性散射研究中直接测量的结果 $\Gamma_\mathrm{p} = (18\pm2)$ keV(Bardayan *et al*.,2000)符合得非常好。

示例 2.3

在 $^{24}\mathrm{Mg}(\mathrm{p},\gamma)^{25}\mathrm{Al}$ 反应中，对于质心能量 $E_r = 214$ keV($J^\pi = 1/2^+$)处的一个 s 波($\ell = 0$)共振，实验已直接测量了其"观测"质子分宽度。其结果是 $\Gamma_{\mathrm{p},\ell=0}^{\mathrm{o}} = (1.40 \pm 0.12) \times 10^{-2}$ eV (Powell *et al.*,1999)。估计相应复合核态的质子谱因子。

首先，根据式(2.200)我们计算出"观测"单粒子质子宽度：

$$\Gamma_{\lambda pc}^{\mathrm{o}} = 2\frac{\hbar^2}{mR^2}P_c(\theta_{pc}^{\mathrm{o}})^2 = 2(1.84 \times 10^6 \text{ eV})(4.56 \times 10^{-8})(0.59)$$

$$= 9.90 \times 10^{-2} \text{ eV}$$

根据式(2.201)，我们得到

$$(C^2 S)_{\ell=0} = \frac{\Gamma_{\mathrm{p},\ell=0}^{\mathrm{o}}}{\Gamma_{\lambda pc}^{\mathrm{o}}} = \frac{(1.40 \pm 0.12) \times 10^{-2} \text{ eV}}{9.90 \times 10^{-2} \text{ eV}} = 0.14 \pm 0.01$$

该结果与在质子转移 $^{24}\mathrm{Mg}(^3\mathrm{He},\mathrm{d})^{25}\mathrm{Al}$ 反应中独立测得的值 $C^2 S_{\ell=0} = 0.14$ 吻合得非常好(Peterson & Ristinen,1975)。

2.6 连续态理论

讨论下面的极端情况很有意思，即以特定的 α 道接近靶的炮弹，一旦它穿透进核的内部，则它极不可能重新出现在入射道中。例如，如果开放道的数目很大，则可以满足这一条件。这通常是当入射粒子能量比靶核的前几个激发能高得多时的情况(对于靶质量数 $A > 50$，比如说，$E > 3$ MeV)。如果入射粒子在较低能量下触发了一个具有较大正 Q 值的反应(例如，$Q > 2$ MeV)，则也可以满足这一条件。在这些情况下，我们预期一旦入射粒子进入原子核，它就会与其他核子迅速交换能量，并且通过相同道 α 离开的概率非常小。

为简单起见，将 s 波中子再次视为入射粒子。对于内部波函数，我们从式(2.141)得到

$$u_{\mathrm{in}} \sim \mathrm{e}^{-\mathrm{i}Kr} \tag{2.202}$$

它具入射波的形式，因为它不会返回。这只是一个粗略近似，因为不可能仅以 r 的函数来表示核内入射粒子的运动。但是，它代表了波函数具有对 r 依赖性的主要特征。径向波函数的对数导数必须在 $r = R$ 处连续。因此，有[式(2.129)]

$$f_0 = R\left[\frac{1}{u_{\mathrm{in}}(r)}\frac{\mathrm{d}u_{\mathrm{in}}(r)}{\mathrm{d}r}\right]_{r=R} = R\frac{\left[\dfrac{\mathrm{d}}{\mathrm{d}r}(B\mathrm{e}^{-\mathrm{i}Kr})\right]_{r=R}}{B\mathrm{e}^{-\mathrm{i}Kr}} = -\mathrm{i}KR \tag{2.203}$$

把它代入式(2.137)，立即可以得到反应截面公式(因为 $\mathrm{Re}f_0 = 0$ 和 $\mathrm{Im}f_0 = -KR$)：

$$\sigma_{\mathrm{re},0} = \frac{\pi}{k^2}(1 - |\mathrm{e}^{2\mathrm{i}\delta_0}|^2) = \frac{\pi}{k^2}\frac{4kK}{(K+k)^2} \tag{2.204}$$

原子核内的波数 K 是进入该表达式中有关核内部的唯一信息。与式(2.51)和式(2.68)的比较表明，s 波中子的反应截面可以解释为最大截面 π/k^2 与 s 波透射系数 $\hat{T}_0$ 的乘积：

$$\sigma_{\text{re},0} = \sigma_{\text{re},0}^{\max} \hat{T}_0 \qquad (2.205)$$

其中,

$$\hat{T}_0 = 1 - |\,\mathrm{e}^{2\mathrm{i}\delta_0}\,|^2 \qquad (2.206)$$

因为我们假设炮弹不会被复合核重新发射而进入入射道 α,因此这里的反应截面 σ_{re} 与复合核通过道 α 的形成截面 $\sigma_{\alpha C}$ 是相同的。另外,忽略入射粒子可以通过入射道返回的可能性将意味着式(2.204)不会引起共振。由于这个原因,上述用于确定截面的方法被称为连续态理论(continuum theory)。

根据式(2.204),我们还可以估计较低入射能量下中子的 s 波反应截面。对于 $k \ll K$ 的情况,随着 k 的变化内部波数 K 不会发生很大变化(图 2.7),则有

$$\sigma_{\text{re},0} = \frac{\pi}{k^2} \frac{4kK}{(K+k)^2} \approx \frac{4\pi}{Kk} \sim \frac{1}{k} \sim \frac{1}{v} \sim \frac{1}{\sqrt{E}} \qquad (2.207)$$

其中,$p = \hbar k$;v 是入射中子的速度。该结果不依赖于反应机制,对于 s 波中子诱发的反应,被称为 $1/v$ 律。图 4.15(a) 中显示了 $^3\mathrm{He}(\mathrm{n},\mathrm{p})^3\mathrm{H}$、$^6\mathrm{Li}(\mathrm{n},\alpha)^3$ 及 $^{10}\mathrm{B}(\mathrm{n},\alpha)^7\mathrm{Li}$ 的反应截面。当中子能量低于大约 1 keV 时,其截面遵循 $1/v$ 律。

式(2.204)~式(2.206)是在 s 波中子作为入射粒子的假设下获得的。它们可以很容易地推广到任意炮弹和轨道角动量的情形(Blatt & Weisskopf,1952)。复合核通过 α 道的形成截面则由下式给出:

$$\sigma_{\alpha C} = \frac{\pi}{k^2} \sum_{\ell} (2\ell + 1)\hat{T}_\ell(\alpha) \qquad (2.208)$$

其中,

$$\hat{T}_\ell(\alpha) = 1 - |\,\mathrm{e}^{2\mathrm{i}\delta_{\alpha\ell}}\,|^2 \qquad (2.209)$$

它是道 α 关于轨道角动量 ℓ 的透射系数。对于通过一个恰当势的弹性散射道 α,$\delta_{\alpha\ell}$ 是其相应的相移。发生反应的核势必须是复数形式,否则相移将是实数,透射系数将会变为零。这与我们之前在 2.3.6 节中的讨论是一致的。透射系数通常是根据所谓的光学模型势(optical model potential)数值计算出来的,它表示的是平均核势。有关光学模型势的更多信息,请参考文献 Satchler(1990)。

2.7 豪瑟-费什巴赫理论

在 2.5 节中,我们考虑了通过孤立窄共振进行反应的情况。现在,我们讨论另一个极端情况。随着复合核激发能的增加,共振变得更宽,且位置靠得更近。这将存在从锐利的、孤立能级到所谓连续区的一个连续过渡,在连续区内能级重叠得很厉害,以至于在其截面中几乎不存在任何结构。换句话说,其截面将随能量平滑变化。下面将推导在任意共振结构下的平均反应截面。

在 (α, α') 反应中,复合核的总角动量 J 和宇称 π 是守恒的。平均截面则由各自独立的 J 和 π 的贡献之和给出:

$$\langle \sigma_{\text{re}}(\alpha, \alpha') \rangle = \sum_{J^\pi} \langle \sigma_{\text{re}}(\alpha, \alpha') \rangle^{J^\pi} \qquad (2.210)$$

回想一下,α 代表特定道的一对粒子(含其激发态)(2.5.5 节)。带撇号和不带撇号的量分别指反应的入射道和出射道。接下来,我们将 $\langle \sigma_{re}(\alpha, \alpha') \rangle^{J^\pi}$ 中的每一项分解成两个因子:一个是通过道 α 形成复合核的截面,另一个是衰变到道 α' 的分支比,即

$$\langle \sigma_{re}(\alpha, \alpha') \rangle^{J^\pi} = \sigma_{\alpha C}^{J^\pi} \frac{G_{\alpha'}^{J^\pi}}{\sum_{\alpha''} G_{\alpha''}^{J^\pi}} \tag{2.211}$$

$G_\alpha^{J^\pi}$ 表示衰变到特定出射道的概率,其中分母 α'' 上的求和是对复合核可以衰变($\sum_{\alpha''} G_{\alpha''}^{J^\pi} = 1$)的所有道来进行的。对截面公式[式(2.211)]的因式分解反映了复合核形成和衰变的独立性,但仍然满足总角动量和宇称守恒。代入互易定理[式(2.14)]:

$$(2I_1 + 1)(2I_2 + 1)k_\alpha^2 \langle \sigma_{re}(\alpha, \alpha') \rangle^{J^\pi} = (2I_1' + 1)(2I_2' + 1)k_{\alpha'}^2 \langle \sigma_{re}(\alpha', \alpha) \rangle^{J^\pi} \tag{2.212}$$

到式(2.211)中,给出

$$\frac{G_{\alpha'}^{J^\pi}}{G_\alpha^{J^\pi}} = \frac{(2I_1' + 1)(2I_2' + 1)k_{\alpha'}^2 \sigma_{\alpha' C}^{J^\pi}}{(2I_1 + 1)(2I_2 + 1)k_\alpha^2 \sigma_{\alpha C}^{J^\pi}} \tag{2.213}$$

其中,I_1 和 I_2 是道 α 中粒子的自旋。对所有道 α'' 进行求和,得到(因为 $\sum_{\alpha''} G_{\alpha''}^{J^\pi} = 1$)

$$G_{\alpha'}^{J^\pi} = \frac{(2I_1' + 1)(2I_2' + 1)k_{\alpha'}^2 \sigma_{\alpha' C}^{J^\pi}}{\sum_{\alpha''} (2I_1'' + 1)(2I_2'' + 1)k_{\alpha''}^2 \sigma_{\alpha'' C}^{J^\pi}} \tag{2.214}$$

对于复合核形成,可以利用式(2.208):

$$\sigma_{\alpha C} = \sum_{J^\pi} \sigma_{\alpha C}^{J^\pi} = \frac{\pi}{k_\alpha^2} \sum_\ell (2\ell + 1) \hat{T}_\ell(\alpha) \tag{2.215}$$

由于截面是在许多重叠共振上的平均,所以我们预期透射系数不依赖于 J。因此,

$$\sigma_{\alpha C} = \frac{\pi}{k_\alpha^2} \sum_\ell (2\ell + 1) \sum_{J=|\ell-s|}^{\ell+s} \sum_{s=|I_1-I_2|}^{I_1+I_2} \frac{2J+1}{(2I_1+1)(2I_2+1)(2\ell+1)} \hat{T}_\ell(\alpha) \tag{2.216}$$

I、s 和 ℓ 的含义与 2.5.5 节相同,并且指的是特定道 α 的。透射系数前面的因子已考虑了不同自旋取向的数目(2.5.5 节)。重新排列求和的顺序可得

$$\sigma_{\alpha C} = \frac{\pi}{k_\alpha^2} \sum_{J^\pi} \frac{2J+1}{(2I_1+1)(2I_2+1)} \sum_{s=|I_1-I_2|}^{I_1+I_2} \sum_{\ell=|J-s|}^{J+s} \hat{T}_\ell(\alpha) \tag{2.217}$$

比较式(2.215)和式(2.217),则有

$$\sigma_{\alpha C}^{J^\pi} = \frac{\pi}{k_\alpha^2} \frac{2J+1}{(2I_1+1)(2I_2+1)} \sum_{s\ell} \hat{T}_\ell(\alpha) \tag{2.218}$$

组合式(2.210)、式(2.211)、式(2.214)和式(2.218),可得

$$\langle \sigma_{re}(\alpha, \alpha') \rangle = \sum_{J^\pi} (2I_1' + 1)(2I_2' + 1)k_{\alpha'}^2 \frac{\sigma_{\alpha C}^{J^\pi} \sigma_{\alpha' C}^{J^\pi}}{\sum_{\alpha''} (2I_1'' + 1)(2I_2'' + 1)k_{\alpha''}^2 \sigma_{\alpha'' C}^{J^\pi}}$$

$$= \frac{\pi}{k_\alpha^2} \sum_{J^\pi} \frac{2J+1}{(2I_1+1)(2I_2+1)} \frac{\left[\sum_{s\ell} \hat{T}_\ell(\alpha)\right]\left[\sum_{s'\ell'} \hat{T}_{\ell'}(\alpha')\right]}{\sum_{\alpha''} \sum_{s''\ell''} \hat{T}_{\ell''}(\alpha'')} \tag{2.219}$$

这就是能量平均截面(energy-averaged cross section)的豪瑟-费什巴赫公式(Hauser-Feshbach formula,这里称 Hauser-Feshbach 公式,Hauser & Feshbach,1952;Vogt,1968)。α 指的是反应的入射道,因此 I_1 和 I_2 分别是靶和炮弹的自旋。同样地,α'' 上的求和遍及所有道,即在入射道总能量下复合核能量可及的所有衰变道。对 J^π、ℓ 和 s 的求和运行于角动量耦合选择定则允许的所有值上(附录 B):π 为正或负;对于偶 A 核,$J=0,1,2,\cdots$,或对于奇 A 核,$J=1/2,3/2,5/2,\cdots$;s 取介于 $|I_1-I_2|$ 和 I_1+I_2 之间的所有整数值;如果核对 α 具有与 π 相同的宇称,则 ℓ 取介于 $|J-s|$ 和 $J+s$ 之间的所有偶数值,否则取所有奇数值。我们这里假设透射系数与道自旋无关(也即核势没有自旋轨道项),因此,式(2.219)中对 s 的求和就变成了一个简单的乘数因子。请参见习题 2.6。

透射系数 $\hat{T}_\ell(\alpha)$ 是通过复数相移 $\delta_{\alpha\ell}$ 来确定的[式(2.209)],该相移通常是根据光学模型势进行数值计算得到的(2.6 节)。回想一下,这些势仅代表平均核势。因此,透射系数描述了单粒子能级的形成概率。换句话说,由式(2.219)计算的反应截面无法解释图 2.25 中所示的精细结构,而是对应于以粗实线所示的平均截面。

如果反应道涉及发射或吸收 γ 射线的情况,则 Hauser-Feshbach 理论也同样适用(Cowan et al.,1991)。由于复合核的形成和衰变过程并不完全相互独立,所以我们必须对式(2.219)进行修正,利用共振理论(Vogt,1968)对 Hauser-Feshbach 公式进行更详尽的推导可以说明这一点。这种宽度波动修正(width-fluctuation correction)以较强反应道的截面为代价,增强了较弱反应道的截面,它对近阈(其他反应道变得能量可及),以及对仅有少数开放道的反应是非常重要的(Moldauer,1964)。

回想一下,α 也指定特定道中一对粒子的激发态。在实际应用中,人们最感兴趣的是通过对特定组(或套)激发态进行求和或求平均而得到的截面。例如,通常在实验室中测量的物理量是 $\langle\sigma_{re}(\alpha,\alpha')\rangle$,其中 α 代表靶和炮弹的基态,并对出射道 α' 中的激发态求和。或者,如果反应发生在热的恒星等离子体中,则必须对 $\langle\sigma_{re}(\alpha,\alpha')\rangle$ 在入射道 α 的激发态上进行平均(3.1.5 节)。在这种情况下,如果式(2.219)分子中的每个透射系数都替换为所讨论激发态上的透射系数之和,则该公式仍然成立。在一些特殊情况下,复合核衰变的所有末态及其量子数都是实验已知的。那么,就可以运用 Hauser-Feshbach 公式,且基本上没有可调参数。然而,在大多数有实际意义的情况下,复合核可能衰变到超过那些具有已知能量、自旋和宇称的最高激发态的那些能级上。那么就必须要修改式(2.219)中分子和分母里的透射系数,以便包括在超出已知能级的能区对核能级密度进行积分的那些项。这就需要发展以激发能、自旋和宇称为函数的态密度表达式。对总体截面的评估则简化为确定所需透射系数和核能级密度的问题。与 Hauser-Feshbach 模型相关的这些物理量的详细讨论,例如,请参考文献(Rauscher et al.,1997)或(Arnould & Goriely et al.,2003)。

图 2.29 显示了轰击能量介于 1~4 MeV 的 ^{64}Ni(p,γ)^{65}Cu 反应的截面。^{64}Ni(p,n)^{64}Cu 反应的 Q 值约为 -2.5 MeV,这意味着在轰击能量接近 2.5 MeV 时中子道打开,(p,n)反应将开始与(p,γ)反应竞争。由于总的入射通量必须恒定,所以新反应道的开放对应于所有其他反应道通量的减小。其结果是,(p,γ)反应截面在中子阈值处剧烈下降,并造成一个所谓的竞争尖端(competition cusp)。图 2.29 中的短划线是利用式(2.219)得到的,且与测量结果定性地符合。如果将宽度波动修正考虑进去,则理论对实验数据的描述会有相当大的

改善（实线）。关于 Hauser-Feshbach 模型在热核反应率情境下的讨论将在 3.2.7 节中给出。

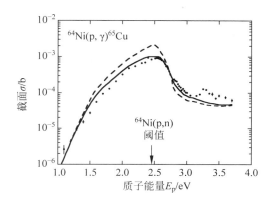

图 2.29 ^{64}Ni$(p,\gamma)^{65}$Cu 反应截面随轰击能量的关系。超过约 2.5 MeV 的能量，吸热的 ^{64}Ni$(p,n)^{64}$Cu 反应在能量上是允许发生的。在中子阈能处截面的急剧下降反映了复合核 ^{65}Cu 所有其他衰变道通量的减少。这些曲线显示了 Hauser-Feshbach 统计模型计算中考虑（实线）和不考虑（虚线）宽度的波动修正的结果。数据取自文献（Mann *et al*.，1975）

习题

2.1 通过将式(2.27)代入式(2.30)以显示展开系数由 $b_\ell = (2\ell+1)i^\ell e^{i\delta_\ell}$ 给出。以复指数形式写出正弦函数，并分别对 e^{ikr} 和 e^{-ikr} 项进行分组，这对于推导是很有帮助的。

2.2 与库仑势垒高度相比，较低能量下的 s 波($\ell=0$)透射系数由式(2.124)给出。通过将 $V(r)=Z_0Z_1e^2/r+\ell(\ell+1)\hbar^2/(2mr^2)$ 代入式(2.119)中，推导出较低能量下库仑势和离心势的透射系数。最简单的方法是在积分之前对被积函数中的平方根进行展开。

2.3 假设在 $A(p,\gamma)B$ 反应中发生了一个假想的共振。"观测的"质子和 γ 射线的分宽度分别为 $\Gamma_p^o = 50$ meV 和 $\Gamma_\gamma^o = 50$ meV。假设没有其他反应道开放。用单能级 Breit-Wigner 公式计算反应截面在 E_r 和 $E_r+\Gamma^o$ 处(Γ^o 表示总共振宽度)的比值。忽略波数 k 和分宽度的较小能量依赖。

2.4 明确显示一般解式(2.159)在 $\ell=0$ 中子的情况下，简化为 $u_0(r)=Ae^{ikr}+Be^{-ikr}$ [式(2.131)]。

2.5 对于 ^{13}C$(p,\gamma)^{14}$N 反应($Q=7550$ keV)位于 $E_r^{cm} = 518$ keV($J^\pi=1^-$)的 s 波共振(图 3.12)，在共振能量处其质子和 γ 射线的"观测"分宽度分别为 $\Gamma_p^o = 37$ keV 和 $\Gamma_\gamma^o = 9.4$ eV。这里给出的值都是质心系下的。这是 King 等(1994)报道的结果。后一值对应于通过 E1 跃迁到 ^{14}N 基态($J^\pi=1^+$)的 γ 射线分宽度。通过利用分宽度的能量依赖性，找到该特定共振在 $\Gamma_p^o \approx \Gamma_\gamma^o$ 处的质心系能量。利用伽莫夫因子来近似 s 波穿透因子，并忽略无维单粒子约化宽度的较小能量依赖性。

2.6 考虑 ^{23}Na$(p,\alpha)^{20}$Ne 反应，在质心系质子能量 $E_p \approx 0.4$ MeV 下到达 ^{20}Ne 的基态

$(J^{\pi}=0^+)$[其中,$J^{\pi}(^{23}\mathrm{Na})=3/2^+$,$J_p^{\pi}=1/2^+$]。$^{24}\mathrm{Mg}$ 的质子分离能(或$^{23}\mathrm{Na}(\mathrm{p},\gamma)^{24}\mathrm{Mg}$ 反应的 Q 值)为 $S_p=11.693\ \mathrm{MeV}$(Wang *et al*.,2012)。因此,复合核$^{24}\mathrm{Mg}$ 具有一个接近于 $11.7\ \mathrm{MeV}+0.4\ \mathrm{MeV}\approx12\ \mathrm{MeV}$ 的激发能。在这一能量下,$^{24}\mathrm{Mg}$ 可以通过质子发射到达$^{23}\mathrm{Na}$ 的基态,也可以通过 α 粒子发射到达$^{20}\mathrm{Ne}$ 的基态或其第一激发态($E_x=1.63\ \mathrm{MeV}$,$J^{\pi}=2^+$)。通过写下式(2.219)中直到 $J=2$ 的所有项(包含 $J=2$),从而确定能量平均截面。

第3章

热核反应

3.1 截面和反应率

Q 值反映了在特定核反应中释放的能量。然而,在天体环境中具有重要意义是在天体等离子体单位体积内所释放的总核能。后一方面取决于另外两个因素,即核反应截面以及粒子在等离子体中的速度分布。核反应截面是每个相互作用核对 0 和 1 发生核反应的概率的量度。总截面(以面积为单位)由式(2.1)来定义。通常,核反应截面取决于弹靶体系的相对速度,即 $\sigma = \sigma(v)$。

利用式(2.1),我们可以把核反应的速率(单位时间 t 及单位体积 V 内的反应数)表示为

$$\frac{\mathcal{N}_R}{V \cdot t} = (\sigma \mathcal{N}_t)\left(\frac{\mathcal{N}_b}{V \cdot A \cdot t}\right) = \sigma \frac{N_t}{V} \frac{\mathcal{N}_b}{A \cdot t} = \sigma \frac{\mathcal{N}_t}{V} v \frac{\mathcal{N}_b}{V} \tag{3.1}$$

其中,流密度(单位时间、单位面积内的粒子数)由 $j_b = \mathcal{N}_b/(At) = v\mathcal{N}_b/V$ 给出。

3.1.1 粒子诱发的反应

考虑一个涉及四个粒子种类的反应,即 $0+1 \longrightarrow 2+3$,其中炮弹(0)和靶(1)表示具有静止质量的粒子(也即 0 和 1 都不代表光子的情形)。利用定义 $r_{01} \equiv \mathcal{N}_R/(Vt)$,我们得到如下反应率公式:

$$r_{01} = N_0 N_1 v \sigma(v) \tag{3.2}$$

其中,$N_0 \equiv \mathcal{N}_t/V$ 和 $N_1 \equiv \mathcal{N}_b/V$ 是相互作用粒子的数密度(以单位体积内的粒子数为单位)。对于处于热力学平衡的天体等离子体,相互作用核 0 和 1 的相对速度不是恒定的,而是有一个相对速度的分布,用概率函数 $P(v)$ 来描述。在这种情况下,$P(v)dv$ 是相互作用核的相对速度处于 v 到 $v+dv$ 范围内的概率,因此有

$$\int_0^\infty P(v)dv = 1 \tag{3.3}$$

我们可以将反应率推广到相对速度分布的情况,即

$$r_{01} = N_0 N_1 \int_0^\infty v P(v)\sigma(v)dv \equiv N_0 N_1 \langle \sigma v \rangle_{01} \tag{3.4}$$

其中,$\langle \sigma v \rangle_{01}$ 是每个粒子对的反应率;$N_0 N_1$ 是非全同粒子对 0 和 1 总的数密度。对于全同粒子,粒子对总的数密度由下式给出

$$\frac{N_0(N_0-1)}{2} \xrightarrow{N_0 \text{ large}} \frac{N_0^2}{2} \tag{3.5}$$

这样,我们就得到了反应率的一般表达式:

$$r_{01} = \frac{N_0 N_1 \langle \sigma v \rangle_{01}}{1+\delta_{01}} \tag{3.6}$$

其中,δ_{01} 是克罗内克(Kronecker)符号。单位体积、单位时间内的反应数由粒子对数与每个粒子对的反应率的乘积给出。反应率包含核物理信息。实际上,在文献中表示和列出的是以 $\text{cm}^3 \cdot \text{mol}^{-1} \cdot \text{s}^{-1}$ 为单位的 $N_A \langle \sigma v \rangle_{01}$(其中 N_A 表示阿伏伽德罗常量),而不是 $\langle \sigma v \rangle_{01}$。对于三粒子反应或衰变的情况,请参考文献(Fowler *et al.*,1967)。在天体等离子体中,原子核可利用的动能就是它们的热运动能量。因此,通过这种运动开始的反应称为热核反应(thermonuclear reaction)。除少数例外,天体等离子体中原子核做非相对论运动,且是非简并的(例如,Wolf,1965)。这样,在大多数情况下,原子核的速度就可以用麦克斯韦-玻尔兹曼分布(Maxwell-Boltzmann distribution)来描述。发生核反应的概率取决于相互作用核之间的相对速度。如果两个处于热力学平衡的相互作用核的速度分布可以分别独立地由麦克斯韦-玻尔兹曼分布来描述,则它们之间的相对速度也将是麦克斯韦形式的(Clayton,1983)。

对于麦克斯韦-玻尔兹曼分布,我们可以写成

$$P(v)\mathrm{d}v = \left(\frac{m_{01}}{2\pi kT}\right)^{3/2} e^{-m_{01}v^2/(2kT)} 4\pi v^2 \mathrm{d}v \tag{3.7}$$

它给出了相对速度介于 v 和 $v+\mathrm{d}v$ 之间的概率。其中,玻尔兹曼常量 $k = 8.6173 \times 10^{-5} \text{ eV} \cdot \text{K}^{-1}$;$T$ 为温度;m_{01} 是约化质量 $m_{01} = m_0 m_1/(m_0+m_1)$(附录 C.2)。利用关系式 $E = m_{01}v^2/2$ 和 $\mathrm{d}E/\mathrm{d}v = m_{01}v$,我们可以将速度分布写作能量分布:

$$P(v)\mathrm{d}v = P(E)\mathrm{d}E = \left(\frac{m_{01}}{2\pi kT}\right)^{3/2} e^{-E/(kT)} 4\pi \frac{2E}{m_{01}} \frac{\mathrm{d}E}{m_{01}} \sqrt{\frac{m_{01}}{2E}}$$

$$= \frac{2}{\sqrt{\pi}} \frac{1}{(kT)^{3/2}} \sqrt{E} e^{-E/(kT)} \mathrm{d}E \tag{3.8}$$

速度分布在 $v_{\mathrm{T}} = \sqrt{2kT/m_{01}}$ 处有一个最大值,对应的能量为 $E = kT$。能量分布在 $E = kT/2$ 处有一个最大值。对于每个粒子对的反应率,我们得到

$$\langle \sigma v \rangle_{01} = \int_0^\infty v P(v) \sigma(v) \mathrm{d}v = \int_0^\infty v \sigma(E) P(E) \mathrm{d}E$$

$$= \left(\frac{8}{\pi m_{01}}\right)^{1/2} \frac{1}{(kT)^{3/2}} \int_0^\infty E \sigma(E) e^{-E/(kT)} \mathrm{d}E \tag{3.9}$$

在数值上,我们得到在给定温度 T 下的反应率为

$$N_A \langle \sigma v \rangle_{01} = \frac{3.7318 \times 10^{10}}{T_9^{3/2}} \sqrt{\frac{M_0+M_1}{M_0 M_1}} \int_0^\infty E \sigma(E) e^{-11.605E/T_9} \mathrm{d}E \, (\text{cm}^3 \cdot \text{mol}^{-1} \cdot \text{s}^{-1})$$

$$\tag{3.10}$$

其中,质心系能量 E 以 MeV 为单位;温度 T_9 以 GK 为单位($T_9 \equiv T/10^9 \text{ K}$);原子质量 M_i 以 u($1 \text{ u} = 1.660 \times 10^{-27} \text{ kg}$)为单位;反应截面 σ 以靶恩(b)为单位($1 \text{ b} \equiv 10^{-24} \text{ cm}^2$)。反

应率主要取决于对每个核反应都不相同的截面 σ。

图 3.1(a)显示了因子 $(kT)^{-3/2}Ee^{-E/(kT)}$ 的图像,其中包括三种不同情况下麦克斯韦-玻尔兹曼分布随能量 E 的关系:①太阳核心($T=15$ MK);②经典新星($T=300$ MK);③超新星($T=5$ GK)。每条显示的曲线在较小能量时线性增加,在 $E=kT$ 处达到最大,然后呈指数下降并在较大 E 值时接近于零。kT 项的数值表示为 $kT=86.173T_9$(keV)$=0.086173T_9$(MeV),如图 3.2 所示。图 3.1(a)中曲线的最大值分别出现在 $E_{max}=kT=$ 1.3 keV、26 keV 和 431 keV 处。

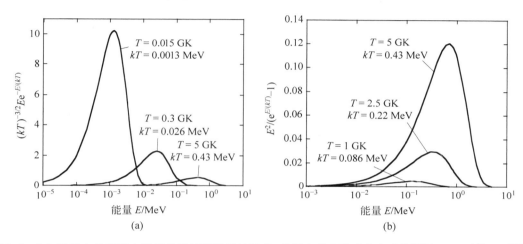

(a)　　　　　　　　　　(b)

图 3.1 (a) 对于由具有静止质量的粒子所诱发的反应,其反应率表达式中出现的因子 $(kT)^{-3/2}Ee^{-E/(kT)}$ [式(3.10)]在三种不同温度 $T=0.015$ GK、0.3 GK 和 5 GK 下的图像;这些条件分别在太阳、经典新星以及Ⅱ型超新星中会遇到;(b) 三种不同温度 $T=1$ GK、2.5 GK 和 5 GK 下,光解反应衰变常数的表达式中出现的因子 $E_\gamma^2/[e^{E_\gamma/(kT)}-1]$ [式(3.18)]

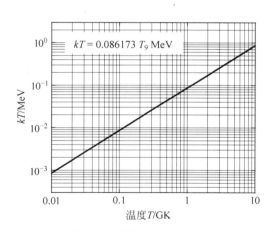

图 3.2 以温度为函数的麦克斯韦-玻尔兹曼速度分布的能量最大值

对于中子诱发的反应,例如(n,γ)或(n,α)反应,其反应率通常是以麦克斯韦平均(Maxwellian-averaged)截面来表示的:

$$N_A \langle \sigma \rangle_T \equiv \frac{N_A \langle \sigma v \rangle}{v_T} = \frac{1}{v_T} N_A \int_0^\infty v P(v) \sigma_n(v) \mathrm{d}v$$

$$= \frac{4}{\sqrt{\pi}} \frac{N_A}{v_T^2} \int_0^\infty v \sigma_n(v) \left(\frac{v}{v_T} \right)^2 \mathrm{e}^{-(v/v_T)^2} \mathrm{d}v \tag{3.11}$$

其中,$v_T = \sqrt{2kT/m_{01}}$ 是热速度,即速度分布中最大值处的速度。经常出现在文献中的是 $\langle \sigma \rangle_T$ 而不是 $\langle \sigma v \rangle$。在后面的章节中,上述表达式的有用之处会变得很明显。

3.1.2 光子诱发的反应

当 2 的种类是光子时,过程 $\gamma + 3 \longrightarrow 0 + 1$ 称为光致解离反应(photodisintegration reaction),这里简称光解反应。流密度可以写成 $j_b = \mathcal{N}_b/(At) = c\mathcal{N}_b/V$,其中 c 为光速。利用定义,$r_{\gamma 3} = \mathcal{N}_R/(Vt)$、$N_3 \equiv \mathcal{N}_t/V$、$N_\gamma \equiv \mathcal{N}_b/V$,根据式(3.1),我们可以得到

$$r_{\gamma 3} = N_3 N_\gamma c \sigma(E_\gamma) \tag{3.12}$$

其截面取决于 γ 射线的能量。此外,在天体等离子体的热力学平衡中,光子的数密度不是恒定的,而是依赖于天体温度以及 γ 射线能量。我们可以将反应率推广如下:

$$r_{\gamma 3} = N_3 \int_0^\infty c N_\gamma(E_\gamma) \sigma(E_\gamma) \mathrm{d}E_\gamma \tag{3.13}$$

对于衰变常数(每个核每秒钟衰减的概率),我们发现有

$$\lambda_\gamma(3) = \frac{r_{\gamma 3}}{N_3} = \int_0^\infty c N_\gamma(E_\gamma) \sigma(E_\gamma) \mathrm{d}E_\gamma \tag{3.14}$$

在温度 T 下,电磁波频率介于 ν 和 $\nu + \mathrm{d}\nu$ 之间的能量密度由普朗克辐射定律给出:

$$u(\nu)\mathrm{d}\nu = \frac{8\pi h \nu^3}{c^3} \frac{1}{\mathrm{e}^{h\nu/(kT)} - 1} \mathrm{d}\nu \tag{3.15}$$

通过替换 $E_\gamma = h\nu$,我们得到能量密度如下:

$$u(E_\gamma)\mathrm{d}E_\gamma = \frac{8\pi}{(hc)^3} \frac{E_\gamma^3}{\mathrm{e}^{E_\gamma/(kT)} - 1} \mathrm{d}E_\gamma \tag{3.16}$$

在温度 T 下,单位体积内能量介于 E_γ 和 $E_\gamma + \mathrm{d}E_\gamma$ 之间的光子数则为

$$N_\gamma(E_\gamma)\mathrm{d}E_\gamma = \frac{u(E_\gamma)}{E_\gamma}\mathrm{d}E_\gamma = \frac{8\pi}{(hc)^3} \frac{E_\gamma^2}{\mathrm{e}^{E_\gamma/(kT)} - 1} \mathrm{d}E_\gamma \tag{3.17}$$

利用式(3.14),我们得到给定温度下光解反应的衰变常数为

$$\lambda_\gamma(3) = \frac{8\pi}{h^3 c^2} \int_0^\infty \frac{E_\gamma^2}{\mathrm{e}^{E_\gamma/kT} - 1} \sigma(E_\gamma) \mathrm{d}E_\gamma \tag{3.18}$$

由于大多数光解反应是吸热的$[Q_{\gamma 3 \to 01} < 0]$,所以积分下限由反应的阈能 $E_t = Q_{01 \to \gamma 3}$ 给出。注意,$\lambda_\gamma(3)$ 不依赖于天体的密度。

图 3.1(b) 显示了因子 $E_\gamma^2/[\mathrm{e}^{E_\gamma/(kT)} - 1]$ 在三种不同天体场景下随 γ 射线能量的关系:①$T = 1$ GK($kT = 86$ keV);②$T = 2.5$ GK($kT = 215$ keV);③$T = 5$ GK($kT = 431$ keV)。曲线的最大值出现在 $E_{\gamma,\max} \approx 1.6\,kT = 140$ keV、349 keV 和 700 keV 处。光子数是不守恒的,而是由热平衡条件所决定的。对于许多重要的光解反应,其阈值能量远大于因子 $E_\gamma^2/[\mathrm{e}^{E_\gamma/(kT)} - 1]$ 在最大值处的位置,即 $E_t \gg E_{\gamma,\max}$。图 3.3 比较了两个具有不同阈能光

解反应的情况,它们的 $E_t \gg E_{\gamma,\max}$。如果两个反应都具有相似光解截面的话,对于具有较大阈能的反应,其积分 $\lambda_\gamma(3) \sim \int_{E_t}^{\infty} E_\gamma^2 / (\mathrm{e}^{E_\gamma/(kT)} - 1)\sigma(E_\gamma)\mathrm{d}E_\gamma$ 则会变小。

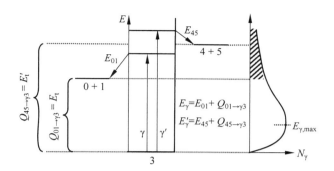

图 3.3 能级图与不同光解反应阈值能量 E_t 的比较。右手侧示意性地显示了因子 $E_\gamma^2 / [\mathrm{e}^{E_\gamma/(kT)} - 1]$ [图 3.1(b)]。只有光子的能量高于阈值(对于光子 γ,$E_t = Q_{01 \longrightarrow \gamma3}$;对光子 γ',$E_t' = Q_{45 \longrightarrow \gamma3}$)才可以引发光解反应,并且对由式(3.18)给出的衰减常数有贡献

3.1.3 丰度演化

首先考虑两个核 0 和 1 之间的反应,并且忽略其他过程。0+1 的反应率与天体等离子体中核素的平均寿命 τ 相关。由于与原子核 1 发生反应而造成的原子核 0 丰度变化(以数密度来表示)的速率可以表示为

$$\left(\frac{\mathrm{d}N_0}{\mathrm{d}t}\right)_1 = -\lambda_1(0)N_0 = -\frac{N_0}{\tau_1(0)} \tag{3.19}$$

其中,$\lambda \equiv 1/\tau$ 是衰变常数。通过利用反应率公式(3.6),我们还可以写成

$$\left(\frac{\mathrm{d}N_0}{\mathrm{d}t}\right)_1 = -(1+\delta_{01})r_{01} = -(1+\delta_{01})\frac{N_0 N_1 \langle\sigma v\rangle_{01}}{1+\delta_{01}} = -N_0 N_1 \langle\sigma v\rangle_{01} \tag{3.20}$$

克罗内克符号的出现是因为对于全同的原子核,每个反应都会破坏两个粒子。根据式(3.19)、式(3.20)和式(1.14),我们得到如下关系式:

$$r_{01} = \frac{\lambda_1(0)N_0}{1+\delta_{01}} = \frac{1}{1+\delta_{01}} \frac{N_0}{\tau_1(0)} \tag{3.21}$$

$$\tau_1(0) = \frac{N_0}{(1+\delta_{01})r_{01}} = \frac{1}{N_1 \langle\sigma v\rangle_{01}} = \left(\rho \frac{X_1}{M_1} N_A \langle\sigma v\rangle_{01}\right)^{-1} \tag{3.22}$$

$$\lambda_1(0) = \frac{1}{\tau_1(0)} = N_1 \langle\sigma v\rangle_{01} = \rho \frac{X_1}{M_1} N_A \langle\sigma v\rangle_{01} \tag{3.23}$$

通过粒子诱发反应造成对原子核的破坏,其衰变常数显性地依赖于天体密度,正如我们将看到的那样,它通过反应率隐性地依赖于天体温度。如果种类 0 能够被几个不同的反应所破坏,则其总寿命由下式给出:

$$\frac{1}{\tau(0)} = \sum_i \frac{1}{\tau_i(0)} \tag{3.24}$$

以上表达非常有用,将在讨论核燃烧阶段(第 5 章)时频繁使用。下面的例子显示了它们在

确定天体等离子体中特定原子核被破坏的首选过程(反应或 β 衰变)时的用法。

 示例 3.1

　　在天体等离子体中，原子核 ^{25}Al 可能会被俘获反应 ^{25}Al$(p,\gamma)^{26}$Si 或 β^+ 衰变($T_{1/2}=$ 7.18 s)破坏掉。忽略其他过程，确定在天体温度 $T=0.3$ GK 下，其主要的破坏过程。假设反应率为 $N_A\langle\sigma v\rangle=1.8\times10^{-3}$ cm$^3\cdot$mol$^{-1}\cdot$s^{-1}。并且假设天体密度为 $\rho=10^4$ g$\cdot$ cm^{-3}，氢的质量分数为 $X_H=0.7$。

　　利用式(1.10)和式(3.22)，我们得到两个过程的平均寿命分别为

$$\beta^+\text{ 衰变}：\tau_{\beta^+}(^{25}\text{Al})=\frac{T_{1/2}}{\ln2}=\frac{7.18\text{ s}}{0.693}=10.36\text{ s}$$

$$\text{p 俘获}：\tau_p(^{25}\text{Al})=\left(\rho\frac{X_H}{M_H}N_A\langle\sigma v\rangle\right)^{-1}$$

$$=\left[(10^4\text{ g}\cdot\text{cm}^{-3})\cdot\frac{0.7}{1.0078\text{ u}}\cdot(1.8\times10^{-3}\text{ cm}^3\cdot\text{s}^{-1}\cdot\text{mol}^{-1})\right]^{-1}$$

$$=0.08\text{ s}$$

因此，在这些条件下，质子俘获反应是原子核 ^{25}Al 主要的破坏机制。

　　现在考虑几种核过程(反应、光解及 β 衰变)对天体等离子体中特定原子核丰度的共同影响。作为一个具体示例，我们再次选择 ^{25}Al 核(图 3.4)。它可能是由许多过程产生的(图中以实线表示)，包括 ^{24}Mg$(p,\gamma)^{25}$Al、^{22}Mg$(\alpha,p)^{25}$Al、^{25}Si$(\beta^+\nu)^{25}$Al，以及 ^{26}Si$(\gamma,p)^{25}$Al 等。另外，它也可以被虚线所示的过程破坏掉，例如 ^{25}Al$(p,\gamma)^{26}$Si、^{25}Al$(\alpha,p)^{28}$Si、^{25}Al$(\beta^+\nu)^{25}$Mg，以及 ^{25}Al$(\gamma,p)^{24}$Mg 等。^{25}Al 丰度的时间演化由下式来描述：

$$\frac{d(N^{25}\text{Al})}{dt}=N_H N_{^{24}\text{Mg}}\langle\sigma v\rangle_{^{24}\text{Mg}(p,\gamma)}+N_{^4\text{He}}N_{^{22}\text{Mg}}\langle\sigma v\rangle_{^{22}\text{Mg}(\alpha,p)}+N_{^{25}\text{Si}}\lambda_{^{25}\text{Si}(\beta^+\nu)}+$$

$$N_{^{26}\text{Si}}\lambda_{^{26}\text{Si}(\gamma,p)}+\cdots-N_H N_{^{25}\text{Al}}\langle\sigma v\rangle_{^{25}\text{Al}(p,\gamma)}-N_{^4\text{He}}N_{^{25}\text{Al}}\langle\sigma v\rangle_{^{25}\text{Al}(\alpha,p)}-$$

$$N_{^{25}\text{Al}}\lambda_{^{25}\text{Al}(\beta^+\nu)}-N_{^{25}\text{Al}}\lambda_{^{25}\text{Al}(\gamma,p)}-\cdots \tag{3.25}$$

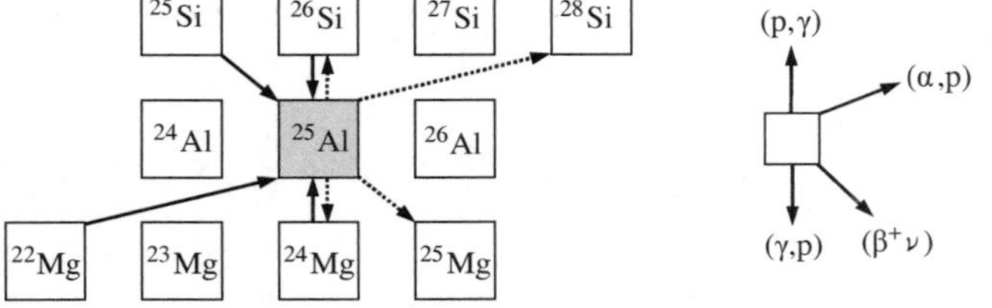

图 3.4　产生(实线箭头)和破坏(虚线箭头)^{25}Al 核素各种相关过程的部分核素图

　　一般而言，如果丰度变化的唯一来源是核过程(也即没有物质的膨胀或混合)，则原子核 i 的丰度演化由以下微分方程给出：

$$\frac{dN_i}{dt}=\left[\sum_{j,k}N_j N_k\langle\sigma v\rangle_{jk\to i}+\sum_l\lambda_{\beta,l\to i}N_l+\sum_m\lambda_{\gamma,m\to i}N_m\right]-$$

$$\left[\sum_n N_n N_i \langle \sigma v \rangle_{ni} + \sum_o \lambda_{\beta,i \to o} N_i + \sum_p \lambda_{\gamma,i \to p} N_i\right] \tag{3.26}$$

第一个和第二个括号中的项分别代表所有产生和破坏核 i 的过程。在第一个括号中,三个项分别代表:①通过核 j 和 k 产生核 i 的所有反应之和;②导致核 l 变成到 i 的所有 β 衰变之和;③导致核 m 变成 i 的所有光解反应之和。类似的讨论也适用于第二个括号中的项。如果非全同粒子 $(j \neq k)$ 间的反应产生了两个核 i(例如,$^7\text{Li}+\text{p} \longrightarrow \alpha+\alpha$),则 $N_j N_k \langle \sigma v \rangle_{jk \to i}$ 必须替换为 $2N_j N_k \langle \sigma v \rangle_{jk \to i}$。如果全同粒子 $(j=k)$ 间的反应仅产生一个粒子 i(例如,$\text{p}+\text{p} \longrightarrow \text{d}$),则 $N_j N_k \langle \sigma v \rangle_{jk \to i}$ 必须用 $N_j^2 \langle \sigma v \rangle_{jj \to i}/2$ 来代替。上述表达式对于涉及全同粒子的其他所有反应都是适用的,即无需任何修改。对于包含三粒子反应的情况,请参考例如文献 Chieffi *et al.*,1998)。在核合成过程中,如果质量密度发生了变化,则以摩尔分数 Y(1.5.4 节)而不是以数密度 N 来表示式(3.26)是很有优势的。在第 5 章关于核燃烧阶段和过程的大多数讨论中,我们将假设密度 ρ 恒定,这样的话使用 N 或 Y 都是合适的。

在任何实际的情况下,我们不只是要考虑一个核素,而是要同时考虑几个(有时很多)核素的演化。对于每个核素,我们可以建立式(3.26)形式的表达式。这样一个耦合的、非线性的常微分方程组的系统称为核反应网络(nuclear reaction network)。在最简单的情况下,我们会对反应网络进行解析求解。但是,在更复杂的情况下,就必须对该方程组进行数值求解。这里我们不关心求解反应网络的数值计算技术。相关技术的详细描述请参考文献(Arnett,1996;Timmes,1999;Hix & Meyer,2006)。

有时,核反应网络的解揭示了某些基本特性,从而简化了对结果的解释。这些特性中最重要的两个,分别称为稳态(steady state)和平衡(equilibrium)。如果对于反应网络中的某一部分,所有丰度的时间导数 (dN_i/dt) 为零或近似为零,则存在一个稳态解。这意味着在式(3.26)中所有破坏项之和与所有产生项之和相平衡。平衡解更具限制性,它适用于以下情况:即由于受到(几乎)同样强的正向和反向反应率(3.1.4 节)的影响,一对原子核(或一组原子核)的丰度会达到局部平衡。我们将在核合成的讨论中使用这两个概念。

3.1.4 正向和逆向反应

在 2.2 节中显示,正向和逆向反应的截面完全由互易定理联系在一起。在这里,我们将推导出许多相应的反应率表达式。对于仅涉及具有静止质量的粒子所诱发的反应,$0+1 \longrightarrow 2+3$,利用 $p^2=2mE$,根据式(2.15)可以得到

$$\frac{\sigma_{23 \to 01}}{\sigma_{01 \to 23}} = \frac{(2j_0+1)(2j_1+1)}{(2j_2+1)(2j_3+1)} \frac{m_{01}E_{01}}{m_{23}E_{23}} \frac{1+\delta_{23}}{1+\delta_{01}} \tag{3.27}$$

其中,E_{01} 和 E_{23} 分别代表正向和逆向反应的质心能量。对于涉及光子的反应,$0+1 \longrightarrow \gamma+3$,利用 $p^2=E_\gamma^2/c^2$,根据式(2.15)可以得到

$$\frac{\sigma_{\gamma3 \to 01}}{\sigma_{01 \to \gamma3}} = \frac{(2j_0+1)(2j_1+1)}{2(2j_3+1)} \frac{2m_{01}c^2 E_{01}}{E_\gamma^2} \frac{1}{1+\delta_{01}} \tag{3.28}$$

其中,$(2j_\gamma+1)=2$,因为光子只有两个极化方向(Messiah,1999)。

如果正反应 $0+1 \longrightarrow 2+3$ 和相应的逆反应 $2+3 \longrightarrow 0+1$ 仅涉及具有静止质量的粒子,则它们的反应率分别为

$$N_A \langle \sigma v \rangle_{01 \to 23} = \left(\frac{8}{\pi m_{01}} \right)^{1/2} \frac{N_A}{(kT)^{3/2}} \int_0^\infty E_{01} \sigma_{01 \to 23} e^{-E_{01}/(kT)} dE_{01} \tag{3.29}$$

$$N_A \langle \sigma v \rangle_{23 \to 01} = \left(\frac{8}{\pi m_{23}} \right)^{1/2} \frac{N_A}{(kT)^{3/2}} \int_0^\infty E_{23} \sigma_{23 \to 01} e^{-E_{23}/(kT)} dE_{23} \tag{3.30}$$

其中的动能由关系式 $E_{23} = E_{01} + Q_{01 \to 23}$ 联系起来[式(1.5)]。两个反应率之比遵循下式 (Fowler et al.,1967):

$$\frac{N_A \langle \sigma v \rangle_{23 \to 01}}{N_A \langle \sigma v \rangle_{01 \to 23}} = \left(\frac{m_{01}}{m_{23}} \right)^{1/2} \frac{\int_0^\infty E_{23} \sigma_{23 \to 01} e^{-E_{23}/(kT)} dE_{23}}{\int_0^\infty E_{01} \sigma_{01 \to 23} e^{-E_{01}/(kT)} dE_{01}}$$

$$= \frac{(2j_0 + 1)(2j_1 + 1)(1 + \delta_{23})}{(2j_2 + 1)(2j_3 + 1)(1 + \delta_{01})} \left(\frac{m_{01}}{m_{23}} \right)^{3/2} e^{-Q_{01 \to 23}/(kT)} \tag{3.31}$$

很显然,$N_A \langle \sigma v \rangle_{01 \to 23}$ 和 $N_A \langle \sigma v \rangle_{23 \to 01}$ 指的是相同天体温度 T 下的反应率。

如果种类 2 是光子,为了找到正向和逆向反应之间的关系,我们从式(3.9)和式(3.180) 开始:

$$\lambda_\gamma(3) = \frac{8\pi}{h^3 c^2} \int_0^\infty \frac{E_\gamma^2}{e^{E_\gamma/(kT)} - 1} \sigma_{\gamma 3 \to 01} dE_\gamma \tag{3.32}$$

$$N_A \langle \sigma v \rangle_{01 \to \gamma 3} = \left(\frac{8}{\pi m_{01}} \right)^{1/2} \frac{N_A}{(kT)^{3/2}} \int_0^\infty E_{01} \sigma_{01 \to \gamma 3} e^{-E_{01}/(kT)} dE_{01} \tag{3.33}$$

根据式(3.28),我们发现:

$$\frac{\lambda_\gamma(3)}{N_A \langle \sigma v \rangle_{01 \to \gamma 3}} = \frac{\frac{8\pi}{h^3 c^2} \int_0^\infty \frac{E_\gamma^2}{e^{E_\gamma/(kT)} - 1} \frac{(2j_0 + 1)(2j_1 + 1)}{(2j_3 + 1)(1 + \delta_{01})} \frac{m_{01} c^2 E_{01}}{E_\gamma^2} \sigma_{01 \to \gamma 3} dE_\gamma}{\left(\frac{8}{\pi m_{01}} \right)^{1/2} \frac{N_A}{(kT)^{3/2}} \int_0^\infty E_{01} \sigma_{01 \to \gamma 3} e^{-E_{01}/(kT)} dE_{01}} \tag{3.34}$$

其中,能量由 $E_{01} + Q_{01 \to \gamma 3} = E_\gamma$ 联系起来,如图 3.3 所示。大多数俘获反应具有正的 Q 值

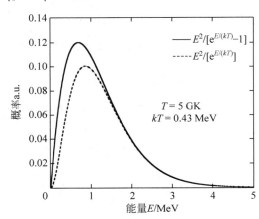

图 3.5　在恒星温度 $T = 5$ GK 时,精确表达式 $E_\gamma^2 / [e^{E_\gamma/(kT)} - 1]$(实线)和近似式 $E_\gamma^2 / e^{E_\gamma/(kT)}$ (虚线)的比较。对于足够大的阈能(在该情况为 $E_t > 1.5$ MeV),这两个表达式之间的 差异可以忽略

（即对应的逆向光分解反应的 $Q<0$），否则核 3 会通过粒子发射而变得不稳定。此外，许多俘获反应的 Q 值都很大，大约在几兆电子伏的量级。在这种情况下，正如上面所解释的那样，对 γ 射线能量 E_γ 的积分不会从零开始，而是从阈能 $E_t = Q_{01\to\gamma3}$ 处开始（图3.3）。因为这意味着 $E_\gamma \gg kT$，所以我们可以使用近似关系式 $e^{E_\gamma/(kT)} - 1 \approx e^{E_\gamma/(kT)}$。图3.5 显示了在天体温度 $T = 5$ GK 下，因子 $E_\gamma^2/[e^{E_\gamma/(kT)} - 1]$（实线）及其近似式 $E_\gamma^2/e^{E_\gamma/(kT)}$（短划线）随 γ 射线能量的关系。如果阈能 $E_t = Q_{01\to\gamma3}$ 足够大，则这两个表达式之间的差异可以忽略不计。如果反应中涉及带电粒子，则上述近似式也适用于 Q 值低于 1 MeV 的情况。由于隧道效应，在低能量下将抑制光解的截面，图3.5 中实线和虚线之间的偏差最大。但是，该近似式可能不适用于具有较小 Q 值的 (n,γ) 反应。

通过近似式 $e^{E_\gamma/(kT)} - 1 \approx e^{E_\gamma/(kT)}$，我们根据式（3.34）可以得到（Fowler et al., 1967）

$$\frac{\lambda_\gamma(3)}{N_A \langle\sigma v\rangle_{01\to\gamma3}} = \frac{\frac{8\pi}{h^3 c^2}(kT)^{3/2} m_{01} c^2}{\left(\frac{8}{\pi m_{01}}\right)^{1/2} N_A} \frac{(2j_0+1)(2j_1+1)}{(2j_3+1)(1+\delta_{01})} \frac{\int_0^\infty E_{01} e^{-(E_{01}+Q_{01\to\gamma3})/(kT)} \sigma_{01\to\gamma3} \, dE_\gamma}{\int_0^\infty E_{01} e^{-E_{01}/(kT)} \sigma_{01\to\gamma3} \, dE_{01}}$$

$$= \left(\frac{2\pi}{h^2}\right)^{3/2} \frac{(m_{01} kT)^{3/2}}{N_A} \frac{(2j_0+1)(2j_1+1)}{(2j_3+1)(1+\delta_{01})} e^{-Q_{01\to\gamma3}/(kT)} \tag{3.35}$$

图3.6(a) 显示了该反应率的比值。其中 $N_A\langle\sigma v\rangle_{23\to01}/(N_A\langle\sigma v\rangle_{01\to23}) \approx e^{-Q_{01\to23}/(kT)}$，对于涉及具有静质量的粒子的反应，式（3.31）中包含自旋和约化质量的因子被置为1。不同曲线对应于不同 $Q_{01\to23}$ 的值。对于一个正的 Q 值，反应率的比值 $N_A\langle\sigma v\rangle_{23\to01}/(N_A\langle\sigma v\rangle_{01\to23})$ 总是小于1。这是很明显的，在足够高温度且较小 Q 值的情况下，逆反应会变得很重要。图3.6(b) 显示了衰变常数的比值，$\lambda_\gamma(3)/\lambda_1(0) = \lambda_\gamma(3)/[\rho(X_1/M_1)N_A\langle\sigma v\rangle_{01\to\gamma3}]$，对于涉及光子的反应，式（3.35）中包含自旋的因子以及 X_1/M_1 项被置为1。这里选择的一个任意密度值为 $\rho = 10^3$ g/cm³。对于图中显示的所有曲线，$Q_{01\to\gamma3}$ 的值为正（也即对于俘获反应）。可以看出，光解与俘获反应衰变常数之比值能够超过1，并且可能会变得非常大，这取决于温度和反应的 Q 值。

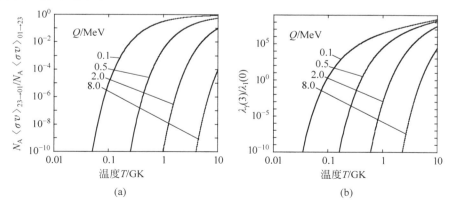

图3.6 （a）正向与逆向反应率之比随温度的关系。这些曲线对应于不同的 $Q_{01\to23}$ 值。（b）对于不同的 $Q_{01\to\gamma3}$ 值，光解反应与相应俘获反应的衰变常数之比随温度的关系

图 3.6(b)中比值 $\lambda_\gamma(3)/\lambda_1(0)$ 的强烈 Q 值依赖性具有重要的意义。涉及具有偶数质子和中子靶核参与的俘获反应,通常具有较小的 Q 值,而对于具有奇数质子或中子靶核参与的俘获反应,Q 值会比较大。换句话说,作为俘获过程的结果,如果可以实现一个能量占优的偶-偶核结构,则反应就可以释放出相对较多的能量。例如,考虑图 3.7(a)中所示的反应链 $^{11}\mathrm{B}+\mathrm{p}\longleftrightarrow{}^{12}\mathrm{C}$ 和 $^{12}\mathrm{C}+\mathrm{p}\longleftrightarrow{}^{13}\mathrm{N}$。其相应的 Q 值分别为 $Q_{^{11}\mathrm{B}+\mathrm{p}}=16$ MeV 和 $Q_{^{12}\mathrm{C}+\mathrm{p}}=2$ MeV。在高温度下,$^{12}\mathrm{C}$ 的光解将会是一个相对缓慢的过程,而 $^{13}\mathrm{N}$ 的光解将会相当地快。其结果是,与相邻的(较不稳定的)原子核 $^{11}\mathrm{B}$ 和 $^{13}\mathrm{N}$ 相比,$^{12}\mathrm{C}$ 的丰度将会增强。在高温天体等离子体中,光解的净效应就是把原子核转换成更加稳定的核素。这些考虑,对于大质量恒星的后期燃烧阶段(5.3 节)和爆发性燃烧(5.4.3 节和 5.5.1 节)是特别重要的。

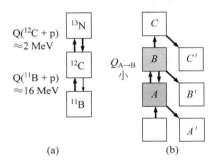

图 3.7 表示原子核之间相互作用的部分核素图。垂直向上的箭头表示 (p,γ) 反应;那些垂直向下箭头代表光解 (γ,p) 反应;那些斜向下指向右边的对应于 β^+ 衰变

(a) 在高温下的反应链 $^{11}\mathrm{B}+\mathrm{p}\longleftrightarrow{}^{12}\mathrm{C}$ 和 $^{12}\mathrm{C}+\mathrm{p}\longleftrightarrow{}^{13}\mathrm{N}$;(b) 描述正向反应 $A+a\longrightarrow\gamma+B$ 与逆向反应 $B+\gamma\longrightarrow a+A$ 之间平衡的情况,请见 3.1.6 节

3.1.5 评估温度下的反应率

到现在为止,我们仅考虑了涉及原子核基态的那些核反应。但是,在更高的天体温度下,原子核将会处于热激发状态,例如,通过光激发、非弹性粒子散射以及其他方式等。这些激发态也会参与到核反应中。我们在 1.7.4 节[式(1.35)]中已经提到过,对于非简并处于热力学平衡的等离子体,处于激发态 μ 的原子核 i 的数密度 $N_{i\mu}$ 与原子核 i 总的数密度 N_i 之比由玻尔兹曼分布给出:

$$P_{i\mu}=\frac{N_{i\mu}}{N_i}=\frac{g_{i\mu}\mathrm{e}^{-E_{i\mu}/(kT)}}{\sum_\mu g_{i\mu}\mathrm{e}^{-E_{i\mu}/(kT)}}=\frac{g_{i\mu}\mathrm{e}^{-E_{i\mu}/(kT)}}{G_i} \tag{3.36}$$

其中,$g_{i\mu}=(2J_{i\mu}+1)$、$J_{i\mu}$ 和 $E_{i\mu}$ 分别是原子核 i 处于状态 μ 的统计权重、自旋和激发能。回想一下,对 μ 的求和定义了原子核 i 的配分函数 G_i,其中包括基态。相关的量为

$$G_i^{\mathrm{norm}}\equiv\frac{G_i}{g_{i\mathrm{g.s.}}}=\frac{\sum_\mu g_{i\mu}\mathrm{e}^{-E_{i\mu}/(kT)}}{g_{i\mathrm{g.s.}}} \tag{3.37}$$

它被称为归一化的配分函数(normalized partition function),其中 $g_{i\mathrm{g.s.}}$ 是原子核 i 基态的统计权重。G_i^{norm} 的数值与温度的关系已在参考文献(Rauscher & Thielemann,2000;Goriely *et al.*,2008)中给出。

具有天体物理重要意义的是涉及热激发原子核的反应率，$N_A\langle\sigma v\rangle^*$，而不是仅涉及核基态的反应率，$N_A\langle\sigma v\rangle$。对于反应 $0+1\longrightarrow 2+3$，包含热激发态的反应率可以通过对核 2 和核 3 相关激发态的所有跃迁进行求和，以及通过对核 0 和 1 激发态的组合进行恰当平均的方式来获得。进入反应率表达式 $r_{01}=N_0 N_1\langle\sigma v\rangle^*_{01\to23}$ 中的数密度 N_i，是指单位体积内原子核 i 的总数。为了简单起见，我们以下将忽略入射道或出射道中轻粒子 1 和 2 的激发态（这对于质子、中子和 α 粒子是一个有效的假设）。对于恒星反应率（stellar rate），我们可以写为

$$N_A\langle\sigma v\rangle^*_{01\to23}=\sum_\mu P_{0\mu}\sum_\nu N_A\langle\sigma v\rangle^{\mu\to\nu}_{01\to23}$$

$$=\frac{\sum_\mu g_{0\mu} e^{-E_{0\mu}/(kT)}\sum_\nu N_A\langle\sigma v\rangle^{\mu\to\nu}_{01\to23}}{G_0} \tag{3.38}$$

其中，μ 和 ν 分别是靶核 0 和剩余核 3 状态的标签，而 G_0 表示靶核 0 的配分函数。必须强调的是，实验通常仅为实验室反应率（laboratory reaction rate）的计算提供信息：

$$N_A\langle\sigma v\rangle_{01\to23}=\sum_\nu N_A\langle\sigma v\rangle^{\text{g.s.}\to\nu}_{01\to23} \tag{3.39}$$

也就是说，反应率仅涉及从靶核 0 基态到剩余核 3 激发态的所有跃迁。大多数情况下，实验室无法测量涉及靶核激发的截面，因此必须使用理论模型进行计算。

我们可以根据式（3.36）～式（3.39）推导出许多有用的量。恒星反应率与实验室反应率的比值，称为恒星增强因子（stellar enhancement factor，SEF），由下式定义：

$$\text{SEF}\equiv\frac{N_A\langle\sigma v\rangle^*_{01\to23}}{N_A\langle\sigma v\rangle_{01\to23}}=\frac{\sum_\mu g_{0\mu} e^{-E_{0\mu}/(kT)}\sum_\nu N_A\langle\sigma v\rangle^{\mu\to\nu}_{01\to23}}{G_0\sum_\nu N_A\langle\sigma v\rangle^{\text{g.s.}\to\nu}_{01\to23}} \tag{3.40}$$

使用 Hauser-Feshbach 统计模型估算（2.7 节）的数值已在文献（Rauscher & Thielemann，2000；Goriely et al.，2008）中给出。上述表达式在一般热力学平衡尚未达到的条件下也是有效的，只要其激发态与基态处于平衡即可（Fowler et al.，1967，1975）。天体物理首要感兴趣的是天体事件经过最终冷却后，所有能级都衰变到基态的核素丰度。因此，对 μ 和 ν 的求和包含所有的束缚态，直至能级变为非束缚的（主要通过粒子发射进行衰变）。类似的声明也适用于逆反应 $2+3\longrightarrow 0+1$。关于适用于窄共振特殊情况下 $N_A\langle\sigma v\rangle^*_{01\to23}$ 的确切表达式将在 3.2.4 节中推导。

人们常常对恒星"增强"因子小于 1 这种情况视而不见。例如，如果靶核 0 很大一部分居于激发态，同时，如果涉及这些激发态的反应率出于某种原因（例如，角动量、宇称或同位旋选择定则）比基态的要小得多，那么这种情况就会发生。出于同样的原因，值 SEF≈1 不一定意味着来自靶核激发态的反应率可以忽略：较大的靶核激发态布居概率 $P_{0\mu}$，与来自靶核激发态较小的反应率 $N_A\langle\sigma v\rangle^{\mu\to\nu}_{01\to23}$ 之间的相互影响，可以产生一个接近于 1 的天体增强因子。

为了量化实验室反应率对恒星反应率的分数贡献，我们引入一个量，即恒星反应率基态分数（stellar rate ground state fraction，GSF），定义如下（Rauscher et al.，2011）：

$$GSF \equiv \frac{P_{0\text{g.s.}} \; N_A \langle \sigma v \rangle_{01\to23}}{N_A \langle \sigma v \rangle_{01\to23}^*} = \frac{P_{0\text{g.s.}} \displaystyle\sum_{\nu} N_A \langle \sigma v \rangle_{01\to23}^{\text{g.s.}\to\nu}}{\displaystyle\sum_{\mu} P_{0\mu} \sum_{\nu} N_A \langle \sigma v \rangle_{01\to23}^{\mu\to\nu}} = \frac{1}{G_0^{\text{norm}} \text{SEF}} \qquad (3.41)$$

GSF 可能值的范围为 $0 \leqslant GSF \leqslant 1$。对于 $P_{0\text{g.s.}} = 1$,可得上限值 GSF$=1$,恒星反应率等于实验室反应率意味着 SEF$=1$。很显然,恒星反应率基态分数比恒星增强因子包含更多的信息。同样明显的是,涉及靶核激发态 μ 的布居概率 $P_{0\mu}$ 和反应率 $N_A \langle \sigma v \rangle_{01\to23}^{\mu\to\nu}$ 之间的相互影响,可能会引起靶核激发态对总反应率有整体显著的贡献(GSF$<$1),尽管恒星增强因子可能不会受到影响(SEF$=$1)。恒星增强因子和恒星反应率基态分数与温度的关系如图 3.8 所示,其中包括 100 个涉及稳定和非稳定靶核(在 $A \leqslant 40$ 质量范围内)上带电粒子诱发反应的情况。除少数例外,SEF 值的范围从 $0.5 \sim 1.8$,而 GSF 在该质量范围内通常大于 0.3。另请参见习题 3.7。

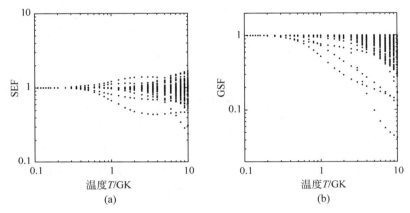

图 3.8 对于大约 100 个 $A \leqslant 40$ 靶核上由带电粒子诱发的反应,下列两个因子的值与温度的关系:(a) 恒星增强因子(SEF);(b) 基态分数(GSF)。仅显示了其中任一值偏离 1 的数据点;这适用于 20% 的情况。数据取自文献(Sallaska *et al*.,2013)

有趣的是,在给定温度下,光解(γ,p)、(γ,α)、(γ,n)反应的 SEF 值通常比粒子诱发反应的 SEF 值要大得多。这可以解释如下:根据式(3.36),激发态的布居概率随着激发能的增加呈指数下降。但是,与此同时,根据式(3.17),这种影响可以通过足以启动光解离的具有较小能量的大量光子来补偿。因此,许多热布居的能级可能会对总的恒星光解反应率具有非常大的贡献。换句话说,基态(或实验室)反应率可能仅代表总的恒星光解反应率的一小部分。典型地,在温度超过大约 1 GK 时,人们发现,对于光子在重靶核上诱发的反应,其恒星增强因子为 $100 \sim 10000$(Mohr *et al*.,2007)。对于带电粒子或者中子诱发的反应,这种相消效应不会出现,这是因为天体物理上最重要的轰击能量的范围不会被激发态的能量所改变,这将在 3.2 节中进行解释。因此,激发态对总反应率的影响通常会随着激发能的增加而降低,其结果是,这类反应的恒星增强因子比光解反应的要小得多。

在推导 3.1.4 节的正向和逆向反应率之间的关系时,假设所有相互作用的核都处于基态。考虑到热激发态,也需要对这些关系式作相应的修改。作为一个简单的例子,请考虑图 3.9 所示的情况。在恒定能量 E 的轰击下,实验室对反应 $0+1 \longrightarrow 2+3$ 的截面测量仅考虑靶核 0 处于基态,并且对到达最终核 0 的基态或激发态的所有跃迁进行求和。另外,在恒星等离子体中,靶核和剩余核都可能会被热激发,原子核 0 和原子核 3 各自激发态 μ 和 ν 之间的所有可能跃迁都必须分别予以考虑。

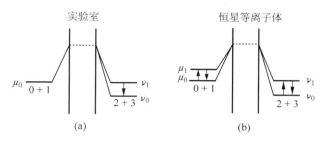

图 3.9 原子核对 0+1 与 2+3 之间的反应

(a) 在实验室中,原子核 0 和原子核 1 处于基态,跃迁可能会发生在原子核 2 和原子核 3 的激发能级上。(b) 在恒星等离子体中,激发能级会参与到反应的入射道和出射道。为清楚起见,每个道中仅显示了单个激发态

假设在原子核 0 和原子核 3 中有许多激发态,并且它们都与各自的基态处于热平衡状态。此外,假设轻粒子 1 和轻粒子 2 没有激发态。则可以通过恰当地对初态进行平均以及对末态进行求和,从而近似地得到正向和逆向的恒星反应率。正向的恒星反应率由式(3.38)给出,而对于逆向的恒星反应率,则有

$$
\begin{aligned}
N_A \langle \sigma v \rangle^*_{23 \to 01} &= \sum_\nu P_{3\nu} \sum_\mu N_A \langle \sigma v \rangle^{\nu \to \mu}_{23 \to 01} \\
&= \frac{\displaystyle\sum_\nu g_{3\nu} e^{-E_{3\nu}/(kT)} \sum_\mu N_A \langle \sigma v \rangle^{\nu \to \mu}_{23 \to 01}}{\displaystyle\sum_\nu g_{3\nu} e^{-E_{3\nu}/(kT)}}
\end{aligned} \tag{3.42}
$$

我们把之前的结果[式(3.31)]代入此表达式中,则

$$
\frac{N_A \langle \sigma v \rangle^{\nu \to \mu}_{23 \to 01}}{N_A \langle \sigma v \rangle^{\mu \to \nu}_{01 \to 23}} = \frac{g_{0\mu} g_1 (1 + \delta_{23})}{g_{3\nu} g_2 (1 + \delta_{01})} \left(\frac{m_{01}}{m_{23}} \right)^{3/2} e^{-Q^{\mu \to \nu}_{01 \to 23}/(kT)} \tag{3.43}
$$

我们还作非相对论近似,$m_{01} = m^\mu_{01}$ 和 $m_{23} = m^\nu_{23}$。对于基态,我们有 $e^{-E_0/(kT)} = e^{-E_3/(kT)} = 1$。通过利用关系式 $Q_{01 \to 23} = Q^{\mu \to \nu}_{01 \to 23} + E_{3\nu} - E_{0\mu}$ [图 3.9(b)],根据式(3.38)、式(3.42)和式(3.43)我们得到

$$
\frac{N_A \langle \sigma v \rangle^*_{23 \to 01}}{N_A \langle \sigma v \rangle^*_{01 \to 23}} = \frac{1 + \delta_{23}}{1 + \delta_{01}} \left(\frac{m_{01}}{m_{23}} \right)^{3/2} \frac{g_0 g_1 G^{\text{norm}}_0}{g_2 g_3 G^{\text{norm}}_3} e^{-Q_{01 \to 23}/(kT)} \tag{3.44}
$$

其中,$Q_{01 \to 23}$ 代表连接基态的 Q 值。

式(3.44)对于靶核和剩余核中存在任意数量的激发态都成立。它也不依赖于反应机制例如,不依赖于非共振或共振过程,以及窄共振的数目和性质,等等。通过允许原子核 1 和原子核 2 的激发,我们可以轻松地推广该结果。在数值上,我们从式(3.44)中找到了用于仅涉及具有静止质量粒子反应的表达式:

$$
\frac{N_A \langle \sigma v \rangle^*_{23 \to 01}}{N_A \langle \sigma v \rangle^*_{01 \to 23}} = \frac{(2j_0 + 1)(2j_1 + 1)(1 + \delta_{23})}{(2j_2 + 1)(2j_3 + 1)(1 + \delta_{01})} \left(\frac{G^{\text{norm}}_0 G^{\text{norm}}_1}{G^{\text{norm}}_2 G^{\text{norm}}_3} \right) \left(\frac{M_0 M_1}{M_2 M_3} \right)^{3/2} e^{-11.605 Q / T_9} \tag{3.45}
$$

并且根据式(3.35),可以得到光子参与的反应的表达式为

$$\frac{\lambda_\gamma^*(3 \to 01)}{N_A \langle \sigma v \rangle_{01 \to \gamma 3}^*} = 9.8685 \times 10^9 \, T_9^{3/2} \frac{(2j_0+1)(2j_1+1)}{(2j_3+1)(1+\delta_{01})} \left(\frac{G_0^{\text{norm}} G_1^{\text{norm}}}{G_3^{\text{norm}}} \right) \left(\frac{M_0 M_1}{M_3} \right)^{3/2} e^{-11.605 Q / T_9}$$

$$(3.46)$$

其中，j_i 和 M_i 是原子核 i 基态的自旋和质量(以 u 为单位)；Q 为正向 $0+1 \longrightarrow 2+3$ 或 $0+1 \longrightarrow \gamma+3$ 反应的基态 Q 值(以 MeV 为单位)；$T_9 \equiv T / 10^9$ K。在下面的章节中，我们绝大多数情况下将不再使用星号($*$)，但是要知道反应率或衰变常数必须要考虑热激发的影响(如果有的话)。

 **示例 3.2**

　　对实验热核反应率的评估(Angulo $et\ al.$,1999；Iliadis $et\ al.$,2010；Sallaska $et\ al.$,2013)列出了实验室反应率，它们必须作修改才能用于天体模型计算。这里考虑在恒星温度 $T = 10$ GK($T_9 = 10$)下的 ^{32}S(p,γ)^{33}Cl 反应。对于实验室反应率(假设靶核 ^{32}S 处于基态)，文献(Iliadis $et\ al.$,2010)报导的值是：$N_A \langle \sigma v \rangle_{^{32}S+p} = 1.23 \times 10^3$ cm$^3 \cdot$ mol$^{-1} \cdot$ s^{-1}。计算正向反应的恒星反应率，及其逆反应的恒星衰变常数。

　　恒星反应率(考虑到热激发的 ^{32}S 核)由下式给出：

$$N_A \langle \sigma v \rangle_{^{32}S+p}^* = \text{SEF} \cdot N_A \langle \sigma v \rangle_{^{32}S+p}$$

$$= 0.83 \cdot 1.23 \times 10^3 \text{cm}^3 \cdot \text{mol}^{-1} \cdot \text{s}^{-1} = 1.02 \times 10^3 \text{cm}^3 \cdot \text{mol}^{-1} \cdot \text{s}^{-1}$$

从文献(Rauscher & Thielemann,2000)中得到 SEF 的值为 0.83。利用以下参数：自旋为 $j_{^{32}S} = 0$、$j_p = 1/2$、$j_{^{33}Cl} = 3/2$，反应 Q 值为 $Q_{^{32}S+p} = 2.2765$ MeV，归一化配分函数分别为 $G_{^{32}S}^{\text{norm}} = 1.6$，$G_p^{\text{norm}} = 1$，$G_{^{33}Cl}^{\text{norm}} = 1.9$(Rauscher & Thielemann,2000)，其相应光解反应的恒星衰变常数可以由下式计算出来：

$$\lambda_\gamma^*(^{33}\text{Cl} \to {}^{32}\text{S} + \text{p}) = \frac{\lambda_\gamma^*(^{33}\text{Cl} \to {}^{32}\text{S} + \text{p})}{N_A \langle \sigma v \rangle_{^{32}S+p}^*} N_A \langle \sigma v \rangle_{^{32}S+p}^*$$

$$= 9.8685 \times 10^9 \cdot 10^{3/2} \frac{1 \cdot 2}{4 \cdot 1} \left(\frac{1.6 \cdot 1}{1.9} \right) \left(\frac{32.0 \cdot 1.0}{33.0} \right)^{3/2} \times$$

$$e^{-11.605 \cdot 2.2765/10} \cdot 1.02 \times 10^3 \text{cm}^3 \cdot \text{mol}^{-1} \cdot \text{s}^{-1}$$

$$= 9.11 \times 10^{12} \text{ s}^{-1}$$

3.1.6　反应率平衡

　　考虑涉及四个具有静止质量粒子的正向和逆向反应，$0+1 \longrightarrow 2+3$ 和 $2+3 \longrightarrow 0+1$。则 $0+1 \longleftrightarrow 2+3$ 的整体反应率由下式给出：

$$r = r_{01 \to 23} - r_{23 \to 01} = \frac{N_0 N_1 \langle \sigma v \rangle_{01 \to 23}}{1 + \delta_{01}} - \frac{N_2 N_3 \langle \sigma v \rangle_{23 \to 01}}{1 + \delta_{23}} \qquad (3.47)$$

对于平衡条件($r = 0$)，我们根据式(3.45)和式(3.47)，发现核素丰度的比值为

$$\frac{N_2 N_3}{N_0 N_1} = \frac{1 + \delta_{23}}{1 + \delta_{01}} \frac{\langle \sigma v \rangle_{01 \to 23}}{\langle \sigma v \rangle_{23 \to 01}}$$

$$= \frac{(2j_2+1)(2j_3+1)}{(2j_0+1)(2j_1+1)} \frac{G_2^{\text{norm}} G_3^{\text{norm}}}{G_0^{\text{norm}} G_1^{\text{norm}}} \left(\frac{m_{23}}{m_{01}}\right)^{3/2} e^{Q_{01\to23}/(kT)} \tag{3.48}$$

同样,对于涉及光子的反应,我们发现 $0+1 \longleftrightarrow \gamma+3$ 的整体反应率为

$$r = r_{01\to\gamma3} - r_{\gamma3\to01} = \frac{N_0 N_1 \langle\sigma v\rangle_{01\to\gamma3}}{1+\delta_{01}} - \lambda_\gamma(3) N_3 \tag{3.49}$$

对于平衡条件($r=0$),我们根据式(3.23),式(3.46)和式(3.49),可以得到如下表达式:

$$\frac{N_3}{N_0 N_1} = \frac{1}{1+\delta_{01}} \frac{\langle\sigma v\rangle_{01\to\gamma3}}{\lambda_\gamma(3)} = \frac{1}{1+\delta_{01}} \frac{1}{N_1} \frac{\lambda_1(0)}{\lambda_\gamma(3)}$$

$$= \left(\frac{h^2}{2\pi}\right)^{3/2} \frac{1}{(m_{01}kT)^{3/2}} \frac{(2j_3+1)}{(2j_0+1)(2j_1+1)} \frac{G_3^{\text{norm}}}{G_0^{\text{norm}} G_1^{\text{norm}}} e^{Q_{01\to\gamma3}/(kT)} \tag{3.50}$$

最后一个表达式称为萨哈统计方程(Saha statistical equation)。

平衡条件也可以用丰度演化来表示。假设 0 和 3 表示重核,1 和 2 表示轻粒子(质子、中子或者 α 粒子)。则由过程 $0+1 \longrightarrow 2+3$ 和 $2+3 \longrightarrow 0+1$ 所引起的同位素丰度 N_0 和 N_3 变化的速率分别由下式给出[式(3.20)]:

$$\left(\frac{dN_0}{dt}\right)_{01\to23} = -r_{01\to23} \tag{3.51}$$

$$\left(\frac{dN_3}{dt}\right)_{23\to01} = -r_{23\to01} \tag{3.52}$$

我们可以通过物质从种类(species)0 到 3 的流(flow)来可视化这些过程,反之亦然。因此,丰度变化的分速率$(dN_0/dt)_{01\to23}$ 和$(dN_3/dt)_{23\to01}$,称为丰度流(abundance flow)。两个种类 0 和 3 之间的净丰度流(net abundance flow)f 由正向和逆向丰度流之差给出:

$$f_{03} \equiv \left| \left(\frac{dN_0}{dt}\right)_{01\to23} - \left(\frac{dN_3}{dt}\right)_{23\to01} \right| = | r_{01\to23} - r_{23\to01} |$$

$$= | N_0 N_1 \langle\sigma v\rangle_{01\to23} - N_2 N_3 \langle\sigma v\rangle_{23\to01} | \tag{3.53}$$

平衡条件可以通过以下任意一个关系式来表示:

$$\left(\frac{dN_0}{dt}\right)_{01\to23} \approx \left(\frac{dN_3}{dt}\right)_{23\to01} \gg f_{03} \approx 0 \tag{3.54}$$

$$\phi_{03} \equiv \frac{| r_{01\to23} - r_{23\to01} |}{\max(r_{01\to23}, r_{23\to01})} \approx 0 \tag{3.55}$$

在这种情况下,净丰度流的绝对量要比正向或逆向的量小得多。与稳态假设相反(3.1.3节),平衡条件并不意味着恒定的丰度 N_0 或 N_3。如果原子核 0 和原子核 3 与其他原子核有联系,则这些丰度可能会发生改变。平衡条件指的是一对原子核之间具有(近似)相等的正向和逆向丰度流。当几对原子核构成的一组核素之间达到平衡时,例如,通过$(p,\gamma) \longleftrightarrow (\gamma,p)$、$(n,\gamma) \longleftrightarrow (\gamma,n)$ 以及 $(\alpha,\gamma) \longleftrightarrow (\gamma,\alpha)$ 过程,此反应网络的最终解称为准平衡(quasi-equilibrium)。有关平衡的更多信息,请参考文献 Arnett (1996)。

在下文中,我们将更详细地讨论涉及光子的反应。在涉及几个不同核反应和 β 衰变之间复杂的相互影响中,经常会发生一些特定的反应,即核 A 通过粒子俘获到核 B($A+a \longrightarrow B$),并且表现出较小的 Q 值。如果恒星等离子体可以达到足够高的温度,则必须要考虑核 B 的光解反应,因为它可能会显著地改变核合成。

考虑图 3.7(b)，它显示了许多不同原子核所涉及的质子俘获、光解以及 β^+ 衰变。现在假设俘获反应 $A(a,\gamma)B$ 的 Q 值相对较小（小于几百千电子伏），并且恒星温度很高。则在原子核 A 和原子核 B 的丰度之间建立平衡的两个必要条件是：

$$\lambda_{A \to B} > \lambda_{A \to A'} \tag{3.56}$$

$$\lambda_{B \to A} > \lambda_{B \to C} + \lambda_{B \to B'} \tag{3.57}$$

如果第一个条件不满足，则核 B 会被完全绕开。如果第二个条件不满足，则在核 A 被破坏之后，将没有过程会再产生它。我们还假设核 C 的光解可以忽略不计（即 $\lambda_{C \to C'} > \lambda_{C \to B}$），以便核 C 不会与核 A 和核 B 达到平衡。现在我们感兴趣的是需要确定核合成将遵循哪条路径：通过 β^+ 衰变($A \to A'$)绕过核 B，或者通过相互竞争的反应序列经由核 B 到达 C 或 B' [$A \to B \to (C$ 或 $B')$]。后一过程 $A \to B \to C$，称为级联两粒子俘获(sequential two-particle capture)。关于级联和直接两粒子俘获之间的区别，请参考文献(Grigorenko & Zhukov, 2005)。

假设原子核 A 和原子核 B 的丰度之间已经建立了平衡。则原子核 A 转换成 C（通过俘获粒子 a）或转换成 B'（通过 β^+ 衰变）的反应率可以表示如下[式(3.21)]：

$$r_{A \to (C \text{或} B')} = N_B^e \lambda_{B \to C} + N_B^e \lambda_{B \to B'} \tag{3.58}$$

$$r_{A \to (C \text{或} B')} = N_A^e \lambda_{A \to B \to C} + N_A^e \lambda_{A \to B \to B'} = N_A^e \lambda_{A \to B \to (C \text{或} B')} \tag{3.59}$$

其中，N_A^e 和 N_B^e 分别表示 A 和 B 的平衡丰度。根据式(3.58)和式(3.59)，我们得到

$$\lambda_{A \to B \to (C \text{或} B')} = \frac{N_B^e}{N_A^e}(\lambda_{B \to C} + \lambda_{B \to B'}) \tag{3.60}$$

对于平衡丰度比 N_B^e/N_A^e，我们使用萨哈方程[式(3.50)]：

$$\frac{N_B}{N_A N_a} = \frac{\langle \sigma v \rangle_{A \to B}}{\lambda_{B \to A}} = \frac{1}{N_a} \frac{\lambda_{A \to B}}{\lambda_{B \to A}}$$

$$= \left(\frac{h^2}{2\pi}\right)^{3/2} \frac{1}{(m_{Aa}kT)^{3/2}} \frac{(2j_B + 1)}{(2j_A + 1)(2j_a + 1)} \frac{G_B^{\text{norm}}}{G_A^{\text{norm}} G_a^{\text{norm}}} e^{Q_{A \to B}/(kT)} \tag{3.61}$$

这样，

$$\lambda_{A \to B \to (C \text{或} B')} = \frac{\lambda_{A \to B}}{\lambda_{B \to A}}(\lambda_{B \to C} + \lambda_{B \to B'})$$

$$= N_a \left(\frac{h^2}{2\pi}\right)^{3/2} \frac{1}{(m_{Aa}kT)^{3/2}} \frac{(2j_B + 1)}{(2j_A + 1)(2j_a + 1)} \times$$

$$\frac{G_B^{\text{norm}}}{G_A^{\text{norm}} G_a^{\text{norm}}} e^{Q_{A \to B}/(kT)} (\lambda_{B \to C} + \lambda_{B \to B'}) \tag{3.62}$$

在数值上，我们有

$$\lambda_{A \to B \to (C \text{或} B')} = 1.0133 \times 10^{-10} \rho \frac{X_a}{M_a} \left(\frac{M_B}{M_A M_a}\right)^{3/2} \frac{g_B}{g_A g_a} \left(\frac{G_B^{\text{norm}}}{G_A^{\text{norm}} G_a^{\text{norm}}}\right) \times$$

$$T_9^{-3/2} e^{11.605 Q_{A \to B}/T_9} (\lambda_{B \to C} + \lambda_{B \to B'}) \tag{3.63}$$

其中，归一化的配分函数考虑了热激发能级的影响，Q 值以 MeV 为单位。式(3.50)中引入的量 $\lambda_{A \to B \to (C \text{或} B')}$ 与一般式(3.19)中衰变常数的含义略有不同。后者描述特定原子核在单

位时间内的衰变概率,而前者代表沿指定路径[在这种情况下为 $A \to B \to (C \text{ 或 } B')$]转换核 A 的概率。这种区别对于全同粒子变得很重要。如果过程 $A \to B \to (C \text{ 或 } B')$ 破坏掉两个(或三个)全同粒子 A,则在计算核 A 的衰变常数时,式(3.62)和式(3.63)的右手侧必须要乘以一个系数 2(或者 3)。

随着 $\lambda_{A \to B}$、$\lambda_{B \to C}$ 或 $\lambda_{B \to B'}$ 值的增加,以及 $\lambda_{B \to A}$ 值的减小,路径 $A \to B \to (C \text{ 或 } B')$ 变得越来越重要。必须强调的是,比值 $\lambda_{A \to B}/\lambda_{B \to A}$ 与截面无关,并且主要取决于 $Q_{A \to B}$ 的值。另外,我们以比值 $\lambda_{A \to B}/\lambda_{B \to A}$ 代替了平衡丰度 N_B^e/N_A^e,继而该比值又由互易定理来确定(3.1.4 节)。因此,我们没有对发生在原子核 A 和 B 之间的特定过程作任何假设。这些特定过程包括,例如,粒子俘获和光解,或粒子非弹性散射和粒子衰变。因而,上述表达式对于 $Q_{A \to B}$ 为负值的情况(也即原子核 B 通过直接粒子发射进行衰变)也有效。因子 $\rho e^{Q_{A \to B}/(kT)}$ 意味着,随着 Q 值的减小或温度的升高,$\lambda_{A \to B \to (C \text{ 或 } B')}$ 将变小,但是它会随着密度的增加而变大。第 5 章将显示温度、密度、Q 值、半衰期以及反应率之间的相互作用如何灵敏地影响最可能的核合成路径。对于三个原子核 A、B 和 C 达到平衡的情况,其衰变常数问题将会在习题 3.1 中论述。另请参考文献(Schatz et al.,1998)。

 示例 3.3

在高温(热核爆炸)氢燃烧环境中会发生以下情况。考虑图 3.10(a)所示的具体情况。$^{21}\text{Mg} + p \longrightarrow \gamma + ^{22}\text{Al}$ 反应具有较小的 Q 值,即 $Q_{^{21}\text{Mg}+p} = 163$ keV。在 $T = 0.6$ GK,$\rho = 10^4$ g·cm^{-3} 和 $X_H/M_H = 0.7$ 的条件下,根据文献列出的反应率和 β 衰变半衰期,可以

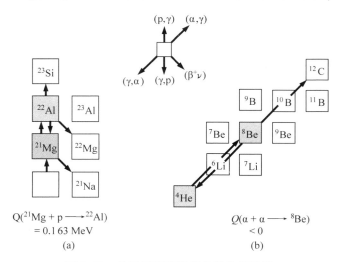

图 3.10 描述反应率平衡的部分核素图

(a) 涉及 $(p, \gamma) \longleftrightarrow (\gamma, p)$ 反应;(b) 涉及 3α 反应。在每种情况下,显示为灰色方块的两个原子核之间已达到了平衡

得到以下衰变常数:

$$\lambda_{A \to B} = \lambda_{^{21}\text{Mg} \to ^{22}\text{Al}} = 1.1 \times 10^3 \text{ s}^{-1}$$

$$\lambda_{A \to A'} = \lambda_{^{21}Mg \to ^{21}Na} = 5.6 \text{ s}^{-1}$$

$$\lambda_{B \to A} = \lambda_{^{22}Al \to ^{21}Mg} = 3.4 \times 10^7 \text{ s}^{-1}$$

$$\lambda_{B \to C} = \lambda_{^{22}Al \to ^{23}Si} = 3.1 \times 10^4 \text{ s}^{-1}$$

$$\lambda_{B \to B'} = \lambda_{^{22}Al \to ^{22}Mg} = 26.2 \text{ s}^{-1}$$

上述衰变常数满足式(3.56)和式(3.57)的条件。这样,就快速建立了^{21}Mg 和^{22}Al 丰度之间的平衡。我们想确定核合成是通过^{21}Mg 的β^+ 衰变还是通过级联两质子俘获到^{23}Si。根据式(3.62),我们得到

$$\lambda_{(^{21}Mg \to ^{22}Al \to ^{23}Si或 ^{22}Mg)} = \frac{\lambda_{^{21}Mg \to ^{22}Al}}{\lambda_{^{22}Al \to ^{21}Mg}}(\lambda_{^{22}Al \to ^{23}Si} + \lambda_{^{22}Al \to ^{22}Mg})$$

$$= \frac{1.1 \times 10^3 \text{ s}^{-1}}{3.4 \times 10^7 \text{ s}^{-1}}(3.1 \times 10^4 \text{ s}^{-1} + 26.2 \text{ s}^{-1}) = 1.0 \text{ s}^{-1}$$

该值必须与下面的值进行比较:

$$\lambda_{^{21}Mg \to ^{21}Na} = 5.6 \text{ s}^{-1}$$

因此,核合成路径更有利于^{21}Mg$(\beta^+ \nu)^{21}$Na 衰变,它具有 5.6/1.0=5.6 倍的优势。

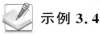 **示例 3.4**

　　涉及 α 粒子的最重要反应之一是 3α 反应(triple-α reaction)。它分两步进行:①$\alpha + \alpha \longrightarrow ^8$Be,②^{8}Be$+\alpha \longrightarrow ^{12}$C。第一步的 Q 值是 $Q_{\alpha + \alpha \to ^8Be} = -92.1$ keV,因此^{8}Be 是粒子不稳定的(也即它通过破裂成两个 α 粒子而衰变)。这种破裂比两个 α 粒子熔合成^{8}Be 快得多,因此,在^{4}He 和^{8}Be 的丰度之间就会建立一个平衡。第二步涉及在^{8}Be 的较小平衡丰度上俘获另一个 α 粒子,如图 3.10(b)所示。在温度 $T = 0.3$ GK,密度 $\rho = 10^5$ g·cm^{-3} 的条件下,估计 3α 反应的衰变常数 $\lambda_{\alpha + \alpha + \alpha \to ^{12}C}$。假设质量分数为 $X_\alpha = 1$,反应率为 $N_A \langle \sigma v \rangle_{\alpha + ^8Be \to ^{12}C} = 1.17 \times 10^{-2}$ cm^3·mol^{-1}·s^{-1} (Caughlan & Fowler,1988)。

　　利用式(3.62)和式(3.63),可得

$$\lambda_{\alpha + \alpha + \alpha \to ^{12}C} = 3N_\alpha \left(\frac{h^2}{2\pi}\right)^{3/2} \frac{1}{(m_{\alpha\alpha}kT)^{3/2}} \frac{g_{^8Be}}{g_\alpha g_\alpha} e^{Q_{\alpha \to ^8Be}/(kT)} \lambda_{^8Be + \alpha \to ^{12}C}$$

$$= 1.0133 \times 10^{-10} \rho \frac{X_\alpha}{M_\alpha} 3\left(\frac{M_{^8Be}}{M_\alpha M_\alpha}\right)^{3/2} \frac{g_{^8Be}}{g_\alpha g_\alpha} T_9^{-3/2} \times$$

$$e^{11.605 Q_{\alpha + \alpha \to ^8Be}/T_9} \lambda_{^8Ba + \alpha \to ^{12}C}$$

由于 3α 破坏了 3 个相同的粒子,因此我们有 $3r_{\alpha\alpha\alpha} = N_\alpha \lambda_{\alpha\alpha\alpha}$,上式中包含了一个系数 3。在该温度下,我们对所有归一化配分函数取值为 $G_i^{norm} = 1$(Rauscher & Thielemann,2000)。α 粒子和^{8}Be 的自旋都是 $j_i = 0$,因此 $g_i = 1$。

　　利用关系式 $\lambda_{^8Be + \alpha \to ^{12}C} = \rho(X_\alpha/M_\alpha)N_A \langle \sigma v \rangle_{^8Be + \alpha \to ^{12}C}$ [式(3.23)],我们有

$$\lambda_{\alpha+\alpha+\alpha\rightarrow^{12}C} = 1.0133 \times 10^{-10} (10^5)^2 \left(\frac{1}{4.0}\right)^2 3 \left(\frac{8.0}{4.0 \cdot 4.0}\right)^{3/2} (0.3)^{-3/2} \times$$

$$e^{-11.605 \cdot 0.0921/0.3} \cdot 1.17 \times 10^{-2} = 1.35 \times 10^{-4} \text{ s}^{-1}$$

在非常低($T<100$ MK)和非常高($T>2$ GK)的恒星温度下,3α反应的衰变常数不能用上述表达式来计算,其公式会变得更加复杂(Nomoto $et~al.$,1985;Angulo $et~al.$,1999)。

3.1.7　核能产生

假设正向反应 $0+1 \longrightarrow 2+3$ 是放热的。每个反应释放的核能由 Q 值给出。单位时间、单位质量的产能率由下式给出:

$$\varepsilon_{01\rightarrow23} = \frac{Q_{01\rightarrow23} r_{01\rightarrow23}}{\rho} = \frac{Q_{01\rightarrow23}}{\rho} \frac{N_0 N_1 \langle\sigma v\rangle_{01\rightarrow23}}{1+\delta_{01}} \tag{3.64}$$

类似地,对于逆向的吸热反应,我们得到

$$\varepsilon_{23\rightarrow01} = -\frac{Q_{01\rightarrow23}}{\rho} \frac{N_2 N_3 \langle\sigma v\rangle_{23\rightarrow01}}{1+\delta_{23}} \tag{3.65}$$

$$\varepsilon_{\gamma3\rightarrow01} = -\frac{Q_{01\rightarrow23}}{\rho} N_3 \lambda_\gamma(3) \tag{3.66}$$

在较高的温度下,必须要考虑逆反应。在 $0+1 \longleftrightarrow 2+3$ 过程中,对于反应涉及具有静止质量的粒子时,其总体产能率为 $\varepsilon_{01\rightarrow23} + \varepsilon_{23\rightarrow01}$,如果 2 是光子,则为 $\varepsilon_{01\rightarrow\gamma3} + \varepsilon_{\gamma3\rightarrow01}$。

如果反应产生了电子、正电子或 γ 射线,则它们的能量会保留在恒星等离子体中。另外,中微子与介质的相互作用如此之弱,以至于它们会从热核燃烧的场所中逃逸(特殊环境除外,例如大爆炸或核心坍缩的超新星)。由于中微子能量通常不会沉积在恒星中,所以在计算核能产生时,必须把它从 Q 值中扣除掉。

利用式(3.20),式(3.21)和式(3.63),产能率也可以表示为

$$\varepsilon_{01\rightarrow23} = \frac{Q_{01\rightarrow23}}{\rho} \frac{N_0 \lambda_1(0)}{1+\delta_{01}} = -\frac{Q_{01\rightarrow23}}{\rho(1+\delta_{01})} \left(\frac{\mathrm{d}N_0}{\mathrm{d}t}\right)_1 \tag{3.67}$$

所释放的(时间积分)总能量可以根据下式得到

$$\int \varepsilon_{01\rightarrow23} \mathrm{d}t = -\int_{N_{0,\text{initial}}}^{N_{0,\text{final}}} \frac{Q_{01\rightarrow23}}{\rho(1+\delta_{01})} (\mathrm{d}N_0)_1 = \frac{Q_{01\rightarrow23}}{\rho(1+\delta_{01})} (\Delta N_0)_1 \tag{3.68}$$

其中,$(\Delta N_0)_1 = N_{0,\text{initial}} - N_{0,\text{final}}$,是由与核 1 发生反应而导致的核 0 丰度的变化。在数值上,根据式(1.14),我们得到

$$\int \varepsilon_{01\rightarrow23} \mathrm{d}t = \frac{N_A Q_{01\rightarrow23}}{M_0(1+\delta_{01})} (\Delta X_0)_1 (\text{MeV} \cdot \text{g}^{-1}) \tag{3.69}$$

其中,$Q_{01\rightarrow23}$ 和 M_0 分别以 MeV 和 u 为单位。

3.2　非共振和共振热核反应率

在前面的小节中,我们定义了热核反应率,推导了正向和逆向的反应率比值的表达式,并且讨论了反应率的平衡。在目前为止导出的表达式中,我们还没有对核反应截面 $\sigma(E)$ 作

具体的参考。但是,这个量对于计算反应率至关重要。在下文中,我们讨论如何推导粒子和光子诱发的热核反应率。

粒子诱发反应的反应率由下式给出[式(3.10)]:

$$N_A \langle \sigma v \rangle = \left(\frac{8}{\pi m_{01}} \right)^{1/2} \frac{N_A}{(kT)^{3/2}} \int_0^\infty E \sigma(E) \mathrm{e}^{-E/(kT)} \, \mathrm{d}E \tag{3.70}$$

一旦实验上测量了截面 $\sigma(E)$ 或从理论上估算了这一截面,则可以通过数值求解上述积分来得到反应率 $N_A \langle \sigma v \rangle$。如果截面具有复杂的能量依赖性,则这一积分过程通常是无可替代的。另外,如果截面的能量依赖关系相对比较简单,那么反应率就可以解析地计算出来。在本节中,我们讨论这些解析表达式的原因是:首先,与数值方法比较,解析描述提供了人们对恒星熔合反应更深的理解;其次,在某些情况下(例如,对于共振)截面曲线尚不清楚,因此对反应率不能进行数值积分;最后,在必须要把反应率外推到感兴趣温度区间的情形下,解析描述也会改善这些估计。

下面详细讨论适用于大量核反应的两种极端情况。第一种是指截面随能量平滑变化的情况(非共振截面,nonresonant cross section)。第二种适用于截面在特定能量附近剧烈变化的情况(共振截面,resonant cross section)。

3.2.1 带电粒子诱发反应的非共振反应率

实验测量的 $^{16}\mathrm{O}(\mathrm{p},\gamma)^{17}\mathrm{F}$ 反应的截面如图3.11(a)所示。截面在高能处平滑变化,而在低能处下降了好几个数量级,这是因为经由库仑势垒而导致透射概率降低。反应率可以通过数值积分或者使用在本节中推导的解析表达式来得到。在此,我们引入天体物理 S 因子(astrophysical S-factor)$S(E)$,定义为

$$\sigma(E) \equiv \frac{1}{E} \mathrm{e}^{-2\pi\eta} S(E) \tag{3.71}$$

该定义消除了核反应截面对 $1/E$ 的依赖性[式(2.49)],以及对 s 波库仑势垒透射概率的依赖性[式(2.125)]。回想一下,伽莫夫因子 $\mathrm{e}^{-2\pi\eta}$ 只是在远低于库仑势垒高度能量处的 s 波透射概率的一个近似。然而,即使对于一个通过 p 波或 d 波进行的特定熔合反应,从其截面中去除与能量强相关的 s 波透射概率,将会导致 S 因子对能量的依赖的极大降低。如图3.11(b)所示,显示了 $^{16}\mathrm{O}(\mathrm{p},\gamma)^{17}\mathrm{F}$ 反应的 S 因子。与截面相比,S 因子随能量的变化要小得多。在宽共振的情况下,S 因子同样也是一个有用的概念,其原因将在本节稍后的内容中阐明。例如,图3.12(a)显示了 $^{13}\mathrm{C}(\mathrm{p},\gamma)^{14}\mathrm{N}$ 反应的截面,而其相应的 S 因子显示在图3.12(b)中。再次表明,S 因子的能量依赖性与截面相比大大地减小了。上述论点类似于我们在2.4.2节中提出的关于简单方势垒和从核内波强度中去除透射概率的论点(图2.14)。

利用 S 因子的定义,我们写出非共振反应率的公式如下[式(2.125)和式(3.70)]:

$$N_A \langle \sigma v \rangle = \left(\frac{8}{\pi m_{01}} \right)^{1/2} \frac{N_A}{(kT)^{3/2}} \int_0^\infty \mathrm{e}^{-2\pi\eta} S(E) \mathrm{e}^{-E/(kT)} \, \mathrm{d}E$$

$$= \left(\frac{8}{\pi m_{01}} \right)^{1/2} \frac{N_A}{(kT)^{3/2}} \int_0^\infty \exp\left(-\frac{2\pi}{\hbar} \sqrt{\frac{m_{01}}{2E}} Z_0 Z_1 e^2 \right) S(E) \mathrm{e}^{-E/(kT)} \, \mathrm{d}E \tag{3.72}$$

其中,Z_i 为靶核和弹核的电荷数。首先假设天体物理 S 因子为常数,$S(E) = S_0$。我们发现:

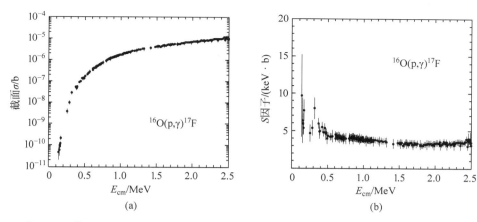

图 3.11 $^{16}O(p,\gamma)^{17}F$ 反应的: (a) 实验截面; (b) 实验天体物理 S 因子。注意: 图(a)中对数标度下截面的剧烈变化,以及图(b)中线性标度下 S 因子的平滑行为。数据取自文献(Angulo *et al.*, 1999)

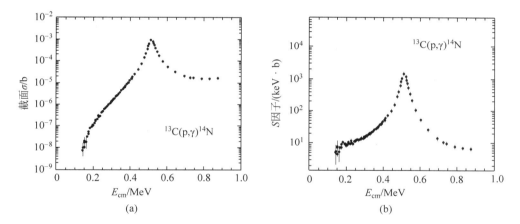

图 3.12 $^{13}C(p,\gamma)^{14}N$ 反应的(a) 实验截面和(b) 实验天体物理 S 因子。注意图(b)中的能量依赖性显著减小了。$E \approx 0.5$ MeV 处宽共振的低能 S 因子尾巴也可以用非共振反应率方程来描述,如本节所示。$E = 0.45$ MeV 处的窄共振在图中省略了。数据取自文献(Angulo *et al.*, 1999)

$$N_A \langle \sigma v \rangle = \left(\frac{8}{\pi m_{01}} \right)^{1/2} \frac{N_A}{(kT)^{3/2}} S_0 \int_0^\infty e^{-2\pi\eta} e^{-E/(kT)} dE \qquad (3.73)$$

其中,

$$kT = 0.086173324 T_9 \quad (\text{MeV}) \qquad (3.74)$$

$$2\pi\eta = 0.98951013 Z_0 Z_1 \sqrt{\frac{M_0 M_1}{M_0 + M_1} \frac{1}{E}} \qquad (3.75)$$

这里,相对原子质量 M_i 和能量 E 分别以 u 和 MeV 为单位。为了精确起见,应该用原子核质量来代替原子质量(1.5.3 节)。被积函数具有非常有趣的能量依赖性。因子 $e^{-E/(kT)}$,源自麦克斯韦-玻尔兹曼分布,在较大能量处接近于零,而项 $e^{-1/\sqrt{E}}$,反映了伽莫夫因子,在较小能量时接近于零。积分的主要贡献来自于两个因子乘积最大值附近的能区。

图 3.13(a)展示了反应$^{12}C(\alpha,\gamma)^{16}O$ 在 $T=0.2$ GK 时的情况。短划线(dashed line)和点划线(dashed-dotted line)分别表示因子 $e^{-E/(kT)}$ 和 $e^{-2\pi\eta}$,实线表示被积函数 $e^{-E/(kT)}e^{-2\pi\eta}$。注意这里是对数坐标,显示出被积函数比伽莫夫因子和麦克斯韦-玻尔兹曼因子具有更小的幅度。图 3.13(b)中的实线显示了以线性坐标表示的被积函数,展示出一个相对尖锐的峰;并标明了麦克斯韦-玻尔兹曼分布的最大处(以箭头标出),即发生在 $kT=17$ keV。然而,被积函数在 $E_0=315$ keV 的能量处达到峰值,这一能量比 kT 要大得多,表明大多数反应发生在麦克斯韦-玻尔兹曼分布的高能尾巴处。似乎伽莫夫因子有效地将被积函数移动到了更高能量,因此,该被积函数通常称为伽莫夫峰(Gamow peak)。伽莫夫峰代表一个相对较窄的能量范围,恒星等离子体中的大多数核反应都发生在此能区内。

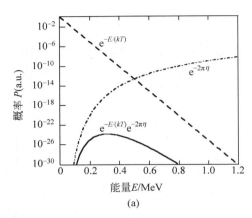
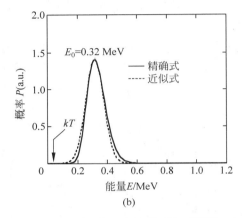

(a)   (b)

图 3.13 (a) $^{12}C(\alpha,\gamma)^{16}O$ 反应在温度 $T=0.2$ GK 时的麦克斯韦-玻尔兹曼因子 $[e^{-E/(kT)}$;虚线]和伽莫夫因子($e^{-2\pi\eta}$;点划线)与能量的关系。乘积 $e^{-E/(kT)}e^{-2\pi\eta}$,称为伽莫夫峰,如实线所示。(b) 相同的伽莫夫峰的线性显示(实线)。最大值出现在 $E_0=0.32$ MeV,而麦克斯韦-玻尔兹曼分布的最大值位于 $kT=0.017$ MeV(箭头)。点虚线显示了伽莫夫峰的高斯近似

根据式(3.73)中被积函数对能量的一阶导数,可以找到伽莫夫峰最大值处的位置 E_0:

$$\frac{d}{dE}\left(-\frac{2\pi}{\hbar}\sqrt{\frac{m_{01}}{2E}}Z_0Z_1e^2-\frac{E}{kT}\right)_{E=E_0}=\frac{\pi}{\hbar}Z_0Z_1e^2\sqrt{\frac{m_{01}}{2}}\frac{1}{E_0^{3/2}}-\frac{1}{kT}=0 \quad (3.76)$$

因此,

$$E_0=\left[\left(\frac{\pi}{\hbar}\right)^2(Z_0Z_1e^2)^2\left(\frac{m_{01}}{2}\right)(kT)^2\right]^{1/3}$$

$$=0.1220\left(Z_0^2Z_1^2\frac{M_0M_1}{M_0+M_1}T_9^2\right)^{1/3} \quad (\text{MeV}) \quad (3.77)$$

其中,M_i 是炮弹和靶核的相对原子质量,以 u 为单位。

能量 E_0 是非共振热核反应的最有效能量。图 3.14 显示了许多质子和 α 粒子诱发反应的伽莫夫峰能量 E_0 与温度的关系。伽莫夫峰能量随着炮弹-靶核的电荷增加而增加。空心圆圈表示库仑势垒高度 V_C。请注意,除了最高接近 $T=10$ GK 温度时的情况,我们发现 $E_0 \ll V_C$,因此相互作用的带电原子核总是必须要隧穿库仑势垒。

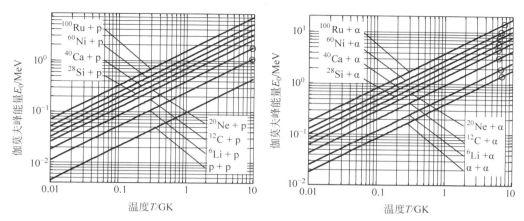

图 3.14 一些质子诱发反应(顶部)和 α 粒子诱发反应(底部)的伽莫夫峰最大的位置与温度的关系。右侧空心圆圈显示了库仑势垒的高度,$V = 1.44\, Z_0 Z_1 / R_0$,其中 V_C 和 R_0 分别以 MeV 和 fm 为单位(2.4.3 节)

图 3.15 显示了在 $T = 30$ MK 温度下,三个反应的伽莫夫峰:①p+p;②^{12}C+p;③^{12}C+α。这展示了恒星热核燃烧中一个至关重要的方面。随着靶和炮弹电荷的增加,伽莫夫峰不仅移动到更高的能量,而且其曲线下方的面积也迅速地减小。例如,假设在特定时间内的恒星等离子体中,存在着一个不同原子核的混合,则那些具有最小库仑势垒的反应通常会导致大部分核能的产生,并且将以最快的速度被消耗掉,而那些具有较高库仑势垒的反应通常对能量产生的贡献不大。

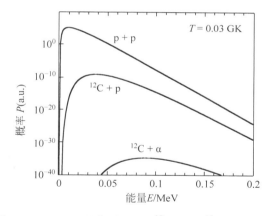

图 3.15 在 $T = 0.03$ GK 温度下,p+p,^{12}C+p 和 ^{12}C+α 反应的伽莫夫峰

伽莫夫峰可以通过具有以下特征的高斯函数来近似:即在 $E = E_0$ 时,具有相同大小和相同曲率的最大值。根据式(3.77),我们可以写作

$$\exp\left(-\frac{2\pi}{\hbar}\sqrt{\frac{m_{01}}{2E}}\, Z_0 Z_1 e^2 - \frac{E}{kT}\right) = \exp\left(-\frac{2E_0^{3/2}}{\sqrt{E}\, kT} - \frac{E}{kT}\right) \approx \exp\left(-\frac{3E_0}{kT}\right)\exp\left[-\left(\frac{E - E_0}{\Delta/2}\right)^2\right]$$

$$(3.78)$$

其中,高斯函数的 $1/e$ 宽度 Δ 是根据二阶导数在 E_0 处的匹配要求得到的。因此,

$$\frac{\mathrm{d}^2}{\mathrm{d}E^2}\left(\frac{2E_0^{3/2}}{\sqrt{E}kT}+\frac{E}{kT}\right)_{E=E_0}=\frac{3}{2}\frac{1}{E_0kT} \tag{3.79}$$

$$\frac{\mathrm{d}^2}{\mathrm{d}E^2}\left(\frac{E-E_0}{\Delta/2}\right)^2_{E=E_0}=\frac{2}{(\Delta/2)^2} \tag{3.80}$$

设上述两个表达式的右侧相等,并求解 Δ,得到

$$\Delta=\frac{4}{\sqrt{3}}\sqrt{E_0kT}=0.2368\left(Z_0^2Z_1^2\frac{M_0M_1}{M_0+M_1}T_9^5\right)^{1/6}\quad(\mathrm{MeV}) \tag{3.81}$$

由于通常 $kT\ll E_0$,所以很明显,伽莫夫峰的宽度 Δ 小于 E_0。图 3.16 显示了许多质子和 α 粒子诱发反应的伽莫夫峰宽度 Δ 与温度的关系。可以看出,伽莫夫峰宽度随库仑势垒的增加而增加。除窄共振情况外,热核反应主要发生在从 $E_0-\Delta/2$ 到 $E_0+\Delta/2$ 的能量窗口内(参见下文)。随着靶和炮弹电荷的增加,该窗口向较高能量移动且变得越来越宽。

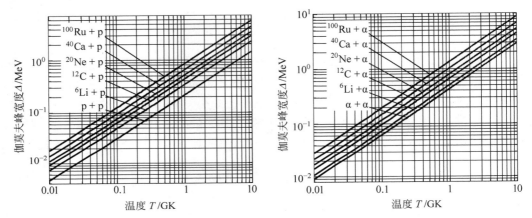

图 3.16 一些质子诱发反应(顶部)和 α 粒子诱发反应(底部)的伽莫夫峰宽度与温度的关系

非共振热核反应率可以通过利用高斯函数替换伽莫夫峰来进行计算。根据式(3.73)和式(3.78),可得

$$N_A\langle\sigma v\rangle=\left(\frac{8}{\pi m_{01}}\right)^{1/2}\frac{N_A}{(kT)^{3/2}}S_0\int_0^\infty\mathrm{e}^{-2\pi\eta}\mathrm{e}^{-E/(kT)}\mathrm{d}E$$

$$\approx\left(\frac{8}{\pi m_{01}}\right)^{1/2}\frac{N_A}{(kT)^{3/2}}S_0\mathrm{e}^{-3E_0/(kT)}\int_0^\infty\exp\left[-\left(\frac{E-E_0}{\Delta/2}\right)^2\right]\mathrm{d}E \tag{3.82}$$

积分下限可以扩展到负无穷大,且不会引入明显的误差。高斯函数积分的值就是 $\sqrt{\pi}\Delta/2$。对于一个恒定的 S 因子,我们得到

$$N_A\langle\sigma v\rangle=N_A\sqrt{\frac{2}{m_{01}}}\frac{\Delta}{(kT)^{3/2}}S_0\mathrm{e}^{-3E_0/(kT)} \tag{3.83}$$

或者,代入 $\tau\equiv 3E_0/(kT)$,以及式(3.77)和式(3.81),可得

$$N_A\langle\sigma v\rangle=N_A\sqrt{\frac{2}{m_{01}}}\frac{\Delta}{(kT)^{3/2}}S_0\tau^2\frac{(kT)^2}{9E_0^2}$$

$$=\frac{1}{3}\left(\frac{4}{3}\right)^{3/2}\frac{\hbar}{\pi}\frac{N_A}{m_{01}Z_0Z_1e^2}S_0\tau^2\mathrm{e}^{-\tau} \tag{3.84}$$

热核反应率最显著的特征之一就是它们的温度依赖性。在接近某个能量 $T=T_0$ 处，反应率 $N_A\langle\sigma v\rangle$ 和产能率 ε 的温度依赖性可以通过引入以下幂律推导出来：

$$N_A\langle\sigma v\rangle_T = N_A\langle\sigma v\rangle_{T_0}\left(\frac{T}{T_0}\right)^n \qquad (3.85)$$

其中，

$$\ln N_A\langle\sigma v\rangle_T = \ln N_A\langle\sigma v\rangle_{T_0} + n(\ln T - \ln T_0) \qquad (3.86)$$

$$\frac{\partial\ln N_A\langle\sigma v\rangle_T}{\partial\ln T} = n \qquad (3.87)$$

利用 $\tau = 3E_0/(kT) = cT^{2/3}/T = cT^{-1/3}$，$N_A\langle\sigma v\rangle_T = c'T^{-2/3}\mathrm{e}^{-\tau}$，我们也可以写成

$$\ln N_A\langle\sigma v\rangle_T = \ln c' - \frac{2}{3}\ln T - \tau \qquad (3.88)$$

$$n = \frac{\partial\ln N_A\langle\sigma v\rangle_T}{\partial\ln T} = -\frac{2}{3} - \frac{\partial\tau}{\partial\ln T}$$

$$= -\frac{2}{3} - \tau\frac{\partial\ln(cT^{-1/3})}{\partial\ln T} = -\frac{2}{3} + \frac{\tau}{3} \qquad (3.89)$$

因此，

$$N_A\langle\sigma v\rangle_T = N_A\langle\sigma v\rangle_{T_0}\left(\frac{T}{T_0}\right)^{(\tau-2)/3} \qquad (3.90)$$

参数 $\tau = 3E_0/(kT)$ 由下式给出：

$$\tau = 4.2487\left(Z_0^2 Z_1^2 \frac{M_0 M_1}{M_0 + M_1}\frac{1}{T_9}\right)^{1/3} \qquad (3.91)$$

对于一些反应，τ 值随温度的关系如图 3.17 所示。例如，在 $T=15$ MK 时，对于 p+p 反应，$\tau=13.6$，可得对于 T 指数的 n 值近似为 3.9。另外，在 $T=200$ MK 时，对于 ^{12}C$+\alpha$ 反应，$\tau=54.88$，得到的结果是 $n\approx17.6$。引人注目的是，热核反应率对温度的依赖性在恒星模型中具有重要的影响。在恒星演化过程中，很可能会发生较小的温度波动，但这会引起能量的剧烈变化。因此，必须存在一种有效的机制来使恒星保持稳定。否则，在没有这种机制的情况下，就可能会发生热核爆炸。

对于目前导出的非共振反应率公式，下面将要考虑两个修正。第一个修正是必要的，因为我们把非对称的伽莫夫峰替换成了对称的高斯峰[式(3.78)]，其中高斯峰下的面积由 $\mathrm{e}^{-\tau}\sqrt{\pi}\Delta/2$ 给出[式(3.83)]。图 3.13(b) 比较了在 $T=0.2$ GK 时，对于 ^{12}C$(\alpha,\gamma)^{16}$O 反应的这两个函数。实线显示的是伽莫夫峰，而虚线显示的是高斯近似。反应率必须乘以一个修正因子，该修正因子表示这两条曲线下的面积之比：

$$F(\tau) = \frac{\int_0^\infty \exp\left(-\frac{2\pi}{\hbar}\sqrt{\frac{m_{01}}{2E}}Z_0 Z_1 e^2 - \frac{E}{kT}\right)\mathrm{d}E}{\mathrm{e}^{-\tau}\sqrt{\pi}\Delta/2}$$

$$= \frac{2}{\sqrt{\pi}}\frac{1}{\sqrt{E_0 kT}}\frac{\sqrt{3}}{4}\mathrm{e}^\tau\int_0^\infty \exp\left(-\frac{2E_0^{3/2}}{kT}\frac{1}{\sqrt{E_0\epsilon}} - \frac{E_0\epsilon}{kT}\right)E_0\,\mathrm{d}\epsilon$$

$$= \sqrt{\frac{\tau}{\pi}}\frac{\mathrm{e}^\tau}{2}\int_0^\infty \exp\left[-\frac{\tau}{3}\left(\epsilon + \frac{2}{\sqrt{\epsilon}}\right)\right]\mathrm{d}\epsilon \qquad (3.92)$$

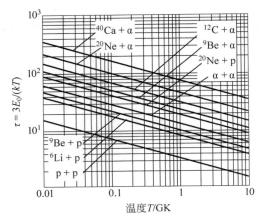

图 3.17 对于质子诱发和 α 粒子诱发的反应,参数 τ 的数值随温度的关系。注意 τ 是无量纲的量

在这里,我们引入了一个无量纲变量 $\epsilon \equiv E/E_0$。可以看出修正因子 F 仅是 τ 的函数。从图 3.17 也可以清楚地看到,τ 通常是一个相对较大的数。因此,将 F 以一个与 τ 成反比的小量展开是有优势的。其结果是(习题 3.2)

$$F(\tau) \approx 1 + \frac{5}{12\tau} \tag{3.93}$$

图 3.18 显示了几个反应的 $F(\tau)$ 值与温度的关系。可以看出,在低温处修正因子通常很小(小于百分之几)。其幅度随着温度的升高以及库仑势垒的降低而增加。

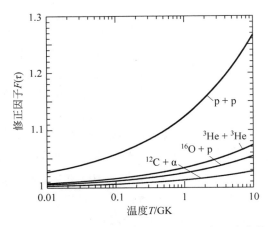

图 3.18 对于一些反应的修正因子 $F(\tau)$ 与温度的关系

第二个修正也是必要的,因为许多非共振反应的 S 因子不是恒定的,而是随能量变化的。在大多数情况下,可将实验上或理论上的 S 因子在 $E=0$ 附近作泰勒级数展开:

$$S(E) \approx S(0) + S'(0)E + \frac{1}{2}S''(0)E^2 \tag{3.94}$$

其中,撇号表示关于 E 的导数。把该展开式代入式(3.72)得到一个积分之和,其中每个积分都可以展开成 $1/\tau$ 幂的形式。此处未明确给出具体过程,仅给出结果,我们必须把式(3.84)

中的常数 S_0 替换成一个有效的 S 因子(即 S_{eff})。其结果是(Fowler *et al.*,1967),

$$N_A \langle \sigma v \rangle = \frac{1}{3}\left(\frac{4}{3}\right)^{3/2} \frac{\hbar}{\pi} \frac{N_A}{m_{01} Z_0 Z_1 e^2} S_{\text{eff}} \tau^2 e^{-\tau} \tag{3.95}$$

$$S_{\text{eff}}(E_0) = S(0)\left[1 + \frac{5}{12\tau} + \frac{S'(0)}{S(0)}\left(E_0 + \frac{35}{36}kT\right) + \frac{1}{2}\frac{S''(0)}{S(0)}\left(E_0^2 + \frac{89}{36}E_0 kT\right)\right] \tag{3.96}$$

方括号中的第一项对应于由伽莫夫峰的不对称性所造成的修正因子 $F(\tau)$,而其他项则来自于由 S 因子随能量变化而引起的修正。从数值上看,可以得到(Lang,1974),

$$N_A \langle \sigma v \rangle = \frac{C_1}{T_9^{2/3}} e^{-C_2/T_9^{1/3}}(1 + C_3 T_9^{1/3} + C_4 T_9^{2/3} + C_5 T_9 + C_6 T_9^{4/3} + C_7 T_9^{5/3}) \ (\text{cm}^3 \cdot \text{mol}^{-1} \cdot \text{s}^{-1}) \tag{3.97}$$

$$C_1 = 7.8324 \times 10^9 \left(Z_0^2 Z_1^2 \frac{M_0 M_1}{M_0 + M_1}\right)^{1/6} S(0) \sqrt{\frac{M_0 + M_1}{M_0 M_1}}$$

$$C_2 = 4.2475\left(Z_0^2 Z_1^2 \frac{M_0 M_1}{M_0 + M_1}\right)^{1/3}$$

$$C_3 = 9.810 \times 10^{-2}\left(Z_0^2 Z_1^2 \frac{M_0 M_1}{M_0 + M_1}\right)^{-1/3}$$

$$C_4 = 0.1220 \frac{S'(0)}{S(0)}\left(Z_0^2 Z_1^2 \frac{M_0 M_1}{M_0 + M_1}\right)^{1/3}$$

$$C_5 = 8.377 \times 10^{-2} \frac{S'(0)}{S(0)}$$

$$C_6 = 7.442 \times 10^{-3} \frac{S''(0)}{S(0)}\left(Z_0^2 Z_1^2 \frac{M_0 M_1}{M_0 + M_1}\right)^{2/3}$$

$$C_7 = 1.299 \times 10^{-2} \frac{S''(0)}{S(0)}\left(Z_0^2 Z_1^2 \frac{M_0 M_1}{M_0 + M_1}\right)^{1/3}$$

其中,M_i 是以 u 为单位的相对原子质量;$S(0)$、$S'(0)$ 和 $S''(0)$ 分别以 MeV·b、b 和 b·MeV^{-1} 为单位。

图 3.19 示意性地显示了在实践中经常遇到的三种情况。图 3.19(a)中显示的数据展示了一个非常缓慢变化的 S 因子。在这种情况下,一个线性泰勒展开(实线)似乎可以很恰当地描述数据。如果说伽莫夫峰位于 $E = 0.7$ MeV 附近,则非共振反应率可以由拟合系数 $S(0)$ 和 $S'(0)$ 精确地计算出来。然而,取决于天体物理环境的流体动力学条件,伽莫夫峰可能位于目前实验技术无法直接到达的能区[比如说,图 3.19(a)中 0.3 MeV 以下能量]。在这种情况下,可以使用泰勒级数展开将 S 因子外推到低能的伽莫夫能区。如果在伽莫夫能区没有实验数据可用,则此方法代表了利用较高能量处获得的截面数据来估算反应率的最简单方式。尽管在实践中经常使用,但一定要小心使用这种方法,在这种情况下,最好使用基于理论核模型所给出的更可靠 S 因子进行外推(第 2 章)。

图 3.19(b)显示了另一种情况。其中,如果在 $E = 0.65$ MeV 能量以下的数据可以用二次泰勒展开来很好地描述,那么就可以用式(3.97)来评估其反应率。但是,在较高能量处,泰勒展开将会因发散(在这种情况下为正向的)而无法描述数据。因此,在大部分伽莫夫峰

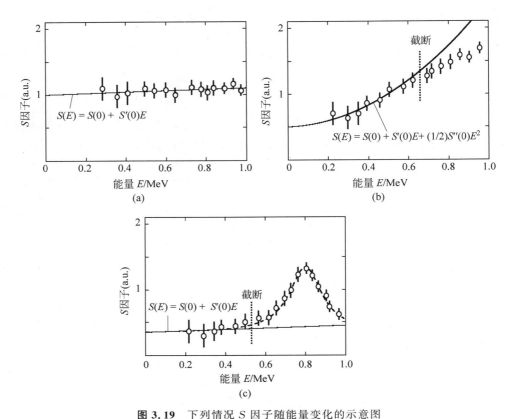

图 3.19 下列情况 S 因子随能量变化的示意图
（a）非常缓慢变化的 S 因子曲线；（b）一个依赖于能量的 S 因子；（c）一个宽共振。见文中讨论

位于 $E = 0.65$ MeV 以上情况的温度下，利用上述二次泰勒展开计算其反应率将变得不准确。因此，非共振反应率的表达式 [式（3.97）] 有时会乘以一个截断因子（cutoff factor, Fowler *et al.*, 1975）：

$$f_{\text{cutoff}} \approx e^{-(T_9/T_{9,\text{cutoff}})^2} \tag{3.98}$$

其中，$T_{9,\text{cutoff}}$ 对应一个截断温度，在此温度下相当大一部分伽莫夫峰位于参数化的 S 因子开始偏离数据的能区 [图 3.19（b）中的垂直虚线]。超过此温度，必须通过其他不同的手段来评估反应率。

现在考虑图 3.19（c）所示的情况。在这种情况下，数据在 $E = 0.8$ MeV 处显示出一个共振，相应的 S 因子随能量剧烈变化。然而，可以看出，在 $E \approx 0.55$ MeV 以下，共振的翅膀变化得相当缓慢。因此，如果人们最感兴趣的伽莫夫峰位于 $E = 0.55$ MeV 以下的天体温度，那么就可以将非共振反应率公式应用于宽共振的低能尾巴处 [式（3.97）]。与以前的情况一样，在更高温度处，必须对反应率予以截断，这一温度对应于 S 因子展开式偏离数据时的能量 [图 3.19（c）中的虚线]。

非共振反应的 S 因子有时显示出很强的能量依赖关系，以至于泰勒级数展开不再适用。对于此类情况，虽然文献中报导了解析描述（例如，Fowler *et al.*, 1975），但通常来讲，利用数值积分的方法来计算反应率则更为可靠 [式（3.70）]。

示例 3.5

图 3.20 显示了 ^{12}C(p,γ)^{13}N 反应在低能区的实验测量 S 因子。宽共振出现在 $E \approx 0.4$ MeV 处。在能量 $E = 0.23$ MeV 以下,其 S 因子随着能量平稳变化,并且可以在 $E = 0$ 附近以二次泰勒级数展开,其系数为 $S(0) = 1.34 \times 10^{-3}$ MeV·b,$S'(0) = 2.6 \times 10^{-3}$ b,$S''(0) = 8.3 \times 10^{-2}$ b·MeV^{-1}(Adelberger *et al.*,1998)。① 对于 $T = 0.03$ GK 的温度,确定伽莫夫峰的位置和宽度,以及反应率的温度灵敏性;② 确定利用上述 S 因子参数化方法能够可靠地计算反应率的最高温度。

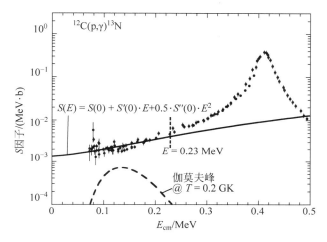

图 3.20 ^{12}C(p,γ)^{13}N 反应的实验 S 因子与能量的关系。实线表示为描述 $E = 0.23$ MeV 以下数据对 S 因子的一个扩展。虚线显示温度 $T = 0.2$ GK 时的伽莫夫峰。数据来自文献(Angulo *et al.*,1999)

利用式(3.77)、式(3.81)、式(3.90)和式(3.91),我们得到

$$E_0 = 0.1220 \times \left(1^2 \times 6^2 \times \frac{1.0 \times 12.0}{1.0 + 12.0} \times 0.03^2\right)^{1/3} \text{MeV} = 0.038 \text{ MeV}$$

$$\Delta = 0.2368 \times \left(1^2 \times 6^2 \times \frac{1.0 \times 12.0}{1.0 + 12.0} \times 0.03^5\right)^{1/6} \text{MeV} = 0.023 \text{ MeV}$$

$$\tau = 4.2487 \times \left(1^2 \times 6^2 \times \frac{1.0 \times 12.0}{1.0 + 12.0} \times \frac{1}{0.03}\right)^{1/3} = 44.0$$

因此,反应率的温度灵敏度为 $N_A \langle \sigma v \rangle_T \sim (T/T_0)^{(44.0-2)/3} = (T/T_0)^{14.0}$。

二次 S 因子展开式仅在 $E = 0.23$ MeV 以下能够可靠地描述数据。我们所寻求的温度范围对应于仅有很小一部分伽莫夫峰超过 $E = 0.23$ MeV[也即 $E_0(T) + \Delta(T) = 0.23$ MeV]的情况。从图 3.14 和图 3.16 可以看出,该条件只有在 $T \leqslant 0.2$ GK 时才会满足。因此,我们预期在此温度以下,利用给定的 S 因子参数化来计算反应率是可靠的。情况如图 3.20 所示。

3.2.2　中子诱发反应的非共振反应率

恒星中产生的中子会迅速热化,其速度由麦克斯韦-玻尔兹曼分布给出。对于平滑变化的中子截面,反应最有可能发生在麦克斯韦-玻尔兹曼分布最大值附近,即在 $E_T = kT$ 或者热速度 $v_T = \sqrt{2kT/m_{01}}$ 处[3.1.1节和图3.1(a)]。对于低速 s 波中子($\ell = 0$),反应截面与中子速度成反比[式(2.207)]:

$$\sigma \sim \frac{1}{v} \sim \frac{1}{\sqrt{E}} \tag{3.99}$$

严格来说,如果在中子诱发过程中释放带电粒子,则其截面将为出射粒子通过库仑和离心势垒的透射概率所修改。但是,由于许多中子诱发反应是放热的,且 Q 值超过几兆电子伏,所以带电粒子的透射系数近似恒定。在这些情况下,$1/v$ 律不仅适用于(n,γ)反应,而且也适用于(n,p)或(n,α)之类的反应[图4.15(a)]。此外,$1/v$ 律在某些共振贡献会引起 s 波中子反应截面平滑变化的情况下也同样有效。例如,假设中子诱发反应通过宽共振的低能翅膀来进行的情况。在 Breit-Wigner 公式中设 $E \ll E_r$[式(2.185)],然后利用中子分宽度的能量依赖性,假设出射道的分宽度近似恒定,则可以得到 $\sigma_{\ell=0} \sim (1/v^2)\Gamma_{\ell=0} \sim (1/v^2)v \sim 1/v$。具有较大 $Q_{n\gamma}$ 值的重核中子俘获是另一个重要的例子。在这种情况下,核反应会通过许多宽且重叠的共振来进行。很难在实验上分辨这些共振,以至于测量到的是一个随能量平滑变化的平均截面。截面则由式子 $\sigma_{\ell=0} = \sigma_{\ell=0}^{max} \cdot \hat{T} \sim 1/v$ 给出[式(2.207)],其中 $\hat{T}$ 是 s 波透射系数。

对于 $\sigma \sim 1/v$ 或 $S \equiv \sigma v = $ const(常数),我们有[式(3.3)和式(3.4)]

$$N_A \langle \sigma v \rangle = N_A \int_0^\infty v P(v) \sigma(v) \mathrm{d}v = N_A \sigma v = N_A S = \mathrm{const} \tag{3.100}$$

该反应率与温度无关,原则上可以由任意速度 v 下测得的 σ 来确定。但实际上,由于下列原因非共振中子截面并不总是遵循简单的 $1/v$ 律:①s 波中子能量不再那么小;②新的反应道变得能量可及;③更高阶分波可能会对中子截面有贡献。

在后一种情况下,从表达式 $\sigma_\ell \sim (1/v^2)\Gamma_\ell$ 中可以找到其速度或能量的依赖性关系。在低能处,我们可以使用关系式 $\Gamma_\ell(E) \sim (vR)^{2\ell+1} \sim E^{\ell+1/2}$(2.5.4 节),对于 $\ell = 0$、1、2,可分别得到 $\sigma_\ell \sim v^{-1}$、v、v^3(或者 $\sigma_\ell \sim E^{-1/2}$、$E^{1/2}$、$E^{3/2}$)。同样,在中子结合能(或 $Q_{n\gamma}$ 值)变得与中子动能可比拟的例外情况下,上述截面对 v(或 E)的依赖性是不适用的。因为在这些情况下,必须也要把出射道的影响考虑在内。利用上述不同分波的能量依赖性,反应率可以写为

$$N_A \langle \sigma v \rangle = \left(\frac{8}{\pi m_{01}} \right)^{1/2} \frac{N_A}{(kT)^{3/2}} \int_0^\infty E\sigma(E) \mathrm{e}^{-E/(kT)} \mathrm{d}E \sim \int_0^\infty E^{\ell+1/2} \mathrm{e}^{-E/(kT)} \mathrm{d}E \tag{3.101}$$

被积函数 $E^{\ell+1/2} \mathrm{e}^{-E/(kT)}$ 代表大多数非共振中子诱发反应所发生的天体能量窗口。不同 ℓ 值(实线)的能量窗口如图3.21所示,并与麦克斯韦-玻尔兹曼因子 $E\mathrm{e}^{-E/(kT)}$(虚线)进行了比较。所有曲线均针对 $kT = 30$ keV 绘制并归一化到相同的最大值。可以看出,离心势垒移动了有效天体能量的窗口。被积函数的最大值发生在 $E_{max} = (\ell+1/2)kT$ 处。离心势垒对非共振中子诱发反应率的影响要远小于库仑势垒对非共振带电粒子反应的影响。作为一

个近似规则,在非共振中子诱发反应的情况下,可以假设麦克斯韦-玻尔兹曼分布提供了一个对有效能量窗口的可靠估计。

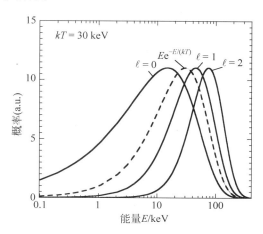

图 3.21 因子 $E^{\ell+1/2}\,\mathrm{e}^{-E/(kT)}$ 与中子能量的关系,它们代表了不同轨道角动量 ℓ 下大部分非共振中子诱发反应发生的恒星能量窗口。虚线显示了麦克斯韦-玻尔兹曼因子 $E\mathrm{e}^{-E/(kT)}$ 用以比较。所有曲线都是针对 $kT=30$ keV 进行计算的

如果乘积 $S\equiv\sigma v$ 不是恒定的而是随速度变化的,则它可以在 $E=0$ 处,以 v 或 $\sqrt{E}$ 的形式作泰勒级数展开:

$$\sigma v = S(\sqrt{E}) \approx S(0) + \dot{S}(0)\,\sqrt{E} + \frac{1}{2}\ddot{S}(0)E \qquad (3.102)$$

其中,S 上方的点表示关于 $\sqrt{E}\sim v$ 的导数,$S(0)$、$\dot{S}(0)$、$\ddot{S}(0)$ 为经验常数。则截面的能量依赖性由下式给出:

$$\sigma(E) \approx \sqrt{\frac{m_{01}}{2E}}\left[S(0) + \dot{S}(0)\,\sqrt{E} + \frac{1}{2}\ddot{S}(0)E\right] \qquad (3.103)$$

把它代入式(3.10),可得如下反应率公式(习题 3.3):

$$N_{\mathrm{A}}\langle\sigma v\rangle = N_{\mathrm{A}}\left[S(0) + \frac{2}{\sqrt{\pi}}\dot{S}(0)\,\sqrt{kT} + \frac{3}{4}\ddot{S}(0)kT\right] \qquad (3.104)$$

在数值上,可得

$$N_{\mathrm{A}}\langle\sigma v\rangle = 6.022\times10^{23}S(0)\times\left[1 + 0.3312\frac{\dot{S}(0)}{S(0)}\sqrt{T_9} + 0.06463\frac{\ddot{S}(0)}{S(0)}T_9\right]\ (\mathrm{cm}^3\cdot\mathrm{mol}^{-1}\cdot\mathrm{s}^{-1})$$

$$(3.105)$$

其中,$\dot{S}(0)/S(0)$ 和 $\ddot{S}(0)/S(0)$ 分别以 $\mathrm{MeV}^{-1/2}$ 和 MeV^{-1} 为单位。

对于许多中子诱发的反应,特别是中子俘获,其反应率通常用麦克斯韦平均截面(Maxwellian-averaged cross section)来表示(3.1.1 节):

$$N_{\mathrm{A}}\langle\sigma v\rangle = N_{\mathrm{A}}\langle\sigma\rangle_T v_T = N_{\mathrm{A}}\,\frac{4}{v_T\,\sqrt{\pi}}\int_0^\infty v\sigma(v)\left(\frac{v}{v_T}\right)^2\mathrm{e}^{-(v/v_T)^2}\mathrm{d}v \qquad (3.106)$$

对于低能 s 波中子,其中 $\sigma v = v_T\sigma(v_T) = v_T\sigma_T = \mathrm{const}$(常数),则

$$N_A \langle \sigma \rangle_T v_T = N_A \frac{4}{v_T \sqrt{\pi}} v_T \sigma(v_T) \int_0^\infty \left(\frac{v}{v_T}\right)^2 e^{-(v/v_T)^2} \mathrm{d}v = N_A v_T \sigma(v_T) \quad (3.107)$$

麦克斯韦平均截面$\langle \sigma \rangle_T$等于在热速度v_T下测量的截面σ_T。对于不同的速度依赖性,例如$\sigma = $常数,或$\sigma \sim 1/v^2$,直接代入上述公式可得$\langle \sigma \rangle_T = 1.13\sigma_T$,而对于 p 波俘获($\sigma \sim v$),则可得$\langle \sigma \rangle_T = 1.5\sigma_T$。这样,对于平滑变化的截面而言,在单个速度$v_T$下测量的$\sigma$,其提供的反应率与其真实幅度相差不大。然而,为了获得精确的反应率值,实际上需要在由麦克斯韦-玻尔兹曼分布给出的有效天体能量窗口内,对一系列中子能量下的截面进行实验测量。有关更多详细信息,请参考文献(Beer $et~al.$,1992)。

3.2.3　光子诱发反应的非共振反应率

大多数在天体物理上重要的光解反应,$\gamma + 3 \longrightarrow 0 + 1$,还尚未被实验直接测量。通过应用互易定理(3.1.4 节),它们的反应率可以很方便地根据相应的逆向粒子诱发的反应率得到。尽管如此,许多光解反应已在实验上得到了直接测量,因此研究其衰变常数的一般特性还是很有意思的。根据式(3.18)和式(3.28),我们发现:

$$\lambda_\gamma(3) = \frac{8\pi m_{01}}{h^3} \frac{(2j_0+1)(2j_1+1)}{2j_3+1} \int_0^\infty \frac{E_\gamma - Q_{01\to\gamma3}}{e^{E_\gamma/(kT)}-1} \sigma_{01\to\gamma3} \mathrm{d}E_\gamma \quad (3.108)$$

其中,$E_{01} = E_\gamma - Q_{01\to\gamma3}$。回想一下,上述表达式仅适用于具有特定初态和末态核对的正向和逆向反应(3.1.4 节)。为简单起见,我们假设光解在原子核 3 和原子核 0 的基态之间进行,而原子核 1 表示一个轻粒子(p、n 或 α)。在这种情况下,$Q_{01\to\gamma3}$ 是正向反应的基态 Q 值。利用近似式 $e^{E_\gamma/(kT)}-1 \approx e^{E_\gamma/(kT)}$(3.1.4 节),可得

$$\lambda_\gamma(3) = \frac{8\pi m_{01}}{h^3} \frac{(2j_0+1)(2j_1+1)}{2j_3+1} \int_0^\infty (E_\gamma - Q_{01\to\gamma3}) e^{-E_\gamma/(kT)} \sigma_{01\to\gamma3} \mathrm{d}E_\gamma \quad (3.109)$$

我们必须区分(γ,p)或(γ,α)带电粒子发射,以及(γ,n)中子发射这两种情况。对于非共振带电粒子发射,截面由式(3.71)给出。对于近似恒定的 S 因子,其衰变常数是

$$\lambda_\gamma(3) \sim \int_0^\infty (E_\gamma - Q_{01\to\gamma3}) e^{-E_\gamma/(kT)} \frac{e^{-2\pi\eta}}{E_{01}} S(E_{01}) \mathrm{d}E_\gamma \sim S(E_0) e^{-Q_{01\to\gamma3}/(kT)} \int_0^\infty e^{-2\pi\eta} e^{-E_{01}/(kT)} \mathrm{d}E_{01}$$

$$(3.110)$$

对于正向反应,被积函数等于伽莫夫峰(3.2.1 节)。伽莫夫峰的概念对于涉及带电粒子发射的光解反应也是很有用的。由于伽莫夫峰位于 E_0 且具有 $1/e$ 宽度 Δ[式(3.77)和式(3.81)],所以对于光解反应,我们预期有效天体燃烧的 γ 射线能量范围集中于

$$E_\gamma^{\mathrm{eff}} = E_0 + Q_{01\to\gamma3} \quad (3.111)$$

且宽度为 Δ。随着温度升高,E_0 将增加,这样 E_γ^{eff} 将移向一个更大的值。根据式(3.110)也可以明显地看出,与正向俘获的反应率[式(3.73)]相比,光解反应的衰变常数 $\lambda_\gamma(3)$ 通过 $e^{-Q/(kT)}$ 项具有一个额外的温度依赖。

如果在非共振光解反应中发射中子,情况将大不相同。对于较小的中子能量,我们发现(n,γ)截面的能量依赖性由 $\sigma_\ell \sim E^{\ell-1/2}$ 给出(3.2.2 节)。该截面行为是在中子能量相对于中子结合能较小的假设下得出的。大多数(n,γ)反应具有相对较大的 Q 值,因此,我们可以将此表达式代入式(3.109)。从而,

$$\lambda_\gamma(3) \sim \int_0^\infty (E_\gamma - Q_{01 \to \gamma3}) e^{-E_\gamma/(kT)} E_{01}^{\ell-1/2} dE_\gamma \sim \int_0^\infty e^{-E_\gamma/(kT)} (E_\gamma - Q_{01 \to \gamma3})^{\ell+1/2} dE_\gamma$$

$$(3.112)$$

上文已经提到过,对于中子俘获反应,有效天体燃烧的能量窗口位于 $E_n^{eff} = (\ell + 1/2)kT$(图 3.21)。因此,我们预期逆向 (γ, n) 反应的有效能量窗口位于 $E_\gamma^{eff} = (\ell + 1/2)kT + Q_{n\gamma}$(习题 3.4)。例如,图 3.22 显示了在 ^{148}Gd$(\gamma, n)^{147}$Gd 反应中式(3.112)里的被积函数。两条曲线分别对应于 $T = 2$ GK 和 $T = 3$ GK 的温度,计算中假设 s 波中子发射($\ell = 0$)。^{147}Gd$(n, \gamma)^{148}$Gd 反应的 Q 值为 $Q_{n\gamma} = 8.984$ MeV。因此,光解反应只有当 γ 射线能量超过阈值 $E_\gamma = Q_{n\gamma}$ 时才可以进行。对于 $T = 2$ GK 和 $T = 3$ GK 这两条曲线,其被积函数的最大值仅偏移约 43 keV,这一很小偏移值在图中几乎注意不到。因此,天体物理感兴趣的 (γ, n) 反应的有效能量窗口离该反应的阈值很近,几乎与温度无关。这种行为与 (γ, p) 或 (γ, α) 反应中伽莫夫峰具有相当大的能量移动形成了鲜明的对比。同样,在 $T = 2 \sim 3$ GK,被积函数的幅度增加了 7 个数量级以上,突显了 (γ, n) 反应衰变常数巨大的温度依赖关系。

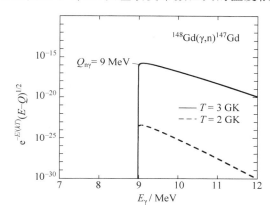

图 3.22 对于光解反应 ^{148}Gd$(\gamma, n)^{147}$Gd,式(3.112)中的被积函数在两个温度($T = 2$ 和 $T = 3$ GK)下随 γ 射线能量的关系。(正向)俘获反应的基态 Q 值是 $Q_{n\gamma} = 8.984$ MeV(Wang et al., 2012)。此值等于 ^{148}Gd 的中子分离能。两条曲线都是针对 s 波($\ell = 0$)中子发射绘制的。这个被积函数代表有效恒星燃烧的 γ 射线能量窗口

3.2.4 窄共振反应率

在上文中,讨论了平滑变化 S 因子的反应率。在本节中,我们讨论另一种由共振引起剧烈变化 S 因子的极端情况。在这里,我们考虑孤立窄共振的情形。第一个条件意味着复合核中能级密度相对较低,因此共振不会在幅度上有明显的重叠。在文献中对于窄共振(narrow resonance)使用了几个不同的定义。在这里,如果在总的共振宽度内相应分宽度近似恒定,则称其为窄共振。

一个孤立共振可以由单能级 Breit-Wigner 公式方便地描述[式(2.185)]:

$$\sigma_{BW}(E) = \frac{\lambda^2}{4\pi} \frac{(2J+1)(1+\delta_{01})}{(2j_0+1)(2j_1+1)} \frac{\Gamma_a \Gamma_b}{(E_r - E)^2 + \Gamma^2/4} \qquad (3.113)$$

其中,j_i 是靶和炮弹的自旋;J 和 E_r 是共振的自旋和能量;Γ_i 是入射道和出射道的共振

分宽度；Γ 是总的共振宽度。每个分宽度必须对所有可能的轨道角动量和道自旋的值进行求和。波数由德布罗意波长 $\lambda = 2\pi/k = 2\pi \hbar/\sqrt{2m_{01}E}$ 来代替，以免与玻尔兹曼常量的符号相混淆。这里包含了因子 $(1+\delta_{01})$，因为对于涉及全同粒子入射道的情况，其截面会增加两倍。在上述表达式中，宽度是以"观测的"量来表示的（即使用了 Thomas 近似，2.5.5 节），因为这将显著地简化计算。对于大多数窄共振，由该近似所引入的误差可以忽略不计。

单个窄共振的反应率可以利用式(3.10)和式(3.113)来计算：

$$N_A \langle \sigma v \rangle = \left(\frac{8}{\pi m_{01}}\right)^{1/2} \frac{N_A}{(kT)^{3/2}} \int_0^\infty E \sigma_{\mathrm{BW}}(E) e^{-E/(kT)} \, dE$$

$$= N_A \frac{\sqrt{2\pi}\,\hbar^2}{(m_{01}kT)^{3/2}} \omega \int_0^\infty \frac{\Gamma_a \Gamma_b}{(E_r - E)^2 + \Gamma^2/4} e^{-E/(kT)} \, dE \qquad (3.114)$$

其中，$\omega \equiv (2J+1)(1+\delta_{01})/[(2j_0+1)(2j_1+1)]$。对于一个足够窄的共振，麦克斯韦-玻尔兹曼因子 $e^{-E/(kT)}$ 和分宽度 Γ_i 在共振的总宽度上近似恒定。这些量可以由它们在共振 E_r 处的值所替代，并且积分可以解析地计算出来。因此，

$$N_A \langle \sigma v \rangle = N_A \frac{\sqrt{2\pi}\,\hbar^2}{(m_{01}kT)^{3/2}} e^{-E_r/(kT)} \omega \frac{\Gamma_a \Gamma_b}{\Gamma} 2 \int_0^\infty \frac{\Gamma/2}{(E_r - E)^2 + \Gamma^2/4} \, dE$$

$$= N_A \frac{\sqrt{2\pi}\,\hbar^2}{(m_{01}kT)^{3/2}} e^{-E_r/(kT)} \omega \frac{\Gamma_a \Gamma_b}{\Gamma} 2\pi$$

$$= N_A \left(\frac{2\pi}{m_{01}kT}\right)^{3/2} \hbar^2 e^{-E_r/(kT)} \omega\gamma \qquad (3.115)$$

在这里，我们使用定义 $\omega\gamma \equiv \omega\Gamma_a\Gamma_b/\Gamma$。$\omega\gamma$ 与共振截面下的面积成正比，或等效地，与最大截面 $\sigma_{\mathrm{BW}}(E=E_r) = (\lambda_r^2/\pi)\omega\Gamma_a\Gamma_b/\Gamma^2$ 和共振总宽度 Γ 的乘积成正比：

$$\Gamma \cdot \sigma_{\mathrm{BW}}(E=E_r) = \Gamma \cdot \frac{\lambda_r^2}{\pi}\omega \frac{\Gamma_a \Gamma_b}{\Gamma^2} = \frac{\lambda_r^2}{\pi}\omega\gamma \qquad (3.116)$$

因此，$\omega\gamma$ 被称为共振强度（resonance strength）。窄共振的反应率仅取决于共振的能量和强度，而不取决于截面曲线的确切形状。这是一个很幸运的情况，因为正如我们将要看到的，对于大多数窄共振，其分宽度和总宽度在实验上都是未知的。

如果几个孤立的窄共振对截面都有贡献，则它们对反应率的贡献是非相干相加的。在数值上，其总的反应率为

$$N_A \langle \sigma v \rangle = \frac{1.5399 \times 10^{11}}{\left(\dfrac{M_0 M_1}{M_0 + M_1} T_9\right)^{3/2}} \sum_i (\omega\gamma)_i \, e^{-11.605 E_i/T_9} \quad (\mathrm{cm}^3 \cdot \mathrm{mol}^{-1} \cdot \mathrm{s}^{-1}) \quad (3.117)$$

其中，i 标记不同的共振；$(\omega\gamma)_i$ 和 E_i 以 MeV 为单位；M_i 是以 u 为单位的相对原子质量。

对于单个窄共振，其反应率对温度的依赖性可以通过运行一个与之前应用于非共振情况一样的计算来得到。我们从式(3.85)和式(3.87)开始，利用 $N_A \langle \sigma v \rangle_T = c T^{-3/2} e^{-c'E_r/T}$，可得

$$\ln N_A \langle \sigma v \rangle_T = \ln c - \frac{3}{2}\ln T - c' \frac{E_r}{T} \qquad (3.118)$$

$$n = \frac{\partial \ln N_A \langle \sigma v \rangle_T}{\partial \ln T} = -\frac{3}{2} - c'E_r \frac{\partial(T^{-1})}{\partial \ln T} = \frac{c'E_r}{T} - \frac{3}{2} \qquad (3.119)$$

因此,

$$N_A\langle\sigma v\rangle_T = N_A\langle\sigma v\rangle_{T_0}(T/T_0)^{c'E_r/T-3/2} = N_A\langle\sigma v\rangle_{T_0}(T/T_0)^{11.605E_r/T_9-3/2} \quad (3.120)$$

其中,最后一项中的 E_r 以 MeV 为单位。图 3.23 显示了几个不同共振能量下的指数 n 与温度的关系。窄共振反应率的温度灵敏性随着温度的降低和共振能量的增加而增大。取决于 T 和 E_r 的值,窄共振反应率比非共振的甚至有更强的温度灵敏性。

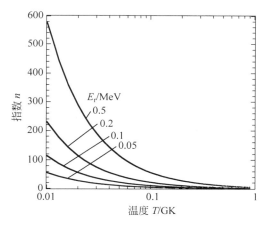

图 3.23 各种共振能量下窄共振反应率的温度敏感性

在下文中,以一个俘获反应($0+1\longrightarrow\gamma+3$)为例,我们讨论分宽度 Γ_a 和 Γ_b 对单个窄共振反应率的影响。进一步假设只有两个道是开放的,即粒子道(Γ_a)和 γ 射线道(Γ_γ)。总宽度为 $\Gamma=\Gamma_a+\Gamma_\gamma$。实验的 γ 射线分宽度通常为 1 MeV~1 eV。大多数中子分宽度在 10 MeV~1 keV 范围内。这些分宽度对 E_r 的值都不是很灵敏。另外,带电粒子分宽度由通过库仑势垒的透射概率所决定,它对共振位置非常灵敏,尤其是在低能的情况下(2.5.4 节)。

首先假设带电粒子分宽度远小于 γ 射线分宽度,这是低能共振的一个典型情况(比如说,低于 $E_r\approx0.5$ MeV)。由于 $\Gamma_a\ll\Gamma_\gamma$,根据共振强度的定义,我们得到

$$\omega\gamma = \omega\frac{\Gamma_a\Gamma_\gamma}{\Gamma_a+\Gamma_\gamma} \approx \omega\frac{\Gamma_a\Gamma_\gamma}{\Gamma_\gamma} = \omega\Gamma_a \quad (3.121)$$

因此,共振强度仅取决于带电粒子分宽度。该分宽度依赖于共振能量的精确值,并在稍小程度上取决于谱因子[式(2.197)],因此共振强度可能会变得很小。对于实验核物理学家来说,研究带电粒子反应的低能共振代表着一个艰巨的实验挑战(第 4 章)。对于非常窄的共振,只有很小的在 E_r 附近的能区对反应率有贡献。尽管如此,如果共振强度由带电粒子分宽度来确定的话,则伽莫夫峰这一概念对于窄共振也是很有用的。这可以从以下 $\Gamma_a\ll\Gamma_\gamma$(且 $\Gamma\approx\Gamma_\gamma$)情况下窄共振反应率的表达式看出来:

$$N_A\langle\sigma v\rangle \sim \int_0^\infty E\sigma_{BW}(E)e^{-E/(kT)}dE$$

$$\sim \int_0^\infty E\frac{1}{E}\frac{\Gamma_a\Gamma_\gamma}{(E_r-E)^2+\Gamma_\gamma^2/4}e^{-E/(kT)}dE$$

$$\sim \int_0^\infty \frac{P_\ell(E)\Gamma_\gamma}{(E_r-E)^2+\Gamma_\gamma^2/4}e^{-E/(kT)}dE$$

$$\sim \int_0^\infty \frac{\Gamma_\gamma}{(E_r - E)^2 + \Gamma_\gamma^2/4} e^{-2\pi\eta} e^{-E/(kT)} \, \mathrm{d}E \qquad (3.122)$$

其中,穿透因子 $P_\ell(E)$ 的能量依赖性近似为伽莫夫因子 $e^{-2\pi\eta}$。因此,被积函数可以写成以下两个因子的乘积:①伽莫夫峰 $e^{-2\pi\eta} e^{-E/(kT)}$;②洛伦兹形状的共振 S 因子曲线。洛伦兹函数的 FWHM 高宽为 Γ_γ,最大高度为 $4/\Gamma_\gamma$。这样,对于窄共振,Γ_γ 的变化对洛伦兹曲线下的面积没有影响。根据式(3.122),如果反应截面显示出很多窄共振,则那些位于伽莫夫峰范围内(能量介于 $E_0 - \Delta/2$ 和 $E_0 + \Delta/2$ 之间)的共振将是总反应率的主要贡献者。换句话说,如果在伽莫夫峰范围内有共振,则其他低于或高于伽莫夫峰的共振将是次要的。图 3.24(a) 代表了这种情况。短划线显示了在 $T = 0.4$ GK 时计算的麦克斯韦-玻尔兹曼因子 $e^{-E/(kT)}$,点划线显示的是伽莫夫因子。实线显示了伽莫夫峰和窄共振的 S 因子。在这个例子中,位于 $E_r = 0.2$ MeV、0.4 MeV 和 0.6 MeV 处的窄共振将在总反应率中占主导,而位于 $E_r = 0.05$ MeV 和 $E_r = 0.8$ MeV 处的共振,其重要性会大大降低。

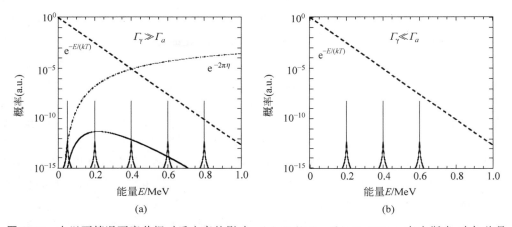

图 3.24 在以下情况下窄共振对反应率的影响:(a) $\Gamma_\gamma \gg \Gamma_a$,(b) $\Gamma_\gamma \ll \Gamma_a$。麦克斯韦-玻尔兹曼因子和伽莫夫因子分别以虚线和点划虚线表示。(a)部分中的实线显示伽莫夫峰。尖峰仅表示窄共振的位置。在图(a)中,所显示的共振有不同的强度,而图(b)中假定具有相似的强度

现在假设 γ 射线分宽度远小于粒子宽度($\Gamma_a \gg \Gamma_\gamma$)的情况。这通常发生在带电粒子在较高共振能量的情况(比如说,$E_r \approx 0.5$ MeV 以上,其中粒子分宽度通常为 $\Gamma_a \gg 1$ eV),或者是中子的情况(也许处于非常低能量的除外)。在这种情况下,我们从共振强度的定义中得到

$$\omega\gamma = \omega \frac{\Gamma_a \Gamma_\gamma}{\Gamma_a + \Gamma_\gamma} \approx \omega \frac{\Gamma_a \Gamma_\gamma}{\Gamma_a} = \omega \Gamma_\gamma \qquad (3.123)$$

共振强度仅取决于 γ 射线的分宽度,典型的量级大约在 1 MeV~1 eV。其精确值由反应中复杂的原子核组态来决定。请注意"最重要的能量窗口",比如带电粒子的伽莫夫峰或中子的麦克斯韦-玻尔兹曼分布,这一说法对于 $\Gamma_a \gg \Gamma_\gamma$ 的情况则不存在。图 3.24(b) 显示了例如 $T = 0.4$ GK 时的 $e^{-E/(kT)}$ 因子(短划线),以及位于 $E_r = 0.2$ MeV、0.4 MeV 和 0.6 MeV 处的三个窄共振(实线)。假设这些共振具有相似的强度,$\omega\gamma \approx \Gamma_\gamma$。对于每个共振,仅窄共

振峰区域对反应率有贡献。根据 $e^{-E/(kT)}$ 因子,窄共振对反应率的贡献随共振能量的降低而迅速增加。因此,$E_r = 0.2$ MeV 处的共振会主导总反应率[注意图 3.24(b)的纵轴是对数坐标]。只要满足条件 $\Gamma_a \gg \Gamma_\gamma$,则共振能量越小,其对反应率的贡献就越大。因此,找到所有低能共振的位置变得非常重要。

通常认为,在带电粒子反应中,所有位于伽莫夫峰内($E_0 \pm \Delta/2$)的共振都会对总反应率产生重要贡献。基于上述讨论,很明显,这个假设过于简化,因为它仅适用于总宽度由 γ 射线分宽度($\Gamma_a \ll \Gamma_\gamma$)主导的情况。随着能量的增加,任何俘获反应都会达到这样一个点,在此处粒子分宽度将会主导 γ 射线分宽度(即 $\Gamma_a \gg \Gamma_\gamma$),而对于这些共振,并不存在伽莫夫峰。因此,不应该假设位于整个 $E_0 \pm \Delta/2$ 能区内的所有共振都对总反应率起重要贡献。该假设在更高的天体温度下尤其不合理。这种情况展示在图 3.25 中,它显示了每个共振对总反应率的分数(或比例)贡献,$N_A \langle \sigma v \rangle_i / N_A \langle \sigma v \rangle_{total}$,随共振能量的变化关系:图(a)对应于 $T = 3.5$ GK 时的 ^{27}Al(p,γ)^{28}Si 反应,图(b)对应于 $T = 2.5$ GK 时的 ^{24}Mg(α,γ)^{28}Si 反应。图 3.25(a)中所有已知共振的质心系能量范围是 $E_i = 0.2 \sim 3.8$ MeV,图(b)中的范围是 $E_i = 1.1 \sim 4.3$ MeV。虚线显示了相应的伽莫夫峰。对总反应率的主要贡献来自于低于伽莫夫峰中心的那些共振,即 $E_i < E_0$。这同样适用于温度 $T = 0.5 \sim 10$ GK,靶质量 $A = 20 \sim 40$ 范围内的其他(p,γ)和(α,γ)反应。在以下各章中,我们仍将使用伽莫夫峰($E_0 \pm \Delta/2$)作为常规的有效能量窗口,但是读者应该记住,这仅代表一个粗略的估算,特别是在较高温度的情况下。有关更多信息,请参考文献 Newton 等(2007)。

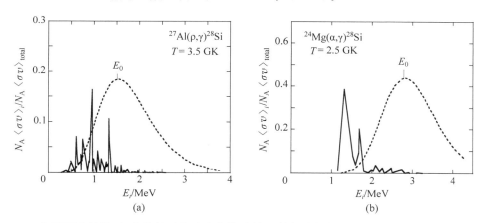

图 3.25 如下两种情况下,窄共振对总反应率的贡献比例与共振能量的关系,(a) $T = 3.5$ GK 下的 ^{27}Al(p,γ)^{28}Si;(b) $T = 2.5$ GK 下的 ^{24}Mg(α,γ)^{28}Si。在两种情况下,主要贡献均来自能量为 $E_i < E_0$ 的共振。伽莫夫峰显示为虚线。共振能量和强度取自文献(Endt,1990;Iliadis *et al.*,2001)。[经授权转载自 J. R. Newton *et al.*,Phys. Rev. C 75, 045801 (2007)。版权归美国物理学会所有]

窄共振在有效天体能量范围内对反应率具有显著的影响。因此,找到所有对总反应率可能有贡献的窄共振是非常重要的。具体情况显示在图 3.26 中。作为第一步,人们通常将天体物理感兴趣的反应(0+1)一直向下测量到 E_{min} 的能量,这代表着在实验室中可达到的最低能量(图 3.26 中的点虚线)。在 E_{min} 能量以下,由于库仑势垒的影响,带电粒子截面变得如此之小以至于当前实验技术不足以进行直接测量。因此,在第二步中,需要通过间接测

量来研究介于 $E=0$ 到 $E_{\min}$ 之间能区的截面。这些间接测量通过 $X+x$ 反应来布居复合核 C 中那些天体物理重要的能级,而 $X+x$ 并不是天体物理直接感兴趣的那个反应(4.1节)。通过对粒子阈附近复合核能级特性(激发能、自旋、宇称、谱因子等)的测量,在天体物理上重要的那些共振的能量和强度就可以被估计出来。

关于 E_r、$\omega\gamma$ 和 C^2S 的实验不确定度对窄共振反应率的影响,请读者参考文献 (Thompson & Iliadis,1999),以及(Iliadis $et\ al.$,2010)。

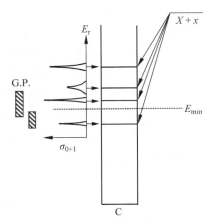

图 3.26 反应 0+1 中窄共振(左手侧)和复合核 C 中相应能级的能级纲图。不同温度下两个伽莫夫峰(G. P.)的位置显示为阴影条。在能量 $E_{\min}$(虚线)以下,带电粒子测量是不可行的。在这种情况下,可以通过 $X+x$ 反应来测量复合核 C 的能级核结构特性来估计反应率

 示例 3.6

假设在 $^{20}\mathrm{Ne}(p,\gamma)^{21}\mathrm{Na}$ 反应中,发生了四个低能的 s 波窄共振。共振能量分别为 $E_r=$ 10 keV、30 keV、50 keV 和 100 keV。相应的共振强度分别为 $\omega\gamma=7.24\times10^{-33}$ eV、3.81×10^{-15} eV、1.08×10^{-9} eV 和 3.27×10^{-4} eV。这些值都是通过假设 $\Gamma_p\ll\Gamma_\gamma$ 和 $C^2S=1$ 获得的。在 $T=0.02$ GK 和 0.08 GK 温度下,哪个共振会在总反应率中占主导?

在 $T=0.02$ GK 时,伽莫夫峰值的位置在 $E_0\pm\Delta/2=(40\pm10)$ keV[式(3.77)和式(3.81)]。只有 $E_r=30$ keV 和 50 keV 处的两个共振位于伽莫夫峰内,因此,它们将主导反应率。在 $T=0.08$ GK 时,我们得到 $E_0\pm\Delta/2=(100\pm30)$ keV,只有 $E_r=100$ keV 处的共振位于伽莫夫峰内,因此它将主导总反应率。另见习题 3.5。

我们现在考虑在高温下很重要的两个问题,即当俘获反应,例如(p,γ)、(n,γ)或(α,γ),通过窄共振进行时的情况。第一个问题是关于靶核激发态对反应率的影响。根据式(3.38),发现俘获反应 $0+1 \longrightarrow \gamma+3$ 的恒星反应率为

$$N_A\langle\sigma v\rangle=\sum_\mu P_{0\mu}N_A\langle\sigma v\rangle^\mu=\frac{\sum_\mu g_{0\mu}e^{-E_{0\mu}/(kT)}N_A\langle\sigma v\rangle^\mu}{\sum_\mu g_{0\mu}e^{-E_{0\mu}/(kT)}} \tag{3.124}$$

其中,μ 是对包含基态在内的靶核 0 中的能级进行求和,而忽略轻粒子 1 中的激发态(对于质子、中子或 α 粒子,这是一个安全的假设)。为了清楚起见,这里取消了下标"01→23",并且假设反应率 $N_A\langle\sigma v\rangle^\mu$ 已经对所有到原子核 3 激发末态 ν 的跃迁进行了恰当求和。其他所有符号与 3.1.5 节中的含义完全相同。现在假设对于一个特定靶态 μ,其反应率 $N_A\langle\sigma v\rangle^\mu$ 由许多标记为 ρ 的窄共振来决定。根据式(3.115),我们发现:

$$N_A\langle\sigma v\rangle^\mu=\sum_\rho N_A\langle\sigma v\rangle_\rho^\mu=\sum_\rho N_A\left(\frac{2\pi}{m_{01}kT}\right)^{3/2}\hbar^2 e^{-E_{\rho\mu}/(kT)}(\omega\gamma)_{\rho\mu}$$

$$=\sum_\rho N_A\left(\frac{2\pi}{m_{01}kT}\right)^{3/2}\hbar^2 e^{-E_{\rho\mu}/(kT)}\frac{g_\rho}{g_{0\mu}g_1}\frac{\Gamma_{\rho\mu}\Gamma_{\rho\gamma}}{\Gamma_\rho} \tag{3.125}$$

其中,g_ρ、$g_{0\mu}$ 和 g_1 分别为共振的、靶核 0 的和轻粒子 1 的统计权重,且 $\omega_{\rho\mu}\equiv g_\rho/(g_{0\mu}g_1)$;$\Gamma_{\rho\mu}$、$\Gamma_{\rho\gamma}$ 和 Γ_ρ 分别是共振 ρ 的从靶能级 μ 形成的粒子分宽度、(衰变的)γ 射线分宽度和总宽度;$E_{\rho\mu}$ 是对于靶能级 μ 的共振 ρ 的能量,$E_{\rho\mu0}=E_{\rho\mu}+E_{0\mu}$ 是靶核基态 μ_0 的共振 ρ 的能量。能级图如图 3.27 所示。根据式(3.36)、式(3.37)、式(3.124)和式(3.125),我们可得

$$N_A\langle\sigma v\rangle=\frac{\sum_\mu g_{0\mu}e^{-E_{0\mu}/(kT)}\sum_\rho N_A\left(\frac{2\pi}{m_{01}kT}\right)^{3/2}\hbar^2 e^{-E_{\rho\mu}/(kT)}\frac{g_\rho}{g_{0\mu}g_1}\frac{\Gamma_{\rho\mu}\Gamma_{\rho\gamma}}{\Gamma_\rho}}{\sum_\mu g_{0\mu}e^{-E_{0\mu}/(kT)}}$$

$$=\frac{1}{G_0^{norm}}\sum_\rho N_A\langle\sigma v\rangle_\rho^{\mu_0}\sum_\mu\frac{\Gamma_{\rho\mu}}{\Gamma_{\rho\mu_0}} \tag{3.126}$$

因此,总的恒星反应率由窄共振的基态反应率 $N_A\langle\sigma v\rangle_\rho^{\mu_0}$ 之和给出,其中每个共振项由系数 $(1+\Gamma_{\rho\mu_1}/\Gamma_{\rho\mu_0}+\Gamma_{\rho\mu_2}/\Gamma_{\rho\mu_0}+\cdots)$ 来修正,$\Gamma_{\rho\mu}/\Gamma_{\rho\mu_0}$ 代表靶核激发态能级 μ 和基态能级 μ_0 的粒子分宽度之比。在总反应率中考虑靶核激发态后,除了通过 G_0^{norm} 引入一个较弱的温度依赖,不会引入额外的温度依赖。对于带电粒子反应和低共振能量的情况,穿透因子(因此,粒子分宽度)会随着能量而剧烈变化(2.5.4 节)。因此,我们预计在这种情况下,靶核激发态对总反应率的影响可以忽略不计,即 $\Gamma_{\rho\mu}\ll\Gamma_{\rho\mu_0}$,除非靶激发能量 $E_{0\mu}$ 非常小,意味着 $E_{\rho\mu}\approx E_{\rho\mu_0}$ 或 $\Gamma_{\rho\mu}\approx\Gamma_{\rho\mu_0}$(相应的约化宽度具有类似值,图 3.27)。同样清楚的是,在较高共振能量的带电粒子反应或中子诱发的反应中,由于粒子分宽度对能量变化不太敏感,所以比值 $\Gamma_{\rho\mu}/\Gamma_{\rho\mu_0}$ 会相对较大。在这种情况下,靶核激发态可能会在总的恒星反应率中占主导。例如,参考文献(Vancraeynest *et al.*,1998; Schatz *et al.*,2005)。

第二个问题涉及光解率(photodisintegration rate)。正向和逆向的反应率由式(3.35)和式(3.36)联系在一起。使用上面的符号可重写表达式为

$$\frac{\lambda_\gamma(3)}{N_A\langle\sigma v\rangle}=\left(\frac{2\pi}{h^2}\right)^{3/2}\frac{(m_{01}kT)^{3/2}}{N_A}\frac{g_{0\mu_0}g_1}{g_{3\nu_0}}\left(\frac{G_0^{norm}}{G_3^{norm}}\right)e^{-Q_{01\to\gamma3}/(kT)} \tag{3.127}$$

为简单起见,我们省略了克罗内克符号 δ(我们假设非全同的核 0 和 1)并设 $G_1^{norm}=1$(我们不考虑轻粒子 1 的激发态);$g_{0\mu_0}$、g_1 和 $g_{3\nu_0}$ 分别为靶核基态、轻粒子 1 和剩余核基态的统

计权重；$Q_{01\to\gamma3}$ 表示原子核 0、1 和核 3 基态所对应的 Q 值。如果正向反应主要通过孤立的窄共振进行，则其(逆向)光解率可以通过将式(3.126)代入式(3.127)得到：

$$
\begin{aligned}
\lambda_\gamma(3) &= \left(\frac{2\pi}{h^2}\right)^{3/2} \frac{(m_{01}kT)^{3/2}}{N_A} \frac{g_{0\mu_0} g_1}{g_{3\nu_0}} \frac{1}{G_3^{\text{norm}}} e^{-Q_{01\to\gamma3}/(kT)} \sum_\rho N_A \langle \sigma v \rangle_\rho^{\mu_0} \sum_\mu \frac{\Gamma_{\rho\mu}}{\Gamma_{\rho\mu_0}} \\
&= \frac{1}{\hbar} \frac{g_{0\mu_0} g_1}{g_{3\nu_0}} \frac{1}{G_3^{\text{norm}}} \sum_\rho e^{-E_{\rho x}/(kT)} \frac{g_\rho}{g_{0\mu_0} g_1} \frac{\Gamma_{\rho\mu_0} \Gamma_{\rho\gamma}}{\Gamma_\rho} \sum_\mu \frac{\Gamma_{\rho\mu}}{\Gamma_{\rho\mu_0}} \\
&= \frac{1.519 \times 10^{21}}{G_3^{\text{norm}}} \frac{g_{0\mu_0} g_1}{g_{3\nu_0}} \sum_\rho e^{-11.605 E_{\rho x}/T_9} (\omega\gamma)_{\rho\mu_0} \sum_\mu \frac{\Gamma_{\rho\mu}}{\Gamma_{\rho\mu_0}} \quad (\text{cm}^3 \cdot \text{mol}^{-1} \cdot \text{s}^{-1})
\end{aligned}
$$

$$(3.128)$$

其中，复合核 3 中的激发能(对应于共振 ρ)等于靶核基态的共振能量与基态 Q 值之和，即 $E_{\rho x} = E_{\rho\mu_0} + Q_{01\to\gamma3}$ (图 3.27)。在上面的数值表达式中，共振能量和强度以 MeV 为单位。光解率与复合核能级的激发能量 $E_{\rho x}$ 呈指数依赖关系，这些能级对应于正向反应中的共振。激发能也通过粒子分宽度 $\Gamma_{\rho\mu}$ 和 $\Gamma_{\rho\mu_0}$，以及靶核基态的共振强度 $(\omega\gamma)_{\rho\mu_0}$ 隐性地进入表达式中。习题 3.8 给出了一个数值例子。

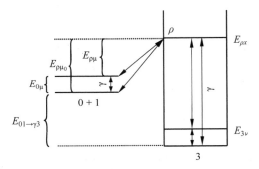

图 3.27 俘获反应 $0+1 \longrightarrow \gamma+3$ 中窄共振的能级纲图，显示了靶核和最终核的热激发态。为清楚起见，对靶核 0 和最终核 3，仅显示了一个窄共振(ρ)和一个激发态。所有垂直箭头代表 γ 射线跃迁。在正向反应 $0+1 \longrightarrow \gamma+3$ 中，能级 ρ 即可以由靶核的基态也可以由靶核的激发态来布居

3.2.5 宽共振反应率

3.2.4 节导出的结果与共振截面的精确形状无关。窄共振反应率公式不适用于截面的显性能量依赖性很重要的情况。作为一个例子，带电粒子反应将在下面予以讨论。图 3.28 示意性地显示了三种常见情形，在每种情形下分别显示了麦克斯韦-玻尔兹曼因子(短划线)、伽莫夫因子(点划线)、伽莫夫峰(点虚线)以及宽共振截面(上方实线)。反应率正比于下方实线下的面积，即麦克斯韦-玻尔兹曼分布和截面的乘积。这些曲线是针对 ^{24}Mg(p, γ)^{25}Al 反应在 $T = 0.05$ GK 时得到的。为简单起见，共振截面是使用任意恒定的 γ 射线分宽度来计算的；忽略了角动量，穿透因子近似于伽莫夫因子 $e^{-2\pi\eta}$。

图(a)显示了在 $E_r = 0.1$ MeV 处人为虚构的一个宽共振，其宽度为 $\Gamma = 5$ keV，且位于伽莫夫峰内。这里不能再假设分宽度、德布罗意波长和麦克斯韦-玻尔兹曼分布在共振宽度

内是恒定的。这些量的能量依赖性必须要考虑进来。麦克斯韦-玻尔兹曼分布和截面的乘积现在是一个复杂的能量函数(下方实线),并且无法再进行解析形式的积分。相反,反应率必须通过对下式进行数值计算来求解[式(3.70)和式(3.113)]:

$$N_A \langle \sigma v \rangle = \sqrt{2\pi} \, \frac{N_A \omega \hbar^2}{(m_{01} kT)^{3/2}} \int_0^\infty e^{-E/(kT)} \frac{\Gamma_a(E)\Gamma_b(E+Q-E_f)}{(E_r-E)^2 + \Gamma(E)^2/4} \mathrm{d}E \quad (3.129)$$

其中,出射道的分宽度 Γ_b 必须在核对 $2+3$ 可用的 $E_{23}=E_{01}+Q_{01\to 23}-E_f$ 能量下进行计算。上述表达式涉及从共振到特定末态 E_f 的跃迁。如果反应涉及跃迁到几个末态的情况,则总截面是不同贡献的非相干相加。作为一个有用的规则:如果共振宽度比伽莫夫峰宽度小很多,即 $\Gamma \ll \Delta$,则可以利用窄共振公式来计算反应率(3.2.4节)。否则,必须对式(3.129)进行数值积分才能得到反应率。

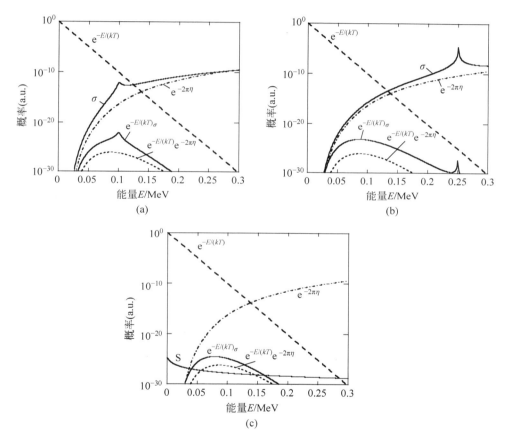

图 3.28 在下列情况下,宽共振对反应率的影响:(a) 位于伽莫夫峰内的宽共振;(b) 宽共振位于伽莫夫峰之外;(c) 阈下共振的高能翅膀。在每个面板中,麦克斯韦-玻尔兹曼因子、伽莫夫因子以及伽莫夫峰分别以点划虚线、点划-点虚线以及点虚线显示。Breit-Wigner 截面公式显示为上方的实线,截面与麦克斯韦-玻尔兹曼因子的乘积显示为下方的实线。后一乘积决定了反应率[式(3.70)和式(3.129)]。为清楚起见,在(c)部分中显示的是 S 因子而不是截面

图 3.28(b)显示了一个在 $E_r=0.25$ MeV 处、宽度为 $\Gamma=0.6$ keV 的虚拟共振。可见该共振位于伽莫夫峰外。我们已在 3.2.4 节得出结论,在这种情况下,该共振对总反应率的贡

献与其他位于伽莫夫峰内的共振相比可以忽略不计,但是要假设在 $E = 0.25$ MeV 以下不存在其他窄共振。请注意,在这种情况下使用窄共振式(3.115)计算反应率将是不正确的。窄共振式(3.115)假设分宽度、德布罗意波长以及麦克斯韦-玻尔兹曼分布在共振总宽度内的能量依赖性是可忽略的。麦克斯韦-玻尔兹曼分布在共振能量 E_r 处的值出现在窄共振反应率表达式中,该表达式仅考虑了共振能量处的反应率贡献。然而,由于共振的低能翅膀的影响,麦克斯韦-玻尔兹曼分布与截面的乘积(下方实线)造成了较低能处的另一个极大值。在这个例子中,很明显第一个极大值对反应率的贡献远大于 E_r 处第二个极大值的贡献。其原因是麦克斯韦-玻尔兹曼分布比截面具有更强的能量依赖性,这可以通过比较两个函数乘积(下方实线)在两个极大值处的大小看出来。作为近似规则,如果共振 E_r 位于能量范围 $E_0 - 2\Delta$ 和 $E_0 + 2\Delta$ 之内,则窄共振公式是适用的(3.2.4 节)。否则,即使共振很窄($\Gamma \ll \Delta$),也必须要明确地考虑共振翅膀的贡献。在这种情况下,反应率可以通过数值积分进行计算,或者如果共振翅膀的 S 因子在感兴趣能量范围内平滑变化,则可以通过将 S 因子展开为泰勒级数并应用非共振反应率公式来进行计算。

图 3.28(c)显示了一个虚拟的阈下共振,对应于质子阈值以下的一个复合核能级。为清楚起见,下方实线显示的是 S 因子而不是截面 σ。在这种情况下,必须明确考虑共振的高能翅膀。S 因子(或截面)可以利用单能级 Breit-Wigner 公式[式(2.185)和示例 2.1]来计算。然后,反应率就可以通过数值积分,或者通过非共振反应率公式(如果 S 因子在感兴趣能量范围内平滑变化的话)被评估出来。

对于宽共振反应率的确切计算,使用测量量来表示 S 因子是很有利的。利用单能级 Breit-Wigner 公式,截面可以写成

$$\sigma_{\rm BW}(E) = \frac{\pi \hbar^2 \omega}{2 m_{01} E} \frac{\Gamma_a(E) \Gamma_b(E + Q - E_f)}{(E_r - E)^2 + \Gamma(E)^2 / 4} \tag{3.130}$$

在数值上,我们发现 $\pi \hbar^2 / (2 m_{01}) = 0.6566 (M_0 + M_1) / (M_0 M_1)$ MeV·b。首先假设 E_r 处宽共振的分宽度 $\Gamma_a(E_r)$ 和 $\Gamma_b(E_r)$ 是实验上已知的。我们可以使用参数化的分宽度,对于粒子而言分宽度 $\Gamma_i(E) \sim P_i(E)$ [式(2.175)],对于 γ 射线而言 $\Gamma_\gamma(E_\gamma) \sim E_\gamma^{2L+1}$,其中 E_γ 和 L 分别表示出射 γ 射线的能量和多极性[式(1.22)]。尽管我们有用于计算穿透因子的近似表达式[例如,Clayton,1983],但是直接从库仑波函数的数值计算中获得 $P_i(E)$ 则更为可靠(2.5.4 节和附录 A.3)。对于涉及具有静止质量粒子的反应,根据式(3.130)可得,

$$\sigma_{\rm BW}(E) = \frac{\pi \hbar^2 \omega}{2 m_{01} E} \frac{\dfrac{P_a(E)}{P_a(E_r)} \Gamma_a(E_r) \dfrac{P_b(E + Q - E_f)}{P_b(E_r + Q - E_f)} \Gamma_b(E_r + Q - E_f)}{(E_r - E)^2 + \Gamma(E)^2 / 4} \tag{3.131}$$

对于涉及光子出射的反应,

$$\sigma_{\rm BW}(E) = \frac{\pi \hbar^2 \omega}{2 m_{01} E} \frac{\dfrac{P_a(E)}{P_a(E_r)} \Gamma_a(E_r) \left(\dfrac{E + Q - E_f}{E_r + Q - E_f}\right)^{2L+1} \Gamma_\gamma(E_r + Q - E_f)}{(E_r - E)^2 + \Gamma(E)^2 / 4} \tag{3.132}$$

对于许多宽共振,其分宽度 Γ_i 尚未测量,仅有在 E_r 处测量的共振强度 $\omega\gamma$ 和总宽度 Γ 是实验已知的。根据共振强度的定义:

$$\omega\gamma \equiv \omega \frac{\Gamma_a(E_r) \Gamma_b(E_r + Q - E_f)}{\Gamma(E_r)} \tag{3.133}$$

则截面可以由下式给出：

$$\sigma_{\mathrm{BW}}(E) = \frac{\pi \hbar^2}{2m_{01}E} \frac{P_a(E)}{P_a(E_r)} \frac{\Gamma_b(E + Q - E_f)}{\Gamma_b(E_r + Q - E_f)} \frac{\omega\gamma\Gamma(E_r)}{(E_r - E)^2 + \Gamma(E)^2/4} \quad (3.134)$$

其中，分宽度 Γ_b 的比值如前所述，对于涉及具有静止质量粒子的反应，它由穿透因子的比值 $P_b(E + Q - E_f)/[P_b(E_r + Q - E_f)]$ 来表示；对于涉及出射光子的反应，通过因子 $[(E + Q - E_f)/(E_r + Q - E_f)]^{2L+1}$ 来表示。阈下共振截面的计算方法类似（示例2.1）。根据 Breit-Wigner 公式[式(3.130)]可以看出，共振能量 E_r 接近伽莫夫能量 E_0，且具有较大分宽度（即 C^2S 值较大而轨道角动量 ℓ 值较小）的宽共振对总反应率的贡献最大。

 示例 3.7

在 $^{24}\mathrm{Mg}(\mathrm{p},\gamma)^{25}\mathrm{Al}$ 反应中，位于 $E_r = 214$ keV$(J^\pi = 1/2^+)$ 的 s 波共振具有测量的量为：强度 $\omega\gamma = 1.3 \times 10^{-2}$ eV、质子宽度 $\Gamma_p = 1.4 \times 10^{-2}$ eV、γ 射线分宽度 $\Gamma_\gamma = 1.4 \times 10^{-1}$ eV，以及总宽度 $\Gamma = 1.5 \times 10^{-1}$ eV(Powell *et al.*,1999)。这里的所有宽度都是"观测"量。没有其他反应道是开放的，因此 $\Gamma = \Gamma_p + \Gamma_\gamma$。假设该共振通过偶极跃迁$(L=1)$衰变到 ^{25}Al 的末态 $E_f = 452$ keV$(J^\pi = 1/2^+)$，其分支比为 100%。能级纲图如图 3.29(a)所示。计算该共振在温度 $T = 0.01 \sim 1$ GK 时对反应率的贡献，使用：①窄共振公式；②宽共振公式（即显性地将 S 因子的能量依赖性考虑在内）。

为了计算窄共振反应率，只需要共振能量 E_r 和共振强度 $\omega\gamma$。直接根据式(3.117)得到的数值结果在图 3.29(b)中以短划线表示。该共振的 S 因子可以通过式(3.71)和式(3.132)计算：

$$S_{\mathrm{BW}}(E) = E\sigma_{\mathrm{BW}}(E)\mathrm{e}^{2\pi\eta}$$

$$= \frac{\pi\hbar^2}{2m_{01}}\mathrm{e}^{2\pi\eta}\omega \frac{\dfrac{P_a(E)}{P_a(E_r)}\Gamma_a(E_r)\left(\dfrac{E + Q - E_f}{E_r + Q - E_f}\right)^{2L+1}\Gamma_\gamma(E_r + Q - E_f)}{(E_r - E)^2 + \Gamma(E)^2/4}$$

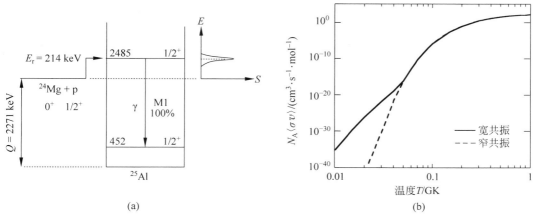

(a)　(b)

图 3.29 (a) ^{25}Al 的能级图；(b) $^{24}\mathrm{Mg}(\mathrm{p},\gamma)^{25}\mathrm{Al}$ 的反应率与温度的关系。图(b)中的实线和虚线分别是用宽共振和窄共振方程计算得到的

通过数值计算库仑波函数(s 波,$\ell=0$)可以得到穿透因子,其中使用半径参数 $r_0=1.25$ fm。然后,通过对式(3.70)进行数值积分就可以计算宽共振反应率。结果显示为图 3.29(b)中的实线。

可以看出,对于 $T=0.05$ GK 以上的温度,窄共振和宽共振反应率一致。这一结果正如预期的那样,因为在此温度区间该 $E_r=214$ keV 共振位于伽莫夫峰内。对于 $T=0.05$ GK 以下温度,该共振位于能量窗口 $E_0\pm2\Delta$ 以外,因此,窄共振公式显著地低估了反应率。共振的低能翅膀对反应率的贡献比共振 E_r 处所提供的贡献要大得多。图 3.29(b)在 $T=0.05$ GK 处显示了反应率斜率的变化,这反映出窄共振反应率表达式(由于仅有共振能量 E_r 处的贡献)和宽共振反应率表达式(由于来自伽莫夫峰 E_0 附近的额外贡献)具有不同的温度依赖性。

3.2.6 电子屏蔽

到目前为止,我们讨论涉及两个带电粒子的热核反应率的计算公式是基于以下假设的:即与电子或其他原子核的库仑相互作用可以忽略不计。然而,在完全电离的恒星等离子体中,电子被特定的原子核吸引,而其他原子核则会被排斥。换句话说,每个原子核都会使其周围极化。我们可以想象每个核都被一个假想的球体所包围,此球体包含非均匀带电云。因此,在核反应中,任一碰撞的核所看到的势都需要根据简单的库仑形式进行修改。核熔合反应的有效势垒变得更薄,因此,其隧穿概率和反应率比同一反应发生在真空中的值都增加了。这种效应称为电子屏蔽(electron screening)。在等离子体中和真空中反应率的比值被称为屏蔽修正因子(screening factor)f_s,这将在下面进行推导。

考虑一种密度相对较低的近似理想气体,其中两个相邻原子核之间的平均库仑能远小于其热能。在这种情况下,两个碰撞核 0 和 1 的屏蔽势由下式给出(Salpeter,1954):

$$V_s(r)=\frac{Z_0Z_1e^2}{r}e^{-r/R_D} \tag{3.135}$$

其中,R_D 是德拜-休克尔(Debye-Hückel)半径:

$$R_D=\sqrt{\frac{kT}{4\pi e^2\rho N_A\zeta^2}}=2.812\times10^{-7}\rho^{-1/2}T_9^{1/2}\zeta^{-1}\,(\mathrm{cm}) \tag{3.136}$$

式中,

$$\zeta\equiv\sqrt{\sum_i\frac{(Z_i^2+Z_i\theta_e)X_i}{A_i}} \tag{3.137}$$

这里,θ_e 为电子简并因子。求和是对存在于等离子体中所有类型的正离子进行的,该数值表达式中密度的单位为克每立方厘米($\mathrm{g\cdot cm^{-3}}$)。

德拜-休克尔半径是衡量每个原子核周围带电云大小的一个量。超过 $r=R_D$ 的距离,屏蔽势迅速地消失。与热能相比,一个弱库仑能的条件定义了弱屏蔽机制(weak screening regime)。它等价于假设德拜-休克尔半径远大于两相邻核之间的平均距离。这一条件,适用于大多数恒星中的热核反应,可以用数值表示为(Clayton,1983)

$$T\gg10^5\rho^{1/3}\zeta^2 \tag{3.138}$$

其中，T 和 ρ 分别以开(K)和克每立方厘米(g·cm^{-3})为单位。

现在考虑一个非共振反应，其截面由式(3.71)给出。截面 $\sigma(E)$ 的能量依赖主要由伽莫夫因子给出，而 S 因子随能量平滑变化。对于未屏蔽的库仑势，其 s 波透射系数可以根据下式得到：

$$\hat{T} \approx \exp\left(-\frac{2}{\hbar}\sqrt{2m}\int_0^{R_c}\sqrt{\frac{Z_0Z_1e^2}{r}-E}\,\mathrm{d}r\right)$$

$$= \exp\left(-\frac{2}{\hbar}\sqrt{\frac{2m}{E}}Z_0Z_1e^2\int_0^1\sqrt{\frac{1}{z}-1}\,\mathrm{d}z\right)$$

$$= \exp\left(-\frac{2\pi}{\hbar}\sqrt{\frac{m}{2E}}Z_0Z_1e^2\right) \equiv \mathrm{e}^{-2\pi\eta} \tag{3.139}$$

这一推导比 2.4.3 节中的更简单，因为我们在这里假设，对于比库仑势垒高度低的轰击能量，经典转折点(classical turning point)远大于方阱势的半径，即 $R_c \gg R_0$ (图 2.17)。则 r 的积分下限是 $R_0 \to 0$，而对 z 是 $R_0/R_c \to 0$。因此，可以直接得到伽莫夫因子，无需对式(2.124)进行修正。对于有屏蔽的库仑势，其经典转折点定义为

$$E = (Z_0Z_1e^2/R_c)\mathrm{e}^{-R_c/R_D} \tag{3.140}$$

用与 2.4.3 节完全相同的方式进行处理，则修正后的透射系数(习题 3.9)为

$$\hat{T} \approx \mathrm{e}^{x\pi\eta-2\pi\eta} \tag{3.141}$$

其中，变量 $x = x(E) = R_c/R_D$ 通过 R_c 显性地依赖于能量。在式(3.141)的推导中，假设 x 是一个小量，$R_D \gg R_c$，这是一个常见的情况(见下文)。把修正后的透射系数代入非共振反应率的表达式[式(3.72)]，则

$$N_A\langle\sigma v\rangle = \left(\frac{8}{\pi m_{01}}\right)^{1/2}\frac{N_A}{(kT)^{3/2}}\int_0^\infty S(E)\mathrm{e}^{x\pi\eta}\mathrm{e}^{-2\pi\eta}\mathrm{e}^{-E/(kT)}\,\mathrm{d}E \tag{3.142}$$

x 和 η 都依赖于能量，但是通过评估等离子体在最有效相互作用能量(即伽莫夫能量 E_0)下的因子 $\mathrm{e}^{x\pi\eta}$，可以对上面的表达式作近似。利用 $\mathrm{e}^{x\pi\eta} \approx \mathrm{e}^{(x\pi\eta)_{E_0}} \equiv f_s$，可得

$$N_A\langle\sigma v\rangle = \left(\frac{8}{\pi m_{01}}\right)^{1/2}\frac{N_A}{(kT)^{3/2}}f_s\int_0^\infty S(E)\mathrm{e}^{-2\pi\eta}\mathrm{e}^{-E/(kT)}\,\mathrm{d}E \tag{3.143}$$

因此，通过把未屏蔽的反应率乘以一个屏蔽修正因子 $f_s = \mathrm{e}^{(x\pi\eta)_{E_0}}$，可以简单地得到有屏蔽的反应率。更严格的计算[通过考虑 $\mathrm{e}^{x\pi\eta}$ 因子的能量依赖性来评估式(3.142)中的积分]将引入一些较小的修正，这些在文献 Bahcall (1998) 和 Liolios (2000) 中有讨论。在数值上，

$$x(E_0) = (R_c/R_D)_{E_0} = \frac{Z_0Z_1e^2}{E_0}\sqrt{\frac{4\pi e^2\rho N_A}{kT}}\zeta$$

$$= 4.197\times10^{-6}(Z_0Z_1)^{1/3}\left(\frac{M_0M_1}{M_0+M_1}\right)^{-1/3}\sqrt{\rho}\,T_9^{-7/6}\zeta \tag{3.144}$$

$$(x\pi\eta)_{E_0} = (R_c/R_D)_{E_0}(\pi\eta)_{E_0} = \frac{Z_0Z_1e^2}{R_D}\frac{(\pi\eta)_{E_0}}{E_0} = \frac{Z_0Z_1e^2}{R_DkT}$$

$$= 5.945 \times 10^{-6} \sqrt{\rho} Z_0 Z_1 T_9^{-\frac{3}{2}} \zeta \qquad (3.145)$$

$$f_s = e^{(x\pi\eta)_{E_0}} = e^{Z_0 Z_1 e^2/(R_D kT)} = e^{5.945 \times 10^{-6} \sqrt{\rho} Z_0 Z_1 T_9^{-3/2} \zeta} \qquad (3.146)$$

这里假设有屏蔽势和未屏蔽势的经典转折点大致相同。对于本章中导出的带电粒子反应的所有非共振反应率表达式,如果核反应是在弱屏蔽条件下发生的,则它们必须要乘以屏蔽修正因子 f_s。

在给定温度下增加密度,最终会达到一个点,其中相邻原子核的平均库仑能 $\langle E_c \rangle$ 不再比热能 kT 小。条件 $\langle E_c \rangle \approx kT$ 定义了中等屏蔽机制(intermediate screening regime),而强屏蔽(strong screening regime)指的是 $\langle E_c \rangle \gg kT$ 下的机制。其相应屏蔽修正因子的近似表达式,例如,可以参考文献(DeWitt *et al.*,1973;Graboske *et al.*,1973)。

 示例 3.8

计算非共振反应 p+p $\longrightarrow$ e$^+$+ν+d(5.1.1节)在太阳核能产生处于最大区域的电子屏蔽修正因子。假设温度和密度值分别为 $T = 0.0135$ GK 和 $\rho = 93$ g·cm^{-3}。在该区域中氢、氦和氧的质量分数分别为 $X(^1\text{H}) = 0.52$、$X(^4\text{He}) = 0.46$ 和 $X(^{16}\text{O}) = 0.01$。对于电子简并因子,假设值为 $\theta_e = 0.92$。

首先,参数 ζ 计算如下:

$$\zeta \equiv \sqrt{\sum_i \frac{(Z_i^2 + Z_i \theta_e) X_i}{A_i}}$$

$$= \sqrt{\frac{(1^2 + 1 \times 0.92)0.52}{1} + \frac{(2^2 + 2 \times 0.92)0.46}{4} + \frac{(8^2 + 8 \times 0.92)0.01}{16}}$$

$$= \sqrt{0.998 + 0.672 + 0.045} = 1.31$$

由于 $10^5 \rho^{1/3} \zeta^2 = 8 \times 10^{-4}$ GK $\ll 0.0135$ GK,所以满足弱屏蔽机制的条件。对于德拜-休克尔半径,我们发现其值为

$$R_D = 2.812 \times 10^{-7} (93)^{-1/2} (0.0135)^{1/2} (1.31)^{-1} = 2.58 \times 10^{-9} \text{ cm} = 25800 \text{ fm}$$

参数 $x(E_0)$ 为

$$x(E_0) = 4.197 \times 10^{-6} \times (1 \times 1)^{1/3} \times \left(\frac{1 \times 1}{1 + 1}\right)^{-1/3} \times \sqrt{93} \times (0.0135)^{-7/6} \times 1.31 = 0.010$$

它比 1 要小,因此在这种情况下对式(3.141)进行线性展开是合理的。这样,屏蔽修正因子为

$$f_s = \exp\left[5.945 \times 10^{-6} \sqrt{93} \times 1 \times 1 (0.0135)^{-3/2} \times 1.31\right] = e^{0.0479} = 1.049$$

在文献 Liolios(2000)中也给出了一些其他示例。

到目前为止,我们仅讨论了非共振反应。窄共振的电子屏蔽修正因子取决于入射道(Γ_a)和出射道(Γ_b)的分宽度大小。例如考虑一个俘获反应 $A(a,\gamma)B$。如果 $\Gamma_a \gg \Gamma_\gamma$,则可得到如式(3.146)那样完全相同的屏蔽修正因子,即使在这种情况下反应率也并不依赖于入射道的穿透因子。这种违反直觉的结果可以通过重新审视窄共振反应率的推导过程来加以

解释(3.2.4节)。对屏蔽势可以作如下近似[式(3.135)]:

$$V_{\mathrm{s}}(r) = \frac{Z_0 Z_1 e^2}{r} \mathrm{e}^{-r/R_{\mathrm{D}}} \approx \frac{Z_0 Z_1 e^2}{r} - \frac{Z_0 Z_1 e^2}{R_{\mathrm{D}}} = \frac{Z_0 Z_1 e^2}{r} + u_{\mathrm{s}} \qquad (3.147)$$

第一项是库仑势,而第二项表示由屏蔽电荷密度所引起的扰动势。后面的势是负的(吸引力),从而有效地增加了炮弹的动能,其大小为 $|u_{\mathrm{s}}| = Z_0 Z_1 e^2 / R_{\mathrm{D}}$(图2.17)。在没有电子屏蔽的情况下,只有那些能量接近 $E = E_{\mathrm{r}}$ 的炮弹才能激发共振。但在等离子体中,具有相对较小能量(在 $E' = E_{\mathrm{r}} + u_{\mathrm{s}}$ 附近)的炮弹就可以引起共振的布居。因此,对于条件 $\Gamma_a \gg \Gamma_\gamma$,式(3.115)必须由下式替代:

$$N_{\mathrm{A}} \langle \sigma v \rangle = N_{\mathrm{A}} \left(\frac{2\pi}{m_{01} kT} \right)^{3/2} \hbar^2 \mathrm{e}^{-(E_{\mathrm{r}} + u_{\mathrm{s}})/(kT)} \omega \Gamma_b \qquad (3.148)$$

该表达式与式(3.115)不同,仅差一个屏蔽修正因子 $f_{\mathrm{s}} = \mathrm{e}^{-u_{\mathrm{s}}/(kT)} = \mathrm{e}^{Z_0 Z_1 e^2/(R_{\mathrm{D}} kT)}$,也即出现在式(3.143)中的那个相同因子。应用该结果的一个示例是 3α 反应,其中条件 $\Gamma_a \gg \Gamma_b$ 对于两个连续相互作用中的任意一个都成立(示例3.4和5.2.1节)。对于相反的情况,$\Gamma_a \ll \Gamma_b$,屏蔽修正因子具有更复杂的形式。请参考文献(Salpeter & van Horn,1969)以及 Mitler(1977)。

在我们结束讨论之前,请注意,在核反应的实验室测量中,如果轰击能量足够低的话,靶核的电子也会引起屏蔽效应。这与等离子体的情况一样,有屏蔽的实验室截面比未屏蔽的要大。在这种效应比较显著的情况下,所测量的截面必须除以适当的屏蔽修正因子(不同于针对恒星等离子体推导出的那些因子)才能得到裸核的实验室截面(Assenbaum et al., 1987;Raiola et al.,2002及其引用的文献)。在第二步中,当计算有屏蔽的反应率时,则后一截面可能要进行等离子体屏蔽效应的修正。

3.2.7 总反应率

对于总反应率的计算,必须考虑在天体有效能区内对反应机制有显著贡献的所有过程。对于由带电粒子或中子诱发的反应,其有效能区分别由伽莫夫峰或麦克斯韦-玻尔兹曼分布给出。尽管每个核反应的细节会有所不同,但一些一般性的陈述在这里还是很有用的。我们下面使用俘获反应作为一个示例。

首先考虑较低的天体温度,即对应于有效能量接近粒子阈的情形。对于轻靶核,共振密度在该能区相对较小,它们可以在实验上分辨开。对于带电粒子,共振强度通常取决于较小的带电粒子分宽度 Γ_a(因为 $\omega\gamma \approx \omega\Gamma_a$)。另外,对于中子,$\omega\gamma \approx \omega\Gamma_\gamma$。必须要测量或估计所有窄共振的贡献,因为它们可能会强烈地影响总反应率。如果共振太弱,或者如果没有共振位于有效天体能区,则其他过程(例如,阈下共振的高能翅膀、较高能量处宽共振的低能翅膀,以及非共振反应的贡献)有可能会在总反应率中占主导地位。如前所述,带电粒子测量通常向下进行到 $E_{\min}$ 的能量。利用目前的实验技术,如果不是不可能的话,则在较低能量下进行直接测量是很困难的。在这种情况下,对任何预期窄共振的研究必须要通过核结构测量来间接地实现(图3.26),而非共振截面或宽共振的翅膀则必须从较高能量处的实验数据外推得到。另外,在中子诱发反应中,由于没有库仑势垒,所以不存在实验截止能量 $E_{\min}$。因此,原则上可以在有效天体能量下直接测量截面。

随着天体温度的增加,有效能区内的共振密度会变大。这些共振位于更高的能量,因此,对于带电粒子反应,粒子分宽度可能会超过 γ 射线分宽度 ($\Gamma_a \gg \Gamma_\gamma$),因此有 $\omega\gamma \approx \omega\Gamma_\gamma$。对于许多反应,实验上已经测量了直至几兆电子伏以上能量的窄共振和宽共振的强度和截面。在相应的有效能量超过几兆电子伏的更高能量处,共振的数量和它们的总宽度变得很大,以至于它们强烈地重叠在一起。这种情形存在于低能重靶核上的中子诱发反应中,即当 $Q_{n\gamma}$ 值很大时。在一些反应中,已无法分辨开单个共振,总截面会出现一个随能量平滑变化的连续区(continuum)。在其他反应中,单个共振仍可能会分辨开,但它们在有效天体能量窗口内的密度如此之大,以至于感兴趣的仅是能量平均的截面。在此能区,人们已经对某些反应的截面进行了直接测量。

正如将在第5章中解释的那样,某些燃烧过程中的核合成可能涉及大量的反应(从硅燃烧情形下的数百个到 p-过程情形下的数千个),其中许多都涉及不稳定的靶核。这些反应中仅有一小部分实验测量过,在绝大多数情况下,这些截面都需要使用理论模型进行估计。其中使用最广泛的是 Hauser-Feshbach 统计模型(2.7节)。它假设复合核在入射能量附近对于每个 J^π 值都有大量的能级存在,核反应将通过这些能级进行。如果对感兴趣核反应的输入参数,例如透射系数和能级密度进行微调,则 Hauser-Feshbach 公式[式(2.219)]能够可靠地预言这些截面。然而,实际上,未测量反应的数量非常多,因此在计算所需的截面时,使用全局参数(global parameters)而不是局部参数(local parameters)变得很重要。对于质子和中子诱发的反应,这种全局 Hauser-Feshbach 计算的截面和反应率在 2~3 倍范围内是可靠的,前提是复合核的能级密度要足够大(比如说,在有效天体能量窗口内至少要有10 条复合核能级)。然而,对于 α 粒子诱发的反应,由于构建恰当的全局光学模型势比较困难,所以理论预言不太可靠。关于 Hauser-Feshbach 预言与实验测量截面的比较,请参考文献(Rauscher et al.,1997;Sargood,1982;Arnould & Goriely,2003)。Hauser-Feshbach 模型的另一个优点是它可以包括靶核热激发态的影响(3.1.5节)。

如果干涉可忽略的话,对总反应率的各种贡献可以进行非相干相加,即

$$N_A \langle \sigma v \rangle_{\text{total}} = \sum_i N_A \langle \sigma v \rangle^i_{\substack{\text{narrow} \\ \text{resonances}}} + \sum_k N_A \langle \sigma v \rangle^k_{\substack{\text{broad} \\ \text{resonances}}} + N_A \langle \sigma v \rangle_{\text{nonresonant}} + N_A \langle \sigma v \rangle_{\text{continuum}}$$

(3.149)

作为一个很好的近似,窄共振($\Gamma < 1$ eV)的干涉效应可以忽略不计。在具有不同 J^π 值的两个宽共振之间,或是在具有不同入射轨道角动量的共振和非共振过程之间,预期是没有干涉效应的。在其他情况下,通常需要在式(3.149)中考虑干涉效应。

我们已经就 ^{13}C(p,γ) 和 ^{16}O(p,γ) 反应对测量带电粒子诱发反应截面的示例进行了讨论(图3.11和图3.12)。这两个截面都具有相对简单的能量依赖性。然而,在许多其他带电粒子反应中,总截面具有复杂的结构。典型的 S 因子示意图如图3.30所示,它显示了非共振(NNR)、阈下共振翅膀(SR)、窄共振(NR)、宽共振(BR)及其低能尾巴(TBR),以及由许多重叠共振(OBR+ONR)所引起的较高能量处的连续区等贡献。图3.30中显示的是 S 因子而不是截面,因为后者随能量的降低而迅速下降。带电粒子诱发反应的总反应率 $N_A \langle \sigma v \rangle$ 强烈地依赖于温度,如3.2.1节和3.2.4节所述。对于天体物理感兴趣的大多数反应,当有效能量低于库仑势垒高度时,反应率随温度降低而迅速下降。反应率的示例已经在前面讨论过[图3.29(b)]。

轻、中等和重靶上中子俘获的截面示例如图3.31所示。^{7}Li(n,γ)^{8}Li 反应($Q_{n\gamma} = 2.0$ MeV)

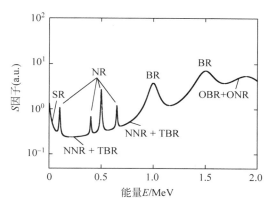

图 3.30 带电粒子诱发反应的 S 因子与能量关系的示意图。在低能量下,窄共振(NR)、阈下共振的翅膀(SR)、宽共振的尾巴(TBR)以及非共振过程(NNR)可能通常会对总的 S 因子有贡献。在较高能量下,S 因子通常由宽共振(BR)以及重叠的窄共振和宽共振(OBR+ONR)占主导

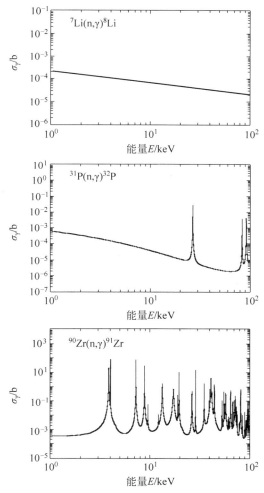

图 3.31 ^{7}Li、^{31}P 和 ^{90}Zr 上的中子俘获截面与能量的关系。上图中的曲线显示了一个 $1/v$ 的行为,而在中间和下图中可以看到明显的共振

的截面在所显示的中子能量范围内($E_n = 1 \sim 100$ keV)都遵循 $1/v$ 律。对于 $^{31}P(n,\gamma)^{32}P$ 反应($Q_{n\gamma} = 7.9$ MeV),其截面平滑地变化直至大约 $E = 20$ keV,之后一些窄的孤立共振开始出现。对于 $^{90}Zr(n,\gamma)^{91}Zr$ 反应($Q_{n\gamma} = 7.2$ MeV),许多窄和宽的共振是很明显的。对于较大的中子能量,共振的密度增加,在超过约 10 keV 能量时,它们开始强烈地重叠在一起。与带电粒子引起的反应相比(图 3.11 和图 3.12),中子反应截面的能量依赖性是截然不同的,这是由库仑势垒的缺失造成的。相应的麦克斯韦平均截面$\langle\sigma v\rangle / v_T$ 与 kT 的关系如图 3.32 所示。很明显,中子反应率远不如带电粒子对温度灵敏。

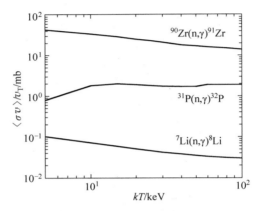

图 3.32 $^7Li(n,\gamma)^8Li$、$^{31}P(n,\gamma)^{32}P$ 和 $^{90}Zr(n,\gamma)^{91}Zr$ 的麦克斯韦平均截面与 kT 的关系。数据来自文献(Bao et al.,2000)

习题

3.1 考虑三个种类 A、B 和 C 通过反应 $A + a \longleftrightarrow B + \gamma$ 和 $B + b \longleftrightarrow C + \gamma$ 在高温下达到平衡的情况(图 3.7)。除了式(3.56)和式(3.57),还必须满足两个条件 $\lambda_{C \to B} > \lambda_{C \to C'}$ 和 $\lambda_{B \to C} > \lambda_{B \to B'}$ 才能建立上述平衡。推导出 $\lambda_{A \to B \to (C \to C' \text{或} B')}$ 的表达式,即通过路径 $A \to B \to C \to C'$ 或 $A \to B \to B'$ 来消耗核 A 的衰变常数。

3.2 推导非共振带电粒子诱发反应的反应率的修正因子 $F(\tau)$[式(3.93)]。首先用新变量 $y \equiv \sqrt{\epsilon} - 1$、$\beta \equiv \sqrt{3}/\tau$ 和 $\zeta \equiv y/\beta$ 来表示 F,然后把 $F(\beta)$ 展开成二次泰勒级数。

3.3 当 $S \equiv \sigma v$ 取决于速度时[式(3.104)],推导非共振中子诱发反应的热核反应率。

3.4 对于任意 ℓ 值,求非共振(γ, n)反应的衰变常数具有极大值[即式(3.112)中的被积函数]时的 γ 射线能量。

3.5 考虑示例 3.6 中描述的窄共振。对 $T = 0.02$ GK 和 $T = 0.08$ GK 下的反应率进行数值计算,并说明基于伽莫夫峰概念的相关论点是有效的。

3.6 求由单个窄共振(位于 E_i 能量处)贡献的反应率在最大值处的温度。

3.7 在一个假想反应中,只有靶核基态和一个 50 keV 的激发态可以参与恒星燃烧。假设在恒星温度 $T = 1$ GK 下,基态和激发态反应率的值分别为 40.0 $\text{cm}^{-3} \cdot \text{s}^{-1} \cdot \text{mol}^{-1}$ 和 30.0 $\text{cm}^3 \cdot \text{s}^{-1} \cdot \text{mol}^{-1}$。将所有统计权重设为 1。计算基态和激发态的布居概率、恒星反应率,以及恒星反应率基态分数。把答案与文献(Sallaska et al.,2013)的结果进行比较。

3.8 考虑在温度 $T=1.5$ GK 下的光解反应 ^{20}Ne$(\gamma,\alpha)^{16}$O。在正向 ^{16}O$(\alpha,\gamma)^{20}$Ne 反应中($Q=4730$ keV),最低位的窄共振位于 $E_r^{cm}=891$ keV、1058 keV 和 1995 keV,分别对应于 ^{20}Ne 的 $E_x=5621$ keV、5788 keV 和 6725 keV 能级(图 5.28)。它们的(基态)强度分别为 $\omega\gamma=1.9\times10^{-3}$ eV、2.3×10^{-2} eV 和 7.4×10^{-2} eV(Angulo $et\ al.$,1999)。预期哪个能级会主导天体 ^{20}Ne$(\gamma,\alpha)^{16}$O 反应的反应率,计算并比较每个能级对总光解反应率的贡献。^{4}He、^{16}O、^{20}Ne 的自旋都是 $j_i=0$;这些原子核的归一化配分函数在 $T=1.5$ GK 时都等于 1(Rauscher & Thielemann,2000)。此外,^{16}O 的第一激发态位于相对较高的能量($E_x=6049$ keV;Tilley $et\ al.$ 1993),因此,在该温度下源自靶核激发态的(正向)俘获反应的贡献可以忽略不计。

3.9 推导有屏蔽库仑势[式(3.135)]的透射系数[式(3.141)]。假设变量 $x=x(E)=R_c/R_D$ 是一个很小量,并利用展开式 $e^x\approx1+x$ 和 $\sqrt{1-x}\approx1-x/2$。仅保留 x 中的线性项。

3.10 计算 ^{12}C$+^{12}$C 反应在典型的流体静力学碳燃烧条件下($T=0.9$ GK 和 $\rho=10^5$ g·cm^{-3},5.3.1 节)的电子屏蔽修正因子。碳、氧和氖的质量分数分别为 $X(^{12}$C$)=0.25$、$X(^{16}$O$)=0.73$、$X(^{20}$Ne$)=0.01$ 和 $X(^{22}$Ne$)=0.01$。假设反应是非共振的,并忽略电子简并因子($\theta_e=1$)。

第4章

核物理实验

4.1 概述

在本章中,讨论了常用于研究天体物理重要反应的实验技术和方法步骤。在核天体物理领域使用了大量不同的实验方法。它们可以分为两类,即直接和间接测量。对于一个给定的天体物理感兴趣的反应,测量其截面或共振强度的方法称为直接测量(direct measurement)。为改善这些特定反应的热核反应率而进行的其他所有研究,例如,弹性散射、粒子转移、电荷交换等,都代表间接测量(indirect measurement,3.2.4 节和图 3.26)。在这里,我们把注意力集中在核反应的直接测量上,并在一定程度上讨论相关主题。在本章的大部分(除 4.8 节和 4.9 节外),除非另有说明,所有的量均是在实验室系中给出。把质心系和实验室系中的运动学量联系在一起的相关表达式可以在附录 C 中找到。

图 4.1 示意性地显示了核反应测量中所涉及的一些主要实验元件。加速器提供具有确定能量的准直束流。束流被引导到参与核反应的靶核上。靶子必须在束流轰击下保持稳定。核反应发生在靶子中。辐射俘获反应 $A(a,\gamma)B$ 是恒星中所发生最重要的反应类型之一,但是仅涉及具有静止质量粒子的 $A(a,b)B$ 类型的反应也很重要。从靶中出射的反应产物(例如,γ 射线或轻粒子)由合适的高效探测器来测量。从测得的能量和强度,就可以推导出感兴趣的核特性(共振及激发能、截面、自旋和宇称、寿命、分支比、角关联等)。通常,不需要的本底会对感兴趣信号的计数率有贡献。人们必须通过各种手段将这些本底降低到可容忍的水平。

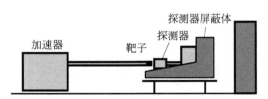

图 4.1 用于天体物理重要核反应测量的基本组件。屏蔽体必须尽可能完全地包围探测器

对于离子源、加速器和束流传输系统的讨论,请参考文献(Rolfs & Rodney,1988)。在这里,我们将简要总结在核天体物理测量中对束流的一些关键性要求。

4.1.1 带电粒子束流

恒星等离子体中的有效离子能量取决于温度,以及参与反应的炮弹和靶核的电荷。在3.2 节中已表明,热核反应最有可能在低于库仑势垒高度的能量下发生(图 3.13 和图 3.14)。因此,加速器必须覆盖低于几兆电子伏的能量范围才能对反应进行直接测量。那些用于天体物理上重要原子核的核结构研究的间接测量,通常在库仑势垒以上的能量下进行(即在几十兆电子伏的范围)。对于核天体物理带电粒子反应,绝大多数测量都是使用来自静电加速器的离子束。不同类型的静电加速器,例如 van de Graaff、Cockcroft-Walton、Dynamitron和 Pelletron 都得到了广泛的应用。

带电粒子反应的截面由于库仑势垒,通常随着束流能量的降低而快速减小(图 3.11 和图 3.12)。因此,对于远低于库仑势垒的测量,需要较高离子束流强(达到或超过毫安量级)以启动足够统计意义的核反应。例如,1 mA 单次电离的质子或 α 粒子束流对应于 $\mathcal{N}_i/t = I/e = (1 \times 10^{-3}\,\text{A})/(1.6 \times 10^{-19}\,\text{C}) = 6.25 \times 10^{15}$ 个入射粒子每秒,其中 $e = 1.6 \times 10^{-19}$ C 是基本电量(或元电荷)。在较高能量下(例如,高于 1 MeV),如果来自污染反应的较强辐射限制了探测器的计数率,则使用较小的流强(在 $0.1 \sim 10\ \mu\text{A}$)将是很有利的。为了分辨复杂的共振结构,通常有必要把离子能量的展宽限制在大约 1 keV 或者更好。

为了进行精确的共振能量测量,离子束能量应以至少几百电子伏的步长来变化。束流也应该准直得很好。对于远低于库仑势垒的低能测量,需要横截面积为几个平方厘米的束斑尺寸(对于固体靶),以减少靶的升温和变坏,从而控制在一个可容忍的水平上。较高能量的间接测量通常需要相当小尺寸(几平方毫米)的束斑。束流也应尽可能不含污染物。

静电加速器的绝对能量刻度对于测定热核反应率是非常重要的。窄共振的精确能量灵敏地进入窄共振反应率公式中[式(3.117)]。此外,在库仑势垒以下,非共振截面是能量的阶跃函数,因此,绝对束流能量上的系统偏移可能会导致非共振反应率产生很大的误差。我们将用两个例子来说明这种影响。

首先考虑 $^{18}\text{O}(\text{p},\gamma)^{19}\text{F}$ 反应中的 $E_r = 151$ keV 共振,它对应于质心系的能量为143 keV[式(C.24)]。假设对 E_r 的测量产生了一个 148 keV 的错误值(或在质心系为140 keV)。在 $T = 0.06$ GK 的温度下,则由此错误造成的窄共振反应率[式(3.117)]将变得非常大,增大倍数是

$$\frac{N_A \langle \sigma v \rangle_{E_r - \Delta E}}{N_A \langle \sigma v \rangle_{E_r}} = \frac{e^{-11.605(0.143-0.003)/0.06}}{e^{-11.605 \cdot 0.143/0.06}} \approx 1.80 \tag{4.1}$$

相当于 80% 的变化。对于较低的温度,变化还会增加。

作为非共振反应的一个例子,考虑质心系下 100 keV 的 $^{16}\text{O}(\text{p},\gamma)^{17}\text{F}$ 反应。如果测量是错误地在质心系能量 103 keV 下运行的,则截面[式(3.71)和式(3.75)]也将变大,其增大倍数是

$$\frac{\sigma(E + \Delta E)}{\sigma(E)} = \frac{\dfrac{1}{0.103}\exp\left(-0.9895 \times 1 \times 8\sqrt{\dfrac{16 \times 1}{16+1}\dfrac{1}{0.103}}\right)}{\dfrac{1}{0.100}\exp\left(-0.9895 \times 1 \times 8\sqrt{\dfrac{16 \times 1}{16+1}\dfrac{1}{0.100}}\right)} = 1.40 \tag{4.2}$$

这对应于 40% 的变化。对于这个估计,我们假设了可忽略不计的 S 因子能量依赖性[式(3.11)]。

通常,带有输入和输出狭缝的磁分析仪可以限定束流能量。对于理想系统,磁场强度 B 和粒子能量 E 由下式联系在一起(Marion,1966):

$$B = \frac{k}{q}\sqrt{2mc^2 E + E^2} \tag{4.3}$$

其中,mc^2 和 q 分别是离子的静止能量和电荷态。校准常数 k 无法根据磁铁的几何形状精确地计算出来,这是因为 B 在沿着粒子通过磁铁的轨迹上不一定是恒定的。此外,沿着轨迹的磁场与在某个参考点上测量的磁场[例如,使用核磁共振(NMR)或霍尔探头]可能也不是成比例的。因此,k 必须通过使用已知的核反应能量对磁铁进行刻度来获得。为此,经常使用低于 $E \approx 2$ MeV 的窄共振,而 (p,n) 反应的阈值能量通常在更高能量下使用。

对于选定的低于 1.5 MeV 的那些共振,其绝对共振能量列于表 4.1 中。有趣的是,几乎所有已发表的共振能量都与 ^{27}Al$(p,\gamma)^{28}$Si 反应中的 $E_r = 992$ keV 共振能量有着直接或间接的关系。该表还列出了总共振宽度,对于能量刻度标准来说这些宽度应该要小(小于 1 keV)。通过测量反应产额随能量的变化,可以精确地测定共振能量,这将在 4.8 节中讨论。

表 4.1　常用于离子束刻度的窄共振的实验室能量和宽度

反应	E_{lab}/keV	Γ/eV
^{18}O$(p,\alpha)^{15}$N	150.82(9)[c]	130(10)[c]
^{19}F$(p,\alpha\gamma)^{16}$O	223.99(7)[a]	985(20)[a]
	483.91(10)[a]	903(30)[a]
^{23}Na$(p,\gamma)^{24}$Mg	308.75(6)[a]	<36[a]
^{24}Mg$(p,\gamma)^{25}$Al	222.89(8)[a]	<32[a]
^{26}Mg$(p,\gamma)^{27}$Al	292.06(9)[a]	<37[a]
^{27}Al$(p,\gamma)^{28}$Si	222.82(10)[a]	<34[a]
	293.08(8)[a]	59(16)[a]
	326.97(5)[a]	<38[a]
	405.44(10)[a]	<42[a]
	991.756(17)[b]	70(14)[d]
	1316.87(3)[b]	35(4)[d]

注释:误差在括号中给出,指最末位有效数字。例如,150.82(9)代表 150.82 ± 0.09。数据来源:[a] Uhrmacher *et al.*,1985;[b] Bindhaban *et al.*,1994;[c] Becker *et al.*,1995,以及[d] Endt,1998。

4.1.2　中子束流

对于测量稳定或长寿命靶核上的中子诱发反应(5.6.1 节),主要感兴趣的中子束流能量介于几电子伏到几百千电子伏之间。可以使用多种技术产生中子,包括电子或质子直线加速器,以及静电加速器。

在电子直线加速器中,利用能量约 50 MeV、重复频率约 0.5 kHz 的脉冲电子束轰击重金属靶,通过 (γ,n) 反应可以产生中子。释放的中子能量范围从次热能区直至 50 MeV。它们在慢化体(4.2.3 节)中被慢化下来,并在轰击感兴趣样品之前进行准直。主电子束会产生由韧致辐射所引起的一个非常强的本底,因此需要很好地屏蔽金属靶区。天体物理上重要的中子能量范围仅对应于整个中子能谱的一个较小窗口。具有类似能量分布宽度的中子也可以利用直线加速器上的高能质子束来产生。在这种情况下,主束入射到合适的靶上,通过散裂反应产生中子。在这两种类型的装置上,在 $1\sim300$ keV 的能量范围内进行积分,通常中子通量的量级可达到约 10^6 $s^{-1}\cdot cm^{-2}$(Koehler,2001)。基于这些慢化中子源的反应测量可以利用飞行时间技术来完成(4.6.3 节)。

可以利用来自静电加速器的带电粒子束通过核反应产生中子(Hanson *et al.*,1949)。对于天体物理感兴趣的相对低能的中子,经常使用的反应是 ^{7}Li(p,n)^{7}Be($Q = -1.644$ MeV)。根据吸热反应的运动学,在阈值[根据式(C.8),$E_p^{thresh} \approx -Q(m_n + m_{^7Be})/m_{^7Be} = 1.881$ MeV]处,中子会以 30 keV 的能量被释放且仅向前发射。对于直到 $E_p = 1.92$ MeV 的质子轰击能量,中子会在一个具有有限角度的锥体内向前发射。在这个圆锥内的各个角度上,将发射两组具有不同能量的中子。锥体随着质子能量的增加而变宽,一直到它包括前半个球面。对于 $E_p > 1.92$ MeV,在靶附近整个球体的各个角度上仅发射一个具有分立能量的中子。关于吸热反应运动学的详细讨论参见附录 C.1。所放出中子的能量分辨率取决于入射质子的能量展宽、^{7}Li 靶的有限厚度,以及照射样品所对的有限角度。

已经有一项有趣的技术应用于许多中子诱发反应,即通过利用能量为 $E_p = 1912$ keV(仅比反应阈值高 31 keV)的质子轰击大约 10 μm 厚的金属锂靶。释放的中子在张角为 $120°$ 的锥体内向前发射。在这种情况下,出射中子角度积分的能量分布非常类似于 $kT = 25$ keV 时的麦克斯韦-玻尔兹曼分布,如图 4.2 所示。如果照射样品安装在距离锂靶非常近的地方,则入射到样品上的中子的能量分布可以由相同的麦克斯韦-玻尔兹曼分布给出。那么测量的平均截面将直接给出麦克斯韦平均截面或反应率(3.2.2 节),如 4.9.3 节所述。使用典型的 $50\sim100$ μA 的质子束流,可实现 $10^8\sim10^9$ 个中子每秒的积分产额(Beer & Käppeler,1980)。这种技术非常有用,因为 $kT = 25$ keV 的能量接近于某些 s-过程场景的有效能量范围(5.6.1 节)。类似的方法,但是使用 ^{3}H(p,n)^{3}He 或 ^{18}O(p,n)^{18}F 来代替 ^{7}Li(p,n)^{7}Be 反应,可以分别产生中子能量为 $kT = 52$ keV(参考文献 Käppeler *et al.*,

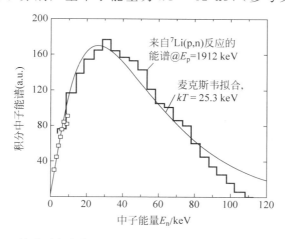

图 4.2　由 $E_p = 1912$ keV 的质子轰击约 10 μm 厚金属锂靶所得到的角积分中子能量分布。中子在一个张角为 $120°$ 的圆锥体内向前方向发射。出射中子的角积分能量分布非常类似于在 $kT = 25$ keV 时的麦克斯韦-玻尔兹曼分布(经 Ratynski & Käppeler,1988)许可转载。版权(1988)归美国物理学会所有)

1987)或 $kT = 5$ keV(参考文献 Heil *et al.*,2005)的麦克斯韦-玻尔兹曼分布。人们经常使用活化法对麦克斯韦平均截面进行直接测量(4.6.2 节)。

中子诱发反应的截面通常比带电粒子诱发反应的要大(图 3.11、图 3.12 和图 3.31),因此与较强的带电离子束流相比,这对可用的较低中子束流强也是一种补偿。

4.2 辐射与物质相互作用

辐射与物质相互作用,从而失去部分或全部能量。这方面对于许多实验考虑来讲很重要。首先,一个特定入射粒子可能会在启动核反应之前就已经在靶子中失去了能量。为了确定有效能量和反应发生的概率,就需要能量损失的精确知识。其次,出射反应产物的能量或强度可能会受其在靶或周围材料中相互作用的影响。最后,必须探测反应产物以确定反应截面,即发生反应的概率。因此,了解辐射与物质相互作用的过程,对于辐射探测器的设计及性能至关重要。

图 4.3 示意性地显示了辐射与物质通常发生相互作用的一些实验位置:①入射粒子在靶中的能量损失;②反应产物在靶、靶支架,以及探测器死层中的能量或强度损失;③反应产物在探测器灵敏体积中的能量沉积。负责辐射与物质相互作用的过程取决于辐射的类型。下文将更详细地讨论重带电粒子(例如质子和 α 粒子)、光子和中子的相互作用。我们把发生相互作用的材料称为吸收体(absorber)。

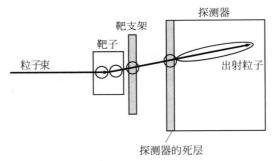

图 4.3 显示束流入射到靶上的设备示意图。初级(束流)或次级(出射的粒子或光子)辐射通常与物质相互作用的位置被圈起来了

在本章中,所考虑的一个常用物理量是原子的数密度 N(以每立方厘米的原子数为单位)。对于具有质量密度为 ρ 的一个固态吸收体,它由相对原子质量为 M 的原子组成(单位为 u),每克吸收体材料中有 N_A/M 个原子。则其原子数密度由下式给出:

$$N = \rho \frac{N_A}{M} \qquad (4.4)$$

对于压力为 P、温度为 T 的气体吸收体,其原子数密度可以由下式计算:

$$N = \upsilon L \frac{P}{760\mathrm{Torr}} \frac{273\mathrm{K}}{T} \qquad (4.5)$$

其中,洛施密特常量(Loschmidt constant)为 $L = 2.68678 \times 10^{19}$ cm^{-3};υ 是每摩尔原子数。

4.2.1 重带电粒子相互作用

重带电粒子,例如质子或 α 粒子,主要通过以下过程与物质相互作用:①与吸收体原子中的电子发生非弹性碰撞;②在吸收体的原子核上的弹性散射。这些相互作用造成了入射粒子的能量损失,以及粒子在其入射方向上的偏转。前者的相互作用比后者发生得更频繁,除非在非常低的炮弹能量下,否则其中吸收体上弹性散射的贡献必须要考虑在内。

穿过物质的重(带正电)粒子同时与许多电子相互作用。这些碰撞的截面通常在 $10^{-17} \sim 10^{-16}$ cm^2 的范围内(对应于 $10^7 \sim 10^8$ b)。在每次遭遇中,当带电粒子靠近时,电子都会感受到库仑力的吸引。能量从粒子转移到吸收体原子,导致原子电子被激发到更高的壳层(软碰撞)或完全去除掉一个电子,即电离(硬碰撞)。每次碰撞可以转移的最大能量只有粒子总能量的一小部分,但是单位路径长度上的碰撞次数非常多。在任意的给定时间内,粒子与许多电子相互作用,产生几乎连续的能量损失直至粒子停止。重粒子在物质中的路径是相对平直的,这是因为粒子不会因经历任意一次碰撞而发生剧烈偏转。电离后,电子倾向于与正离子复合。大多数类型的辐射探测器会抑制复合过程,并利用产生的电子-离子对数目作为探测器响应的基础[式(4.4)]。在某些非常接近的遭遇中,足够的能量可能会转移到一个电子上,这些电子可以在随后的碰撞中产生电子-离子对。这些高能电子被称为 δ [或敲击(knock-on)]电子。

1. 阻止本领

重带电粒子与吸收体原子的碰撞在本质上是统计性的。由于单位路径长度上的碰撞次数非常多,所以总能量损失的波动很小。因此,减速过程可以用单位路径长度上的平均能量损失来描述。微分能量损失和微分路径长度之比称为线性阻止本领(linear stopping power),定义为

$$S_L(E) \equiv -\frac{dE}{dx} \tag{4.6}$$

例如,可以 eV·cm^{-1} 为单位。线性阻止本领取决于吸收体中电子的数密度,或者等效地,取决于吸收体的质量密度 ρ。相关的量:

$$S_M(E) \equiv -\frac{1}{\rho}\frac{dE}{dx} \tag{4.7}$$

称为质量阻止本领(mass stopping power),单位为 eV·cm^2·g^{-1}。阻止本领也可由单位吸收体原子给出。对于数密度为 N 的吸收体(以每立方厘米原子数为单位),我们得到

$$S_A(E) \equiv -\frac{1}{N}\frac{dE}{dx} \tag{4.8}$$

例如,它以 eV·cm^2·atom^{-1} 为单位。$S_A(E)$ 被称为阻止截面(stopping cross section)。对于给定的炮弹能量 E,可以发现,$S_M(E)$ 和 $S_A(E)$ 在许多吸收体材料中变化得相对较小。在数值计算中,我们主要使用 $S_A(E)$,并将其简单地称为阻止本领。

阻止本领的理论计算很复杂。对于较高炮弹能量(>0.6 MeV·u^{-1}),利用带有一些经验参数的贝特-布洛赫公式(Bethe-Bloch formula)就可以准确地描述能量损失。对于非相对论炮弹能量,电子阻止本领(即由炮弹和原子电子之间的非弹性碰撞造成的贡献)由下式给出(Knoll,1989):

$$-\frac{\mathrm{d}E}{\mathrm{d}x} \approx \frac{4\pi e^4}{m_e} \frac{Z_p^2}{v^2} \left(N_A \rho \frac{Z_t}{M_t}\right) \ln\left(\frac{2m_e v^2}{I}\right) \qquad (4.9)$$

其中，Z_p、v、Z_t 和 M_t 分别代表炮弹的电荷、速度，吸收体的原子序数和相对原子质量；m_e 是电子静止质量；e 是电子电荷；I 代表吸收体的平均激发和电离势(被视为一个经验参数)。如果炮弹的速度比吸收体原子电子的速度大，则式(4.9)成立。除了非常高的能量(即公式中对数项占主导)，在很宽的能量范围内，阻止本领的幅度随炮弹能量的增加而降低，即正比于 $1/v^2$ 或 $1/E$。这种行为可以作如下解释，即如果炮弹的能量小，则它在给定电子的附近会消耗更多时间，因此能量转移变大。阻止本领随 Z_p^2 增加而变大。因此，α 粒子在相同吸收体介质中要比质子经历更大的能量损失。阻止本领还线性地依赖于吸收体的密度 ρ。

在非常低的炮弹能量($E < 30\ \mathrm{keV \cdot u^{-1}}$)下，炮弹速度小于吸收体原子中的电子速度，Bethe-Bloch 公式将不再适用。这种情况发生在反冲核的减速过程中，例如在注入或寿命测量中。在这种情况下，炮弹能量太小以至于不会引起吸收体原子的显著电离。此外，带正电的炮弹倾向于从吸收体中拾取电子，导致其有效电荷和阻止本领降低。在此能量范围，电子阻止本领通常由 LSS(Lindhard-Scharff-Schiott)理论(Lindhard *et al*.，1963)来计算，它不如 Bethe-Bloch 公式准确。其电子阻止本领由下式给出：

$$-\frac{\mathrm{d}E}{\mathrm{d}x} = k\sqrt{E} \qquad (4.10)$$

其中，常数 k 是炮弹和吸收体原子的质量和电荷的函数。另外，在低能时，必须要考虑炮弹在吸收体原子核上的弹性散射贡献(核阻止能力)。理论还没有很好地覆盖中等能量范围($30\ \mathrm{keV \cdot u^{-1}} < E < 0.6\ \mathrm{MeV \cdot u^{-1}}$)，目前有许多不同的公式可以使用。

阻止本领如图 4.4 所示。在非常低的能量下，它受到核成分(点虚线)的影响，随着能量的增加，它遵循 LSS 理论预测的 $\sqrt{E}$ 行为(点划线)。最大值发生在炮弹速度和吸收体原子的电子速度可比拟的情况下。对于越过最大值的更高能区，阻止本领由 Bethe-Bloch 公式(短划线)给出。对于非相对论炮弹能量，阻止本领由 $1/E$ 依赖关系主导并一直减小，直至在 $v \approx 0.96\,c$ 处达到极小值。在此处，炮弹被称为最小电离(minimum ionizing)。这一 $\mathrm{d}E/\mathrm{d}x$ 极小值对于所有具有相同电荷 Z_p 的粒子来说近似是一个常数。越过这一点，由于 Bethe-Bloch 公式中的对数项贡献，阻止本领增大。

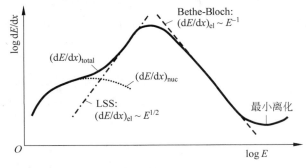

图 4.4　总的阻止本领(实线)及其不同分量(点划虚线或点虚线)与粒子能量关系的示意图

在实践中,需要通过包含适当低能和高能行为的表达式,在一个较宽的能量范围内对所测量的阻止本领值进行拟合。对于不存在实验信息的能区,则可以利用这些拟合作内插以获得吸收体的阻止本领。关于阻止本领列表,包括实验值的汇编,可以在文献(Paul & Schinner,2002)或(Ziegler,2003)中找到。例如,图4.5显示了氢和氦炮弹在各种吸收体元素中的阻止本领(以 $eV \cdot cm^2 \cdot atom^{-1}$ 为单位)随能量的变化关系。

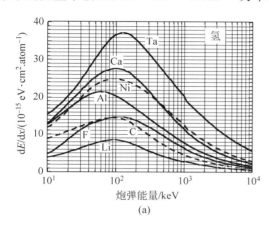 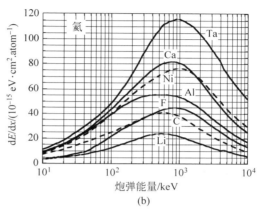

图4.5 炮弹在各种吸收体元素中的阻止本领(单位为 10^{-15} $eV \cdot cm^2 \cdot atom^{-1}$)与能量的关系
(a)氢;(b)氦。炮弹能量和阻止本领都是在实验室系下给出的。曲线是使用计算机代码 SRIM 计算的(Ziegler,2003)

在本章后面会很明显地看到,阻止本领值在大多数带电粒子截面和共振强度的实验测量中都是输入量。因此,对阻止本领的误差进行可靠的估计是非常重要的。在 Bethe-Bloch 公式适用的较高能量处,使用计算机 SRIM 程序(Ziegler,2003)所计算阻止本领的误差在百分之几。然而,在对核天体物理直接测量很重要的较低能区,误差通常会更大一些。对于计算的给定炮弹-吸收体组合的阻止本领,其不确定度可以根据计算值和测量值之间的平均偏差来估计,或者根据测量数据的离散来估计。表4.2列出了几种炮弹和吸收体阻止本领的不确定度。误差是通过考虑利用 SRIM 程序获得的阻止本领列表,以及对于核天体物理直接测量至关重要的炮弹能量范围内的所有测量数据估计出来的。结果是以物理量 Δ 和 σ(均以百分数给出)的形式给出的,它们的定义参考文献(Paul & Schinner,2005)。简而言之,Δ 代表实验阻止本领值和列表值之间的系统偏差,而 σ 是提供了关于实验离散信息的随机误差。可以看出,在大多数情况下 Δ 接近于零,因此,SRIM 列表值是可靠的。只有在重炮弹轰击氢气(H_2)的情况下,才会存在一个 $\Delta \approx -3\%$ 的系统偏差。实验离散被视为取决于吸收体的物理状态。对于质子和 α 粒子入射到气态吸收体的情况,人们发现 $\sigma \approx 3\% \sim 4\%$,而对于固态吸收体,实验离散可达 $\sigma \approx 5\% \sim 8\%$。对于重炮弹入射到氢气的情况,也可以得到类似的值。对于炮弹-吸收体组合没有数据的情况下,预计其阻止本领的误差会更大。

表4.2 几种炮弹和吸收体阻止本领的不确定度

炮弹	能量/$MeV \cdot u^{-1}$	吸收体	点数	$\Delta/\%$	$\sigma/\%$
质子	$0.01 \sim 1.0$	Al、B、Be、C、Ca、Co、Cr、Fe、Li、Mg、Mn、Ni、Se、Si、Ti、V	2518	0.7	8.0
质子	$0.01 \sim 1.0$	Ar、Cl_2、N_2、Ne、O_2	504	0.1	3.9

续表

炮弹	能量/MeV·u^{-1}	吸收体	点数	$\Delta/\%$	$\sigma/\%$
α 粒子	0.1~1.0	Al,B,Be,C,Ca,Co,Cr,Fe,Li,Mg,Mn,Ni,Si,Ti,V	975	0.7	4.7
α 粒子	0.1~1.0	Ar,Cl$_2$,N$_2$,Ne,O$_2$	428	−0.1	3.2
Ar,B,C,Cl,Li,Mg,N,Na,Ne,S	0.2~20	H$_2$ 气体	136	−3.0	8.4

注释：Δ 代表列表值与实验值之间的系统性差异，而 σ 是提供关于实验离散信息的随机误差(Paul & Schinner, 2005)。这里所考虑阻止本领的列表值和实验值仅针对所示的炮弹能区,也即直接核天体物理测量所感兴趣的能区。数据来源：致谢 Helmut Paul。

图 4.6(b)示意性地显示了能量为 E_0 的炮弹束流入射到无限厚吸收体上的情形,这意味着炮弹被阻止在介质中。图 4.6(a)显示了阻止本领对能量的关系。随着带电粒子炮弹在物质中的减速,它们的阻止本领将增加,也就是说随着径迹变长,在单位路径长度上将有更多的能量沉积下来。这也可以在图 4.6(c)的 $\mathrm{d}E/\mathrm{d}x$ 与距离的关系中看出来。在接近径迹的尽头(在能量 E_1 处),由于拾取电子炮弹电荷减少,从而曲线掉落下来。该最大值处,称为布拉格峰(Bragg peak),表明炮弹在沿着其路径尽头的方向上所失去的最大部分能量。图 4.6(d)显示了炮弹在吸收体中强度与距离的关系。对于整个炮弹路径上的绝大部分距离,其强度是恒定的。换句话说,尽管炮弹减速了,但它们的数目不会改变。朝着路径的尽

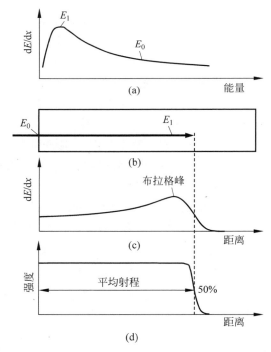

图 4.6 能量为 E_0 的束流入射到无限厚的吸收体上[图(b)]的示意图

(a) 阻止本领与炮弹能量的关系；(c) 阻止本领与距离的关系；(d) 吸收体中炮弹强度与距离的关系；平均射程对应于炮弹强度下降到其初始值 50%时的距离。炮弹在接近路径末端时会丢失它们最大部分的能量。图(a)和图(c)中的最大对应于能量 E_1,称为布拉格峰注意平均射程不等于直线穿透距离

头,其强度不会立即降为零,而是在一定路径长度内向下倾斜。这种现象称为射程歧离(range straggling)。它是由减速过程的统计本质造成的,因为两个具有相同质量和能量的射弹一般不会穿透吸收体到达完全相同的距离。炮弹强度下降到50%的距离称为平均射程(mean range)。

入射能量为 E_0 的炮弹所经过的平均路径长度可以由下式计算:

$$R = \int_0^{E_0} \frac{dE}{(dE/dx)} \tag{4.11}$$

这样所获得的值与直线穿透距离不同,因为在与吸收体原子的多次碰撞中,每一次炮弹都会略微偏转一些。图4.7显示了硅吸收体中轻离子的射程与入射能量之间的关系。例如,如果使用硅探测器来测量入射带电粒子的总能量(4.4.2节和4.5.1节),则其有效厚度必须要大于粒子的射程。

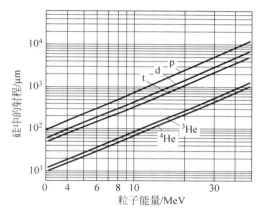

图4.7 硅中的射程与入射轻离子的实验室能量的关系。数据来自文献(Skyrme *et al.*,1967)

当炮弹在吸收体中仅损失一小部分能量的情况下,阻止本领也是很有用的。吸收体的厚度 d(以长度为单位)与入射能量为 E_0 的炮弹的总能量损失通过下式关联起来:

$$d = \int_{E_0 - \Delta E}^{E_0} \frac{dE}{(dE/dx)} \tag{4.12}$$

对于非常薄的吸收体(靶或探测器),炮弹损失的能量相对较小,其阻止本领在吸收体厚度内近似恒定。我们在这种情况下得到

$$d = \frac{1}{(dE/dx)_{E_0}} \int_{E_0 - \Delta E}^{E_0} dE = \frac{\Delta E}{(dE/dx)_{E_0}} \tag{4.13}$$

或者,

$$\Delta E = \left(\frac{dE}{dx}\right)_{E_0} d = \left(\frac{1}{N} \frac{dE}{dx}\right)_{E_0} Nd = \left(\frac{1}{\rho} \frac{dE}{dx}\right)_{E_0} \rho d \tag{4.14}$$

其中,N 为原子的数密度;Nd 为每平方厘米的原子数。

2. 化合物

到目前为止,我们已经讨论了对于单个元素的阻止本领。对于化合物(compound),可以根据属于每个元素的电子比例通过加权平均获得一个近似的阻止本领。这种近似称为布拉格定则(Bragg's rule)。对于由两个元素 X 和 Y 所组成化合物 $X_a Y_b$,其中 a 和 b 分别代表每个 X 和 Y 元素分子的原子数,可以得到每个分子的阻止本领为

$$\frac{1}{N_c}\left(\frac{\mathrm{d}E}{\mathrm{d}x}\right)_c = a\,\frac{1}{N_X}\left(\frac{\mathrm{d}E}{\mathrm{d}x}\right)_X + b\,\frac{1}{N_Y}\left(\frac{\mathrm{d}E}{\mathrm{d}x}\right)_Y \tag{4.15}$$

其中,N_c 是分子的数密度,例如,对于单个元素 $(1/N_i)(\mathrm{d}E/\mathrm{d}x)_i$ 以 $\mathrm{eV} \cdot \mathrm{cm}^2 \cdot \mathrm{atom}^{-1}$ 为单位,对于化合物,则以 $\mathrm{eV} \cdot \mathrm{cm}^2 \cdot \mathrm{molecule}^{-1}$ 为单位。等价地,根据式(4.4),我们有

$$\frac{1}{\rho_c}\left(\frac{\mathrm{d}E}{\mathrm{d}x}\right)_c = \frac{aM_X}{M_c}\frac{1}{\rho_X}\left(\frac{\mathrm{d}E}{\mathrm{d}x}\right)_X + \frac{bM_Y}{M_c}\frac{1}{\rho_Y}\left(\frac{\mathrm{d}E}{\mathrm{d}x}\right)_Y \tag{4.16}$$

这里,$(1/\rho_i)(\mathrm{d}E/\mathrm{d}x)_i$ 的单位是 $\mathrm{eV} \cdot \mathrm{cm}^2 \cdot \mathrm{g}^{-1}$,其中 $M_c = aM_X + bM_Y$。使用布拉格定则时应谨慎,因为对于某些化合物,其实验阻止本领与根据式(4.15)和式(4.16)计算出来的结果会相差 $10\% \sim 20\%$ (Knoll,1989)。

对于入射能量为 E_0 的炮弹,在一个由化合物 $X_a Y_b$ 所构成的薄吸收体中,它的能量损失可以根据式(4.14)和式(4.15)得到:

$$\Delta E_c = \frac{1}{N_c}\left(\frac{\mathrm{d}E}{\mathrm{d}x}\right)_{c,E_0} N_c d = a\,\frac{1}{N_X}\left(\frac{\mathrm{d}E}{\mathrm{d}x}\right)_X N_c d + b\,\frac{1}{N_Y}\left(\frac{\mathrm{d}E}{\mathrm{d}x}\right)_Y N_c d$$

$$= \frac{1}{N_X}\left(\frac{\mathrm{d}E}{\mathrm{d}x}\right)_X N_X d + \frac{1}{N_Y}\left(\frac{\mathrm{d}E}{\mathrm{d}x}\right)_Y N_Y d \tag{4.17}$$

其中,$N_X = aN_c$,$N_Y = bN_c$。

 示例 4.1

计算 500 keV 质子束穿过 1 μm 厚冰层的能量损失。用计算机代码 SRIM(Ziegler,2003)计算的 $E_0 = 500$ keV 处的阻止本领分别为 $(1/N_H)(\mathrm{d}E/\mathrm{d}x)_H = 1.8 \times 10^{-15}$ $\mathrm{eV} \cdot \mathrm{cm}^2$ 和 $(1/N_O)(\mathrm{d}E/\mathrm{d}x)_O = 8.1 \times 10^{-15}$ $\mathrm{eV} \cdot \mathrm{cm}^2$。假设阻止本领在吸收体厚度内近似恒定。上述所有的量都是在实验室系中给出的。

冰(H_2O)的密度约为 1 $\mathrm{g} \cdot \mathrm{cm}^{-3}$,对应每立方厘米有 3.3×10^{22} 个 H_2O 分子(因为 18 g 冰中包含 6.022×10^{23} 个 H_2O 分子)。由式(4.17) 可以给出:

$$\Delta E = a\,\frac{1}{N_H}\left(\frac{\mathrm{d}E}{\mathrm{d}x}\right)_H N_{H_2O} d + b\,\frac{1}{N_O}\left(\frac{\mathrm{d}E}{\mathrm{d}x}\right)_O N_{H_2O} d$$

$$= 2(1.8 \times 10^{-15}\ \mathrm{eV} \cdot \mathrm{cm}^2)(3.3 \times 10^{22}\ \mathrm{cm}^{-3})(10^{-4}\ \mathrm{cm}) +$$

$$1(8.1 \times 10^{-15}\ \mathrm{eV} \cdot \mathrm{cm}^2)(3.3 \times 10^{22}\ \mathrm{cm}^{-3})(10^{-4}\ \mathrm{cm}) = 39\ \mathrm{keV}$$

从 H 原子和 O 原子的数密度也可以得到相同的结果,$N_H = 2 \cdot N_{H_2O} = 6.6 \times 10^{22}$ cm^{-3} 和 $N_O = 1 \cdot N_{H_2O} = 3.3 \times 10^{22}$ cm^{-3}。因此,

$$\Delta E = \frac{1}{N_H}\left(\frac{\mathrm{d}E}{\mathrm{d}x}\right)_H N_H d + \frac{1}{N_O}\left(\frac{\mathrm{d}E}{\mathrm{d}x}\right)_O N_O d$$

$$= (1.8 \times 10^{-15}\ \mathrm{eV} \cdot \mathrm{cm}^2)(6.6 \times 10^{22}\ \mathrm{cm}^{-3})(10^{-4}\ \mathrm{cm}) +$$

$$(8.1 \times 10^{-15}\ \mathrm{eV} \cdot \mathrm{cm}^2)(3.3 \times 10^{22}\ \mathrm{cm}^{-3})(10^{-4}\ \mathrm{cm}) = 39\ \mathrm{keV}$$

3. 能量歧离

到目前为止,我们考虑了炮弹穿过一个吸收体的平均能量损失。假设初始单能束流代表炮弹。当炮弹穿透吸收体时,它会受到大量独立相互作用的冲击,从而导致炮弹减速。在碰撞次数和每次碰撞所传递能量上的统计波动就会造成束流具有一个能量分布,以 $E_0 - \Delta E$ 为中心值,也即入射能量减去平均能量损失。

在单次碰撞中,质量为 m、能量为 E 的非相对论重带电粒子可以转移给一个自由原子电子(质量为 m_e)的最大能量的量级为(习题4.2)

$$4E[m_e m/(m_e + m)^2] \approx 4E(m_e/m) \approx 4E/(2000M) = 2 \times 10^{-3} E/M \quad (4.18)$$

其中,M 以 u 为单位。例如,一个 10 MeV 的质子在吸收体中损失 1 MeV 的总能量,则其可以将最大 20 keV 的能量传递给单个电子,并且至少经历(1 MeV)/(20 keV)=50 次碰撞,也很可能远不止于此。如果碰撞次数较多,则能量分布函数会接近高斯形状(Leo,1987)。如果碰撞次数不是很多,则炮弹通过具有一定厚度的吸收体后,其能量分布函数将会是歪斜偏态的(skewed)。随着炮弹在吸收体中的穿过,其示意性的能量分布函数 $f(E, x)$ 如图4.8所示,其中 x 代表炮弹的路径长度。一束具有较小初始能量展宽的炮弹在早期减速过程中显示出一个较宽且偏斜的分布(skewed distribution)。随着路径长度的增加,对应于每个炮弹与吸收体原子电子之间碰撞次数的增大,其能量展宽增加,但偏斜程度减弱,以至于在经过一定路径长度后其能量分布函数看起来像高斯形状。炮弹在接近射程末端时,进一步的能量损失将导致能量展宽减小,直至所有炮弹最终停止在吸收体中。

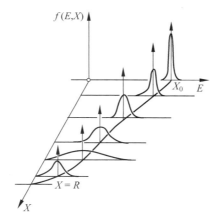

图4.8 具有较小初始能散的带电粒子束在穿过一个长度为 x 的路径吸收体时能量分布函数 $f(E, x)$ 的示意图;其中 E 是粒子能量。来自文献 Knoll(1989)(转载经许可。版权归 John Wiley and Sons,Inc. 所有)

高斯能量分布函数的宽度有一个很有用的近似式,它是由玻尔(Bohr)推导出来的。假设非相对论炮弹和吸收体电子之间的碰撞次数非常大,同时,假设平均能量损失与初始炮弹能量相比很小(即相对较薄的吸收体)。则能量分布函数的半高宽(FWHM)由下式给出(Bohr,1915):

$$\mathrm{FWHM} = 2\sqrt{2\ln 2}\sqrt{4\pi e^4 Z_p^2 Z_t Nd} = 1.20 \times 10^{-12}\sqrt{Z_p^2 Z_t Nd} \quad (\mathrm{MeV}) \quad (4.19)$$

在此数值表达式中,N 的单位是 atoms·cm^{-3};d 的单位是 atoms·cm^{-1}。

4.2.2 光子相互作用

光子与物质相互作用的过程,在根本上不同于那些涉及带电粒子的过程。γ 射线在物质中的主要相互作用有:①光电效应;②康普顿散射;③对产生。在单次相互作用中,所有这些过程都可能会把光子的全部或大部分能量转移到吸收体原子的一个电子上。因此,光子要么消失,要么显著偏离它原来的运动方向。这些考虑有两个重要的结果。首先,γ 射线在物质中的穿透力比带电粒子更强。其次,取决于吸收体的厚度,穿过物质的光子束强度会降低。然而,直接穿过吸收体的光子并不经历任何相互作用,因此还具有它们原来的能量。

高能电子在相互作用后离开原子,在吸收体中减速,从而产生更多的电荷载流子(电子-离子对,或电子-空穴对)。例如,γ 射线探测器利用这些电荷对来确定入射光子在吸收体中沉积的总能量。下面更详细地讨论涉及光子的相互作用过程。

1. 光电效应

在光电效应(photoelectric effect)中,光子将其全部能量转移给吸收介质原子中的单个电子,因而消失了。该电子称为光电子(photoelectron),以能量 E_e 从原子中出射:

$$E_e = E_\gamma - E_b \tag{4.20}$$

其中,E_γ 和 E_b 分别是入射光子的能量和光电子的结合能。自由电子不能吸收光子,且此时线性动量守恒。因此,光电效应总是涉及束缚电子,其中整个原子吸收反冲动量。对于高于 100 keV 的光子能量,光电子最有可能起源于原子的 K 壳层(即束缚最紧密的壳层)。

光电效应将一个中性原子转换为一个电子-离子对。离子中的空穴通过俘获来自其他吸收介质原子中的自由电子,或来自该离子其他壳中的电子重排,而迅速得以填充。在这些次级过程中,可以产生特征 X 射线光子或者俄歇电子。在大多数情况下,这些 X 射线会在初级光子-电子相互作用位置附近经历进一步的光电吸收,因此其能量将保留在吸收体中(Knoll,1989)。

光电效应在理论上难以进行处理。对于超过 100 keV 能量的光子,每个吸收体原子的光电吸收概率可由如下非常有用的近似式给出(Evans,1955;Knoll,1989):

$$p_{photo} \sim \frac{Z^n}{E_\gamma^{7/2}} \tag{4.21}$$

其中,Z 是吸收介质的原子序数;在 0.1~5 MeV 的 γ 射线能区,n 在 4~5 变化。后面会看到,光电效应是低能光子的主要相互作用过程。式(4.21)中较强的 Z 依赖性是使用高 Z 值材料(例如铅)来屏蔽本底 γ 射线的原因。同理,高 Z 值材料也是 γ 射线探测器灵敏体积的首选。

铅的光电吸收概率(以 $cm^2 \cdot g^{-1}$ 为单位,见后)如图 4.9 所示。随着光子能量的递减,则概率增加,而光子能量将接近于吸收介质原子束缚最紧密壳层(K 壳层)的电子结合能。对于稍微再小一些的光子能量,概率急剧下降,因为 K 电子对光电效应将不再可用。这种快速下降被称为 K 吸收限(K absorption edge)。对于更加小的光子能量,概率再次增加,从而接近下一个壳(L 壳)。

2. 康普顿效应

光子在自由电子上的散射被称为康普顿效应(Compton effect)。尽管吸收体电子束缚在原子上,但如果 γ 射线能量比电子结合能大,则它们可以被认为是近"自由的"。该过程如

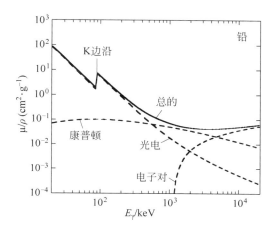

图 4.9 铅的质量衰减系数铅与 γ 射线能量的关系。实线对应于总质量衰减系数,而虚线表示康普顿效应、光电效应和电子对产生单个成分的贡献。数据来自文献(Boone & Chavez,1996)

图 4.10(a)所示。假设电子最初处于静止状态。入射能量为 E_γ 的光子将其能量的一小部分转移到电子上,并相对于其原始方向偏转一个角度 θ,而反冲电子以角度 ϕ 从散射中心出来。所有散射角度都是可能的,因此,所转移的能量在从零至大部分入射光子能量之间变化。

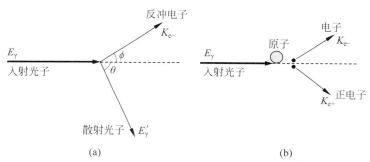

图 4.10 (a)康普顿效应和(b)对产生的表示图。在图(b)中,电子和正电子在相互作用之前都不存在。其中,原子只是一个旁观者并促使能量和线性动量同时守恒

散射光子和反冲电子的能量可以通过同时求解能量守恒方程和线性动量守恒方程来得到。公式如下(Leo,1987):

$$E'_\gamma = \frac{E_\gamma}{1 + \dfrac{E_\gamma}{m_e c^2}(1-\cos\theta)} \tag{4.22}$$

$$K_e = E_\gamma - E'_\gamma = E_\gamma \frac{\dfrac{E_\gamma}{m_e c^2}(1-\cos\theta)}{1 + \dfrac{E_\gamma}{m_e c^2}(1-\cos\theta)} \tag{4.23}$$

其中,$m_e c^2 = 511$ keV 是电子静止能量。对于光子散射角度为 $\theta = 0°$ 的特殊情况,反冲电子能量为零,因此,散射光子没有能量损失。最大能量转移发生在 $\theta = 180°$,其中反冲电子和

散射光子的能量分别由下式给出：

$$K_e^{max} = E_\gamma \frac{2\dfrac{E_\gamma}{m_e c^2}}{1 + 2\dfrac{E_\gamma}{m_e c^2}} \tag{4.24}$$

$$(E'_\gamma)^{min} = \frac{E_\gamma}{1 + 2\dfrac{E_\gamma}{m_e c^2}} \tag{4.25}$$

康普顿散射的截面由 Klein-Nishina 公式给出(例如,Leo,1987)。对于不同能量的入射光子,其散射光子角分布的极坐标图如 4.11(a)所示,其中光子是从下方接近散射中心的。可以看出,对于较小的光子能量($E_\gamma < 1$ keV),分布是呈 $\theta = 90°$ 对称的,而对于较高的 γ 射线能量,更倾向于前角散射。Klein-Nishina 公式还可以预测反冲电子的能量分布。结果如图 4.11(b)所示,其中入射光子的能量分别为 $E_\gamma = 0.5$ MeV、1.0 MeV 和 1.5 MeV。每条曲线都显示出一个最大的反冲电子能量 K_e^{max},称为康普顿边缘(Compton edge),对应的光子散射角度为 $\theta = 180°$。这些反冲电子通常会停止在吸收介质中,因此,该图也表示入射光子在吸收介质(例如 γ 射线探测器)中所沉积能量的分布。对于 $E_\gamma \gg m_e c^2$,入射光子能量和最大反冲电子能量之间的差是 $E_\gamma - K_e^{max} \approx m_e c^2/2 = 256$ keV。到目前为止,我们假设康普顿散射过程仅涉及初始为自由电子的情况。适当考虑散射前电子的结合能,将使锐利的康普顿边缘变得圆滑,如图 4.11(b)所示。

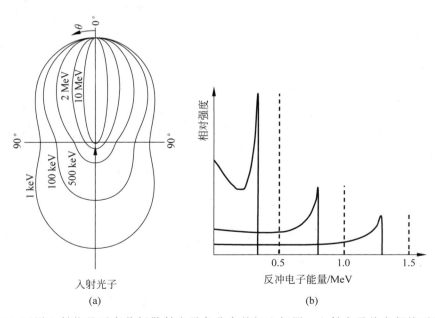

图 4.11 (a) 不同入射能量下康普顿散射光子角分布的极坐标图。入射光子从底部接近散射中心。(b) 康普顿散射后反冲电子能量分布(实线)的示意图。虚线表示相应的入射单能光子的能量($E_\gamma = 0.5$ MeV、1.0 MeV 和 1.5 MeV)。分布的最大值被称为康普顿边沿。它们对应于一个光子散射角 $\theta = 180°$

每个吸收介质原子的康普顿散射概率,会随着可用作散射目标(靶)的电子数目的增多而增大,近似由下式给出:

$$p_{Compton} \sim \frac{Z}{E_\gamma} \tag{4.26}$$

图 4.9 显示了铅的概率[以平方厘米每克(cm$^2 \cdot$g^{-1})为单位]。康普顿散射概率随入射光子能量的变化适中。在 $E_\gamma \approx 500$ keV 能量下(对铅而言),它变得与光电吸收概率可比拟,而在更高能量下比后者更占主导。

3. 对产生

光子转换为正负电子对的过程称为对产生(pair production),如图 4.10(b)所示。光子能量必须至少是电子静止能量的两倍(2×511 keV $= 1022$ keV)时,才能发生该过程。此外,对产生必须要有第三者(通常是吸收介质原子的原子核)的参与。否则,总能量和线性动量不会同时守恒。入射光子能量的一部分 $E_\gamma - 2m_e c^2$ 会转移为电子和正电子的动能,即

$$E_\gamma = (K_{e^-} + m_e c^2) + (K_{e^+} + m_e c^2) \tag{4.27}$$

这两个粒子都会在吸收介质中减速。正电子随后将与另一个电子湮灭。这样,以相反方向发射的两个 511 keV 能量的湮灭光子,将作为副产物在此相互作用中产生。

对产生过程概率的理论表达式相当复杂(Leo,1987)。此概率近似与 $Z(Z+1)$ 成正比,并随着入射光子能量的增加而上升。铅的对产生概率(单位为 cm$^2 \cdot$g^{-1})如图 4.9 所示。可以看出,能量高于 $E_\gamma \approx 5$ MeV 时,与光电吸收和康普顿散射相比,对产生占主导地位。

4. 光衰减

到目前为止,我们考虑了单个光子的相互作用过程。我们现在讨论多重相互作用对单能入射光子束的综合影响。考虑图 4.12 所示的前几节介绍的光子入射到吸收体的相互作用过程。情形(a)、(b)和(d)分别对应于经历光电吸收、康普顿散射和对生产。更复杂的相互作用次序也是可能的。例如,情形(b)中的康普顿散射光子继而可能会经历光电吸收,产生 X 射线光子,并离开吸收介质[即情形(e)]。对于所有可能的相互作用(涉及散射光子与电子的方向和能量分布)的一个完整描述是相当复杂的,只能通过蒙特卡罗计算来实现。然而,通常感兴趣的最重要信息是那些穿过吸收介质而未发生任何相互作用的单能光子的比例[情形(c)]。正如已经指出的那样,这些光子拥有其原来的能量和方向。衰减掉的那部分光子是指那些被吸收介质吸收或散射的 γ 射线。

每个过程均以相互作用发生的概率为特征,或等效地,以在吸收体单位路径长度上通过相互作用从入射光束中去除一个光子的概率为特征。这个概率称为线性吸收系数(linear absorption coefficient)。总的线性吸收系数 μ 由涉及不同光子过程的分吸收系数之和给出。因此,

$$\mu = \mu_{photo} + \mu_{Compton} + \mu_{pair} \tag{4.28}$$

如果一束单能光子垂直于吸收介质表面入射,则在穿过厚度 dx 时,其强度损失的比例 dI/I 为

$$\frac{dI}{I} = -\mu dx \tag{4.29}$$

因此,我们得到透射光子数和入射光子数之比为

$$\frac{I}{I_0} = e^{-\mu x} \tag{4.30}$$

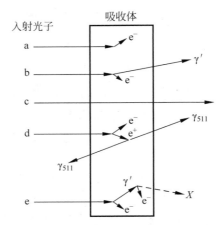

图 4.12 单能光子入射到吸收体上可能发生的相互作用,见文中讨论

其中,μ 的量纲为长度的倒数。吸收系数与平均自由程 λ 相关联,定义为在吸收介质中发生相互作用之前所穿过的平均距离:

$$\lambda = \frac{\int_0^\infty x \, \mathrm{e}^{-\mu x} \, \mathrm{d}x}{\int_0^\infty \mathrm{e}^{-\mu x} \, \mathrm{d}x} = \frac{1}{\mu} \tag{4.31}$$

对于常用的 γ 射线能量,其在固态吸收介质中的典型 λ 值为 $10^{-3} \sim 10^{-1}$ m。

无论吸收介质是以固体、液体还是以气体形式存在,发生任意光子相互作用的概率都取决于吸收介质的密度。通过引入物理量 μ/ρ 可以消除密度依赖性,该物理量称为质量衰减系数(mass attenuation coefficient),且应用广泛。式(4.30)可以写成

$$\frac{I}{I_0} = \mathrm{e}^{-(\mu/\rho)\rho x} \tag{4.32}$$

其中,μ/ρ 的单位是 $\mathrm{cm}^2 \cdot \mathrm{g}^{-1}$;乘积 ρx 称为质量厚度,以单位面积的质量 $\mathrm{g} \cdot \mathrm{cm}^{-2}$ 为单位。

如果吸收介质由化合物 $X_a Y_b$ 组成,则质量衰减系数可以根据类似于布拉格定则的表达式[式(4.16)]计算出来,即通过利用质量衰减系数来替代质量阻止本领的方法:

$$\left(\frac{\mu}{\rho}\right)_c = \frac{a M_X}{M_c} \left(\frac{\mu}{\rho}\right)_X + \frac{b M_Y}{M_c} \left(\frac{\mu}{\rho}\right)_Y \tag{4.33}$$

其中,$M_c = a M_X + b M_Y$。两种常用 γ 射线屏蔽材料(Fe 和 Ta)和两种常见 γ 射线探测器晶体材料(NaI 和 Ge)的总质量衰减系数如图 4.13 所示。

当使用光衰减系数时,需要仔细考虑某些几何因素。图 4.14(a)显示了从一个点源发射的 γ 射线穿过一个吸收体的情况。可以看出,γ 射线以不同的角度穿过吸收体。因此,必须估计穿过吸收体的平均路径长度(而不是吸收体厚度),并利用它来计算 γ 射线的衰减。图 4.14(b)显示了典型的探测器布局。来自点源的 γ 射线在探测器的灵敏体积中被探测到。根据晶体尺寸、源和晶体之间距离,以及根据源发射的光子数知识,可以利用衰减系数计算出晶体中探测到的光子总数。然而,人们经常用大量的吸收介质(例如铅)来屏蔽探测器,从而抑制那些不需要的 γ 射线本底。因此,探测器不仅对直接来自源的 γ 射线,而且对

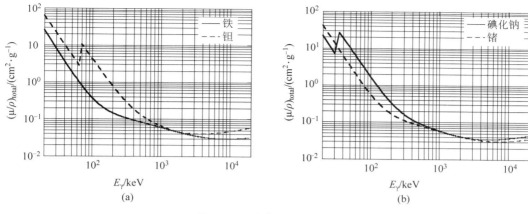

图 4.13 总质量衰减系数

（a）常见 γ 射线屏蔽材料 Fe 和 Ta；（b）常见 γ 射线探测器晶体材料 NaI 和 Ge。数据来自文献（Boone & Chavez，1996）

那些由屏蔽材料散射后到达探测器的 γ 射线，或由 γ 射线源在屏蔽材料中所引起的其他类型次级辐射，都可能会发生响应。因此，与没有屏蔽材料的设置相比，探测器中记录到的光子数目会更多一些。当估计探测器效率时，必须要考虑这些效应（4.5.2 节）。

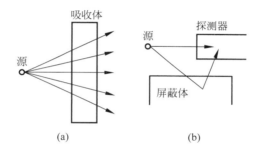

图 4.14 （a）点源发射的光子以不同角度穿过吸收体；（b）光子在附近屏蔽材料中散射后到达探测器

4.2.3 中子相互作用

中子不带电，因此不能通过库仑力与物质相互作用。反而，中子通过强相互作用力（或称强力）与吸收介质中的原子核发生作用。这种强力是短程力，只有当中子到达原子核的 10^{-15} m 范围内才能发生相互作用。其结果是，中子相互作用相对稀少，因此它们可以穿透几厘米厚的吸收介质而不发生相互作用。中子可以通过许多不同的过程与原子核发生相互作用，包括：①弹性散射（n，n）；②非弹性散射（n，n'）；③辐射俘获（n，γ）；④产生带电粒子的反应，如（n，p）或（n，α）。上述各种相互作用类型的相对重要性强烈地依赖于中子的能量。在下文中，具有高于和低于约 0.5 eV 能量的中子被分别指定为快中子（fast neutron）和慢中子（slow neutron）（Knoll，1989）。

入射到吸收介质上的慢中子可能经历弹性散射。在发生多次碰撞后，中子在发生其他类型相互作用之前与吸收介质材料处于热平衡。这些中子称为热中子（thermal neutron），对应于室温下 $kT = 0.025$ eV 的一个平均能量（3.1.1 节）。对于许多吸收体材料，辐射俘获是最有可能的中子诱发反应，并对考虑中子屏蔽具有重要意义。另外，大多数的慢中子探测器都是基于对(n,p)和(n,α)等类型反应中发射的次级带电粒子的探测。

大多数中子诱发反应的截面随中子能量的增加而迅速降低。因此,弹性散射成为快中子最有可能的过程。在这种情况下,中子可以在每次相互作用中将大部分能量转移到反冲核。多次碰撞的结果是入射中子会慢下来。这一过程称为慢化(moderation)。氢是最有效的慢化体,因为按照散射运动学(附录C),中子可以在单次碰撞中失去所有能量。大多数快中子探测器依赖于对(带电的)反冲核的探测。对于足够高的中子能量,也可能发生非弹性散射。在这种情况下,反冲核处于激发态并快速地通过发射次级γ射线而退激下来。非弹性散射对于屏蔽高能中子是一个非常重要的过程。

中子与物质相互作用的总截面可以由各个相互作用截面之和给出:

$$\sigma_T = \sigma_{(n,n)} + \sigma_{(n,n')} + \sigma_{(n,\gamma)} + \sigma_{(n,p)} + \sigma_{(n,\alpha)} + \cdots \tag{4.34}$$

图4.15(a)显示了一些反应的截面随中子能量的变化关系,这些反应对于中子探测而言很有趣。在中子能量 $E_n \approx 100$ keV 以下,其截面遵循 $1/v$ 律[式(2.207)]。对于常见的中子屏蔽材料,其总截面如图4.15(b)所示。

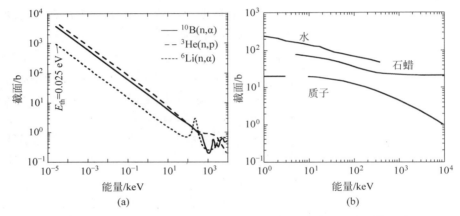

图4.15 (a) 对中子探测感兴趣的几个反应的截面与中子能量的关系。中子能量在 $E_n \approx 1$ keV 以下,截面遵循 $1/v$ 律[式(2.207)]。数据来自文献 Knoll (1989)。(b) 常见中子屏蔽材料的总截面与中子能量的关系。数据来自文献 Leo (1987)

吸收介质中原子数密度与总截面的乘积 $N\sigma_T$ 具有长度倒数的量纲。该量代表了在吸收介质中单位路径长度上发生任意类型相互作用的概率,或者等效地,通过相互作用把一个中子从入射束中移除的概率。光子的线性吸收系数对中子具有相同的物理意义(4.2.2节)。类似于光子,垂直于表面入射的单能中子束在厚度为 x 的吸收介质中将呈指数衰减。透射率 T(与第2章的透射系数 $\hat{T}$ 无关)由下式给出:

$$T = \frac{I}{I_0} = e^{-N\sigma_T x} \tag{4.35}$$

其中,I 和 I_0 分别是在入射中子束和探测器之间有无吸收体时所测的强度。相应的中子平均自由程为[式(4.31)]

$$\lambda = \frac{1}{N\sigma_T} \tag{4.36}$$

在固态吸收体中,对于慢中子 λ 值通常约为 1 cm,对于快中子通常约为 10 cm。与 γ射线的情况一样,指数衰减律[式(4.35)]仅适用于准直的中子束。对于中子被探测器灵敏体积周围的材料散射后还可以到达探测器的情况,有必要进行一些修正,以预测透射中子的真实数目。

如果入射中子不是单能的,而是由一个分布来表示,其中 $f(E)$ 是介于 E 和 $E + dE$ 之间单位能量间隔内入射中子的比例,且 $\int f(E) dE = 1$,则透射率为

$$T = \int_0^\infty f(E) e^{-n\sigma_T(E)} dE \tag{4.37}$$

其中,$n = Nx$ 是样品(或吸收体)单位面积上的原子核数。如果在中子分布上有 $\sigma_T(E) = \text{const}$(常数),则我们再次得到式(4.35)。另外,如果 $\sigma_T(E) \neq \text{const}$,并且样本很薄($n\sigma_T \ll 1$),那么根据式(4.37)中被积函数的展开式,可以得到

$$T \approx \int_0^\infty f(E)[1 - n\sigma_T(E)] dE = 1 - n \int_0^\infty f(E)\sigma_T(E) dE$$

$$\approx \exp\left(-n \int_0^\infty f(E)\sigma_T(E) dE\right) = e^{-n\bar{\sigma}_T} \tag{4.38}$$

其中,我们定义了一个平均总截面 $\bar{\sigma}_T \equiv \int f(E)\sigma_T(E) dE$。

如果吸收体由化合物组成,则透射率由且仅由单个元素所制成的假想吸收体的透射率之积给出,其中每个元素在单位面积上所包含的原子核数目与其存在于化合物中的数目相同。相同方法也适用于单一元素中含有超过一种同位素的情况。

 示例 4.2

计算在 30 cm 长 $^{10}BF_3$ 气体中热中子($E_n = 0.025$ eV)的衰减。气体的压强和温度分别为 $P = 600$ Torr 和 $T = 20^\circ C$。假设 $^{10}B(n,\alpha)^7Li$ 反应是从入射束中吸收中子的唯一过程,其热中子截面为 3840 b。

每立方厘米 ^{10}B 原子的数目可以由式(4.5)计算出来:

$$N = 1 \cdot (2.68677 \times 10^{19}\,\text{cm}^{-3}) \cdot \left(\frac{600\,\text{Torr}}{760\,\text{Torr}}\right)\left(\frac{273\,\text{K}}{293\,\text{K}}\right) = 1.98 \times 10^{19}\,\text{cm}^{-3}$$

因此,

$$\frac{I}{I_0} = e^{-(1.98\times10^{19}\,\text{cm}^{-3})(3840\times10^{-24}\,\text{cm}^2)(30\,\text{cm})} = 0.10$$

因此,大约有90%的入射中子在气体中通过(n,α)反应被吸收,而只有10%穿过吸收体而不发生相互作用。

4.3 靶和相关设备

在实验室中,核反应是通过束流轰击合适的靶来启动的,并且发生在靶位置处。对于核天体物理实验,必须精心准备和设计靶以及相关设备(靶支架、靶室和背衬)。固体靶或背衬可以足够薄,以使离子束穿过,或者可以相对较厚,以使离子束停止。这些靶分别称为透射靶(transmission target)和阻停靶(beamstop target)。气体形式的靶也会用到。为避免混淆,在中子诱发反应研究中,我们将使用术语——样品(sample)而不是靶。实验所用靶或样

品的类型取决于核反应以及所测量的可观测量。在下文中,我们将更详细地讨论核天体物理实验相关的靶或样品问题。

4.3.1 背衬

用于带电粒子反应研究的绝大多数靶都是通过将靶材料沉积在某种背衬(backing)上来制备的。自支撑靶(self-supporting target)和气体靶例外。对于背衬材料有如下几个要求:①靶材料应均匀地粘附在背衬上;②如果背衬暴露于离子束中,则其不应造成不需要的辐射本底;③对于阻停靶,背衬必须提供有效的冷却,以防止靶变差或毁坏(degradation)。

用于阻停靶背衬的常见材料是钽、镍和铜。它们具有很高的原子序数,因此在低轰击能量下它们不会启动核反应。它们的熔点很高,因此在强流离子束轰击下很稳定。在沉积靶材之前,必须清洁背衬以减少表面污染。常用的步骤是通过合适的酸混合物蚀刻背衬,以去除部分表面(Vermilyea,1953),随后利用电阻加热到温度约 1200℃ 以上,以去除残留的污染物。阻停靶的背衬通常为 $0.5 \sim 2$ mm 厚。这对于研究俘获反应特别方便,因为它们对俘获 γ 射线的衰减很小。例如,0.5 mm 厚的钽片对于 0.5 MeV 和 5 MeV γ 射线的透射率分别为 90% 和 96%(习题 4.3)。这种情况极大地简化了实验设置,因为 γ 射线探测器可以放置在真空靶室的外面,并与靶的几何距离非常接近,从而可以优化探测效率。

阻停靶的背衬产生了大量的库仑散射离子,因此不适合测量弹性散射截面。此外,在轰击能量超过几兆电子伏时,由背衬中的污染物所引起的核反应变得显著起来。在这种情况下,使用透射靶可能是有优势的。然而,这些靶很难冷却,因此,它们必须足够薄,以便离子束沉积的热量不会损坏靶或背衬。另外,背衬必须足够厚,以便在沉积靶材料过程中不会被损坏。常用透射靶的背衬是 $5 \sim 40$ μg·cm^{-2} 厚的碳箔,并安装在合适的金属框架上。

在某些情况下,可以完全取消背衬。例如气体靶或自支撑透射靶。不过这些仅适用于制备有限数量的靶元素。在自支撑透射靶的情况下,因为无法有效地冷却,所以在涉及高流强离子束的低能实验中这些靶也会很容易被破坏掉。

对于中子诱发反应的研究,对样品背衬的要求不是那么严格,因为中子比带电粒子更具穿透力(4.2.3 节),并且入射中子的数目远小于典型带电粒子束的流强。有多种材料可用于支撑或容纳样品材料,包括碳箔、铝或不锈钢的薄罐、胶带,以及用于惰性气体样品的加压不锈钢球。背衬或容器的材料不应对本底有显著贡献,并且应该足够薄,以最小化反应产物的中子衰减、散射和吸收。此外,与带电粒子测量相比,自支撑样品在中子研究工作中更为常见。

4.3.2 靶制备

由带电粒子诱发的核反应产额可以通过对靶厚内截面与阻止本领的比值进行积分获得,如 4.8 节所述。在大多数情况下,离子束并不完全停止,仅在通过靶的过程中损失一小部分能量(通常小于 10%)。这样的靶相对较薄,因此,感兴趣的核反应发生在靶内的局部区域,且具有非常确定的相互作用能量。

另外,在中子诱发反应的研究中,一个薄样品在各个深度上都会受到相同中子能量分布的照射。一般来说,样品可以做得更厚(见下文)以提高计数率。对于中子辐照样品的制备,其要求限制得较少,因此,可使用更多种类的样品材料,包括金属箔、粉末、压缩片和小弹丸,以及注入型的样品。如果样品与空气发生反应,则可以将其封存在一个紧密的薄壁罐中。

1. 蒸镀靶和溅射靶

固体靶通常是在真空中通过蒸发或溅射一薄层含有靶核的材料到合适的背衬上(Holland,1956;Maxman,1967)。通过蒸发或溅射制备靶是一门内容广博的学科,不同的研究人员有不同的诀窍或配方。例如,对于 ^{27}Al 靶,通过在背衬上蒸发一层薄薄的铝金属而很容易制备。铝靶在离子轰击下相当稳定。此外,它仅包含单个同位素(即 ^{27}Al)。另外,制备合适的 ^{23}Na 靶则较为复杂。在这种情况下,蒸发时不得不使用化合物,例如 NaCl、NaBr 或 Na_2WO_4。所有这些靶在低轰击能量且束流超过 100 μA 时都会有一定程度的损坏。此外,这些化合物中的非活性(inactive)原子(即靶元素以外的其他元素的原子)也会对束流的减速过程有贡献。因此,对于相同的靶厚值(以能量为单位),化合物中存在的靶原子比纯的靶要少。因此,核反应产额将会下降。这种不良影响会随着化合物中非活性原子数目和电荷数的增加而变得更加明显。另外,非活性原子的电荷数越小,则会导致由束流所引起的非必要辐射本底的概率越大。视情况而定,人们不得不寻找一个折中的方案。

类似的讨论适用于具有不止一种稳定同位素的元素。例如,天然镁的蒸发会产生一个含有 ^{24}Mg(79%)、^{25}Mg(10%)和 ^{26}Mg(11%)的靶。即使制作纯的镁靶,离子束也很可能会引发除感兴趣的那个核素以外的涉及其他同位素的核反应。为了避免这些非必要的贡献对计数率的影响,可以使用商业化同位素富集的材料来制作靶。与由天然同位素混合物制成的靶相比,这样的靶也会有更高的反应产额。应该强调的是,当化合物蒸发时,不应假设靶的组成与原始化合物的组成相同。正是由于这种不合理的假设,造成了文献中报道的大量截面和共振强度都是错误的,这将在 4.8.4 节中显示。

2. 注入靶

蒸镀靶在某些情况下不适合进行核反应研究。首先,可能会出现在高强度离子束轰击下由蒸发化合物所制作的任何靶都不够稳定的情况。其次,即使靶是稳定的并且包含单个元素,除感兴趣同位素以外的其他同位素也可能会导致无法忍受的辐射本底。最后,某些元素根本无法蒸发(例如惰性气体)。这些问题经常要使用注入靶来解决。在这种情况下,感兴趣的靶离子被加速并使用一种电磁同位素分离器进行质量分离。只有感兴趣的同位素离子被引导到合适的背衬上。这些靶核因此被注入背衬中。加速电压决定了基底(substrate)中离子的射程,从而决定了随后核反应研究中的有效靶厚。注入式透射靶和阻停靶都广泛地应用于核反应研究。在后一种情况下,如果在注入过程中使用高强度的离子束,则通常要对背衬直接进行水冷。注入样品也同样用于中子诱发反应的研究。

有几个因素限制了可以注入基底中的离子数量,包括溅射产额、基底中离子的射程和迁移率、单位面积入射离子数以及基底温度。在低基底温度下,溅射是其主要的制约机制,因为它在离子撞击时会从基底中释放出原子。钽常被选作阻停靶的基底,因为它具有相对较低的溅射产额(Almen & Bruce,1961),以及各种元素在钽中的扩散速度都很小。对于透射靶,厚度为 $10\sim40$ μg/cm^{-2} 的碳箔可用作基底。在注入过程中,沉积在碳箔中的束流功率必须受到限制(小于 25 mW/cm^{-2};Smith *et al*.,1992)以避免箔片破裂。在注入过程中可以用几种方法来延长薄碳箔的使用寿命(Fifield & Orr,1990;Smith *et al*.,1992)。

表 4.3 提供了有关在核天体物理研究中一些注入靶和样品的信息。它列出了入射离子的能量和剂量,以及所测的注入离子数对阻停靶以化学计量数来表示,对透射靶或样品以每

平方厘米离子数(ion·cm^{-2})为单位。该表还包括一些注入的放射性靶和样品的例子。许多靶或样品在注入过程中会变饱和。换句话说,它们会达到这样一个阶段:即靶原子因溅射和扩散而丢失的速率与它们被注入基底的速率相同。另外,对于许多离子种类而言,其溅射率(每个入射离子所释放的原子数)对离子与基底原子之间的碰撞很小,同时,该溅射率对离子-离子碰撞(自溅射)来说是小于 1 的。在这种情况下,永远都不会达到饱和,一层纯的靶材料会累积在基底表面上(例如,将 C、Si 和 Ca 注入钽中的情况;Almen & Bruce, 1961)。

另外还表明,对于相对较小的入射离子能量,注入原子的分布会延伸到背衬的前表面(Selin *et al.*,1967)。因而,在核反应研究中,在到达靶材料之前通常不存在使带电粒子损失能量或中子发生衰减的基底死层。注入靶也能储存数年,且靶材料无明显的损失(Selin *et al.*,1967;Geist *et al.*,1996)。

表 4.3　在核天体物理研究中一些注入靶和样品的特性

靶	背衬[a]	剂量[b]/(mC·cm^{-2})	能量/keV	化学式或化学计量/(ions·cm^{-2})[c]	参考文献
^{12}C	Ta	400	110	^{12}C$_3$Ta$_2$	Seuthe *et al.*,1987
^{14}N	Ta	784	120	^{14}N$_3$Ta$_2$	Seuthe *et al.*,1987
^{19}F	Fe	31	37	^{19}F$_1$Fe$_8$	Ugalde,2005
^{20}Ne	C		15～40	2.2×10^{17}	Smith *et al.*,1992
^{22}Ne	Ta	100	100	^{22}Ne$_2$Ta$_5$	Keegan Kelly,priv. comm.
^{22}Na	Ni	25～80 nA	60	5.7×10^{15}	Schmidt *et al.*,1995
^{22}Na	C	25～80 nA	60	7.6×10^{16}	Schmidt *et al.*,1995
^{23}Na	Ni	96	50	^{23}Na$_5$Ni$_1$	Seuthe *et al.*,1987
^{24}Mg	Ta	426	100	^{24}Mg$_3$Ta$_1$	Powell *et al.*,1999
^{28}Si	Ta	190	80	^{28}Si$_3$Ta$_1$	Iliadis,1996
^{31}P	Ta	180	80	^{31}P$_3$Ta$_2$	Iliadis,1996
^{32}S	Ta	108	80	^{32}S$_1$Ta$_2$	Iliadis,1996
^{33}S	C	400 nA	300	1.6×10^{16}	Schatz *et al.*,1995
^{36}S	C		50	2×10^{17}	Fifield & Orr,1990
^{35}Cl	Ta	180	80	^{35}Cl$_1$Ta$_6$	Iliadis,1996
	C	70	60	1×10^{17}	Iliadis,1996
^{36}Ar	Ta	44	80	^{36}Ar$_1$Ta$_5$	Iliadis,1996
^{135}Cs	C			1.8×10^{15}	Patronis *et al.*,2004

注释:[a] 对于阻停靶,背衬厚度的范围是 0.1～0.5 mm;对于透射靶,所用碳膜的厚度为 30～75 μg·cm^{-2};^{33}S 和 ^{135}Cs 离子分别注入 0.7 mm 和 0.1 mm 厚的碳圆盘上。[b] 单电荷离子入射剂量以 mC·cm^{-2} 为单位;对于 ^{22}Na 和 ^{33}S,引用的是入射束流强度(以 nA 为单位)。[c] 对于阻停靶,给出的是化学式或化学计量(stoichiometry),而对于透射靶(以及对 ^{33}S 靶),列出的是每平方米总的注入靶核数(以 ions·cm^{-2} 为单位)。

3. 气体靶

在某些情况下,最好是使用气体靶而不是固体靶。首先,从表 4.3 中可以看出,对于注入惰性气体靶,就可达到的化学计量而言是很不利的,因为这些注入靶中含有比靶核更多的基底原子。因此,与纯靶相比其反应产额会下降。其次,背衬可能会产生难以忍受的束流诱发的辐射本底。最后,在利用逆运动学完成的核反应研究中(通过将重离子束引导到氢或氦核上），可以证明，除了气态靶，不可能制备出足够纯度的其他靶。

早期的气体靶设计涉及容纳较纯气体的小型腔体，且具有很薄的入射和出射窗箔以便传输离子束。这些窗箔具有降低离子束能量和加大束流展宽的不良影响。此外，它们也是不需要的束流诱发辐射本底的来源。更复杂的设计涉及无窗气体靶。离子束通常在靶和探测器后方足够远的地方停止，在此处可以保持较小的束流诱发本底。无窗气体靶涉及几级高抽速，以降低气体压强，从典型的靶室压强（$10^{-2} \sim 10$ Torr）降低至束线的 10^{-6} Torr 压强。因此，与固体靶相比，气体靶的设计更为复杂。使用大型罗茨泵（Roots blower）和涡轮分子泵（turbo pump）可以实现高抽速（Rolfs & Rodney，1988）。气体靶可以是扩展型（即气体包含在差分泵室中）或几乎是点状型的（例如，从垂直束流方向的喷嘴喷出的小直径气体射流）。它们已被应用于多个使用固体靶难以进行的带电粒子反应研究中（Rolfs & Rodney，1988）。使用气体喷射靶，对于气体 H_2、N_2 和 Ar 而言，其已实现的靶厚约为 10^{19} atoms · cm^{-2}（Bittner $et~al.$，1979）。

对于中子俘获研究，可以使用直径为 2 cm，壁厚为 0.5 mm 的不锈钢球充入压缩气体样品来进行，其样品质量可达到几克（Beer，1991）。

4. 靶厚和稳定性

靶厚的选择取决于所希望要完成的实验类型。选择小于离子束分辨率（约 1 keV）的靶厚（以能量为单位）没有明显的优势。如果一个带电粒子反应要在涵盖之前所测共振的能量范围内进行测量，则选择的靶厚应该小于这些共振的能量间距。对于 1 MeV 以下的离子能量，典型的靶厚为 $5 \sim 20$ keV，而在离子能量为 $E = 1 \sim 2$ MeV 时，共振密度会增加，通常要求靶厚更薄（$1 \sim 5$ keV）。在低离子轰击能量的共振搜索中，使用更厚的靶（$20 \sim 40$ keV）通常是很有优势的，以便于在合理的时间内研究感兴趣的能量范围。靶厚可通过测量带电粒子诱发反应中已知窄共振的产额曲线来方便地确定，这将在 4.8.3 节中解释。如果离子束束斑的直径小于靶的直径，则靶厚也应该是均匀的。

一个特定靶的稳定性不仅取决于离子束强度，还要看离子类型。在高流强质子束（大于 $100~\mu A$）轰击下稳定的靶，如果受到高流强 α 粒子束的轰击，则可能在一定程度上会被打坏。起泡（blistering）是一个特别麻烦的效应，即 α 束流粒子会注入靶中，然后快速移动到晶格缺陷上，最终形成高压气泡，其爆裂后会使靶局部退化变坏（Cole & Grime，1981）。在某些情况下，经过显著退化后，除了更换靶以外可能没有其他选择。

对于中子诱发反应研究，通常不太关心样品的物理稳定性。样品必须足够厚，以提供足够高的计数率，但还必须足够薄，以最大限度地减少入射中子的衰减和散射，以及对反应产物的吸收。中子工作中的样品厚度通常在 $mg \cdot cm^{-2} \sim g \cdot cm^{-2}$ 的范围内，这远超过了在带电粒子反应研究中所使用的靶厚。

4.3.3　污染物

核反应研究经常因在靶或背衬中有污染物（contaminant）的存在而受阻。虽然污染物的浓度（concentration）通常非常小，但是它们由入射束流所引起的反应截面可能非常大。因此，它们可能会对感兴趣的计数率有贡献，或完全模糊在一起。如果感兴趣的反应和给定污染物的反应通过不同能量的窄共振进行，则有可能通过调节束流能量以使污染物共振不被激发。或者，如果感兴趣反应通过窄共振进行，而污染物反应通过宽共振或非共振过程进行,则可能通常要在感兴趣共振处及其附近测量其计数率。利用正共振谱(on-resonance spectrum)与离共振谱(off-resonance spectrum)之间的差异可以估计污染物的贡献。如果感兴趣反应和污染物反应都通过宽共振或非共振过程进行,则此方法不再适用。在这种情况下,利用下面的方法估计本底贡献是很有用的:即通过比较来自不同轮次(使用"靶+背衬"与"仅有背衬"的轮次)计数率的方法,或通过气体靶的"气体入"(gas-in)与"气体出"(gas-out)的方法。

对于质子诱发的反应,最麻烦的污染物之一是 ^{19}F,它会通过 $^{19}F(p,\alpha\gamma)^{16}O$ 反应产生 γ 射线和 α 粒子。另一种常见的污染物是 ^{11}B,它通过 $^{11}B(p,\alpha)2\alpha$ 反应产生 α 粒子,通过 $^{11}B(p,\alpha)^{12}C$ 反应产生 γ 射线。经验表明,在经过常用的清洁处理后 ^{19}F 和 ^{11}B 仍残留在背衬中,尽管其浓度变化很大。因此,为了得到最低的 ^{19}F 和 ^{11}B 浓度,对来自不同供应商的背衬材料进行测试是很有用的。质子在 ^{12}C 和 ^{13}C 上的俘获也会对 γ 射线本底有贡献。因此,在制备、储存和操作靶时要非常小心,以确保没有额外的污染物被添加到它们的表面上。

在 α 粒子诱发反应中的一个重要污染物是 ^{13}C,它通过 $^{13}C(\alpha,n)^{16}O$ 反应产生中子。这些中子会直接影响探测器的本底计数率,或在周围材料中通过中子非弹性散射或中子俘获产生次级 γ 射线。

在离子轰击过程中,碳污染通常会沉积在靶上。来自真空系统有机成分的碳氢化合物(例如真空密封 O 型圈)会扩散到束流中并随后被传输到靶上。该碳层不仅会对束流引起的 γ 射线本底有贡献,也会导致入射束流能量在炮弹打靶前有所降低。在靠近靶处放置一段液氮冷却的金属管,可以大幅减少束流经过时所引起的碳沉积(4.3.4 节)。表 4.4 列出了常见的由低能($E<1$ MeV)质子和 α 粒子束引起的污染物反应,有些也列出了其特征分立 γ 射线的能量。

表 4.4　常见沾污反应及其分立的特征 γ 射线能量

污染物	反应	E_γ/keV
^{19}F	$^{19}F(p,\alpha\gamma)^{16}O$	6130
^{11}B	$^{11}B(p,\gamma)^{12}C$	4439
	$^{11}B(p,\alpha)2\alpha$	
^{15}N	$^{15}N(p,\alpha\gamma)^{12}C$	4439
^{12}C	$^{12}C(p,\gamma)^{13}N$	
^{13}C	$^{13}C(p,\gamma)^{14}N$	2313
	$^{13}C(\alpha,n)^{16}O$	
^{16}O	$^{16}O(p,\gamma)^{17}F$	495
^{23}Na	$^{23}Na(p,\gamma)^{24}Mg$	1369
	$^{23}Na(p,\alpha\gamma)^{20}Ne$	1634
^{27}Al	$^{27}Al(p,\gamma)^{28}Si$	1779

在中子诱发反应研究中,准确的截面和透射测量需要样品成分的精确信息。在使用金属样品时,氧化是一个潜在的问题。组成成分也可能会因潮解而发生变化,即从空气中吸收水分。对于粉末状样品,由于潮解,观测到样品的质量可增加 16%(Mizumoto & Sugimoto,1989)。水不仅会增加样品的质量,还会对中子诱发反应中发射的带电粒子产生额外的能损,导致脉冲高度谱中的拖尾增加。在中子俘获研究中,一部分入射中子由于氢的

散射而减速。对于散射的中子,反应是在较低能量下诱发的,而在此能量下,要么俘获截面较高,要么截面因为共振而波动很快。在这两种情况下,俘获率可能会急剧增加。在某些情况下,正如样品的质量损失所述,可通过在真空中加热来除去水分。

4.3.4 靶室和支架

靶被安装在一个靶室中,这表示核反应发生的位置。靶室的具体设计取决于所用靶的类型(阻停靶、透射靶或辐照样品),以及所使用探测器的类型(γ射线探测器、带电粒子探测器或中子计数器)。对于带电粒子诱发反应研究,靶室必须提供对离子束积分电荷的准确测量,且必须容纳下辐射探测器。靶室必须保持在大约10^{-6} Torr或者更低的真空条件下,以最小化离子束与残留气体分子的相互作用,并减少污染物在靶表面上的凝结。图4.16显示了用于在低能量($E<1$ MeV)下用强流束($I\approx0.1\sim1$ A的流强)测量(p,γ)和(α,γ)反应的一个靶室设计。下面将讨论这一设计,因为它考虑到了几个重要的因素。用于研究带电粒子或中子诱发反应的实验装置的其他示例将在后面予以讨论。

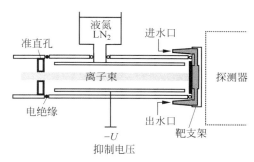

图 4.16 典型的用于辐射俘获反应研究的靶室设计。束流通过一个限定准直孔入射到一个直接水冷的束流阻停靶上。冷却至液氮(LN_2)温度的一根铜管用于减少靶上污染物的累积(例如,^{12}C和^{13}C)。靶室与束线的其余部分是电绝缘的,因此可以充当法拉第筒,用以积分束流在靶上所累积的总电荷。对铜管施加一个负电压以抑制二次电子发射。小的(实心和空心)圆圈显示真空O形密封圈的位置

图4.16显示的是一个阻停靶。束流在靶和背衬中损失了全部的能量。由束流沉积的束流功率(单位时间的能量)以电压和电流的乘积给出,即$P=U\cdot I$。例如,对于100 keV能量和1 mA电流的单电荷态离子束,功率就等于$P=(0.1$ MV$)(1000\ \mu$A$)=100$ W。如果靶上的束斑太小,比如只有几平方毫米,则局部产生的热量将迅速摧毁靶或背衬。所以对束流进行足够的散焦是很重要的。即使是用散焦束,除非可以提供有效的冷却,否则由离子束产生的热量也会使靶变坏。因此,靶衬的背面要直接水冷。蓄水池要足够大并且水流足够强,才能提供有效的冷却。另外,靶支架的厚度应保持较薄,以便γ射线探测器可以放置在尽可能靠近靶的位置,从而使计数的效率最大化。此外,俘获γ射线在到达探测器之前,在薄的靶支架中衰减得不是很多。

靶室设计显示了最小化束流诱发γ射线本底的几个特点。限制束流的光阑被安装在距离靶一定距离的地方,并确保束流只打在靶上,而不是打在靶支架或靶室的其他部分。通过让束流穿过直接用液氮冷却的金属管,可以减少靶上污染物(例如^{12}C和^{13}C)的沉积。这样,真空密封O型圈所释放出的麻烦的碳氢化合物将会凝结在金属管的冷表面上,而不是

靶上。由于靶支架的设计涉及几个密封 O 型圈,所以,金属管应尽可能靠近靶而不接触它。

　　靶室也代表一个用于积分离子束电流的法拉第筒。如果离子束的电荷态 q 已知,则入射到靶上的离子总数,$\mathcal{N}_i$,可以很容易地由 $\mathcal{N}_i = Q/(qe)$ 计算,其中 Q 是总的累积电荷(或积分束流)。束流积分中最重要的系统误差是由从被束流击中的表面发出的二次电子引起的。例如,一个单电荷正离子击中靶,会在法拉第筒上沉积一个基本电荷。然而,与此同时,二次电子被发射出来并可能向远离靶的方向移动,而无法被收集到法拉第筒上。因此,测得的电流会高估击中靶的正离子数目(因为从法拉第筒中去除一个电子和添加一个正电荷,两者具有相同的效果)。有鉴于此,可靠的靶室设计必须考虑二次电子抑制。在图 4.16 中,几百伏的负电压(Rolfs & Rodney,1988)施加到金属管上,以排斥从靶或准直器上发射的二次电子。此外,需要仔细检查通过靶冷却水而引起的可能电流损失。

4.4　辐射探测器

4.4.1　概述

　　核反应可以通过利用合适的探测器测量反应产物(例如质子、中子、α 粒子或 γ 射线)来研究。不同类型的辐射与物质的相互作用不同,因此所使用的探测器类型将取决于感兴趣辐射的特征。大多数探测器直接或间接地产生一定量的电荷,这是辐射引起能量沉积的结果。通过施加电场来收集电荷,其结果就是产生了电信号。其中,该信号的精确形状取决于在灵敏体积中产生电荷的方式和位置、电荷收集的速度,以及探测器所连接的电路特性(例如前置放大器或光电倍增管)。尽管信号形状从一种探测器类型到另一种探测器类型时变化很大,但是信号脉冲的幅度通常与灵敏体积内产生的电荷成正比,或者等效地,与辐射在探测器中沉积的能量成正比。此外,这种脉冲发生的速率取决于灵敏体积内相应辐射相互作用的速率。该速率直接正比于单位时间间隔发生的核反应数。如果对大量这样的脉冲进行检查,则它们的幅度并不会全部是相同的。脉冲高度的变化是由多种效应引起的:①入射到探测器上的辐射可能不是单能的;②即使入射的是单能辐射,它们在探测器上沉积的能量也可能是不同的;③本征探测器响应的波动。

　　实际上,前置放大器或光电倍增管的输出信号会被额外的电子电路(谱学放大器)进一步放大和成形,同时仍保留脉冲高度的信息。然后数据是作为差分脉冲高度分布(或脉冲高度谱,pulse height spectrum)来展示的,在横轴上显示脉冲高度,在纵轴上显示脉冲高度间隔内观测到的脉冲数并除以间隔宽度。物理解释几乎总是涉及谱下的面积,或两个给定脉冲高度值之间的总计数。通过谨慎的能量和效率刻度,以差分脉冲高度分布展示的信息就能够与入射辐射的能量和强度关联起来。后一种信息就可以用来确定核反应截面。

　　一个示意性的脉冲高度谱(即单位脉冲高度间隔内的微分脉冲数 dI/dH,对脉冲高度 H 的关系)如图 4.17(a)所示。谱的形状可能很复杂,取决于入射辐射的性质和能量,以及本征探测器响应。必须很好地理解后者,才能将谱的形状与入射辐射的特性关联起来。谱中相对较窄的峰通常表明,入射 α 粒子、质子、中子或光子把它们全部分立的能量都沉积在探测器的灵敏体积中。假设在脉冲高度 H_0 处出现一个尖峰,它与入射辐射的能量成正比。该峰叠加在本底之上,本底代表谱中相对平坦的部分。峰的净强度(标记为 $\mathcal{N}$ 的阴影面积)

与特定入射能量的辐射量子数成正比,可以通过从 H_1 和 H_2 之间感兴趣区域的总计数中减去来自该区域的本底(标记为 B 的区域)计算出来:

$$\mathcal{N} = T - B \tag{4.39}$$

本底 B 可以根据峰左侧和右侧区域的计数估计出来。核物理实验中的计数是根据泊松概率密度函数来分布的,其标准偏差由计数的平方根给出。这样,我们就得到净计数的误差(一个标准差):

$$\Delta \mathcal{N} = \sqrt{(\Delta T)^2 + (\Delta B)^2} = \sqrt{T + B} \tag{4.40}$$

在包括重叠峰和非线性本底结构这样更复杂的情况下,通常采用复杂的拟合程序。关于核物理计数实验中统计数据分析的详尽讨论可以在文献 Leo(1987)和 Knoll(1989)中找到。

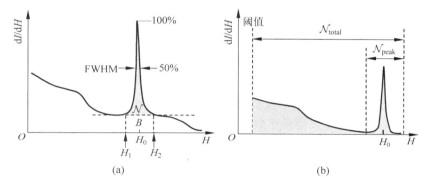

图 4.17 (a) 脉冲高度谱示意图。以脉冲高度 H_0(标记为 $\mathcal{N}$ 的区域)为中心的峰的净强度是通过从 H_1 和 H_2 之间的总计数中扣除本底计数(标记为 B 的区域)得到的。相对于本底水平(水平虚线)所测得的该峰的 FWHM 表示探测器的能量分辨率。(b) 用以说明总效率和峰值效率之间差异的脉冲高度谱。前、后这两个量是分别通过用 $\mathcal{N}_{total}$ 和 $\mathcal{N}_{peak}$ 除以源所发射的总量子数来计算的。在探测阈值(最左边的垂直虚线)以下,能谱以噪声为主

从本底水平之上测量的窄峰的半高宽(FWHM),通常是由入射辐射的能量分布以及探测器的本征响应决定的。假设图 4.17(a)所示的谱是通过测量单能入射辐射得到的,则观测到的峰值 FWHM 就是探测器本征能量分辨率的一个量度。人们非常希望这个峰宽尽可能地小,原因有二:首先,探测器能够更好地分开间隔紧密的峰;其次,探测器有更好的灵敏度用于观测存在于宽(本底)连续谱中的弱峰。

定量地,能量分辨率由 FWHM 与峰质心 H_0 位置的比值来定义:

$$R \equiv \frac{\text{FWHM}}{H_0} \tag{4.41}$$

并且经常以百分数表示。即使每个入射辐射量子在探测器中沉积完全相同的能量,能量分辨率也会受到许多因素的影响。这些因素包括:测量过程中脉冲高度的漂移,来自探测器和相关电子学的随机噪声,以及产生电荷载流子在数量上的统计波动。其中最后一项贡献决定了探测器性能的固有极限(Knoll,1989)。例如,半导体探测器在每个事件中产生了大量的电荷载流子。这意味着在载流子数目上相对小的统计波动,因此这些类型的探测器具有出色的能量分辨率。一般来说,如果有几个独立的因素对本征探测器能量分辨率有贡献,则根据统计中心极限定理(central-limit theorem),整体的探测器响应函数将趋向于高斯

形状。

另一个重要的探测器特性,称为探测效率(detection efficiency),它与探测从源(例如一个放射性同位素或核反应)发射出的辐射量子的概率相关联。效率可以根据呈现在脉冲高度谱中的信息来确定。假设图 4.17(b)所示的谱是通过测量从源中发射 $\mathcal{N}_0$ 个单能辐射量子得来的。一些入射量子将它们的全部能量沉积在谱中,对应于观测到的尖峰,而其他的只沉积了一小部分能量,造成了全能峰以下的连续谱。最左边的垂直虚线表示一个阈值,低于该阈值的电子噪声在谱中占主导地位。则总效率(total efficiency)由阈值以上谱中记录到的总计数与从源发射的辐射量子数的比值来定义:

$$\eta_{\text{tot}} \equiv \frac{\mathcal{N}_{\text{total}}}{\mathcal{N}_0} \tag{4.42}$$

假设任意与源无关的本底贡献都已从 $\mathcal{N}_{\text{total}}$ 中扣除掉了。此外,我们还可以定义(全能量)峰值效率(peak efficiency),即仅在全能峰下记录的计数与从源发射量子数的比值:

$$\eta_{\text{peak}} \equiv \frac{\mathcal{N}_{\text{peak}}}{\mathcal{N}_0} \tag{4.43}$$

再次假设已从 $\mathcal{N}_{\text{peak}}$ 中扣除了任意本底贡献。有时,通过把式(4.42)和式(4.43)中出射的量子总数替换为入射到探测器上的量子数来获得效率。这样得到的量称为本征(总的或峰值的)探测效率。我们写作

$$\eta = \eta_{\text{int}} \frac{\Omega}{4\pi} \tag{4.44}$$

其中,Ω 是探测器的立体角,以球面度表示。注意,η_{tot} 和 η_{peak} 包含了探测器所对的有效立体角(作为隐性因子),因而在我们的考量中是最为感兴趣的量。

在下文中,我们将简要介绍一些经常用于核天体物理测量的探测器类型。对辐射探测器更广泛的讨论可以在文献 Leo(1987)和 Knoll(1989)中找到。

4.4.2 半导体探测器

半导体探测器的工作原理依赖于一个半导体结的形成。结是使用掺杂半导体形成的,其中硅和锗是使用最广泛的材料。例如,在 p 型和 n 型半导体的界面处,会产生一个缺乏自由移动电荷载流子(电子或空穴)的区域。如果施加反向偏压到结上,例如,在 p 侧施加负电压,则代表辐射探测器灵敏体积的耗尽层会显著扩大。入射电离辐射会在此区域沉积一定的能量,从而产生电子-空穴对。它们将会被电场扫出去,并产生一个与沉积能量成正比的电流信号。

半导体与其他探测器类型相比的主要优点是,产生一对电子-空穴对所需的平均能量非常小。在液氮温度下(77 K),这一能量对硅和锗来说,分别仅为 3.8 eV 和 3.0 eV。这些数值与其他类型的辐射探测器(例如气体电离室或闪烁体)相比,要小一个数量级还多。因此,对于相同的沉积辐射能量,半导体中产生的电荷载流子的数目会非常大,并且能量分辨率显著提高。此外,产生电子-空穴对所需的平均能量与辐射能量无关。因此,由产生的电子-空穴对总数决定的信号脉冲高度,其与沉积的能量成正比,并且半导体探测器的响应是高度线性的。

硅是最常见的用于探测带电粒子的半导体材料。由于在探测器灵敏区内很少有入射粒

子而不会产生电离,所以其本征效率可达到大约 100%。对于入射粒子能量测量,耗尽层的深度必须大于粒子射程。例如,能量为 10 MeV 的 α 粒子在硅中的射程大约为 70 μm(图 4.7)。

对于光子的探测,锗优于硅,因为它具有更大的原子序数。然而,在锗中产生电子-空穴的平均能量较小。其结果是,在室温下通过半导体结的漏电流较大,因此这会对探测器输出产生电噪声。因此,必须将锗晶体冷却至液氮温度。

偏压决定了耗尽层的厚度。对于硅带电粒子探测器,典型的偏压值为 50～300 V,而对于锗光子探测器,其偏压大约为几千伏。

半导体探测器容易受到辐射损伤。入射电离辐射使原子脱离正常位置,从而导致晶格缺陷。这些缺陷可以俘获电荷载流子,导致电荷的不完全收集。结果是,漏电流增加,能量分辨率变差。例如,对于入射积分通量为 10^{12}～10^{13} 个质子每平方厘米和 10^{11} 个 α 粒子每平方厘米的情况(Knoll,1989),实验上已观测到带电粒子硅探测器性能的显著恶化。对于锗光子探测器,在超过 10^7～10^9 cm^{-2} 快中子积分通量的辐照下,能量分辨率将显著变差,当然这也取决于探测器的规格。

1. 硅带电粒子探测器

带电粒子测量中使用最广泛的硅探测器是硅面垒探测器。在这种情况下,在掺杂的半导体区域与金属之间形成一个结,例如 n 型硅和金。这样的结被称为肖特基势垒(Schottky barrier)。情况类似于上面描述的 pn 结,形成的耗尽层延伸到整个半导体区域上。硅面垒探测器的外壳和前表面接地,从硅片背面提取输出信号。由于生产面垒探测器通常需要 n 型硅,所以结的反向偏压需要一个正电压。目前,已经生产出具有各种耗尽层厚度(几微米到几毫米)和灵敏面积(至几十平方厘米以上)的面垒探测器。它们具有紧凑的大小,可以方便地放置在散射室中。

结也可以通过离子注入的方式产生,即在半导体材料中形成重掺杂的 n 层或 p 层。深度轮廓和杂质离子浓度可通过调节注入能量和电流来进行控制。对于测量带电粒子,离子注入探测器与面垒探测器相比其性能有所改进。前者具有较薄的入射窗(几十纳米),并且灵敏面积对表面污染不太敏感。

图 4.18 显示了注入硅探测器测得的 ^{241}Am 源的典型脉冲高度谱。该源会发射几组分立能量的 α 粒子,其能量约为 5.5 MeV。探测器的灵敏面积为 50 mm^2,分辨率为 10 keV(对于 5.5 MeV 的 α 粒子)。它可以分辨大多数 α 粒子组。这样小的硅带电粒子探测器通常可以实现约 10 keV(0.2%)的能量分辨率,而较大探测器的分辨率通常为 15～20 keV。

2. 锗光子探测器

上面讨论的半导体探测器的耗尽深度最多到几毫米,因此对于探测穿透力更强的辐射,如光子,它太薄了。在这种情况下,就需要较大的探测器灵敏体积。γ 射线探测器由高纯度 p 型或 n 型锗制成,其杂质浓度低于 10^{10} atoms·cm^{-3}。在同轴封闭型 HPGe 探测器中,其中一个电触点是通过形成几百微米厚(通常由蒸发和扩散锂的方法)的重掺杂 n 型区而产生的,而另一个触点代表重掺杂厚度小于 1 μm 的 p 型区(例如,由离子注入形成)。灵敏体积是电触点之间的整个区域。触点区域不产生电荷载流子,因此称为死层(dead layer)。探头包括锗晶体和前置放大器。锗晶体与盛在绝缘杜瓦罐中的液氮保持热接触,将晶体保持在 77 K 的温度下。

与其他 γ 射线谱仪相比,图 4.19 展示了半导体探测器具有出色的能量分辨率。利

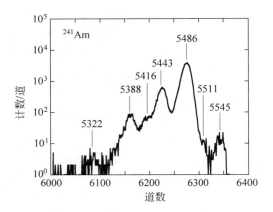

图 4.18 使用高分辨率注入型硅测量的 ^{241}Am 源的 α 粒子的脉冲高度谱,其中,硅的有效面积为 50 mm^2,分辨率为 10 keV。该源放出几个分立能量的 α 粒子组。它们的能量(单位为 keV)是取自布鲁克海文国家实验室(Brookhaven National Laboratory)的国家核数据中心(National Nuclear Data Center,NNDC)。大多数已知的 α 粒子组在能谱中都可以被分辨开来(感谢 Joseph Newton 提供)

用 ^{152}Eu 源,图 4.19(a)是用 HPGe 探测器获得的能谱,而图 4.19(b)是用 NaI(Tl)闪烁体获得的能谱。闪烁体将在 4.4.3 节中讨论。HPGe 探测器卓越的能量分辨率是非常惊人的。^{152}Eu 源发射许多分立能量的 γ 射线(表 4.6)。在 HPGe 探测器能谱中,出色的能量分辨率可以对许多间隔紧密的 γ 射线峰进行分离,而这些峰在 NaI(Tl)能谱中无法分辨。为此,在大多数 γ 射线谱学研究中都使用锗探测器。能量分辨率随能量而变化,因此,分辨率的值专门是指在固定能量下的。对于锗光子探测器,能量分辨率通常是指 γ 射线能量为 1333 keV(由 ^{60}Co 源提供)处的。实测 FWHM 的值通常为 2~3 keV,相当于大约 0.2%〔式(4.41)〕。

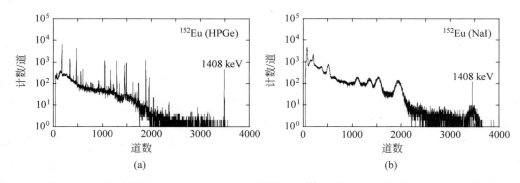

图 4.19 使用(a)HPGe 探测器和(b)NaI(Tl)探测器测量的 ^{152}Eu 源 γ 射线的脉冲高度谱。该特殊的 γ 射线源可以发射许多分立能量的光子,其能量列于表 4.6 中。与底部能谱相比,在顶部的能谱可以看到更多的峰,这展示了锗探测器比闪烁体具有更卓越的能量分辨率(感谢 Richard Longland 提供)

锗探测器的输出脉冲形状取决于许多因素,包括电荷收集过程以及入射辐射量子在晶体中沉积能量的位置。后者的效果如图 4.20 所示。该结果是针对锗探测器根据蒙特卡罗模拟得到的,显示了由不同相互作用机制所贡献的全能峰比例。几百千电子伏以上的能量在核天体物理测量中具有重要意义,其光电效应比康普顿散射(4.2.2节)更不易发生。因此,在该能量范围内对全能峰有贡献的事件主要来自多重相互作用,例如,一个或多个康普顿散射事件后,接着是散射γ射线的光电吸收,而不是来自单个光电相互作用。这种效应会导致脉冲上升时间的变化很大,使得锗探测器有时不太适合于对感兴趣的两个事件精确的到达时间差的测量。

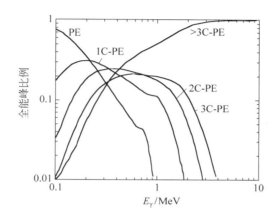

图 4.20　由不同相互作用机制贡献的全能峰的比值。这是对晶体体积为 $582\ cm^3$ 的锗探测器中的光子相互作用进行蒙特卡罗模拟的结果。各种标签是指:仅限光电事件(PE);单康普顿散射跟随光电吸收(1C-PE);连续两个康普顿散射跟随光电吸收(2C-PR);连续三个康普顿散射跟随光电吸收(3C-PR);三个以上连续的康普顿散射跟随光电吸收(>3C-PR)。后者的贡献在光子能量 1 MeV 以上占主导地位(感谢 Chris Howard 提供)

4.4.3　闪烁体探测器

入射到闪烁体上的辐射会在灵敏体积中沉积能量,从而激发原子和分子。原子主要通过瞬时发射的光(在约 10^{-8} s 内)退激发,但如果某些激发态是亚稳态,则也可能发生延迟发射。这些过程分别称为荧光(fluorescence)和磷光(phosphorescence)。光线照射到感光表面(光阴极)时,每个入射光子最多释放一个光电子。这些二次电子通过一系列电极被加速和倍增,这些电极称为倍增极或打拿极(dynode)。它们最终在阳极上被收集并形成光电倍增管的脉冲输出。这些过程如图 4.21 所示。闪烁体探测器必须有很大的概率将吸收的能量转化为荧光。它们对自身发射的荧光辐射一定是透明的,并且发射光谱必须与光电倍增管的响应一致。对于许多闪烁体,其光输出以及电输出信号幅度几乎与吸收能量成正比。因此,闪烁体适合于作为能量测量的装置,尽管它们的能量分辨率和线性远不如半导体探测器(图 4.19)。另外,与半导体相比闪烁体具有一定的优势。首先,它们具有快速的响应和恢复时间,因此如果对测量两个事件之间的时间差感兴趣,则闪烁体经常被用到。其次,闪烁体可以制成各种尺寸和形状。

对于任意闪烁体,必须要收集从电离辐射径迹发出来的绝大部分光。然而,许多轻光子在到达光电倍增管之前在闪烁体表面被反射了一次或多次。如果入射光的角度小于某个值

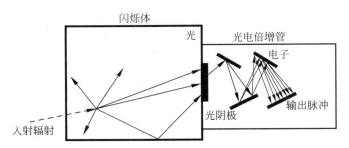

图 4.21　闪烁探测器示意图。入射辐射在闪烁体材料中产生光。光击打光阴极,少量发射的二次电子在光电倍增管中被一系列打拿极倍增。输出脉冲从阳极中引出

[称为临界角(critical angle)],则只发生部分反射而一些光会从表面逃逸出去。对于给定的闪烁体形状,通常光损失的比例取决于辐射径迹相对于光电倍增管的位置。光收集的均匀性决定了信号脉冲幅度的变化,以及闪烁体的能量分辨率。因此,闪烁体晶体通常用一个反射面(例如漆、粉末,或者箔)包裹起来,以便对逃逸的光进行再次捕获。在某些情况下,通过使用多个光电倍增管来观察闪烁体,也可以改善光收集。另外,必须使得任意内部反射在位于闪烁体和光电倍增管玻璃后窗的界面处达到最小。这一般可以通过使用高黏度的硅油作为光学耦合剂来实现。另外,闪烁体探测器必须对室内光线进行屏蔽。

　　许多不同类型的闪烁体以固体、液体以及气体的形式用于辐射测量探测研究中。在这里,我们将聚焦用于光子探测的无机闪烁体,以及用于带电粒子和快中子计数的有机闪烁体。

1. 无机闪烁体光子探测器

　　最常用的无机闪烁体是碱金属卤化物的单晶,例如 NaI。多晶闪烁体会造成晶体表面处的光反射和吸收,因此为了实现光透明性就需要单晶。为了增大光发射的概率,并减少光的自吸收,需要在晶体中加入少量杂质[称为激活剂(activators)],铊(Tl)是一种常见的选择。与锗($Z_{Ge}=32$)探测器相比,较高原子序数($Z_{Tl}=53$)的铊可以具有更高的 γ 射线探测效率。因此,在某些类型的实验中,人们喜欢用无机闪烁体,尽管它们具有较差的能量分辨率[图 4.19(b)]。NaI(Tl)的一个缺点是在有水汽的环境下易潮解,晶体会快速地变差。因此,这些闪烁体必须保存在气密保护容器里。

　　NaI(Tl)探测器的能量分辨习惯上用 662 keV 能量处的(由 ^{137}Cs 源提供)。对于较小的圆筒形探测器,可以达到 6%～7% 的分辨,而对于更复杂的晶体形状,由于光收集不太均匀,其能量分辨会变差。

　　有两种纯的无机闪烁体,它们都不需要激活剂元素的存在以提升其闪烁过程,它们是锗酸铋($Bi_4Ge_3O_{12}$ 或者 BGO)和氟化钡(BaF_2)。与其他类型探测器相比,BGO 材料中铋的原子序数非常高($Z_{Bi}=83$),这对于探测能量高于 10 MeV 的 γ 射线具有很大的优势;尽管与 NaI(Tl)相比,BGO 探测器的能量和时间分辨率稍差。氟化钡的闪烁光中含有一种衰减时间小于 1 ns 的快成分,这比使用最快的有机闪烁体所达到的衰减时间还要短。因此,氟化钡探测器在某些应用方面很有吸引力,例如,在中子俘获研究中飞行时间技术需要高效率和快定时(4.6.3 节)。

2. 有机闪烁体带电粒子和中子探测器

有机闪烁体由含有苯环结构的芳香烃化合物组成。它们最突出的特色是非常快的信号脉冲衰减时间(为 1~2 ns)。它们能以多种物理形态使用,例如液体或固体方案,而不会损失其闪烁特性。最广泛使用的有机辐射探测器是以固体塑料溶剂形式的有机闪烁体,称为塑料闪烁体(plastic scintillators)。其很容易成型并被制造成所需的形式。塑料闪烁体可以制作成片材、块体、圆柱体,以及每平方厘米几微克厚度的薄膜。其坚固耐用、耐低碳醇,但不耐丙酮和人体酸,因此,必须小心处理。以液体有机溶剂形式的有机闪烁体,称为液体闪烁体(liquid scintillators),它们也被广泛使用。其优点是,在特定应用中可以很容易地加载某些材料以增加其效率。然而,液体闪烁体对溶剂中的杂质非常灵敏。

如果闪烁体不直接耦合到光电倍增管上,则有时还有一些好处。例如,这可能是由于几何方面的考虑或者闪烁体具有不规则的形状。耦合则可以利用具有高折射率的透明固体(例如有机玻璃)来实现,该透明固体作为闪烁光的向导,因而称为光导(light guide)。从原理上来讲,光导应该传输进入其输入端的所有光,但实际上会发生一些光损失。要么,光纤也可以用作光导,这样就实现了在闪烁体和光电倍增管之间灵活的连接(Longland et al.,2006)。

有机闪烁体不适合用作高分辨率 γ 射线谱仪,因为它们较小的原子序数导致了 γ 射线的光电效应和对产生的相互作用概率的极大降低。回想一下,除了康普顿散射,必须发生这两个过程中的任意一个,才能对全能峰计数有贡献。有机闪烁体的 γ 射线脉冲高度谱显示出明显的康普顿边缘,但几乎没有全能峰。对于 γ 射线探测,当主要感兴趣的是快定时而不是脉冲高度分辨时,有机闪烁体是非常有用的,例如在中子俘获反应中的飞行时间测量方面(4.6.3 节)。

图 4.22 显示了使用塑料闪烁体探测器测量的室内本底谱。计数器由单个光电倍增管来观察。塑料闪烁体的表面经过高度抛光以增加内部反射。闪烁体先用铝箔包裹,以增加外部反射,然后用黑色胶带包裹,以提供一个不透光层。介于闪烁体和铝箔之间的空气薄层具有的折射率,同样也增加了内部反射。显示的谱共计测量了 14 h。位于低脉冲高度的结构代表各种室内本底 γ 射线的康普顿边缘,而位于大脉冲高度的宽峰是由宇宙射线 μ 子引起的,这些 μ 子在穿过闪烁体时沉积了自身一小部分能量。塑料闪烁体经常用作置于主探测器周围的(例如锗晶体)μ 子反符合屏蔽测量。在这种安排中,在某个时间窗内,只有在塑料闪烁体输出端不出现符合脉冲时才接受主探测器的输出。利用这种方法,可以显著地降低宇宙射线在主探测器中诱发的本底(4.7 节)。

液体有机闪烁体探测器经常用于探测快中子。入射中子与包含在探测器灵敏体积内的氢发生弹性散射。在每次散射过程中,中子转移能量到反冲质子上。反过来,后一个粒子随着它在灵敏体积中减慢,就像任何其他高能质子一样在闪烁体中被探测到。取决于散射角,转移的能量可以介于零和总入射中子能量之间。此外,对于低于 10 MeV 的入射中子能量,它在氢上的弹性散射几乎是各向同性的。因此,反冲质子的能量分布以及由此引起的探测器响应函数应该具有一个矩形分布。实际上,有几个因素扭曲了这个简单的矩形分布(Knoll,1989)。一些有机闪烁体由特殊液体组成,它们对于不同类型的入射辐射具有产生不同脉冲形状响应的特点。例如,装载有 NE213 的闪烁体将对中子和 γ 射线产生不同的脉冲形状(Lynch,1975)。基于测量的脉冲形状差异,可以在电子学上对来自各种辐射类型的

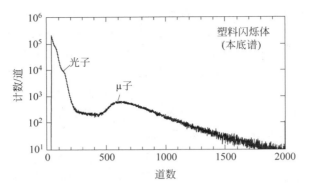

图 4.22 用塑料闪烁体探测器在海平面上 14 h 内测得的室内本底谱。探测器尺寸：长、宽、厚度分别为 30 cm、20 cm 和 5 cm。光子的康普顿边沿主导着低能脉冲高度谱，而较大脉冲高度处的宽峰是由宇宙射线 μ 子穿过闪烁体时沉积它们一小部分能量所引起的。数据来自文献（Longland *et al.*，2006）

事件进行辨别。此过程称为脉冲形状甄别（pulse shape' discrimination）。这可以显著地减少快中子探测中不需要的 γ 射线本底。对于 MeV 的中子，液体闪烁体探测器的效率可高达 50%。

4.4.4 正比计数器

正比计数器由一个带有导电壁的容器，以及位于容器内的阳极（例如金属丝）组成，其中导电壁充当阴极。容器由合适的气体充满，并在阳极上施加一个较大的正电压。入射辐射在计数器气体中沉积能量，从而产生一定数量的电子-离子对。对于大多数气体，每 30 eV 的能量损失平均约有一个电子-离子对产生。产生离子对的平均数目则取决于入射辐射量子在气体中沉积的能量。电子和离子分别朝向阳极和阴极加速。如果电场强度足够大，则初级电子朝向阳极加速，达到的能量也能够电离探测器中的气体分子。反过来，产生的二次电子也被加速并引起更多的电离，如此等等。结果造成电离雪崩，电子-离子对的总数直接正比于初级电子-离子对的数目。

常用的计数气体是 90% 的 Ar 和 10% 的 CH_4（甲烷）的混合物。雪崩中受激的 Ar 离子通过发射可见光或紫外光而退激发，这些光能够使阴极电离并引起进一步的雪崩。这种效应是人们所不希望的，因为这会导致正比性的丢失。甲烷分子通过吸收这些发射光子，然后通过光解或弹性碰撞来消散这一能量，因此扮演着淬熄剂的角色。利用这样的混合气体，正比因子或倍增因子可以高达 10^6。气体通常处于一个大气压下，但有时也用更高的压强来增加探测效率。一个潜在的问题是在每个探测到的事件中，都会消耗较大数目的淬熄剂分子，这导致在观测事件的总数达到一定数量后，其运行特性会发生变化。该问题可以通过使用连续的气体流而不是密封的容器来避免。

正比计数器用于探测带电粒子和低能的 X 射线。由于光子和探测器气体之间相互作用概率非常小，所以它们对探测 γ 射线的用处不大。通过选择具有较大中子诱发反应截面的填充气体，正比计数器也可以用于中子探测。最常用的把入射中子转化成可探测的带电粒子的填充气体是 $^{10}BF_3$ 和 ^3He。它们分别利用了反应 $^{10}B(n,\alpha)^7Li$ 和 $^3He(n,p)^3H$ 的优势。如果慢中子入射到这样的探测器上，则与每个反应释放的能量相比，中子能量可以忽略不计。因此,每个事件中传递给带电反应产物(^{7}Li+α 或 ^{3}H+p)的总能量就等于 Q 值,而有关入射中子能量的任何信息都会丢失。

4.4.5　微通道板探测器

微通道板由含有大量微观通道(约 10^7)的铅玻璃板组成,通道直径通常为 $10\sim50~\mu m$,并且互相平行(Wiza,1979)。通道的内表面经过处理以用作二次电子发射器。板的正反面均有金属合金涂层,如镍铬合金($Ni_7Cr_2Fe_3$),并用作电极,以便可以沿通道的长度上施加电压。该设备具有直接探测带电粒子(电子和离子)以及高能光子的灵敏度。入射到正面的辐射量子进入其中一个微通道,并在与通道壁碰撞时产生二次电子。二次电子沿通道加速,直到它们最终撞壁并释放更多的电子,依此类推。典型的电子倍增因子对于单个微通道板大约为 10^4。这种次级电子雪崩在阳极上被收集并产生较大的输出脉冲。每个微通道充当独立的电子倍增器。可以几个板子同时用,以提供更高的整体增益。在这种情况下,微通道相对于板表面以及彼此之间成一个角度,以便减少由正离子在通道内偶然形成,以及流回到板正面的比较麻烦的反馈效应。在这个“人”字形几何结构中,将使离子在其能量足以产生二次电子之前撞击通道壁。

微通道板探测器对能量测量没什么用,因为在入射辐射的碰撞下放出的二次电子相对较少。它们的主要优势是其出色的定时特性。通过通道的二次电子总的渡越时间(transit time)只有几个纳秒。定时性能取决于渡越时间的展宽,仅为约 100 ps,与最快的塑料闪烁体相比这是一个相当小的值。微通道板探测器非常耐用,可用于计数率高达约 $10^7\,s^{-1}$ 的实验中(Mosher *et al.*,2001)。它们的本征效率根据入射辐射的能量和类型而异(Wiza,1979)。对于质量范围在 $A=3\sim16$,能量范围在 $E=0.3\sim10$ MeV 的离子,所测量的本征效率为 65%$\sim$90%(Mosher *et al.*,2001)。

4.5　核谱学

关于能谱的科学和研究称为谱学。我们将主要关心由核辐射所产生的探测器脉冲高度谱。最重要的是分析谱中相对尖锐的峰。分立线的能量通常对应于参与跃迁的初、末核态的能量差,从而反映了所测量辐射的来源。分立线的强度正比于衰变核态的数目,因此可以用来确定核截面。脉冲高度谱的定量解释需要某些探测器特性的知识。首先,信号脉冲高度(或道数)必须进行刻度并以辐射能量来表示。其次,测量的峰值强度需要进行探测器效率的修正。这些步骤称为能量和效率刻度(energy and efficiency calibrations)。下面我们将讨论在带电粒子、γ 射线和中子谱学中遇到的一些典型实验情况。

4.5.1　带电粒子谱学

1. 能量刻度

首先考虑发射带电粒子的放射源。最常用的放射性带电粒子源发射 α 粒子,因为长寿命质子放射源不存在。进一步假设一个 α 粒子源被放置在与带电粒子探测器(例如,硅探测器)一定距离处。来自放射源的 α 粒子以分立能量进行发射。如果探测器灵敏体积的厚度大于 α 粒子的射程(对于 $E_\alpha<10$ MeV,则 $R<100~\mu m$;图 4.7),并且通常由于背散射入射

粒子或其他,导致部分能量沉积的那些过程可以忽略不计,则入射辐射会在硅探测器中沉积其全部能量。结果是,在脉冲高度谱中出现接近高斯形状的分立峰,每个峰对应于具有分立能量的 α 粒子组(图 4.23)。如果 α 粒子的能量在以前测量中是已知的,则脉冲高度谱的水平轴可以通过关联道数 C_i 和能量 E_i 来进行刻度。正如已经指出的那样,半导体探测器对入射辐射能量的响应几乎呈线性关系,因此对能量刻度有如下的一个表达式:

$$E_i = aC_i + b \tag{4.45}$$

其中,a 和 b 是经验常数。一些 α 粒子刻度源的特性列于表 4.5 中。对于精确能量刻度,可能需要考虑 α 粒子在探测器死层中的能损。探测器死层的厚度可以通过测量单能带电粒子组在几个不同角度入射的 α 能量来确定(Knoll,1989)。可能还需要考虑源本身的能量损失。大多数 α 粒子刻度源是通过在背衬表面沉积一层薄的同位素来制备的,从而最大限度地减少能损和 α 粒子吸收。这些放射源也需要用一层非常薄的箔来加以保护。

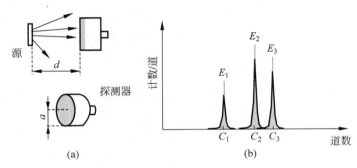

图 4.23 对 α 粒子源发射的带电粒子的测量

(a) 显示了源和带电粒子探测器的设置;d 和 a 分别是源到探测器的距离和探测器灵敏面积的半径。(b) 典型的脉冲高度谱,显示了在分立道数的离散峰。能谱的刻度是通过将分立道数与源所放出的已知能量的 α 粒子组相关联起来进行的

必须强调的是,对具有相同能量的不同入射轻带电粒子(例如质子和 α 粒子),其脉冲高度的微小差异已在半导体探测器中被观测到(Knoll,1989)。这些差异在 1% 的水平上(对于 3 MeV 总沉积能量,差异大约为 30 keV)。因此,如果可能,应使用在实际反应测量中放出的相同种类的粒子来对脉冲高度谱进行刻度。对于重离子,该脉冲高度差异要大很多。这种效应称为脉冲幅度亏损(pulse height defect)。

2. 效率

探测带电粒子的硅计数器的本征效率接近于 1,因此,峰值效率由探测器所对的立体角 Ω 给出。效率可以使用已知活度的刻度源进行测量。假设源各向同性地发射辐射,并且在源和探测器之间没有衰减,我们得到峰值效率为[式(4.43)和式(4.44)]

$$\eta_{\text{peak}} = \frac{\Omega}{4\pi} = \frac{\mathcal{N}_{\text{peak}}}{\mathcal{N}_0} = \frac{\mathcal{N}_{\text{peak}}}{AtB} \tag{4.46}$$

其中,立体角 Ω 以球面度为单位;$\mathcal{N}_{\text{peak}}$ 是全能峰下的净面积;A、t 和 B 分别是测量时刻源的活度、测量时间和辐射的分支比。分支比定义为每个核衰变到特定跃迁的比例,对于一些常见的刻度源,其分支比列于表 4.5 中。作为一致性测试,在不依赖于放射源的活度的情况下对效率进行估计,通常是很有用的。对于点源以及一个圆形探测器(其表面垂直于源-探测器轴)的常见情况,峰值效率由下式给出(Knoll,1989):

$$\eta_{\text{peak}} = \frac{1}{2}\left(1 - \frac{d}{\sqrt{d^2 + a^2}}\right) \tag{4.47}$$

其中,d 和 a 分别是源和探测器之间的距离以及探测器的半径。如果距离 d 远比半径大,$d \gg a$,则峰值效率简化为

$$\eta_{\text{peak}} \approx \frac{\pi a^2}{4\pi d^2} = \frac{a^2}{4d^2} \tag{4.48}$$

3. 弹性散射研究

图 4.24(a)显示了一个用于研究弹性散射的设置示例。一束能量为 $E_p = 440$ keV 的质子束入射到一个传输靶上,即由薄的 MgO 层蒸发到薄的碳箔上构成。分辨率为约 10 keV 的硅探测器放置在相对于束流方向 $\theta = 155°$ 的角度上,用于探测弹性散射的质子。测量的脉冲高度谱如图 4.24(b)所示。在光谱中观测到三个峰,对应于来自靶中存在的三个元素 Mg、O 和 C。

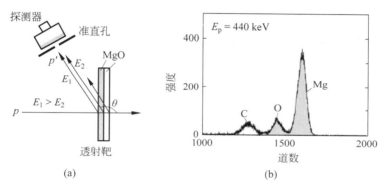

图 4.24 典型的弹性散射研究

(a) 显示了一个质子束、薄碳背衬蒸镀 MgO 的透射靶,以及安装在后角的粒子探测器的设置图。对于所探测到的质子,从靶后端散射的能量(E_2)比从靶前端散射的能量(E_1)要小,这是由能量损失效应所致。(b) 在入射质子能量 $E_p = 440$ keV 下测得的弹性散射质子谱。这些峰对应于质子从靶(Mg 和 O)和背衬(C)上散射的质子。这里采用了文献(Powell *et al*.,1999)的数据

如果靶相对较薄,以至于其能量损失影响可以忽略不计,则观测到的峰值质心可用于刻度谱中质子的能量。在这种情况下,质子散射在 Mg 和 O 上造成的峰宽由探测器的分辨率给出。峰值质心对应于弹性散射质子的能量 E'_p,对于给定的轰击能 E_p 和探测器角度 θ,这一能量由散射过程的运动学决定(附录 C.1)。

然而,一般而言,必须要考虑靶厚的影响,并且所测峰的宽度和质心也会受到质子在靶中能损以及探测器分辨率的影响。从运动学计算出的能量仅适用于那些从第一个靶层中弹性散射出来的质子。对于从靶内部更深处 Mg 或 O 上散射出来的质子,不仅要考虑炮弹的能量损失,还要考虑散射质子在穿过靶的路径上的能量损失。C 弹性散射峰的位置也受能量损失的影响。为了到达 C 层,炮弹必须穿过 MgO 靶,而散射质子在穿过靶到达探测器的途中也失去了自身的一部分能量。

如果靶核数(或靶厚)和探测器效率已知,则测量的峰面积可用于计算弹性散射的微分截面。测量的产额与截面相关的表达式在 4.8 节中给出。在足够低的轰击能量下,截面将受到库仑散射的支配。这种情况通常用于根据测量的峰强度和计算的卢瑟福截面[式(4.138)]

来确定靶核数目的情况。在更高能量处,共振可能对弹性散射过程有贡献。在这种情况下,测得的弹性散射截面提供了有关共振参数的信息,例如共振能量、分宽度以及量子数(2.5节)。

4. 核反应研究

图 4.25(a)显示了在 $E_p = 390$ keV 轰击能量下测量 $^{31}P(p,\alpha)^{28}Si$ 反应的实验布局。天体物理感兴趣低能区的截面通常很小。测量反应 α 粒子的带电粒子探测器必须覆盖尽可能大的立体角,以最大化计数率。硅探测器的灵敏面积和探测器到靶之间的距离分别为 450 mm^2 和 5 cm。探测器的能量分辨率约为 20 keV。所使用的直接水冷的束流阻停靶可以允许几百微安强流质子束的轰击。靶是通过在钽片中注入 ^{31}P 离子制成的,由化学计量比(stoichiometry)为 3∶2 的 ^{31}P-Ta 层组成(表 4.3)。对于一个给定的束流能量($E_p = 390$ keV)和探测器角度($\theta = 145°$),出射 α 粒子的能量由核反应的运动学决定(附录 C.1),大约等于 2 MeV。

由于束流阻停靶由高 Z 材料(钽)组成,所以弹性散射质子的数量变得非常大(大于 10^6 s^{-1})。质子从相对较薄的 ^{31}P-Ta 靶层以及较厚的钽背衬上被散射出来。因此,它们的能量范围从最大值约 350 keV(质子被最初的靶层散射而无能量损失)降至零(质子在钽背衬内散射,并在到达探测器的路径上失去能量)。结果是,在反应 α 粒子预期的范围内,探测器计数率将由不需要的散射质子的堆积信号所主导。因此,在带电粒子探测器的前面放置了一个足够厚的箔片以阻止弹性散射的质子,但同时也要足够薄以透射反应出来的 α 粒子。

测得的脉冲高度谱如图 4.25(b)所示。来自 $^{31}P(p,\alpha)^{28}Si$ 反应的 α 粒子在箔中损失很大一部分能量,并在谱的最开始部分($E_\alpha \approx 0.5$ MeV)中被观测到。此外,α 粒子峰被显著地展宽了,因其在箔中具有能量歧离($\Delta E \approx 100$ keV)。低能处陡峭的本底主要是由从箔中泄漏出来的弹性散射质子所造成的。在更高能区,该谱显示了靶和背衬中 ^{11}B、^{15}N 和 ^{18}O 污染物(p,α)反应的贡献(4.3.3节)。除了 $^{11}B(p,\alpha)2\alpha$ 反应情况(它在出射道中发射三个粒子从而产生一个连续的本底),这些污染物产生了许多分立的峰。

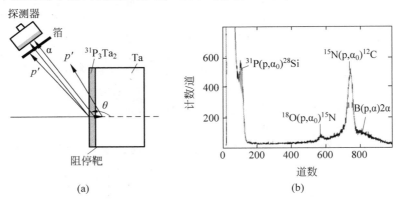

(a)　　　　　　　　　　　(b)

图 4.25 $^{31}P(p,\alpha)^{28}Si$ 反应研究

(a) 显示了一个由质子束、^{31}P 注入 Ta 构成的阻停靶,以及一个粒子探测器构成的实验设置,其中箔用以减少大量弹性散射质子到达探测器。(b) 在轰击能量 $E_p = 390$ keV 下测得的脉冲高度谱。由 $^{31}P(p,\alpha)^{28}Si$ 共振引起的感兴趣的 α 粒子峰,发生在相对较小的脉冲高度区域,该区域以通过箔泄漏出去的质子为主(由箔厚度不均匀性引起)。在较高能量处,来自污染物 ^{11}B、^{15}N 和 ^{18}O 上的(p,α)反应的 α 粒子清晰可见。数据来自文献(Iliadis *et al.*,1991)

使用类似于式(4.46)的表达式,从测量的峰值强度可以计算出诱发反应的总数,$\mathcal{N}_R$。一般来说,反应产物的强度并不是各向同性的(附录 D),因此,必须考虑角关联 W。这样,

$$\mathcal{N}_R = \frac{\mathcal{N}_{\text{peak}}}{\eta_{\text{peak}} \, BW} \tag{4.49}$$

通常,η_{peak} 和 W 是在实验室系探测角度 θ 下获得的,因此它们必须要在质心系下表示出来(附录 C.2)。现在,分支比 B 被定义为每个核反应发生特定跃迁的比例。

4.5.2　γ 射线谱学

1. 响应函数

γ 射线探测器对入射辐射的响应,与带电粒子探测器相比更为复杂。如前所述,γ 射线通过光电效应、康普顿散射和对产生与物质相互作用(4.2.2 节)。这些效应对测量的脉冲高度分布的影响如图 4.26 所示。在下文中,我们将假设能量为 E_γ 的单能光子入射到探测器上。

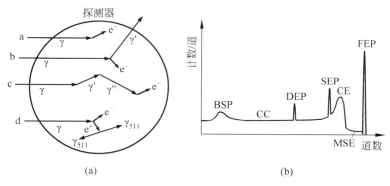

图 4.26　α 射线探测器对单能入射辐射的响应

(a) 不同光子历史的表示图;(b) 脉冲高度谱。标签的意义是:全能峰(FEP)、多场所事件(MSE)、康普顿边沿(CE)、单逃逸峰(SEP)、双逃逸峰(DEP)、康普顿连续谱(CC)和背散射峰(BSP)

在情况 a 中,入射光子经历光电吸收。发射的光电子通常行进最多几毫米的距离,并通过探测器灵敏体积中的原子电离和激发,以及通过韧致辐射的发射而失去能量。对于足够大的灵敏体积,光电子的全部能量被探测器吸收,因此,所产生的脉冲高度出现在全能峰(FEP)区域,对应于光子能量 E_γ。

在情况 b 中,入射光子经历康普顿散射。散射光子从灵敏体积中逃逸出去,因此只有一小部分入射光子能量沉积在探测器中。转移到反冲电子的精确能量取决于散射角。所有散射角皆有可能,因此,反冲电子的能量分布造成了康普顿坪(CC)。最大可能值为 K_e^{max},也就是康普顿边缘(CE),对应的光子散射角为 $\theta = 180°$(4.2.2 节)。连续的康普顿本底对脉冲高度谱来说是一个人们不想要的贡献。它降低了对较弱分立峰探测的信噪比,也使得解释由不同能量入射光子所导致的复杂 γ 射线谱变得更加困难。

在情况 c 中,入射光子在灵敏体积的不同位置处被康普顿散射多次,直至最终发生光吸收。这一更复杂历史的持续时间总计小于 1 ns,该值小于当前 γ 射线探测器的固有响应时间。因此,不同的康普顿散射事件和最终的光吸收基本上发生在符合时间内,并且在探测器中沉积的总能量完全相同,好像入射光子经历了单次光电吸收。这样的事件则出现在全能

峰区域。对于能量高于几百千电子伏的入射光子,全能峰中的大多数事件是由这些多重散射所造成的(图4.20)。在4.2.2节中已经指出(图4.11),在全能峰和康普顿边缘之间存在着一个能隙。在测量中,该能隙将部分地被随后逃逸光子的多重康普顿散射事件(MSE)所填充。

在情况d中,能量为 $E_\gamma > 2m_e c^2$ 的入射光子经历对生产。产生的电子和正电子在探测器灵敏体积中失去所有动能。随后,正电子将与另一个电子湮灭产生两个光子,每个光子的能量为511 keV。同样,该湮灭辐射的出现几乎与原始对产生事件在时间上符合。如果两个511 keV光子都被探测器吸收(例如,通过光电效应),则产生的脉冲高度将出现在全能峰为 E_γ 的区域。如果仅吸收一个511 keV光子,则另一个逃出探测,那么由此产生的脉冲高度将造成一个能量为 $E_\gamma - 511$ keV 的分立峰,称为单逃逸峰(single-escape peak,SEP)。如果两个511 keV光子都从探测器中逃逸出,则分立峰出现在能量为 $E_\gamma - 1022$ keV 处,称为双逃逸峰(double-escape peak,DEP)。涉及湮灭量子康普顿散射的更复杂历史的事件也会发生。这些事件在脉冲高度谱的双逃逸峰和全能峰之间贡献了一个连续谱。

最后,在脉冲高度光谱中经常观测到一个位于200~250 keV的宽峰。它是由探测前那些光子在灵敏体积周围材料中的康普顿散射所造成的。该峰称为背散射峰(back-scattering peak,BSP)。

一个实际γ射线探测器的响应取决于灵敏体积的尺寸、形状和组成成分。这可以使用蒙特卡罗计算进行理论模拟,并可对发生在探测器中许多不同事件的历史进行数值跟踪。然而,为了准确的模拟,必须知道灵敏体积的精确几何形状。例如,图4.27显示了锗探测器的计算机断层扫描(CT)图像。从这些图像中可以提取出精确的晶体直径、长度,以及边缘等信息用于模拟计算。有关更多图像,请参考文献(Carson *et al.*,2010)。

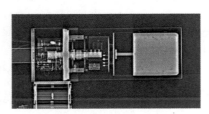

图4.27 p型封闭端子弹式高纯锗探测器的计算机断层扫描图像,这是使用140 kVp和350 mAs的X射线得到的。注意端盖内部晶体轻微错位[转载自(Carson *et al.*,2010)。版权经Elsevier授权许可]

2. 能量刻度

全能峰是γ射线谱学研究的主要关注点。它们对应于入射光子能量的全部能量沉积,因此,它们在能谱中的位置不受任何光子能量损失的影响。γ射线谱中的脉冲高度可以使用绝对能量标准进行刻度。表4.5为常用γ射线刻度源的特性。刻度能量的误差小于0.001%。所列放射源均为可商购,并覆盖高达约3.5 MeV的能量范围。此外,在γ射线谱中最突出的室内本底峰是来自 ^{40}K 和 ^{208}Tl 的两条γ射线(分别为1460.8 keV和2614.5 keV),因此它们提供了方便的内部刻度,而无需使用放射源。使用放射性同位素 ^{66}Ga 可以将能量范围扩展到约5 MeV,但是它的半衰期相当短($T_{1/2} = 9.5$ h)。因此,经常使用核反应中放出的γ射线对3.5 MeV以上能区进行刻度。如果某些量(例如,轰击能量、炮弹和靶的质量,以及探测角度)是已知的话,则这些能量可以从反应运动学(附录 C.1)中精确地计算出来。由此刻度的能量不如利用放射性源确定的精确。另外还必须小心,因为核反应放出的许多 γ 射线是具有多普勒移动的[式(C.12)]。如果利用俘获反应[例如(p,γ)或(α,γ)反应]进行能量刻度,则将探测器置于 $\theta=90°$ 的角度是很有利的,因为这里的一阶多普勒移动为零。有时也可以使用单逃逸峰和双逃逸峰进行刻度,因为它们的能量相对于相应全能峰的位置 E_γ 是众所周知的(分别为 $E_\gamma-m_ec^2$ 和 $E_\gamma-2m_ec^2$)。然而,实验上已经观测到了逃逸峰位置一个小的系统性移动。该偏差可以达到几百电子伏,看起来取决于探测器的类型和几何形状[Endt *et al.*,1990]。如果对高精度的 γ 射线能量感兴趣,则必须考虑这一效应。

表 4.5 常用 γ 射线刻度源的特性

放射源	半衰期	能量/keV	分支比[a]/%
		121.7817(3)	28.41(13)
		244.6974(8)	7.55(4)
		344.2785(12)	26.59(12)
		411.1165(12)	2.238(10)
		778.9045(24)	12.97(6)
^{152}Eu	13.522(16) y	867.380(3)	4.243(23)
		1085.837(10)	10.13(6)
		1089.737(5)	1.73(1)
		1112.076(3)	13.41(6)
		1212.948(11)	1.416(9)
		1299.142(8)	1.633(9)
		1408.013(3)	20.85(8)
		846.7638(19)	99.9399(23)
		1037.8333(24)	14.03(5)
		1175.0878(22)	2.249(9)
		1238.2736(22)	66.41(16)
		1360.196(4)	4.280(13)
		1771.327(3)	15.45(4)
^{56}Co	77.236(26) d	2015.176(5)	3.017(14)
		2034.752(5)	7.741(13)
		2598.438(4)	16.96(4)
		3201.930(11)	3.203(13)
		3253.402(5)	7.87(3)
		3272.978(6)	1.855(9)
		3451.119(4)	0.942(6)
^{57}Co	271.80(5) d	122.06065(12)	85.51(6)
		136.47356(29)	10.71(15)
^{198}Au	2.6943(3) d	411.80205(17)	95.62(6)
^{137}Cs	30.05(8) y	661.657(3)	84.99(20)
^{54}Mn	312.13(3) d	834.838(5)	99.9746(11)
^{88}Y	106.626(21) d	898.036(4)	93.90(23)
		1836.052(13)	99.32(3)

续表

放射源	半衰期	能量/keV	分支比[a]/%
^{60}Co	5.2711(88) y	1173.228(3)	99.85(3)
		1332.492(4)	99.9826(6)
^{22}Na	2.6029(8) y	1274.537(7)	99.94(13)
^{40}K		1460.822(6)	10.55(11)
^{208}Tl		2614.511(10)	99.755(4)

注释：[a] 单位分解或崩解下的 γ 射线产额(%)。括号中给出的误差指最末位的有效数字。数据来源：(Bé *et al.*, 2013)。

当在感兴趣的能区已经建立了多个能量刻度点时,利用最小二乘拟合可以得到能量与道数相关联的刻度曲线。使用锗探测器通常足以将能量表示为道数的线性函数。线性偏差主要取决于电子学放大器-分析器系统的非线性,可达到几百电子伏。有时使用只有两个已知能量峰值 E_1 和 E_2 及道数质心值 C_1 和 C_2 做线性能量刻度,甚至都是合适的,即

$$E_i = aC_i + b = E_1 + \frac{E_2 - E_1}{C_2 - C_1}(C_i - C_1) \tag{4.50}$$

如果需要更高的精度,则可以从三次最小二乘拟合获得能量刻度。如果使用的是 NaI(Tl) 探测器,则可能需要更高阶多项式进行拟合,这是因为它们的线性响应远没有锗探测器的好。

3. 效率刻度

截面测量需要有关探测效率的知识。此外,所导出截面的准确性直接取决于效率的不确定性。如果晶体的尺寸和装置的几何形状是精确已知的,则可以利用蒙特卡罗程序计算出全能峰的效率。然而,对于锗探测器来说,情况并不是这样的。晶体没有任何程度的标准化。此外,已发现制造商提供的晶体尺寸是不准确的,大约为几个毫米(Helmer *et al.*, 2003)。此外,电荷收集过程的长期改变会导致探测器效率随时间而发生变化。因此,建议用户做自己的效率测量。效率和截面的测量都应在相同的几何设置下进行,即探测器对源或靶具有相同的距离和角度。相同的论述适用于源或靶与探测器之间的任意 γ 射线吸收材料(例如靶支架)。在 γ 射线能量相对较低时(小于 1 MeV,4.2.2 节),预期这些效应极其重要。

通常,需要 0.1~15 MeV 能量范围内的探测器效率。由于没有单个过程覆盖整个能区,所以必须使用来自多个不同过程的 γ 射线。峰值效率与式(4.46)给出的全能峰强度相关。对于探测器效率的可靠测定,需要准确了解 γ 射线的分支比 B,其定义为每个核衰变中特定 γ 射线跃迁的比例。表 4.6 列出了一些已知非常精确分支比的放射源(对于大多数跃迁,相对误差小于 1%)。特别有用的是放射性同位素 ^{152}Eu 和 ^{56}Co,覆盖的能量范围分别为 0.1~1.4 MeV 和 0.8~3.5 MeV。对于更高的能量,必须使用来自核反应的 γ 射线来得到效率。如果带电粒子束可用,则常用的刻度标准由 ^{27}Al(p,γ)^{28}Si 反应中的 655 keV 和 992 keV 两个共振提供,可覆盖 1~11 MeV 的能量范围。所报导的分支比误差小于 3% (Endt,1990)。在较低轰击能量下,可以使用同一反应中的 293 keV 和 327 keV 共振,尽管所报导的分支比误差较大(小于 10%,Iliadis *et al.*,1990)。相关数据汇总在表 4.6 中。^{14}N(p,γ)^{15}O 反应中的 278 keV 共振在这方面也很有用。这一特殊共振可以发射 0.8~

7 MeV 范围内的光子,并具有简单的 γ 射线衰变纲图,其中几乎所有的衰变都是通过仅由两个 γ 射线组成的级联来进行的。由于给定级联中每个跃迁的光子数目相同,所以测得的两个 γ 射线的强度比就等于相应的效率比。分支比数据和相关的衰变纲图分别如表 4.7 和图 4.28 所示。此外,从这个共振发射的 γ 射线是各向同性的($J=1/2$),因而角关联效应可忽略不计(附录 D)。如果是热中子科研,则精确的 γ 射线效率可由 $^{14}\mathrm{N}(\mathrm{n},\gamma)^{15}\mathrm{N}$ 俘获反应得到。来自该反应每个中子俘获事件的瞬发 γ 射线的发射概率列于表 4.8 中。

表 4.6 $^{27}\mathrm{Al}(\mathrm{p},\gamma)^{28}\mathrm{Si}$ 反应中低能共振的 γ 射线分支比(每个质子俘获事件中特定跃迁的比例)

E_{xf}^{b}:	E_{r}^{a}:	293[d]	327[d]	655[e]	992[e]
	E_{xi}^{c}:	11867	11900	12216	12541
0					
1779				42.1(10)	76.4(4)
4618		60.4(14)	72.2(8)		4.09(12)
6276				4.5(2)	2.15(7)
6879				1.63(9)	0.70(2)
6889		12.4(8)	12.1(5)		0.294(9)
7381					0.187(6)
7416				1.82(10)	0.297(9)
7799					8.5(3)
7933				6.4(2)	3.96(12)
8259				1.60(9)	
8328				1.27(7)	
8413		5.9(4)			
8589			5.3(5)	3.36(13)	0.173(6)
9165		5.1(3)			0.147(5)
9316				2.09(9)	0.047(2)
9382				29.1(9)	
9417			2.8(2)		0.79(3)
9479					1.11(4)
9765		3.2(3)			0.195(7)
10182					0.085(3)
10209					0.146(5)
10311					0.061(3)
10376				0.52(3)	
10540		2.3(2)			
10596				1.39(7)	
10668					0.288(9)
10900				0.63(4)	
11195					0.089(3)
11265					0.082(3)

注释:分支比以百分数给出。括号中的误差指最末位的有效数字。[a]共振能量以 keV 为单位;[b] 末态激发能以 keV 为单位;[c] 初态激发能以 keV 为单位。数据来源:[d] Iliadis *et al.*,1990;[e] Endt *et al.*,1990。

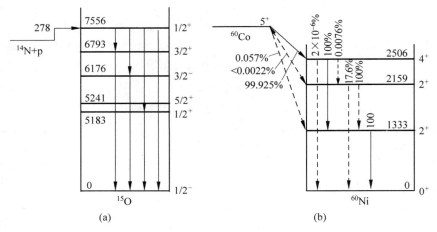

图 4.28 能级纲图

(a) ^{15}O,(b) ^{60}Ni。^{15}O 的 γ 射线分支比列于表 4.7 中。^{60}Co→^{60}Ni 的 β 衰变和 γ 射线的分支比采用的是文献 (Firestone & Shirley,1996)中的值

表 4.7 ^{15}O 能级的分支比(%)

E_{xf}:	E_{xi}:	5183	5241	6176	6793	6859	7276	7556
0		100	100	100	100	<10	3.8(12)	1.52(3)
5183				<2.5	<3	<4	<4	17.44(10)
5241				<2.5	<3	100	96.2(12)	0.16(3)
6176					<7	<0.4	<2	58.13(20)
6793								22.75(20)

注释：E_{xi} 和 E_{xf} 分别代表所涉及跃迁初态和末态的激发能(以 keV 为单位)。也请参见图 4.28(a)。括号中的误差指最末位的有效数字。数据来源：如果没有特别声明，均来自文献 Ajzenberg-Selove(1991)。对应于 ^{14}N(p,γ)^{15}O 反应中的共振 $E_r^{lab}=278$ keV,能级 $E_{xi}=7556$ keV 的分支比数据来源于文献(Runkle *et al*.,2005、Imbriani *et al*.,2005、Marta *et al*.,2011),以及与 Art Champagne 的私人通讯。

表 4.8 在由热中子诱发的 ^{14}N(p,γ)^{15}N 反应中,每个中子俘获事件中的 γ 射线发射概率

$E_γ$/keV	B/%	$E_γ$/keV	B/%
1678	7.96(9)	5269	29.94(20)
1885	18.72(20)	5298	21.27(18)
2000	4.05(5)	5533	19 66(21)
2520	5.68(7)	5562	10.66(12)
2831	1.72(3)	6322	18.45(14)
3532	9.09(9)	7299	9.56(9)
3678	14.70(15)	8310	4.17(5)
4509	16.63(17)	10829	14.0(3)

注释：括号中的误差指最末位的有效数字。数据来源：Raman *et al*.,2000。

　　以下策略经常用于确定复合 γ 射线的效率曲线。首先分析和绘制来自放射性刻度源的数据。它们已知的活度也为绝对效率刻度提供了一个归一。下一步,分析反应数据。垂直调整对每个反应测量所得的效率进行垂直调节,直到它们与重叠区域内放射源的值一致。

以这种方式获得的效率曲线如图 4.29(a) 所示。在这种情况下,一个 $582\ cm^3$ 体积的 HPGe 探测器置于与源或靶距离 1.6 cm 处。可以看出,峰值效率随着能量的增加下降得很剧烈,这是因为光电吸收和康普顿散射在较高能量下变得不太可能(4.2.2 节)。

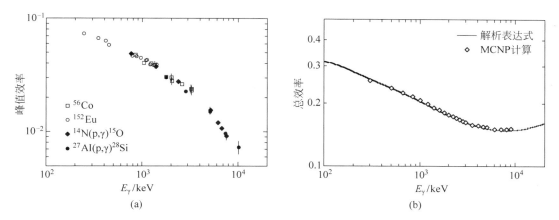

图 4.29　距离源(或靶)1.6 cm 处的一个 $582\ cm^3$ 体积 HPGe 探测器的效率

(a) 实验峰值效率;曲线是通过使用标准刻度源(^{56}Co 和 ^{152}Eu)和校准刻度共振[^{14}N(p,γ)^{15}O 和 ^{27}Al(p,γ)^{28}Si]构建而成的。所显示的效率是经过符合求和修正的(由 Rober Runkle 提供)。(b) 计算的总效率;实线是根据类似于式(4.52)的表达式得到的,但额外考虑了非灵敏的探测器核心。该结果与使用计算机代码 MCNP (Briesmeister,1993)进行蒙特卡罗模拟的结果(显示为菱形)一致(感谢 Chris Fox 和 Richard Longland 提供)

一旦在几个能量点下测量了探测器的效率,则可以对数据进行拟合,并通过内插来确定测量点之间的效率值。常用的解析拟合函数是多项式,但也会使用更复杂的函数(Debertin & Helmer,1988)。

全能峰效率不能进行解析计算,因为它以非常复杂的方式依赖于 γ 射线的能量。我们已经提到蒙特卡罗技术可用于计算单光子的历史。虽然出于上述原因,最后的峰效率应该由测量直接得到,但是蒙特卡罗计算对于估计相对峰值效率还是很有用的。晶体尺寸或相互作用参数(即光电吸收、康普顿散射和对产生的截面)的不确定性对这些相对值具有相对较小的影响。因此,蒙特卡罗计算可以提供峰值效率曲线的形状,并有助于在刻度点之间进行插值。利用蒙特卡罗方法获得锗探测器的非常精确效率的一个有趣应用,可以在文献(Helemr et al.,2003)中找到。

到目前为止,我们只讨论了全能峰效率的确定。在某些情况下,总效率的精确知识变得也很重要。例如,通常需要用总效率来估计锗探测器的符合加和修正(见下文)或 γγ 探测技术的符合效率(4.7.3 节)。与峰值效率相反,对总效率的计算原则上是直截了当的。入射光子在灵敏体积中穿过路径长度 x 而没有被探测到的概率,也就是说,在晶体中没有发生任何相互作用,由下式给出:$\bar{P} = \mathcal{N}/\mathcal{N}_0 = e^{-\mu x}$ [式(4.30)],其中 $\mathcal{N}$ 和 $\mathcal{N}_0$ 分别代表透射量子和入射量子的总数。等价地,我们可以计算这个入射光子将在晶体中经历任意相互作用并沉积任意能量的概率,即 $P = 1 - \bar{P} = 1 - e^{-\mu x}$。通常,路径长度 x 将取决于光子相对于晶体的发射角度。因此,总效率可以通过对探测器所占立体角 Ω 进行积分得到:

$$\eta_{tot} = \frac{1}{4\pi} \int (1 - e^{-\mu x}) d\Omega \tag{4.51}$$

对于半径为 R 和长度为 t 的圆柱形探测器,以及点源位于探测器轴上距离为 d 的情况(图 4.30),我们得到(Debertin & Helmer,1988):

$$\eta_{\text{tot}} = \frac{1}{2}\int_0^{\theta_1}[1 - e^{-(\mu t/\cos\theta)}]\sin\theta\,d\theta + \frac{1}{2}\int_{\theta_1}^{\theta_2}[1 - e^{-(\mu R/\sin\theta)+(\mu d/\cos\theta)}]\sin\theta\,d\theta \qquad (4.52)$$

其中,$\theta_1 = \arctan[R/(d+t)]$ 和 $\theta_2 = \arctan(R/d)$。发射的未散射光子以 θ_1 的角度(从探测器轴测量)穿过探测器背面,而未散射的光子以 θ_1 到 θ_2 之间的角度穿过探测器侧面。上述积分可以进行数值求解。

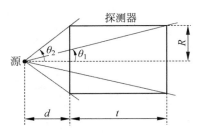

图 4.30 根据式(4.52)计算圆柱形探测器总 γ 射线效率的几何学。其中 d 是源和探测器前脸之间的距离,t 是探测器晶体的长度,R 是晶体半径

通常,探测器晶体的几何结构不是简单的圆柱体。例如,同轴锗探测器有一个非灵敏的圆柱形核心,它会缩小计算的总效率。或者,源可以放置在环形 NaI(Tl)探测器内(4.7.3节)以最大化计数率。在这些情况下,可以使用更复杂的解析表达式对总效率进行计算(Longland *et al*.,2006)。介于源或靶和探测器之间任何吸收材料中的相互作用,可以通过计算 γ 射线衰减予以额外考虑。在此方式估计的 HPGe 探测器的总效率如图 4.29(b)所示。探测器晶体的长度和直径分别为 93 mm 和 90 mm,非敏感核心的长度和直径分别为 79 mm 和 9 mm。探测器到源的距离为 16 mm。实线是从解析表达式中获得的,而菱形点代表蒙特卡罗模拟的结果。可以看出,对于超过约 3 MeV 的 γ 射线,η_{tot} 是平滑变化的。解析表达式的结果与蒙特卡罗计算的结果在 3% 之内是一致(Longland *et al*.,2006)。

上述考量仅适用于理想的几何测量形状,没有考虑探测器周围材料的光子散射。最初在探测器立体角之外的方向上发射的光子可能会被周围材料所散射,从而可能会到达探测器灵敏体积。这些光子会对总效率有贡献[但不是对全能峰效率;图 4.14(b)]。虽然 η_{tot} 的计算值对于估计相对的总效率很有用,但是最好还是在与截面测量所用相同几何设置下对总效率进行绝对测量。可以使用单线 γ 射线发射源(例如 ^{137}Cs 或 ^{54}Mn)获得实验的 η_{tot} 值。在数据分析中,需要适当扣除本底强度(无源情况)。此外,必须把能谱外推到甄别阈以下至零脉冲高度处[图 4.17(b)]。或者,可以使用两线 γ 射线发射源(例如 ^{60}Co)来测量总效率(见下文)。有鉴于此,由于符合加和效应的存在,多线 γ 射线发射源并不是很有用,这将在下文中予以描述。

4. 符合加和

在许多具有实际意义的情况下,核能级通过级联发射两个或多个光子退激到基态,而不是只发射单个 γ 射线。假设属于同一 γ 射线级联的两个符合的光子,同时与探测器相互作用。在能谱中,所产生的总脉冲将出现在与任一光子全能峰位置不同的区域。此外,造成加和信号的符合光子将从单个光子全能峰中丢失。该效应称为符合加和(coincidence summing),必须适当地予以考虑,以避免测量效率和截面时产生误差。对于具有复杂衰变纲图的核能级,这一效应特别严重,也就是说,如果能级可以通过大量低位态进行衰变的话。

注意,符合加和与脉冲堆积现象无关。后一种效应也称为随机加和(random summing),它发生在当将属于不同级联的光子的能量随机相加时,即在相对较高脉冲计数率的情况(Knoll,1989)。另外,符合加和与脉冲计数率无关,但取决于探测器和源之间的距离。原则上,通过增加探测器和源之间的距离可以把符合加和效应降低到微不足道的水平。然而,该方法可能会将计数效率降低到无法忍受的水平,尤其是在测量非常弱的反应截面时。实验者除了经常通过最小化探测器到源的距离以最大化计数效率,几乎别无选择,同时,还要对符合加和效应给予恰当考虑。

作为一个简单的例子,图 4.31 显示了涉及 Y 核中三条能级的衰变纲图。我们说,能级 2 是通过俘获反应布居的。它可能要么通过发射光子 γ_{20} 直接衰变到基态(2→0),分支比为 B_{20},要么通过发射光子 γ_{21} 到能级 1(2→1),分支比为 B_{21}。随后,能级 1 通过发射光子 γ_{10} 衰变到基态(1→0),分支比为 100%($B_{10}=1$)。注意 $B_{20}+B_{21}=1$。下面将忽略 γ 射线之间的角关联。如果处于第二激发态的原子核总数由 $\mathcal{N}$ 给出,则在全能峰中探测到的光子 γ_{21} 的数目为

$$\mathcal{N}_{21}=\mathcal{N}B_{21}\eta_{21}^{P}-\mathcal{N}B_{21}\eta_{21}^{P}\eta_{10}^{T}=\mathcal{N}B_{21}\eta_{21}^{P}(1-\eta_{10}^{T}) \tag{4.53}$$

其中,η_{21}^{P} 和 η_{10}^{T} 分别为光子 γ_{21} 和 γ_{10} 的(全能)峰值效率和总效率。全能峰的强度减少了 $\mathcal{N}B_{21}\eta_{21}^{P}\eta_{10}^{T}$,对应于光子 γ_{21} 被完全探测到的概率,同时,符合光子 γ_{10} 在探测器中(例如,通过康普顿散射)留下了任意可测的能量。等效地,该 $\mathcal{N}B_{21}\eta_{21}^{P}(1-\eta_{10}^{T})$ 项对应于光子 γ_{21} 被完全探测到的概率,同时,光子 γ_{10} 逃脱了探测。如果两个光子 γ_{21} 和 γ_{10} 被同时探测到,则要从光子 γ_{21} 全能峰中去掉这些计数。该效应称为和峰减(summing-out),它取决于探测器的峰值效率和总效率。类似地,我们得到在全能峰中探测到光子 γ_{10} 的数目为

$$\mathcal{N}_{10}=\mathcal{N}B_{21}\eta_{10}^{P}-\mathcal{N}B_{21}\eta_{10}^{P}\eta_{21}^{T}=\mathcal{N}B_{21}\eta_{10}^{P}(1-\eta_{21}^{T}) \tag{4.54}$$

另外,在全能峰中探测到的光子 γ_{20} 的数目为

$$\mathcal{N}_{20}=\mathcal{N}B_{20}\eta_{20}^{P}+\mathcal{N}B_{21}\eta_{21}^{P}\eta_{10}^{P} \tag{4.55}$$

全能峰的强度增加了 $\mathcal{N}B_{21}\eta_{21}^{P}\eta_{10}^{P}$,对应于两个光子 γ_{21} 和 γ_{10} 在探测器中都被完全吸收的概率。这种效应称为和峰增(summing-in),它只取决于探测器的峰值效率。

对于较大的效率值,符合加和效应变得很重要,或者等效地,对于探测器和源在几何上比较接近的情况。例如,如果通过发射光子 γ_{20} 到基态的跃迁很弱($B_{20}\approx0$),则测得的 $\mathcal{N}_{20}$ 的强度可能完全来自于和峰增。因此,忽略符合加和修正可能会对 γ 射线衰变纲图的解释造成较大的系统误差。如果使用图 4.31 所示的衰变纲图用于确定光子 γ_{21} 和 γ_{10} 的峰值效率,则从式(4.53)和式(4.54),我们得到

$$\eta_{21}^{P}=\frac{\mathcal{N}_{21}}{\mathcal{N}B_{21}(1-\eta_{10}^{T})}, \quad \eta_{10}^{P}=\frac{\mathcal{N}_{10}}{\mathcal{N}B_{21}(1-\eta_{21}^{T})} \tag{4.56}$$

比较式(4.43)和式(4.56)表明,在存在符合加和的情况下,效率的表达式必须通过总探测效率因子 $(1-\eta_{ij}^{T})$ 予以修改。如果该衰变用于从测量的 γ_{21} 或 γ_{10} 峰值强度来确定衰变能级 2 的数目 $\mathcal{N}$(与源的活度和截面成正)的话,则上述类似结论也是正确的。适当考虑加和修正可以给出下式[式(4.53)和式(4.54)]:

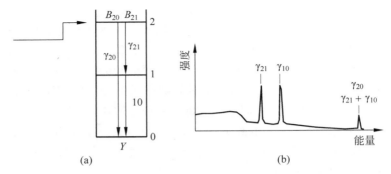

图 4.31 γ 射线的符合加和

(a) 三个能级(0，1，2)的纲图。能级 2 既可以通过俘获反应也可以通过 β 衰变来布居。它可以 γ 衰变到能级 1 或基态 0。中间能级 1 只能衰变到基态。(b) 对应脉冲高度谱。标记为"γ_{21}"和"γ_{10}"的峰会受到求和出的影响，而标记为"γ_{20}，γ_{21}＋γ_{10}"的峰会受求和入的影响

$$\mathcal{N}=\frac{\mathcal{N}_{21}}{B_{21}\eta_{21}^{P}(1-\eta_{10}^{T})}=\frac{\mathcal{N}_{10}}{B_{21}\eta_{10}^{P}(1-\eta_{21}^{T})} \qquad (4.57)$$

在涉及不同多重 γ 射线级联、β 衰变到中间能级、内转换跃迁、角关联等更复杂的情况，加和修正不能再通过解析的方式计算。正电子衰变到子核的激发能级会产生湮灭量子，它们与来自这些能级的退激发 γ 射线符合，因此也必须仔细考虑(即使对于单线 γ 射线源)。一般对于这种情况，已经发展了通用的数值计算方法(Debertin & Helmer,1988；Semkow *et al*.,1990)。

如果数据是在较近几何条件下取得的，则从对(未修正的)全能峰效率曲线的目视检查中通常可以看出符合加和效应。一些效率值将位于一条平滑曲线之上，对应于非符合的光子，而其他受符合加和影响的数据点将远离曲线。根据这些信息，实验者可以决定是否需要应用修正来实现所需的精度。符合加和不仅影响脉冲高度谱中的峰值强度，也会影响总强度，这是因为两个(或更多)光子被探测器记录为一个脉冲。

5. 加和峰法

对于峰值效率和总效率绝对归一的重要性已经在前一节(4.符合加和)强调了。对于一些商用的 γ 射线源，其绝对活度的精度可达约 1%。然而，在许多情况下，实验者可能没有一套绝对刻度的源可用。在这里，我们将描述一种方法，即使在不知道源活度的情况下，它不仅可以同时提供绝对的峰值效率和总效率，而且导出的结果也会对符合加和效应进行自动修正。该技术称为加和峰法(sum peak method)，它利用了光子的符合加和(这些光子属于具有两条 γ 射线的一个级联)。

再次考虑图 4.31 中的衰变纲图。能级 2 由一些过程(例如母核的 β 衰变)所布居，但是现在假设它唯一地衰变到中间能级 1($B_{21}=1$，$B_{20}=0$)，并继而衰变到基态 0($B_{10}=1$)。在能谱中，所测量的全能峰强度($\mathcal{N}_{21}$，$\mathcal{N}_{10}$)、和峰强度($\mathcal{N}_{20}$)，以及总强度($\mathcal{N}_{t}$)分别由下式给出：

$$\mathcal{N}_{21}=\mathcal{N}\eta_{21}^{P}(1-W\eta_{10}^{T}) \qquad (4.58)$$

$$\mathcal{N}_{10}=\mathcal{N}\eta_{10}^{P}(1-W\eta_{21}^{T}) \qquad (4.59)$$

$$\mathcal{N}_{20} = \mathcal{N} \eta_{21}^{P} \eta_{10}^{P} W \tag{4.60}$$

$$\mathcal{N}_{t} = \mathcal{N} (\eta_{21}^{T} + \eta_{10}^{T} - \eta_{21}^{T} \eta_{10}^{T} W) \tag{4.61}$$

这些关系明确地考虑了光子 γ_{21} 和 γ_{10} 的角关联 W,但前三个表达式与式(4.53)~式(4.55)是相同的。最后一个表达式中的 $\eta_{21}^{T} \eta_{10}^{T} W$ 项对应于每个符合光子在探测器中沉积一定能量的概率。在这种情况下,两个光子在探测器中被记录为一个脉冲,因此谱中的总强度降低了。正如已经指出的那样,这里假设强度 $\mathcal{N}_t$ 已做了本底(无源)修正,并被外推到零脉冲高度。

上述方程可以迭代求解,一直到实现解的收敛。但是,在某些重要情况下(例如 ^{60}Co,见下文),两条发射光子的能量非常相似。因而,我们可以在上述表达式中将总效率 η_{21}^{T} 和 η_{10}^{T} 用它们的平均值 $\eta^{T} \approx (\eta_{21}^{T} + \eta_{10}^{T})/2$ 来替换。利用这一近似,经过一些代数运算后得到

$$\mathcal{N} = \left(\frac{\mathcal{N}_{21} \mathcal{N}_{10}}{\mathcal{N}_{20}} + \mathcal{N}_{t} \right) W \tag{4.62}$$

$$\eta_{21}^{P} = \frac{1}{W} \sqrt{\frac{\mathcal{N}_{21} \mathcal{N}_{20}^{2}}{\mathcal{N}_{10} \mathcal{N}_{20} \mathcal{N}_{t} + \mathcal{N}_{21} \mathcal{N}_{10}^{2}}} \tag{4.63}$$

$$\eta_{10}^{P} = \frac{1}{W} \sqrt{\frac{\mathcal{N}_{10} \mathcal{N}_{20}^{2}}{\mathcal{N}_{21} \mathcal{N}_{20} \mathcal{N}_{t} + \mathcal{N}_{10} \mathcal{N}_{21}^{2}}} \tag{4.64}$$

$$\eta^{T} = \frac{1}{W} - \frac{1}{W} \sqrt{\frac{\mathcal{N}_{21} \mathcal{N}_{10}}{\mathcal{N}_{20} \mathcal{N}_{t} + \mathcal{N}_{21} \mathcal{N}_{10}}} \tag{4.65}$$

这些关于衰变核总数($\mathcal{N}$)、绝对的峰值效率和总效率($\eta_{21}^{P}, \eta_{10}^{P}, \eta^{T}$)的表达式除了取决于因子 W,还取决于所测得的强度 $\mathcal{N}_{21}$、$\mathcal{N}_{10}$、$\mathcal{N}_{20}$ 和 $\mathcal{N}_{t}$。

作为一个具体的例子,考虑放射性同位素 ^{60}Co 的衰变纲图[图 4.28(b)]。其 β 衰变布居子核 ^{60}Ni 的 2506 keV 能级。接下来,这个能级通过发射一个 2506 keV−1333 keV = 1173 keV 的光子衰变到位于 1333 keV 的第一激发态。随后,该激发态通过发射 1333 keV 的光子退激到基态。其他 β 和 γ 衰变都非常弱,因此,该衰变代表了对上面所讨论示意案例的一个几乎理想的情况。从 ^{60}Co 衰变的两个符合光子的角关联由下式给出(示例 D.1):

$$W(\theta) = 1 + \frac{5}{49} Q_{2}^{21} Q_{2}^{10} P_{2}(\cos\theta) + \frac{4}{441} Q_{4}^{21} Q_{4}^{10} P_{4}(\cos\theta) \tag{4.66}$$

其中,$P_n(\cos\theta)$ 代表 n 阶的勒让德多项式;Q_n^{ab} 是光子 γ_{ab} 的立体角衰减因子;θ 是光子两个方向之间的夹角。在这种情况下,$\theta = 0°$,因而,$P_2(\cos\theta) = P_4(\cos\theta) = 1$[式(A.12)和式(A.14)]。因子 Q_n^{ab} 可以根据效率和探测器晶体几何结构估计出来,例如使用蒙特卡罗模拟(附录 D.5)。严格来说,因子 Q_n^{ab} 还取决于事件类型(全能峰效率立体角衰减因子对总效率立体角衰减因子)。例如,式(4.58)原则上必须由下式来代替:

$$\mathcal{N}_{21} = \mathcal{N} \eta_{21}^{P} \left[1 - \left(1 + \frac{5}{49} Q_{2}^{21,P} Q_{2}^{10,T} + \frac{4}{441} Q_{4}^{21,P} Q_{4}^{10,T} \right) \eta_{10}^{T} \right] \tag{4.67}$$

在实践中,如果探测器和源之间的距离很小,则因子 $Q_n^{ab,P}$ 和因子 $Q_n^{ab,T}$ 之间的区别对于最终结果的影响可以忽略不计(距离小于 1 cm 时,导出效率的变化小于 1%)。然而,在较远距离时,可能需要考虑这一区别(Kim *et al.*,2003;Longland *et al.*,2006)。

6. γ 射线分支比

从给定初态跃迁到特定低位末态的 γ 射线衰变概率,归一化到初始能级总的 γ 射线衰变概率,称为 γ 射线分支比(γ-ray branching ratio)。它定义为特定跃迁 γ 射线分宽度与初态 γ 射线总宽度的比值[式(1.30)]。分支比包含有关原子核初态和末态核结构的重要信息。它们也需要从测量的特定跃迁强度以及所布居复合核能级的总数中计算出来。这一数值等于发生反应的总数,从而决定了反应截面(4.8 节和 4.9 节)。

考虑图 4.32 所示的示意性能级纲图。Y 核中的初始能级 i 由一些熔合反应 $X+a$ 布居。初态可以直接衰变到基态(0)或者衰变到三个较低的激发态(1、2、3)。这些跃迁(粗实线箭头)称为主要的 γ 射线衰变分支。相应的主要 γ 射线分支比从实验上由下式给出:

$$B_{ij} \equiv \frac{\mathcal{N}_{ij}/(\eta_{ij}^{\mathrm{P}} W_{ij})}{\sum_j \mathcal{N}_{ij}/(\eta_{ij}^{\mathrm{P}} W_{ij})} \tag{4.68}$$

其中,$\mathcal{N}_{ij}$、η_{ij}^{P} 和 W_{ij} 分别为所测量的从初始能级 i 到特定末态 j 跃迁的全能峰强度、峰值效率和角关联。这里假设 $\mathcal{N}_{ij}$ 和 η_{ij}^{P} 已经做了符合加和效应修正。还有涉及除初态 i 以外其他能级的额外衰变概率。这些跃迁(由细实线和短划线箭头表示)称为次级 γ 射线衰变分支。

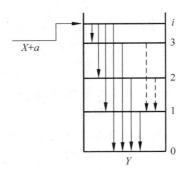

图 4.32 显示主要的(粗实线箭头)和次要的(细实线和虚线箭头)γ 射线跃迁的能级纲图。粗实线箭头源自在俘获反应 $X+a \longrightarrow Y$ 中直接布居的能级 i。细实线箭头对应于那些到 Y 核基态的次级跃迁

熔合反应中产生的复合核的总数,即布居初始能级 i 的总数,既可以从主要分支比(粗实线箭头)中得到:

$$\mathcal{N}_i = \sum_{j=0,1,2,3} \frac{\mathcal{N}_{ij}}{\eta_{ij}^{\mathrm{P}} W_{ij}} = \frac{\mathcal{N}_{ij}}{B_{ij} \eta_{ij}^{\mathrm{P}} W_{ij}} \tag{4.69}$$

也可以从所有衰变到基态的跃迁(细实心箭头加上初级基态分支)中得到

$$\mathcal{N}_i = \sum_{j=1,2,3,i} \frac{\mathcal{N}_{j0}}{\eta_{j0}^{\mathrm{P}} W_{j0}} \tag{4.70}$$

如果衰变纲图很复杂,则对 γ 射线能谱的正确解释可能具有很大的挑战性。有时发现,源自反应的感兴趣的峰,其与逃逸峰、室内本底峰,或者来自靶或束流污染物的反应的峰互相重叠。对于分析反应数据,通常比较束流轰击靶所得的谱、无束流时测量的谱(室内本底),或者束流轰击空白背衬的谱是很有利的。

有时可以从观测到的初级和次级 γ 射线跃迁的强度平衡来确定分宽度的比值。例如，考虑图 4.33，它显示了 ^{25}Al 的能级纲图以及利用锗探测器在 ^{24}Mg(p,γ)^{25}Al 反应中测量到的 γ 射线谱。反应布居了一个位于 $E_r = 1616$ keV 的共振，对应于复合核中位于 $E_x = 3823$ keV 的能级。该能级通过几个初级 γ 射线跃迁进行衰变。这些初级跃迁之一衰变到质子非束缚的 $E_x = 2485$ keV 能级。继而，该态具有三种衰变的可能性：①γ 射线跃迁到 $E_x = 452$ keV 态；②γ 射线跃迁到 $E_x = 945$ keV 态；③通过质子发射跃迁到 ^{24}Mg 基态。这样，$E_x = 2485$ keV 态的分宽度比值 Γ_γ/Γ，则由从该能级（$2485 \to 452, 2485 \to 945$）衰变的 γ 射线跃迁总数和供给该能级的 γ 射线跃迁总数（$3823 \to 2485$）的比值来给出：

$$\frac{\Gamma_\gamma}{\Gamma} = \frac{\Gamma_\gamma}{\Gamma_p + \Gamma_\gamma} = \frac{(\mathcal{N}_{2485 \to 452}/\eta^P_{2485 \to 452}) + (\mathcal{N}_{2485 \to 945}/\eta^P_{2485 \to 945})}{(\mathcal{N}_{3823 \to 2485}/\eta^P_{3823 \to 2485})}$$
$$= 0.91 \pm 0.04 \tag{4.71}$$

在这种情况下，角关联效应可以忽略不计。这一测量值提供了把 ^{24}Mg(p,γ)^{25}Al 反应截面外推到更低能区的重要输入信息（Powell $et\ al.$，1999）。

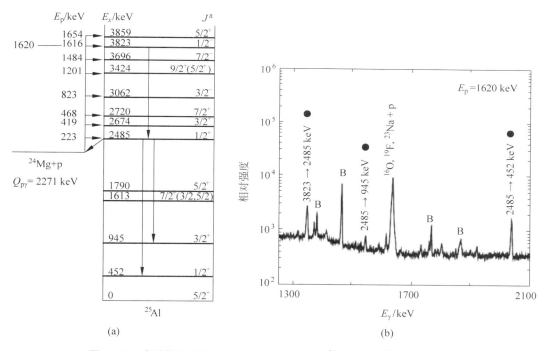

图 4.33 质子轰击能量为 $E_p = 1620$ keV 时的 ^{24}Mg(p,γ)^{25}Al 反应研究

(a) ^{25}Al 的能级纲图。该俘获反应在 $E_x = 3823$ keV 处布居一个能级，该能级通过 γ 射线衰变到 $E_x = 2485$ keV 态。后一个激发态通过质子发射或 γ 射线跃迁到更低的能级（$E_x = 452$ keV 或 945 keV）。(b) 测量的脉冲高度谱。布居到 $E_x = 2485$ keV 态和从该态衰变的 γ 射线跃迁以实心圆圈表示。见文中讨论。数据取自文献（Powell $et\ al.$，1999）

7. 4π γ 射线探测

为了确定各个 γ 射线跃迁的分支比以及最终的截面，则对于复杂 γ 射线谱的解释可能是非常耗时的任务。如果在一个特定反应中需要测量许多共振，则这样的研究就特别乏味。此外，如果俘获反应的 Q 值很大并且靶核很重，那么入射的带电粒子或中子可能会同时激

发许多重叠在一起的共振,导致在脉冲高度谱中有大量俘获的 γ 射线峰。不一定需要单个 γ 射线跃迁的实验信息来确定实验过程中发生的核反应的数目。从天体物理角度来说,所需要的一切 就是由感兴趣反应所引发的 γ 射线级联的总数。

例如,考虑图 4.34 所示的设置。靶或样品位于一个覆盖了近 4π 立体角的大型探测器晶体的中心。如果从靶上发射的特定级联中的每一条 γ 射线都被探测器完全吸收,则每个辐射俘获都会产生单个脉冲。该系统对每个辐射俘获都具有 100% 的探测效率,并不取决于级联的结构。脉冲高度谱将会在能量等于 Q 值与质心系轰击能量之和($E_\gamma^{\text{sum}} = Q + E_{\text{cm}}$)处呈现一个峰。该技术不仅可以大大简化数据分析,而且它有一个额外的优势,即角关联效应可忽略。此外,各种污染反应会在谱中的不同位置处产生和峰,因为它们的 Q 值可能与感兴趣反应的不同。这种技术利用了符合加和的优势。

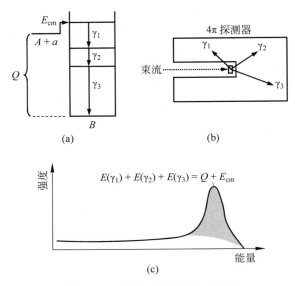

图 4.34 级联 γ 射线的 4π 探测

(a) 显示由三个光子(γ_1, γ_2 和 γ_3)组成级联的能级纲图。(b) 覆盖接近 4π 立体角的求和晶体。靶位于探测器的中心。在束流管道方向上发射的光子会逃出探测。(c) 脉冲高度谱示意图,显示了一个对应于能量为 $E(\gamma_1) + E(\gamma_2) + E(\gamma_3)$ 的一个和峰

4π 探测方法已成功应用于多种研究中,包括带电粒子和中子俘获反应(Lyons *et al.*, 1969; Wisshak *et al.*, 1990; Harissopulos, 2004)。由于任何有限尺寸的晶体对任意给定光子的总探测效率小于 100%,这样复杂性就出现了。一些光子可能会通过探测器(例如束流管道)的开口逃逸。其他的可能会被靶室吸收或可以简单地穿过探测器而不发生相互作用。这些效应会造成非完全加和,并在和峰以下产生连续的脉冲。另外,级联的探测效率(加和效率)不再是恒定的,并且取决于 γ 射线的衰变纲图。在实践中发现,利用足够大的探测器晶体,加和效率仅略微依赖于级联结构,并且可以使用蒙特卡罗传输程序对这种依赖性进行建模(Tsagari *et al.*, 2004)。

4.5.3 中子谱学

中子必须通过在探测介质中产生高能带电粒子的核相互作用(反应或散射)才能被观测

到(4.2.3节)。这些过程的截面在大多数情况下强烈依赖于中子的能量。因此,常常使用非常不一样的设备来探测不同能区的中子。关于各种类型中子探测器的详细讨论可以在文献 Knoll (1989)中找到。正如已经指出的那样,天体物理上重要的反应通常具有非常小的截面,因此这些测量需要高效的探测器。人们已经使用慢化正比计数器完成了核天体物理中的大多数中子测量。下面我们将聚焦这一探测器类型。闪烁体对中子探测也具有很高的效率(4.4.3节),但同时对束流诱发的 γ 射线和室内本底 γ 射线很敏感。虽然闪烁体可以通过脉冲形状鉴别技术来抑制不需要的 γ 射线信号,但是残余的 γ 射线本底不容忽视。出于这个原因,慢化正比计数器在测量较弱截面时通常可以达到比闪烁体更高的灵敏度。

1. 响应函数

我们首先讨论正比计数器的响应函数。作为一个具体的例子,选择一个充满 ^{3}He 气体的探测器。类似的论点对于 ^{10}BF$_3$ 正比计数器也适用。假设热中子($E_n = 0.025$ eV)入射到这样的探测器上,如图 4.35(a)所示。^{3}He(n,p)^{3}H 反应的 Q 值为 764 keV。由于传入的中子动量非常小,所以反应产物(质子和氚)以相反方向出射,总反应能量将根据碎片的质量比以动能的形式传递给它们($E_p = 573$ keV,$E_t = 191$ keV)。如果两个粒子都停止在计数器气体中(情形 a),则电流输出脉冲的幅度对应于 764 keV。这些事件出现在脉冲高度谱[图 4.35(b)]的全能峰(FEP)处。但是,如果其中一个粒子撞击到计数器壁,则产生一个较小的脉冲。此现象称为壁效应(wall effect)。例如,情形 b 显示了一个发生在靠近计数器壁的反应。质子在气体中被完全停止,而氚的全部能量被壁吸收。对应的事件会出现在脉冲高度谱中能量为 573 keV 处。如果反应发生在离壁一定距离处(情形 c),以便氚可以在气体中沉积至少一部分能量,则会产生一个较大的脉冲。类似的论点适用于相反的情形(情形 d),即当氚的能量在气体中被完全吸收,而仅发生部分质子能量沉积时。壁效应在脉冲高度谱中产生了 191 keV 和 573 keV 处的阶跃,分别对应氚和质子碎片各自的能量。它也取决于计数器的几何形状和大小,对于较大探测器和较高气压该效应不太明显。可以通过在 ^{3}He 中添加少量较重的气体(例如 Kr)来减小壁效应,因为那样带电粒子的射程会变小。

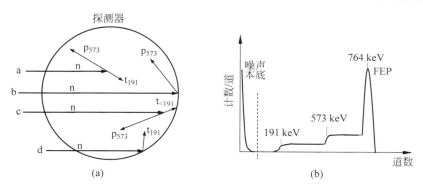

图 4.35 使用 ^{3}He 气体正比计数器的热中子($E_n = 0.025$ eV)测量

(a)中子在探测器中相互作用的历史。(b)脉冲高度谱。全能峰值出现在 ^{3}He(n,p)^{3}H 反应的 Q 值处($Q = 764$ keV)。在 191 keV 和 573 keV 处的阶跃是由墙效应引起的。鉴别器的阈值由垂直虚线表示

对于热中子,利用 ^{3}He 或 ^{10}BF$_3$ 正比计数器测量的全能峰的分辨率通常为百分之几。对于入射热中子,从上述考虑可以清楚地看出,使用正比计数器测量的脉冲高度谱不提供任

何关于中子能量的信息。

正比计数器的一个重要特性是它们能够甄别中子与来自室内或束流诱发的本底 γ 射线。光子主要与计数器壁发生相互作用并产生二次电子。这些电子在气体中具有相对较大的射程,因此它们在到达计数器壁之前仅在灵敏体积中沉积一小部分能量。结果是,大多数 γ 射线产生脉冲幅度比中子诱发的要小得多。在实践中,甄别阈的水平[图 4.35(b)中点划线]刚好设置在由壁效应引起的结构的下方。通过仅接受阈值以上的事件,所有这样的中子都被记录下来,而那些由电子学噪声、γ 射线等引起的低幅度事件将被丢弃。

2. 慢化正比计数器

类似于 γ 射线的情况(4.5.2 节),对于入射中子在探测器灵敏体积内穿过路径长度 x 而被探测到的概率,由式子 $P=1-\mathrm{e}^{-N\sigma x}$ 给出,其中 σ 是将入射带电粒子转化为中子的反应截面,N 为活性的(active)探测器原子核(^{10}B 或 ^{3}He)的数密度。例如,对于一个 30 cm 长,600 Torr 气压的圆柱形 ^{10}BF$_3$ 正比计数器,我们对沿探测器轴入射的热中子可得到大约 90% 的总效率(示例 4.2)。然而,在天体物理重要的反应中,中子通常以 keV 到 MeV 的能量发射,而不是热能量。反应 ^{3}He(n,p)^{3}H 和 ^{10}B(n,α)^{7}Li 的截面随中子能量的增加而快速减小,如图 4.15(a)所示。因此,正比计数器直接探测快中子的效率很低,使得这种探测器不适合于天体物理感兴趣较弱截面的测量。通过在探测器周围放置合适的慢化剂(如聚乙烯或石蜡),可以大幅地改善正比计数器探测快中子的效率。入射快中子在到达计数器之前在慢化介质中减速为慢中子,并被高效地探测到。

图 4.36 显示了一个高效率快中子探测系统的典型装置。它由几个充满 ^{3}He 或 ^{10}BF$_3$ 气体的正比计数器组成,围绕靶室布置在同心环中。计数器嵌入圆柱形聚乙烯慢化体中,并在周围环绕着硼-石蜡层和镉层。后面这些材料起着屏蔽体的作用,通过在石蜡中对室内本底中子进行慢化,并在它们达到探测器灵敏体积之前被硼或镉层所吸收。人们感兴趣的(束流诱发的)反应发生在靶室内,靠近整个探测器的中心。这种装置对 0.5~10 MeV 中子的总效率可以达到 20%~30%(4.7.4 节)。在 ^{3}He 和 ^{10}BF$_3$ 之间选择哪种填充气体,通常受效率和 γ 射线灵敏度因素的控制(East & Walton,1969)。当需要最大探测效率时,^{3}He 计数器比 ^{10}BF$_3$ 管更可取,因为前者可以在更高的压强下运行。另外,后者对 γ 射线本底不太灵敏,因为 ^{10}B(n,α)^{7}Li 反应比 ^{3}He(n,p)^{3}H 反应具有更高的 Q 值。

3. 效率刻度

中子探测器的大多数效率刻度是使用校准的中子源完成的。实际上是没有发射具有分立能量中子的放射性同位素作为源来用的,因此实验室中子源是基于自发裂变或者是核反应的。

许多超铀元素通过自发裂变进行衰变,从而释放快中子、裂变碎片、β 和 γ 辐射。这些材料通常被封装在一个相对较厚的容器中,以便只有中子和 γ 射线可以从源中出来。这种源最常见的类型是 ^{252}Cf($T_{1/2}=2.65$ a)。中子能谱是连续的,最高可达 10 MeV,其最大值在约 0.6 MeV 处。中子产额大约为 2.3×10^6 s$^{-1}\cdot\mu$g^{-1}(Knoll,1989)。与其他中子源相比,^{252}Cf 可以做成相对较小的尺寸。

中子源也可以通过将发射 α 的同位素与像 ^{9}Be 这样的物质混合起来制作,其中 ^{9}Be 表现出相对较大的(α,n)反应截面。这种类型最常见的源之一是 ^{239}Pu-Be 混合物,来自 ^{239}Pu 衰

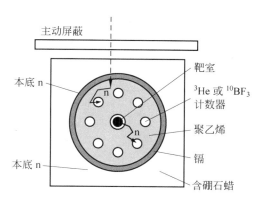

图 4.36 慢化的比例计数器。几个 ^{3}He 或 ^{10}BF$_3$ 正比探测器(空心圆圈)在靶室(显示为实心圆圈)周围排列成一个同心环。探测器嵌入作为束流诱发快中子慢化剂的聚乙烯中。慢化后,这些中子能更有效地被探测到。内部探测器核心被镉层和含硼石蜡层包裹。这些材料充当着屏蔽来自本底中子那些不需要贡献的作用。整个装置可以由塑料闪烁体反符合屏蔽予以覆盖(4.4.3 节),以减少由宇宙射线 μ 子所诱发的本底

变的 5.14 MeV 能量的 α 粒子启动了 ^{9}Be$(\alpha,n)^{12}$C 反应。中子跃迁要么发生在 ^{12}C 基态,要么发生在它的各个激发态。α 粒子在与 ^{9}Be 核发生反应之前,在源中损失一些初始能量,因此,中子能谱是连续的,直到大约 11 MeV。类似讨论对其他 (α,n) 中子源也是适用的。一个 ^{239}Pu-Be 源在每 10^6 个初级 α 粒子下产生大约 60 个中子。根据 α 发射核的半衰期,这些源的中子产额应该是衰减的。然而,如果源包含要么直接发射 α 粒子,要么衰变成 α 发射子核的污染物,则这个假设不一定成立。此类污染物甚至会造成中子产额随时间而增加(Knoll,1989)。

类似地,γ 射线发射体有时也用于通过光中子反应 ^{9}Be$(\gamma,n)^8$Be$(Q=-1.66$ MeV$)$ 或 ^{2}H(γ,n)p$(Q=-2.23$ MeV$)$ 来产生中子。合适的 γ 射线发射体必须提供能量相对较大的光子以启动 (γ,n) 反应。这种中子源的一个例子是 ^{88}Y-Be 的混合物。由于 γ 射线以分立的能量发射并且在源中不会被减速,所以发射的中子也将是单能的,除了有一个小的运动学能量展宽以外。(γ,n) 中子源的缺点是需要较高的 γ 射线活度才能达到可接受的中子强度。其结果是,中子伴随着大量的 γ 射线本底。

表 4.9 列出了上面讨论的各种中子刻度源的特性,连同它们的中子能区。中子也可以直接在加速器上利用核反应来产生,例如 d$(d,n)^3$He$(Q=3.27$ MeV$)$ 和 ^{7}Li$(p,n)^7$Be$(Q=-1.64$ MeV$)$ 反应。此外,对于中子探测器效率的理论计算通常使用蒙特卡罗模拟来完成(Briesmeister,1993)。

表 4.9 中子刻度源的特性

放射源	类型	半衰期[a]	E_n[b]/MeV
^{252}Cf	spon. fission	2.645(8)a	<10[c]
^{239}Pu-Be	(α,n)	24110(30)a	<11
^{241}Am-Be	(α,n)	432.6(6)a	<10[c]
^{88}Y-Be	(γ,n)	106.626(21)d	0.152

续表

放射源	类型	半衰期[a]	$E_n{}^{b}$/MeV
			0.949
^{124}Sb-Be	(γ,n)	60.20(3) d	0.023

数据来源：[a] Wang *et al.*，2012；[b] Knoll，1989，除非另有说明；[c] Lorch，1973。

4.6 各种实验技术

许多实验技术被用于天体物理重要反应的直接测量中,这些反应需要特殊设备和程序。在本节中,我们将聚焦三个特别重要的示例:①放射性离子束;②活化法;③飞行时间技术。后两个在带电粒子和中子诱发的反应研究中都有应用,但在核天体物理中它们主要(虽然不是唯一的)应用于中子诱发反应领域。对于其他有趣的技术,例如加速器质谱(Wallner *et al.*,2006)或蚀刻径迹探测器的使用(Somorjai *et al.*,1998),读者可以参考相关文献。

4.6.1 放射性离子束

在天体等离子体高温环境下,质子和 α 粒子诱发的反应不仅涉及稳定核素(这在下一章变得很明显),而且不稳定核素也参与到核合成中。其中一个相互作用原子核的非稳定性,对于实验者来说代表着一个很大的挑战。如果其半衰期超过几天,则也许可以制作一个放射性靶,然后利用质子和 α 粒子轰击此放射性靶,并用前述实验技术和方法对感兴趣反应进行可能的直接测量。这种研究的例子是测量放射性核素 ^{22}Na(Seuthe *et al.*,1990; Stegmüller *et al.*,1996)和 ^{26}Al^g(Buchmann *et al.*,1984; Vogelaar,1989)的质子俘获反应,其半衰期分别为 $T_{1/2} = 2.6$ a 和 7.2×10^5 a。然而,如果一个核素的半衰期等于或少于几分钟,则放射性靶的制造是行不通的。不过,如果将靶和炮弹的角色互换,则对这种反应的直接测量是可能的。下面考虑在轻粒子 x(质子或 α 粒子)和短寿命重核 X 之间的反应。用炮弹 x 轰击靶 X 可能是行不通的。然而,产生定向的放射性核束 X 到由轻核 x 组成的静止靶上则是可能的。这种测量称为逆运动学(inverse kinematics)研究。例如,假设我们想要测量 $\mathrm{p}+X$ 反应在质心能量 $E_{cm} = 0.5$ MeV 处的质子俘获截面,其中短寿命原子核 X 的质量数为 $A = 20$。核素 X 的实验室系束流能量则为 $E_{lab}(^{20}X) = E_{cm}(m_p + m_X)/m_p = 10.5$ MeV[式(C.24)]。X 在大约 100 m 距离上的飞行时间仅为大约 10 μs,因此,如果 X 的半衰期不是很短的话,则测量 $\mathrm{p}+X$ 反应原则上是可行的(例如,在这个例子中,$T_{1/2} > 10$ μs)。

对于适用于核天体物理测量的放射性离子束的产生、传输和加速,需要大量的资源和努力。目前已经发展了几种不同的技术,并且在能力上是互补的。在最简单的情况下,感兴趣的放射性材料是在核反应堆或加速器上产生并离线生产的,然后转化为合适的化学形式并安装在第二个能够加速放射性重离子的加速器的离子源中。这种方法称为批处理模式技术(batch mode technique),仅适用于寿命相对较长的核束。例如,它已应用于 ^{7}Be(p,γ)^{8}B 和 ^{44}Ti(α,p)^{47}V 反应的研究中(Gialanella *et al.*,2000; Sonzogni *et al.*,2000)。然而,最直接的方法是在线产生放射性核素,在离子源中对它们进行电离和提取,并对它们进行后加速。这种方法称为同位素分离器在线(ISOL)技术,已被广泛使用于核天体物理测量中。下面我们将简要介绍这种方法。更具体的信息可以在文献(Smith & Rehm,2001;Blackmon *et al*.,2006)中找到。涉及使用(低能)非加速放射性离子束或使用炮弹碎裂产生的高能放射性束测量的其他技术,主要用于重要核结构特性的间接研究中。因此它们通常不适合于低能核反应的直接测量,这里将不予以讨论。更多关于后者的主题,读者可以在文献(Mueller & Sherrill,1993)中找到。

ISOL 技术的示意图如图 4.37 所示。来自产生加速器的稳定核束轰击厚靶并产生放射性核。这些核素从靶中扩散出去,通过传输管(transfer tube)进入离子源,在那里它们被电离和被连续地引出。然后,通过质量分离器把放射性离子从其他不需要的同位素中分离出来。在这一阶段,它们代表一束未加速的低能放射性离子。随后,它们将通过一个后端加速器进行加速,并调节束流能量到预期值。这些被加速的放射性离子束最终入射到氢或者氦靶上。从感兴趣反应中出射的辐射然后被合适的探测器所观测到。来自 ISOL 设施的束流具有出色的束流品质(分辨率和能散)。实验的成功取决于放射性离子束的流强,该流强受到以下因素的限制:初级产生截面、放射性离子在产生靶中的扩散速度及其从靶中渗出(effusion),以及离子源中的离化效率。不幸的是,没有单一的产生束、厚靶和离子源的组合可以产生所有天体物理感兴趣的放射性核素。更为典型的是,每个放射性离子束实验都需要大量且耗时的束流开发工作,通过改变产生靶的成分和化学性质使得感兴趣的放射性核素的流强最大化。某些元素的束流,例如惰性气体或碱金属,能够以相对较高的流强产生,而难熔元素的束流难以从产生靶中提取出来,因此只能在相当低的流强下使用。关于在 ISOL 设施上产生放射性束的有关问题已在文献(Dombsky *et al*.,2004)中讨论过。目前,即使在有利的情况下,传送到实验靶上的放射性束流强至多为约 10^{10} 个离子每秒。在典型的正常运动学实验中,$100~\mu A$ 质子束对应于 6×10^{14} 个粒子每秒,对比这两个流强值表明:

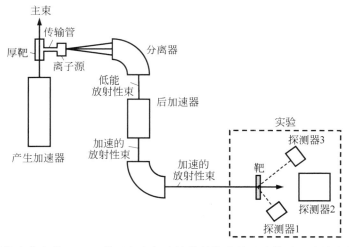

图 4.37 在线同位素分离器(ISOL)装置产生加速的放射性束的基本构成。虚线方框表示天体物理感兴趣反应测量的位置。在一个 X(a,b)Y 类型的反应中,探测器 1 或 3 探测出射的轻粒子 *b*。或者,轻粒子 *b* 和相应较重的余核 Y 可以进行符合测量。在俘获反应 X(a,γ)Y 中,较重的余核 Y 可以由反冲分离器(探测器 2)进行测量。或者,余核可以由探测器 2 与探测器 1 和探测器 3 中的相应瞬发 γ 射线进行符合测量

放射性离子束设施必须经过精心设计和优化,以避免宝贵的放射性束的任何强度损失。此外,探测系统必须具有较大的探测效率,并对不需要的束流引起的本底贡献具有很大的甄别能力。

在更详细地描述特定实验之前,我们将首先简要讨论 ISOL 设施上的一些重要组成部分。在恒星中,涉及放射性离子的大多数带电粒子反应都是由质子或 α 粒子引起的。因此,氢和氦在放射性离子束直接测量中是最重要的靶材。对靶的要求与那些适用于正常运动学实验的略有不同(4.3 节)。在氢的情况下,已在多次测量中成功地使用了薄的聚乙烯 $[(CH_2)_n]$ 膜,即使拉伸至 $20\sim1000\ \mu g\cdot cm^{-2}$ 的厚度,它们在力学上也是稳定的,已用于流强高达 10^9 粒子每秒的实验中而无明显的变差。然而,其中的碳含量可能会产生较强的以弹性散射为主的束流诱发本底。气体靶是氦的选择,当然对氢也是有好处的。具有薄的入射和出射窗的气室很容易操作,但窗箔会降低束流能量分辨并引起本底反应。无窗气体靶是首选(4.3.2 节),尽管它们体积庞大且价格昂贵,原因是需要很多级泵才能将压强降低到 10^{-7} Torr 的范围。

放射性束实验以逆运动学形式进行。对于反应产物,有一个有趣的结果,即质心系下的立体角在实验室参考系中被压缩到一个明显更小的立体角(附录 C.2)。用于放射性离子束实验的探测系统将利用这种情况的优点以增加效率和灵敏度。使用硅条探测器阵列可以对来自 (p,α) 或 (α,p) 反应的带电粒子进行测量,在靶周围可以布置该阵列覆盖一个很大的立体角。这些探测器是高度细分的,远超过 100 个单元,可以提供出色的能量和角度分辨。这些计数器的厚度为 $50\sim1000\ \mu m$,阵列可以叠放在一起并通过测量能损(ΔE)和总能量(E)来识别粒子。在某些情况下,重反应产物 Y 可以被放置在靶下游的其他探测器,通过符合的方式被探测到。这种实验通常需要大于 10^5 个粒子每秒的放射性束流强才能达到足够的计数统计。

对于 (p,γ) 或 (α,γ) 类型的辐射俘获反应,原则上可以通过在束 γ 射线测量(4.5.2 节)或通过活化法(4.6.2 节)来研究。这两种技术都有缺点。对于丰质子放射性束来说,直接探测单独的 γ 射线特别困难,这些束流(在靶室中和附近的散射和正电子衰变后)会引起很高的 511 keV 光子本底。仅在观测到的衰变是天体物理感兴趣反应的标志性特征的情况下,活化测量才是有用的。研究俘获反应最好的方法是直接探测反冲核 Y。该技术特别适用于放射性束的逆运动学测量。出射的 γ 射线将非常小的动量传递给复合核,因此复合核通常在相对于束流方向为 $\phi_{lab}\approx1°$ 上发射(习题 4.9)。这允许一个对重反应产物的有效探测,前提是它们可以从以相同方向运动的入射的放射性束中被分离出来。入射炮弹和重反应产物具有相同的线性动量,并在质量和速度上仅差百分之几。此外,感兴趣的截面通常很小,因而束流炮弹的数目超过反应产物很多倍($10^{10}\sim10^{15}$)。在有压倒性束流粒子本底的情况下,反冲分离器是有助于探测反应产物的复杂精密装置。质量分离和束流抑制是通过使用偶极磁铁、静电偏转板和速度选择器(Wien filter)来完成的。反应产物被设备的焦平面所收集,并根据其质荷比进行散开。可以运用多种探测方案,例如,飞行时间、Z 鉴别或延迟活性探测。通过对分离器焦平面处的重反冲核与靶附近的瞬发 γ 射线进行符合测量,可以显著地提高探测的灵敏度。典型地,对于这种实验,放射性束流强需要大于约 10^7 个粒子每秒才能累积足够的计数统计。

第一个使用加速的放射性束核天体物理实验是比利时 Louvain-la-Neuve 的 ^{13}N$(p,\gamma)^{14}$O 反应测量(Delbar *et al.*,1993)。自从这项开创性研究以来,人们已经在世界各地的许多放射性束装置上对一些重要的天体物理反应进行了直接或间接的实验测量。对其中一些实验的讨论已在文献(Smith & Rehm,2001；Blackmon *et al.*,2006)中给出,这里不再赘述。放射性离子束装置打开了以前在核天体物理中无法实现的一个窗口。从这些测量所得到的结果对预测爆炸性核合成具有至关重要的影响。因此,作为一个例子,对一个特定实验的更详细讨论还是很值得的。

^{21}Na(p,γ)^{22}Mg 反应对于产生经典新星中长寿命的 γ 射线发射核^{22}Na 是非常重要的(5.5.2节)。在新星伽莫夫能区$[E_0 \pm \Delta/2 = (270 \pm 100)$ keV,$T = 0.3$ GK$]$,人们利用位于加拿大温哥华的 TRUMF-ISAC 装置对该反应进行了直接测量(D'Auria *et al.*,2004)。TRUMF 回旋加速器提供的 500 MeV 质子束(强度$\leqslant$30 μA)轰击一个厚的 SiC 产生靶。在 Si 上的散裂反应产生了^{21}Na,通过传输管从热靶中扩散出来,并在表面电离源中离化。经过质量分离后,使用射频四极杆(RFQ)加速器和漂移管直线加速器将低能^{21}Na 束加速至能量 0.15～1.5 MeV·u^{-1}。传送到实验的^{21}Na 束流强度高达 10^9 个离子每秒。放射性^{21}Na 束随后入射到一个无窗氢气靶上。由 30 个 BGO 闪烁体探测器构成的阵列对瞬发 γ 射线进行探测,该阵列紧紧包裹在气体靶周围,几乎覆盖4π立体角。^{22}Mg 核由 DRAGON 反冲分离器从非常强的束流中分离出来(Engel *et al.*,2005),并被焦平面的双面硅条探测器所探测到。在焦平面上探测到的^{22}Mg 核与在靶附近被 BGO 阵列探测到的相应 γ 射线之间的符合关系,可以实现一个非常高的探测灵敏度,即使^{22}Mg 核具有较低的能量。图 4.38 显示了^{21}Na(p,γ)^{22}Mg 反应中反冲分离器焦平面上探测到的重离子脉冲高度谱,其轰击能量位于最低位的共振能区($E_r^{cm} = 207$ keV)。虚线直方图显示的是单谱,其中从分离器泄漏出去的不需要的^{21}Na 束流粒子占主导。阴影直方图仅显示与 BGO 阵列探测到的 γ 射线($E_r \geqslant$ 3 MeV)有符合的那些重离子。这些事件对应于^{22}Mg 离子,因为^{21}Na 束流粒子预期不会与瞬发 γ 射线符合。对于^{22}Mg 反冲核的清晰鉴别,可以实现对该共振能量和强度的精确测量,而该共振主导着^{21}Na(p,γ)^{22}Mg 反应在典型新星温度下的总反应率。

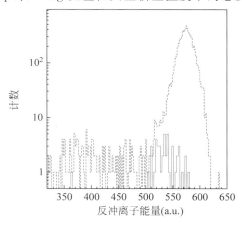

图 4.38　在研究^{21}Na(p,γ)^{22}Mg 反应中 $E_r^{cm} = 207$ keV 共振时,在反冲分离器焦平面所探测到的重离子的脉冲高度谱。虚线直方图显示的是单谱,以从分离器泄漏出去的^{21}Na 束流粒子为主。阴影谱显示了与包围氢气靶的 BGO 阵列所探测到的瞬发 γ 射线相符合的那些重离子。这些事件对应于反应产物^{22}Mg,这是因为^{21}Na 束流粒子不与瞬发 γ 射线符合[转载经(D'Auria *et al.*,2004)许可。版权(2004)由美国物理学会所有]

4.6.2 活化法

我们已经讨论了对反应产物的瞬时探测,即对 $X(a,b)Y$ 或 $X(a,\gamma)Y$ 类型的反应中发射的粒子或 γ 射线分别进行直接探测。从它们测量的强度,我们可以推断出发生反应的总数。这些信息可以用于计算截面或共振强度(4.8 节和 4.9 节)。在一些实例中,这种反应会产生处于基态(或处于长寿命同核异能态)的放射性核 Y。当炮弹轰击靶或样品停下来后,可以通过观测剩余反射性来数原子核 Y 的数量,而不是探测瞬时辐射 b。这种技术称为活化法(activation method)。在核天体物理测量中,它主要用于中子俘获反应的研究(Käppeler,1999)。用于带电粒子诱发反应研究的应用,例如,可以参考文献(Sauter & Käppeler,1997;Gyuerky $et\ al.$,2003)。

活化法具有一定的优势。例如,考虑一个可以引起复杂 γ 射线衰变纲图的俘获反应。在这种情况下,通过测定瞬时 γ 射线强度及其分支比来推断发生反应的数目,可能会变得非常具有挑战性(4.5.2 节)。然而,所有这些 γ 射线级联最终都会跃迁到核 Y 的基态(或长寿命的同核异能态)。通过活度就可以直接数出放射性核 Y 的数目,从而直接提供了天体物理感兴趣的信息,而不依赖于衰变分支或角关联效应的细节。另外,由于活性是在照射后测量的 ,所以没有瞬发束流诱发本底,而且可以更容易地对测量设置进行效率优化,这是因为在离线测量中不存在几何上的复杂性,例如靶室和束流管道。最后,活化法对特定反应具有选择性,即通过测量放射性衰变产物的能量或放射性衰变的时间演化,人们可以推断出放射性核 Y 的身份。有时在单次测量中甚至可以测定几种不同反应的截面。活化法适用于半衰期几年到几分之一秒的放射性反应产物(Beer $et\ al.$,1994)。

放射性原子核核 Y 数目的变化率由产生率和衰减率的差值给出:

$$\frac{\mathrm{d}\,\mathcal{N}_Y(t)}{\mathrm{d}t} = P(t) - \lambda_Y\,\mathcal{N}_Y(t) \tag{4.72}$$

其中,$\mathcal{N}_Y$ 和 $\lambda_Y = \ln 2/T_{1/2}$ 分别是原子核 Y 的数目和衰变常数。产生率由下式给出:

$$P(t) = \mathcal{N}_X\int\sigma(E)\phi(E,t)\mathrm{d}E = \mathcal{N}_X\hat{\sigma}\int\phi(E,t)\mathrm{d}E = \mathcal{N}_X\hat{\sigma}\phi(t) \tag{4.73}$$

其中,$\mathcal{N}_X$ 为靶核 X 的数目;σ 为 $X(a,b)Y$ 反应的截面;$\phi(t)$ 为入射粒子的通量(单位时间单位面积的粒子数)。在上述表达式中已经作出了许多假设:①靶或样品原子核 X 的数目在辐照过程中不发生变化(即靶不会变坏,且被破坏的靶核的比例可以忽略不计);②靶或样品足够薄,以至于入射带电粒子在靶中的能损或者入射中子在样品中的衰减很小。量 $\hat{\sigma}$ 代表在入射炮弹能量分布下的平均截面(对于带电粒子也是对靶厚的平均)。对于入射粒子通量可变的一般情况,必须对式(4.72)进行数值积分。对于恒定通量的特殊情况,$\phi(t) = $ const,我们可以对式(4.72)进行解析求解。对于初始条件 $\mathcal{N}_Y(t=0)=0$,它的解是

$$\mathcal{N}_Y(t) = \frac{\mathcal{N}_X\hat{\sigma}\phi}{\lambda_Y}(1 - e^{-\lambda_Y t}) \tag{4.74}$$

如果 $\lambda_Y t \ll 1$,我们发现 $\mathcal{N}_Y(t) \approx \mathcal{N}_X\hat{\sigma}\phi[1-(1-\lambda_Y t)]/\lambda_Y = \mathcal{N}_X\hat{\sigma}\phi t$,即 $\mathcal{N}_Y(t)$ 在短的照射时间内线性增加。对于 $\lambda_Y t \gg 1$,我们得到 $\mathcal{N}_Y(t) \approx \mathcal{N}_X\hat{\sigma}\phi/\lambda_Y = \mathcal{N}_X\hat{\sigma}\phi T_{1/2}/\ln 2 = \mathcal{N}_Y^S$,并且当生产率等于破坏率时,$\mathcal{N}_Y(t)$ 达到饱和值 $\mathcal{N}_Y^S$。在一个辐照周期($t = t_0$)结束后,原子核 Y 的数目为 $\mathcal{N}_Y(t_0) = \mathcal{N}_X\hat{\sigma}\phi(1 - e^{-\lambda_Y t_0})/\lambda_Y$。由于在 $t > t_0$ 时不再产生核 Y,所以产生率为零且

$\mathcal{N}_Y(t)$ 的时间演化由下式给出：

$$\mathcal{N}_Y(t) = \mathcal{N}_Y(t_0) e^{-\lambda_Y(t-t_0)}$$

$$= \frac{\mathcal{N}_X \hat{\sigma} \phi}{\lambda_Y}(1 - e^{-\lambda_Y t_0}) e^{-\lambda_Y(t-t_0)}, \qquad 当 \, t > t_0 \qquad (4.75)$$

如果样品在 t_1 到 t_2 之间计数，则在此期间该样品分解的数目由活度 $A_Y(t) = \mathcal{N}_Y(t)\lambda_Y$ 的积分给出：

$$D(t_1, t_2) = \int_{t_1}^{t_2} \lambda_Y \mathcal{N}_Y(t) \mathrm{d}t = \mathcal{N}_X \hat{\sigma} \phi (1 - e^{-\lambda_Y t_0}) \int_{t_1}^{t_2} e^{-\lambda_Y(t-t_0)} \mathrm{d}t$$

$$= \frac{\mathcal{N}_X \hat{\sigma} \phi}{\lambda_Y}(e^{\lambda_Y t_0} - 1)(e^{-\lambda_Y t_1} - e^{-\lambda_Y t_2}) \qquad (4.76)$$

因而，截面 $\hat{\sigma}$ 可以由分解的数目、靶核的数目以及入射粒子的总通量来确定。式(4.76)也可用于通过已知的截面来确定未知的中子通量。

图 4.39 示意性地显示了放射性核 Y 的数目随时间的演变关系。在这个例子中，入射粒子通量是常数，$\phi(t) = $ 常数。靶辐照从 $t = 0$ 开始，到 $t_0 = 6T_{1/2}$ 停止，其中，$\mathcal{N}_Y(t)$ 接近于饱和值 $[\mathcal{N}_Y(t)/\mathcal{N}_Y^S = 0.984]$。经过 $t_0 \sim t_1$ 一段时间的等待，当 $\mathcal{N}_Y(t)$ 呈指数衰减时在 $t_1 \sim t_2$ 进行活度计数。分解的数目（或测量计数）与截面的关系在 4.8 节和 4.9 节中有讨论。

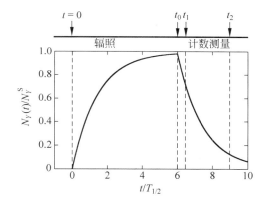

图 4.39　放射性核 Y 的数目（以饱和度 $\mathcal{N}_Y^S$ 为单位）随时间（以半衰期 $T_{1/2}$ 为单位）的演化。这里，入射粒子通量假设为常数。靶的辐照在 $t = 0$ 时刻开始，在 $t_0 = 6T_{1/2}$ 时刻结束，即当比值 $\mathcal{N}_Y(t)/\mathcal{N}_Y^S$ 接近于 1 时。经过一段时间 $(t_1 - t_0)$ 的等待，当 $\mathcal{N}_Y(t)$ 呈指数衰减时，在 t_1 和 t_2 之间测量活度

靶或样品必须足够厚才能达到合理的计数统计。但它们也不应太厚，否则：①入射中子可能会显著衰减或经历多重散射，而这些效应可能是难以修正的；②入射带电粒子的截面将会在很大的能量范围内进行积分，并且无法在合理的能量分辨内进行确定；③发射的延迟辐射（例如电子或光子）的自吸收可能会变得很重要。当用强流带电粒子束轰击靶时，由溅射或背散射引起的放射性核 Y 的损失是另一个问题。这些损失可以通过用包裹靶的俘获薄膜的测量来解释说明。此外，必须确保在此辐照期间通过其他一些核反应，$Z(c, d)Y$，不会产生感兴趣的放射性核 Y，这可能涉及束流或靶中的污染物。例如，^{27}Al$(n, \gamma)^{28}$Al 反

应测量可能由于铝样品中存在^{28}Si污染物而变得复杂,这是因为^{28}Si(n,p)^{28}Al反应也会产生^{28}Al,从而会干扰测量。

4.6.3 飞行时间技术

飞行时间方法提供的中子束分辨率远优于其他大多数技术。考虑图4.40,它显示的是一个脉冲质子或电子束入射到中子产生靶上的情况,如4.1.2节中所述。在每个脉冲下,产生了一组具有较宽能量分布的中子。中子行进到位于产生中子靶距离L处对样品进行辐照。在样品中发生中子诱发反应,产生的瞬发辐射可以使用合适的计数器进行探测。例如,图4.40中的探测器1是用于(n,γ)反应研究的γ射线探测器。中子速度由测量的飞行路径长度和时间差($t = t_{stop} - t_{start}$)来决定,即介于初级电子或质子脉冲在中子产生靶上的到达时间和瞬发反应产物的探测时间之间的时间差(前提是后者时间实际上与中子到达样品的时间是同时的)。中子能量由下式给出:

$$E = \frac{1}{2} m_n v^2 = \frac{1}{2} m_n \left(\frac{L}{t}\right)^2 \tag{4.77}$$

其中,m_n为中子质量。使用该非相对论表达式在$E = 1$ MeV时引入的误差小于0.2%。在实践中,这些事件被分类填充在横轴显示为飞行时间的直方图中(即一个特定道对应于t_i和t_{i+1}之间的飞行时间)。随后,飞行时间尺度转换为中子能量尺度。从式(4.77)中,我们发现在数值上有如下关系:

$$\frac{t}{L} = \frac{72.3}{\sqrt{E}} \tag{4.78}$$

其中,t、L和E分别以微秒(μs)、米(m)和电子伏(eV)为单位。例如,对于10 m的飞行路径和1 keV能量的中子,其飞行时间约为23 μs。对于具有较宽能量分布的入射中子,飞行时间技术可以在单次实验中实现对反应产物强度作为入射中子能量函数的测量。

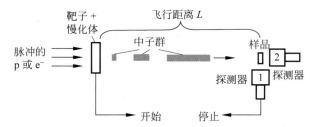

图4.40 中子飞行时间技术。脉冲质子或电子束轰击到一个中子产生靶上。对于每个脉冲,都会产生一个具有较宽能量分布的中子组。中子到达辐照样品途经的距离为L。例如,来自样品中诱发的(n,γ)反应的瞬发γ射线由计数器1来探测,而计数器2代表一个用于测量透射的中子探测器(4.2.3节)。入射中子能量由飞行路径长度L和时间差$t = t_{stop} - t_{tarart}$给出,即初级电子或质子脉冲在中子产生靶上的到达时间与计数器1中瞬发反应产物的探测时间(或计数器2中透射中子的探测时间)之间的时间差

根据式(4.77),中子束的能量分辨由下式给出:

$$\frac{\Delta E}{E} = 2 \sqrt{\left(\frac{\Delta L}{L}\right)^2 + \left(\frac{\Delta t}{t}\right)^2} \tag{4.79}$$

飞行路径的不确定性(例如,由于中子产生靶和探测器的有限尺寸)可以通过增加距离 L 来减小,但是中子束强度在样品位置处同时也会降低。在大多数情况下,飞行时间的不确定性将主导能量分辨。在数值上可得

$$\Delta E = 0.028 \frac{\Delta t}{L} E^{3/2} \tag{4.80}$$

不确定性 Δt 受许多因素的影响,包括特定质子或电子轰击(小于 100 ns)后中子组的时间宽度,探测器的脉冲上升时间(小于 5 ns),以及如果中子产生靶被慢化剂包围时中子慢化时间的不确定性。对于探测器的主要要求是:快定时特性、相对高效,以及对中子诱发本底辐射的低灵敏度。对于中子俘获研究,经常使用有机闪烁体或 BaF_2 探测器,而电离室或固体计数器是 (n,p) 或 (n,α) 类型实验的探测器选择。借助飞行时间技术,对于高达几千电子伏的中子束流能量,已获得的能量分辨率要好于 1 eV(即 $\Delta E/E \approx 0.001$)。例如,图 4.41 显示了 $^{197}Au(n,\gamma)^{198}Au$ 反应中在 4.9 eV 共振附近测量到的计数率与飞行时间的关系。有关利用飞行时间技术获得的透射曲线和中子俘获产额曲线的其他示例如图 4.61 所示。

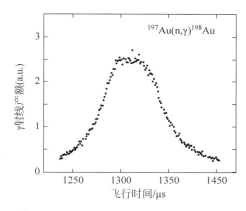

图 4.41 在 $^{197}Au(n,\gamma)^{198}Au$ 反应中的 4.9 eV 共振附近测量到的计数率与飞行时间的关系。数据来自文献(Macklin *et al.*,1979)

4.7 本底辐射

用于熔合反应测量中的所有辐射探测器都会记录一定量的脉冲,即由环境中的天然放射性或由宇宙辐射所引起的脉冲。对于相对较大的反应截面,本底计数率与信号计数率相比可以忽略不计。然而,天体物理重要反应在感兴趣的能量下通常具有很小的截面。在这种情况下,必须仔细设计实验,以免信号被本底遮挡。必须牢记的是,在核计数实验中,在本底之上探测到信号的灵敏度直接与信号的计数率近似成正比,而与本底计数率的平方根成反比(Knoll,1989)。例如,本底降低 100 倍对应于灵敏度仅提高 10 倍。因此,需要努力降低本底,以观测到非常弱的截面或共振强度。为了发展降低本底的探测技术,首先要更详细地了解本底的本质。有关这些问题的综述可以参考文献 Knoll (1989) 和 Heusser (1995)。在这里,我们将讨论天然放射性和宇宙线对用于核天体物理测量的那些探测器的影响。我们对抑制本底的方法特别感兴趣。其他重要的本底来源,例如来自于电子学噪声或束流诱

发过程的(4.3.3节和表4.4),将不在此节讨论。

4.7.1 概述

图4.42显示了一个典型的实验装置,包括加速器、靶室、探测器和屏蔽。最重要的本底辐射来源已标出。地球表面附近和普通建筑材料(墙壁、探测器、屏蔽材料、空气等)中的环境辐射是由天然存在的放射性同位素引起的。特别是,Th、U和Ra是放射性衰变系列中的成员,并导致了大量能发出 α、β 和 γ 辐射的子核。在这些子核产物中,短寿命放射性气体^{220}Rn和^{222}Rn存在于环境空气中。对于来自氡及其先驱核的本底,可以通过使用不含氡的气体(例如氮气)更换探测装置周围的空气来降低。此外,自发裂变(特别是^{238}U)会对 γ 射线和中子本底有贡献。环境 β 和 γ 辐射的另一个重要来源是^{40}K 的衰变($T_{1/2}=1.3\times 10^9$ a)。某些源于过去核武器试验裂变产物的活度也会对本底有贡献(例如^{137}Cs)。

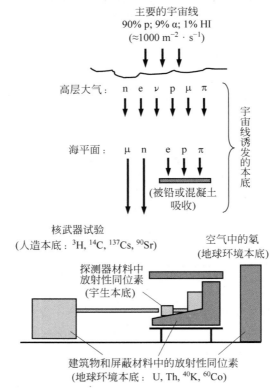

主要的宇宙线
90% p; 9% α; 1% HI
(≈ 1000 m$^{-2}\cdot$s^{-1})

高层大气: n e ν μ π

海平面: μ n e p π

(被铅或混凝土吸收)

宇宙线诱发的本底

核武器试验
(人造本底:^{3}H, ^{14}C, ^{137}Cs, ^{90}Sr)

空气中的氡
(地球环境本底)

探测器材料中
放射性同位素
(宇生本底)

建筑物和屏蔽材料中的放射性同位素
(地球环境本底: U, Th, ^{40}K, ^{60}Co)

图4.42 典型核物理测量实验中的环境本底来源。这里未显示例如电子学噪声或束流引起的本底辐射等其他来源。见文中讨论

普通材料中的活度水平差异很大(Knoll,1989)。在要求苛刻的低本底应用中,必须仔细选择建造和屏蔽的材料。人们通常可能会期望本底计数率与探测器屏蔽的厚度成反比。然而,超过一定的最佳厚度,本底将不会进一步减少,这是因为更大的屏蔽对于宇宙射线诱发本底而言代表着更大的靶(见下文)。

初级宇宙线辐射主要由具有极高动能的质子和 α 粒子组成。它们撞击高层大气的强度约为 10^3 m$^{-2}\cdot$s^{-1}。通过与空气分子相互作用,产生了大量不同的(次级)基本粒子,其能

量可延伸到 100 MeV 的范围。在这些次级辐射中,质子、电子和介子很容易被建筑物的混凝土地板所吸收。在低本底测量中,最相关的成分是介子和中子。

μ 子诱发的本底源于探测器体积中的直接电离事件,通过与原子核相互作用(例如散裂)产生放射性同位素、μ 子轫致辐射、δ 电子产生、μ 子衰变($\mu^{\pm} \rightarrow e^{\pm} + \nu + \bar{\nu}$),以及正负电子对产生。后三个过程也会产生轫致辐射。次级中子来自于初级宇宙线辐射,而第三级中子由慢 μ 子的俘获反应 p(μ^{-},ν_{μ})n、快 μ 子的(γ,n)反应以及光裂变产生。中子本底不仅来自于宇宙线相互作用,但也来自于地面环境放射性同位素的(α,n)反应和 ^{238}U 的自发裂变。快中子通过(n,n'γ)反应与原子核发生相互作用,而热中子通过(n,γ)反应相互作用。

μ 子是穿透力非常强的粒子,因此需要较大的屏蔽深度(例如几百米厚的土)才能大大减弱它们的强度。出于这个原因,低本底探测系统有时会运行在地下深处。这样一个至力于核天体物理实验的实验室已在文献 Bemmerer(2005)中有描述。或者,在近海平面测量中,通常可以环绕主探测器(例如锗)放置一个辅助的探测器(例如塑料闪烁体)。如果两个探测器以反符合模式运行,即当两个计数器同时响应时这样的事件将会被丢弃,则本底会被显著地降低。

一些本底成分的幅度会随着时间而改变。这一波动可能来自于宇宙线强度的变化,或来自于依赖气象条件的大气放射性。为了分析束流在靶上所获得的脉冲高度谱,在实验前后进行本底测量(无束流)是很有帮助的。

4.7.2 带电粒子探测器能谱中的本底

在本节中,我们将聚焦半导体带电粒子探测器。半导体晶体所需的极端纯度导致其具有相对较低的固有放射性水平。然而,装置中建设材料(探测器支架、靶室、屏蔽等)的放射性杂质会对测量本底有贡献。该本底将延伸到几兆电子伏,对应于来自环境放射性同位素的 α 粒子典型能量。例如,商业铝在 250 keV 能量以上显示出一个低水平的,大约为 0.3 个 α 粒子 $\cdot$ h^{-1} $\cdot$ cm^{-2} 的 α 活性(Knoll,1989)。不锈钢的 α 粒子发射率大约低一个数量级。对于低本底水平的测量,仔细选择建设材料因而是很重要的。

环境 γ 辐射、宇宙射线诱发的 γ 射线、带电粒子以及中子也会对带电粒子探测器谱中的本底有贡献。通过使用合适的屏蔽,例如低活性的铅或汞,可以有效地减少这些成分。另外,宇宙线 μ 子只在屏蔽中被很弱地吸收。μ 子是最小电离的(4.2.1 节),且在硅中以 $dE/dx \approx -400$ keV $\cdot$ mm^{-1} 的速率损失能量。μ 子的空间分布在垂直于地球表面的方向上最大。因此,探测器中 μ 子沉积的能量近似等于 dE/dx 与探测器灵敏体积有效厚度的乘积。由于一些 μ 子会以倾斜角度穿过灵敏区,所以脉冲高度谱中的本底峰将呈现出一个高能尾巴。这种普遍行为显示在图 4.43(a)中,所显示的本底谱是使用一个 300 μm 厚的硅探测器测量的,其灵敏面置于与地球表面平行。为了减少环境本底,探测器安装在一个高纯氧化铝绝缘体上,并且探测器的容器是用低污染的铜制作而成的。能谱中 μ 子的峰预期发生在大约(400 keV $\cdot$ mm^{-1})(0.3 mm)=120 keV 处,与观测一致。图 4.43(b)中的能谱是通过舍弃对应于同时来自硅探测器和位于其上方 NaI(Tl)主动屏蔽计数器的那些事件而获得的。通过利用反符合技术,μ 子本底大大降低了。

图 4.44 显示了在各种操作模式下使用 300 μm 厚硅探测器在 50～400 keV 能量范围内测量的本底情况。这些结果以每分钟在每平方厘米探测器灵敏面积上的计数(cpm)为单

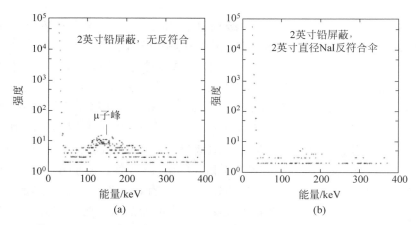

图 4.43 (a) 使用 300 μm 厚的硅带电粒子探测器测量的本底谱。探测器灵敏面置于与地球表面平行。μ 子峰发生在大约 120 keV 处,与图 4.22 中所示的来源相同。图 (b) 与图 (a) 相同,但丢弃了所有相应来自硅探测器和置于它上方的 NaI(Tl) 主动屏蔽计数器同时探测到信号的那些事件。μ 子本底的大幅减少是很明显的[转载自 (Walter & Boshart, 1966)。版权 (1966) 经 Elsevier 许可]

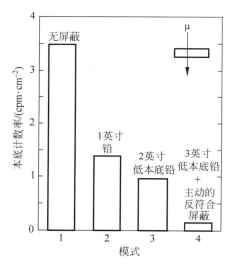

图 4.44 300 μm 厚的硅探测器在 50～400 keV 能区测得的本底(以在 cpm · cm^{-2} 内计数为单位)与操作模式的关系:1—无被动或主动屏蔽;2—2.5 cm 厚铅的被动屏蔽;3—5.1 cm 厚低活度铅的被动屏蔽;4—额外使用一个(主动)反符合屏蔽。μ 子诱发的本底计数率由模式 3 和模式 4 中直方图的高度差给出,在海平面 50～400 keV 能区该值约为 0.8 cpm · cm^{-2}。数据来自文献 (Walter & Boshart, 1966)

位,其中探测器表面平行于地球表面。在没有被动或主动屏蔽的情况下,本底计数率总计约为 3.5 cpm · cm^{-2}。使用 2.5 cm 厚的铅屏蔽把装置包起来,可保护探测器免受环境和宇宙线引起的 γ 辐射,并把本底计数率降低到约 1.4 cpm · cm^{-2}。作为被动式屏蔽,使用 5.1 cm 厚低本底的铅可实现进一步的改进(达到约 0.97 cpm · cm^{-2})。最后,额外使用反符合屏蔽可降低本底计数率至约 0.16 cpm · cm^{-2}。我们从这些结果中可以推断出,在海平面处,μ 子诱发的本底计数率为 0.97～0.16 cpm · cm^{-2},在 50～400 keV 能量范围内约为 0.8 cpm • cm^{-2}。

在某些具有相对较大 Q 值的反应中,有时使用两个而不是一个硅探测器是更有利的。感兴趣的核反应产物将它们的一部分能量沉积在薄的前方("ΔE")探测器中,并且完全被停止在厚的后方("E")探测器中。通过要求两个探测器信号之间的符合,那些由环境 α、β 和 γ 辐射引起的,并且仅在其中一个探测器中沉积能量的事件就可以被丢弃。因此,通过将设备置于深地实验室(Junker *et al.*,1998)或通过使用合适的主动式反符合计数器来包裹设备,都可以抑制 μ 子诱发的本底。该技术不适用于研究 Q 值小于几兆电子伏的反应,因为在这种情况下出射的核反应产物没有足够的能量来穿透最薄的商用 ΔE 探测器。

4.7.3 γ 射线探测器能谱中的本底

与带电粒子相比,γ 射线谱中的本底通常更高,其原因有两个:首先,γ 射线探测器的体积更大;其次,γ 射线本底的本质更复杂。图 4.45 显示了一个典型的 γ 射线本底谱,它是在靶上没有束流的情况下使用 582 cm^3 体积的高纯锗 HPGe 探测器记录 15 h 获得的。可以观测到大量分立的峰。其中大部分来自于探测器材料和周围环境中天然存在的放射性核素。两个最强的室内本底 γ 射线峰分别出现在 1461 keV 和 2615 keV 处,起源于放射性同位素 ^{40}K 和 ^{208}Tl 的衰变(表 4.6 和图 4.46)。^{40}K 核 β 衰变到 ^{40}Ar 中的 1461 keV 能级,然后通过发射单个光子衰变到基态。^{208}Tl 核 β 衰变到 ^{208}Pb 中介于 3～4 MeV 的几个激发态。随后,这些态通过 γ 射线级联经由位于 2615 keV 的第一激发态衰变到基态(即通过发射两个或多个符合的光子)。关于其他本底峰的汇编可以在文献 Debertin 和 Helmer(1988),以及 Knoll(1989)中找到。分析束流在靶上所测得的能谱时,需要仔细识别室内本底峰。此外,所有峰都叠加在一个连续本底之上,这是由室内本底光子的康普顿散射以及宇宙线诱发的各种过程造成的。在核天体物理测量中,截面通常非常小,因此,在观测感兴趣核反应的 γ 峰时,最终这种连续的本底将是主要的障碍。

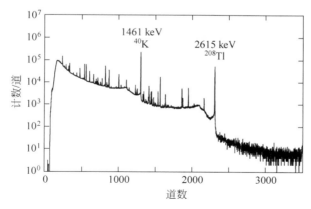

图 4.45 使用 582 cm^3 体积的 HPGe 探测器在没有束流轰击靶的情况下记录 15 h 的室内本底 γ 射线光谱。两个突出的峰出现在 1461 keV 和 2615 keV。它们分别起源于放射性同位素 ^{40}K 和 ^{208}Tl 的衰变。所有其他的峰均起源于图 4.42 所示的源。超过 $E_\gamma \approx 2.6$ MeV 的 γ 射线本底是连续且不显示分立的峰

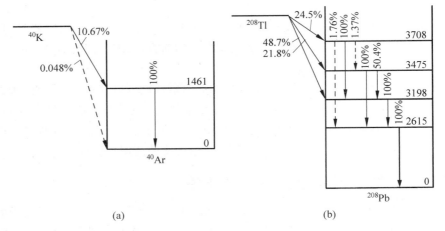

图 4.46 (a) ^{40}Ar 的能级纲图；(b) ^{208}Pb 的能级纲图。^{40}K 的衰变产生了单个光子(1461 keV)，而^{208}Tl 的衰变会引起两个或更多符合光子的发射。数据来自文献(Firestone & Shirley,1996)

　　类似于硅探测器的情况,高纯锗的固有活性很小。然而,建筑材料中的放射性杂质包括铝晶体外壳、不锈钢和铜冷却棒、前置放大器上的电焊料等,都可能会引起 γ 射线本底。在闪烁体计数器中,光电倍增管的玻璃外壳和基座(tube base)也是本底的潜在来源。在低本底探测器研制中,通过仔细挑选这些建设材料,可以大大减少它们对本底的贡献。

　　绝大多数来自环境或宇生本底源的 γ 射线的能量都小于 3.0 MeV,尽管^{238}U 自发裂变可以产生一些能量高达 7 MeV 的 γ 射线。通过用高纯度金属屏蔽罩把探测器包围起来,可以减少来自这些源的本底贡献。这是因为它们的密度高、原子序数大,特别是具有低放射性同位素^{210}Pb 浓度的精炼铅($T_{1/2}=22.3$ a)是 γ 射线屏蔽的最佳选择。人们也使用铁和铜做屏蔽材料,但与铅相比,它们宇生产生放射性核素的截面更高。当超过某个最佳屏蔽厚度(对铅来说,为 10~15 cm)后,本底不会进一步降低,这是由于宇宙线在屏蔽体中的相互作用会引起次级辐射的增加。来自探测器材料的中子非弹性散射和辐射中子俘获的大多数 γ 射线都具有小于约 3 MeV 的能量,尽管铁上的中子俘获可以产生能量约为 10 MeV 的 γ 射线。有时可以通过在屏蔽层中附加中子吸收剂来减少中子诱发的成分(例如含硼聚乙烯)。当探测器屏蔽含有氢时(例如混凝土),中子俘获有时会在能谱中产生一个 2.2 MeV 的分立 γ 射线。

　　由宇宙线 μ 子引起的连续 γ 射线本底源于几个不同类型的相互作用,并且人们不清楚 4.7.1 节讨论中的哪个过程会占主导地位。人们已完成蒙特卡罗模拟来研究这个问题。人们发现(Vojtyla,1995),在低于 $E \approx 5$ MeV 的能量下源于 δ 电子产生的轫致辐射在本底中占主导地位。在更高的能量,本底由直接电离事件造成的介于 10~40 MeV 的一个宽峰主导,其具体位置取决于晶体大小。图 4.22 和图 4.43(a)中观测到的宽峰就是由这些相同的过程引起的。

　　由专门设计的低本底锗探测器系统测得的 γ 射线本底计数率的比较如图 4.47 所示。水平轴展示的是设备的位置(屏蔽深度),以米水当量(m w.e.)为单位,纵轴显示的是在 3 MeV 以下能区测量的总计数率,以每小时每 100 cm^3 探测器体积的计数为单位。所有这些探测系统的建造材料都是精心挑选的,以减少放射性杂质。被动屏蔽由几层不同的低活性材料（Pb、Cu、Fe 等）组成。在某些情况下（显示为三角形），塑料闪烁体或多丝正比室已用于主动的宇宙线本底甄别。可以看出，在位于海平面的实验室中（屏蔽深度<1 m w.e.），可达到的最低本底计数率约为 1000 个计数每小时。与使用常规探测器和设置得到的本底（图 4.45）相比，该数值已经提高了几个数量级。在 10～15 m w.e 的中等屏蔽深度下，测量的本底计数率约为 100 个计数每小时。通过将设备置于地下深处（屏蔽深度达 1000 m w.e.），可以获得另一个数量级的提升，测得的本底计数率可以达到约 10 个计数每小时。

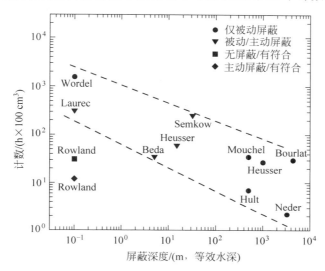

图 4.47 3 MeV 以下能区的 γ 射线本底计数率与屏蔽深度的对比图，其中本底计数率以每小时每 100 cm³ 探测器体积内计数为单位，深度以等效水深 m 为单位。由圆圈（仅被动屏蔽）和三角形（被动和主动屏蔽）表示的数据取自文献（Semkow *et al.*，2002）。所有这些谱仪都是专为超低本底测量设计的。两条短划线是引导眼睛之用示意性。通过将设备放置在深地，该能区的 γ 射线（分立谱）本底可以减少至少两个数量级。使用传统探测器进行 γγ-符合测量的结果显示为正方形（无屏蔽）和菱形（主动屏蔽），参见文献（Rowland *et al.*，2002b）

γ-γ 符合技术

在天体物理感兴趣的许多核反应中，两个或多个光子是级联发射的。在这种情况下，通过使用符合技术来大大减少本底。考虑一个包括两个 γ 射线探测器的简单设置。大多数本底事件只会在某个时间发生在一个探测器中，因此，通过要求两个探测器信号输出之间的符合，就可以消除这些本底事件。

一个设置的示例如图 4.48(a) 所示。一个 HPGe 探测器置于非常接近靶的几何位置上以最大化峰值效率，一个 NaI(Tl) 环形阵列围绕着靶和锗晶体。图 4.48(b) 显示了符合事件中沉积在 HPGe 探测器中的能量与沉积在 NaI(Tl) 探测器中的能量的关系。我们将首先讨论两个 γ 射线级联的简单情况。假设俘获反应布居一个 9 MeV 激发能的初态，并且该态经由一个位于 1 MeV 的中间能级衰变到基态。两条对角线分别对应于能量为 4 MeV 和 9.5 MeV γ 射线在 HPGe 和 NaI(Tl) 两个探测器中的能量沉积。位于虚线上方的事件（$E_\gamma^{Ge}+E_\gamma^{NaI}>9.5$ MeV）根据分析可以立即被排除，这是因为任何源自感兴趣俘获反应的事件最多可以有 9 MeV 的总能量（除了由有限探测器分辨率所引起的一个小的能量展宽）。例如，如此高能量的事件来源于穿过并沉积能量在两个探测器中的宇宙线 μ 子。大多数室内本底符合事件出现在该实线($E_\gamma^{Ge}+E_\gamma^{NaI}<4$ MeV)以下区域。这些包括来自^{40}K 衰变放出的 1461 keV 的光子,它们通过康普顿散射在两个探测器中沉积能量,也包括来自^{208}Tl 衰变放出的符合 γ 射线(包括 2615 keV 光子)(图 4.46)。通过仅接受位于实线和虚线之间区域中的事件,就可以显著地减少本底。

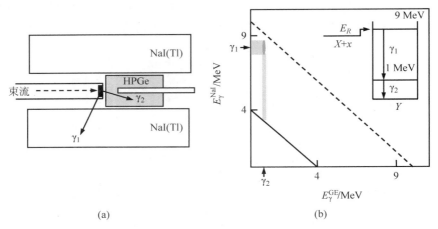

(a)   (b)

图 4.48 γ-γ 符合技术

(a) 由一个 HPGe 探测器和一个环绕靶室的 NaI(Tl)阵列构成的设置。(b) 显示了沉积在 HPGe 探测器中(水平轴)和 NaI(Tl)探测器中(垂直轴)能量的二维直方图。小插图显示了一个由双光子级联($E_{\gamma 1}=9$ MeV-1 MeV $=$ 8 MeV;$E_{\gamma 2}=1$ MeV)所构成的简单衰变纲图。如果两个光子是符合测到的,且仅当那些位于实线和虚线之间事件被接受,则环境本底会大幅减少。位于实线下方的事件主要是由室内本底($E_\gamma<4$ MeV)造成的,而那些位于虚线之上的事件源自宇宙射线的相互作用

现在假设初级 8 MeV 的 γ 射线是在 NaI(Tl)探测器被观测到的,而次级 1 MeV 的光子是在 HPGe 探测器中被记录到的。对应于两个入射光子全能峰的事件位于二维能谱的深色椭圆阴影区域中。该椭圆形状是由 HPGe 探测器更好的能量分辨率造成的。如果在数据分析中只接受这些事件,本底会显著地减少。然而,与此同时,由 HPGe 和 NaI(Tl)峰效率的乘积给出的符合装置的效率,与单个探测器的峰值效率相比会显著地降低。考虑到天体物理感兴趣的都是非常弱的截面,人们不希望出现这样的结果。通过接受位于两条对角线之间的所有事件就可以解决这个问题,包括由康普顿散射和电子对产生在 NaI(Tl)探测器中所引起的那些事件。在这种特定模式下,HPGe 探测器提供感兴趣的谱学信息(峰值能量和强度),而 NaI(Tl)环的主要功能是提供一个很大的符合效率。

图 4.49 展示了符合方法的强大功能。它显示了三个 HPGe 在能量范围为 0.8~2.5 MeV 的脉冲高度谱,测量的是^{26}Mg(p,γ)^{27}Al 反应处于 $E_r=227$ keV 的一个较弱共振。记录的每个能谱的质子束流强仅为 1.5 μA,测量时间为 10 h。垂直虚线表示预期的^{27}Al 中 1014 keV 和 2211 keV 次级 γ 射线跃迁的位置。图(a)所示的能谱是在没有探测器屏蔽的情况下获得的。所有观测到 γ 射线峰都是由环境本底贡献的。中间的能谱[图(b)]是通过用 5 cm 厚的铅屏蔽测量得到的。本底减少了大约一个数量级,但仍然没有可以确定为源自^{26}Mg(p,γ)^{27}Al 反应的 γ 峰。图(c)能谱是利用与 NaI(Tl)环形阵列测到的 γ 射线相符合而测得的。其符合要求是 4 MeV$<E_\gamma^{Ge}+E_\gamma^{NaI}<9$ MeV。在这种情况没有使用屏蔽。与未屏蔽的

HPGe 单谱[图(a)]相比,γ 射线本底降低了三个数量级以上,并且所有源自环境放射性的 γ 峰都消失了。现在可以清楚地观测到来自 ^{27}Al 中 1014 keV 和 2211 keV 能级衰变的共振 γ 射线。

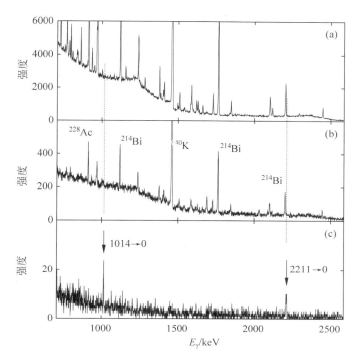

图 4.49 在 ^{26}Mg(p,γ)^{27}Al 反应($Q=8271$ keV)中较弱共振 $E_r = 227$ keV 处测量到的 0.8~2.5 MeV 能区 HPGe 的 γ 射线谱。每个谱都是使用 1.5 μA 的质子束流强运行 10 h 记录得到的。垂直虚线表示预期的 ^{27}Al 中 1014 keV 和 2211 keV 的次级 γ 射线跃迁的位置

(a) 无探测器屏蔽;(b) 被动式 5 cm 厚铅屏蔽;(c) 符合要求为 4 MeV$<E_\gamma^{Ge}+E_\gamma^{NaI}<$9 MeV(无屏蔽)。其中,本底降低了超过三个数量级,可以清楚地观测到预期的由 ^{26}Mg(p,γ)^{27}Al 的弱共振所引起的次级跃迁。在图(a)和图(b)中接近 2211 keV 的 γ 射线能量的峰源自室内本底(^{214}Bi),而不是来自 ^{27}Al 的衰变[转载自 Rowland *et al*.,2002b)。版权(2002)经 Elsevier 的许可]

在符合谱中残留下来的连续本底是由宇宙线诱发的韧致辐射和直接电离两个探测器的 μ 子造成的。测量的符合本底计数率,在图 4.47 中显示为正方形,与专门设计的位于深地的低本底探测系统所测的单谱本底计数率相比毫不逊色。使用 μ 子 veto 屏蔽(例如塑料闪烁体,Rowland *et al*.,2002b)技术,可以进一步降低符合本底计数率,如图 4.47 中的菱形所示。请注意,如果本底主要是由污染物反应诱发的,则符合技术不会显著提高探测的灵敏度。这些污染物反应可以产生有符合关系的两条或多条具有足够高能量的光子(就像比较麻烦的 ^{11}B(p,γ)^{12}C 反应的情况一样,表 4.4)。对几乎不含污染物的靶材和背衬的需求已经在 4.3.3 节中指出过。

熔合反应中产生的复合核的总数 N 可以是从符合谱中测到的峰值强度,使用类似于式(4.69)的表达式计算出来。因子 $B\eta W$ 必须由量 $f(B,\eta,W)$ 来代替,后者是分支比、探测效率和角关联的函数。例如,考虑图 4.50(a)显示的能级纲图,它显示了复合核经由几个不

同的 γ 射线级联衰变到基态的过程。首先,假设光子 γ_{10} 被 HPGe 探测器完全吸收,并且属于同一级联的其他光子以符合的方式被 NaI(Tl) 环所探测到。忽略角关联效应(即假设 $W=1$),则在 HPGe 符合谱中两条 γ 射线级联情形 a 对 γ_{10} 峰值强度的贡献由下式给出:

$$\mathcal{N}_{10}^{\mathrm{Ge},C,a}=\mathcal{N}B_{31}B_{10}\eta_{10}^{\mathrm{Ge},P}\eta_{31}^{\mathrm{NaI},T}=\mathcal{N}B_{31}B_{10}\eta_{10}^{\mathrm{Ge},P}\left[1-(1-\eta_{31}^{\mathrm{NaI},T})\right] \tag{4.81}$$

其中,分支比 $B_{31}B_{10}$ 的乘积表示复合核通过级联 $3\to1\to0$ 进行衰变的概率;$\eta_{31}^{\mathrm{NaI},T}$ 是 NaI(Tl) 的总效率。类似地,我们可获得三条 γ 射线级联情形 b 的贡献为:

$$\mathcal{N}_{10}^{\mathrm{Ge},C,b}=\mathcal{N}B_{32}B_{21}B_{10}\eta_{10}^{\mathrm{Ge},P}\left[\eta_{32}^{\mathrm{NaI},T}(1-\eta_{21}^{\mathrm{NaI},T})+\eta_{21}^{\mathrm{NaI},T}(1-\eta_{32}^{\mathrm{NaI},T})+\eta_{32}^{\mathrm{NaI},T}\eta_{21}^{\mathrm{NaI},T}\right]$$

$$=\mathcal{N}B_{32}B_{21}B_{10}\eta_{10}^{\mathrm{Ge},P}\left[1-(1-\eta_{32}^{\mathrm{NaI},T})(1-\eta_{21}^{\mathrm{NaI},T})\right] \tag{4.82}$$

其中,$\eta_{32}^{\mathrm{NaI},T}(1-\eta_{21}^{\mathrm{NaI},T})$ 项对应于光子 γ_{32} 是被 NaI(Tl) 环测到的,而同时,光子 γ_{21} 却逃逸出 NaI(Tl) 环。$(1-\eta_{32}^{\mathrm{NaI},T})(1-\eta_{21}^{\mathrm{NaI},T})$ 项等于在 NaI(Tl) 环中既没有探测到光子 γ_{32} 也没有探测到 γ_{21} 的概率。等价地,$1-(1-\eta_{32}^{\mathrm{NaI},T})(1-\eta_{21}^{\mathrm{NaI},T})$ 项对应于探测到光子 γ_{32} 或 γ_{21} 的总概率。级联情形 c 对 γ_{10} 的峰值强度没有贡献。

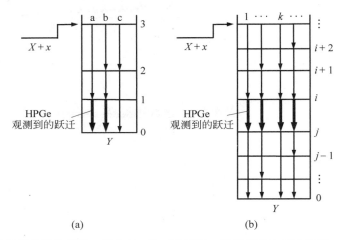

(a)　　　　　　　　　　(b)

图 4.50 (a) 显示了从激发能级 3 到基态 0 的三种不同 γ 射线衰变的能级纲图。假设在 HPGe 探测器中观测到了 $1\to0$ 的跃迁,而同一个级联中的其他光子为 NaI(Tl) 环以符合的方式探测到。(b) 一般情况:$i\to j$ 的跃迁在 HPGe 探测器中观测到,而符合光子被 NaI(Tl) 所探测到

对上述表达式进行推广[图 4.50(b)],可以找到 HPGe 符合谱中光子 γ_{ij} 总的全能峰强度:

$$\mathcal{N}_{ij}^{\mathrm{Ge},C}=\mathcal{N}\eta_{ij}^{\mathrm{Ge},P}\sum_{k}\left\{\left[\prod_{i'>j'}B_{i'j',k}\right]\left[1-\prod_{\substack{i'>j'\\i\to j}}(1-\eta_{i'j',k}^{\mathrm{NaI},T})\right]\right\} \tag{4.83}$$

其中,求和是对包含 $i\to j$ 跃迁的所有级联 k 进行的。第一个乘积是对级联 k 中所有跃迁的分支比来说的,它表示初始能级通过此特定级联进行衰变的概率。第二个乘积是对级联 k 中所有跃迁的总的 NaI(Tl) 探测器效率来说的,在 HPGe 探测器中观测到的分支 $i\to j$ 除外。因此,我们得到在熔合反应中产生的复合核的总数 $\mathcal{N}$ 为

$$\mathcal{N} = \frac{\mathcal{N}_{ij}^{\mathrm{Ge},C}}{\eta_{ij}^{\mathrm{Ge},P} f(B_{i'j',k}, \eta_{i'j',k}^{\mathrm{NaI},T})} = \frac{\mathcal{N}_{ij}^{\mathrm{Ge},C}}{\eta_{ij}^{\mathrm{Ge},P} \sum_k \left\{ \left[\prod_{i'>j'} B_{i'j',k} \right] \left[1 - \prod_{\substack{i'>j' \\ i \neq j}} (1 - \eta_{i'j',k}^{\mathrm{NaI},T}) \right] \right\}} \tag{4.84}$$

如果总 NaI(Tl)效率是使用能量开门获得的,则式(4.82)~式(4.84)需要做修改(习题4.7)。

在 E_γ^{Ge} 对 E_γ^{NaI} 的二维谱中,由开门选择的特定能量范围内的总 NaI(Tl)效率 $\eta_{i'j',k}^{\mathrm{NaI},T}$ 可以由以下方式获得。例如,再次考虑一个两条 γ 射线级联 3→1→0[图 4.50(a)]的情况。在 HPGe 单谱和符合谱中观测到的光子 γ_{10} 和 γ_{31} 的强度,可以由类似于式(4.53)和式(4.81)的表达式给出。忽略符合加和修正,我们得到

$$\mathcal{N}_{10}^{\mathrm{Ge}} = \mathcal{N} B_{31} B_{10} \eta_{10}^{\mathrm{Ge},P}, \qquad \mathcal{N}_{31}^{\mathrm{Ge}} = \mathcal{N} B_{31} \eta_{31}^{\mathrm{Ge},P}$$

$$\mathcal{N}_{10}^{\mathrm{Ge},C} = \mathcal{N} B_{31} B_{10} \eta_{10}^{\mathrm{Ge},P} \eta_{31}^{\mathrm{NaI},T}, \qquad \mathcal{N}_{31}^{\mathrm{Ge},C} = \mathcal{N} B_{31} B_{10} \eta_{31}^{\mathrm{Ge},P} \eta_{10}^{\mathrm{NaI},T} \tag{4.85}$$

因此,

$$\eta_{31}^{\mathrm{NaI},T} = \frac{\mathcal{N}_{10}^{\mathrm{Ge},C}}{\mathcal{N}_{10}^{\mathrm{Ge}}}, \qquad \eta_{10}^{\mathrm{NaI},T} = \frac{\mathcal{N}_{31}^{\mathrm{Ge},C}}{\mathcal{N}_{31}^{\mathrm{Ge}}} \tag{4.86}$$

在式(4.86)的推导中,我们明确假设由三条或更多条 γ 射线构成的级联对 HPGe 符合谱(即 $B_{31}=1$ 和 $B_{10}=1$)中测得的强度没有贡献。可以看出,在不使用标准放射源活度或俘获反应截面的情况下,上述关系式可以提供绝对的总 NaI(Tl)探测器效率。如果 γ 射线源或靶位于非常靠近两个探测器的位置上,则式(4.86)由于符合加和(4.5.2 节)而变得不准确。在这种情况下,必须对探测设置进行蒙特卡罗模拟(Longland *et al.*,2006)。

4.7.4 中子探测器谱中的本底

中子本底来源于(α,n)反应,是由地球环境中的 α 粒子发射核、^{238}U 自发裂变和宇宙线诱发过程所引起的。与带电粒子或 γ 射线的屏蔽相比,中子屏蔽有不同的原则和方法。中子需要快速地被慢化下来并被具有高吸收截面的介质所吸收。最有效的慢化剂由轻原子核组成,并最好含有氢(4.2.3 节)。经常使用的材料包括石蜡、聚乙烯或水。快中子的平均自由程通常为几十个厘米,因此,需要大约 1 m 的厚度来有效地慢化快中子。慢化之后,必须要俘获中子。由于氢的俘获截面相对较小,所以要添加另一种具有较大中子吸收截面的成分(例如^{10}B、^{6}Li 或 Cd),作为慢化剂的均匀混合物或作为介于慢化剂与探测器之间的吸收层。^{10}B 上的(n,α)反应和 Cd 上的(n,γ)反应会产生次级 γ 射线,而^{6}Li 上的(n,α)反应直接进行到基态。因此,在对 γ 射线本底敏感的应用中,^{6}Li 是首选的中子吸收材料。其他本底源的重要性取决于中子探测器的类型和建造细节。例如,对于^{10}BF$_3$ 或^{3}He 正比计数器(4.5.3 节),如果没有仔细选择建造材料,则探测器自身的本征 α 放射性可能会导致显著的本底计数率。

图 4.51 显示了来自各种来源的中子通量(以每秒每平方厘米上的中子数为单位)和 μ 子通量,对屏蔽深度(以米水当量 m w.e. 为单位)的关系。在没有任何屏蔽的情况下,来自次级中子的贡献在本底中占主导地位。其强度随着屏蔽深度的增加而迅速下降,并在超过适中屏蔽深度约 10 m w.e. 以下变得小于来自(α,n)反应和自发裂变的中子强度。该图还对在典型铅屏蔽中由 μ 子产生的三次中子的强度进行了比较。该本底贡献在 2~100 m w.e. 的屏蔽深度处主导着中子通量。因此,如果可能的话,在此屏蔽深度区间内应避免使用较大的屏蔽。

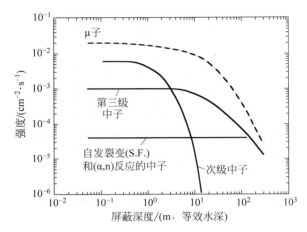

图 4.51 来自各种来源(实线)的中子通量(每平方厘米每秒的中子数目)与屏蔽深度(以等效水深 m 为单位)的关系。μ 子通量以虚线表示。次级中子是由初级宇宙射线产生的。标有"第三级中子"的实线代表 μ 子在典型铅屏蔽中所产生的中子通量;标签"S.F."指的是自发裂变产生的中子。数据来自文献 Heusser(1995)

中子探测器测量的本底计数率强烈地依赖于位置、几何测量形状,以及建造细节。因此,对用不同探测器测得的实验本底计数率进行比较时要非常小心。尽管如此,这样的比较还是很有意思的,因为文献给出的有关该主题的信息相对较少。表 4.10 比较了在四个不同实验中测得的本底计数率,也给出了其他参数,例如效率、位置和屏蔽类型。在每种情况下,装置皆由聚乙烯或石蜡慢化的 ^{3}He 正比计数管组成。在海平面没有主动屏蔽的情况下,测量的本底计数率约为 10 cpm。利用主动屏蔽,本底被显著抑制能够达到约为 2 cpm。根据表中列出的结果,通过把设备置于地下很有可能会进一步减少本底。但是如果对总效率的差异或对脉冲高度谱中的分析区间的大小进行调整的话,则表中列出的结果还是很不确定的。

表 4.10 低本底中子谱仪的比较

参考文献	Giesen *et al.*,1993	Wang *et al.*,1991	Stella *et al.*,1995	Mayer *et al.*,1993
探测器	^{3}He	^{3}He	^{3}He	^{3}He
慢化体	聚乙烯	聚乙烯	聚乙烯	石蜡
计数器个数	31	12	2[a]	18
效率/%	20	22	6[a]	22
刻度源	Am-Li	^{252}Cf	M. C.[b]	^{nat}UO
位置/m w.e.	海平面	海平面	3950[c]	50[d]
被动屏蔽	有	有	有	有
主动屏蔽	有	有[e]	无	无
本底/cpm	11[f]	2[f]	0.6[f](0.06[g])	0.06[h]

注释:[a] 整个探测器由 7 个 ^{10}BF$_3$ 和 2 个 ^{3}He 计数器构成,这里未列出 ^{10}BF$_3$ 计数器因其比较高的本底计数率;[b] 蒙特卡罗模拟的结果;[c] 位于意大利 Gran Sasso 地下实验室;[d] 在常规动力潜艇上;[e] 塑闪;[f] 甄别阈以上的总计数;[g] 在代表 95% 热中子峰强度的能谱区中的计数;[h] 在代表 70% 热中子峰强度的能谱区中的计数。

最后,关于通过反符合技术来抑制 μ 子诱发的中子需要添加一句话:以聚乙烯或石蜡为慢化剂,快中子在中子探测器中被热化和俘获的时间平均需要约 $200~\mu s$,因此,如果反符合计数器表示被一个 μ 子击中,则来自中子探测器的信号必须被 veto 掉几百微秒才能有效地抑制此类事件。

4.8 带电粒子诱发反应的产额和截面

热核反应率的计算需要核反应截面的知识。然而,通常实验测定的是发生核反应的总数和入射束流粒子的总数。这两个量的比值:

$$Y \equiv \frac{\text{核反应的总数}}{\text{入射束流粒子的总数}} = \frac{\mathcal{N}_R}{\mathcal{N}_b} \tag{4.87}$$

称为反应的产额。与式(2.1)的比较表明,产额与截面 σ 相关,但并不相等。在本节中,我们将推导出这两个量之间的关系。我们还将讨论如何从测得的产额推导出共振强度(即积分截面)。产额对轰击能量的函数称为产额曲线或激发函数。

下面的定义将用于表示阻止力(以 $eV \cdot cm^2 \cdot atom^{-1}$ 为单位):

$$\varepsilon(E) \equiv S_A(E) = -\frac{1}{N}\frac{dE}{dx} \tag{4.88}$$

对于靶核的浓度:

$$n \equiv Nd = \frac{\mathcal{N}_t}{A} \tag{4.89}$$

式中,$\mathcal{N}_t$ 和 $\mathcal{N}$ 分别代表靶核的总数和靶核的数密度(单位体积内的原子数)(4.2.1 节);d 是靶厚(以长度为单位)。因而,n 是单位面积靶核数。本节中所有的量都将以质心系来表示,除非另有说明。

4.8.1 非共振和共振产额

假设能量为 E_0 的束流入射到靶上。靶可以被分成许多厚度为 Δx_i 的薄片,并且可以假设束流在每个薄片中的能损 ΔE_i 很小。换句话说,无论是截面 σ_i 还是阻止力 ε_i,在 Δx_i 上都是恒定的。利用式(2.1)、式(4.87)和式(4.89),我们可以得到靶中特定薄片上的产额如下:

$$\Delta Y_i = \frac{\mathcal{N}_{R,i}}{\mathcal{N}_b} = \sigma_i \frac{\mathcal{N}_{t,i}}{A} = \sigma_i N_i \Delta x_i \tag{4.90}$$

通过对所有靶薄片进行积分,可以得到总产额为

$$Y(E_0) = \int \sigma(x)N(x)dx = \int \sigma(x)N(x)dx \frac{dE(x)}{dx}\frac{dx}{dE(x)}$$
$$= \int_{E_0-\Delta E}^{E_0} \frac{\sigma(E)}{\varepsilon(E)}dE \tag{4.91}$$

式中,ΔE 为束流在靶中总的能量损失,即以能量为单位表示的靶厚。上述表达式既适用于总截面和总产额,也适用于微分截面和微分产额(产额/球面度)。该表达式忽略了后面会讨论的束流分辨和歧离的影响。通过数值求解式(4.91),就可以从测得的产额获得截面 $\sigma = \sigma(E)$。在实践中经常出现的特殊情况下,可以对上述积分进行解析评估。这样的情况将会

在下面讲述。

1. 靶厚内常数 σ 和 ε

假设截面在靶厚内近似恒定。例如,如果反应通过非共振机制或宽共振进行,则可能就是这种情形。此外,我们假设束流在靶中的能损很小以至于阻止本领也几乎恒定。这种情况显示为图 4.52 中的情形(a)。产额直接遵循式(4.14)和式(4.91):

$$Y(E_0) = \frac{\sigma(E_{\mathrm{eff}})}{\varepsilon(E_0)} \int_{E_0-\Delta E}^{E_0} \mathrm{d}E = \frac{\Delta E(E_0)}{\varepsilon(E_0)} \sigma(E_{\mathrm{eff}}) = n\sigma(E_{\mathrm{eff}}) \tag{4.92}$$

靶中的有效或平均能量为 $E_{\mathrm{eff}} = E_0 - \Delta E/2$,因此,我们可以将此能量指定给从式(4.92)获得的截面。以上恒定截面的假设意味着反应将在靶的整个厚度上发生。此外,测得的产额曲线和截面的形状将是相似的。该情况示意性地显示为图 4.52 中的情形(a)。类似地,对于微分截面 $(\mathrm{d}\sigma/\mathrm{d}\Omega)_\theta$,以及微分产额 $(\mathrm{d}Y/\mathrm{d}\Omega)_\theta$,我们发现:

$$\left[\frac{\mathrm{d}Y(E_0)}{\mathrm{d}\Omega}\right]_\theta = \frac{\Delta E(E_0)}{\varepsilon(E_0)}\left[\frac{\mathrm{d}\sigma(E_{\mathrm{eff}})}{\mathrm{d}\Omega}\right]_\theta = n\left[\frac{\mathrm{d}\sigma(E_{\mathrm{eff}})}{\mathrm{d}\Omega}\right]_\theta \tag{4.93}$$

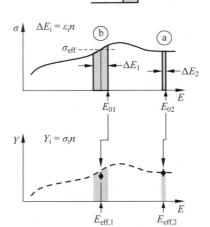

图 4.52 (a) 恒定截面下的产额;(b) 适度能量依赖截面下的产额。产额由截面曲线下的面积给出(顶部的阴影区域)。积分从轰击能量 E_0 进行到能量 $E_0-\Delta E$,其中靶厚 ΔE 以能量为单位。在情况 ⓐ 中,产额和截面的形状相同。在情况 ⓑ 中,截面近似线性地依赖于能量,有效能量由 $E_{\mathrm{eff}}=E_0-\Delta E/2$ 给出

到目前为止,我们假设靶由单一元素组成。如果改为靶由化合物 $X_a Y_b$ 组成,其中每平方厘米有 n_X 个活性核(感兴趣的靶核)和每平方厘米有 n_Y 个非活性核(不参与感兴趣反应的那些核),则我们从式(4.17)、式(4.88)和式(4.89)中可以得到

$$\frac{\Delta E_c}{n_X} = \frac{\varepsilon_X n_X + \varepsilon_Y n_Y}{n_X} = \varepsilon_X + \frac{n_Y}{n_X}\varepsilon_Y \equiv \varepsilon_{\mathrm{eff}} \tag{4.94}$$

其中,$n_Y/n_X = b/a$。不同于化合物的总阻止本领[式(4.15)],$\varepsilon_{\mathrm{eff}}$ 称为有效阻止本领(effective stopping power)。总产额和微分产额由式(4.92)~式(4.94)给出,如下:

$$Y(E_0) = n_X \sigma(E_{\text{eff}}) = \frac{\Delta E_c(E_0)}{\varepsilon_{\text{eff}}(E_0)} \sigma(E_{\text{eff}}) \tag{4.95}$$

$$\left[\frac{\mathrm{d}Y(E_0)}{\mathrm{d}\Omega}\right]_\theta = n_X \left[\frac{\mathrm{d}\sigma(E_{\text{eff}})}{\mathrm{d}\Omega}\right]_\theta = \frac{\Delta E_c(E_0)}{\varepsilon_{\text{eff}}(E_0)} \left[\frac{\mathrm{d}\sigma(E_{\text{eff}})}{\mathrm{d}\Omega}\right]_\theta \tag{4.96}$$

只要阻止本领在靶厚上是恒定的,那么就能够以与纯靶相同的方式计算产额[式(4.92)和式(4.93)],除非阻止本领要由 ε_{eff} 来替换。下面将会看到,类似的论据适用于在其他假设(例如共振)下获得的产额表达式。

 示例 4.3

假设实验室能量为 200 keV、流强为 1 μA 的单电荷质子束入射到 5 keV 厚(在实验室系下)的天然碳靶上,照射时间为 1 h。计算源自 $^{13}\mathrm{C}(\mathrm{p},\gamma)^{14}\mathrm{N}$ 俘获反应的总光子数,假设每个反应放出一个光子。进一步假设截面和阻止本领止在靶厚内近似恒定。截面为 $\sigma_{^{13}\mathrm{C}(\mathrm{p},\gamma)}(E_{\text{lab}} = 200 \text{ keV}) = 10^{-7}$ b,利用计算机代码 SRIM(Ziegler,2003)计算的质子在碳中的阻止本领,$\varepsilon_{\mathrm{p} \to \mathrm{C}}(E_{\text{lab}} = 200 \text{ keV}) = 11.8 \times 10^{-15}$ eV·cm²·atom⁻¹。

靶由活性的 $^{13}\mathrm{C}$(1.1%)和非活性的 $^{12}\mathrm{C}$(98.9%)原子核组成。如果我们假设氢在 $^{12}\mathrm{C}$ 和 $^{13}\mathrm{C}$ 中的阻止本领相同,则我们可以得到有效阻止本领为[式(4.94)]

$$\varepsilon_{\text{eff}} = \varepsilon_{\mathrm{p} \to ^{13}\mathrm{C}} + \frac{98.9}{1.1} \varepsilon_{\mathrm{p} \to ^{12}\mathrm{C}} = \varepsilon_{\mathrm{p} \to \mathrm{C}} \left(1 + \frac{98.9}{1.1}\right)$$

$$= (11.8 \times 10^{-15} \text{ eV·cm}^2\text{·atom}^{-1}) \left(1 + \frac{98.9}{1.1}\right) = 1.0 \times 10^{-12} \text{ eV·cm}^2\text{·atom}^{-1}$$

产额则由下式给出:

$$Y = \frac{\Delta E_c}{\varepsilon_{\text{eff}}} \sigma = \frac{5 \times 10^3 \text{ eV}}{1.0 \times 10^{-12} \text{ eV·cm}^2 \cdot \text{atom}^{-1}} (10^{-7} \cdot 10^{-24} \text{ cm}^2)$$

$$= 5.0 \times 10^{-16} = \frac{\mathcal{N}_\gamma}{\mathcal{N}_\mathrm{p}}$$

入射质子的总数可以根据累积电荷 Q 的总数和基本电荷 e 计算出来(4.3.4 节)。Q 的值由束流强度和测量时间给出:

$$\mathcal{N}_\mathrm{p} = \frac{Q}{e} = \frac{It}{e} = \frac{(1 \times 10^{-6} \text{ A})(3600 \text{ s})}{1.6 \times 10^{-19} \text{ C}} = 2.25 \times 10^{16}$$

这样,在一小时的测量时间内,我们得到在 $E_{\text{lab}} = 200$ keV 的实验室系轰击能量下的出射光子的数目为

$$\mathcal{N}_\gamma = Y \mathcal{N}_\mathrm{p} = (5.0 \times 10^{-16})(2.25 \times 10^{16}) \approx 11$$

在这个例子中,产额是由实验室系下两个量 ΔE_c 和 ε_{eff} 的比值给出的。比值 $\Delta E_c / \varepsilon_{\text{eff}} = n_X$ 不取决于参考系的选择。对该比值的分子和分母分别乘以质心系到实验室系的转换系数 $M_X/(M_X + M_\mathrm{p})$[式(C.24);M_X 和 M_p 分别是活性靶核和炮弹的相对原子质量]则表明,如果产额是从质心系下的靶厚计算得来的,那么列表中的有效阻止本领必须乘以该系数。

2. 靶厚内适度变化的 σ 和常数 ε

如果阻止本领恒定,但截面在靶厚内适度变化,那么产额由下式给出[式(4.97)]:

$$Y(E_0) = \frac{1}{\varepsilon(E_0)} \int_{E_0 - \Delta E}^{E_0} \sigma(E) \mathrm{d}E \tag{4.97}$$

我们将假设截面变化不大,也就是说,我们排除了将在后面讨论的窄共振截面的情况。该情况如图 4.52(b)所示。如果上述积分由乘积 $\sigma(E_{\mathrm{eff}}) \Delta E(E_0)$ 来替代,我们会再次得到如下表达式[式(4.98)]:

$$Y(E_0) = \frac{\Delta E(E_0)}{\varepsilon(E_0)} \sigma(E_{\mathrm{eff}}) \tag{4.98}$$

通过这种替代,有效能量 E_{eff} 被定义为这样的一个能量:即在此能量下评估的截面等于靶厚内的平均截面。与之前的情况一样,反应发生在整个靶的厚度内,但从不同靶深度上出射的反应产物的数目不再恒定。

一般来说,有效束流能量必须通过数值计算获得,但在特殊情况下也可以使用解析近似。根据文献(Brune & Sayre,2013),我们再次假设阻止本领在靶厚上是恒定的,并且截面的能量依赖性至多是二次的。在靶中心 $E_{\mathrm{h}} = E_0 - \Delta E/2$ 的能量附近做展开,可以得到

$$\sigma(E) = \sigma(E_{\mathrm{h}}) + \left(\frac{\mathrm{d}\sigma}{\mathrm{d}E}\right)_{E_{\mathrm{h}}} (E - E_{\mathrm{h}}) + \left(\frac{\mathrm{d}^2\sigma}{\mathrm{d}E^2}\right)_{E_{\mathrm{h}}} (E - E_{\mathrm{h}})^2 \tag{4.99}$$

利用下列定义:

$$R_1 \equiv \frac{1}{\sigma(E_{\mathrm{h}})}\left(\frac{\mathrm{d}\sigma}{\mathrm{d}E}\right)_{E_{\mathrm{h}}}, \quad R_2 \equiv \frac{(\mathrm{d}^2\sigma/\mathrm{d}E^2)_{E_{\mathrm{h}}}}{(\mathrm{d}\sigma/\mathrm{d}E)_{E_{\mathrm{h}}}} \tag{4.100}$$

通过设置式(4.97)和式(4.98)的右侧相等可以求解出有效能量。其结果是

$$E_{\mathrm{eff}} = E_0 - \frac{\Delta E}{2} + \frac{\sqrt{1 + R_2^2(\Delta E)^2/12} - 1}{R_2} \tag{4.101}$$

如果截面与能量呈线性关系,则 $R_2 = 0$,有效能量变为 $E_{\mathrm{eff}} = E_0 - \Delta E/2$。

有时采用与上面介绍的有效能量不同的能量可能也是有好处的。其他可供替代的公式涉及均值(或加权截面的)能量,或者中值能量(即总产额一半处的能量)。在这些情况下,从式(4.98)中提取截面之前,产额必须除以一个修正因子。了解更多信息,请参考文献(Wrean *et al.*,1994;Lemut,2008;Brune & Sayre,2013)。

3. 共振宽度内 Breit-Wigner 共振 σ 和常数 ε

假设共振截面由 Breit-Wigner 公式给出[式(2.185)]。还假设阻止本领 ε、德布罗意波长 λ、共振分宽度 Γ_i 在共振宽度内与能量无关。因而,这些量可以在共振能量 E_{r} 处进行评估。利用替代关系 $\omega \equiv (2J+1)(1+\delta_{01})/[(2j_0+1)(2j_1+1)]$ 和 $\omega\gamma \equiv \omega\Gamma_a\Gamma_b/\Gamma$(3.2.4 节),我们根据式(3.113)和式(4.91)得到(Fower *et al.*,1948),

$$Y(E_0) = \int_{E_0 - \Delta E}^{E_0} \frac{1}{\varepsilon(E)} \frac{\lambda^2}{4\pi} \omega \frac{\Gamma_a\Gamma_b}{(E_{\mathrm{r}} - E)^2 + \Gamma^2/4} \mathrm{d}E$$

$$= \frac{\lambda_{\mathrm{r}}^2}{2\pi} \frac{\omega\gamma}{\varepsilon_{\mathrm{r}}} \frac{\Gamma}{2} \int_{E_0 - \Delta E}^{E_0} \frac{\mathrm{d}E}{(E_{\mathrm{r}} - E)^2 + (\Gamma/2)^2}$$

$$= \frac{\lambda_{\mathrm{r}}^2}{2\pi} \frac{\omega\gamma}{\varepsilon_{\mathrm{r}}} \left[\arctan\left(\frac{E_0 - E_{\mathrm{r}}}{\Gamma/2}\right) - \arctan\left(\frac{E_0 - E_{\mathrm{r}} - \Delta E}{\Gamma/2}\right)\right] \tag{4.102}$$

其中，γ_r 和 ε_r 分别表示在共振能量 E_r 处的德布罗意波长和阻止本领。利用表达式 $\tan(x-y)=[\tan(x)-\tan(y)]/[1+\tan(x)\tan(y)]$ 和 $\mathrm{d}(\arctan x)/\mathrm{d}x=1/(1+x^2)$，在经过一些代数运算之后可得

$$E_{0,\max}=E_r+\frac{\Delta E}{2} \tag{4.103}$$

$$Y_{\max}=Y(E_{0,\max})=\frac{\lambda_r^2}{\pi}\frac{\omega\gamma}{\varepsilon_r}\arctan\left(\frac{\Delta E}{\Gamma}\right) \tag{4.104}$$

$$E_{0,50\%}=E_r+\frac{\Delta E}{2}\pm\frac{1}{2}\sqrt{\Gamma^2+\Delta E^2} \tag{4.105}$$

$$\mathrm{FWHM}=\sqrt{\Gamma^2+\Delta E^2} \tag{4.106}$$

其中，$E_{0,\max}$、$Y_{\max}$ 和 $E_{0,50\%}$ 分别表示共振产额曲线中最大值的位置、最大产额值和对应于最大产额值一半处的能量。FWHM 表示半高宽。对于德布罗意波长（在质心系下），我们在数值上得到

$$\frac{\lambda_r^2}{2}=2\pi^2\frac{\hbar^2}{2m_{01}E_r}=\left(\frac{M_0+M_1}{M_1}\right)^2\frac{4.125\times10^{-18}}{M_0E_r^{\mathrm{lab}}}(\mathrm{cm}^2) \tag{4.107}$$

其中，m_{01}、M_0 和 M_1 分别是炮弹-靶系统的约化质量、炮弹质量（以 u 为单位）和靶质量（以 u 为单位）；E_r^{lab} 为实验室系下的共振能量（以 eV 为单位）。

这些结果如图 4.53 所示，它显示了一个位于 $E_r=500$ keV，总宽度为 $\Gamma=15$ keV 的共振在不同靶厚 ΔE 值时的 Breit-Wigner 截面[图 4.53(a)]和相应的产额[图 4.53(b)]。如果靶厚远小于共振宽度，$\Delta E\ll\Gamma$，则产额曲线的形状对应于截面的形状（即洛伦兹形状）。最大产额位于靠近共振能量处，即 $E_{0,\max}\approx E_r$，产额曲线的宽度由共振宽度给出，$\mathrm{FWHM}\approx\Gamma$。例如，在 $E_0=495$ keV 的轰击能量下，靶厚为 $\Delta E=5$ keV[图 4.53(a)中左侧的阴影区域]，靶积分是仅对较窄区域的截面进行的（即 $490\sim495$ keV）。所得产额显示为图 4.53(b)中 495 keV 处的空心圆圈。在这种情况下，反应发生在整个靶的厚度内。另外，如果靶厚远大于总共振宽度 $\Delta E\gg\Gamma$，则产额曲线的形状由反正切函数确定。产额曲线显示一个平坦的平台，最大值位于 $E_{0,\max}=E_r+\Delta E/2$，宽度为 $\mathrm{FWHM}\approx\Delta E$。例如，在 $E_0=550$ keV 且 $\Delta E=50$ keV[图 4.53(a)右侧的阴影区域]时，靶积分是对几乎一半的整个截面曲线进行的（即 $500\sim550$ keV）。所得的产额如图 4.53(b)中 550 keV 处的空心圆圈所示，代表平台高度处最大产额的 50% 左右。在这种情况下，反应的数目在靶厚内变化很大。

随着靶厚 ΔE 的增加，由于靶积分的截面能区更宽了，因此最大产额 $Y_{\max}$ 和产额曲线的宽度将会增加。在无限厚靶的极限下，$\Delta E\to\infty$，式(4.102)中的产额变成

$$Y_{\Delta E\to\infty}(E_0)=\frac{\lambda_r^2}{2\pi}\frac{\omega\gamma}{\varepsilon_r}\left[\arctan\left(\frac{E_0-E_r}{\Gamma/2}\right)+\frac{\pi}{2}\right] \tag{4.108}$$

式(4.104)和式(4.105)变成

$$Y_{\max,\Delta E\to\infty}=\frac{\lambda_r^2}{2}\frac{\omega\gamma}{\varepsilon_r} \tag{4.109}$$

$$E_{0,50\%,\Delta E\to\infty}=E_r \tag{4.110}$$

对于 $E_0=500$ keV，总宽度为 $\Gamma=15$ keV 的共振，其产额 $Y_{\Delta E\to\infty}$ 也显示在图 4.53(b)中。

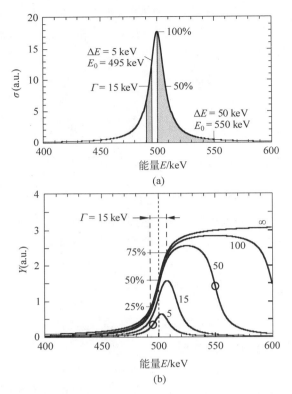

图 4.53 具有能量无关的分宽度的 Breit-Wigner 共振：(a) 截面曲线；(b) 产额曲线。该共振位于 $E=$ 500 keV，宽度为 $\Gamma=15$ keV。产额强烈地依赖于轰击能量和靶厚。阴影区域[在图(a)中]和相应空心圆圈[在图(b)中]描述了两套不同条件下的情形(左侧：$E_0=495$ keV、$\Delta E=5$ keV；右侧：$E_0=550$ keV、$\Delta E=50$ keV)。图(b)中的符号 ∞ 标记了一个无限厚靶的共振产额

对于无限厚靶，在其最大产额值的 75% 和 25% 处所对应的能量差等于总的共振宽度，即

$$E_{0,75\%,\Delta E\to\infty}-E_{0,25\%,\Delta E\to\infty}=\Gamma \tag{4.111}$$

研究 $Y_{max}/Y_{max,\Delta E\to\infty}$、$FWHM/\Delta E$ 和 $(E_r-E_{0,50\%})/\Gamma$ 作为 $\Delta E/\Gamma$ 的函数是很有意思的。结果如图 4.54 所示。靶越厚，产额越接近无限厚靶的情况。例如，假设靶厚比总共振宽度大 10 倍($\Delta E/\Gamma=10$)。则平台上的最大产额为无限厚靶产额的 94%，并且其 FWHM 等于靶厚度(误差在 0.5% 以内)。此外，产额为最大值 50% 处的能量与共振能量之间的能量差为 0.025Γ[式(4.105)]。对于 $\Gamma=15$ keV 的总共振宽度，该偏差仅为 0.37 keV。

4.8.2 产额曲线的一般处理

到目前为止，我们忽略了某些实验因素对产额测量的影响。这些因素包括有限的束流能量分辨、束流在靶上的歧离、靶的不均匀性，以及靶原子的热运动。考虑到这些影响，我们必须用更一般的表达式(Gove, 1959)来替代式(4.91)：

$$Y(E_0)=\int_{E_0-\Delta E}^{E_0}dE'\int_{E_i=0}^{\infty}dE_i\int_{E=0}^{E_i}\frac{\sigma(E)}{\varepsilon(E)}g(E_0,E_i)f(E_i,E,E')dE \tag{4.112}$$

其中，$g(E_0,E_i)dE_i$ 是在均值能量为 E_0 的入射束流中粒子能量介于 E_i 和 E_i+dE_i 之间

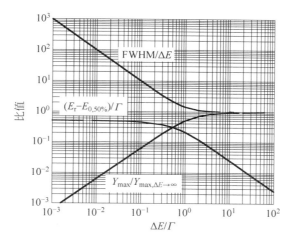

图 4.54 对于具有能量无关的分宽度的 Breit-Wigner 共振，比值 $Y_{max}/Y_{max,\Delta E \to \infty}$、FWHM/$\Delta E$ 和$(E_r - E_{0,50\%})/\Gamma$ 随 $\Delta E/\Gamma$ 变化的函数

的概率；$f(E_i, E, E')dE$ 是粒子以介于 E 到 $E + dE$ 之间能量 E_i 入射到靶上的概率，对应于能量为 E'（即 $E_0 - \Delta E < E' < E_0$）的一个靶内深度。假设函数 $g(E_0, E_i)$ 和 $f(E_i, E, E')$ 是归一化的。使用反卷积程序，可以从测得的产额 $Y(E_0)$ 中以数值计算的方式得到截面 $\sigma(E)$（例如，McGlone & Johnson，1991）。

对于恒定的截面和阻止本领，正如看到的那样，使用 g 和 f 的归一化，并通过按 E、E_i 和 E' 的顺序进行积分，那么三重积分将简化为我们之前的结果[式(4.92)]。它遵从非共振截面（$\sigma \approx$ const）和薄靶（$\varepsilon \approx$ const）的产额不受束流分辨和束流歧离影响这一规律。换句话说，束流中的所有炮弹原则上都可以对产额有贡献。

在下文中，将更详细地讨论共振产额曲线。我们将作一些在实践中经常应用到的假设：①束流中粒子的能量分布仅是 $E_0 - E_i$ 的函数，即 $g(E_0, E_i) = g(E_0 - E_i)$，也就是说，束流展宽与均值能量 E_0 无关；②描述能损和歧离的分布只是 $E_i - E$ 和 E' 的函数，$f(E_i, E, E') = f(E_i - E, E')$，即 f 中的展宽与能量 E_i 无关；③函数 g、f 和 σ 在其最大值的两侧会消失；④在共振的总宽度和靶的总宽度上，阻止本领是恒定的，即 $\varepsilon(E) = \varepsilon_r$。后一条件意味着靶是均匀的。否则，如果靶由化学成分变化的化合物组成，则必须要明确考虑有效阻止本领 $\varepsilon_{eff}(E)$ 的能量和深度依赖性。利用上述假设，式(4.112)变成

$$Y(E_0) = \frac{1}{\varepsilon_r} \int_{E_0 - \Delta E}^{E_0} dE' \int_{E_i = 0}^{\infty} dE_i \int_{E = 0}^{E_i} \sigma(E) g(E_0 - E_i) f(E_i - E, E') dE \quad (4.113)$$

典型情况如图 4.55 所示。一束初始均值能量为 E_0，具有由 $g(E_0 - E_i)$ 给定的能量分布，穿过厚度为 ΔE 的靶。能量 E 和 E' 分别表示在靶中固定深度 x 处的炮弹能量和束流的均值能量。垂直粗线表示位于 $E_r < E_0$ 窄共振的位置。在靠近靶表面的位置ⓐ处，所有炮弹能量都太大而无法激发共振，产额可忽略不计。在靶内的位置ⓑ处，束流被减速，以至于炮弹能量分布的最大值与共振能量一致，因而对产额的最大贡献来自于此靶深度。在靠近靶后侧的位置ⓒ处，大多数炮弹的能量已经减缓到低于 E_r 的能量。在分布 f 的高能尾巴处仅有少量炮弹可以激发共振。在该靶深度处，其对产额的贡献会大于位置ⓐ处的，但小于位置ⓑ处的。

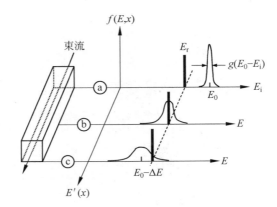

图 4.55 具有初始平均能量 E_0 且由 $g(E_0-E_i)$ 给定的能量分布的一个束流,其在穿过厚度为 ΔE 靶时的减速过程。E 和 E' 分别代表炮弹在靶的固定深度 x 处的能量和束流的平均能量;E' 随束流穿过靶而逐渐减小。z 轴表示概率分布 f 的大小。垂直粗线表示窄共振的位置 $E_r < E_0$。位置 ⓐ、ⓑ 和 ⓒ 表示靶内不同的深度。对共振产额的最大贡献来自于位置

1. 无限厚靶

对于无限厚靶,$\Delta E \rightarrow \infty$,式(4.113)中 E' 的积分下限为零。产额曲线的形状可以通过对函数 f 进行归一化得到,因为在靶的任意地方找到一个经历特定能损 E_i-E 的炮弹的概率都为 1。因此

$$Y_{\Delta E \rightarrow \infty}(E_0) = \frac{1}{\varepsilon_r} \int_{E'=0}^{E_0} f(E_i-E,E') \mathrm{d}E' \int_{E_i=0}^{\infty} \mathrm{d}E_i \int_{E=0}^{E_i} \sigma(E) g(E_0-E_i) \mathrm{d}E$$

$$= \frac{1}{\varepsilon_r} \int_{E_i=0}^{\infty} g(E_0-E_i) \mathrm{d}E_i \int_{E=0}^{E_i} \sigma(E) \mathrm{d}E \qquad (4.114)$$

产额取决于截面(例如总共振宽度)和束流展宽,但与束流歧离无关。在极限 $E_0 \rightarrow \infty$ 情况下可以得到无限厚靶的最大产额。在这种情况下,对 E_i 积分的唯一贡献来自于 $E_i \rightarrow \infty$ 的部分。使用分布 g 的归一化,我们得到

$$Y_{\max, \Delta E \rightarrow \infty} = \frac{1}{\varepsilon_r} \int_{E=0}^{\infty} \sigma(E) \mathrm{d}E \qquad (4.115)$$

其遵循的规律是,无限厚靶的最大产额不受束流分辨、束流歧离或总共振宽度的影响。$Y_{\max, \Delta E \rightarrow \infty}$ 的值仅依赖于阻止本领和积分截面。如果靶由化合物组成,则 ε_r 必须替换为 $\varepsilon_{\mathrm{eff}, r}$[式(4.94)],因而,$Y_{\max, \Delta E \rightarrow \infty}$ 依赖于靶化合物的化学成分。如果截面由 Breit-Wigner 公式给出,并且在共振宽度上分宽度和德布罗意波长是恒定的,则对 σ 进行积分可得

$$Y_{\max, \Delta E \rightarrow \infty} = \frac{1}{\varepsilon_r} \frac{\lambda_r^2}{2} \omega \gamma \qquad (4.116)$$

这与我们之前的结果相同[式(4.109)]。

2. 有限厚靶

对于有限厚靶,共振产额曲线下的面积可以通过对下式进行评估得到:

$$A_Y = \int_{E_0=0}^{\infty} Y(E_0) \mathrm{d}E_0$$

$$= \frac{1}{\varepsilon_r} \int_{E_0=0}^{\infty} \mathrm{d}E_0 \int_{E_0-\Delta E}^{E_0} \mathrm{d}E' \int_{E_i=0}^{\infty} \mathrm{d}E_i \int_{E=0}^{E_i} \sigma(E) g(E_0-E_i) f(E_i-E,E') \mathrm{d}E \qquad (4.117)$$

通过使用 g 和 f 的归一化可以求解多重积分,其中积分的顺序为 E_0、E_i 和 E'。对 E 的积分可以取上限为无穷大,因为束流能量在零到无穷大之间变化。这样,

$$A_Y = \frac{1}{\varepsilon_r} \int_{E_0=0}^{\infty} g(E_0 - E_i) dE_0 \int_{E_0 - \Delta E}^{E_0} dE' \int_{E_i=0}^{\infty} dE_i \int_{E=0}^{E_i} \sigma(E) f(E_i - E, E') dE$$

$$= \frac{1}{\varepsilon_r} \int_{E_i=0}^{\infty} f(E_i - E, E') dE_i \int_{E_0 - \Delta E}^{E_0} dE' \int_{E=0}^{\infty} \sigma(E) dE \tag{4.118}$$

在对应于靶深度 E' 处,能量为 E 的炮弹具有一个初始能量 E_i(零和无穷大之间的任何地方)的概率是 1,因此有

$$A_Y = \frac{1}{\varepsilon_r} \int_{E_0 - \Delta E}^{E_0} dE' \int_{E=0}^{\infty} \sigma(E) dE$$

$$= \frac{\Delta E}{\varepsilon_r} \int_{E=0}^{\infty} \sigma(E) dE = n \int_{E=0}^{\infty} \sigma(E) dE \tag{4.119}$$

我们得到了一个重要的结果,即有限厚靶共振产额曲线下的面积与束流分辨、歧离、靶厚、阻止本领以及总共振宽度无关。A_Y 的值仅取决于每平方厘米的靶核总数和积分截面。如果靶由化合物组成,则 n 必须替换为活性靶核的数目,$n_X = \Delta E_c / \varepsilon_{eff}$[式(4.94)]。文献 Palmer 等(1963)已经表明上述表达式也适用于非均匀靶(例如化学成分发生变化的靶)。根据式(4.115)和式(4.119),我们发现,共振产额曲线下的面积等于无限厚靶的最大产额与靶厚的乘积:

$$A_Y = Y_{max, \Delta E \to \infty} \Delta E \tag{4.120}$$

例如,对于在共振宽度上具有恒定分宽度和德布罗意波长的 Breit-Wigner 截面,利用式(4.116)可以得到

$$A_Y = \frac{\Delta E}{\varepsilon_r} \frac{\lambda_r^2}{2} \omega \gamma = n \frac{\lambda_r^2}{2} \omega \gamma \tag{4.121}$$

我们现在将讨论束流分辨和歧离对有限厚靶共振产额曲线形状的影响。我们具体感兴趣的是研究由这些效应所引起的 Y_{max}、$E_{0.50\%}$ 和 FWHM 的变化[式(4.104)~式(4.106)]。在下文,我们将讨论通过数值求解式(4.113)得到的结果,其中假设了具体的 σ、g 和 f 分布。对于这些计算,将作以下假设:①截面由在共振宽度上具有恒定分宽度和德布罗意波长的 Breit-Wigner 公式给出,共振位于能量 $E_r = 500$ keV 处,且共振截面下的面积(即共振强度)是固定的;②束流轮廓可以由 FWHM 为 Δ_{beam} 的高斯分布来近似;③分布 f 也近似为高斯函数,如果碰撞次数很大,则这是一个恰当的假设。f 的 FWHM 可以由式(4.19)来近似,它适用于相对较薄的吸收体。假设在总共振宽度上阻止本领恒定,则从式(4.14)和式(4.19)中可以得到

$$\Delta_{stragg} = 1.20 \times 10^{-9} \sqrt{Z_p^2 Z_t (E_0 - E') / \varepsilon} \quad (keV)$$

$$= const \sqrt{E_0 - E'} \quad (keV) \tag{4.122}$$

在这里,我们采用任意值:$Z_p = 1$、$Z_t = 10$ 和 $\varepsilon = 10 \times 10^{-15}$ eV·cm^2·atom^{-1},可得 const $= 1.2$。计算得出的产额曲线如图 4.56 所示。

图 4.56(a)显示了改变束流能量展宽 Δ_{beam} 的效果。对于靶厚、总共振宽度和束流歧离,采用的值分别为 $\Delta E = 10$ keV、$\Gamma = 0$ 和 $\Delta_{stragg} = 0$。这些曲线是在 $\Delta_{beam} = 0$ keV、1 keV、3 keV、5 keV 和 8 keV 的情况下得到的。矩形产额曲线对应于 $\Gamma = 0$、$\Delta_{stragg} = 0$、$\Delta_{beam} = 0$

的情况。可以看出,束流展宽会造成产额曲线在低能端和高能端斜率的下降。如果束流展宽与靶厚相比较小,$\Delta_{\rm beam}/\Delta E<0.5$,则束流分辨等于产额达到其最大值的 12% 和 88% 时所对应的能量差(假设 $\Delta_{\rm beam}\gg\Gamma$),该分辨适用于高斯分布。对于比值超过 $\Delta_{\rm beam}/\Delta E\approx0.5$ 的情况,$Y_{\rm max}$、$E_{0,50\%}$ 和 FWHM 都会受到束流分辨的影响。随着最大产额的降低,产额达到其最大值 50% 处的能量会移动到共振能量 $E_{\rm r}$ 以下,并且 FWHM 的值变得大于靶厚。例如,对于 $\Delta_{\rm beam}=8$ keV 的情况,其能量差为 $E_{\rm r}-E_{0,50\%}\approx0.5$ keV。如果共振强度 $\omega\gamma$ 是根据式(4.104)从观测到的 $Y_{\rm max}$ 值推导出来的,则必须要考虑束流展宽对产额曲线形状的影响。

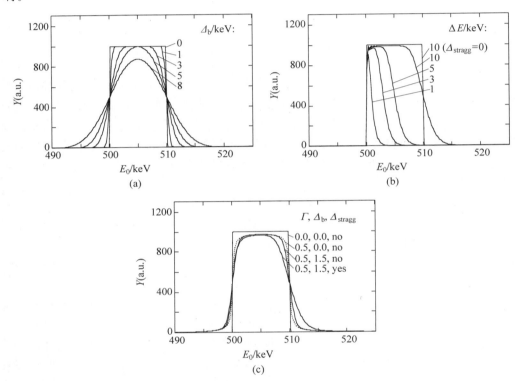

图 4.56 通过数值求解式(4.113)获得的共振产额曲线的一般形状。具体假设见正文。这些曲线是针对如下条件得到的:靶厚 ΔE、共振总宽度 Γ、束流歧离 $\Delta_{\rm stragg}$ 以及束流展宽 $\Delta_{\rm beam}$ (a) $\Delta E=10$ keV,$\Gamma=0$,$\Delta_{\rm stragg}=0$,$\Delta_{\rm beam}=0$ keV、1 keV、3 keV、5 keV、8 keV;(b) $\Gamma=0$,$\Delta_{\rm beam}=0$,const $=1.2$,$\Delta E=1$ keV、3 keV、5 keV、10 keV;(c) 每条曲线的靶厚都是 $\Delta E=10$ keV;$\Gamma=0$,$\Delta_{\rm beam}=0$,$\Delta_{\rm stragg}=0$;$\Gamma=0.5$ keV,$\Delta_{\rm beam}=0$,$\Delta_{\rm stragg}=0$;$\Gamma=0.5$ keV,$\Delta_{\rm beam}=1.5$ keV,$\Delta_{\rm stragg}=0$;$\Gamma=0.5$ keV,$\Delta_{\rm beam}=1.5$ keV,const $=1.2$。在图(c)中所有曲线下的面积都是相同的

图 4.56(b)展示了束流歧离的影响。对于总共振宽度、束流能量分辨和歧离常数,分别取 $\Gamma=0$、$\Delta_{\rm beam}=0$ 和 const $=1.2$。这些曲线是在靶厚为 $\Delta E=1$ keV、3 keV、5 keV 和 10 keV 情况下得到的。矩形产额曲线还是对应于 $\Gamma=0$、$\Delta_{\rm beam}=0$、$\Delta_{\rm stragg}=0$ 的情况。可以看出,歧离对产额曲线的低能沿没有影响,因此,能量差 $E_{\rm r}-E_{0,50\%}$ 可忽略不计(假设 $\Gamma=0$)。然而,歧离会导致产额曲线高能沿的斜率下降。$\Delta_{\rm stragg}$ 的值(在 $E_0-E'=\Delta E$)近似等于产额达到其最大值的 12% 和 88% 时的能量差(假设 $\Delta_{\rm stragg}\gg\Gamma$ 和 $\Delta_{\rm stragg}\gg\Delta_{\rm beam}$)。如果

靶变得太薄(在我们的具体情况下,$\Delta E < 3$ keV),则歧离会降低最大产额。就像束流展宽的情况一样,如果 $\omega\gamma$ 是从测得的 $Y_{\max}$ 值中导出的,则必须要考虑歧离的影响。FWHM 的值对歧离相对不灵敏。

图 4.56(c)显示了总共振宽度、束流分辨和束流歧离对共振产额曲线形状的组合效应,这是在特定参数组合下计算得到的。对于靶厚,采用的值为 $\Delta E = 10$ keV。矩形轮廓是通过值 $\Gamma = 0$、$\Delta_{\text{beam}} = 0$ 和 $\Delta_{\text{stragg}} = 0$ 获得的。由于 $\Delta E/\Gamma \to \infty$,平台高度对应于无限厚靶的最大产额[式(4.109)]。虚线是使用 $\Gamma = 0.5$ keV、$\Delta_{\text{beam}} = 0$ 和 $\Delta_{\text{stragg}} = 0$ 的值计算出来的。由于 $\Delta E/\Gamma = 20$,平台高度降低到 $0.97 Y_{\max, \Delta E \to \infty}$,与图 4.54 所示结果一致。另外,产额曲线的高能和低能沿的斜率下降。在 $\Gamma = 0.5$ keV、$\Delta_{\text{beam}} = 1.5$ keV 和 $\Delta_{\text{stragg}} = 0$ 时所获得的实线中,包括了有限束流能量分辨的影响。由于我们有 $\Delta_{\text{beam}} \ll \Delta E$,因此最大产额 $Y_{\max}$ 仅受到束流展宽的轻微影响,但其低能和高能沿变得没有那么陡峭。最后,$\Gamma = 0.5$ keV、$\Delta_{\text{beam}} = 1.5$ keV 和歧离常数为 const $= 1.2$ 情况下计算的实线显示了歧离的影响。它使产额率曲线的高能沿变得不那么陡峭。因为我们有 $\Delta_{\text{stragg}} \ll \Delta E$,所以 $Y_{\max}$ 的值受束流歧离的影响很小。$E_{0,50\%}$ 和 FWHM 的值分别非常接近于 E_{r} 和 ΔE。根据式(4.121),图 4.56(c)中所有曲线下的面积都具有相同的值。

4.8.3 实验产额曲线和激发函数

我们现在将讨论从测得的产额曲线特性中可以提取什么样的信息,也即其观测宽度(FWHM)、低能沿的斜率、最大产额($Y_{\max}$)、达到产额最大值 50% 处的能量($E_{0,50\%}$),以及产额曲线下的面积(A_Y)。为了正确解释数据,必须先验地知道一些信息。下面我们将假设这些数据代表一个孤立的、能够分辨开的共振产额曲线,并且总共振宽度 Γ 从独立来源已知。

考虑第一个例子,图 4.57(a)显示了 $^{18}\text{O}(p,\gamma)^{19}\text{F}$ 反应中 151 keV 共振的产额曲线。产额是从测量特定初级跃迁的强度得到的。该共振的总宽度为 $\Gamma = (130 \pm 10)$ eV(表 4.1)。靶是通过在富集 ^{18}O 的水中对钽背衬作阳极氧化而制成的。已知此类靶由 $^{18}\text{O-Ta}$ 的化合物组成(Vermilyea,1953)。

产额曲线显示了一个观测宽度为 FWHM $= 34$ keV 的结构。束流展宽影响了产额曲线的低能沿和高能沿的斜率,而歧离仅对高能沿的斜率有贡献。两个沿在小于产额曲线观测宽度的能区上延伸。另外,比较平坦的平台表明其高度不受束流分辨或歧离的影响。否则,最大产额将显示圆形(图 4.56)。根据这些论据,它遵循如下关系:FWHM $\gg \Delta_{\text{beam}}$ 及 FWHM $\gg \Delta_{\text{stragg}}$。此外,我们有 FWHM $\gg \Gamma$,因此我们得出结论,观测到的宽度等于靶厚,即 FWHM $= \Delta E = 34$ keV。

低能沿延伸到几千电子伏的能量范围。由于 Γ 非常小,所以该斜率反映了束流的分辨。从产额达到其 12% 和 88% 最大值时的能量差,我们得到 $\Delta_{\text{beam}} = 4.0$ keV。由靶原子热运动引起的多普勒效应也会影响产额曲线边沿的斜率(Rolfs & Rodney,1988)。束流展宽连同多普勒展宽一起可以用 FWHM 为 $\Delta_{\text{beam+Dopp}} = (\Delta_{\text{beam}}^2 + \Delta_{\text{Dopp}}^2)^{1/2}$ 的高斯函数来描述。在实践中,人们发现 $\Delta_{\text{Dopp}} \leqslant 100$ eV,除非使用非常高分辨的束流,否则我们可以作近似 $\Delta_{\text{beam+Dopp}} \approx \Delta_{\text{beam}}$。在这种情况下,产额达到其最大值 50% 时的能量既不受总共振宽度的影响[因为 $\Delta E \gg \Gamma$;式(4.105)],也不受束流展宽的影响(因为比值 $\Delta_{\text{beam}}/\Delta E = 4.0$ keV/

34 keV＝0.11 很小,图 4.56)。这样,我们得到 $E_{0,50\%}=E_r=150.5$ keV。

我们得出结论:平台高度不受束流展宽和歧离的影响。根据比值 $\Delta E/\Gamma=34$ keV/ 130 eV≈260,利用式(4.104)和式(4.109)我们发现,最大产额 Y_{max} 等于 $0.998Y_{max,\Delta E\to\infty}$, 因此,该最大产额与无限厚靶的差别在 0.2% 以内。此外,产额曲线下的面积 A_Y 仅依赖于 活性靶核(^{18}O)的数目和共振强度 ωγ[式(4.121)]。

类似的论据适用于图 4.57(b)展示的数据,它显示了 ^{36}Ar(p,γ)^{37}K 中 918 keV 共振的 产额曲线。该产额是根据俘获到 ^{37}K 基态的主要跃迁强度得到的。该共振的总宽度为 $\Gamma=$ (300±50) meV(Endt,1998)。靶是通过注入 ^{36}Ar 离子到钽片上制备的。因此,靶由 ^{36}Ar- Ta 的化合物组成(表 4.3)。结构的宽度(FWHM＝6.5 keV)比总共振宽度大得多。前沿 能量区与 FWHM 的值相比较小,因此束流展宽既不会降低最大产额也不会对观测的产额 曲线宽度有影响。此外,歧离不会影响前沿或观测到的 FWHM 的值。因此,从产额曲线中 我们可以提取出如下值:$\Delta E=6.5$ keV、$\Delta_{beam}=1.0$ keV 以及 $E_r=917.5$ keV。

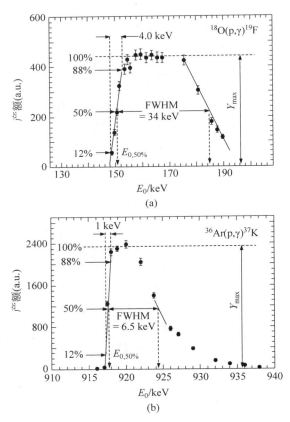

图 4.57 (a) 测量的 ^{18}O(p,γ)^{19}F 反应中 $E_r^{lab}=151$ keV 共振的产额曲线,这是由衰变到 $E_r=3908$ keV 态的主要跃迁的强度得到的。共振总宽度为 $\Gamma=(130\pm10)$ eV(表 4.1)。靶是通过在富集 ^{18}O 的水中对钽衬底作阳极氧化制成的(Vermilyea,1953)。(b) 测量的 ^{36}Ar(p,γ)^{37}K 反应中 $E_r^{lab}=918$ keV 共振的产额曲线,这是由衰变到 ^{37}K 的基态的主要跃迁的强度得到的。共振总 宽度为 $\Gamma=(300\pm50)$ meV (Endt,1998)。靶是通过将 ^{36}Ar 离子注入钽片中制备的(表 4.3)

在图 4.57 中所示的两条产额曲线之间存在着重要差异。在图 4.57(b)中,没有观测到平坦的平台,且高能沿展示出一个明显的尾巴。该效应部分是由质子束的歧离引起的,但也反映了注入的 ^{36}Ar 离子在钽背衬中的射程歧离。尽管这些歧离效应不会影响 ΔE、Δ_{beam} 和 E_r 的导出值,但是我们不能再作——歧离对最大产额高度 $Y_{\max}$ 的影响可以忽略不计——这样的结论。

如果共振强度已知,则窄共振产额曲线可以提供有关活性靶核数目和靶化合物化学成分的信息。按照式(4.121),对于纯靶或化合物,每平方厘米活性靶核的数目由 $n_X = 2A_Y/(\lambda_r^2 \omega\gamma)$ 给出。对于化合物 X_aY_b 靶,其有效阻止本领可以通过使用式(4.94)从测量的靶厚中得到。该程序不依赖最大产额 $Y_{\max}$,因为它可能会受到歧离效应的影响。化学计量学成分 n_Y/n_X 则可以从有效阻止本领中导出[式(4.94)]。

窄共振上的产额曲线提供了丰富的信息,包括共振能量、束流量分辨、靶厚、每平方厘米活性靶核的数目,以及靶化学成分。或者,如果束流能量展宽与总共振宽度相比很小($\Delta_{\text{beam}} \ll \Gamma$),且如果 $\Gamma \ll \Delta E$,则产额达到其最大值 25% 和 75% 时的能量差将等于 Γ[式(4.111)]。这些技术经常用于测量如下一些量:E_r、Δ_{beam}、ΔE、n_X、n_Y/n_X 以及 Γ。

作为最后一个例子,考虑图 4.58 所示的产额曲线,它是在轰击能量接近 1.6 MeV 的 ^{24}Mg(p,γ)^{25}Al 反应中测得的。该产额是根据次级跃迁的强度获得的。测量使用了一个蒸镀的 ^{24}Mg 富集靶。类似于上面讨论的示例,在约 1.65 MeV 处的较窄结构显示了一个窄共振($E_r = 1654$ keV,$\Gamma = 0.1$ keV)的产额曲线。大约为 3 keV 的 FWHM(根据下方连续区基础之上的测量)反映了靶厚,因为 $\Delta E \gg \Gamma$。位于约 1.62 MeV 的较宽结构对应于一个宽共振($E_r = 1616$ keV,$\Gamma = 36$ keV)的产额曲线。由于在这种情况下我们有 $\Delta E \ll \Gamma$,所以产额曲线反映了截面曲线的形状,如 4.8.1 节所述。

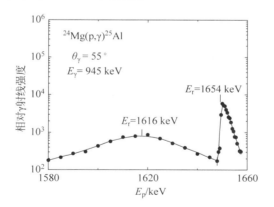

图 4.58 (a) 测量的 ^{24}Mg(p,γ)^{25}Al 反应产额与 1.6 MeV 附近实验室轰击能量的关系。产额是由 ^{25}Al 中 945 keV→0 次级跃迁的强度得到的。靶是通过蒸发 Mg 到钽背衬上制成的。在约 1.65 MeV 的窄结构显示了窄共振($E_r^{\text{lab}} = 1654$ keV,$\Gamma = 0.1$ keV)上的产额曲线,而在约 1.62 MeV 的宽结构对应于宽共振($E_r^{\text{lab}} = 1616$ keV,$\Gamma = 36$ keV)上的产额曲线[转载自(Powell *et al.*,1999)。版权(1999)经 Elsevier 许可]

4.8.4 绝对共振强度和截面的测定

绝对截面和绝对共振强度对计算热核反应率的重要性已在第 3 章中强调过。正如我们在前几节中看到的那样,在实验中直接测量的是产额而不是截面或共振强度。我们现在将讨论从测量的产额中推导出 σ 和 $\omega\gamma$ 绝对值的方法。再次假设阻止本领在靶宽度上近似恒定。如果靶厚小于几十个 keV,则该假设是合理的。在这种情况下,靶厚和阻止本领通过式(4.14)或式(4.17)联系在一起。

1. 实验产额

核反应产额通常是用位于相对于入射束流方向上特定角度 θ 的探测器测量的,其覆盖的立体角为 Ω。在实验上,总产额由式(4.49)、式(4.69)和式(4.87)给出:

$$Y = \frac{\mathcal{N}_{\mathrm{R}}}{\mathcal{N}_{\mathrm{b}}} = \frac{\mathcal{N}}{\mathcal{N}_{\mathrm{b}} B \eta W} \tag{4.123}$$

其中,$\mathcal{N}_{\mathrm{R}}$ 为发生反应的总数;$\mathcal{N}_{\mathrm{b}}$ 为入射炮弹的总数;B、$\mathcal{N}$、η 和 W 分别是特定核跃迁的分支比(每个反应的发射概率)、探测到的粒子或光子的总数、探测器效率和角关联。后三个量通常取决于探测角度 θ。如果反应只进行到一个末态,或者如果产额只是针对特定的跃迁而不是反应的总数,则 $B=1$。

非共振截面的微分产额通常是针对特定跃迁的($B=1$)。利用式(4.44)和式(4.123)可以写出下式:

$$\left(\frac{\mathrm{d}Y}{\mathrm{d}\Omega}\right)_{\theta} = \frac{\mathcal{N}}{\mathcal{N}_{\mathrm{b}} \eta_{\mathrm{int}} \Omega} \tag{4.124}$$

其中,η_{int} 代表本征探测效率(例如,对于硅带电粒子探测器,$\eta_{\mathrm{int}}=1$,4.5.1 节);Ω 是以球面度为单位的探测器立体角。

2. 绝对共振强度和截面

除少数例外,大多数实验共振强度都是使用厚靶产额的平台高度确定的[式(4.109)]:

$$\omega\gamma = \frac{2\varepsilon_{\mathrm{r}}}{\lambda_{\mathrm{r}}^2} Y_{\max, \Delta E \to \infty} = \frac{2\varepsilon_{\mathrm{r}}}{\lambda_{\mathrm{r}}^2} \frac{\mathcal{N}_{\max, \Delta E \to \infty}}{\mathcal{N}_{\mathrm{b}} B \eta W} \tag{4.125}$$

其中,下标 r 表示对应的与共振能量 E_{r} 有关的量;B、η 和 W 在给定的共振产额曲线下通常为常数。请注意,上式中的共振强度不依赖于靶核的绝对数目,如果靶由化合物组成,则只依赖于阻止本领和化学成分。当使用式(4.125)时,人们必须仔细验证,所观测到的最大产额不受束流展宽、歧离或总共振宽度的影响。由于产额曲线下的面积与这些效应无关[式(4.119)],所以从式(4.121)而不是式(4.125)中导出共振强度通常更为可靠。根据式(4.121)式(4.123),可得

$$\omega\gamma = 2\frac{A_Y}{n\lambda_{\mathrm{r}}^2} = \frac{2}{\lambda_{\mathrm{r}}^2} \frac{\varepsilon_{\mathrm{r}}}{\Delta E} \int_0^\infty Y(E_0)\mathrm{d}E_0 = \frac{2}{\lambda_{\mathrm{r}}^2} \frac{\varepsilon_{\mathrm{r}}}{\Delta E} \frac{1}{B\eta W} \int_0^\infty \frac{\mathcal{N}(E_0)}{\mathcal{N}_{\mathrm{b}}(E_0)} \mathrm{d}E_0 \tag{4.126}$$

式中,靶厚 ΔE 的下标 r 被省略了,尽管这个量也是指靠近 E_{r} 的能量。类似地,我们可以使用式(4.92)和式(4.123)来确定缓慢变化的绝对截面:

$$\sigma(E_{\mathrm{eff}}) = \frac{Y(E_0)}{n} = Y(E_0) \frac{\varepsilon(E_0)}{\Delta E(E_0)} = \frac{\varepsilon(E_0)}{\Delta E(E_0)} \frac{\mathcal{N}(E_0)}{\mathcal{N}_{\mathrm{b}}(E_0) B(E_0) \eta(E_0) W(E_0)} \tag{4.127}$$

使用式(4.126)和式(4.127)确定 $\omega\gamma$ 和 σ 的绝对值是很困难的。该步骤所需要的知识有:入射粒子的绝对数目、绝对探测器效率、绝对分支比,等等。特别是,绝对阻止本领带有相对较大的误差(4.2.1 节)。此外,如果靶由化合物组成,则必须在上述表达式中使用有效阻止

本领 ε_{eff}，因而，必须准确知道靶的化学计量比[式(4.94)]。

$\omega\gamma$ 和 σ 测量值的不确定性通常在 $10\%\sim20\%$ 的范围内，其中有效阻止本领通常贡献主要部分的误差。在某些情况下，对于给定共振，不同研究组测得的 $\omega\gamma$ 值之间的偏差为 $2\sim4$ 倍。类似的论点也适用于某些截面。这些偏差反映了在测量进入共振强度或截面计算的那些量的绝对大小的困难程度。例如，绝对束流强度通常由束流沉积在法拉第筒上的总电荷来确定，但如果未正确考虑二次电子发射的话，则可能会出现系统性误差(4.3.4节)。

测定绝对 $\omega\gamma$ 和 σ 值的一个主要问题是对靶化学成分的不完全了解。如果使用的是蒸发靶(4.3.2节)，人们经常假设在核反应测量过程中靶成分与蒸发前使用的原料成分是相同的。这种假设几乎是无效的，因为靶成分在蒸发过程中或之后的离子束轰击过程中都可能会改变。例如，经常通过 MgO 的还原蒸发来制备镁靶(Takayanagi *et al.*，1966)，因此，这些靶预期是由一层纯的镁组成。然而，测量显示(Iliadis *et al.*，1990)这些靶由化合物 Mg_5O 组成，这表明，或者在靶制备过程中氧还原不完全，或者实验前在空气中被氧化。另一个引人注目的例子是 $NaCl$ 靶。研究表明，这些靶在质子轰击期间，仅在累积约 1×10^{-4} C 的电荷之后就将其化学式从 $NaCl$ 变成了 $Na_{17}Cl_{10}$ (Paine *et al.*，1978)。

3. 相对共振强度和截面

相对于一些仔细测量的绝对标准共振强度或截面，我们可以相当简单可靠地获得相对共振强度和截面。使用无限厚靶最大产额的表达式[式(4.125)]，我们得到

$$\frac{\omega\gamma_1}{\omega\gamma_2}=\frac{\varepsilon_{r,1}}{\varepsilon_{r,2}}\frac{\lambda_{r,2}^2}{\lambda_{r,1}^2}\frac{Y_{\max,\Delta E\to\infty,1}}{Y_{\max,\Delta E\to\infty,2}}=\frac{\varepsilon_{r,1}}{\varepsilon_{r,2}}\frac{\lambda_{r,2}^2}{\lambda_{r,1}^2}\frac{\mathcal{N}_{\max,\Delta E\to\infty,1}}{\mathcal{N}_{\max,\Delta E\to\infty,2}}\frac{\mathcal{N}_{b,2}}{\mathcal{N}_{b,1}}\frac{B_2}{B_1}\frac{\eta_2}{\eta_1}\frac{W_2}{W_1} \qquad (4.128)$$

其中，下标1和下标2分别对应于感兴趣共振和标准共振。共振强度 $\omega\gamma_1$ 的误差取决于标准共振的 $\omega\gamma_2$ 值的准确性。否则，仅有阻止本领、效率，以及入射粒子数目等比值进入式(4.128)中，从而使潜在误差来源的影响最小化。如果我们改用产额曲线下的相应面积[式(4.126)]，则

$$\frac{\omega\gamma_1}{\omega\gamma_2}=\frac{A_{Y,1}}{A_{Y,2}}\frac{\lambda_{r,2}^2}{\lambda_{r,1}^2}\frac{\varepsilon_{r,1}}{\varepsilon_{r,2}}\frac{\Delta E_2}{\Delta E_1}=\frac{\lambda_{r,2}^2}{\lambda_{r,1}^2}\frac{\varepsilon_{r,1}}{\varepsilon_{r,2}}\frac{\Delta E_2}{\Delta E_1}\frac{\int_0^\infty Y_1(E_{0,1})dE_{0,1}}{\int_0^\infty Y_2(E_{0,2})dE_{0,2}}$$

$$=\frac{\lambda_{r,2}^2}{\lambda_{r,1}^2}\frac{\varepsilon_{r,1}}{\varepsilon_{r,2}}\frac{\Delta E_2}{\Delta E_1}\frac{B_2}{B_1}\frac{\eta_2}{\eta_1}\frac{W_2}{W_1}\frac{\int_0^\infty\frac{\mathcal{N}_1(E_{0,1})}{\mathcal{N}_{b,1}(E_{0,1})}dE_{0,1}}{\int_0^\infty\frac{\mathcal{N}_2(E_{0,2})}{\mathcal{N}_{b,2}(E_{0,2})}dE_{0,2}} \qquad (4.129)$$

如果 $\omega\gamma_1$ 是相对于同一反应(使用相同靶时)的标准共振来确定的话，则上面的表达式不依赖于阻止本领或靶厚，此后有，$\varepsilon_{r,1}/\Delta E_1=\varepsilon_{r,2}/\Delta E_2=n$。

类似地，根据式(4.127)，对于缓慢变化的截面我们得到

$$\frac{\sigma_1(E_{\text{eff},1})}{\sigma_2(E_{\text{eff},2})}=\frac{\varepsilon_1(E_{0,1})}{\varepsilon_2(E_{0,2})}\frac{\Delta E_2(E_{0,2})}{\Delta E_1(E_{0,1})}\frac{Y_1(E_{0,1})}{Y_2(E_{0,2})}$$

$$=\frac{\varepsilon_1(E_{0,1})}{\varepsilon_2(E_{0,2})}\frac{\Delta E_2(E_{0,2})}{\Delta E_1(E_{0,1})}\frac{\mathcal{N}_1(E_{0,1})}{\mathcal{N}_2(E_{0,2})}\frac{\mathcal{N}_{b,2}(E_{0,2})}{\mathcal{N}_{b,1}(E_{0,1})}\frac{B_2(E_{0,2})}{B_1(E_{0,1})}\frac{\eta_2(E_{0,2})}{\eta_1(E_{0,1})}\frac{W_2(E_{0,2})}{W_1(E_{0,1})}$$

$$\qquad (4.130)$$

其中，下标1和下标2分别指的是感兴趣的非共振截面和标准截面。如果在同一反应中使

用同一块靶测量了两个截面,则阻止本领和靶厚可以再次消去。

非共振截面 σ 也可以相对于已知的共振强度 $\omega\gamma$ 来确定(反之亦然)。例如,我们从式(4.125)和式(4.127)可以得到

$$\frac{\sigma_1(E_{\text{eff},1})}{\omega\gamma_2} = \frac{\lambda_{r,2}^2}{2\Delta E_1(E_{0,1})} \frac{\varepsilon_1(E_{0,1})}{\varepsilon_{r,2}} \frac{\mathcal{N}_1(E_{0,1})}{\mathcal{N}_{\max,\Delta E\to\infty,2}} \times$$

$$\frac{\mathcal{N}_{b,2}}{\mathcal{N}_{b,1}(E_{0,1})} \frac{B_2}{B_1(E_{0,1})} \frac{\eta_2}{\eta_1(E_{0,1})} \frac{W_2}{W_1(E_{0,1})} \tag{4.131}$$

或者根据式(4.126)和式(4.127)可得

$$\frac{\sigma_1(E_{\text{eff},1})}{\omega\gamma_2} = \frac{\lambda_{r,2}^2}{2} \frac{\varepsilon_1(E_{0,1})}{\varepsilon_{r,2}} \frac{\Delta E_2}{\Delta E_1(E_{0,1})} \frac{B_2}{B_1(E_{0,1})} \frac{\eta_2}{\eta_1(E_{0,1})} \frac{W_2}{W_1(E_{0,1})} \times$$

$$\frac{\mathcal{N}_1(E_{0,1})}{\mathcal{N}_{b,1}(E_{0,1})\int_0^\infty \frac{\mathcal{N}_2(E_{0,2})}{\mathcal{N}_{b,2}(E_{0,2})}dE_{0,2}} \tag{4.132}$$

其中,在以上两个表达式中,下标 1 和下标 2 分别指非共振和共振的情况。

 示例 4.4

对于 $^{25}\text{Mg}(p,\gamma)^{26}\text{Al}$ 反应中位于 $E_r^{\text{lab}} = 317$ keV 的窄共振($\Gamma < 40$ eV),使用跃迁到 ^{26}Al 中的 417 keV 态($R \to 417$ keV)的初级 γ 射线强度测量了产额曲线。$^{25}\text{Mg}_5\text{O}$ 蒸发靶的厚度为 $\Delta E = 15$ keV。束流展宽为 $\Delta_{\text{beam}} = 0.5$ keV。根据下面给出的测量值计算出共振强度。忽略角关联效应($W_{R\to 417} = 1$)。

$$\mathcal{N}_{\max,R\to 417} = 3480 \pm 63 \qquad \text{产额曲线平台上的 } \gamma \text{ 射线强度}$$

$$Q = (0.090 \pm 0.005)\ \text{C} \qquad \text{靶上累积的束流电荷}$$

$$\eta_{R\to 417} = (7.34 \pm 0.30)\times 10^{-4} \qquad R \to 417 \text{ 跃迁的峰值效率}$$

$$B_{R\to 417} = (33 \pm 1)\% \qquad R \to 417 \text{ 跃迁的分支比}$$

假设阻止本领在靶厚内是恒定的。对于 Mg 和 O 中的质子,使用从计算机代码 SRIM (Ziegler,2003)中获得的以下值(误差为 10%):$\varepsilon_{p\to Mg}(E_r^{\text{lab}} = 317\ \text{keV}) = 12.8\times 10^{-15}$ eV $\cdot$ cm^2 $\cdot$ atom^{-1},$\varepsilon_{p\to O}(E_r^{\text{lab}} = 317\ \text{keV}) = 10.6\times 10^{-15}$ eV $\cdot$ cm^2 $\cdot$ atom^{-1}。

当化学计量为 $n_{\text{Mg}} : n_{\text{O}} = 5 : 1$ 时,我们得到有效阻止本领如下[式(4.94)]:

$$\varepsilon_{\text{eff}} = \frac{M_{25_{\text{Mg}}}}{M_{25_{\text{Mg}}} + M_{\text{H}}} \left[\varepsilon_{25_{\text{Mg}}} + \frac{n_{\text{O}}}{n_{\text{Mg}}}\varepsilon_{\text{O}}\right]$$

$$= \frac{24.985}{24.985 + 1.008} \left[(12.8\times 10^{-15}\ \text{eV}\cdot\text{cm}^2\cdot\text{atom}^{-1}) + \frac{1}{5}(10.6\times 10^{-15}\ \text{eV}\cdot\text{cm}^2\cdot\text{atom}^{-1})\right]$$

$$= 1.43\times 10^{-14}\ \text{eV}\cdot\text{cm}^2\cdot\text{atom}^{-1}\ (\pm 10\%)$$

德布罗意波长由下式给出[式(4.107)]:

$$\frac{\lambda_r^2}{2} = \left(\frac{M_p + M_t}{M_t}\right)^2 \frac{4.125\times 10^{-18}}{M_p E_r^{\text{lab}}}\ (\text{cm}^2)$$

$$= \left(\frac{1.008 + 24.985}{24.985} \right)^2 \frac{4.125 \times 10^{-18}}{1.008 \times 317000} \mathrm{cm}^2 = 1.40 \times 10^{-23}\ \mathrm{cm}^2$$

入射质子的总数(假设带正电的质子束,$q = 1$)为

$$\mathcal{N}_\mathrm{p} = \frac{Q}{qe} = \frac{(0.090 \pm 0.005)\ \mathrm{C}}{1 \cdot (1.6 \times 10^{-19}\ \mathrm{C})} = 5.63 \times 10^{17} (\pm 6\%)$$

如果我们忽略束流展宽(与靶厚相比较小)、歧离及总共振宽度($\Gamma \ll \Delta E$)对最大产额的影响,那么观测到的平台高度就对应于无限厚靶的最大产额,$Y_{\mathrm{max}, \Delta E \to \infty}$。利用式(4.125),可得

$$\omega\gamma = \frac{2\varepsilon_{\mathrm{eff},\mathrm{r}}}{\lambda_\mathrm{r}^2} \frac{\mathcal{N}_{\mathrm{max}, \Delta E \to \infty}}{\mathcal{N}_\mathrm{b} B \eta W}$$

$$= \frac{1.43 \times 10^{-14}\ \mathrm{eV} \cdot \mathrm{cm}^2}{1.40 \times 10^{-23}\ \mathrm{cm}^2} \frac{3480}{(5.63 \times 10^{17}) \times 0.33 \times (7.34 \times 10^{-4})}$$

$$= 2.61 \times 10^{-2}\ \mathrm{eV}(\pm 13\%)$$

在一般产额表达式(4.91)中,所有能量都是在质心系中给出的。量 $\mathrm{d}x = \mathrm{d}E / (\mathrm{d}E / \mathrm{d}x)$ 与参考系无关。对分子和分母分别乘以质心系到实验室系的转换系数 $M_X / (M_X + M_\mathrm{p})$ [式(C.24);M_X 和 M_p 分别是活性靶核和炮弹的相对原子质量]表明,实验室测量的或者 SRIM 计算的有效阻止本领必须要乘以这个因子才能用于产额计算。

4. 相对卢瑟福散射的共振强度和截面的测量

从上面的讨论中可以明显看出,共振强度和截面的绝对测量做起来很难,这是因为各种实验因素,如束流展宽、歧离、化学计量、阻止本领、束流电荷积分等都可能会导致很大的系统误差。但是,对于许多共振,已完成了对它们绝对强度的仔细测量,结果在表 4.11 推荐的共振强度值中给出。根据式(4.128)~式(4.132),这一套推荐的 $\omega\gamma$ 值可以作为测定其他共振强度或非共振截面的绝对标准。

表中列出的几乎所有 $\omega\gamma$ 值都是相对于卢瑟福散射炮弹的强度确定的。尽管各个实验的细节不同,但这些技术基本上至少消除了影响 $\omega\gamma$ 值的一些实验因素。因此,我们预期这些结果比从式(4.125)~式(4.127)中获得的结果更可靠。在下文中,将讨论一种几乎消除了所有实验因素的技术。这种技术提供了几乎完全依赖于测量强度的绝对共振强度和截面,尤其是不需要知道束流或靶特性的知识。如果在同时测量核反应产物和卢瑟福散射束流粒子的情况下,则这种方法可以通过消去某些量来确定 $\omega\gamma$。

表 4.11 推荐的共振强度值

反应	$E_\mathrm{r}^{\mathrm{lab}}/\mathrm{keV}$	J^π	$\omega\gamma_{\mathrm{cm}}/\mathrm{eV}$	误差/%
$^{14}\mathrm{N}(\mathrm{p},\gamma)^{15}\mathrm{O}$	278	$1/2^+$	$1.287(38) \times 10^{-2\mathrm{a}}$	3.0
$^{18}\mathrm{O}(\mathrm{p},\gamma)^{19}\mathrm{F}$	151	$1/2^+$	$9.7(5) \times 10^{-4\mathrm{b}}$	5.2
$^{22}\mathrm{Ne}(\mathrm{p},\gamma)^{23}\mathrm{Na}$	479	$1/2^+$	$5.24(51) \times 10^{-1\mathrm{c}}$	9.7
$^{23}\mathrm{Na}(\mathrm{p},\alpha)^{20}\mathrm{Ne}$	338	1^-	$7.16(29) \times 10^{-2\mathrm{d}}$	4.0
$^{23}\mathrm{Na}(\mathrm{p},\gamma)^{24}\mathrm{Mg}$	512	$(1,2^+)$	$9.13(125) \times 10^{-2\mathrm{e}}$	13.7

反应	E_r^{lab}/keV	J^π	$\omega\gamma_{cm}/eV$	误差/%
$^{24}Mg(p,\gamma)^{25}Al$	223	$1/2^+$	$1.27(9)\times10^{-2f}$	7.1
	419	$3/2^+$	$4.16(26)\times10^{-2g}$	6.2
$^{25}Mg(p,\gamma)^{26}Al$	435	4^-	$9.42(65)\times10^{-2g}$	6.9
	591	1^+	$2.28(17)\times10^{-1h}$	7.4
$^{26}Mg(p,\gamma)^{27}Al$	338	$3/2^-$	$2.73(16)\times10^{-1g}$	5.9
	454	$1/2^+$	$7.15(41)\times10^{-1g}$	5.7
	1966	$5/2^+$	$5.15(45)^e$	8.7
$^{27}Al(p,\gamma)^{28}Si$	406	4^+	$8.63(52)\times10^{-3g}$	6.0
	632	3^-	$2.64(16)\times10^{-1e}$	6.1
	992	3^+	$1.91(11)^e$	5.7
$^{30}Si(p,\gamma)^{31}P$	620	$1/2^-$	$1.95(10)^e$	5.1
$^{31}P(p,\gamma)^{32}S$	642	1^-	$5.75(50)\times10^{-2e}$	8.7
	811	2^+	$2.50(20)\times10^{-1e}$	8.0
$^{34}S(p,\gamma)^{35}Cl$	1211	$7/2^-$	$4.50(50)^e$	11.1
$^{35}Cl(p,\gamma)^{36}Ar$	860	3^-	$7.00(100)\times10^{-1e}$	14.3
$^{36}Ar(p,\gamma)^{37}K$	918	$5/2^+$	$2.38(19)\times10^{-1i}$	8.0
$^{37}Cl(p,\gamma)^{38}Ar$	846	1^-	$1.25(16)\times10^{-1e}$	12.8
$^{39}K(p,\gamma)^{40}Ca$	2042	1^+	$1.79(19)^e$	10.6
$^{40}Ca(p,\gamma)^{41}Sc$	1842	$7/2^+$	$1.40(15)\times10^{-1e}$	10.7

注释：括号中的绝对误差指最末位的有效数字。数据来源： a Becker et al.,1982、Imbriani et al.,2005、Bemmerer et al.,2006 以及与 Art Champagne 私人通讯的权重平均值。b Wiescher et al.,1980；Becker et al.,1982；Vogelaar et al.,1990 的权重平均值；c Longland et al.,2010；d Rowland et al.,2002a；e Paine & Sargood,1979；f Powell et al., 1999；g Powell et al.,1998；h Anderson et al.,1980；i Goosman & Kavanagh,1967 与 Mohr et al.,1999 的权重平均值。

我们从将共振强度与共振产额曲线下面积关联在一起的式(4.126)开始：

$$\omega\gamma_1 = 2\frac{A_{Y,1}}{n\lambda_{r,1}^2} = \frac{2}{n\lambda_{r,1}^2}\frac{1}{B_1\eta_1 W_1}\int_0^\infty \frac{\mathcal{N}_1(E_{0,1})}{\mathcal{N}_{b,1}(E_{0,1})}dE_{0,1} \quad (4.133)$$

其中，下标 1 用于与测量共振相关的所有量。如前所述，上述表达式与束流展宽、歧离及总共振宽度无关。对于这个结果的推导，我们使用的假设是共振截面由在总共振宽度上分宽度和德布罗意波长恒定的 Breit-Wigner 公式给出，且阻止本领近似在靶宽度上恒定(4.8.2 节)。

假设被活性靶核卢瑟福散射的炮弹是在位于相对于入射束流方向 θ_2 角度上的第二个探测器中测量到的。如果靶足够薄(例如，小于 10 keV)，以至于卢瑟福散射截面在靶厚上的变化很小，则我们从式(4.93)中得到

$$\left[\frac{dY_2(E_{0,2})}{d\Omega}\right]_{\theta_2}^{Ruth} = n\left[\frac{d\sigma_2(E_{eff,2})}{d\Omega}\right]_{\theta_2}^{Ruth} \quad (4.134)$$

其中，下标 2 是指与第二个探测器测量的卢瑟福散射束流粒子相关的所有量。对 n 求解，利用式(4.124)可得(对于硅带电粒子探测器，假设 $\eta_{int,2}=1$)

$$n = \frac{\left[\frac{dY_2(E_{0,2})}{d\Omega}\right]_{\theta_2}^{Ruth}}{\left[\frac{d\sigma_2(E_{eff,2})}{d\Omega}\right]_{\theta_2}^{Ruth}} = \frac{\frac{\mathcal{N}_2(E_{0,2})}{\mathcal{N}_{b,2}(E_{0,2})\Omega_2}}{\left[\frac{d\sigma_2(E_{eff,2})}{d\Omega}\right]_{\theta_2}^{Ruth}} \quad (4.135)$$

由此可知,卢瑟福散射的微分产额与微分截面之比为常数(即等于 n),因此该比值可以在任意轰击能量下进行测量。如果共振反应产物与卢瑟福散射粒子同时测量,以便 $E_{0,1}=E_{0,2}\equiv E_0$ 和 $\mathcal{N}_{b,2}(E_{0,2})=\mathcal{N}_{b,1}(E_{0,1})$,则从式(4.133)和式(4.135)中我们可得

$$\omega\gamma_1 = \frac{2}{\lambda_{r,1}^2}\frac{1}{B_1 W_1}\frac{\Omega_2}{\eta_1}\int_0^\infty \frac{\mathcal{N}_1(E_0)}{\mathcal{N}_2(E_0)}\left[\frac{\mathrm{d}\sigma_2(E_{\mathrm{eff},2})}{\mathrm{d}\Omega}\right]_{\theta_2}^{\mathrm{Ruth}}\mathrm{d}E_0 \tag{4.136}$$

该表达式中的共振强度与靶的特性(化学计量、阻止本领、均匀性)和束流(电流积分、歧离)无关。它依赖于:①观测到的共振反应产物(粒子或光子)和卢瑟福散射粒子的数目,$\mathcal{N}_1(E_0)$ 和 $\mathcal{N}_2(E_0)$;②计算的卢瑟福散射截面 $[\mathrm{d}\sigma_2(E_{\mathrm{eff},2})/\mathrm{d}\Omega]_{\theta_2}^{\mathrm{Ruth}}$;③德布罗意波长 $\lambda_{r,1}^2$、分支比 B_1,以及共振反应产物的角关联 W_1。还有,$\omega\gamma_1$ 取决于比值 Ω_2/η_1,因此与绝对探测的特性无关。

如果非共振反应截面是相对于卢瑟福散射测量的,我们得到类似的公式:

$$\sigma_1(E_{\mathrm{eff},1}) = \frac{1}{B_1(E_0)W_1(E_0)}\frac{\Omega_2}{\eta_1}\frac{\mathcal{N}_1(E_0)}{\mathcal{N}_2(E_0)}\left[\frac{\mathrm{d}\sigma_2(E_{\mathrm{eff},2})}{\mathrm{d}\Omega}\right]_{\theta_2}^{\mathrm{Ruth}} \tag{4.137}$$

对于(p,α)或(α,p)类型的反应,我们可以在式(4.136)和式(4.137)中代入 $\eta_1 = \Omega_1/(4\pi)$,假设探测共振粒子的本征效率为 $1(\eta_{\mathrm{int},1}=1)$。一般来说,我们有 $E_{\mathrm{eff},1}\neq E_{\mathrm{eff},2}$,例如,这可以从式(4.101)中看出来:

理论上的卢瑟福散射截面由下式给出(Evans,1955):

$$\left[\frac{\mathrm{d}\sigma(E)}{\mathrm{d}\Omega}\right]_\theta^{\mathrm{Ruth}} = \left(\frac{Z_p Z_t e^2}{4E}\right)^2\frac{1}{\sin^4(\theta/2)}$$

$$= 1.296\left(\frac{Z_p Z_t}{E}\right)^2\frac{1}{\sin^4(\theta/2)}(\mathrm{mb}\cdot\mathrm{sr}^{-1}) \tag{4.138}$$

其中,Z_p 和 Z_t 分别是炮弹和靶的原子序数。在数值表达式中,能量 E 以 MeV 为单位。

上述绝对共振强度和截面的测量方法依赖于这样一个假设:即在共振能量处或在非共振截面区域,弹性散射束流粒子可以由卢瑟福公式很好地描述。然而,在较高轰击能量($E>0.5$ MeV)且相对较宽共振($\Gamma>1$ keV)的情况下,弹性散射截面由于受到共振散射的影响通常会偏离卢瑟福散射(2.5.3节)。上述技术在低轰击能量和相对窄共振的情况下比较有用,这也是通常感兴趣热核反应的情况。在任何情况下,都必须通过仔细测量,以实验验证弹性散射截面确实由卢瑟福公式来描述。

例如,考虑测量 $^{23}\mathrm{Na}(\mathrm{p},\alpha)^{20}\mathrm{Ne}$ 反应中位于 $E_r^{\mathrm{lab}}=338$ keV 的共振($\Gamma=0.7$ keV)。设置如图 4.59(a)所示。它由两个硅带电粒子探测器组成($\eta_{\mathrm{int}}=1$)。第一个探测器,位于 $140°$ 处,覆盖较大的立体角,用于测量共振 α 粒子。在这个探测器前面放置一层金属箔,以防止大量弹性散射的质子对共振 α 粒子探测的干扰(4.5.1节)。第二个探测器,放置在 $155°$ 处,覆盖一个非常小的立体角,用于测量弹性散射的质子。几百纳安强度的质子束入射到通过在薄碳箔上蒸发 NaCl 制备的透射靶上。

在能量 $E_p^{\mathrm{lab}}=341$ keV 和 $E_p^{\mathrm{lab}}=400$ keV 测得的典型 α 粒子谱和质子谱分别如图 4.59(b)和(c)所示。在质子谱中,这里只对对应于从(活性)$^{23}\mathrm{Na}$ 原子核弹性散射的质子峰的强度感兴趣。共振 α 粒子产额曲线显示在图 4.60(a)中。可以看出,靶大约有 6 keV 厚。图 4.60(b)显示了在固定探测角度上测得的来自 $^{23}\mathrm{Na}$ 的弹性散射质子的产额,随 $E_r^{\mathrm{lab}}=338$ keV 共振

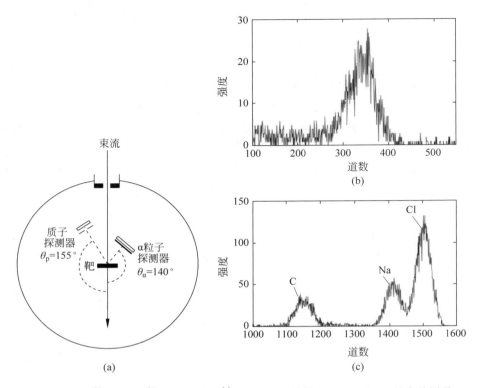

图 4.59 对 $^{23}\text{Na}(\text{p},\alpha)^{20}\text{Ne}$ 反应中 $E_r^{\text{lab}}=338$ keV 共振（$\Gamma=0.7$ keV)的实验测量

(a) 显示了质子束(约 100 nA)，在薄碳箔上蒸发氯化钠(6 keV 厚)制备的透射靶，以及两个硅带电粒子探测器的实验设置。第一个探测器用于测量共振 α 粒子，并覆盖一层薄金属箔。第二个探测器用于测量弹性散射的质子。(b) 在实验室系质子能量 341 keV 处共振能区测得的 α 粒子谱。(c) 在实验室系 400 keV 质子能量下的弹性散射质子谱。[转载经 (Rowland *et al.*,2002a)许可。版权(2002)归美国物理学会所有]

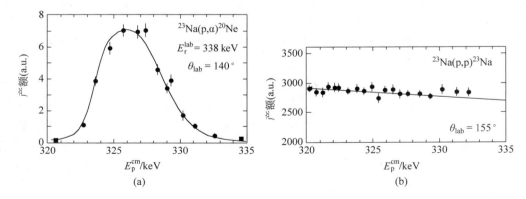

图 4.60 (a) $^{23}\text{Na}(\text{p},\alpha)^{20}\text{Ne}$ 反应中 $E_r^{\text{lab}}=338$ keV 共振处的 α 粒子产额与质子能量的关系。(b) ^{23}Na 上的弹性散射质子产额与能量的关系；实线代表计算的归一化到实验数据上的卢瑟福产额。两条产额曲线都是由图 4.59 所示的设置进行测量的

能区附近轰击能量的函数。实线代表计算的归一化到实验数据上的卢瑟福产额。很明显，卢瑟福公式可以很好地描述数据。

利用该技术测量并用式(4.136)推导出的共振强度值列在表 4.11 中。相比之下，它要比之前使用厚靶最大产额确定的 $\omega\gamma$ 值[式(4.125)]要小得多。此分歧是由于之前的研究错误地假设了靶的化学计量为 Na_1Cl_1，而上述技术则与靶的化学计量无关(Rowland *et al.*, 2002a)。

4.9 中子诱发反应的透射、产额和截面

本节给出了中子诱发反应中直接测量的量(产额和透射)与截面或共振强度的关系。将显示一些测得的透射曲线和产额曲线示例，并简要讨论绝对截面的确定。

4.9.1 共振透射

特别令人感兴趣的是可分辨共振的透射测量。所测量透射曲线的形状不仅取决于总截面，也取决于其他因素，例如，多普勒效应或中子探测器的分辨率(Beckurts & Wirtz, 1964)。然而，感兴趣的量通常不是总共振截面的能量依赖性，而是确定进入共振反应率表达式中的共振特性(3.2.4 节)。

考虑孤立共振的最简单情况。假设：①共振截面由 Breit-Wigner 公式给出；②只有中子和 γ 射线道是开放的；③在总共振宽度上各分宽度的能量依赖性可忽略不计。在一个孤立共振的附近，总的中子诱发截面可以写为下式(2.5.5 节)：

$$\sigma_{T,BW}(E) = \frac{\lambda^2}{4\pi}\omega\frac{\Gamma_n\Gamma}{(E_r-E)^2+\Gamma^2/4} = \sigma_{T,\max}\frac{\Gamma}{2}\frac{\Gamma/2}{(E_r-E)^2+\Gamma^2/4} \qquad (4.139)$$

其中，$\sigma_{T,\max} = \sigma_{T,BW}(E=E_r) = (\lambda_r^2/\pi)\omega\Gamma_n/\Gamma$ 代表最大的总截面。对于单能入射中子束，透射为[式(4.37)]

$$T(E) = \exp\left[-n\sigma_{T,\max}\frac{\Gamma}{2}\frac{\Gamma/2}{(E_r-E)^2+\Gamma^2/4}\right] \qquad (4.140)$$

其中，n 为单位面积样品核的数目。对于透射曲线上方的面积，有下式：

$$A_T = \int_0^\infty \left\{1-\exp\left[-n\sigma_{T,\max}\frac{\Gamma}{2}\frac{\Gamma/2}{(E_r-E)^2+\Gamma^2/4}\right]\right\}dE \qquad (4.141)$$

对于薄样品($n\sigma_{T,\max} \ll 1$)的极限情况，上式简化为

$$A_T^{n\sigma_{T,\max}\ll 1} = \int_0^\infty n\sigma_{T,\max}\frac{\Gamma}{2}\frac{\Gamma/2}{(E_r-E)^2+\Gamma^2/4}dE$$

$$= \frac{\pi}{2}n\sigma_{T,\max}\Gamma = \frac{\lambda_r^2}{2}n\omega\Gamma_n \qquad (4.142)$$

因此，透射曲线的测量提供了对中子分宽度 Γ_n 的一个估计。如果仪器分辨率和多普勒效应改变了透射曲线的形状，则该表达式也是成立的。对于薄样品，透射曲线上方的面积不受这些效应的影响。更多关于透射曲线的信息可以在文献 Lynn(1968)中找到。

4.9.2 共振和非共振产额

中子诱发反应产额的一般表达式可以从透射表达式[式(4.37)]中推导出来：

$$Y = \int_0^\infty f(E) \left[1 - e^{-n\sigma_T(E)} \right] \frac{\sigma(E)}{\sigma_T(E)} dE \tag{4.143}$$

其中，$\sigma(E)$ 和 $\sigma_T(E)$ 分别是感兴趣反应的截面和总截面[式(4.34)]；$f(E)$ 为单位能量间隔内能量介于 E 到 $E+dE$ 之间的入射中子的比例。对于或者是单能入射中子束或者是恒定截面 $\sigma_T(E)$ 和 $\sigma(E)$ 的情况，有下式：

$$Y = (1 - e^{-n\sigma_T}) \frac{\sigma}{\sigma_T} \int_0^\infty f(E) dE = (1 - e^{-n\sigma_T}) \frac{\sigma}{\sigma_T} \tag{4.144}$$

如果截面 $\sigma_T(E)$ 和 $\sigma(E)$ 不是恒定的，而样品是非常薄的（$n\sigma_T \ll 1$），则式(4.143)变为

$$Y_{n\sigma_T \ll 1} = \int_0^\infty f(E) \left\{ 1 - \left[1 - n\sigma_T(E) \right] \right\} \frac{\sigma(E)}{\sigma_T(E)} dE = n \int_0^\infty f(E) \sigma(E) dE = n\bar{\sigma}$$

$$\tag{4.145}$$

这里，我们定义了一个平均反应截面 $\bar{\sigma} \equiv \int f(E) \sigma(E) dE$。一些针对薄样品产额的专用表达式将在下面给出。

1. 中子能量分布内的常数 σ

例如，这发生在平滑变化的截面和几乎单能中子束的情形。产额由下式给出：

$$Y_{n\sigma_T \ll 1} = n\sigma \int_0^\infty f(E) dE = n\sigma \tag{4.146}$$

当总宽度比中子束分辨率（$\Gamma \gg \Delta E_n$）大时，该表达式也适用于孤立共振。那么产额直接与截面成正比，造成激发函数具有一个共振的形状。在后一种情况下，我们可以用 Breit-Wigner 公式来描述共振。假设只有中子和 γ 射线道是开放的（常见的情况），并且分宽度与能量无关。对于薄样品，共振中子俘获产额曲线下的面积遵循以下式(4.146)：

$$A_Y^{n\sigma_T \ll 1} = n \int_0^\infty \sigma_{BW}(E) dE = n \int_0^\infty \frac{\lambda^2}{4\pi} \omega \frac{\Gamma_n \Gamma_\gamma}{(E_r - E)^2 + \Gamma^2/4} dE$$

$$= \frac{\lambda_r^2}{2\pi} n\omega\gamma \int_0^\infty \frac{\Gamma/2}{(E_r - E)^2 + \Gamma^2/4} dE = n \frac{\lambda_r^2}{2} \omega\gamma \tag{4.147}$$

与带电粒子诱发反应共振产额曲线下面积的表达式[式(4.121)]相比，对于中子俘获反应我们获得了完全相同的结果。

2. 窄共振 $\Gamma \ll \Delta E_n$

如果位于 E_r 的窄共振与中子束分辨率相比具有较小的总宽度，则从 Breit-Wigner 公式中可得

$$Y_{n\sigma_T \ll 1} = n \int_0^\infty f(E) \sigma_{BW}(E) dE = nf(E_r) \int_0^\infty \sigma_{BW}(E) dE$$

$$= \frac{\lambda_r^2}{2\pi} nf(E_r) \omega\gamma \int_0^\infty \frac{\Gamma/2}{(E_r - E)^2 + \Gamma^2/4} dE = n \frac{\lambda_r^2}{2} f(E_r) \omega\gamma \tag{4.148}$$

其中，$f(E_r)$ 是共振能量处单位能量间隔的中子比例。与带电粒子反应研究[式(4.116)]相比，中子诱发反应的窄共振产额取决于单位面积样品核的绝对数目。

4.9.3　有效截面

如果入射中子不是单能的,有时会引入一个以中子流密度或中子通量,而不是以中子的数密度来定义的有效截面。如果我们把中子能量分布分割成薄片,则单位体积单位时间内每个薄片内的反应数由式(3.1)给出:

$$\frac{(\mathcal{N}_{\mathrm{R},i}/V)}{t} = \frac{\mathcal{N}_{\mathrm{t}}}{V}\sigma_i v_i \frac{\mathcal{N}_{\nu,i}}{V} \tag{4.149}$$

其中,$\mathcal{N}_{\mathrm{t}}/V$ 和 $\mathcal{N}_{\nu,i}/V$ 分别为靶密度和中子密度。对所有能量进行积分,我们得到

$$\frac{(\mathcal{N}_{\mathrm{R}}/V)}{t} = \frac{\mathcal{N}_{\mathrm{t}}}{V}\int_0^\infty \sigma(E)v\frac{\mathcal{N}_\nu(E)}{V}\mathrm{d}E = \frac{\mathcal{N}_{\mathrm{t}}}{V}\int_0^\infty \sigma(E)\phi(E)\mathrm{d}E \tag{4.150}$$

中子通量定义为 $\phi(E) \equiv v\,\mathcal{N}_\nu(E)/V$,所有中子能量的总通量为 $\phi = \int \phi(E)\mathrm{d}E$(以单位面积单位时间内中子数为单位)。或者,我们可以用有效反应截面 $\hat{\sigma}$ 来表示单位体积单位时间内的反应数目:

$$\frac{(\mathcal{N}_{\mathrm{R}}/V)}{t} = \frac{\mathcal{N}_{\mathrm{t}}}{V}\hat{\sigma}\int_0^\infty v\frac{\mathcal{N}_\nu(E)}{V}\mathrm{d}E = \frac{\mathcal{N}_{\mathrm{t}}}{V}\hat{\sigma}\int_0^\infty \phi(E)\mathrm{d}E = \frac{\mathcal{N}_{\mathrm{t}}}{V}\hat{\sigma}\phi \tag{4.151}$$

将上述两个表达式划等号,我们得到有效截面:

$$\hat{\sigma} = \frac{\displaystyle\int_0^\infty \sigma(E)v\frac{\mathcal{N}_\nu(E)}{V}\mathrm{d}E}{\displaystyle\int_0^\infty v\frac{\mathcal{N}_\nu(E)}{V}\mathrm{d}E} = \frac{\displaystyle\int_0^\infty \sigma(E)\phi(E)\mathrm{d}E}{\displaystyle\int_0^\infty \phi(E)\mathrm{d}E} = \frac{N_{\mathrm{n}}\displaystyle\int_0^\infty \sigma(E)vf(E)\mathrm{d}E}{N_{\mathrm{n}}\displaystyle\int_0^\infty vf(E)\mathrm{d}E} \tag{4.152}$$

这里,我们使用 $\mathcal{N}_\nu(E)/V = f(E)N_{\mathrm{n}}$,其中 N_{n} 为中子的总数密度。

如果入射中子的能量由麦克斯韦-玻尔兹曼分布给出(4.1.2 节和图 4.2),利用式(3.8),我们得到通量的表达式如下:

$$\phi = \int_0^\infty \phi(E)\mathrm{d}E = N_{\mathrm{n}}\int_0^\infty vf(E)\mathrm{d}E$$

$$= N_{\mathrm{n}}\int_0^\infty \sqrt{\frac{2E}{m_{01}}}\frac{2}{\sqrt{\pi}}\frac{1}{(kT)^{3/2}}\sqrt{E}\,e^{-E/(kT)}\mathrm{d}E = N_{\mathrm{n}}\frac{2}{\sqrt{\pi}}\sqrt{\frac{2kT}{m_{01}}} = \frac{2}{\sqrt{\pi}}N_{\mathrm{n}}v_{\mathrm{T}} \tag{4.153}$$

有效截面由式(3.8)、式(3.70)、式(4.152)和式(4.153)给出:

$$\hat{\sigma} = \frac{N_{\mathrm{n}}\displaystyle\int_0^\infty \sigma(E)vf(E)\mathrm{d}E}{N_{\mathrm{n}}\dfrac{2}{\sqrt{\pi}}v_{\mathrm{T}}} = \int_0^\infty \sigma(E)\sqrt{\frac{2E}{m_{01}}}\frac{1}{v_{\mathrm{T}}(kT)^{3/2}}\sqrt{E}\,e^{-E/(kT)}\mathrm{d}E$$

$$= \frac{1}{(kT)^2}\int_0^\infty \sigma(E)E\,e^{-E/(kT)}\mathrm{d}E = \frac{\sqrt{\pi}}{2}\frac{\langle \sigma v\rangle}{v_{\mathrm{T}}} \tag{4.154}$$

因而,测得的有效反应截面直接给出了反应率(4.1.2 节)。

4.9.4　实验产额和透射

透射既可以用强度来表示[式(4.35)],也可以用计数率来表示:

$$T \equiv \frac{I}{I_0} = \frac{\mathrm{d}C/\mathrm{d}t}{\mathrm{d}C_0/\mathrm{d}t} \tag{4.155}$$

这里,dC/dt 和 dC_0/dt 分别为在入射中子束和探测器之间有无样品时测得的计数率。透射与绝对探测效率无关。只有当中子在样品中发生相互作用而未被探测器记录到时,上面给出的关于 T 的表达式才严格有效。然而,对于任意样品和有限尺寸的探测器,在样品中向前散射的中子将被探测器记录到,就好像没有发生任何相互作用一样。对此内散射效应(Miller,1963)的修正可以从蒙特卡罗模拟中可靠地获得。

在实验量方面,产额可以表示为

$$Y = \frac{\mathcal{N}_R}{\mathcal{N}_\nu} = \frac{C}{\eta B f \, \mathcal{N}_\nu} = \frac{C}{\eta B f \Phi A} \tag{4.156}$$

其中,$\mathcal{N}_\nu$ 和 C 分别是入射中子的总数和测量的由感兴趣核反应引起的计数总数;$\Phi = \int \phi(t) \, dt$ 是时间积分的中子通量(以单位面积粒子数为单位);A 是样品暴露在束流下的面积;η 是探测效率;B 是分支比(每个核反应的发射概率);f 是考虑到任何必要修正的因子(例如,对于样品中的多重中子散射、反应产物的自吸收,等等)。取决于实验方法,可能还需要对产额进行角关联效应的修正(附录 D)。中子的多重弹性散射对于比较厚的样品可能会变成一个严重的问题。散射中子发生反应的机会要比入射中子的高,因为它们在样品中的平均路径长度增加了。当总截面和反应截面表现出较窄的共振结构时,情形甚至变得更加复杂。在这种情况下,具有稍高于窄共振位置能量的入射中子会被散射,从而失去它们的一小部分能量。然后这些散射的中子可能会在共振区发生反应。因此,测得的反应产额可能会变得比由入射的(未散射的)中子所引起的真实反应产额要大。这些效应可以通过利用蒙特卡罗方法来进行修正(Poentiz,1984)。

在 $^{144}\mathrm{Sm} + \mathrm{n}$ 反应中测得的产额曲线和透射曲线的示例如图 4.61 所示。数据是使用橡树岭电子加速器(Oak Ridge Electron Accelerator,ORELA)的飞行时间技术(4.6.3 节)获得的。中子俘获数据是用 Breit-Wigner 表达式拟合的,而透射数据使用 R 矩阵方法进行分析,其中考虑了势散射的额外复杂性(2.5 节)。由多普勒展宽、多重散射和仪器分辨率所引起的一些必要修正已应用于两套数据。最低能量处窄共振的形状由仪器分辨率和多普勒展宽主导,而较高能量处宽共振的形状则由它们的总宽度主导。

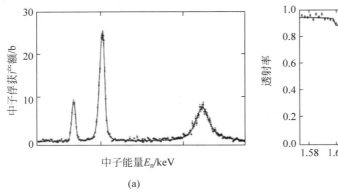
(a)

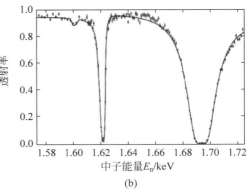
(b)

图 4.61 (a) $^{144}\mathrm{Sm}(\mathrm{n},\gamma)^{145}\mathrm{Sm}$ 反应的产额曲线;(b) $^{144}\mathrm{Sm} + \mathrm{n}$ 的透射曲线。数据是使用橡树岭电子加速器上的飞行时间技术获得的(4.6.3 节)。中子俘获数据(顶部)由 Breit-Wigner 表达式进行拟合,而透射数据(底部)由 R 矩阵方法进行分析[经 R. L. Macklin *et al.*,Phys. Rev. C 48 (1993) 1120 许可转载。版权(1993)归美国物理学会所有]

4.9.5 相对和绝对截面

我们将首先讨论未知截面相对于标准值的测定。活化法(4.6.2节)将被选作一个示例。这种情形如图4.62(a)所示。质子束入射到安装在水冷铜背衬上的锂靶上。辐照样品安装在一个箔片附近,待测中子截面就是相对于组成该箔片的材料(例如金箔)进行的。为简单起见,我们将假设入射中子通量是恒定的,$\phi(t)=\text{const}$[文献(Beer & Käppeler,1980)的时间相关通量]。照射期结束后,在 $t=t_0$ 时,样品会被移动到一个离线探测系统用于计数 t_1 和 t_2 之间的延迟活度[图4.62(b)]。

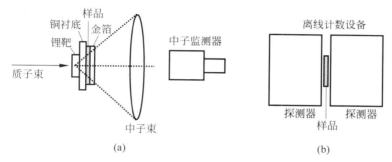

图 4.62 使用活化技术测量中子截面的示例(4.6.2节)

(a)质子束入射到一个安装在水冷铜背衬的 Li 靶上。在靠近箔片位置处安装辐照样品,其中箔片由一种可以进行相对中子测量的材料(金箔)组成。(b)辐照后,将样品移至离线探测器系统进行延迟活度测量

t_1 和 t_2 之间的分解的数目 $D(t_1,t_2)$ 与在离线脉冲高度谱中感兴趣区域的净计数 C 通过下式关联起来:

$$D(t_1,t_2)=\frac{C}{\eta B f} \tag{4.157}$$

其中,η 和 B 分别是探测效率和特定跃迁的分支比;系数 f 考虑了任何必要的修正(样品中 γ 射线的自吸收、中子多重弹性散射等)。利用式(4.76)和式(4.157),求解有效截面给出

$$\hat{\sigma}=\frac{C\lambda}{\eta B f \phi \mathcal{N}(\mathrm{e}^{\lambda t_0}-1)(\mathrm{e}^{-\lambda t_1}-\mathrm{e}^{-\lambda t_2})} \tag{4.158}$$

其中,λ 代表剩余放射性核的衰变常数;$\mathcal{N}$ 是样品核的数目。感兴趣样品 i 与标准材料 s 的有效截面之比,则为

$$\frac{\hat{\sigma}_i}{\hat{\sigma}_s}=\frac{C_i \lambda_i \eta_s B_s f_s \mathcal{N}_s (\mathrm{e}^{\lambda_s t_0}-1)(\mathrm{e}^{-\lambda_s t_1}-\mathrm{e}^{-\lambda_s t_2})}{C_s \lambda_s \eta_i B_i f_i \mathcal{N}_i (\mathrm{e}^{\lambda_i t_0}-1)(\mathrm{e}^{-\lambda_i t_1}-\mathrm{e}^{-\lambda_i t_2})} \tag{4.159}$$

根据式(4.159)进行有效截面相对测定的优点是总中子通量 $\phi(t)=\Phi/t_0=\text{const}$,如果感兴趣样品和标准样品同时照射(对时间相关的通量需要做必要的修正),则这一通量可以抵消。此外,如果感兴趣样品和标准样品是用相同实验装置测量的,则只需要相对探测效率。然而,必须仔细地测定两个样品中的原子核数目,$\mathcal{N}_i$ 和 $\mathcal{N}_s$。样品核的数目由下式给出[式(1.14)]:

$$\mathcal{N}=\frac{m_{\text{sample}} \mathcal{N}_A}{M} X \tag{4.160}$$

其中，m_{sample} 和 M 分别是样品的质量和相对质量。如果样品由化合物组成，则 m_{sample}、M 和质量分数 X 指的是活性样品核，即参与感兴趣反应的那些原子核。自支撑样品的质量经常通过称重来测定，而沉积样品的质量可以从背衬和"样品＋背衬"之间的质量差中得到。对于化合物或由一种以上同位素组成的样品，需要进行化学或同位素分析，以获得原子核的数目 $\mathcal{N}$(Wagemans，1989)。

^{197}Au$(n,\gamma)^{198}$Au 俘获反应提供了最广泛使用的在千电子伏中子能区绝对截面的标准之一，也即在天体物理学感兴趣的区域。我们下面将介绍通过使用活化法来确定此标准截面的方法。有关更多信息，请参考文献(Ratynski & Käppeler，1988)。假设在图 4.62 中，$E_p = 1912$ keV 能量的质子束入射到一个安装在水冷铜背衬上的厚 Li 靶上。正如之前指出的那样(4.1.2 节)，在这种情况下，中子能量分布非常接近于 $kT = 25$ keV 时的麦克斯韦-玻尔兹曼(Maxwell-Boltzmann)分布(图 4.2)，所有中子在运动学上都向前聚焦在一个开放角为 $120°$ 的圆锥体内。金样品覆盖中子发射锥的整个立体角。它由一个均匀的球段(spherical segment)组成，而不是一个扁平的箔片，这样对于所有通过的中子样品看起来都一样厚。Au 核的数目是通过仔细测量样品的质量和厚度来确定的。^{198}Au 的半衰期为 $T_{1/2} = 2.6$ d，其衰变产生了一条 412 keV 能量的 γ 射线。为简单起见，我们将再次假设中子通量是恒定的，即 $\phi(t) = \text{const}$(常数)。根据式(4.76)和式(4.157)，我们得到在测量间隔 t_1 和 t_2 之间的分解总数为

$$D_{Au}(t_1, t_2) = \frac{C_{Au}}{(\eta B f)_{Au}}$$

$$= \frac{(\mathcal{N}_{Au}/A)\hat{\sigma}_{Au}\,\mathcal{N}_\nu(t_0)}{\lambda_{Au}t_0}(e^{\lambda_{Au}t_0} - 1)(e^{-\lambda_{Au}t_1^{Au}} - e^{-\lambda_{Au}t_2^{Au}}) \quad (4.161)$$

其中，我们使用了关系式 $\phi = \Phi/t_0 = \mathcal{N}_\nu(t_0)/(At_0)$。这里，$\mathcal{N}_\nu(t_0)$ 是辐照时间 t_0 后入射中子的总数，A 代表样品所覆盖的面积。

由于 ^{7}Li$(p,n)^7$Be 反应被用作一个中子源，每发射一个中子就会产生一个 ^{7}Be 核 $(T_{1/2} = 53$ d)。因此，从 Li 靶中发射出的且入射到金箔上的中子总数，可以通过测量 Li 靶中 ^{7}Be 放射性衰变发射的 478 keV 的 γ 射线来推断出。在 Li 产生靶中质子的能量损失约为 100 keV。因此，^{7}Be 的产生率由式(4.112)而不是由式(4.73)给出。我们将简单地假设入射质子流强是恒定的，因而 ^{7}Be 的产生率也是恒定的。中子的总数，或者在时间 t_0 之后产生的 ^{7}Be 核的总数由式 $\mathcal{N}_{Be}(t_0) = \mathcal{N}_\nu(t_0) = P_{Be}t_0$ 给出。对于在 t_1 到 t_2 间隔内测量的分解数目，根据式(4.76)和式(4.157)，我们得到

$$D_{Be}(t_1, t_2) = \frac{C_{Be}}{(\eta B f)_{Be}} = \frac{P_{Be}}{\lambda_{Be}}(e^{\lambda_{Be}t_0} - 1)(e^{-\lambda_{Be}t_1^{Be}} - e^{-\lambda_{Be}t_2^{Be}})$$

$$= \frac{\mathcal{N}_\nu(t_0)}{\lambda_{Be}t_0}(e^{\lambda_{Be}t_0} - 1)(e^{-\lambda_{Be}t_1^{Be}} - e^{-\lambda_{Be}t_2^{Be}}) \quad (4.162)$$

从式(4.161)和式(4.162)中，我们得到 ^{197}Au$(n,\gamma)^{198}$Au 的截面为

$$\hat{\sigma}_{Au} = \frac{1}{(\mathcal{N}_{Au}/A)}\frac{C_{Au}(\eta B f)_{Be}\lambda_{Au}}{C_{Be}(\eta B f)_{Au}\lambda_{Be}}\frac{(e^{\lambda_{Be}t_0} - 1)(e^{-\lambda_{Be}t_1^{Be}} - e^{-\lambda_{Be}t_2^{Be}})}{(e^{\lambda_{Au}t_0} - 1)(e^{-\lambda_{Au}t_1^{Au}} - e^{-\lambda_{Au}t_2^{Au}})} \quad (4.163)$$

在这个表达式中，如果使用相同的设置来测量 ^{198}Au 和 ^{7}Be 的延迟活度，则中子数抵消且只

需要相对探测效率。测得的平均截面为 $\hat{\sigma}_{^{197}\text{Au}(n,\gamma)^{198}\text{Au}} = (586 \pm 8)\,\text{mb}$（Ratynski & Käppeler，1988），对应于 $kT = 25\,\text{keV}$ 处的（准）麦克斯韦中子能量分布。该误差代表的不确定度仅为 1.4%。该标准已用于大量具有天体物理意义中子俘获截面的测定。其他标准截面由 $^6\text{Li}(n,\alpha)^3\text{H}$、$^{10}\text{B}(n,\alpha)^7\text{Li}$ 和 $^{10}\text{B}(n,\alpha\gamma)^7\text{Li}$ 反应提供。更多信息可以参考文献（Bao *et al*.，2000）。

习题

4.1　示例 4.1 中计算的带电粒子能量损失使用的是薄吸收片近似（thin-absorber approximation），即通过假设在吸收片厚度上阻止本领近似恒定。如果阻止本领不是恒定的，则能量损失总是可以从式（4.12）的数值积分得到。然而，如果有射程对能量的关系图，则可以使用更简单的通过用射程来表达式（4.12）的方法来计算能损。解释这一方法，并用它根据图 4.7 来估计一个 10 MeV 的宇宙线质子入射到 400 μm 厚硅探测器上的能损。

4.2　根据入射粒子在静止电子上的弹性散射中的能量和线性动量守恒的表达式，推导式（4.18）。假设具有最大能量转移的一个对头碰撞。

4.3　计算 0.5 MeV 和 5 MeV γ 射线在下列吸收片中的衰减系数：① 在 0.5 mm 厚的钽吸收片（$\rho_{\text{Ta}} = 16.7\,\text{g}\cdot\text{cm}^{-3}$）中；② 在 1.3 cm 厚的铅吸收片（$\rho_{\text{Pb}} = 11.4\,\text{g}\cdot\text{cm}^{-3}$）中。对于质量衰减系数，假设以下数值：$(\mu/\rho)_{\text{Ta},0.5\text{MeV}} = 0.13\,\text{cm}^2\cdot\text{g}^{-1}$、$(\mu/\rho)_{\text{Ta},5.0\,\text{MeV}} = 0.041\,\text{cm}^2\cdot\text{g}^{-1}$、$(\mu/\rho)_{\text{Pb},0.5\,\text{MeV}} = 0.16\,\text{cm}^2\cdot\text{g}^{-1}$、$(\mu/\rho)_{\text{Pb},5.0\,\text{MeV}} = 0.041\,\text{cm}^2\cdot\text{g}^{-1}$。

4.4　为了把能量为 300 keV 入射中子的强度降低 10^{10} 倍，试估计水的厚度（$\rho = 1.0\,\text{g}\cdot\text{cm}^{-3}$）。假设在该能量下总的中子截面值为 60 b。

4.5　当衰变的原子核处于静止时，求解在 α 衰变中总能量和线性动量守恒的方程。把表达式应用于 ^{241}Am 的 α 衰变，并使用图 4.18 所示 α 粒子谱给出的信息来计算总能量释放（或 Q 值）。假设具有最大动能的 α 粒子组布居子核 ^{237}Np 的基态，且只考虑该特殊跃迁。则子核的动能是多少？

4.6　假设激发核能级（2）经由中间态（1）通过两条 γ 射线级联衰变为基态（0），即 $B_{21} = B_{10} = 1$ 且 $B_{20} = 0$（图 4.31）。光子的能量为 $E_{21} = 1\,\text{MeV}$ 和 $E_{10} = 2\,\text{MeV}$。它们测得的峰值强度为 $\mathcal{N}_{21} = 357$ 和 $\mathcal{N}_{10} = 237$。峰值效率和总效率的值分别为 $\eta_{21}^{\text{P}} = 0.043$、$\eta_{21}^{\text{T}} = 0.21$、$\eta_{10}^{\text{P}} = 0.030$、$\eta_{10}^{\text{T}} = 0.17$。① 在有无符合加和修正的情况下，计算衰变能级 2 的总数 $\mathcal{N}$。② 预期 3 MeV 处和峰的强度。

4.7　再次考虑图 4.50 和式（4.82），它们适用于总的 NaI(Tl) 效率。然而，正如在 4.7.3 节所解释的那样，通过对 NaI(Tl) 脉冲高度谱中的能量进行开门，可以大大降低环境本底。通过引入系数 $f_{ij} \equiv \eta_{ij}^{\text{NaI,G}}/\eta_{ij}^{\text{NaI,T}}$（也即开门的与总的 NaI(Tl) 探测效率的比值），当在二维 E_γ^{Ge}-E_γ^{NaI} 直方图中选取一个特定能量门时，找出式（4.82）所必须的修正项。

4.8　利用通量为 $10^{14}\,\text{cm}^{-2}\cdot\text{s}^{-1}$ 的热中子辐照质量为 10 g 的金样品。其中，$^{197}\text{Au}(n,\gamma)^{198}\text{Au}$ 反应的截面为 99 b，^{198}Au 的半衰期为 $T_{1/2} = 2.7\,\text{d}$。① 计算放射性 ^{198}Au 核数目的饱和值。② ^{198}Au 核的数目达到饱和度值 90% 所需的必要辐照时间是多少？

4.9　考虑 $^{21}\text{Na} + p \longrightarrow {}^{22}\text{Mg} + \gamma$ 辐射俘获反应的逆运动学测量，也即利用放射性 ^{21}Na

核轰击静止的氢靶。Q 值为 $Q=5504.2$ keV。假设反应激发了位于 $E_r^{cm}=206.8$ keV 处的天体物理上重要的共振。计算到基态(分支比为 14%)的 γ 射线跃迁：①实验室轰击能量，不考虑靶中的任何能量损失；②以实验室角度 $\theta=0°$ 发射的光子的能量，以及全多普勒和反冲能量位移的大小，忽略靶中 ^{22}Mg 反冲核的任何能量损失；③^{22}Mg 反冲发射方向上的最大实验室角度 ϕ_{max}。利用下面的质量值：$M(^1\text{H})=1.0078250$ u、$M(^{21}\text{Na})=20.9976546$ u、$M(^{22}\text{Mg})=21.9995706$ u(Mukherjee $et\ al.$，2004)。

4.10　如果用能量为 1 MeV、流强为 1 A 的质子束轰击厚度为 10^{20} 质子每平方厘米的纯氢靶，计算发生 $p(p,e^+\nu)d$ 反应的数目。S 因子由式(5.4)给出。

4.11　轰击能量为 15 MeV、流强为 1 μA 的 α 粒子束入射到 1 μm 厚的纯 ^{12}C 靶上($\rho=1.9$ g·cm^{-3})，持续时间为 1 h。每个入射的 α 粒子都带有 2^+ 的电荷($^4\text{He}^{2+}$)。中子由 $^{12}\text{C}(\alpha,\text{n})^{15}\text{O}$ 反应产生。在此轰击能量下的截面为 25 mb。中子探测器的效率为 1%。假设截面和阻止本领在靶厚上都是恒定的。可以探测到多少中子？

第5章

核燃烧阶段和过程

在前面的章节中,我们考虑了单个核反应的热核反应率以及正逆反应的关系。然而,一般而言,在天体等离子体中同时发生着不同的核过程。由某些熔合反应产生的核素会被其他反应破坏掉。因此,在讨论天体核合成时,考虑由不同的,且经常竞争的核过程所连接的核素网络更为恰当。在本章中,我们将讨论核过程在恒星等离子体中的相互影响。

1.4.3节中指出,核反应会产生阻止恒星引力坍缩所需要的内部压力。对于所有稳定的恒星,其内部压力与重力之间都保持着流体静力学平衡。我们之前展示过(图3.15),对于给定温度和组成的恒星等离子体,那些具有最小库仑势垒的反应将进行得最快,并且负责绝大部分的核能产生。因此,我们预计涉及氢和氦的核反应是大多数恒星的主要能量来源。考虑这些核素之间最简单的过程是很诱人的,例如,$p+p \longrightarrow {}^2He$,$p+{}^4He \longrightarrow {}^5Li$ 和 ${}^4He+{}^4He \longrightarrow {}^8Be$ 作为最有可能的核反应。然而,新产生的 ${}^2He$,${}^5Li$ 和 ${}^8Be$ 核是不稳定的,并在很短的时间后衰变回入射道。因此,我们必须考虑更复杂的过程。

热核反应改变了恒星气体的组成。当消耗具有最小核电荷数的原子核时,恒星将在重力的影响下收缩。温度稳步上升,直到消耗下一个具有最低库仑势垒的原子核(这些原子核之前是不活跃的)。新燃料燃烧产生的核能使恒星稳定以阻止进一步收缩。取决于恒星的总质量,一颗恒星可能会经历几个这样的核燃烧阶段,称为氢燃烧(hydrogen buring)、氦燃烧(helium burning)、碳燃烧(carbon burning)、氖燃烧(neon burning)、氧燃烧(oxygen burning)和硅燃烧(silicon burning)(1.4.3节)。当新燃料的点火引起恒星核心的后期燃烧阶段时,前一个燃烧阶段并没有完全消失,而是在围绕核心的壳中继续进行。我们将在5.1节中详细讨论这些阶段的核物理层面。对于后期燃烧阶段(从碳到硅的燃烧)的描述,将借助于恒定温度和密度条件下的反应网络计算来进行,这是初始质量为 $M=25M_\odot$,具有太阳金属度的恒星流体静力学核心燃烧阶段的代表性条件。具有这种质量的恒星已被证明可以产生类似于观测到的太阳系元素丰度。

不同的核燃烧阶段对恒星的结构和进化具有深远的影响。对于具有太阳初始成分和初始质量为 $M=25M_\odot$ 的恒星,其中心温度和密度演化显示在图5.1(a)上。圆圈表示特定核心燃烧阶段的代表性 T-ρ(温度-密度)条件。大多数燃烧发生在靠近圆圈的位置,其中恒星在特定燃烧阶段花费了大部分时间。在氢燃烧和硅燃烧之间,可以看出温度和密度分别相差大约 2 个和 8 个数量级。

氢燃烧中单位燃料消耗所释放出的能量(约 6×10^{24} MeV·g^{-1} 或约 10^{19} erg·g^{-1}),比氦燃烧(约 6×10^{23} MeV·g^{-1} 或约 10^{18} erg·g^{-1})或后期燃烧阶段(对碳和氧燃烧,约 3×10^{23} MeV·g^{-1} 或约 5×10^{17} erg·g^{-1})所释放的能量要多得多。因此,一颗恒星消耗

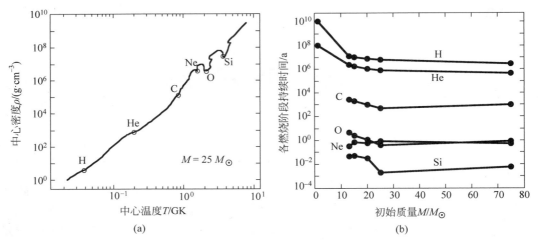

图 5.1 （a）一颗具有太阳初始组成的 $M=25M_\odot$ 恒星的中心温度-密度演化。圆圈表示恒星核心流体静力学特定燃烧阶段的代表性条件。（b）太阳金属度模型中恒星核心各种流体静力学燃烧阶段的持续时间随初始恒星质量的关系。数据取自（Woosley et al.，2002）

氢燃料会比其他燃料要慢，以平衡重力和从其表面辐射出去的能量。在恒星内部产生的核能如何被转化以及如何从表面如何辐射出去，也存在着根本性的差异。对于氢和氦燃烧，核能几乎是完全转换为光。在后期燃烧阶段，当温度超过 $T=0.5$ GK 时，热核能量的释放几乎完全是辐射出去的中微子-反中微子对，它通过电子-正电子对湮灭（$e^- + e^+ \longrightarrow \nu + \bar{\nu}$）或光中微子过程（$e^- + \gamma \longrightarrow e^- + \nu + \bar{\nu}$）产生，而从恒星表面辐射出的光只占总能量释放的很小一部分。中微子能量损失随温度急剧上升[Clayton，1983]。由于从一个后期燃烧阶段到下一个阶段温度会升高[图 5.1(a)]，所以在碳、氖、氧和硅燃烧期间，燃料消耗会迅速加速。这可以在图 5.1(b)中看到，它显示了太阳金属丰度模型中恒星核心不同燃烧阶段的持续时间对初始恒星质量的关系。例如，在一颗 25 $M_\odot$ 恒星的核心，硅燃烧仅持续一天。恒星核心的后期燃烧阶段进行得如此之快，以至于恒星表面无法跟上内部演化的步伐。通常，大质量恒星的外观——光度和有效发射温度——直到流体静力学硅燃烧结束才会改变。从这些考虑也可以得出，氢燃烧的持续时间比氦燃烧或任何后期燃烧阶段都要长。因此，在观测到的恒星中大概多达 90% 的正在燃烧氢。换句话说，观测到处于演化高级阶段恒星的概率非常小。虽然恒星的大部分生命是在氢燃烧阶段度过的，但是在它的后期燃烧阶段负责合成了质量范围在 $A=16\sim64$ 的大部分重元素。

较重核素（$A>60$）的合成需要完全不同的机制。它们观测到的丰度不能用带电粒子熔合反应来解释，因为在这些更高的核电荷下通过库仑势垒的透射概率变得非常小，可以忽略不计。这种核素的合成是通过不受库仑排斥阻碍的中子俘获进行的。两种不同的中子俘获过程，即 s-过程和 r-过程也将被讨论。随后部分描述了中子俘获无法解释的那些重核素（p-核）的合成。

在本章即将结束时，将讨论两个非恒星核合成过程。第一个涵盖了早期宇宙中的核合成，第二个讲述宇宙线核合成。最后一节总结了关于太阳系核素起源的信息。

此处使用的许多反应率均来自于已经发表的评估数据[Angulo et al.，1999；Iliadis et

al.，2001；Sallaska *et al.*，2013）。它们是基于当前可用的实验信息（截面、共振能量和强度、激发能、谱因子）作出的评估。这些评估不仅呈现了反应率对恒星温度的关系，而且还报道了单个反应率的不确定度。反应率的不确定度会强烈地影响天体模型的预言，因此，人们正在进行大量的实验努力以提高许多重要反应率的精度。关于反应率的不确定性如何影响预言的同位素丰度或能量产生的研究已超出了本书的范围（例如，Bahcall *et al.*，1982；The *et al.*，1998；Hoffman *et al.*，2001；Iliadis *et al.*，2002；Jordan *et al.*，2003）。除非另有说明，我们这里不关心反应率的不确定性，但会使用最近发表的推荐反应率来演示不同的燃烧阶段是如何影响核合成和核能产生的。对于本章中使用的质量、Q 值和粒子分离能量的数值，其采用的是参考文献（Wang *et al.*，2012）中的数据。从 Hauser-Feshbach 统计模型中导出的反应率、恒星增强因子，以及归一化配分函数，其均取自文献（Rauscher & Thielemann，2000），除非另有说明。

许多不同的核过程参与了核合成，尤其是在后期和爆发性燃烧阶段。在这些情况下，我们将通过在两个特定核素 i 和 j 之间引入一个时间积分的净丰度流（time-integrated net abundance flow），来对核合成路径进行可视化，定义如下：

$$F_{ij} = \int f_{ij}\,\mathrm{d}t = \int \left[\left(\frac{\mathrm{d}N_i}{\mathrm{d}t} \right)_{i \to j} - \left(\frac{\mathrm{d}N_j}{\mathrm{d}t} \right)_{j \to i} \right] \mathrm{d}t \tag{5.1}$$

其中，$(\mathrm{d}N_i/\mathrm{d}t)_{i \to j}$ 是数密度 N_i 变化的分速率，它是由将核 i 转换为 j 的所有过程引起的（3.1.3 节）。例如，如果我们对 ^{24}Mg 与 ^{25}Al 之间转换所造成的原子核活度（nuclear activity）感兴趣（图 3.4），那么我们仅需考虑 ^{24}Mg(p, γ)^{25}Al 俘获反应和（逆向）^{25}Al(γ, p)^{24}Mg 光解反应。因此，时间积分的净丰度流为

$$F_{^{24}\mathrm{Mg}^{25}\mathrm{Al}} = \int \left[\left(\frac{\mathrm{d}^{24}\mathrm{Mg}}{\mathrm{d}t} \right)_{^{24}\mathrm{Mg}(\mathrm{p},\gamma)} - \left(\frac{\mathrm{d}^{25}\mathrm{Al}}{\mathrm{d}t} \right)_{^{25}\mathrm{Al}(\gamma,\mathrm{p})} \right] \mathrm{d}t \tag{5.2}$$

大的 F_{ij} 值表明两个核种之间的原子核活度增强，从而有助于识别重要的链接。如果密度 ρ 在核合成过程中发生变化，则以摩尔分数 $[Y_i = N_i/(\rho N_A)]$ 而不是数密度（N_i）来表述式（5.1）和式（5.2）是有优势的。Y_i（或 X_i）的变化与密度无关，仅反映原子核的转换（nuclear transformation），如 1.5.4 节中所述。我们将主要考虑对整个网络计算期间进行积分的净丰度流。这些流代表核合成的总体性质，而不显示任何特定瞬间的细节。尽管如此，它们对于提供核合成的概况是非常有用的。

5.1 流体静力学氢燃烧

氢是宇宙中最富集的同位素。四个 ^{1}H 原子核熔合成紧密结合的 ^{4}He 原子核，称为氢燃烧。与转换的具体细节无关，这一过程释放出的能量为（1.5.3 节）

$$Q = 4(\mathrm{M.E.})_\mathrm{H} - (\mathrm{M.E.})_{^4\mathrm{He}} = 4 \cdot (7288.97\ \mathrm{keV}) - (2424.92\ \mathrm{keV})$$
$$= 26.731\ \mathrm{MeV} \tag{5.3}$$

但这种熔合过程究竟是如何发生的呢？早期的估计表明，在天体等离子体中四个质子同时相互作用的概率太小，无法解释观测到的恒星光度。反而，更可能会发生入射道涉及两个粒子相互作用的反应序列。在流体静力学氢燃烧中，氢转化为氦的两种主要机制分别称为质子-质子链（proton-proton chains 或 pp chains）和碳氮氧循环（CNO cyles）。这些过程是在

80多年前被首次提出来的(Atkinson *et al*.,1936；Bethe & Critchfield,1938；von Weizsäcker,1938；Bethe,1939),将在本节中予以描述。取决于恒星的质量和金属度,核心氢燃烧的典型温度在 $T \approx 8 \sim 55$ MK 的范围内,而 AGB 星中氢燃烧壳层的温度可达 $T \approx 45 \sim 100$ MK,请记住这些数值,这对于以下讨论很有用。例如,太阳的中心温度是 $T = 15.6$ MK[参考文献Bahcall (1989)]。另外,爆发性氢燃烧可达到更高的温度,这将在后文中讨论。正如我们将看到的那样,核过程的细节灵敏地依赖于恒星的温度。

5.1.1　pp 链

下列三个核过程序列被称为质子-质子链(或 pp 链):

pp1 链	pp2 链	pp3 链
$p(p,e^+\nu)d$	$p(p,e^+\nu)d$	$p(p,e^+\nu)d$
$d(p,\gamma)^3He$	$d(p,\gamma)^3He$	$d(p,\gamma)^3He$
$^3He(^3He,2p)\alpha$	$^3He(\alpha,\gamma)^7Be$	$^3He(\alpha,\gamma)^7Be$
	$^7Be(e^-,\nu)^7Li$	$^7Be(p,\gamma)^8B$
	$^7Li(p,\alpha)\alpha$	$^8B(\beta^+\nu)^8Be$
		$^8Be(\alpha)\alpha$

$$T_{1/2}: {}^8B(770 \text{ ms})$$

不同的 pp 链也显示在图 5.2 中。这些链中的每一个都始于氢,并将四个质子转化为一个 ^{4}He 原子核(或 α 粒子)。每条链的前两个反应都是相同的。其他涉及轻核 ^{1}H、^{2}H、^{3}He 等的核反应不太可能发生在恒星中(Parker *et al*.,1964)。

p(p,e$^+$ν)d 反应

每个 pp 链中的第一反应,$^1H + {}^1H \longrightarrow {}^2H + e^+ + \nu$,将两个质子熔合为一个氘核。反应释放的能量为 $Q = 1.442$ MeV,包括正电子与来自环境的另一个电子的湮灭能(示例 1.3)。p(p,e$^+$ν)d 反应代表一个特例,因为它将一个质子转化为一个中子,该过程非常类似于 β 衰变。因此,与几乎所有其他完全由强核力和库仑力控制的天体熔合反应不同,p(p,e$^+$ν)d 反应也受到弱核力的影响。由于这个过程在入射道中涉及两个带电粒子,其截面的整体能量依赖性主要由通过库仑势垒的透射来决定。然而,截面的绝对大小相对较小,因为受弱核力的影响。例如,p(p,e$^+$ν)d 截面的计算已在文献(Bahcall & May,1969)中表述过,这里不再重复。理论 S 因子随能量平滑变化,由下式给出(Angulo *et al*.,1999):

$$S(E) = 3.94 \times 10^{-25} + 4.61 \times 10^{-24}E + 2.96 \times 10^{-23}E^2 \quad (\text{MeV} \cdot \text{b}) \quad (5.4)$$

例如,在质心能量为 0.5 MeV(对应于实验室系 1 MeV 的质子轰击能量)时,上述 S 因子对应的截面约为 $\sigma_{pp} = 8 \times 10^{-48}$ cm^2。利用这一截面,利用一个 1 A 流强(6.3×10^{18} 个质子每秒)、1 MeV 的质子束入射到致密的质子靶(10^{20} 个质子每平方厘米)上,在大约 6 年内只能发生一个 p+p 反应(习题 4.10)。如此小的事件发生率在可预见的未来似乎小得无法测量,因此,该 S 因子完全基于理论计算。尽管如此,人们仍然有信心计算出确定 S 因子的不同因素。所引用的反应率误差(Angulo *et al*.,1999)仅占百分之几,并且明显小于大多数测量的恒星熔合反应的反应率误差。

p+p 反应所释放的 1.442 MeV 能量在反应产物之间共享。然而,中微子有很大的概率逃离恒星,因此,其能量会被带走而不是转化为热量。基于中微子能谱的详细形状,可以

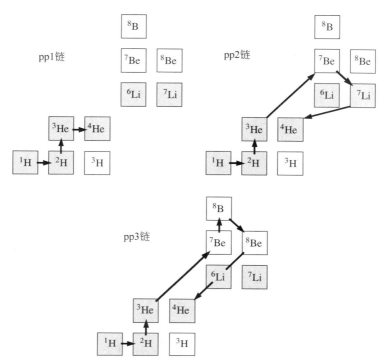

图 5.2 pp 链在核素图中的表示。每个箭头代表特定的连接初始与最终核的核相互作用。例如,反应
^{3}He$(\alpha,\gamma)^7$Be 由从 ^{3}He 延伸到 ^{7}Be 的箭头来表示(中间和底部面板)。每个 pp 链有效地将四个质子熔合成一个 ^{4}He 核。稳定核素显示为阴影方块

得到中微子的平均能量约为 265 keV(Bahcall,1989)。从该反应中能够转化为热的可利用核能为 1442 keV−265 keV=1177 keV。

人们也已经提出了 p(p,e$^+\nu$)d 反应的替代过程。例如,反应 ^{1}H$+^1$H$+$e$^- \longrightarrow$ ^{2}H$+\nu$,简称 pep 反应,也是将两个氢原子核熔合成一个氘原子核。计算表明,该过程只能在恒星密度超过 10^4 g·cm^{-3} 时才能与 p(p,e$^+\nu$)d 反应竞争(Bahcall & May,1969)。因此,pep 反应在流体静力学氢燃烧中扮演着无关紧要的角色。然而,它可能会对爆发性氢燃烧早期阶段的能量产生有很大贡献(5.5.2 节)。

d(p,γ)^{3}He 反应

在 p(p,e$^+\nu$)d 反应中产生的氘,原则上可以通过许多不同的相互作用被破坏掉。d(p,γ)^{3}He 反应是其中迄今为止最重要的一个。其他反应,例如 d$+$d $\longrightarrow$ p$+$t 或 d$+$d $\longrightarrow$ n$+^3$He,可能有更高的截面。但是,请记住,反应率不仅取决于截面,还取决于相互作用核的丰度[式(3.6)]。与由非常缓慢的 p$+$p 反应产生的少量氘核相比,可用的质子多得多,因此与 d$+$d 相互作用相比,d$+$p 发生相互作用的可能性要大得多。

d(p,γ)^{3}He 反应($Q=5.493$ MeV)在质心系 $E_{cm}\approx 10$ keV 以上的能量都已得到实验测量。对于所有具有实际意义温度下的反应率计算,例如,可以利用核反应直接俘获模型将数据外推到零能量。S 因子由下式给出(Angulo et al.,1999):

$$S(E) = 0.20 \times 10^{-6} + 5.60 \times 10^{-6}E + 3.10 \times 10^{-6}E^2 \quad (\text{MeV·b}) \quad (5.5)$$

该反应只依赖于电磁力和强核力。因此,其 S 因子和反应率比 p$+$p 反应要大许多个数量

级。反应率的不确定度为 $30\%\sim40\%$。对于许多恒星熔合反应来说,这样的误差是很典型的。

pp1 链

由上述讨论的两个过程产生的 ^{3}He 原子核,原则上可以与富集的质子通过 ^{3}He$+$p $\longrightarrow \gamma+^4$Li $\longrightarrow \gamma+^4He+e^++\nu$ 过程熔合而形成 ^{4}He。然而,^{4}Li 原子核不稳定,其质子分离能约为 -2.5 MeV,并在很短的时间后衰变回 ^{3}He。结果表明,^{3}He$(^3$He,2p$)^4$He 反应是最有可能破坏 ^{3}He 的过程,它完成了 pp1 链中四个质子到一个 ^{4}He 原子核的转化。其实不容易看出为什么 ^{3}He$(^3$He,2p$)^4$He 反应比另一种 ^{3}He 破坏反应 ^{3}He$(d,p)^4$He 更重要,尤其是考虑到这两个反应具有相似的截面。这个问题将与其他问题一起在本节中予以讨论。^{3}He$(^3$He,2p$)^4$He 反应的 S 因子由下式给出(Angulo *et al.*,1999):

$$S(E)=5.18-2.22E+0.80E^2 \quad (\text{MeV} \cdot \text{b}) \tag{5.6}$$

尽管与 d$(p,\gamma)^3$He 反应相比,该 S 因子更大[式(5.5)],但是单位粒子对的 ^{3}He$(^3$He,2p$)^4$He 反应率实际上更小,这是由于,Z_pZ_t 的乘积较大,导致通过库仑势垒的透射显著降低。正如下文所述,这种情况对于恒星等离子体中氘和 ^{3}He 的平均寿命具有重要的影响。

接下来,我们将研究 ^{2}H 和 ^{3}He 的丰度如何在 pp1 链中演化。同位素 ^{2}H 由 p$+$p 反应产生并被 d$+$p 反应破坏,而 ^{3}He 由 d$+$p 反应产生并被 ^{3}He$+^3$He 反应破坏。首先忽略其他反应,利用式(3.20)式(3.26),我们可以得到关于 ^{2}H 和 ^{3}He 丰度随时间变化的微分方程:

$$\frac{\mathrm{d}D}{\mathrm{d}t}=r_{\text{pp}}-(1+\delta_{\text{dp}})r_{\text{dp}}=\frac{H^2\langle\sigma v\rangle_{\text{pp}}}{(1+\delta_{\text{pp}})}-(1+\delta_{\text{dp}})\frac{HD\langle\sigma v\rangle_{\text{dp}}}{(1+\delta_{\text{dp}})}$$
$$=\frac{H^2}{2}\langle\sigma v\rangle_{\text{pp}}-HD\langle\sigma v\rangle_{\text{dp}} \tag{5.7}$$

$$\frac{\mathrm{d}(^3He)}{\mathrm{d}t}=r_{\text{dp}}-(1+\delta_{^3\text{He}^3\text{He}})r_{^3\text{He}^3\text{He}}$$
$$=DH\langle\sigma v\rangle_{\text{dp}}-(^3He)^2\langle\sigma v\rangle_{^3\text{He}^3\text{He}} \tag{5.8}$$

为避免混淆,我们使用斜体符号 H、D 和 ^3He 分别表示同位素 ^{1}H(或 p)、^{2}H(或 d)和 ^{3}He 的数密度。此外,在上述等式右侧的第一项之前没有出现克罗内克 δ 符号,这是因为单个 p$+$p 反应或 d$+$p 反应分别只产生一个 ^{2}H 或者 ^{3}He 核。

我们从 ^{2}H 的丰度开始。如果最初在天体等离子体中不存在氘,则式(5.7)右侧的第二项为零。随着时间的增加,由于 p$+$p 反应,氘丰度不断累积。产生的氘越多,用以描述通过 d$+$p 反应破坏氘的第二项就越大。最终,建立了一个平衡,即 $\mathrm{d}D/\mathrm{d}t=0$。或者,如果由于某种原因初始氘丰度非常大,那么式(5.7)右侧的第二项将主导第一项。随着时间的推移,氘丰度将减少,从而第二项将变小。这样一直持续到平衡的建立,即 $\mathrm{d}D/\mathrm{d}t=0$。上述公式称为自我调节(self-regulating)(Clayton,1983),这是因为氘丰度总是在寻求一个平衡值。在 $\mathrm{d}D/\mathrm{d}t=0$ 条件下获得的平衡比 $(D/H)_{\text{e}}$ 由下式给出:

$$\left(\frac{D}{H}\right)_{\text{e}}=\frac{\langle\sigma v\rangle_{\text{pp}}}{2\langle\sigma v\rangle_{\text{dp}}}=\frac{N_{\text{A}}\langle\sigma v\rangle_{\text{pp}}}{2N_{\text{A}}\langle\sigma v\rangle_{\text{dp}}}=\frac{\tau_{\text{p}}(\text{d})}{2\tau_{\text{p}}(\text{p})} \tag{5.9}$$

$(D/H)_{\text{e}}$ 由 p$+$p 和 d$+$p 反应率的比值决定,图 5.3(a)显示了该平衡比与恒星温度的关系。可以看出,在大多数相关的温度范围内,$(D/H)_e$ 的值为 $10^{-18} \sim 10^{-17}$。

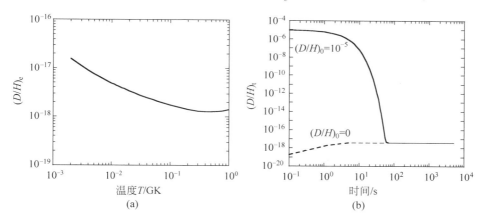

图 5.3 (a) 平衡丰度比 $(D/H)_e$ 与恒星温度的关系。(b) 在 $T = 15$ MK、$\rho = 100$ g·cm^{-3} 和 $X_H = 0.5$ 的条件下,丰度比 (D/H) 的时间演化。虚线和实线表示在初始氘丰度分别为 $(D/H)_0 = 0$ 和 $(D/H)_0 = 10^{-15}$ 条件下得到的。在任何一种情况下,氘丰度达到平衡的时间与恒星的寿命相比可以忽略不计

我们可以更具体地问氘丰度需要多长时间才能达到平衡。上文已经表明,氘的寿命(通过 d+p 反应被破坏)相对于氢的寿命(通过 p+p 反应被破坏)而言非常短。因此,氘丰度与氢丰度相比将变化得更快。各自寿命的差异如此之大,以至于可以安全地假设氘丰度在很短的时间内就可以达到平衡,而氢丰度还来不及发生显著变化。利用这一恒定的氢丰度近似,可以对式(5.7)进行求解,我们得到

$$\frac{\mathrm{d}(D/H)}{\mathrm{d}t} = \frac{H}{2}\langle\sigma v\rangle_{pp} - H\left(\frac{D}{H}\right)\langle\sigma v\rangle_{dp} \tag{5.10}$$

利用替换关系式,$x = (D/H)$、$a = (H/2)\langle\sigma v\rangle_{pp}$ 以及 $b = H\langle\sigma v\rangle_{dp}$,我们可以写作

$$\frac{\mathrm{d}x}{\mathrm{d}t} = a - bx \tag{5.11}$$

利用关系式 $y = a - bx$ 和 $\mathrm{d}y/\mathrm{d}x = -b$,并假设在 $t=0$ 时 $y = y_0$,可得

$$\frac{\mathrm{d}y}{y} = -b\,\mathrm{d}t \quad \text{以及} \quad y = y_0 \mathrm{e}^{-bt} \tag{5.12}$$

这样,利用式(3.23)和式(5.9)可得

$$H\langle\sigma v\rangle_{dp}\left(\frac{D}{H}\right)_t = \frac{H}{2}\langle\sigma v\rangle_{pp} - \left[\frac{H}{2}\langle\sigma v\rangle_{pp} - H\langle\sigma v\rangle_{dp}\left(\frac{D}{H}\right)_0\right]\mathrm{e}^{-H\langle\sigma v\rangle_{dp}t}$$

$$\left(\frac{D}{H}\right)_t = \left(\frac{D}{H}\right)_e - \left[\left(\frac{D}{H}\right)_e - \left(\frac{D}{H}\right)_0\right]\mathrm{e}^{-t/\tau_{p(d)}} \tag{5.13}$$

氘丰度以 $\mathrm{e}^{-t/\tau_{p(d)}}$ 指数形式接近其平衡值。在 $T = 15$ MK、$\rho = 100$ g·cm^{-3} 和 $X_H = 0.5$ 的条件下,(D/H) 随时间的演化如图 5.3(b)所示。两条实线分别是在如下条件得到的:①初始氘丰度为零,$(D/H)_0 = 0$;②初始丰度值为 $(D/H)_0 = 10^{-5}$。与恒星的寿命相比,氘丰度达到平衡的时间是可以忽略的。

在恒星氢燃烧核心中所建立的非常小的氘氢比 $(D/H)_e = 10^{-18} \sim 10^{-17}$,具有非常有

意思的天体物理意义。在恒星形成时可能存在的任何显著的氘丰度,都将在氢燃烧阶段被迅速耗尽。因为没有其他天体场所可以产生大量的氘,随着宇宙的演化和星际气体通过一代又一代恒星的循环,氘会不断地被破坏掉。因此,观测宇宙中的氘丰度将为原初氘丰度提供一个下限值,这一丰度是在恒星形成之前建立起来的。观测表明,原初氘丰度$(D/H)_{\text{prim}} \approx 3 \times 10^{-5}$。通常假设原初氘是在早期宇宙核合成过程中产生的,因此,观测到的$(D/H)_{\text{prim}}$值提供了对标准大爆炸核合成的一个重要测试(5.7.1节)。此外,如果恒星是从具有(D/H)比约为10^{-5}的星际物质中诞生的,则氘丰度足够大,并在恒星收缩期间的较低温度下(即在氢燃烧阶段之前)就已经启动了$d(p,\gamma)^3He$反应。因此,$d(p,\gamma)^3He$反应是某些恒星的第一个热核能量来源。该过程称为氘燃烧(deuterium burning),不仅会减缓新形成恒星的收缩,而且也可以为年轻恒星提供^3He的重要来源。

我们接下来将讨论^3He丰度的演化。由于氘丰度能够在可以忽略不计的时间内达到平衡,所以利用式(5.9),式(5.8)可以简化为

$$\frac{d(^3He)}{dt} = \frac{H^2}{2}\langle\sigma v\rangle_{pp} - (^3He)^2\langle\sigma v\rangle_{^3He^3He} \tag{5.14}$$

在^3He丰度将寻求平衡值这一意义上,该表达式也是自我调节的。在$d(^3He)/dt = 0$的条件下,再次得到平衡比$(^3He/H)_e$,其结果是

$$\left(\frac{^3He}{H}\right)_e = \sqrt{\frac{\langle\sigma v\rangle_{pp}}{2\langle\sigma v\rangle_{^3He^3He}}} = \sqrt{\frac{N_A\langle\sigma v\rangle_{pp}}{2N_A\langle\sigma v\rangle_{^3He^3He}}} \tag{5.15}$$

$(^3He/H)_e$由$p+p$和$^3He+^3He$反应率的比值决定,它随恒星温度的关系如图5.4(a)所示。由于$^3He(^3He,2p)^4He$的反应率比$d(p,\gamma)^3He$的要小,与氘丰度相比,当^3He丰度累积到一个更大的值时才能达到平衡。

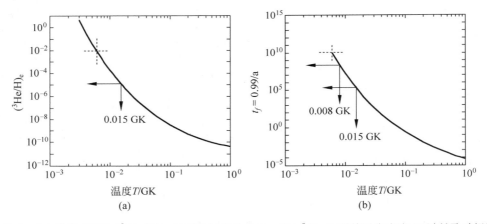

图 5.4 (a) 平衡丰度比$(^3He/H)_e$与恒星温度的关系。(b) ^3He达到其平衡丰度99%所需时间随温度的关系。曲线是在$\rho = 100$ g·cm^{-3}和$X_H = 0.5$的条件下计算的

通过假设氢丰度几乎保持不变,可以计算出^3He丰度达到平衡所需的时间。从图5.4(a)可以看出,在温度高于$T = 6$ MK时这是一个合理的假设,其中$(^3He/H)_e < 0.01$。利用近似恒定的氢丰度,对式(5.14)可以求解,我们得到

$$\frac{\mathrm{d}(^3\mathrm{He}/\mathrm{H})}{\mathrm{d}t} = \frac{\mathrm{H}}{2}\langle\sigma v\rangle_{\mathrm{pp}} - \mathrm{H}\left(\frac{^3\mathrm{He}}{\mathrm{H}}\right)^2\langle\sigma v\rangle_{^3\mathrm{He}^3\mathrm{He}} \tag{5.16}$$

利用替换关系,$x = (^3\mathrm{He}/\mathrm{H})$、$a = (\mathrm{H}/2)\langle\sigma v\rangle_{\mathrm{pp}}$ 以及 $b = \mathrm{H}\langle\sigma v\rangle_{^3\mathrm{He}^3\mathrm{He}}$,我们可以写出如下公式:

$$\frac{\mathrm{d}x}{\mathrm{d}t} = a - bx^2 \quad \text{或} \quad \frac{1}{a}\frac{\mathrm{d}x}{\mathrm{d}t} = 1 - \frac{b}{a}x^2 \tag{5.17}$$

利用 $y = x\sqrt{b/a}$ 及 $\mathrm{d}y/\mathrm{d}x = \sqrt{b/a}$,我们得到

$$\frac{\mathrm{d}y}{1-y^2} = a\sqrt{\frac{b}{a}}\,\mathrm{d}t \quad \text{或} \quad y = \tanh(t\sqrt{ab}) \tag{5.18}$$

假设 $t = 0$ 时,$y = 0$。根据式(3.23)和式(5.15),我们得到

$$\left(\frac{^3\mathrm{He}}{\mathrm{H}}\right)_t = \sqrt{\frac{\langle\sigma v\rangle_{\mathrm{pp}}}{2\langle\sigma v\rangle_{^3\mathrm{He}^3\mathrm{He}}}}\tanh\left(t\sqrt{\frac{\mathrm{H}}{2}\langle\sigma v\rangle_{\mathrm{pp}}\mathrm{H}\langle\sigma v\rangle_{^3\mathrm{He}^3\mathrm{He}}}\right)$$

$$= \left(\frac{^3\mathrm{He}}{\mathrm{H}}\right)_e \tanh\left(\frac{t}{[\tau_{^3\mathrm{He}}(^3\mathrm{He})]_e}\right) \tag{5.19}$$

我们已经明确假设初始 $^3\mathrm{He}$ 丰度为零(在 $t = 0$ 时 $y = 0$)。$[\tau_{^3\mathrm{He}}(^3\mathrm{He})]_e$ 代表 $^3\mathrm{He}$ 达到其平衡值后,通过 $^3\mathrm{He}(^3\mathrm{He},2\mathrm{p})^4\mathrm{He}$ 反应被破坏的平均寿命。对于 $^3\mathrm{He}$ 丰度而言,达到其平衡丰度的比例 $f = (^3\mathrm{He}/\mathrm{H})_t / (^3\mathrm{He}/\mathrm{H})_e$ 所需的时间,可以从下式得到:

$$t_f = [\tau_{^3\mathrm{He}}(^3\mathrm{He})]_e\mathrm{arctanh}(f) = \frac{\mathrm{arctanh}(f)}{\rho\dfrac{X_{\mathrm{H}}}{M_{\mathrm{H}}}N_A\langle\sigma v\rangle_{^3\mathrm{He}^3\mathrm{He}}\left(\dfrac{^3\mathrm{He}}{\mathrm{H}}\right)_e} \tag{5.20}$$

在温度高于 $T = 6$ MK 时(其中氢丰度近似恒定),这一时间如图 5.4(b)所示,其中条件为 $f = 0.99$、$\rho = 100$ g·cm^{-3}、$X_{\mathrm{H}} = 0.5$。可以看出,在低于 $T \approx 8$ MK 温度下,t_f 的值超过 10^9 a,变得与某些恒星的寿命相当。对于足够小的温度,$^3\mathrm{He}$ 丰度永远不会达到平衡。另外,对于 $T = 15$ MK 的温度,$^3\mathrm{He}$ 丰度逐渐增加并在大约 10^6 a 后达到一个平衡值 $(^3\mathrm{He}/\mathrm{H})_e = 10^{-5}$。

比较平均寿命 $\tau_p(\mathrm{p})$、$\tau_p(\mathrm{d})$、$\tau_a(^3\mathrm{He})$、$[\tau_d(\mathrm{d})]_e$、$[\tau_d(^3\mathrm{He})]_e$、$[\tau_{^3\mathrm{He}}(\mathrm{d})]_e$ 和 $[\tau_{^3\mathrm{He}}(^3\mathrm{He})]_e$ 是很有趣的。前三个量由通常的关系式[式(3.22)]给出,然而,例如第五个量代表在氘丰度达到平衡值后,$^3\mathrm{He}$ 通过 $^3\mathrm{He}(\mathrm{d},\mathrm{p})^4\mathrm{He}$ 反应被破坏的平均寿命。根据式(3.22)、式(5.9)和式(5.15),我们得到

$$[\tau_d(\mathrm{d})]_e = \left(\frac{N_A\langle\sigma v\rangle_{\mathrm{pp}}}{2N_A\langle\sigma v\rangle_{\mathrm{dp}}}\rho\frac{X_{\mathrm{H}}}{M_{\mathrm{H}}}N_A\langle\sigma v\rangle_{\mathrm{dd}}\right)^{-1} \tag{5.21}$$

$$[\tau_d(^3\mathrm{He})]_e = \left(\frac{N_A\langle\sigma v\rangle_{\mathrm{pp}}}{2N_A\langle\sigma v\rangle_{\mathrm{dp}}}\rho\frac{X_{\mathrm{H}}}{M_{\mathrm{H}}}N_A\langle\sigma v\rangle_{^3\mathrm{Hed}}\right)^{-1} \tag{5.22}$$

$$[\tau_{^3\mathrm{He}}(\mathrm{d})]_e = \left(\sqrt{\frac{N_A\langle\sigma v\rangle_{\mathrm{pp}}}{2N_A\langle\sigma v\rangle_{^3\mathrm{He}^3\mathrm{He}}}}\rho\frac{X_{\mathrm{H}}}{M_{\mathrm{H}}}N_A\langle\sigma v\rangle_{^3\mathrm{Hed}}\right)^{-1} \tag{5.23}$$

$$[\tau_{^3\mathrm{He}}(^3\mathrm{He})]_e = \left(\sqrt{\frac{N_A\langle\sigma v\rangle_{\mathrm{pp}}}{2N_A\langle\sigma v\rangle_{^3\mathrm{He}^3\mathrm{He}}}}\rho\frac{X_{\mathrm{H}}}{M_{\mathrm{H}}}N_A\langle\sigma v\rangle_{^3\mathrm{He}^3\mathrm{He}}\right)^{-1} \tag{5.24}$$

式中,下标 pp、dp、dd、^{3}Hed 和 ^{3}He^{3}He 分别代表反应 p(p,e$^+$ν)d、d(p,γ)^{3}He、d(d, n)^{3}He、^{3}He(d,p)^{4}He 和 ^{3}He(^{3}He,2p)^{4}He。在 ρ=100 g·cm^{-3} 和 X_H=X_{He}=0.5 的条件下,寿命的计算结果如图 5.5(a) 所示。可以提出几个重要的观点。首先,可以看出 τ_p(d)≪[$\tau_{^3He}$(d)]$_e$≪[τ_d(d)]$_e$,因此式(5.7)中关于氘主要是通过 d(p,γ)^{3}He 反应被破坏的假设是有道理的。其次,我们有 [$\tau_{^3He}$(^{3}He)]$_e$≪[τ_d(^{3}He)]$_e$,因此^{3}He 主要是通过 ^{3}He(^{3}He,2p)^{4}He 反应被破坏掉,而 ^{3}He(d,p)^{4}He 反应在^{3}He 达到其平衡值后并没有显著的作用。我们怀疑仅在^{3}He 达到平衡之前,^{3}He(d,p)^{4}He 反应才比 ^{3}He(^{3}He,2p)^{4}He 反应更容易发生,因为此时其丰度仍然很小的。然而,在这样的条件下,通过 p(p,e$^+$ν)d 和 d(p,γ)^{3}He 两个反应产生^{3}He 的速率远比其破坏率要大得多,后者可以忽略不计。因此,式(5.8)中假设^{3}He 主要是通过 ^{3}He(^{3}He,2p)^{4}He 反应在 pp1 链中被破坏是有道理。

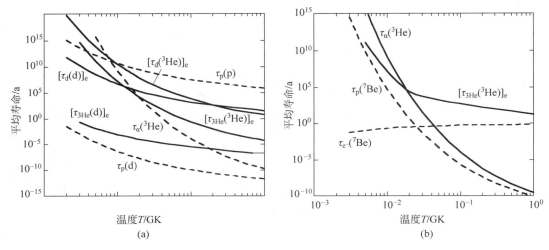

图 5.5 平均寿命与恒星温度的关系,计算条件为 ρ=100 g·cm^{-3} 和 X_H=X_{He}= 0.5。在图(a)中仅考虑了 pp1 链的运行,而在图(b)中假设所有三个 pp 链同时运行。对于流体静力学氢燃烧,人们只对温度低于 T=0.1 GK 的情况感兴趣

  pp1 链中的产能率可以表示为两部分之和。第一步涉及 p(p,e$^+$ν)d 和 d(p,γ)^{3}He 反应。它们的累积效果是将三个质子转化为一个^{3}He 原子核,其速率是由非常缓慢的 p(p,e$^+$ν)d 反应决定的。根据式(1.11)以及原子质量过剩数据,计算的能量产生为 6.936 MeV。减去 0.265 MeV 的平均中微子能量(见上文),则恒星可用的能量为 6.671 MeV。在第二步中,^{3}He(^{3}He,2p)^{4}He 反应释放的能量为 12.861 MeV。pp1 链中总能量生产率由下式给出[式(3.64)]:

$$\varepsilon_{pp1} = \frac{6.671 \text{ MeV}}{\rho} r_{pp} + \frac{12.861 \text{ MeV}}{\rho} r_{^3He^3He}$$

$$= \frac{6.671 \text{ MeV}}{2\rho} H^2 \langle \sigma v \rangle_{pp} + \frac{12.861 \text{ MeV}}{2\rho} H^2 \left(\frac{^3He}{H} \right)^2 \langle \sigma v \rangle_{^3He^3He} \quad (5.25)$$

该产能率取决于^{3}He 丰度是否达到了平衡。在一般情况下,当尚未达到平衡时,^{3}He 丰度和相应的产能率是随时间变化的,必须对这两个量进行数值计算。或者,在恒温条件下,对于 (^{3}He/H)$_e$<0.01(即恒定的氢丰度)和零初始^{3}He 丰度,可以使用式(5.19)对比值 (^{3}He/H)

进行近似。在 ^{3}He 丰度达到平衡后,产能率的表达式将大大简化。根据式(5.15)和式(5.25),我们得到

$$\varepsilon_{pp1}^e = \frac{6.671 \text{ MeV}}{2\rho} H^2 \langle \sigma v \rangle_{pp} + \frac{12.861 \text{ MeV}}{2\rho} \frac{H^2}{2} \frac{N_A \langle \sigma v \rangle_{pp}}{N_A \langle \sigma v \rangle_{^3He^3He}} \langle \sigma v \rangle_{^3He^3He}$$

$$= 6.551 N_A \langle \sigma v \rangle_{pp} \left(\frac{X_H}{M_H}\right)^2 \rho N_A \quad (\text{MeV} \cdot \text{g}^{-1} \cdot \text{s}^{-1}) \tag{5.26}$$

pp1 链中 ^{3}He 平衡时的产能率由 p+p 的反应率决定。因此,ε_{pp1}^e 的温度依赖性由式(3.90)给出。例如,在 $T_0 = 15$ MK 附近,对于 p(p,e$^+\nu$)d 反应,我们可得 $\tau = 13.6$,这意味着,

$$\varepsilon_{pp1}^e(T) = \varepsilon_{pp1}^e(T_0)(T/T_0)^{(\tau-2)/3} = \varepsilon_{pp1}^e(T_0)(T/T_0)^{3.9} \tag{5.27}$$

在 5.1.2 节中将呈现 ε_{pp1}^e 与温度的关系,并与 CNO 循环的产能率进行了对比。

pp2 链和 pp3 链

到目前为止,我们忽略了除 ^{3}He(^{3}He,2p)^{4}He 之外的其他破坏 ^{3}He 的反应。图 5.5(a) 还比较了量 $[\tau_{^3He}(^3\text{He})]_e$ 与 ^{3}He 通过 ^{3}He(α,γ)^{7}Be 反应被破坏的寿命,$\tau_\alpha(^3\text{He})$。可以看出,如果温度和 ^{4}He 丰度足够大,则 ^{3}He(α,γ)^{7}Be 反应会成为 ^{3}He 的主要破坏机制。^{4}He 要么可能是在氢燃烧过程中产生的,要么可能具有原初起源。继 ^{3}He(α,γ)^{7}Be 反应之后,^{7}Be 原子核可以 β 衰变成 ^{7}Li,而随后的 ^{7}Li(p,α)^{4}He 反应完成了四个质子到一个 ^{4}He 原子核的转化。该反应序列称为 pp2 链(图 5.2)。^{7}Be 的 β 衰变具有很有意思的特性。在实验室中,^{7}Be 的半衰期为 $T_{1/2} = 53$ d,并通过俘获一个原子电子而衰变,^{7}Be+e$^- \longrightarrow ^7$Li+ν。另外,在恒星等离子体中,^{7}Be 被部分电离,衰变可以通过俘获一个残余的原子电子或俘获来自周围环境中的一个联系自由电子来进行(1.8.4 节)。对于恒星环境中 ^{7}Be 电子俘获率的计算,可以在文献 Bahcall & Moeller (1969) 中找到。为了计算衰变常数,列表中反应率的值必须乘以一个因子 n_{e^-}/N_A,其中 n_{e^-} 代表电子密度[式(1.68)]。下面将表明该衰变率对温度仅是弱依赖的,这与带电粒子反应的强温度依赖相反。特别是,在足够高的温度下,^{7}Be(p,γ)^{8}B 反应将取代 ^{7}Be(e$^-$,ν)^{7}Li 成为主要的 ^{7}Be 破坏机制。^{8}B β^+ 衰变到 ^{8}Be,随后粒子不稳定核 ^{8}Be 发生破裂,^{8}Be $\longrightarrow \alpha+\alpha$,进而完成 pp3 链(图 5.2)。

pp2 和 pp3 链有两个 α 粒子的输出,但需要一个 α 粒子的输入。净效应是每个反应序列形成一个 ^{4}He 核,因此,其中一个 α 粒子仅充当催化剂,从而允许 ^{3}He(α,γ)^{7}Be 反应的发生。任何一条链中释放的总能量都是相同的(26.731 MeV),但中微子带走的能量在每种情况下都会不同。对于每个质子-质子链,恒星可用于转换成热能的核能由下式给出:

$$Q_{pp1} = 26.73 \text{ MeV} - 2\bar{E}_\nu^{pp} = 26.19 \text{ MeV} \tag{5.28}$$

$$Q_{pp2} = 26.73 \text{ MeV} - \bar{E}_\nu^{pp} - \bar{E}_\nu^{^7Be} = 25.65 \text{ MeV} \tag{5.29}$$

$$Q_{pp3} = 26.73 \text{ MeV} - \bar{E}_\nu^{pp} - \bar{E}_\nu^{^8B} = 19.75 \text{ MeV} \tag{5.30}$$

平均中微子能量 $\bar{E}_\nu^i$ 取自文献 Bahcall (1989)。中微子在 pp1、pp2 和 pp3 链中的损失分别为 2%、4% 和 26%。

在含有大量 ^{4}He 丰度的氢燃烧恒星中,所有三个 pp 链将同时运行。不同链对能量产生和核合成的贡献取决于温度、密度和成分等条件。如果我们考虑一种可以忽略恒星等离子体中的对流、膨胀和混合的情况,那么核转换将是丰度变化的唯一来源。在这种情况下,

我们可以得到以下一组非线性耦合微分方程:

$$\frac{dH}{dt} = 2\frac{(^3He)^2\langle\sigma v\rangle_{_3He^3He}}{2} - 2\frac{H^2\langle\sigma v\rangle_{pp}}{2} - HD\langle\sigma v\rangle_{pd} - H(^7Be)\langle\sigma v\rangle_{p^7Be} - H(^7Li)\langle\sigma v\rangle_{p^7Li}$$

$$(5.31)$$

$$\frac{dD}{dt} = \frac{H^2}{2}\langle\sigma v\rangle_{pp} - HD\langle\sigma v\rangle_{pd} \tag{5.32}$$

$$\frac{d(^3He)}{dt} = HD\langle\sigma v\rangle_{pd} - 2\frac{(^3He)^2\langle\sigma v\rangle_{_3He^3He}}{2} - (^3He)(^4He)\langle\sigma v\rangle_{\alpha^3He} \tag{5.33}$$

$$\frac{d(^4He)}{dt} = \frac{(^3He)^2\langle\sigma v\rangle_{_3He^3He}}{2} + 2H(^7Be)\langle\sigma v\rangle_{p^7Be} + 2H(^7Li)\langle\sigma v\rangle_{p^7Li} - (^3He)(^4He)\langle\sigma v\rangle_{\alpha^3He}$$

$$(5.34)$$

$$\frac{d(^7Be)}{dt} = (^3He)(^4He)\langle\sigma v\rangle_{\alpha^3He} - (^7Be)\lambda_{e^7Be} - H(^7Be)\langle\sigma v\rangle_{p^7Be} \tag{5.35}$$

$$\frac{d(^7Li)}{dt} = (^7Be)\lambda_{e^7Be} - H(^7Li)\langle\sigma v\rangle_{p^7Li} \tag{5.36}$$

例如,式(5.31)右侧第一项的分子中因子 2 的出现,是因为在一个 $^3He(^3He,2p)^4He$ 反应中产生了两个质子。λ_{e^7Be} 项代表 ^7Be 电子俘获的衰变常数。^8B 和 ^8Be 的丰度已被消掉,因为这两个衰变都具有非常短的平均寿命(分别为 $1.1\ s$ 和 $4\times10^{-22}\ s$)。因此,可以认为序列 $^7Be(p,\gamma)^8B(\beta^+\nu)^8Be(\alpha)\alpha$ 是一步,即 $^7Be+p\longrightarrow 2\alpha+\nu$。对该方程组可以进行数值求解。然而,利用某些近似做解析计算也是很有启发意义的。在对 pp1 链的讨论中,我们已经看到一些重要结果可以用 ^3He 的平衡丰度来表示。因此,我们将首先聚焦这个量,再估计 pp 链中总能量产生。

我们再次假设,与恒星的演化时标相比,氘丰度达到平衡所需的时间是可以忽略不计的(几秒到几小时),并且这样的假设是很安全的。因此,式(5.32)中 $dD/dt=0$,则式(5.33)中的 $HD\langle\sigma v\rangle_{pd}$ 可以由 $H^2\langle\sigma v\rangle_{pp}/2$ 来替换,其结果是

$$\frac{d(^3He)}{dt} = \frac{H^2}{2}\langle\sigma v\rangle_{pp} - 2\frac{(^3He)^2\langle\sigma v\rangle_{_3He^3He}}{2} - (^3He)(^4He)\langle\sigma v\rangle_{\alpha^3He} \tag{5.37}$$

我们还将假设 ^3He 丰度已达到平衡。与 pp1 链单独运行期间相比,$(^3He)_e$ 丰度会更小,这是由于有了额外的 ^3He 破坏反应。利用 $d(^3He)/dt=0$,我们发现:

$$(^3He)_e^2\langle\sigma v\rangle_{_3He^3He} = \frac{H^2}{2}\langle\sigma v\rangle_{pp} - (^3He)_e(^4He)\langle\sigma v\rangle_{\alpha^3He} \tag{5.38}$$

对 $(^3He)_e$ 求解,得到如下表达式:

$$(^3He)_e = \frac{-(^4He)\langle\sigma v\rangle_{\alpha^3He} + \sqrt{(^4He)^2\langle\sigma v\rangle_{\alpha^3He}^2 + 2H^2\langle\sigma v\rangle_{pp}\langle\sigma v\rangle_{_3He^3He}}}{2\langle\sigma v\rangle_{_3He^3He}} \tag{5.39}$$

很明显,对于零氢丰度($H\to 0$),$(^3He)_e$ 丰度也消失了。此外,对于零 ^4He 丰度,意味着没有破坏 ^3He 的 $^3He(\alpha,\gamma)^7Be$ 反应了,上面的表达式简化为式(5.15)。从式(5.39)得到的 $(^3He)_e$ 值与 pp1 链单独运行产生的 $(^3He)_e$ 值之间的比值显示在图 5.6 中,其中成分为 $X_H=X_\alpha=0.5$。对于低于 $T=10\ MK$ 的温度,该比值等于 1,并且随着温度升高而迅速下

降,这是由 pp2 链和 pp3 链的运行而造成的(见下文)。

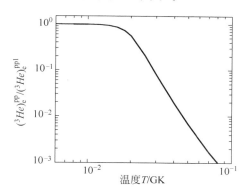

图 5.6 运行所有三个 pp 链与仅运行 pp1 链所得的 $(^3He)_e$ 值的比值。曲线是在 $X_H = X_\alpha = 0.5$ 的组分下计算得到的。在 $T = 10$ MK 以下温度,所显示的 $(^3He)_e$ 值的比值为 1,由于 pp2 链和 pp3 链的运行,该比值随温度的升高而迅速减少

我们现在可以调查研究 pp1、pp2 链和 pp3 链之间的竞争关系。当 $^3\mathrm{He}(\alpha,\gamma)^7\mathrm{Be}$ 反应比 $^3\mathrm{He}(^3\mathrm{He},2p)^4\mathrm{He}$ 反应变得更有可能发生时,pp2 链和 pp3 链将支配主导 pp1 链。类似地,当 $^7\mathrm{Be}(p,\gamma)^8\mathrm{B}$ 反应变得比竞争的 $^7\mathrm{Be}(e^-,\nu)^7\mathrm{Li}$ 电子俘获更有可能时,pp3 链将支配主导 pp2 链。根据式(3.22)和式(5.39),相应的平均寿命为

$$\tau_\alpha(^3He) = \left(\rho \frac{X_\alpha}{M_\alpha} N_A \langle \sigma v \rangle_{\alpha^3\mathrm{He}} \right)^{-1} \tag{5.40}$$

$$[\tau_{^3\mathrm{He}}(^3He)]_e = \left(-\frac{\rho}{2} \frac{X_\alpha}{M_\alpha} N_A \langle \sigma v \rangle_{\alpha^3\mathrm{He}} + \frac{\rho}{2} \sqrt{\frac{X_\alpha^2}{M_\alpha^2} (N_A \langle \sigma v \rangle_{\alpha^3\mathrm{He}})^2 + 2\frac{X_H^2}{M_H^2} N_A \langle \sigma v \rangle_{pp} N_A \langle \sigma v \rangle_{^3\mathrm{He}^3\mathrm{He}}} \right)^{-1} \tag{5.41}$$

$$\tau_p(^7Be) = \left(\rho \frac{X_H}{M_H} N_A \langle \sigma v \rangle_{p^7\mathrm{Be}} \right)^{-1} \tag{5.42}$$

$$\tau_{e^-}(^7Be) = (\lambda_{e^7\mathrm{Be}})^{-1} \tag{5.43}$$

平均寿命是根据上述表达式计算出来的,其中条件为 $\rho = 100$ g·cm^{-3} 和 $X_H = X_{He} = 0.5$。为了计算 $\lambda_{e^7\mathrm{Be}}$,这里使用了适用于完全离化气体的近似式,$n_{e^-}/N_A \approx \rho(1+X_H)/2$ (Fowler et al.,1975)。结果如图 5.5(b)所示。我们发现在假设的条件下,在 $T \approx 18$ MK 时,$\tau_\alpha(^3He) \approx [\tau_{^3\mathrm{He}}(^3He)]_e$。在此温度以上,pp2 链和 pp3 链将支配主导 pp1 链。此外,在 $T \approx 25$ MK 时,我们得到 $\tau_p(^7Be) \approx \tau_{e^-}(^7Be)$,这意味着在超过该温度值时,pp3 链将支配主导 pp2 链。从式(5.40)~式(5.43)中可以看出,这两个温度值不依赖于密度。

最后,所有 pp 链一起运行产生的核能是在 ^{3}He 已达平衡丰度的假设下估计的。请记住,每个链中的中微子损失是不同的。修正了中微子损失的产能率可以写成如下乘积形式:

$$\varepsilon_{pp} = \frac{Q_{4\mathrm{H} \to ^4\mathrm{He}}}{\rho} \frac{\mathrm{d}(^4He)}{\mathrm{d}t} (f_{pp1} F_{pp1} + f_{pp2} F_{pp2} + f_{pp3} F_{pp3}) \quad (\mathrm{MeV \cdot g^{-1} \cdot s^{-1}}) \tag{5.44}$$

其中,$Q_{4\mathrm{H} \to ^4\mathrm{He}} = 26.73$ MeV 是产生每个 ^{4}He 核所释放的能量;$\mathrm{d}(^4He)/\mathrm{d}t$ 是 ^{4}He 的产生

率；因子 $f_{\mathrm{pp}i}$ 是 pp$i$ 中产生 ^{4}He 核并保留在恒星中的能量占总能量释放（$Q_{4\mathrm{H}\rightarrow^4\mathrm{He}}$）的比值（$f_{\mathrm{pp}1}=0.98$、$f_{\mathrm{pp}2}=0.96$、$f_{\mathrm{pp}3}=0.74$；见上文）；量 $F_{\mathrm{pp}i}$ 代表 pp$i$ 链产生 ^{4}He 核的比例（$F_{\mathrm{pp}1}+F_{\mathrm{pp}2}+F_{\mathrm{pp}3}=1$）。^{4}He 的产生率由式（5.34）给出。在最感兴趣的温度和密度条件下，^{7}Be 和 ^{7}Li 的平均寿命还不到一年。此后，两者的丰度都将随着 ^{3}He 的累积而增加。利用 $\mathrm{d}(^7\mathrm{Be}+^7\mathrm{Li})/\mathrm{d}t\approx0$，根据式（5.35）和式（5.36），可得

$$H(^7\mathrm{Be})\langle\sigma v\rangle_{\mathrm{p}^7\mathrm{Be}}+H(^7\mathrm{Li})\langle\sigma v\rangle_{\mathrm{p}^7\mathrm{Li}}=(^3\mathrm{He})(^4\mathrm{He})\langle\sigma v\rangle_{\alpha^3\mathrm{He}} \tag{5.45}$$

这个表达式早在 ^{3}He 达到平衡之前就已经满足了。将式（5.45）代入式（5.34）可得一个关于 ^{4}He 产生率的简化表达式：

$$\frac{\mathrm{d}(^4\mathrm{He})}{\mathrm{d}t}=\frac{(^3\mathrm{He})^2\langle\sigma v\rangle_{^3\mathrm{He}^3\mathrm{He}}}{2}+(^3\mathrm{He})(^4\mathrm{He})\langle\sigma v\rangle_{\alpha^3\mathrm{He}} \tag{5.46}$$

当 ^{3}He 达到平衡时，利用式（5.38）我们得到

$$\frac{\mathrm{d}(^4\mathrm{He})}{\mathrm{d}t}=\frac{H^2}{4}\langle\sigma v\rangle_{\mathrm{pp}}+\frac{1}{2}(^3\mathrm{He})_\mathrm{e}(^4\mathrm{He})\langle\sigma v\rangle_{\alpha^3\mathrm{He}} \tag{5.47}$$

由 pp1 链产生 ^{4}He 的比例可以写成反应率比值的形式[式（3.6）]：

$$F_{\mathrm{pp}1}=\frac{r_{^3\mathrm{He}^3\mathrm{He}}}{r_{^3\mathrm{He}^3\mathrm{He}}+r_{\alpha^3\mathrm{He}}}=\frac{(^3\mathrm{He})_\mathrm{e}\langle\sigma v\rangle_{^3\mathrm{He}^3\mathrm{He}}}{(^3\mathrm{He})_\mathrm{e}\langle\sigma v\rangle_{^3\mathrm{He}^3\mathrm{He}}+2(^4\mathrm{He})\langle\sigma v\rangle_{\alpha^3\mathrm{He}}} \tag{5.48}$$

类似地，pp2 链中产生 ^{4}He 核的比例如下：

$$F_{\mathrm{pp}2}=(1-F_{\mathrm{pp}1})\frac{r_{\mathrm{e}^7\mathrm{Be}}}{r_{\mathrm{e}^7\mathrm{Be}}+r_{\mathrm{p}^7\mathrm{Be}}}=(1-F_{\mathrm{pp}11})\frac{\lambda_{\mathrm{e}^7\mathrm{Be}}}{\lambda_{\mathrm{e}^7\mathrm{Be}}+H\langle\sigma v\rangle_{\mathrm{p}^7\mathrm{Be}}} \tag{5.49}$$

其中，$(1-F_{\mathrm{pp}1})$ 表示 ^{4}He 核不是在 pp1 链中产生的概率。此外，pp3 链产生 ^{4}He 核的比例由 $F_{\mathrm{pp}3}=1-F_{\mathrm{pp}1}-F_{\mathrm{pp}2}$ 给出。图 5.7(a) 显示了与密度无关的比值 $F_{\mathrm{pp}i}$，其中假设成分为 $X_\mathrm{H}=X_\alpha=0.5$，并且是完全离化的气体。又很明显，对于低于 $T=18$ MK 的温度，^{4}He 核主要是通过 pp1 链产生的。在此温度之上，pp2 链将取代 pp1 链的角色，而对于 $T>25$ MK，pp3 链是 ^{4}He 的主要生产者。

在 ^{3}He 丰度达到平衡后，pp 链的产能率 $\varepsilon_{\mathrm{pp}}^\mathrm{e}$（作为温度和成分的函数），现在可以根据式（5.44）和式（5.47）~式（5.49）来进行计算。通过 3 个 pp 链和 pp1 链单独运行所引起的产能率之比，$\varepsilon_{\mathrm{pp}}^\mathrm{e}/\varepsilon_{\mathrm{pp}1}^\mathrm{e}$，如图 5.7(b) 所示，同样为 $X_\mathrm{H}=X_\alpha=0.5$ 且完全离化的气体。该比值与密度无关，并且在低于 $T=10$ MK 的温度下等于 1，其中 pp1 链是主导过程。回想一下，在 pp1 链中，两个 p+p 反应是产生一个 ^{4}He 核所必需的。另外，在 pp2 链和 pp3 链中，一个 ^{4}He 核的产生只需要一个 p+p 反应，与 pp1 链单独运行相比，这将会导致 $\mathrm{d}(^4\mathrm{He})/\mathrm{d}t$（两倍）和 $\varepsilon_{\mathrm{pp}}^\mathrm{e}$（两倍减去中微子损失）的增加。这可以在高于 $T=40$ MK 的温度下看到，其中 pp3 链占主导，得到的比值为 $\varepsilon_{\mathrm{pp}}^\mathrm{e}/\varepsilon_{\mathrm{pp}1}^\mathrm{e}=2(f_{\mathrm{pp}3}/f_{\mathrm{pp}1})=2(0.74/0.98)=1.51$。最大值在 $T\approx23$ MK 处，这是由运行 pp2 链所主导的，与 pp3 链相比，其中微子损失要小得多。在太阳中心，温度可达 $T=15.6$ MK。对整个氢燃烧区域进行平均，结果表明太阳中大约 90% 的能量是在 pp1 链中产生的。其余大部分由 pp2 链提供，而来自其他过程的能量贡献（例如 pp3 链、pep 反应以及 CNO 循环）非常小。该结果与在 Borexino 实验中直接探测来自 p+p 反应的太阳中微子的结果（Bellini *et al.*，2014）是符合的。

下面我们对 pp 链的讨论作一个结束语。^{3}He 丰度的演化与氘相比更为复杂。我们已

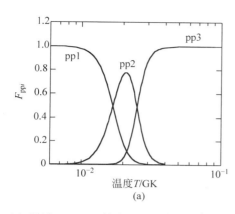 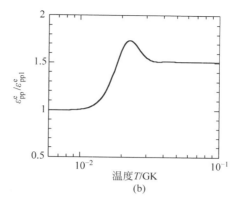

图 5.7 （a）通过 pp1、pp2 链和 pp3 链产生的 ^{4}He 原子核的比例，在温度 $T < 18$ MK、$T = 18 \sim 25$ MK 和 $T > 25$ MK 下，这三个链分别是 ^{4}He 的主要生产者。（b）所有三个 pp 链的总能量产生率与只有 pp1 链的能量产生率的比值随温度的关系。对于 $T < 10$ MK，该比值为 1，其中 pp1 链占主导。$T \approx 23$ MK 处的最大值是由占主导的 pp2 链的运行造成的。太阳中大约 90% 的能量是由 pp1 链产生的。所有显示的曲线均与密度无关，计算时所用组分为 $X_H = X_\alpha = 0.5$，且气体完全电离

经讨论过任何初始的氘核都会在恒星内部很快地转换为 ^{3}He，从而增加了 ^{3}He 的丰度。与破坏氘的 d(p,γ)^{3}He 反应相比，由于消耗 ^{3}He 的反应 ^{3}He(^{3}He,2p)^{4}He 和 ^{3}He(α,γ)^{7}Be 涉及更高的库仑势垒，所以，它们具有较小的截面。在大多数恒星较冷的外层中，以及在大部分较冷的低质量恒星中，^{3}He 将因此存活下来。然而，在较热的恒星区域，^{3}He 通过 pp 链转化为 ^{4}He。情况变得更加复杂，因为恒星的外部较冷层可能会混合到较热的内部区域，这一过程将会对破坏 ^{3}He 有贡献。在恒星 ^{3}He 产生和破坏之间存在着微妙的平衡。^{3}He 能否存活下来，以及在喷出后能否在星际介质中富集，是有争议的[综述文献 Tosi（2000）]。

同位素 ^{7}Li 是在 pp2 链中产生的。但是，^{7}Li(p,α)α 反应的截面非常大，因此，^{7}Li 丰度在 pp 链运行期间的任何时候变得都非常小[(^{7}Li/H)$_{pp} \approx 2 \times 10^{-9}$；Parker *et al.*，1964]。有强有力的证据表明，很大一部分在太阳系中观测到的 ^{7}Li 丰度[(^{7}Li/H)$_\odot \approx 2 \times 10^{-9}$]不是在恒星中产生，而是起源于涉及宇宙射线和星际介质的高能散裂反应以及原初核合成（5.7 节）。然而，银河系化学演化模型需要一个产生剩余的、无法解释的 ^{7}Li 部分丰度的天体来源[Romano *et al.*，2001]。在这些来源中，^{7}Be 是由 ^{3}He(α,γ)^{7}Be 反应产生的，并通过对流从热燃烧区被输运到外部较冷的层，在那里它通过电子俘获衰变到 ^{7}Li。这种铍（Be）输运过程称为 Cameron-Fowler 机制（Cameron & Fowler，1971），这解释了在某些红巨星和 AGB 星中观测到的锂增丰现象。

最后，我们评论一下作为 pp 链部分反应的截面情况。所有这些反应在对流体静力学氢燃烧重要的能区内都表现出非共振截面。对于 d(p,γ)^{3}He、^{3}He(^{3}He,2p)^{4}He、^{3}He(α,γ)^{7}Be、^{7}Be(p,γ)^{8}B 和 ^{7}Li(p,α)α 反应的直接截面测量，已经向下分别进行到了 10 keV、15 keV、100 keV、70 keV 和 10 keV 的质心系能量（Angulo *et al.*，1999）。相比之下，这些反应的太阳伽莫夫峰的中心[$T_\odot = 15.6$ MK；式（3.77）]分别位于 7 keV、22 keV、23 keV、18 keV 和 15 keV。因此，对于 d(p,γ)^{3}He、^{3}He(^{3}He,2p)^{4}He 和 ^{7}Li(p,α)α 反应的实验测量，已经覆盖了质量为 $M \geqslant M_\odot$ 的恒星中对氢燃烧重要的能量范围。在其他情况下，例如，

对于太阳温度下的 $^{3}He(\alpha,\gamma)^{7}Be$ 和 $^{7}Be(p,\gamma)^{8}B$ 反应,或者对于较低温度下典型 $M < M_{\odot}$ 恒星的所有上述反应,天体物理 S 因子都必须通过多项式展开或利用合适的核反应模型外推到感兴趣的能区(3.2.1 节)。

5.1.2 CNO 循环

如果一颗恒星完全由氢和氦组成,那么大量的能量只能在氢燃烧阶段通过 pp 链的运行而产生。然而,大多数恒星都含有较重的核素,尤其是那些在 C、N 和 O 质量区的核素。因而,这些核素可以参与氢燃烧。由此导致的将氢转化为氦的四组反应称为 CNO 循环(CNO cycles)。它们列在下面(连同 β 衰变半衰期),如图 5.8 所示。

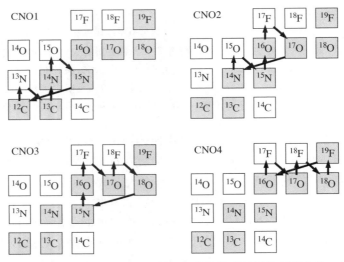

图 5.8 在核素图中表示的四个 CNO 循环。稳定核素显示为阴影方块。每个反应循环有效地熔合四个质子为一个 ^{4}He 核

CNO1	CNO2	CNO3	CNO4
$^{12}C(p,\gamma)^{13}N$	$^{14}N(p,\gamma)^{15}O$	$^{15}N(p,\gamma)^{16}O$	$^{16}O(p,\gamma)^{17}F$
$^{13}N(\beta^{+}\nu)^{13}C$	$^{15}O(\beta^{+}\nu)^{15}N$	$^{16}O(p,\gamma)^{17}F$	$^{17}F(\beta^{+}\nu)^{17}O$
$^{13}C(p,\gamma)^{14}N$	$^{15}N(p,\gamma)^{16}O$	$^{17}F(\beta^{+}\nu)^{17}O$	$^{17}O(p,\gamma)^{18}F$
$^{14}N(p,\gamma)^{15}O$	$^{16}O(p,\gamma)^{17}F$	$^{17}O(p,\gamma)^{18}F$	$^{18}F(\beta^{+}\nu)^{18}O$
$^{15}O(\beta^{+}\nu)^{15}N$	$^{17}F(\beta^{+}\nu)^{17}O$	$^{18}F(\beta^{+}\nu)^{18}O$	$^{18}O(p,\gamma)^{19}F$
$^{15}N(p,\alpha)^{12}C$	$^{17}O(p,\alpha)^{14}N$	$^{18}O(p,\alpha)^{15}N$	$^{19}F(p,\alpha)^{16}O$
$T_{1/2}$: $^{13}N(9.965\ min)$; $^{15}O(122.24\ s)$; $^{17}F(64.49\ s)$; $^{18}F(109.77\ min)$

这些循环具有非常有趣的特性。每个过程的结果和 pp 链是一样的,即 $4H \longrightarrow {}^{4}He + 2e^{+} + 2\nu$。在每个循环中,由于重核的总丰度不会变而只消耗氢,则在这种意义上 C、N、O 或 F 核仅作为催化剂。因此,即使重核的总丰度相对较低,也可以产生大量的核能。一个特定循环的运行会改变个别重核的丰度。下面考虑以 CNO1 循环为例。如果在恒星气体中最初只存在 ^{12}C 核,那么其中一些将转化为其他 CNO 核,取决于所涉及的反应率的大小,各自的丰度将会发生演化。产能率取决于催化剂的丰度和完成循环所需的时间。

各种 CNO 循环的存在是因为质子诱发反应涉及原子核 ^{15}N、^{17}O、^{18}O 和 ^{19}F,并且其

(p,γ) 和(p,α)反应道都是在能量上允许发生的。相比之下,原子核^{12}C、^{13}C、^{14}N 和^{16}O 上的质子诱发反应只能通过(p,γ)反应来进行。一个(p,α)反应可以将较重的原子核转化为较轻的,从而引起核过程的循环。在每个分支点核^{15}N、^{17}O、^{18}O 和^{19}F 处,(p,α)反应将与(p,γ)反应竞争。其分支比,或发生(p,α)和(p,γ)反应的概率比,则由相应的反应率之比给出,即 $B_{pα/pγ}=N_A\langle\sigma v\rangle_{(p,α)}/[N_A\langle\sigma v\rangle_{(p,γ)}]$。分支比与温度的关系如图 5.9 所示。实线显示了比值 $B_{pα/pγ}$ 的上限和下限,是由目前未知的贡献对反应率造成的(例如,未观测到的共振)。尽管反应率存在不确定性,但可以看出,对于靶核^{15}N、^{17}O、^{18}O 和^{19}F,其(p,α)反应在整个温度范围内(也许在 $T<20$ MK 极低温度下的^{17}O 和^{18}O 除外)都比(p,γ)反应快。从图 5.10 中可以获得关于各种 CNO 反应相对可能性的一个印象,该图显示了各种反应率归一化到最慢的^{16}O(p,γ)^{17}F 反应率的情况。

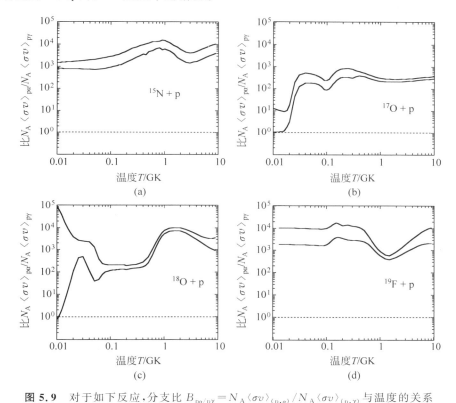

图 5.9 对于如下反应,分支比 $B_{pα/pγ}=N_A\langle\sigma v\rangle_{(p,α)}/N_A\langle\sigma v\rangle_{(p,γ)}$ 与温度的关系

(a) ^{15}N+p;(b) ^{17}O+p;(c) ^{18}O + p;(d) ^{19}F+p。每个面板中的两条实线代表 $B_{pα/pγ}$ 的上下边界。两条实线之间的区域表示 $B_{pα/pγ}$ 的不确定度,这是由未知贡献对(p,γ)和(p,α)的反应率所造成的

在继续讨论之前,需要强调几个重点。第一,在具有相对较低温度特征的流体静力学氢燃烧中($T\leqslant 55$ MK),与相竞争的质子诱发反应相比,CNO 质量区内不稳定原子核的 β^+ 衰变会以更快的时标进行。因此,在这样的条件下所涉及的不稳定核反应并不重要。在高于 $T=100$ MK 的温度下,上面未列出的其他反应(那些涉及不稳定靶核的)会发生在 CNOF 质量区,并且其循环特性发生了显著变化。在本节,我们将集中讨论温度范围在 $T<100$ MK 的情况,而在较高温度下 CNOF 质量区的氢燃烧将在 5.5.2 节中讨论。第二,各种 CNOF

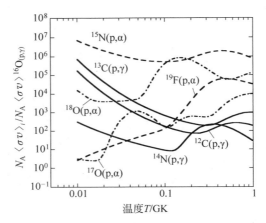

图 5.10 CNO 循环中的反应率与温度的关系。为了更好地比较，$N_A\langle\sigma v\rangle$ 的值被归一化到最慢的 $^{16}O(p,\gamma)^{17}F$ 反应的反应率上

同位素的相对初始丰度对于描述 CNO 循环的详细运行是很重要的。这些种子核是前代恒星在氢燃烧阶段产生的。在氢燃烧过程中产生的最丰核素(5.2.2 节)为 ^{12}C、^{16}O，以及少量的 ^{14}N。例如，这些同位素在太阳中的比值为 $^{12}C:^{14}N:^{16}O=10:3:24$。因此，CNO 循环最有可能使用 ^{12}C 和 ^{16}O 作为种子核来运行。第三，现在考虑这两种核素的不同命运。^{12}C 核将启动 CNO1 循环。根据图 5.9，在 ^{15}N 处，该催化材料通过 $^{15}N(p,\gamma)^{16}O$ 反应泄漏到 CNO2 循环中的概率很小，只有大约千分之一。然而，大部分催化材料将通过占主导的(p，α)反应转换回 ^{12}C。另外，^{16}O 转化为 ^{17}O，但后续过程更为复杂。大部分 ^{17}O 核将被(p，α)反应破坏掉，导致了 ^{14}N 的形成，以及 CNO1 和 CNO2 循环的进一步运行。但其另一部分将转化为 ^{18}F(取决于恒星温度)，从而启动了 CNO3 和 CNO4 循环。

为了深入了解 CNO 循环的运行，我们将进行如下操作。首先，假设只有 ^{12}C、^{13}C、^{14}N 或 ^{15}N 种子核存在于恒星等离子体中，并且 CNO1 循环是闭合的，即 ^{15}N 核上的(p，γ)反应与竞争的(p，α)反应相比可以忽略不计。对于 CNO1 循环平衡运行的情况，则可以对相应描述同位素丰度演化的微分方程组进行求解。其次，针对初始种子丰度的不同假设，通过数值求解描述丰度变化的方程，从而考虑所有 CNO 循环之间的相互作用。

1. CNO1 循环的稳态运行

假设核转换(nuclear transformation)是丰度变化的唯一来源，对于一个闭合的 CNO1 循环(也称为 CN 循环)可以得到以下一组耦合微分方程：

$$\frac{d(^{12}C)}{dt}=H(^{15}N)\langle\sigma v\rangle_{^{15}N(p,\alpha)}-H(^{12}C)\langle\sigma v\rangle_{^{12}C(p,\gamma)} \tag{5.50}$$

$$\frac{d(^{13}N)}{dt}=H(^{12}C)\langle\sigma v\rangle_{^{12}C(p,\gamma)}-(^{13}N)\lambda_{^{13}N(\beta^+\nu)} \tag{5.51}$$

$$\frac{d(^{13}C)}{dt}=(^{13}N)\lambda_{^{13}N(\beta^+\nu)}-H(^{13}C)\langle\sigma v\rangle_{^{13}C(p,\gamma)} \tag{5.52}$$

$$\frac{d(^{14}N)}{dt}=H(^{13}C)\langle\sigma v\rangle_{^{13}C(p,\gamma)}-H(^{14}N)\langle\sigma v\rangle_{^{14}N(p,\gamma)} \tag{5.53}$$

$$\frac{\mathrm{d}(^{15}O)}{\mathrm{d}t} = H(^{14}N)\langle\sigma v\rangle_{^{14}N(p,\gamma)} - (^{15}O)\lambda_{^{15}O(\beta^+\nu)} \tag{5.54}$$

$$\frac{\mathrm{d}(^{15}N)}{\mathrm{d}t} = (^{15}O)\lambda_{^{15}O(\beta^+\nu)} - H(^{15}N)\langle\sigma v\rangle_{^{15}N(p,\alpha)} \tag{5.55}$$

在此感兴趣的温度($T<0.1$ GK)下,^{13}N 的 β 衰变寿命比 ^{12}C 被(p,γ)反应(即前一步)破坏的寿命要短得多。实际上,在 ^{13}N 达到稳态所需的较短时间内 H 和 ^{12}C 的丰度将保持不变。因此,可以用与推导式(5.10)相同的方法来求解式(5.51)。利用$(^{13}N)_{t=0}=0$,我们得到

$$(^{13}N)_t = \frac{H\langle\sigma v\rangle_{^{12}C(p,\gamma)}}{\lambda_{^{13}N(\beta^+\nu)}}(^{12}C) - \left[\frac{H\langle\sigma v\rangle_{^{12}C(p,\gamma)}}{\lambda_{^{13}N(\beta^+\nu)}}(^{12}C)\right]e^{-\lambda_{^{13}N(\beta^+\nu)}t}$$

$$= \frac{\tau_\beta(^{13}N)}{\tau_p(^{12}C)}(^{12}C)\left[1 - e^{-t/\tau_\beta(^{13}N)}\right] \tag{5.56}$$

结果表明,^{13}N 丰度接近其稳态值$(^{13}N/^{12}C)_e = \tau_\beta(^{13}N)/\tau_p(^{12}C)$的时间与 $\tau_\beta(^{13}N)$ 的量级一致,也就是说,在几分钟内。同样的论点也适用于 ^{15}O 丰度。因此,我们可以设式(5.51)和式(5.54)中的时间导数为零,并从方程组中消掉^{13}N 和 ^{15}O。几分钟后,CNO1 循环中的核燃烧可以由下列方程组来描述:

$$\frac{\mathrm{d}(^{12}C)}{\mathrm{d}t} = H(^{15}N)\langle\sigma v\rangle_{^{15}N(p,\alpha)} - H(^{12}C)\langle\sigma v\rangle_{^{12}C(p,\gamma)} \tag{5.57}$$

$$\frac{\mathrm{d}(^{13}C)}{\mathrm{d}t} = H(^{12}C)\langle\sigma v\rangle_{^{12}C(p,\gamma)} - H(^{13}C)\langle\sigma v\rangle_{^{13}C(p,\gamma)} \tag{5.58}$$

$$\frac{\mathrm{d}(^{14}N)}{\mathrm{d}t} = H(^{13}C)\langle\sigma v\rangle_{^{13}C(p,\gamma)} - H(^{14}N)\langle\sigma v\rangle_{^{14}N(p,\gamma)} \tag{5.59}$$

$$\frac{\mathrm{d}(^{15}N)}{\mathrm{d}t} = H(^{14}N)\langle\sigma v\rangle_{^{14}N(p,\gamma)} - H(^{15}N)\langle\sigma v\rangle_{^{15}N(p,\alpha)} \tag{5.60}$$

几个结果马上显而易见。首先,由于 $\mathrm{d}(^{12}C)/\mathrm{d}t + \mathrm{d}(^{13}C)/\mathrm{d}t + \mathrm{d}(^{14}N)/\mathrm{d}t + \mathrm{d}(^{15}N)/\mathrm{d}t = 0$,因此 CNO1 丰度之和为常数,即 $\sum\mathrm{CNO1} = \mathrm{const}$(常数)。其次,在 CNO1 循环达到稳态后,上述表达式中的所有时间导数都为零。其结果是,所有 CNO1 反应的速率变得相等,而任意两种核素丰度的比值由其反应率的倒数(或平均寿命的比值)给出。例如,

$$\left(\frac{^{14}N}{^{12}C}\right)_e = \frac{\langle\sigma v\rangle_{^{12}C(p,\gamma)}}{\langle\sigma v\rangle_{^{14}N(p,\gamma)}} = \frac{\tau_p(^{14}N)}{\tau_p(^{12}C)} \tag{5.61}$$

丰度分数(fractional abundance),例如,对于 ^{12}C 是

$$\frac{(^{12}C)_e}{\sum\mathrm{CNO1}} = \frac{(^{12}C)_e}{(^{12}C)_e + (^{13}C)_e + (^{14}N)_e + (^{15}N)_e}$$

$$= \left[1 + \frac{\langle\sigma v\rangle_{^{12}C(p,\gamma)}}{\langle\sigma v\rangle_{^{13}C(p,\gamma)}} + \frac{\langle\sigma v\rangle_{^{12}C(p,\gamma)}}{\langle\sigma v\rangle_{^{14}N(p,\gamma)}} + \frac{\langle\sigma v\rangle_{^{12}C(p,\gamma)}}{\langle\sigma v\rangle_{^{15}N(p,\alpha)}}\right]^{-1}$$

$$= \frac{\tau_p(^{12}C)}{\tau_p(^{12}C) + \tau_p(^{13}C) + \tau_p(^{14}N) + \tau_p(^{15}N)} \tag{5.62}$$

CNO1 的丰度比和丰度分数随温度的变化关系如图 5.11 所示。

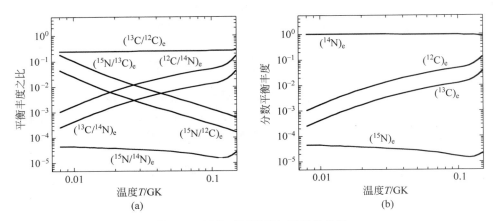

图 5.11 平衡时下列量与温度的关系

(a) 丰度比；(b) 分数丰度。这些曲线是通过假设闭合 CNO1 循环的稳态运行来计算得到的

CNO1 循环运行的净效果是 C 和 N 种子核转换成 ^{14}N，当达到稳态时该核素成为到目前为止最丰的重核。该结果是以下事实导致的：即 ^{14}N 的破坏反应 ^{14}N$(p,\gamma)^{15}$O 是 $T <$ 0.1 GK 温度下 CNO1 循环中最慢的过程，如图 5.10 所示。还有，即使在稳态条件下，也并不是所有丰度都不随时间变化，因为氢在不断地转化成氦$[dH/dt < 0$ 和 $d(^4He)/dt > 0]$。

运行在恒定温度和密度条件下的 CNO1 循环，其产能率可以表示为[式(3.64)]

$$\varepsilon_{\text{CNO1}} = \sum_{i \to j} \varepsilon_{i \to j} = \frac{1}{\rho} \sum_{i \to j} (Q_{i \to j} - \bar{E}_\nu^{i \to j}) r_{i \to j} \tag{5.63}$$

其中，求和是对所有相关过程 $i \to j$ 进行的；$\bar{E}_\nu$ 代表 β 衰变所释放中微子的平均能量。由于 ^{13}N 和 ^{15}O 的 β$^+$ 衰变发生在小到可忽略的时间尺度内，所以，我们可以分别将它们与前序反应 ^{12}C$(p,\gamma)^{13}$N 和 ^{14}N$(p,\gamma)^{15}$O 一块考虑。相应反应以及恒星可用的衰变能由下式给出：

$$Q_{^{12}\text{C}(p,\gamma)^{13}\text{N}(\beta^+\nu)} - \bar{E}_\nu^{^{13}\text{N}(\beta^+\nu)} = (1.944 + 2.220 - 0.706)\ \text{MeV} = 3.458\ \text{MeV} \tag{5.64}$$

$$Q_{^{13}\text{C}(p,\gamma)} = 7.551\ \text{MeV} \tag{5.65}$$

$$Q_{^{14}\text{N}(p,\gamma)^{15}\text{O}(\beta^+\nu)} - \bar{E}_\nu^{^{15}\text{O}(\beta^+\nu)} = (7.297 + 2.754 - 0.996)\ \text{MeV} = 9.055\ \text{MeV} \tag{5.66}$$

$$Q_{^{15}\text{N}(p,\alpha)} = 4.966\ \text{MeV} \tag{5.67}$$

其中，平均中微子能量 $\bar{E}_\nu^i$ 取自 Bahcall (1989)[式(1.48)和习题 1.9]。对于 CNO1 循环的平衡运行，从式(5.63)我们得到

$$\rho \varepsilon_{\text{CNO1}}^e = (3.458\ \text{MeV}) H(^{12}\text{C})_e \langle \sigma v \rangle_{^{12}\text{C}(p,\gamma)} + (7.551\ \text{MeV}) H(^{13}\text{C})_e \langle \sigma v \rangle_{^{13}\text{C}(p,\gamma)} +$$

$$(9.055\ \text{MeV}) H(^{14}\text{N})_e \langle \sigma v \rangle_{^{14}\text{N}(p,\gamma)} + (4.966\ \text{MeV}) H(^{15}\text{N})_e \langle \sigma v \rangle_{^{15}\text{N}(p,\alpha)}$$

$$= (3.458\ \text{MeV}) \frac{(^{12}\text{C})_e}{\tau_p(^{12}\text{C})} + (7.551\ \text{MeV}) \frac{(^{13}\text{C})_e}{\tau_p(^{13}\text{C})} +$$

$$(9.055\ \text{MeV}) \frac{(^{14}\text{N})_e}{\tau_p(^{14}\text{N})} + (4.966\ \text{MeV}) \frac{(^{15}\text{N})_e}{\tau_p(^{15}\text{N})} \tag{5.68}$$

根据式(5.63)，我们得到

$$\frac{(^{12}C)_e}{\tau_p(^{12}C)} = \frac{(^{13}C)_e}{\tau_p(^{13}C)} = \frac{(^{14}N)_e}{\tau_p(^{14}N)} = \frac{(^{15}N)_e}{\tau_p(^{15}N)}$$

$$= \frac{\sum CNO1}{\tau_p(^{12}C) + \tau_p(^{13}C) + \tau_p(^{14}N) + \tau_p(^{15}N)} \tag{5.69}$$

因而,平衡时的产能率可以写为

$$\varepsilon^e_{CNO1} = \frac{25.030 \text{ MeV}}{\rho} \frac{\sum CNO1}{\tau_p(^{12}C) + \tau_p(^{13}C) + \tau_p(^{14}N) + \tau_p(^{15}N)} \tag{5.70}$$

分母中各寿命之和称为循环时间,其几乎完全由 ^{14}N 的长寿命所主导。因而,

$$\varepsilon^e_{CNO1} \approx \frac{25.030 \text{ MeV}}{\rho} \frac{\sum CNO1}{\tau_p(^{14}N)} = \frac{25.030 \text{ MeV}}{\rho} (\sum CNO1) H \langle \sigma v \rangle_{^{14}N(p,\gamma)}$$

$$= 25.030 N_A \langle \sigma v \rangle_{^{14}N(p,\gamma)} \left(\sum_i \frac{X_i}{M_i} \right) \frac{X_H}{M_H} \rho N_A (\text{MeV} \cdot g^{-1} \cdot s^{-1}) \tag{5.71}$$

其中,求和是对所有 CNO1 核素进行的。稳态 CNO1 循环中的产能率由 $^{14}N(p,\gamma)^{15}O$ 的反应率决定。这个反应在温度低于 $T = 0.1$ GK 时是非共振的,因此,其产能率的温度依赖性可以根据式(3.90)得到。例如,在具有上半主序 CNO 燃烧的特征温度 $T = 25$ MK 下,我们可得 $\tau = 51.96$,因而,

$$\varepsilon^e_{CNO1}(T) = \varepsilon^e_{CNO1}(T_0)(T/T_0)^{(\tau-2)/3} = \varepsilon^e_{CNO1}(T_0)(T/T_0)^{16.7} \tag{5.72}$$

我们现在可以比较 pp1 链和 CNO1 循环中的平衡产能率。在包含初始 CN 种子核的氢燃烧恒星中,这些过程将相互竞争。图 5.12 显示了式(5.26)中的 $\varepsilon^e_{pp1}/(\rho X_H^2)$,以及式(5.71)中的 $\varepsilon^e_{CNO1}/(\rho X_H^2)$ 随温度的变化关系。前一个表达式仅是温度的函数[通过 p(p, e$^+\nu$)d 反应率],而后者不仅取决于温度[通过 $^{14}N(p,\gamma)^{15}O$ 反应率],而且还取决于 CNO1 同位素相对于氢的质量分数。作为演示用,可以选择下列值:$X_H = 0.711$、$X_{^{12}N} = 2.46 \times 10^{-3}$、$X_{^{14}N} = 7.96 \times 10^{-4}$ 和 $X_{^{13}C} = 2.98 \times 10^{-5}$,来代表太阳系和星族 I 的恒星(Lodders,2003)。这些初始种子丰度可以用于式(5.71)中,因为我们假设了一个闭合的 CNO1 循环 $[\sum (X/M) = \text{const}]$。对于 X_i/M_i 的其他值,图 5.12 所示的 CNO1 曲线将垂直移动。在这些条件下,pp1 链在温度低于 $T = 20$ MK 时生了大部分核能。在更高温度下,大部分能量由 CNO1 循环产生。恒星内部的温度取决于恒星的质量。我们得出结论,在所有 CNO 种子丰度微不足道的氢燃烧恒星中,pp 链主导着其能量产生。在具有显著 CNO 种子丰度的恒星中,pp 链将在低质量恒星的核心中占主导地位,而对于大质量恒星(质量略大于太阳;1.4.3 节),CNO 循环是其核心中能量的主要来源。

与 CNO 循环相比,pp 链产能率具有不同的温度依赖性,这对于恒星内部结构具有深远的影响。例如,如果氢主要是由 pp 链合成的,则能量是通过辐射从中心区域传输出去的。相比之下,CNO 循环的产能率对温度如此灵敏,以至于当它是主导过程时,其产生能量的区域将是对流不稳定的,对流会变成向恒星外部区域传输能量的主要机制。

2. 接近稳态 CNO 循环

到目前为止,我们仅考虑了 CNO1 循环的稳态运行,现在将研究非平衡的情况。特别令人感兴趣的有两方面:①在 CNO1 循环中达到稳态的方法;②所有 CNO 循环的同时运

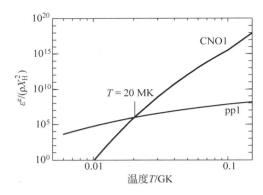

图 5.12 pp1 链和 CNO1 循环中的平衡能量产生率。CNO1 循环的曲线是对太阳系成分 (Lodders,2003)进行计算的。对于不同的成分,CNO1 曲线会垂直上下移动。^{14}N(p, γ)^{15}O 的反应率来自(Runkle *et al.*,2005)。pp1 链和 CNO1 循环分别主导着低于 $T =$ 20 MK 和高于 20 MK 温度下的能量产生率。pp1 链是太阳的主要能量来源

行。描述所有 CNO 核素丰度变化的耦合微分方程组在结构上类似于方程组(5.50)～方程组(5.55),但由于包含了 O 和 F 同位素,其方程组更为复杂。该方程组代表了一个核反应网络的例子(3.1.3 节)。只有作大量简化假设,才能得到解析解(Clayton,1983)。除一个例外,我们不会作这样的假设,而是会对 CNO 丰度的时间演化作数值计算。对于本节描述的数值计算,我们作了恒定温度和密度条件的假设。必须强调的是,对于一颗真实恒星,在主序演化过程中其内部温度是发生变化的。然而,在流体静力学燃烧环境下,这些变化将在很长一段时间内缓慢发生。因此,恒定 T 和 ρ 的假设,虽然对真实恒星来说不正确,但是对于获得对核合成和能量产生的物理理解,还是很有用的。

我们首先考虑在 CNO1 循环中达到稳态的方法。温度和密度分别假定为 $T = 25$ MK 和 $\rho = 100$ g·cm^{-3}。这些值是上半主序 CNO 燃烧的典型值。对于初始组成,我们假设 $X_{\rm H}^0 = 0.70$、$X_{^4{\rm He}}^0 = 0.28$、$X_{^{12}{\rm C}}^0 = 0.02$,即只有 ^{12}C 作为初始 CNO 种子存在。对包含所有四个 CNO 循环的反应网络进行求解,直到氢浓度降至 $X_{\rm H} = 0.001$ 以下。丰度的时间演化如图 5.13(a)所示。从 CNO 循环的运行可以预期:氢丰度从最初值下降,而氦丰度增加。氢在 3×10^7 a 后耗尽。初始碳丰度稳步消耗并转化为其他核素。可以看出,对于所选择的温度和密度条件,仅 4000 a 后就达到了 CNO1 循环的稳态。然后 ^{12}C、^{13}C、^{14}N 和 ^{15}N 的丰度将保持不变,直到计算结束。平衡中最丰的 CNO 核素是 ^{14}N,而最不丰的是 ^{15}N,因为它受 (p,α)反应破坏而寿命很短。例如,从图 5.13(a)所示的数值结果中可以得到 $(X_{^{12}{\rm C}}/X_{^{14}{\rm N}})_{\rm e} =$ 0.008,因此数丰度比为 $(^{12}{\rm C}/^{14}{\rm N})_{\rm e} = 0.008(M_{^{14}{\rm N}}/M_{^{12}{\rm C}}) \approx 0.01$,与所得解析结果一致 [图 5.11(a)]。

初始 ^{12}C 种子核转化为 ^{14}N 的速率由 ^{12}C 的寿命决定,对于所选条件,相当于 $\tau_{\rm p}(^{12}{\rm C}) =$ 350 a。从图 5.13(a)中可以明显看出,^{12}C 丰度以 e 指数形式衰减,近似等于 $\tau_{\rm p}(^{12}{\rm C})$,而 CNO1 循环在经过几个 ^{12}C 半衰期后达到稳态。有少量物质从 CNO1 泄漏到 CNO2 循环,这可以从增加的 ^{16}O 丰度看出。然而,与 ^{14}N 丰度相比它仍然是微不足道的。核能产生率的时间演化如图 5.13(b)所示。直到大约 4000 a 后达到平衡,核能产生率的下降超过了一

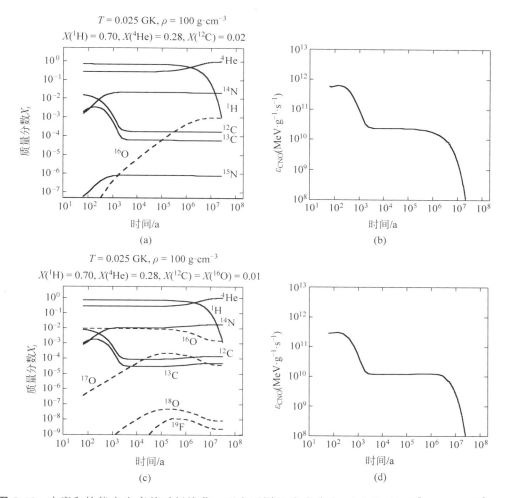

图 5.13 丰度和核能产生率的时间演化。两个不同组成成分为：（a）和（b）$X_H^0 = 0.70$、$X_{^4He}^0 = 0.28$、$X_{^{12}C}^0 = 0.02$；（c）和（d）$X_H^0 = 0.70$、$X_{^4He}^0 = 0.28$、$X_{^{12}C}^0 = X_{^{16}O}^0 = 0.01$。对这两种情况，假设恒定的温度和密度值分别为 $T = 25$ MK 和 $\rho = 100$ g·cm^{-3}。显示的所有曲线都是通过数值求解反应网络得到的。当氢的质量分数低于 $X_H = 0.001$ 时计算终止

个数量级。例如，在 $t = 10^4$ a 时，我们从图 5.13（b）显示的数值结果中得到值为 $\varepsilon_{CNO} \approx 2.2 \times 10^{10}$ MeV·g^{-1}·s^{-1}，与从式（5.71）解析计算出的稳态值一致。对于时间超过 $t = 3 \times 10^5$ a 的情况，由于氢燃料丰度的减少而使其产能率下降。

我们接下来考虑由组成变化引起的影响。温度和密度与以前相同（$T = 25$ MK，$\rho = 100$ g·cm^{-3}）。对于初始组成，我们假设 $X_H^0 = 0.70$、$X_{^4He}^0 = 0.28$、$X_{^{12}C}^0 = 0.01$，以及 $X_{^{16}O}^0 = 0.01$，也就是说，^{12}C 和 ^{16}O 都以与种子核存在，且浓度相同。再次求解反应网络，直到氢耗尽（$X_H < 0.001$）。结果如图 5.13（c）所示。氢和氦的丰度演化与以前相似。^{12}C、^{13}C 和 ^{14}N 的丰度又在大约 4000 a 后达到稳态，其中 ^{14}N 是到目前为止最丰的核素。^{15}N 的丰度在图 5.13(c)中被省略了，因为它很小。在 $t = 10^4$ a 时，^{12}C 和 ^{14}N 质量分数的比值与之前

的网络计算相同[$(X_{^{12}C}/X_{^{14}N})_e = 0.008$]。此时,由于^{16}O作为种子核的存在,只有极少量的^{16}O被消耗,其他核素几乎没有变化。回想一下,^{16}O(p,γ)^{17}F反应是CNO循环中最慢的过程之一(图5.10)。因此,^{16}O需要相当长的时间才能耗尽。在$t = 10^4$ a后,发生了很小但可以察觉的变化。^{16}O丰度开始下降,而同时^{17}O、^{18}O和^{19}F的丰度开始增加。在$t = 10^5$ a后,^{12}C、^{13}C和^{14}N的丰度增加,表明通过较强的^{15}N(p,α)^{12}C反应将催化材料从CNO2循环转移到了CNO1循环中。在$t = 10^7$ a后,各自的CNO丰度保持恒定,所有CNO循环都达到了稳态。在此处,从图5.13(c)得到的丰度比与那些从寿命比解析计算出来[式(5.61)]的结果一致。例如,$(^{17}O/^{16}O)_e = \langle\sigma v\rangle_{^{16}O(p,\gamma)}/[\langle\sigma v\rangle_{^{17}O(p,\gamma)} + \langle\sigma v\rangle_{^{17}O(p,\alpha)}] = 0.25$,这一结果与图5.13(c)得到的一致。^{18}O和^{19}F的丰度非常小,表明在$T = 0.025$ GK时,有从CNO2循环到CNO3和CNO4循环的少量泄漏。^{16}O种子核的存在改变了最终^{12}C、^{13}C、^{14}N的丰度,与之前的网络(只有^{12}C作为种子核)计算相比,减少了不到20%[图5.13(a)]。这些结果表明,尽管所有CNO循环同时运行,但如果时间足以达到稳态,则初始^{12}C和^{16}O种子核会转换为^{14}N。

产能率的时间演化如图5.13(d)所示。与图5.13(b)中显示的结果相比,单位时间产生的能量仅有大约一半,这是因为只有一半的初始^{12}C种子核存在。在$t = 10^5$ a、10^6 a和10^7 a时,图5.13(d)显示的产能率分别为$\varepsilon_{CNO} = 1.2 \times 10^{10}$ MeV·g^{-1}·s^{-1}、1.3×10^{10} MeV·g^{-1}·s^{-1}和2.7×10^9 MeV·g^{-1}·s^{-1}。有趣的是,这些值非常接近于根据式(5.71)解析计算出来的结果(在10%以内),其中假设一个闭合的CNO1稳态循环且只有^{12}C作为初始种子核。因而,在CNO1循环达到稳态之后,同时运行所有CNO循环的产能率近似等于仅允许CNO1循环的,即$\varepsilon_{CNO} \approx \varepsilon_{CNO1}^e$。这种状况可以由几个因素来解释。首先,分支点核^{15}N、^{17}O、^{18}O和^{19}F上的(p,α)反应比与之竞争的(p,γ)反应要快得多(图5.9),后者倾向于增加CNO1的丰度,特别是^{14}N的丰度,其代价是其他循环的丰度的减少。其次,CNO1循环的反应涉及较低库仑势垒,因此通常比其他循环中的反应更快(图5.10)。最后,CNO1循环中的Q值与完成CNO2循环的各种过程所释放的能量相比更大[$Q_{^{16}O(p,\gamma)} = 0.600$ MeV、$Q_{^{17}F(\beta^+\nu)} = 2.761$ MeV、$Q_{^{17}O(p,\alpha)} = 1.192$ MeV]。只有在特殊情况下,即当初始O丰度远大于初始C或N丰度时,并且如果O尚未达到稳态,则假设$\varepsilon_{CNO} \approx \varepsilon_{CNO1}^e$将是无效的。

图5.14显示了在两个不同恒定温度下($T = 20$和55 MK)运行网络计算的结果,其中假定恒定密度$\rho = 100$ g·cm^{-3}以及太阳初始成分($X_H^0 = 0.706$、$\sum X_{CNO}^0 = 0.0137$、^{12}C:^{14}N:^{16}O = 10:3:24)。此图显示了丰度演化与氢消耗量$\Delta X_H = X_H^0 - X_H(t)$的关系,其中时间从左到右。可以注意到这两个计算之间的一些相似之处。所有CNO丰度在计算结束时(当$X_H < 10^{-3}$)达到稳态,因为^{16}O、^{17}O、^{18}O和^{19}F的丰度是以ΔX_H作图,所以这在图5.14(a)中并不明显。^{14}N丰度的稳步上升,首先是因为CNO1循环中^{12}C到^{14}N转化,稍后是因为CNO2循环中^{16}O到^{14}N转化。这样,在计算结束时^{14}N增强,而^{12}C和^{16}O被耗尽。^{18}O和^{19}F的丰度也在核燃烧过程中被耗尽,而最终的^{13}C丰度与最初相比变化了不到两倍。^{17}O的演化很有趣。在$T = 20$ MK时,当氢耗尽时核燃烧强烈地增强了^{17}O的丰度,而在$T = 55$ MK时,其丰度被耗尽。这两个计算预测的最终^{17}O丰度相差三个数量级以上。换句话说,^{17}O丰度对氢燃烧温度非常灵敏。温度越高,反应率越大,因此与$T = $

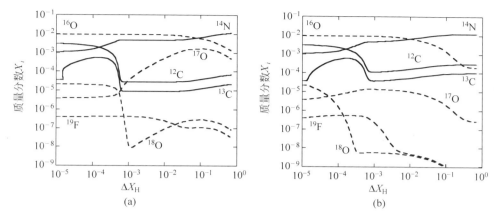

图 5.14 丰度演化与氢消耗量的关系。两种不同的恒定温度为 (a) $T = 20$ MK；(b) $T = 55$ MK。密度 ($\rho = 100$ g·cm^{-3}) 和初始组成 (太阳的) 在两种情况下都是相同的。显示的所有曲线都是通过数值求解反应网络得到的。当氢的质量分数低于 $X_H = 0.001$ 时计算终止

20 MK 相比，氢耗尽在 $T = 55$ MK 下所需的时间更短。

在氢燃烧过程中，已经存在关于 CNO 循环运行的重要观测证据。在许多恒星中，核合成的产物是通过从恒星内部到表面的湍流对流携带出来的。例如，考虑 C 的同位素。由太阳成分物质形成的恒星，最初在其表面将表现出一个丰度比为 $(^{13}C/^{12}C)_\odot = 0.011$。一旦达到 CNO 稳态，根据图 5.11(a)，我们预测在氢燃烧区中丰度比应为 $(^{13}C/^{12}C)_e = 0.25$。请注意，后一个值在低于 $T < 0.1$ GK 时对温度是不灵敏的。许多恒星显示，$(^{13}C/^{12}C)$ 的表面丰度比介于这两个值之间，表明一部分氢燃烧物质已被输运到恒星表面。一些恒星甚至显示，$(^{13}C/^{12}C)$ 的表面丰度比接近于稳态值 (Sneden *et al.*，1986)。这样的观测结果不仅为 CNO 燃烧提供了证据，而且还证明了恒星表面的大部分物质都必须是经过恒星内部氢燃烧区循环而来的。AGB 星中运行的 CNO 循环被认为是宇宙中 ^{13}C 和 ^{14}N 的主要来源 (表 5.2)。

我们简要总结一下有关测量 CNO 循环反应的实验情况。在以流体静力学氢燃烧为特征的较高温度范围 ($T \approx 55$ MK)，$^{12}C + p$ 和 $^{19}F + p$ 反应的伽莫夫峰分别位于 $E_0 \pm \Delta/2 = (60 \pm 20)$ keV 和 (80 ± 24) keV。从实验的角度来看，CNO 反应可分为两组，取决于所测截面是否在伽莫夫峰之内。例如，反应 $^{13}C(p,\gamma)^{14}N$、$^{14}N(p,\gamma)^{15}O$、$^{15}N(p,\gamma)^{16}O$ 和 $^{16}O(p,\gamma)^{17}F$ 已被向下分别测量到质心系能量 100 keV、93 keV、130 keV 和 130 keV (Angulo *et al.*，1999)。在这些情况下，在流体静力学氢燃烧的伽莫夫峰内 ($T \leqslant 55$ MK) 还没有实验数据，因此，必须通过多项式展开或使用合适的核反应模型将 S 因子外推到感兴趣的能量范围 (3.2.1 节)。在 $E < 100$ keV 能区，上述反应的 S 因子由非共振贡献 (宽共振的尾巴或直接俘获) 来决定。关于重要的 $^{14}N(p,\gamma)^{15}O$ 反应的测量在文献 Formicola *et al.*，2004) 和 Runkle *et al.*，2005) 中有报道。$^{17}O(p,\gamma)^{18}F$、$^{18}O(p,\gamma)^{19}F$ 和 $^{19}F(p,\gamma)^{20}Ne$ 反应也没有测量到相关伽莫夫能区。在这些情况下，预期 $T \leqslant 55$ MK 处的反应率将由未观测到的 (低位的) 窄共振来主导。人们已使用复合核中相应态的所有可用核结构信息，对这些贡献进行了估计。另外，$^{12}C(p,\gamma)^{13}N$、$^{15}N(p,\alpha)^{12}C$ 和 $^{18}O(p,\alpha)^{15}N$ 反应都已被测量到大约 70 keV 的

能量,对于接近 $T \approx 55$ MK 的较高温度,测量覆盖了至少部分伽莫夫峰。前两个反应是非共振的,而后一个过程在反应机制上同时会受到共振和非共振贡献的影响。$^{17}O(p,\alpha)^{14}N$ 反应代表了一个特殊情况。在 $T = 18 \sim 55$ MK 温度区间,对反应率最重要的贡献源于一个位于 $E_r^{cm} = 65$ keV 的窄共振。该特殊共振已被观测到,它代表了实验室所测到的最弱的共振之一[其中 $\omega\gamma_{p\alpha} = (4.7 \pm 0.8) \times 10^{-9}$ eV,Blackmon *et al.*,1995]。对于 CNO 反应率的不确定度,请读者参考文献(Angulo *et al.*,1999; Sallaska *et al.*,2013)。关于反应率不确定度对 CNO 丰度演化影响的讨论,在文献(Arnould *et al.*,1999)中有表述。

5.1.3 CNO 质量区以上的流体静力学氢燃烧

流体静力学氢燃烧中的核合成不仅涉及 CNO 质量区的核素,而且也涉及更重的核素。发生在 $A \geqslant 20$ 质量区最可能的反应如图 5.15 所示。在下文,我们将讨论涉及更重核素的流体静力学氢燃烧的一些特性,并解释为什么某些过程比其他的更有可能发生。必须强调的是,CNO 和 $A \geqslant 20$ 质量区的链接是断开的。换句话说,预先存在的 CNO 种子核将仅转化成 CNO 质量区内的其他原子核。原则上,$^{19}F(p,\gamma)^{20}Ne$ 反应可以提供 CNO 和 $A \geqslant 20$ 质量区之间的一个链接。然而,其反应率与竞争的 $^{19}F(p,\alpha)^{16}O$ 反应相比至少要小三个数量级(图 5.9)。因此,CNO 质量区以上的流体静力学氢燃烧必须从预先存在的 $A \geqslant 20$ 的种子核开始。

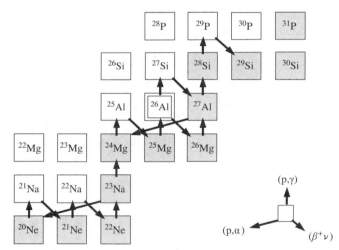

图 5.15 在流体静力学氢燃烧中 $A \geqslant 20$ 质量区的核相互作用。稳定核素显示为阴影方块。关键过程通过箭头指向特定的相互作用[质子俘获,(p,α)反应,或 β^+ 衰变]。核素 ^{26}Al 可以基态或同质异能态($E_x = 228$ keV)的形式合成

这些核素通过 β 衰变、(p,γ) 和 (p,α) 反应进行转化,并且这些过程之间的竞争决定了最终核素图上的核合成路径。与 5.1.2 节的情况一样,涉及不稳定靶核的质子诱发反应在流体静力学氢燃烧中没有显著作用,这是因为相互竞争的 β 衰变要快得多(其中大多数情形下 τ_β 是几秒到几分钟)。这一结论甚至适用于长寿命核素,例如 ^{22}Na,其半衰期为 $T_{1/2} = 2.6$ a。图 5.16 比较了 ^{22}Na 被 (p,γ) 反应破坏的平均寿命与其 β^+ 衰变的平均寿命(示例 3.1)。这里假设密度 $\rho = 100$ g·cm^{-3} 以及 $X_H/M_H = 1$。量 $\tau_\beta(^{22}Na)$ 与这里考虑的温度和密度条

件无关(1.8.4 节),而量 $\tau_p(^{22}\mathrm{Na})$ 随着 T 和 ρ 的增加而减小[式(3.22)]。$^{22}\mathrm{Na}(p,\gamma)^{23}\mathrm{Mg}$ 反应只有在 $T>0.065$ GK 时才比竞争性的 β^+ 衰变有优势,而该温度远高于大多数流体静力学氢燃烧环境的特征温度范围。$^{26}\mathrm{Al}$ 核代表了一个重要的例外。其基态的半衰期为 $T_{1/2}=7.2\times10^5$ a,这对与 β^+ 衰变相竞争的质子俘获而言足够地长。平均寿命 $\tau_\beta(^{26}\mathrm{Al}^g)$ 和 $\tau_p(^{26}\mathrm{Al}^g)$ 如图 5.16 所示(上标 g 是基态的标签)。很明显,低于 $T=37$ MK,$^{26}\mathrm{Al}^g$ 核主要被 β^+ 衰变所破坏,而 (p,γ) 反应在较高温度下占主导地位。换句话说,这两个过程在流体静力学氢燃烧中都很重要。由于 $^{26}\mathrm{Al}$ 中存在一个位于 $E_x=228$ keV 的同核异能态(图 1.15),这会使事情更加复杂化。该能级的半衰期为 $T_{1/2}=6.3$ s,也是氢燃烧产生的。正如 1.7.5 节所述,基态 $^{26}\mathrm{Al}^g$ 和同核异能态 $^{26}\mathrm{Al}^m$ 在低于 $T=0.4$ GK 的温度下不会达到平衡,因此,在描述流体静力学氢燃烧的反应网络中,它们必须被视为两个独立的核素。

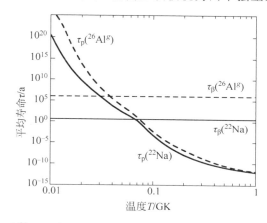

图 5.16　$^{22}\mathrm{Na}$(实线)和 $^{26}\mathrm{Al}^g$(虚线)的平均寿命与温度的关系。曲线是针对 $\rho=100$ g·cm^{-3} 和 $X_H/M_H=1$ 的条件计算的。β^+ 衰变的平均寿命,$\tau_\beta(^{22}\mathrm{Na})$ 和 $\tau_\beta(^{26}\mathrm{Al}^g)$,与流体静力学氢燃烧时的温度和密度条件无关

对于 $A=20\sim40$ 质量区内的许多核素,最显著的是 $^{23}\mathrm{Na}$、$^{27}\mathrm{Al}$、$^{31}\mathrm{P}$ 和 $^{35}\mathrm{Cl}$,其 (p,α) 反应道在能量上是允许的,并且 (p,γ) 和 (p,α) 反应将互相竞争。如果反应率的分支比 $B_{p\alpha/p\gamma}=N_A\langle\sigma v\rangle_{(p,\alpha)}/[N_A\langle\sigma v\rangle_{(p,\gamma)}]$ 足够大,则可能会发展出类似于 CNO 循环的其他反应循环。这些过程有时被称为 NeNa、MgAl、SiP 和 SCl 循环。然而,在得出此类结论之前必须仔细考虑当前 (p,γ) 和 (p,α) 反应的反应率不确定性。对于分支点核 $^{23}\mathrm{Na}$、$^{27}\mathrm{Al}$、$^{31}\mathrm{P}$ 和 $^{35}\mathrm{Cl}$,其分支比 $B_{p\alpha/p\gamma}$ 如图 5.17 所示。每个面板中的实线表示 $B_{p\alpha/p\gamma}$ 的上下限,这是由 (p,γ) 和 (p,α) 反应中未观测到的窄共振所造成的。在 $T=55$ MK 以下,$^{23}\mathrm{Na}$ 上的 (p,α) 反应比竞争的 (p,γ) 反应有优势,因此,可能会形成 NeNa 循环(但前提是循环时间短于氢燃烧的持续时间)。对于其他分支点核,情况就没有那么清楚了。对于 $^{27}\mathrm{Al}$,在 $T=55$ MK 以下其分支比 $B_{p\alpha/p\gamma}$ 的范围为 $0.04\sim100$,因此,当前反应率的不确定性不允许我们作出一个关于 MgAl 循环存在的明确结论。另外,对于核素 $^{31}\mathrm{P}$ 和 $^{35}\mathrm{Cl}$,我们在流体静力学氢燃烧的特征温度下得到 $B_{p\alpha/p\gamma}<1$,因此,闭合的 SiP 和 SCl 循环确实不存在。

图 5.18 中显示了 $A\geqslant20$ 质量区内各种反应的反应率与 $^{16}\mathrm{O}(p,\gamma)^{17}\mathrm{F}$ 反应率的比较。回想一下,后一过程代表了 CNO 质量区中最慢的反应(图 5.10)。可以看出,在 $T=55$ MK

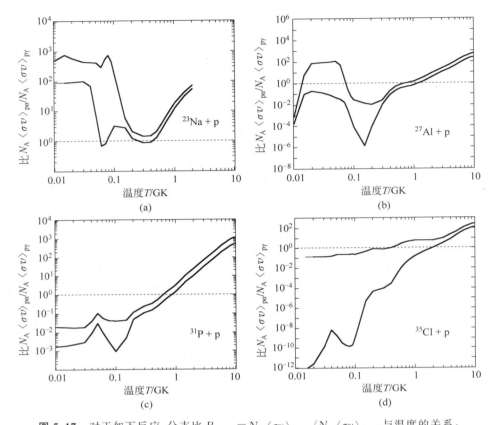

图 5.17 对于如下反应,分支比 $B_{p\alpha/p\gamma} = N_A\langle\sigma v\rangle_{(p,\alpha)}/N_A\langle\sigma v\rangle_{(p,\gamma)}$ 与温度的关系:
(a) ^{23}Na+p;(b) ^{27}Al+p;(c) ^{31}P+p;(d) ^{35}Cl+p。每个面板中的两条实线代表 $B_{p\alpha/p\gamma}$ 的上下边界。两条实线之间的区域表示 $B_{p\alpha/p\gamma}$ 的不确定度,这是由未知贡献对(p,γ)和(p,α)的反应率所造成的

以下,由于库仑势垒增加,则大多数涉及较重靶核的反应比 ^{16}O(p,γ)^{17}F 反应都要慢得多。唯一的两个例外是 ^{21}Ne 和 ^{22}Ne 上的质子俘获。因此,我们预期,$A \geqslant 20$ 质量区内的反应对于流体静力学氢燃烧中总的核能产生率的贡献是微不足道的。尽管如此,对核合成的理解对于解释下面将要讨论的某些丰度观测是很重要的。

$A \geqslant 20$ 质量区丰度的演化与氢消耗量的关系如图 5.19 所示。这些结果是从分别运行在 $T = 25$ MK 和 $T = 55$ MK 恒定温度下的两个网络计算得到的,其中假设恒定密度为 $\rho = 100$ g·cm^{-3},以及太阳初始组成($X_H^0 = 0.706$,$\sum X_{A=20\sim40}^0 = 0.00375$)。在 $A = 20 \sim 40$ 质量区内最丰的种子核是 ^{20}Ne、^{28}Si、^{24}Mg、^{32}S 和 ^{22}Ne。我们将首先讨论 $T = 25$ MK 时的情况。在这一温度下,氢在 $t \approx 5 \times 10^7$ a 后被耗尽($X_H < 10^{-3}$)。根据图 5.18,在 $A = 20 \sim 40$ 质量区最快的反应是 ^{22}Ne(p,γ)^{23}Na 和 ^{25}Mg(p,γ)^{26}Al。因此,^{22}Ne 和 ^{25}Mg 的丰度减少,而 ^{23}Na 和 ^{26}Al^g 的丰度随着时间的推移而不断增加。在此温度下,核素 ^{26}Al^g 主要通过 β^+ 衰变被破坏(图 5.16)。这样,它的丰度在达到最大值后开始下降。结果是,子核 ^{26}Mg 的丰度增加。由于 ^{20}Ne(p,γ)^{21}Na 反应很慢,所以 ^{20}Ne 的丰度在计算过程中几乎保持不变。然而,少量的 ^{20}Ne 被消耗掉,导致稀有同位素 ^{21}Ne 的丰度显著增加,它是通过 ^{21}Na($\beta^+\nu$)^{21}Ne 产

生的。其他反应(包括 ^{24}Mg＋p 和 ^{27}Al＋p)都太慢而不能引起任何丰度的变化。这同样适用于 ^{23}Na＋p 反应。在 $T = 25$ MK, ^{23}Na 被(p,α)反应破坏的平均寿命是 $\tau_p(^{23}$Na$) \approx 2 \times 10^9$ a。这个寿命远超过氢耗尽的时间。因而,不会产生 ^{20}Ne,特别是不会发生 NeNa 循环,尽管 ^{23}Na(p,α)^{20}Ne 反应比 ^{23}Na(p,γ)^{24}Mg 反应快(图 5.17)。此外,对于假设的条件,没有显著的核转变发生在 $A \geqslant 28$ 质量区。在网络计算结束时, ^{21}Ne、^{23}Na 和 ^{26}Mg 过量生产(overproduced),而 ^{22}Ne 和 ^{25}Mg 已耗尽。

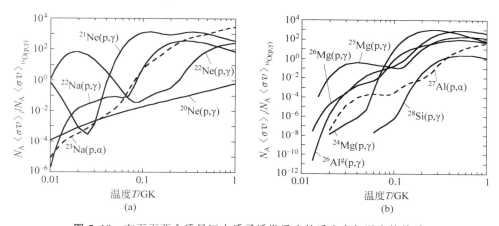

图 5.18　在下面两个质量区中质子诱发反应的反应率与温度的关系

(a) NeNa 区；(b) MgAlSi 区。为了更好地比较, $N_A \langle \sigma v \rangle$ 的值被归一化到 ^{16}O(p,γ)^{17}F 反应的反应率上

我们现在将讨论 $T = 55$ MK 的情况。在此温度下,氢仅在 $t \approx 510$ a 后就耗尽了。由于温度足够高,所以更多的核反应参与了核合成。与原来的情形一样, ^{22}Ne 转换成 ^{23}Na。可以看出,与 $T = 25$ MK 时的结果相反, ^{22}Ne 的丰度并未完全被破坏掉。其原因是, ^{20}Ne(p,γ)^{21}Na 反应虽然仍是 NeNa 区中最慢的过程(图 5.18),但现在它可以足够快地启动反应链 ^{20}Ne(p,γ)^{21}Na($\beta^+ \nu$)^{21}Ne(p,γ)^{22}Na($\beta^+ \nu$)^{22}Ne。事实上, ^{20}Ne 的丰度是略有消耗的,如图 5.19(b)所示。 ^{23}Na 被质子破坏的平均寿命是 $\tau_p(^{23}$Na$) \approx 100$ a。一部分 ^{23}Na 转化成 ^{20}Ne,但是由于 ^{20}Ne(p,γ)^{21}Na 反应的破坏,导致总的 ^{20}Ne 丰度下降了。尽管如此,闭合的 NeNa 循环并不会出现,因为 ^{20}Ne 的平均寿命为 $\tau_p(^{20}$Ne$) \approx 600$ a,这接近于氢耗尽的时间。通过 ^{23}Na(p,γ)^{24}Mg 反应从 NeNa 质量区泄漏出去,这种情况在图 5.19(b)中表现为 ^{24}Mg 丰度的增加。同位素 ^{24}Mg 没有被破坏掉,这是因为 ^{24}Mg(p,γ)^{25}Al 反应在 $A \leqslant 27$ 质量区内是最慢的过程,其平均寿命为 $\tau_p(^{24}$Mg$) \approx 75000$ a。另外, ^{25}Mg 通过 ^{25}Mg(p,γ)^{26}Al 反应转化为 ^{26}Al^g。在此温度下, ^{26}Al^g 主要被 ^{26}Al^g(p,γ)^{27}Si 反应所破坏。然而, ^{26}Al^g 的平均寿命为 $\tau_p(^{26}$Al$^g) \approx 1000$ a,因此,它几乎没有时间衰变到 ^{26}Mg。现在, ^{26}Mg(p,γ)^{27}Al 反应足够快,导致了 ^{26}Mg 的消耗和 ^{27}Al 的产生,如图 5.19(b)所示。 ^{27}Al＋p 反应仅起次要作用[$\tau_p(^{27}$Al$) \approx 10000$ a]。与 $T = 25$ MK 的情况一样, $A \geqslant 28$ 质量区的核转变不是很重要。综上所述,在网络计算结束时, ^{23}Na、^{26}Al^g、^{27}Al 是增强的,而 ^{21}Ne、^{22}Ne、^{25}Mg 和 ^{26}Mg 是耗尽的。

$A \geqslant 20$ 质量区内的流体静力学氢燃烧,对于解释恒星中观测到的 Ne、Na、Mg 和 Al 的丰度是很重要的。如上所示,相对的同位素和元素丰度取决于氢燃烧区的温度和密度条件。

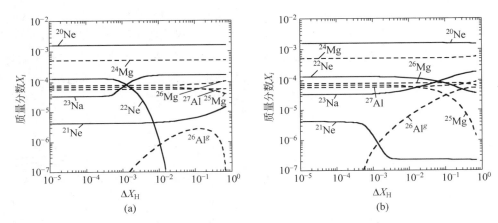

图 5.19 $A \geqslant 20$ 质量区丰度演化与氢消耗量的关系。两种不同恒定温度为：(a) $T = 25$ MK；(b) $T = 55$ MK。密度($\rho = 100$ g·cm^{-3})和初始组成(太阳的)在两种情况下都是相同的。显示的所有曲线都是通过数值求解反应网络得到的。当氢的质量分数低于 $X_H = 0.001$ 时计算终止

对于这些要观测的种类,无论是在恒星大气中还是在太阳前颗粒中,它们必须从氢燃烧区被运送到恒星表面。因而,这些丰度观测为恒星演化及其混合过程提供了重要线索。若对恒星模型预言的丰度与观测的丰度进行比较,就需要准确的热核反应率。$A \geqslant 20$ 质量区内的流体静力学氢燃烧对放射性同位素^{26}Al 的银河起源也是很感兴趣的。一部分观测到的^{26}Al 似乎有可能来自于沃尔夫-拉叶星,它是在流体静力学核心的氢燃烧过程中合成的,温度为 $T = 35 \sim 45$ MK(1.7.5 节)。

最后,我们将总结在 NeNa 和 MgAl 区域中有关反应测量的实验情况。在流体静力学氢燃烧的上限特征温度下($T \approx 55$ MK),^{20}Ne + p 和^{27}Al + p 反应的伽莫夫峰分别位于 $E_0 \pm \Delta/2 = (80 \pm 23)$ keV 和 (95 ± 25) keV。还没有在 NeNa 或 MgAl 区的反应中测量到如此低的能量。为了估计低温下的总反应率,从而在较高能量处进行直接测量变得很重要,并尽可能测量更多不同的共振和非共振反应成分(窄共振、宽共振及直接过程)。此外,通过间接反应对位于质子阈和观测到的最低共振之间布居的复合核能级的研究至关重要。尽管已经作出了这么多耗时的实验努力,但必须意识到,$A = 20 \sim 40$ 质量区内某些反应的反应率仍然具有非常可观的不确定性。^{20}Ne(p,γ)^{21}Na 的反应率由阈下态的尾巴(示例 2.1)和直接辐射俘获来决定。在 $T = 55$ MK 以下温度,目前该反应率不确定度的范围在 0.4~2.0。^{24}Mg(p,γ)^{25}Al 反应主要通过观测到的位于 $E_r^{cm} = 214$ keV 的一个窄共振(示例 3.7 和图 3.29)以及通过直接辐射俘获来进行的。低于 $T = 55$ MK 时,其反应率不确定度小于 20%,它是 $A = 20 \sim 40$ 质量区中已知最精确的反应率之一(Powell *et al*.,1999)。在 NeNa 和 MgAl 区中,所有其他反应率都会受到未观测到的窄共振的强烈影响,其反应率的不确定度在某些情况下可达到几个数量级。目前,人们正努力地对那些未观测到的最重要共振进行探测。它们的强度与^{26}Mg(p,γ)^{27}Al 反应中的 $E_r^{cm} = 149$ keV 共振相比,预计要小得多,它代表了所测量到的最弱的(p,γ)共振[$\omega\gamma_{p\gamma} = (8 \pm 3) \times 10^{-8}$ eV;Iliadis *et al*.,1990]。这种实验对于核实验家来说是一个挑战(第 4 章)。关于反应率不确定度对 NeNa 和 MgAl 区丰度演化影响的讨论,可以在文献(Arnould *et al*.,1999)中找到。

5.2 流体静力学氦燃烧

宇宙中第二丰的核素是 ^{4}He。在 5.1 节我们讨论了氢燃烧阶段如何合成 ^{4}He。当核心所有的氢都被耗尽时,恒星会收缩,中心温度会增加。在某个时刻,核心中的氦会被点燃并经历核转换。该过程的最终产物是 ^{12}C 和 ^{16}O,分别代表宇宙中第四和第三丰的核素。对于 $0.4\,M_\odot \lesssim M \lesssim 9\,M_\odot$ 质量范围内的恒星,氦燃烧是最后一个核心燃烧阶段(1.4.3 节和图 1.4)。

从 ^{4}He 到 ^{12}C 和 ^{16}O 的转变究竟是如何发生的,人们还没有了解很久。这方面的主要障碍表现为,未能在质量数 $A = 5$ 和 $A = 8$ 处观测到稳定的核素(1.1 节)。例如,我们在 5.1.1 节中已经看到了 ^{3}He$(\alpha, \gamma)^7$Li 反应可以桥接介于 pp2 链和 pp3 链之间的 $A = 5$ 的不稳定性,从而导致少量的 ^{7}Be、^{7}Li 和 ^{8}B 合成。但是,在典型的氢燃烧温度下这些核素无法存活,因为它们都会被转换回 ^{4}He(图 5.2)。其他想法涉及 ^{12}C 的形成是三个 α 粒子同时熔合的结果。然而,研究表明,这种多粒子碰撞的概率非常小,并且无法解释 ^{4}He 是如何熔合成 ^{12}C 和 ^{16}O 的。通过考虑一些奇特的原子核特性,这一问题得到了解决,正如将在本节中看到的那样。

在氦燃烧中,将发生以下反应:

$$^4\text{He}(\alpha\alpha, \gamma)^{12}\text{C} \qquad (Q = 7274.7\ \text{keV}) \tag{5.73}$$

$$^{12}\text{C}(\alpha, \gamma)^{16}\text{O} \qquad (Q = 7161.9\ \text{keV}) \tag{5.74}$$

$$^{16}\text{O}(\alpha, \gamma)^{20}\text{Ne} \qquad (Q = 4729.8\ \text{keV}) \tag{5.75}$$

$$^{20}\text{Ne}(\alpha, \gamma)^{24}\text{Mg} \qquad (Q = 9316.6\ \text{keV}) \tag{5.76}$$

这些过程示意性地显示在图 5.20 中,并且将在下文中予以更详细的讨论。值得记住的是,取决于恒星的质量和金属度,大质量恒星中流体静力氦燃烧阶段的温度和密度范围分别为 $T = 0.1 \sim 0.4$ GK 和 $\rho = 10^2 \sim 10^5$ g·cm^{-3}。上面列出的最后一个反应仅在更高的温度下起作用。大质量恒星中的氦燃烧被认为是宇宙中 ^{16}O 和 ^{18}O 的主要来源,而大质量恒星和 AGB 星中的氦燃烧两者对宇宙 ^{12}C 丰度的贡献差不多(表 5.2)。

5.2.1 氦燃烧反应

1. 3α 反应

氦燃烧始于 3α 反应,该反应我们已经在讨论反应率平衡时遇到了(示例 3.4)。3α 反应代表一个(顺序的)两步过程(Salpeter,1952)。第一步,两个 α 粒子相互作用形成处于基态的 ^{8}Be。该原子核是不稳定的,只有 -92 keV 的结合能,它很快分解回两个 α 粒子,其半衰期为 $T_{1/2} = 8.2 \times 10^{-17}$ s(Audi *et al.*,2012)。随着时间的推移,^{8}Be 的浓度会逐渐增加,直到 ^{8}Be 的形成速率等于它的衰变速率:

$$^4\text{He} + {}^4\text{He} \longleftrightarrow {}^8\text{Be} \tag{5.77}$$

第二步,第三个 α 粒子与 ^{8}Be 核相互作用通过以下反应形成 ^{12}C:

$$^8\text{Be}(\alpha, \gamma)^{12}\text{C} \tag{5.78}$$

正如霍伊尔(Hoyle *et al.*,1953)指出的那样:在氦燃烧过程中,从三个 α 粒子到一

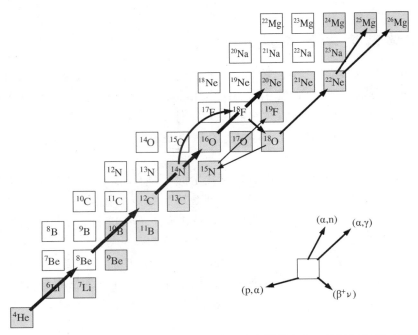

图 5.20 在核素图中氢燃烧反应的表示。稳定核素显示为阴影方块。关键过程通过箭头指向特
定的相互作用。3α 反应以及 ^{12}C 和 ^{16}O 上的(α,γ)反应以粗箭头显示。其他氢燃烧反应
以较细箭头显示。为清楚起见,^{14}N(α,γ)^{18}F 反应以弧线来表示

个 ^{12}C 核的总体转化率太慢,除非第二步通过 ^{12}C 中一个 7.7 MeV 附近的激发态来进行。
人们通过实验证实了该能级的存在(Dunbar *et al.*,1953),并确定了其性质(Cook *et al.*,
1957)。Cook 等显示该能级的自旋宇称为 0^+,对应于一个 s 波共振。3α 反应绕过了 $A=$
6～11 质量区的稳定核素。因此,这些核素不是在恒星中通过热核反应合成的。它们的极
低观测丰度是其他过程的结果,例如大爆炸核合成和宇宙射线的散裂(5.7 节)。

  该反应序列的能级纲图如图 5.21 所示。α+α $\longrightarrow$ ^{8}Be 反应的 Q 值为($-91.84\pm$
0.04)keV,因此,^{8}Be 对 α 粒子发射不稳定。^{8}Be(α,γ)^{12}C 的 Q 值为(7366.59 ± 0.04)keV。
利用 ^{12}C 中天体物理重要能级的激发能量值 $E_x=(7654.20\pm0.15)$keV(Ajzenberg-Selove,
1990),我们可获得 ^{8}Be(α,γ)^{12}C 中相应共振的质心能量值为 $E_r=E_x-Q=(287.6\pm0.2)$keV。
该共振由 α 粒子俘获形成,并通过发射 γ 射线或内部电子对产生衰变到 ^{12}C 的基态(1.7.1
节和示例 B.4)。这些过程的分宽度为 $\Gamma_\alpha=(8.3\pm1.0)$ eV,$\Gamma_{rad}=\Gamma_\gamma+\Gamma_{pair}=(3.7\pm$
$0.5)\times10^{-3}$ eV(Ajzenberg-Selove,1990)。利用 $J(^{12}C)=j_0(\alpha)=j_1(^8Be)=0$,我们得到如
下共振强度(3.2.4 节):

$$\omega\gamma_{^8Be(\alpha,\gamma)} \equiv \frac{(2J+1)}{(2j_0+1)(2j_1+1)}\frac{\Gamma_\alpha\Gamma_{rad}}{\Gamma} \approx \Gamma_{rad}=(3.7\pm0.5)\times10^{-3}\ \text{eV} \quad (5.79)$$

为了推导 3α 反应的衰变常数,我们从使用示例 3.4 中的表达式开始:

$$\lambda_{\alpha+\alpha+\alpha\rightarrow^{12}C}=\lambda_{3\alpha}=3N_\alpha\left(\frac{h^2}{2\pi}\right)^{3/2}\frac{1}{(m_{\alpha\alpha}kT)^{3/2}}e^{Q_{\alpha+\alpha\rightarrow^8Be}/(kT)}\lambda_{^8Be(\alpha,\gamma)} \quad (5.80)$$

第二步的衰减常数 $\lambda_{^8Be(\alpha,\gamma)}$ 可以用式(3.23)来表达:

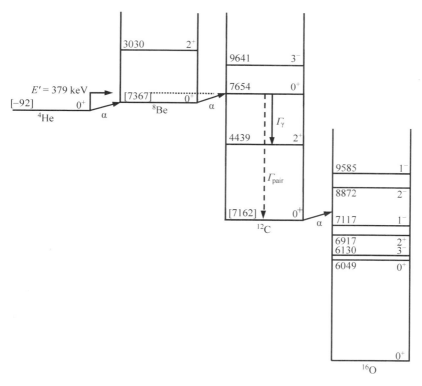

图 5.21　参与氦燃烧最重要核素的能级纲图。方括号中的数值代表 $_Z^A X_N + _2^4 \mathrm{He}_2$ 系统的基态相对于原子核 $_{Z+2}^{A+2} Y_{N+2}$ 基态的能量[即，$_Z^A X_N$ 上的 (α, γ) 反应的 Q 值，或者 $_{Z+2}^{A+2} Y_{N+2}$ 的 α 粒子分离能]。所有信息取自文献（Ajzenberg-Selove，1990；Wang *et al.*，2012）

$$\lambda_{8\mathrm{Be}(\alpha,\gamma)} = \lambda_\alpha(^8\mathrm{Be}) = N_\alpha \langle \sigma v \rangle_{8\mathrm{Be}(\alpha,\gamma)} \tag{5.81}$$

其中，$\langle \sigma v \rangle_{8\mathrm{Be}(\alpha,\gamma)}$ 由窄共振反应率的表达式[式(3.115)]给出：

$$\langle \sigma v \rangle_{8\mathrm{Be}(\alpha,\gamma)} = \left(\frac{2\pi}{m_{\alpha^8\mathrm{Be}} kT} \right)^{3/2} \hbar^2 \mathrm{e}^{-E_r/(kT)} \omega \gamma_{8\mathrm{Be}(\alpha,\gamma)} \tag{5.82}$$

根据式(5.80)～式(5.82)，则有

$$\lambda_{3\alpha} = 3 N_\alpha \left(\frac{h^2}{2\pi} \right)^{3/2} \frac{\mathrm{e}^{Q_{\alpha+\alpha \to {}^8\mathrm{Be}}/(kT)}}{(m_{\alpha\alpha} kT)^{3/2}} N_\alpha \left(\frac{2\pi}{m_{\alpha^8\mathrm{Be}} kT} \right)^{3/2} \hbar^2 \mathrm{e}^{-E_r/(kT)} \omega \gamma_{8\mathrm{Be}(\alpha,\gamma)}$$

$$= 3 N_\alpha^2 3^{3/2} \left(\frac{2\pi}{m_\alpha kT} \right)^3 \hbar^5 \mathrm{e}^{-E'/(kT)} \omega \gamma_{8\mathrm{Be}(\alpha,\gamma)} \tag{5.83}$$

其中，我们定义 $E' \equiv E_r - Q_{\alpha+\alpha \to {}^8\mathrm{Be}}$。在数值上，人们发现：

$$\lambda_{3\alpha} = 0.23673 \frac{(\rho X_\alpha)^2}{T_9^3} \mathrm{e}^{-11.6048 E'/T_9} \omega \gamma_{8\mathrm{Be}(\alpha,\gamma)} \; (\mathrm{s}^{-1})$$

$$= 8.7590 \times 10^{-10} \frac{(\rho X_\alpha)^2}{T_9^3} \mathrm{e}^{-4.4040/T_9} \; (\mathrm{s}^{-1}) \tag{5.84}$$

这里，我们使用 $E' = 287.6 \ \mathrm{keV} - (-91.84 \ \mathrm{keV}) = 379.4 \ \mathrm{keV}$，以及 $\omega \gamma_{8\mathrm{Be}(\alpha,\gamma)} = \Gamma_{\mathrm{rad}} =$

3.7×10^{-3} eV。该表达式仅对 $0.1 \leqslant T_9 \leqslant 2$ 的温度有效。对于更低和更高的温度,其他贡献对反应率的影响也必须要考虑(Angulo et al.,1999)。

3α 反应衰减常数的温度依赖性可以从类似于 3.2.1 节中所描述的计算中找到。可得(习题 5.2)

$$(\lambda_{3\alpha})_T = (\lambda_{3\alpha})_{T_0}(T/T_0)^{(4.4040/T_9)-3} \tag{5.85}$$

根据式(3.64),3α 过程的产能率由反应率(每秒每立方厘米的反应数)和每个反应释放能量的乘积给出,$Q_{3\alpha} = (m_{^4\text{He}} - m_{^{12}\text{C}})c^2 = 7.275$ MeV。每个 3α 反应消耗三个 α 粒子,因此,衰变常数(每秒消失的 α 粒子数)与反应率的关系为 $r_{3\alpha} = N_\alpha \lambda_{3\alpha}/3$。则

$$\varepsilon_{3\alpha} = \frac{Q_{3\alpha}}{\rho} r_{3\alpha} = \frac{Q_{3\alpha}}{\rho} \frac{N_\alpha \lambda_{3\alpha}}{3}$$

$$= \frac{7.275 \text{ MeV}}{\rho} \frac{1}{3} \times 8.7590 \times 10^{-10} \left(\rho N_A \frac{X_\alpha}{M_\alpha}\right) \frac{(\rho X_\alpha)^2}{T_9^3} e^{-4.4040/T_9}$$

$$= 3.1771 \times 10^{14} \frac{\rho^2 X_\alpha^3}{T_9^3} e^{-4.4040/T_9} \quad (\text{MeV} \cdot \text{g}^{-1} \cdot \text{s}^{-1}) \tag{5.86}$$

3α 反应具有显著的温度依赖性。例如,在 $T_0 = 0.1$ GK 附近温度,我们得到的产能率为

$$\varepsilon_{3\alpha}(T) = \varepsilon_{3\alpha}(T_0)(T/T_0)^{(4.4040/T_9)-3} = \varepsilon_{3\alpha}(T_0)(T/T_0)^{41.0} \tag{5.87}$$

因此,在氦燃烧恒星中通过 3α 反应的能量产生主要发生在温度最高的区域。此外,如果氦气是电子简并的,那么温度的小幅上升会引起一个很大的能量释放。其结果是,温度上升得更快,产生更多的能量。该循环一直持续到由于热核爆炸而使简并度抬高。这种氦闪被认为发生在一些恒星流体静力学氦燃烧的起始阶段(1.4.3 节)。

我们将简要评论一下实验情况。3α 反应代表两步顺序过程,其尚未在实验室里直接测量过。即使是第二步 $^8\text{Be}(\alpha,\gamma)^{12}\text{C}$ 反应,也未经过直接测量,因为 ^8Be 的半衰期极短($T_{1/2} \approx 10^{-16}$ s)。此外,逆反应 $^{12}\text{C}(\gamma,\alpha)^8\text{Be}$ 也无法测量,因为从 ^{12}C 基态($J^\pi = 0^+$)直接 γ 射线跃迁到能级 $E_x = 7654$ keV($J^\pi = 0^+$)是禁戒的(图 5.21 和示例 B.4)。然而,3α 反应衰变率表达式[式(5.83)]中的量 E' 和 $\omega\gamma_{^8\text{Be}(\alpha,\gamma)} = \Gamma_{\text{rad}}$ 已通过间接研究测量过(例如,Rolfs & Rodney,1988)。在流体静力学氦燃烧重要的温度范围内($0.1 \leqslant T_9 \leqslant 0.4$),$3\alpha$ 反应的总反应率(或等价地,衰变常数)不确定度仅为 15%(Angulo et al.,1999)。对于无法直接在实验室测量的过程而言,这种精度是非常了不起的。误差主要是由目前分宽度 $\Gamma_{\text{rad}} = \Gamma_\gamma + \Gamma_{\text{pair}} = (3.7 \pm 0.5) \times 10^{-3}$ eV 的不确定度造成的。尽管物理量 $E' = [E_x(^{12}\text{C}) - Q_{^8\text{Be}(\alpha,\gamma)}] - Q_{\alpha+\alpha \to {}^8\text{Be}} = (379.4 \pm 0.2)$ keV 是以指数形式进入式(5.83)中的,但是其不确定度对总衰变常数的影响仍然可以忽略不计。

2. $^{12}\text{C}(\alpha,\gamma)^{16}\text{O}$ 和 $^{16}\text{O}(\alpha,\gamma)^{20}\text{Ne}$ 反应

如果随后的 $^{12}\text{C}(\alpha,\gamma)^{16}\text{O}$ 反应足够快,则大多数 α 粒子将转化为 ^{16}O 或更重的原子核,在氦燃烧结束时不会剩下 ^{12}C。然而,在宇宙中 ^{12}C 和 ^{16}O 的数丰度比为 $N(^{12}\text{C})/N(^{16}\text{O}) \approx 0.4$,这表明 $^{12}\text{C}(\alpha,\gamma)^{16}\text{O}$ 反应相当缓慢,因此,在氦耗尽后仍有一些 ^{12}C 保留下来。相当数量 ^{12}C 和 ^{16}O 的存在,也意味着 $^{12}\text{C}(\alpha,\gamma)^{16}\text{O}$ 反应会造成这两种核素间非常灵敏的平衡。换句话说,$^{12}\text{C}(\alpha,\gamma)^{16}\text{O}$ 反应率的精确幅度会强烈地影响 ^{12}C 和 ^{16}O 的相对产量。

在 $T=0.2$ GK 的典型温度下，^{12}C$(\alpha,\gamma)^{16}$O 反应的伽莫夫峰位置和宽度分别为 $E_0=$ 315 keV 和 $\Delta=170$ keV。最低位的共振发生在 $E_r^{cm}\approx2.4$ MeV，对应于 ^{16}O 中位于 $E_x=$ 9585 keV$(J^{\pi}=1^{-})$ 的宽能级（图 5.21）。尽管在 ^{16}O 中存在一个位于 $E_x=8872$ keV$(J^{\pi}=2^{-})$ 的较低位能级，但是它不能在 ^{12}C$+\alpha$ 反应中作为共振来激发，因为它具有非自然的宇称（示例 B.1）。这样的话，就没有窄共振位于伽莫夫峰内，^{12}C$(\alpha,\gamma)^{16}$O 反应必须通过其他必然较慢的反应机制来进行。这些机制包括俘获到共振 $E_r^{cm}\approx2.4$ MeV 的低能翅膀，以及俘获到阈下共振 $E_r^{cm}\approx-45$ keV 和 $E_r^{cm}\approx-245$ keV 的高能翅膀上（示例 2.1）。这两个阈下共振分别对应于 ^{16}O 中的 $E_x=7117$ keV$(J^{\pi}=1^{-})$ 和 6917 keV$(J^{\pi}=2^{+})$ 能级（图 5.21）。另一个贡献来自于直接辐射俘获。

^{12}C$(\alpha,\gamma)^{16}$O 反应已测量到质心系能量大约为 1 MeV。对于大多数天体物理感兴趣的情况，伽莫夫峰远低于此能量（例如，对于 $T=0.2$ GK，$E_0\approx0.3$ MeV）。在重要的氦燃烧能区，^{12}C$(\alpha,\gamma)^{16}$O 反应的截面估计在 $\sigma\approx10^{-17}$ b 的量级（Kunz *et al.*，2002），即比目前实验观测阈值还要低几个数量级。因此，需要利用合适的核反应模型将较高能量下测得的截面外推到天体物理重要的能区（通常用 R 矩阵描述；2.5.5 节）。该外推不是很直接，因为正如已经指出的那样，上述不同振幅对反应机制都有贡献。这些振幅会相互干涉，使图像进一步复杂化。如果把其他 ^{12}C$+\alpha$ 系统的信息补充到直接测量数据上，则可以得到更可靠的截面外推。这些信息包括，例如，在 α 粒子转移研究中布居的重要 ^{16}O 能级的 α 粒子约化宽度（或 α 粒子谱因子；1.6.2 节），或在 ^{12}C$(\alpha,\alpha)^{12}$C 弹性散射中测量的相移。有关一些技术的综述可在文献（Rolfs & Rodney，1988）以及（Wallerstein *et al.*，1997）中找到。目前，恒星建模者使用着不同的 ^{12}C$(\alpha,\gamma)^{16}$O 反应率。当前反应率的不确定性在 $T=0.12\sim0.35$ GK 温度下通常约为 $\pm35\%$（Kunz *et al.*，2002）。^{12}C$(\alpha,\gamma)^{16}$O 反应率的大小决定了氦燃烧结束时 ^{12}C 和 ^{16}O 的相对量，如下所述。接下来的后期燃烧阶段依赖于 ^{12}C 和 ^{16}O 燃料。因此，^{12}C$(\alpha,\gamma)^{16}$O 反应对直到铁的许多重元素的丰度以及大质量恒星（以超新星形式爆炸）的演化具有深远的影响（Weaver & Woosley，1993）。因此，人们非常期望该反应的一个可靠反应率。如果随后的 ^{16}O$(\alpha,\gamma)^{20}$Ne 反应会很快，那么 ^{16}O 就会被转化成 ^{20}Ne 或更重的核，在流体静力学氦燃烧过程中仅有少量的 ^{16}O 会存活下来。然而，由于 ^{16}O 在宇宙中相对较丰，所以我们怀疑该反应一定是相当缓慢的。例如，对于温度 $T=0.2$ GK，其伽莫夫峰位于 $E_0\pm\Delta/2=(390\pm90)$ keV。^{16}O$(\alpha,\gamma)^{20}$Ne 反应的 Q 值为 $Q=4.73$ MeV。最低的共振位于 $E_r^{cm}=893$ keV（Tilley *et al.*，1998），它是由入射 f 波$(\ell=3)$ 形成的，对应于 ^{20}Ne 中的 $E_x=5621$ keV$(J^{\pi}=3^{-})$ 能级。一个更低的复合核能级位于 $E_x=4967$ keV$(J^{\pi}=2^{-})$，但该态不能作为 ^{16}O$+\alpha$ 的共振来激发，因为它具有非自然的宇称（示例 B.1）。最接近 α 粒子阈值的阈下共振发生在 $E_r^{cm}=-482$ keV，它是由入射 g 波$(\ell=4)$ 形成的。这些共振不仅远离 $T=0.2$ GK 的伽莫夫峰，而且它们的形成也受到离心势垒的抑制。这些共振翅膀引起的截面贡献非常小，尽管偶-偶，$N=Z$ 核上的(α,γ) 反应本质上很慢，但是直接俘获仍然主导着 $T<0.25$ GK 下 ^{16}O$(\alpha,\gamma)^{20}$Ne 的反应率。在更高温度下，$E_r^{cm}\geqslant893$ keV 的共振将进入伽莫夫峰并在总反应率中占主导地位。

已观测到的 ^{16}O$(\alpha,\gamma)^{20}$Ne 反应中最低位共振发生在 $E_r^{cm}=893$ keV。正如上面提及的那样，在 $T<0.25$ GK 时反应率由直接俘获过程决定。然而，在 ^{16}O$(\alpha,\gamma)^{20}$Ne 反应中该过

程在 $E_\alpha^{cm}=1$ MeV 以下和以上能区都没有被测量过。因此,这些温度下的反应率在很大程度上是基于理论模型计算。在低于 $T=0.2$ GK 的温度下,当前反应率上限和下限的比值约为一个数量级(Angulo *et al.*,1999)。高于此温度,则反应率不确定度小于 30%。

3. 平均寿命的比较

在两个不同的 $\rho X_\alpha=500$ g·cm^{-3} 和 $\rho X_\alpha=10^4$ g·cm^{-3} 值下,^{4}He,^{12}C 和 ^{16}O 被 α 粒子破坏的平均寿命作为温度的函数显示在图 5.22 中。虽然我们还没有明确讨论下一个 α 粒子俘获反应,^{20}Ne$(\alpha,\gamma)^{24}$Mg,但是其对应的平均寿命 $\tau_\alpha(^{20}$Ne$)$ 也包含在图 5.22 中。这些曲线是根据以下表达式得到的:

$$\tau_{3\alpha}(^4He)=1/\lambda_{3\alpha}(^4He)=\left[8.7590\times10^{-10}\frac{(\rho X_\alpha)^2}{T_9^3}e^{-4.4040/T_9}\right]^{-1} \tag{5.88}$$

$$\tau_\alpha(^{12}C)=\left[\frac{(\rho X_\alpha)}{M_\alpha}N_A\langle\sigma v\rangle_{^{12}C(\alpha,\gamma)}\right]^{-1} \tag{5.89}$$

$$\tau_\alpha(^{16}O)=\left[\frac{(\rho X_\alpha)}{M_\alpha}N_A\langle\sigma v\rangle_{^{16}O(\alpha,\gamma)}\right]^{-1} \tag{5.90}$$

$$\tau_\alpha(^{20}Ne)=\left[\frac{(\rho X_\alpha)}{M_\alpha}N_A\langle\sigma v\rangle_{^{20}Ne(\alpha,\gamma)}\right]^{-1} \tag{5.91}$$

平均寿命 $\tau_{3\alpha}(^4He)$ 依赖于 $(\rho X_\alpha)^{-2}$,而 ^{12}C,^{16}O 和 ^{20}Ne 的平均寿命依赖于 $(\rho X_\alpha)^{-1}$。因此,较高密度有利于通过 3α 反应产生碳,或等价地,较低的恒星质量有利于碳产生,稍后会显示。从图 5.22 中可以看出,平均寿命 $\tau_{3\alpha}(^4He)$ 在很宽的温度范围内是最短的。只有在非常低的温度下($\rho X_\alpha=500$ g·cm^{-3} 情况下为 $T<0.14$ GK,或 $\rho X_\alpha=10^4$ g·cm^{-3} 情况下为 $T<0.12$ GK),平均寿命 $\tau_\alpha(^{12}C)$ 才比 $\tau_{3\alpha}(^4He)$ 短。也很明显,在温度 $T<0.3$ GK 下,$\tau_{3\alpha}(^4He)$ 和 $\tau_\alpha(^{12}C)$ 要比 $\tau_\alpha(^{16}O)$ 和 $\tau_\alpha(^{20}Ne)$ 小得多。因此,^{16}O 的破坏非常缓慢,大多数 ^{16}O 核将在这些条件下存活下来。在相对较高温度 $T>0.3$ GK 的情况下,所有四个平均寿命在大小上变得差不多。

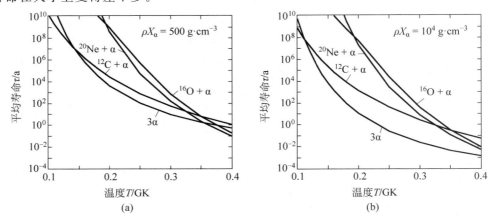

图 5.22　^{4}He、^{12}C 和 ^{16}O 被 α 粒子破坏的平均寿命随温度的关系。其中条件为:(a) $\rho X_\alpha=500$ g·cm^{-3};(b) $\rho X_\alpha=10$ g·cm^{-3}。平均寿命 $\tau_{3\alpha}(^4He)$ 依赖于 $(\rho X_\alpha)^{-2}$,而 ^{12}C、^{16}O 和 ^{20}Ne 的平均寿命依赖于 $(\rho X_\alpha)^{-1}$

5.2.2 流体静力学氦燃烧中的核合成

在本节中,我们讨论流体静力学氦燃烧条件下的丰度演化。在燃烧早期,氦会被 3α 过程所消耗。随着氦丰度的降低,由于平均寿命 $\tau_{3\alpha}(^4He)$ 取决于 $(\rho X_\alpha)^{-2}$,所以 ^{12}C 及以上核素的 α 粒子俘获将变得越来越重要。核素丰度的微分方程为

$$\frac{d(^4He)}{dt} = -3r_{3\alpha} - (^4He)(^{12}C)\langle\sigma v\rangle_{^{12}C(\alpha,\gamma)} - (^4He)(^{16}O)\langle\sigma v\rangle_{^{16}O(\alpha,\gamma)} \qquad (5.92)$$

$$\frac{d(^{12}C)}{dt} = r_{3\alpha} - (^4He)(^{12}C)\langle\sigma v\rangle_{^{12}C(\alpha,\gamma)} \qquad (5.93)$$

$$\frac{d(^{16}O)}{dt} = (^4He)(^{12}C)\langle\sigma v\rangle_{^{12}C(\alpha,\gamma)} - (^4He)(^{16}O)\langle\sigma v\rangle_{^{16}O(\alpha,\gamma)} \qquad (5.94)$$

$$\frac{d(^{20}Ne)}{dt} = (^4He)(^{16}O)\langle\sigma v\rangle_{^{16}O(\alpha,\gamma)} - (^4He)(^{20}Ne)\langle\sigma v\rangle_{^{20}Ne(\alpha,\gamma)} \qquad (5.95)$$

$$\frac{d(^4Mg)}{dt} = (^4He)(^{20}Ne)\langle\sigma v\rangle_{^{20}Ne(\alpha,\gamma)} \qquad (5.96)$$

前两个公式右侧第一项中的因子 3 和因子 1 的出现是因为,每个 3α 反应消耗 3 个 ^4He 核并产生 1 个 ^{12}C 核。反应率 $r_{3\alpha}$(以每秒每立方厘米的反应数为单位)与衰变常数和平均寿命相关联,即 $3r_{3\alpha} = (^4He)\lambda_{3\alpha} = (^4He)/\tau_{3\alpha}$。这里包括了 $^{20}Ne(\alpha,\gamma)^{24}Mg$ 反应用以解释对 ^{20}Ne 的破坏。如下所述,该反应在大多数流体静力学氦燃烧环境下仅起次要作用。

上述网络可以在以下恒定温度和密度条件下进行数值求解:① $T = 0.15\ GK$,$\rho = 5000\ g \cdot cm^{-3}$;② $T = 0.2\ GK$,$\rho = 800\ g \cdot cm^{-3}$。这些条件通常发生在恒星的核心氦燃烧中,其初始质量分别为 $5\ M_\odot$ 和 $20\ M_\odot$,并且几乎独立于恒星的初始金属丰度(Schaller *et al.*,1992)。必须强调的是,我们的计算并不代表真实恒星中的情形。随着氦燃料被消耗,如果燃烧是在恒定温度和密度条件下进行的,则能量生产率也会随着时间的推移而下降。为了保持一定的光度,恒星核心会在引力作用下收缩,因此,在真实的恒星模型中,其温度和密度从氦燃烧开始到结束都必须是增加的。然而,对氦燃烧核合成的一个合理定性的估计,可以通过假设恒定温度和密度,将复杂情况简化为最简单的形式来获得。此外,我们将假设在氦燃烧开始时是纯的 ^4He 气体($X_{^4He}^0 = 1$)。求解反应网络直至氦耗尽($X_{^4He} < 0.001$)。

^{12}C 和 ^{16}O 在 $T = 0.15\ GK$ 和 $\rho = 5000\ g \cdot cm^{-3}$ 时的丰度演化相对于氦消耗量 $[\Delta X_{^4He} = X_{^4He}^0 - X_{^4He}(t)]$ 的关系如图 5.23(a)实线所示(时间从左到右增加)。最初,随着 ^4He 被 3α 反应耗尽,^{12}C 丰度线性增加。最终,^{12}C 丰度达到最大值,然后由于 ^{12}C 上 α 粒子俘获的重要性增加,导致该丰度逐渐下降。同时,^{16}O 丰度在计算结束时不断增加。最终产物为 ^{12}C 和 ^{16}O,其数丰度比为 $(^{12}C/^{16}O) = (X_{^{12}C}/X_{^{16}O})(M_{^{16}O}/M_{^{12}C}) \approx 0.89$。例如,$^{20}Ne$ 和 ^{24}Mg 等较重核素的最终质量分数分别约为 10^{-6} 和 10^{-14},表明通过 α 粒子俘获来破坏 ^{16}O 是非常缓慢的。产生的核能总量为 $4.8 \times 10^{23}\ MeV \cdot g^{-1}$(或 $7.6 \times 10^{17}\ erg \cdot g^{-1}$)。$3\alpha$ 反应和 $^{12}C(\alpha,\gamma)^{16}O$ 反应对总的核能产生的相对贡献分别为 66% 和 34%。若把 $^{12}C(\alpha,\gamma)^{16}O$ 的当前反应率不确定度($\pm 35\%$;Kunz *et al.*,2002)计算在内,则考虑核素丰度是如何变化的是很有趣的。其结果以点虚线和点划线在图中表示出来,分别是使用

$^{12}C(\alpha,\gamma)^{16}O$ 反应率的下限和上限获得的。当氦耗尽时,数丰度比$(^{12}C/^{16}O)$变化很大,为 $0.65\sim1.23$。当前 3α 反应率的不确定度($\pm15\%$,Angulo *et al.*,1999)对$^{12}C/^{16}O$ 比值的 影响较小。

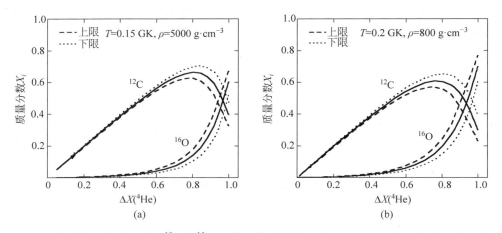

图 5.23　在流体静力学氦燃烧中^{12}C和^{16}O的演化随氦消耗量的关系。恒定的温度和密度条件为: (a) $T=0.15$ GK,$\rho=5000$ g·cm^{-3}; (b) $T=0.2$ GK,$\rho=800$ g·cm^{-3}。这些结果是通 过对反应网络的数值求解得到的,假设在氦燃烧开始时仅有纯的^{4}He 气体。当氦的质量分 数低于 $X_{^4He}=0.001$ 时计算终止。实线是通过采用推荐的$^{12}C(\alpha,\gamma)^{16}O$ 的反应率得到的, 而点划虚线和点虚线分别是用该反应率的上下限计算得到的

^{12}C 和 ^{16}O 在 $T=0.2$ GK 和 $\rho=800$ g·cm^{-3} 时的丰度演化相对于氦消耗量$(\Delta X_{^4He})$ 的关系如图 5.23(b)实线所示。同样,^{12}C 丰度增加达到最大值,然后开始下降,而同时^{16}O 丰度稳步增长。然而,在此更高燃烧温度和更低密度下,与之前的案例相比产生了更多 的^{16}O 和较少的^{12}C。在计算结束时,我们得到的值为$(^{12}C/^{16}O)=0.57$。3α 反应和$^{12}C(\alpha,$ $\gamma)^{16}O$反应再次提供了所有的核能,相对贡献分别为 62% 和 38%。$^{16}O(\alpha,\gamma)^{20}Ne$ 和 $^{20}Ne(\alpha,\gamma)^{24}Mg$ 反应的影响很小。最终^{20}Ne 和 ^{24}Mg 的质量分数分别仅为约 10^{-5} 和约 10^{-11}。点虚线和点划线分别显示了将$^{12}C(\alpha,\gamma)^{16}O$ 反应率的不确定度考虑在内时的丰度 演化。当氦耗尽时,丰度比值$(^{12}C/^{16}O)$的变化范围为 $0.39\sim0.85$。当前 3α 反应率的不确 定度所引起的变化较小。

5.2.3　其他氦燃烧反应

前几节表明,氦燃烧的最终产物主要是^{12}C和^{16}O。精确的丰度比取决于氦燃烧条件 (例如温度和密度),继而是由恒星质量决定的。恒星质量越大,则产生的^{16}O相对于^{12}C就 越多。精确的丰度比$(^{12}C/^{16}O)$受$^{12}C(\alpha,\gamma)^{16}O$反应率的影响。到目前为止,我们假设氦燃 烧完全是以恒星核心中的^{4}He 燃料开始的。然而,在氢燃烧结束时,大多数恒星都含有少 部分但很重要的^{14}N,这是 CNO 循环运行的结果(5.1.2 节)。在氦燃烧过程中,^{14}N 会通过 下面的反应链被消耗掉(Cameron,1960):

$$^{14}N(\alpha,\gamma)^{18}F(\beta^+\nu)^{18}O(\alpha,\gamma)^{22}Ne \tag{5.97}$$

如图 5.20 所示。随后,一些^{22}Ne 原子核通过竞争反应$^{22}Ne(\alpha,\gamma)^{26}Mg$ ($Q=10.62$ MeV)

和 $^{22}\mathrm{Ne}(\alpha,n)^{25}\mathrm{Mg}$ （$Q=-0.48$ MeV）被转化。后一个反应具有负的 Q 值，且在 $T\approx0.1\sim$ 0.2 GK 的较低温度区间内相当缓慢。然而，朝向氦燃烧结束，当温度超过 $T\approx0.25$ GK 时，$^{22}\mathrm{Ne}(\alpha,n)^{25}\mathrm{Mg}$ 反应提供了一个重要的中子来源。这些中子会发生反应并灵敏地影响着 $A=60\sim90$ 质量区内丰中子核素的合成。由此导致的中子诱发反应以及 β 衰变的网络将在 5.6 节中讨论。上述反应序列也是很重要的，因为它使核心氦燃烧期间的中子过剩参数 η 显著增加（1.8 节）。大质量恒星和 ABG 星中的氦燃烧是宇生 $^{22}\mathrm{Ne}$ 的主要来源。它也是宇生 $^{25}\mathrm{Mg}$ 和 $^{26}\mathrm{Mg}$ 的重要贡献者（表 5.2）。

在大质量恒星的壳氦燃烧期间，并不会完成式（5.97）中的反应序列。残存下来的 $^{18}\mathrm{O}$ 是宇宙中 $^{18}\mathrm{O}$ 的主要来源。氦燃烧也会通过以下序列对合成氟有贡献（图 5.20）：

$$^{18}\mathrm{O}(p,\alpha)^{15}\mathrm{N}(\alpha,\gamma)^{19}\mathrm{F} \tag{5.98}$$

其中使用的是 $^{14}\mathrm{N}(n,p)^{14}\mathrm{C}$ 反应提供的质子（Meynet & Arnould，2000）。

5.3 后期燃烧阶段

5.3.1 碳燃烧

当恒星中心的氦耗尽时，核心因引力收缩，同时中心温度上升，直到下一种核燃料开始燃烧。氦燃烧的灰烬绝大部分是由 $^{12}\mathrm{C}$ 和 $^{16}\mathrm{O}$ 组成的（5.2.2 节）。在涉及这两个核以下所有可能的熔合反应中，$^{12}\mathrm{C}+^{12}\mathrm{C}$、$^{12}\mathrm{C}+^{16}\mathrm{O}$、$^{16}\mathrm{O}+^{16}\mathrm{O}$，第一个过程具有最小的库仑势垒，因此将由它启动下一个燃烧阶段。我们已经在 5.2.1 节中提到，在核心氦燃烧结束时所获得的精确 $^{12}\mathrm{C}$ 与 $^{16}\mathrm{O}$ 的丰度比会灵敏地影响恒星的未来演化。$^{12}\mathrm{C}+^{12}\mathrm{C}$ 熔合反应是我们遇到的在入射道中涉及两个重核的第一个过程。由两个 $^{12}\mathrm{C}$ 核熔合形成的 $^{24}\mathrm{Mg}$ 复合核是处于高度激发的，其中 $^{12}\mathrm{C}+^{12}\mathrm{C}$ 和 $^{24}\mathrm{Mg}$ 两者之间的质量差约为 14 MeV。在如此高的激发能下，反应将通过大量重叠的 $^{24}\mathrm{Mg}$ 激发态进行，我们预期这些能级的粒子分宽度（对于质子、中子和 α 粒子发射）主导着 γ 射线分宽度。换句话说，高度激发的 $^{12}\mathrm{C}+^{12}\mathrm{C}$ 系统的多余能量可以通过轻粒子发射而极有效地去除掉。最可能的初级（primary）反应如下（Salpeter，1952；Hoyel，1954）：

$$^{12}\mathrm{C}(^{12}\mathrm{C},p)^{23}\mathrm{Na} \quad (Q=2241\text{ keV}) \tag{5.99}$$

$$^{12}\mathrm{C}(^{12}\mathrm{C},\alpha)^{20}\mathrm{Ne} \quad (Q=4617\text{ keV}) \tag{5.100}$$

$$^{12}\mathrm{C}(^{12}\mathrm{C},n)^{23}\mathrm{Mg} \quad (Q=-2599\text{ keV}) \tag{5.101}$$

而其他过程，例如 $^{12}\mathrm{C}(^{12}\mathrm{C},\gamma)^{24}\mathrm{Mg}$ 或 $^{12}\mathrm{C}(^{12}\mathrm{C},^8\mathrm{Be})^{16}\mathrm{O}$，在天体物理感兴趣的能区不太重要（例如，参考文献 Patterson et al.，1969）。$^{12}\mathrm{C}(^{12}\mathrm{C},n)^{23}\mathrm{Mg}$ 反应是吸热的，也就是说，它只有在 $E_{cm}\approx2.6$ MeV 阈能以上才能发生。所释放的质子、α 粒子和中子将在高温下被迅速消耗掉，例如，通过启动涉及氦燃烧灰烬（$^{12}\mathrm{C}$ 和 $^{16}\mathrm{O}$）和初级反应重产物核（$^{23}\mathrm{Na}$ 和 $^{20}\mathrm{Ne}$）上的次级反应来消耗。这种初级和次级反应的网络称为碳燃烧。核心碳燃烧的典型温度为 $T=0.6\sim1.0$ GK，取决于恒星的质量，而在流体静力学碳壳燃烧中达到的温度略高。对于 $9\,M_\odot\lesssim M\lesssim11\,M_\odot$ 质量范围内的恒星，碳燃烧是最后一个核心燃烧阶段（1.4.3 节和图 1.4）。

$^{12}\mathrm{C}+^{12}\mathrm{C}$ 的总 S 因子如图 5.24 所示。该反应已经测量到 $E_{cm}\approx2.5$ MeV 的质心能量。库仑势垒高度约为 8 MeV（2.4.3 节）。由于测量的能量不是很远低于库仑势垒，所以

伽莫夫因子[式(2.125)]不会完全消除截面的能量依赖性,因此,图5.24中显示的S因子变化很剧烈[式(2.124)]。左侧的空心棒表示$T \approx 0.85$ GK时伽莫夫峰的位置,这是核心碳燃烧的一个典型温度[$E_0 \pm \Delta/2 = (2169 \pm 460)$ keV]。可以看出,$^{12}C + ^{12}C$反应的实验数据仅勉强触及伽莫夫峰区。然而,对于爆发性碳燃烧($T \approx 2.0$ GK),在整个伽莫夫峰上都存在数据。在最低能量处测得的截面仅为几个纳靶恩(nb),因此,在更低能量下进行测量代表着一个严峻的实验挑战。正如已经提到的那样,$^{12}C + ^{12}C$反应最有可能是通过处于高激发的^{24}Mg复合核中许多重叠的能级来进行的。因此预期截面或S因子应该随能量平滑变化是合理的。然而,这种行为根本没有反映在数据上,在直到$E_{cm} \approx 6$ MeV能区,数据显示出一个剧烈波动的截面。这种结构的起源仍然模糊不清,尽管人们已经提出了许多建议[见参考文献(Rolfs & Rodney,1988)给出的总结]。同时,也必须指出,各种测量结果在最低能量点处的一致性很差。不考虑波动,人们用各种方法描述数据的平均趋势,并将截面外推到对核心碳燃烧重要的能量区域。图5.24中的实线显示了文献(Caughlan & Fowler,1988)所采用的拟合的总S因子。

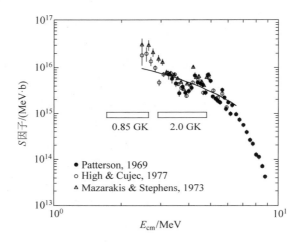

图5.24 $^{12}C + ^{12}C$反应总的S因子。数据取自文献(Patterson *et al.*,1969;Mazarakis & Stephens,1973;High & Cujec,1977)。(Becket *et al.*,1981)的数目没有显示。空心棒表示温度在$T \approx 0.85$ GK(核心碳燃烧)和$T \approx 2.0$ GK(爆发性碳燃烧)处的伽莫夫峰的位置。S因子(或截面)剧烈波动的原因仍然模糊不清。实线显示了文献(Caughlan & Fower,1988)所采用的拟合的总S因子

$^{12}C + ^{12}C$反应不仅布居了余核^{23}Na、^{20}Ne和^{23}Mg的基态,也布居了几个激发态。因此,对各种反应道可以通过应用几种不同的实验技术来进行研究,包括对出射轻粒子的直接测量(Patterson *et al.*,1969;Mazarakis & Stephens,1973;Becker *et al.*,1981),对从余核的激发能级发射γ射线的探测(High & Cujec,1977;Kettner,*et al.*,1980),以及活化法(Dayras *et al.*,1977)。实验数据显示,$^{12}C(^{12}C,p)^{23}$Na 和$^{12}C(^{12}C,\alpha)^{20}$Ne反应在$^{12}C + ^{12}C$熔合截面中占主导地位,质子和$\alpha$粒子道发生的概率大致相等。分支比为$B_p \approx B_\alpha \approx (1 - B_n)/2$,其中$B_n$是一个小量。在$E_{cm} = 3.5 \sim 5.0$ MeV的能量范围,测得的中子分支比B_n为$2\% \sim 10\%$。对于更低能量,B_n值减小,正如使用Hauser-Feshbach模型对数据进行外推所预测的那样(Dayras *et al.*,1977)。

各种 $^{12}C+^{12}C$ 反应道的热核反应率（Caughlan & Fowler，1988；Dayras *et al.*，1977）显示在图 5.25 中，为了更好地比较，结果都归一化到 $^{12}C(^{12}C,\alpha)^{20}Ne$ 的反应率上。$^{12}C(^{12}C,\alpha)^{20}Ne$ 和 $^{12}C(^{12}C,p)^{23}Na$ 的反应率大致相等，而 $^{12}C(^{12}C,n)^{23}Mg$ 的反应率非常小，且随着温度降低而迅速下降。后一种行为是可以预期的，这是因为式（3.70）中的积分下限零必须被替换为吸热反应的阈能（在这种情况下，$E_t=2.6$ MeV）。图 5.25 中显示的反应率忽略了对电子屏蔽的修正（3.2.6 节）。这种修正在高级燃烧阶段的温度和密度条件下是很重要的。在 $T\approx 0.85$ GK 温度附近，目前初级碳燃烧的反应率不确定度是难以量化的。粗略估计是约 3 倍的因子。对于大多数（次级）质子、中子或 α 粒子诱发反应，其单位粒子对的反应率，$N_A\langle\sigma v\rangle$，都超过所有初级碳燃烧反应率好几个数量级。为了比较，各种 $^{12}C+^{16}O$ 反应道的反应率也显示在图 5.25 中。由于具有较大的库仑势垒，它们与初级碳燃烧的反应率相比要小得多，因此只在特殊情况下才有意义（Arnett，1996）。

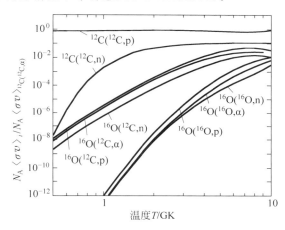

图 5.25　各种反应道 $^{12}C+^{12}C$，$^{12}C+^{16}O$ 和 $^{16}O+^{16}O$ 的反应率。数据来自（Caughlan & Fowler，1988；Dayras *et al.*，1977）。为了更好地比较，这里的 $N_A\langle\sigma v\rangle$ 值是相对于 $^{12}C(^{12}C,\alpha)^{20}Ne$ 的反应率给出的。该显示结果忽略了电子屏蔽的修正

次级反应对初级碳燃烧反应所释放的核能有很大贡献。可以估计出每个 $^{12}C+^{12}C$ 反应释放的能量平均为 $\bar{Q}_C\approx 10$ MeV（见下文）。流体静力学碳燃烧过程中的产能率则由式（3.64）给出：

$$\varepsilon_C=\frac{\bar{Q}_C}{\rho}r_{^{12}C+^{12}C}=\frac{\bar{Q}_C}{\rho}\frac{(N_{^{12}C})^2\langle\sigma v\rangle_{^{12}C+^{12}C}}{2}=\frac{N_A\bar{Q}_C}{288}X_{^{12}C}^2\rho N_A\langle\sigma v\rangle_{^{12}C+^{12}C}$$

$$=2.09\times10^{22}X_{^{12}C}^2\rho N_A\langle\sigma v\rangle_{^{12}C+^{12}C}\ (\text{MeV}\cdot\text{g}^{-1}\cdot\text{s}^{-1}) \tag{5.102}$$

其中，$N_A\langle\sigma v\rangle_{^{12}C+^{12}C}$ 是总的 $^{12}C+^{12}C$ 反应率。碳燃烧中的 $^{12}C+^{12}C$ 反应率的温度依赖性与产能率可以通过使用非共振反应的表达式来获得[式（3.90）]。从式（3.91）中我们发现在接近典型温度 $T_0=0.9$ GK 时，τ 的值为 87，因此，忽略电子屏蔽：

$$\varepsilon_C(T)=\varepsilon_C(T_0)(T/T_0)^{(87-2)/3}=\varepsilon_C(T_0)(T/T_0)^{28} \tag{5.103}$$

碳燃烧过程中释放的总能量可以从式（3.69）中得到：

$$\int\varepsilon_C(t)dt=\frac{N_A\bar{Q}_C}{2M_{^{12}C}}\Delta X_{^{12}C}=2.51\times10^{23}\Delta X_{^{12}C}\ (\text{MeV}\cdot\text{g}^{-1}) \tag{5.104}$$

其中,ΔX_{12_C} 是消耗的碳燃料的质量分数。

在下文中,我们将讨论求解一个适当的反应网络(恒定温度和密度)所得到的结果。在给定的恒星中,碳燃烧会在一定的温度和密度范围内发生,但在大部分碳消耗期间,温度和密度的变化相对较小[图 5.1(a)]。该简化将提供对核合成一个合理的估计(Arnett & Truran,1969)。温度和密度的值分别选取为 $T = 0.9$ GK 和 $\rho = 10^5$ g·cm^{-3}。这些值接近于在恒星核心碳燃烧中模型计算的结果,即初始质量为 $M = 25\ M_\odot$ 且具有初始太阳金属度的恒星[Woosley *et al.*,2002]。碳燃烧开始时的初始丰度由前序核心氢燃烧阶段灰烬的成分给出(5.2 节)。我们预期主要是 ^{12}C 和 ^{16}O,还有较少量的 ^{20}Ne(5.2.2 节)和 ^{22}Ne(5.2.3 节)。微量的其他元素也可能存在,但为了简单起见在下文中将被忽略。我们假设下列值:$X_{^{12}C}^0 = 0.25$、$X_{^{16}O}^0 = 0.73$、$X_{^{20}Ne}^0 = 0.01$、$X_{^{22}Ne}^0 = 0.01$,与 Arnett(1996)报道的那些值相似。求解网络直至碳燃料耗尽($X_{^{12}C} < 10^{-3}$)。对于此处采用的 T-ρ 条件,^{12}C+^{12}C 反应的电子屏蔽修正因子约为 1.2(习题 3.10)。

选定核素的净丰度流和丰度演化如图 5.26 所示。占主导的丰度流是由初级的(primary)^{12}C(^{12}C,p)^{23}Na 和 ^{12}C(^{12}C,α)^{20}Ne 反应造成的,且大部分释放的质子和 α 粒子被次级 ^{23}Na(p,α)^{20}Ne 和 ^{16}O(α,γ)^{20}Ne 反应所消耗。较弱但仍很可观的流是由 ^{21}Ne、^{22}Ne、^{23}Na、^{25}Mg 和 ^{26}Mg 上的(p,γ)反应、^{20}Ne 上的(α,γ)反应、^{13}C、^{21}Ne 和 ^{22}Ne 上的(α,n)反应、^{22}Na 上的(n,p)反应,以及 ^{26}Al^m 的 β^+ 衰变所造成的。也可以看到,初级的(primary)^{12}C(^{12}C,n)^{23}Mg 反应流是很弱的。从网络中删除此链接对主要同位素丰度的影响很小。然而,该反应在碳壳燃烧的典型高温下可能会变得很重要。最重要的中子源是 ^{22}Ne(α,n)^{25}Mg 反应,贡献更小的来自于 ^{21}Ne(α,n)^{24}Mg。所释放出来的中子引发了大量中子诱发过程,包括在 ^{12}C、^{20}Ne、^{23}Na、^{24}Mg 和 ^{25}Mg 上的(n,γ)反应。另外,^{13}C(α,n)^{16}O 反应不是中子的净产生者,因为核素 ^{13}C 主要是通过 ^{12}C(n,γ)^{13}C 产生的,因此,在每个 ^{13}C 上的(α,n)反应所释放的中子中,就有一个被消耗了。中子诱发的核合成将在 5.6 节中讨论。中子过剩参数 η(1.8 节)由于序列 ^{20}Ne(n,γ)^{21}Ne(p,γ)^{22}Na(n,p)^{22}Ne(α,n)^{25}Mg(p,γ)^{26}Al($\beta^+\nu$)^{26}Mg 而略有增加。即使在恒星初始金属度为零的情况下,核心碳燃烧中的中子过剩也会因序列 ^{12}C(^{12}C,n)^{23}Mg($\beta^+\nu$)^{23}Na 而增加。

在碳燃烧中,自由质子、α 粒子和中子的数量很少。它们的最大质量分数分别仅为 $X_H = 7 \times 10^{-16}$、$X_{^4He} = 2 \times 10^{-11}$ 和 $X_n = 2 \times 10^{-19}$。这种状况具有重要的意义。首先,尽管温度相对较高并且许多质子和 α 粒子诱发反应的反应率 $N_A \langle \sigma v \rangle$ 也相当大,但是涉及放射性靶核的核反应在核合成过程中并不是很重要(图 5.26)。因与轻粒子 1 反应,原子核 0 被破坏的衰变常数取决于质量分数 X_1[式(3.23)]。由于 X_1 是一个很小的量,所以放射性核将进行 β 衰变而不是发生反应,即 $\lambda_\beta(0) \gg \lambda_1(0)$。其次,对于这里所采用的 T-ρ 条件,通过序列 ^{12}C(p,γ)^{13}N($\beta^+\nu$)^{13}C($Q_{^{12}C+p} = 1944$ keV)产生 ^{13}C 将被 ^{13}N 的光解所阻止。β^+ 衰变和 ^{13}N 光解的衰变常数分别为 $\lambda_\beta(^{13}N) = 1.2 \times 10^{-3}$ s^{-1} 和 $\lambda_\gamma(^{13}N) = 5.2 \times 10^1$ s^{-1}。因而,^{12}C 和 ^{13}N 之间的平衡很快就建立起来了。平衡丰度比和衰变常数 $\lambda_{^{12}C \to ^{13}N \to ^{13}C}$ 直接与质子的质量分数成正比[式(3.50)和式(3.63)]。由于质子的质量分数在整个核合成过程中都非常小,所以,经过 ^{12}C(p,γ)^{13}N($\beta^+\nu$)^{13}C 的反应流变得可以忽略不计。然而,对于小质量恒星典型的较低核心碳燃烧温度,^{13}N 的光解不太重要,序列 ^{12}C(p,γ)^{13}N($\beta^+\nu$)^{13}C(α,n)可

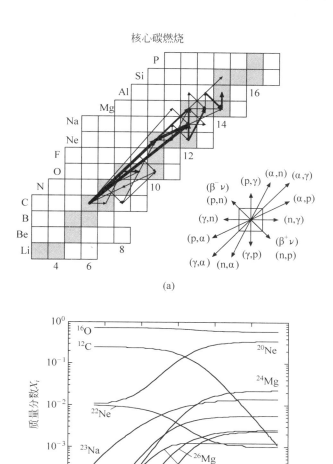

图 5.26 （a）时间积分的净丰度流，(b) 恒定的温度 $T=0.9$ GK 和密度 $\rho=10^5$ g·cm^{-3} 下的丰度演化。这是具有初始质量 $M=25$ $M_\odot$ 和初始太阳金属度的恒星中核心碳燃烧的典型条件。数值求解反应网络直至碳燃料耗尽（$X_{^{12}C}<10^{-3}$，约 1600 a 后）。箭头代表净的（前向减去反向）丰度流，它是对整个计算时间内的积分。丰度流的幅度由三种不同粗细的箭头来表示：$F^{max} \geqslant F_{ij} > 0.1F^{max}$（粗箭头），$0.1F^{max} \geqslant F_{ij} > 0.01F^{max}$（中粗细箭头），以及 $0.01F^{max} \geqslant F_{ij} > 0.001F^{max}$（细箭头），其中 F^{max} 对应于具有最大净流的反应。阴影方块表示稳定同位素。特定核素可以根据元素符号（纵轴）和中子数（横轴）识别出来。钥匙键（右中）表示丰度流的箭头方向和反应类型之间的对应关系。在图（a）中，^{16}O(α,γ)^{20}Ne 反应被 ^{12}C(^{12}C,α)^{20}Ne 模糊掉了

能会变成主要的中子源，并造成中子过剩参数 η 的显著增加（Arnett & Thielemann，1985）。

当 ^{12}C 燃料被消耗时，大多数最初存在的 ^{16}O 原子核一直存活到计算结束。^{22}Ne 的丰度也下降了，但许多其他同位素的丰度稳定地增加了（图 5.26）。随着处理时间的推移，由于

被各种核素俘获,所释放出来的质子和 α 粒子的数量不断减少,核合成速度放慢。超过 $t = 10^{10}$ s,主要核素的丰度变化不大。^{12}C 燃料在约 1600 a($t = 5 \times 10^{10}$ s)后耗尽($X_{^{12}\text{C}} < 0.001$)。核能产生的总量为 6.3×10^{22} MeV·g^{-1},与根据式(5.104)得到的值一致,这里我们假设每个初级 ^{12}C + ^{12}C 反应的平均能量释放约为 10 MeV。在计算结束时最丰的核素是 ^{16}O($X_f = 0.60$)、^{20}Ne($X_f = 0.35$)、^{24}Mg($X_f = 0.025$)和 ^{23}Na($X_f = 0.014$)。产生的许多 $A < 20$ 和 $A \geqslant 28$ 的其他同位素的质量分数都小于 $X = 5 \times 10^{-4}$,它们的丰度演化演变没有显示在图 5.26 中。

我们已经评论过初级 ^{12}C + ^{12}C 反应的实验情况。关于重要次级反应的一些信息总结如下。重要的中子源 ^{13}C(α,n)^{16}O 和 ^{22}Ne(α,n)^{25}Mg 将在 5.6.1 节中讨论。我们首先需要考虑伽莫夫峰的位置。例如,在 $T = 0.9$ GK 的温度下,^{23}Na + p 和 ^{20}Ne + α 反应的伽莫夫峰分别位于 $E_0 \pm \Delta/2 = (555 \pm 240)$ keV 和 $E_0 \pm \Delta/2 = (1250 \pm 360)$ keV。其他质子或 α 粒子诱发反应也有类似的值。^{21}Ne、^{22}Ne、^{23}Na、^{25}Mg 和 ^{26}Mg 的质子诱发反应率显示在图 5.18 中。^{23}Na 的分支比 $B_{p\alpha/p\gamma}$ 如图 5.17 所示。对于 ^{21}Ne(p,γ)^{22}Na、^{23}Na(p,γ)^{24}Mg、^{23}Na(p,α)^{20}Ne、^{25}Mg(p,γ)^{26}Al 和 ^{26}Mg(p,γ)^{27}Al 反应,其观测到的最低位共振分别位于 $E_r^{cm} = 120$ keV、241 keV、170 keV、190 keV 和 149 keV。因此,直接测量已完全覆盖了 $T \approx 0.9$ GK 的伽莫夫峰区。另请参见 5.1.3 节末尾给出的信息。^{22}Ne(p,γ)^{23}Na 反应仅测量到共振能量 $E_r^{cm} = 417$ keV,但预期的较低位共振不会影响 $T = 0.9$ GK 时的反应率(Hale et al., 2001)。在 ^{16}O(α,γ)^{20}Ne 和 ^{20}Ne(α,γ)^{24}Mg 反应中,最低位的共振分别位于 $E_r^{cm} = 893$ keV 和 799 keV(5.1.3 节,Angulo et al., 1999),该伽莫夫峰区已被直接测量所覆盖。在 $T = 0.9$ GK 时,上述质子和 α 粒子诱发反应的反应率的典型不确定度为 $10\% \sim 30\%$,对照较低温度下的情况,那里的反应率不确定度可以达到几个数量级(5.1.3 节)。

5.3.2 氖燃烧

下面讨论的核心燃烧阶段发生在初始质量 $M \geqslant 11 M_\odot$ 的恒星中(1.4.3 节和图 1.4)。在核心碳燃烧的结尾,当大部分 ^{12}C 核耗尽时,核心主要由 ^{16}O、^{20}Ne、^{23}Na 和 ^{24}Mg 构成。其他核素也会出现,但丰度要小得多($X_i < 5 \times 10^{-3}$,图 5.26)。核心引力收缩,则温度和密度增加[图 5.1(a)]。可以合理地假设下一种要点燃的核燃料是氧,即通过 ^{16}O + ^{16}O 熔合反应。然而,在此发生之前,恒星升高到对于光解反应已经变得很重要的温度($T > 1$ GK)。上述原子核的质子、中子和 α 粒子的分离能在为 $7 \sim 17$ MeV 范围内,因此,即使在高温下,它们对光解也是不活跃的。例外的是 ^{20}Ne,它具有相对较小的 α 粒子分离能,$S_\alpha = 4.73$ MeV。对于典型 $T = 1.5$ GK 的温度,^{20}Ne 的光解衰变常数可以使用(正向)^{16}O(α,γ)^{20}Ne 的反应率(Angulo et al., 1999)根据式(3.46)计算出来。其结果是 $\lambda_\gamma(^{20}\text{Ne}) = 1.5 \times 10^{-6}$ s^{-1},这样 ^{20}Ne 核会被光解。所释放出来的 α 粒子反过来又会诱发涉及任何更丰原子核的次级反应。重要的 α 粒子消耗反应的反应率如图 5.27 所示。回想一下,与原子核 1 反应被破坏的 α 粒子的衰变常数由 $\lambda_1(\alpha) = \rho(X_1/M_1)N_A \langle \sigma v \rangle_{\alpha 1}$ 给出[式(3.23)]。对于典型的温度和密度值($T = 1.5$ GK、$\rho = 5 \times 10^6$ g·cm^{-3};见下文),并假设碳燃烧结束时的同位素组成(图 5.26),可得如下衰变常数:$\lambda_{^{16}\text{O}(\alpha,\gamma)}(\alpha) = 2.3 \times 10^4$ s^{-1}、$\lambda_{^{20}\text{Ne}(\alpha,\gamma)}(\alpha) = 1.6 \times 10^4$ s^{-1}、

$\lambda_{^{23}\text{Na}(\alpha,\text{p})}(\alpha)=5.7\times10^{3}\ \text{s}^{-1}$ 及 $\lambda_{^{24}\text{Mg}(\alpha,\gamma)}(\alpha)=4.1\times10^{2}\ \text{s}^{-1}$。因此,一些 α 粒子将被 ^{16}O 俘获,再次合成 ^{20}Ne。但是也有一些好的机会,即释放的 α 粒子会被一些反应,例如 ^{20}Ne(α, γ)^{24}Mg、^{23}Na(α,p)^{26}Mg 或 ^{24}Mg(α,γ)^{28}Si 所消耗掉。许多其他 α 粒子诱发的反应也会发生并释放质子和中子,这些轻粒子也将参与核合成。详情将在下面讨论。

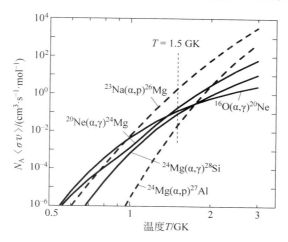

图 5.27 ^{16}O、^{20}Ne、^{23}Na 和 ^{24}Mg 上 α 粒子诱发反应的反应率与温度的关系。垂直虚线表示大质量恒星核心氖燃烧的典型温度 $T=1.5$ GK

总而言之,由以下初级反应:
$$^{20}\text{Ne}(\gamma,\alpha)^{16}\text{O}\quad(Q=-4730\ \text{keV})\tag{5.105}$$
和随后的次级反应:
$$^{20}\text{Ne}(\alpha,\gamma)^{24}\text{Mg}(\alpha,\gamma)^{28}\text{Si}\quad(Q_{^{20}\text{Ne}(\alpha,\gamma)}=9316\ \text{keV})$$
$$(Q_{^{24}\text{Mg}(\alpha,\gamma)}=9984\ \text{keV})\tag{5.106}$$
$$^{23}\text{Na}(\alpha,\text{p})^{26}\text{Mg}(\alpha,\text{n})^{29}\text{Si}\quad(Q_{^{23}\text{Na}(\alpha,\text{p})}=1821\ \text{keV})$$
$$(Q_{^{26}\text{Mg}(\alpha,\text{n})}=34\ \text{keV})\tag{5.107}$$

所组成的网络称为氖燃烧。初级反应是吸热的,因为它消耗能量。然而,结合随后的次级反应,正如我们将要看到的那样,每个 ^{20}Ne 原子核被光解所破坏时都会产生一个净能量。核心氖燃烧期间的典型温度在 $T=1.2\sim1.8$ GK 的范围,而在流体静力学氖壳燃烧期间,温度更高一些。

对核能产生最重要的两个反应是 ^{20}Ne(γ,α)^{16}O 和 ^{20}Ne(α,γ)^{24}Mg。能级纲图显示在图 5.28 中。在 $T=1.5$ GK 时,^{20}Ne(γ,α)^{16}O 反应主要通过 ^{20}Ne 的 $E_{x}=5621$ keV 和 5788 keV 能级进行(习题 3.8),而 ^{20}Ne(α,γ)^{24}Mg 反应最重要的 ^{24}Mg 能级位于 $E_{x}=10680$ keV、10917 keV 和 11016 keV(Endt,1990)。重排有效地将两个 ^{20}Ne 原子核转化为 ^{16}O 和 ^{24}Mg。因此,我们有

$$^{20}\text{Ne}+{}^{20}\text{Ne}\longrightarrow{}^{16}\text{O}+{}^{24}\text{Mg}+4586\ \text{keV}\tag{5.108}$$

其中,能量释放的值既可以从式(1.11)中也可以从 $Q_{^{20}\text{Ne}(\gamma,\alpha)}+Q_{^{20}\text{Ne}(\alpha,\gamma)}$ 中得到。其他次级反应也对能量产生有贡献。从网络计算可以估计,每个 ^{20}Ne+^{20}Ne 转换在 $T\approx1.5$ GK 附近释放

的平均能量为 $\bar{Q}_{Ne} \approx 6.2$ MeV(见下文)。对于氖燃烧过程中的总能量释放,从式(3.69)可得

$$\int \varepsilon_{Ne}(t)\,dt = \frac{N_A \bar{Q}_{Ne}}{2M_{^{20}Ne}} \Delta X_{^{20}Ne} = 9.32 \times 10^{22} \Delta X_{^{20}Ne} \quad (\text{MeV} \cdot \text{g}^{-1}) \tag{5.109}$$

其中,$X_{^{20}Ne}$ 是消耗的 ^{20}Ne 燃料的质量分数。在消耗相同质量燃料的情况下,其总能量释放与碳燃烧相比大约少三倍。

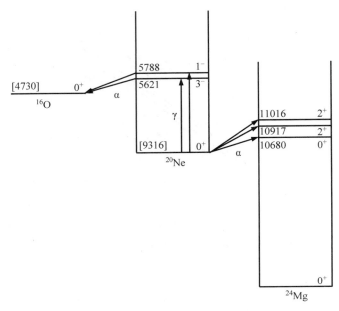

图 5.28 参与氖燃烧最重要核素的能级纲图。方括号中的数值代表反应的 Q 值(Wang *et al*.,2012;另请参见图 5.21 的标题)。激发能和量子数取自文献(Tilley *et al*.,1998;Endt,1990)。这里省略了对氖燃烧不重要的那些能级

对于流体静力学氖燃烧期间的产能率,可以通过假设 $^{16}\text{O}+\alpha \longleftrightarrow {}^{20}\text{Ne}+\gamma$ 平衡来找到一个近似的解析表达式。上面引用的 $\lambda_{^{16}\text{O}(\alpha,\gamma)}(\alpha)$、$\lambda_{^{20}\text{Ne}(\alpha,\gamma)}(\alpha)$ 和 $\lambda_{^{23}\text{Na}(\alpha,p)}(\alpha)$ 的值分别是用 $X_{^{16}\text{O}}=0.60$、$X_{^{20}\text{Ne}}=0.35$ 和 $X_{^{23}\text{Na}}=0.014$ 获得的。然而,^{20}Ne 和 ^{23}Na 丰度在氖燃烧过程中下降,而 ^{16}O 丰度增加。因而,$^{16}\text{O}(\alpha,\gamma)^{20}\text{Ne}$ 将是主要的 α 粒子消耗反应,并且 $^{16}\text{O}+\alpha \longleftrightarrow {}^{20}\text{Ne}+\gamma$ 平衡的假设是合理的。则产能率由下式给出(习题 5.5):

$$\varepsilon_{Ne} \approx 6.24 \times 10^{33} \frac{(X_{^{20}Ne})^2}{X_{^{16}O}} T_9^{3/2} e^{-54.89/T_9} N_A \langle \sigma v \rangle_{^{20}Ne(\alpha,\gamma)} \quad (\text{MeV} \cdot \text{g}^{-1} \cdot \text{s}^{-1})$$
$$\tag{5.110}$$

并且与密度无关。^{20}Ne$(\alpha,\gamma)^{24}$Mg 在 $T=1$ GK 以上的反应率可以用解析表达式 $N_A \langle \sigma v \rangle_{^{20}Ne(\alpha,\gamma)} = 3.74 \times 10^2 T_9^{2.229} \exp(-12.681/T_9)$ 来描述(Angulo *et al*.,1999)。对于氖燃烧过程中产能率的温度依赖性,可以从式(5.110)得到:

$$\varepsilon_{Ne} \sim T_9^{1.5} T_9^{2.229} e^{-54.89/T_9} e^{-12.681/T_9} \sim T_9^{3.729} e^{-67.57/T_9} \tag{5.111}$$

其中,指数项 $\exp(-67.57/T_9)$ 是根据式(3.85)~式(3.90)中描述的方法导出的。在 $T_0 \approx 1.5$ GK 附近,发现有

$$\varepsilon_{Ne}(T) = \varepsilon_{Ne}(T_0)(T/T_0)^{49} \tag{5.112}$$

因此,氖燃烧对温度也是非常灵敏的。

氖燃烧的网络计算是在恒定温度 $T = 1.5$ GK 和密度 $\rho = 5 \times 10^6$ g·cm^{-3} 的条件下进行的。这些值与那些从恒星核心氖燃烧模型计算中获得的值很接近,其中恒星具有初始质量 $M = 25\ M_\odot$ 及初始太阳金属度(Woosley et al., 2002)。对于核心氖燃烧开始时的初始丰度,我们采用核心碳燃烧结束时所得到的最终丰度,即主要是 ^{16}O($X_i = 0.60$)和 ^{20}Ne($X_i = 0.35$),以及贡献较小的 ^{21}Ne-^{28}Si 区内的核素(图 5.26)。求解网络,直到氖燃料耗尽($X_{^{20}Ne} < 0.0015$)。

净丰度流如图 5.29 所示。主要的流是由 ^{20}Ne(γ,α)^{16}O 和 ^{20}Ne(α,γ)^{24}Mg(α,γ)^{28}Si 反应引起的,与我们之前的讨论一致。相对较小,但还是很大的流是由 ^{24}Mg(α,p)^{27}Al(α,p)^{30}Si 和 ^{23}Na(α,p)^{26}Mg 引起的。释放的质子启动了许多不同的反应,尤其是 ^{26}Mg(p,γ)^{27}Al、^{23}Na(p,α)^{20}Ne 和 ^{25}Mg(p,γ)^{26}Al($\beta^+\nu$)^{26}Mg 反应。中子由 ^{21}Ne(α,n)^{24}Mg、^{25}Mg(α,n)^{28}Si 和 ^{26}Mg(α,n)^{29}Si 反应产生。释放出来的中子将经历主要涉及 ^{20}Ne、^{24}Mg 和 ^{28}Si 上的(n,γ)反应。在最大处,轻粒子的质量分数为 $X_H = 2 \times 10^{-17}$、$X_{^4He} = 1 \times 10^{-12}$ 以及 $X_n = 1 \times 10^{-21}$。在氖燃烧期间,中子过剩参数 η 的变化相对较小(Thielemann & Arnett, 1985)。对于所采用的温度和密度条件,某些 β 衰变的恒星衰变常数与它们在地球上的值是显著不同的(1.8.4 节)。例如,^{24}Na($\beta^-\nu$)^{24}Mg 的实验室半衰期为 $T_{1/2} = 15$ h,而在氖燃烧条件下为 $T_{1/2} = 0.52$ h(Fuller et al., 1982)。

除了 ^{21}Ne、^{22}Ne 和 ^{23}Na,最丰核素的演化也显示在图 5.29 中。前三种核素很快从它们的初始丰度值而被耗尽。当 ^{20}Ne 燃料被逐渐消耗时,^{16}O 丰度随时间而增加。显示在图 5.29 中大多数其他核素的丰度也增加了,除了 ^{25}Mg 和 ^{26}Mg,它们的丰度在核合成过程中几乎没有变化。在 $t = 2 \times 10^6$ s 之后,所释放的可用于俘获各种核素的质子、α 粒子和中子的数目减少,核合成减慢。在 $t = 1.8 \times 10^7$ s 以后,主要核素的丰度变化不大。^{20}Ne 燃料在 280 d (即 $t = 2.4 \times 10^7$ s)后耗尽($X_{^{20}Ne} < 0.0015$)。总的核能产生为 3.3×10^{22} MeV·g^{-1}。在计算结束后最丰的核素为 ^{16}O($X_f = 0.77$)、^{24}Mg($X_f = 0.11$)和 ^{28}Si($X_f = 0.083$),而在 ^{25}Mg-^{32}S 区中的核素,其最终质量分数的范围为 $X_f = 0.002 \sim 0.01$。在整个计算过程中,质量分数小于 10^{-4} 的所有其他核素未在图中显示。更复杂的恒星模型模拟也可以得到类似的结果(Arnett, 1996)。

在 $T = 1.5$ GK 的温度下,^{20}Ne(α,γ)^{24}Mg、^{24}Mg(α,γ)^{28}Si、^{23}Na(p,α)^{20}Ne 和 ^{25,26}Mg(p,γ)^{26,27}Al 反应的伽莫夫峰分别位于 $E_0 \pm \Delta/2 = (1760 \pm 550)$ keV、(2010 ± 590) keV、(780 ± 370) keV 和 (830 ± 380) keV。对于 ^{16}O(α,γ)^{20}Ne 反应[也即 ^{20}Ne(γ,α)^{16}O 的逆反应,习题 5.5],在 $T = 1.5$ GK 时我们得到 $E_0 \pm \Delta/2 = (1500 \pm 510)$ keV。所有这些反应都在伽莫夫峰区进行了直接测量。在此温度附近,^{16}O(α,γ)^{20}Ne、^{23}Na(p,α)^{20}Ne、^{25}Mg(p,γ)^{26}Al 和 ^{26}Mg(p,γ)^{27}Al 的反应率不确定度小于 20%(Angulo et al., 1999; Iliadis et al., 2001)。然而,对于重要的 ^{20}Ne(α,γ)^{24}Mg 和 ^{24}Mg(α,γ)^{28}Si 反应,受系统误差的影响其反应率不确定度可能在两倍左右,这可以从文献(Caughlan & Fowler, 1988; Angulo et al., 1999; Rauscher et al., 2000)报道的不同结果中看出。

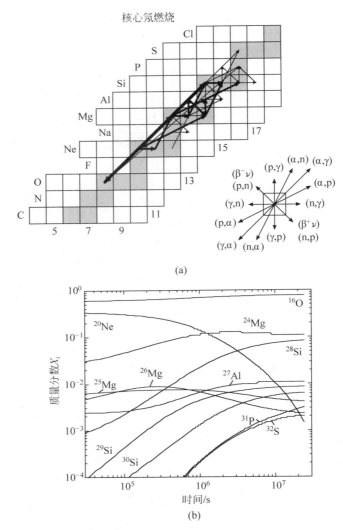

核心氖燃烧

图 5.29 （a）时间积分的净丰度流，（b）恒定的温度 $T=1.5$ GK 和密度 $\rho=5\times10^{6}$ g·cm^{-3} 下的丰度
演化。这是具有初始质量 $M=25\,M_{\odot}$ 和初始太阳金属度的恒星中核心氖燃烧的典型条件。
数值求解反应网络直至氖燃料耗尽（$X_{^{20}\text{Ne}}<0.0015$，约 280 a 后）。箭头、阴影方块以及上方
图中的钥匙键具有和图 5.26 相同的意义

5.3.3 氧燃烧

氖燃料耗尽后，恒星核心中最丰的核素是 ^{16}O、^{24}Mg 和 ^{28}Si（图 5.29）。核心收缩和温度
升高，直到下一种燃料的燃烧开始产生能量。在由上述核素组合所引起的反应中，
^{16}O+^{16}O 熔合反应是最有可能发生的过程，因为它具有最低的库仑势垒（Hoyle，1954；
Cameron，1959）。由入射道两个重核所引起的反应（^{16}O+^{16}O）是维持核燃烧的主要过程，
从这个意义上来说，这类似于碳燃烧的情形。两个 ^{16}O 核熔合成的 ^{32}S 复合核是高度激发
的，^{16}O+^{16}O 和 ^{32}S 之间的质量差约为 16.5 MeV。那么熔合反应将涉及许多重叠的 ^{32}S 复
合核能级。过剩的能量会通过轻粒子发射而有效地消除掉（与 γ 射线发射相反）。与

^{12}C+^{12}C 反应对照，^{16}O+^{16}O 反应可能有更多的出射道，这是因为 ^{32}S 复合核到达了更高的激发能(Spinka & Winkler，1974)。最可能的主要初级反应是

$$^{16}O(^{16}O,p)^{31}P \qquad (Q = 7678 \text{ keV}) \qquad (5.113)$$

$$^{16}O(^{16}O,2p)^{30}Si \qquad (Q = 381 \text{ keV}) \qquad (5.114)$$

$$^{16}O(^{16}O,\alpha)^{28}Si \qquad (Q = 9594 \text{ keV}) \qquad (5.115)$$

$$^{16}O(^{16}O,2\alpha)^{24}Mg \qquad (Q = -390 \text{ keV}) \qquad (5.116)$$

$$^{16}O(^{16}O,d)^{30}P \qquad (Q = -2409 \text{ keV}) \qquad (5.117)$$

$$^{16}O(^{16}O,n)^{31}S \qquad (Q = 1499 \text{ keV}) \qquad (5.118)$$

^{16}O(^{16}O,d)^{30}P 和 ^{16}O(^{16}O,2α)^{24}Mg 反应是吸热反应，即它们在阈值 $E_{cm} = -Q$ 以上能量时才能发生。此外，^{16}O(^{16}O,d)^{30}P 反应所释放的氘核在恒星高温环境下会立即被光解掉 (d+$\gamma \longrightarrow$ p+n)。这些释放出来的轻粒子很快被次级反应耗尽，例如，这些初级反应会涉及氖燃烧灰烬和初级反应的重产物核。该初级和次级反应的网络称为氧燃烧。取决于恒星的质量，核心氧燃烧期间的典型温度在 $T = 1.5 \sim 2.7$ GK 的范围，而在氧壳燃烧中，温度更高一些。

应该指出的是，在流体静力学氧燃烧过程中，^{16}O、^{24}Mg 和 ^{28}Si 核的光解对核能产生贡献不大。除了 ^{16}O 的 α 粒子分离能为 7.2 MeV，它们的质子、中子和 α 粒子的分离能都超过约 9 MeV。因此，在这些光解中 ^{16}O(γ,α)^{12}C 反应是最有可能发生的过程。^{16}O+^{16}O 和 ^{16}O(γ,α)^{12}C 反应的衰变常数 $\lambda_i(^{16}O)$ 随温度的关系如图 5.30 所示。^{16}O+^{16}O 的衰变常数由 $\lambda_{^{16}O}(^{16}O) = \rho(X_{^{16}O}/M_{^{16}O})N_A \langle \sigma v \rangle$ 得到[式(3.23)]，假设 $\rho = 3 \times 10^6$ g·cm^{-3} 和 $X_{^{16}O} = 0.5$，而 $\lambda_\gamma(^{16}O)$ 是根据正向 ^{12}C(α,γ)^{16}O 反应率计算的，并且与 ρ 和 $X_{^{16}O}$ 无关[式(3.46)]。在这些条件下，^{16}O+^{16}O 熔合更有可能发生在 $T = 4$ GK 以下温度，因此它将是流体静力学氧燃烧过程中主要的 ^{16}O 消耗过程。

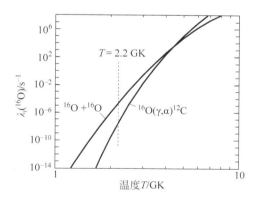

图 5.30 ^{16}O+^{16}O 和 ^{16}O(γ,α)^{12}C 反应的衰变常数 $\lambda_i(^{16}O)$ 随温度的关系。^{16}O+^{16}O 曲线是在假设 $\rho = 3 \times 10^6$ g·cm^{-3} 和 $X_{^{16}O} = 0.5$ 的条件下计算的；而 ^{16}O(γ,α)^{12}C 曲线是通过 ^{12}C(α,γ)^{16}O 的反应率推导出来的，它不依赖于 ρ 和 $X_{^{16}O}$。垂直虚线表示大质量恒星中核心氧燃烧的典型温度 $T = 2.2$ GK

^{16}O+^{16}O 总的 S 因子如图 5.31 所示。反应已经测量到 $E_{cm} \approx 6.8$ MeV 的能量。库

仑势垒的高度约为 13 MeV,类似于 5.3.1 节中讨论的情况,由于伽莫夫因子在不能完全消除所测能量处截面的能量依赖性[式(2.124)],所以总的 S 因子随能量变化剧烈。两个阴影棒分别表示在核心氧燃烧典型温度下($T \approx 2.2$ GK)伽莫夫峰的位置[$E_0 \pm \Delta/2 = (6600 \pm 1290)$keV],以及爆炸性氧燃烧温度下($T = 3.6$ GK)伽莫夫峰的位置[$E_0 \pm \Delta/2 = (9170 \pm 1950)$keV]。可以看出,实验数据向下刚刚触及 $T = 2.2$ GK 的伽莫夫峰中心($E_{cm} \approx E_0$),而 $T = 3.6$ GK 的伽莫夫峰区已被数据完全覆盖。正如预期的那样,由于 $^{16}O + ^{16}O$ 反应在每个轰击能量下都是通过许多重叠的共振进行的,所以总的 S 因子随能量平滑变化。特别是,在 $^{12}C + ^{12}C$ 总的 S 因子中观测到的无法解释的截面波动(图 5.24),其在 $^{16}O + ^{16}O$ 的数据中不存在。然而,在较低能量($E_{cm} < 8$ MeV)下,各种测量结果很不一致。数据已通过许多方法进行了拟合(例如,Wu & Barnes,1984)。在较低能量处,文献 Caughlan & Fowler (1988)所采用的拟合的总 S 因子如图 5.31 中实线所示。

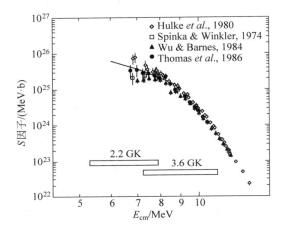

图 5.31 $^{16}O + ^{16}O$ 反应总的 S 因子。数据取自文献(Spinka & Winkler,1974;Hulke et al.,1990;Wu & Barnes,1984;Thomas et al.,1986)。Thomas 等(1986)的数据是从他们的图 9 和图 10 中提取的。空心棒表示 $T \approx 2.2$ GK(核心氧燃烧)和 $T \approx 3.6$ GK(爆炸性氧燃烧)的伽莫夫峰的位置。实线表示(Caughlan & Fower,1988)所采用的拟合的总的 S 因子

$^{16}O + ^{16}O$ 反应在剩余核中布居了很多能级。对不同反应道的研究采用了各种技术,包括对发射轻粒子的直接探测(Spinka & Winkler,1974),对剩余核中激发能级发射 γ 射线的探测(Spinka & Winkler,1974;Wu & Barnes,1984;Thomas et al.,1986),以及活化法(Spinka & Winkler,1974;Wu & Barnes,1984)。截面数据表明,涉及出射道中三个粒子的那些反应有重要贡献,如 $^{16}O(^{16}O,2p)^{30}Si$ 或 $^{16}O(^{16}O,2\alpha)^{24}Mg$。这些三粒子出射道的贡献在最低测量能量 $E_{cm} \approx 6.8$ MeV 处可能占总截面的约 20%(Spinka & Winkler,1974)。分截面的可用数据也很不一致。此外,关于产生同类粒子的两粒子或三粒子出射道之间竞争的信息很少,例如:在 $^{16}O(^{16}O,p)^{31}P$ 和 $^{16}O(^{16}O,2p)^{30}Si$ 之间,或 $^{16}O(^{16}O,\alpha)^{28}Si$ 和 $^{16}O(^{16}O,2\alpha)^{24}Mg$ 之间。在 $E_{cm} \approx 6.8$ MeV 处,报道的分支比的平均值分别为,$^{16}O(^{16}O,p)^{31}P$ 和 $^{16}O(^{16}O,2p)^{30}Si$ 占约 60%,$^{16}O(^{16}O,\alpha)^{28}Si$ 和 $^{16}O(^{16}O,2\alpha)^{24}Mg$ 占约 25%,$^{16}O(^{16}O,d)^{30}P$ 占约 10%,$^{16}O(^{16}O,n)^{31}S$ 占约 5%。

$^{16}O + ^{16}O$ 不同出射道的热核反应率如图 5.25 所示(Caughlan & Fowler,1988)。其

中,每个反应率归一化到各自发射轻粒子（p、α、n）的产额而不是反应数上。例如,标有 "$^{16}O(^{16}O,\alpha)$" 的曲线代表了产生 α 粒子的反应率,这与由 $^{16}O(^{16}O,\alpha)^{28}Si$ 和 $^{16}O(^{16}O,2\alpha)^{24}Mg$ 两个反应共同所产生的 α 粒子一样多。类似的论点适用于产生质子和中子的反应道。特别是,标有 "$^{16}O(^{16}O,n)$" 的曲线代表产生中子的反应率,这些中子源自 $^{16}O(^{16}O,n)^{31}S$ 反应以及 $^{16}O(^{16}O,d)^{30}P$ 反应后的氘核破裂。从图 5.25 中可以看出,质子出射道在所有温度下都占主导地位。在 $T=2.2$ GK 时,发射质子、α 粒子和中子对反应率的贡献分别为约 62%、约 21% 和约 17%（Caughlan & Fowler,1988）。目前,初级氧燃烧反应的反应率不确定度难以量化。考虑到报道的 $^{16}O+^{16}O$ 在 $E_{cm}=8$ MeV 以下的总截面和我们对不同出射道分支比不完全知识的不一致性,我们可以得出结论,对于初级氧燃烧反应,在 $T=3$ GK 以下温度,其反应率的不确定度至少为约 3 倍。

类似于碳燃烧的情况（5.5.1 节）,次级反应对初级氧燃烧反应所释放的核能有显著贡献。在 $T=2.2$ GK 附近,对每个 $^{16}O+^{16}O$ 反应,网络计算（见下文）产生了一个 $Q_O\approx17.2$ MeV 的平均能量释放（Woosley et al.,2002）。流体静力学氧燃烧的产能率则由式（3.64）给出：

$$\varepsilon_O = \frac{\bar{Q}_O}{\rho}r_{^{16}O+^{16}O} = \frac{\bar{Q}_O}{\rho}\frac{(N_{^{16}O})^2\langle\sigma v\rangle_{^{16}O+^{16}O}}{2} = \frac{N_A\bar{Q}_O}{512}X_{^{16}O}^2\rho N_A\langle\sigma v\rangle_{^{16}O+^{16}O}$$

$$= 2.03\times10^{22}X_{^{16}O}^2\rho N_A\langle\sigma v\rangle_{^{16}O+^{16}O}\ (\text{MeV}\cdot\text{g}^{-1}\cdot\text{s}^{-1}) \tag{5.119}$$

其中,$N_A\langle\sigma v\rangle_{^{16}O+^{16}O}$ 是 $^{16}O+^{16}O$ 的总反应率。在氧燃烧过程中 $^{16}O+^{16}O$ 反应率和产能率的温度依赖性可以从非共振反应的表达式中得到[式（3.90）]。在典型温度 $T_0=2.2$ GK 附近,发现值为 $\tau=104.5$[式（3.91）],因此,忽略电子屏蔽则有

$$\varepsilon_O(T) = \varepsilon_O(T_0)(T/T_0)^{(104.5-2)/3} = \varepsilon_O(T_0)(T/T_0)^{34} \tag{5.120}$$

氧燃烧过程中释放的总能量可以从式（3.69）中得到：

$$\int\varepsilon_O(t)dt = \frac{N_A\bar{Q}_O}{2M_{^{16}O}}\Delta X_{^{16}O} = 3.24\times10^{23}\Delta X_{^{16}O}\quad(\text{MeV}\cdot\text{g}^{-1}) \tag{5.121}$$

其中,$\Delta X_{^{16}O}$ 是所消耗氧燃料的质量分数。该值超过了碳或氖燃烧过程中释放能量的总和[式（5.104）和式（5.109）]。

对于恒定温度 $T=2.2$ GK 和密度 $\rho=3\times10^6$ g·cm^{-3} 的网络计算,其结果如图 5.32 所示。这些值类似于那些从恒星模型计算中所获得的,即在初始质量为 $M=25\ M_\odot$ 及初始太阳金属度的恒星核心氧燃烧过程中（Woosley et al.,2002）。对于核心氧燃烧开始时的初始丰度,我们采用核心氖燃烧结束时所得的最终丰度;即 $^{16}O(X_i=0.77)$、$^{24}Mg(X_i=0.11)$ 和 $^{28}Si(X_i=0.083)$,以及来自 ^{25}Mg-^{32}S 区内核素的较小贡献（图 5.29）。求解网络直到氧耗尽（$X_{^{16}O}<0.001$）。对于这里采用的 T-ρ 条件,初级 $^{16}O+^{16}O$ 反应的电子屏蔽修正因子约为 1.3。

从图 5.32 中可以看出,许多不同的核过程发生在氧燃烧过程中。我们首先描述具有最大净丰度流（以最粗箭头表示）的那些链接。初级 $^{16}O+^{16}O$ 反应通过不同序列产生 ^{28}Si 和 ^{32}S：① $^{16}O(^{16}O,p)^{31}P(p,\gamma)^{32}S$；② $^{16}O(^{16}O,p)^{31}P(p,\alpha)^{28}Si$；③ $^{16}O(^{16}O,\alpha)^{28}Si$；④ $^{16}O(^{16}O,n)^{31}S(\gamma,p)^{30}P(\gamma,p)^{29}Si(\alpha,n)^{32}S$。这两个 (γ,p) 反应的发生是因为 ^{31}S 和 ^{30}P 的质子分离能相对较小（分别为 $S_p=6133$ 和 $S_p=5595$ keV）,因此,光解主导着竞争的 β^+ 衰变。尽管衰变 $^{31}S(\beta^+\nu)^{31}P$ 弱于 $^{31}S(\gamma,p)^{30}P$,但仍然很重要,如下所述。一些 ^{28}Si 核通

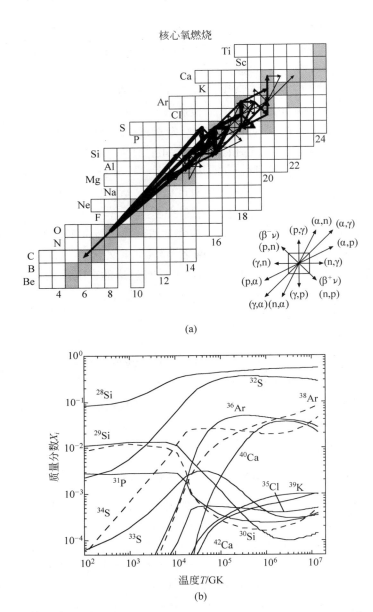

图 5.32 (a) 时间积分的净丰度流,(b) 恒定的温度 $T = 2.2$ GK 和密度 $\rho = 3 \times 10^6$ g·cm^{-3} 下的丰度演化。这是具有初始质量 $M = 25\ M_{\odot}$ 和初始太阳金属度的恒星中核心氧燃烧的典型条件。数值求解反应网络直至氧燃料耗尽($X_{^{16}O} < 0.001$,约 162 a 后)。箭头、阴影方块以及上方图中的钥匙键具有和图 5.26 相同的意义。图(a)中的 $^{24}Mg(\alpha, \gamma)^{28}Si$ 反应被 $^{16}O(^{16}O, \alpha)^{28}Si$ 遮挡模糊掉了

过 $^{28}Si(\alpha, \gamma)^{32}S$ 转化为 ^{32}S。一部分 ^{32}S 核要么通过 $^{32}S(n, \gamma)^{33}S(n, \alpha)^{30}Si(p, \gamma)^{31}P$ 转换回 ^{31}P,要么通过 $^{32}S(\alpha, p)^{35}Cl(p, \gamma)^{36}Ar$ 等反应转换为更重的核。一些释放出来的 α 粒子通过 $^{24}Mg(\alpha, \gamma)^{28}Si$ 和 $^{24}Mg(\alpha, p)^{27}Al$ 过程耗尽最初较丰的 ^{24}Mg 核。诸如 $^{16}O(p, \gamma)^{17}F$、$^{16}O(\alpha, \gamma)^{20}Ne$、$^{28}Si(p, \gamma)^{29}P$、$^{32}S(p, \gamma)^{33}Cl$ 和 $^{36}Ar(p, \gamma)^{37}K$ 反应不会产生明

显的净流量。它们的 Q 值都非常小(分别为 $Q=600$ keV、4730 keV、2749 keV、2277 keV 和 1858 keV),以至于在每种情况下其正向反应率都远小于其逆向光解率。

图 5.32 还显示了最丰核素的演化。为清楚起见,核素 ^{16}O、^{24,25,26}Mg 和 ^{27}Al 未显示在图中。随着时间的推移,它们很快就会耗尽。当消耗氧燃料时,^{28}Si 和 ^{32}S 的丰度随时间增加。^{34}S、^{35}Cl、^{36}Ar、^{38}Ar、^{39}K、^{40}Ca 和 ^{42}Ca 的丰度也增加,而 ^{29,30}Si 和 ^{31}P 的丰度则从它们的初始值开始降低。大约 162 d($t=1.4\times10^7$ s)后,^{16}O 燃料耗尽。产生的总核能为 2.5×10^{23} MeV·g^{-1}。计算结束时丰度最高的核素是 ^{28}Si($X_f=0.54$)、^{32}S($X_f=0.28$)、^{38}Ar($X_f=0.084$)、^{34}S($X_f=0.044$)、^{36}Ar($X_f=0.027$)和 ^{40}Ca($X_f=0.021$),而 ^{29}Si-^{42}Ca 质量区核素的最终质量分数在 $X_f=10^{-4}\sim10^{-3}$ 的范围内(Arnett,1996;Chieffi *et al.*,1998)。在整个计算过程中质量分数 $X<6\times10^{-5}$ 的其他所有核素未显示在图中。

在核心氧燃烧过程中,中子过剩显著增加(在上述计算中增加了 5 倍)。影响 η 的最重要弱相互作用是正电子衰变 ^{31}S(e$^+\nu$)^{31}P 和 ^{30}P(e$^+\nu$)^{30}Si,以及电子俘获 ^{33}S(e$^-$,ν)^{33}P、^{35}Cl(e$^-$,ν)^{35}S 和 ^{37}Ar(e$^-$,ν)^{37}Cl。中子过剩变得如此之大($\eta\approx0.007$),以至于核心物质的成分显著地偏离了太阳系丰度分布。在大质量恒星演化末期,在被抛射到星际介质之前,流体静力学氧燃烧的产物将在随后的爆发性氧(和爆发性硅)燃烧阶段被彻底地再处理。

一些弱相互作用与链接同一对原子核的核反应之间的竞争也很有趣。例如,^{33}S 和 ^{33}P 之间的净丰度流由来自 ^{33}S(e$^-$,ν)^{33}P、^{33}S(n,p)^{33}P 和 ^{33}P(p,n)^{33}S 的各个流决定。在上面的网络计算中,最后一个反应在这些过程中产生了最大的个体流,但前两个过程具有更大的组合流。因此,图 5.32 中的箭头从 ^{33}S 指向 ^{33}P。

在核心氧燃烧的典型温度下,热激发能级对大多数反应率的影响相对较小。几乎所有的反应都涉及稳定(或长寿命)的靶核(图 5.32),原因已在 5.3.1 节给出,除少数例外,它们的恒星增强因子和归一化配分函数在 $T\approx2$ GK 时都接近于 1(3.1.5 节)。弱相互作用的情形则大不相同。例如,在 $T=2.2$ GK 和 $\rho=3\times10^6$ g·cm^{-3} 时,^{30}P(e$^+\nu$)^{30}Si 的半衰期从实验室值 $T_{1/2}=150$ s 降低到 $T_{1/2}=84$ s 的恒星值。正如预期的那样,电子俘获发生了更为剧烈的变化。在假设条件下,^{33}S(e$^-$,ν)^{33}P、^{35}Cl(e$^-$,ν)^{35}S 和 ^{37}Ar(e$^-$,ν)^{37}Cl 的恒星半衰期分别为 $T_{1/2}=4\times10^5$ s、2×10^5 s 和 2×10^4 s,但在实验室中 ^{33}S 和 ^{35}Cl 是稳定的,而 ^{37}Ar 是长寿命的($T_{1/2}=3.0\times10^6$ s,图 1.18)。

我们已经指出,在主要由两个重核的熔合来驱动核合成这个意义上来说,氧燃烧类似于碳燃烧。然而,这两个流体静力学燃烧阶段有着根本的不同,因为在氧燃烧中达到的温度明显更高。在碳燃烧中,可以被各种原子核所俘获的质子、中子和 α 粒子的数量,其随着 ^{12}C 燃料的消耗而逐渐减少,直到结束,因此,核合成会停止。另外,在流体静力学氧燃烧中,温度足够高,以至于光解具有最小粒子分离能的原子核可以提供轻粒子的另一个来源,即使当 ^{16}O 燃料已耗尽时。在上述网络计算中,质子和 α 粒子的丰度在整个核合成过程中近似恒定($X_H\approx10^{-13}$、$X_{^4He}\approx10^{-11}$)。稳定供应的轻粒子参与到核反应中,其结果是结合不那么紧密的核素转化为更稳定的核素,如 3.1.4 节所述。这方面反映在图 5.32 中,其中,在朝向计算结束的方向,大多数核素的丰度不会保持不变,而是由于核重排而发生变化。随着氧燃烧的进行,许多对核素的正向和逆向(光解)反应率之间达到了平衡。几个这样的对最终会达到相互平衡,产生准平衡簇(quasi-equilibrium cluster)(3.1.6 节)。恒星模型计算表明,随着时间的推移和温度的升高,更多核素会加入该组核素(Woosley et $al.$,1973;Chieffi et $al.$,1998)。在氧耗尽之后,下一种核燃料点火之前,$A=24\sim46$ 质量区内的核素会形成一个大的准平衡簇。由铁峰核素组成的第二个簇也开始在氧燃烧结束后形成。它起源于最初存在于恒星中的较重核素,迄今为止这些核素在我们的讨论中都被忽略了。这些核素大多数参与中子诱发反应,尤其是在核心氢燃烧期间,但是也在碳和氖燃烧期间起作用(5.6.1 节)。在核心氧燃烧所达到的温度下,所有这些重核素都会被 (γ,p)、(γ,α) 和 (γ,n) 反应破坏,并转化为最紧密束缚的核,即铁峰核素(1.5.1 节)。我们将在 5.3.4 节中更详细地描述准平衡簇物理。另外,可以参考文献(Woosley et $al.$,1972)。

$^{16}O+^{16}O$ 初级反应的实验信息已经讨论过了。次级反应太多,无法在这里进行详细讨论。我们将聚焦一些能引起最大净丰度流的次级反应(图 5.32)。下面的讨论将提供用于氧燃烧计算的核物理信息的来源和可靠性的一个印象。诸如 $^{31}P(p,\gamma)^{32}S$、$^{31}P(p,\alpha)^{28}Si$、$^{35}Cl(p,\gamma)^{36}Ar$、$^{30}Si(p,\gamma)^{31}P$、$^{32}S(\alpha,p)^{35}Cl$、$^{24}Mg(\alpha,p)^{27}Al$ 和 $^{30}P(\gamma,p)^{29}Si$ 之类反应,其在 $T=2.2$ GK 附近的反应率是基于直接测量的共振能量和强度得到的(Iliadis et $al.$,2010)。后三个逆向反应率是从相应的正向反应率计算的。$^{31}P+p$ 和 $^{35}Cl+p$ 的分支比如图 5.17 所示。上述反应率的典型不确定度在 $T=2.2$ GK 时可达 $\pm25\%$,除 $^{32}S(\alpha,p)^{35}Cl$ 外,其反应率的不确定度为 2 倍。α 俘获反应 $^{24}Mg(\alpha,\gamma)^{28}Si$、$^{28}Si(\alpha,\gamma)^{32}S$ 和 $^{32}S(\alpha,\gamma)^{36}Ar$ 的反应率也是基于直接的实验信息,但可能受到系统误差的影响,其不确定度在 $2\sim3$ 倍的量级,这可以从文献(Caughlan & Fowler,1988),以及(Rauscher et $al.$,2000)报道结果的差异中看出。像 $^{31}S(\gamma,p)^{30}P$、$^{33}S(n,\alpha)^{30}Si$ 和 $^{29}Si(\alpha,n)^{32}S$ 反应,预期它们反应率的不确定度会更大一些,这些反应率是基于 Hauser-Feshbach 统计模型计算的(Goriely,1998;Rauscher & Thielemann,2000)。

5.3.4 硅燃烧

核心氧燃烧接近结束时,当 ^{16}O 燃料耗尽时,最丰的核素是 ^{28}Si 和 ^{32}S(图 5.32)。恒星核心收缩,则温度升高。考虑到库仑势垒,即使是在大质量恒星演化结束时所达到的高温条件下,也不太可能发生诸如 $^{28}Si+^{28}Si$ 或 $^{28}Si+^{32}S$ 熔合反应。相反,核合成可以通过光解不那么紧密束缚的核,以及通过俘获所释放的轻粒子(质子、中子和 α 粒子),来逐渐产生较重且束缚更紧的核,如 3.1.4 节描述。在这个过程中许多正、逆向反应达到平衡,随着温度的升高和时间的推移,几对核素链接在一起形成准平衡簇。类似于氖燃烧,其总体结果是另外一个光解重排(photodisintegration rearrangement)过程,但规模范围更广。我们下面将描述 ^{28}Si、^{32}S 以及 $A=24\sim46$ 区的其他核素如何逐渐转化为最紧密束缚的核,即铁峰核素(1.5.1 节和图 1.9)。该过程为恒星提供了另外一种能量来源,称为硅燃烧(silicon burning)。取决于恒星的质量,核心硅燃烧期间的温度在 $T=2.8\sim4.1$ GK 的范围,而流体静力学硅壳燃烧过程中的温度稍高一些。

现在将讨论硅燃烧的一些基本概念。欲了解更多信息,读者可参考如下开创性工作:(Clayton & Fowler,1968;Woosley et $al.$,1973)。首先假设 ^{28}Si 和 ^{32}S 是氧燃烧结束时仅存的核素。两种核素光解的衰变常数如图 5.33 所示。曲线是根据式(3.46)使用相应的正向反应的反应率计算的。光解衰变常数强烈地依赖于粒子分离能(或正向反应的 Q 值),如 3.1.4 节所说明的那样(图 3.6)。^{32}S 的质子、中子和 α 粒子分离能分别为 $S_p=8.90$ MeV、

$S_n = 15.00$ MeV、$S_\alpha = 6.95$ MeV，^{28}Si 的分别为 $S_p = 11.60$ MeV、$S_n = 17.20$ MeV、$S_\alpha = 9.98$ MeV。因而，^{32}S 是较脆弱的核，会首先被破坏掉。随着核心温度升高到 $T \approx 2$ GK 以上，^{32}S 将通过 ^{32}S$(\gamma,\alpha)^{28}$Si 和 ^{32}S$(\gamma,p)^{31}$P 被消耗。最后一个反应会很快被以下序列跟上，例如 ^{31}P$(\gamma,p)^{30}$Si$(\gamma,n)^{29}$Si$(\gamma,n)^{28}$Si，从而有效地将 ^{32}S 转换为 ^{28}Si。在氧燃烧接近结束时，^{32}S 的破坏就已经开始了，如图 5.32 所示。

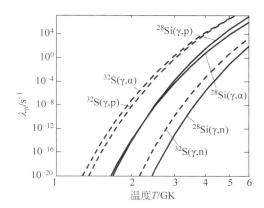

图 5.33 ^{28}Si(实线)和 ^{32}S(虚线)的光解衰变常数随温度的关系。这些曲线是根据相应正向反应的反应率计算出来的

温度进一步升高，直到 ^{28}Si 的光解变得很重要。从图 5.33 可以看出，分离能不是决定光解率的唯一因素。^{28}Si$(\gamma,p)^{27}$Al 的衰变常数和 ^{28}Si$(\gamma,\alpha)^{24}$Mg 的具有相当的量级，尽管 (γ,α) 反应的分离能比 (γ,p) 竞争反应的要小得多。灵敏地影响光解率的其他因素是，通过库仑势垒光发射(photoejected)带电粒子的透射概率，以及共振的约化粒子宽度(光解过程通过共振进行)。

由此产生的转化 Si 和其他中等质量核素为铁峰核素的核合成是很复杂的。为了获得第一印象，现在将讨论在恒定温度和密度下运行的反应网络计算的结果。随后，推导几个解析表达式以得到对硅燃烧的更深入的了解。对于网络计算，我们选择的温度和密度分别为 $T = 3.6$ GK 和 $\rho = 3 \times 10^7$ g·cm^{-3}。这些值类似于在核心硅燃烧的恒星演化计算中所获得的值，其中恒星初始质量为 $M = 25\ M_\odot$ 且具有初始太阳成分(Chieffi et al.，1998)；Woosley et al.，2002)。恒星演化模型还预测了在恒星核心氧燃烧终结到硅燃烧点燃之前的高温($T > 2.2$ GK)环境下，丰度会发生显著的变化(Chieffi et al.，1998)。特别是，^{32}S 的丰度降低，而 ^{30}Si 和 ^{34}S 的丰度增加，因而中子过剩参数 η 增加。正如我们将在下面看到的，硅燃烧开始时 η 的初始值灵敏地影响着硅燃烧的核合成。对于网络计算，选择的初始丰度为 $X_i(^{28}\text{Si}) = 0.70$ 和 $X_i(^{30}\text{Si}) = 0.30$。这些值可以解释成初始中子过剩参数的值为 $\eta_i = 0.02$，与文献(Thielemann & Arnett，1985)，以及(Chieffi et al.，1998)的结果大致一致。热激发能级在这些高温下具有深远的影响，不仅对弱相互作用衰变常数有影响，如 5.3.3 节中已经提到的，而且对许多正向和逆向反应的反应率也有影响，这是通过与单位为 1 显著不同的恒星增强因子和归一化配分函数来影响的(3.1.5 节)。求解网络，直到硅耗尽 ($X_{^{28}\text{Si}} < 0.001$)。结果显示在图 5.34 中。时间积分的净丰度流 F_{ij} 显示出一种有趣的模式。回想一下，流 F_{ij} 是在直到硅耗尽的整个时间内进行积分，因此仅呈现核合成的总体特

性。尽管如此,一些硅燃烧最突出的特征还是会反映在全局的流模式上。燃料最初仅由 ^{28}Si 和 ^{30}Si 组成。这些核素被光解,产生从 ^{24}Mg 到 ^{4}He 的净向下流动。同时,通过大量次级反应对所释放的质子、α 粒子和中子的重新俘获,产生了一个净向上的流。在 $A = 25 \sim 40$ 质量区中,密集的流模式一目了然,由诸如 (p,γ)、(α,γ)、(n,γ)、(α,p)、(α,n)、(n,p) 之类反应以及它们的逆反应组成。在 $A = 46 \sim 64$ 质量区中的核素也通过许多过程链接在一起,产生另一个密集的流模式。在这两组核素之间的 $A = 40 \sim 46$ 质量区,原子核的活动很少。读者可能已经怀疑,上面提到的两组核素($A = 25 \sim 40$ 和 $A = 46 \sim 64$)代表着两个准平衡簇,它们由 $A = 40 \sim 46$ 质量区内核素所引起的反应链接在一起。

最丰核素的演化如图 5.34 所示。很明显,$A < 40$ 区内的核素丰度是逐渐降低的(短划线),而同时铁峰区中核素丰度是逐渐增加的(实线)。由于从中等质量区向铁峰泄漏出去的丰度流相对较小,所以更重和更紧密结合的核素(图 1.9)会累积起来。硅燃料在 $t = 4000$ s 后耗尽($X_{^{28}\text{Si}} < 0.001$)。在计算结束时,大部分物质(约 94% 的质量)已转换为 ^{56}Fe($X_f = 0.56$)、^{52}Cr($X_f = 0.19$)、^{54}Fe($X_f = 0.11$)、^{55}Fe($X_f = 0.050$)和 ^{53}Mn($X_f = 0.034$)。回想一下,^{56}Fe 是结合最紧密的核素之一(1.5.1 节和图 1.9)。在恒星演化计算中已得到了类似的最终丰度值(Chieffi *et al.*,1998)。在燃烧的大部分时间里,自由质子、α 粒子和中子的丰度分别为 $X_p \approx 10^{-7}$、$X_\alpha \approx 10^{-6}$ 和 $X_n \approx 10^{-11}$。

中子过剩(1.8 节)最初保持不变(直到 $t \approx 200$ s),但之后显著增加,这可以从图 5.34 中 ^{54}Fe 过渡到 ^{56}Fe 作为最丰核素而看出。η 的行为受弱相互作用的迟缓所影响。当流到达铁峰核素时,它们才变得很重要。电子俘获 ^{53}Mn(e$^-$,ν)^{53}Cr、^{54}Fe(e$^-$,ν)^{54}Mn、^{55}Fe(e$^-$,ν)^{55}Mn、^{55}Co(e$^-$,ν)^{55}Fe 和 ^{56}Co(e$^-$,ν)^{56}Fe 对 η 演化的影响最大。最终的中子过剩为 $\eta_f = 0.067$。如果把初始丰度设置在 S 或 Ar 而不是 Si 同位素中,则可以得到完全相同的 X_f 值,只要 η_i 保持不变。另外,η_i 的变化对所得铁峰核素的最终组成影响很大。无论如何,中子过剩变得如此之大,以至于核心物质的成分强烈地偏离了太阳丰度分布。在大质量恒星演化末期,在被(部分地)抛射到星际介质之前,流体静力学硅燃烧的产物会在随后的爆炸性燃烧阶段被彻底地进行再处理。核心坍塌和随后的超新星爆,其关键取决于组成,因而也即核心硅燃烧所产生物质的中子过剩。此外,我们已经在讨论之前的后期燃烧阶段时指出,所释放的热核能量几乎完全是以由热过程产生的中微子-反中微子对的形式辐射的。然而,在硅燃烧过程中,弱相互作用对中微子损失有很大贡献。

图 5.34 所示的净丰度流 F_{ij} 是在整个网络计算的运行时间内的积分。图 5.34 既没有为我们提供在特定时刻有关丰度流的信息,也没有告诉我们哪些核素对(或组)处于平衡状态。代替显示时间积分的净丰度流,通过显示量 $\phi_{ij} \equiv |r_{i \to j} - r_{j \to i}| / \max(r_{i \to j}, r_{j \to i})$ [式(3.55)],我们可以得到对核合成的进一步了解。回想一下,值 $\phi_{ij} \approx 0$ 表征了一对核素 i 和 j 之间的平衡。另外,对于远离平衡的一对核素,我们有 $\phi_{ij} \approx 1$。图 5.35 显示了不同时刻($t = 0.01$ s、1 s 和 100 s)的流量 ϕ_{ij},其中涉及的反应网络与图 5.34 中显示的相同。在每个面板中,最粗的线条显示的流为 $\phi_{ij} \leqslant 0.01$(近似平衡),中等粗细的线条代表的流为 $0.01 < \phi_{ij} \leqslant 0.1$,最细的线对应于流 $0.1 < \phi_{ij} \leqslant 1$(无平衡)。在初期($t = 0.01$ s),我们在 $A = 28 \sim 44$ 区内看到最粗线的密集模式。对于这些核素对中的每一对,正向反应被逆向反应部分地平衡了。净丰度流与相应的总流相比要小得多。换句话说,净丰度流代表了两个

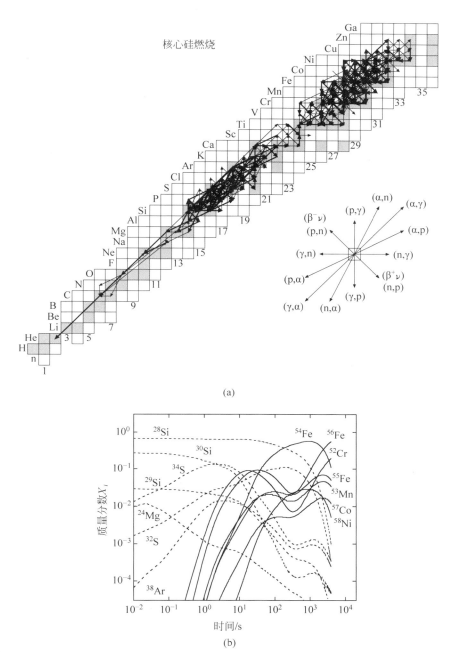

图 5.34 (a) 时间积分的净丰度流,(b) 恒定的温度 $T = 3.6$ GK 和密度 $\rho = 3 \times 10^7$ g·cm^{-3} 下的丰度演化。这是具有初始质量 $M = 25$ $M_\odot$ 和初始太阳金属度的恒星中核心硅燃烧的典型条件。数值求解反应网络直至硅燃料耗尽($X_{^{28}\text{Si}} < 0.001$,约 4000 s 后)。丰度流由三种不同粗细的箭头表示:粗箭头、中等箭头和细箭头显示的流量分别为 $F^{\max} \geqslant F_{ij} > 10^{-2} F^{\max}$,$10^{-2} F^{\max} \geqslant F_{ij} > 10^{-4} F^{\max}$ 和 $10^{-4} F^{\max} \geqslant F_{ij} > 10^{-5} F^{\max}$,其中 $F^{\max}$ 对应于具有最大流量的反应。图(a)中的丰度流显示了在 $A = 25 \sim 40$ 和 $A = 46 \sim 64$ 质量区中存在两个准平衡簇

大的且几乎相等的相反反应率之间一个非常小的差异(因此,$\phi_{ij} \approx 0$)。这对核素在 $A =$ 28~44 区内是链接在一起的。它们处于相互平衡,并形成一个准平衡簇(3.1.6 节)。团簇的质量上边界可以用双幻核 ^{40}Ca 的性质来解释,因为俘获的 α 粒子,例如,很容易通过光解作用被去除掉。在稍后时间($t = 1$ s),第一个簇的大小增长了($A = 24$~44),而第二个簇出现在铁峰区($A = 50$~67)。这两个准平衡簇不处于相互平衡,也就是说,它们之间没有由最粗的线来链接。接近计算结束时($t = 100$ s),两组准平衡簇合并,在 $A = 24$~67 区形成了一个更大的准平衡簇。在一定温度和密度范围的条件下或在恒星演化模型中,关于两个簇之间链接反应的讨论可以分别在文献(Hix & Thielemann,1996),或(Chieffi *et al.*,1998)中找到。

刚才讨论的反应网络计算提供了一个对硅燃烧核合成的可靠描述。类似地,为了获得更深入的了解,我们的注意力主要集中在偶-偶 $N = Z$ 核(或 α-核素,如 ^{12}C、^{16}O、^{20}Ne、^{24}Mg 等)之间的链接反应上,由此,我们现在将推导出用于恒定温度和密度条件下的一些解析表达式。尽管以下考量非常有帮助,但读者应该意识到,对硅燃烧中复杂问题的任何截断(即对某些核素和反应的限制)将不可避免地导致过度简化。

首先假设燃料仅由 ^{28}Si 组成,且 (α,γ) 和 (γ,α) 反应是随之产生的核重排中唯一的相互作用。^{12}C 和 ^{40}Ca 之间的反应链接如图 5.36(b)所示。箭头边上的数字分别表示 $T = 3.6$ GK 时 (α,γ) 或 (γ,α) 反应的衰变常数 λ_α 或 λ_γ(以 s^{-1} 为单位)。λ_α 是根据反应率 $N_A\langle\sigma v\rangle$ 在假设 $\rho = 3\times10^7$ g·cm^{-3} 和 $X_\alpha = 10^{-6}$ 的条件下计算的[式(3.23)]。后一个值取自图 5.34 所示的网络计算。另外,一对正向和逆向反应的 λ_α 和 λ_γ 通过式(3.46)联系在一起。在这里,一个有趣的点变得很明显。^{28}Si$(\gamma,\alpha)^{24}$Mg 的衰变常数远小于所显示的所有其他 α-核素的 λ_γ 值。一些释放的 α 粒子将被 ^{24}Mg 俘获,该过程比竞争的 ^{24}Mg 光解更有可能发生 $[\lambda_\alpha(^{24}\text{Mg}) \gg \lambda_\gamma(^{24}\text{Mg})]$。因而,^{24}Mg 和 ^{28}Si 的丰度将很快达到平衡。另一部分释放的 α 粒子被 ^{28}Si 俘获。随后的 ^{32}S 光解比竞争的 ^{32}S$(\alpha,\gamma)^{36}$Ar 反应更容易发生 $[\lambda_\alpha(^{32}\text{S}) \ll \lambda_\gamma(^{32}\text{S})]$。结果是,^{28}Si 和 ^{32}S 丰度也将快速找到一个平衡。^{24}Mg 和 ^{28}Si 或 ^{28}Si 和 ^{32}S 的数密度由萨哈方程联系在一起[式(3.50)]:

$$\frac{N_3}{N_0 N_1} = \frac{1}{N_1}\frac{\lambda_1(0)}{\lambda_\gamma(3)} = \frac{1}{\theta}\left(\frac{M_0 + M_1}{M_0 M_1}\right)^{3/2}\frac{g_3}{g_0 g_1}\frac{G_3^{\text{norm}}}{G_0^{\text{norm}} G_1^{\text{norm}}}e^{Q_{01\to\gamma3}/(kT)} \tag{5.122}$$

其中,$\theta \equiv (2\pi m_u kT / h^2)^{3/2} = 5.943\times10^{33} T_9^{3/2}$ cm^{-3};g_i 表示统计权重;m_u 是原子质量单位,下标 1 指的是上面所引用核素对的 α 粒子(习题 5.6)。

在较重 α-核素对之间建立了类似的平衡,这是因为在每种情况下,(γ,α) 反应比竞争的 (α,γ) 反应更可能发生[图 5.36(b)]。因此,^{24}Mg、^{32}S、^{36}Ar 等核素的数密度都与 ^{28}Si 和自由 α 粒子处于准平衡态。(γ,p) 和 (γ,n) 类型的光解反应也会发生并导致非 α-核素的合成,这些核素也与 α-核素(特别是与 ^{28}Si 和自由核子)达到平衡。因此,一个建立在紧密束缚的 ^{28}Si 周围的准平衡核素组开始存在。即使我们把 ^{28}Si$(\gamma,p)^{27}$Al 反应考虑在内,该结论仍然保持不变,到目前为止一直忽视了该反应。根据图 5.33,在 $T = 2.2$ GK 以上温度,^{28}Si$(\gamma,p)^{27}$Al 比 ^{28}Si$(\gamma,\alpha)^{24}$Mg 反应更易发生。然而,到目前为止,在 $A = 24$~67 区内的所有核素中,^{28}Si 具有最小的总衰变常数,$\lambda = \lambda_{\gamma\alpha} + \lambda_{\gamma p} + \lambda_{\gamma n}$。此外,^{24}Mg 与 ^{28}Si 达到平衡,从而大大减缓了 ^{28}Si 的分解(见下文)。总之,关于残余核 ^{28}Si 的准平衡是可以维持的,因为

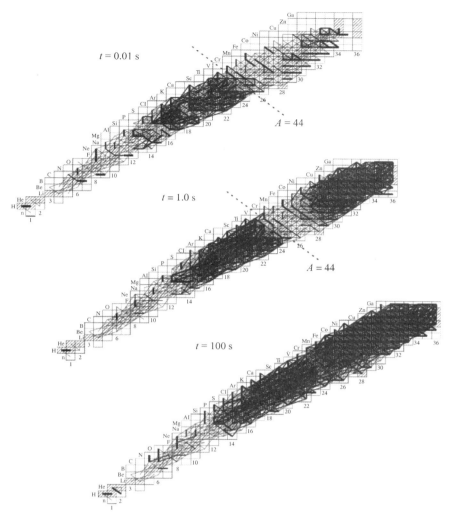

图 5.35 三个不同时间(t = 0.01 s,1.0 s,100 s)处归一化的净丰度流,$\phi_{ij} \equiv |r_{i\to j} - r_{j\to1}|/\max(r_{i\to j},$
$r_{j\to1})$,计算时所用反应网络与图 5.34 所示的相同。在每个面板,粗线表示流量 $\phi_{ij} \leqslant 0.01$
(近似平衡),中等粗细的线代表流量 $0.01 < \phi_{ij} \leqslant 0.1$,细线对应流量 $0.1 < \phi_{ij} \leqslant 1$(无平衡)。
流 ϕ_{ij} 没有对时间进行积分,而是提供一个对核燃烧期间快照准平衡簇演化的快照

中等质量原子核俘获和发射 α 粒子、质子或中子的速率远大于分解 ^{28}Si 的较小净速率。因
此,该过程的时标由分解 ^{28}Si 的速率来决定。

核素 $^A_Z Y_N$ 相对于 ^{28}Si 的准平衡丰度由下式给出(Bodansky *et al*.,1968,习题 5.7):

$$\frac{N_Y}{N_{^{28}\mathrm{Si}}} = N_\alpha^{\delta_\alpha} N_\mathrm{p}^{\delta_\mathrm{p}} N_\mathrm{n}^{\delta_\mathrm{n}} \left(\frac{M_Y}{M_{^{28}\mathrm{Si}} M_\alpha^{\delta_\alpha} M_\mathrm{p}^{\delta_\mathrm{p}} M_\mathrm{n}^{\delta_\mathrm{n}}} \right)^{3/2} \frac{G_Y^{\mathrm{norm}}}{G_{^{28}\mathrm{Si}}^{\mathrm{norm}}} \frac{g_Y}{2^{\delta_\mathrm{p}+\delta_\mathrm{n}}} \frac{1}{\theta^{\delta_\alpha+\delta_\mathrm{p}+\delta_\mathrm{n}}} \times$$

$$\mathrm{e}^{[B(Y)-B(^{28}\mathrm{Si})-\delta_a B(\alpha)]/(kT)}$$

$$\tag{5.123}$$

其中,$A = Z + N$;N_α、N_p 和 N_n 分别是 α 粒子、质子和中子的数丰度;δ_α、δ_p 和 δ_n 分别表
示 $^A_Z Y_N$ 核中 α 粒子、质子和中子的数量与它们在 ^{28}Si 中数量的差值。它们是相对于包含

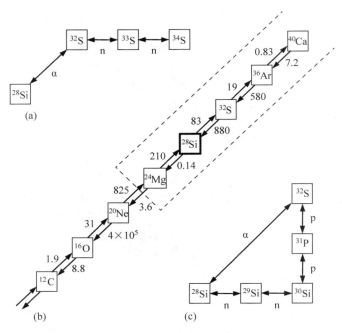

图 5.36 硅燃烧中的反应链

(a) 反应链 $^{28}\text{Si} \leftrightarrow ^{32}\text{S} \leftrightarrow ^{33}\text{S} \leftrightarrow ^{34}\text{S}$ 处于平衡态。(b) 在 ^{12}C 和 ^{40}Ca 之间的反应链接。箭头旁边的数字分别表示衰减常数 λ_α 和 λ_γ 的值(以 s^{-1} 为单位),这里假设温度 $T = 3.6$ GK。量 λ_α 是使用 $\rho = 3 \times 10^7$ g·cm^{-3} 和 $X_\alpha = 10^{-6}$ 计算的。后一值是采用了图 5.34 所示的网络计算所得到的值。位于由虚线划分区域内的核素处于准平衡态。(c) 封闭的反应链 $^{28}\text{Si} \leftrightarrow ^{32}\text{S} \leftrightarrow ^{31}\text{P} \leftrightarrow ^{30}\text{Si} \leftrightarrow ^{29}\text{Si} \leftrightarrow ^{28}\text{Si}$ 处于平衡态

在 $^A_Z Y_N$ 核中最重的 α 核计算出来的。如果该最重的 α 核包含 $N' = Z'$ 个质子和中子,那么整数 δ_i 由以下关系给出:即 $\delta_\alpha = (N' + Z' - 28)/4$、$\delta_p = Z - Z'$ 和 $\delta_n = N - N'$。例如,可以考虑 ^{34}S 是由 ^{32}S 加上两个中子构成的,因而,$\delta_\alpha = (16 + 16 - 28)/4 = 1$、$\delta_p = 16 - 16 = 0$,而 $\delta_n = 18 - 16 = 2$。指数项 $B(Y) - B(^{28}\text{Si}) - \delta_\alpha B(\alpha)$ 是分解 $^A_Z Y_N$ 核所需的能量,即分解成 $^{28}\text{Si} + \delta_\alpha\, ^4\text{He} +$ 核子,其中 $B(Y)$ 是 $^A_Z Y_N$ 核的结合能。例如,从式(5.123)中我们可以得到 $N_{^{56}\text{Ni}}/N_{^{28}\text{Si}}$ 的比值:

$$\frac{N_{^{56}\text{Ni}}}{N_{^{28}\text{Si}}} = N_\alpha^7 \left(\frac{2}{4^7}\right)^{3/2} \frac{1}{\theta^7} e^{[B(^{56}\text{Ni}) - B(^{28}\text{Si}) - 7B(\alpha)]/(kT)} \tag{5.124}$$

其中,$B(^{56}\text{Ni}) - B(^{28}\text{Si}) - 7B(\alpha) = 49.385$ MeV。这一结果将在稍后讨论产能率时使用。自由 α 粒子、质子和中子可以通过许多不同的闭合反应链来保持平衡,例如,$^{28}\text{Si} \leftrightarrow ^{32}\text{S} \leftrightarrow ^{31}\text{P} \leftrightarrow ^{30}\text{Si} \leftrightarrow ^{29}\text{Si} \leftrightarrow ^{28}\text{Si}$[图 5.36(c)]。轻粒子的丰度由下式联系在一起(习题 5.8):

$$N_\alpha = \frac{1}{16} N_n^2 N_p^2 \frac{1}{\theta^3} \left(\frac{M_\alpha}{M_p^2 M_n^2}\right)^{3/2} e^{B(\alpha)/(kT)} \tag{5.125}$$

其中,$B(\alpha) = 28.295$ MeV 是 α 粒子的结合能。从式(5.123)和式(5.125)可以看出,每个核素相对于 ^{28}Si 的平衡丰度是由任意两个轻粒子的丰度决定的。我们还得出结论,$^A_Z Y_N$ 核的准平衡丰度由 $N_{^{28}\text{Si}}$、N_α、N_p 和 T 这四个参数唯一确定。

接下来将考虑从 ^{24}Mg 到 ^4He 的净向下流(图 5.34)。根据图 5.35,硅准平衡簇的下边

界是 ^{24}Mg。比 ^{24}Mg 轻的核素通常不与 ^{28}Si 平衡。这也可以从图 5.36(b)中给出的衰变常数看出来。^{20}Ne 和 ^{12}C 上的 α-俘获比竞争的 (γ, α) 反应更不可能发生 $[\lambda_{\alpha\gamma}(^{20}\text{Ne}) \ll \lambda_{\gamma\alpha}(^{20}\text{Ne}), \lambda_{\alpha\gamma}(^{12}\text{C}) \ll \lambda_{\gamma3\alpha}(^{12}\text{C})]$，因此，^{20}Ne-^{24}Mg 对和 ^{12}C-^{16}O 对的丰度不会很快达到平衡。^{28}Si 的有效破坏率则由 ^{24}Mg 的光解来决定。轻 α 核对之间的净流 f_i 由式(3.23)和式(3.53)给出：

$$f_{^{24}\text{Mg}\rightarrow^{20}\text{Ne}} = N_{^{24}\text{Mg}}\lambda_{\gamma\alpha}(^{24}\text{Mg}) - N_{^{20}\text{Ne}}\lambda_{\alpha\gamma}(^{20}\text{Ne}) \tag{5.126}$$

$$f_{^{20}\text{Ne}\rightarrow^{16}\text{O}} = N_{^{20}\text{Ne}}\lambda_{\gamma\alpha}(^{20}\text{Ne}) - N_{^{16}\text{O}}\lambda_{\alpha\gamma}(^{16}\text{O}) \tag{5.127}$$

$$f_{^{16}\text{O}\rightarrow^{12}\text{C}} = N_{^{16}\text{O}}\lambda_{\gamma\alpha}(^{16}\text{O}) - N_{^{12}\text{C}}\lambda_{\alpha\gamma}(^{12}\text{C}) \tag{5.128}$$

$$f_{^{12}\text{C}\rightarrow^{4}\text{He}} = N_{^{12}\text{C}}\lambda_{\gamma3\alpha}(^{12}\text{C}) - r_{3\alpha} \tag{5.129}$$

其中，$r_{3\alpha} = N_\alpha \lambda_{3\alpha}/3$ 是 3α 反应的反应率，它取决于 N_α^3 [式(5.83)]；$\lambda_{\gamma3\alpha}(^{12}\text{C})$ 是分解 $^{12}\text{C} \longrightarrow \alpha + \alpha + \alpha$ 的衰变常数。由于 ^{28}Si 的分解如此缓慢，所以它决定了过程的总时标，我们得出结论，轻 α-核素的丰度比 ^{28}Si 的小。这也意味着轻 α-核素的丰度达到稳态，即丰度流入和流出每个 ^{20}Ne、^{16}O 和 ^{12}C 核素是平衡的。因此，该净流 f_i 相等，$f_{^{24}\text{Mg}\rightarrow^{20}\text{Ne}} = f_{^{20}\text{Ne}\rightarrow^{16}\text{O}} = f_{^{16}\text{O}\rightarrow^{12}\text{C}} = f_{^{12}\text{C}\rightarrow^{4}\text{He}} \equiv f_{\text{an}}$。有了这个假设，可以对上述方程组的 f_{an} 进行求解，结果是（习题 5.9）

$$f_{\text{an}} = \frac{N_{^{24}\text{Mg}}\lambda_{\gamma\alpha}(^{24}\text{Mg}) - \dfrac{\lambda_{\alpha\gamma}(^{20}\text{Ne})}{\lambda_{\gamma\alpha}(^{20}\text{Ne})}\dfrac{\lambda_{\alpha\gamma}(^{16}\text{O})}{\lambda_{\gamma\alpha}(^{16}\text{O})}\dfrac{\lambda_{\alpha\gamma}(^{12}\text{C})}{\lambda_{\gamma3\alpha}(^{12}\text{C})}r_{3\alpha}}{1 + \dfrac{\lambda_{\alpha\gamma}(^{20}\text{Ne})}{\lambda_{\gamma\alpha}(^{20}\text{Ne})}\left[1 + \dfrac{\lambda_{\alpha\gamma}(^{16}\text{O})}{\lambda_{\gamma\alpha}(^{16}\text{O})}\left(1 + \dfrac{\lambda_{\alpha\gamma}(^{12}\text{C})}{\lambda_{\gamma3\alpha}(^{12}\text{C})}\right)\right]} \tag{5.130}$$

上述解析式给出了 ^{24}Mg 的有效光解率，因而，它也是将 ^{28}Si 转化为更重核素的有效反应率（以温度和 α 粒子丰度为函数）。^{24}Mg 的丰度 $N_{^{24}\text{Mg}}$ 可以根据式(5.122)得到。

图 5.37 比较了 ^{28}Si 总的光解率 $r_{^{28}\text{Si}+\gamma} = N_{^{28}\text{Si}}[\lambda_{\gamma\alpha}(^{28}\text{Si}) + \lambda_{\gamma p}(^{28}\text{Si})]$ 与 ^{28}Si 消耗的有效反应率，其中 $\lambda_{\gamma n}(^{28}\text{Si})$ 可以忽略不计。这些曲线是在 $T = 3.6$ GK 和 $\rho = 3 \times 10^7$ g·cm^{-3} 的条件下，以剩余 ^{28}Si 丰度为函数计算的。α 粒子丰度取自网络计算的数值结果（图 5.34）。一些有趣的点是显而易见的。首先，可以看出 ^{28}Si 消耗的有效反应率比 ^{28}Si 总的光解率小 2~3 个数量级。这是 ^{28}Si 的光解流几乎完全被从 ^{24}Mg 向上的流所平衡而造成的（因此净流很小），支持上述关于 ^{28}Si 转化非常缓慢的论点。其次，很明显当 ^{28}Si 燃烧时自 ^{28}Si 向下的流 f_{an} 随时间减少。由于释放的轻粒子用于累积铁峰核素，所以自 ^{28}Si 向上的流随 ^{28}Si 燃烧也随时间减少。再次，长虚线表示根据式(5.126)直接通过网络计算得到的流 $f_{\text{num}} = f_{^{24}\text{Mg}\rightarrow^{20}\text{Ne}}$。$f_{\text{an}}$ 和 f_{num} 的曲线非常吻合。因此，式(5.130)为 ^{28}Si 消耗的有效反应率提供了可靠的近似。这也意味着对从 ^{28}Si 到 ^{4}He 向下的流，在 α-核素对之间只有 (γ, α) 或 (α, γ) 反应重要。然而，对于不同温度和密度条件，许多其他反应也发挥着重要作用（Hix & Thielemann, 1996）。最后，对于这里所采用的温度，f_{an} 曲线几乎与使用近似公式 $f \approx N_{^{24}\text{Mg}}\lambda_{\gamma\alpha}(^{24}\text{Mg})$ 所得的值完全一致。随着温度增加，^{20}Ne 上的 α 粒子俘获变得很重要 [式(5.130)]，因此，上述近似会偏离 f_{an}。

如果我们假设每破坏两个 ^{28}Si 核，就产生一个 ^{56}Fe 核，则可以根据式(3.60)近似地估算

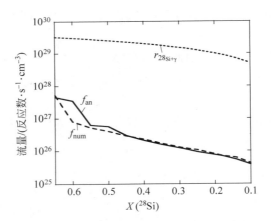

图 5.37 ^{28}Si 总的光解率($r_{^{28}\text{Si}+\gamma}$；短划线)与消耗 ^{28}Si 的有效反应率($f_{an}$；实线)的比较。这些曲线是针对 $T=3.6\text{ GK}$ 和 $\rho=3\times10^7\text{ g}\cdot\text{cm}^{-3}$ 的条件，以剩余的 ^{28}Si 的丰度为函数计算出来的。α 粒子的丰度取自图 5.34 所示网络计算的数值结果。长虚线显示的是通过网络直接计算得到的 $f_{^{24}\text{Mg}\rightarrow^{20}\text{Ne}}=f_{num}$ 的流

出流体静力学硅燃烧过程中释放的总能量(图 5.34)。第一个 ^{28}Si 核的光解提供了随后被第二个 ^{28}Si 核所俘获的一个自由 α 粒子。利用 $\bar{Q}_{\text{Si}}\approx Q_{2^{28}\text{Si}\rightarrow^{56}\text{Fe}}=17.62\text{ MeV}$，我们得到

$$\int \varepsilon_{\text{Si}}(t)\,\text{d}t=\frac{N_A\bar{Q}_{\text{Si}}}{2M_{^{28}\text{Si}}}\Delta X_{^{28}\text{Si}}=1.90\times10^{23}\Delta X_{^{28}\text{Si}}\ (\text{MeV}\cdot\text{g}^{-1}) \tag{5.131}$$

其中，$\Delta X_{^{28}\text{Si}}$ 是所消耗硅燃料的质量分数。该能量释放值小于碳或氧燃烧的预期值，但超过氢燃烧过程中所释放的总能量[式(5.104)、式(5.109)和式(5.121)]。

由于硅燃烧过程中的核转变非常复杂，所以核能产生率无法通过解析表达式来精确描述。反应网络计算表明，产能率对温度和密度条件灵敏，但也对中子过剩灵敏(Hix & Thielemann，1996)。在最简单的情况下，如果假设初始中子过剩非常小($\eta\approx0$)、弱相互作用可以忽略不计、每破坏两个 ^{28}Si 核后产生一个 ^{56}Fe 核，则可以进行量级上的估算(Bodansky et al.，1968)。回忆一下图 1.9，^{56}Ni 是结合最紧密的 $N=Z$ 核素。如上所述，^{28}Si 消耗率主要取决于 ^{24}Mg$(\gamma,\alpha)^{20}$Ne 反应。从式(3.64)出发，可以发现

$$\varepsilon_{\text{Si}}=\frac{Q_{2^{28}\text{Si}\rightarrow^{56}\text{Ni}}}{\rho}r_{2^{28}\text{Si}\rightarrow^{56}\text{Ni}}\approx\frac{Q_{2^{28}\text{Si}\rightarrow^{56}\text{Ni}}}{\rho}r_{^{24}\text{Mg}(\gamma,\alpha)^{20}\text{Ne}}$$

$$=\frac{Q_{2^{28}\text{Si}\rightarrow^{56}\text{Ni}}}{\rho}N_{^{24}\text{Mg}}\lambda_{\gamma\alpha}(^{24}\text{Mg}) \tag{5.132}$$

利用式(5.122)，$N_{^{24}\text{Mg}}$ 可以由 ^{28}Si 的丰度来代替(习题 5.6)。利用式(3.46)，衰变常数 $\lambda_{\gamma\alpha}(^{24}\text{Mg})$ 可以由相应的正向反应率来表示。在 $T\leqslant5\text{ GK}$ 以下，这两个表达式中 ^{20}Ne，^{24}Mg 和 ^{28}Si 的归一化配分函数都接近于 1。式(5.122)包含了 α 粒子丰度，这是根据式(5.124)推导出来的。将这三个表达式代入式(5.132)给出：

$$\varepsilon_{\text{Si}}=9.8685\times10^9\ \frac{2^{3/14}}{8}\ \frac{Q_{2^{28}\text{Si}\rightarrow^{56}\text{Ni}}}{\rho}\left(\frac{M_{^{20}\text{Ne}}M_\alpha^2}{M_{^{28}\text{Si}}}\right)^{3/2}N_{^{28}\text{Si}}\left(\frac{N_{^{28}\text{Si}}}{N_{^{56}\text{Ni}}}\right)^{1/7}\times$$

$$e^{11.605[B(^{56}\text{Ni})-B(^{28}\text{Si})-7B(\alpha)]/(7T_9)} e^{-11.605[Q_{20\text{Ne}(\alpha,\gamma)}+Q_{24\text{Mg}(\alpha,\gamma)}]/T_9} \times$$

$$T_9^{3/2} N_A \langle \sigma v \rangle_{20\text{Ne}(\alpha,\gamma)} \quad (\text{MeV} \cdot \text{g}^{-1} \cdot \text{s}^{-1}) \tag{5.133}$$

如果另外假设大部分物质存在于 ^{28}Si 或 ^{56}Ni 中，则 $X_{28\text{Si}} + X_{56\text{Ni}} = 1$。插入以下数值 $Q_{^{28}\text{Si}\to^{56}\text{Ni}} = 10.918$ MeV、$Q_{20\text{Ne}(\alpha,\gamma)} = 9.317$ MeV、$Q_{24\text{Mg}(\alpha,\gamma)} = 9.984$ MeV，以及 $[B(^{56}\text{Ni}) - B(^{28}\text{Si}) - 7B(\alpha)] = 49.385$ MeV，并用质量分数代替数丰度 [式(1.14)]，则可以得到

$$\varepsilon_{\text{Si}} = 1.2985 \times 10^{34} X_{28\text{Si}} \left(\frac{2X_{28\text{Si}}}{1 - X_{28\text{Si}}} \right)^{1/7} e^{-142.12/T_9} T_9^{3/2} N_A \langle \sigma v \rangle_{20\text{Ne}(\alpha,\gamma)} \quad (\text{MeV} \cdot \text{g}^{-1} \cdot \text{s}^{-1})$$

$$\tag{5.134}$$

其中，在 $X_{28\text{Si}} = 0.01 \sim 0.99$ 范围内 $[2X_{28\text{Si}}/(1 - X_{28\text{Si}})]^{1/7} \approx 1$，不确定度在 2 倍以内。该式与密度无关。^{20}Ne$(\alpha,\gamma)^{24}$Mg 反应率的解析表达式已在 5.3.2 节中给出。这样，硅燃烧过程中产能率的温度依赖性则为：

$$\varepsilon_{\text{Si}} \sim T_9^{2.229} e^{-12.681/T_9} e^{-142.12/T_9} T_9^{1.5} \sim T_9^{3.729} e^{-154.80/T_9} \tag{5.135}$$

其中，$\exp(-154.80/T_9)$ 项是根据式(3.85)~(3.90)中描述的方法导出的。例如，在 $T_0 = 3.6$ GK 附近，我们发现：

$$\varepsilon_{\text{Si}}(T) = \varepsilon_{\text{Si}}(T_0)(T/T_0)^{47} \tag{5.136}$$

由于有如此多的核素达到准平衡，所以在硅燃烧过程中大多数反应的热核反应率对核合成和能量产生并不重要。核物理输入方面主要需要的是结合能（或 Q 值）、核质量、自旋 [式(5.122)和式(5.123)]，以及恒星弱相互作用率。接近稳定线核素的结合能和质量是众所周知的。然而，对于在燃烧过程大部分时间内不处于准平衡态的那些反应，其热核速率也很重要。这适用于决定从 ^{24}Mg 向下净流的那些核反应，以及介于建立在 ^{28}Si 和铁峰核素周围两个准平衡簇之间的那些核反应。对于上面讨论的反应网络计算，从 ^{24}Mg 的向下流由 ^{24}Mg$(\gamma,\alpha)^{20}$Ne 控制，而 ^{42}Ca$(\alpha,\gamma)^{46}$Ti 和 ^{45}Sc$(p,\gamma)^{46}$Ti 属于链接两个簇的反应。详细的反应列表参见文献（Hix & Thielemann，1996）以及（Chieffi et al.，1998）。逆向的 ^{24}Mg$(\gamma,\alpha)^{20}$Ne 反应率可以从正向的 ^{20}Ne$(\alpha,\gamma)^{24}$Mg 计算得到，其中后者已经在碳和氖燃烧中讨论过（5.3.1 节和 5.3.2 节）。接近 $T \approx 3.6$ GK 时，^{20}Ne$(\alpha,\gamma)^{24}$Mg 反应率可能会受到大约 2 倍系统误差的影响，这可以从文献（Caughlan & Fowler，1988；Angulo et al.，1999；Rauscher et al.，2000）所报道的不同结果中看出来。在链接两个准平衡簇的反应中，有几个（但不是全部）反应已在适用于流体静力学和爆发性硅燃烧的伽莫夫峰内进行了直接测量。其中测量的反应有 ^{42}Ca$(\alpha,\gamma)^{46}$Ti、^{42}Ca$(\alpha,p)^{45}$Sc（Mitchell et al.，1985）、^{42}Ca$(\alpha,n)^{45}$Ti（Cheng & King，1979）、^{41}K$(\alpha,p)^{44}$Ca（Scott et al.，1991）以及 ^{45}Sc$(p,\gamma)^{46}$Ti（Solomon & King，1978）。在存在直接数据的情况下，典型的反应率不确定度大约为 $\pm 20\%$。其他中间反应还尚未测量，其中一些涉及放射性靶核（如 ^{41}Ca、^{44}Sc 和 ^{44}Ti）。在这些情况下，可以利用 Hauser-Feshbach 统计模型从理论上估计反应率（Goriely，1998；Rauscher & Thielemann，2000）。

5.3.5 核统计平衡

随着 ^{28}Si 在硅燃烧结束时消失，恒星核心的温度稳步增加（1.4.3 节和图 5.1）。在某些

时刻,之前在 $A<24$ 区中未平衡的反应也达到了平衡(图 5.35 和图 5.36)。达到平衡的最后一个链接是 $3\alpha \longleftrightarrow {}^{12}C$。现在,网络中的每一个核素通过强相互作用和电磁相互作用处于平衡态,一个大的准平衡群(group)从 p、n、α 延伸到铁峰核素。这种情况称为核统计平衡(nuclear statistical equilibrium,NSE)。核统计平衡和相关 e-过程(Burbidge *et al*.,1957)之间的区别请参考文献(Wallerstein *et al*.,1997)。

弱相互作用不参与平衡。例如,某些母核上电子俘获的反向链接是相应子核上的中微子俘获。中微子通常会逃离恒星而不会发生相互作用,这是因为它们的平均自由程超过了恒星半径。因此,不会达到一个涉及弱相互作用的真正平衡。在核统计平衡中,任何核素的丰度 ${}_{\pi}^{A}Y_{\nu}$ 可以通过反复应用萨哈方程来确定[式(5.122)]。结果如下(Clifford & Tayler,1965,习题 5.10):

$$N_Y = N_p^\pi N_n^\nu \frac{1}{\theta^{A-1}} \left(\frac{M_Y}{M_p^\pi M_n^\nu}\right)^{3/2} \frac{g_Y}{2^A} G_Y^{norm} e^{B(Y)/(kT)} \tag{5.137}$$

其中,θ 如式(5.122)中定义,$B(Y)$ 为 ${}_{\pi}^{A}Y_{\nu}$ 的结合能($A=\pi+\nu$)。符号 π 和 ν 分别用于代替 Z 和 N 来表示质子和中子的数目,以避免与数密度 N_i 混淆。因而,任何同位素的丰度都是根据其核特性(结合能、质量、自旋等)以及自由核子丰度 N_p 和 N_n 给出的。因为没有给出 N_p 和 N_n,所以上述方程本身不足以得到平衡丰度 N_Y。但是可以应用两个额外的约束。可以使用质量守恒来消去一个未知量(比如说 N_p)[式(1.13)]:

$$\sum_i X_i = \frac{\sum_i N_i M_i}{\rho N_A} = 1 \tag{5.138}$$

其中,求和 i 是对网络中所有核素的,包括自由质子、中子和 α 粒子。回想一下,与弱相互作用相比,强相互作用和电磁相互作用发生得快得多。因此,原子核和光子在较短的时间内达到平衡,而自由且束缚的质子和中子的总数基本上是恒定的。总电荷守恒通常以(自由且束缚的)质子和中子总的数密度必须维持中子过剩这一要求来表示[式(1.36)]:

$$\sum_i \frac{(\nu_i - \pi_i)}{M_i} X_i = \frac{\sum_i N_i(\nu_i - \pi_i)}{\rho N_A} \equiv \eta \tag{5.139}$$

根据式(5.137)~式(5.139)马上有,处于核统计平衡中的任何核素的丰度仅由三个独立的参数来确定:温度、密度以及中子过剩。弱相互作用可能也会发生。假设它们足够慢,以至于特定 η 值下的核统计平衡在相当短的时间内就建立起来了,这要比 η 值发生显著变化所需的时间短得多。弱相互作用必须被仔细监测,因为铁峰的成分灵敏地依赖于 η,如下所述。

在下文中,我们将探索式(5.137)中一些有趣的性质。首先,考虑最简单 $\eta \approx 0$ 的情况。假设弱相互作用可以忽略不计,并且之前硅燃烧阶段期间 ${}^{28}Si$ 的分解主要产生了 ${}^{56}Ni$,这是结合最紧密的 $N=Z$ 核素(图 1.9)。通过组合形式为式(5.137)的两个方程,一个是对 ${}^4He$ 的,另一个是对 ${}^{56}Ni$ 的,则可得到

$$\frac{N_{{}^4He}^{14}}{N_{{}^{56}Ni}} = \theta^{13} \frac{2^{42}}{56^{3/2}} e^{[14B({}^4He)-B({}^{56}Ni)]/(kT)} \tag{5.140}$$

$g_{{}^4He} = g_{{}^{56}Ni} = 1$,$G_{{}^4He}^{norm} = G_{{}^{56}Ni}^{norm} = 1$。在不确定度 10% 以内,后一个等式适用于高达 $T=$

5 GK 的温度。此外，$14B(^4\mathrm{He})-B(^{56}\mathrm{Ni})=-87.853$ MeV 是将 $^{56}\mathrm{Ni}$ 分离成 14 个 α 粒子所需的能量。现在，假设恒星等离子体是完全由 $^4\mathrm{He}$ 和 $^{56}\mathrm{Ni}$ 组成的。我们想知道这两种核素的质量分数相等（$X_{^4\mathrm{He}}=X_{^{56}\mathrm{Ni}}=0.5$）时的 $T\text{-}\rho$ 条件。该边界可以通过以质量分数来重写式（5.140），并通过求解密度 ρ 计算出来。其数值结果是

$$\rho=3.80\times10^{11}T_9^{3/2}\mathrm{e}^{-78.42/T_9}\ (\mathrm{g\cdot cm^{-3}}) \tag{5.141}$$

类似地，另一个边界可以通过假设物质完全由等量的 α 粒子和（自由）核子组成（习题 5.11）来得到。这两个边界显示在图 5.38 中。它们反映了在 $\eta\approx0$ 的核统计平衡中，$^{56}\mathrm{Ni}$、$^4\mathrm{He}$ 以及核子之间在等离子体中的竞争。在较低温度区域（实线的左侧），$^{56}\mathrm{Ni}$ 主导着成分。在中间温度区域（介于实线和虚线），$^4\mathrm{He}$ 是主导核。在较高温度下（点虚线右侧），成分主要由质子和中子组成。很明显，随着温度的升高和给定的密度，越来越多的成分会以轻粒子（α、n、p）的形式存在。无论是对触发一个演化了的大质量恒星的核心塌缩，还是对通过核心反弹产生的激波所造成的能量损失，这种状况都很重要（1.4.3 节）。在给定温度下，随着密度的降低，越来越多的成分也存在于轻粒子中。

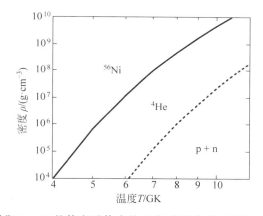

图 5.38 处于核统计平衡（$\eta\approx0$）的等离子体中的温度-密度条件，实线针对 $X_{^{56}\mathrm{Ni}}=X_{^4\mathrm{He}}=0.5$，虚线针对 $X_{^4\mathrm{He}}=0.5$、$X_\mathrm{p}=X_\mathrm{n}=0.25$。这些线定义了主导核成分的区域。两个边界不清晰，这是因为原子核和核子的分布存在于所有 $T\text{-}\rho$ 条件。以上假设是示意性的，因为在实线之上存在一个区域，其中核统计平衡有利于 $^{54}\mathrm{Fe}+2\mathrm{p}$ 超过 $^{56}\mathrm{Ni}$，并成为主要成分（Clayton，1983）。这里的重点是，随着给定密度下温度的升高，或随着给定温度下密度的降低，轻粒子（α，p，n）成分的比例增加，且这种变换吸收了大量能量。高温边界只是近似值，因为归一化配分函数已设置为等于 1

现在考虑大部分物质存在于铁峰核素时所处的温度-密度条件（图 5.38 中实线左侧区域）。我们想找到非零中子过剩参数下核统计平衡所偏爱的主导成分（dominant constituents）。$\eta>0$ 的值将允许主导的原子核是一个中子过剩的核。如果等离子体仅由一种核素组成，则 η 必须等于所讨论核素的单中子过剩，$(N-Z)/A$。那么就可以合理地假设每个核素的丰度将会在接近其单中子过剩处达到最大。在给定中子过剩 η 的组成中，一般来说，最丰的核素就是单中子过剩为 $(N-Z)/A\approx\eta$ 且结合能最大的那个核素[式（5.137）]。

在 $T=3.5$ GK 和 $\rho=10^7$ g·cm^{-3} 条件下，主导核素的丰度与核统计平衡组成中的中子过剩参数 η 之间的关系如图 5.39 所示。该结果是根据式（5.137）～式（5.139）计算出来

的,其中考虑了一大套核素(从 H 到 Zr)各自的结合能、自旋和归一化配分函数。正如预期的那样,对于 $\eta=0$,主导核素是 ^{56}Ni $[(N-Z)/A=(28-28)/56=0]$,它在所有 $N=Z$ 核素中单核子结合能最大(图 1.9)。接近 $\eta=0.04$ 时,^{54}Fe 占主导 $[(28-26)/54=0.037]$,而 ^{56}Fe 对于 $\eta\approx0.07$ $[(30-26)/56=0.071]$ 是最丰的核素。对于更大的 η 值,平衡的组成移向更重和更丰中子的核素。有趣的是,具有 $(N-Z)/A\approx\eta$ 束缚最紧的核素并不总是最丰的。例如,考虑具有相似 $(N-Z)/A$ 值的 ^{54}Fe 和 ^{58}Ni 核素。其单核子结合能 B/A 几乎相同。这意味着 ^{58}Ni 的结合能 B 更大。尽管如此,在 $\eta\approx0.04$ 处 ^{54}Fe 的质量分数比 ^{58}Ni 的要高两倍以上(图 5.39)。因而,结合能并不是影响丰度的唯一因素。在上面的例子中,θ 和 ρ 对 A 的依赖性也起到了重要作用[式(5.137)]。

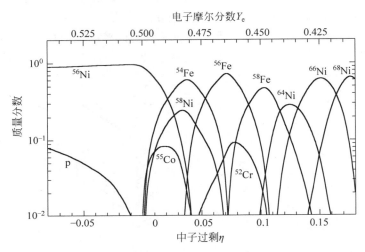

图 5.39 在核统计平衡的组成中主导核素的丰度与中子过剩参数 η(或电子摩尔分数 Y_e)的关系,其中 $T=3.5$ GK 和 $\rho=10^7$ g·cm^{-3}。丰度在 $\eta=0(Y_e=0.5)$ 两侧表现出不同的行为(承蒙 Ivo Seitenzahl 提供)

有趣的是,对于图 5.39 所示的温度和密度条件,在 $\eta=0$ 两侧的丰度分布表现出非常不同的行为。可以看出,在丰质子侧($\eta<0$),核素 ^{56}Ni 仍然是最丰的。主要原因是,从 ^{56}Ni 峰值处向着较轻核素方向,其单核子结合能下降得比向着较重核素方向更为剧烈。对于不同温度下的核统计平衡组成,参见文献(Seitenzahl *et al.*,2008)。

文献(Clifford & Tayler,1965)对核统计平衡进行了广泛的讨论。发现丰度随 η 变化很快,随温度 T 变化相当快,随密度 ρ 变化非常缓慢。此外,在较低温度下丰度相对较大的核素较少,而丰度在较高温度下散开得更均匀,这从式(5.137)中的指数因子 $e^{B(Y)/(kT)}$ 也很明显地看出来。

处于任何温度和密度的系统都会达到平衡,条件是它能够保持足够长的时间。当我们说,在特定温度 T 下核反应处于平衡态,我们的意思是该温度存在足够长的时间以达到平衡的一个好的近似。原子核气体需要有限的时间来调整到平衡。对于给定 T 和 ρ 的值,达到核统计平衡的大致时间(以 s 为单位)可以根据以下数值表达式估计出来(Khokhlov,1991):

$$\tau_{\text{NSE}}=\rho^{0.2}e^{179.7/T_9-40.5}\ (\text{s}) \tag{5.142}$$

其中,ρ 的单位是 g·cm^{-3}。该时间显示在图 5.40 中,分别对应于两个密度值($\rho = 10^4$ g·cm^{-3} 和 $\rho = 10^{10}$ g·cm^{-3})。例如,在 $T = 4$ GK 时,核统计平衡在大约 1 h 内建立,而在 $T = 6$ GK 时,时间仅约为 10^{-3} s。因此,在这些更高的温度下,在爆炸事件中也会达到核统计平衡(见下文)。然而,在较低温度下,如果热力学条件变化得足够快,则核统计平衡只能对丰度提供一个较差的近似。

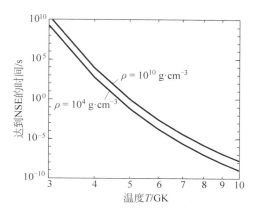

图 5.40 达到核统计平衡(NSE)的大致时间与温度的关系。实线是使用式(5.142)针对两种不同密度计算的($\rho = 10^4$ g·cm^{-3} 和 10^{10} g·cm^{-3})

正如 5.3.4 节中已经指出的,对于此处考虑的恒星模型,在硅燃烧结束时中子过剩为 $\eta_f = 0.067$。随着核心温度和密度的稳步增加[图 5.1(a)],弱相互作用会引起中子过剩参数的连续变化,并且核统计平衡会相应地对组成进行调整。对于最后由(Chieffi et al.,1998)计算的爆前超新星模型,其核心温度和密度分别为 $T = 5.5$ GK 和 $\rho = 1.6 \times 10^9$ g·cm^{-3},中子过剩为 $\eta = 0.13$。因此,该阶段核心中最丰的核素为 ^{60}Fe、^{64}Ni 和 ^{54}Cr,其单个中子过剩分别为 $(N-Z)/A = 0.133$、0.125 和 0.110。

一颗 25 $M_\odot$ 具有太阳金属度的恒星在这一演化阶段的结构示意如图 1.7(左侧)所示。它显示了每一层中最丰的核素,并在底部显示了产生这些特定灰烬的核燃烧阶段。下标 "C" 和 "S" 分别代表核心燃烧和壳燃烧。核心中的标签 "Fe" 代表在给定中子过剩值处最丰的铁峰核素。在下一层,核心的上方,最丰的核素 ^{28}Si 是氧壳燃烧的产物。^{28}Si 核转变到铁峰核素(硅壳燃烧)在硅层和铁核心交界的地方继续;^{16}O 到 ^{28}Si(氧壳燃烧)的转变发生在氧层和硅层的交界处,等等。发生在大质量恒星最内区域的剧烈过程将在下面讨论。

5.4 核心塌缩超新星(Ⅱ,Ⅰb,Ⅰc 型)的爆发性燃烧

5.4.1 核心坍缩和中微子角色

核心坍缩超新星的动力来自于一颗大质量恒星的核心坍缩成一颗原中子星的引力能释放。我们现在将更详细地考虑核心坍缩。在坍缩开始($t = 0$)之前,铁芯中心的温度和密度分别达到 $T \approx 10$ GK 和 $\rho \approx 10^{10}$ g·cm^{-3}。在这些条件下,建立了核统计平衡。硅燃烧壳不断增加由电子简并压所支撑的核心的质量。当核心达到钱德拉塞卡质量(约 1.4 $M_\odot$)时,它没有其他热核能源可用于支撑如此大的压力,因此对重力坍塌变得不稳定。

坍塌和坠落动力学灵敏地依赖于两个参数,电子摩尔分数 Y_e [式(1.37)]和每个重子的熵 s。对于辐射主导的环境,每个重子的熵 s 和光子与重子之比 ϕ 通过下式关联在一起:

$$s \sim 10\phi \sim \frac{T^3}{\rho} \tag{5-143}$$

其中,T 和 ρ 分别代表温度和密度。简单来说,对于每个重子的小熵值,核统计平衡有利于结合紧密的铁峰核素的组成。另外,大的 s 值意味着每个重子有许多光子可用,这有利于较重的原子核光解成自由核子。

在早期阶段,核心坍塌由两种效应来加速。首先,随着(电子)密度的增加,电子俘获到原子核上,(e^-, ν_e),因此除去了对压力有贡献的电子。随着 Y_e 的减小,核心中的中子过剩增加,此外,产生了电子中微子的暴发。其次,在非常高的温度下,热辐射变得能量足够高、强度足够强,铁峰核素被光解为更轻、更不稳定的核素,从而消除了本可以提供支撑压力的能量。在几分之一秒内,数千千米大小的核心坍塌成一颗半径仅为几十千米的原中子星。

坍缩期间最重要的中微子相互作用是(Bruenn & Haxton,1991):原子核上的(中性流)弹性散射,(ν_e, ν_e);电子-中微子散射,$e^-(\nu_e, \nu_e)e^-$;逆 β 衰变,(ν_e, e^-);以及原子核上的非弹性散射,(ν_e, ν_e')。在 $t \approx 0.1$ s 时,当密度达到 $\rho \approx 10^{12}$ g·cm^{-3} 时,中微子扩散时间变得比坍缩时间还要长,因此,中微子被困住了(Bethe,1990)。该区域的内部称为中微子球(neutrino sphere),通过与物质相互作用,中微子耦合在一起并处于热平衡态。在外面,中微子几乎自由地逃逸,其平均能量由中微子球的半径 R_ν 决定。中微子球的位置取决于中微子的类型和味(1.8节)以及中微子的能量。在 $t \approx 0.11$ s 时,内核($M \approx 0.5\ M_\odot$)达到核密度(约 10^{14} g·cm^{-3}),反弹并驱动激波进入陨落的物质。在反弹时,内核中电子的摩尔分数相对较小(对于 $M \lesssim 0.5\ M_\odot$,则 $Y_e \approx 0.3$),在外核中逐渐增加(在接近 $M \approx 1.0\ M_\odot$ 时,则 $Y_e \approx 0.45$)。在 $t \approx 0.12$ s 时,瞬时(prompt)冲击向外传播,但因解离铁峰核素为自由核子(每核子约 9 MeV)而损失能量严重。当激波到达中微子球时,自由质子上的额外电子俘获也会从激波中去除部分能量,引起电子中微子的强烈暴发(瞬时 ν_e 暴发,在 10~20 ms 持续时间内对应能量约为 10^{46} J/s)。在 $t \approx 0.2$ s 时,激波在核心外半径为 100~200 km 处停止。

在核心坍塌期间,几个 10^{46} J 的引力结合能代表了惊人的约 10% 铁芯静止质量以中微子辐射的形式释放。因此,人们认为从热而致密的原中子星出来的中微子和反中微子使停滞的激波复活了(Bethe & Wilson,1985)。在核心普遍极高的温度下,所有味(电子、μ 和 τ)的中微子和反中微子都会产生,主要通过正负电子对湮灭,$e^- + e^+ \longrightarrow \nu_e + \bar{\nu}_e$;中微子-反中微子对湮灭,$\nu_e + \bar{\nu}_e \longrightarrow \nu_{\mu,\tau} + \bar{\nu}_{\mu,\tau}$;以及核子轫致辐射,$N + N \longrightarrow N + N + \nu_{\mu,\tau} + \bar{\nu}_{\mu,\tau}$ (Buras et al.,2003)。当中微子从核心扩散出去时,每个中微子类型的光度和平均能量会随时间演变。首先,与电子中微子相比,μ 和 τ 中微子不透明度较小,因为对于电荷流(charged-current)相互作用它们的能量太低,例如 $\bar{\nu}_\mu + p \longrightarrow n + \mu^+$(因为 μ 和 τ 轻子具有较大的质量)。因此,μ 和 τ 中微子在较小半径 R_ν 处退耦,也即在较高密度和温度下,因而,与电子中微子相比,它们会以更高的平均能量从原中子星中出来。其次,在原中子星的外层中质子比中子少,因此电荷流相互作用 $p + \bar{\nu}_e \longleftrightarrow n + e^+$ 比 $n + \nu_e \longleftrightarrow p + e^-$ 发生的频率更高。因而,电子中微子比电子反中微子具有更高的不透明度,因此它们会以较小的平均能量在较大半径处退耦。

这一阶段的情形如图 5.41(a)所示。介于中微子球和失速激波前沿之间的物质主要由自由中子和质子组成。增益半径(gain radius)将该区域分为两部分:第一部分位于更靠近中微子球的位置,其特征是 p+e⁻ ⟶ n+νₑ 和 n+e⁺ ⟶ p+ν̄ₑ 支配着它们的逆反应,从而通过中微子发射造成有效的中微子冷却;第二部分位于更接近激波的位置,其中 n+νₑ ⟶ p+e⁻ 和 p+ν̄ₑ ⟶ n+e⁺ 支配着它们的逆反应,从而通过中微子吸收造成有效的中微子加热。后一区域的连续中微子能量沉积使得较高压强得以维持,可能会使激波恢复活力,从而造成超新星爆发〔延缓激波模型(delayed shock model),Wilson & Mayle,1993〕。仅需要总引力结合能的一小部分(约 1%,由中微子以该区域中核子、轻子和光子的热能形式沉积)来启动通过恒星地幔传播的强大激波,并引起爆炸。抛开其他因素,该模型成功的关键取决于中微子光度和中微子相互作用截面的乘积(即平均中微子能量的平方)。然而,几乎没有一个最先进的、自洽的核心坍缩恒星模型可以产生爆炸,中微子引发爆炸的确切机制仍然难以捉摸。相反,许多模型人为地改变了中微子的特性,例如电荷流相互作用率,以增加中微子在激波后方的能量沉积。这个问题是非常复杂的,涉及三个维度上能量依赖的中微子传输、近炽热致密物体的对流不稳定区、可能的扩散不稳定性,以及磁转动效应。

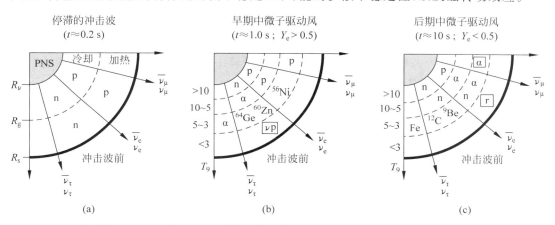

图 5.41 由中微子诱发过程、膨胀和冷却所导致的原中子星(PNS)表面附近区域的演化。原中子星表面可以由能量积分电子中微子球的半径来限定。每个面板中各个区域的半径不同,不是按比例画的。显示的是近似的温度范围(GK)。在每个区中只给出了主要的成分。空心矩形符号表示核合成进程:νp-过程(νp)、α-过程(α)及 r-过程(r)。(a) 原中子星表面与停滞的冲击波之间的区域,核心坍塌 $t \approx 0.2$ s 后。主要成分是自由质子和中子。增益半径内中微子冷却占优势,而其外部物质有效地被中微子加热;半径:R_ν(中微子球);R_g(增益半径);R_s(冲击半径)。(b) 早期中微子驱动风,$t \approx 1.0$ s,它是丰质子的,$Y_e > 0.5$,会引起 νp-过程(5.4.2 节)。(c) 后期中微子驱动风,$t \approx 10$ s,它可能变成丰中子的,$Y_e < 0.5$,会引起 α-过程和 r-过程(5.6.2 节)。请注意,⁹Be 和 ¹²C 的丰度非常小,这是因为它们被破坏和产生的几乎一样快。标签"Fe"代表 $A \approx 50 \sim 100$ 质量区内种子核的一个分布

下面我们将考虑在核心坍缩超新星所弹出的最深层中的核合成过程。在激波重振雄风之后,较强的电子中微子和反中微子通量会驱动原中子星表面附近区域的质子和中子连续流动。这种物质的流出(outflow)称为中微子驱动风(neutrino-driven wind,Duncan et al.,1986)。该区域的物质以高速(可能是超声速)膨胀和冷却,并最终与之前较慢的超新星抛射

物相碰撞,导致一个风终结(或反向)激波(Burrows $et\ al.$, 1995)。早期抛射物中的核合成强烈依赖于熵[或光子与重子之比;式(5.143)]、膨胀时标以及电子摩尔分数[或电子与重子之比,式(1.37)]。前两个量取决于平均中微子能量和总光度,以及由状态方程给出的原中子星的性质。电子摩尔分数 Y_e 取决于复杂的相互作用,即在星风区中的四个(电荷流)电子中微子和反中微子与自由核子的相互作用 $n+\nu_e \longleftrightarrow p+e^-$ 和 $p+\bar{\nu}_e \longleftrightarrow n+e^+$。如果中微子驱动风是丰质子的,则这些条件有利于合成缺中子的核素(5.4.2 节),而丰中子的风可能会产生丰中子的核素(5.6.2 节)。核合成的结果对中微子驱动风中的不确定物理条件高度灵敏。

5.4.2 ν-过程和 νp-过程

在爆炸恒星的膨胀地幔中,核心坍缩过程中以中微子形式释放的大量能量会造成中微子诱发合成某些核素。具体来说,中微子可以通过非弹性(中性流 neutral-current)中微子散射 (ν, ν') 与原子核相互作用。由于来自原中子星的 μ 和 τ 中微子与电子中微子相比,其预测的平均能量更大,并且由于中微子截面与它们的能量平方成比例,所以 μ 和 τ 中微子与核的相互作用占主导。另外,电子中微子可能通过电荷流相互作用 (ν_e, e^-) 或 $(\bar{\nu}_e, e^+)$ 与原子核发生相互作用。所有中微子相互作用都可以布居激发的核能级,并随后通过轻粒子 $(p、n、\alpha)$ 发射而衰变。释放的轻粒子继而在高温环境中与原子核发生反应从而有助于某些核素的合成。在恒星中任意给定的层,在激波到达之前,中微子诱发的核合成都可能会在爆发性燃烧期间发生(5.4.3 节),或者在激波通过后当材料膨胀和冷却时发生。这种机制称为 ν-过程[Woosley $et\ al.$, 1990]。模拟显示[Heger $et\ al.$, 2005],该过程可能会对稀有核素 ^{11}B(在碳-氧层中制造,见图 1.7 的右侧)、^{19}F 和 ^{138}La(均在氧-氖层中制造)的太阳系丰度作出明显贡献。ν-过程预测的产额对下列因素的影响非常灵敏:即中微子相互作用截面当前的不确定度、每种味的平均中微子能量、总中微子光度,以及所采用恒星演化和爆炸模型的细节。

包括能量依赖中微子传输的一些核心坍缩模拟,已经获得了丰质子($Y_e > 0.5$)的中微子驱动风,无论是在非常早期(Buras $et\ al.$, 2006)或是在长达 20 s 的延长期(Fischer $et\ al.$, 2009)。这种情形示意性地显示在图 5.41(b)中。该中微子驱动风在高于 10 GK 的温度下被喷出,它由处于核统计平衡的自由中子和质子组成。在随后的核合成期间,可以识别出四个不同的阶段。①在 T 为 5~10 GK 温度范围内的膨胀和冷却将导致所有中子与质子结合,留下一个由 α 粒子和过量质子构成的组成成分。②在 T 为 3~5 GK 温度内的进一步冷却将使 α 粒子结合成为更重的原子核,导致了主要由相同数量的中子和质子($N=Z$)构成的 ^{56}Ni、^{60}Zn 和 ^{64}Ge 的产生。由于这个序列中最慢的链接是 3α 反应,所以,所合成的重种子核的数目等于 ^{12}C 核产生的数目。^{64}Ge 以上的丰度流会被强的逆流及其长半衰期(实验室系下为 $T_{1/2} = 64$ s)抑制。③在 T 为 1.5~3 GK 的温度范围内,大量质子上的(电荷流)相互作用 $p+\bar{\nu}_e \longrightarrow n+e^+$ 会产生参与核合成的自由中子(几秒钟内约 10^{14} cm^{-3})。这方面很重要,这是因为,等待点核(例如 ^{56}Ni、^{60}Zn 和 ^{64}Ge)上较快的 (n, p) 反应与随后的 (p, γ) 反应一起将使丰度流不断地流向稳定谷缺中子一侧较重的核素。请注意,一个 (n, p) 反应连接着像相应的 β^+ 衰变一样的核素对。④当温度低于 $T \approx 1.5$ GK 时,(p, γ) 反应冻结,

(n,p)反应和 β^+ 衰变将重核素转化为稳定的、缺中子的子核。这个核合成机制称为 νp-过程(Fröhlich *et al.*,2006)。

νp-过程不是由于自由质子的耗尽而终止的,而是由于物质冷却至低于 $T \approx 1$ GK 而终止的。一些研究表明,νp-过程可以解释直到 ^{108}Cd 的较轻 p-核的太阳丰度(例如,Wanajo *et al.*,2011),包括 ^{92}Mo、^{94}Mo、^{96}Ru 和 ^{98}Ru,这些核在 p-过程中生产不足(5.6.3 节)。然而,其他一些研究(Pruet *et al.*,2006;Fisker *et al.*,2009)却无法重现一些较轻 p-核的太阳丰度,因此这一问题仍然存在争议。同样要重点强调的是,虽然一些模型模拟已经预测了早期丰质子中微子驱动风,但是 νp-过程对爆炸机制的细节、质量以及可能的原中子星的自转率都是非常灵敏的。因此,预计核合成会因事件而异。目前,主要的不确定度来自中微子光度和平均能量,它们决定着中微子驱动风中的电子摩尔分数 Y_e。较大的 Y_e 值通常会造成较重 p-核的合成。例如,$Y_e \approx 0.6$ 的模型(即当 $T \approx 3$ GK,νp-过程开始时)产生了高达 $A = 152$ 的 p-核。对于甚至更大的 Y_e 值,自由中子的密度由于电子反中微子与较大质子丰度之间的电荷流相互作用而增加。因此,(n,p)反应不仅会将丰度流带到 β 稳定谷,而且(n,γ)反应会将丰度流带到丰中子一侧。质子不直接参与核合成,而是主要作为自由中子的来源(Pruet *et al.*,2006)。

νp-过程对核物理不确定度很敏感。例如,接近 $T = 3$ GK,在 νp-过程开始之前,缓慢的 3α 反应(5.2.1 节)代表了合成重种子核的一个瓶颈。变动该反应率将影响 $A = 100 \sim 110$ 质量区中 p-核的产生。改变等待点核上(n,p)反应的反应率会强烈地影响 $A > 100$ 质量区中 p-核的产生,这些反应控制着向较重核素的丰度流,特别是 ^{56}Ni(n,p)^{56}Co 和 ^{60}Zn(n,p)^{60}Cu 反应。这些(n,p)反应率都是基于理论的(Hauser-Feshbach 模型;Wanajo *et al.*,2011),因为目前缺乏实验数据。核质量不确定度对 νp-过程路径也具有一定的影响,相关研究可在参考文献(Weber *et al.*,2008)中找到。

5.4.3 爆发性核合成

在 5.3 节中,我们讨论了不同演化阶段发生在大质量恒星核心的各种核合成过程,与前一个演化阶段相比,每个阶段都获得了更高的温度和密度。我们现在将讨论当向外移动的激波在短时间内压缩和加热不同成分的壳层时所发生的各种过程。一个核合成结果的概况如图 1.7(右侧)所示。

在以下讨论中,对激波的温度-密度演化采用简单的解析参数化会有所帮助。经过的激波将一层核燃料加热到峰值温度 T_{peak},并压缩材料达到峰值密度 ρ_{peak}。如果假设后续扩膨胀是绝热的,则该辐射主导的气体的温度和密度的时间依赖性可以近似表示为

$$T(t) = T_{\text{peak}}\, e^{-t/(3\tau)}, \quad \rho(t) = \rho_{\text{peak}}\, e^{-t/\tau} \tag{5.144}$$

其中,第一个表达式中的因子 3 是从式(5.143)中导出来的。膨胀时标(定义为密度下降到 $1/e$ 峰值处的时间)通常由流体动力自由落体的时标来近似,由下式(Fowler & Hoyle,1964)给出:

$$\tau_{\text{hd}} \approx \frac{446}{\sqrt{\rho_{\text{peak}}}} \text{ (s)} \tag{5.145}$$

其中,密度以 g·cm^{-3} 为单位。例如,峰密度 $\rho_{\text{peak}} = 10^6$ g·cm^{-3} 和 10^7 g·cm^{-3} 时产生自由落体膨胀的时间分别为 $\tau_{\text{hd}} = 0.45$ s 和 0.14 s。在这个简单的模型中,一旦采用了

T_{peak} 和 ρ_{peak} 的值,该区的热力学演化就确定了。更多的涉及的解析表达式可以在文献(Nadyozhin & Deputovich,2002)中找到。由于反应率具有强烈的温度依赖性,所以,我们预计温度演化与密度演化相比将对核合成产生更大的影响。这里隐含地假设,温度和密度上升到它们的峰值是瞬时的。这将变得很明显,中子过剩对于核合成至关重要。对于具有太阳金属度的恒星来说,在经历爆发性燃烧并被抛射出去的硅、氧和氖的壳中(图1.7),其中子过剩在 $\eta \approx 0.003$ 的量级。我们将在下面的反应网络计算中采用该初始值。

关于爆发性核合成的第一印象显示在图5.42中,它显示了一些超新星模型中燃烧波前在向外传播过程中不同质量区域所能达到的峰值温度和密度。所显示轨迹上的每个点对应于抛射物中的一个给定质量层,由于激波的经过,抛射物被加热并压缩到给定峰值温度和密度,然后膨胀并冷却下来。下方的两条轨道对应于核心坍缩超新星[CC-16:(Young et al.,2006)的 16 $M_\odot$ 模型;CC-25:(Limongi & Chieffi,2003)的 25 $M_\odot$ 模型]。在左侧,轨道始于由最里面的抛射物所组成的质量区。几乎水平或垂直的点划虚线和点虚线将参数空间划分为由不同核合成过程主导的区域。我们这里将专注于核心坍缩超新星。热核超新星将在5.5.1节讨论。下面讨论的网络计算中所采用的峰值温度和密度条件标记为实心圆圈。

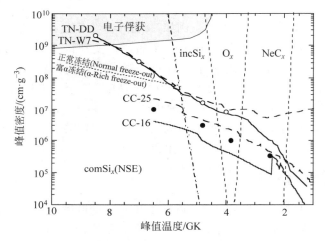

图5.42 超新星爆模型中燃烧前沿向外传播时在不同质量区所达到的峰值温度和峰值密度。较低的两条轨道来自核心坍塌(Ⅱ,Ⅰb,Ⅰc型)超新星模型[CC-16:(Young et al.,2006);CC-25:(Limongi & Chieffi,2003)],而较高的两条轨道来自热核(Ⅰa型)超新星模型[TN-W7:(Nomoto et al.,1984);TN-DD:(Bravo & Martínez-Pinedo,2012)]。主要核合成的区域已标出:完全的硅燃烧["comSi$_x$(NSE)",点划虚线左侧的整个区域];正常冻结(点虚线上方);富 α 冻结(点虚线下方);不完全硅燃烧("incSi$_x$");爆发性氧燃烧("O$_x$"),以及爆发性氖-碳燃烧("NeC$_x$")。不同区域之间的边界取决于爆炸时标,这里只是近似值。左上角的灰色阴影区表示电子俘获在爆炸期间显著地改变了中子过剩的区域(5.5.1节)。实心和空心圆圈标记了文中讨论的反应网络计算所采用的峰值温度和密度条件

激波遇到的第一个区主要由 ^{28}Si 组成,它被加热到超过 $T_{peak} \approx 5$ GK 的峰值温度。在此高温下,所有正向和逆向的强相互作用或电磁相互作用的反应率会达到核统计平衡。回忆5.3.5节,如果核性质已知,则任何核素的丰度都是由温度、密度和中子过剩所决定的。最初的硅将被完全破坏并转化为铁峰核素。因而,该阶段称为完成爆发性硅燃烧(complete explosive silicon burning)。该机制主导的参数空间区域[标记为"comSi$_x$（NSE）"]位于图 5.42 中点划线的左侧。对于我们所假设的较小的中子过剩（$\eta \approx 0.003$），核统计均衡将有利于$^{56}_{28}$Ni$_{28}$ 作为主要成分，因为它是 $N = Z$ 束缚最紧的核素（图 1.9 和图 5.39）。

处于核统计平衡中的物质的命运取决于随气体快速冷却的膨胀时标，以及当核反应在某个冻结点温度开始脱离平衡时自由轻粒子（α、n、p）的密度（Woosley *et al.*，1973）。如果密度大，膨胀时间慢，则核统计平衡预测仅有非常小的轻粒子丰度。当温度下降到低于冻结温度时，将没有足够的时间来产生维持核统计平衡所需的轻粒子，因此平衡将由于缺乏轻粒子而被终止。第一个退出平衡的反应是 3α 反应。在此正常冻结期间，轻粒子太少，以至于它们随后的俘获不会改变核统计平衡的组成（主要由^{56}Ni 和其他铁峰核素组成）。另外，如果密度低膨胀时间快，则核统计平衡会预测一个显著的轻粒子丰度，尤其是 α 粒子的。当温度下降到低于冻结温度时，无法足够快地将 α 粒子转换为铁峰核素以维持核统计平衡。平衡由于过量的 α 粒子而被终结，在冻结期间它们被原子核所俘获，将改变核统计平衡的组成。对于一个小的中子过剩，该富 α 粒子冻结（α-rich freeze-out）的主要产物还是^{56}Ni，如下所述，但会产生额外的核素，例如重要的 γ 射线发射体^{44}Ti。无论是在正常的冻结或富 α 粒子的冻结中，都不会产生显著的铁峰以上的核素。

在图 5.42 中以点虚线将上面讨论的两个区隔开。其边界是从网络计算中获得的（见下文），对应于最终 α 粒子质量分数为 $X_\alpha = 0.001$ 的 T_{peak}-ρ_{peak} 条件。在这条线之上，X_α 快速下降，而在这条线之下 X_α 增加。两种核心坍缩超新星模型中的内部抛射物（图 5.42）将经历富 α 粒子冻结，永远不会达到正常冻结所需的较高密度。这适用于大多数的核心坍缩超新星模型。

利用指数形式的 T-ρ 轮廓曲线[式（5.145）和式（5.144）]、在峰值温度 6.5 GK 和峰值密度 10^7 g·cm^{-3} 的情况下，所得到的时间积分净丰度流和丰度演化分别如图 5.43（a）和图 5.44（a）所示。这些条件以图 5.42 中的第一个实心圆圈表示，它落在两个核心坍缩超新星模型轨迹之间标记为"comSi$_x$（NSE）"的区域。在实际爆炸中，激波在它穿过不同质量层时会产生连续分布的 T_{peak} 和 ρ_{peak} 值。因此，图中显示的结果对应于在单个均匀区域中的核合成。假定该区的初始组成主要由^{28}Si 构成，仅有少量^{30}Si 的贡献以使中子过剩值 $\eta = 0.003$。^{28}Si 的破坏和物质向铁峰核素的转化很明显地显示在图 5.43 中。调节硅和铁峰区之间反应的丰度流与最大丰度流相比小了三个数量级，因此它们没有出现在图中。所显示的丰度流是对网络计算的整个持续时间内进行积分得到的。当物质处于核统计平衡的瞬间，即在冻结发生之前，其丰度流看起来与图 5.35 下图所示的模式非常相似。最丰的核素在计算结束时为^{56}Ni（$X_f = 0.80$），以及来自其他铁峰核素（^{57}Ni 和^{58}Ni）较小的贡献。注意，较大的最终 α 粒子丰度（$X_f = 0.06$），证明了该冻结是富 α 类型的。此外，产生了大量的^{44}Ti，其最终质量分数为 $X_f = 5 \times 10^{-5}$。

激波遇到的下一个区仍然主要由^{28}Si 构成，它会被加热到峰值温度 $T_{peak} \approx 4 \sim 5$ GK。会建立准平衡，而不是核统计平衡。回忆 5.3.3 节和 5.3.4 节，处于准平衡态的任何核素的丰度（例如^{28}Si）均由四个参数确定（除了核结合能、质量和自旋）：温度、密度、中子过剩和^{28}Si 的丰度。当激波到达该区时，它开始解离硅及相邻核素，迅速地形成以^{28}Si 为主的一个准平衡簇，其中^{28}Si 在该质量区内所有核素中具有最大的结合能。此后不久，在铁峰区会形成另一个准平衡簇（由具有较高结合能核素所组成），并由 $A = 40 \sim 44$ 质量区内链接这两

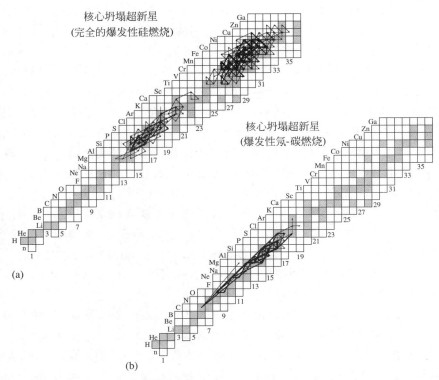

图 5.43 在核心坍缩超新星核合成期间的时间积分净丰度流。网络计算运行时使用了指数的 T-ρ 演化［式(5.144)］以及自由落体膨胀时标［式(5.145)］：(a) 完全的爆发性硅燃烧 $T_{peak} = 6.5$ GK 和 $\rho_{peak} = 10^7$ g·cm^{-3}；(b) 爆发性氖-碳燃烧 $T_{peak} = 2.5$ GK 和 $\rho_{peak} = 3.2 \times 10^5$ g·cm^{-3}。初始组成见正文。两个流量图的丰度演化如图 5.44(a)，(d)所示。箭头与图 5.26 中的含义相同：$F^{max} \geqslant F_{ij} > 0.1 F^{max}$（粗箭头）、$0.1 F^{max} \geqslant F_{ij} > 0.01 F^{max}$（中等箭头），以及 $0.01 F^{max} \geqslant F_{ij} > 0.001 F^{max}$（细箭头），其中 F^{max} 对应于具有最大净流量的反应。这里的丰度流是以摩尔分数而不是数密度定义的，这是因为质量密度在变化

个簇之间的核反应来调节。这种情况让人想起流体静力学硅燃烧(5.3.4 节)。如果温度足够高，时间足够长，则所有的硅组核素将被转化为铁峰核素，并将建立核统计平衡。然而，膨胀会导致此之前发生冻结。由于大量的 ^{28}Si 残留下来，该过程称为不完全硅燃烧 (incomplete silicon burning)。

对于具有代表性的峰值温度 4.8 GK 和峰值密度 3×10^6 g·cm^{-3} 条件，其最丰核素的时间演化显示在图 5.44(b)中。对于初始组成，我们再次假设主要是 ^{28}Si 及少量 ^{30}Si 的贡献。很明显，^{28}Si 丰度下降并产生了铁峰核素。在计算结束时最丰的核素还是 ^{56}Ni($X_f = 0.60$)，就像完全爆发性硅燃烧的情况一样，但是现在有大量的 ^{28}Si 在最后保留了下来 ($X_f = 0.10$)。其他较丰的核素是 ^{32}S($X_f = 0.10$)、^{54}Fe($X_f = 0.06$)、^{40}Ca($X_f = 0.05$)、^{36}Ar($X_f = 0.035$)以及和 ^{55}Co($X_f = 0.012$)。完整和不完整的硅燃烧区在图 5.42 中由点划线分隔开来。它对应于激波经过之后有大量 ^{28}Si 丰度仍然保留下来的 T_{peak}-ρ_{peak} 条件。

随后，激波到达一个主要由 ^{16}O 构成的区域(图 1.7)。爆发性氧燃烧发生在 $T_{peak} \approx$

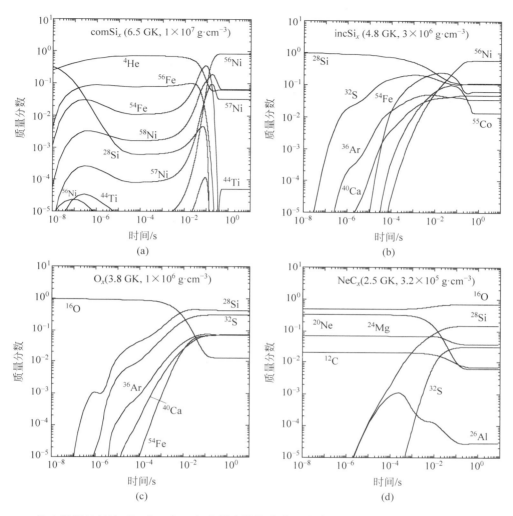

图 5.44 核心坍塌超新星(Ⅱ,Ⅰb,Ⅰc型)中爆发性核合成的丰度演化。结果是使用指数的 T-ρ 轨迹得到的[式(5.145)和式(5.144)],该轨迹近似于向外移动冲击波的条件。所采用的 T_{peak}、ρ_{peck} 和 τ_{hd} 的值为:(a) 6.5 GK、1×10^{7} g·cm^{-3}、0.14 s;(b) 4.8 GK、3×10^{6} g·cm^{-3}、0.26 s;(c) 3.8 GK、1×10^{6} g·cm^{-3}、0.45 s;(d) 2.5 GK、3.2×10^{5} g·cm^{-3}、0.79 s。这些条件分别对应于完全的爆发性硅燃烧、不完全爆发性硅燃烧、爆发性氧燃烧以及爆发性氖-碳燃烧,并在图 5.42 中以实心圆圈标记。所有显示的结果都是使用初始中子过剩量 $\eta=0.003$ 获得的

3.5~4 GK 附近的峰值温度。从燃料(^{16}O)被解离这个意义上来说,该过程类似于不完全硅燃烧,它在硅质量区和铁峰区中产生两个准平衡簇。但是,由于峰值温度较低,所以较少的物质被转化为铁峰而更多的物质被锁定在硅区。对于峰值温度 3.8 GK 和峰值密度 10^{6} g·cm^{-3} 条件下的网络计算结果如图 5.44(c)所示。对于初始组成,我们假设主要是 ^{16}O 以及少量 ^{18}O 的贡献,以使中子过剩值为 $\eta=0.003$。核素 ^{16}O 被迅速耗尽,在计算结束时最丰的核素是 ^{28}Si($X_{\mathrm{f}}=0.40$)、^{32}S($X_{\mathrm{f}}=0.30$)、^{36}Ar($X_{\mathrm{f}}=0.07$)、^{40}Ca($X_{\mathrm{f}}=0.07$)以及 ^{54}Fe($X_{\mathrm{f}}=0.07$)。图 5.42 中的第一条点划虚线分隔了不完全爆发性硅燃烧和爆发性氧

燃烧的区域。它对应于激波经过之后^{56}Ni被明显耗尽($X_f = 10^{-4}$)的T_{peak}-ρ_{peak}条件。

在上面的讨论中,爆发性燃烧的机制已经与激波穿过特定核燃料联系在一起。例如,我们描述了在由硅组成的区域中如何发生爆发性硅燃烧,而硅是核心坍塌前流体静力学氧(壳)燃烧的产物(图1.7)。类似地,爆发性氧燃烧发生在由氧组成的层中,而氧是在流体静力学氖燃烧中合成的。但是,必须强调的是,这些爆发性燃烧的机制主要取决于特定层中的峰值温度和冻结条件,而不是燃料的组成成分(Woosley et $al.$,1973)。原因是核统计平衡或准平衡将在能量上寻求对核组成最有利的配置。例如,如果在这个温度范围内爆发性燃烧的核燃料不是由^{28}Si而是由任何其他核素所组成,只要初始中子过剩保持在$\eta \approx 0.003$附近,则完全相同的核合成产物会导致完全的爆发性硅燃烧。我们将在5.5.1节中再回到这个问题上。

最后,激波遇到一个主要由^{16}O、^{20}Ne和^{12}C组成的区域,并将其加热到$T_{peak} \approx 2 \sim 3.5$ GK的峰值温度。其结果是,发生爆发性^{20}Ne燃烧,以及在较小程度上发生爆发性^{12}C燃烧。该过程称为爆发性氖-碳燃烧(explosive neon-carbon burning)。在这种情况下,温度和膨胀时标对于建立准平衡都太小了,正逆核反应远离平衡运行。因而,给定核素的丰度不仅依赖于一些参数,例如温度和密度,而且它还灵敏地受到初始成分和热核反应率大小的影响。对于代表性峰值温度2.5 GK和峰值密度3.2×10^5 g·cm^{-3}条件,其时间积分的净丰度流和丰度演化分别如图5.43(b)和图5.44(d)所示。对于初始组成,我们采用^{12}C($X_i = 0.02$)、^{16}O($X_i = 0.50$)、^{20}Ne($X_i = 0.34$)、^{24}Mg($X_i = 0.07$)和^{25}Mg($X_i = 0.07$)。这些值类似于对一颗20 $M_\odot$恒星的流体动力学所模拟得到的结果(Limongi & Chieffi,2006)。很明显,^{20}Ne和^{12}C的丰度都是在组成成分进行重组时被激波耗尽了。在计算结束时,最丰的核素是^{16}O($X_f = 0.70$)和^{28}Si($X_f = 0.15$)。有趣的是,通过以下序列产生了大量的^{26}Al($X_f = 3 \times 10^{-5}$):

$$^{24}\text{Mg}(n,\gamma)^{25}\text{Mg}(p,\gamma)^{26}\text{Al} \tag{5.146}$$

这里所需的中子是由^{25}Mg(α,n)^{28}Si和^{26}Mg(α,n)^{29}Si反应释放的(Iliadis et $al.$,2011)。一些^{26}Al被^{26}Al(n,p)^{26}Mg破坏,而被^{26}Al(n,α)^{23}Na破坏的程度较小。流体动力学模型(Limongi & Chieffi,2006)预测,核心坍缩超新星中的爆发性氖-碳燃烧是银河系中^{26}Al合成最多产的场所(1.7.5节和5.4.4节)。图5.42中的第二条点划虚线分隔了爆发性氧燃烧和爆发性氖-碳燃烧的区域。它对应于激波经过之后获得相等^{16}O和^{28}Si质量分数的T_{peak}-ρ_{peak}条件。

在核心坍缩超新星爆发性燃烧通常达到的峰值密度下,电子俘获的时标太短而无法显著地改变中子过剩。不像流体静力学氧和硅燃烧的情况,在如图5.43和图5.44所示的所有网络计算中,最终的中子过剩量仍然保持接近其初始值。

恒星的外部区域在非常短的一段时间内被加热到低于$T \approx 2$ GK的峰值温度(图5.42中第三条虚线右侧的区域),因此在大多数恒星爆炸模型中不会发生大量的核合成。这些层被抛射出去,其组成成分是爆炸前在各种流体静力学燃烧阶段产生的。核心坍塌大约一小时后,激波以平均数千千米每秒的速度传播到恒星表面。上面勾画的事件顺序灵敏地依赖于影响爆前超新星的质量-半径关系(或密度轮廓)的所有因素,因为这一关系决定了暴露于四种主要爆发性燃烧阶段的物质的量。例如,对于对流的处理在这方面很重要,因为它会影响对流区的大小及其混合效率。同样,正如 5.2.1 节中已经提到的,$^{12}C(\alpha,\gamma)^{16}O$ 的反应率决定了核心氦燃烧结束时 $^{12}C/^{16}O$ 丰度比,从而影响可用于后续晚期流体静力学壳燃烧的燃料量以及这些壳的位置。此外,核心坍塌和激波恢复之间的时间延迟的大小会影响位于每个构成层中物质的量。除了质量-半径关系,爆前超新星的中子过剩(或 Y_e)轮廓对于那些发生在核统计平衡和准平衡条件下的爆发性燃烧的结果也至关重要。反过来,中子过剩轮廓会受到对流处理、核心坍塌和激波恢复间的时间延迟,以及之前恒星流体静力学演化的影响。

5.4.4 观测

当前核心坍塌超新星模型所预测核合成的直接证据可以从观测银河放射性和中微子来获得。例如,在预测的由大质量恒星所合成的放射性同位素中有 ^{26}Al(在爆发性氖碳燃烧期间)和 ^{60}Fe(在核心坍塌之前的碳和氦对流壳燃烧期间)。与每世纪大约两个银河系核心坍缩超新星的典型频率相比,它们的半衰期(分别为 $T_{1/2}=7.17\times10^5$ a 和 $T_{1/2}=2.62\times10^6$ a)非常长。因此,这些核素在数以千计超新星中抛射出来后的星际介质中累积。从这两种核素衰变而来的扩散 γ 射线发射已被星载探测器观测到(1.7.5 节和 5.6.1 节,二维码中彩图 12)。由 RHESSI 装置(Smith,2004)和搭载在 INTEGRAL 卫星上的 SPI 谱仪(Wang *et al*.,2007)所探测的 $^{60}Fe/^{26}Al$ 的 γ 射线通量比接近 0.15。当对源自不同初始质量恒星的理论产额进行标准恒星质量分布(即初始质量函数)的卷积时,恒星模型预测(Limongi & Chieffi,2006)与观测一致。

迄今为止研究得最好的超新星是超新星 1987A,它很可能是由质量接近 $20\ M_\odot$ 的前身星的核心坍缩所引起的(二维码中彩图 6)。爆炸几个月后,其亮度(光变曲线)接近遵循 ^{56}Co 的放射性衰变($T_{1/2}=77.2$ d)规律,它是爆发性硅燃烧主要放射性产物 ^{56}Ni($T_{1/2}=6.1$ d)的子核。SMM 卫星(Matz *et al*.,1988)也直接探测到了源自 ^{56}Co 衰变的 γ 射线。这两个观测结果放在一起,意味着在抛射物中 ^{56}Co 的总质量约为 $0.07\ M_\odot$(Leising & Share,1993)。此外,在超新星 1987A 发出的光到达地球的前几个小时,KamiokaNDE-Ⅱ探测器记录到了 11 个电子反中微子(Hirata *et al*.,1987),而 Irvine-Michigan-Brookhaven(IMB)探测器探测到了 8 个电子反中微子(Bionta *et al*.,1987)。所探测到的中微子数量和能量,以及测量的爆发持续时间,与人们对大质量恒星深处爆炸过程的理论预测一致。

放射性同位素 ^{44}Ti 的半衰期($T_{1/2}=60$ a)与银河系超新星发生率相当,因此可用于探测单个的超新星。人们已经在有 350 a 历史的仙后座 A 超新星和超新星 1987A 中探测到了源自 ^{44}Ti 衰变的 γ 射线(能量为 68 keV 和 78 keV),请参考文献(Renaud *et al*.,2006;Grebenev *et al*.,2012;Grefenstette *et al*.,2014)。这证实了理论预言,即该核素是在核心坍缩超新星的完全爆发性硅燃烧过程中的富 α 粒子冻结中合成的。^{44}Ti 在仙后座 A 中的空间分布显示在二维码彩图 8 中。基于对仙后座 A 和超新星 1987A 的观测,抛射出 ^{44}Ti 的质量分别约为 $1.6\times10^{-4}\ M_\odot$ 和 $3.1\times10^{-4}\ M_\odot$,与恒星模型预测一致。在爆炸 3~4 年后,当 ^{56}Co 和 ^{57}Co 的放射性衰变所产生的光度逐渐消失时,预期 ^{44}Ti 的放射性衰变也会驱动超新星遗迹的红外、光学和紫外线的发射。

5.5 涉及双星的爆发性燃烧

5.5.1 热核超新星(Ⅰa型)的爆发性燃烧

对于大多数Ⅰa型超新星来说,人们偏爱两种前身星场景,一种是单简并模型,一种是双简并模型(1.4.4节)。虽然这两种模型都能解释爆炸的关键特征,但它们也有很大的缺点。

在单简并模型中,碳氧白矮星从非简并伴星(主序星、红巨星或氦星)上吸积富氢或富氮的物质。白矮星的质量增加直到接近钱德拉塞卡极限,通过在白矮星中心附近压缩加热触发爆炸。该模型解释了为什么大多数Ⅰa型超新星具有相似的峰值光度和早期光谱,即钱德拉塞卡极限为可燃烧成^{56}Ni的燃料的数量提供了一个自然的限制。该模型的主要问题是恒星演化理论预测的最大碳氧白矮星质量约为 $1.1\ M_\odot$(Althaus et al.,2010)。因此,白矮星在发生Ⅰa型超新星爆之前必须吸积约 $0.3\ M_\odot$。白矮星的质量是否增长主要取决于传质率(mass-transfer rate):传质速率必须比较大,才能避免通过类新星事件造成质量损失(5.5.2节),但也不能太大,否则系统将进入共包络阶段。只有在较窄范围内的传质率才能使吸积物质稳定燃烧,并将白矮星的质量增加到钱德拉塞卡极限(Kahabka & van den Heuvel,1997)。

在双简并模型中,两个靠近的碳氧白矮星(合并质量接近或超过钱德拉塞卡极限)由于引力波辐射而并合在一起,从而启动了热核爆炸。该模型自然地解释了在Ⅰa型超新星光谱中氢或氦发射线的缺失。然而,它并不能轻易解释大多数Ⅰa型超新星的峰值光度和光谱的均匀性,这是因为合并质量也即可燃烧成^{56}Ni的核燃料具有很宽的范围(1.1～2.0 $M_\odot$,Wang & Han,2010)。此外,当双星系统中质量较小的白矮星(伴星)充满了它的洛希瓣,它可能会被质量更大的白矮星(主星)迅速吸积。结果是,伴星转变成为一个围绕更大质量白矮星的盘状结构。此组合中的最高温度出现在盘和主星的界面处,因而这是碳燃料首先被点燃的位置。燃烧波前向内传播,将碳氧白矮星转变成氧氖白矮星,作为^{24}Mg俘获电子的结果,该氧氖白矮星可能会坍塌并形成中子星,而不是产生Ⅰa型超新星爆(吸积诱发塌缩(accretion-induced collapse),Nomoto & Iben,1985)。

为Ⅰa型超新星爆发建模是一项极其复杂的任务。需要考虑的因素包括恒星演化、前身星的旋转和质量损失、吸积过程、点火机制以及核火焰的传播。尽管在这些方面取得了进展,但是我们仍然无法从第一性原理来解释这些巨大的爆炸。在简化的一维模型框架下,单简并和双简并场景中的自由参数是爆炸白矮星的化学结构、主序带上前身星的初始金属度,以及白矮星上的吸积率(决定着点火时中心密度)。此外,对于双简并模型,伴生白矮星的质量和组成需要添加到这个列表中;而对于单简并场景,在过渡到爆炸之前的关于初始爆燃和核燃烧幅度大小的描述也必须包括在内。

在下文中,我们将关注一类前身星,即单简并模型,并详细地讨论热核爆炸期间的核合成。我们的目标不是为Ⅰa型爆炸推导出真实的丰度,而是要阐明当火焰穿过白矮星的不同质量层时而产生的不同燃烧阶段。为此,我们将采用一些示意性和简化的假设。

考虑一个由^{12}C、^{16}O 和^{22}Ne 组成的白矮星(Domínguez et al.,2001)。内核的成分是在先前对流核心氦燃烧阶段形成的(5.2节),而外层是在渐近巨分支上的先前壳燃烧期间形成的(1.4.3 节)。假设白矮星在数百万年间以约 10^{-7} $M_\odot$ 的速率吸积物质,从而增加其质量直到接近钱德拉塞卡极限。由于压缩加热以及碳熔合产生核能,导致中心温度稳定上升(5.3.1 节)。在星核的高密度下,电子屏蔽对 ^{12}C+^{12}C 的反应率变得很重要(3.2.6 节和习题 3.10)。当中心温度和密度分别达到约 300 MK 和约 2×10^9 g·cm^{-3} 时,来自高度依赖温度的 ^{12}C+^{12}C 反应[式(5.103)]的产能率开始超过中微子冷却率,并达到了着火点。随着温度升高,星核附近的物质变得对流不稳定。对流核心不断生长直到它囊括了整颗恒星。点燃数百年后,核能产生变得如此旺盛以至于无法再通过对流运动被熄灭。当温度达到约 700 MK 时,核燃烧和对流的时标具有相似的大小(约 10 s),继而发生热核失控。届时任何流体元素都会达到接近 10^9 K 的温度,核燃烧变得比声波穿过压力标高(pressure scale height)所需的时间要快。这种流体元素的表面会变成一个具有非常确定层流速度的火焰。关于人们对该早期阶段不完整知识的详细讨论,参见文献 Arnett (1996)。

回忆 1.4.4 节,单纯的(超声速)爆轰火焰最有可能仅产生铁峰核素,因此无法解释在Ⅰa 型超新星光谱中观测到的中等质量元素。另外,单纯的(亚声速)爆燃火焰(导致白矮星膨胀)也无法产生足够的 ^{56}Ni 以解释大多数Ⅰa 型事件,且以低膨胀速度留下过多残留的碳和氧,而这与观测相反。受欢迎的单简并场景涉及一个最初的爆燃,使恒星膨胀,当密度达到 10^7 g·cm^{-3} 量级时,接下来发生爆轰(Khokhlov,1991)。正如已在 1.4.4 节中提到的那样,人们对爆燃-爆轰转变的机制还不是很理解。核能释放需要大约 1 s,并很快将膨胀着的白矮星烧成灰烬。

火焰附近的爆发性核燃烧以不同的机制进行,因此抛射物的化学结构将反映爆炸过程中热力学条件。作为一个示例,图 5.42 显示了两个热核超新星模型(上方实线和虚线轨迹)在火焰到达白矮星不同质量区时的峰值温度和峰值密度条件[TN-DD:(Bravo & Martínez-Pinedo,2012)的延缓爆轰模型;TN-W7:(Nomoto et al.,1984)的爆燃模型]。模型从左上角(白矮星中心附近)演化到右下角(白矮星外层)。很明显,与核心坍缩超新星模型相比,热核超新星的模型可以达到高得多的峰值温度和密度。

与 5.4.3 节中的讨论类似,我们将利用数值网络计算的辅助来描述核合成,计算中使用一个指数的 T-ρ 时间演化[式(5.144)]。对于初始组成,我们假设为 ^{12}C($X_i=0.475$)、^{16}O($X_i=0.50$),以及较小浓度的 ^{22}Ne($X_i=0.025$)。后一种核素是在先前的氦燃烧阶段产生的[式(5.97)]。由于氦燃烧过程中 ^{22}Ne 的产生取决于初始 C、N 和 O 的浓度,因此中子过剩与超新星前身星的金属度有关(Timmes et al.,2003)。对于我们选定的成分,最初的中子过剩为 $\eta=0.0023$。回想一下,在核心坍缩超新星核合成计算中,我们通过自由落体时标 τ_{hd} 来对膨胀时标 τ 近进行似(5.4.3 节)。在下面讨论的热核超新星计算中,对于膨胀时标我们将使用相同的值,$\tau=0.3$ s。该值与文献中报道的流体动力学模型结果近似一致(Travaglio et al.,2004a;Meakin et al.,2009;Chamulak et al.,2012)。

火焰从白矮星的中心区域开始,峰值温度和密度分别接近于 8.5 GK 和 2×10^9 g·cm^{-3}。对于这样的条件,核统计平衡(5.3.5 节)很快就建立起来了,核燃料(^{12}C、^{16}O 和 ^{22}Ne)转化为铁峰核素,没有留下中等质量的核素(如 ^{28}Si)。该区域中的物质将经历完全的(complete)爆发性硅燃烧[在图 5.42 中标记为"comSi$_x$(NSE)"]。我们已经在核心坍缩超新星的讨论中遇到过这个燃烧阶段(5.4.3 节)。然而,热核超新星的中心密度比核心坍缩超新星的要高得多。这导致了两个有趣的后果。首先,当大多数核心崩溃超新星模型在最里面的抛射物中经历了富 α 粒子的冻结时,热核超新星模型在其内层大部分经历了正常的冻结。图 5.42 中的点虚线将完全的爆发性硅燃烧区(点划线左侧)分隔成上述这两个冻结机制。其次,热核超新星模型预测的密度如此之高,以至于电子较大的费米能将导致(1.8.4 节):①自由质子上的电子俘获,$p+e^- \rightarrow n+\nu_e$,在这些条件下它们大量存在于核统计平衡中;②铁峰核上的电子俘获,甚至在很短的爆发时标上。电子俘获使得核统计平衡浓度远离 $N=Z$ 线(^{56}Ni),向丰中子核素移动,也就是说,它们显著地增加了中子过剩量 η。在这种条件下产生的主导核素灵敏地依赖于给定层中 η 的值,如 5.3.5 节所述。图 5.42 左上角的阴影标记了重要的电子俘获区域。当采用膨胀时标为 $\tau=0.3$ s 的指数 T-ρ 演化条件时,其边界对应于中子过剩增加了一个数量级的情况(从 $\eta_i=0.0023$ 开始)。预计只有白矮星的最内层区域(其封闭质量小于约 $0.1\ M_\odot$)才会经历由电子俘获所引起的显著中子化过程。

使用式(5.144)获得的网络计算结果显示在图 5.45(a)中,其中峰值温度和峰值密度分别为 8.5 GK 和 2×10^9 g·cm^{-3}。这些条件由图 5.42 中的第一个空心圆圈表示,落在标记为"comSi$_x$(NSE)"区域中的两个热核超新星模型的轨道上。在爆炸中,火焰在不同质量层中移动时会产生连续分布的 T_{peak} 和 ρ_{peak} 的值。因而,图 5.45 中显示的结果对应于单个均匀区域中的核合成。在计算结束时,电子俘获将中子过剩量增加了一个数量级以上,从初始值 $\eta_i=0.0023$ 增加到最终值 $\eta_f=0.043$(对应于 $Y_e=0.4784$)。与预期一致,在计算结束时最丰的核素为 ^{54}Fe($X_f=0.58$)、^{58}Ni($X_f=0.19$)和 ^{56}Fe($X_f=0.15$),这是因为,这些核素在各自中子过剩参数$(N-Z)/A=0.037$、0.035 和 0.071 下都具有最大的结合能。另外,注意图 5.45(a)中可忽略的最终 α 粒子丰度,表明它属于正常冻结一类。

在图 5.42 中的阴影区之外,但仍在完全的爆发性硅燃烧(具有正常冻结)机制下,密度已下降到电子俘获的影响已大大减少的值。由于燃料主要由 ^{12}C 和 ^{16}O 组成,它们都具有相等的质子数和中子数,因此核统计平衡将有利于在这些层中产生 ^{56}Ni,它代表 $N=Z$ 中结合最紧密的核素(图 1.9 和图 5.39)。对于峰值温度 7.0 GK 和峰值密度 3×10^8 g·cm^{-3},最丰核素的时间演化显示在图 5.45(b)中。这些条件由图 5.42 中的第二个空心圆圈来标记。最终的中子过剩为 $\eta_f=0.0057$,表示比初始值增加了近三倍,但这仍然足够小并有利于 $N=Z$ 作为最丰的核素。从图中可以看出,在计算结束时迄今为止最丰的核素是 ^{56}Ni($N=Z=28$),其最终质量分数为 $X_f=0.79$。下一个最丰核素 ^{54}Fe 的最终质量分数比 ^{56}Ni 低大约一个数量级。不会显著产生中等质量的元素(Si、S、Ar、Ca)。

遇到火焰的下一层(封闭的白矮星质量范围为 $0.3\sim1.0\ M_\odot$),会被加热到 T 为 $4.5\sim5.5$ GK 的峰值温度,并经历不完全的爆发性硅燃烧(图 5.42 中标记为"incSi$_x$")。正如在 5.4.3 节中已经讨论过的那样,对于这些条件建立了准平衡,而不是核统计平衡。对于代表性的峰值温度 4.8 GK 和峰值密度 1.5×10^7 g·cm^{-3},时间积分的净丰度流如图 5.46(a)所示。这些条件由图 5.42 中的第三个空心圆圈来表示。迅速形成了一个与 ^{28}Si 成准平衡的簇,随后形成铁峰区的一个准平衡簇。膨胀导致在所有中等质量元素都转化为铁峰核素之前发生了冻结。我们预计,中等质量元素和 ^{56}Ni 的相对丰度都会灵敏地依赖于所采用的中子过剩的初始值和膨胀时标。相应的最丰核素的时间演化显示在图 5.45(c)中。在计算结束时最丰的核素还是 ^{56}Ni($X_f=0.53$),但这一次,大量的 ^{28}Si($X_f=0.14$)、^{32}S($X_f=0.14$)、^{36}Ar($X_f=0.041$)和 ^{40}Ca($X_f=0.053$)保留了下来。完全的和不完全的爆发性硅燃

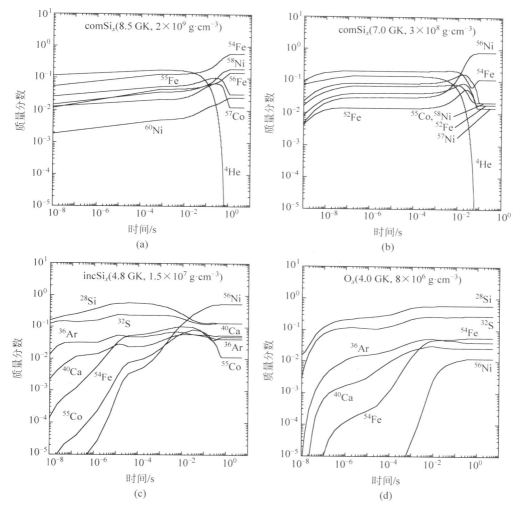

图 5.45 热核超新星(Ia 型)中爆发性核合成的丰度演化。结果是使用指数的 T-ρ 轨迹得到的[式(5.144)],该轨迹近似于向外移动火焰的条件。所采用的 T_{peak}、ρ_{peak} 的值为:(a) 8.5 GK、2×10^9 g·cm^{-3};(b) 7.0 GK、3×10^8 g·cm^{-3};(c) 4.8 GK、1.5×10^7 g·cm^{-3};(d) 4.0 GK、8×10^6 g·cm^{-3}。这些条件分别对应于完全的爆发性硅燃烧、不完全爆发性硅燃烧,以及爆发性氧燃烧,并在图 5.42 中以空心圆圈标记。对于膨胀时标使用了相同的值 $\tau = 0.3$ s。采用的初始组成为:^{12}C($X_i = 0.475$);^{16}O($X_i = 0.500$);^{22}Ne($X_i = 0.025$),这对应于一个初始中子过剩量 $\eta = 0.0023$

烧区域由图 5.42 中的点划线分隔开来。对于所采用的条件,中子过剩在整个计算过程中不会发生明显的变化。

当火焰中的峰值温度下降到 $T \approx 3.5 \sim 4.5$ GK 时,具有封闭白矮星质量范围为 $1.0 \sim 1.2\, M_\odot$ 的更远的层将经历爆发性氧燃烧(图 5.42 中标记为"O$_x$")。对于代表性的峰值温度 4.0 GK 和峰值密度 8×10^6 g·cm^{-3},时间积分的净丰度流如图 5.46(b)所示。这些条件由图 5.42 中的第四个空心圆圈来标记。再一次,在硅和铁峰的质量区形成了两个准平衡簇,但由于峰值温度较低,所以只有很少的物质被转化到铁峰区,而大部分材料仍然被锁定在硅区。相应的丰度演化显示在图 5.45(d)中。在计算结束时最丰的核素显然是 $^{28}Si(X_f=0.58)$ 和 $^{32}S(X_f=0.28)$。在这些条件下,中子过剩量保持不变。

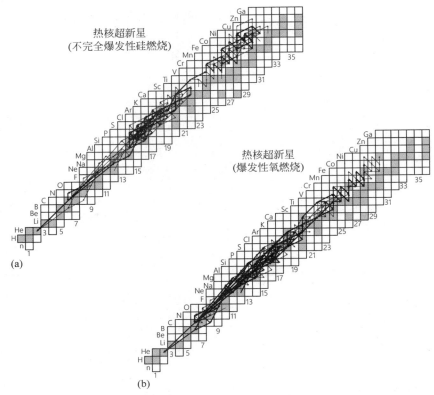

图 5.46　在热核超新星核合成期间的时间积分净丰度流。网络计算运行时使用了指数的 $T\text{-}\rho$ 演化 [式(5.144)]以及一个 $\tau=0.3\ s$ 的膨胀时标:(a)不完全的爆发性硅燃烧 $T_{peak}=4.8\ GK$ 和 $\rho_{peak}=1.5\times10^7\ g\cdot cm^{-3}$;(b)爆发性氧燃烧 $T_{peak}=4.0\ GK$ 和 $\rho_{peak}=8.0\times10^6\ g\cdot cm^{-3}$。初始组成为: $^{12}C(X_i=0.475)$、$^{16}O(X_i=0.500)$、$^{22}Ne(X_i=0.025)$。两个流量图对应于图 5.45(c)、(d)所示的丰度演化。箭头与图 5.26 中的含义相同: $F^{max}\geqslant F_{ij}>0.1F^{max}$(粗箭头)、$0.1F^{max}\geqslant F_{ij}>0.01F^{max}$(中等箭头),以及 $0.01F^{max}\geqslant F_{ij}>0.001F^{max}$(细箭头),其中 F^{max} 对应于具有最大净流量的反应。这里的丰度流是以摩尔分数而不是数密度定义的,这是因为质量密度在变化

　　5.4.3 节已讨论过,爆发性燃烧过程中的核合成主要取决于特定层中的峰值温度和冻结条件,而不是燃料的组成。其原因是,核统计平衡或准平衡将对核的组成成分寻求能量上最优的配置。虽然目前所讨论的层中的物质经历了爆发性的硅和氧燃烧,但是必须记住,我们所假设的核燃料主要是 ^{12}C 和 ^{16}O 的一个均匀分布,其中 ^{22}Ne 的贡献很小。由于燃料中的中子过剩非常小,在电子俘获发挥重要作用的中心区域之外,主要的核合成产物是单核子结合能较大的 $N=Z$ 核素,即 ^{56}Ni 和 ^{28}Si 等(图 1.9)。一些微量核素的产生将灵敏地依赖于所采用的初始中子过剩值。

白矮星的外层(封闭质量为 $1.2 \sim 1.3\ M_\odot$)被火焰加热到 T 为 $2 \sim 3.5$ GK 的峰值温度,并经历爆发性氖碳燃烧(5.4.3 节)。更外的在更低峰值温度的地方,流体动力学时标太短以至于不能发生热核反应,核合成停止。

爆炸几秒钟后,抛射物自由膨胀。物质密度随着时间的推移而降低,喷出物对光子发射变得越来越透明,随着时间的推移使得可以观测到更深的层。观测显示了一个分层的化学结构,这反映了火焰的不同燃烧机制。在抛射物的中心附近有一个 ^{56}Ni 的耗尽区,并被丰中子的铁峰元素所占据(Höflich et al.,2004),与它们在完全爆发性硅燃烧电子俘获机制中所产生的一致。在此区域之上,有一个容积主要填充了在完全和不完全爆发性硅燃烧中产生的 ^{56}Ni。在更远处,其主要成分是中等质量元素(Si、S、Ar 和 Ca)和其他铁峰核素,它们是在不完全爆发性硅和爆发性氧燃烧过程中合成的。

大多数钱德拉塞卡质量单简并模型在为 $0.2 \sim 0.8\ M_\odot$ 的质量壳区中会产生 ^{56}Ni,它为 Ⅰa 型超新星的光变曲线提供了动力。人们推断,每个事件所合成 ^{56}Ni 的量约为 $0.6\ M_\odot$。观测到的不同 Ⅰa 型超新星的峰值亮度的相似性(1.4.4 节)可以通过以下假设来理解:即每个事件中燃料(主要由碳和氧组成)的数量是相似的(由钱德拉塞卡极限给定),且大部分燃料燃烧成铁峰和中等质量的元素,几乎没有留下未燃烧的燃料。

最后,我们简要讨论有关核物理输入的情况。爆炸中所达到的高温和高密条件意味着大多数核反应将参与到核统计平衡或准平衡中。因此,核合成和核能产生通常对个别反应率不灵敏,但会依赖于反应 Q 值、核自旋以及配分函数。那些参与核合成的核素的质量是众所周知的。我们预计当前反应率的不确定度只在点火阶段(主要是 ^{12}C $+$ ^{12}C)或在冻结期间起作用。然而,灵敏度研究(Bravo & Martínez-Pinedo,2012;Parikh et al.,2013b)已鉴别出了少数核反应,^{12}C $+$ ^{12}C、^{12}C$(\alpha,\gamma)^{16}$O、^{20}Ne$(\alpha,\gamma)^{24}$Mg、^{24}Mg$(\alpha,p)^{27}$Al 和 ^{30}Si$(p,\gamma)^{31}$P,会在 Ⅰa 型模型中 $T \approx 2 \sim 4$ GK 的温度范围内影响核合成,尽管它们的影响不大。恒星弱相互作用率(1.8.4 节)对爆炸白矮星内部区域核合成的重要性已在上面讨论过。对恒星弱相互作用率相关不确定度的估计仅存在于少数几个相互作用(Cole et al.,2012),因此需要做更多的工作。在 Ⅰa 型爆炸发生的高密度条件下,电子屏蔽修正(3.2.6 节)也至关重要,对于精确预言必须予以考虑(Calder et al.,2007)。

5.5.2 爆发性氢燃烧和经典新星

在 5.1 节中,我们讨论了在恒星温度 $T < 0.06$ GK 范围内的氢燃烧。如果在这样的条件下,恒星气体由纯的氢构成,那么氢燃烧必定会通过 pp 链进行(也许有来自 pep 反应的贡献;5.1.1 节)。另外,如果有相当一部分 CNO 核存在于恒星气体中,那么 CNO 循环将在高于某个温度时产生大部分的能量(例如,对于太阳质量分数的 CNO 核,温度高于 20 MK,图 5.12)。关于 0.06 GK 以下温度的氢燃烧,需要牢记以下两个要点。首先,一个在燃烧过程中产生的特定放射性核会被其相对较快的 β 衰变破坏掉,而不是通过相当慢的与其竞争的质子诱发反应(pp3 链中的 ^{7}Be 和 $A \geqslant 20$ 区中的 ^{26}Al 除外;图 5.2 和 5.1.3 节)。其次,在 pp 链或 CNO 循环的反应网络中,所有放射性衰变都比最慢的质子诱发反应要快,因此,产能率不取决于放射性衰变的半衰期。在爆发性氢燃烧典型的高温条件下,上述情况会发生戏剧性的变化。

下面我们将讨论温度 $T = 0.1 \sim 0.4$ GK 时,$A < 20$ 和 $A \geqslant 20$ 质量区中的爆发性核合

成。需要强调另外一个要点。到目前为止,我们通过两种途径探索了流体静力学燃烧环境中的核合成,或是通过考虑平衡燃烧条件进行解析研究,或是通过假设恒定温度和密度进行反应网络计算来进行数值研究。这些考量提供了不同核过程之间相互作用的一个定性的图像。但是,上述假设对于爆发性事件是不成立的。首先,接近平衡条件的时间通常与宏观的氢燃烧时标相当。其次,爆发性事件中的温度和密度随着时间显著变化。T 和 ρ 的时间演化强烈地依赖于爆炸星的特性。在本节中,首先假设恒定的 T-ρ 条件,然后采用经典新星模拟中的温度和密度演化条件,来对爆发性氢燃烧的反应网络进行数值求解。

1. 热 CNO 循环

如果一颗恒星由含有大量 CNO 核的气体组成,则在高温($T = 0.1 \sim 0.4$ GK)下大部分核能都是通过热 CNO 循环(或 HCNO 循环)产生的。HCNO 循环的反应在下面列出并显示在图 5.47 中:

热 CNO1	热 CNO2	热 CNO3
$^{12}C(p,\gamma)^{13}N$	$^{15}O(\beta^+\nu)^{15}N$	$^{15}O(\beta^+\nu)^{15}N$
$^{13}N(p,\gamma)^{14}O$	$^{15}N(p,\gamma)^{16}O$	$^{15}N(p,\gamma)^{16}O$
$^{14}O(\beta^+\nu)^{14}N$	$^{16}O(p,\gamma)^{17}F$	$^{16}O(p,\gamma)^{17}F$
$^{14}N(p,\gamma)^{15}O$	$^{17}F(\beta^+\nu)^{17}O$	$^{17}F(p,\gamma)^{18}Ne$
$^{15}O(\beta^+\nu)^{15}N$	$^{17}O(p,\gamma)^{18}F$	$^{18}Ne(\beta^+\nu)^{18}F$
$^{15}N(p,\alpha)^{12}C$	$^{18}F(p,\alpha)^{15}O$	$^{18}F(p,\alpha)^{15}O$
$T_{1/2}$: $^{14}O(70.62 \text{ s})$; $^{15}O(122.24 \text{ s})$; $^{17}F(64.49 \text{ s})$		

热 CNO 循环与 5.1.2 节中讨论的 CNO 循环一样具有许多重要的特性:①每个热 CNO 循环转换四个氢核为一个氦核;②热 CNO 循环涉及的 CNOF 核充当催化剂,且它们的总数几乎恒定;③热 CNO 循环的产能率取决于催化剂的丰度。5.5.3 节将表明,高于某个温度($T \geqslant 0.4$ GK),催化材料将从热 CNO 循环中通过各种突破反应损失掉。在本节中,我们将讨论热 CNO 循环在 $T = 0.1 \sim 0.4$ GK 温度范围内的运行。

我们将通过考虑 CNO1 循环(图 5.8)以及当温度逐渐升高时该循环如何被修改开始我们的讨论。^{13}N 核在 CNO1 循环中的所有 β^+ 衰变中具有最长的半衰期($T_{1/2} = 9.96$ min)。随着温度的升高,将到达这样一个点,即 ^{13}N 通过质子俘获被破坏比其 β^+ 衰变更有竞争优势。因而,不会发生 CNO1 循环中的如下序列:

$$^{13}N(\beta^+\nu)^{13}C(p,\gamma)^{14}N \tag{5.147}$$

其替代路径为

$$^{13}N(p,\gamma)^{14}O(\beta^+\nu)^{14}N \tag{5.148}$$

变得更有可能。^{14}O 的半衰期($T_{1/2} = 70.6$ s)短于 ^{13}N 的。这样,对于后一种路径,^{13}N 以更快的时标转换为 ^{14}N。此外,5.1.2 节已表明,$^{14}N(p,\gamma)^{15}O$ 反应是 CNO1 循环中最慢的过程,因此它决定着产能率。对于温度的升高,所有质子诱发反应的反应率都将大大增加。最终会到达这样一个点,其中所有 (p,γ) 和 (p,α) 反应,包括 $^{14}N(p,\gamma)^{15}O$ 反应,都要比 ^{14}O 和 ^{15}O 的 β^+ 衰变快。由于这两个修改,在较高温度下 CNO1 循环转变为热 CNO1 循环(图 5.47)。以前提到过,CNO1 循环的产能率对温度极其灵敏[式(5.71)]。另外,HCNO1 循环一个有趣的特性是,其产能率取决于 ^{14}O 和 ^{15}O 的 β^+ 衰变(即循环中最慢的链接),因

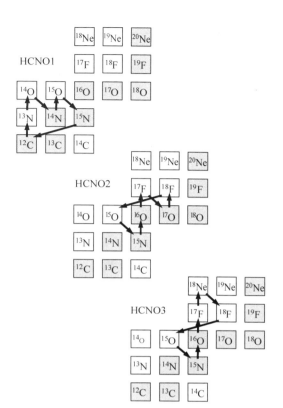

图 5.47 三个热 CNO 循环在核素图中的表示。稳定的核素显示为阴影方块。每个反应循环有效地
将四个质子熔合为一个 $^4\mathrm{He}$ 原子核。在爆发性氢燃烧中,CNO2 循环(图 5.8)比 HCNO2
循环更容易发生,这是因为 $^{17}\mathrm{O}(\mathrm{p},\alpha)^{14}\mathrm{N}$ 的反应率主导着 $^{17}\mathrm{O}(\mathrm{p},\gamma)^{18}\mathrm{F}$ 的反应率(图 5.9)

而它不依赖于温度。出于这个原因,HCNO1 循环也称为 β 限制的 CNO 循环。一个
HCNO1 循环的时间至少是 $\tau_\beta(^{14}\mathrm{O}) + \tau_\beta(^{15}\mathrm{O}) = T_{1/2}(^{14}\mathrm{O})/\ln 2 + T_{1/2}(^{15}\mathrm{O})/\ln 2 \approx 278 \text{ s}$。
因此,很大一部分 CNO 核将转化为 $^{14}\mathrm{O}$ 和 $^{15}\mathrm{O}$。质子在 $^{14}\mathrm{O}$ 和 $^{15}\mathrm{O}$ 上的俘获不太可能发生,
这是因为相应的复合核 $^{15}\mathrm{F}$ 和 $^{16}\mathrm{F}$ 是质子不稳定的。

从 CNO1 循环到 HCNO1 循环的过渡可以一个温度密度图来表示(图 5.48)。$^{13}\mathrm{N}$、$^{14}\mathrm{O}$
和 $^{15}\mathrm{O}$ 的 β^+ 衰变的寿命由 $\tau_\beta = T_{1/2}/\ln 2$ 给出,而 $^{13}\mathrm{N}$ 和 $^{14}\mathrm{N}$ 被质子破坏的寿命由 $\tau_p = [\rho(X_H/M_H)N_A\langle\sigma v\rangle]^{-1}$ 给出。实线表示 $^{13}\mathrm{N}$ 的 β^+ 衰变寿命等于 $^{13}\mathrm{N}$ 被质子俘获破坏的
寿命时的 T-ρ 条件,即

$$\frac{1}{\rho(X_H/M_H)N_A\langle\sigma v\rangle_{^{13}\mathrm{N}(\mathrm{p},\gamma)}} = \frac{T_{1/2}(^{13}\mathrm{N})}{\ln 2} \qquad (5.149)$$

短划线(或点划线)是在 $^{13}\mathrm{N}$(或 $^{14}\mathrm{N}$)被质子俘获所破坏的寿命等于 $^{14}\mathrm{O}$ 和 $^{15}\mathrm{O}$ 寿命之和时的
条件下获得的:

$$\frac{1}{\rho(X_H/M_H)N_A\langle\sigma v\rangle_{x_{\mathrm{N}(\mathrm{p},\gamma)}}} = \frac{T_{1/2}(^{14}\mathrm{O})}{\ln 2} + \frac{T_{1/2}(^{15}\mathrm{O})}{\ln 2} \qquad (5.150)$$

所有曲线均为针对 $X_H/M_H = 0.70$ 的太阳值计算的。在每条曲线的左手侧,β^+ 衰变比质子
诱发反应更可能发生,而右侧情形则正好相反。CNO1 循环在区域 1 中运行,其中 $^{13}\mathrm{N}$ 发生

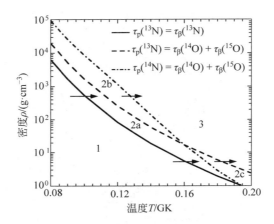

图 5.48 显示了从 CNO1 循环（1 区）过渡到 HCNO1 循环（3 区域）的温度-密度图。实线代表 ^{13}N 的 β^+ 衰变寿命等于通过质子俘获破坏 ^{13}N 的寿命时的 T-ρ 条件。虚线（点划虚线）是在 ^{13}N（^{14}N）被质子俘获破坏的寿命等于 ^{14}O 和 ^{15}O 的 β^+ 衰变寿命之和条件下得到的。所有曲线都是针对太阳值 $X_H/M_H = 0.70$ 计算的。在每条曲线的左侧，β^+ 衰变比质子诱发反应更易发生，而右侧的情况相反

β^+ 衰变 $[\tau_\beta(^{13}N) < \tau_p(^{13}N)]$，且 $^{14}N(p,\gamma)^{15}O$ 是循环中最慢的环节 $[\tau_\beta(^{14}O) + \tau_\beta(^{15}O) < \tau_p(^{14}N)]$。假设我们从区域 1 开始，并通过保持密度恒定（例如，$\rho = 500\ g\cdot cm^{-3}$）以缓慢增加温度。当实曲线在 $T \approx 0.100\ GK$ 处交叉时，我们有 $\tau_\beta(^{13}N) > \tau_p(^{13}N)$，$^{13}N$ 缓慢的 β^+ 衰变将被序列 $^{13}N(p,\gamma)^{14}O(\beta^+\nu)^{14}N$（2a 区）绕过。当点划曲线在 $T \approx 0.113\ GK$ 处交叉时，^{13}N 的质子俘获反应变得比 ^{14}O 和 ^{15}O 的 β^+ 衰变更快 $[\tau_\beta(^{14}O) + \tau_\beta(^{15}O) > \tau_p(^{13}N)]$。在这个阶段（2b 区），$^{14}N(p,\gamma)^{15}O$ 反应仍然是循环中最慢的环节并决定着产能率。最后，当点划线在 $T \approx 0.128\ GK$ 处交叉时，^{14}N 上的质子俘获变得比 ^{14}O 和 ^{15}O 的 β^+ 衰变要快 $[\tau_\beta(^{14}O) + \tau_\beta(^{15}O) > \tau_p(^{14}N)]$。我们现在已经到达了区域 3，受 β 限制的 HCNO1 循环运行于此。

对于其他密度条件，当升高温度时情况类似，尽管曲线可能以不同的顺序交叉。例如，在较低的密度 $\rho = 5\ g\cdot cm^{-3}$ 下实线在 $T \approx 0.161\ GK$（2a 区）处交叉，而点划线在 $T \approx 0.174\ GK$ 处交叉。在这个阶段（2c 区），序列 $^{13}N(p,\gamma)^{14}O(\beta^+\nu)^{14}N$ 支配着 ^{13}N 的 β^+ 衰变，并且 ^{14}N 上的质子俘获反应比 ^{14}O 和 ^{15}O 的 β^+ 衰变快。然而，点划虚线还没有交叉，即 $^{13}N(p,\gamma)^{14}O$ 反应比 ^{14}O 和 ^{15}O 的 β^+ 衰变要慢。^{13}N 上的质子俘获反应现在是循环中最慢的环节并决定着产能率。最后，短划线在 $T \approx 0.185\ GK$ 处交叉，CNO 循环再次变为 β 限制的（3 区）。

上面讨论的 HCNO1 循环代表了一个几乎封闭的反应序列，在这个意义上说，几乎没有催化材料损失掉。出现这种情况是因为 ^{15}N 处的分支比 $B_{pa/p\gamma}$ 超过了 1000 倍（图 5.9）。因而，如果气体中存在 ^{12}C 种子核，则它们将大部分转化为 ^{14}O 和 ^{15}O，假设此时氢还未耗尽（见下文）。我们在 5.1.2 节中已经指出，除了 ^{12}C，其他种子核，如 ^{16}O，也可能存在于恒星气体中。^{16}O 核将在许多不同的、相互竞争的反应循环中被加工处理。加工处理的一种可能性是在 5.1.2 节中所介绍的 CNO2 循环：

$$^{16}O(p,\gamma)^{17}F(\beta^+\nu)^{17}O(p,\alpha)^{14}N(p,\gamma)^{15}O(\beta^+\nu)^{15}N(p,\gamma)^{16}O \qquad (5.151)$$

检查图 5.9 表明,在 $T=0.1\sim0.4$ GK 温度下,$^{17}O(p,\alpha)^{14}N$ 反应主导着竞争的 $^{17}O(p,\gamma)^{18}F$ 反应,其分支比大约是 200:1。一小部分 ^{16}O 种子核将通过 $^{17}O(p,\gamma)^{18}F$ 反应被加工处理,导致了 HCNO2 循环:

$$^{16}O(p,\gamma)^{17}F(\beta^+\nu)^{17}O(p,\gamma)^{18}F(p,\alpha)^{15}O(\beta^+\nu)^{15}N(p,\gamma)^{16}O \qquad (5.152)$$

^{18}F 处的分支比 $B_{p\alpha/p\gamma}$ 如图 5.49(a) 所示。在温度 $T=0.1\sim0.4$ GK 范围内,$^{18}F(p,\alpha)^{15}O$ 反应比竞争的 $^{18}F(p,\gamma)^{19}Ne$ 反应快超过 1000 倍。在爆发性氢燃烧条件下,$^{18}F(p,\alpha)^{15}O$ 反应也比 ^{18}F 的 β^+ 衰变要快。这在图 5.49(b) 中进行了演示。点划虚线表示 ^{18}F 的 β^+ 衰变寿命等于 ^{18}F 通过 (p,α) 反应被破坏的寿命 $[\tau_{p\alpha}(^{18}F)=\tau_\beta(^{18}F)]$ 时的 T-ρ 条件(对于 $X_H/M_H=0.70$)。例如,在密度 $\rho=500$ g·cm^{-3} 时,$^{18}F(p,\alpha)^{15}O$ 反应在 $T>0.058$ GK 下主导着与其竞争的 β^+ 衰变。因此,一旦爆发性氢燃烧的核合成路径到达 ^{18}F,其 (p,α) 反应将是主导的破坏模式。图 5.49(b) 中的实线显示了 ^{17}F 的 β^+ 衰变寿命等于其通过 (p,γ) 反应被破坏的寿命 $[\tau_p(^{17}F)=\tau_\beta(^{17}F)]$ 时的 T-ρ 条件。再次考虑,例如,密度为 $\rho=500$ g·cm^{-3} 时,可以看出 $^{17}F(p,\gamma)^{18}Ne$ 反应在 $T>0.23$ GK 温度下主导着与其竞争的 β^+ 衰变。因而,HCNO3 循环开始进行:

$$^{16}O(p,\gamma)^{17}F(p,\gamma)^{18}Ne(\beta^+\nu)^{18}F(p,\alpha)^{15}O(\beta^+\nu)^{15}N(p,\gamma)^{16}O \qquad (5.153)$$

它绕过了同位素 ^{17}O。

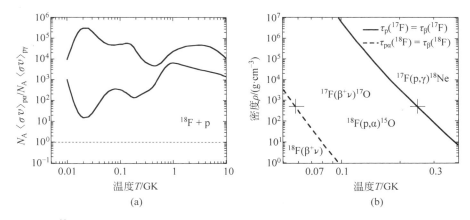

图 5.49 (a) 对于 $^{18}F+p$ 反应,分支比 $B_{p\alpha/p\gamma}=N_A\langle\sigma v\rangle_{(p,\alpha)}/N_A\langle\sigma v\rangle_{(p,\gamma)}$ 与温度的关系。两条实线表示分支比 $B_{p\alpha/p\gamma}$[de Séréville *et al.*,2005] 的上下边界。实线之间的区域表示由未知的 (p,γ) 和 (p,α) 反应率贡献造成的 $B_{p\alpha/p\gamma}$ 的不确定度。(b) 显示了 ^{17}F 和 ^{18}F 中竞争性破坏模式的温度-密度条件。虚线代表 ^{18}F 的 β^+ 衰变寿命等于 ^{18}F 被 (p,α) 反应破坏的寿命时的条件。实线对应于 ^{17}F 的 β^+ 衰变寿命等于 ^{17}F 被 (p,γ) 反应破坏的寿命时的条件。在图 (b) 曲线的计算时假设 $X_H/M_H=0.70$

2. 在恒定温度和密度下的网络计算

为了更好地理解核合成,我们将首先对恒定温度和密度条件下 HCNO 循环反应网络进行数值求解,并在后面讨论更真实的随时间变化的温度和密度假设所引起的额外复杂性。我们假设初始丰度值为 $X_H^0=0.60$、$X_{^4He}^0=0.20$、$X_{^{12}C}^0=0.20$,即最初只有 ^{12}C 作为热 CNO 循环的种子核存在。求解反应网络直到氢耗尽($X_H<0.001$)。对于温度 $T=0.15$ GK 和

$T = 0.3$ GK,^{1}H 和 HCNO1(^{12}C、^{13}N、^{14}O、^{14}N、^{15}O)的丰度随时间的演化如图 5.50 所示。对于这两种计算,所选择的密度为 $\rho = 200$ g·cm^{-3}。尽管 HCNO 循环中的所有反应都已包含在网络中,但是这些图主要代表了 HCNO1 循环的运行,这是因为通过 ^{15}N(p,γ)^{16}O 反应泄漏到其他循环中的很少。对于所选的初始条件,^{16}O、^{17}O、^{17}F 和 ^{18}F 从不会超过 $X_i = 10^{-4}$ 这个值。此外,^{15}N 的丰度非常小,由于它通过(p,α)反应被强烈地破坏了,所以没有显示在图 5.50 中。

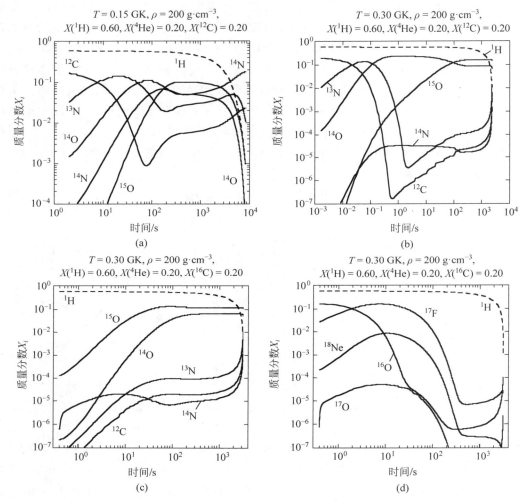

图 5.50 在热 CNO 循环运行期间,不同条件下丰度的时间演化:(a) $T = 0.15$ GK、$X_H^0 = 0.60$、$X_{^4He}^0 = 0.20$ 和 $X_{^{12}C}^0 = 0.20$;(b)$T = 0.30$ GK、$X_H^0 = 0.60$、$X_{^4He}^0 = 0.20$ 和 $X_{^{12}C}^0 = 0.20$;(c)和(d)$T = 0.30$ GK、$X_H^0 = 0.60$、$X_{^4He}^0 = 0.20$ 和 $X_{^{16}O}^0 = 0.20$。对于密度,假定恒定值为 $\rho = 200$ g·cm^{-3}。显示的所有曲线均由数值求解反应网络得到。当氢的质量分数低于 $X_H = 0.001$ 时计算终止

对于 $T = 0.15$ GK 的温度[图 5.50(a)],^{12}C 最初通过 ^{12}C(p,γ)^{13}N 反应转换为 ^{13}N。^{13}N 丰度在 $t = 20$ s 后达到最大值。随后的 ^{13}N(p,γ)^{14}O 反应导致 ^{14}O 丰度在大约

$t=80$ s 后达到峰值。^{14}O 缓慢的 β^+ 衰变增加了 ^{14}N 的丰度,而随后的 ^{14}N(p,γ)^{15}O 反应导致 ^{15}O 丰度不断增加。在 $t=500$ s 左右的时间,氢丰度下降到 $X_{\rm H}=0.5$ 且所有 CNO 丰度达到平衡。任意两个数丰度的比则由式(5.61)给出:

$$\left(\frac{A}{B}\right)_{\rm e}=\left(\frac{X_A}{X_B}\right)_{\rm e}\left(\frac{M_B}{M_A}\right)=\frac{\tau_A}{\tau_B} \tag{5.154}$$

在这一阶段,HCNO1 循环平均寿命的总和为

$$\sum \tau_{\rm CNO1}\equiv \tau_{\rm p}(^{12}{\rm C})+\tau_{\rm p}(^{13}{\rm N})+\tau_\beta(^{14}{\rm O})+\tau_{\rm p}(^{14}{\rm N})+\tau_\beta(^{15}{\rm O})$$
$$=(13+63+102+91+176)\ {\rm s}=445\ {\rm s} \tag{5.155}$$

由于 ^{15}O 的平均寿命具有最大值,所以它是 CNO 质量区中最丰的核素。虽然 ^{14}O 和 ^{15}O 的 β^+ 衰变代表了 HCNO1 循环中最慢的环节,但是源自质子诱发反应对平均寿命总和的贡献仍然是非常显著的。物质的进一步加工处理会受到氢丰度显著下降直至耗尽的影响。结果是,质子诱发反应的所有寿命都增加了[式(3.22)]。例如,在 $t=3000$ s 时,氢丰度下降到 $X_{\rm H}=0.18$,我们得到

$$\sum \tau_{\rm CNO1}=(34+168+102+252+176)\ {\rm s}=732\ {\rm s} \tag{5.156}$$

其中,^{14}N(p,γ)^{15}O 代表循环中最慢的环节。随着氢丰度的下降,^{14}O 和 ^{15}O 丰度也下降,因为它们的 β^+ 衰变现在比它们通过 ^{13}N(p,γ)^{14}O 和 ^{14}N(p,γ)^{15}O 所产生的更快。^{14}N 成为最丰的核素,其丰度进一步增加直到计算结束。值得注意的是,氢仅在 $t=8400$ s 后被耗尽,该时间段与流体静力学氢燃烧环境中的普遍情况相比明显要短。该结果是带电粒子反应率具有强烈温度灵敏性的直接后果。

在 $T=0.3$ GK 的较高温度下[图 5.50(b)],丰度演化最初与前一种情况类似。核素 ^{12}C 首先转化为 ^{13}N,然后再进一步加工成 ^{14}O。后一个原子核的 β^+ 衰变通过序列 ^{14}O($\beta^+\nu$)^{14}N(p,γ)^{15}O 回馈并增加了 ^{15}O 的丰度。在 $t=300$ s 后达到了 CNO 丰度的平衡。在此阶段,氢丰度下降到 $X_{\rm H}=0.5$,HCNO1 循环所有的平均寿命之和为

$$\sum \tau_{\rm CNO1}=(0.035+0.15+102+0.016+176)\ {\rm s}$$
$$\approx \tau_\beta(^{14}{\rm O})+\tau_\beta(^{15}{\rm O})=278\ {\rm s} \tag{5.157}$$

其中,质子俘获反应的贡献可以忽略不计。反应循环是 β 限制的,且最丰的核素是 ^{15}O 和 ^{14}O。对于它们的数丰度比,我们得到

$$\left(\frac{^{15}{\rm O}}{^{14}{\rm O}}\right)_{\rm e}=\left(\frac{X_{^{15}{\rm O}}}{X_{^{14}{\rm O}}}\right)_{\rm e}\left(\frac{M_{^{14}{\rm O}}}{M_{^{15}{\rm O}}}\right)=\frac{\tau_\beta(^{15}{\rm O})}{\tau_\beta(^{14}{\rm O})}=\frac{176\ {\rm s}}{102\ {\rm s}}=1.7 \tag{5.158}$$

这与图 5.50(b)中所显示的数值结果一致。这一情况几乎普遍存在直至计算结束。只有在非常接近氢耗尽时,平均质子俘获寿命确实增加到足以引起 ^{14}O 和 ^{15}O 丰度的略有下降,其中 ^{12}C、^{13}N 和 ^{14}N 的丰度相应增加。尽管如此,即使在氢耗尽时($X_{\rm H}=0.001$)我们有

$$\sum \tau_{\rm CNO1}=(18+77+102+8+176)\ {\rm s}=381\ {\rm s} \tag{5.159}$$

^{14}O 和 ^{15}O 的 β^+ 衰变仍然是 HCNO1 循环中最慢的环节。氢在 $t=2400$ s 后被耗尽。该值明显比之前网络计算得到的结果更短,这是因为随着温度升高,质子俘获反应变得更快。

我们现在将考虑由改变初始组成引起的核合成。我们假设初始值为 $X_{\rm H}^0=0.60$、$X_{^4{\rm He}}^0=0.20$ 和 $X_{^{16}{\rm O}}^0=0.20$,即最初只有 ^{16}O(而不是 ^{12}C)作为热 CNO 循环的种子存在。对

于温度和密度,我们再次假设分别为 $T = 0.3$ GK 和 $\rho = 200$ g·cm^{-3}。网络计算的结果显示在图 5.50(c) 和 (d)。^{16}O(p,γ)^{17}F 反应迅速地破坏了 ^{16}O 种子核,并将它们转换为 ^{17}F,其丰度在 $t = 8$ s 后达到峰值。对于选定的 T-ρ 条件,^{17}F(p,γ)^{18}Ne 反应主导着与其竞争的 β 衰变[图 5.49(b)]。因而,从 ^{18}Ne 丰度的上升可以看出,HCNO3 循环开始运作。在 ^{18}Ne($\beta^+\nu$)^{18}F 之后,快速的 ^{18}F(p,α)^{15}O 反应提供了稳定增加的 ^{15}O 丰度。一个较小的丰度流还通过 CNO2 和 HCNO2 循环进行,如 ^{17}O 的丰度演化所示。对物质的进一步加工处理,类似于前面 $T = 0.3$ GK 且仅有 ^{12}C 作为种子存在的情况[图 5.50(b)]。所有 HCNO1 丰度在 $t \approx 300$ s 后达到平衡,其中 ^{15}O 和 ^{14}O 是最丰的核素。实际上,HCNO3 循环供给了 HCNO1 循环,且大部分 ^{16}O 种子核转化为 ^{14}O 和 ^{15}O。氢在 $t = 3170$ s 后被耗尽,这比前面计算得到的时间要长。该延迟是由通过 HCNO3 循环对物质进行额外的初始加工处理所造成的。最后,可以看出 ^{16}O、^{17}F 和 ^{17}O 的丰度增加直到计算结束,表明有一小部分物质通过 ^{15}N(p,γ)^{16}O 反应从 HCNO1 循环中泄漏了出去。

每个 HCNO1 循环产生的可供恒星使用的总能量为

$$Q_{4H \to \,^4He} - \bar{E}_\nu^{\,^{14}O(\beta^+\nu)} - \bar{E}_\nu^{\,^{15}O(\beta^+\nu)} = 24.827 \text{ MeV} \tag{5.160}$$

其中,$Q_{4H \to \,^4He} = 26.731$ MeV;$\bar{E}_\nu^{\,i}$ 为 β^+ 衰变中所释放的中微子平均能量[式 (1.48) 和习题 1.9]。由于四个氢原子的质量是 $4M_H/N_A$(单位为 g),因此每消耗 1 g 的氢产生的总能量为

$$\frac{Q_{4H \to \,^4He} - \bar{E}_\nu^{\,^{14}O(\beta^+\nu)} - \bar{E}_\nu^{\,^{15}O(\beta^+\nu)}}{4M_H/N_A \text{ g}} = \frac{24.827 \text{ MeV}}{4 \times 1.0078/6.022 \times 10^{23} \text{ g}} = 3.71 \times 10^{24} \text{ MeV·g}^{-1}$$

$$\tag{5.161}$$

对于前面讨论的网络计算,我们假设了 $X_H^0 = 0.60$,因此,直到氢耗尽所产生的总能量为 $0.60 \times (3.71 \times 10^{24} \text{ MeV·g}^{-1}) = 2.2 \times 10^{24}$ MeV·g^{-1}(或 3.5×10^{18} erg·g^{-1})。相同的值可以直接从式 (3.69) 中得到。只要大多数氢通过 HCNO1 循环转化为氦,则该结果不依赖于所假设的密度 ρ 或初始 CNO 质量分数的值。然而,后者的值确实会影响氢耗尽所需的时间。这个时间在图 5.51 中显示为温度的函数,其中密度保持恒定值,$\rho = 200$ g·cm^{-3}。曲线对应于初始 CNO 丰度的不同假设。在每种情况下,氢耗尽的时间随着温度的降低而增加,这是因为质子诱发反应对 HCNO1 循环平均寿命总和的贡献变得越来越重要,如前面的例子所述。所有曲线在温度超过 $T = 0.25$ GK 时都近似恒定,其中 ^{14}O 和 ^{15}O 的 β^+ 衰变单独决定了 HCNO1 循环的时标。现在考虑一个固定的温度值,比如说,$T = 0.3$ GK。当最初仅存在 ^{16}O 时($X_{^{12}C}^0 = 0.00$、$X_{^{16}O}^0 = 0.20$),可以得到最长的氢耗尽时间($t = 3170$ s)。原因是耗尽 ^{16}O 需要一些额外的时间,且其丰度可以供养 HCNO1 循环。即使添加少量的 ^{12}C($X_{^{12}C}^0 = 0.01$、$X_{^{16}O}^0 = 0.20$),也会显著地减少氢耗尽的时间($t = 2965$ s)。最初仅有 ^{12}C 而不是 ^{16}O 存在($X_{^{12}C}^0 = 0.20$、$X_{^{16}O}^0 = 0.00$)时,氢的消耗率会大幅增加($t = 2398$ s)。最后,如果最初 ^{12}C 和 ^{16}O 存在的量相等($X_{^{12}C}^0 = X_{^{16}O}^0 = 0.20$),则氢消耗得甚至更快($t = 1294$ s)。

3. 经典新星网络计算:吸积 CO 白矮星(accreting CO white dwarf)

我们现在将讨论更真实的在核合成过程中温度和密度变化的情形。经典新星(1.4.4

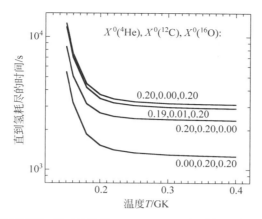

图 5.51 在 HCNO 循环运行期间,直到氢耗尽($X_H < 0.001$)的时间。实线对应于所假设的不同初始 CNO 丰度。对于初始氢丰度和密度,采用的值为 $X_H^0 = 0.60$ 和 $\rho = 200 \text{ g} \cdot \text{cm}^{-3}$。这些曲线 是通过运行一系列反应网络的数值计算得到的,其中 T 和 ρ 在每个计算中保持不变

节)代表了一个在 $T = 0.1 \sim 0.4$ GK 温度范围内爆发性氢燃烧的示例。图 5.52(a)显示了 流体静力学研究中所采用的温度和密度包络(José & Hernanz,1998),它是由类太阳物质被 吸积到 $1.0 \ M_\odot$ 的 CO 白矮星表面所引起的热核失控造成的。曲线代表了最热的氢燃烧区 中温度和密度的演化,即大部分核合成发生的区域。该特殊新星模型在 $t \approx 360$ s 后达到了 最高温度 $T = 0.17$ GK。在 $t = 1700$ s 时,温度下降到 $T \approx 0.12$ GK。密度从暴发前的$\rho =$ 870 g $\cdot$ cm^{-3} 演化到 $t = 1700$ s 时的 $\rho = 21$ g $\cdot$ cm^{-3}。HCNO 循环的反应网络将使用此 T-ρ 包络进行数值求解。对于初始组成,假设如下值:$X_H^0 = 0.35$、$X_{^4He}^0 = 0.15$ 以及 $X_{^{12}C}^0 =$ $X_{^{16}O}^0 = 0.25$。这与用于计算图 5.52(a)中显示的 T-ρ 包络的那些值是相似的。网络计算在 $t = 1700$ s 后终止。

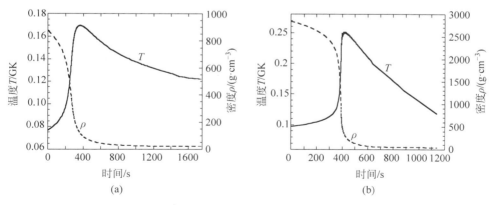

图 5.52 在下列两种白矮星表面热核失控期间最热氢燃烧区的温度和密度演化:(a)具有 CO 成分 的 $M = 1.0 \ M_\odot$ 白矮星;(b)具有 ONe 成分的 $M = 1.25 \ M_\odot$ 白矮星。曲线采用的是经典新 星爆炸流体动力学模拟的结果[José & Hernanz (1998)]。利用这些包络(profile)计算的丰 度流如图 5.53 所示

时间积分的净丰度流如图 5.53(a)所示。相应的丰度演化如图 5.54(a)和(b)所示。与

早期的计算相比,这些结果更加复杂,这是因为快速变化的温度和密度使得 CNO 丰度远离平衡。然而,HCNO1 循环的运行是显而易见的。同位素 ^{12}C 首先转化为 ^{13}N,并进一步加工成 ^{14}O、^{14}N 和 ^{15}O。与之前恒定 T-ρ 条件的计算相对比,^{13}C 的丰度得到了累积,因为对于 $t>1000$ s,温度和密度在衰变 ^{13}N$(\beta^+\nu)^{13}$C 比 ^{13}N$(p,\gamma)^{14}$O 反应更容易发生的一个区域内演化[图 5.48 和图 5.52(a)]。对于这个新星模型中达到的峰值温度,^{16}O$(p,\gamma)^{17}$F 反应相当缓慢,因此只有一小部分 ^{16}O 被首先转换成 ^{17}F,然后转换成 ^{17}O。对于所采用的 T-ρ 包络,HCNO3 循环从来都不会运行,这是因为 ^{17}F$(\beta^+\nu)^{17}$O 衰变总是比 ^{17}F$(p,\gamma)^{18}$Ne 反应要快[图 5.49(b)和图 5.52(a)]。在计算结束时,氢丰度下降到 $X_H=0.24$,最丰的 CNO 核素 ^{14}N、^{16}O、^{13}N、^{12}C、^{17}O 和 ^{13}C 的质量分数分别为 0.21、0.20、0.046、0.030、0.026 和 0.017。这些结果与在几个经典新星的壳中所观测到的氮和氧较大的丰度在定性上是吻合的(Warner,1995)。

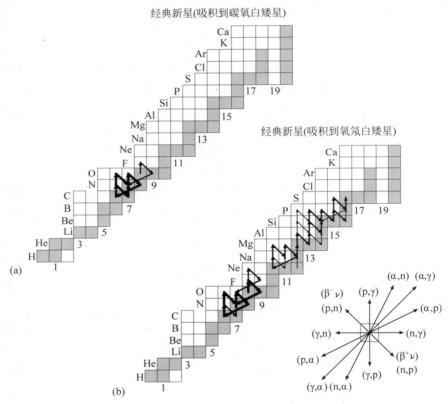

图 5.53 经典新星核合成过程中时间积分的净丰度流:(a) 吸积到碳氧白矮星上;(b) 吸积到氧氖白矮星上。对于每个模型,运行的网络计算仅针对最热区域,其中 T-ρ 演化如图 5.52 所示。箭头与图 5.26 含义相同:$F^{\max} \geqslant F_{ij} > 0.1F^{\max}$(粗箭头),$0.1F^{\max} \geqslant F_{ij} > 0.01F^{\max}$(中等箭头),和 $0.01F^{\max} \geqslant F_{ij} > 0.001F^{\max}$(细箭头),其中 $F^{\max}$ 对应于具有最大净流量的反应。这里的流量是以摩尔分数而不是数密度来定义的,因为质量密度在变

最终的 CNO 丰度与流体静力学氢燃烧中所达到的稳态值有很大的不同。如果我们假设在网络计算结束时短寿命核素都衰变到它们稳定的子核(^{13}N 到 ^{13}C,^{14}O 到 ^{14}N,等等),

则我们得到,例如,

$$\left(\frac{^{13}C}{^{12}C}\right) = \frac{X_{^{13}C} + X_{^{13}N}}{X_{^{12}C}} \frac{12}{13} = \frac{0.017 + 0.046}{0.030} \frac{12}{13} = 1.9 \tag{5.162}$$

$$\left(\frac{^{15}N}{^{14}N}\right) = \frac{X_{^{15}N} + X_{^{15}O}}{X_{^{14}N} X_{^{14}O}} \frac{14}{15} = \frac{4.6 \times 10^{-6} + 0.0019}{0.21 + 0.00076} \frac{14}{15} = 0.0085 \tag{5.163}$$

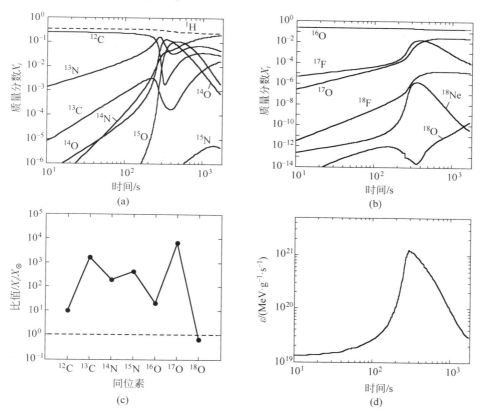

图 5.54 碳氧白矮星表面在热核失控期间的爆发性氢燃烧。结果显示了 HCNO 循环的运行,是通过使用图 5.52(a)所示最热区的温度和密度演化来对反应网络运行数值计算得到的。相应的丰度流显示在图 5.53(a)中。(a)和(b)$A < 20$ 质量区的丰度演化;(c)最终质量分数(在所有 β^+ 衰变已完成后)与相应太阳系质量分数的比值;(d)能量产生率的时间演化

而在 $T < 0.1$ GK 温度下,流体静力学氢燃烧的平衡值为 $(^{13}C/^{12}C)_e \approx 0.25$ 和 $(^{15}N/^{14}N)_e \approx (1 \sim 5) \times 10^{-5}$[图 5.11(a)]。另外需要指出的是,某些核素与它们的太阳系丰度值相比具有很强的过量生产。所有 β^+ 衰变已经完成后,最终质量分数以及相应的与太阳质量分数的比值$(X/X_\odot)$如图 5.54(c)所示。三种最过度生产的核素是 ^{13}C、^{15}N 和 ^{17}O,过量生产系数在$(X/X_\odot) \approx 500 \sim 6000$ 范围内。有人认为(Kovetz & Prialnik,1997),经典新星是宇宙中后两种核素的主要来源(表 5.2)。同时也产生了大量的 ^{18}F($X_{^{18}F} = 1.4 \times 10^{-5}$)。当膨胀的新星壳层变得对 γ 射线透明时,^{18}F 的衰变($T_{1/2} = 110$ min)产生了 511 keV 能量的光子(Hernanz *et al.*,1999)。对于来自附近经典新星的这个识别标志,未来可以用星载探测器

进行探测。

产能率的时间演化如图 5.54(d)所示。其特征是,连续增加,在接近峰值温度时达到最大值 $\varepsilon = 1.3 \times 10^{21}$ MeV·g^{-1}·s^{-1} ($t \approx 360$ s),然后随着温度的下降稳步降低。

关于涉及 CNOF 核的反应的实验情况总结如下。我们已经在 5.1.2 节指出,反应 $^{13}C(p,\gamma)^{14}N$、$^{14}N(p,\gamma)^{15}O$、$^{15}N(p,\gamma)^{16}O$ 和 $^{16}O(p,\gamma)^{17}F$ 已被分别测量至 100 keV、93 keV、130 keV 和 130 keV 的质心系能量。与流体静力学氢燃烧的情形相比,在爆发性氢燃烧中其伽莫夫峰位于更高的能量。例如,对于 $^{14}N+p$ 反应,我们在 $T \approx 0.2$ GK 附近得到 $E_0 \pm \Delta/2 = (149 \pm 59)$ keV。因而,对于涉及稳定 CNO 核的反应,伽莫夫峰内一般都有数据,因此,$T = 0.1 \sim 0.4$ GK 的反应率具有相对较小的不确定度(典型地,小于 30%;Iliadis et al.,2010)。对于涉及不稳定核的反应,情况有所不同。我们已经看到,HCNO 循环是由 $^{13}N(p,\gamma)^{14}O$、$^{18}F(p,\alpha)^{15}O$ 和 $^{17}F(p,\gamma)^{18}Ne$ 反应引发的。由于放射性离子束实验,我们对这些相应反应率的知识已经得到了显著的改善(4.6.1 节)。^{13}N 的质子俘获是第一个用放射性离子束被直接测量的天体物理上重要的反应(Delbar et al.,1993)。在该研究中,得到了 $E_r^{cm} = 528$ keV 处宽共振的强度。然而,$^{13}N+p$ 在 $T \leqslant 0.4$ GK 温度下的伽莫夫峰值远低于此共振。因此,必须将 S 因子外推到天体物理重要的能区。在 $T = 0.1 \sim 0.4$ GK 范围内,当前的反应率不确定度大约是两倍。对于 $^{18}F(p,\alpha)^{15}O$ 反应,在 $T = 0.3 \sim 0.4$ GK 的伽莫夫峰内至少有一些数据,因为低位共振 $E_r^{cm} = 330$ keV 处的强度已被直接测量过(Graulich et al.,1997;Bardayan et al.,2002)。这些研究代表了首次使用放射性束在新星伽莫夫峰区的直接测量。然而,目前的反应率不确定度仍然是相当大的,在 $T = 0.1 \sim 0.4$ GK 内达到 6~30 倍,这是由来自未观测到的一些共振的额外贡献造成的[图 5.49(a)]。另外,$^{17}F(p,\gamma)^{18}Ne$ 反应还尚未直接测量过。在这种情况下,已经进行的实验(一些涉及放射性束)测量了一些核特性,例如激发能、能级宽度以及 J^π 值,从中可以部分推断出反应率。在 $T = 0.1 \sim 0.4$ GK 范围内,当前反应率的不确定度至少达到两倍。

4. 经典新星网络计算:吸积 ONe 白矮星(accreting ONe white dwarf)

高温下的氢燃烧还涉及 $A \geqslant 20$ 质量区的核素。与流体静力学氢燃烧环境的情况一样(5.1.3 节),在 $T = 0.1 \sim 0.4$ GK 的温度下几乎没有材料从 CNO 区泄漏到 $A \geqslant 20$ 质量区。在 $T \geqslant 0.4$ GK,在两个区之间可以提供链接的反应将在 5.5.3 节讨论。因此,核合成必须从预先存在的质量为 $A \geqslant 20$ 的种子核开始。然而,由于短寿命核的质子诱发反应可以与它们的 β^+ 衰变竞争,所以燃烧的特征发生了显著的变化。在 $A \geqslant 20$ 质量区中发生的反应如图 5.53 所示。与图 5.15 的比较表明,在较高的温度下必须考虑更多的质子俘获反应和 β^+ 衰变。最可能的核合成路径将取决于爆炸时的温度-密度历史。

在 $T = 0.1 \sim 0.4$ GK 温度下,与反应循环在 CNO 质量区中的突出重要性相比,它们的作用在 $A \geqslant 20$ 质量区内不那么突出。从图 5.17 中可以明显看出,^{27}Al、^{31}P 和 ^{35}Cl 的 $B_{p\alpha/p\gamma}$ 分支比小于 1,因而,在该温度范围内闭合的 MgAl、SiP 和 SCl 循环确实不存在。对于 ^{23}Na,分支比在 $T \approx 0.1$ GK 时为 $B_{p\alpha/p\gamma} \approx 30$,但在 $T \approx 0.2 \sim 0.4$ GK 范围内 $B_{p\alpha/p\gamma} \approx 1$。因此,仅在较低温度结束时才能建立闭合的 NeNa 循环。下面将会显示,$A \geqslant 20$ 质量区内的反应对于产能率也有很大的贡献。这些能量是从较轻的种子核通过质子俘获和 β^+ 衰变累积到较重核的过程中产生的,而不是通过发生在 HCNO 循环中的四个质子转化为一个 ^4He 核而产生的。

$A \geqslant 20$ 质量区内的核合成将再次通过考虑经典新星来进行探索(1.4.4 节)。较重的白矮星可能由氧和 $A \geqslant 20$ 的核素构成,而碳丰度相对较小,因为它在前身星的核心碳燃烧期间已被消耗掉了(1.4.3 节和图 1.4)。与涉及 CO 白矮星相比,涉及这样的 ONe 白矮星的热核失控可以达到更高的峰值温度,这是因为,爆炸的强度与表面重力和吸积材料的量成比例。较重的核素,主要是 Ne、Na 和 Mg,将参与氢燃烧。图 5.52(b)显示了经典新星爆炸的流体动力学研究中所采用的温度和密度包络(José & Hernanz,1998),该爆炸是由类太阳物质被吸积到一颗 $1.25\ M_\odot$ 的 ONe 白矮星表面所引起的。同样,这些曲线代表了最热氢燃烧区的温度和密度演化。该新星模型在 $t \approx 420$ s 后达到最高温度值 $T = 0.25$ GK。在爆发前,温度和密度分别为 $T = 0.10$ GK 和 $\rho = 2800$ g·cm^{-3},在 $t = 1140$ s 后达到 $T = 0.12$ GK 和 $\rho = 38$ g·cm^{-3}。利用图 5.52(b)所示的温度-密度演化对该网络进行数值求解,并在 $t = 1140$ s 后终止。对于初始组成,假设下列值:$X_{\rm H}^0 = 0.35$、$X_{^4{\rm He}}^0 = 0.15$、$X_{^{16}{\rm O}}^0 = 0.26$、$X_{^{20}{\rm Ne}}^0 = 0.16$、$X_{^{23}{\rm Na}}^0 = 0.04$、$X_{^{24}{\rm Mg}}^0 = 0.03$、$X_{^{25}{\rm Mg}}^0 = 0.01$。它们类似于流体动力学研究中所采用的那些值(José & Hernanz,1998)。

时间积分的净丰度流显示在图 5.53 的底部。我们将简要总结 CNO 区的核合成,然后更详细地讨论 $A \geqslant 20$ 区的氢燃烧。由于没有 ^{12}C 种子核,所以 $A < 20$ 质量区内的氢燃烧不得不从 ^{16}O 开始。该新星模型可以达到足够高的温度,使得 ^{16}O 可以被 $^{16}{\rm O}({\rm p},\gamma)^{17}{\rm F}$ 反应破坏掉。通过进一步的 $^{17}{\rm F}(\beta^+\nu)^{17}{\rm O}({\rm p},\alpha)^{14}{\rm N}$ 和 $^{17}{\rm F}({\rm p},\gamma)^{18}{\rm Ne}(\beta^+\nu)^{18}{\rm F}({\rm p},\alpha)^{15}{\rm O}$ 加工处理,可以快速地启动 HCNO1 循环。虽然在 $A < 20$ 核素的演化上与 CO 新星模型相比存在数量上的差异,但是最终结果在定性上是相似的。在计算结束时,氢丰度下降到 $X_{\rm H} = 0.19$,最丰的 CNO 核素是 ^{14}N、^{13}N、^{12}C、^{15}O 和 ^{17}O,其质量分数分别为 0.081、0.052、0.041、0.020 和 0.014。对于碳和氮的同位素比,我们得到 $(^{13}{\rm C}/^{12}{\rm C}) = 1.3$ 和 $(^{15}{\rm N}/^{14}{\rm N}) = 0.22$。最过量生产的同位素是 ^{13}C、^{15}N 和 ^{17}O,其生产过剩因子分别为 $(X/X_\odot) = 1600$、4500 和 3600。

$A \geqslant 20$ 区的丰度演化如图 5.55(a)和(b)所示。对于下面的讨论,请记住,峰值温度在 $T \approx 0.25$ GK 时保持了约 50 s,然后温度开始再次降低[图 5.52(b)]。在此期间,氢丰度为 $X_{\rm H} \approx 0.30$,而密度为 $\rho \approx 300$ g·cm^{-3}。在图 5.55 中可以看到,^{23}Na 种子核被迅速地破坏掉。质子诱发反应在 $t = 200$ s 时(即当温度达到 $T \approx 0.1$ GK 时)开始明显地消耗 ^{23}Na,也即早在达到峰值温度之前。在 $T \approx 0.1$ GK 时,$^{23}{\rm Na}({\rm p},\alpha)^{20}{\rm Ne}$ 反应主导着竞争的 $^{23}{\rm Na}({\rm p},\gamma)^{24}{\rm Mg}$ 反应(图 5.17)。因此,绝大部分的 ^{23}Na 种子核转化为 ^{20}Ne。^{20}Ne 丰度从初始值 $X_{^{20}{\rm Ne}}^0 = 0.16$ 增加到 0.19,造成了图 5.55(a)中在 $t = 400$ s 处看到的小凸起。在峰值温度附近,^{20}Ne 丰度的一小部分被 $^{20}{\rm Ne}({\rm p},\gamma)^{21}{\rm Na}$ 反应破坏,流量再次达到 ^{23}Na。在 $T = 0.25$ GK 时,^{23}Na 的分支比接近 $B_{{\rm p}\alpha/{\rm p}\gamma} \approx 1$(图 5.17),因此,大约一半的 ^{23}Na 被转化为 ^{24}Mg。很少的材料是通过 $^{23}{\rm Mg}({\rm p},\gamma)^{24}{\rm Al}(\beta^+\nu)^{24}{\rm Mg}$ 进行加工的,这是因为,在 $T \approx 0.25$ GK 时 ^{23}Mg 的 β^+ 衰变比竞争的 $({\rm p},\gamma)$ 反应更有可能发生[$\tau_\beta(^{23}{\rm Mg}) = T_{1/2}/\ln 2 = 16$ s,而 $\tau_{\rm p}(^{23}{\rm Mg}) = [\rho(X_{\rm H}/M_{\rm H})N_{\rm A}\langle\sigma v\rangle]^{-1} \approx 1370$ s]。一旦到达了 ^{24}Mg,就再也没有过程可以将这种材料反馈回 NeNa 质量区了。在计算结束时,大部分的 ^{23}Na 种子核已转化为 $A \geqslant 24$ 的核素,而 ^{20}Ne 丰度与初始值相比没有发生变化。这是由缓慢的 $^{20}{\rm Ne}({\rm p},\gamma)^{21}{\rm Na}$ 反应造成的[在 $T = 0.25$ GK 时,$\tau_{\rm p}(^{20}{\rm Ne}) \approx 200$ s]。其他种子核,^{24}Mg 和 ^{25}Mg,通过质子俘获和 β^+ 衰变快速

地转化为更重的核素。通过考虑某些关键核素的 β^+ 衰变和质子俘获之间的竞争,我们可以估计核合成路径。对于 ^{25}Al 和 ^{27}Si,对 β^+ 衰变的平均寿命分别为 $\tau_\beta \approx 10$ s 和 6 s;在 $T = 0.25$ GK,对质子俘获的平均寿命分别为 $\tau_p = 60$ s 和 24 s。因此,^{25}Al 和 ^{27}Si 都将优先进行 β^+ 衰变而不是质子俘获。因此,在峰值温度附近,最可能的核合成路径是

$$^{24}Mg(p,\gamma)^{25}Al(\beta^+\nu)^{25}Mg(p,\gamma)^{26}Al(p,\gamma)^{27}Si(\beta^+\nu)^{27}Al(p,\gamma)^{28}Si \quad (5.164)$$

该序列的平均寿命之和是

$$\tau_p(^{24}Mg) + \tau_\beta(^{25}Al) + \tau_p(^{25}Mg) + \tau_p(^{26}Al^g) + \tau_\beta(^{27}Si) + \tau_p(^{27}Al)$$

$$= (0.014 + 10.4 + 0.39 + 0.43 + 6.0 + 1.2) \text{ s} = 18.4 \text{ s} \quad (5.165)$$

它以 ^{25}Al 和 ^{27}Si 的 β^+ 衰变为主。该序列不会显著延迟从 ^{24}Mg 到 ^{28}Si 的转变,这是由于平均寿命的总和远小于峰值温度下发生氢燃烧的持续时间(50 s)。但是,在 $T = 0.25$ GK 处 ^{28}Si 对质子俘获的平均寿命为 $\tau_p(^{28}Si) = 69$ s,代表了一个显著的延迟。然而,在 ^{28}Si 之上发生了大量的丰度流。由于 ^{32}S 上的质子俘获是非常慢的过程[$\tau_p(^{32}S) = 11100$ s,$T = 0.25$ GK],所以有效流实际上在 ^{32}S 处就结束了。在计算结束时,大部分 ^{23}Na、^{24}Mg 和 ^{25}Mg 种子核已转化为 ^{28}Si、^{32}S、^{30}Si 和 ^{31}P,其最终质量分数分别为 0.056、0.024、0.013 和 0.0084。非常大的 ^{20}Ne、^{28}Si 和 ^{32}S 最终丰度的出现是因为,$^{20}Ne(p,\gamma)^{21}Na$、$^{28}Si(p,\gamma)^{29}P$ 和 $^{32}S(p,\gamma)^{33}Cl$ 是涉及 $A = 20 \sim 32$ 质量区内稳定靶核中最慢的质子俘获反应。这些结果与在几个经典新星壳层中所观测到的大量氖、硅和硫丰度在定性上是一致的(Warner,1995)。在所有 β^+ 衰变完成后,最终质量分数的比值以及相应的太阳质量分数如图 5.55(c)所示(对于 $A = 20 \sim 33$ 质量区的核素)。该质量区内最过度生产的两个同位素是 ^{31}P 和 ^{30}Si,其生产过剩因子分别为 $(X/X_\odot) \approx 1000$ 和 590。爆发性氢燃烧也会产生有趣数量的放射性同位素 ^{22}Na ($T_{1/2} = 2.6$ a)和 ^{26}Al^g ($T_{1/2} = 7.4 \times 10^5$ a),其质量分数分别为 $X_{^{22}Na} = 8 \times 10^{-5}$ 和 $X_{^{26}Al^g} = 2 \times 10^{-4}$。^{22}Na 的衰变产生了一个能量为 $E_\gamma = 1275$ keV 的 γ 射线,未来利用星载探测器可能会观测到来自附近经典新星的这条特征 γ 射线。新星也可能会对银河 ^{26}Al^g 的丰度有贡献。

我们接下来将讨论核能产生。产生的总能量可达到 5.4×10^{23} MeV·g^{-1}。大约 70% 的总能量是通过涉及 CNOF 核的反应和衰变产生的,而 $A \geqslant 20$ 质量区贡献了大约 30%。产能率的演化如图 5.55(d)所示。它的形状与吸积到 CO 白矮星上的情况相比更为复杂[图 5.54(d)]。粗实线代表总能量产后,而较细的实线和点虚线分别对应于由 CNOF 和 $A \geqslant 20$ 质量区中的核过程在单位时间内所产生的能量。虽然 CNOF 质量区产生了总能量的最大部分,但是 $A \geqslant 20$ 质量区在峰值温度之前和附近造成了较大的产能率。在达到峰值温度之前($t < 360$ s),大部分能量由 $^{23}Na(p,\alpha)^{20}Ne$、$^{23}Na(p,\gamma)^{24}Mg$ 和 $^{24}Mg(p,\gamma)^{25}Al$ 反应产生。这些过程相当快,特别是它们的反应率在 $T = 0.1 \sim 0.4$ GK 时大于 $^{16}O(p,\gamma)^{17}F$ 的反应率,如图 5.18 所示。稍后,在峰值温度附近($t = 360 \sim 430$ s)可以看到两个最大值。第一个窄而高,表示能量在短时间内快速释放。它是由序列 $^{25}Mg(p,\gamma)^{26}Al^g(p,\gamma)^{27}Si(\beta^+\nu)^{27}Al(p,\gamma)^{28}Si$ 引起的,由相对较快的过程组成。稍后的第二个较宽且幅度较低,它是由 NeNa 质量区的反应和衰变引起的,并显著地被缓慢的 $^{20}Ne(p,\gamma)^{21}Na$ 反应所延迟。在 $t \approx 460$ s 附近,CNOF 和 $A \geqslant 20$ 质量区产生了差不多大小的能量。随后,CNOF 质量区内的反应和衰变会产生大部分的能量。^{14}O 和 ^{15}O 的半衰期灵敏地影响着 CNOF 质量区产能率的

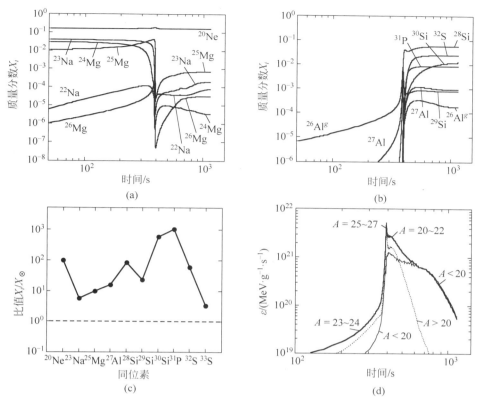

图 5.55 氧氖白矮星表面在热核失控期间的爆发性氢燃烧。结果显示了在 $A \geqslant 20$ 质量区运行的核过程,是通过使用图 5.52(b)所示最热区的温度和密度演化来对反应网络运行数值计算得到的。相应的丰度流显示在图 5.53(b)中

(a)和(b) $A \geqslant 20$ 质量区的丰度演化;(c)最终质量分数(在所有 β^+ 衰变已完成后)与相应太阳系质量分数的比值;(d)能量产生率的时间演化

演化。如果两个半衰期更短,则产能率曲线的形状就会变得更窄更高。

上面讨论的新星模型达到了峰值温度 $T_{\text{peak}} = 0.25$ GK。在这种情况下,^{23}Mg、^{25}Al 和 ^{27}Si 的 β^+ 衰变比竞争的质子俘获反应要快,因此,核合成路径靠近稳定线核素运行。一些经典新星模型涉及更大质量的白矮星,并达到更高的峰值温度。例如,在 $T_{\text{peak}} = 0.35$ GK,$\rho = 300$ g·cm^{-3} 和 $X_{\text{H}} = 0.3$ 的条件下,我们得到 ^{23}Mg(p,γ)^{24}Al、^{25}Al(p,γ)^{26}Si 和 ^{27}Si(p,γ)^{28}P 反应的平均寿命分别为 $\tau_{\text{p}}(^{23}\text{Mg}) = 4.3$ s、$\tau_{\text{p}}(^{25}\text{Al}) = 0.35$ s 和 $\tau_{\text{p}}(^{27}\text{Si}) = 0.44$ s。因此,核合成路径将在更接近质子滴线处运行。确切的路径取决于爆炸期间温度的历史。

我们现在将对实验情况进行评论。对于代表性的峰值温度 0.25 GK,^{20}Ne+p 和 ^{32}S+p 反应的伽莫夫峰分别位于 $E_0 \pm \Delta/2 = (220 \pm 80)$ keV 和 (304 ± 94) keV。^{20}Ne(p,γ)^{21}Na 反应已经在 5.1.3 节中讨论过。它被测量到低至约 $E_{\text{cm}} = 350$ keV 的能量,因而,数据未达到伽莫夫峰。反应率由阈下共振的尾巴和直接俘获决定。在 $T = 0.25$ GK 时,其反应率不确定度约为 $\pm 20\%$(Iliadis,2010)。^{28}Si(p,γ)^{29}P 反应中的最低位共振发生在 $E_{\text{r}}^{\text{cm}} =$

358 keV。它位于伽莫夫峰内并决定着经典新星温度下的反应率。其反应率的不确定度在 $T=0.25$ GK 时约为 $\pm 10\%$(Iliadis *et al*.,2010)。在 ^{32}S(p,γ)^{33}Cl 反应的新星伽莫夫峰内预计不会发生共振,因此,该反应会非常慢。三个最低位的共振分别位于 $E_r^{cm}=409$ keV、563 keV 和 570 keV,它们在经典新星温度下主导着该反应率。反应率在 $T=0.25$ GK 时的不确定度为 $\pm 10\%$(Iliadis *et al*.,2010)。除了一个例外,在 $A=20\sim 40$ 质量区中涉及不稳定靶核的反应都不是直接测量的,它们的反应率都是根据核结构信息间接估算的。因而,这些反应率的不确定度,诸如 ^{23}Mg(p,γ)^{24}Al、^{25}Al(p,γ)^{26}Si 和 ^{27}Si(p,γ)^{29}P 可以达到一个数量级或者更大。例外是 ^{21}Na(p,γ)^{22}Mg 反应,它会影响经典新星中 ^{22}Na 的产生。这是第一个使用放射性束在新星伽莫夫峰内进行直接测量的辐射俘获反应(4.6.1节)。所有重要的共振都已在 $E_r^{cm}\geqslant 206$ keV 能区被观测到,在 $T=0.25$ GK 时该反应率的不确定度约为 $\pm 20\%$。

5.5.3　爆发性氢-氦燃烧和 Ⅰ 型 X 射线暴

我们在 3.2.1 节中论证了,如果恒星等离子体中存在不同核素的混合物,则通常是涉及具有最小库仑势垒核燃料的那些核反应来负责绝大部分的核能产生和核合成。因此,我们在前面的章节中考虑了主要以消耗一种特定类型燃料为主要特征的各个燃烧阶段。然而,如果恒星温度足够高,就会出现有趣的情况,以至于两种不同类型的燃料,例如氢和氦,在同一位置处一起燃烧。在本节中,我们将讨论氢和氦混合物燃料在 $T>0.4$ GK 温度下的燃烧。在如此高的温度下,几种效应会影响核合成。其中最重要的是光解反应以及质子滴线的精确位置,即分隔质子束缚核($S_p\geqslant 0$)与质子非束缚核($S_p<0$)的线。

高温下氢-氦燃烧中的核合成涉及许多核过程并且很复杂。首先,我们将讨论某些反应序列(突破序列,breakout sequence,BOS),其如何随温度升高而将核素从 HCNO 循环区域转换为 $A=20$ 和 21 的质量区。其次,通过对许多不同恒定温度下的反应网络进行计算,我们将研究介于稳定核素组与质子滴线之间核合成路径的位置。我们感兴趣的是:核合成的时标、合成的最重核素(核合成终点,endpoint of nucleosynthesis),以及核能产生率在假定的初始组成上的依赖性。最后,作为更真实情形下的一个例子,我们将讨论在 Ⅰ 型 X 射线暴期间发生的核合成(1.4.4节)。

1. 突破热碳氮氧(HCNO)循环

对于 $T\leqslant 0.4$ GK 的恒星温度,无论是运行冷的还是热的 CNO 循环(分别见 5.1.2 节和 5.5.2 节),其损失的材料都非常少。原因是在 CNO 和 HCNO 循环中合成的最重核素分别为 ^{19}F 和 ^{18}F。从图 5.9(d)和图 5.49(a)中可以看到,在 CNO 和 HCNO 循环的温度范围内(分别为 $T<0.1$ GK 和 $T=0.1\sim 0.4$ GK),这两种核素进行(p,α)和(p,γ)反应的分支比 $B_{p\alpha/p\gamma}$ 达到 $10^3\sim 10^4$ 倍。因此,^{19}F 和 ^{18}F 都主要通过(p,α)反应转化为更轻的核素。在有氢燃料存在的情况下,α 粒子诱发反应在 $T\leqslant 0.4$ GK 的温度下不太可能发生,上述反应循环关闭。

这种情形在更高的温度下会发生变化。对于 $T>0.5$ GK,许多涉及 α 粒子诱发反应的反应序列将 ^{14}O 或 ^{15}O 转化为 $A=20$ 和 21 质量区的核素。作为 HCNO 循环的催化剂,这些原子核将会永久丢失,这是因为没有任何核过程可以将它们转换回 CNO 质量区。下面列出了三个主要的突破序列,并显示在图 5.56 中。

序列 1	序列 2	序列 3
$^{15}O(\alpha,\gamma)^{19}Ne$	$^{14}O(\alpha,p)^{17}F$	$^{14}O(\alpha,p)^{17}F$
$^{19}Ne(p,\gamma)^{20}Na$	$^{17}F(p,\gamma)^{18}Ne$	$^{17}F(\gamma,p)^{16}O$
	$^{18}Ne(\alpha,p)^{21}Na$	$^{16}O(\alpha,\gamma)^{20}Ne$

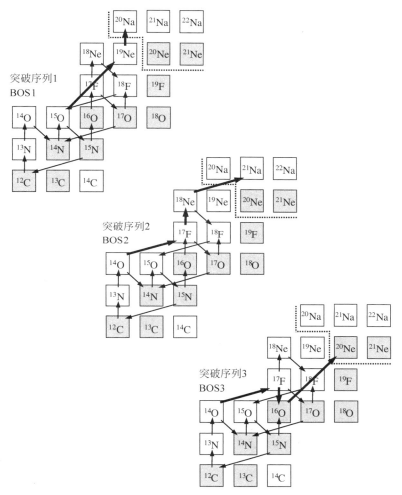

图 5.56　氢-氦燃烧期间来自 $A < 20$ 质量区的三个突破序列（BOS）的表示图（粗箭头）。HCNO 循环的部分核相互作用显示为细箭头。稳定的核素显示为阴影方块。一旦一个原子核转变为点虚线（$A = 20$）之上的核素，则它会永久地从 HCNO 循环中丢失，这是因为没有过程可以将该核素再变回到 $A < 20$ 的区域

为了得到第一印象，请考虑图 5.57（a）所示的这些反应归一化到 $^{16}O(p,\gamma)^{17}F$ 的反应率。很明显，$^{19}Ne(p,\gamma)^{20}Na$ 的反应率超过了前续 $^{15}O(\alpha,\gamma)^{19}Ne$ 的反应率几个数量级。因此，我们怀疑突破序列 1 的时标由较慢的 $^{15}O(\alpha,\gamma)^{19}Ne$ 反应来决定。此外，$^{18}Ne(\alpha,p)^{21}Na$ 和 $^{16}O(\alpha,\gamma)^{20}Ne$ 的反应率都小于前续 $^{14}O(\alpha,p)^{17}F$ 的反应率。因此，前两个反应在设置突破序列 2 或序列 3 的时标方面比后一个反应更为重要。图 5.57（a）还显示了一些替代的突破序列的反应率。可以看出，与竞争的 $^{14}O(\alpha,p)^{17}F$ 反应率相比，$^{14}O(\alpha,\gamma)^{18}Ne$ 的反应率

可以忽略不计。同样,$^{17}F(\alpha,p)^{20}Ne$ 的反应率比竞争的 $^{17}F(p,\gamma)^{18}Ne$ 的反应率要小得多,只有在高温下($T>1.2$ GK)两个反应率才变得可比拟。然而,即使在 $T>1.2$ GK 时,$^{17}F(\alpha,p)^{20}Ne$ 反应也仅在氦质量分数明显地超过氢质量分数($X_{^4He}/M_{^4He}>X_H/M_H$)的极端情况下才会发挥作用。对于现在的讨论,这些替代的突破序列都不重要。

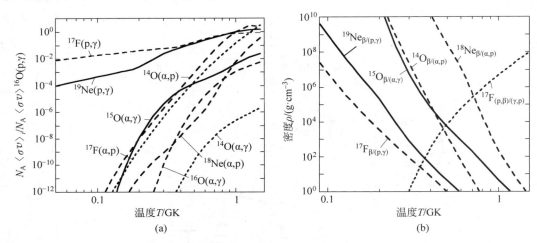

图 5.57 (a) 三个突破序列部分反应的反应率与温度的关系。为了更好地比较,$N_A\langle\sigma v\rangle$ 的值被归一化到 $^{16}O(p,\gamma)^{17}F$ 的反应率上。这里也比较了 $^{14}O(\alpha,\gamma)^{18}Ne$ 和 $^{17}F(\alpha,p)^{20}Ne$ 的反应率,但它们在目前情况下可以忽略不计。(b) 参与三个突破序列(实线和点划虚线)不稳定核素的 β^+ 衰变与核反应之间竞争的温度-密度条件。β^+ 衰变在在实线或点划虚线的左侧区域占主导地位,而在右侧竞争的质子或 α 粒子诱发的反应更可能发生。点虚线表示竞争的 $^{17}F(p,\gamma)^{18}Ne$ 和 $^{17}F(\gamma,p)^{16}O$ 反应的衰变常数大小相等时的条件。$^{17}F(p,\gamma)^{18}Ne$ 反应在点虚线左侧占主导地位,而在右侧 $^{17}F(\gamma,p)^{16}O$ 反应更有可能发生。所有曲线的计算均假设 $X_H=0.7$ 和 $X_{^4He}=0.3$。

接下来,考虑图 5.57(b)显示的 T-ρ 条件,即在 β^+ 衰变与参与三个突破序列的那些核素的核反应之间竞争的条件。实线和点画虚线表示两种竞争过程的衰变常数(或平均寿命)具有相等大小,即 $\lambda_1(0)=\lambda_\beta(0)$ 时的 T-ρ 条件。它们可以从下列表达式[式(5.149)]中计算出来:

$$\rho = \frac{\ln 2}{T_{1/2}(0)(X_1/M_1)N_A\langle\sigma v\rangle_{01}} \tag{5.166}$$

其中,0 是感兴趣的核素;1 代表氢或氦,取决于反应的类型。相关的 β^+ 衰变半衰期为 $T_{1/2}(^{14}O)=70.62$ s、$T_{1/2}(^{15}O)=122.24$ s、$T_{1/2}(^{17}F)=64.49$ s、$T_{1/2}(^{18}Ne)=1.67$ s 以及 $T_{1/2}(^{19}Ne)=17.26$ s(Audi *et al.*,2012)。β^+ 衰变在实线或点划线左侧的区域占主导地位,而在右手边竞争的质子或 α 粒子诱发反应更有可能发生。此外,图 5.57(b)中的点虚线显示了竞争的 $^{17}F(p,\gamma)^{18}Ne$ 和 $^{17}F(\gamma,p)^{16}O$ 反应具有相同大小,即 $\lambda_p(^{17}F)=\lambda_\gamma(^{17}F)$ 时的 T-ρ 条件。点虚线从以下表达式中得到[式(3.23)和式(3.46)]:

$$\rho = 9.8685\times10^9 T_9^{3/2} \frac{(2j_{^{16}O}+1)(2j_p+1)}{(2j_{^{17}F}+1)} \left(\frac{G_{^{16}O}^{norm}G_p^{norm}}{G_{^{17}F}^{norm}}\right)\left(\frac{M_{^{16}O}M_H}{M_{^{17}F}}\right)^{3/2}\times$$

$$\left(\frac{X_H}{M_H}\right)^{-1} e^{-11.605 Q_{^{16}O(p,\gamma)}/T_9} \frac{N_A\langle\sigma v\rangle_{^{16}O(p,\gamma)}}{N_A\langle\sigma v\rangle_{^{17}F(p,\gamma)}} \tag{5.167}$$

其中,$Q_{^{16}O(p,\gamma)}=0.600$ MeV。^{17}F$(p,\gamma)^{18}$Ne 反应在点虚线的左侧占主导地位,而在右侧竞争的 ^{17}F$(\gamma,p)^{16}$O 反应更快。图 5.57(b) 中的所有曲线都是使用值 $X_H=0.7$ 和 $X_{^4He}=0.3$ 计算的。出于以下考虑,假设由于先前 HCNO 循环的运行,^{14}O 和 ^{15}O 是最丰的 CNO 核(5.5.2 节)。选择密度 $\rho=10^4$ g·cm^{-3} 作为代表值,我们对温度缓慢升高时 ^{14}O 和 ^{15}O 的命运特别感兴趣。

首先,只考虑突破序列 1[图 5.57(b) 中两条实线]。我们从 $T\approx0.1$ GK 开始,此时 HCNO 循环运行(图 5.48),并且温度慢慢升高。对应于 $\tau_p(^{19}$Ne$)=\tau_\beta(^{19}$Ne$)$ 条件的线在 $T=0.23$ GK 处交叉。超过这一温度,^{19}Ne$(p,\gamma)^{20}$Na 反应比竞争的 ^{19}Ne β^+ 衰变更有可能发生。然而,由于 ^{15}O 的 β^+ 衰变仍然主导着竞争的 ^{15}O$(\alpha,\gamma)^{19}$Ne 反应 $[\tau_\alpha(^{15}$O$)>\tau_\beta(^{15}$O$)]$,因此尚未发生热 CNO 循环的突破。进一步升高温度,对应于 $\tau_\alpha(^{15}$O$)=\tau_\beta(^{15}$O$)$ 条件的线在 $T\approx0.46$ GK 处交叉。超过这一温度,^{15}O 核由于突破序列 1 的运行而从 HCNO 循环中丢失。

接下来将讨论突破序列 2 和序列 3[图 5.57(b) 中短划线和点虚线]。对于 $T>0.18$ GK,核素 ^{17}F 优先被 (p,γ) 反应破坏而不是 β^+ 衰变[即 HCNO3 循环在超过 $T\approx0.18$ GK 时开始运行,见图 5.49(b)]。升高温度,我们在 $T\approx0.43$ GK 处越过对应于 $\tau_\alpha(^{14}$O$)=\tau_\beta(^{14}$O$)$ 条件的线。在这一点以上,^{14}O$(\alpha,p)^{17}$F 反应主导着竞争性的 ^{14}O 的 β^+ 衰变。尽管突破序列 2 和序列 3 尚未运行,但 ^{14}O$(\alpha,p)^{17}$F 反应在这个阶段已经很重要了,因为它在 HCNO1 和 HCNO3 循环之间提供了一个额外的链接(图 5.47)。换句话说,^{14}O 通过序列 ^{14}O$(\alpha,p)^{17}$F$(p,\gamma)^{18}$Ne$(\beta^+\nu)^{18}$F$(p,\alpha)^{15}$O 转化成 ^{15}O。相应地,在 $T>0.46$ GK,^{14}O$(\alpha,p)^{17}$F 反应通过突破序列 1 增加了丢失的 CNO 核的比例。进一步提高温度,我们接下来将穿过在 $T\approx0.5$ GK 处由 $\tau_p(^{17}$F$)=\tau_\gamma(^{17}$F$)$ 条件所定义的点虚线。对于 $T>0.5$ GK,^{17}F 优先被 (γ,p) 反应破坏,并且人们倾向于假设突破序列 3 在此处开始运行。然而,情况并非如此,因为随后的突破反应 ^{16}O$(\alpha,\gamma)^{20}$Ne 比竞争的 ^{16}O$(p,\gamma)^{17}$F 反应慢得多[图 5.57(a)]。^{16}O$(p,\gamma)^{17}$F 反应较低的 Q 值($Q=0.600$ MeV)确保了在 ^{17}F 和 ^{16}O 丰度之间迅速建立了一个平衡。那么突破序列 2 和序列 3 将必须从这些平衡丰度开始进行。例如,^{14}O 核从 HCNO 循环中通过突破序列 3 丢失的速率,取决于由温度给出的 ^{16}O 核的平衡数目[式(3.50)],以及后续 ^{16}O$(\alpha,\gamma)^{20}$Ne 反应率的大小。因此,对于更高的温度,突破序列 3 将变得越来越重要。我们将在下文看到,突破序列 3 在 $T>1.0$ GK 时运行(在密度为 $\rho=10^4$ g·cm^{-3} 的条件下)。

最后,在 $T\approx0.81$ GK 处将越过 $\tau_\alpha(^{18}$Ne$)=\tau_\beta(^{18}$Ne$)$ 条件对应的线。超过这一点,^{18}Ne$(\alpha,p)^{21}$Na 反应主导着竞争的 ^{18}Ne 的 β^+ 衰变。因此,作为突破序列 2 运行的结果,^{14}O 核从 HCNO 循环中损失掉了。对于其他密度值,尽管各条线在不同温度值处交叉,但是也可以得到类似定性的结果。

2. 在恒定温度和密度下的网络计算

我们现在将注意力转向已发生 HCNO 循环突破之后的核合成。再次选择密度的代表值为 $\rho=10^4$ g·cm^{-3}。对三个不同温度($T=0.5$ GK、1.0 GK 和 1.5 GK)进行了数值网络计算,结果将在下面讨论。为了正确解释如此高温度下的核活度,与我们之前的氢或氦燃烧计算相比,反应网络必须在规模上显著扩大。它现在由大约 520 个核素组成,包括所有稳定的和丰质子 β^+ 不稳定(但质子稳定)的,直至元素钯(Pd)的核素。一些质子不稳定的核素也包括在内,以解释涉及质子滴线处及以上核素的级联双质子俘获(3.1.6 节)。丰中子 β^- 不稳定核素不包括在网络中,这是因为它们无法通过稳定或丰质子 β^+ 不稳定核上的氢或氦诱发反应来合成。网络中的不同核素通过大约 5500 个核过程链接在一起,包括 β^+ 衰变、(p,γ)、(p,α)、(α,γ) 反应,诸如光解、(α,p) 反应等逆过程。对于初始组成,假设的值为 $X_H^0 = 0.73$、$X_{^4He}^0 = 0.25$、$X_{^{14}O}^0 = 0.01$ 和 $X_{^{15}O}^0 = 0.01$。这一假设与早先的结果一致,即在温度升高到 $T \geqslant 0.5$ GK 期间,作为 HCNO 循环运行的结果,^{14}O 和 ^{15}O 是最丰的产物(5.5.2 节)。对网络进行数值求解直到 $t = 100$ s 的时间。这与我们之前氢或氦燃烧网络计算的时间相比要短得多,但与在高温下恒星爆炸具有很短的持续时间这一假设是一致的。

在 $A \leqslant 40$ 质量区内,我们对大多数反应采用了文献(Angulo *et al.*, 1999; Iliadis *et al.*, 2001)中的实验反应率。然而,在 $A = 40$ 以上,很少有核反应被直接或间接地测量过。对于后一个质量区中的大多数反应,其反应率必须进行理论估计。$^{56}Ni(p,\gamma)^{57}Cu$ 反应代表一个例外(见下文)。在 $A > 40$ 质量区,我们将采用核反应的 Hauser-Feshbach 统计模型(2.7 节)计算的理论反应率。必须强调,除特殊情况如 $p(p,e^+\nu)d$ 外,与基于实验输入的反应率相比,基于理论计算的反应率具有更大的不确定度。

在讨论反应网络计算的结果之前,考虑图 5.58 是有指导意义的,它显示了从 Sc($Z = 21$)到 Sr($Z = 38$)之间的核素图。粗实线代表质子滴线。灰色阴影的核素是 β^+ 不稳定的,且半衰期超过 $T_{1/2} \approx 10$ s。所显示的其他全部核素的半衰期都小于 $T_{1/2} \approx 3$ s。一般来说,我们期望核合成路径位于滴线和灰色阴影核素组之间的某处,其确切位置是由各种过程,例如 (p,γ) 反应、光解、β^+ 衰变等的相对概率确定的。如果由于某种原因,丰度流到达了一个灰色阴影核素,并只能通过缓慢的 β^+ 衰变进行,很可能因为质子俘获是被抑制的,那么核合成将会被显著延迟,或者在极端情况下,可能会完全停止。对于一个被抑制的质子俘获,最明显的原因是其较小的 $Q_{p\gamma}$ 值,因为逆向光解过程将会快速去除刚刚添加到靶核中的质子。具有负的 $Q_{p\gamma}$ 值或较小的正 $Q_{p\gamma}$ 值,且 β^+ 衰变半衰期相对较长的核素称为等待点核(waiting point nuclide),它们在图 5.58 中以圆圈标出。

有趣的是,质子滴线非常靠近 Ge-Rb 质量区中灰色阴影的核素组。特别是,丰度流必须穿过潜在的等待点核 ^{64}Ge、^{68}Se、^{72}Kr 和 ^{76}Sr(半衰期分别为 $T_{1/2} = 64$ s,36 s,17 s 和 9 s)。然而,它们缓慢的 β^+ 衰变可能会通过级联双质子俘获被绕过去。例如,$^{64}Ge(p,\gamma)^{65}As$ 反应其负的 Q 值确保了在 ^{64}Ge 和 ^{65}As 之间快速建立平衡。两条备选路径 $^{64}Ge(\beta^+\nu)^{64}Ga$ 和 $^{64}Ge(p,\gamma)^{65}As(p,\gamma)^{66}Se$ 的相对概率,则取决于 $T_{1/2}(^{64}Ge)$、$\rho\exp[Q_{^{64}Ge(p,\gamma)}/(kT)]$ 以及 $N_A\langle\sigma v\rangle_{^{65}As(p,\gamma)}$ 的大小,正如在 3.1.6 节中解释的那样。对于下面的反应网络计算,全部逆向 (γ,p) 的反应率是根据实验或理论的正向 (p,γ) 反应率计算出来的,其中 $Q_{p\gamma}$ 值取自文献(Audi *et al.*, 2003)。

对于图 5.58 中用实心三角形标记的核素,其 (p,γ) 和 (p,α) 反应道是开放的($Q_{p\gamma} > 0$ 和 $Q_{p\alpha} > 0$)。在温度升高时,与可以引起反应循环的 CNO 质量区相比,由于库仑势垒增加,$A > 40$ 质量区 (p,α) 反应的作用要小得多。考虑 $^{71}Br(p,\alpha)^{68}Se$ 反应($Q_{p\alpha} = 2020$ keV)作为

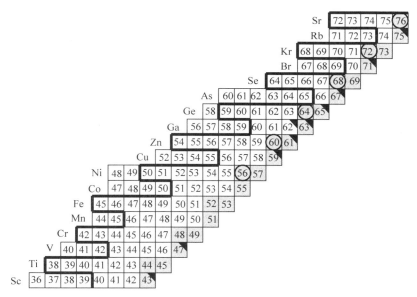

图 5.58 稳定谷丰质子一侧介于 Sc($Z=21$)和 Sr($Z=38$)之间的部分核素图。根据文献(Audi *et al*.,2003),质子滴线以粗实线标记。所有显示的核素都是不稳定的。那些用阴影方块表示的核素其半衰期超过 $T_{1/2} \approx 10$ s,而所有其他核素的半衰期都小于≈ 3 s。那些具有负的或较小正的 $Q_{p\gamma}$ 值,且 β^+ 衰变半衰期相对较长的核素以圆圈标记(即等待点核)。实心三角形表示(p,γ)和(p,α)反应道都开放的核素

例子。在 $T = 1.5$ GK 时,伽莫夫峰位于 $E_0 = 1700$ keV。此外,假设一个虚构的共振位于伽莫夫峰的中间,$E_r \approx E_0$。从该共振衰变的反应 α 粒子的能量为 $E_\alpha = E_r + Q_{p\alpha} \approx 3720$ keV。对于轨道角动量 $\ell_\alpha = 0$,单粒子 α 宽度为 $\Gamma_{\ell_\alpha=0}^{^{68}Se+\alpha}(E_\alpha = 3720 \text{ keV}) \approx 10^{-5}$ eV。这比典型的 γ 射线分宽度要小,因此,我们有 $\Gamma_\gamma \gg \Gamma_\alpha$ 或 $B_{p\alpha/p\gamma} \ll 1$。另外,在非常高的温度下,$T \geqslant 2$ GK,α 粒子宽度 Γ_α 增加并可能与 Γ_γ 的典型值相比拟,甚至更大。

3. 在 $T = 0.5$ GK,$\rho = 10^4$ g·cm^{-3},$t = 100$ s 时的核合成

在 $t = 100$ s 的时间内积分的净丰度流显示在图 5.59 中。主要流($F^{max} \geqslant F_{ij} > 0.1F^{max}$)显示为粗实线箭头,而次要流($0.1F^{max} \geqslant F_{ij} > 0.01F^{max}$)显示为细实线箭头。箭头的方向对应于丰度流的方向。粗实线代表质子滴线,而稳定核素显示为阴影方块。在这些条件下,HCNO 循环中的突破通过 ^{15}O(α,γ)^{19}Ne(p,γ)^{20}Na 进行(序列1,图 5.56)。在突破开始后,一系列(p,γ)反应和 β^+ 衰变在 $t = 100$ s 内将 CNO 核转变为 Fe-Co 区的核素。由此产生的网络称为快质子 rp-过程(rapid proton capture process,简称 rp-过程,Wallace & Woosley,1981)。回想一下,HCNO 循环产生的能量与温度无关,因为它受到 ^{14}O 和 ^{15}O 缓慢的 β^+ 衰变的限制(超过特定温度值且对于给定组成成分,图 5.51)。rp-过程很重要,因为它绕过了这些缓慢的 β^+ 衰变。下面将显示,由 CNO 种子加工处理成更重的原子核可以导致的产能率比单独由 HCNO 循环所给出的要大得多。

rp-过程中最可能的核合成路径是由 β^+ 衰变、(p,γ)和(γ,p)反应之间的竞争决定的。在爆发性燃烧过程中,特定的原子核会逐渐增加更多的质子。随着每个质子的添加,将合成

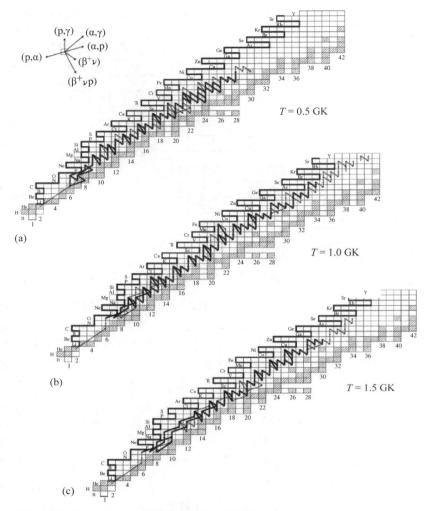

图 5.59 在恒定温度下氢-氦燃烧反应网络的数值计算结果：(a) 0.5 GK；(b) 1.0 GK；(c) 1.5 GK。这里使用了相同的恒定密度$(\rho = 10^4 \text{ g} \cdot \text{cm}^{-3})$和初始成分。箭头代表在整个计算时间$t = 100$ s 内积分的净丰度流。粗箭头显示了最强的时间积分净流量$(F^{\max} \geqslant F_{ij} > 0.1 F^{\max})$。细箭头表示弱一个量级的流量$(0.1 F^{\max} \geqslant F_{ij} > 0.01 F^{\max})$。质子滴线以粗实线标记(Audi *et al.*，2003)

  一个位于更靠近质子滴线的核素。最终到达一个β^+衰变的核素，而不是经历另一次质子俘获。质子添加与β^+衰变的过程不断重演，直到网络计算结束。为什么当接近质子滴线时，与质子俘获相比，β^+衰变的概率会增大呢？首先，对于一个固定中子数，接近质子滴线会远离稳定谷，因此，β^+衰变半衰期逐渐缩短。最终，β^+衰变变得比俘获另一个质子更容易，也即$\lambda_\beta > \lambda_{p\gamma}$。其次，根据定义，处于质子滴线的核素具有负 Q 值，而一些(但不是大多数)靠近滴线的核素具有很小的正 Q 值。在任意一种情况下，光解都会抑制另一个质子的添加。即使条件$\lambda_\beta > \lambda_{p\gamma}$仍然成立，核合成也必然要通过$\beta^+$衰变继续下去。

  还可以看出，在 Ti 以下，核合成路径到达了许多位于质子滴线处的核素(^{24}Si、

^{29}S、^{33}Ar、^{37}Ca、^{38}Ca 和^{41}Ti 等)。然而,在 Ti 以上,主要的丰度流并没有到达滴线。这是随库仑势垒的增加而质子俘获率降低的结果。在^{30}S 附近,β^+ 衰变、(p,γ)和(γ,p)反应之间的相互作用在习题 5.4 中有论述。另见示例 3.3。

最丰核素的演化如图 5.60(a)所示。在 $t=100$ s 的时间内仅消耗了少量氢。在这些燃烧条件下,质子用于通过俘获反应产生更重的核素,而通过反应循环将质子熔合为氦的作用很小。因而,氦丰度保持不变。由于反应序列^{14}O(α,p)^{17}F(p,γ)^{18}Ne(β^+ν)^{18}F(p,α)^{15}O,^{15}O 的丰度增加直到大约 $t=20$ s 时。大约在这个时候,很大一部分物质通过^{15}O(α,γ)^{19}Ne(p,γ)^{20}Na 序列突破出了 CNO 区。丰度流迅速到达 $A \approx 50$ 区。在计算结束时,$A > 20$ 区中最丰的核素为^{52}Fe、^{56}Ni 和^{55}Co。这些核素具有较长的实验室 β^+ 衰变半衰期(分别为 $T_{1/2}=8.3$ h、6.1 d 和 17.5 h),但是它们的恒星 β^+ 衰变半衰期预期要稍微小一些(1.8.4 节)。同时,它们的质子俘获率相对较小,对于这里所采用的燃烧条件,其平均寿命分别为 $\tau_{p\gamma}=120$ s、24 s 和 14 s。与总燃烧时间相比,这些平均寿命值的大小是很重要的,因此,这三个核素代表了核合成的终点。

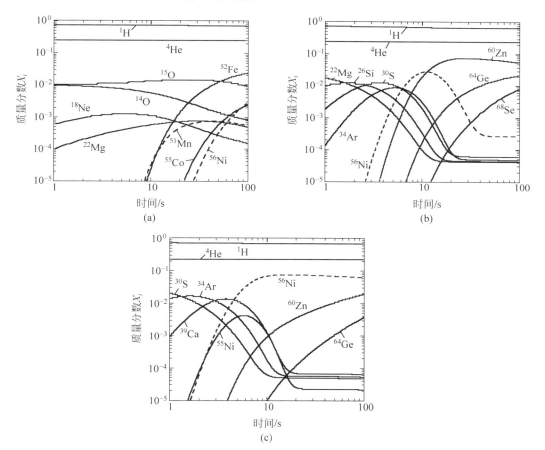

图 5.60 在下列恒定温度下,氢氦燃烧期间的丰度演化:(a) $T=0.5$ GK;(b) $T=1.0$ GK;(c) $T=1.5$ GK。这里使用了相同的恒定密度($\rho = 10^4$ g·cm^{-3})和初始组成。结果是从如图 5.59 所示相同的反应网络数值计算中提取出来的

4. 在 $T=1.0$ GK,$\rho=10^4$ g·cm^{-3},$t=100$ s 时的核合成

最丰核素的流量和时间演化显示在图 5.59 和图 5.60(b) 中。氢丰度随着时间的推移略有下降,而 ^{4}He 丰度几乎保持不变。从 CNO 区的突破通过序列 1 和序列 2 进行 (图 5.56)。^{14}O 和 ^{15}O 分别向 ^{21}Na 和 ^{20}Na 的转化如此之快(在几分之一秒内),以至于 HCNO 循环在图 5.59 中无法辨别。在这个较高的温度下,质子俘获率变得相当快,因此,高达 $A \approx 80$ 质量区的核素都是通过 rp-过程合成的。与前一种情况相比,在所显示的整个质量区,丰度流在多个位置到达滴线。所有最初以 ^{14}O 和 ^{15}O 形式存在的材料转化为较重的核素,在计算结束时 ^{60}Zn、^{64}Ge 和 ^{68}Se 是 $A>20$ 质量区中最丰的核素。

从图 5.59 中可以明显看出,核过程的网络是很复杂的。然而,应该指出的是,核合成的时标主要由仅涉及少数等待点核(^{22}Mg、^{26}Si、^{30}S、^{34}Ar、^{56}Ni、^{60}Zn、^{64}Ge 和 ^{68}Se)的过程决定。这些核素的共同点是具有相对较长的 β^+ 衰变半衰期和较小的 $Q_{p\gamma}$ 值(介于 ^{68}Se 的 -450 keV 和 ^{26}Si 的 861 keV 之间)。它们的 $Q_{p\gamma}$ 值如此小,以至于质子俘获率明显小于逆向光解率。因而,光解会抑制质子俘获反应,且丰度流被显著延迟。每个等待点核的丰度增加直到达到某个最大值。尽管竞争的 (α,p) 和 (p,γ) 反应分别对 ^{22}Mg 和 ^{26}Si 也很重要,但是最终丰度流将通过 β^+ 衰变继续,直到下一个等待点核。在计算结束时,除了氢和氦,核素 ^{60}Zn 的丰度最大,因为它在最重的等待点核中具有最长的半衰期($T_{1/2}=2.4$ m)(图 5.58)。核素 ^{56}Ni 代表一个例外。由于它的半衰期与燃烧时间相比太长,所以流必须完全通过 (p,γ) 反应继续。这种情况在下面详细讨论。从图 5.60(b) 中可以看出,大约需要 10 s 的时间 ^{60}Zn 会成为最丰的核素。这一时间大约等于 ^{60}Zn 以下等待点核的平均寿命的总和。对于 $t \geqslant 40$ s,^{22}Mg、^{26}Si、^{30}S、^{34}Ar 和 ^{56}Ni 的丰度保持不变。这是由 3α 反应的运行引起的,因为 ^{4}He 和 ^{56}Ni 之间的丰度流达到了平衡。

5. 在 $T=1.5$ GK,$\rho=10^4$ g·cm^{-3},$t=100$ s 时的核合成

在此更高温度下的网络计算结果显示在图 5.59 和 5.60(c) 中。氢和氦的丰度在燃烧过程中几乎不变。可以看出,所有三个突破序列都运行在这些条件下(图 5.56)。一旦启动了从 $A \leqslant 20$ 质量区的突破,丰度流最初跟随着如下两个 (α,p) 和 (p,γ) 反应的序列进行:

$$^{20}\text{Na}(p,\gamma)^{21}\text{Mg}(\alpha,p)^{24}\text{Al}(p,\gamma)^{25}\text{Si}(\alpha,p)^{28}\text{P} \qquad (5.168)$$

$$^{21}\text{Na}(p,\gamma)^{22}\text{Mg}(\alpha,p)^{25}\text{Al}(p,\gamma)^{26}\text{Si}(\alpha,p)^{29}\text{P}(p,\gamma)^{30}\text{S}(\alpha,p)^{33}\text{Cl} \qquad (5.169)$$

这部分网络称为 αp-过程[αp-process,参考文献 Wallace & Woosley (1981)]。在前面讨论的网络计算中,在 $A \leqslant 30$ 质量区的丰度流不得不等待缓慢的等待点核的 β^+ 衰减,因为光解阻碍了进一步的质子俘获。因此,等待点核的平均寿命,也即该质量区核合成的整体时标与温度和密度无关。αp-过程很重要,因为它绕过了缓慢的 β^+ 衰变。在 $A \leqslant 33$ 区中的核合成现在变得对温度灵敏,因此,氢和氦燃烧以更快的速度进行,并且可以达到更大的产能率。对于这里采用的燃烧条件,αp-过程在 $A=33$ 以上质量区切换到 rp-过程,这里的库仑势垒阻碍了由 α 粒子诱发的反应。

最重要的等待点核是 ^{34}Ar、^{39}Ca、^{56}Ni 和 ^{60}Zn。在每种情况下(除了 ^{56}Ni),其逆向光解率均超过正向率并占主导地位,丰度流必须通过缓慢的 β^+ 衰变。在计算结束时,除氢和氦之外,最丰的核素是 ^{56}Ni、^{60}Zn 和 ^{64}Ge。特别是与之前的计算相比,^{56}Ni 的最终丰度大得惊人,在之前计算中仅有很小的 ^{56}Ni 丰度在 $t=100$ s 时残留下来。在这里,主要的丰度流只

延伸到 ^{60}Zn,而在之前的计算中,在 $T=1.0$ GK 时,主要的丰度流到达的远得多(直至 ^{68}Se,图 5.59)。这个问题会在下面详细讨论。同样明显的是,对于 $t \geqslant 20$ s,^{30}S,^{34}Ar,^{39}Ca 和 ^{56}Ni 的丰度由于 3α 反应的运行而保持不变(见在 $T=1.0$ GK 时的讨论)。

在 $A \geqslant 20$ 质量区的核合成既不依赖于反应率的精确值,也不依赖于突破反应的身份。如果我们从网络中完全去除 ^{19}N$(p,\gamma)^{20}$Na,^{18}Ne$(\alpha,p)^{21}$Na 和 ^{16}O$(\alpha,\gamma)^{20}$Ne 反应,即图 5.56 所示的那些完成突破序列的反应,则 $A<20$ 和 $A \geqslant 20$ 质量区将被较慢的反应所桥接,如 ^{19}Ne$(\alpha,p)^{22}$Na,^{19}Ne$(\alpha,\gamma)^{23}$Mg,^{18}Ne$(\alpha,\gamma)^{22}$Mg 和 ^{17}F$(\alpha,p)^{20}$Ne,且 $A \geqslant 20$ 区的丰度演化与图 5.60(b),(c)所示的结果很像。

6. ^{56}Ni 瓶颈

要理解为什么丰度流会在 ^{56}Ni 处显著延迟,则我们需要考虑该等待点核的特性。它在实验室中具有相对较长的半衰期 $T_{1/2}=6.1$ d,并以 100% 的概率通过电子俘获进行衰变。在升高的温度和密度下,其 β 衰变半衰期会发生少许变化[1.8.4 节,另参考文献(Fuller *et al.*,1982)]。图 5.61(a)给出了 ^{56}Ni 附近核素的 $Q_{p\gamma}$ 和 $T_{1/2}$ 的值。^{56}Ni$(p,\gamma)^{57}$Cu 反应的 Q 值仅为 $Q_{p\gamma}=695$ keV。随后的 ^{57}Cu$(p,\gamma)^{58}$Zn 反应的 Q 值为 $Q_{p\gamma}=2280$ keV。在密度为 $\rho=10^4$ g·cm^{-3} 条件下,丰度流将经过 ^{56}Ni$(p,\gamma)^{57}$Cu 反应(图 5.59)。我们对 ^{56}Ni 的有效平均寿命(或衰变常数)感兴趣。对于 $T=0.77$ GK 以下温度,^{57}Cu 的光解比竞争的 β^+ 衰变发生的可能性更小,即 $\lambda_{^{57}\text{Cu}(\gamma,p)}<\lambda_{^{57}\text{Cu}(\beta^+)}$,这些可以根据 $N_A\langle\sigma v\rangle_{^{56}\text{Ni}(p,\gamma)}$ 和 $T_{1/2}(^{57}\text{Cu})$ 的数值计算出来[图 5.61(a)]。由于光解在这个温度范围只起次要作用,所以我们可以从下式得到 ^{56}Ni 的有效平均寿命,$\tau_{\text{eff}}=1/\lambda_{\text{eff}}$[式(3.23)]:

$$\lambda_{\text{eff}}(^{56}\text{Ni}) = \rho \frac{X_H}{M_H} N_A \langle\sigma v\rangle_{^{56}\text{Ni}(p,\gamma)} \tag{5.170}$$

图 5.61(b)中绘制了有效平均寿命与温度的关系图,其中 $\rho=10^4$ g·cm^{-3} 和 $X_H=0.73$。在 $T=0.4$ GK 时,我们得到 $\tau_{\text{eff}}(^{56}\text{Ni})=185$ s。该值比 ^{56}Ni 的实验室寿命要短得多,但是比典型的宏观爆炸时标($t \leqslant 100$ s)要长。在更高温度下 ^{56}Ni$(p,\gamma)^{57}$Cu 的反应率增加,因此有效平均寿命减少。例如,在 $T=0.77$ GK 时,得到的值为 $\tau_{\text{eff}}(^{56}\text{Ni})=1.7$ s。在 $T=0.77\sim 1.27$ GK 的温度下,^{57}Cu 的光解不能再被忽视了。^{57}Cu$(\gamma,p)^{56}$Ni 反应现在比竞争的 ^{57}Cu$(p,\gamma)^{58}$Zn 和 ^{57}Cu$(\beta^+\nu)^{57}$Ni 过程更快[$\lambda_{^{57}\text{Cu}(\gamma,p)}>\lambda_{^{57}\text{Cu}(p,\gamma)}+\lambda_{^{57}\text{Cu}(\beta^+\nu)}$]。式(3.56)和式(3.57)的条件得到了满足,其结果是,^{56}Ni 和 ^{57}Cu 的丰度很快达到了平衡。^{56}Ni 有效的平均寿命由式(3.62)给出:

$$\lambda_{\text{eff}}(^{56}\text{Ni}) = \frac{\lambda_{^{56}\text{Ni}(p,\gamma)}}{\lambda_{^{57}\text{Cu}(\gamma,p)}}\left[\lambda_{^{57}\text{Cu}(p,\gamma)}+\lambda_{^{57}\text{Cu}(\beta^+\nu)}\right] \tag{5.171}$$

随着温度从 0.77 GK 增加到 1.27 GK,式(5.171)中衰变常数的比值变小[式(3.62)]。同时,^{57}Cu$(p,\gamma)^{58}$Zn 反应率增加,因此,有效平均寿命近似为常数,$\tau_{\text{eff}}(^{56}\text{Ni}) \approx 3.0$ s[图 5.61(b)]。式(5.171)的使用意味着,与 ^{58}Zn$(\beta^+\nu)^{58}$Cu 衰变相比,^{58}Zn 的光解起次要作用(参见条件 $\lambda_{C \rightarrow C'}>\lambda_{C \rightarrow B}$;3.1.6 节)。然而,在温度超过 $T=1.27$ GK 时,^{58}Zn$(\gamma,p)^{57}$Cu 反应变得比 ^{58}Zn 的竞争性 β^+ 衰变更快。此外,^{57}Cu$(p,\gamma)^{58}$Zn 反应比竞争的 ^{57}Cu$(\beta^+\nu)^{57}$Ni 的 β^+ 衰变更快。对于这些条件,^{56}Ni,^{57}Cu 和 ^{58}Zn 的丰度很快达到平衡。则可通过下式得到 ^{56}Ni 的有效平均寿命(习题 3.1):

$$\lambda_{\text{eff}}(^{56}\text{Ni}) = \frac{\lambda_{^{56}\text{Ni}(p,\gamma)}}{\lambda_{^{57}\text{Cu}(\gamma,p)}} \left[\frac{\lambda_{^{57}\text{Cu}(p,\gamma)}}{\lambda_{^{58}\text{Zn}(\gamma,p)}} \lambda_{^{58}\text{Zn}(\beta^+\nu)} + \lambda_{^{57}\text{Cu}(\beta^+\nu)} \right] \tag{5.172}$$

两个 β^+ 衰变的衰变常数不随温度变化,但是,其正反应和逆反应的衰变常数之比与 $e^{Q_i/(kT)}$ 成正比,并随着温度的升高而迅速降低。因此,^{56}Ni 的有效平均寿命在超过 $T = 1.27$ GK 时急剧增加,这可以从图 5.61(b)看出来。例如,在 $T = 1.5$ GK 时,得到的值为 $\tau_{\text{eff}}(^{56}\text{Ni}) \approx 246$ s。有趣的是,在中等温度($T = 0.77 \sim 1.27$ GK)下存在一个窗口,在这里 ^{56}Ni 不代表主要的等待点。因此,丰度流远远超出图 5.59(b)中的 Ni 区。在更低和更高的温度下、$^{56}\text{Ni}+p$ 和两个连续光解反应的库仑势垒分别是导致其 $\tau_{\text{eff}}(^{56}\text{Ni})$ 值大幅增加的原因。因此,丰度流没有到达很远[图 5.59(a)和(c)]。

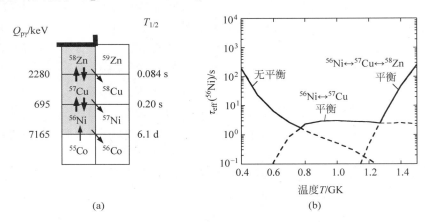

图 5.61 (a) 在 ^{56}Ni 瓶颈附近的部分核素图。最终达到平衡的核素显示为阴影方块。$Q_{p\gamma}$ 的值(左侧)和 $T_{1/2}$ 的值(右侧)分别取自文献(Audi *et al*.,2003b;2003a)。(b) ^{56}Ni 的有效平均寿命与温度的关系,其中条件 $\rho = 10^4$ g·cm^{-3} 和 $X_{\text{H}} = 0.73$。在中等温度处有一个窗口($T = 0.77 \sim 1.27$ GK),其中 ^{56}Ni 不代表丰度流上的一个主要等待点

7. 能量产生

rp-过程和 αp-过程与 HCNO 循环相比具有不同产生能量的方式。前面的过程由一系列俘获反应和 β^+ 衰变构成。一个 (α, p) 反应跟着一个 (p, γ) 反应,像单个 (α, γ) 反应一样产生了相同的产物。反应循环只起次要作用,因此,参与核合成的所有核素都不会充当催化剂。能量不是由四个质子熔合成一个 ^4He 核而产生的,而是从 CNO 种子核开始通过使用质子和 α 粒子来构建更重的核素。此外,在这些较高的温度下,3α 反应的运行提供了一小部分 CNO 种子。产能率对 CNO 种子核的总质量分数和初始氢-氦的丰度比($X_{\text{H}}^0/X_{^4\text{He}}^0$)很灵敏,但它对确切的初始 CNO 组成或对从 CNO 区突破出来的方式相对不是很灵敏。

在 $T = 0.5$ GK、1.0 GK 和 1.5 GK 下,先前讨论的网络计算的产能率如图 5.62 所示。密度($\rho = 10^4$ g·cm^{-3})和初始组成对于每个计算都是相同的。实线是用完整的反应网络获得的。最终的氢丰度在 $T = 0.5$ GK、1.0 GK 和 1.5 GK 下分别为 $X_{\text{H}} = 0.70$、0.67 和 0.69。主丰度流最终到达等待点核 $^{52}\text{Fe}(T = 0.5$ GK)、$^{60}\text{Zn}(T = 1.0$ GK)或 $^{56}\text{Ni}(T = 1.5$ GK)。流显著减慢,材料在等待点核处积聚(图 5.60)。其结果是,产能率下降,造成了图 5.62 所示一个较宽的最大峰。此外,温度越高,CNO 种子核转化为最终最丰的等待点核越快。因此,产能率的最大值发生在更早的时间(在 $T = 0.5$ GK、1.0 GK 和 1.5 GK 下,分

别为 $t_{peak}=33\ s$、$7.0\ s$ 和 $4.3\ s$)。如果设置所有可能的突破过程的反应率为零,以至于 HCNO 循环和 3α 反应是唯一的核能来源,则其产能率对应于图 5.62 中的点画虚线。很明显,rp-过程和 αp-过程显著地提高了产能率。对于 $T=0.5\ GK$、$1.0\ GK$ 和 $1.5\ GK$,最大的增强系数分别为 6、33 和 25。

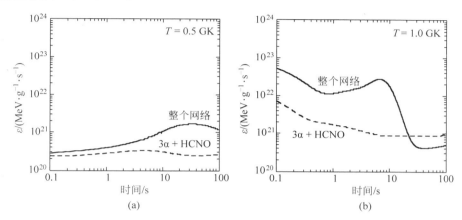

图 5.62 在恒定温度下氢氦燃烧期间的能量产生率的演化

(a) $T=0.5\ GK$,(b) $T=1.0\ GK$。这里使用了相同的恒定密度($\rho=10^4\ g\cdot cm^{-3}$)和初始成分。结果取自显示于图 5.59 中相同的反应网络数值计算。$T=1.5\ GK$ 的结果非常类似于图(b)显示的,因此这里没有显示。实线是用完整的反应网络获得的。虚线对应于如下情况的能量产生率:即将所有可能的突破反应的反应率设置为零,以便 HCNO 循环和 3α 反应是核能产生的唯一来源

如果在 $T=1.0\ GK$ 或 $1.5\ GK$ 时将所有初始 CNO 丰度设置为零并重复上述计算,则核合成必定从 3α 反应开始。新产生的 CNO 核是后续 rp-过程和 αp-过程的种子,由此产生的在 $A\geqslant 20$ 质量区的丰度流模式将非常类似于图 5.59(b)和(c)中所示的。最终,产能率将随时间保持恒定,因为 ^4He、^{56}Ni 和更重核素之间的丰度流将达到平衡。此外,产能率与图 5.62 中实线所示的结果相比要小得多。

有关恒定温度和密度条件下 rp-过程或 αp-过程的更多信息,例如,请参见文献(Schatz *et al.*,1998)。

8. 对于 I 型 X 射线暴(中子星吸积)的网络计算

我们现在将考虑更真实的核合成过程中温度和密度变化的情形。I 型 X 射线暴(1.4.4 节)代表了在超过 $T=0.5\ GK$ 温度下爆发性(热不稳定)氢氦燃烧的例子。图 5.63 显示了一个类似于在恒星模型研究中所获得的温度和密度轮廓,即由吸积到半径为 8 km 的 $1.3\ M_\odot$ 中子星表面的氢和氦所导致的热核失控(Koike *et al.*,2004)。这些曲线代表了在最热的核燃烧区中温度和密度的演化。在这个特殊的例子中,核燃烧始于温度 $T=0.4\ GK$ 和密度 $\rho=10^6\ g\cdot cm^{-3}$。在 $t=4\ s$ 时,最高温度达到 $T_{peak}=1.36\ GK$,最低密度达到 $\rho_{peak}=5\times10^5\ g\cdot cm^{-3}$。在 $t=100\ s$ 后,温度下降到 $T=0.7\ GK$,密度增加到 $\rho=1.4\times10^6\ g\cdot cm^{-3}$。该密度与 5.5.3 节的 2. 中假定的恒定值相比大约要大两个数量级。回想一下,正向反应率取决于密度 ρ,但光解率与 ρ 无关[式(3.23)和式(3.46)]。使用该 T-ρ 轮廓可以对反应网络进行数值求解。对于初始组成,假设数值为 $X_H^0=0.73$、$X_{^4He}^0=0.25$ 和 $X_{^{14}O}^0=X_{^{15}O}^0=0.01$。网络计算在 $t=100\ s$ 后终止。

如图 5.63 所示,主要的丰度流从氢一直延伸到网络结束(直到 Pd 元素)。从 CNO 质

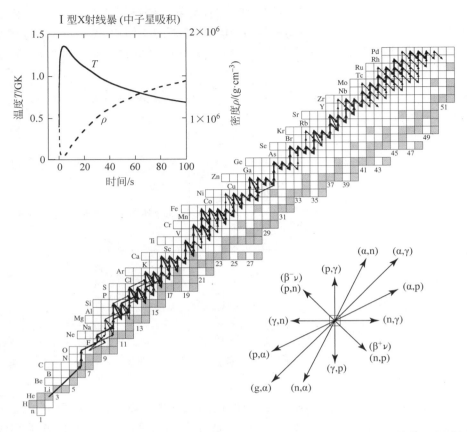

图 5.63 吸积氢和氦到半径为 $8~\mathrm{km}$,质量为 $1.3~M_\odot$ 的中子星表面所引起的热核失控期间的时间积分净丰度流。在爆发性氢-氦燃烧期间核燃烧区内温度和密度的演化(在插图中显示),类似于根据流体力学模拟 I 型 X 射线暴(Koike *et al.*,2004)得到的结果。反应网络计算在 $t=100~\mathrm{s}$ 后终止。箭头和阴影方块具有与图 5.59 中相同的含义。丰度流在这里定义为摩尔分数而不是数密度,因为质量密度在变

量区的突破通过序列 1 和序列 2 进行(图 5.56)。后面的序列更为重要,这是因为 $^{14}\mathrm{O}$ 的丰度会由 $\alpha(2\alpha)^{12}\mathrm{C}(\mathrm{p},\gamma)^{13}\mathrm{N}(\mathrm{p},\gamma)^{14}\mathrm{O}$ 馈送回来。突破之后,物质通过 αp-过程(在 Cl 区以下)和 rp-过程进行处理。在所显示的整个质量区内,丰度流在许多位置处到达滴线。在大多数情况下,主要的流必须等待 β^+ 衰变才能继续进行。等待点核 $^{64}\mathrm{Ge}$、$^{68}\mathrm{Se}$、$^{72}\mathrm{Kr}$ 和 $^{76}\mathrm{Sr}$ 代表了一些有意思的情况。它们的 $Q_{\mathrm{p}\gamma}$ 值预期为负的(Audi *et al.*,2012),而它们的半衰期分别为 $T_{1/2}=64~\mathrm{s}$,$36~\mathrm{s}$,$17~\mathrm{s}$ 和 $8~\mathrm{s}$。可以看出,在 $^{64}\mathrm{Ge}$ 处,主要的流是通过级联双质子俘获而不是以非常缓慢的 β^+ 衰减继续进行,否则就会终止核合成。对于其他三个等待点核,对于这里假设的条件,更可能会发生 β^+ 衰变,而不是竞争的级联双质子俘获。因而,丰度流将会被显著延迟,我们预期在接近计算结束时会有材料的积累,特别是在 $^{68}\mathrm{Se}$ 和 $^{72}\mathrm{Kr}$ 处。

在热爆炸核过程中消耗了很大一部分 $^1\mathrm{H}$ 和 $^4\mathrm{He}$ 原子核。它们的丰度随着时间而逐渐减少,直到在计算结束时达到 $X_\mathrm{H}=0.16$ 和 $X_{^4\mathrm{He}}=0.02$ 的值。图 5.64(a)显示了最重要的等待点核的丰度演化,也即在任何给定时刻都是最丰的那些核素。可以明显看出,流是如何依次到达 $^{18}\mathrm{Ne}$、$^{24}\mathrm{Si}$、$^{25}\mathrm{Si}$ 等核素的。在每种情况下,丰度流都会被消耗等待核的一个慢过程

[例如，^{18}Ne 上的 (α,p) 反应；^{24}Si 和 ^{25}Si 的 β^+ 衰变；^{64}Ge 上的级联双质子俘获]所延迟。结果是，特定等待点核的丰度增加，直到达到最大值，然后随着时间逐渐减小。在 $t = 4$ s，当达到峰值温度时，最丰的核素(除 ^{1}H 和 ^{4}He 外)是 ^{60}Zn、^{55}Ni、^{38}Ca、^{59}Zn 以及 ^{64}Ge，并具有类似的质量分数，约为 0.03。请注意，^{56}Ni 不是主要的等待点核。对于这里采用的密度值，根据式(5.172)得到其平均寿命仅为 $\tau_{\text{eff}}(^{56}\text{Ni}) = 0.02$ s。因此，在整个计算过程中 ^{56}Ni 的丰度一直相对较小。此外，^{56}Ni 无法通过序列 ^{55}Ni(p,γ)^{56}Cu(p,γ)^{57}Zn 被绕过去，正如有时错误地假设的那样(Forstner *et al.*，2001)，这是因为 ^{57}Zn 会优先通过 β 延迟质子发射 $[^{57}\text{Zn}(\beta^+ \nu p)^{56}\text{Ni}]$，而不是通过 β^+ $[^{57}\text{Zn}(\beta^+ \nu)^{57}\text{Cu}]$ 进行衰变(Audi *et al.*，2012)。在 $t = 10$ s 时，在除 ^{1}H 之外的所有核素中，^{68}Se 的丰度最大($X_{^{68}\text{Se}} = 0.35$)，这是因为，如前所述，丰度流必须等待其缓慢的 β^+ 衰变。随着时间的推移，^{68}Se 被慢慢耗尽，在 $A > 68$ 质量区一些核素的丰度正在逐渐累积。在 $t = 100$ s 时，最丰的核素(除了 ^{1}H)是 ^{68}Se、^{72}Kr、^{76}Sr 以及 ^{64}Ge。在热核爆炸停止后，这些核素会分别迅速地衰变为 ^{68}Ge($T_{1/2} = 271$ d)、^{72}Se($T_{1/2} = 8.4$ d)、^{76}Kr($T_{1/2} = 14.8$ h)和 ^{64}Zn(稳定核)。很大一部分物质($\sum X_i = 0.20$)已经被转换成 Zr-Ru 质量区中的核素。位于网络末端(Rh 和 Pd)那些核素的总质量分数 $\sum X_i = 0.16$。如果我们没有人为地截断网络，则这些材料会转化为更重的核素。对于 Pd 以上质量区丰度演化的讨论，参见文献(Schatz *et al.*，2001 或 Koike *et al.*，2004)。

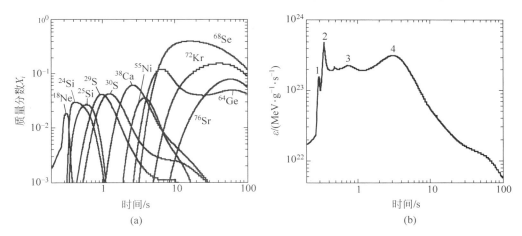

图 5.64 (a) 最重要的等待点核的丰度演化。(b) 爆发性氢-氦燃烧期间能量产生率的时间演化。结果取自显示于图 5.63 中相同的反应网络数值计算结果。图(b)所示能量产生率的较窄和较宽的最大值与图(a)所示等待点核的丰度演化是相关联的

必须强调的是，$A \geqslant 64$ 质量区以上的核合成灵敏地依赖于 ^{64}Ge、^{68}Se 和 ^{72}Kr 上的 (p,γ) 反应的 Q 值，以及 ^{65}As、^{69}Br 和 ^{73}Rb 上 (p,γ) 反应的反应率。考虑等待点核 ^{64}Ge 为例。我们采用 ^{64}Ge(p,γ)^{65}As 的反应 Q 值 $Q_{p\gamma} = (-80 \pm 300)$ keV(Audi *et al.*，2003)，以及文献 Goriely(1998)给出的 ^{65}As(p,γ)^{66}Se 的反应率。利用这些值，在 $T = 1.34$ GK 和 $\rho = 5.9 \times 10^5$ g·cm^{-3} 条件下[即当 ^{64}Ge 丰度达到最大值时；图 5.64(a)]，^{64}Ge 被级联双质子俘获所破坏的平均寿命为 $\rho_{2p}(^{64}\text{Ge}) = 1.5$ s]。双质子俘获比竞争的 β^+ 衰变[$\tau_\beta(^{64}\text{Ge}) = T_{1/2}(^{64}\text{Ge})/\ln 2 = 92$ s]更有可能发生，并且 ^{64}Ge 相对较短的有效寿命允许大量生产 $A > 64$

质量区的核素(如上所述)。使用值 $Q_{p\gamma} = -380$ keV 重复上述计算,得到 $\tau_{2p}(^{64}Ge) = 21$ s,^{64}Ge(而不是 ^{68}Se)将是网络计算结束时最丰的核素,而 $A > 80$ 质量区内核素的总丰度显著降低。另参见习题 5.12。

产能率的时间演化如图 5.64(b)所示。可见两个窄的峰和两个宽的峰,它们与等待点核的丰度演变是相关联的。第一个窄的最大($t \approx 0.29$ s)是由 ^{18}Ne 的演化引起的。在 ^{18}Ne 丰度迅速增加后不久,流被暂时延迟,^{18}Ne 丰度达到峰值。因此,产能率下降,产生了第一个最大值。第二个($t \approx 0.33$ s)和第三个($t \approx 0.74$ s)最大类似地分别由 ^{24}Si 和 ^{29}S 的丰度演化造成的。大量材料从 ^{29}S 通过 rp-过程转化为 ^{38}Ca 只需要约 1.6 s,而主要的丰度流在额外的约 1.3 s 后到达核素 ^{55}Ni。随后,物质开始在主要的等待点核 ^{64}Ge 和 ^{68}Se 处积累。产能率降低,结果产生了第四个最大($t \approx 3.0$ s)。

有关 Ⅰ 型 X 射线暴中核合成的广泛研究,请参考文献(Parikh *et al.*,2013a)。相关吸积中子星上热稳定氢氦燃烧的讨论可以在文献(Schatz *et al.*,1999)中找到。

9. 实验核物理信息

在属于突破序列一部分的各种过程中(5.4.1 节和图 5.56),^{19}Ne(p,γ)^{20}Na 和 ^{18}Ne(α,p)^{21}Na 反应已经使用放射性离子束被直接测量过(Groombridge *et al.*,2002;Couder *et al.*,2004)。然而,这些困难的实验只提供了部分信息,因此反应率的当前不确定度在 $T = 0.5 \sim 1.0$ GK 时达到 1~2 个数量级(温度越低误差越大)。^{14}O(α,p)^{17}F 的反应率是通过测量逆向 ^{17}F(p,α)^{14}O 反应估计的(Harss *et al.*,2002;Blackmon *et al.*,2003),但其反应率的不确定度仍然是量级的。^{15}O(α,γ)^{19}Ne 的反应率是利用实验核结构信息间接获得的(Iliadsi *et al.*,2010)。在 $T = 0.5$ GK 和 1.0 GK 时,当前反应率的不确定度分别为三倍和两倍。^{17}F(p,γ)^{18}Ne 和 ^{16}O(α,γ)^{20}Ne 反应的实验情形已经分别在 5.5.2 节和 5.2.1 节中描述过。

在突破 HCNO 循环后,数千个核过程参与到核合成中(rp-过程和 αp-过程)。定量描述核燃烧所需的核物理信息包括:①反应 Q 值;②热核反应率;③β 衰变半衰期。在恒星高温环境下,对于在正逆反应之间达到平衡的一对核素而言,精确的 Q 值是特别必要的。例如,^{56}Ni(p,γ)^{57}Cu 的 Q 值已达到了一个合理的精度[$Q_{p\gamma} = (695 \pm 19)$ keV],但是等待点核 ^{64}Ge、^{68}Se、^{72}Kr 和 ^{76}Sr 上的(p,γ)反应的 Q 值仍然有很大的不确定度。我们分别采用如下值:$Q_{p\gamma} = (-80 \pm 300)$ keV、(-450 ± 100) keV、(-600 ± 150) keV 和 (-50 ± 50) keV。现在的不确定度很大,特别是因为这些 Q 值以指数的形式进入式(3.63)中。还应该指出的是,上面引用的误差不代表实验上的不确定度,而是从所测质量的系统趋势上导出的(Wang *et al.*,2012)。因而,预计真正的不确定度会比引用值还要大一些。除了 ^{21}Na(p,γ)^{22}Mg 反应(D'Auria *et al.*,2004),没有任何沿 rp-过程或 αp-过程路径上的热核反应率被直接测量过。一些反应率已经使用实验核结构信息估计过(例如,Iliadis *et al.*,2010 或 Forstner *et al.*,2001),但绝大多数反应率都是基于 Hauser-Feshbach 统计模型计算的(Rauscher & Thielemann,2000;Goriely,1998)。必须指出的是,并非所有属于网络一部分的核反应都对核合成有影响(Iliadis *et al.*,1999)。特别重要的是等待点核上的(α,p)反应,例如 ^{22}Mg(α,p)^{25}Al、^{25}Si(α,p)^{28}P、^{30}S(α,p)^{33}Cl,以及级联双质子俘获中第二步(p,γ)反应,例如 ^{57}Cu(p,γ)^{58}Zn、^{65}As(p,γ)^{66}Se、^{69}Br(p,γ)^{70}Kr 和 ^{73}Rb(p,γ)^{74}Sr。预计(最可能的质子

非束缚)核素^{65}As、^{69}Br 和^{73}Rb 的半衰期都非常短(分别为 170 ms、<24 ns、<30 ns,Audi et al.,2012),因此,直接测量这些靶核上的质子俘获反应尚不可行。目前,所有这些反应率都带有很大的不确定度。

当前反应率和 Q 值的不确定度对 I 型 X 射线暴中核合成的影响,其相关研究分别参考文献(Parikh et al.,2008;Parikh et al.,2009)。

5.6 铁峰以上的核合成

经由库仑势垒的透射,随着原子核电荷数的增加而剧烈地降低。由此,带电粒子的截面在中等恒星温度下太小,以至于无法解释观测到的太阳系中质量 $A \approx 60$ 以上核素的丰度。另外,在非常高的温度下,带电粒子反应会造成由核统计平衡所描述的丰度,要么是有利于铁峰组(iron peak group)的核素,要么是更轻的核素(图 5.38)。当考虑中子诱发反应作为重核的合成机制时,情形是不同的。中子没有库仑势垒,因此中子即使在中等恒星能量下,其俘获截面通常也很大。大多数中子诱发反应的截面甚至随着入射中子能量的降低而增加(图 3.31)。因此,可以合理地假设,可以通过将较轻的种子核暴露于中子源中来合成重核。这种机制有确凿的证据。正如后文所述,它为太阳系丰度在质量数 $A \approx 84$、138 和 208 附近的峰值提供了比较自然的解释(图 5.65),这些峰值分别对应于中子幻数 $N = 50$、82 和 126(1.6.1 节)。应该记住,中子是不稳定的,其半衰期为 $T_{1/2} = 614$ s。星际介质中不含很大浓度的自由中子。它们必定是在恒星中产生的。我们已经遇到了在氦燃烧(5.2.3 节)和碳燃烧(5.3.1 节)中产生中子的一些反应。我们首先集中讨论中子俘获核合成的特性,然后再讨论各种天体环境下中子的来源。与之前讨论的过程不同,中子俘获过程不会产生任何大量的能量,这可以从铁峰以上单核子结合能的下降趋势看出(图 1.9)。

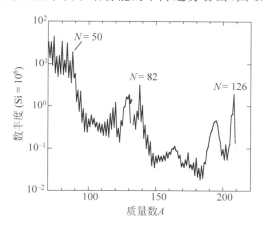

图 5.65 太阳系中重核素的丰度(相对于 10^6 个硅原子)。数据取自文献 Lodders (2003)。不同的同质异能素的丰度进行了相加。出现在质量数 $A \approx 84$、138 和 208 处的窄峰分别对应于中子幻数 $N = 50$、82 和 126。较宽的峰位于窄峰下约 10 个质量单位处

考虑稳定核(例如^{156}Gd)暴露于中子通量中所发生的核转变(图 5.66)。同一钆(Gd)元素中的稳定同位素将相继俘获中子,以启动反应序列 ^{156}Gd(n,γ)^{157}Gd(n,γ)^{158}Gd(n,γ)^{159}Gd。最后一种核素^{159}Gd 是放射性的($T_{1/2} = 18.5$ h)。进一步假设中子通量足够小,

以至于中子俘获后产生的任何不稳定核的 β 衰变常数与其竞争的(n,γ)反应的衰变常数
($\lambda_\beta \gg \lambda_{n\gamma}$)相比很大。则路径将通过 ^{159}Gd($\beta^- \nu$)^{159}Tb(n,γ)^{160}Tb 继续下去。最后一种核
素 ^{160}Tb 是放射性的($T_{1/2} = 72.3$ d)。这个过程不断重复,导致序列 ^{160}Tb($\beta^- \nu$)^{160}Dy(n,
γ)^{161}Dy(n,γ)^{162}Dy 的发生,依此类推。总结一下,一个同位素链连续进行中子俘获,直到
到达一种放射性核素,此时发生 β^- 衰变,从而启动了另一个连续的中子俘获链。所得的路
径如图 5.66 中的实线所示。该机制称为慢中子俘获(slow neutron capture)s-过程(参考文
献 Burbidge *et al*.,1957)。s-过程路径一定会靠近稳定线核素运行。更具体地说,它只会
到达那些在图 5.66 中被标记为"s"的稳定核素。它既不会到达非常缺中子的稳定核素(例如
^{158}Dy),也不会到达非常丰中子的稳定核素(例如 ^{160}Gd)。s-过程合成的丰度取决于链中
所涉及的中子俘获截面的大小。具有极小中子俘获截面的核素预计在丰度上会大量累积,
而那些截面大的核素将很快被破坏掉,只能达到很小的丰度。在热能 $kT = 30$ keV 下,稳定
和长寿命核素的麦克斯韦平均中子俘获截面随质量数 A 的关系如图 5.67 所示。

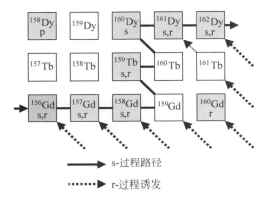

s-过程路径

r-过程诱发

图 5.66　s-过程路径上的元素 Gd、Tb 和 Dy(实线)。阴影方块表示稳定核素。由 s-过程到达的核
素标记为"s"。经过 r-过程(虚线箭头),在中子通量终止后沿 $A = $const 线通过 β^- 衰变链
到达的稳定核素标记为"r"。两个过程均无法解释其合成的稳定核标记为"p"。一些稳
定的核素只能在 s-过程或只能在 r-过程中合成,但不能由两个过程来合成,它们称为
s-only 或 r-only 核素。s-过程分支在该质量区很弱,已在图中省略

　　回想一下,具有中子幻数的核素($N = 50$、82 和 126)都有能量占优(energetically
favorable)的组态(1.6.1 节)。这些幻数核再俘获一个中子会产生一个具有相对小中子分
离能的产物核,因此形成的复合核处于低激发能的较低能级密度区域。那么反应必将通过
少量的复合核能级进行,因此其截面变得相对较小,这可以从图 5.67 中最小值的位置上看
出。换句话说,我们预期 s-过程将使这些完全相同的核素的丰度增加。这正是在太阳系丰
度曲线上中子幻数 $N = 50$、82 和 126 处出现窄峰的原因(图 5.65)。

　　现在考虑另一个极端情况,即中子通量如此之大,以至于中子俘获后产生的不稳定核的
β 衰变常数与竞争的(n,γ)反应的衰变常数($\lambda_\beta \ll \lambda_{n\gamma}$)相比很小。在这种情况下,核合成路
径将在靠近中子滴线处运行。当中子通量终止时,所有丰中子的放射性核将沿着同量异位
素链经历连续的 β^- 衰变(图 5.66 中点划线箭头),直至达到最丰中子的、稳定(或寿命很长)
的同量异位素。该核合成过程称为快中子俘获(rapid neutron capture)r-过程,在 5.6.2 节
中有更多详细的讨论。在图 5.66 的示例中,r-过程合成了所有标记为"r"的核素。有趣的
是,某些核素(例如 ^{156}Gd 和 ^{157}Gd)既可以由 s-过程也可以由 r-过程产生。其他核素,

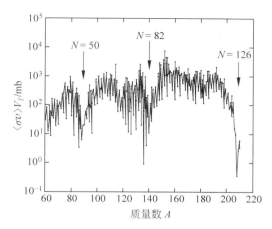

图 5.67 稳定核与长寿命核在 $kT = 30$ keV 热能处的麦克斯韦平均中子俘获截面与质量数 A 的关系。数据来自文献(Bao *et al.*,2000)。中子幻数核素($N = 50$、82 和 126)在能量上具有优势组态,会引起相对较小的中子俘获截面

如^{160}Gd,从未在 s-过程中到达过,称为 r-only 核素。^{160}Gd 不会经历 β^- 衰变,因为它是稳定的。因而,与^{160}Gd 相比,^{160}Dy 没有那么丰中子,它无法在 r-过程中到达。因为它被 r-过程屏蔽了,因此称^{160}Dy 为 s-only 核素。

一些最缺中子的稳定核素,例如图 5.66 中的^{158}Dy,既不能被 s-过程也不能被 r-过程合成。^{160}Dy 被上述两个中子俘获过程所屏蔽,称为 p-核。负责合成它们的机制称为 p-过程,将在 5.6.3 节中讨论。在此作如下评价就足够了,即几乎所有 p-核的丰度与具有相同质量数的那些 s-核和 r-核的丰度相比都要小得多。

对 s-过程和 r-过程中中子数密度的粗略估计,可以通过考虑中子俘获的典型截面来获得。根据图 5.67,在 $kT = 30$ keV 处,$A = 60 \sim 210$ 质量区核素的麦克斯韦平均中子俘获截面的平均值为$\langle \sigma \rangle_T = \langle \sigma v \rangle / v_T \approx 100$ mb。由于平均中子俘获截面不会随热能发生剧烈变化(图 3.32),该值将作为一个数量级的估计被人们所采用。对于 s-过程,稳定谷附近放射性核素典型 β^- 衰变寿命的范围是从几分钟到几年。由于 $\tau_\beta \ll \tau_{n\gamma}$,那么中子俘获的典型平均寿命必须是 $\tau_{n\gamma} \approx 10$ a 或更长。利用 $v_T = (2kT/m_{01})^{1/2} \approx [2 \cdot 30 \text{ keV} \cdot c^2/(m_n c^2)]^{1/2} \approx 2.4 \times 10^8$ cm $\cdot$ s^{-1},根据式(3.22),我们得到 s-过程中中子数密度的值为 $N_n = (\tau_{n\gamma} \langle \sigma v \rangle_{n\gamma})^{-1} \approx 10^8$ cm^{-3}。在 r-过程中,远离稳定谷的放射性核素的 β^- 衰变寿命的范围是从毫秒到秒。由于 $\tau_\beta \gg \tau_{n\gamma}$,中子俘获的典型平均寿命则必须是 $\tau_{n\gamma} \approx 10^{-4}$ s 或更短。根据这些条件,对 r-过程中中子数密度的数量级估计为 $N_n \approx 10^{21}$ cm^{-3} 或更大。有趣的是,在 $A > 60$ 质量区太阳系丰度的总体特性可以由两个极端图像来解释,也即通过具有相对较低中子密度的 s-过程,以及通过具有非常高中子照射特性的 r-过程来实现。介于两种极端之间的中等照射似乎对太阳系丰度分布的影响很小。

5.6.1 s-过程

从一些种子核开始,s-过程的路径运行于稳定线附近核素。大多数中子俘获涉及稳定靶核,并且所有这些反应都可以在实验室中测量(第 4 章)。由带电粒子反应合成的最重的核素是那些铁峰附近核素。因此,这些原子核很可能会形成 s-过程的种子。由于^{56}Fe 是迄

今为止铁峰中最丰的核素(图 1.2),为简单起见我们将假设它是中子俘获唯一的种子。s-过程将最终达到 ^{209}Bi,这是质量最重的稳定核素。进一步的中子俘获会产生放射性核素,它们会通过 α 粒子发射而衰变。因此,s-过程无法合成更重的核素,^{209}Bi 代表着终结点。

考虑图 5.68,它显示了 s-过程路径的基本积木(building block)。在图 5.68(a)中,质量数为 A 的稳定原子核(用阴影方块表示)被中子俘获所破坏。在原子核 A-1 上的中子俘获产生了相同的原子核 A。如果原子核 A 具有放射性,则上述过程同样适用,但是它需要有很长的半衰期,以至于就 s-过程而言实际上都可以被认为是稳定的(即如果 $\lambda_\beta \ll \lambda_{n\gamma}$)。在图 5.68(b)中,原子核 A 也是被中子俘获所破坏,但也会通过原子核 A-1 上的中子俘获及随后的 β^- 衰变而产生。我们首先假设该 β^- 衰变如此之快,以至于可以忽略放射性核素的丰度,因为它会立即衰变成稳定(或寿命很长)的原子核 A。在此假设下,每个质量数 A 处的丰度恰好居于一个特定的核素,因此 s-过程路径是由质量数来唯一定义的。质量数为 A 的任何稳定(或非常长寿命)核素的丰度演化则由下式给出:

$$\frac{dN_s(A)}{dt} = -N_n N_s(A)\langle\sigma v\rangle_A + N_n N_s(A-1)\langle\sigma v\rangle_{A-1} \tag{5.173}$$

其中,$N_s(A)$ 和 N_n 分别为原子核 A 和自由中子的数密度;$\langle\sigma v\rangle_A$ 是每对原子核 A 的中子俘获反应率。取决于恒星模型的细节,自由中子密度可能随时间变化,$N_n = N_n(t)$。仅仅通过恒星温度 T 的变化,反应率会随时间变化。作为进一步简化,我们假设在给定的中子照射期间温度是恒定的,因而 $\langle\sigma v\rangle_i =$ const(常数),直至中子源关闭。

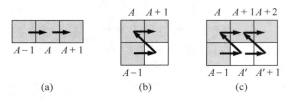

图 5.68 s-过程路径的基本构建模块。稳定(或非常长寿命)的核素显示为阴影方块,短寿命核素为空心方块。图(a),质量数为 A 的原子核被中子俘获破坏,并通过 A—1 核上的中子俘获产生。图(b),原子核 A 被中子俘获破坏,但会由原子核 A—1 上的中子俘获和随后的 β^- 衰变所产生。在 s-过程中,通常假设 β^- 衰变比中子俘获要快。图(c)显示了 s-过程分支的一个简单示例

每个粒子对的反应率可以用麦克斯韦平均截面来代替,$\langle\sigma v\rangle_A = \langle\sigma\rangle_A v_T$[式(3.11)]。对于参与 s-过程的重靶核,其约化质量几乎等于中子的质量($m_{01} \approx m_n$)。因此,热速度 $v_T = (2kT/m_{01})^{1/2}$,几乎与靶质量无关。因而,

$$\frac{dN_s(A)}{dt} = -N_n(t)N_s(A)\langle\sigma\rangle_A v_T + N_n(t)N_s(A-1)\langle\sigma\rangle_{A-1} v_T$$
$$= v_T N_n(t)[-N_s(A)\langle\sigma\rangle_A + N_s(A-1)\langle\sigma\rangle_{A-1}] \tag{5.174}$$

在 4.9.3 节中发现,对于麦克斯韦-玻尔兹曼分布的中子能量,其通量由中子数密度和热速度的乘积给出,即 $\phi = 2/\sqrt{\pi} N_n v_T$。我们引入中子照射量(neutron exposure,以单位面积的中子数为单位)的概念:

$$\tau = v_T \int N_n(t)dt \quad \text{或} \quad d\tau = v_T N_n(t)dt \tag{5.175}$$

除因子 $2/\sqrt{\pi}$ 之外,它等于时间积分的中子通量 $\Phi = \int \phi(t)dt$(4.9.4 节)。通过用 τ 替换变

量 t 重写式(5.174),可得

$$\frac{dN_s(A,\tau)}{d\tau}N_n(t)v_T = v_T N_n(t)\left[-N_s(A,\tau)\langle\sigma\rangle_A + N_s(A-1,\tau)\langle\sigma\rangle_{A-1}\right]$$

$$\frac{dN_s(A,\tau)}{d\tau} = -N_s(A,\tau)\langle\sigma\rangle_A + N_s(A-1,\tau)\langle\sigma\rangle_{A-1} \tag{5.176}$$

边界条件为 $N_s(56,0) = N_s^{seed}(56)$,以及 $N_s(A>56,0)=0$。f 为 ^{56}Fe 种子核数 $N_s^{seed}(56)$ 所占的比例,受中子照射的影响。很明显,如果 $N_s(A,\tau)$ 变得比 $N_s(A-1,\tau)$ 大太多,则它会降低,反之亦然:

$$dN_s/d\tau < 0, \quad 对应于 N_s(A,\tau) > [\langle\sigma\rangle_{A-1}/\langle\sigma\rangle_A]N_s(A-1,\tau)$$

$$dN_s/d\tau > 0, \quad 对应于 N_s(A,\tau) < [\langle\sigma\rangle_{A-1}/\langle\sigma\rangle_A]N_s(A-1,\tau) \tag{5.177}$$

这些耦合方程[式(5.176)]是可以自我调节的,它们试图最小化丰度的差值 $N_s(A-1,\tau)\langle\sigma\rangle_{A-1} - N_s(A,\tau)\langle\sigma\rangle_A$。在介于中子幻数之间的质量区中,麦克斯韦平均截面相对较大(图5.67),以至于差值 $N_s(A-1,\tau)\langle\sigma\rangle_{A-1} - N_s(A,\tau)\langle\sigma\rangle_A$ 变得比乘积 $N_s(A,\tau)\langle\sigma\rangle_A$ 或 $N_s(A-1,\tau)\langle\sigma\rangle_{A-1}$ 都小得多。换句话说,对于任意从中子闭壳中去除一个质量数的原子核,其丰度都会逐渐累积,直到破坏率大体等于产生率。在这些质量区中,沿着 s-过程路径实现了一个稳定流,即 $dN_s/d\tau \approx 0$,我们发现:

$$N_s(A,\tau)\langle\sigma\rangle_A \approx N_s(A-1,\tau)\langle\sigma\rangle_{A-1} \quad 或 \quad N_s(A,\tau)\langle\sigma\rangle_A \approx const \tag{5.178}$$

该结果被称为局部(平衡)近似[local (equilibrium) approximation],因为它仅局部地满足于中子幻数之间的区域。

式(5.178)中的预测可以通过考虑元素碲($Z=52$)的同位素来检验。在它的 8 种稳定同位素中,有三种属于 s-only 类(^{122}Te、^{123}Te、^{124}Te)。两个可以通过 s-过程和 r-过程合成(^{125}Te 和 ^{126}Te),两个是 r-only 同位素(^{128}Te 和 ^{130}Te),而 ^{120}Te 是 p-核。太阳系丰度 $N_\odot(A)$(Lodders et al.,2009)与 $kT = 30$ keV 处麦克斯韦平均截面 $\langle\sigma\rangle_A$(Bao et al.,2000),两者的乘积与质量数 A 的关系如图 5.69 所示。很显然,对于 s-only 核素:

$$N_\odot(122)\langle\sigma\rangle_{122} \approx N_\odot(123)\langle\sigma\rangle_{123} \approx N_\odot(124)\langle\sigma\rangle_{124} \tag{5.179}$$

从而证实了 s-过程中的局部近似。另外明显的是,乘积 $\langle\sigma\rangle_A N_\odot(A)$ 对于 ^{128}Te 和 ^{130}Te 不是常数,两者都是仅通过 r-过程合成的。此外,^{125}Te 和 ^{126}Te 是超丰的,因为 s-过程和 r-过程都对它们的合成有贡献,即 $N_\odot(A) = N_s(A) + N_r(A)$。如果平均中子俘获截面已知,则可以使用局部近似来估计 s-过程和 r-过程各自对所观测太阳系总丰度的贡献(习题5.13)。

局部近似对于在中子闭壳之间区域具有相邻质量数的核素最有用,但并不是在整个 $A=56\sim209$ 质量区都成立。这可以在图 5.70 中看出,其中符号表示 s-only 核素的乘积 $N_\odot(A)\langle\sigma\rangle_A$ 随质量数 A 的关系。$N_\odot(A)\langle\sigma\rangle_A$ 的值变化约 100 倍。它们随着质量的增加而单调下降,并在 $A\approx 84$、138 和 208 处发生特别大的变化,对应于中子闭壳。下面将导出 $N_s(A)\langle\sigma\rangle_A$ 作为中子照射函数的表达式。我们将再次假设温度恒定。人们发现单次中子照射 τ 不足以解释观测到的 $N_s(A)\langle\sigma\rangle_A$ 值(Clayton et al.,1961)。文献(Seeger et al.,1965)的研究表明,通过采用指数分布的中子照射可以获得更好的一致性。这种分布反映了中子照射增大的概率降低这一合理的物理假设,即部分物质所经历的总照射与物质在连续数代恒星中进行处理的次数有关(Clayton,1983),或与在特定恒星连续燃烧的情境中进行处理的次数有关(Ulrich,1973)。

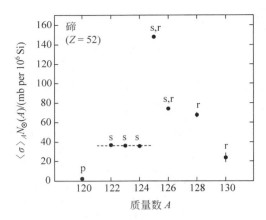

图 5.69　乘积 $N_\odot(A)\langle\sigma\rangle_A$(以每毫巴 10^6 个硅原子为单位)与元素碲($Z=52$)的同位素质量数 A 的关系：^{122}Te、^{123}Te 和 ^{124}Te 是 s-only 核素；^{125}Te、^{126}Te 是 s, r-核素；^{128}Te、^{130}Te 是 r-only 核素。^{120}Te 不是通过中子俘获合成的(即 p-核)。麦克斯韦平均截面$\langle\sigma\rangle_A$(以 mb 为单位,适用于 $kT=30$ keV 的热能)采用的是文献(Bao *et al.*,2000)的数据,太阳系丰度 $N_\odot(A)$ 来自文献 Lodders(2003)(相对于 10^6 个硅原子而言的)。大多数误差棒小于符号的尺寸。很显然,对于 s-only 核素有 $N_\odot(A)\langle\sigma\rangle_A \approx$ 常数(虚线)

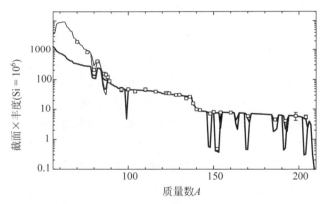

图 5.70　太阳系 s-过程核素丰度与麦克斯韦平均中子俘获截面(在 $kT=30$ keV 热能处)的乘积 $N_\odot(A)\langle\sigma\rangle_A$(以每毫巴 10^6 个硅原子为单位)与质量数 A 的关系。符号对应于 s-only 核素。实线由与式(5.187)类似的表达式拟合数据得到拟合,但包括了重要的 s-过程分支的影响。粗实线是用单个中子照射的指数分布(主 s-过程成分)计算的。对于 $A\leqslant 90$ 质量区,主成分低于数据点,因此拟合中必须包括第二个分布(弱 s-过程成分)(细实线)。锋利的结构是由 s-过程分支引起的结果。在这些质量数上,实线劈裂成两部分,一部分对应于更丰中子核素,另一部分对应于不那么丰中子的核素(感谢 Franz Käppeler 提供)

假设 f 是 ^{56}Fe 种子核数 $N_s^{\text{seed}}(56)$ 所占的比例,它受到中子照射指数分布的影响,由下式给出：

$$p(\tau)=\frac{fN_s^{\text{seed}}(56)}{\tau_0}e^{-\tau/\tau_0} \tag{5.180}$$

其中，$p(\tau)\mathrm{d}\tau$ 是 $^{56}\mathrm{Fe}$ 种子核在介于 τ 到 $\tau+\mathrm{d}\tau$ 之间照射的比例；参数 τ_0 是平均中子照射量，并确定了照射分布是如何快速下降的。被照射种子核的总数为

$$\int_0^\infty p(\tau)\mathrm{d}\tau = f N_\mathrm{s}^\mathrm{seed}(56)\left[-\mathrm{e}^{-\tau/\tau_0}\right]_0^\infty = f N_\mathrm{s}^\mathrm{seed}(56) \tag{5.181}$$

由此产生的丰度为

$$\overline{N_\mathrm{s}(A,\tau_0)} = \frac{\int_0^\infty N_\mathrm{s}(A,\tau)p(\tau)\mathrm{d}\tau}{\int_0^\infty p(\tau)\mathrm{d}\tau} = \int_0^\infty \frac{N_\mathrm{s}(A,\tau)}{\tau_0}\mathrm{e}^{-\tau/\tau_0}\mathrm{d}\tau \tag{5.182}$$

对于 s-过程路径上的前两个核素，$^{56}\mathrm{Fe}$ 和 $^{57}\mathrm{Fe}$，其丰度演化由下式[式(5.176)]给出：

$$\frac{\mathrm{d}N_\mathrm{s}(56,\tau)}{\mathrm{d}\tau} = -N_\mathrm{s}(56,\tau)\langle\sigma\rangle_{56} \tag{5.183}$$

$$\frac{\mathrm{d}N_\mathrm{s}(57,\tau)}{\mathrm{d}\tau} = -N_\mathrm{s}(57,\tau)\langle\sigma\rangle_{57} + N_\mathrm{s}(56,\tau)\langle\sigma\rangle_{56} \tag{5.184}$$

对于指数照射分布[式(5.180)]，可以找到解析解。结果如下(习题5.14)：

$$\langle\sigma\rangle_{56}\overline{N_\mathrm{s}(56,\tau_0)} = \frac{f N_\mathrm{s}^\mathrm{seed}(56)}{\tau_0}\frac{1}{1+\dfrac{1}{\tau_0\langle\sigma\rangle_{56}}} \tag{5.185}$$

$$\langle\sigma\rangle_{57}\overline{N_\mathrm{s}(57,\tau_0)} = \frac{f N_\mathrm{s}^\mathrm{seed}(56)}{\tau_0}\frac{1}{1+\dfrac{1}{\tau_0\langle\sigma\rangle_{56}}}\frac{1}{1+\dfrac{1}{\tau_0\langle\sigma\rangle_{57}}} \tag{5.186}$$

以此类推。式(5.176)的通解很容易根据这些结果推导出来。我们得到下式(Clayton & Ward,1974)：

$$\langle\sigma\rangle_A\overline{N_\mathrm{s}(A,\tau_0)} = \frac{f N_\mathrm{s}^\mathrm{seed}(56)}{\tau_0}\prod_{i=56}^A\frac{1}{1+\dfrac{1}{\tau_0\langle\sigma\rangle_i}} \tag{5.187}$$

一旦知道了俘获截面 $\langle\sigma\rangle_A$，用该表达式对观测到的太阳系 s-only 核素的 $N_\odot(A)\langle\sigma\rangle_A$ 值进行拟合，就可以得到参数 f 和 τ_0。反过来，这些参数的大小对于鉴别 s-过程核合成的场所和历史很重要。非常有趣的是，根据式(5.187)，对于 s-过程路径上的任意两个核素(最后一个种子核以上的)，其相对的 $\langle\sigma\rangle_A\overline{N_\mathrm{s}(A,\tau_0)}$ 值不依赖于种子核的真实分布(Clayton & Ward,1974)。因而，特地选择纯 $^{56}\mathrm{Fe}$ 作为种子材料与选择铁峰核素的任意其他分布，两者都是一样好的。另外，这也意味着观测到的太阳系 s-only 核素的 $N_\odot(A)\langle\sigma\rangle_A$ 值并不是初始种子分布的一个灵敏探针。一个很有用的量是每个 $^{56}\mathrm{Fe}$ 种子核所俘获的平均中子数：

$$n_\mathrm{c} = \frac{\sum_{A=56}^{209}(A-56)\overline{N_\mathrm{s}(A,\tau_0)}}{f N_\mathrm{s}^\mathrm{seed}(56)} = \frac{1}{\tau_0}\sum_{A=56}^{209}\frac{(A-56)}{\langle\sigma\rangle_A}\prod_{i=56}^A\frac{1}{1+\dfrac{1}{\tau_0\langle\sigma\rangle_i}} \tag{5.188}$$

其大小为物理环境提供了另一个限制。对于相邻质量数的两个核素，从式(5.187)可得

$$\langle\sigma\rangle_A \overline{N_s(A,\tau_0)} = \frac{\langle\sigma\rangle_{A-1}\overline{N_s(A-1,\tau_0)}}{1+\dfrac{1}{\tau_0\langle\sigma\rangle_A}}$$ (5.189)

在中子闭壳之间,俘获截面$\langle\sigma\rangle_A$,也即乘积$\tau_0\langle\sigma\rangle_A$很大。因此,根据式(5.189)我们发现,$\langle\sigma\rangle_A\overline{N_s(A,\tau_0)}\approx\langle\sigma\rangle_{A-1}\overline{N_s(A-1,\tau_0)}$,这与上面讨论的局部近似一致。接近中子闭壳的截面$\langle\sigma\rangle_A$,也即$\tau_0\langle\sigma\rangle_A$,是相对较小的。因此,上述表达式中的分母变得相对较大,在$\langle\sigma\rangle_A\overline{N_s(A,\tau_0)}$值的分布中产生了一个阶跃。换言之,中子幻数核素的较小俘获截面代表了一个连续丰度流的瓶颈。所造成的阶跃可以在图5.70中质量数为$A\approx84$、138和208处看到,对应于中子闭壳。阶跃的高度和形状对平均中子照射量τ_0的大小很灵敏,而比例f扮演着整体缩放因子的角色。

图5.70中的实线是对$N_\odot(A)\langle\sigma\rangle_A$的数据利用类似于式(5.187)的表达式进行拟合得到的。尖锐的结构是由后面将会讨论的s-过程分支产生的。粗实线是利用单个指数分布的中子照射计算得到的,描述了在$A=90\sim205$较宽范围内所有观测到的s-only核素的$N_\odot(A)\langle\sigma\rangle_A$值,它们称为主s-过程成分(main s-process component)。图5.70中数据点与粗实线之间的均方差仅为3%(Käppeler et al.,1990)。考虑到该主成分可以仅由缩放因子和平均中子照射作为拟合参数的单个指数分布的中子照射来表示,这样好的吻合是很引人注目的。拟合给出的值为$f\approx0.06\%$(其中假设种子核数等于太阳系^{56}Fe的丰度)、$\tau_0\approx0.3$ mb^{-1}[即$kT=30$ keV处的截面$\langle\sigma\rangle_A$],以及$n_c\approx10$(Käppeler et al.,1990)。这些结果意味着,主s-过程成分是通过中子照射仅为0.06%的太阳系^{56}Fe核产生的,而每个^{56}Fe种子核平均俘获大约10个中子。对于质量数$A<90$,粗实线降到数据点以下。因此,需要第二个成分来解释在该低质量区s-过程核素的合成,称为弱s-过程成分(weak s-process component),在图5.70中以细实线表示。Käppeler et al.,1990发现该成分的值为$f\approx1.6\%$、$\tau_0\approx0.07$ mb^{-1}和$n_c\approx3$,也就是说,与主成分相比,它具有较低的平均中子照射和较高的种子核被照射的比例。仅在接近s-过程终结点的Pb-Bi质量区,该两成分模型才给出了不是很满意的描述。特别是太阳系50%以上的^{208}Pb丰度不能以这种方式来解释。因此,人们假定了第三种成分(Clayton & Rassbach,1967),称为强s-过程成分(strong s-process component),Käppeler et al.,1990报道的参数为$f\approx10\%\sim4\%$、$\tau_0\approx7$ mb^{-1}和$n_c\approx140$。在这种情况下,平均中子照射量非常大,以至于每个种子核俘获平均大约140个中子就可以把很小部分的^{56}Fe核转换成^{206}Pb$\sim^{209}$Bi质量区的核素。正如下文所述,在单个天体物理场所中得到这三种具有天壤之别的中子照射是不太可能的。人们需要假设不同的天体场所来解释每个观测到的s-过程成分,则更为合理。

图5.70中观测到的$N_\odot(A)\langle\sigma\rangle_A$值和计算的实线都是在$kT=30$ keV(或$T=0.35$ GK)的恒定s-过程温度下获得的。该特定值传统上用于讨论此处描述的唯象学s-过程模型。然而,无法通过匹配观测到的$N_\odot(A)\langle\sigma\rangle_A$值与计算的$\langle\sigma\rangle_A\overline{N_s(A,\tau_0)}$曲线的方法来轻易推导出s-过程的一个精确温度值(当分析分支比时除外;见稍后讨论),这是因为大多数中子俘获截面随温度以相似的方式变化(3.2.2节和图3.32)。相反,当已经用其他方法选定温度时,$\langle\sigma\rangle_A\overline{N_s(A,\tau_0)}$曲线的形状将提供有关平均中子照射$\tau_0$的信息(Seeger et al.,1965)。

在式(5.187)的推导中,明确假设了所有非稳定核上的中子俘获率相比于与其竞争的 β^- 衰变率,要么快得多($\lambda_\beta \ll \lambda_{n\gamma}$)要么慢得多($\lambda_\beta \ll \lambda_{n\gamma}$),以便在每个质量数 A 处 s-过程路径都是唯一定义的。然而,在沿着 s-过程路径的某些位置上,丰度流会到一些不稳定的核素,其衰变常数(或半衰期)的大小与竞争的中子俘获率相当,即 $\lambda_\beta \approx \lambda_{n\gamma}$。在这些位置上,s-过程路径分成两个分支。如果假设除了温度,中子密度 $N_n(t)$ 也是随时间恒定的,那么这些 s-过程分支(branching)也可以被合并到之前描述的唯象学 s-过程模型中。在这种情况下,可以对 s-过程分支进行解析描述(Ward et al.,1976)。否则,丰度演化必须通过数值积分来进行求解。

考虑图5.68(c)所示情形的一个简单示例。在质量数为 A' 的非稳定核处,由于其 β^- 衰变率与竞争的中子俘获率在大小上相当,所以丰度流分成两部分。非稳定核 A' 成为 s-过程路径上的一个分支点。只有一小部分流穿过稳定核 A。但是整个流穿过稳定核 $A+1$,因为我们假设非稳定核 $A'+1$ 的 β^- 衰变比竞争的中子俘获要快得多。如果分支点位于中子闭壳之间的质量区,那么式(5.178)必须由下式来代替:

$$N_s(A,\tau)\langle\sigma\rangle_A + N_s(A',\tau)\langle\sigma\rangle_{A'} \approx N_s(A+1,\tau)\langle\sigma\rangle_{A+1} \tag{5.190}$$

比值 $N_s(A,\tau)\langle\sigma\rangle_A/[N_s(A+1,\tau)\langle\sigma\rangle_{A+1}]$ 定义了分支比 B,它也可以用原子核 A' 的衰变常数表示为

$$B \equiv \frac{N_s(A,\tau)\langle\sigma\rangle_A}{N_s(A+1,\tau)\langle\sigma\rangle_{A+1}} = \frac{\lambda_\beta(A')}{\lambda_\beta(A') + \lambda_{n\gamma}(A')}$$

$$= \frac{\ln2/T_{1/2}(A')}{\ln2/T_{1/2}(A') + N_n\langle\sigma\rangle_{A'}v_T} \tag{5.191}$$

利用 $N_n\langle\sigma v\rangle_{A'} = N_n\langle\sigma\rangle_{A'}v_T$,我们得到

$$N_n = \left[\frac{N_s(A+1,\tau)\langle\sigma\rangle_{A+1}}{N_s(A,\tau)\langle\sigma\rangle_A} - 1\right]\frac{1}{\langle\sigma\rangle_{A'}v_T}\frac{\ln2}{T_{1/2}(A')}$$

$$= \frac{1-B}{B}\frac{1}{\langle\sigma\rangle_{A'}v_T}\frac{\ln2}{T_{1/2}(A')} \tag{5.192}$$

因而,对分支比的分析可以得到中子密度,它是用于确定 s-过程中物理条件的一个重要参数。一个精确的 N_n 值为 s-过程场所的恒星模型提供了强大的约束。

式(5.192)描述了 s-过程分支的最简单情况。实际上,大多数分支都需要更广延的表达式,因为每个分支都有其自身的复杂性,例如,几个分支间相互作用或同核异能态。尽管如此,式(5.192)包含了重要的物理,特别是它强调了从分支比分析中提取可靠物理条件所需的输入数据。第一项 $(1-B)/B$,取决于稳定核 A 和 $A+1$ 的丰度比以及它们中子俘获截面的比。取决于 B 的值,对于许多分支这些输入值的精度必须在大约 $\pm1\%$ 以内,以便提取中子密度的不确定度,例如,在 $\pm10\%$ 左右。如果 A 和 $A+1$ 是 s-only 核则会很有利,因为在这种情况下,它们的丰度无需对 r-过程的贡献进行修正。此外,由于它们是同一元素的同位素,所以它们的相对丰度是准确知道的(Lodders et al.,2009)。涉及这些稳定核的非常精确的俘获截面测量也很重要(4.6.2 节和 4.6.3 节,Käppeler,1999)。式(5.192)中的第二项包含了放射性分支点核 A' 的麦克斯韦平均俘获截面。在过去,这些反应没有数据,它们的截面必须使用 Hauser-Feshbach 理论进行估计。然而,涉及放射性分支点核的许多截面测量目前已经进行了研究(例如,Jaag & Käppeler,1995;Reifarth et al.,2003;

Abbondanno *et al*.,2004)。此外,必须对所测俘获截面进行(理论上的)恒星增强因子修正,因为式(5.191)中的量$\langle\sigma\rangle_A$指的是恒星中的截面(3.1.5 节)。式(5.192)中的第三项代表分支点核A'的恒星半衰期,相应的恒星增强因子基于核理论计算(Takahashi & Yokoi,1987)。在某些情况下,在地球上的和恒星上的半衰期值之间并没有区别。然而,对于其他分支点核,恒星半衰期对等离子体中的精确温度或密度条件非常灵敏(1.8.4 节)。

s-过程路径上有 15~20 个重要的分支核。为了导出 s-过程中物理条件的估计值,我们将使用以下策略。首先,通过分析那些几乎与温度和密度无关的分支核来推断出平均中子密度。利用这个信息,恒星 β 衰变半衰期可以由其他灵敏依赖于温度(或密度)的分支核来确定。最后,根据这些半衰期的已知温度(或密度)依赖关系,就可以得到 s-过程平均温度(或电子密度)的估计值。通过把几个不同分支核放在一起进行考虑,则可以尝试导出表征 s-过程中平均物理条件的一套参数。这些根据 s-过程分支研究得到的结果(N_n、T、ρ),以及根据对观测到的 s-only 核的$N_\odot(A)\langle\sigma\rangle_A$分布进行全局拟合得到的结果($f$、$\tau_0$ 或 n_c),都代表着对 s-过程中天体模型和天体场所识别的重要约束。有关更多信息,请参考文献Käppeler (1999)。

上述经验的 s-过程称为经典 s-过程模型(classical s-process model)。它非常简单,因为忽略了 s-过程参数(例如中子密度和恒星温度)的时间依赖性。仅需要相对较少的可调参数,就可以提供对整个感兴趣质量区大多数 s-only 核素所观测$N_\odot(A)\langle\sigma\rangle_A$值的非常令人满意的描述。经典 s-过程模型不对恒星场所或特定反应作为中子源作任何假设。鉴于这些限制,经典模型提供了对 s-过程的非凡洞察力。

我们已经指出,s-only 核$N_\odot(A)\langle\sigma\rangle_A$分布的形状是对种子核俘获中子总数的度量,因此,它包含了 s-过程的全局历史(global history)。然而,形成太阳系的星际气体的组成反映了无数恒星抛射物的混合。这一组成已被星际混合均匀化到一定程度,其程度代表着直到太阳系形成时核合成的平均速率。为 s-过程提供场所的恒星肯定具有一定的质量和金属度范围。从这些讨论中可以清楚地看出,从$N_\odot(A)\langle\sigma\rangle_A$分布中导出的单套平均参数($f$、$\tau_0$、$N_n$、$T$、$\rho$)不直接对应于任何单个模型星的特性。为此,使用这样的平均参数来约束恒星 s-过程模型时必须要小心。

经典 s-过程模型的局限性随着可用精确测量的中子俘获截面的增多而变得很明显(Käppeler,1999;Bao *et al*.,2000)。例如,它表明经典模型显著地产生了过量的^{142}Nd(Arlandini *et al*.,1999)。这样的结果意味着 s-过程中的中子照射分布不同于一个简单的指数函数[式(5.180)]。进一步的证据来自 s-过程分支核。利用经典模型分析分支点核^{147}Pm,^{185}W 和^{192}Ir,给出的中子密度值分别为$N_n=(4.94^{+0.60}_{-0.50})\times10^8$ cm^{-3}(Reifarth *et al*.,2003)、$(4.7^{+1.4}_{-1.1})\times10^8$ cm^{-3}(Mohr *et al*.,2004)和$(7.0^{+0.5}_{-0.2})\times10^7$ cm^{-3}(Koehler *et al*.,2002)。相似地,对温度灵敏分支点核^{176}Lu,^{151}Sm 和^{128}I 的经典分析给出的值分别为$T=(0.30\pm0.05)$GK(Doll *et al*.,1999),$T\approx0.4$ GK(Abbondanno *et al*.,2004)和$T\approx0.093$ GK(Reifarth,2002)。经典 s-过程模型既没有为中子密度也没有为温度提供一个一致的解决方案。因此,人们需要基于真实恒星模型的一种更复杂的方法,来重现所有观测的 s-过程丰度。

我们现在转向讨论目前能最好地重现观测 s-过程丰度模式的恒星模型。主 s-过程成分被认为是起源于热脉冲、低质量($1.5\sim3$ $M_\odot$)的 AGB 星(1.4.3 节,Busso *et al*.,1999)。

经过一个热脉冲和第三次挖掘事件,来自对流包层中一些质子混入辐射间壳(radiative intershell)(图 1.6),间壳主要由 ^{4}He(约 75% 的质量)和 ^{12}C(约 25% 的质量)组成。这种混合机制的本质目前还不清楚,其大小通常可以用恒星模型中的一个自由参数来描述。向下混合的质子启动了下列反应序列:

$$^{12}C(p,\gamma)^{13}N(\beta^+\nu)^{13}C(p,\gamma)^{14}N \tag{5.193}$$

在间壳顶部附近产生了两个独立的薄区,这些区域富含 ^{13}C 和 ^{14}N,分别被称为 ^{13}C 口袋和 ^{14}N 口袋。当温度达到 $T \approx 0.09$ GK(或 $kT \approx 8$ keV)时, ^{13}C 被 ^{13}C$(\alpha,n)^{16}$O 反应破坏的平均寿命小于两个热脉冲的时间间隔。因而,在辐射条件下,中子在脉冲间歇期间从 ^{13}C 口袋中被释放,并被预先存在的种子核(主要是 Fe 和来自前一个脉冲的 s-过程材料)所俘获,产生了 s-过程主要成分中的大部分核素。中子通量通常持续大约 2 万年,并在局部产生较高的中子照射(约 0.1 mb^{-1})。然而,由于时标较长,中子密度仍然很低($N_n \approx 10^7$ cm^{-3})。由于在大多数情况下 β^- 衰变常数超过了中子俘获衰变常数,所以只发生了少数反应分支。在此期间, ^{13}C 完全耗尽在薄的 ^{13}C 口袋中。在这个演化阶段达到的温度还不足以启动 ^{14}N$(\alpha, \gamma)^{18}$O 反应。在氢壳燃烧过程中,间壳的质量稳定增加(温度和密度也是如此)直到某一点,在该点处间壳底部的 He 开始点燃。这个热 He 脉冲(图 1.6 中标记为"TP")向外生长,直到几乎到达 H 燃烧壳。释放的大量能量也会导致恒星包层膨胀并使 H 燃烧壳熄灭。热脉冲吞没了 H 壳燃烧的灰烬。这造成了更高的温度($T \approx 0.27$ GK 或 $kT \approx 23$ keV),启动了下列反应序列:

$$^{14}N(\alpha,\gamma)^{18}F(\beta^+\nu)^{18}O(\alpha,\gamma)^{22}Ne \tag{5.194}$$

因此, ^{22}Ne$(\alpha,n)^{25}$Mg 中子源被(略微)激活并发生了第二次中子暴发。在这里,时间尺度大约为几年,中子照射量约为 0.01 mb^{-1},峰值中子密度 N_n 约为 10^{10} cm^{-3}。该第二次中子暴发对 s-过程核素的整体产生的贡献不大。但是,它确实会显著影响在较高温度下更有效运行的 s-过程分支核。在热脉冲之后,He 壳变得不活跃,外壳收缩,H 壳再次点燃。循环可重复数十至数百次。更多信息,请参考文献(Busso et al.,1999;Habing & Olofsson,2004)。

图 5.71 表明,当前热脉冲 AGB 星天体模型很好地再现了 s-过程核素的太阳系丰度分布。该结果是对一颗质量为 1.5 $M_\odot$、金属度为 $Z = 0.01$ 的模型星所获得的(Arlandini et al.,1999)。丰度是以过量生产因子(overproduction factor)来显示的,也即预测丰度与相应太阳系值的比。实心圆圈代表 s-only 核素。一致性是令人瞩目的,特别是因为太阳系主成分的 s-过程丰度很可能是无数低质量 AGB 星的产物,这些 AGB 星具有一定的质量和金属度范围。也很明显,这些恒星无法解释弱 s-过程成分($A < 90$)。

对热脉冲、低质量 AGB 星的天体模型研究(Gallino et al.,1998)表明,恒星金属度变化对由此得到的总中子照射有很强的影响。在这种情境下, ^{13}C$(\alpha,n)^{16}$O 或 ^{22}Ne$(\alpha,n)^{25}$Mg 反应被称为主中子源,这是因为 ^{13}C 或 ^{14}N(因而, ^{22}Ne)是恒星自身通过可用的氢和 ^{12}C 产生的。随着金属度的降低,每个铁种子核可以从这些源中获得更多的中子,因此,可以合成更重的核素。在早期贫金属 AGB 星的 s-过程中,中子照射的增大会在 s-过程路径的末端导致物质的积累(^{208}Pb 和 ^{209}Bi)。这些对象为强 s-过程成分提供了一个比较自然的解释(Gallino et al.,1998;Travaglio et al.,2001)。

弱 s-过程成分的主要部分被认为是源自 $M \geqslant 13$ $M_\odot$ 的大质量恒星的核心氦燃烧阶段

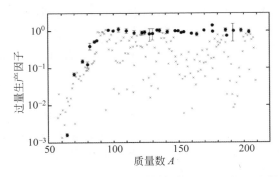

图 5.71　对质量为 $1.5\ M_{\odot}$，金属度为 $Z = 0.01$ 的热脉冲 AGB 星的 s-过程研究中所得到的丰度分布。丰度以过量生产因子来显示，即预测的丰度与相应太阳系丰度的比值(归一化到 ^{150}Sm)。很明显，恒星模型可以再现主 s-过程成分($A > 90$)中 s-only 核素(实心圆)的太阳系丰度。甚至都可以重现因附近存在分支而被反应流所绕过的那些 s-only 核素的丰度。十字叉号代表 s-过程中所有其他重核素。其过量生产因子小于 1，因为它们也可以由 r-过程来合成[来自文献(Arlandini *et al.*，1999)。所有版权归 IOP 所有，经 IOP 许可转载出版]

(1.4.3 节和 5.2.3 节，Peters，1968)。在氦燃烧阶段开始时，前续氢燃烧阶段由 CNO 循环产生的 ^{14}N 原子核将通过 ^{14}N$(\alpha,\gamma)^{18}$F$(\beta^+\nu)^{18}$O$(\alpha,\gamma)^{22}$Ne 快速地转化为 ^{22}Ne。但是只有当核心接近氢耗尽时，温度才会升高到足以点燃 ^{22}Ne$(\alpha,n)^{25}$Mg 中子源的温度($T \geqslant 0.25$ GK 或 $kT \geqslant 22$ keV)。更大质量的恒星将在更高的核心温度下燃烧，这样会消耗更多的 ^{22}Ne。因此，与较小质量的恒星相比它们会产生更有效的 s-过程。^{22}Ne 的总消耗仅发生在非常大质量的恒星中。如果在核心氦燃烧结束时一些 ^{22}Ne 幸存下来，则在碳燃烧期间由初级 ^{12}C$+^{12}$C 反应释放出来的 α 粒子会重新激活 ^{22}Ne$(\alpha,n)^{25}$Mg 中子源(5.3.1 节)。核心碳燃烧不是一个有希望的 s-过程场所，这是因为：首先，星核物质不会在随后的超新星爆炸中被抛射出来。其次，任何 s-过程核素都会在稍后的核心氧燃烧过程中通过光解反应破坏掉(5.3.3 节)。但是，对流壳碳燃烧的情况则有所不同，其中天体模型预测的 s-过程中子照射量与之前核心氦燃烧阶段所达到的水平相当。图 1.7 的左侧示意性地描绘了这种情况，它显示了大质量恒星的爆前超新星(pre-supernova)的结构。在铁芯之外最里面区域存在的任何 s-过程核素，都将在由激波引起的后续爆发性燃烧阶段被破坏掉。经历了碳壳燃烧，包括 s-过程处理(标记为 C_s)的下一层将被抛射出去，其成分在爆炸时几乎没有变化。在对流碳壳顶部被标记为 He_C"的层是核心氦燃烧的残骸，其成分不受其他流体静力燃烧的影响而改变。这两层携带了大部分弱 s-过程的成分。更外的层经历对流氢壳燃烧(标记为"He_S")，也可能对 s-过程丰度有贡献，这取决于在壳的底部所达到的温度，尽管不同天体模型预言的温度有所不同。最后，这个壳也可能受到所经过的超新星激波的影响，因为任何存在的 ^{22}Ne 原子核都会激活 ^{22}Ne$(\alpha,n)^{25}$Mg 中子源，从而改变爆炸前 s-过程的产额。

　　当讨论弱 s-过程核合成期间的中子经济(neutron economy)时，以下三个方面尤为重要：①中子源核素的(^{22}Ne)的丰度；②种子核(^{56}Fe 及其他铁峰核素)的丰度；③任何中子毒药(neutron poison)的丰度。"中子毒药"这一表述是指那些俘获中子的核素，否则这些中子会贡献给 s-过程。例如，中子源 ^{22}Ne$(\alpha,n)^{25}$Mg 有时被称为自中毒(self-poisoning)，这是因为产物核 ^{25}Mg 具有相对较高的中子俘获截面。很大一部分产生的中子是以这种方式去除掉的,而不是合成了 $A = 65 \sim 90$ 区的核素,这样就限制了 s-过程的效率。在这种情境下,^{22}Ne$(\alpha,n)^{25}$Mg 反应也被称为次级中子源,因为 ^{14}N(即 ^{22}Ne 的先驱)不是在恒星自身中产生的。^{22}Ne$(\alpha,n)^{25}$Mg 所释放出来的中子数量,以及铁峰种子核的数量(主要是 ^{56}Fe)都由恒星金属度来刻度,而中子与种子核的比值是与金属度无关的。另外,^{12}C 和 ^{16}O 是初级(primary)核素,因为它们是在恒星内部产生的。它们的中子俘获截面相对较小,但在氦燃烧过程中它们的丰度变得很大。所以,^{12}C$(n,\gamma)^{13}$C 和 ^{16}O$(n,\gamma)^{17}$O 代表着重要的中子毒药反应,特别是在恒星金属度很小的情况。然而详细的计算表明,与金属度无关,^{12}C 并不代表一个重要的中子毒药,因为丢失的中子会被回收,并由序列 ^{12}C$(n,\gamma)^{13}$C$(\alpha,n)^{16}$O 恢复了。^{16}O 的情况不同,其中序列 ^{16}O$(n,\gamma)^{17}$O$(\alpha,n)^{20}$Ne 与 ^{16}O$(n,\gamma)^{17}$O$(\alpha,\gamma)^{21}$Ne 相竞争。该中子在前一种情况下被回收,但在后一种情况下的 s-过程中被丢失掉了。因而,^{16}O 最有可能代表在低金属度大质量恒星中一个重要的中子毒药(Rayet & Hashimoto,2000)。弱 s-过程成分对金属度的强烈依赖性很重要,因为它可以用于研究大质量星在银河化学演化早期阶段扮演的角色。

从大质量星导出的弱 s-过程成分的一些重要方面将在下面予以说明。对于具有初始太阳系组成的 $25\,M_\odot$ 的恒星,从核心氢燃烧结束到核心氦燃烧结束,其中心温度和密度的演化如图 5.72 所示。在核心氢燃烧结束时,最丰的核素是 ^{4}He($X_\alpha = 0.982$)、^{14}N($X_{^{14}\text{N}} = 0.0122$)、^{20}Ne($X_{^{20}\text{Ne}} = 0.0016$),以及 ^{56}Fe($X_{^{56}\text{Fe}} = 0.00117$)。其他丰度由它们各自的太阳系值给出。由该温度-密度轮廓和初始丰度,我们进行了一个核心氦燃烧(后处理)反应网络的计算。结果如图 5.72 所示。中子俘获率采用 Bao et al.,2000)汇编的数据,而温度和密度依赖的弱相互作用率取自文献(Raiteri et al.,1993)。能量是通过氦燃烧序列 $\alpha(2\alpha)^{12}$C$(\alpha,\gamma)^{16}$O 产生的(5.2.2 节)。计算结束时,^{12}C 和 ^{16}O 的质量分数分别为 0.22 和 0.75。我们现在将讨论与中子产生和消耗有关的各种过程。如前所述,核素 ^{14}N 通过序列 ^{14}N$(\alpha,\gamma)^{18}$F$(\beta^+\nu)^{18}$O$(\alpha,\gamma)^{22}$Ne 进行转换(5.2.3 节),而随后的 ^{22}Ne$(\alpha,n)^{25}$Mg 中子源与 ^{22}Ne$(\alpha,\gamma)^{26}$Mg 反应相竞争。最重要的中子毒药反应是 ^{25}Mg$(n,\gamma)^{26}$Mg,其次是 ^{22}Ne$(n,\gamma)^{23}$Ne。序列 ^{12}C$(n,\gamma)^{13}$C$(\alpha,n)^{16}$O 显示出很大的丰度流,但就中子经济而言,它既不是中子的净生产者,也不是中子的净破坏者(5.3.1 节)。随着质量向上移动,一个由 (n,γ)、(n,α)、(n,p) 反应和 β^- 衰变组成的网络从 Al 延伸到铁峰组。尽管大质量恒星中的 s-过程通常被解释为产生弱成分的一种方法,但它也合成了 $A = 35 \sim 45$ 质量区的许多较轻的核素。大质量恒星中的 s-过程被认为是宇宙中 ^{36}S、^{37}Cl、^{40}Ar 和 ^{40}K 的主要来源(表 5.2)。在铁峰区看到增加了的核活度。主要从 ^{56}Fe 种子核开始,由中子俘获和 β^- 衰变构成的序列造成了一个典型的 s-过程流的模式,并合成了 $A = 60 \sim 90$ 区的核素,即 s-过程的弱成分。延伸到 $A = 90$ 以上的较小丰度流未显示在图 5.72 中。中子照射量和峰值中子密度通常分别为约 $0.2\ \text{mb}^{-1}$ 和约 $107\ \text{cm}^{-3}$。大部分的 ^{22}Ne 消耗发生在燃烧结束时,核心中残留的氦少于 10%,当温度从 $T \approx 0.27\ \text{GK}$ 增加到 $0.30\ \text{GK}$ 时,密度从 $\rho = 1800\ \text{g} \cdot \text{cm}^{-3}$ 攀升至 $2600\ \text{g} \cdot \text{cm}^{-3}$(The et al.,2000)。该温度-密度范围在图 5.72 中标记为"S"。

对于质量为 $M < 30\,M_\odot$ 的恒星,在核心氦燃烧结束时部分残留下来的 ^{22}Ne 提供了碳壳燃烧期间 s-过程加工处理的另外一个情境,如上所述。此处达到的较高温度($kT \approx 90\ \text{keV}$)会导致高峰值中子密度($N_n \approx 10^{11}\ \text{cm}^{-3}$),这会显著改变在核心氦燃烧过程中建立的弱 s-

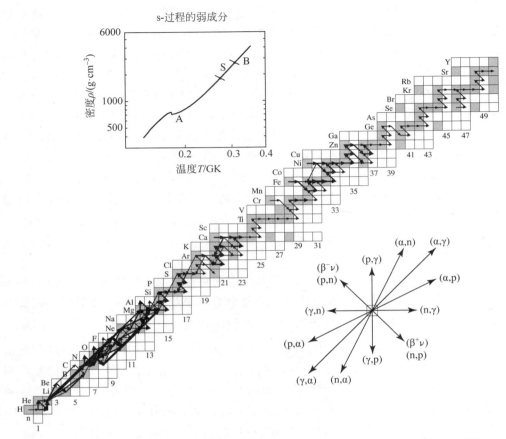

图 5.72 在核心氦燃烧过程中时间积分的净丰度流。插图显示了从核心氢燃烧结束(A)到核心氦燃烧结束(B)期间中心温度和密度的演化,结果取自对具有初始太阳系成分的一颗 25 $M_\odot$ 恒星的天体模型研究(The *et al.*,2000)。数值网络计算在 $t = 6 \times 10^{12}$ s(恒星从 A 演化到 B 所花费的时间)之后终止。箭头与图 5.26 中的含义相同,不同之处在于使用了四种不同的粗细,每一种粗细代表了两个数量级的流量范围。丰度流在这里定义为摩尔分数而不是数密度,因为质量密度在变化。$A = 60 \sim 90$ 质量区的流量模式反映了 s-过程的弱成分。大多数 s-过程发生在氦燃烧接近结束时的 T-ρ 条件下,即在插图中标记为"S"的区域

过程丰度模式。图 5.73 显示了许多核素相对于其太阳系值的超丰(overabundance)现象。该结果是基于一个 25 $M_\odot$、具有初始太阳金属度且已完成核心氢和碳壳燃烧的天体模型计算的。菱形表示 s-only 核素。在 $A = 60 \sim 90$ 质量区,明显地出现了很大的增丰值。一些较轻的核素($A < 50$)也会过量生产。大质量恒星中 s-过程的效率在 $A = 90$ 以上时迅速下降。在碳-氧层(标记为"He$_C$";核心氦燃烧残骸)和氧-氖层(由碳壳燃烧造成)上,弱 s-过程的两个位置示意性地显示在图 1.7(左侧)中。后一层已被预测为重要的 γ 射线发射体 ^{60}Fe 的主要来源(Limongi & Chieffi,2006)。

下面将简单描述在 s-过程核合成中重要反应的实验信息。^{13}C(α,n)^{16}O 反应($Q = 2216$ keV),负责合成低质量 AGB 星中的主 s-过程成分,已被测量到质心系能量 $E_\alpha^{\rm cm} = 280$ keV(Drotleff *et al.*,1993)。温度为 $T \approx 0.09$ GK 的伽莫夫峰位于 $E_0 \pm \Delta/2 = (190 \pm 40)$ keV。

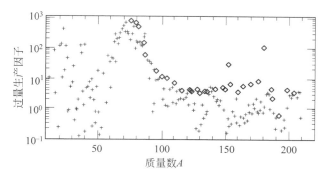

图 5.73 在核心氢燃烧和壳碳燃烧完成后,重核素丰度相对于它们的太阳系值的超丰情况。该结果是对具有太阳初始金属度、25 $M_\odot$ 恒星的恒星模型计算中获得的。菱形表示 s-only 核素。很明显,在 $A=60\sim90$ 质量区生产过剩很大。大质量恒星中 s-过程的效率在 $A=90$ 以上区域迅速下降〔来自文献(Raiteri *et al*.,1991)。版权归所有,经许可转载出版〕

通过对已有低能数据,包括阈下共振($E_r^{cm}=-3$ keV)的高能翅膀进行外推,人们得到了该反应在天体物理重要温度范围内的反应率。目前,该反应率在 $T=0.09$ GK 下的不确定度大约为一个四倍的因子(Angulo *et al*.,1999)。这种不确定性似乎对低质量 AGB 星模型的影响可以忽略不计(Cristallo *et al*.,2005)。对于 ^{22}Ne$(\alpha,n)^{26}$Mg 中子源($Q=-478$ keV),情形有所不同。在这里,$T\approx0.25$ GK 温度下的伽莫夫峰(该中子源开始运转的温度下限)位于 $E_0\pm\Delta/2=(540\pm120)$keV,而测量的最低位共振发生在 $E_r^{cm}=704$ keV 处。若干研究专注于来自未探测到的位于 $E_r^{cm}=538$ keV 附近的一个自然宇称共振的可能贡献上。然而,有可能已经明确地表明该共振具有非自然的宇称,因此不会对 ^{22}Ne$(\alpha,n)^{26}$Mg 中子源有贡献(Longland *et al*.,2009)。目前这个反应的反应率尚存在争议,因为在 ^{26}Mg 中介于 α 粒子阈和所测量的最低位共振之间还存在其他几个自然的宇称态。在 $T\approx0.25$ GK 温度附近,文献(Jaeger *et al*.,2001;Karakas *et al*.,2006)估计该反应率的不确定度在两倍左右。无论是在低质量 AGB 星(Pignatari *et al*.,2005)还是在大质量恒星(The *et al*.,2000)中,即使这个两倍的反应率不确定度也会对核合成有很强烈的影响。^{22}Ne$(\alpha,\gamma)^{26}$Mg 反应在这方面也很重要,因为在破坏 ^{22}Ne 方面,它与(α,n)反应竞争但不产生中子。推荐的 ^{22}Ne$(\alpha,n)^{25}$Mg 和 ^{22}Ne$(\alpha,\gamma)^{26}$Mg 的反应率在 $T\approx0.25$ GK 处具有类似的大小(Longland *et al*.,2012),但目前的误差太大,无法确定是哪个反应道在这个温度值附近占主导地位。目前,^{17}O$(\alpha,n)^{20}$Ne 和 ^{17}O$(\alpha,\gamma)^{21}$Ne 反应率的比值也鲜为人知。这些反应在确定 ^{16}O 在大质量恒星中作为中子毒药的作用方面是很重要的(Rayet & Hashimoto,2000)。

对于各种 s-过程情境下的中子诱发反应,必须在一定能量范围内已知其麦克斯韦平均截面,从低质量 AGB 星的 $kT\approx8$ keV 到大质量恒星碳壳燃烧期间的 $kT\approx90$ keV。实验上已知的中子毒药 ^{12}C、^{16}O、^{22}Ne 和 ^{25}Mg 的平均(n,γ)截面优于 $\pm10\%$(Bao *et al*.,2000)。在低质量 AGB 星中最重要的中子毒药反应是 ^{14}N$(n,p)^{14}$C(Lugaro,2003)。对于这个反应,当前平均截面的不确定度有点太大了(Wagemans *et al*.,2000,及其中的参考资料),人们期望更准确的值。

对于 $A\leqslant210$ 质量区中的大量核素,在文献(Bao *et al*.,2000)中编纂了 s-过程条件下的麦克斯韦平均中子俘获截面。与中子俘获反应率相比,带电粒子诱发反应的反应率所需的数据精度有所不同。在后一种情况下,几乎没有实验确定的反应率具有不确定度小于10％的。然而,在前一种情况下,具有不确定度为≤5％的截面对于 s-过程情境的建模至关重要。回想一下,靠近中子幻数 $N=50$、82 和 126 的核素在丰度流上扮演着瓶颈的角色。在这种情况下,中子俘获截面所需的精度要小于等于 3％。对于 s-only 核素,甚至需要更准确的俘获截面(小于等于 1％)。这些核素代表了对 s-过程丰度分布至关重要的归一化点,它们也对分析 s-过程分支核很重要。对于许多重要的中子俘获反应,其截面精度已达到了要求的水平,并且其当前用于 s-过程情境建模的截面数据集的可靠性令人印象深刻(Bao et al.,2000)。然而,额外的和更准确测量的截面对于许多反应都是需要的,包括短寿命分支点核素的 (n,γ) 反应(Jaag & Käppeler,1995;Reifarth et al.,2003;Abbondanno et al.,2004)。理论反应率对于 s-过程计算也是必不可少的。许多短寿命分支点核素的 (n,γ) 反应率目前是基于 Hauser-Feshbach 理论计算的(2.7 节)。这些反应率可以使用通过对相邻核素作内插获得的局部核模型参数计算出来。这些结果与远离稳定线核素的中子俘获率相比更加可靠,因为对于远离稳定线的那些核素,必须使用全局参数集。此外,恒星增强因子(3.1.5 节)必须使用理论核模型进行估计。计算表明,对于涉及 s-过程所有核素的 25％ 的核素的 (n,γ) 反应,在 $kT=30$ keV 处,其恒星增强因子在 2％～40％ 的范围内(Bao et al.,2000)。这个量级的修正对于 s-过程天体模型很重要。有关 s-过程的更多信息,请参考文献(Käppeler et al.,2011)。

5.6.2　r-过程

在 5.6.1 节中,我们展示了 s-过程模型如何很好地再现太阳系中 s-only 核素的丰度(图 5.71 和图 5.73)。对于大多数重核素,s-过程和 r-过程都对观测到的丰度有贡献。因此,可以从给定核素 $^A_Z X$ 的总太阳系丰度中减去众所周知的 s-过程的贡献,来得到相应的太阳系 r-过程丰度:

$$N_r(A,Z) = N_\odot(A,Z) - N_s(A,Z) = N_\odot(A,Z) - \frac{\langle\sigma\rangle_{A,Z} N_s(A,Z)}{\langle\sigma\rangle_{A,Z}} \quad (5.195)$$

所得的 N_r 值与质量数 A 的关系如图 5.74(a)所示。s-过程的贡献是使用经典模型根据式(5.187)计算的(习题 5.13)。很明显,太阳系 r-过程的丰度分布是平滑的,并且它也与以实心圆圈表示的 r-only 核素的丰度一致。有趣的是,如果 s-过程丰度是使用天体模型而不是经典方法计算的,则也可以得到一个非常相似的太阳系 r-过程丰度分布(Arlandini et al.,1999)。图 5.74(a)中最突出的特征是位于质量数 $A=130$ 和 195 处两个很明显的峰,这距离靠近 $A=138$ 和 208 的 s-过程峰大约有 10 个质量单位。r-过程丰度峰以及位于 s-过程终结点之上长寿命放射性同位素 ^{232}Th($T_{1/2}=1.4\times10^{10}$ a)、^{235}U($T_{1/2}=7.0\times10^8$ a)和 ^{238}U($T_{1/2}=4.5\times10^9$ a)的存在,为不同于 s-过程的中子诱发过程的发生提供了最有力的证据。太阳系 r-过程丰度分布代表了一个对 r-过程模型非常强的约束。太阳系 r-过程的元素丰度可以通过对同位素的丰度值求和获得。这些元素丰度与来自恒星光谱的结果进行比较时最为有用,因为在大多数情况下光谱仅提供元素丰度的信息。由此得到的太阳系 s-和 r-过程的元素丰度显示在图 5.74(b)中。引人注目的是,尽管 s-过程和 r-过程差别如此巨大,但是两个过程却提供了类似大小的丰度。

对图 5.74(a)中 r-过程丰度峰的最直接解释是:它们是由中子幻数 $N=50$、82 和 126

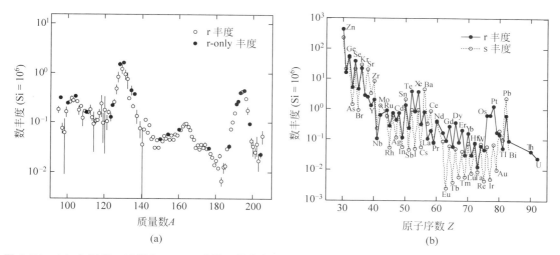

图 5.74 （a）太阳系 r-过程中 $A>90$ 质量区的丰度,它是通过在总的太阳系丰度中减去 s-过程的贡献得到的。s-过程丰度是通过使用经典 s-过程模型(Arlandini *et al.*,1999)计算的。实心圆圈显示 r-only 核素的丰度,其中 s-过程贡献小于等于3%的那些核素被定义为 r-only 核。在所显示的丰度上 p-过程的影响可以忽略不计,并且已被忽略了。在那些 s-过程贡献占主导的区域,误差棒最大。
（b）太阳系 s-过程和 r-过程的元素丰度。数据来自(Burris *et al.*,2000)

引起的(1.6.1节),就像 s-过程丰度最大值一样(图5.65)。较大的中子通量将物质推向远离稳定谷的丰中子一侧(稍后将讨论原因),从而中子幻数核的丰度得到累积。与那些在 s-过程中产生的靠近稳定谷的对应物相比,这些中子幻数核是缺质子的。在 r-过程的中子通量终止后,这些中子幻数核沿着同量异位素链($A=\text{const}$)进行 β^- 衰变直到到达最丰中子的稳定(或非常长寿命)同量异位素(图5.66)。因此,r-过程产生丰度最大的质量区位于相应 s-过程丰度峰的下方。必须强调的是,与 s-过程丰度情况相反,观测到的 r-过程核素的丰度与其中子俘获截面没有关联(图5.69)。反而,观测到的 r-过程丰度反映了远离稳定谷丰中子一侧放射性先驱核的原子核特性。

我们现在将讨论 r-过程的一个简单模型。考虑种子核,比如说铁,暴露于恒定温度 $T \geqslant 1\ \text{GK}$ 和恒定中子密度 $N_n \geqslant 10^{21}\ \text{cm}^{-3}$ 之下。在如此炽热且丰中子的环境中,(n,γ) 和 (γ,n) 反应都比 β^- 衰变快得多。核素 $^A_Z X$ 的丰度演化由下式给出:

$$\frac{\mathrm{d}N(Z,A)}{\mathrm{d}t} = -N_n N(Z,A)\langle\sigma v\rangle_{Z,A} + N(Z,A+1)\lambda_\gamma(Z,A+1) \quad (5.196)$$

其中,$N(Z,A)$ 是 $^A_Z X$ 核的数密度;$\langle\sigma v\rangle_{Z,A}$ 是 $^A_Z X$ 核的单位粒子对的中子俘获反应率;$\lambda_\gamma(Z,A+1)$ 是 $^{A+1}_Z X$ 核的光解衰变常数。对于足够大 N_n 和 T 值的情况,中子俘获率和逆向光解率足够大,以确保沿同位素链达到热平衡[对于 $Z=\text{const}$,$\mathrm{d}N(Z,A)/\mathrm{d}t \approx 0$]。在这种条件下,两个相邻同位素 $^{A+1}_Z X$ 和 $^A_Z X$ 的丰度比,由萨哈方程[式(3.50)]给出:

$$\frac{N(Z,A+1)}{N(Z,A)} = N_n \left(\frac{h^2}{2\pi m_{An}kT}\right)^{3/2} \frac{(2j_{Z,A+1}+1)}{(2j_{Z,A}+1)(2j_n+1)} \frac{G^{\text{norm}}_{Z,A+1}}{G^{\text{norm}}_{Z,A}} \mathrm{e}^{Q_{n\gamma}/(kT)} \quad (5.197)$$

其中,$Q_{n\gamma}$ 是(正向)反应 $^A_Z X(n,\gamma)^{A+1}_Z X$ 的 Q 值,或等价地,即 $^{A+1}_Z X$ 核的中子分离能 S_n。

根据式(5.197),丰度比 $N(Z,A+1)/N(Z,A)$ 主要取决于 Q 值(或中子分离能),并且在 r-过程中它只是温度 T 和中子密度 N_n 的函数。情况如图 5.75(a)所示。在给定的同位素链内,建立了$(n,\gamma) \longleftrightarrow (\gamma,n)$平衡。链中任何同位素的数丰度可以通过连续应用萨哈方程得到,类似于在 5.3.4 节中描述的方法。如果 N_{x_m} 是(任意)核素 N_{x_0} 经过俘获 m 个中子后产生的同位素 x_m 的数密度,则(习题 5.15)

$$N_{x_m} = N_{x_0} \frac{N_n^m}{\theta^m} \left(\frac{M_{x_m}}{M_{x_0} M_n^m}\right)^{3/2} \frac{g_{x_m}}{g_{x_0} g_n^m} \frac{G_{x_m}^{\text{norm}}}{G_{x_0}^{\text{norm}}} \exp\left[\frac{1}{kT}\sum_{j=0}^{m-1} Q_{x_j(n,\gamma)}\right]$$

$$\approx N_{x_0} \left(\frac{N_n}{1.188 \times 10^{34} T_9^{3/2}}\right)^m \exp\left[\frac{11.605}{T_9}\sum_{j=0}^{m-1} Q_{x_j(n,\gamma)}\right] \tag{5.198}$$

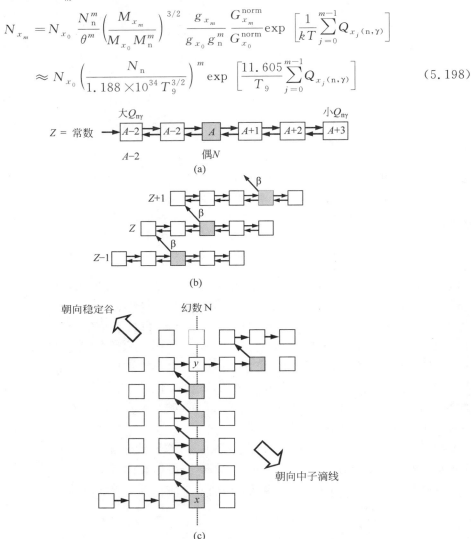

图 5.75 r-过程路径的基本构建模块。图(a)显示了一个处于$(n,\gamma) \longleftrightarrow (\gamma,n)$平衡的同位素链(等待点近似)。为清楚起见,假设大部分丰度都存在于单个同位素中(阴影方块)。图(b)显示了等待点核的 β^- 衰变如何从一个同位素链转移物质到下一个同位素链。稳流近似假设每个元素 Z 的丰度与链的总 β 衰变常数成反比。图(c)显示了当 r-过程路径遇到一个中子幻数的特殊情况

其中符号的含义与 5.3.4 节中的相同。在上面的数值表达式中,数密度和 Q 值分别以 cm^{-3} 和 MeV 为单位,而归一化配分函数和重核自旋被设置为 1。首先假设一个给定同位

素链中的所有 $Q_{n\gamma}$ 值都是相同的。对于特定的温度和中子密度,我们可以对式(5.197)中的 $Q_{n\gamma}$ 进行求解,该 Q 值会导致整个链具有相同的丰度,即 $N(Z,A+1) \approx N(Z,A)$。例如,利用 $T = 1.25$ GK 和 $N_n = 10^{22}$ cm^{-3},再次忽略自旋和归一化分配函数,我们得到的值是 $Q_{n\gamma} \approx 3.0$ MeV。当然,中子俘获的 Q 值并非全部相等,而是在从稳定谷朝向中子滴线移动时,平均来说是降低的。换句话说,越接近稳定谷,那里 $Q_{n\gamma} > 3$MeV,我们有 $N(Z,A+1) > N(Z,A)$;而越接近 中子滴线,那里 $Q_{n\gamma} < 3$MeV,我们得到 $N(Z,A+1) < N(Z,A)$。因此,尽管平衡丰度并不完全相同,但会在接近 $Q_{n\gamma}$ 值约为 3 MeV 的同位素时显示出最大值。对于给定的温度和中子密度,所有链的丰度最大值都发生在相同的中子俘获 Q 值处(对于上述选择条件 $Q_{n\gamma} \approx 3$MeV)。根据式(5.197),N_n 的增加使得所有同位素链中的丰度最大值移向丰中子一侧(朝着更小的 $Q_{n\gamma}$ 值方向),而更高温度将使丰度最大值移向不那么丰中子的一侧(向着更大的 $Q_{n\gamma}$ 值)。温度上的变化总是可以通过相应调整中子密度以保持丰度最大值的位置不变,而得到补偿的,从此意义上来讲,T 和 N_n 是相互关联的。

刚刚讨论的是一种过于简单化的情况,这是因为由配对效应(1.6.2节)引起的原子核结合能的偶-奇效应到目前都是被忽略了的。具有偶数中子核素的 $Q_{n\gamma}$ 值相对较小,而那些奇数中子核素的 $Q_{n\gamma}$ 值相对较大。因此,根据式(5.198),每个同位素链上的丰度最大值是由偶数中子的核素识别的。

有一个现成的具体例子。在 $T = 1.25$ GK 和 $N_n = 10^{22}$ cm^{-3} 的条件下,对于丰中子硒(Se)同位素($A = 92 \sim 99$)的丰度分布可以用式(5.198)来计算。结果如图 5.76(a)所示。水平线代表一个 3 MeV 的恒定 Q 值。真实的 $Q_{n\gamma}$ 值[来自参考文献(Möller et al.,1997)]显示为点划线,表现出由配对效应所引起的明显奇偶结构。丰度分布(实线)在平均 $Q_{n\gamma}$ 值曲线低于 3 MeV 的偶 N 同位素处达到峰值,在该示例中为 $^{96}_{34}$Se$_{62}$ 及稍逊一点的 $^{94}_{34}$Se$_{60}$。一个更量化的标准将由习题 5.16 导出。实际上,人们发现,对于给定的一些 T 和 N_n 值,其丰度分布相对尖锐,仅有一个或两个偶 N 同位素以任意大的数量存在。另外,如果 r-过程是以温度和中子密度上的一些展宽为特征的,那么丰度分布将变宽到包括更多的 A 值。平衡可能无法在整个同位素链中实现。特别地,越靠近稳定谷则 Q 值越大,因此,光解率变得更小。逆向(γ,n)反应无法平衡正向(n,γ)反应,并且这些较轻的同位素会被迅速地破坏掉。对于上述模型这并不只代表着一个问题,因为人们发现(n,γ) $\longleftrightarrow$ (γ,n)平衡条件适用于在平衡状态下具有任何显著丰度的所有同位素 (Seeger et al.,1965)。因而,下一步是明确的。每个同位素链中具有显著丰度的偶 N 同位素代表着丰度流上的等待点。在这些位置上,r-过程路径只能通过 β^- 衰变继续下去,这些 β^- 衰变足够慢以至于不影响同位素链中的平衡分布[图 5.75(b)]。为此,(n,γ) $\longleftrightarrow$ (γ,n)平衡条件也称为等待点近似(waiting point approximation)。

β^- 衰变将物质从一个同位素链转移到下一个链,其中再次在链内建立了一个独立的平衡[图 5.75(b)]。该重复性的事件序列造成了 r-过程路径。给定 Z 值同位素链的总 β^- 衰变概率可由下式来定义:

$$\lambda_Z \equiv \sum_A p(Z,A)\lambda_\beta(Z,A) \tag{5.199}$$

其中,$p(Z,A) = N(Z,A)/N_Z$ 是给定 T 和 N_n 值条件下链中的丰度分布,它是归一化到元素 Z 的总丰度 $N_Z \equiv \sum_A N(Z,A)$ 上的一个量。量 λ_Z 通过平衡丰度 $p(Z,A)$ 明确地依赖于

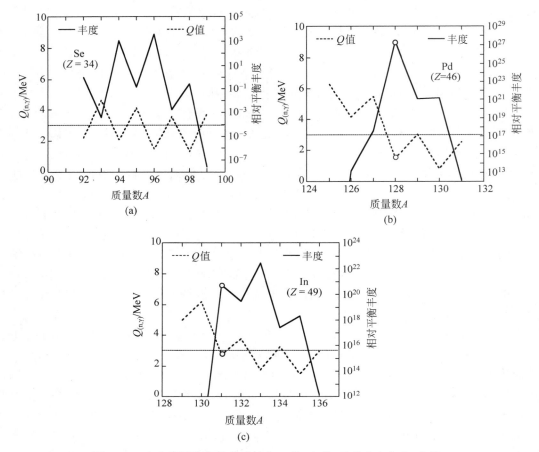

图 5.76 丰中子同位素的中子俘获 Q 值(虚线)及其丰度分布(实线)

(a) 硒,(b) 钯,(c) 铟。$Q_{n\gamma}$ 值取自文献(Möller *et al.*,1997),表现出明显的由于对效应所引起的奇偶结构。[对于所显示的某些同位素,实验值是存在的;参见文献(Wang *et al.*,2012)]。水平线代表恒定值 $Q = 3$ MeV。丰度分布是使用式(5.198)计算的,假设条件为 $T = 1.25$ GK 和 $N = 10^{22}$ cm^{-3}。它们在平均 $Q_{n\gamma}$ 曲线低于 3 MeV 的那些偶 N 同位素处成峰。圆圈用标记了具有中子幻数的同位素

T 和 N_n 值。总丰度 N_Z 的时间演化由下式给出:

$$\frac{dN_Z}{dt} = -\lambda_Z N_Z + \lambda_{Z-1} N_{Z-1} \tag{5.200}$$

其中,第一项描述了元素 Z 的破坏(即通过 β$^-$ 衰变到元素 $Z+1$);而第二项表示元素 Z 的产生(即通过元素 $Z+1$ 的 β$^-$ 衰变)。上述表达式[式(5.199)和式(5.200)]决定了每个同位素链的元素丰度,而式(5.198)决定了每个同位素链内的同位素平衡丰度。对于式(5.200)中的边界条件,人们可以假设最初所有的原子核都是一个特定的同位素链 Z_0 中:对于 $Z = Z_0$,$N_Z(t=0) = N_0$;对于 $Z \neq Z_0$,$N_Z(t=0) = 0$。上述微分方程组的一般解由下式给出(Bateman,1910):

$$N_{Z_0}(t) = N_0 e^{-\lambda_{Z_0} t} \tag{5.201}$$

$$N_Z(t) = N_0 \sum_{i=Z_0}^{Z} \mathrm{e}^{-\lambda_i t} \frac{\lambda_i}{\lambda_Z} \prod_{\substack{j=Z_0 \\ j \neq i}} \frac{\lambda_j}{\lambda_j - \lambda_i}, \quad \text{当} \ Z \neq Z_0 \tag{5.202}$$

这里假设 λ_i 的所有值都不同，如果这些值是精确计算的话，则这是一个很好的假设。从式(5.202)中可以看出，丰度 N_Z 的变化与相应的总 β^- 衰变常数 λ_Z 成反比。与讨论 s-过程时的式(5.176)情况一样，上述耦合方程[式(5.200)]也是自我调节的，这是以它们从一个同位素链到下一个链，试图达到一个恒定的 β^- 衰变流(即 $\mathrm{d}N_Z/\mathrm{d}t \approx 0$)这个意义上来讲的。因而，经过足够的时间后，我们得到

$$\lambda_Z N_Z \approx \lambda_{Z-1} N_{Z-1} \quad \text{或} \quad \lambda_Z N_Z \approx \mathrm{const} \tag{5.203}$$

该条件称为稳流近似(steady flow approximation)。

现在将论述具有中子幻数 $N=50$、82 和 126 的核素对于 r-过程路径的重要意义。该情况简要描绘在图 5.75(c)和图 5.77 中。假设丰度流到达了以中子幻数核 x 为成员的同位素链。该原子核具有能量占优的中子壳组态。其结果是，$x(\mathrm{n},\gamma)$ 反应的 Q 值相对较小，而前续的 $(\mathrm{n},\gamma)x$ 反应的 Q 值比较大。元素钯($Z=46$)是该情形的一个例子。$A=125\sim131$ 区中的中子俘获 Q 值显示在图 5.76(b)中。很明显，中子幻数核 $^{128}_{46}\mathrm{Pd}_{82}$ 与平均 $Q_{\mathrm{n}\gamma}$ 值曲线低于 3 MeV 线的位置是符合的。因此，$^{128}_{46}\mathrm{Pd}_{82}$ 是迄今为止链中最丰的核素，它代表了一个等待点。在随后的 β^- 衰变之后，该过程在下一个同位素链中重复了它自身：平均 $Q_{\mathrm{n}\gamma}$ 值曲线在中子幻数核的位置(在本例中为 $^{129}_{47}\mathrm{Ag}_{82}$)处穿过了 3 MeV 线，该中子幻数核变成了另一个等待点。因此，在相同中子幻数 N 处遇到了一系列等待点。r-过程路径别无选择，只能在 Z 上垂直向上移向稳定谷[图 5.75(c)]。此外，路径越接近稳定核素组，中子幻数核的 β^- 衰变半衰期越长。沿 r-过程路径，典型的半衰期为 $T_{1/2} \approx 0.01 \sim 0.05$ s，但对于靠近稳定谷接近中子幻数等待点的那些核素(例如，$^{130}_{48}\mathrm{Cd}_{82}$)，它们的半衰期相当长。因而，丰度流显著地延迟，这些同位素将累积到相对较大的丰度。当到达中子幻数核 y 时，发生了一个有趣的情况[图 5.75(c)]。一个具体的例子是元素铟，其相应的 $Q_{\mathrm{n}\gamma}$ 值如图 5.76(c)所示。与之前情况一样，中子俘获的 Q 值在中子幻数核的位置处($^{131}_{49}\mathrm{In}_{82}$)明显下降。然而，与较轻的中子幻数核相比该同位素更接近稳定线。额外的稳定性反映在较大的总体中子俘获 Q 值上。现在，平均 $Q_{\mathrm{n}\gamma}$ 值曲线在中子幻数核 $^{131}_{49}\mathrm{In}_{82}$(此例中，在 $^{133}_{49}\mathrm{In}_{84}$ 处)之上的位置处低于 3 MeV 线。换句话说，r-过程路径在足够靠近稳定核区的一个位置上克服了中子幻数为 N 的一组同中子素[图 5.75(c)]。

在中子通量停止时，丰中子核素沿 $A=\mathrm{const}$ 线 β^- 衰变到它们的稳定同量异位素。因此，r-过程会在每个 A 值处产生一个稳定的(或长寿命的)同位素。在最简单的情况下，我们可以假设在一段时间 τ 后，中子通量和温度立即下降到零。那么，当 r-过程停止时，如果知道了每个 Z 在时间 τ 处的同位素丰度，则通过如下求和可以得到每个 A 下的最终 r-过程丰度：

$$N_{\mathrm{r},A} = \sum_Z N_Z(\tau) p(Z,A) \tag{5.204}$$

总而言之，对于给定的 N_n、T 和 τ 值，如果已知核特性，则可以精确计算 r-过程路径(因而，丰度 $N_{\mathrm{r},A}$)。中子俘获的 Q 值决定了每个元素的同位素平衡丰度[式(5.198)]，而对于给定元素 Z 下材料的相对量，则仅取决于同位素链的总 β^- 衰变概率[式(5.202)]。中子俘获

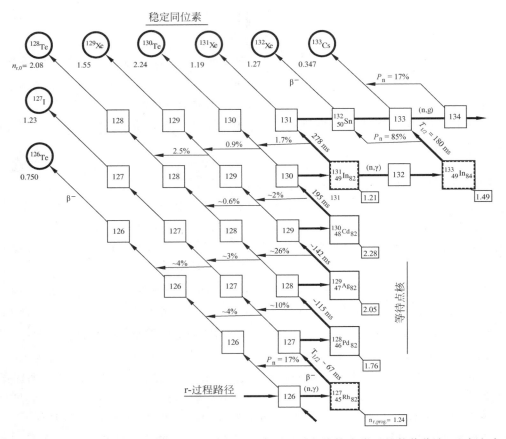

图 5.77 在 $A \approx 130$ 和 $N \approx 82$ 附近 r-过程路径的示意图。对角线箭头附近的数值代表 β^- 衰变半衰期(以秒为单位),那些靠近水平箭头的数值显示了 β 延迟中子衰变的分支比(以百分数为单位)。所引用的值有的取自实验值,有的采用的是核模型计算值(在数值前标有"∼"符号的)。稳定的 r-过程最终产物(冻结后)以圆圈显示,它们观测到的太阳系 r-丰度在方盒子中给出。关于核特性及丰度的更多信息可以在文献(Audi *et al.*,2012;Möller *et al.*,1997; Lodders *et al.*,2009)中找到。注意 ^{130}Cd 是 $N = 82$ 中子幻数的等待点核,其位置最接近稳定线。在下一个元素铟,r-过程路径朝着更重核素水平分叉。核素 ^{130}Cd 是稳定同量异位素 ^{130}Te 的先驱核,它位于太阳系 r-过程丰度分布 $A = 130$ 峰的最大值处[来自文献(Kratz *et al.*,1988)。转载经 IOP 出版社许可。IOP 保留所有权利]

或光解反应的截面是不重要的,因为我们采用了等待点近似。此外,建立 $(n,\gamma) \longleftrightarrow (\gamma,n)$ 平衡所需的时间与 β^- 衰变半衰期相比可以忽略不计,它决定了 r-过程流向更重原子核的时间延迟。r-过程路径离中子滴线越近,则 β^- 衰变半衰期变得越短,导致 r-过程流越快。丰度流的最长时间延迟预计发生在最接近稳定线的中子幻数等待核($^{80}_{30}$Zn$_{50}$、$^{130}_{48}$Cd$_{82}$ 和 $^{195}_{69}$Tm$_{126}$)附近。这些位置附近的丰度累积,并且在中子通量终止后,造成了在观测到的 $N_{r,A}$ 值分布中 $A = 80$、130 和 195 处的丰度峰[图 5.74(a)]。

我们在式(5.204)中假设,β^- 衰变是中子照射冻结后核素从 r-过程路径衰变回稳定谷的唯一的过程。然而,还有许多其他的过程也需要考虑在内。首先,β^- 衰变可能并不总是布居子核的中子束缚态。如果布居了中子非束缚态,则可能发生 β 延迟中子发射(1.8.2节)。该过程具有消除平衡丰度中由 $Q_{n\gamma}$ 对中子数依赖所造成的强烈奇偶特征的趋势,否则这种奇偶特征将会出现在最终的 r-过程分布中。其次,在更高的质量区($Z > 80$),自发裂变和 β 延迟裂变可能变得比 β^- 衰变更快,从而会影响最终的丰度。最后,在 $A = 210$ 质量区以上,朝向稳定谷的衰变到达(β 稳定的)放射性 α 粒子发射体。这些核素沿着 α 衰变链的嬗变产生了非常长寿命的核素 ^{232}Th、^{235,238}U 及 ^{244}Pu,它们对核年代学非常重要(例如,Truran *et al*.,2002)。

除别的以外,r-进程的终止取决于中子照射的持续时间,因此依赖于天体物理环境。对于相对较短的中子照射,r-过程因在到达 $A \approx 260$ 质量区之前缺乏自由中子而终止。对于较长时间的中子照射,中子的连续添加将持续到库仑势垒(与 Z^2 成正比)变得很大,以至于重核素的衰变会通过中子诱发裂变或 β 延迟裂变进行。计算表明,这发生在 $A_{max} \approx 260$ 和 $Z_{max} \approx 94$ 的附近。确切位置灵敏地依赖于远离稳定线核素的(尚未测量的)裂变势垒(Panov *et al*.,2005)。在质量为 A_{max} 的重核裂变后,产生了质量大约为 $A_{max/2}$ 的两个碎片,为中子俘获链提供了两个种子核,从而导致了裂变循环(fission cycle)。r-过程核的数目经每个循环后增加一倍。将平均裂变碎片累积回 A_{max} 的循环时间 τ_{cycle} 可能仅需几秒钟或更短的时间。如果中子供应能够持续足够长的时间,$\tau \gg \tau_{cycle}$,当原子核绕过裂变循环时丰度则会呈指数增长,较大的重核丰度就是以这种方式累积起来的。通过在式(5.200)中添加一项,裂变也可以被纳入上述唯象学 r-过程模型中。解析解已在文献(Seeger *et al*.,1965)中给出。

描述 r-过程所需的核特性包括:中子俘获 Q 值(或中子分离能)、β^- 衰变半衰期、β 延迟中子发射的分支比、归一化分配函数、裂变概率以及 α 衰变半衰期。原子核质量在 r-过程中发挥着核心作用,因为它们直接或间接地决定了以上列出的大多数特性。此外,回想一下在平衡丰度的确定中,$Q_{n\gamma}$ 值[由质量差给出;式(1.6)]是以指数形式进入的[式(5.197)],因此,必须精确知道 $Q_{n\gamma}$ 值。对于远离稳定谷的核素,人们需要知道它们的核特性。本节稍后将总结可用的实验信息。此处,提及一下就足够了,即所需的信息在实验上是未知的(除少数例外),这是因为大多数 r-过程路径上的核素在实验室中还无法产生。所需的核特性必须使用核模型来估计。各种模型不会在这里进行讨论(例如,Cowan *et al*.,1991)。在实践中,人们试图从靠近稳定线核素的已知特性推导出半经验公式,从而外推到由 r-过程路径所覆盖的区域。即使对最复杂的模型,这种外推方法也受制于很大的不确定度。例如,文献(Möller *et al*.,2003)对于计算的 $Q_{n\gamma}$ 和 Q_β 值所估计的不确定度为 ±0.5 MeV,而对远离稳定线核素预言的半衰期和 β 延迟中子的分支比,其不确定度只能在 2～3 倍。是否可以开发出新的不受这些限制的通用质量模型,还有待观察。当前核模型的任何缺陷都将对 r-过程预言产生直接影响。相关的核物理不确定度会影响对 r-过程的大多数讨论。

上面讨论的唯象学模型称为经典 r-过程模型(classical r-process model)。简单地是因为它假设了:①恒定温度和中子密度;②中子通量在一段持续时间 τ 后瞬间终止;③等待点和稳流近似。等待点近似仅适用于足够大的 T 和 N_n 值(Goriely & Arnould,1996;Rauscher,2004)。否则,给定元素 Z 的每个同位素链上的丰度流在到达链上的等待点之前就已经被 β^- 衰变稳定地耗尽了。稳定流近似仅在中子照射的持续时间超过了 r-过程路径上核素的 β^- 衰变半衰期时才适用。最后,中子密度突然终止的假设忽视了一点,即如果

N_n 在很短的有限时间内减少,则(n,γ)和(γ,n)反应将会失去平衡。

　　下面将讨论经典模型是如何洞察 r-过程天体物理条件的。例如,考虑图 5.77,它显示了中子幻数 $N=82$ 附近的 r-过程路径。如果等待点近似成立,则其路径在水平分岔朝向更重的核素之前,经过 $^{127}_{45}\mathrm{Rh}_{82}$、$^{128}_{46}\mathrm{Pd}_{82}$、$^{129}_{47}\mathrm{Ag}_{82}$ 和 $^{130}_{48}\mathrm{Cd}_{82}$ 垂直向上移动。正如之前讨论的那样,由于中子幻数附近 $Q_{n\gamma}$ 值的突然下降,这些核素在它们各自同位素链中是迄今为止最丰的。然而,对于 $Z=49$ 的链,大部分丰度存在于 $^{131}_{49}\mathrm{In}_{82}$ 和 $^{133}_{49}\mathrm{In}_{84}$ 中[图 5.76(c)]。中子通量终止后,$N=82$ 附近核素的衰变导致了观测到的太阳 r-丰度在 $A=130$ 处的峰。核素 $^{130}\mathrm{Cd}$ 和 $^{131}\mathrm{In}$ 将分别 β^- 衰变为稳定的同量异位素 $^{130}\mathrm{Te}$ 和 $^{131}\mathrm{Xe}$。另外,同位素 $^{133}\mathrm{In}$ 具有很大的 β 延迟中子衰变概率,因此主要衰变为稳定核素 $^{132}\mathrm{Xe}$。对于 $Z=48$(镉)和 49(铟)同位素链,另外假设一个稳流近似[式(5.203)],我们可以根据观测到的太阳系中 $^{130}\mathrm{Te}$、$^{131}\mathrm{Xe}$ 和 $^{132}\mathrm{Xe}$ 的 r-丰度以及 $^{131}\mathrm{In}$ 和 $^{133}\mathrm{In}$ 的测量半期,计算出 $^{130}\mathrm{Cd}$ 的半衰期值(习题 5.17)。计算的结果是 $T^{\mathrm{calc}}_{1/2}(^{130}\mathrm{Cd})\approx 187$ ms,接近实验值 $T^{\mathrm{exp}}_{1/2}=(162\pm 7)$ ms(Dillmann *et al.*,2003)。因此,看来在太阳系 r-过程 $A=130$ 的峰是在(n,γ) $\longleftrightarrow$ (γ,n)平衡和稳流平衡的条件下形成的。类似的论据可以应用于 r-过程 $A=80$ 的峰。我们还可以估计引起观测到的 r-丰度的温度和中子密度条件。早些时候,我们根据给定的 $Q_{n\gamma}$ 值,通过假设 T 和 N_n 值计算了平衡丰度(图 5.76)。该论证可以反过来,根据特定同位素链中已知平衡丰度也可以推导出 T 和 N_n 的约束条件。例如,再次考虑 $^{131}\mathrm{In}$-$^{133}\mathrm{In}$ 对。根据观测的太阳系 $^{131}\mathrm{Xe}$ 和 $^{132}\mathrm{Xe}$ 的 r-丰度(Arlandini *et al.*,1999),经过 β 延迟中子衰变修正后,可以推导出 r-过程路径上先驱核 $^{131}\mathrm{In}$ 和 $^{133}\mathrm{In}$ 的平衡丰度(习题 5.17)。根据式(5.198),如果 $Q_{n\gamma}$ 值是实验或理论已知的,则这些平衡丰度就确定了温度和中子密度。对于 $N=82$ 附近的同位素($^{131,133}\mathrm{In}$),该方法的结果如图 5.78 中的短划线所示。例如,人们发现中子密度 $N_n\approx 10^{22}$ cm^{-3} 对应于 $T\approx 1.35$ GK 的温度。如前所述,T 和 N_n 是相关联的,因此,可能的解位于短划线上的任意位置。

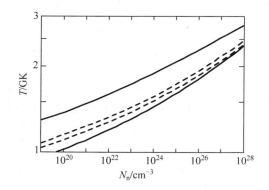

图 5.78　r-过程中温度和中子密度的条件。虚线是根据 $^{133}\mathrm{In}$-$^{131}\mathrm{In}$ 的平衡丰度比导出的。位于 r-过程路径上的这些同位素的丰度比是从观测到的 $^{132}\mathrm{Xe}$ 和 $^{131}\mathrm{Xe}$ 的太阳系 r-丰度中推断出来的。两条虚线是根据两个不同质量公式得到的。两条实线之间的区域表示介于 $^{133}\mathrm{Rh}$ 和 $^{133}\mathrm{Cd}$ 之间所有 $N=82$ 的核素都代表等待点的那些条件。数据来自文献(Kratz *et al.*,1988)

试图利用经典 r-过程模型和单套 T-N_n-τ 条件来描述整个太阳系观测到的 r-丰度分布尚未能取得成功(Kratz *et al.*,1993)。这种全局描述再现了三个 r-丰度峰,但既不是在正确的质量数位置上也不是正确的幅度。人们还发现,为了重现观测到的太阳系丰度分布,则在不同的质量区至少需要三套不同的 T-N_n-τ 条件,每个条件对应于一个特定的 r-过程路径。此外,稳流近似局部地适用于这些质量区中的每一个区,而不是通用地适用于整个质量区。每个组分一直进行到 r-丰度峰(在 $A = 80$、130 或 195 处)中的一个,并实现局部稳流平衡。然而,稳流平衡在每个峰的最大值处被打破了,此处 r-过程先驱核的半衰期相对较长(大约在秒量级)。这可以表明,中子照射的持续时间比大多数 r-过程路径上相对较短的 β^- 衰变半衰期要长,但与最接近稳定线的中子幻数核较长的半衰期可比拟。总体意义是,太阳系 r-丰度分布是由代表不同 r-过程条件的组分叠加而造成的。这可能是由几个不同的天体物理 r-过程场所或由单个场所中具有可变条件的不同区域而造成的。一个观测到的太阳系 r-丰度与经典 r-过程模型计算结果的比较示例如图 5.79 所示。所得模型预测结果来自以下三个不同 r-过程组分的叠加:① $T = 1.35$ GK、$N_n = 3 \times 10^{20}$ cm^{-3}、$\tau = 1.5$ s、$A \approx 80$;② $T = 1.2$ GK、$N_n = 1 \times 10^{21}$ cm^{-3}、$\tau = 1.7$ s、$A = 90 \sim 130$;③ $T = 1.2$ GK、$N_n = 3 \times 10^{22}$ cm^{-3}、$\tau = 2.5$ s、$A = 135 \sim 195$。各组分的权重为 $10 : 2.6 : 1$。每个组分的一套 T-N_n 值并不是唯一的,对于 T-N_n 图扩展边界上的所有值,所得的 r-丰度都是相似的[图 5.78 及文献(Kratz *et al.*,1993)中的图 12]。观测和计算丰度之间的偏差(图 5.79 的下半部分)源于计算核特性质量模型的系统性缺陷(Freiburghaus *et al.*,1999)。

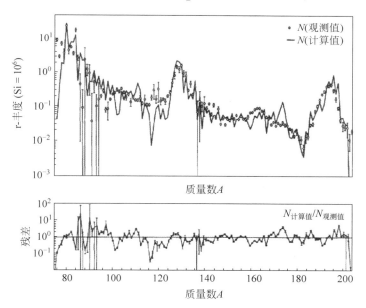

图 5.79 观测到的太阳系 r-丰度的分布(数据点)与经典 r-过程模型预言(实线)的比较。实线是根据式(5.198)和式(5.202)计算得到的,仅取决于中子分离能、β^- 衰变半衰期、β 延迟中子衰变概率等,但不取决于中子俘获或光解的截面。模型预言是由三个不同 r-过程成分叠加得到的[来自文献(Kratz *et al.*,1993)。转载经 IOP 出版社许可。IOP 保留所有权利]

没有明显的原因说明为什么观测到的太阳系 r-丰度分布应该是只有三个组分叠加的结

果。如果多个天体物理场所或同一场所中代表不同条件的不同区域都对观测的 r-丰度有贡献,那么假设多个不同组分的叠加也是合理的。按照这个思路,一些研究人员使用了许多组分,每个组分都有其相关的拟合参数,从而在预言和观测到的 r-丰度之间达到几乎完美的一致性(例如,Goriely & Arnould,1996)。然而,这样的结果掩盖了计算核特性的缺陷,同时,在丰度拟合得很好的质量区以外,模型的预言能力可能要做一些让步。其他研究人员使用了 r-过程组分的一个连续叠加,假设恒定温度和幂律分布的组分权重和照射时间(以中子密度为函数)。此方法只需要少量的拟合参数,与图 5.79 中显示的结果相比,该方法会对预言的 r-丰度产生略微的改善(Freiburghaus et $al.$,1999)。然而,两种方法似乎都不能直接反映真实 r-过程场所的物理特性。

图 5.80 显示了使用第二种方法获得的一些结果,即通过假设 r-过程组分的连续叠加。每个组分以恒定的 T、N_n 和 τ 值为特征。组分权重和中子照射时间尺度分别由 $\omega(N_n)=a_1 N_n^{a_2}$ 和 $\tau(N_n)=a_3 N_n^{a_4}$ 给出,其中 a_i 是拟合参数。温度保持恒定在 $T=1.35$ GK。由于不同的 T-N_n 条件对应于不同的 r-过程路径,与使用单个组分相比,每个同位素链中等待点核的总体分布(大空心或大实心方块)变宽了。由此得到的 r-过程丰度流模式更像是一条林荫大道而不是一条狭窄的小径(Kratz,2006)。尽管如此,可以看出所有组分的丰度流在达到 $A\approx260$ 区之前都穿过具有中子幻数($N=82$ 和 126)的同中子素。在中子通量停止时,r-过程路径上的短寿命核素通过 β^- 衰变、β 延迟中子发射、α 衰变以及裂变(后两种衰变只发生在 $A>210$ 区),并嬗变成稳定的或长寿命的同位素(小实心方块)。

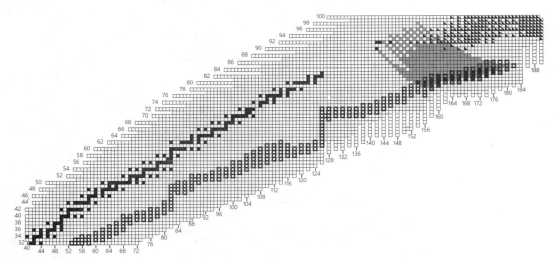

图 5.80 经典 r-过程计算的结果,其中假设了多个成分的连续叠加。各成分由每个成分权重的幂律分布,以及以中子密度为函数的照射时间来决定。大的空心和实心方块显示了所有等待点核,在中子照射瞬间冻结后,这些核素对任何稳定或长寿命核素(小实心方块)的丰度贡献大于 1%。大实心方块是等待点核的一个子集,它们沿标记为灰色方块的路径衰变,并对产生长寿命宇宙时钟 ^{233}U 和 ^{232}Th 核素有贡献。通过 β^- 衰变产生后发生裂变的核素显示为三角形。计算是基于 ETFSI-Q 质量模型的 Pearson et $al.$,(1996)。[来自文献(Schatz et $al.$,2002),经 IOP 许可转载出版。版权归 IOP 所有]

上述唯象学模型没有假设 r-过程的场所。尽管如此,它还是很有用的,并提供了对几个方面的深入了解。正如我们所见,经典 r-过程模型描述了太阳系 r-丰度分布的总体行为。它也适用于再现或预测相邻核的丰度比,例如,用于宇宙时钟(Kratz et al.,2004)或原始陨石中的同位素异常(Kratz et al.,2001)。这种丰度比最有可能受到核特性而不是天体物理 r-过程场所细节的影响。经典 r-过程模型还提供了一个简单的框架,用以研究核物理不确定度对预言的 r-丰度的影响。但根据之前的讨论也很清楚的是,经典模型无法解释真实天体物理场所下的观测结果。

在此处,对动态的 r-过程计算结果进行可视化是非常值得的,它与迄今为止描述的静态模型结果相反。实际上,温度和中子密度会随时间演化。在 r-过程的早期,T 和 N_n 将足够大,以确保 $(n,\gamma) \longleftrightarrow (\gamma,n)$ 平衡在所有同位素链中都成立。现在假设温度和中子密度随着时间的推移而降低。根据等待点近似,丰度流将不断地调整到新的条件。这意味着由 T 和 N_n 定义的 r-过程路径,必须从一个较接近中子滴线的位置开始,连续移动到更接近稳定线的位置。对于路径上的每个位置,其 β^- 衰变半衰期是不同的。就在中子照射刚刚终止之前,当 r-过程路径仍然有 15～35 个质量单位远离稳定线时,等待点核的中子俘获 Q 值为 $Q_{n\gamma} \approx 2 \sim 4$ MeV。当中子通量消失时,r-过程核素向稳定线衰变。但很明显的是,只有刚冻结之前的 r-过程路径,尤其是中子幻数核附近的部分,才对观测到的 r-丰度的最终分布重要。换句话说,在冻结时,r-过程几乎忘记了它的早期历史。

在讨论 r-过程的可能地点之前,我们将简要提及一些观测证据。到目前为止,我们只专注于使用经典 r-过程模型来重现观测到的太阳系 r-丰度分布。另外,可以从恒星光谱中得出重要的结论。图 5.81 显示了极贫金属银河晕巨星中总的重元素丰度(数据点)。为了比较,太阳系 r-丰度显示为实线。它是银河系中最古老的恒星之一。对于钡以上的元素($A \geqslant 135$),两种丰度分布之间惊人的一致性提供了强有力的证据:在这颗恒星中观测到的大部分重元素都是在银河系演化的早期阶段通过 r-过程合成的,而没有来自 s-过程的明显贡献。在其他超贫金属晕巨星中也有类似结果(Truran et al.,2002)。r-过程元素本身不是在晕星中合成的。它们一定是由那些演化非常快的前身星产生的,并在目前观测到的晕巨星形成之前将物质抛射到星际介质中。超贫金属晕巨星在银河系历史中形成得如此之早,以至于它们可能接收到了源于仅一个,或至多几个 r-过程事件的贡献。最有可能的 r-过程场所似乎与大质量恒星有关,因为低质量或中等质量恒星演化的时间尺度是相当长的。质量在 $Z \approx 56$ 之上太阳系 r-丰度的一致性支持了 r-过程机制是很坚实的这一结论,这种坚实性是基于每个 r-过程事件中都会产生类似丰度模式的意义来说的。有趣的是,恒星和太阳系 r-丰度之间的这种一致性不会扩展到钡以下的较轻元素($Z<56$)。已经有很多建议来解释它们的合成,包括弱 r-过程(Kratz,2007)、轻元素初级过程(Travaglio et al.,2004b),以及 α-过程(Qian & Wasserburg,2007;另见下文)。需要更多的观测和研究来理解这些元素的合成。

r-过程研究的一个主要目标是识别天体物理场所,并且通过使用在太阳系和恒星中观测到的 r-丰度,得出关于它们详细特性的结论。这种方法在 s-过程的情况下非常成功。然而,r-过程的场所仍然是一个谜。人们已经提出了许多不同的天体对象[参见文献(Cowan et al.,1991)中的总结],但其中仅有少数看起来是有希望的。我们已经提到,观测将 r-过程加工处理的起点置于银河系演化的很早期,因此,r-过程场所最有可能与大质量恒星有关。也很明显,该场所必须在短时间内(大约是秒的量级)提供非常高的中子密度($N_n \geqslant$

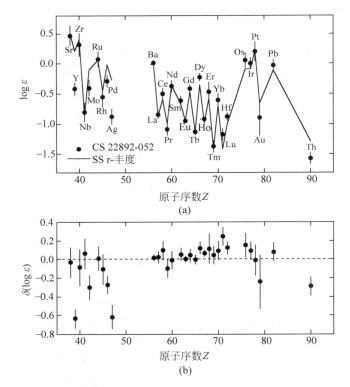

图 5.81 (a) 低金属度晕巨星 CS22892-052 的重元素丰度(实心圆)与太阳系 r-过程丰度(实线)
的比较。丰度以标准光谱符号给出,其中 $\log \varepsilon(x) \equiv \log(N_x/N_H) + 12.0$,$N_x$ 代表数
丰度。恒星数据取自文献(Sneden *et al.*,2008)。太阳系 r-丰度(太阳系总丰度减去 s-
丰度)来自文献(Simmerer *et al.*,2004),并已归一化到恒星 Eu 的丰度。该图不包括去
卷积 s-丰度和 r-丰度所引入的不确定性。(b) 总的恒星 r-过程太阳系丰度与按比例缩
放的 r-过程太阳系丰度之间的差异。对于比钡重的元素($Z \geqslant 56$),两个丰度分布之间引
人注目的一致性为下面的结论提供了强有力的证据:即在这颗恒星中观测到的大多数
重元素都是在银河系演化的早期由 r-过程合成的

10^{21} cm^{-3})。另外,温度不宜过高。否则,重核素要么被光解破坏掉(5.3.4 节和 5.3.5
节),要么等待点丰度会移动到太靠近稳定谷[式(5.197)],其中 β⁻ 衰变半衰期太慢而无法
进行有效的 r-过程加工处理。

　　一个可能的场所是两颗中子星的并合(Rosswog *et al.*,1999)。计算表明,此类事件抛
射出的物质具有在 $A \geqslant 140$ 质量区的太阳系成分。该来源的一个问题是事件出现率可能太
低,因而,每个事件所需抛射出的 r-过程物质的质量太大而与观测结果不一致(Qian,2000)。
第二种可能性是从不对称大质量恒星爆炸的喷流在磁化过程中抛射出中子化物质
(Cameron,2003)。不幸的是,目前该模型的热力学条件尚未确定。第三个提议的场所涉及
来自于核心坍缩超新星所产生中子星的中微子驱动风(5.4.1 节)。

　　尽管这些场所在本质上差异很大,但其基本的核重排是相似的。我们已经指出,任何成
功的 r-过程场所都需要非常大的中子密度、足够高的温度以及较快的膨胀时间尺度。为了
更好地理解导致 r-过程的中子通量起源,对最后一个场景中的核合成进行简单讨论是很值

得的。假设后期中微子驱动风具有明显的中子过剩。如示意图 5.41(c)所示,可以视为四个不同的阶段。

首先,温度高于 $T \approx 10$ GK 时,星风由处于核统计平衡的自由中子和质子组成(图 5.38)。其次,随着星风膨胀并冷却到 $T \approx 10$ GK 以下时,核子开始结合成 α 粒子。在接近 $T \approx 7$ GK 时,α 粒子成为主导成分,并留下过剩的中子。此外,一些 α 粒子开始经过下列强密度依赖的反应序列组装成原子核:

$$\alpha + \alpha + n \longrightarrow {}^{9}Be, \quad {}^{9}Be\,(\alpha,n){}^{12}C \tag{5.205}$$

再次,在接近 $T \approx 5$ GK 时,核统计平衡崩溃,这是因为,在高温、低密及较丰 α 粒子的条件下,膨胀时标变得比维持核统计平衡所需的时间要短。慢过程 $\alpha + \alpha + n \longrightarrow {}^{9}Be$ 是第一个失去平衡的反应。该情形类似于在 5.4.3 节中讨论过的富 α 粒子冻结。α 粒子再次过剩,且无法在可用时间内被缓慢的 α 诱发反应足够快地消耗掉。然而,重要的差别是中子过剩的存在。富集的 α 粒子和中子都将参与较重核素的累积,从以下序列开始:

$$ {}^{12}C(n,\gamma){}^{13}C(\alpha,n){}^{16}O(\alpha,\gamma){}^{20}Ne\ldots \tag{5.206}$$

回想一下 5.4.3 节的讨论,如果不存在中子,富 α 粒子冻结主要产生 $N = Z$ 的同位素 ${}^{56}Ni$,而铁峰以上的丰度流可以忽略不计。这是因为沿 $N = Z$ 线 ${}^{56}Ni$ 以上 (α,γ) 反应的 Q 值相对较小。这些核素位于稳定谷丰质子的一侧,通过添加另一个 α 粒子所获得的结合能很小。因相对小的 Q 值,光解会阻止铁峰以上核素的合成。中子俘获具有将丰度流移向稳定谷的重要作用,那里的核素更丰中子,并且 α 粒子分离能更大。因而,光解不会终结铁峰以上的核合成。在这些重核的积累中最重要的过程是 (α,n) 和 (n,γ) 反应。该丰中子、富 α 粒子冻结,有时被称为 α-过程[同样的名称最初在文献(Burbidge *et al.*,1957)中给出,它在现代术语中称为氦燃烧第 5.3.2 节)]。最后,在温度接近 $T \approx 3$ GK 时,α 诱发反应变得太慢而无法改变物质的成分,α-过程停止。此时,成分由 α 粒子、中子以及 $A \approx 50 \sim 110$ 质量区内的种子核构成。如果中子与种子的比值足够大,则可以启动 r-过程,同时物质进一步膨胀和冷却。

上面描述的 r-过程模型有许多有趣的方面。首先,中微子驱动风的性质由原中子星(proto-neutron star),而不是由爆前超新星演化决定的。这样,该场所的 r-过程加工处理可能会在涉及相同质量的中子星的事件中产生类似的丰度。其次,r-过程可能对原中子星演化和中微子相互作用很灵敏,因此可以成为对事件的一个重要诊断。其次,从 $A \approx 100$ 的种子开始,意味着 r-过程无需克服中子在 $N = 50$ 闭壳附近的等待点核,因此,r-过程加工处理的整体时标缩短了。此外,这些较重种子核的存在降低了重现太阳系 r-丰度分布所需的中子与种子的比。例如,为了解释 $A = 130$、195 处的丰度峰,以及元素 Th 和 U 的合成,每个种子核分别需要大约 30、100 和 140 个中子。最后,中微子驱动风的物理性质导致每个超新星抛出的 r-过程物质的量,大约与目前存在于银河系中的 r-过程处理过的物质的总质量一致(约 $10^4\ M_\odot$)。前续 α-过程的效率不是很高,对于一个成功的 r-过程至关重要。否则会产生太多的重种子核并消耗过多中子,导致在随后的 r-过程中用于合成重达 $A \approx 200$ 核素所需的中子与种子比的不足。该要求转化为中微子驱动风中相对较高的熵(或低的密度),使得 $\alpha + \alpha + n \longrightarrow {}^{9}Be$ 反应在将 α 粒子转换为重核方面效率不高。快的膨胀时标限制了冻结运行所持续的时间,也有助于达到一个较高的中子与种子比。总结一下,一个较大的中子过剩(或低电子摩尔分数)、高熵(即高温和低密)和快速膨胀时间的适当组合,是一个成功的中微子驱动风中 r-过程模型的必要条件。

一些研究试图通过假设由中微子驱动风中多个不同贡献的叠加来重现太阳系的 r-过程丰度分布,每个贡献代表适当的电子摩尔分数、熵和膨胀时间的组合(Farouqi *et al.*,2010)。人们发现较重的 r-丰度($A>120$),包括 Th 和 U,可以用电子摩尔分数($Y_e<0.48$)和适度大小的熵($s<300$)来重现。此外,动态模拟证实,经典 r-过程中的等待点近似和稳流近似,其局部地适用于某个质量区,而不是全局地适用于整个质量区。有趣的是,文献(Farouqi *et al.*,2009)中的研究发现,当带电粒子冻结处的自由中子丰度可忽略不计时(即没有后续的 r-过程发生),介于锌($Z=30$、$A\approx65$)和钌($Z=44$、$A\approx100$)之间的许多(尽管不是全部)核素可以在中微子驱动风中合适的低熵条件下通过 α-过程来合成。该场景通过带电粒子过程共同产生了 $A\approx65\sim100$ 质量区中的一小部分核素,过去它们常常被认为是源于其他过程(s-过程、r-过程和 p-过程)。需要更多的观测和研究。

r-过程核合成的计算需要一大套核物理量,包括核质量、β^- 衰变半衰期、β 延迟中子衰变分支比、裂变特性、分配函数,等等。如果要确切地遵循从平衡中冻结,也即,如果等待点近似和稳流近似不适用,并且是数值求解网络的,则也需要中子俘获和光解的反应率。所有这些远离稳定线丰中子同位素的信息都是必需的。如果要确切地遵循 α-过程,则需要另外一大套数据,包括带电粒子反应和中子诱发过程的反应率,例如(n,α)和(n,p)反应的。在涉及较轻核素的反应中,其中 $\alpha+\alpha+n\longrightarrow{}^9Be$ 过程是关键。它对 r-丰度的影响在文献(Sasaqui *et al.*,2005)中有讨论。几乎所有 r-过程模拟所需的信息都必定是从全局的、半经验的核质量与 β^- 衰变模型中,以及从 Hauser-Feshbach 计算中得到的。在某些情况下,人们已经获得了位于 r-过程路径上或附近核素特性的直接测量信息,主要是寿命和 β 延迟中子发射概率。例如,鉴别中子幻数等待点核 ${}^{80}Zn$(Lund *et al.*,1986;Gill *et al.*,1985)和 ${}^{130}Cd$(Kratz *et al.*,1986)的开创性实验,提供了 r-过程中存在局部稳流平衡的第一个证据。远离 r-过程路径上的非稳定核素的实验结果也很重要,因为收集到的信息可以检验当前用于导出 r-过程路径核素特性的核模型。许多 r-过程实验研究都集中在三个质量区:① 丰中子的 Fe、Co 和 Ni 同位素直到双幻核 ${}^{78}Ni$,因为这些核素代表了经典 r-过程模型中的种子核;②$A\approx115$ 附近的 Zr 和 Pd 同位素,在此质量区大多数 r-过程计算低估了观测到的太阳系 r-丰度(图 5.79),该效果可能是由当前核模型的缺陷所致;③$N=82$ 中子幻数附近的区域(图 5.77),它导致了在 $A\approx130$ 附近的第二个 r-过程丰度峰。

虽然中微子驱动风代表了一个流行的 r-过程场所,但核心坍缩超新星模拟预言了对 r-过程不利的条件(Fischer *et al.*,2009;Hüdepohl *et al.*,2010)。特别是,在长达 20 s 的延长时段内,这些研究得到的中微子驱动风是丰质子的($Y_e>0.5$)而不是丰中子的。这代表了在核心坍缩超新星 r-过程场景中一个非常严重的困难。因此,r-过程的场所仍然是一个未解之谜。有关 r-过程的其他信息,请参考文献(Arnould *et al.*,2007;Farouqi *et al.*,2010)。

5.6.3　p-过程

质量数为 $A\geqslant74$(介于 ${}^{74}Se$ 和 ${}^{196}Hg$)的缺中子稳定核素被 s-过程和 r-过程所绕过。这些核素被称为 p-核,其中字母 p 表示它们比同一元素其他稳定同位素包含更多的质子。(回想一下,${}^{40}Ca$ 以上稳定核素都是由比质子更多的中子组成)负责合成 p-核的机制称为 p-过程(p-process)。p-核及它们的相关丰度在表 5.1 中列出。p-核的太阳系丰度显示在图 5.82 中,并与源自 s-过程和 r-过程的丰度进行了比较。很明显,作为一个群 p-核是稳定核素中最稀有的。它们的丰度与相邻的那些 s-核和 r-核相比通常小约 100 倍。没有一种元素是具有 p-过程同位素作为主导成分的。这意味着所有关于这些核素丰度系统性的知识都是基于对太阳系物质的测量。人们普遍认为，更丰的 s-核和 r-核是 p-过程的种子。

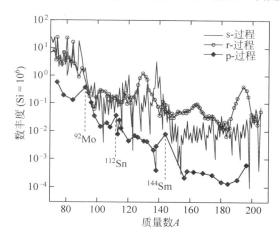

图 5.82 分解观测到的太阳系重核素丰度为三个成分：由 s-过程、r-过程和 p-过程来合成。源自 s-过程和 r-过程的贡献取自文献（Arlandini *et al.*，1999），而 p-过程丰度取自文献（Anders & Grevesse，1989）。稀有核素 ^{180}Ta 的丰度超出了坐标刻度，这里略去了

关于 p-过程机制的重要线索可以从 p-核的结构中获得。几乎所有这些核都有偶数的质子和中子（表 5.1）。唯一的例外是 $^{115}_{50}$Sn$_{65}$，但除 ^{115}Sn 外，它们的丰度与相邻 p-核的丰度要小得多。从图 5.82 中也可以看出，p-丰度分布在 $^{113}_{42}$Mo$_{50}$、$^{112}_{50}$Sn$_{62}$ 和 $^{144}_{62}$Sm$_{82}$ 处最大。其中第一个和第三个有中子闭壳，而第二个有一个质子闭壳。因此，p-过程似乎有利于产生更强束缚的核，即具有成对质子和中子的那些核。

从 s-过程或 r-过程种子开始，有两类反应可以产生缺中子核素：（p，γ）反应和（γ，n）光解。（p，n）反应也会产生缺中子核素，但它们在稳定谷丰质子一侧的 Q 值为负，因此与竞争的（p，γ）反应相比，它们的反应率要大得多。早期模型将 p-过程置于核心坍缩超新星的富氢层。在超新星激波经过期间，其温度和密度分别为 $T \approx 2.5$ GK 和 $\rho \approx 100$ g·cm^{-3}，（p，γ）和（γ，n）反应的组合产生了被中子俘获过程所屏蔽的那些核素，其爆炸膨胀时标在 $10 \sim 100$ s（Burbidge *et al.*，1957）。然而，文献（Wooesly & Howard，1978）认为，这里所需的高密、高温和相对较长时标不太可能存在于普通恒星的富氢区。一个例外是 I 型 X 射线暴（1.4.4 节）。在这些提议的对象中（Schatz *et al.*，1998），通过 rp-过程中的质子俘获产生了一些较轻的 p-核（5.5.3 节）。该场景的一个主要障碍是，任何大量的吸积及加工处理过的物质从中子星巨大的引力势中逃脱都是不太可能的。

表 5.1 主要由 p-过程产生的核素。

核素	Z	N	丰度[a]	贡献[b]／%
^{74}Se	34	40	0.60	0.89
^{78}Kr	36	42	0.20	0.362
^{84}Sr	38	46	0.13	0.5580

续表

核素	Z	N	丰度[a]	贡献[b]/%
^{92}Mo	42	50	0.370	14.525
^{94}Mo	42	52	0.233	9.151
^{96}Ru	44	52	0.099	5.542
^{98}Ru	44	54	0.033	1.869
^{102}Pd	46	56	0.0139	1.02
^{106}Cd	48	58	0.020	1.25
^{108}Cd	48	60	0.014	0.89
^{113}In	49	64	0.008	4.288
^{112}Sn	50	62	0.035	0.971
^{114}Sn	50	64	0.024	0.659
^{115}Sn	50	65	0.012	0.339
^{120}Te	52	68	0.005	0.096
^{124}Xe	54	70	0.007	0.129
^{126}Xe	54	72	0.006	0.112
^{130}Ba	56	74	0.005	0.106
^{132}Ba	56	76	0.005	0.101
^{138}La	57	81	0.0004	0.091
^{136}Ce	58	78	0.002	0.186
^{138}Ce	58	80	0.003	0.250
^{144}Sm	62	82	0.008	3.073
^{156}Dy	66	90	0.0002	0.056
^{158}Dy	66	92	0.0004	0.095
^{162}Er	68	94	0.0004	0.139
^{168}Yb	70	98	0.0003	0.12
^{174}Hf	72	102	0.0003	0.162
^{180}Ta	73	107	0.0000026	0.0123
^{180}W	74	106	0.0002	0.120
^{184}Os	76	108	0.0001	0.020
^{190}Pt	78	112	0.0002	0.014
^{196}Hg	80	116	0.001	0.15

注释：^{180}Ta 和 ^{180}W 也可以由 s-过程合成；例如,参见文献(Arlandini *et al.*,1999)中关于 s-过程对太阳系丰度的贡献。[a] 太阳系核素丰度(相对于 10^6 个硅原子)；[b] 同位素对元素丰度的贡献(以%为单位)。数据来源：(Lodders *et al.*, 2009)。

在描述产生 p-核的特定场所之前,讨论普遍接受的 p-过程机制是很有益的。取代富氢区,它涉及一个温度在 $T \approx 2 \sim 3$ GK 范围的热光子环境。从一些种子核开始,在高温下氢耗尽的恒星区域中最可能发生的相互作用是光解。中子、质子或 α 粒子的光发射衰变常数可以从式(3.46)计算出来。在给定温度下,衰变常数很大程度上取决于正向反应 $0+1 \longrightarrow \gamma+3$ 的 Q 值,或等价地,取决于原子核 3 的粒子分离能(5.3.4 节中的讨论)。

例如,考虑温度在 $T=2.5$ GK 时的碲同位素链,如图 5.83(a)所示。它们的光解衰变常数显示在图 5.83(b)中。种子同位素 ^{122}Te,由 s-过程合成(图 5.69),很可能会被(γ,n)反应破坏掉。下一个同位素 ^{121}Te 也很可能经历一个(γ,n)反应。当我们沿着同位素链向更缺中子的核素移动时,(γ,n)衰变常数波动很大。与偶 N 同位素相比,奇 N 同位素的中子光出射的可能性更大。这种行为主要是由配对效应造成的(1.6.2 节),该效应导致了在相应中子分离能中明显的奇偶波动(图 5.76)。平均而言,(γ,n)衰变常数也是下降的,这是因为从越来越缺中子的原子核中移除一个中子,需要更多的能量。同时,当沿着同位素链从稳定谷朝向质子滴线移动时,质子和 α 粒子的分离能降低。换句话说,同位素的质子越丰,去除一个质子或 α 粒子所需的能量就越少,并且(γ,p)和(γ,α)的衰变常数变得越大[图 5.83(b)]。在沿同位素链的某个偶 N 核处,(γ,p)或(γ,α)反应将支配竞争的(γ,n)反应。当这首先发生时(在图 5.83 中的 ^{120}Te),丰度流分支到一个不同元素的同位素(此处为 ^{116}Sn)上,并且这些事件序列在 Sn 同位素链中重演。

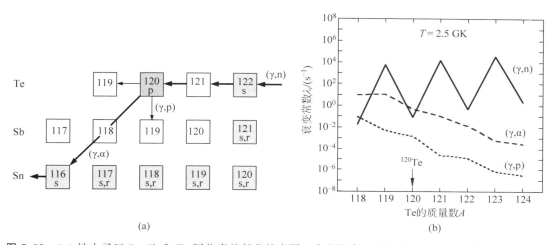

图 5.83　(a) 缺中子区 Sn、Sb 和 Te 同位素的部分核素图。稳定核素显示为阴影方块。字母 s、r 或 p 分别指它们在 s-过程、r-过程或 p-过程中产生。(b) 温度在 $T=2.5$ GK 时计算的缺中子碲同位素的衰变常数。来自文献(Rauscher & Thielemann,2000)。在 ^{120}Te 处,(γ,α)反应主导着竞争的(γ,n)反应。其结果是,丰度流在不同元素的同位素处(这里是 ^{116}Sn)分叉

　　在质子数为 Z 的每个同位素链中,分支点由以下条件来定义:
$$\lambda_{\gamma p} + \lambda_{\gamma \alpha} > \lambda_{\gamma n} \tag{5.207}$$
根据上述论点,也很明显,在每个同位素链中,流路径上最长的光解寿命倾向于发生在靠近分支点的地方。这些偶 N 核变成等待点,物质在这些位置上累积。这尤其适用于具有中子或质子闭壳的核素,这是由于它们具有异常大的分离能(1.6.2 节)。另外,在奇 N 核处预计几乎没有物质累积,这是由于它们的中子分离能相对较小,因而(γ,n)衰变常数很大。在上面的例子中,分支(和等待)点出现在稳定核(^{120}Te)处,它会变成一个 p-核(表 5.1)。最终,初始种子核(此处为 ^{122}Te)被光解为几个较轻的等待点核,直到达到铁峰,在铁峰处进一步光解在能量上变得不占优势。在任何真实的情况下,都会有一个 s-过程和 r-过程种子核的分布(一直延伸到 Pb),它们受到相同热光子环境的影响。然后丰度流从铅向下延伸到铁,沿途通过破坏许多种子核而得到给养。沿 p-过程路径,光解反应的平均寿命 $\tau_{\gamma i} \equiv 1/\lambda_{\gamma i}$,小于 100 s,因此慢得多的 β^- 衰变对于核合成可以忽略不计,只要温度保持在 $T \approx 2 \sim 3$ GK。在上面的讨论中,由质子或 α 粒子诱发的反应[例如,(p,γ)或(α,γ)]不起作用。由于光解的主导地位,上述 p-过程的机制有时被称为 γ-过程(γ-process,Woosley & Howard,1978)。

p-过程释放的中子也可能对核合成有贡献。研究表明,在较高的温度下,它们会阻碍逆向(γ,n)反应,尤其是在较轻的 p-核区(Rayet *et al.*,1990)。

必须澄清几点。首先,如果维持在热光子环境的时间太长,所有种子核都会被光解为由核统计平衡所决定的铁峰核素、自由质子、中子以及 α 粒子(5.3.5 节)。因此,对于任何负责 p-核合成的实际场所,其温度和时标的值必须要保证发生一些核转变,但不能将所有的核素都还原为铁。这些论点支持以下结论:p-过程发生在恒星爆炸期间,伴随着快速的膨胀以及物质的冷却。因此,p-过程中的核合成将灵敏地依赖于温度和膨胀时标的分布、种子核的丰度以及爆炸的流体动力学条件。其次,在上面的例子中(图 5.83),等待点与 p-核重合。这通常是较轻核素的情况。然而,在较重核素区,等待点对应于丰质子的先驱核,这些核在物质的冷却、膨胀和抛射后通过 β^+ 衰变继而嬗变成 p-核。例如,稳定的 p-核 ^{196}Hg 是由不稳定的等待点核 ^{196}Pb 通过 ^{196}Pb($\beta^+\nu$)^{196}Tl($\beta^+\nu$)^{196}Hg 产生的。再次,等待点核 ^{120}Te 处丰度流(图 5.83)通过(γ,α)反应继续进行。这是较重核区首选的路径。另外,较轻质量区等待点核的大多数(但不是全部)衰变都是通过(γ,p)反应进行的(Rauscher,2005)。最后,由于光解率强烈地依赖于温度,则给定同位素链中分支点的位置取决于温度的值。随着温度的升高,分支点有向更丰质子核素方向移动的趋势(习题 5.18)。在习题 5.19 中探讨了为什么几乎所有的 p-核都表现出偶数个质子这一问题。

对于 p-核,或者如果合适的话,它们的丰质子先驱核,考虑其总的光解衰变常数($\Lambda = \lambda_{\gamma\alpha} + \lambda_{\gamma p} + \lambda_{\gamma n}$)是很有趣的。对于 $T = 2.0$ GK、2.5 GK 和 3.0 GK 的温度,其结果以质量数为函数显示在图 5.84 中。衰变常数 $\lambda_{\gamma i}$ 是从 Hauser-Feshbach 反应率中得到的。曲线中看到的结构受核壳效应的影响,但在这里我们不关心。图 5.84 中显示的突出特征是,Λ 在每个温度下,在显示的质量区内有几个数量级的剧烈变化。假设所有的 p-核都是在相同的单一且恒定温度值下合成的。如果是这样,那么任何足以产生 $A = 70 \sim 100$ 质量区较轻 p-核的光子照射都会破坏掉所有 $A = 160 \sim 200$ 区的较重 p-核。因此,图 5.84 所示 Λ 的强烈变化,支持 p-核是由具有不同温度的恒星区域负责合成的这一结论。重 p-核产生于相对较低的温度,而轻 p-核产生于相对较高的温度。此外,Λ 是质量数的增函数。如果是相反的情况,则任何足以破坏重种子核(例如铅)的光子照射也会破坏铅的光解产物,诸如此类,一直到铁区。结果是,中等质量核素的核合成不可能发生,上面描述的 p-过程模型将会失败。

迄今为止,大多数研究都假设 p-过程发生在核心塌缩超新星中,即当激波穿过大质量恒星的富氧氖层时(1.4.3 节)。在短时间内(约 1 s),激波压缩并加热该恒星区域。在爆炸过程中,富氧氖层的不同区域将经历不同的热力学历史,因此将达到不同的峰值温度。计算显示,在 p-过程中,这些区域的峰值温度在 $T_{\text{peak}} \approx 1.8 \sim 3.3$ GK 的范围。主要运行于爆前超新星的前续核心氢燃烧阶段的弱 s-过程成分,会强烈地增强 $A \approx 60 \sim 90$ 区 p-过程种子核的丰度(5.6.1 节)。已经证明,质量为 $A \leqslant 92$、$A \approx 92 \sim 144$ 和 $A \geqslant 144$ 的 p-核主要是在峰值温度分别为 $T_{\text{peak}} \geqslant 3$ GK、$T_{\text{peak}} \approx 2.7 \sim 3.0$ GK 和 $T_{\text{peak}} \leqslant 2.5$ GK 的恒星区域中产生的。每个 p-核仅在相对较窄的温度范围内合成(Rayet *et al.*,1990)。从这些计算中获得的丰度已对一系列不同质量的恒星进行了加权和平均。结果是,可以在它们太阳系丰度值的三倍以内重现大约 60% 的 p-核丰度。鉴于核物理输入(见下文)和恒星模型的复杂性,这是一个了不起的成功。然而,许多分歧仍然存在。最值得注意的是轻 p-核 ^{92}Mo、^{94}Mo、^{96}Ru

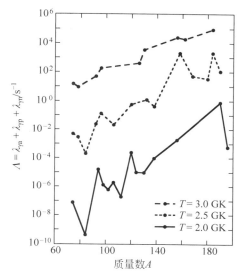

图 5.84 在恒星温度 $T=2.0$ GK、2.5 GK 和 3.0 GK 下，p-核或其丰质子先驱核总的光解率 Λ 随质量数 A 的函数。光解率由 Hauser-Feshbach 模型（Rauscher & Thielemann, 2000）计算得到

和 ^{98}Ru 的产量不足（underproduction）。奇 A 核 ^{113}In、^{115}Sn 和奇-奇核 ^{138}La 在大多数计算中也是产量不足。另外，太阳系中天然存在的最稀有的核素，即奇-奇核 ^{180}Ta，似乎是 p-过程的产物，尽管某些 AGB 星热脉冲期间的 s-过程也可能会对观测到的太阳系丰度有贡献（Gallino et al.，1998）。

其他几个场所也已被考虑用于 p-核的产生，包括 Ⅰa 型和 Ⅰb/Ⅰc 型超新星（1.4.3 节）。有趣的是，尽管所有这些场景的恒星模型都非常不同，但是每种情况下都得到了类似的 p-丰度分布。大多数 p-丰度在其太阳系值的三倍以内得以重现，而某些核素（^{92}Mo、^{94}Mo、^{96}Ru、^{98}Ru、^{113}In、^{115}Sn 和 ^{138}La）的产量明显不足。因此，似乎 p-过程发生在许多不同的场所。一些核素产量的不足可能是由核物理的不确定度或者对 p-过程的 s-核种子分布的不可靠估计造成的。或者，一些产量不足的核素可能是在不同的场所合成的，例如，亚钱德拉塞卡白矮星（sub-Chandrasekhar white dwarf）爆炸。关于 p-过程场所和其他问题的更多信息，请参考文献（Arnould & Goriely，2003；Rauscher et al.，2013）。

我们现在从定性讨论转向数值处理。核心坍缩超新星期间的氧氖层选作 p-过程场所的一个例子（5.4.3 节和图 1.7 左侧）。正如已指出的那样，取决于 p-核的质量数，它们是在达到不同峰值温度的不同区域中合成的。我们将在下面讨论对于一颗 25 $M_\odot$ 恒星的氧氖层中单个区域爆炸性演化的网络计算结果。所选区域的温度-密度轮廓如图 5.85 所示。轮廓从 A 点开始（$T=1.4$ GK，$\rho=1.4\times10^5$ g·cm^{-3}），演化到爆炸峰值的 B 点（$T=3.0$ GK，$\rho=6\times10^5$ g·cm^{-3}），然后稳定在 C 点（$T=1.4$ GK，$\rho=7.0\times10^4$ g·cm^{-3}）。从 A 到 C 整个演化持续大约 1.1 s。网络由 1100 个核素构成，从 ^{1}H 延伸到 ^{209}Bi，包括由中子、质子、α 粒子及其逆反应引起的大约 11000 个反应。3α 反应以及 ^{12}C+^{12}C 和 ^{16}O+^{16}O 反应也包括在内。钙以上，所有反应率都采用 Hauser-Feshbach 统计模型的计算结果。对于涉及稳定靶核的 (n,γ) 反应率，统计模型结果归一化到其实验值（Bao et al.，2000）上，在计算相应逆 (γ,n) 反应率时需要这些数据。β 衰变也包括在内，但预计影响可以忽略不计，如上所述，除了在爆炸终止之后,当一些放射性先驱核衰变成稳定的 p-核时 β 衰变才会有影响。必须强调的是,与 s-过程或 r-过程相反,此处不能使用稳流平衡或反应率平衡的概念来简化该复杂情况。p-过程的运行远离平衡,其结果是,必须对整个网络进行显性计算。初始丰度取自文献 Rayet 等(1995)中的爆前超新星演化模型。最丰的核素是 ^{16}O($X_i = 0.73$)、^{20}Ne($X_i = 0.17$)和 ^{24}Mg($X_i = 0.05$),而由于前续核心氦燃烧阶段中弱 s-过程成分的运行,$A = 60 \sim 90$ 质量区的种子丰度与太阳系的组成相比显著增加(5.6.1 节)。

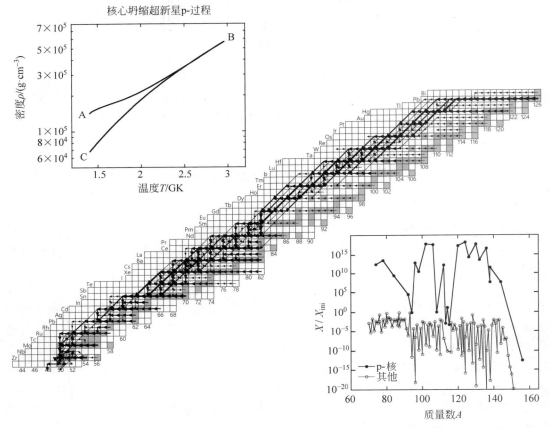

图 5.85 在一颗核心坍缩超新星的爆发性燃烧期间,p-过程在钇元素以上区域的时间积分净丰度流。它代表了单区氧-氖层的计算结果,其中 T-ρ 包络显示在小插图中(Rapp *et al.*,2006)。在这个特定区中爆炸期间所达到的峰值温度为 $T_{peak} = 3.0$ GK。反应网络计算在 $t = 1.1$ s(在爆炸期间该区从点 A 演化到 B 到 C 所需的时间)后终结。丰度流由三种粗细的箭头表示:粗、中和细箭头分别显示的流为 $F_{ij} > 10^{-8} F^{max}$、$10^{-8} F^{max} \geqslant F_{ij} > 10^{-9} F^{max}$ 和 $10^{-9} F^{max} \geqslant F_{ij} > 10^{-10} F^{max}$,其中 F^{max} 对应于 $A < 60$ 质量区具有最大流量的一个链接(未显示在图中)。注意,从较重到较轻核素的总体流模式,不像在前几节显示的所有其他丰度流模式。右下部分显示了 p-过程计算结束时得到的最终丰度与初始(种子)丰度的比值。对于峰值温度 $T = 3.0$ GK,$A = 96 \sim 144$ 质量区中的大多数 p-核(实心点)都是强烈生产过量的,而其他核素(空心圆圈)生产不足。p-核 ^{92}Mo、^{94}Mo、^{113}In 和 ^{115}Sn 的生产不足问题目前仍然无法解释

在网络计算期间积分的丰度流如图 5.85 所示。我们在这里只对发生在锗以上质量区

的核合成感兴趣。所得的流模式反映了上述定性讨论。p-过程具有显著特征,即丰度流从网络顶部的重核素朝向较轻核素进行。换句话说,一个特定的 p-核仅由比其自身更重的种子同位素合成。种子核通过(γ,n)反应进行转化,直到在每个同位素链中到达一个分支点核。对于所选条件下,铈以上的分支点核几乎完全是通过(γ,α)反应被破坏的。还有,该区p-过程路径位于距离稳定谷缺中子一侧平均 2~4 个质量单位,因此,分支点核都是放射性的。在铈以下的区域,分支点核被(γ,α)或(γ,p)反应破坏,且它们经常与 p-核重合。除了这三种光解反应和某些(n,γ)反应,其他反应过程对核合成都不重要。如上所述,对于较低的峰值温度,分支点核有移动到更靠近稳定谷位置的趋势。

在计算结束时($t=1.1$ s),所获得的最终丰度比与初始(种子)丰度显示在图 5.85 的右下方。可以看出,对此特定区域达到的 $T_{peak}=3.0$ GK 的峰值温度,在 $A=96\sim144$ 区中的大多数 p-核(实心点)是强烈地过度生产的,而其他核(空心圆圈)则生产不足。核合成的净效果是将 s-过程和 r-过程种子转化为 p-核。在此高峰值温度下,所有 $A=150$(p-核及其他核)以上的核素都会被破坏,并通过光解转化为 $A=96\sim144$ 区的 p-核。对过度生产因子的正确分析,需要对爆前超新星氧氖层中所有天体区域(峰值温度)进行一个平均。然而,有趣的是,甚至这个单区计算已暗示了当前 p-过程模拟的一个未解决问题,即 ^{92}Mo、^{94}Mo、^{113}In和 ^{115}Sn 等核素的相对产量不足。

最后,我们将讲述关于 p-过程计算所需核物理输入的问题。$A\leqslant25$ 质量区中的许多带电粒子反应会扮演重要角色。例如,^{12}C(α,γ)^{16}O 反应率(5.2.1 节)会影响大质量恒星的爆前超新星演化,继而影响核心坍塌之前氧氖层的组成(Rayet et $al.$,1995)。^{22}Ne(α,n)^{25}Mg 反应至关重要,因为它在大质量恒星核心氦期间负责弱 s-过程成分(5.6.1 节)。该反应率的增大将增强 p-过程中 s-核种子的丰度,并会减轻当前核心坍缩超新星模型中 Mo和 Ru 中 p-核产量不足的问题(Arnould & Goriely,2003)。

除相对较少的例外,在 p-过程($A>60$)区域中,几乎所有反应(大于 10000 个)的反应率都必须使用 Hauser-Feshbach 模型计算。正如我们所见,最重要的交互作用是(γ,n)、(γ,α)和(γ,p)这些光解反应。它们的衰变常数通常是使用相应的正向反应率,根据式(3.46)计算的。p-过程路径涉及位于稳定谷附近的缺中子核素。这是一个幸运的情形,因为该区域的反应 Q 值(和分离能)在实验上是已知的。研究表明,Hauser-Feshbach 模型的不同处方灵敏地影响着从 II 型超新星中所得的最终 p-核丰度。预言的较重 p-核的丰度对 α-核光学势最灵敏,而轻核则主要受到核能级密度及核子-核光学势不确定度的影响(Arnould & Goriely,2003)。

在 $A>60$ 质量区,稳定靶核的实验(n,γ)、(α,γ)和(p,γ)反应率(Bao et $al.$,2000;Arnould & Goriely,2003)在 p-过程研究中具有重要作用,原因有两个。首先,它们用于调节统计模型参数,其结果是,对大量未测量反应的 Hauser-Feshbach 反应率预言变得更加可靠。其次,相应的逆向光解反应的衰变常数可以从式(3.46)中计算出来。许多(γ,n)反应也被直接使用真实的光子测量过。我们在 3.2.3 节中论证了 A(γ,n)B 反应在天体物理上最重要的能区位于 $E_{\gamma}^{eff}\approx S_n+kT/2$ 的 γ 射线能量处(对于 $\ell=0$ 的中子)。S_n 是核 A 的中子分离能(或 B(n,γ)A 的反应 Q 值)。因此,p-过程研究($T<3$ GK 或 $kT/2<0.15$ MeV)相关的直接(γ,n)测量必须在反应阈值附近相对较窄的光子能量窗口下进行。例如,这种方法被应用于 ^{181}Ta(γ,n)^{180}Ta 反应的研究中(Utsunomiya et $al.$,2003)。需要使用 Hauser-

Feshbach 模型对实验室光解率作靶核热激发态贡献的修正。在 3.1.5 节中已经指出,在 p-过程条件下,重靶核的恒星增强因子通常在 $100\sim10000$ 的范围内。对于 p-过程的反应率灵敏度研究,请参考文献(Arnould & Goriely,2003;Rapp *et al*.,2006)。

5.7 丰天体过程

5.7.1 大爆炸核合成

大爆炸模型的最初想法是由伽莫夫、Alpher、Herman 及其合作者在 19 世纪 40 年代提出的,用以解释化学元素的起源。他们提出宇宙最初非常稠密、炽热,然后膨胀并冷却到现在的状态。当温度和密度条件适合发生核反应时(Gamow,1946;Alpher *et al*.,1948),则将会在早期合成这些化学元素。该模型还可以预测现在仅为几开(K)温度的光子的一个残留背景辐射(Alpher & Hermann,1949)。虽然大部分元素是在恒星中而不是在早期宇宙中产生的,但是轻核素 ^{2}H、^{3}He、^{4}He 以及部分 ^{7}Li 起源于大爆炸的想法却被证明是正确的。另外,宇宙微波背景辐射的观测(Penzias & Wilson,1965),对应于温度约为 3 K 的黑体谱,在这方面至关重要。它将大爆炸理论作为我们宇宙模型的首要候选者。

现代宇宙学理论是基于均匀和各向同性宇宙假设之上的,正如宇宙学原理(cosmological principle)所暗示的那样。通过使用描述宇宙空间曲率、内能(energy content)以及总膨胀(overall expansion)等一系列宇宙学参数,可以由广义相对论来预测宇宙的几何和演化。哈勃参数 H 提供了对膨胀速率的一个量度,其当前值被称为哈勃常数(Hubble's constant)H_0。通过引入宇宙学重子密度参数 $\Omega_b \equiv \rho_b/\rho_{0,c}$,重子的质量密度(更准确地说,是核子)$\rho_b$ 可以用相对于当前的临界密度 $\rho_{0,c}$ 来表示。该临界密度描述了封闭宇宙和开放宇宙之间的边界,也就是说,在此总密度下宇宙在空间上是平坦的。它由弗里德曼方程 $\rho_{0,c} \equiv 3H_0^2/(8\pi G)$ 来定义,其中 G 为万有引力常数。重子与光子的数量比,$\eta \equiv N_b/N_\gamma$,自正负电子湮灭时期以来一直保持不变,湮灭发生在膨胀开始后 $4\sim200$ s。该时期之后的光子数密度可以根据宇宙微波背景辐射当前温度的精确值 $T = (2.7255 \pm 0.0006)$ K(Fixsen,2009)得到,给出的值为 $N_\gamma = 410.73$ cm^{-3}。使用定义 $H_0 = 100$ h·km·s^{-1}·Mpc^{-1},根据上面引入的参数可以找到如下关系:$\Omega_b h^2 = 3.6528 \times 10^7 \eta$。

微波背景辐射携带着早期宇宙最后一次散射时所记录的一些条件,此时氢核和氦核与电子复合形成中性原子。结果是,光子从重子中退耦,宇宙变得对辐射透明。在膨胀开始大约 40 万年后,那时光子-重子流体中的振荡在当前微波天空不同部分引起了极其微小的温度变化(在 10^{-5} 的水平)。这些各向异性被美国国家航空航天局(NASA)的威尔金森微波各向异性探针(WMAP,Hinshaw *et al*.,2013)和欧洲航天局(ESA)的普朗克任务(Planck,Ade *et al*.,2014)以前所未有的精确度和准确度所观测到。二维码中彩图 13 显示了普朗克任务的全天区图(all-sky image)。观测到的各向异性可以用球谐函数来分解,其中每一项描述了特定角度尺度上各向异性的幅度。在所得角功率谱中观测到的特征与特定的宇宙学参数密切相关。对于普朗克合作组数据的分析,给出了当前物理学上的重子密度为 $\Omega_b h^2 = 0.02207 \pm 0.00033$,当前冷暗物质密度为 $\Omega_c h^2 = 0.1196 \pm 0.0031$。根据这些结果,可以推导出许多其他参数:宇宙年龄 $t_0 = (13.813 \pm 0.058)$Ga、重子与光子数之比 $\eta = (6.$

$04\pm0.09)\times10^{-10}$、当前总物质密度 $\Omega_m h^2 = 0.1423\pm0.0029$、暗能量密度 $\Omega_\Lambda = 0.686\pm0.020$，以及无量纲的哈勃参数 $H = 0.674\pm0.014$。这些结果意味着普通（重子）物质仅占所有物质的约 16%，并且宇宙目前正在加速膨胀。

除了宇宙微波背景，大爆炸的另一个遗迹是轻核素 ^2H、^3He、^4He 和 ^7Li 的丰度分布。当宇宙诞生还不到 0.5 s 时，在 $T \gtrsim 15$ GK 的温度下，能量密度是由辐射（光子和中微子）主导的，所有弱、强和电磁相互作用过程建立了一个热平衡。$e^- + e^+ \longleftrightarrow \nu + \bar\nu$ 过程平衡了电子和中微子气体，而弱相互作用 $e^- + p \longleftrightarrow \nu + n$，$e^+ + n \longleftrightarrow \bar\nu + p$ 和 $n \longleftrightarrow p + e^- + \bar\nu$ 过程将电子和中微子气体耦合成重子气体。在热平衡状态下，中子和质子数目的比值由玻尔兹曼分布决定，$N_n/N_p = e^{-Q/(kT)}$［式（1.35）］，其中 $Q = 1293.3$ keV 是中子和质子的质量差。在膨胀和冷却过程中，最终到达这样一个温度：此时中微子（弱）相互作用过程变得太慢，以至于无法保持平衡。取决于它们的截面，该弱相互作用冻结发生在 $T \approx 15$ GK 附近，在约 0.5 s 时刻处，即当中子与质子数目的比值接近于 2/5 时。随着温度下降到 15 GK 以下，物质处于核统计平衡（5.3.5 节），直至发生带电粒子冻结。在约 10 s 以后，当 $T \approx 3$ GK 时，自由中子衰变成质子成为主导的弱相互作用，其平均寿命为 $\tau = (880.1\pm1.1)$ s 或半衰期为 $T_{1/2} = (610.0\pm0.8)$ s（Beringer et al.，2012）。如下所述，进一步的膨胀和冷却导致了原初核合成的开始。该阶段的温度和密度分别达到 $T \approx 0.9$ GK 和 $\rho_b \approx 2\times10^{-5}$ g·cm^{-3}，时间在约 200 s，即当核反应可以与来自普朗克分布高能尾巴处的光子对原子核的破坏相竞争时。此时，自由中子的衰变导致中子和质子数目的比值约为 1/7。

随后的核反应相对较快，几乎所有的中子都被结合到紧密束缚的 ^4He 原子核中，而仅合成了极少量的其他核素，原因在下面给出。在这样的条件下，原初 ^4He 丰度可以通过简单的计数来估计：对于比值 $N_n/N_p = 1/7 = 2/14$，可以形成一个 ^4He 原子核，而 12 个质子保持自由。因此，我们可以预测原始氦的质量分数为 $X_{\alpha,pred} \approx 4/(4+12) = 0.25$。根据以上论点，很明显，原初 ^4He 的丰度是由弱相互作用截面（由中子半衰期归一化）、中子和质子的质量差以及膨胀率来决定的，但它对重子密度或任何核反应截面都很不灵敏。对于矮星系中具有电离氢线（H II）贫金属星云中 ^4He 的观测，揭示出，与金属度相关的恒星核合成贡献了其中的一小部分。外推到零金属度得到，观测的原初 ^4He 质量分数为 $X_{\alpha,obs} = 0.2465\pm0.0097$（Aver et al.，2013）。这与预测值一致，为标准宇宙学模型提供了一个关键证据。

对于在膨胀开始后 200~1000 s 的时间窗口内，分别对应于温度 $T \approx 0.4~0.9$ GK 和密度 $\rho_b \approx 2\times10^{-6}~2\times10^{-5}$ g·cm^{-3}，早期宇宙经历了一个核合成时代。注意，宇宙微波背景辐射和原初核合成探测了宇宙膨胀的不同时期。最初，在较高温度结尾处，强相互作用和电磁相互作用足够快，从而确保了轻核素 ^2H、^3H、^3He、^4He、^7Li 和 ^7Be 丰度之间的准平衡（5.3.3 节）。随着宇宙的膨胀和冷却，核反应减慢，这既因为密度降低，又因为库仑势垒变得更难克服。其结果是，个别反应在特征温度值处从平衡中冻结（freeze out of equilibrium）。原初核合成中特定核素的最终丰度则主要由冻结温度时最大的产生和破坏反应率之间的比值给出（Esmailzadeh et al.，1991；Smith et al.，1993）。一旦温度和密度降得足够低，核反应就会停止。在所合成的轻核素中，^4He 成为迄今为止最丰的，因为与该质量区中其他所有核素相比，它具有更高的单核子结合能（$B/A = 7.074$ MeV）。

我们现在将简要讨论反应网络数值计算的结果，包含所有重要的产生和破坏反应。核反应率取决于重子和光子的比值 η，这是标准宇宙学模型中大爆炸核合成的唯一自由参数。

如果在核合成计算中采用从宇宙微波背景辐射观测中获得的重子和光子比,即上面引用的值 $\eta = 6.04 \times 10^{-10}$,则标准的原初核合成将成为一个无参模型。换句话说,早期宇宙中温度和密度的演化是由 η 值决定的。计算的最终丰度与观测值的对比可用于研究轻核素的星系化学演化,或寻找标准宇宙学模型的可能延伸和扩展。

在 15000 s 的时间内积分所得的净丰度流如图 5.86 所示。相应重要核素(氢除外)的丰度演化如图 5.87(a)所示,其温度和密度演化显示在图 5.87(b)中。很明显,显著的核合成始于 $t \approx 200$ s,即当 $T \approx 0.9$ GK 和 $\rho \approx 2 \times 10^{-5}$ g·cm^{-3} 时,并在几千秒后结束。在大爆炸核合成过程中发生的最重要核反应列在下面:

p(n,γ)d	t(d,n)^{4}He	^{7}Li(p,α)^{4}He
d(p,γ)^{3}He	t(α,γ)^{7}Li	^{7}Be(n,p)^{7}Li
d(d,n)^{3}He	^{3}He(n,p)t	
d(d,p)t	^{3}He(d,p)^{4}He	
	^{3}He(α,γ)^{7}Be	

原初核合成始于 p(n,γ)d 反应,导致氘丰度快速增加,然后通过 d(d,n)^{3}He、d(d,p)t、d(p,γ)^{3}He 和 t(d,n)^{4}He 被破坏。氚由 d(d,p)t 和 ^{3}He(n,p)t 产生,主要通过 t(d,n)^{4}He 被破坏。核素 ^{3}He 通过 d(d,n)^{3}He 和 d(p,γ)^{3}He 合成,被 ^{3}He(n,p)t 和 ^{3}He(d,p)^{4}He 破坏。核素 ^{7}Li 主要通过 ^{3}He(α,γ)^{7}Be 产生 ^{7}Be,然后衰变为 ^{7}Li,而 ^{7}Be(n,p)^{7}Li 和 ^{7}Li(p,α)^{4}He 是其最重要的破坏机制。请注意,通过 ^{4}He(t,γ)^{7}Li 的丰度流要比通过 ^{3}He(α,γ)^{7}Be 的要大得多。然而,前一个过程产生的 ^{7}Li 核会被较强的 ^{7}Li(p,α)^{4}He 反应迅速地破坏掉。上面未列出的其他轻粒子反应也会发生,但它们的丰度流明显较弱。在原初核合成结束时,^{4}He 是最丰的核素(比其他核素大几个数量级),其次是 ^{2}H(氘)、^{3}He 和 ^{3}H(氚)。中子丰度不断(段划线)下降,即使是在晚期由于放射性衰变时也是如此。对于大多数反应,在相应个别冻结温度下的相关能区已经进行了直接截面测量(Descouvemont *et al*.,2004)。仅剩 p(n,γ)d 反应,其反应率在很大程度上是基于理论计算的(Ando *et al*.,2006),但其估计的反应率不确定度仅在约 1% 的量级。

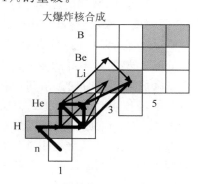

图 5.86 标准大爆炸核合成中时间积分的净丰度流。在网络计算中使用的温度-密度演变如图 5.87(b)所示。在总时间 $t=15000$ s 内对反应网络进行数值求解。丰度流的大小由三种不同粗细的箭头来表示:粗、中、细箭头分别表示 $F^{\max} \geqslant F_{ij} > 10^{-4} F^{\max}$、$10^{-4} F^{\max} \geqslant F_{ij} > 10^{-6} F^{\max}$ 和 $10^{-6} F^{\max} \geqslant F_{ij} > 10^{-8} F^{\max}$ 的流,其中,$F^{\max}$ 对应于具有最大净流的反应。稳定核素以阴影方块显示

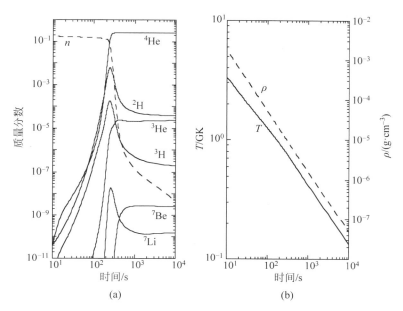

(a)   (b)

图 5.87 使用重子与光子比为 $\eta = 6.04 \times 10^{-10}$ 计算的大爆炸核合成，该比值是从宇宙微波背景辐射的观测中获得的(Ade *et al.*，2014)

(a) 最重要核素的质量分数与时间的关系。在这一尺度下，氢丰度几乎是恒定的，未在图中显示。由于放射性衰变，中子的丰度(虚线)甚至在很晚的时候才下降。^{7}Li 核素主要产生于 ^{7}Be 的放射性衰变。(b) 温度和密度的演化。显著的核合成开始于 $t \approx 200$ s，当 $T \approx 0.9$ GK 和 $\rho \approx 2 \times 10^{-5}$ g·cm^{-1} 时。为了比较，室温下空气的密度为 $\rho_{air} \approx 1.2 \times 10^{-3}$ g·cm^{-3}。[图(b)的数据由 Alain Coc 提供]

我们现在将计算值与观测到的丰度进行比较。预言的原初 ^{4}He 丰度为 $X_{\alpha,pred} = 0.24725 \pm 0.00032$(Ade *et al.*，2014)。结果与上面引用的观测值一致。对于氘与氢的数丰度比，预言值为 $(D/H)_{pred} = (2.656 \pm 0.067) \times 10^{-5}$(Ade *et al.*，2014)。氘是一种非常脆弱的核素，在恒星中很容易被破坏。它的原初丰度可以通过观测低金属度气体云的同位素位移(莱曼-α，Lyman-α)吸收谱线来确定，即落在观察者视线和一个高红移类星体之间的那些气体云。低金属度意味着，被上一代恒星处理过的氘可以忽略不计，而上一代恒星总是在氢燃烧过程中使氘耗尽(5.1 节)。对于极贫金属、阻尼莱曼-α 系统，所得的观测值为 $(D/H)_{obs} = (2.53 \pm 0.04) \times 10^{-5}$(Cooke *et al.*，2014)。考虑到计算的氘丰度强烈地依赖于 η 值，因此 D/H 预言值和观测值之间的一致性可以看作是支持标准宇宙学模型的另一个关键证据。最后，预言的 ^{7}Li 数丰度与氢的比值为 $(^7Li/H)_{pred} = (4.9 \pm 0.4) \times 10^{-10}$(Coc *et al.*，2014)。一段时间以来，人们都知道未演化的贫金属矮星表现出非常恒定的锂丰度(Spite & Spite，1982)，且与金属度无关。该 Spite 平台(Spite plateau)被解释为原初锂丰度的典型代表。它假设在这些恒星大气中所观测到的锂还未耗尽。观测表明，在最低金属度处观测到的锂丰度有一个弥散，并且锂丰度与金属度相关联(Bonifacio *et al.*，2007)，尽管该效应很小。测量原初 ^{7}Li 丰度仍然是一个具有挑战性的问题。系统不确定度的一个来源是测定形成锂吸收线的恒星大气的有效温度。另一个问题是可能的锂消耗，或发生在目前观测的恒星形成之前，或发生在目前观测的恒星之内。对贫金属场星和球状星团星的研究，给出的原初 ^{7}Li 丰度值为 $(^7Li/H)_{obs} = (1.6 \pm 0.3) \times 10^{-10}$(Sbordone *et al.*，2010)。尽管观测困难,预言值和观测值很不一致(在 $4\sim5\sigma$ 水平上)。该锂问题(lithium problem)代表了原初核合成尚未解决的核心问题。

目前,这个问题似乎不太可能是由错误的反应截面(Hammache *et al.*,2013)或错误的有效天体温度造成的。研究主要集中在两种可能性上:①恒星内部的 ^7Li 消耗;②超出标准宇宙学模型的物理。第一种可能性在文献中已经讨论了很长时间,并且已经提出了许多不同的机制,例如原子和湍流扩散过程、经向环流、引力波或转动混合(Michaud & Charbonneau,1991)。第二种可能性更有趣,并且可能涉及基本耦合常数随时间的变化、大爆炸核合成期间膨胀率的修改、中微子简并或负电性的遗迹粒子。相关评论,请参考文献 Fields(2011)。需要更多的工作来解决锂问题。

5.7.2 宇宙线核合成

到目前为止,我们已经讨论了大多数核素的起源,除了轻核素 ^6Li、^9Be、^{10}B 和 ^{11}B。与其他轻核素相比,它们的太阳丰度大约小了六个数量级,尽管它们的丰度比几乎所有 s-核、r-核或 p-核的都大。类似于 ^2H 和 ^7Li 的情形,因为具有较小的库仑势垒,它们质子诱发反应的截面如此之大,以至于它们在恒星内部氢燃烧阶段低于几百万开温度下就已经被破坏掉了。在这些条件下,它们的平均寿命不到几十亿年。另外,标准大爆炸核合成(5.7.1 节)仅产生了可忽略不计的 ^6Li、^9Be、^{10}B 和 ^{11}B,其预测的数丰度与 ^7Li 相比小了四个数量级。它们的起源看起来如此晦涩,以至于在(Burbidge *et al.*,1957)的开创性工作中被归因于某个未知的 x 过程(x process)。在那项工作提出的建议中,它们被认为是通过散裂反应产生的,涉及能量超过 100 MeV 每核子的高能质子、中子或 α 粒子轰击到恒星大气中富集的 CNO 核上。虽然已经令人信服地证明了年轻恒星的金牛 T 阶段可用的能量不足以在恒星大气中产生轻核素(Ryter *et al.*,1970),但锂、铍和硼的合成与散裂反应的关联却得到了证明。

一个重要的证据是在 1970 年前后被发现的,当时指出,太阳系中 Li、Be 和 B 与 C、N 和 O 的数丰度比约为 10^{-6},而在银河宇宙线中该值约为 0.2[图 5.88(a)]。这样就产生了在银河宇宙线与星际介质中的原子核之间的散裂反应负责产生了 Li、Be 和 B 的想法。观察能量超过 100 MeV 每核子的质子和 α 粒子在 C、N 和 O 核上的散裂截面,可以看出它们有利于 B、Li 和 Be 的产生(按降序排列),这就支持了该猜测[图 5.88(b)]。这些观测的轻核素银河宇宙线丰度表现出完全相同的顺序。早期基于测量的散裂截面的定量模型(Meneguzzi *et al.*,1971)表明,该场景可以合理地解释在太阳系中以及在经过 10 Ga 银河化学演化的恒星中所观测到的 ^6Li、^9Be 和 ^{10}B 的丰度。

另外,^7Li 和 ^{11}B 在标准宇宙线散裂场景中产量不足,因此人们相信额外的机制对其合成有贡献。在最初的几十亿年里,大部分存在的 ^7Li 核源自大爆炸核合成(5.7.1 节),而随后的天体源(也许是经典新星或 AGB 星)一定对其产生有着显著贡献(图 5.88)。因此,在所有天然存在的核素中,^7Li 的起源是个例外,可归因于三个不同的场所:①大爆炸;②银河宇宙线;③恒星。在 ^{11}B 的情况下,人们发现在核心坍缩超新星期间中微子与 ^{12}C 的相互作用也可能产生大量的这种核素(5.4 节)。然而,目前预言的恒星产生的 ^7Li 以及中微子诱发合成的 ^{11}B,其产额还有非常大的不确定度。

银河宇宙线主要由高能质子、α 粒子以及更重的核素构成,动能高达每核子数百太电子伏或更高。它们的能量密度大约为 $2\ eV \cdot cm^{-3}$(Webber,1997),因此超过了太阳附近星光

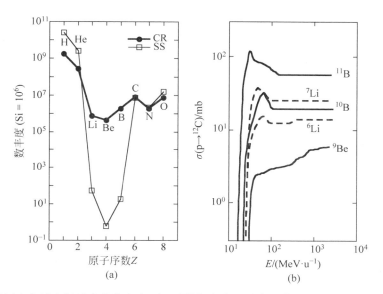

图 5.88 (a) 银河宇宙线中轻元素的数丰度(实心圆圈)和太阳系中的数丰度(空心方块),均归一化到硅上。对于 H 和 He 的宇宙线值,取自气球携带的 BESS 仪器和 IMP-8 航天器的 GSFC 仪器的测量值,而其他元素所显示的值源自 CRIS 测量。宇宙线丰度是在太阳活动极小期间在 170 MeV 每核子能量下测量的。太阳系丰度取自文献(Lodders *et al.*,2009)。在宇宙线中,B 比 Li 丰,继而 Li 比 Be 丰。然而在太阳系中,Li 比 B 丰,B 比 Be 丰,这支持了太阳系中很大一部分的[7]Li 是由若干天体来源产生的这一猜想(也许是经典新星或 AGB 星)。(b) 通过质子入射到[12]C 上的散裂反应生产 Li、Be 和 B 的截面与能量的函数。注意 B、Li 和 Be 的递减顺序[数据来自文献(Ramaty *et al.*,1997)]

的能量密度(约 0.3 eV·cm^{-3})。例如,在 10 GeV 每核子能量附近,氢、氦、CNO 和 LiBeB 核的数分数分别为 95%、4.5%、0.4% 和 0.07%(Sanuki *et al.*,2000)。高能宇宙线粒子在银河系传播时面临着多种可能性。首先,它可能会与星际原子核经历高能核碰撞(散裂)。其次,高能宇宙线粒子因为与星际电子发生多次碰撞可能会显著地减速。这种电离损失负责将宇宙线物质最终沉积到星际介质中。最后,宇宙线粒子可能会逃逸到星际空间,这取决于逃逸长度的值,即宇宙线粒子穿过它的源头和银河系边界之间物质的量。从散裂产物(例如 Li、Be 和 B)与靶核(主要是 C、N 和 O)的丰度比可以推断出逃逸长度,对于银河系中能量接近 1 GeV 每核子的宇宙线,该长度约为 10 g·cm^{-2}(Strong *et al.*,2007)。在传播过程中,高能带电粒子被银河系磁场强烈地偏转。因此,有关其原始运动方向的信息丢失了。

散裂可能涉及超过每核子几兆电子伏能量的质子或 α 粒子撞击星际中的重核,其中 C、N 和 O 最丰。或者,高能的重核(同样主要是 C、N 或 O)可能与星际 H 和 He 相互作用。能量在每核子几十 MeV 范围内的 α 粒子与星际介质中的其他[4]He 核的散裂,被认为是早期银河系(当 CNO 丰度较小时)对 Li 同位素产生的特别重要的第三种可能性。对于给定的 LiBeB 核素 i,其产生率(用相对于氢的数丰度比 $R_i = N_i/N_H$ 来表示)由以下形式的表达式给出:

$$\frac{\mathrm{d}R_i}{\mathrm{d}t} = \sum_{j,k} F_j \sigma(i; j \to k) R_k P_i \tag{5-208}$$

其中，F_j 是平均宇宙线通量(每平方厘米每秒的粒子数)；$\sigma(i;j \rightarrow k)$ 是假设炮弹 j 撞击靶核 k 产生核素 i 的平均散裂截面；P_i 是核素 i 产生后被热布居并保留在星际介质中的概率；指数 j 和 k 表示质子、α 粒子或 CNO 核。

考虑以下简单的例子。利用典型的宇宙线质子通量 $F_p \approx 10 \text{ cm}^{-2} \cdot \text{s}^{-1}$，假设能量接近于 200 MeV 的高能质子撞击 C 或 O 核，产生 ^{9}Be 的平均散裂截面为 $\sigma(\text{Be};\text{p} \rightarrow \text{CO}) \approx 5 \times 10^{-27} \text{ cm}^2$(Ramaty *et al.*，1997)，星际介质中 CNO 丰度为 $R_{\text{CNO}} \approx 10^{-3}$，热布居概率为 $P_{\text{Be}} \approx 1$，在约 10^{10} a 的时间段内积分，我们估计 ^{9}Be 的丰度为 $R_{\text{Be}}^{\text{est}} \approx 1.6 \times 10^{-11}$。从太阳光球层和陨石数据中观测到的太阳系 ^{9}Be 丰度为 $R_{\text{Be}}^{\text{obs}} = (2.1 \pm 0.1) \times 10^{-11}$(Lodders *et al.*，2009)，与计算结果大体一致。这个简单的估计没有考虑 ^{9}Be 丰度随时间的变化。

关于 Li、Be 和 B 丰度的研究，特别是它们在过去几十亿年中的演化，为测试有关恒星核合成、恒星外层物理，以及早期银河系模型的一些想法提供了重要线索。此外，Li、Be 和 B 丰度的演化可能暗示着银河宇宙线的起源。也许除那些极高能的以外，虽然可以保险地假设宇宙线粒子的天体源位于银河系内，但其起源及加速机制尚未找到满意的解释。神秘的宇宙线起源之谜是长期存在的一个极其重要的问题。能量论严格地限制了候选来源的种类：在我们银河系的体积 $V \approx 7 \times 10^{66} \text{ cm}^3$ 内，假设其平均能量密度保持在 $\varepsilon = 2 \text{ eV} \cdot \text{cm}^{-3}$，根据放射性时钟同位素 ^{10}Be、^{26}Al、^{36}Cl 和 ^{54}Mn 的宇宙线丰度得到，1 GeV 每核子能量附近宇宙线寿命为 $\tau \approx 20$ Ma(Mewaldt *et al.*，2001)，这样我们就可以得到总的宇宙线功率为 $P_{\text{CR}} = \varepsilon V / \tau \approx 4 \times 10^{33}$ J $\cdot \text{s}^{-1}$(或 4×10^{40} erg $\cdot \text{s}^{-1}$)。因此，人们预期银河宇宙线与银河系中极高能的现象有关。例如，典型核心坍缩超新星所释放出的动能为 $(1 \sim 2) \times 10^{44}$ J(5.4 节)。假设每个世纪以大约两个这样事件的频率出现，则给出的功率为 $P_{\text{SN}} \approx 10^{35}$ J $\cdot \text{s}^{-1}$，也就是说，要明显大于加速银河宇宙线所需的能量。观测证据确实将银河宇宙线的起源与超新星遗迹联系起来(Acciari *et al.*，2009；Tavani *et al.*，2010)。

现在让我们来考虑 ^{9}Be 的丰度演化，假设超新星是银河宇宙线的来源。产生该核素的一种可能是通过高能质子或 α 粒子与星际 C、N 和 O 核的碰撞。^{9}Be 的产生率取决于宇宙线通量和 CNO 核的丰度。前一个量与超新星出现率 $\text{d}n_{\text{SN}}/\text{d}t$ 成正比，而后者与当时的超新星总数 n_{SN} 成正比。因此，在任意给定时刻观测到的 ^{9}Be 丰度应该是与 n_{SN}^2 成正比，或者换句话说，与金属度的平方成正比(例如，以 Fe 丰度量度的)。另外，^{9}Be 可能是通过高能 CNO 核与星际质子或 α 粒子的碰撞而产生。在这种情况下，假设银河宇宙线中 CNO 核的丰度恒定，宇宙线通量还是与超新星的出现率成正比，但星际介质中 H 或 He 的丰度与 n_{SN} 无关。因此，在任意给定时刻人们预期 ^{9}Be 的丰度直接与金属度成正比(Vangioni-Flam *et al.*，2000)。或者，如果超新星产生的质子或 α 粒子与同一超新星抛射物中的 CNO 核发生散裂反应，则可能会自然地出现 ^{9}Be 丰度与金属度之间的线性关系(Gilmore *et al.*，1992)。对于硼丰度的演化，类似的论点也成立。

在这方面，20 世纪 90 年代对贫金属星中铍和硼的观测至关重要(Duncan *et al.*，1992；Ryan *et al.*，1992；Boesgaard & King，1993)。不像锂在低金属度下显示出 Spite 平台(5.7.1 节)，铍和硼的丰度没有显示出这样的平台。此外，还显示出对金属度的线性依赖。因此，银河宇宙线不太可能源自超新星诱发的高能质子或 α 粒子与星际介质中 CNO 核的碰撞(这会造成铍或硼的丰度与金属度的平方成正比)。观测结果无法通过银河宇宙线中随时间增加的 CNO 丰度(因为那样的话,铍或硼的丰度与金属度之间的关系可能就不是线性的)来解释,这些丰度类似于星际介质中的 CNO 丰度。另外,"先进成分探索者"(Advanced Composition Explorer,ACE)上搭载的 CRIS 仪器在银河宇宙线中探测到来大量的 ^{59}Co,但仅有极少量的放射性先驱核 ^{59}Ni(Mewaldt *et al.*,2001)。后一种同位素通过电子俘获衰变,实验室半衰期为 $T_{1/2}=7.6\times10^4$ a,但它一旦被全剥离电子并加速到高能后,就会变成是稳定的。根据观测的 ^{59}Ni 和 ^{59}Co 的丰度比,可以估计出爆发性核合成与加速 ^{59}Ni 放射性核素之间的时间延迟必定超过约 10^5 a。在那时,特定超新星的抛射物很可能被稀释并混合到了星际介质中。因此,单个超新星加速各自的抛射物,从而直接贡献给银河宇宙线通量,这似乎不太可能。

已经提出了若干想法。一个流行的模型是指在由大质量星团演化所产生的超级气泡中产生银河宇宙线(Higdon *et al.*,1998;Alibés *et al.*,2002)。大质量星通过它们非常强的恒星风在星际介质中产生了炽热的、低密度的气体空泡。空泡的大小随每次超新星爆而增大,并最终合并形成超级气泡。在最简单的情况下,假设在超级气泡中富金属、低密度材料的组成不随时间变化,则银河宇宙线可能会由随后的超新星激波从这个"蓄水池"中发射出去。超级气泡起源一直受到批评(Prantzos,2012a),因为它没有考虑到在银河宇宙线中所观测到的较高 ^{22}Ne/^{20}Ne 丰度比(大约是太阳系的 5 倍)。相反,为了兼容当前银河宇宙线组成的所有直接观测要求,建议唯一的场所就是涉及超新星激波经过恒星风物质中的传播,即大质量恒星在爆前超新星阶段之前所喷出的恒星风物质(Prantzos,2012b)。

5.8 核素的起源

我们将通过简要总结自然界中核素的起源来结束本章。原则上,对于给定的核素,通过考虑本书中提到的每个天体物理场所对星际介质所贡献的产额比例,似乎可以预测其主要的天体物理来源。我们需要知道:①以银河形成以来的以时间为函数的具有给定质量和金属度的恒星数量(由于恒星演化取决于这两个参数);②在每个恒星中各种核合成过程的效率;③通过爆炸或恒星风被推出去的物质的比例,等等。大量核素来源于大质量恒星。在这种情况下,许多预言的丰度强烈地依赖于质量切割(mass cut),它将核心坍缩超新星爆炸中喷射物质与塌缩回到残留中子星或黑洞的物质分割开来。主要的不确定性也与其他天体物理场所有关。尽管如此,关于太阳系中核素起源的总体图像似乎已经很好地成立起来了,这一成就无疑代表了核合成理论的胜利。

质量为 $A\leqslant70$ 轻核素的起源见表 5.2。仅列出主要来源。放射性核素由星号标记。氢(^{1}H,^{2}H)和氦(^{3}He,^{4}He)是在大爆炸(BB)中制造的。宇宙线散裂(CR)负责 ^{6}Li、^{9}Be、^{10}Be 和 ^{10}B 的丰度。核素 ^{7}Li 可能在四个不同的场所合成:大爆炸、银河宇宙线、AGB 星和 ν-过程(ν)。银河宇宙线和 ν-过程可能对 ^{11}B 的合成有贡献。

经典新星(CN)产生了大量的 ^{13}C、^{15}N 和 ^{17}O,而 AGB 星是 ^{12}C、^{13}C、^{14}N、^{22}Ne、^{25}Mg 和 ^{26}Mg(包括 s-过程的主成分,表中未列出)的多产源。普通 I a 型超新星(I a)合成了铁峰的主要部分,例如 ^{51}V、^{55}Mn、^{54}Fe、^{56}Fe、^{57}Fe 和 ^{56}Ni。许多核素,例如 ^{48}Ca 和 ^{54}Cr,可能是在稀有类型的 I a 型超新星中合成的,因为它们在其他场所中产量不足。这些特殊事件包括两种情况下的核统计平衡冻结,一种是白矮星在非常接近于钱德拉塞卡极限(I aVnCh)下吸积物质的Ⅰa型爆炸,另一种是由氦爆(ⅠaHeDet)所引起的Ⅰa型超新星爆。

表中列出的所有其他核素都是在大质量星中通过以下过程合成的:即在流体静力学氢燃烧(H)、流体静力学氦燃烧(He)、流体静力学壳燃烧(C、Ne、O)、爆发性燃烧(xC、xNe、xO)、不完全爆发性硅燃烧(xSi)、富α粒子冻结(αRF),以及在核心氦燃烧和流体静力学碳壳燃烧中所发生的弱s-过程(s)中。注意一些稳定的核素在恒星中主要是以它们的放射性先驱核形式合成的。例如,^{44}Ca 在富α粒子冻结中是以^{44}Ti 的形式产生的,^{56}Fe 在Ⅱ型和Ⅰa型超新星爆中都是以^{56}Ni 的形式产生的。

表 5.2　A≤70 质量区核素的起源

核素	起源	核素	起源	核素	起源
^{1}H	BB	^{30}Si	C,Ne	^{51}V	Ⅰa,xSi,xO
^{2}H	BB	^{31}P	C,Ne	^{50}Cr	xO,xSi
^{3}He	BB	^{32}S	xO,O	^{52}Cr	Ⅰa,xSi
^{4}He	BB	^{33}S	xO,O	^{53}Cr	xSi,xO
^{6}Li	CR	^{34}S	xO,O	^{54}Cr	ⅠaVnCh
^{7}Li	BB,CR,AGB,ν	^{36}S	[s,Ne]	^{53}Mn*	Ⅰa,xSi
^{9}Be	CR	^{35}Cl	xO	^{55}Mn	Ⅰa,xSi
^{10}Be*	CR	^{36}Cl*	[xO,s]	^{54}Fe	Ⅰa,xSi
^{10}B	CR	^{37}Cl	[xO,s]	^{56}Fe	Ⅰa,xSi,αRF
^{11}B	CR,ν	^{36}Ar	xO	^{57}Fe	Ⅰa,xSi,αRF
^{12}C	He,AGB	^{38}Ar	xO,O	^{58}Fe	s,ⅠaVnCh
^{13}C	CN,AGB,H	^{40}Ar	[s,Ne]	^{60}Fe	s
^{14}N	AGB,H	^{39}K	xO,O	^{56}Co*	Ⅰa,xSi,αRF
^{15}N	CN,ν	^{40}K*	s,C,xO	^{57}Co*	Ⅰa,xSi,αRF
^{16}O	He	^{41}K	xO	^{59}Co	s,αRF,Ⅰa
^{17}O	CN	^{40}Ca	xO,xSi,O	^{60}Co*	s
^{18}O	He	^{41}Ca*	s,xO	^{56}Ni*	Ⅰa,xSi,αRF
^{19}F	[ν,He,AGB]	^{42}Ca	xO,O	^{58}Ni	αRF,xSi,Ⅰa
^{20}Ne	C	^{43}Ca	[C,Ne,αRF,xO,O]	^{60}Ni	αRF,xNi,Ⅰa,s
^{21}Ne	C	^{44}Ca	αRF	^{61}Ni	s,αRF
^{22}Ne	He,AGB	^{46}Ca	[s,C,Ne]	^{62}Ni	s,αRF,Ⅰa
^{22}Na*	[CN]	^{48}Ca	ⅠaVnCh	^{64}Ni	s,ⅠaVnCh
^{23}Na	C	^{45}Sc	αRF,C,xO,O	^{63}Cu	s,αRF,Ⅰa
^{24}Mg	C	^{44}Ti*	αRF	^{65}Cu	s,αRF,xSi
^{25}Mg	C,AGB	^{46}Ti	xO,O	^{64}Zn	αRF,s,xSi
^{26}Mg	C,AGB	^{47}Ti	[ⅠaHeDet,xO,xSi]	^{66}Zn	s,αRF,ⅠaVnCh
^{26}Al*	xNe,xC,C	^{48}Ti	xSi	^{67}Zn	s
^{27}Al	C	^{49}Ti	xSi	^{68}Zn	s
^{28}Si	xO,O,Ⅰa	^{50}Ti	[ⅠaVnCh,s]	^{70}Zn	s
^{29}Si	C,Ne	^{50}V	[Ⅰa,xO,xNe]		

標签代表:大爆炸(BB);宇宙线散裂(CR);渐近巨星支(AGB);ν-过程(ν);经典新星(CN);正常Ⅰa型超新星(Ⅰa);特殊Ⅰa型超新星(ⅠaVnCh,ⅠaHeDet)。所有其他标签是指大质量恒星的场所:流体静力学氢燃烧(H);流体静力学氦燃烧(He);流体静力学碳壳燃烧(C);流体静力学氖壳燃烧(Ne);流体静力学氧壳燃烧(O);爆发性碳燃烧(xC);爆发性氖燃烧(xNe);爆发性氧燃烧(xO);丰完全爆发性硅燃烧(xSi);完全爆发性硅燃烧中富α粒子冻结(αRF);流体静力学氦燃烧和流体静力学碳壳燃烧期间的s-过程(s)。信息来自文献(Arnett,1996;Woosley *et al.*,2002;Clayton,2003;José *et al.*,私人通讯)。不确定性指定在方括号内给出。*代表放射性核素。

由于指定的不确定性,尤其是^{19}F、^{22}Na、^{36}S、^{37}Cl、^{40}Ar、^{43}Ca、^{46}Ca、^{47}Ti、^{50}Ti 和^{50}V,表中将它们的来源置于方括号中。虽然目前各个相对贡献仍有争议,但是这些核素都可能会在多个场所中产生。

质量 $A=70$ 以上的情况比较清楚,这是因为对于大多数这些核素,其 s-过程、r-过程和p-过程的相对贡献可以直截了当的方式进行估计(5.6 节和图 5.82)。关于自然界中核素起源的更多相关信息,参见文献(Arnett,1996;Woosley *et al*.,2002;Clayton,2003)。

习题

5.1 对于温度 $T=15$ MK、密度 $\rho=100$ g·cm^{-3} 以及氢的质量分数 $X_H=0.5$ 的情况,计算以下问题:①质子通过 p(p,e$^+\nu$)d 反应被破坏的寿命;②氘核通过 d(p,γ)^{3}He 反应被破坏的寿命。使用以下反应率数值:$N_A\langle\sigma v\rangle_{pp}=7.90\times10^{-20}$ cm^3·mol^{-1}·s^{-1}、$N_A\langle\sigma v\rangle_{dp}=1.01\times10^{-2}$ cm^3·mol^{-1}·s^{-1}(Angulo *et al*.,1999)。

5.2 推导出 3α 反应衰变常数的温度依赖性表达式[式(5.85)]。

5.3 计算 3α 反应逆过程的衰变常数,即^{12}C 光解为三个 α 粒子的过程。假设光解最可能通过^{12}C 上的 $E_x=7.654$ MeV 能级进行(图 5.21),并且 $E_x=4.439$ MeV 态与基态处于热平衡。

5.4 考虑 $T=0.5$ GK、$\rho=10^4$ g·cm^{-3} 及 $X_H=0.73$ 条件下的原子核^{30}S(图 5.89)。根据图 5.59(a),解释为什么净丰度流更倾向于跟着链接^{30}S($\beta^+\nu$)^{30}P 而不是竞争的^{30}S(p,γ)^{31}Cl 反应。使用图 5.89 中给出的 $T_{1/2}$、Q 和 $N_A\langle\sigma v\rangle$ 的值。

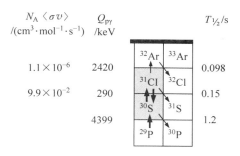

图 5.89 在^{30}S 附近的部分核素图。最终达到平衡的核素以阴影方块显示。$Q_{p\gamma}$(左手侧)和 $T_{1/2}$(右手侧:它们对应到对角线箭头)的值分别取自文献(Audi *et al*.,2003b;Audi *et al*.,2003)。所给出 $N_A\langle\sigma v\rangle$ 的值适用于温度 $T=0.5$ GK Iliadis *et al*.,2001)。见习题 5.4

5.5 推导出氦燃烧期间产能率的一个近似的解析表达式。假设一个^{16}O+α $\longleftrightarrow$ ^{20}Ne+γ 的平衡,并且随后的^{20}Ne(α,γ)^{24}Mg 反应涉及平衡的 α 粒子丰度。^{4}He、^{16}O 和^{20}Ne 的自旋都是 $j_i=0$。在典型氦燃烧温度下这些核素的归一化分配函数等于 1(Rauscher & Thielemann,2000)。忽略所有其他(次级)反应对产能率的贡献。

5.6 根据图 5.34,在 $t=100$ s 时^{28}Si 和^{24}Mg 的质量分数分别为 $X_{^{28}\text{Si}}=0.45$ 和 $X_{^{24}\text{Mg}}=0.00011$。计算在 $T=3.6$ GK 和 $\rho=3\times10^7$ g·cm^{-3} 条件下平衡的 α 粒子在 $t=100$ s 时

的质量分数。

5.7 通过连续应用萨哈方程推导出准平衡丰度比 $N_{34_S}/N_{28_{Si}}$[图 5.36(a)]。对所得结果与直接根据式(5.123)得到的结果进行比较。

5.8 证明硅燃烧过程中轻粒子丰度的关系[式(5.125)]。

5.9 推导出在硅燃烧期间,^{24}Mg 的有效光解率 f_{an} 的表达式[式(5.130)]。

5.10 反应序列 ^{1}H $\longleftrightarrow$ ^{2}H $\longleftrightarrow$ ^{3}H $\longleftrightarrow$ ^{4}He 如图 5.90 所示。通过重复应用萨哈方程计算核统计平衡中 ^{4}He 的数丰度。把结果与式(5.125)进行对比。推广该结果直接得到式(5.137)。

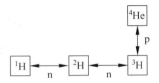

图 5.90 处于平衡状态的反应链 ^{1}H$\longleftrightarrow$^{2}H$\longleftrightarrow$^{3}H$\longleftrightarrow$^{4}He。见习题 5.10

5.11 考虑 $\eta=0$ 处的核统计平衡。假设所有的物质仅由 α 粒子、质子和中子组成。找到 α 粒子丰度(按质量计)等于总核子丰度时(即 $X_\alpha=0.5$、$X_p=0.25$ 和 $X_n=0.25$)的温度-密度条件(图 5.38 中虚线)。

5.12 考虑 $T=1.34$ GK 和 $\rho=5.9\times10^5$ g·cm^{-3} 条件下的 ^{64}Ge(p,γ)^{65}As 反应。计算 ^{64}Ge 通过级联双质子俘获被破坏的平均寿命,其中 $Q_{^{64}Ge(p,\gamma)}=-0.38$ MeV。此外,假设 ^{65}As(p,γ)^{66}Se 的反应率为 $N_A\langle\sigma v\rangle=1.0\times10^{-2}$ cm^3·mol^{-1}·s^{-1},即比 Hauser-Feshbach 预言值小 10 倍(Goriely,1998)。假设氢的质量分数为 $X_H=0.47$。^{65}As 和 ^{66}Se 的半衰期分别为 $T_{1/2}=0.170$ s 和 $T_{1/2}=0.033$ s(Audi et al.,2012)。^{64}Ge(p,γ)^{65}As 的反应率为 $N_A\langle\sigma v\rangle=0.011$ cm^3·mol^{-1}·s^{-1},^{66}Se(γ,p)^{65}As 的衰变常数为 $\lambda=0.29$ s^{-1}(Goriely,1998)。自旋分别为 $j_{^{64}Ge}=0$、$j_{^{65}As}=3/2$、$j_p=1/2$,归一化配分函数分别为 $G^{norm}_{^{64}Ge}=1.005$、$G^{norm}_{^{65}As}=1.306$、$G^{norm}_p=1$(Rauscher & Thielemann,2000)。

5.13 估计 r-过程对太阳系中 s-同位素,r-同位素 ^{125}Te 丰度的贡献。对于 ^{124}Te 和 ^{125}Te 的数丰度(以 10^6 个 Si 原子为单位,Lodders,2003),使用的值分别为 $N_\odot(124)=0.2319$ 和 $N_\odot(125)=0.3437$。对于 ^{124}Te 和 ^{125}Te,其麦克斯韦平均的中子俘获截面在 $kT=30$ keV 处分别为 $\langle\sigma\rangle_{124}=(155\pm2)$mb 和 $\langle\sigma\rangle_{125}=(431\pm4)$mb(Bao et al.,2000)。

5.14 对于一个指数分布的中子照射[式(5.180)],求解 ^{56}Fe 在 s-过程中的丰度演化[式(5.183)],也即推导出式(5.185)中的解。

5.15 通过将萨哈方程连续应用于给定元素 Z 的一个同位素链中的(n,γ) $\longleftrightarrow$ (γ,n) 平衡,推导出 r-过程中核素的数丰度表达式[式(5.198)]。

5.16 从式(5.198)中找出一个定量标准,用于预测 r-过程中一个同位素链在(n,γ) $\longleftrightarrow$ (γ,n)平衡时丰度最大的位置。此外,选择 $T=1.25$ GK 和 $N_n=10^{22}$ cm^{-3} 的条件,连同文献(Möller et al.,1997)中给出的 $Q_{n\gamma}$ 值,重现图 5.76 中所示的丰度最大值。忽略重核的配分函数和自旋。

5.17 通过利用 r-过程的等待点近似和稳流近似,从测得的 ^{131}In$[T_{1/2}=(280\pm30)\,\mathrm{ms}]$ 和 ^{133}In$[T_{1/2}=(165\pm3)\,\mathrm{ms}]$ 的半衰期(Audi *et al.*,2012),以及从观测的太阳系中 ^{130}Te(1.634)、^{131}Xe(0.946)和 ^{132}Xe(0.748)的 r-丰度(相对于 Si($N_{\mathrm{Si}}\equiv10^6$),Anders & Greveesse,1989;Arlandini *et al.*,1999),计算出 ^{130}Cd 的半衰期。此外,测得的 ^{133}In 的 β 延迟中子衰变的分支比为 $P_{\mathrm{n}}=85\%$(Audi *et al.*,2012)。忽略所有其他 β 延迟中子衰变 (图 5.77)。

5.18 解释为什么在 p-过程中随着温度的增加,给定同位素链上的分支点具有向更丰质子核素移动的趋势。

5.19 给定同位素链中分支点核素的位置由式(5.207)中的条件来具体说明。根据式(3.46),(逆向)光解的衰变常数可以使用(正向)粒子诱发反应的 Hauser-Feshbach 反应率计算。在文献 Rauscher(2005)中,利用这种方法计算了在 p-过程核合成中从硒($Z=34$)到铅($Z=82$)之间所有元素的分支点核素。将这些结果与核素图一起使用,定性地解释为什么几乎所有的 p-核都表现出偶数个质子。

三维薛定谔方程的解

在笛卡儿坐标系中，与时间无关的三维薛定谔方程由下式给出：

$$-\frac{\hbar^2}{2m}\left(\frac{\partial^2\psi}{\partial x^2}+\frac{\partial^2\psi}{\partial y^2}+\frac{\partial^2\psi}{\partial z^2}\right)+V(x,y,z)\psi=E\psi \qquad (A.1)$$

其中，ψ 为总的波函数；V 为势函数；E 为总能量；m 为粒子质量。对于许多量子力学问题来说，势函数 V 仅取决于距离，而与方向无关，也即 $V(\boldsymbol{r})=V(r)$。我们称它为"中心势"（central potential）。对于这样的势，我们利用对称性，以球坐标系下的 r、θ、ϕ 来取代笛卡儿坐标系下的 x、y、z。则中心势的波函数 ψ 可以分解成三个不同的函数：

$$\psi(r,\theta,\phi)=R(r)\Theta(\theta)\Phi(\phi)$$

那么薛定谔方程同样也可以分解成三个不同的方程，每个方程分别对应一个变量 r、θ 和 ϕ。Φ 的微分方程为

$$\frac{\mathrm{d}^2\Phi}{\mathrm{d}\phi^2}+m_\ell^2\Phi=0$$

其中，m_ℓ^2 为分离常数。方程的解为

$$\Phi_{m_\ell}(\phi)=\frac{1}{\sqrt{2\pi}}\mathrm{e}^{\mathrm{i}m_\ell\phi}$$

其中，$m_\ell=0,\pm1,\pm2,\cdots$ 叫作磁量子数（magnetic quantum number）。Θ 的方程为

$$\frac{1}{\sin\theta}\frac{\mathrm{d}}{\mathrm{d}\theta}\left(\sin\theta\frac{\mathrm{d}\Theta}{\mathrm{d}\theta}\right)+\left[\ell(\ell+1)-\frac{m_\ell^2}{\sin^2\theta}\right]\Theta=0$$

其中，$\ell=0,1,2,\cdots,m_\ell=0,\pm1,\pm2,\cdots,\pm\ell$。$\ell$ 被称为轨道角动量量子数（orbital angular momentum quantum number），方程的解可以用连带勒让德多项式（associated Legendre polynomial）$P_\ell^{m_\ell}$ 来表示：

$$\Theta_{\ell m_\ell}(\theta)=\sqrt{\frac{(2\ell+1)}{2}\frac{(\ell-m_\ell)!}{(\ell+m_\ell)!}}P_\ell^{m_\ell}(\theta)$$

两个角相关函数的乘积为以下球谐函数（spherical harmonics）：

$$\mathrm{Y}_{\ell m_\ell}(\theta,\phi)=\Theta_{\ell m_\ell}(\theta)\Phi_{m_\ell}(\phi)$$

它描述了任意一个中心势波函数的角度部分。波函数的宇称 π 描述了坐标变换的行为，即 $\boldsymbol{r}\to\boldsymbol{r}$（空间反射），或者在极坐标下 $r\to r$、$\theta\to\pi-\theta$、$\phi\to\pi+\phi$ 的变换。因为两次变换必须再次得到原函数（$\pi^2=1$），所以宇称值只能取 $+1$（正宇称或偶宇称）或者 -1（负宇称或奇宇称）。球谐函数具有如下重要的性质：

$$Y_{\ell m_\ell}(\pi - \theta, \pi + \phi) = (-1)^\ell Y_{\ell m_\ell}(\theta, \phi)$$

因此,宇称的奇偶性分别取决于 ℓ 的奇偶性,ℓ 为偶(奇)数,则为偶(奇)宇称。一般来说,$Y_{\ell m_\ell}$ 是复函数。对于 $m_\ell = 0$ 的特殊情况,球谐函数是实值的,此时,我们得到

$$Y_{\ell 0}(\theta, \phi) = \sqrt{\frac{2\ell + 1}{4\pi}} P_\ell(\cos\theta)$$

其中,函数 $P_\ell(\cos\theta)$ 被称为勒让德多项式(Legendre polynomial)。对于一些较低的 ℓ 值,由下式给出:

$$P_0(x) = 1 \tag{A.2}$$

$$P_1(x) = x \tag{A.3}$$

$$P_2(x) = \frac{1}{2}(3x^2 - 1) \tag{A.4}$$

$$P_3(x) = \frac{1}{2}(5x^3 - 3x) \tag{A.5}$$

$$P_4(x) = \frac{1}{8}(35x^4 - 30x^2 + 3) \tag{A.6}$$

径向函数 R 的方程为

$$-\frac{\hbar}{2m}\left(\frac{\mathrm{d}^2 R}{\mathrm{d}r^2} + \frac{2}{r}\frac{\mathrm{d}R}{\mathrm{d}r}\right) + \left[V(r) + \frac{\ell(\ell+1)}{2mr^2}\frac{\hbar^2}{}\right]R = ER \tag{A.7}$$

注意,只有径向方程依赖于中心势。$\ell(\ell+1)$ 项被称为向心势(centripetal potential)【译者注:这里 $\ell(\ell+1)$ 项应被称为离心势(centrifugal potential)更为妥当,原作者应该是笔误】。当 $\ell > 0$ 时,它使粒子远离原点。我们可以通过代入 $u(r) = rR(r)$ 来改写径向方程:

$$\frac{\mathrm{d}^2 u}{\mathrm{d}r^2} + \frac{2m}{\hbar^2} + \left[E - V(r) - \frac{\ell(\ell+1)}{2mr^2}\hbar^2\right]u = 0 \tag{A.8}$$

通常,人们利用 $E = p^2/(2m) = \hbar^2 k^2/(2m)$ 改写方程如下:

$$\frac{\mathrm{d}^2 u}{\mathrm{d}r^2} + \left[k^2 - \frac{\ell(\ell+1)}{r^2} - \frac{2m}{\hbar^2}V(r)\right]u = 0 \tag{A.9}$$

其中,k 是自由粒子的波数。应用于核散射时,该方程仅当距离大于核半径($r > R$)时才正确,这是因为核内运动无法仅用依赖于一个坐标的波函数来描述。式(A.9)的两个线性无关的一般解可以用 $F_\ell(r)$ 和 $G_\ell(r)$ 来表示。它们满足朗斯基组合(Wronskian combination)独立于 r 的条件:

$$\left(\frac{\mathrm{d}E_\ell}{\mathrm{d}r}\right)G_\ell - F_\ell\left(\frac{\mathrm{d}G_\ell}{\mathrm{d}r}\right) = k \tag{A.10}$$

在下文中,我们将讨论三种特殊情况。

A.1 零轨道角动量和常数势

对于 $\ell = 0$ 和 $V = 0$ 的情况,径向方程[式(A.9)]变为

$$\frac{\mathrm{d}^2 u}{\mathrm{d}r^2} + k^2 u = 0 \tag{A.11}$$

满足该方程的两个独立解是球面波函数 e^{ikr} 和 e^{-ikr}。一般解则由这两个独立解的线性组合给出：

$$u = \alpha e^{ikr} + \beta e^{-ikr}, \quad k^2 = \frac{2m}{\hbar^2}E \tag{A.12}$$

如果 $V(r) = $ 常数 $\neq 0$，则一般解由下式给出：

$$u = \alpha e^{i\hat{k}r} + \beta e^{-i\hat{k}r}, \quad \hat{k}^2 = \frac{2m}{\hbar^2}(E-V) \tag{A.13}$$

A.2 任意轨道角动量和零核势

对于自由粒子或中子的特殊情况，原子核外的势为零 $(V=0)$。我们有

$$\frac{d^2 u_\ell}{dr^2} + \left[k^2 - \frac{\ell(\ell+1)}{r^2} \right] u_\ell = 0 \tag{A.14}$$

用 $\rho = kr$ 进行替换，可得

$$\frac{d^2 u_\ell}{d\rho^2} + \left[1 - \frac{\ell(\ell+1)}{\rho^2} \right] u_\ell = 0 \tag{A.15}$$

该径向方程的解取决于 ρ。它们由球贝塞尔函数(spherical Bessel function)$j_\ell(kr)$ 和球诺伊曼函数(sperical Neumann function)$n_\ell(kr)$(Abramowitz & Stegun, 1965，注意：有些作者用 n_ℓ 来表示同一函数，但符号相反)给出：

$$F_\ell = (kr)j_\ell(kr) = (kr)\left(-\frac{r}{k}\right)^\ell \left(\frac{1}{r}\frac{d}{dr}\right)^\ell \frac{\sin(kr)}{kr} \tag{A.16}$$

$$G_\ell = (kr)n_\ell(kr) = (kr)\left(-\frac{r}{k}\right)^\ell \left(\frac{1}{r}\frac{d}{dr}\right)^\ell \frac{\cos(kr)}{kr} \tag{A.17}$$

仅有函数 j_ℓ 在原点是规则的(regular)。对于 $\ell = 0$(s 波)的特殊情况，我们有

$$j_0(kr) = \frac{\sin(kr)}{kr}, \quad n_0(kr) = \frac{\cos(kr)}{kr} \tag{A.18}$$

对于渐近值，我们有，

$$j_\ell \xrightarrow[kr \to \infty]{} \frac{1}{kr}\sin(kr - \ell\pi/2), \quad n_\ell \xrightarrow[kr \to \infty]{} \frac{1}{kr}\cos(kr - \ell\pi/2) \tag{A.19}$$

A.3 任意轨道角动量和库仑势

对于库仑势，我们必须考虑以下方程：

$$\frac{d^2 u_\ell}{dr^2} + \left[k^2 - \frac{\ell(\ell+1)}{r^2} - \frac{2m}{\hbar^2}V(r) \right] u_\ell = 0 \tag{A.20}$$

其中，

$$V(r) = \frac{Z_p Z_t e^2}{r} \tag{A.21}$$

这里，Z_p 和 Z_t 分别是炮弹和靶的电荷数。将 $\eta = Z_p Z_t e^2 / (\hbar v) = m Z_p Z_t e^2 / (\hbar^2 k)$ 和 $\rho = kr$ 代入，可得

$$\frac{d^2 u_\ell}{d\rho^2} + \left[1 - \frac{\ell(\ell+1)}{\rho^2} - \frac{2\eta}{\rho} \right] u_\ell = 0 \tag{A.22}$$

方程的解 $F_\ell(\eta,\rho)$ 和 $G_\ell(\eta,\rho)$(Abramowitz & Stegun,1965)分别称为规则的和不规则的库仑波函数,它们都不能用初等函数来表示。对于既依赖于能量(通过 k)又依赖于电荷(通过 $Z_p Z_t$)的 $F_\ell(\eta,\rho)$ 和 $G_\ell(\eta,\rho)$ 函数,最好是使用已有的计算机代码来进行计算(例如,Barnett,1982)。函数自变量在数值上可表示为

$$\rho = 0.218735 \cdot r \sqrt{\frac{M_p M_t}{M_p + M_t} E} \tag{A.23}$$

$$\eta = 0.1574854 \cdot Z_p Z_t \sqrt{\frac{M_p M_t}{M_p + M_t} \frac{1}{E}} \tag{A.24}$$

其中,M_i、E 和 r 分别以 u、MeV 和 fm 为单位。

附录B

量子力学选择定则

角动量和宇称耦合的量子力学（选择）定则在任何量子力学教科书中都有解释（例如，Messiah,1999）。此处,在没有证明过程的情况下我们给出了一些重要的结果。

考虑一个由两部分组成的系统,其角动量矢量分别为 j_1 和 j_2。这些分量具有根据总角动量量子数 j_1 和 j_2 的值所标记的本征函数 $\phi_{j_1 m_1}$ 和 $\phi_{j_2 m_2}$。它们总角动量的 z 分量由磁量子数 m_1 和 m_2 来标记,其中,

$$m_i = -j_i, \quad -j_i+1, \cdots, j_i-1, j_i \tag{B.1}$$

角动量为 J 的复合系统具有由总角动量量子数 J 和磁量子数 M 进行标记的本征函数 Φ_{JM}。则该复合系统的本征函数可以根据下式展开：

$$\Phi_{JM}(j_1, j_2) = \sum_{m_1, m_2} (j_1 m_1 j_2 m_2 \mid JM) \phi_{j_1 m_1} \phi_{j_2 m_2} \tag{B.2}$$

振幅 $(j_1 m_1 j_2 m_2 | JM)$ 被称为克莱布希-高登系数（Clebsch-Gordan coefficient,简称 CG 系数）。振幅的平方代表在乘积态 $\phi_{j_1 m_1} \phi_{j_2 m_2}$ 中找到耦合态 $\Phi_{JM}(j_1, j_2)$ 的概率。Clebsch-Gordan 系数具有重要的对称特性。如果角动量矢量 $J = j_1 + j_2$ 的耦合不遵循以下规则时,它们会消失为零：

$$|j_1 - j_2| \leqslant J \leqslant j_1 + j_2 \tag{B.3}$$

$$M = m_1 + m_2 = -J, -J+1, \cdots, J-1, J \tag{B.4}$$

Clebsch-Gordan 系数广泛地列于表格中（Rotenberg et al.,1959）。它们也可以使用便捷的计算机代码来进行计算。

总角动量 J 和总宇称 Π 在核反应中是守恒的。其中 J 可以根据上述角动量耦合的量子力学规则得到,而复合系统的总宇称则由各部分宇称的乘积给出（附录 A）。如果一个反应道包含两个核,其自旋为 j_1、j_2,宇称为 π_1、π_2,则 J 和 Π 由下式给出：

$$\boldsymbol{J} = \boldsymbol{\ell} + \boldsymbol{j}_1 + \boldsymbol{j}_2 = \boldsymbol{\ell} + \boldsymbol{s} \tag{B.5}$$

$$\Pi = \pi_1 \pi_2 (-1)^\ell \tag{B.6}$$

其中,$\ell = 0, 1, 2, 3, \cdots$,是这对原子核的相对轨道角动量;矢量和 $\boldsymbol{s} = \boldsymbol{j}_1 + \boldsymbol{j}_2$ 称为道自旋（channel spin）。如果反应道仅包含核 1 加一个光子,则有

$$\boldsymbol{j} = \boldsymbol{L} + \boldsymbol{j}_1 \tag{B.7}$$

$$\Pi = \pi_1 (-1)^L \quad 电多极辐射（E） \tag{B.8}$$

$$\Pi = \pi_1 (-1)^{L+1} \quad 磁多极辐射（M） \tag{B.9}$$

其中,$L = 1, 2, 3, \cdots$,代表电磁辐射的多极性。具有相同多极性的电辐射和磁辐射具有相反

的宇称,因此不能在连接两条给定核能级的跃迁中同时发射。另外注意,跃迁至自旋 0 态或从自旋 0 态进行的 γ 射线跃迁,或者两个自旋为 1/2 态之间的 γ 射线跃迁都是纯的,也就是说,它们只能通过单个 L 值且具有唯一(电或磁)特征的跃迁来进行。下面将给出几个示例来说明核反应和衰变中的角动量和宇称守恒。

 示例 B.1

假设 ^{32}S 的激发能级通过 $^{28}Si + \alpha \longrightarrow {}^{32}S$ 反应中的共振来布居。α 粒子与 ^{28}Si 的自旋和宇称都是 0^+。所布居能级的(或等效地,共振的)自旋和宇称由量子数 j_r 和 π_r 给出。角动量守恒和宇称守恒要求[式(B.5)和式(B.6)]:

$$\boldsymbol{j}_\alpha + \boldsymbol{j}_{^{28}Si} + \boldsymbol{\ell}_\alpha = \boldsymbol{j}_r \quad \text{和} \quad \pi_\alpha \pi_{^{28}Si}(-1)^{\ell_\alpha} = \pi_r$$

$$0 \qquad 0 \qquad \ell_\alpha \rightarrow j_r \quad (+1)(+1)(-1)^{\ell_\alpha} = \pi_r$$

各自的自旋 $\boldsymbol{j}_\alpha$ 和 $\boldsymbol{j}_{^{28}Si}$ 只能耦合成唯一的道自旋值:

$$s = |\, j_\alpha - j_{^{28}Si}\,|, \cdots, j_\alpha + j_{^{28}Si} = |\, 0 - 0\,|, \cdots, 0 + 0 = 0$$

在这种情况下,我们很容易得到 $j_r = \ell_\alpha$ 及 $\pi_r = (-1)^{\ell_\alpha}$。因此,对于特定的 j_r 和 π_r 值,所允许的轨道角动量量子数 ℓ_α 为

α	+	^{28}Si	$\longrightarrow$	^{32}S
0^+		0^+	$\ell_\alpha \longrightarrow$	$j_r^{\pi_r}$
		0		0^+
		1		1^-
		2		2^+
		3		3^-
		$\vdots$		$\vdots$

换句话说,共振的自旋和宇称由轨道角动量唯一决定。对于 $\ell_\alpha = 0, 1, 2, \cdots$,共振的量子数为 $j_r^{\pi_r} = 0^+, 1^-, 2^+, \cdots$。具有这种量子数组合的能级被称为自然宇称态(natural parity state)。特别是,如果靶和炮弹都处于基态的话,则具有非自然宇称的能级($j_r^{\pi_r} = 0^-$,$1^+, 2^-, \cdots$)将无法在 $^{28}Si + \alpha \longrightarrow {}^{32}S$ 反应中布居。对于 ^{32}S 激发能级衰变到 $^{28}Si + \alpha$ 道的情况,自旋和宇称将以完全相同的方式耦合。

 示例 B.2

假设 ^{33}Cl 的激发能级通过 $^{32}S + p \longrightarrow {}^{33}Cl$ 反应中的共振来布居。质子与 ^{32}S 的自旋和宇称分别为 $1/2^+$ 和 0^+。角动量守恒和宇称守恒要求:

$$\boldsymbol{j}_p + \boldsymbol{j}_{^{32}S} + \boldsymbol{\ell}_p = \boldsymbol{j}_r \quad \text{和} \quad \pi_p \pi_{^{32}S}(-1)^{\ell_p} = \pi_r$$

$$\frac{1}{2} \qquad 0 \qquad \ell_p \rightarrow j_r \quad (+1)(+1)(-1)^{\ell_p} = \pi_r$$

各自的自旋 j_p 和 $j_{^{32}S}$ 只能耦合成如下道自旋值：

$$s = |\, j_p - j_{^{32}S}\,|, \cdots, j_p + j_{^{32}S} = \left|\frac{1}{2} - 0\right|, \cdots, \frac{1}{2} + 0 = \frac{1}{2}$$

因此，我们发现在这种情况下，$j_r = s + \ell_p$ 及 $\pi_r = (-1)^{\ell_p}$。根据 $|\, j_r - s\,| \leqslant \ell_p \leqslant j_r + s$ [式(B.3)] 以及 $\pi_r = (-1)^{\ell_p}$，对于特定的 $j_r^{\pi_r}$ 值所允许的轨道角动量量子数 ℓ_p 由下表给出：

p	+	^{32}S		$\longrightarrow$	^{33}Cl
$\dfrac{1}{2}^{+}$		0^{+}	ℓ_p	$\longrightarrow$	$j_r^{\pi_r}$
			0		$\dfrac{1}{2}^{+}$
			1		$\dfrac{1}{2}^{-}$
			2		$\dfrac{3}{2}^{+}$
			1		$\dfrac{3}{2}^{-}$
			$\vdots$		$\vdots$

与前面示例中的情况一样，对于给定自旋和宇称($j_r^{\pi_r}$)的能级(或共振)，只能由轨道角动量量子数(ℓ_p)的单个值来布居。

 ## 示例 B. 3

假设 ^{32}S 的激发能级通过 ^{31}P + p $\longrightarrow$ ^{32}S 反应中的共振来布居。质子与 ^{31}P 的自旋和宇称都是 $1/2^{+}$。角动量守恒和宇称守恒要求：

$$\boldsymbol{j}_p + \boldsymbol{j}_{^{31}P} + \boldsymbol{\ell}_p = \boldsymbol{j}_r \quad \text{和} \quad \pi_p \pi_{^{31}P}(-1)^{\ell_p} = \pi_r$$

$$\frac{1}{2} \quad \frac{1}{2} \quad \ell_p \to j_r \quad (+1)(+1)(-1)^{\ell_p} = \pi_r$$

各自的自旋 j_p 和 $j_{^{31}P}$ 可以耦合成如下道自旋值：

$$s = |\, j_p - j_{^{31}P}\,|, \cdots, j_p + j_{^{31}P} = \left|\frac{1}{2} - \frac{1}{2}\right|, \cdots, \frac{1}{2} + \frac{1}{2} = 0 \text{ 或 } 1$$

因此，我们发现在这种情况下，$\boldsymbol{j}_r = s + \boldsymbol{\ell}_p$ 及 $\pi_r = (-1)^{\ell_p}$。根据 $|\, j_r - s\,| \leqslant \ell_p \leqslant j_r + s$ [式(B.3)] 以及 $\pi_r = (-1)^{\ell_p}$，对于特定的 $j_r^{\pi_r}$ 值所允许的轨道角动量量子数 ℓ_p 由下表给出：

p	+	^{31}P		$\longrightarrow$	^{32}S
$\dfrac{1}{2}^{+}$		$\dfrac{1}{2}^{+}$	ℓ_p	$\longrightarrow$	$j_r^{\pi_r}$
			$0(s=0)$		0^{+}

$$1(s=1) \qquad\qquad 0^-$$
$$0,2(s=1) \qquad\qquad 1^+$$
$$1(s=0,1) \qquad\qquad 1^-$$
$$2(s=0,1) \qquad\qquad 2^+$$
$$1,3(s=1) \qquad\qquad 2^-$$
$$\vdots \qquad\qquad\qquad \vdots$$

在本示例中,一些 ^{32}S 能级($j_r=0$)是由唯一的 ℓ_p 和 s 值形成的,而其他能级($j_r=1$、2)是由两个不同的 ℓ_p 或 s 值形成的。这两种成分对总截面的相对贡献由被称为轨道角动量和道自旋混合比(mixing ratio)的参数来描述(附录 D)。

 示例 B.4

接下来我们讨论光子出现在特定反应道中的情况。假设 ^{32}S 中的一条激发能级已通过某种方式布居,例如在(α,γ)或(p,γ)反应中。该能级的自旋和宇称是 $j_r^{\pi_r}$。在示例 B.1 和 B.3 中描述了入射道中角动量和宇称的耦合。现在我们将重点讨论该能级通过 γ 射线衰变到 ^{32}S 低位能级(自旋和宇称分别为 j_1 和 π_1)的情况。角动量守恒和宇称守恒要求[式(B.7)～式(B.9)]:

$$\boldsymbol{j}_r=\boldsymbol{j}_1+\boldsymbol{L} \quad 且 \quad \pi_r=\pi_1(-1)^L,对于电多极辐射$$
$$\pi_r=\pi_1(-1)^{L+1},对于磁多极辐射$$

首先假设 ^{32}S 衰变能级的自旋和宇称为 $j_r^{\pi_r}=0^+$。对于给定 $j_1^{\pi_1}$ 的低位能级,根据 $|j_r-j_1|\leqslant L\leqslant j_r+j_1$[式(B.3)和式(B.7)],则 γ 射线多极性 L 的允许值如下表所示:

^{32}S*	$\longrightarrow$	γ	$+$	^{32}S
0^+		L		$j_1^{\pi_1}$
		禁戒的		0^+
		禁戒的		0^-
		M1		1^+
		E1		1^-
		E2		2^+
		M2		2^-
		$\vdots$		$\vdots$

由于单极辐射($L=0$)不存在,所以 $0\to0$ 的跃迁是禁戒的。换句话说,光子必须携带至少一个 $\hbar$ 的角动量。但是这种跃迁仍然可以通过内转换(通过发射一个电子使原子核退激)或内电子对产生(如果激发能超过 $2m_ec^2$,则通过发射电子-正电子对使原子核退激)来进行(1.7.1 节)。所有其他 γ 射线均以唯一的多极性值 L 进行跃迁。

另外,如果衰变能级的自旋和宇称为 $j_r^{\pi_r}=1^-$,则对于给定 $j_1^{\pi_1}$ 值的低位能级所允许的

L 值为

$$
\begin{array}{ccc}
{}^{32}\mathrm{S}^{*} \longrightarrow & \gamma & + \quad {}^{32}\mathrm{S} \\
1^{-} & L & j_1^{\pi_1} \\
& \mathrm{E}1 & 0^{+} \\
& \mathrm{M}1 & 0^{-} \\
& \mathrm{E}1,\mathrm{M}2 & 1^{+} \\
& \mathrm{M}1,\mathrm{E}2 & 1^{-} \\
& \mathrm{E}1,\mathrm{M}2,\mathrm{E}3 & 2^{+} \\
& \mathrm{M}1,\mathrm{E}2,\mathrm{M}3 & 2^{-} \\
& \vdots & \vdots
\end{array}
$$

$1 \rightarrow 0$ 的跃迁即可以通过电偶极也可以通过磁偶极辐射进行($L = 1$)。所有其他跃迁都可以通过不同的多极辐射进行。各自成分对总跃迁概率的相对贡献由 γ 射线混合比来描述[式(1.32)]。如上所述,宇称守恒意味着具有相同多极性的电辐射和磁辐射永远不可能在同一个跃迁中一起发射。随着多极性的增加,γ 射线跃迁概率迅速降低,在实际应用中,通常不会出现超过两个最低多极辐射混合的情况。

附录C

运　动　学

在下文中给出了描述两体相互作用 $a+A \longrightarrow b+B$ 运动学(kinematics)的表达式,其中 a、A 和 B 是具有静止质量的粒子。核物理中关于运动学的更详细讨论,读者可以参考文献(Marmier & Sheldon,1969)及其所引文献。使用现成的计算机代码可以方便地进行运动学计算。

核反应或弹性散射的运动学由总能量守恒和线性动量守恒来决定。考虑图 C.1,它显示了实验室系中炮弹 a 与静止靶核 A 之间的碰撞。碰撞后,反冲核 B 沿着实验室角度 ϕ 指定的方向运动,而粒子 b 沿着实验室系角度 θ 给定的方向运动。如果 b 是光子,则该碰撞代表一个辐射俘获过程。如果 a 与 b 相同,且种类 A 与 B 相同(也即它们的激发状态),则该碰撞代表弹性散射。首先,仅给出实验室坐标系下相关量的表达式。随后,将给出实验室系和质心系之间一些物理量的转换公式。

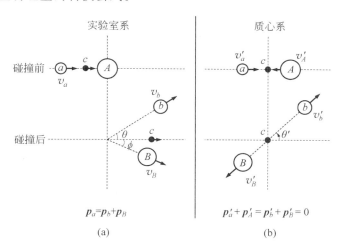

图 C.1　核反应 $A(a,b)B$ 的运动学特性。

(a) 实验室系；(b) 质心系。在实验室中,假设靶核 A 处于静止($v_A = 0$)。不带撇和带撇的量分别用于实验室系和质心系。质心的位置标记为"c"

C.1　实验室坐标系下运动学量之间的关系

首先考虑仅涉及具有静止质量粒子的碰撞。假设靶核 A 在实验室系中是静止的。由能量守恒和线性动量守恒,可得以下三个公式：

$$m_a c^2 + E_a + m_A c^2 = m_b c^2 + E_b + m_B c^2 + E_B \qquad (C.1)$$

$$\sqrt{2m_a E_a} = \sqrt{2m_B E_B} \cos\phi + \sqrt{2m_b E_b} \cos\theta \qquad (C.2)$$

$$0 = \sqrt{2m_B E_B} \sin\phi - \sqrt{2m_b E_b} \sin\theta \qquad (C.3)$$

其中,E 和 m 分别表示动能和静止质量。线性动量由 $p = \sqrt{2mE}$ 给出。第二和第三个表达式分别描述了平行和垂直于入射束流方向的总线性动量。如果粒子 B 代表一个较重反冲核的话,则通常很难探测。通过消去 E_B 和 ϕ,并利用反应 Q 值的定义$[Q = (m_a + m_A - m_b - m_B)c^2$,$[$式$(1.4)]$,可得

$$Q = E_b \left(1 + \frac{m_b}{m_B}\right) - E_a \left(1 - \frac{m_a}{m_B}\right) - \frac{2}{m_B} \sqrt{m_a m_b E_a E_b} \cos\theta \qquad (C.4)$$

如果质量 m_a、m_b 和 m_B 已知的话,则通过测量 E_a、E_b 和 θ,该表达式有时可以用来确定未知的 Q 值。通常,人们对出射粒子的能量 E_b 感兴趣,它是轰击能 E_a 和角度 θ 的函数。根据式$(C.4)$,可以得到

$$\sqrt{E_b} = r \pm \sqrt{r^2 + s} \qquad (C.5)$$

其中,

$$r = \frac{\sqrt{m_a m_b E_a}}{m_b + m_B} \cos\theta, \quad s = \frac{E_a (m_B - m_a) + m_B Q}{m_b + m_B} \qquad (C.6)$$

在上面我们假设,在低能核反应中,粒子的速度足够小相对论效应可以忽略。在非常精确的研究中,如果将上述表达式中的每个质量 m 替换为 $m + E/(2c^2)$,则可以把相对论修正考虑进去。在式$(C.5)$和式$(C.6)$中,只有正的 E_b 实数解才是物理上允许的。可以区分许多不同的情况。如果反应是放热的$(Q > 0)$,且如果炮弹质量小于余核的质量$(m_a < m_B)$,则 $s > 0$,E_b 只有一个正解。由于 r 的 $\cos\theta$ 依赖性,在 $\theta = 180°$ 时 E_b 有极小值。例如,对于非常小的炮弹能量,在涉及热中子的反应中,我们发现 $r \to 0$,因此,

$$E_b (E_a \approx 0) \approx s \approx Q m_B / (m_B + m_b) \qquad (C.7)$$

这意味着对于所有角度出射粒子 b 的动能都具有相同的值。如果反应是吸热的$(Q < 0)$,情况更加复杂。对于非常小的炮弹能量,$E_a \approx 0$,还是有 $r \to 0$,但 s 变为负值,所以不存在正的 E_b 值。因此,对于每个角度 θ 都有一个最小能量,低于该能量反应将无法进行。该最小能量值在 $\theta = 0°$ 处最小,称为阈能(threshold energy),由下式给出:

$$E_a^{\min} (\theta = 0°) = E_a^{\text{thresh}} = -Q \frac{m_b + m_B}{m_b + m_B - m_a} \qquad (C.8)$$

在阈能处,粒子仅沿 $\theta = 0°$ 的方向发射,其能量为

$$E_b (E_a = E_a^{\text{thresh}}) = E_a^{\text{thresh}} \frac{m_a m_b}{(m_b + m_B)^2} \qquad (C.9)$$

如果将轰击能量增加至阈能以上,则粒子 b 能够以大于 $\theta = 0°$ 的角度发射。同样有趣的是,对于吸热反应,式$(C.5)$和式$(C.6)$在 $\theta < 90°$ 时会得到两个正解。换句话说,具有不同分立能量的两组粒子将向前发射。对于轰击能量超过

$$E_a = -Q \frac{m_B}{m_B - m_a} \qquad (C.10)$$

的情况,式$(C.5)$和式$(C.6)$仅存在单个正解。

现在考虑一个辐射俘获过程 $a+A \longrightarrow B+\gamma$。在这种情况下，我们必须用 E_γ 和 E_γ/c 来分别替换式(C.1)～式(C.3)中 b 的总能量 $m_b c^2 + E_b$ 和线动量 $\sqrt{2 m_b E_b}$。再次消去 E_B 和 ϕ，求解得到发射光子的能量为

$$E_\gamma = Q + \frac{m_A}{m_B} E_a + E_\gamma \frac{v_B}{c} \cos\theta - \frac{E_\gamma^2}{2 m_B c^2} = Q + \frac{m_A}{m_B} E_a + \Delta E_{\text{Dopp}} - \Delta E_{\text{rec}} \quad (C.11)$$

光子能量由以下四项之和给出：①反应 Q 值，$Q = (m_a + m_A - m_b)c^2 = E_B + E_\gamma - E_a$；②质心系下的轰击能量(见下文)；③多普勒位移(Doppler shift)，因为光子是由移动速度为 $v_B = v_a (m_a/m_B)$ 的反冲核 B 所发射出来的；④反冲位移(recoil shift)，由反冲核能量移动所引起。后两部分贡献是相对较小的修正，在数值上由下式给出：

$$\Delta E_{\text{Dopp}} = 4.63367 \times 10^{-2} \frac{\sqrt{M_a E_a}}{M_B} E_\gamma \cos\theta \quad (\text{MeV}) \quad (C.12)$$

$$\Delta E_{\text{rec}} = 5.36772 \times 10^{-4} \frac{E_\gamma^2}{M_B} \quad (\text{MeV}) \quad (C.13)$$

其中，所有能量均以 MeV 为单位，静止质量单位为 u。根据式(C.11)计算光子能量并不严格有效，因为 E_γ 也出现在公式右侧。如果需要精确到几个千电子伏左右的结果就够了，那么就可以用(整数)质量数来代替上述质量，并使用近似公式 $E_\gamma \approx Q + E_a (m_A/m_B)$ 来计算式(C.11)的右侧。然而，为了精确计算，式(C.1)～式(C.3)中 a、A 和 B 的质量应替换为 $m_i + E_i/(2c^2)$ 的形式。光子能量的精确相对论表达式则由下式给出：

$$E_\gamma = \frac{Q(m_a c^2 + m_A c^2 + m_B c^2)/2 + m_A c^2 E_a}{m_a c^2 + m_A c^2 + E_a - \cos\theta \sqrt{E_a(2 m_a c^2 + E_a)}} \quad (C.14)$$

光子发射角 θ 和反冲角 ϕ 之间的关系可以根据式(C.2)和式(C.3)的比值得到：

$$\phi = \arctan\left(\frac{\sin\theta}{E_\gamma^{-1}\sqrt{2 m_a c^2 E_a} - \cos\theta}\right) \quad (C.15)$$

当光子垂直于入射束流方向发射时($\theta = 90°$)，可得最大的 ϕ 角为

$$\phi_{\max} = \arctan\left(\frac{E_\gamma}{\sqrt{2 m_a c^2 E_a}}\right) \quad (C.16)$$

因而，反冲核 B 在 $\phi_{\max}$ 的半锥角内向前发射。

下面是一些评论。如果 $A+a \longrightarrow B+b$ 或 $A+a \longrightarrow B+\gamma$ 反应布居了原子核 B 中的一个激发态，那么上述表达式中的 Q 值必须考虑激发态的能量：

$$Q = Q_0 - E_x \quad (C.17)$$

其中，Q_0 是对应于 B 基态的 Q 值。在一个给定的反应中，可以布居几个激发态。对于一个固定角度 θ，每个态都会引起反应产物的不同能量值(比如 E_b 或 E_γ)，其中观测的最大能量对应于所布居的基态。根据 E_b 或 E_γ 的测量，我们就可以使用式(C.5)、式(C.11)或者式(C.14)推断出未知的激发能 E_x。注意，对于辐射俘获反应，B 的最大发射角 $\phi_{\max}$ 由式(C.16)给出，其中 E_γ 表示基态跃迁的光子能量，即使主衰变进行到一个激发能级上也是如此(因为随后退激的光子也可能以 $\theta = 90°$ 角发射)。上述表达式忽略了束流在靶中的能量损失，且假设反应是在实验室系轰击能量 E_a 下引起的。如果反应激发了一个窄共振，则相互作用是在共振能量 E_r 处而不是在入射束流能量处产生的。在这种情况下，上述表达

式中的 E_a 代表 E_r。最后,对于辐射俘获反应的情况,我们假设了发射 γ 射线是发生在足够短的时标内,而靶中反冲能量损失可以忽略不计,即发射光子经历了完全的多普勒能量位移(energy shift)。如果光子是在反冲核经历靶中能量损失后发射的,则多普勒位移会衰减。有时可以通过测量衰减的多普勒位移来推断一条核能级的平均寿命(Bertone *et al.*,2001)。

C.2 实验室坐标系和质心坐标系之间的变换

在实验核物理中,所有观测都是在静止的实验室参考系中进行的。它被称为实验室坐标系(laboratory coordinate system)。但是,从理论上看,质心的运动对核反应的性质没有影响。因此,使用一个移动的、两个碰撞原子核的质心处于静止状态的坐标系,通常更方便。它被称为质心坐标系(center-of-mass coordinate system)。在第 3 和第 5 章中的大多数运动学量都是在质心系下给出的。然而,在第 4 章中这些量通常是在实验室系下表示的,这是核物理文献中的惯例,因为这正是那些量被直接观测到的地方。我们这里仅考虑两个参考系之间运动量的非相对论变换。关于相对论的情况,请参考文献(Marmier & Sheldon,1969)及其所引文献。

核反应 $A(a,b)B$ 在实验室系和质心系中的运动学性质如图 C.1 所示。本节中,未加撇和加撇的量将分别用于实验室系和质心系。假设靶核在实验室中是静止的($v_A = 0$)。在质心系中,总线性动量始终等于零,因此,原子核 b 和 B 会以相反方向后退。换句话说,仅有一个散射角 θ'。

我们首先考虑碰撞前的情况。质心的速度 $\boldsymbol{v}_c$ 由以下关系式给出:

$$(m_a + m_A)\,\boldsymbol{v}_c = m_a\boldsymbol{v}_a + m_A \cdot 0 \quad \text{或} \quad \boldsymbol{v}_c = \frac{m_a}{m_a + m_A}\boldsymbol{v}_a \tag{C.18}$$

因而,炮弹和靶的质心系速度分别为

$$\boldsymbol{v}'_a = \boldsymbol{v}_a - \boldsymbol{v}_c = \left(1 - \frac{m_a}{m_a + m_A}\right)\boldsymbol{v}_a = \frac{m_A}{m_a + m_A}\boldsymbol{v}_a \tag{C.19}$$

$$\boldsymbol{v}'_A = \boldsymbol{v}_A - \boldsymbol{v}_c = -\boldsymbol{v}_c = -\frac{m_a}{m_a + m_A}\boldsymbol{v}_a \tag{C.20}$$

由于在质心系中 $a+A$ 的总线动量为零,所以我们得到其速度之比为

$$m_a\boldsymbol{v}'_a = m_A\boldsymbol{v}'_A \quad \text{或} \quad \frac{v'_a}{v'_A} = \frac{m_A}{m_a} \tag{C.21}$$

在质心系中,两个粒子的动能由下式给出[式(C.19)和式(C.20)]:

$$E'_a = \frac{1}{2}m_a(v'_a)^2 = \frac{1}{2}m_a v_a^2\left(\frac{m_A}{m_a + m_A}\right)^2 = E_a\frac{m_A^2}{(m_a + m_A)^2} \tag{C.22}$$

$$E'_A = \frac{1}{2}m_A(v'_A)^2 = \frac{1}{2}m_A v_a^2\left(\frac{m_a}{m_a + m_A}\right)^2 = E_a\frac{m_A m_a}{(m_a + m_A)^2} \tag{C.23}$$

并且碰撞前质心系的总动能与实验室系轰击能量由下式关联在一起:

$$E'_i = E'_a + E'_A = E_a\frac{m_A^2 + m_A m_a}{(m_a + m_A)^2} = E_a\frac{m_A}{m_a + m_A} \tag{C.24}$$

实验室系轰击能量 E_a 可表示为碰撞前质心系总动能 E'_i 与质心运动动能 E_c 之和,如下式 [式(C.18)和式(C.24)]:

$$E_a = \frac{1}{2} m_a v_a^2 = \frac{1}{2} \frac{m_A m_a}{m_a + m_A} v_a^2 + \frac{1}{2} \frac{m_a^2}{m_a + m_A} \frac{m_a + m_A}{m_a + m_A} v_a^2$$

$$= E_a \frac{m_A}{m_a + m_A} + \frac{1}{2} (m_a + m_A) v_c^2 = E'_i + E_c \tag{C.25}$$

此外,我们根据式(C.24)得到

$$E'_i = \frac{1}{2} \frac{m_a m_A}{m_a + m_A} v_a^2 = \frac{1}{2} m_{aA} v_a^2 \tag{C.26}$$

这样,总的质心动能就可以用实验室系轰击速度 v_a,以及粒子 a 和 A 的折合质量(reduced mass)来表示,定义为 $m_{aA} \equiv m_a m_A / (m_a + m_A)$。上述表达式同样适用于辐射俘获反应 $A(a, \gamma)B$ 或者弹性散射 $A(a, a)A$。

我们现在考虑碰撞后的情况。质心系总线性动量仍然保持为零。对于 $A(a, b)B$ 反应,两个剩余粒子 b 和 B 沿相反方向分开,其线性动量大小相等但方向相反:

$$m_b v'_b = m_B v'_B \tag{C.27}$$

其质心系的动能由下式给出:

$$E'_b = \frac{1}{2} m_b (v'_b)^2 \tag{C.28}$$

$$E'_B = \frac{1}{2} m_B (v'_B)^2 = \frac{1}{2} m_b (v'_b)^2 m_B \frac{m_b}{m_B^2} = \frac{m_b}{m_B} E'_b \tag{C.29}$$

碰撞后质心系的总动能则为

$$E'_f = E'_b + E'_B = E'_b + \frac{m_b}{m_B} E'_b = E'_b \left(1 + \frac{m_b}{m_B}\right) \tag{C.30}$$

碰撞后质心系的动能可以用实验室系轰击能量来表示,关系式为 $E'_i + Q = E'_f$ [式(1.5)]。总动能则由下式给出[式(C.24)]:

$$E'_f = E'_i + Q = E_a \frac{m_A}{m_a + m_A} + Q = Q + E_a \left(1 - \frac{m_a}{m_a + m_A}\right) \tag{C.31}$$

经过代数运算,我们得到粒子的动能如下:

$$E'_b = \frac{m_B}{m_b + m_B} \left[Q + E_a \left(1 - \frac{m_a}{m_a + m_A}\right)\right] \tag{C.32}$$

$$E'_B = \frac{m_b}{m_b + m_B} \left[Q + E_a \left(1 - \frac{m_a}{m_a + m_A}\right)\right] \tag{C.33}$$

最后,我们将在实验室系和质心系中给出角度和立体角的变换公式。碰撞后,对于 $A(a, b)B$ 反应,我们有[式(C.19)]

$$\boldsymbol{v}'_b = \boldsymbol{v}_b - \boldsymbol{v}_c \tag{C.34}$$

或者,以平行和垂直于束流方向的分量来表示:

$$v'_b \cos\theta' = v_b \cos\theta - v_c \tag{C.35}$$

$$v'_b \sin\theta' = v_b \sin\theta - 0 \tag{C.36}$$

根据这些表达式,我们可以导出以下两个关系式中的任意一个:

$$\tan\theta = \frac{v'_b \sin\theta'}{v'_b \cos\theta' + v_c} = \frac{\sin\theta'}{\cos\theta' + v_c/v'_b} = \frac{\sin\theta'}{\cos\theta' + \gamma} \tag{C.37}$$

$$\cos\theta = \frac{\gamma + \cos\theta'}{\sqrt{1 + \gamma^2 + 2\gamma\cos\theta'}} \tag{C.38}$$

参数 γ 定义为质心系速度与粒子 b 质心系速度之比:

$$\gamma \equiv \frac{v_c}{v'_b} = \sqrt{\frac{m_a m_b E_a}{m_B(m_b + m_B)Q + m_B(m_B + m_b - m_a)E_a}}$$

$$\approx \sqrt{\frac{m_a m_b}{m_A m_B} \frac{E_a}{(1 + m_a/m_A)Q + E_a}} \tag{C.39}$$

其中,近似式是通过设 $m_A + m_a \approx m_b + m_B$ 得到的。对于非常重的靶核,人们发现 $\gamma \approx 0$,因此,在实验室系和质心系下出射粒子 b 的角度大致具有相同的值($\theta \approx \theta'$)。对于弹性散射, $m_a = m_b$、$m_A = m_B$、$Q = 0$,因此有 $\gamma = m_a/m_A$。对于辐射俘获反应 $A(a, \gamma)B$,发射光子的角度在实验室系和质心系中的关系如下(在这里没有证明):

$$\cos\theta = \frac{\cos\theta' + \beta}{1 + \beta\cos\theta'} \tag{C.40}$$

其中,相对论参数 β 定义为

$$\beta \equiv \frac{\sqrt{E_a(E_a + 2m_a c^2)}}{m_A c^2 + m_a c^2 + E_a} \tag{C.41}$$

微分截面的定义意味着,在 θ(实验室系)方向上出射到立体角单元 $\mathrm{d}\Omega$ 内的反应产物数目,与在相应 θ'(质心系)方向上出射到 $\mathrm{d}\Omega'$ 的数目相同。因此,

$$\left(\frac{\mathrm{d}\sigma}{\mathrm{d}\Omega}\right)_\theta \mathrm{d}\Omega = \left(\frac{\mathrm{d}\sigma}{\mathrm{d}\Omega}\right)'_{\theta'} \mathrm{d}\Omega' \tag{C.42}$$

我们假设截面依赖于 θ 或 θ',但不依赖于方位角。因而,

$$\frac{(\mathrm{d}\sigma/\mathrm{d}\Omega)'_{\theta'}}{(\mathrm{d}\sigma/\mathrm{d}\Omega)_\theta} = \frac{\mathrm{d}\Omega}{\mathrm{d}\Omega'} = \frac{\mathrm{d}(\cos\theta)}{\mathrm{d}(\cos\theta')} \tag{C.43}$$

根据式(C.38),对于 $A(a, b)B$ 反应,我们有

$$\frac{\mathrm{d}(\cos\theta)}{\mathrm{d}(\cos\theta')} = \frac{1 + \gamma\cos\theta'}{(1 + \gamma^2 + 2\gamma\cos\theta')^{3/2}} = \frac{\sqrt{1 - \gamma^2\sin^2\theta}}{(\gamma\cos\theta + \sqrt{1 - \gamma^2\sin^2\theta})^2} \tag{C.44}$$

对于辐射俘获反应 $A(a, \gamma)B$,根据式(C.40)可以得到发射光子立体角之间的关系如下:

$$\frac{\mathrm{d}(\cos\theta)}{\mathrm{d}(\cos\theta')} = \frac{1 - \beta^2}{(1 + \beta\cos\theta')^2} \tag{C.45}$$

附录D

角 关 联

在传统上,核物理中的角关联(angular correlation)测量是确定参与原子核跃迁的激发态角动量的有力工具。另外也表明,角关联对原子核矩阵元的比值(即混合比,见下文)很灵敏,这些矩阵元对应于特定跃迁中角动量耦合的不同可能性。我们不打算在这里总结该广阔的研究领域,而是聚焦在具有重要意义的低能核天体物理测量方面。

热核反应率的不确定度是由尚未观测到的共振或非共振反应过程的贡献引起的。实验者的目标就是去测量这些贡献的大小。如果探测系统覆盖整个立体角(4π sr),则测量的强度就表示角度积分的产额。然后可以将其转换为截面或共振强度(4.8节和4.9节)。然而,在大多数实验设置中,探测器仅覆盖整个立体角的一小部分。在这种情况下,所测量的是可能受角关联效应影响的微分产额。应该指出的是,参与天体物理重要反应的许多能级的角动量是已知的,或者至少在以前的核结构研究中已将其限制在一定的取值范围内。因此,原则上可以通过作一些合理假设来估计角关联效应,如果必要的话,也可以适当地修正所测的微分产额。

综合性的角关联理论超出了本书的范围。感兴趣的读者可参考专业文献(例如,Devons & Goldfarb,1957)。本附录D的重点是天体物理重要反应,也即例如 $A(a,b)B$ 或 $A(a,\gamma)B$ 过程中的角关联,其中 a 和 b 表示具有静止质量的粒子。我们会简要解释这些过程中角关联的起源,并给出角关联应用于特定情况下的示例。本附录D,所有角度 θ 均表示为质心系下的。

D.1 概述

在本节的讨论中,我们将作以下假设:①束流是非极化的,且靶核是随机取向的;②在每个阶段,跃迁所涉及的核能级都具有唯一的自旋和确定的宇称;③未观测到所测辐射的极化(或偏振)。这些假设适用于本书所感兴趣的大多数情形。这里的术语"辐射(radiation)"代表轰击(或入射)粒子或 γ 射线,以及发射(或出射)的粒子或 γ 射线。两个辐射之间(例如,入射束和发射辐射之间,或两个连续发射辐射之间)的角关联是特定核能级顺排(alignment)的结果。产生自旋为 J 的顺排能级(aligned level)的一些过程会非均匀地布居它的 $2J+1$ 个磁分态,且满足 $+m$ 磁分态与 $-m$ 磁分态上的布居数相等的条件(因为我们假设束流与靶未极化)。对于从顺排能级特定 m 分态出射的粒子或 γ 射线以及布居末态能级 m_f 分态的粒子或 γ 射线,它们关于一些量子化的(z)轴将具有特征的辐射模式,或者角关联(angular correlation),这取决于 $\Delta m = m - m_f$ 的值。总的辐射模式由分态间所有允

许跃迁 $m \rightarrow m_f$ 的叠加构成。由于入射辐射所携带的轨道角动量垂直于其运动方向,所以实现了 $A(a,b)B$ 或 $A(a,\gamma)B$ 这类反应的顺排。该简单状况加上角动量守恒的额外事实,就构成了非极化辐射角关联理论的基础。

作为一个简单的例子,我们考虑通过电偶极辐射($E1$;$L=1$)衰变到基态 0^+ 的一个激发能级,其自旋和宇称为 $J^\pi = 1^-$(图 D.1)。发射光子的空间分布分别取决于衰变能级和末态能级的磁量子数 m 和 m_f,其中 $\Delta m = m - m_f$ 的每个允许值都会产生一个不同的辐射模式。在我们的例子中,衰变能级由 $(2 \cdot 1 + 1) = 3$ 个分态组成,而末态能级仅有 $(2 \cdot 0 + 1) = 1$ 个分态。允许跃迁则由 $m - m_f = 0 - 0 = 0$ 及 $m - m_f = \pm 1 - 0 = \pm 1$ 来描述。相应的辐射模式分别由 $W_{\Delta m = 0}(\theta) \sim \sin^2 \theta$ 和 $W_{\Delta m = \pm 1}(\theta) \sim (1 + \cos^2 \theta) / 2$ 给出(Jackson,1975)。它们在图 D.1 中绘制为极性强度图。首先假设 $J^\pi = 1^-$ 能级是由母态的 β 衰变布居的,且没有探测到 β 粒子。在该条件下,β 衰变以 $p(m) = 1/(2J + 1) = 1/3$ 的概率均匀地布居每个分态。因此,总的光子辐射模式由下式给出:

$$W(\theta) = \sum_m p(m) W_{m \rightarrow m_f}(\theta)$$

$$\sim \frac{1}{3} \cdot \frac{1}{2}(1 + \cos^2 \theta) + \frac{1}{3} \sin^2 \theta + \frac{1}{3} \cdot \frac{1}{2}(1 + \cos^2 \theta) = \text{const} \tag{D.1}$$

因而会变成各向同性的。现在假设该 $J^\pi = 1^-$ 能级是由俘获反应 $A(a,\gamma)B$ 的一个共振布居的,其中靶和炮弹的自旋和宇称分别为 $j_A = 0^+$ 和 $j_a = 0^+$。该共振只能通过吸收轨道角动量为 $\ell_a = 1$ 的 a 粒子才能形成(示例 B.1)。如果能够很好地准直入射粒子束,则轨道角动量的矢量沿入射束方向的投影为零(图 2.4)。这种俘获反应所布居共振的磁分态的允许范围则由 $m_{res} \leqslant j_A + j_a$ 给出[式(B.3)和式(B.4)]。因此,在该共振的三个不同磁分态中,反应只能布居 $m = 0$ 的分态。换句话说,我们可得 $p(0) = 1$ 和 $p(\pm 1) = 0$,γ 射线衰变必须从 $m = 0$ 跃迁到 $m_f = 0$。因此,总的辐射模式仅由 $\Delta m = m - m_f = 0$ 的跃迁来给定:

$$W(\theta) = \sum_m p(m) W_{m \rightarrow m_f}(\theta) \sim \sin^2 \theta \tag{D.2}$$

本例中的顺排极强,因此 γ 射线计数率随角度的变化相当大。如果束流或靶核具有非零自旋,则顺排将会变弱,但通常仍能观测到角关联效应。

在涉及核反应的某些情况下,所有磁分态都是均等地布居的,而与形成的方式无关。例如,自旋为零的靶核俘获非极化质子会引起一个 $J = 1/2$ 的共振,该俘获总是均匀地布居此共振的 $m = \pm 1/2$ 磁分态。因此,总的辐射模式是各向同性的。类似的讨论适用于自旋为 $J = 0$ 的共振。在这种情况下,只有一个磁分态存在,并且以相同的概率跃迁到末态的各个分态。因此,总的辐射模式必定是各向同性的。

到目前为止,我们仅考虑了由核反应产生的能级顺排所引起的角关联(也称为角分布,angular distribution)。如果一个激发能级通过连续发射两个辐射(例如,两个光子),并通过一个中间能级退激到末态,则会发生另外一种角关联。在这种情况下,测量第一个辐射的方向会产生一个顺排的中间态。其结果仍然是第二个辐射相对于第一个的测量方向具有一个非均匀的强度分布。我们在讨论 γ 射线探测器求和修正的角关联效应时遇到过这种情况(4.5.2 节)。正如我们将在下面看到的那样,角关联公式是相当笼统的,并且也能描述这种情况。

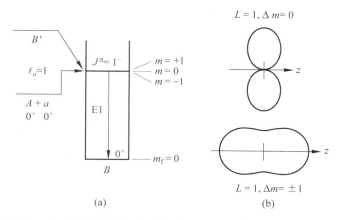

图 D.1 (a) 激发态($J^\pi = 1^-$)的能级纲图。该激发态既可以由 B' 核的 β 衰变也可以由俘获反应 $A + a$ $\longrightarrow B + \gamma$ 来布居。靶和炮弹的自旋和宇称均为 0^+。该态通过 E1 发射衰变到基态($J^\pi = 0^+$)。在第一种情况下,辐射模式将会是各向同性的,而在第二种情况下由于强烈的顺排其模式将会是各向异性的。(b) $\Delta m = 0$ 的偶极辐射模式(见顶图),以及 $\Delta m = \pm 1$ 的偶极辐射模式(见底图)

在式(D.1)中明确地执行了对磁量子数的求和。在涉及许多未观测取向或者耦合取向的更复杂情况下,此类计算变得非常烦琐。在未明确引入磁分态以及自动执行分态求和的情况下,人们发展了更方便的,但等价的一些表达式。在文献中能够找到许多不同的公式和表达式。在这里,我们将沿用文献 Biedenharn(1960)中的结果。

任何仅测量了两个运动方向上的关联都可以表示为那些方向之间夹角的勒让德多项式[式(A.9)~式(A.14)]。我们写作

$$W(\theta) = \frac{1}{b_0} \sum_{n=0}^{n_{max}} b_n P_n(\cos\theta)$$

$$= 1 + \frac{b_2}{b_0} P_2(\cos\theta) + \frac{b_4}{b_0} P_4(\cos\theta) + \cdots + \frac{b_{n_{max}}}{b_0} P_{n_{max}}(\cos\theta) \tag{D.3}$$

如果所考虑的过程是一个核反应,则 $W(\theta)$ 与微分截面和总截面由下式联系在一起:

$$\left(\frac{d\sigma}{d\Omega}\right)_\theta = \frac{1}{4\pi} \sigma W(\theta) \tag{D.4}$$

各向同性的微分截面意味着 $W(\theta) = 1$。式(D.3)中的求和限制了 n 的值为偶数,因为我们假设反应(或连续衰变)在每个阶段都涉及具有确切宇称的核态。那么,描述出射道的波函数就必定与共振(或中间态)具有相同的宇称。出射辐射的相应强度(即波函数的平方)具有偶宇称,并且通过反演 $r \to -r$,或更具体地说,通过替换 $\theta \to \pi - \theta$ 仍然保持不变(因为对于非极化束和随机取向的靶核,该强度不取决于方位角 ϕ)。条件 $W(\theta) = W(\pi - \theta)$ 意味着 $W(\theta)$ 是关于 $\theta = 90°$ 对称的,因此式(D.3)中所有奇数项都必须为零。

式(D.3)中的系数 b_n 取决于该过程所涉及的角动量以及原子核矩阵元。b_n 的理论表达式在下面给出。可以将它们分解成分别指向每个跃迁的分量。继而,每个分量都可以用矢量耦合(Clebsch-Gordan 和 Racah)系数来表示。我们将使用系数 F_n,其定义如下(Biedenharn,1960):

$$F_n(LL'jJ) \equiv (-1)^{j-J-1} \sqrt{(2L+1)(2L'+1)(2J+1)} (L1L'-1|n0) W(JJLL';nj) \tag{D.5}$$

其中，j 和 J 为核态的角动量(自旋)，对于粒子而言 L 和 L' 是轨道角动量，对于光子而言则是辐射的多极性；$(L1L'-1|n0)$ 和 $W(JJLL';nj)$ 分别代表 Clebsch-Gordan 和 Racah 系数。在文献(Biedenharn & Rose, 1953)中给出了关于 $F_n(LjJ) \equiv F_n(LLjJ)$ 函数的列表。对于 $L \neq L'$ 的情形，混合关联系数 $F_n(LL'jJ)$ 的数值可以在文献 Appel(1968)中找到。对于 $n=0$，我们有 $F_0(LL'jJ)=0$ 和 $F_0(LjJ)=1$。为了确定式(D.3)的求和中需要考虑多少项，那么考虑函数 $F_n(LL'jJ)$ 的对称性就很有用了，这些函数直接遵从 Clebsch-Gordan 和 Racah 系数的对称性。对于给定的 L、L' 和 J 的值，只有当 $|L-L'| \leqslant n \leqslant \min(2J, L+L')$ 时，才有 $F_n(LL'jJ) \neq 0$；只有当 $0 \leqslant n \leqslant \min(2J, 2L)$ 时，才有 $F_n(LjJ) \neq 0$。

D.2 两步过程中的单一辐射

我们首先考虑一个两步过程，其中每一步都通过一个单一跃迁进行。自旋为 J 的中间态可以由自旋 j_1 的初态通过吸收或发射角动量 L_1 的某些辐射形成。然后，中间态通过发射角动量为 L_2 的辐射衰变到自旋 j_2 的末态，我们象征性地写作 $j_1(L_1)J(L_2)j_2$。这两个辐射方向之间的角关联函数则可以由系数 $A_n(i)$ 和粒子参数 $a_n(i)$ 来表示：

$$W(\theta) = \sum_{n=0,2} [a_n(1)A_n(1)][a_n(2)A_n(2)]P_n(\cos\theta) \tag{D.6}$$

对于光子，

$$a_n(i) = 1, \quad A_n(i) = F_n(L_i j_i J) \tag{D.7}$$

对于 $s=0$ 的粒子，

$$a_n(i) = \frac{2L_i(L_i+1)}{2L_i(L_i+1) - n(n+1)}, \quad A_n(i) = F_n(L_i j_i J) \tag{D.8}$$

对于 $s \neq 0$ 的粒子，

$$a_n(i) = \frac{2L_i(L_i+1)}{2L_i(L_i+1) - n(n+1)}, \quad A_n(i) = F_n(L_i j_s J) \tag{D.9}$$

对于光子或粒子，L_i 分别表示 γ 射线的极性或粒子的轨道角动量。如果一个粒子具有非零自旋值，则由 $j_s = j_i + s$ 及 $|j_i - s| \leqslant j_s \leqslant j_i + s$ 所给定的道自旋来替代初态的自旋 j_i。式(D.6)中的求和限定为 $0 \leqslant n \leqslant \min(2L_1, 2L_2, 2J)$，即 n 不能大于 $2L_1$，$2L_2$ 和 $2J$ 中之最小者，而且必须是整数。

 示例 D.1

^{60}Co 通过 β 衰变布居了子核 ^{60}Ni 的一个 4^+ 能级，该能级先衰变到一个自旋为 2^+ 的中间态，继而衰变到自旋为 0^+ 的基态[图 D.2(a)]。计算两个退激 γ 射线之间的角关联。

我们在 4.5.2 节和图 4.28 中遇到过这种情况。β 衰变电子在随机方向上发射，且未被观测到。这样，子核中最初布居的 4^+ 能级就不是顺排的。第一条 γ 射线也是以随机方向发射的。如果它被一个探测器探测到，那么连接放射源和探测器之间的直线就表示第二条 γ

射线发射的相对首选方向。在该方向-方向关联(direction-direction correlation)中,两个跃迁都是 γ 射线,θ 表示它们关联发射方向之间的夹角。第一个和第二个 γ 射线衰变只能通过 E2 跃迁进行(示例 B.4)。因此,我们必须考虑角动量序列 $j_1(L_1)J(L_2)j_2 \rightarrow 4(2)2(2)0$。根据式(D.6)和式(D.7),我们得到

$$W(\theta) = \sum_{n=0,2,\cdots} F_n(L_1 j_1 J)F_n(L_2 j_2 J)P_n(\cos\theta), \quad 0 \leqslant n \leqslant \min(2L_1, 2L_2, 2J)$$

因而,

$$
\begin{aligned}
W(\theta) &= \sum_{n=0,2,4} F_n(242)F_n(202)P_n(\cos\theta) \\
&= 1 + F_2(242)F_2(202)P_2(\cos\theta) + F_4(242)F_4(202)P_4(\cos\theta) \\
&= 1 + (-0.1707)(-0.5976)P_2(\cos\theta) + (-0.0085)(-1.069)P_4(\cos\theta) \\
&= 1 + 0.1020P_2(\cos\theta) + 0.0091P_4(\cos\theta)
\end{aligned}
$$

 示例 D.2

^{32}S$(\alpha,\gamma)^{36}$Ar 反应布居了一个自旋和宇称为 $J^\pi = 2^+$ 的共振。该共振衰变到 $J^\pi = 0^+$ 的末态[图 D.2(b)]。计算入射束(α 粒子)和发射 γ 辐射之间的预期角关联。

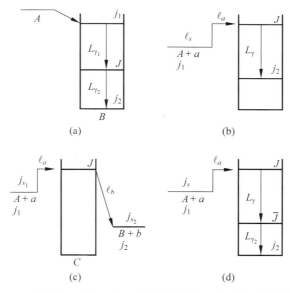

图 D.2 涉及不同角关联情况下有关量子数的示意性能级纲图

靶核 ^{32}S 和 α 粒子的自旋和宇称均为 0^+。因此,$J^\pi = 2^+$ 的共振只能由轨道角动量 $\ell_\alpha = 2$ 的 α 粒子形成(示例 B.1)。此外,γ 射线跃迁只能具有 E2 特征(示例 B.4)。因此,角动量序列由 $j_1(L_1)J(L_2)j_2 \rightarrow j_{^{32}\text{S}}(\ell_\alpha)J(L_\gamma)j_{^{36}\text{Ar}} \rightarrow 0(2)2(2)0$ 给出。根据式(D.6)和式(D.8),我们可得

$$W(\theta) = \sum_{n=0,2,\cdots} \frac{2L_1(L_1+1)}{2L_1(L_1+1)-n(n+1)} F_n(L_1 j_1 J) F_n(L_2 j_2 J) P_n(\cos\theta)$$

根据限制条件 $0 \leqslant n \leqslant \min(2L_1, 2L_2, 2J)$，我们有 $n=0$、2 和 4。因而有

$$W(\theta) = \sum_{n=0,2,4} \frac{2 \cdot 2(2+1)}{2 \cdot 2(2+1)-n(n+1)} F_n(202) F_n(202) P_n(\cos\theta)$$

$$= 1 + \frac{12}{12-6} F_2(202) F_n(202) P_2(\cos\theta) + \frac{12}{12-20} F_4(202) F_4(202) P_4(\cos\theta)$$

$$= 1 + 2(-0.5976)(-0.5976) P_2(\cos\theta) + (-1.5)(-1.069)(-1.069) P_4(\cos\theta)$$

$$= 1 + 0.7143 P_2(\cos\theta) - 1.7143 P_4(\cos\theta)$$

D.3 两步过程中的混合辐射

有时，在一个连续核衰变或核反应中角动量耦合会允许不同的可能性，每一种都涉及一个唯一的角动量组合。一般来说，这些纯跃迁会产生干涉，也就是说，它们对总角关联的贡献是非相干或相干相加的。在任何一种情况下，都必须引入新的参数来定量地描述混合的程度。这些混合比(mixing ratio)通常是由拟合实验数据来确定的，并最终由一些核模型来解释。

例如，非相干干涉适用于道自旋 j_s。由于我们假设束流和靶核都是非极化的，所以道自旋的方向是随机取向的(randomly oriented)。其结果是，总角关联由各个(纯的)关联之和给出，每种关联根据特定道自旋值出现的概率进行加权。我们写为 $W(\theta) = W_{j_s}(\theta) + \delta_c^2 W_{j_s'}(\theta)$，其中道自旋的混合比 $\delta_c^2 = P_{j_s'}/P_{j_s}$ 定义为通过道自旋 j_s' 和 j_s 形成(或者衰变自)中间态的概率之比，其中 $j_s' > j_s$。

当确定的相位关系很重要时，相干干涉就会发生。如果对于一个特定的 γ 射线跃迁，其多极性有几个可能的允许值，或者如果中间态可以由几个可能的轨道角动量值来形成(或衰变)，则就会出现这种情况。在实践中，仅需考虑 γ 射线多极性(L_i 和 L_i+1)或轨道角动量(ℓ_i 和 ℓ_{i+2})的两个最小允许值即可(示例 B.4)。在这种情况下，我们必须在式(D.6)中使用如下表达式：

$$a_n(i) A_n(i) = a_n(L_i L_i) F_n(L_i j_i J) + 2\delta_i a_n(L_i L_i') F_n(L_i L_i' j_i J) + \delta_i^2 a_n(L_i' L_i') F_n(L_i' j_i J) \tag{D.10}$$

对于光子，

$$a_n(i) = 1 \tag{D.11}$$

对于粒子，

$$a_n(L_i L_i') = \cos(\xi_{L_i} - \xi_{L_i'}) \frac{(L_i 0 L_i' 0 \mid n0)}{(L_i 1 L_i' -1 \mid n0)}$$

$$= \cos(\xi_{L_i} - \xi_{L_i'}) \frac{2\sqrt{[L_i(L_i+1)][L_i'(L_i'+1)]}}{L_i(L_i+1) + L_i'(L_i'+1) - n(n+1)} \tag{D.12}$$

其中，带撇的量指的是具有较大值的角动量(粒子轨道角动量或 γ 射线多极性)。对于具有

自旋的粒子,道自旋 j_s 再次替代式(D.10)中的初态自旋 j_i。

γ 射线多极混合比(multipolarity mixing ratio)由关系式 $\delta_\gamma^2 \equiv \Gamma_{\gamma L+1}/\Gamma_{\gamma L}$ 来定义,其中 $\Gamma_{\gamma L}$ 代表具有多极性为 L 辐射的 γ 射线分宽度[式(1.32)]。总角关联不仅与 δ_γ 的值有关,还与其相位(加或减符号)有关。因而,符号约定(也即以核矩阵元定义的 δ_γ)在解释数据时变得很重要。在这里,我们采用文献 Biedenharn(1960)中的约定。在文献 Ferguson(1965)中则有另外一种符号约定。

对于粒子轨道角动量的混合,我们引入轨道角动量混合比(orbital angular momentum mixing ratio),定义为 $\delta_a^2 \equiv \Gamma_{L+2}/\Gamma_L$,其中 Γ_L 代表轨道角动量为 L 的粒子分宽度。对于带电粒子,相移 ξ_L 由下式给出(Ferguson,1965):

$$\xi_L = -\arctan\left(\frac{F_L}{G_L}\right) + \sum_{n=1}^{L}\arctan\left(\frac{\eta}{n}\right) \tag{D.13}$$

其中,F_L 和 G_L 分别为规则和不规则的库仑波函数;η 为 Sommerfeld 参数(2.4.3节和附录 A.3)。上述表达式中的第一项是硬球相移,第二项是库仑相移(中性粒子不存在此项)。很明显,相移 ξ_L 是能量相关的。

注意,如果一个混合跃迁的混合参数为 δ_i^2,则总角关联要归一化到$(1+\delta_i^2)$而不是 1。如果有两个或更多混合过程出现,其混合参数为 $\delta_i^2,\delta_{i+1}^2,\delta_{i+2}^2,\cdots$,则 $W(\theta)$ 要归一化到 $(1+\delta_i^2)(1+\delta_{i+1}^2)(1+\delta_{i+2}^2)\cdots$ 的乘积上。

 示例 D.3

在 $^{31}\text{P}(p,\alpha)^{28}\text{Si}$ 反应中形成了一个自旋和宇称为 $J^\pi = 1^-$ 的共振。α 粒子发射布居了最终 ^{28}Si 核的基态[图 D.2(c)]。计算入射质子束与出射 α 粒子之间的角关联。

^{31}P 靶核与质子的自旋和宇称均为 $J^\pi = 1/2^+$。这样,靶和炮弹的角动量耦合可以产生以下两个道自旋可能性中的一种:$|1/2-1/2| \leqslant j_s \leqslant 1/2+1/2$,即 $j_s = 0$ 或 1。轨道角动量的值对于入射和出射道都是唯一的($\ell_p = 1$ 和 $\ell_\alpha = 1$)。首先,我们计算纯跃迁的角关联,也就是说,分开处理每个道自旋的情况。我们必须考虑两个角动量序列 $j_1(L_1)J(L_2)j_2 \rightarrow j_s(\ell_p)J(\ell_\alpha)j_{^{28}\text{Si}} \rightarrow 0(1)1(1)0(j_s=0)$ 和 $j_1(L_1)J(L_2)j_2 \rightarrow j_s(\ell_p)J(\ell_\alpha)j_{^{28}\text{Si}} \rightarrow 1(1)1(1)0(j_s=1)$。对于任一道自旋,式(D.6)中的求和均限定在 $0 \leqslant n \leqslant \min(2\cdot 1, 2\cdot 1)$,也即 $n=0$ 和 2。我们得到

$$W_{j_s=0}(\theta) = \sum_{n=0,2}\frac{2L_1(L_1+1)}{2L_1(L_1+1)-n(n+1)}F_n(L_1 j_s J)\frac{2L_2(L_2+1)}{2L_2(l_2+1)-n(n+1)}\times$$

$$F_n(L_2 j_2 J)P_n(\cos\theta)$$

$$= 1 + \frac{2\cdot 1\cdot 2}{2\cdot 1\cdot 2-2\cdot 3}F_2(101)\frac{2\cdot 1\cdot 2}{2\cdot 1\cdot 2-2\cdot 3}F_2(101)P_2(\cos\theta)$$

$$= 1 + (-2)(0.7071)(-2)(0.7071)P_2(\cos\theta)$$

$$= 1 + 2P_2(\cos\theta)$$

类似地,

$$W_{j_s=1}(\theta) = 1 + \frac{2\cdot 1\cdot 2}{2\cdot 1\cdot 2-2\cdot 3}F_2(111)\frac{2\cdot 1\cdot 2}{2\cdot 1\cdot 2-2\cdot 3}F_2(101)P_2(\cos\theta)$$

$$= 1 + (-2)(-0.3536)(-2)(0.7071)P_2(\cos\theta)$$

$$= 1 - P_2(\cos\theta)$$

总角关联由各道自旋的角关联之和给出,每个道自旋的贡献根据特定 j_s 值的概率进行加权。这样就有

$$W(\theta) = W_{j_s=0}(\theta) + \delta_c^2 W_{j_s=1}(\theta) = [1 + 2P_2(\cos\theta)] + \delta_c^2[1 - P_2(\cos\theta)]$$

$$= 1 + \delta_c^2 + [2 - \delta_c^2]P_2(\cos\theta)$$

其中,$\delta_c^2 = P_{j_s=1}/P_{j_s=0}$ 表示通过 $j_s=1$ 相对于 $j_s=0$ 形成该共振的概率之比,或相应矩阵元平方之比。

 示例 D.4

$^{29}\text{Si}(p,\gamma)^{30}\text{P}$ 反应布居了一个自旋和宇称为 $J^\pi = 1^-$ 的共振。该共振通过 γ 射线发射衰变到 ^{30}P 自旋和宇称为 $J^\pi = 1^-$ 的末态[图 D.2(b)]。计算发射 γ 射线相对于入射质子束方向的角关联。

^{29}Si 靶核与质子的自旋和宇称均为 $1/2^+$。因此,道自旋的两个允许值为 $j_s=0$ 和 1。质子轨道角动量的唯一允许值为 $\ell_p=1$。γ 射线衰变可以通过 M1 或 E2 跃迁进行。因而,角关联表达式将包含两个附加参数,即道自旋混合比 δ_c 和 γ 射线多极性混合比 δ_γ。首先,我们分开考虑两个道自旋,并象征性地写作

$$j_1(L_1)J(L_2)j_2 \to j_s(\ell_p)J(L_\gamma)j_{30\text{P}} \to 0(1)1\binom{1}{2}1 \text{ 和}$$

$$\to 1(1)1\binom{1}{2}1$$

对于任一道自旋,式(D.6)中的求和限定在 $0 \leqslant n \leqslant 2J$,即 $n=0$ 和 2。我们得到

$$W_{j_s=0}(\theta) = \sum_{n=0,2}\left[\frac{2L_1(L+1)}{2L_1(L_1+1) - n(n+1)}F_n(L_1 j_s J)\right] \times$$

$$[F_n(L_2 j_2 J) + 2\delta_\gamma F_n(L_2 L_2' j_2 J) + \delta_\gamma^2 F_n(L_2' j_2 J)]P_n(\cos\theta)$$

$$= (1 + \delta_\gamma^2) + \left[\frac{2 \cdot 1(1+1)}{2 \cdot 1(1+1) - 2(2+1)}F_2(101)\right] \times$$

$$[F_2(111) + 2\delta_\gamma F_2(1211) + \delta_\gamma^2 F_2(211)]P_2(\cos\theta)$$

$$= (1 + \delta_\gamma^2) + [(-2)0.7071] \times$$

$$[(-0.3536) + 2\delta_\gamma(-1.0607) + \delta_\gamma^2(-0.3535)]P_2(\cos\theta)$$

$$= (1 + \delta_\gamma^2) + (0.5 + 3\delta_\gamma + 0.5\delta_\gamma^2)P_2(\cos\theta)$$

类似地,

$$W_{j_s=1}(\theta) = (1 + \delta_\gamma^2) + \left[\frac{2 \cdot 1(1+1)}{2 \cdot 1(1+1) - 2(2+1)}F_2(111)\right] \times$$

$$[F_2(111) + 2\delta_\gamma F_2(1211) + \delta_\gamma^2 F_2(211)]P_2(\cos\theta)$$

$$= (1 + \delta_\gamma^2) + [(-2)(-0.3536)] \times$$

$$[(-0.3536) + 2\delta_\gamma(-1.0607) + \delta_\gamma^2(-0.3535)] P_2(\cos\theta)$$

$$= (1 + \delta_\gamma^2) + (-0.25 - 1.5\delta_\gamma - 0.25\delta_\gamma^2) P_2(\cos\theta)$$

总角关联由各个道自旋表达式的非相干和(incoherent sum)给出：

$$W(\theta) = W_{j_s=0}(\theta) + \delta_c^2 W_{j_s=1}(\theta)$$

$$= (1 + \delta_\gamma^2) + (0.5 + 3\delta_\gamma + 0.5\delta_\gamma^2) P_2(\cos\theta) +$$

$$\delta_c^2 [(1 + \delta_\gamma^2) + (-0.25 - 1.5\delta_\gamma - 0.25\delta_\gamma^2) P_2(\cos\theta)]$$

$$= (1 + \delta_\gamma^2) + \delta_c^2(1 + \delta_\gamma^2) +$$

$$(0.5 + 3\delta_\gamma + 0.5\delta_\gamma^2 - 0.25\delta_c^2 - \delta_c^2 1.5\delta_\gamma - \delta_c^2 0.25\delta_\gamma^2) P_2(\cos\theta)$$

$$= (1 + \delta_\gamma^2)(1 + \delta_c^2) + 0.5(1 + 6\delta_\gamma + \delta_\gamma^2)(1 - 0.5\delta_c^2) P_2(\cos\theta)$$

其中，道自旋和 γ 射线多极性的混合比分别由 $\delta_c^2 = P_{j_s=1}/P_{j_s=0}$ 和 $\delta_\gamma^2 = \Gamma_{\gamma E2}/\Gamma_{\gamma M1}$ 给出。

 示例 D.5

考虑 $^{19}\mathrm{F}(p,\gamma)^{20}\mathrm{Ne}$ 反应布居一个自旋和宇称为 $J^\pi = 2^-$ 共振的情况。该共振衰变到 $^{20}\mathrm{Ne}$ 中一个自旋和宇称为 $J^\pi = 1^+$ 的较低能级[图 D.2(b)]。计算发射 γ 射线相对于入射质子束方向的角关联。

$^{19}\mathrm{F}$ 靶核与质子的自旋和宇称均为 $1/2^+$。道自旋有两个允许值，$j_s = 0$ 和 1。然而，由于总角动量和宇称必须同时守恒，所以 $j_s = 0$ 不能形成 2^- 共振。因而，只有道自旋 $j_s = 1$ 在该过程中起作用。该共振可以通过轨道角动量 $\ell_p = 1$ 和 3 形成，因此该跃迁是混合的。为简单起见，我们假设 γ 射线衰变仅通过 E1 跃迁进行。我们象征性地写作

$$j_1(L_1)J(L_2)j_2 \longrightarrow j_s(\ell_p)J(L_\gamma)j_{^{20}\mathrm{Ne}} \to 1\binom{1}{3}2(1)1$$

因为我们假设了 $L_\gamma = 1$，所以式(D.6)的求中被限制到 $n \leqslant 2$。因此，

$$W(\theta) = \sum_{n=0,2} \left[\cos(\xi_{L_1} - \xi_{L_1}) \frac{2L_1(L_1+1)}{2L_1(L_1+1) - n(n+1)} F_n(L_1 j_s J) + \right.$$

$$2\delta_a \cos(\xi_{L_1} - \xi_{L_1'}) \frac{2\sqrt{[L_1(L_1+1)][L_1'(L_1'+1)]}}{L_1(L_1+1) + L_1'(L_1'+1) - n(n+1)} F_n(L_1 L_1' j_s J) +$$

$$\left. \delta_a^2 \cos(\xi_{L_1}' - \xi_{L_1'}) \frac{2L_1'(L_1'+1)}{2L_1'(L_1'+1) - n(n+1)} F_n(L_1' j_s J) \right] \times$$

$$F_n(L_2 j_2 J) P_n(\cos\theta)$$

$$= [1 \cdot 1 \cdot 1 + \delta_a^2 \cdot 1 \cdot 1 \cdot 1] \cdot 1 + \left[1 \cdot \frac{2 \cdot 1 \cdot (1+1)}{2 \cdot 1 \cdot (1+1) - 2(2+1)} F_2(112) + \right.$$

$$2\delta_a \cos(\xi_{\ell=1} - \xi_{\ell=3}) \frac{2\sqrt{[1(1+1)][3(3+1)]}}{1(1+1) + 3(3+1) - 2(2+1)} F_2(1312) +$$

$$\delta_a^2 \cdot 1 \cdot \frac{2 \cdot 3(3+1)}{2 \cdot 3(3+1) - 2(2+1)} F_2(312) \Bigg] \times$$

$$F_2(112) P_2(\cos\theta)$$

$$= 1 + \delta_a^2 + [1 \cdot (-2)(0.4183) + 2\delta_a \cos(\xi_{\ell=1} - \xi_{\ell=3})(1.2247)(0.2390) +$$

$$\delta_a^2 \cdot 1(1.333)(-0.7171)](0.4183) P_2(\cos\theta)$$

$$= 1 + \delta_a^2 + [-0.35 + 0.25\delta_a \cos(\xi_{\ell=1} - \xi_{\ell=3}) - 0.4\delta_a^2] P_2(\cos\theta)$$

其中,轨道角动量的混合比由 $\delta_a^2 = \Gamma_{\ell=3}/\Gamma_{\ell=1}$ 给出。

D.4 未观测到中间辐射的三步过程

在粒子俘获反应中,确定次级 γ 射线相对于入射束方向的角关联有时是很有意思的。在这种情况下,我们有一个三步过程,它涉及:①通过俘获轨道角动量为 L_1 的入射粒子形成自旋为 J 的共振;②多极性为 L 的第一个(主)γ 射线衰变到自旋为 $\bar{J}$ 的中间能级;③最终,随后多极性为 L_2 的次级 γ 射线衰变到自旋为 j_2 的末态[图 D.2(d)]。仅观测到入射束和次级 γ 射线跃迁,而未观测到主 γ 射线跃迁。我们象征性地写作

$$j_1 \begin{pmatrix} L_1 \\ L_1' \end{pmatrix} J \begin{pmatrix} L \\ L' \end{pmatrix} \bar{J} \begin{pmatrix} L_2 \\ L_2' \end{pmatrix} j_2 \tag{D.14}$$

则角关联的表达式由下式给出:

$$W(\theta) = \sum_{n=0,2,\cdots} [a_n(1) A_n(1)] C_n [a_2(2) A_n(2)] P_n(\cos\theta) \tag{D.15}$$

$$C_n = \sqrt{(2J+1)(2\bar{J}+1)} W(JnL\bar{J}; J\bar{J}) \tag{D.16}$$

第一个链接($j_1 \to J$)和最后一个链接($\bar{J} \to j_2$)分别由 $a_n(1) A_n(1)$ 和 $a_n(2) A_n(2)$ 项来描述,像之前一样处理。C_n 项描述未观测到的主辐射。未观测到的、具有多极性为 L 和 L' 的 γ 射线非相干混合,也即总角关联由 $W(\theta) = W_L(\theta) + \delta_{\gamma LL'}^2 W_{L'}(\theta)$ 给出。此外,对 n 项求和受条件 $0 \leq n \leq \min(2L_1, 2L_2, 2J, 2\bar{J})$ 的限制。特别地,对于 $J=0$ 或 $\bar{J}=1/2$ 的情况,角关联会变成各向同性的。请注意,未观测到的主辐射的多极性 L 对 n 的求和没有限制。

 示例 D.6

考虑 $^{11}\text{B}(p,\gamma)^{12}\text{C}$ 反应形成一个自旋和宇称为 $J^\pi = 2^+$ 共振的情况[图 D.2(d)]。该共振 γ 射线衰变一个中间态($J^\pi = 2^+$),继而又衰变到 ^{12}C 的基态($J^\pi = 0^+$)。计算第二个 γ 射线跃迁相对于入射束方向的角关联。

^{11}B 基态的自旋和宇称为 $J^\pi = 3/2^-$。两个可能的道自旋为 $j_s = 1$ 和 2。在两个允许的质子轨道角动量($\ell_p = 1$ 和 3)中,我们仅考虑较低的 ℓ_p 值。同样,在未观测到的主跃迁(M1 和 E2)的两个 γ 射线多极性中,我们将仅考虑 M1 的情形。对于次级 γ 射线跃迁的多极性,只允许一种可能性(E2)。我们可以象征性地写作

$$j_s \begin{pmatrix} L_1 \\ L_1' \end{pmatrix} J \begin{pmatrix} L \\ L' \end{pmatrix} \bar{J} \begin{pmatrix} L_2 \\ L_2' \end{pmatrix} j_2 \rightarrow 1(1)2(1)2(2)0 \text{ 和 } \rightarrow 2(1)2(1)2(2)0$$

对于任一道自旋,求和限定在 $n \leqslant 2$(由于 $\ell_p = 1$)。其角关联由下式给出:

$$W_{j_s=1}(\theta) = \sum_{n=0,2,\cdots} [a_n(1)A_n(1)]C_n[a_n(2)A_n(2)]P_n(\cos\theta)$$

$$= \sum_{n=0,2} \frac{2L_1(L_1+1)}{2L_1(L_1+1)-n(n+1)} F_n(L_1 j_s J) \sqrt{(2J+1)(2\bar{J}+1)} \times$$

$$W(JnL\bar{J}; J\bar{J}) F_n(L_2 j_2 J) P_n(\cos\theta)$$

$$= 1 \cdot 1 \cdot \sqrt{(2\cdot2+1)(2\cdot2+1)} W(2012; 22) \cdot 1 +$$

$$\frac{2\cdot1\cdot2}{2\cdot1\cdot2-2\cdot3} F_2(112) \sqrt{(2\cdot2+1)(2\cdot2+1)} \times$$

$$W(2212; 22) F_2(202) P_2(\cos\theta)$$

$$= 1 \cdot 5 \cdot 0.2 \cdot 1 + (-2)(0.4183) \cdot 5 \cdot 0.1 \cdot (-0.5976) P_2(\cos\theta)$$

$$= 1 + 0.25 P_2(\cos\theta)$$

类似地,

$$W_{j_s=2}(\theta) = 1 \cdot 1 \cdot \sqrt{(2\cdot2+1)(2\cdot2+1)} W(2012; 22) \cdot 1 +$$

$$\frac{2\cdot1\cdot2}{2\cdot1\cdot2-2\cdot3} F_2(122) \sqrt{(2\cdot2+1)(2\cdot2+1)} \times$$

$$W(2212; 22) F_2(202) P_2(\cos\theta)$$

$$= 1 \cdot 5 \cdot 0.2 \cdot 1 + (-2)(-0.4183) \cdot 5 \cdot 0.1 \cdot (-0.5976) P_2(\cos\theta)$$

$$= 1 - 0.25 P_2(\cos\theta)$$

总角关联由各道自旋表达式的非相干之和给出:

$$W(\theta) = W_{j_s=1}(\theta) + \delta_c^2 W_{j_s=2}(\theta)$$

$$= [1 + 0.25 P_2(\cos\theta)] + \delta_c^2 [1 - 0.25 P_2(\cos\theta)]$$

$$= 1 + \delta_c^2 + 0.25(1 - \delta_c^2) P_2(\cos\theta)$$

D.5　实验考虑

对于实验室系中测量的实验角关联和微分产额,必须先将它们的强度和角度转换到质心系(附录 C),然后才能将它们与上面给出的理论表达式进行比较。另一个重要的修正也要做,因为严格地说,理论角关联式(D.3)仅适用于可忽略尺寸的一个理想探测器。在实际的实验中,测量的强度是通过对探测器所覆盖的有限立体角内的理论角关联进行积分得到的。因此,有限立体角的作用是减小各向异性。对于轴对称,且其对称轴指向辐射源的探测器(图 4.30),可以证明其角关联函数的形式保持不变,但式(D.3)中级数的每一项都要乘以一个修正因子。例如,如果探测到了来自核反应的辐射,则由特定探测器所测量的实验角关联由下式给出:

$$W_{\exp}(\theta) = \frac{1}{b_0} \sum_{n=0}^{n_{\max}} b_n Q_n P_n(\cos\theta) \tag{D.17}$$

类似地,利用两个不同探测器(或使用相同探测器,如 4.5.2 节中符合加和的情况)测量的介于两个发射辐射 a 和 b 之间的实验角关联可以写为下式:

$$W_{\exp}(\theta) = \frac{1}{b_0} \sum_{n=0}^{n_{\max}} b_n Q_n^{(a)} Q_n^{(b)} P_n(\cos\theta) \tag{D.18}$$

衰减系数(attenuation factor)Q_n 由下式给出(Rose,1953),

$$Q_n = \frac{\int_0^{\beta_{\max}} P_n(\cos\beta)\eta(\beta,E)\sin\beta \mathrm{d}\beta}{\int_0^{\beta_{\max}} \eta(\beta,E)\sin\beta \mathrm{d}\beta} \tag{D.19}$$

其中,β 是入射到探测器上的辐射与探测器对称轴之间的夹角;$\beta_{\max}$ 是探测器所对的最大夹角;$\eta(\beta,E)$ 是在 β 角度下能量为 E 的辐射的探测效率。很明显,系数 Q_n 取决于探测器的几何形状、辐射能量,以及探测过程中所发生的事件类型(例如,γ 射线的总能量沉积与部分能量沉积,4.5.2 节)。

如果本征探测器效率是 1,正如通常带电粒子探测器的情况一样,则衰减系数简化为(Rose,1953),

$$Q_n = \frac{P_{n-1}(\cos\beta_{\max}) - \cos\beta_{\max} P_n(\cos\beta_{\max})}{(n+1)(1-\cos\beta_{\max})} \tag{D.20}$$

由该表达式计算的衰减系数如图 D.3(a)所示,对应 n 的值分别为 1、2、3 和 4。

对于入射光子探测效率小于 1 的 γ 射线探测器,其衰减系数将比式(D.20)给出的结果要大,也即它们将更接近于 1,因此,测量的和理论的角关联之间的差异会更小。总效率(total efficiency)的衰减系数可以利用计算总效率的相同方法进行估计(4.5.2 节)。我们可以简单地用 $\eta^{\mathrm{T}}(\beta,E) = 1 - e^{-\mu(E)x(\beta)}$ 来替换式(D.19)中的总效率,并对积分进行数值求解。如果通过蒙特卡罗计算先得到了峰值效率(peak efficiency)$\eta^{\mathrm{P}}(\beta,E)$,那么类似地也可以估计出

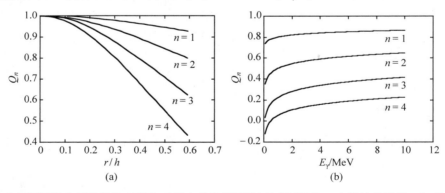

图 D.3 (a) 探测器本征效率为 1(例如硅带电粒子探测器)的衰减系数。水平轴显示了 r/h 的比值,其中 r 和 h 分别表示探测器的孔径和源到探测器之间的距离。注意 $\tan\beta_{\max} = r/h$。不同曲线的 n 值不同(Gove,1959)。(b) HPGe 探测器的衰减系数与 γ 射线能量的关系。探测器体积和源到探测器之间的距离分别为 582 cm³ 和 1.6 cm。图中曲线是通过使用蒙特卡罗 GEANT4 程序对式(D.19)中的峰值效率进行计算得到的,对应于不同的 n 值

峰值效率的衰减系数。以这种方式估计的 HPGe 探测器的峰值效率衰减系数如图 D.3(b) 所示。这些曲线显示了一个源到探测器固定距离为 1.6 cm 情况下的 Q_n 值与 γ 射线能量的关系。正如预期的那样，随着光子能量的降低，峰值效率 $\eta^P(\beta,E)$ 增加，因而 Q_n 变小。

D.6 结束语

我们以一些有用的评论来结束本节。由于低能核反应中的角动量相当小，所以函数 F_n 的对称性将式(D.3)中级数限制在很少的项数。在实践中，很少会遇到 $n=4$ 以上的项。如果出于某种原因，$n=4$ 的项为零或者可忽略，则我们可得 $W(\theta=55°)\approx 1$ 或 $W(\theta=125°)\approx 1$，这是因为 $P_2(\cos\theta)$ 项在这些角度上等于零[式(A.12)]。因此，角度积分的产额可以用置于质心系角度为 $\theta=55°$ 或 $\theta=125°$ 的单个探测器来进行测量。如果需要利用与靶在几何上非常接近的单个探测器来测量非常小的产额，则这种情况具有主要的实用优势。

通过对原子核跃迁矩阵元作一些合理的假设，有时可能会简化理论上的角关联。γ 射线 M1/E2 的多极性混合频繁发生，但 E1/M2 的混合却几乎不重要。在后一种情况下，通常可以安全地假设 E1 多极性主导 γ 射线跃迁强度，因而 $\delta_{\gamma M2/E1}\approx 0$。类似的结论也适用于轨道角动量的混合。由于宇称守恒(附录B)，所以介入的轨道角动量必须相差两个单位，即 ℓ_i 和 δ_{i+2}。穿透因子随着轨道角动量值的增加而急剧减小，如图 2.21 所示。因此，除非 δ_{i+2} 分量的约化宽度(或谱因子)远大于 δ_i 分量的，否则轨道角动量混合的程度会很小，即 $\delta_{a\ell_{i+2}/\ell_i}\approx 0$。如果角关联测量的目的是确定未知核自旋，则这两个简化假设都应该慎重处理。但是，如果能级自旋已知，且最感兴趣的是对所测微分产额角关联修正的估计，那么这些假设在核天体物理测量中还是非常有用的。

有时，单个 γ 射线探测器置于与靶在几何上非常接近的 $\theta=0°$ 处，用以最大限度地提高探测效率。角关联效应对于特定主 γ 射线跃迁可能是很重要的，但如果某些混合比未知，则可能会很难计算其角关联。在这种情况下，为了计算总产额，分析相应次级 γ 射线衰变的强度反而可能会是更有利的。如果次级 γ 射线跃迁是从自旋为 0 或 1/2 的能级开始的，则这种方法会特别有用，因为它的角关联是各向同性的。

我们在这里指出，如果涉及一个具有确定宇称中间态的角关联，则式(D.3)中的级数将只包含 n 为偶数的项。然而，如果反应是通过两个或更多具有相反宇称的重叠共振来进行的，则由此产生的角关联将不再关于 90° 对称，并且 n 为奇数的项将会出现在式(D.3)的级数中。在这里，我们不考虑由两个重叠共振干涉所引起的更复杂角关联的情况。感兴趣的读者可以参考文献 Biedenharn (1960)。文献 Rolfs (1973) 给出了直接辐射俘获中角关联，以及共振和直接贡献之间干涉的表达式。

 示例 D.7

在 $^{17}O(p,\gamma)^{18}F$ 反应中存在一个 $E_r^{lab}=519$ keV 的共振。最强的主跃迁发生在 ^{18}F 的 $E_x=1121$ keV 能级上($E_\gamma\approx 5$ MeV，$B_\gamma=0.55\pm 0.03$)。理论角关联由下式给出：
$$W_\gamma(\theta)=1-0.10P_2(\cos\theta)$$
γ 射线探测器与束流方向夹角为 $\theta=0°$，位于几何上非常靠近靶的位置上。对于该几何设置,根据式(D.19),其(峰值)衰减系数估计为 $Q_2 = 0.62 \pm 0.05$。对于一定数量的入射质子,测得的峰值强度为 $\mathcal{N}_\gamma = 1530 \pm 47$。在 $E_\gamma \approx 5$ MeV 处的峰值效率为 $\eta_\gamma^P = 0.015(\pm 5\%)$。计算发生反应的总数。忽略符合加和效应。

测得的角关联由下式给出:

$$W_{\text{exp},\gamma}(\theta) = 1 - 0.10 Q_2 P_2(\cos\theta) = 1 - 0.10(0.62 \pm 0.05) P_2(\cos\theta)$$

在 $\theta = 0°$,我们有 $P_2(\cos\theta) = 1$,因而,

$$W_{\text{exp},\gamma}(0) = 1 - 0.10(0.62 \pm 0.05) \cdot 1 = 0.94(\pm 5\%)$$

根据式(4.69),可得发生反应的总数为

$$\mathcal{N}_R = \frac{\mathcal{N}_\gamma}{B_\gamma \eta_\gamma^P W_\gamma} = \frac{1530(\pm 3\%)}{[0.55(\pm 5\%)][0.015(\pm 5\%)][0.94(\pm 5\%)]} = 197292(\pm 9\%)$$

附录E

常数、数据、单位和符号

本书中使用的大部分物理学常数均取自文献 Mohr 等(2012),并在附录 E.1 中列出。括号中的数字表示不确定度或误差。数学符号、单位和前缀遵循常见用法,并在附录 E.2 中给出。附录 E.4 中总结了物理量的符号。在少许情况下,对不同物理量使用相同的符号是不可避免的。在对具有多重含义的符号进行描述后,括号中给出的数字为读者提供了进一步的说明。这指的是那些使用了特定含义的章节。例如,符号 N 表示归一化因子(在第 2 章或第 3 章中)、粒子或光子的数密度(在第 3、4 章或第 5 章中),以及中子数(在第 1 章或第 5 章中)。在全书中,符号 $\mathcal{N}$ 表示粒子、光子、分解或反应的数目(无单位)。

E.1 物理学常数和数据

a_0 玻尔半径:$a_0 = 0.52917721092(17) \times 10^{-10}$ m

c 真空中的光速:$c = 299792458$ m·s^{-1}

e 单位电荷:$e = 1.602176565(35) \times 10^{-19}$ C

h 普朗克常量($h \equiv 2\pi\hbar$):

   $h = 4.135667516(91) \times 10^{-15}$ eV·s $= 6.62606957(29) \times 10^{-34}$ J·s,

   $\hbar = 6.58211928(15) \times 10^{-16}$ eV·s $= 1.054571726(47) \times 10^{-34}$ J·s,

   $\hbar c = 197.3269718(44)$ MeV·fm

k 玻尔兹曼常量:$k = 8.6173324(78) \times 10^{-5}$ eV·K^{-1}

L 洛施米特常数(Loschmidt constant):$L = 2.6867805(24) \times 10^{25}$ m^{-3}

$L_\odot$ 太阳光度(bolometric):$L_\odot = 3.826 \times 10^{26}$ W

m_e 电子质量:$m_e = 9.10938291(40) \times 10^{-31}$ kg

   $= 0.0005485799111(12)$ u

m_u 原子质量常数:$1\, m_u \equiv 1/12\, m(^{12}\text{C}) = 1.660538921(73) \times 10^{-27}$ kg

m_n 中子质量:$m_n = 1.00866491600(43)$ u

m_p 质子质量:$m_p = 1.007276466812(90)$ u

$m_u c^2$ m_u 的等价能量:$m_u c^2 = 931.494061(21)$ MeV

$m_e c^2$ 电子静止能量:$m_e c^2 = 0.510998928(11)$ MeV

$m_n c^2$ 中子静止能量:$m_n c^2 = 939.565379(21)$ MeV

$m_p c^2$ 质子静止能量:$m_p c^2 = 938.272046(21)$ MeV

$M_\odot$ 太阳质量：$M_\odot = 1.989 \times 10^{30}$ kg

N_A 阿伏伽德罗常量：$N_A = 6.02214129(27) \times 10^{23}$ mol^{-1}

E.2 数学表达式

$=$	等于
$\sim$	正比于
$\equiv$	定义为
$\approx$	近似等于
$>$	大于
$<$	小于
$\gg$	远大于
$\ll$	远小于
$\to$	极限
∞	无穷
∇^2	拉普拉斯算符：在笛卡儿坐标系下 $\nabla^2 \equiv \partial^2/\partial x^2 + \partial^2/\partial y^2 + \partial^2/\partial z^2$
$*$	复共轭；$z^* = \mathrm{Re}\, z - \mathrm{Im}\, z$
$|z|^2$	z 的绝对幅度：$|z|^2 = z * z$
$\langle x \rangle$	x 的期望值：$\langle x \rangle = \int_x xP(x)\mathrm{d}x$，其中 $P(x)$ 是一个 x 的归一化概率密度函数
δ_{ij}	克罗内克 δ 函数：如果 $i=j$，$\delta_{ij}=1$，否则为 0
e	自然对数的底：e $= 2.71828\cdots$
$\exp(x)$	指数函数：$\exp(x) \equiv e^x$
i	虚数单位：i $\equiv \sqrt{-1}$
Imz	z 的虚部
$j_\ell(kr)$	球形贝塞尔函数
$\ln(x)$	自然对数：$\ln(x) = \log_e(x)$
$\lg(x)$	以 10 为底的常用对数：$\lg(x) = \log_{10}(x)$
$n_\ell(kr)$	球形诺伊曼函数
π	圆的周长与直径之比：$\pi = 3.14159\cdots$
$P_\ell(x)$	勒让德多项式
Rez	z 的实部
$Y_{\ell m_\ell}(\theta,\phi)$	球谐函数
Δa	差：$\Delta a \equiv a_2 - a_1$
Ω	立体角

E.3 前缀和单位

前缀（prefixe）：

f- femto-（毫微微，飞）：10^{-15}

p- pico-(微微,皮)：10^{-12}

n- nano-(毫微,纳)：10^{-9}

μ- micro-(百万分之一,微)：10^{-6}

m- milli-(千分之一,毫)：10^{-3}

c- centi-(百分之一)：10^{-2}

k- kilo-(千)：10^3

M- mega-(百万,兆)：10^6

G- giga-(十亿,千兆)：10^9

单位(unit)：

°	弧度 $1° = \pi/180$ rad
A	安培：1 A＝1 C/s
b	靶恩(barn)：1 b＝10^{-24} cm^2＝10^{-28} m^2
Bq	贝可勒尔：1 Bq＝1 s^{-1}
℃	摄氏度
C	库仑
Ci	居里：1 Ci＝3.7×10^{10} s^{-1}
erg	厘米克秒(cgs)制能量单位：1 erg＝10^{-7} J
eV	电子伏：1 eV＝$1.602176565(35) \times 10^{-19}$ J
g	克
Hz	赫兹：1 Hz＝1 s^{-1}
J	焦耳
K	开
m	米
min	分钟
m w.e.	等效水深米(meter water equivalent)
rad	弧度：1 rad＝57.29578°
s	秒
sr	球面度：整个球体的立体角为 4π sr； 1 sr＝3282.80635 deg^2
u	(统一的)原子质量单位：1 u＝m_u＝$\frac{1}{12}m(^{12}C)$
V	伏特
W.u.	韦斯科夫单位(Weisskopf unit)
a	年：1 sidereal year(恒星年)＝3.1558149984×10^7 s

E.4 物理量

A	活度(4)；面积(2,3)；质量数(1,2,3,4,5)
A_{pot}	硬球势散射幅度

A_{res}	共振散射幅度
a	Woods-Saxon 势的弥散
(a,b)	涉及入射粒子 a 和出射粒子 b 的核反应
B	分支比(1,2,3,4,5);结合能(1,5);磁场强度(4)
$B(\bar{\omega}L)$	约化 γ 射线跃迁概率
C	同位旋 Clebsch-Gordan 系数(2);净计数(4);脉冲高度谱中的峰质心(4)
c	反应道
D	氘或 ^2H 的数密度(5);解离或分解数(4)
d	氘
d	靶或吸收体(片)厚度(4);点源到探测器前表面的距离(4)
E	能量
E_0	伽莫夫峰最大处能量位置
E_r	观测的共振能量
e	电子,也表示为 e^-
e^+	正电子
$e^{-2\pi\eta}$	伽莫夫因子
$(e^+\nu)$	原子核正电子发射
(e^-,ν)	原子核电子俘获
F_{ij}	核素 i 与 j 之间时间积分的净丰度流
F_{ppi}	在 ppi 链中产生 ^4He 的比例
$F(Z,p)$	费米函数
f	受指数分布中子照射的 ^{56}Fe 种子核的比例
f_{an}	^{28}Si 消耗的有效速率
f_ℓ	边界处对轨道角动量 ℓ 的对数导数
f_{ij}	核素 i 与 j 之间的净丰度流
f_{ppi}	在 ppi 链中产生 ^4He 时保留在恒星中总能量的比例
f_s	屏蔽因子
$f(\theta)$	散射振幅
$f(E_i,E,E')$	以能量 E_i 入射的粒子在靶中某个深度(对应于 E')处具有能量 E 的概率
$f(Z,E_e^{max})$	费米积分
FWHM	半高宽
G	配分函数(1,3,5);引力常数(5)
G_A	轴矢量耦合常数
G_V	矢量耦合常数
G_{norm}	归一化配分函数
GSF	恒星反应率基态比例(stellar rate ground state fraction)

g_μ	核态 μ 的统计权重
$g(E_0, E_i)$	平均能量 E_0 的入射粒子具有能量 E_i 的概率
H	哈密顿量(2);^{1}H 的数密度(5);脉冲高度(4);哈勃参数(5)
H_0	哈勃常数
H_{fi}	弱相互作用矩阵元
h	无维哈勃参数
I	电流(4);粒子自旋(2)
J	核自旋(1);共振自旋(3);总粒子自旋(2)
j	流密度(2);粒子总自旋(2,3,5)
K	动能(4);康普顿电子反冲能(4);波数(2)
k	波数,也写为 $k, \hat{k}, K$
ℓ	轨道角动量量子数
L	γ 射线多极性(1,2,3);飞行时间实验中的飞行距离(4)
$\boldsymbol{L}$	角动量矢量
M	相对原子质量(以 u 为单位)
M_F	费米矩阵元
M_{GT}	Gamow-Teller 矩阵元
M. E.	原子质量过剩
M_W^2	γ 射线跃迁强度(以 Weisskopf 为单位)
m	原子质量,核质量(1,2,3,4);磁量子数(1,2)
m_{ij}	粒子 i 和 j 的约化质量
N	谐振子量子数(1);中子数(1,5);归一化因子(2,3);粒子或光子的数密度(3,4,5)
$\mathcal{N}$	粒子、光子、离解或反应的数目(无单位)
$N_A \langle \sigma v \rangle$	反应率(以 $cm^3 \cdot mol^{-1} \cdot s^{-1}$ 为单位)
n	中子
n	反应率温度依赖的幂次(3,5);径向波函数节点的数目(2);单位面积靶或样品中核的数目(4);径向量子数(1)
n_c	每个 ^{56}Fe 种子核所俘获的平均中子数
n_{e^-}	电子密度
P	束流功率(4);气压(4);麦克斯韦-玻尔兹曼(Maxwell-Boltzmann)分布(3);粒子密度(2);穿透因子(2,3);激发能级的布居概率(1,3);概率(4);放射性核的产生率(4)
p	质子
p	线性动量
$p(\tau)$	中子照射的指数概率分布
Q	角关联衰减系数(4);Q 值(1,2,3,4,5);累积的总电荷(4)
q	离子电荷态(4);中微子线性动量(1);描述核内部吸收的参数(2)

R	核半径(2,3);柱形探测器的半径(4)
R_0	方阱势的半径(2,3);Woods-Saxon 势的半径(1)
R_1	方垒势外边界的半径
R_c	经典回转点(classical turning point)
R_D	德拜-休克尔半径(Debye-Hückel radius)
R_g	增益半径
R_s	激波半径(shock radius)
R_ν	中微子球的半径
RUL	推荐的上限
$\mathscr{R}$	R-函数或 R-矩阵
r	反应率(以单位时间单位体积内的反应数目为单位)
$\boldsymbol{r}$	半径矢量
r_0	半径参数
S	天体物理 S 因子(2,3,4,5);位移因子(shift factor)(2);谱因子(1,2,3);阻止本领(4)
S_n、S_p、S_α	中子、质子、α 粒子的分离能
SEF	恒星增强因子(stellar enhancement factor)
s	道自旋
T	中子透射(4);温度(3,4,5)
$\hat{T}$	透射系数(transmission coefficient)
$T_{1/2}$	半衰期
T_9	以 GK 为单位的温度,$T_9 \equiv T/10^9$ K
t	探测器晶体的长度(4);时间(1,2,3,4,5)
u	电势
u_s	由电子屏蔽电荷密度引起的微扰势
$u(r)$	径向波函数,$u(r) \equiv rR(r)$
V	势(2);体积(3,4)
V_C	库仑位垒
V_s	屏蔽势
v	速度
v_T	麦克斯韦-玻尔兹曼速度分布最大值处的速度
W	角关联
w	参数 $w = (Q_\beta + m_e c^2)/m_e c^2$
X	质量分数
x	电子屏蔽参数,$x(E) \equiv R_c/R_D$
Y	摩尔分数(1,3,5);产额(4)
Z	原子序数(1,4,5);电荷(2,3,4,5)
α	α 粒子

$\alpha(I_1 I_2)$	具有自旋 I_1 和自旋 I_2 的原子核 1 和原子核 2 的特定对
β	原子核发射,或者电子或正电子俘获
β^+	正电子或电子俘获的核发射
β^-	核的电子发射
$(\beta\nu a)$	β 延迟 a 粒子发射
Γ	共振或复合核能级的总宽度
Γ_a	发射或吸收粒子 a 的分宽度
Γ_γ	发射或吸收 γ 射线的分宽度
Γ_i^o	观测的总宽度或分宽度
γ	γ 射线或光子
γ^2	约化宽度
Δ	能级位移(level shift)(2);参数 $\Delta\equiv R_1-R_0$(2);列表与实验阻止本领之间的系统差异(4);伽莫夫峰高斯近似的 1/e 宽度(3,5)
δ	混合比(1,3);散射相移(2);δ 电子(4)
$\delta_a,\delta_p,\delta_n$	原子核 $_Z^A Y_N$ 中 α 粒子、质子和中子超过它们在 ^{28}Si 中的数目
ε	单位时间单位体积的核能产生(3,5);阻止本领(4)
ϵ	无维参数,$\epsilon\equiv E/E_0$
ζ	电子屏蔽参数
η	探测器效率(4);中子过剩参数(1,5);索末菲参数(2,3);重子-光子数之比(5)
θ	角度(2,4);参数 $\theta\equiv(2\pi m_u kT/h^2)^{3/2}$(5)
θ^2	无维约化宽度
θ_{pc}^2	无维单粒子约化宽度
θ_e	电子简并因子(系数)
Λ	总光解衰变常数
λ	德布罗意波长(2,4);衰变常数(1,3,4,5);光子或中子的平均自由程(4)
μ	光子的线性吸收系数(4);μ 子(4)
ν	频率(3);中微子(1,3,5);中子数(5)
$\bar{\nu}$	反中微子
π	宇称(1,2,5);质子数(5)
ρ	质量密度(1,3,4,5);乘积 $\rho\equiv kr$(2)
ρ_b	重子质量密度
$\rho_{0,c}$	临界密度
σ	截面(2,3,4,5);实验阻止本领误差(4)
$\hat{\sigma}$	有效反应截面
$\bar{\sigma}$	平均反应截面
$\langle\sigma\rangle_T$	麦克斯韦(Maxwellian)平均截面
σ_ℓ	库仑相移
$\langle\sigma v\rangle$	每个粒子对的反应率

τ	r-过程持续时间(5)；平均寿命(1,2,3,5)；单位面积中子为单位的中子照射(5)；参数 $\tau \equiv 3E_0/(kT)$(3,5)
τ_{cycle}	裂变循环时间
τ_{NSE}	达到核统计平衡的时间
Φ	时间积分的中子流(以单位面积内粒子数为单位)
ϕ	角度(2,4)；以单位面积单位时间为单位的入射粒子流(4,5)；波函数(1)
ϕ_{ij}	参数 $\phi_{ij} \equiv \lvert r_{i \to j} - r_{j \to i} \rvert / \max(r_{i \to j}, r_{j \to i})$
Ψ, ψ	波函数
Ω_b	中子密度参数
Ω_c	冷暗物质密度参数
Ω_m	总物质密度参数
Ω_Λ	暗能量密度参数
ω	角频率(2)；自旋因子 $\omega \equiv (2J+1)(1+\delta_{01})/[(2j_0+1)(2j_1+1)]$(3,4,5)
$\omega\gamma$	共振强度

参 考 文 献

Abbondanno, U. et al. (2004) Phys. Rev. Lett., 93, 161103.

Abramowitz, M. and Stegun, I. A. (1965) Handbook of Mathematical Functions, Dover Publications, New York.

Acciari, V. A. et al. (2009) Nature, 462, 770.

Ade, P. A. R. et al. (2014) Astron. Astrophys., 571, A16.

Adelberger, E. G. et al. (1998) Rev. Mod. Phys., 70, 1265.

Ajzenberg-Selove, F. (1990) Nucl. Phys., A506, 1.

Ajzenberg-Selove, F. (1991) Nucl. Phys., A523, 1.

Alibes, A., Labay, J. and Canal, R. (2002) Astrophys. J., 571, 326.

Almen, O. and Bruce, G. (1961) Nucl. Instrum. Methods, 11, 257.

Alpher, R. A., Bethe, H. and Gamow, G. (1948) Phys. Rev., 73, 803.

Alpher, R. A. and Hermann, R. C. (1949) Phys. Rev., 75, 1089.

Althaus, L. G. et al. (2010) Astron. Astrophys. Rev., 18, 471.

Anders, E. and Grevesse, N. (1989) Geochim. Cosmochim. Acta, 53, 197.

Anderson, M. R. et al. (1980) Nucl. Phys., A349, 154.

Ando, S. et al. (2006) Phys. Rev., C74, 025809.

Angulo, C. et al. (1999) Nucl. Phys., A656, 3.

Anttila, A., Keinonen, J. and Bister, M. (1977) J. Phys., G3, 1241.

Appel, H. (1968) in Numerical Tables for 3j-, 6j-, 9j-Symbols, F-and Γ-Coefficients (ed. H. Schopper), Springer, Berlin.

Arlandini, C. et al. (1999) Astrophys. J., 525, 886.

Arnett, W. D. (1982) Astrophys. J., 253, 785.

Arnett, D. (1996) Supernovae and Nucleosynthesis, Princeton University Press, Princeton, NJ.

Arnett, W. D. and Thielemann, F. -K. (1985) Astrophys. J., 295, 589.

Arnett, W. D. and Truran, J. W. (1969) Astrophys. J., 157, 339.

Arnould, M. and Goriely, S. (2003) Phys. Rep., 384, 1.

Arnould, M., Goriely, S. and Jorissen, A. (1999) Astron. Astrophys., 347, 572.

Arnould, M., Goriely, S. and Takahashi, K. (2007) Phys. Rep., 450, 97.

Assenbaum, H. J., Langanke, K. and Rolfs, C. (1987) Z. Phys., A327, 461.

Atkinson, R. d'E. (1936) Astrophys. J., 84, 73.

Atkinson, R. d'E. and Houtermans, F. G. (1929) Z. Phys., 54, 656.

Audi, G. et al. (2003a) Nucl. Phys., A729, 3.

Audi, G., Wapstra, A. H. and Thibault, C. (2003b) Nucl. Phys., A729, 337.

Audi, G. et al. (2012) Chin. Phys., C36, 1157.

Aver, E. et al. (2013) J. Cosmol. Astropart. Phys., 11, 017.

Bahcall, J. N. (1964) Astrophys. J., 139, 318.

Bahcall, J. N. (1989) Neutrino Astrophysics, Cambridge University Press, Cambridge.

Bahcall, J. N. et al. (1982) Rev. Mod. Phys., 54, 767.

Bahcall, J. N., Chen, X. and Kamionkowski, M. (1998) Phys. Rev., C57, 2756.

Bahcall, J. N. and May, R. M. (1969) Astrophys. J., 155, 501.

Bahcall, J. N. and Moeller, C. P. (1969) Astrophys. J., 155, 511.

Bao, Z. Y. et al. (2000) At. Data Nucl. Data Tables, 76, 70.

Bardayan, D. W. *et al.* (2000) Phys. Rev. , C62, 055804.

Bardayan, D. W. *et al.* (2002) Phys. Rev. Lett. , 89, 262501.

Barker, F. C. (1998) Nucl. Phys. , A637, 576.

Barnett, A. R. (1982) Comput. Phys. Commun. , 27, 147.

Bateman, H. (1910) Proc. Cambridge Philos. Soc. , 15, 423.

Be, M.-M. *et al.* (2013) Table of Radionuclides, Vol. 7-A $= 14$ to 245, Bureau International des Poids et Mesures, Sevres.

Becker, H. W. *et al.* (1981) Z. Phys. , A303, 305.

Becker, H. W. *et al.* (1982) Z. Phys. , A305, 319.

Becker, H. W. *et al.* (1995) Z. Phys. , A351, 453.

Beckurts, K. H. and Wirtz, K. (1964) Neutron Physics, Springer-Verlag, New York.

Beer, H. (1991) Astrophys. J. , 375, 823.

Beer, H. *et al.* (1994) Nucl. Instrum. Methods, A337, 492.

Beer, H. and Kappeler, F. (1980) Phys. Rev. , C21, 534.

Beer, H. , Voss, F. and Winters, R. R. (1992) Astrophys. J. Suppl. , 80, 403.

Bellini, G. *et al.* (2014) Nature, 512, 383.

Bemmerer, D. *et al.* (2005) Eur. Phys. J. , A24, 313.

Bemmerer, D. *et al.* (2006) Nucl. Phys. , A779, 297.

Beringer, J. *et al.* (2012) Phys. Rev. , D86, 010001.

Bertone, P. F. *et al.* (2001) Phys. Rev. Lett. , 87, 152501.

Bethe, H. A. (1939) Phys. Rev. , 55, 434.

Bethe, H. A. (1990) Rev. Mod. Phys. , 62, 801.

Bethe, H. A. and Critchfield, C. L. (1938) Phys. Rev. , 54, 248.

Bethe, H. A. and Wilson, J. R. (1985) Astrophys. J. , 295, 14.

Biedenharn, L. C. (1960) in Nuclear Spectroscopy (ed. F. Ajzenberg-Selove), Academic Press, New York.

Biedenharn, L. C. and Rose, M. E. (1953) Rev. Mod. Phys. , 25, 729.

Bindhaban, S. A. *et al.* (1994) Nucl. Instrum. Methods, A340, 436.

Binney, J. and Merrifield, M. (1998) Galactic Astronomy, Princeton University Press, Princeton, NJ.

Bionta, R. M. *et al.* (1987) Phys. Rev. Lett. , 58, 1494.

Bittner, G. , Kretschmer, W. and Schuster, W. (1979) Nucl. Instrum. Methods, 161, 1.

Blackmon, J. C. *et al.* (1995) Phys. Rev. Lett. , 74, 2642.

Blackmon, J. C. *et al.* (2003) Nucl. Phys. , A718, 127c.

Blackmon, J. C. , Angulo, C. and Shotter, A. C. (2006) Nucl. Phys. , A777, 531.

Blanke, E. *et al.* (1983) Phys. Rev. Lett. , 51, 355.

Blatt, J. M. and Weisskopf, V. F. (1952) Theoretical Nuclear Physics, John Wiley & Sons, Inc. , New York.

Bloom, J. S. *et al.* (2012) Astrophys. J. Lett. , 744, 17.

Bodansky, D. , Clayton, D. D. and Fowler, W. A. (1968) Astrophys. J. Suppl. , 148, 299.

Boesgaard, A. M. and King, J. R. (1993) Astron. J. , 106, 2309.

Bohr, N. (1915) Philos. Mag. , 30, 581.

Bohr, N. (1936) Nature, 137, 344.

Bonifacio, P. *et al.* (2007) Astron. Astrophys. , 462, 851.

Boone, J. M. and Chavez, A. E. (1996) Med. Phys. , 23, 1997.

Bravo, E. and Martinez-Pinedo, G. (2012) Phys. Rev. C, 85, 055805.

Breit, G. (1959) In Handbuch der Physik, Nuclear Reactions II: Theory, Vol. XLI (ed. S. Flugge), Springer, Berlin.

Briesmeister,J. F. (1993) MCNP-A General Monte Carlo N-Particle Transport Code,LA-12625-M,Los Alamos National Laboratory.

Bruenn,S. W. and Haxton,W. C. (1991) Astrophys. J.,376,678.

Brune,C. R. and Sayre,D. B. (2013) Nucl. Instrum. Methods,A698,49.

Brussaard,P. J. and Glaudemans,P. W. M. (1977) Shell-Model Applications in Nuclear Spectroscopy,North-Holland,Amsterdam.

Buchmann,L. *et al*. (1984) Nucl. Phys.,A415,93.

Buras,R. *et al*. (2003) Astrophys. J.,587,320.

Buras,R. *et al*. (2006) Astron. Astrophys.,447,1049.

Burbidge,E. M.,Burbidge,G. R.,Fowler,W. A.,and Hoyle,F. (1957) Rev. Mod. Phys.,29,547.

Burris,D. L. *et al*. (2000) Astrophys. J.,544,302.

Burrows,A.,Hayer,J. and Fryxell,B. A. (1995) Astrophys. J.,450,830.

Busso,M.,Gallino,R. and Wasserburg,G. J. (1999) Annu. Rev. Astron. Astrophys.,37,239.

Calder,A. C. *et al*. (2007) Astrophys. J.,656,313.

Cameron,A. G. W. (1957) Publ. Astron. Soc. Pac.,69,201.

Cameron,A. G. W. (1959) Astrophys. J.,130,895.

Cameron,A. G. W. (1960) Astron. J.,65,485.

Cameron,A. G. W. (2003) Astrophys. J.,587,327.

Cameron,A. G. W. and Fowler,W. A. (1971) Astrophys. J.,164,111.

Carson,S. *et al*. (2010) Nucl. Instrum. Methods,A618,190.

Caughlan,G. R. and Fowler,W. A. (1988) At. Data Nucl. Data Tables,40,284.

Chamulak,D. A. *et al*. (2012) Astrophys. J.,744,27.

Cheng,C. W. and King,J. D. (1979) J. Phys.,G5,1261.

Chieffi,A.,Limongi,M. and Straniero,O. (1998) Astrophys. J.,502,737.

Clayton,D. D. (1983) Principles of Stellar Evolution and Nucleosynthesis,University of Chicago Press,Chicago.

Clayton,D. D. (2003) Handbook of Isotopes in the Cosmos,Cambridge University Press,Cambridge.

Clayton,D. D.,Fowler,W. A.,Hull,T. E. and Zimmerman,B. A. (1961) Ann. Phys.,12,331.

Clayton,D. D. and Rassbach,M. (1967) Astrophys. J.,148,69.

Clayton,D. D. and Ward,R. A. (1974) Astrophys. J.,193,397.

Clifford,F. E. and Tayler,R. J. (1965) Mem. R. Astron. Soc.,69,21.

Coc,A.,Porquet,M. -G. and Nowacki,F. (1999) Phys. Rev.,C61,015801.

Coc,A.,Uzan,J. -P. and Vangioni,E. (2014) J. Cosmol. Astropart. Phys.,10,050.

Cockcroft,J. D. and Walton,E. T. S. (1932) Nature,129,649.

Cole,W. and Grime,G. W. (1981) World Conference of the International Nuclear Target Development Society,Plenum Publishing Corporation,New York.

Cook,A. L. *et al*. (2012) Phys. Rev.,C86,015809.

Condon,E. U. and Gourney,R. W. (1929) Phys. Rev.,33,127.

Cook,C. W. *et al*. (1957) Phys. Rev.,107,508.

Cooke,R. J. *et al*. (2014) Astrophys. J.,781,31.

Corwin,T. M. and Carney,B. W. (2001) Astron. J.,122,3183.

Couder,M. *et al*. (2004) Phys. Rev.,C69,022801.

Cowan,J. J.,Thielemann,F. -K. and Truran,J. W. (1991) Phys. Rep.,208,267.

Cowley,C. R. (1995) An Introduction to Cosmochemistry,Cambridge University Press,Cambridge.

Crane,H. R. and Lauritsen,C. C. (1934) Phys. Rev.,45,430.

Cristallo,S.,Straniero,O. and Gallino,R. (2005) Nucl. Phys.,A758,509.

D'Auria,J. M. *et al.* (2004) Phys. Rev.,C69,065803.

Davids,B. *et al.* (2003) Phys. Rev.,C67,065808.

Davis,R. Jr.,Harmer,D. S. and Hoffman,K. C. (1968) Phys. Rev. Lett.,20,1205.

Dayras,R.,Switkowski,Z. E. and Woosley,S. E. (1977) Nucl. Phys.,A279,70.

Debertin,K. and Helmer,R. G. (1988) Gamma-and X-Ray Spectrometry with Semiconductor Detectors, Elsevier Science,Amsterdam.

Delbar,Th. *et al.* (1993) Phys. Rev.,C48,3088.

Descouvemont,P. *et al.* (2004) At. Data Nucl. Data Tables,88,203.

DeShalit,A. and Talmi,I. (1963) Nuclear Shell Theory,Academic Press,New York.

Devons,S. and Goldfarb,L. J. B. (1957) in Handbuch der Physik,Vol. XLII(ed. S. Flugge),Springer,Berlin.

DeWitt,H. E.,Graboske,H. C. and Cooper,M. S. (1973) Astrophys. J.,181,439.

Diehl,R. *et al.* (1993) Astron. Astrophys.,97,181.

Diehl,R. *et al.* (2006) Nature,439,45.

Dillmann,I. *et al.* (2003) Phys. Rev. Lett.,91,162503.

Doll,C. *et al.* (1999) Phys. Rev.,C59,492

Dombsky,M.,Bricault,P. and Hanemaayer,V. (2004) Nucl. Phys.,A746,32c.

Dominguez,I.,Hoflich,P. and Straniero,O. (2001) Astrophys. J.,557,279.

Drotleff,H. W. *et al.* (1993) Astrophys. J.,414,735.

Dunbar,D. N. F. *et al.* (1953) Phys. Rev.,92,649.

Duncan,D.,Lambert,D. and Lemke,M. (1992) Astrophys. J.,401,584.

Duncan,R. C.,Shapiro,S. L. and Wasserman,I. (1986) Astrophys. J.,309,141.

East,L. V. and Walton,R. B. (1969) Nucl. Instrum. Methods,72,161.

Endt,P. M. (1990) Nucl. Phys.,A521,1.

Endt,P. M. (1993) At. Data Nucl. Data Tables,55,171.

Endt,P. M. (1998) Nucl. Phys.,A633,1.

Endt,P. M. *et al.* (1990) Nucl. Phys.,A510,209.

Engel,S. *et al.* (2005) Nucl. Instrum. Methods,A553,491.

Esmailzadeh,R.,Starkman,G. D. and Dimopoulos,S. (1991) Astrophs. J.,378,504.

Evans,R. D. (1955) The Atomic Nucleus,McGraw-Hill,New York.

Farouqi,K.,Kratz,K. -L. and Pfeiffer,B. (2009) Publ. Astron. Soc. Aust.,26,194.

Farouqi,K. *et al.* (2010) Astrophys. J.,712,1359.

Ferguson,A. J. (1965) Angular Correlation Methods in Gamma-Ray Spectroscopy,North-Holland, Amsterdam.

Fields,B. (2011) Annu. Rev. Nucl. Part Sci.,61,47.

Fifield,L. K. and Orr,N. A. (1990) Nucl. Instrum. Methods,A288,360.

Firestone,R. B. and Shirley,V. S. (1996) Table of Isotopes,John Wiley & Sons,Inc.,New York.

Fischer,T. *et al.* (2009) Astron. Astrophys.,499,1.

Fisker,J. L.,Hoffman,R. D. and Pruet,J. (2009) Astrophys. J. Lett.,690,135.

Fixsen,D. J. (2009) Astrophys. J.,707,916.

Formicola,A. *et al.* (2004) Phys. Lett.,B591,61.

Forstner,O. *et al.* (2001) Phys. Rev.,C64,045801.

Fowler,W. A.,Caughlan,G. R. and Zimmerman,B. A. (1967) Annu. Rev. Astron. Astrophys.,5,525.

Fowler,W. A.,Caughlan,G. R. and Zimmerman,B. A. (1975) Annu. Rev. Astron. Astrophys.,13,69.

Fowler,W. A. and Hoyle,F. (1964) Astrophys. J. Suppl.,9,201.

Fowler, W. A., Lauritsen, C. C. and Lauritsen, T. (1948) Rev. Mod. Phys., 20, 236.

Freiburghaus, C. et al. (1999) Astrophys. J., 516, 381.

Fröhlich, C. et al. (2006) Phys. Rev. Lett., 96, 142505.

Fuller, G. M., Fowler, W. A. and Newman, M. J. (1982) Astrophys. J., 48, 279.

Gallino, R. et al. (1998) Astrophys. J., 497, 388.

Gamow, G. (1928) Z. Phys. 51, 204.

Gamow, G. (1946) Phys. Rev. 70, 572.

Gamow, G. and Schoenberg, M. (1940) Phys. Rev., 58, 1117.

Geist, W. H. et al. (1996) Nucl. Instrum. Methods, B111, 176.

Gialanella, L. et al. (2000) Eur. Phys. J., A7, 303.

Giesen, U. et al. (1993) Nucl. Phys., A561, 95.

Gill, R. L. et al. (1986) Phys. Rev. Lett., 56, 1874.

Gilmore, G., Gustafsson, B., Edvardsson, B. and Nissen, P. E. (1992) Nature, 357, 392.

Goldsmith, H. H., Ibser, H. W. and Feld, B. T. (1947) Rev. Mod. Phys., 19, 259.

Goosman, D. R. and Kavanagh, R. W. (1967) Phys. Rev., C161, 1156.

Goriely, S. (1998) in Nuclei in the Cosmos V (eds N. Prantzos, S. Harissopoulos), Edition Frontieres, Paris, p. 314.

Goriely, S. and Arnould, M. (1996) Astron. Astrophys., 312, 327.

Goriely, S., Hilaire, S. and Koning, A. J. (2008) Phys. Rev., C78, 064307.

Gove, H. E. (1959) in Nuclear Reactions, Vol. I (eds P. M. Endt and M. Demeur), North-Holland, Amsterdam.

Gove, N. B. and Martin, M. J. (1971) At. Data Nucl. Data Tables, 10, 205.

Graboske, H. C. et al. (1973) Astrophys. J., 181, 457.

Graulich, J. S. et al. (1997) Nucl. Phys., A626, 751.

Grebenev, S. A. et al. (2012) Nature, 490, 373.

Grefenstette, B. W. et al. (2014) Nature, 506, 339.

Grevesse, N. and Sauval, A. J. (1998) Space Sci. Rev., 85, 161.

Grigorenko, L. V. and Zhukov, M. V. (2005) Phys. Rev., C72, 015803.

Groombridge, D. et al. (2002) Phys. Rev., C66, 055802.

Gyuerky, G. et al. (2003) Phys. Rev., C68, 055803.

Habing, H. J. and Olofsson, H. (2004) Asymptotic Giant Branch Stars, Springer, Heidelberg.

Hale, S. E. et al. (2001) Phys. Rev., C65, 015801.

Hammache, F. et al. (2013) Phys. Rev., C88, 062802(R).

Hanson, A. O., Taschek, R. F. and Williams, J. H. (1949) Rev. Mod. Phys., 21, 635.

Harissopoulos, S. (2004) AIP Conf. Proc., 704, 422.

Harss, B. et al. (2002) Phys. Rev., C65, 035803.

Hauser, W. and Feshbach, H. (1952) Phys. Rev., 15, 366.

Heger, A. et al. (2005) Phys. Lett., B606, 258.

Heil, M. et al. (2005) Phys. Rev., C71, 025803.

Helmer, R. G. et al. (2003) Nucl. Instrum. Methods, A511, 360.

Hernanz, M. et al. (1999) Astrophys. J. Lett., 526, 97.

Heusser, G. (1995) Annu. Rev. Nucl. Part. Sci., 45, 543.

Higdon, J. C., Lingenfelter, R. E. and Ramaty, R. (1998) Astrophys. J. Lett., 509, 33.

High, M. D. and Cujec, B. (1977) Nucl. Phys., A282, 181.

Hinshaw, G. et al. (2013) Astrophys. J. Suppl., 208, 19.

Hirata, K. *et al.* (1987) Phys. Rev. Lett. ,58,1490.

Hirata, K. S. *et al.* (1990) Phys. Rev. Lett. ,65,1297.

Hix, W. R. and Meyer, B. S. (2006) Nucl. Phys. ,A777,188.

Hix, W. R. and Thielemann, F. -K. (1996) Astrophys. J. ,460,869.

Höflich, P. *et al.* (2004) Astrophys. J. ,617,1258.

Höflich, P. *et al.* (2013) Front. Phys. ,8,144.

Hoffman, R. D. , Woosley, S. E. and Weaver, T. A. (2001) Astrophys. J. ,549,1085.

Holland, L. (1956) Vacuum Deposition of Thin Films, Chapman and Hall, London.

Holstein, B. R. (1989) Weak Interactions in Nuclei, Princeton University Press, Princeton, NJ.

Hoyle, F. (1946) Mon. Not. R. Astron. Soc. ,106,343.

Hoyle, F. *et al.* (1953) Phys. Rev. ,92,1095.

Hoyle, F. (1954) Astrophys. J. Suppl. ,1,121.

Hoyle, F. and Fowler, W. A. (1960) Astrophys. J. ,132,565.

Hüdepohl, L. *et al.* (2010) Phys. Rev. Lett. ,104,251101.

Hulke, G. , Rolfs, C. and Trautvetter, H. P. (1980) Z. Phys. ,A297,161.

Iben, I. Jr. (1985) Q. J. R. Astron. Soc. ,26,1.

Iben, I. Jr. (1991) Astrophys. J. Suppl. ,76,55.

Iliadis, C. (1996) Ph. D. thesis, University of Notre Dame.

Iliadis, C. (1997) Nucl. Phys. ,A618,166.

Iliadis, C. *et al.* (1990) Nucl. Phys. ,A512,509.

Iliadis, C. *et al.* (1991) Nucl. Phys. ,A533,153.

Iliadis, C. *et al.* (1999) Astrophys. J. ,524,434.

Iliadis, C. *et al.* (2001) Astrophys. J. Suppl. ,134,151.

Iliadis, C. *et al.* (2002) Astrophys. J. Suppl. ,142,105.

Iliadis, C. *et al.* (2010) Nucl. Phys. ,A841,31.

Iliadis, C. *et al.* (2011) Astrophys. J. Suppl. ,193,16.

Imbriani, G. *et al.* (2005) Eur. Phys. J. ,A25,455.

Jaag, S. and Kappeler, F. (1995) Phys. Rev. ,C51,3465.

Jackson, J. D. (1975) Classical Electrodynamics, 2nd edn, John Wiley & Sons, Inc. , New York.

Jaeger, M. *et al.* (2001) Phys. Rev. Lett. ,87,202501.

Jordan, G. C. , Gupta, S. S. and Meyer, B. S. (2003) Phys. Rev. ,C68,065801.

José, J. and Hernanz, M. (1998) Astrophys. J. ,494,680.

José, J. , Hernanz, M. and Iliadis, C. (2006) Nucl. Phys. ,A777,550.

Junker, M. *et al.* (1998) Phys. Rev. ,C57,2700.

Kahabka, P. and van den Heuvel, E. P. J. (1997) Annu. Rev. Astron. Astrophys. ,35,69.

Käppeler, F. (1999) Prog. Part. Nucl. Phys. ,43,419.

Käppeler, F. , Naqvi, A. and Al-Ohali, M. (1987) Phys. Rev. ,C35,936.

Käppeler, F. *et al.* (1990) Astrophys. J. ,354,630.

Käppeler, F. *et al.* (2011) Rev. Mod. Phys. ,83,157.

Karakas, A. I. *et al.* (2006) Astrophys. J. ,643,471.

Kettner, K. U. , Lorenz-Wirzba, H. and Rolfs, C. (1980) Z. Phys. ,A298,65.

Khokhlov, A. M. (1991) Astron. Astrophys. ,245,114.

Kim, I. J. , Park, C. S. and Choi, H. D. (2003) Appl. Radiat. Isot. ,58,227.

King, J. D. *et al.* (1994) Nucl. Phys. ,A567,354.

Kippenhahn, R. and Weigert, A. (1990) Stellar Structure and Evolution, Springer, Berlin.

Knoll, G. F. (1989) Radiation Detection and Measurement, 2nd edn, John Wiley & Sons, Inc. , New York.

Koehler, P. E. (2001) Nucl. Instrum. Methods, A460, 352.

Koehler, P. E. et al. (2002) Phys. Rev. , C66, 055805.

Koike, O. et al. (2004) Astrophys. J. , 603, 242.

Kovetz, A. and Prialnik, D. (1997) Astrophys. J. , 477, 356.

Krane, K. S. (1988) Introductory Nuclear Physics, John Wiley & Sons, Inc. , New York.

Kratz, K.-L. (2006) AIP Conf. Proc. , 819, 409.

Kratz, K.-L. et al. (1986) Z. Phys. , A325, 489.

Kratz, K.-L. et al. (1988) J. Phys. , G14, S331.

Kratz, K.-L. et al. (1993) Astrophys. J. , 403, 216.

Kratz, K.-L. et al. (2001) Mem. Soc. Astron. Ital. , 72, 453.

Kratz, K.-L. et al. (2004) New Astron. Rev. , 48, 105.

Kratz, K.-L. et al. (2007) Astrophys. J. , 662, 39.

Krauss, L. M. and Chaboyer, B. (2003) Science, 299, 65.

Kunz, R. et al. (2002) Astrophys. J. , 567, 643.

Lane, A. M. and Thomas, R. G. (1958) Rev. Mod. Phys. , 30, 257.

Lang, K. R. (1974) Astrophysical Formulae, Springer, Berlin.

Langanke, K. and Martinez-Pinedo, G. (2000) Nucl. Phys. , A673, 481.

Langanke, K. and Martinez-Pinedo, G. (2001) At. Data Nucl. Data Tables, 79, 1.

Leising, M. D. and Share, G. H. (1990) Astrophys. J. , 357, 638.

Lemut, A. (2008) Eur. Phys. J. , A36, 233.

Leo, W. R. (1987) Techniques for Nuclear and Particle Physics Experiments, Springer, Berlin.

Lewin, W. H. G. , Paradijs, J. and Taam, R. E. (1993) Space Sci. Rev. , 62, 233.

Li, W. et al. (2011a) Mon. Not. R. Astron. Soc. , 412, 1441.

Li, W. et al. (2011b) Mon. Not. R. Astron. Soc. , 412, 1473.

Limongi, M. and Chieffi, A. (2003) Astrophys. J. , 592, 404.

Limongi, M. and Chieffi, A. (2006) Astrophys. J. , 647, 483.

Limongi, M. , Straniero, O. and Chieffi, A. (2000) Astrophys. J. Suppl. , 129, 625.

Lindhard, J. , Scharff, M. and Schiott, H. E. (1963) Kgl. Danske Videnskab. Selskab, Mat. -Fys. Medd. , 33, 14.

Liolios, T. E. (2000) Phys. Rev. , C61, 055802.

Lodders, K. (2003) Astrophys. J. , 591, 1220.

Lodders, K. , Palme, H. and Gail, H. P. (2009) in Landolt-Bornstein-Group VI Astronomy and Astrophysics Numerical Data and Functional Relationships in Science and Technology: Solar System, Vol. 4B(ed. J. E. Trumper), Springer, Berlin.

Longland, R. et al. (2006) Nucl. Instrum. Methods, A566, 452.

Longland, R. et al. (2009) Phys. Rev. , C80, 055803.

Longland, R. et al. (2010) Phys. Rev. , C81, 055804.

Longland, R. , Iliadis, C. and Karakas, A. I. (2012) Phys. Rev. , C85, 065809.

Lorch, E. A. (1973) Int. J. Appl. Radiat. Isot. , 24, 585.

Lugaro, M. et al. (2003) Astrophys. J. , 586, 1305.

Lund, E. et al. (1986) Phys. Scr. , 34, 614.

Lunney, D. , Pearson, J. M. and Thibault, C. (2003) Rev. Mod. Phys. , 75, 1021.

Lynch, F. J. (1975) IEEE Trans. Nucl. Sci. , NS-22, 58.

Lynn, J. E. (1968) The Theory of Neutron Resonance Reactions, Clarendon Press, Oxford.

Lyons,P. B. ,Toevs,J. W. and Sargood,D. G. (1969) Nucl. Phys. ,A130,1.

Macklin,R. L. ,Halperin,J. and Winters,R. R. (1979) Nucl. Instrum. Methods,169,213.

Mahoney,W. A. *et al.* (1982) Astrophys. J. ,262,742.

Mann,F. M. *et al.* (1975) Phys. Lett. ,B58,420.

Marion,J. B. (1966) Rev. Mod. Phys. ,38,660.

Marmier,P. and Sheldon,E. (1969) Physics of Nuclei and Particles,Academic Press,New York.

Marta,M. *et al.* (2011) Phys. Rev. ,C83,045804.

Matz,S. *et al.* (1988) Nature,331,416.

Maxman,S. H. (1967) Nucl. Instrum. Methods,50,53.

Mayer,R. E. *et al.* (1993) Nucl. Instrum. Methods,A324,501.

Mazarakis,M. G. and Stephens,W. E. (1973) Phys. Rev. ,C7,1280.

McGlone,V. A. and Johnson,P. B. (1991) Nucl. Instrum. Methods,B61,201.

Meakin,C. A. *et al.* (2009) Astrophys. J. ,693,1188.

Meneguzzi,M. ,Audouze,J. and Reeves,H. (1971) Astron. Astrophys. ,15,337.

Merrill,P. W. (1952) Astrophys. J. ,116,21.

Messiah,A. (1999) Quantum Mechanics,Dover Publications,New York.

Mewaldt,R. A. *et al.* (2001) Space Sci. Rev. ,99,27.

Meynet,G. and Arnould,M. (2000) Astron. Astrophys. ,355,176.

Michaud,G. and Charbonneau,P. (1991) Space Sci. Rev. ,57,1.

Miller,D. W. (1963) in Fast Neutron Physics (eds J. B. Marion and J. L Fowler),Interscience Publishers,
  New York.

Mitchell,L. W. *et al.* (1985) Nucl. Phys. ,A443,487.

Mitler,H. E. (1977) Astrophys. J. ,212,513.

Mizumoto,M. and Sugimoto,M. (1989) Nucl. Instrum. Methods,A282,324.

Mohr,P. (1999) Phys. Rev. ,C59,1790.

Mohr,P. *et al.* (2004) Phys. Rev. ,C69,032801.

Mohr,P. ,Fulop,Zs. and Utsunomiya,H. (2007) Eur. Phys. J. ,A32,357.

Mohr,P. J. ,Taylor,B. N. and Newell,D. B. (2012) Rev. Mod. Phys. ,84,1527.

Möller,P. (1995) At. Data Nucl. Data Tables,59,185.

Möller,P. ,Nix,J. R. and Kratz,K. -L. (1997) At. Data Nucl. Data Tables,66,131.

Möller,P. ,Pfeiffer,B. and Kratz,K. -L. (2003) Phys. Rev. ,C67,055802.

Moldauer,P. A. (1964) Rev. Mod. Phys. ,36,1079.

Mosher,J. *et al.* (2001) Nucl. Instrum. Methods,A459,532.

Mueller,A. C. and Sherrill,B. M. (1993) Annu. Rev. Nucl. Part. Sci. ,43,529.

Mukherjee,M. *et al.* (2004) Phys. Rev. Lett. ,93,150801.

Nadyozhin,D. K. and Deputovich,A. Yu. (2002) Astron. Astrophys. ,386,711.

Newton,J. R. *et al.* (2007) Phys. Rev. ,C75,045801.

Nichols,A. L. (1996) in Handbook of Nuclear Properties (eds D. Poenaru and W. Greiner),Clarendon
  Press,Oxford.

Nomoto,K. and Iben,I. (1985) Astrophys. J. ,297,531.

Nomoto,K. ,Thielemann,F. -K. and Miyaji,S. (1985) Astron. Astrophys. ,149,239.

Nomoto,K. ,Thielemann,F. -K. and Yokoi,K. (1984) Astrophys. J. ,286,644.

Oda,T. *et al.* (1994) At. Data Nucl. Data Tables,56,231.

Paine,B. M. ,Kennett,S. R. ,and Sargood,D. G. (1978) Phys. Rev. ,C17,1550.

Paine,P. M. and Sargood,D. G. (1979) Nucl. Phys. ,A331,389.

Palme, H. and Jones, A. (2003) Treatise on Geochemistry, Vol. 1, Elsevier Science, Amsterdam, p. 41.

Palmer, D. W. et al. (1963) Phys. Rev., 130, 1153.

Panov, I. V. et al. (2005) Nucl. Phys., A747, 633.

Parikh, A., Jose, J., Moreno, F. and Iliadis, C. (2008) Astrophys. J. Suppl., 178, 110.

Parikh, A. et al. (2009) Phys. Rev., C79, 045802.

Parikh, A., Jose, J., Sala, G. and Iliadis, C. (2013a) Prog. Part. Nucl. Phys., 69, 225.

Parikh, A. et al. (2013b) Astron. Astrophys., 557, A3.

Parker, P. D., Bahcall, J. N. and Fowler, W. A. (1964) Astrophys. J., 139, 602.

Patronis, N. et al. (2004) Phys. Rev., C69, 025803.

Patterson, J. R., Winkler, H. and Zaidins, C. S. (1969) Astrophys. J., 157, 367.

Paul, H. and Schinner, A. (2002) Nucl. Instrum. Methods, B195, 166.

Paul, H. and Schinner, A. (2005) Nucl. Instrum. Methods, B227, 461.

Pearson, J. M., Nayak, R. C. and Goriely, S. (1996) Phys. Lett., B387, 455.

Penzias, A. A. and Wilson, R. W. (1965) Astrophys. J., 142, 419.

Perlmutter, S. et al. (1999) Astrophys. J., 517, 565.

Peters, J. G. (1968) Astrophys. J., 154, 224.

Peterson, R. J. and Ristinen, R. A. (1975) Nucl. Phys., A246, 402.

Phillips, M. M. (1993) Astrophys. J. Lett., 413, 105.

Pignatari, M. et al. (2005) Nucl. Phys., A758, 541.

Poenitz, W. P. (1984) in Neutron Radiative Capture (ed. R. E. Chrien), Pergamon Press, Oxford.

Powell, D. C. et al. (1998) Nucl. Phys., A644, 263.

Powell, D. C. et al. (1999) Nucl. Phys., A660, 349.

Prantzos, N. (2012a) Astron. Astrophys., 538, A80.

Prantzos, N. (2012b) Astron. Astrophys., 542, A67.

Pruet, J. et al. (2006) Astrophys. J., 644, 1028.

Qian, Y.-Z. (2000) Astrophys. J. Lett., 534, 67.

Qian, Y.-Z., Wasserburg, G. J. et al. (2007) Phys. Rep., 442, 237.

Raiola, F. et al. (2002) Eur. Phys. J., A13, 377.

Raiteri, C. M. et al. (1991) Astrophys. J., 371, 665.

Raiteri, C. M. et al. (1993) Astrophys. J., 419, 207.

Raman, S. et al. (2000) Nucl. Instrum. Methods, A454, 389.

Ramaty, R., Kozlovsky, B., Lingenfelter, R. E. and Reeves, H. (1997) Astrophys. J., 488, 730.

Rapp, W. et al. (2006) Astrophys. J., 653, 474.

Ratynski, W. and Kappeler, F. (1988) Phys. Rev., C37, 595.

Rauscher, T. (2004) in The R-Process: The Astrophysical Origin of the Heavy Elements and Related Rare Isotope Accelerator Physics (eds Y.-Z. Qian, E. Rehm, H. Schatz, and F.-K. Thielemann), World Scientific, Singapore, p. 63.

Rauscher, T. (2005) Nucl. Phys., A758, 549.

Rauscher, T. and Thielemann, F.-K. (2000) At. Data Nucl. Data Tables, 75, 1; (2001) 79, 47.

Rauscher, T., Thielemann, F.-K. and Kratz, K.-L. (1997) Phys. Rev., C56, 1613.

Rauscher, T. et al. (2000) Nucl. Phys., A675, 695.

Rauscher, T. et al. (2011) Astrophys. J., 738, 143.

Rauscher, T. et al. (2013) Rep. Prog. Phys., 76, 066201.

Rayet, M. et al. (1995) Astron. Astrophys., 298, 517.

Rayet, M. and Hashimoto, M. (2000) Astron. Astrophys., 354, 740.

Rayet, M., Prantzos, N. and Arnould, M. (1990) Astron. Astrophys., 227, 271.

Reifarth, R. (2002) Wissenschaftliche Berichte, FZKA 6725, Forschungszentrum Karlsruhe.

Reifarth, R. et al. (2003) Astrophys. J., 582, 1251.

Reines, F. and Cowan, C. L. (1959) Phys. Rev., 113, 273.

Renaud, M. et al. (2006) Astrophys. J. Lett., 647, 41.

Riess, A. et al. (1998) Astron. J., 116, 1009.

Ritossa, C., Garcia-Berro, E. and Iben, I. Jr. (1996) Astrophys. J., 460, 489.

Rolfs, C. (1973) Nucl. Phys., A217, 29.

Rolfs, C. and Rodney, W. S. (1975) Nucl. Phys., A241, 460.

Rolfs, C. E. and Rodney, W. S. (1988) Cauldrons in the Cosmos, University of Chicago Press, Chicago.

Romano, D. et al. (2001) Astron. Astrophys., 374, 646.

Rose, M. E. (1953) Phys. Rev., 91, 610.

Rosman, K. J. R. and Taylor, P. D. P. (1998) J. Phys. Chem. Ref. Data, 27, 1275.

Rosswog, S. et al. (1999) Astron. Astrophys., 341, 499.

Rotenberg, M. et al. (1959) The 3-j and 6-j Symbols, Technology Press MIT, Cambridge.

Rowland, C. et al. (2002a) Phys. Rev., C65, 064609.

Rowland, C. et al. (2002b) Nucl. Instrum. Methods, A480, 610.

Ruiz-Lapuente, P. et al. (2004) Nature, 431, 1069.

Runkle, R. C., Champagne, A. E. and Engel, J. (2001) Astrophys. J., 556, 970.

Runkle, R. et al. (2005) Phys. Rev. Lett., 94, 082503.

Ryan, S., Norris, J., Bessell, M. and Deliyannis, C. (1992) Astrophys. J., 388, 184.

Ryter, C., Reeves, H., Gradsztajn, E. and Audouze, J. (1970) Astron. Astrophys., 8, 389.

Sackmann, I. -J., Boothroyd, A. I. and Kraemer, K. E. (1993) Astrophys. J., 418, 457.

Sallaska, A. L. et al. (2013) Astrophys. J. Suppl., 207, 18.

Salpeter, E. E. (1952) Astrophys. J., 115, 326.

Salpeter, E. E. (1954) Aust. J. Phys., 7, 353.

Salpeter, E. E. and Van Horn, H. M. (1969) Astrophys. J., 155, 183.

Sanuki, T. et al. (2000) Astrophys. J., 545, 1135.

Sargood, D. G. (1982) Phys. Rep., 93, 61.

Sasaqui, T. et al. (2005) Astrophys. J., 634, 1173.

Satchler, G. R. (1990) Introduction to Nuclear Reactions, Oxford University Press, New York.

Sauter, T. and Kappeler, F. (1997) Phys. Rev., C55, 3127.

Sbordone, L. et al. (2010) Astron. Astrophys., 522, 26.

Schaller, G. et al. (1992) Astron. Astrophys. Suppl. Ser., 96, 269.

Schatz, H. et al. (1995) Phys. Rev., C51, 379.

Schatz, H. et al. (1998) Phys. Rep., 294, 167.

Schatz, H. et al. (1999) Astrophys. J., 524, 1029.

Schatz, H. et al. (2001) Phys. Rev. Lett., 86, 3471.

Schatz, H. et al. (2002) Astrophys. J., 579, 626.

Schatz, H. et al. (2005) Phys. Rev., C72, 065804.

Schiffer, J. P. (1963) Nucl. Phys., 46, 246.

Schmidt, S. et al. (1995) Nucl. Instrum. Methods, A364, 70.

Schwarzschild, M. and Harm, R. (1965) Astrophys. J., 142, 855.

Scott, A. F. et al. (1991) Nucl. Phys., A523, 373.

Seeger, P. A., Fowler, W. A. and Clayton, D. D. (1965) Astrophys. J. Suppl., 11, 121.

Seitenzahl, I. R. et al. (2008) Astrophys. J. Lett., 685, 129.

Selin, E., Arnell, S. E. and Almen, O. (1967) Nucl. Instrum. Methods, 56, 218.

Semkow, T. M. et al. (1990) Nucl. Instrum. Methods, A290, 437.

Semkow, T. M. et al. (2002) Appl. Radiat. Isot., 57, 213.

deSéréville, N., Berthoumieux, E. and Coc, A. (2005) Nucl. Phys., A758, 745.

Seuthe, S. et al. (1987) Nucl. Instrum. Methods, A260, 33.

Seuthe, S. et al. (1990) Nucl. Phys., A514, 471.

Simmerer, J. et al. (2004) Astrophys. J., 617, 1091.

Skyrme, D. J. et al. (1967) Nucl. Instrum. Methods, 57, 61.

Smith, D. M. (2004) New Astron. Rev., 48, 87.

Smith, M. S. et al. (1992) Nucl. Phys., A536, 333.

Smith, M. S., Kawano, L. H., and Malaney, R. A. (1993) Astrophys. J. Suppl., 85, 219.

Smith, M. S. and Rehm, K. E. (2001) Annu. Rev. Nucl. Part. Sci., 51, 91.

Sneden, C., Cowan, J. J. and Gallino, R. (2008) Annu. Rev. Astron. Astrophys., 46, 241.

Sneden, C., Pilachowski, C. A. and Vandenberg, D. (1986) Astrophys. J., 311, 826.

Solomon, S. B. and Sargood, D. G. (1978) Nucl. Phys., A312, 140.

Somorjai, E. et al. (1998) Astron. Astrophys., 333, 1112.

Sonzogni, A. A. et al. (2000) Phys. Rev. Lett., 84, 1651.

Spinka, H. and Winkler, H. (1974) Nucl. Phys., A233, 456.

Spite, M. and Spite, F. (1982) Nature, 297, 483.

Starrfield, S., Iliadis, C. and Hix, W. R. (2008) in Classical Novae (eds M. F. Bode and A. Evans), Cambridge University Press, Cambridge.

Stegmüller, F. et al. (1996) Nucl. Phys., A601, 168.

Stella, B. et al. (1995) Nucl. Instrum. Methods, A355, 609.

Strong, A. W., Moskalenko, I. V. and Ptuskin, V. S. (2007) Annu. Rev. Nucl. Part. Sci., 57, 285.

Suess, H. E. and Urey, H. C. (1956) Rev. Mod. Phys., 28, 53.

Takahashi, K. and Yokoi, K. (1987) At. Data Nucl. Data Tables, 36, 375.

Takayanagi, S. et al. (1966) Nucl. Instrum. Methods, 45, 345.

Tavani, M. et al. (2010) Astrophys. J. Lett., 710, 151.

Terakawa, A. et al. (1993) Phys. Rev., C48, 2775.

The, L.-S. et al. (1998) Astrophys. J., 504, 500.

The, L.-S., El Eid, M. F. and Meyer, B. S. (2000) Astrophys. J., 533, 998.

Thielemann, F.-K. and Arnett, W. D. (1985) Astrophys. J., 295, 604.

Thomas, R. G. (1951) Phys. Rev., 81, 148.

Thomas, J. et al. (1986) Phys. Rev., C33, 1679.

Thompson, W. J. and Iliadis, C. (1999) Nucl. Phys., A647, 259.

Tilley, D. R., Weller, H. R. and Cheves, C. M. (1993) Nucl. Phys., A564, 1.

Tilley, D. R. et al. (1995) Nucl. Phys., A595, 1.

Tilley, D. R. et al. (1998) Nucl. Phys., A636, 249.

Timmes, F. X. (1999) Astrophys. J. Suppl., 124, 241.

Timmes, F. X., Brown, E. F. and Truran, J. W. (2003) Astrophys. J. Lett., 590, 83.

Tosi, M. (2000) Proceedings of IAU Symposium 198 (eds L. da Silva, M. Spite, J. R. Medeiros), ASP Conference Series, p. 525.

Travaglio, C. et al. (2001) Astrophys. J., 549, 346.

Travaglio, C. et al. (2004a) Astron. Astrophys., 425, 1029.

Travaglio,C. *et al*. (2004b) Astrophys. J. ,601,864.

Truran,J. W. *et al*. (2002) Publ. Astron. Soc. Pac. ,114,1293.

Tsagari,P. *et al*. (2004) Phys. Rev. ,C70,015802.

Tueller,J. *et al*. (1990) Astrophys. J. Lett. ,351,41.

Ugalde,C. (2005) Ph. D. thesis,University of Notre Dame.

Uhrmacher,M. *et al*. (1985) Nucl. Instrum. Methods,B9,234.

Ulrich,R. K. (1973) in Explosive Nucleosynthesis (eds D. N. Schramm and W. D. Arnett),University of Texas Press,Austin,TX.

Utsunomiya,H. *et al*. (2003) Phys. Rev. ,C67,015807.

Vancraeynest,G. *et al*. (1998) Phys. Rev. ,C57,2711.

Vangioni-Flam,E. ,Cassé,M. and Audouze,J. (2000) Phys. Rep. ,333,365.

Vermilyea,D. A. (1953) Acta Metall. ,1,282.

Vogelaar,R. B. (1989) Ph. D. thesis,California Institute of Technology.

Vogelaar,R. B. *et al*. (1990) Phys. Rev. ,C42,753.

Vogt,E. (1968) in Advances in Nuclear Physics,Vol. 1(eds M. Baranger and E. Vogt),Plenum Press,New York.

Vojtyla,P. (1995) Nucl. Instrum. Methods,B100,87.

Wagemans,C. (1989) Nucl. Instrum. Methods,A282,4.

Wagemans,J. *et al*. (2000) Phys. Rev. ,C61,064601.

Walker,P. and Dracoulis,G. (1999) Nature,399,35.

Wallace,R. K. and Woosley,S. E. *et al*. (1981) Astrophys. J. Suppl. ,45,389.

Wallerstein,G. *et al*. (1997) Rev. Mod. Phys. ,69,995.

Wallner,A. *et al*. (2006) Eur. Phys. J. Suppl. ,A27,337.

Walter,F. J. and Boshart,R. R. (1966) Nucl. Instrum. Methods,42,1.

Wanajo,S. ,Janka,H. T. and Kubono,S. (2011) Astrophys. J. ,729,46.

Wang,B. and Han,Z. (2010) Astron. Astrophys. ,515,A88.

Wang,B. and Han,Z. (2012) New Astron. Rev. ,56,122.

Wang,W. *et al*. (2007) Astron. Astrophys. ,469,1105.

Wang,T. R. ,Vogelaar,R. B. and Kavanagh,R. W. (1991) Phys. Rev. ,C43,883.

Wang,M. *et al*. (2012) Chin. Phys. ,C36,1603.

Ward,R. A. and Fowler,W. A. (1980) Astrophys. J. ,238,266.

Ward,R. A. ,Newman,M. J. and Clayton,D. D. (1976) Astrophys. J. Suppl. ,31,33.

Warner,B. (1995) Cataclysmic Variable Stars,Cambridge University Press,Cambridge.

Weaver,T. A. and Woosley,S. E. (1993) Phys. Rep. ,227,65.

Weber,C. *et al*. (2008) Phys. Rev. ,C78,054310.

Webber,W. R. (1997) Space Sci. Rev. ,81,107.

von Weizsäcker,,C. F. (1938) Phys. Z. ,39,633.

Westin,G. D. and Adams,J. L. (1972) Phys. Rev. ,C4,363.

Wiescher,M. *et al*. (1980) Nucl. Phys. ,A349,165.

Wilkinson,D. H. (1994) Z. Phys. ,A348,129.

Wilson,J. R. and Mayle,W. R. (1993) Phys. Rep. ,227,97.

Wisshak,K. *et al*. (1990) Nucl. Instrum. Methods,A292,595.

Wisshak,K. *et al*. (2001) Phys. Rev. Lett. ,87,251102.

Wiza,J. L. (1979) Nucl. Instrum. Methods,162,587.

Wolf,R. A. (1965) Phys. Rev. ,137,B1634.

Woosley, S. E. , Arnett, W. D. and Clayton, D. D. (1972) Astrophys. J. , 175, 731.

Woosley, S. E. , Arnett, W. D. and Clayton, D. D. (1973) Astrophys. J. Suppl. , 26, 231.

Woosley, S. E. *et al.* (1990) Astrophys. J. , 356, 272.

Woosley, S. E. , Heger, A. and Weaver, T. A. (2002) Rev. Mod. Phys. , 74, 1015.

Woosley, S. E. and Howard, W. M. (1978) Astrophys. J. Suppl. , 36, 285.

Wrean, P. R. , Brune, C. R. and Kavanagh, R. W. (1994) Phys. Rev. , C49, 1205.

Wu, S. -C. and Barnes, C. A. (1984) Nucl. Phys. , A422, 373.

Young, P. A. *et al.* (2006) Astrophys. J. , 640, 891.

Zhao, W. R. and Käppeler, F. (1991) Phys. Rev. , C44, 506.

Ziegler, J. F. and Biersack, J. P. (2003) program SRIM(unpublished).